# 2014
# 中国海洋年鉴
## CHINA OCEAN YEARBOOK

《中国海洋年鉴》编纂委员会 编

海洋出版社

2014年·北京

2013年7月30日下午，中共中央政治局就建设海洋强国研究进行第8次集体学习。中共中央总书记、国家主席、中央军委主席习近平在主持学习时强调，建设海洋强国是中国特色社会主义事业的重要组成部分

## 习近平在主持中央政治局集体学习时对海洋强国建设作出的系统论述

对海洋的战略地位，总书记指出：建设海洋强国是中国特色社会主义事业的重要组成部分。我们要进一步关心海洋、认识海洋、经略海洋。

对海洋强国的内涵，总书记指出：我们坚持走依海富国、以海强国、人海和谐、合作共赢的发展道路，通过和平、发展、合作、共赢方式，实现建设海洋强国的目标。

对建设海洋强国的举措，总书记提出：要提高海洋资源开发能力，着力推动海洋经济向质量效益型转变；要保护海洋生态环境，着力推动海洋开发方式向循环利用型转变；要发展海洋科学技术，着力推动海洋科技向创新引领型转变；维护国家海洋权益，着力推动海洋维权向统筹兼顾型转变。

2013 年5月17日上午，中共中央总书记、国家主席、中央军委主席习近平在北京人民大会堂会见载人深潜先进单位和先进工作者代表，代表党中央、国务院，向胜利完成“蛟龙”号载人深潜海试任务的广大科技工作者、干部职工表示热烈祝贺和诚挚问候，勉励大家团结拼搏、开拓奋进，推动我国海洋事业不断取得新突破，为建设海洋强国作出更大成绩。

习近平会见载人深潜先进单位和先进工作者代表

2013年8月28日，习近平视察中国船舶重工集团公司大船集团

2013年4月8-10日，习近平在海南考察工作。 8日下午，习近平在琼海市潭门渔港一艘渔船上向渔民了解出海捕鱼的劳动和生活

2013年2月7日，时任中共中央政治局常委、国务院副总理的李克强来到国家海洋局，通过卫星视频连线，向正在极地和大洋执行任务的科考队员致以节日问候和新春祝福，看望在京队员和队员家属的代表，并慰问海监工作人员。

李克强通过卫星视频连线，向正在极地和大洋执行任务的科考队员致以节日问候和新春祝福

李克强看望在京的极地和大洋科考队员和队员家属的代表

李克强慰问中国海监工作人员

“蛟龙”号的深潜员向李克强赠送海底生物的图片

2013年6月8日，李克强在河北主持召开环渤海省份经济工作座谈会并作重要讲话

2013年3月27-29日，李克强先后到江苏、上海考察。3月28日，李克强在上海外高桥港区国际集装箱码头看望码头工人

2013年11月1-4日，中共中央政治局常委、国务院副总理张高丽赴上海、浙江调研。11月3日，张高丽在中国（上海）自由贸易试验区考察建设进展情况

2013年7月6日，中共中央政治局委员、国家副主席李源潮视察中国船舶重工集团公司船舶锅炉涡轮机研究所

2013年7月22日清晨，伴随着天安门广场上五星红旗的冉冉升起，国家海洋局机关大楼挂上“国家海洋局”和“中国海警局”两块牌子

2013年3月18日下午，国家海洋局召开干部大会，中央组织部副部长王尔乘受中央领导同志委托，宣布了中共中央关于重新组建的国家海洋局领导班子调整配备的决定

2013年3月18日，国家海洋局在京组织召开专题会议，集中学习贯彻中央政治局第8次集体学习会议精神

2013年11月13日，国家海洋局传达学习党的十八届三中全会精神

2013年5月17日上午，人力资源和社会保障部、国家海洋局在人民大会堂举行中国载人深潜表彰大会，隆重庆祝我国7000米级载人潜水器研制和海试圆满成功，表彰载人深潜英雄集体、载人深潜英雄以及“蛟龙”号载人潜水器7000米级海试先进集体和先进个人。

图为颁奖大会主席台

“载人深潜英雄”和“英雄集体”获奖

国土资源部党组书记、部长姜大明作重要讲话

国家海洋局党组书记、局长刘赐贵主持会议并发言

人力资源和社会保障部副部长杨士秋宣读表彰决定

2013年1月10日，全国海洋工作会议在北京隆重召开

2013年7月3日，国家海洋局党的群众路线教育实践活动动员大会在北京召开

2013 年 6 月 8 日，2013世界海洋日暨全国海洋宣传日庆祝大会暨年度海洋人物颁奖仪式在辽宁省锦州市举行。

图为庆祝大会现场

国家海洋局党组书记、局长刘赐贵与获奖人员亲切握手

2013年7月18日，国家海洋局党组副书记、副局长、中国海警局局长孟宏伟在中国海警1126船驾驶室查看相关装备能力建设情况

2013年5月26日，海洋科学技术委员会第二次会议在北京召开，国家海洋局党组成员、副局长陈连增主持会议

2013年6月25日，国家海洋局安全生产工作会议在北京召开，国家海洋局党组成员、副局长、安全生产委员会主任张宏声出席会议并讲话

2013 年 12 月，国家海洋局党组成员、副局长王飞赴广东台山调研

2013年9月19日，国家海洋局召开“天兔”风暴潮、海浪灾害防御工作部署会。国家海洋局党组成员、副局长王宏宣布，国家海洋局启动海洋灾害Ⅰ级应急响应，并要求各相关单位按照海洋灾害Ⅰ级应急响应要求开展灾害防御各项工作

2013年4月26日，国家海洋局党组成员、纪委书记吕滨在北京首都博物馆参观了以“拥抱蓝色海疆”为主题的中国海洋画作品展，图为吕滨与老画家亲切握手

2013年3月30日，中国海洋工程咨询协会理事会一届四次会议在北京召开，国家海洋局党组成员房建孟宣读2012年度海洋工程科学技术奖励决定

# 海洋战略规划与经济

2013年7月18日，国家海洋事业发展高级咨询委员会第三次会议在北京召开。

中共中央政治局原委员、国务院原副总理、高咨委总顾问曾培炎出席会议并讲话

高咨委主任周铁农主持会议并讲话

会议现场

# 海洋战略规划与经济

2013年2月26日，国家海洋局在北京举行新闻发布会，
发布《2012年中国海洋经济统计公报》

2013年11月8日，2013厦门国际海洋周开幕

# 海域使用管理

海岸线界碑设置放样点现场测量

海域无人机和
海域监控指挥车

海监执法人员在用海现场调查取证

# 海域使用管理

国家海域动态监视监测管理系统一视频监控子系统

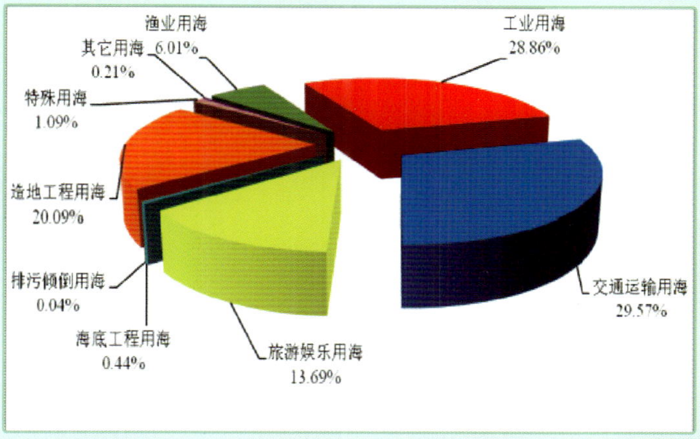


2013年全国各用海类型海域使用金征收金额百分比

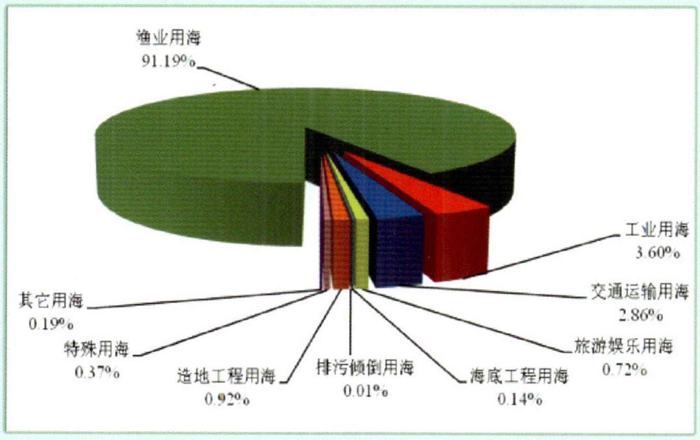


2013年全国各用海类型确权海域面积百分比

# 海岛管理

2013年8月5–15日，由国家海洋技术中心和国家海洋局第一、第二、第三海洋研究所四家单位组成的调查队伍在浙江省宁波市强蛟镇的强蛟群岛（包括17个海岛、岛礁）开展为期十天的试点调查工作

2013年6月3日，为期5天的第二次全国海岛资源综合调查国家第一期培训班在青岛即墨市开班

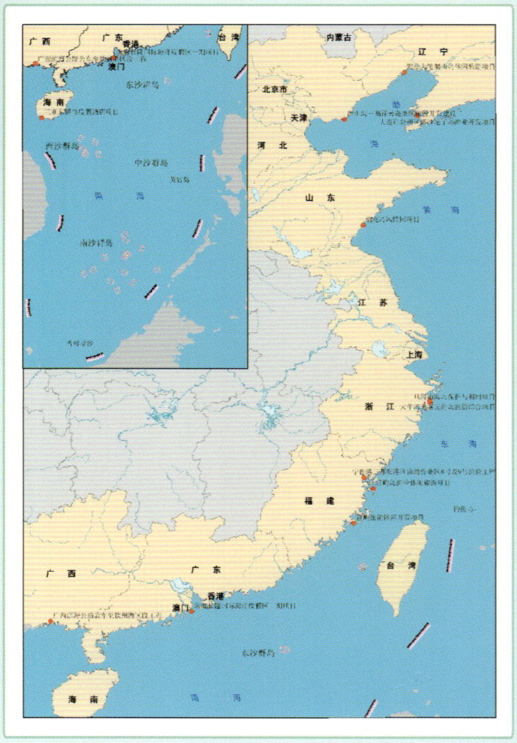

全国已确权无居民海岛开发利用项目分布示意图

# 海岛管理

辽宁笔架山连岛沙坝修复前

辽宁笔架山连岛沙坝修复后

在东北岛航拍的海豹

# 海洋环境保护

2013年2月21–22日，国家海洋局局长刘赐贵率调研组到深圳市开展推进海洋强国建设专题调研，听取华侨滨海湿地保护情况介绍

2013年9月27日，围绕海洋生态文明建设和我国河口及近海污染等问题，国务院参事室到国家海洋局调研环境生态保护情况

2013年12月，香港惰性拆建物料在内地海域处置第八次联席会议举行

# 海洋环境保护

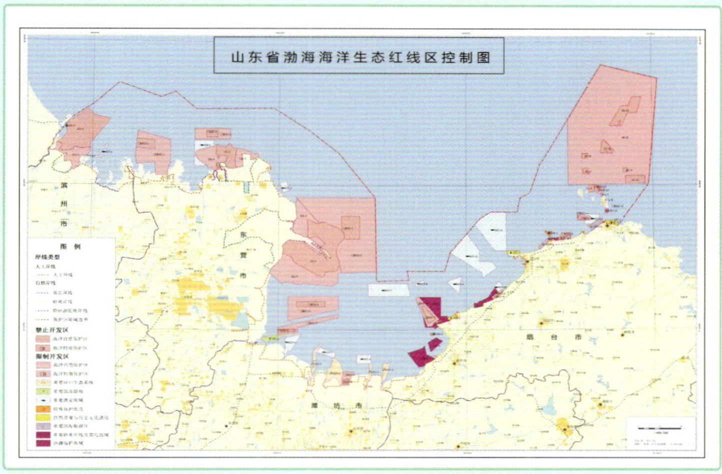


2013年12月，山东省人民政府下发通知，建立渤海海洋生态红线制度，将山东省40%以上的渤海管辖海域划定为生态红线区

西太平洋海洋环境放射性监测–表层漂流浮标投放

西太平洋海洋环境放射性监测–CTD回收

# 海洋科学与技术

## 灵山岛 300吨/日 海水淡化示范工程

灵山岛 300吨/日 海水淡化示范工程采用国产超滤膜、反渗透膜和能量回收装置，整体国产率高达75%，为国内最高。其中，自主研发的差动式能量回收装置打破国外垄断，整体性能优于国外产品，是首套成功商业运行的自主海水淡化能量回收装置

风光柴储一体化海水淡化装置

国内首个太阳能光热海水淡化商业示范项目

上海临港海洋高新技术产业化基地

江苏大丰海洋生物产业园

福建诏安金都海洋生物产业园

大连现代海洋生物产业示范基地

# 海洋科学与技术

哈尔滨工程大学在浙江省舟山海域研建的岱山300kW示范项目

国家海洋技术中心研建的大管岛综合示范电站，其中包括30kW重力摆和100kW 浮力摆波浪能发电装置

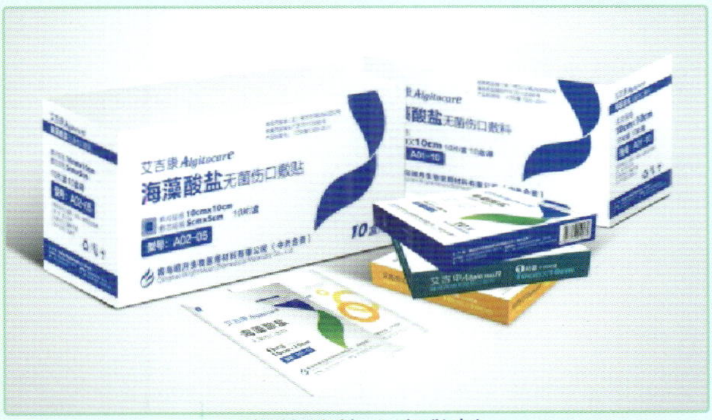

海藻酸盐止血敷料

石斑鱼等工业化循环水养殖

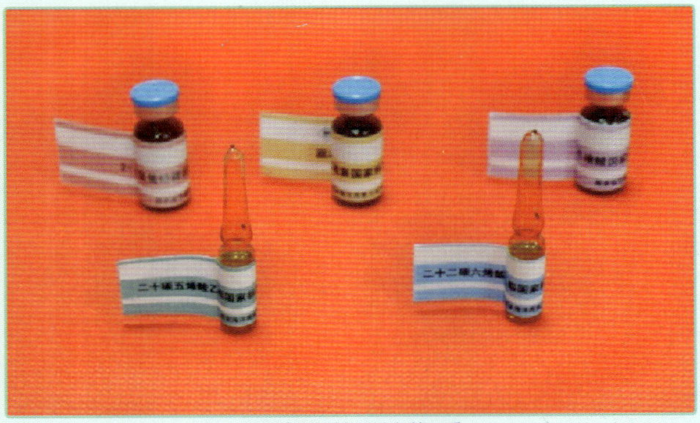

五种海洋活性物质

深水网箱养殖

海洋抗氧化肽产业化生产线

# 海洋防灾与减灾

"天兔"台风风暴潮使汕头市老城区大面积被淹

"天兔"台风风暴潮造成福建省漳州市东山县宫前渔港防波堤损毁

"菲特"台风风暴潮使浙江省温州市平阳县南麂岛码头渔船损毁

2013年6月29日青岛市小公岛附近海域漂浮绿潮

# 海洋国际交流与合作

2013年4月8日，国家海洋局局长刘赐贵在北京会见泰国公主诗琳通一行。双方就加强中泰海洋与极地合作、促进两国友谊等方面进行了交流

2013年5月21日，应巴基斯坦科技部常务秘书塔拉尔邀请,国家海洋局局长刘赐贵对巴基斯坦科技部进行了正式访问，并与塔拉尔进行了工作会谈

2013年5月23日，国家海洋局局长刘赐贵会见桑给巴尔总统谢因，并同桑方签署了海洋领域合作谅解备忘录

2013年10月31日，国家海洋局局长刘赐贵在北京会见了联合国教科文组织政府间海洋学委员会执行秘书温迪·怀特，就加强双方海洋领域合作、推动海委会发展等问题进行交流

# 海洋执法监察

2013年1月7日下午，国家海洋局党组书记、局长刘赐贵在国家海洋局总工程师、中国海监总队党委书记、常务副总队长孙书贤的陪同下来到中国海监总队指挥中心，了解正在钓鱼岛海域执行巡航执法任务的中国海监船编队

2013年10月1日，迎着冉冉升起的太阳，在我国管辖海域开展巡航的中国海警各执法船编队，举行庄严的升国旗仪式，以实际行动向祖国和人民承诺，认真履行职责，坚决维护我国海洋权益

2013年1月6日，我国执法人员在北岛领海基点航空执法检查

2013年10月29日，我国执法人员在领海基点巡查

# 海洋执法监察

2013年1月21日，中国海监137、23、46船编队在中国钓鱼岛领海内巡航。期间，中国海监编队各船对日方侵权船只进行跟踪监视，严正声明我国政府对钓鱼岛的主权主张，要求日船立即离开中国领海

2013年4月23日，中国海监船编队在我钓鱼岛海域巡航

中国海警3401船完成建造并入列

# 极地考察

2013年11月7日，中国第30次南极科学考察队乘坐“雪龙”号极地科学考察船驶离位于上海的中国极地考察国内基地码头，奔赴南极执行为期155天的科学考察任务。图为国家海洋局局长刘赐贵欢送中国第30次南极科学考察队队员

2013年1月7-8日，国家海洋局党组成员、纪委书记吕滨率中国政府南极代表团对中国南极长城站进行了考察，慰问考察队员并顺访和考察了邻近的俄罗斯和智利考察站

2013年10月15-16日，中国极地考察工作咨询委员会第15次会议在上海雪龙船召开

# 极地考察

2013年1月21日，中国南极昆仑站深冰芯钻机第一次试钻探成功

2013年4月9日，中国第29次南极科学考察队圆满完成各项考察任务，乘“雪龙”船返抵上海

2013年11月6日，“雪鹰12”号直升机正式入列中国第30次南极考察队，此次是它首次随“雪龙”船执行南极考察任务

2013年11月7日，中国第30次南极科学考察队乘坐“雪龙”号极地科学考察船缓缓驶离位于上海的中国极地考察国内基地码头，奔赴南极执行为期155天的科学考察任务

# 大洋考察

2013年9月9日，国家海洋局局长刘赐贵视频连线慰问“蛟龙”号试验性应用全体队员

2013年10月18日，“大洋一号”船驶离国家海洋局北海分局团岛码头，前往南海执行2013年“大洋一号”船综合海试任务

2013年10月20日，2013年西太平洋海洋环境放射性监测第二航次启航

# 大洋考察

2013年6月5日–9月23日，中国大洋协会组织开展的蛟龙号试验性应用阶段的第一个航次，历时111天，航程17013海里，开展了三个航段21个潜次的下潜作业和38个站位的常规调查任务，共采集了如图所示的多种样品。

“蛟龙”号实验性应用拍摄的照片

枕状玄武岩+生物

长须虾

『蛟龙』号进行第三航段第四次下潜

在海底拍摄的海参

采集的海葵和寄居蟹、柳珊瑚、海星、海胆样品

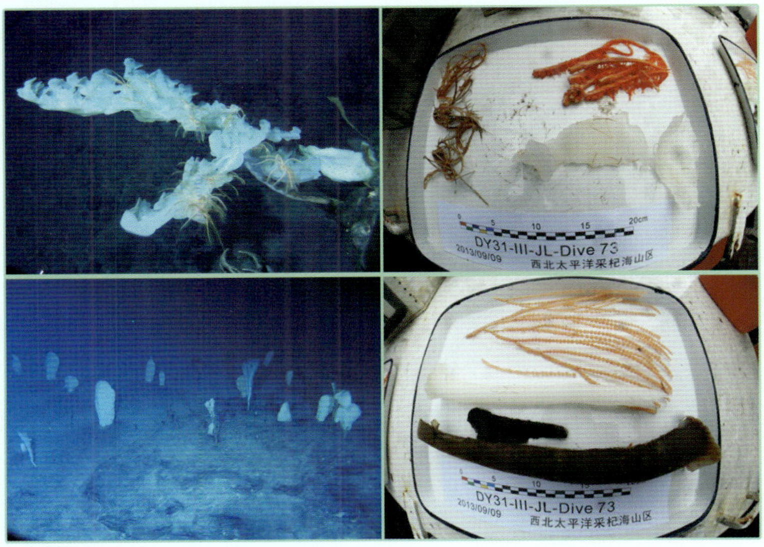


“蛟龙”号2013年试验性应用航次最后一潜

| | |
|---|---|
| 拍摄的海绵与海星 | 采集的样品 |
| 拍摄的海绵阵 | 采集的样品 |

# 海洋船舶工业

中国船舶重工集团公司渤船集团建造的
两艘2500米超深水修井完井船交船

中国船舶重工集团公司武船集团建造的
世界最大深海浮体

中国船舶重工集团公司青岛海西重机建造的
大型卸船机

中国船舶重工集团公司武船集团建造的
高端海洋工程船“特使”号交付

# 海洋油气业

“海洋石油708”深水工程勘探船

中油海10号平台巍然屹立在海上

中油管道601铺管船从江苏南通长江码头启航

荔湾3-1天然气综合处理平台安装完成

# 海洋交通运输业

洋口港LNG接收站专用码头

福州港7万吨级散货装船码头

宁波舟山港港口集装箱装卸现场

日照港10万吨级煤炭专用码头

上海港-全球最大的集装箱吞吐港

# 海洋旅游业

香港海洋公园

盘锦红海滩

海娜号邮轮

海洋游艇

蓬莱海洋旅游景区

# 海洋军事

三亚舰加入人民海军序列

海军司令员吴胜利视察582舰

东盟防长扩大会议首次海上安全实兵演习

南海舰队官兵为“夏洛”号巡洋舰官兵送行

第十四批护航编队组织护航官兵举行
“建功大洋”宣誓活动

# 编辑说明

《中国海洋年鉴》是我国海洋界唯一的综合性、资料性、史册性工具书，于1982年首次出版，到2014年已连续出版了21卷。本年鉴旨在客观记载、全面反映我国海洋事业发展状况以及国家涉海各部门、各行业、各地区每年度的最新进展和主要成就，可为国内外全面了解我国海洋事业的发展提供翔实的史料。本年鉴由国家海洋局主办，国务院涉海各部、委、局与沿海省、自治区、市协办，《中国海洋年鉴》编辑部编辑，海洋出版社出版。

《2014中国海洋年鉴》所刊载的内容，主要是2013年度我国海洋事业的进展情况，少数资料由于事件的连续性而在时间上有所跨越。

《2014中国海洋年鉴》分设九大部分：①综合信息；②海洋经济；③海洋管理；④沿海海洋管理和海洋经济；⑤海洋公益服务；⑥海洋科技、教育与文化；⑦极地与国际海底；⑧海洋国际交流与合作；⑨附录。

《2014中国海洋年鉴》所刊载的内容分别由国家涉海和沿海地区海洋主管部门和单位提供。资料未包括香港特别行政区、澳门特别行政区和台湾省。

《中国海洋年鉴》的编辑出版得到了国家涉海各部门、各行业、各地区的大力支持和热情帮助，得到了海洋界众多领导和专家的指导和鼓励。在此，我们对所有为本年鉴编辑出版工作做出贡献的单位和个人表示衷心感谢。

本年鉴刊载的内容涉及国家涉海有关部门、行业和地区，如在框架安排、资料搜集和处理等方面有疏漏或不妥之处，恳请各位领导、各界专家和广大读者批评指正并提出宝贵建议。

《中国海洋年鉴》编辑部

2014年10月

# 目 次

## 2013 年我国海洋工作综述



## 综合信息

### 特 载



### 2013 年大事记



### 海洋法规和文件选编



## 海洋经济

### 海洋经济概况



### 海洋渔业



### 海洋油气业

## 海洋矿业



## 海洋盐业



## 海洋化工业



## 海洋生物医药业



## 海洋电力业



## 海水利用业



## 海洋船舶工业



## 海洋工程建筑业



## 海洋交通运输业



## 海洋旅游业

# 海洋管理

## 海洋规划与立法



## 海域使用管理



## 海岛管理



## 海洋环境保护

## 海洋观测预报和防灾减灾



## 海洋权益维护与执法监察



## 海洋交通管理



# 沿海海洋管理和海洋经济

## 辽宁省

## 大连市



## 河北省



## 天津市

## 山东省

## 青岛市



## 江苏省

## 上海市



## 浙江省

## 宁波市



## 舟山市

## 福建省



## 厦门市

## 广东省



## 深圳市

## 广西壮族自治区



## 海南省



# 海洋公益服务

## 海洋环境监测



## 海洋灾害与海洋环境预报服务

## 海洋信息管理与服务

## 海洋咨询服务



## 海洋标准计量工作



## 海事服务与救助打捞

# 海洋科技、教育与文化

## 海洋科学研究

## 海洋技术

## 海洋教育



## 海洋文化和体育



## 海洋军事

# 极地与国际海域

## 极地工作



## 国际海域

# 海洋国际交流与合作

## 海洋国际交流与合作

## 附 录



封面：雪龙号破冰船

# 2013年我国海洋工作综述

2013年，我国海洋工作在党和国家工作全局中上升到前所未有的高度，发生了三件具有里程碑意义的事件，开启了我国海洋事业发展的新征程。

一是中央政治局集体学习建设海洋强国研究。中共中央政治局2013年7月30日下午就建设海洋强国研究进行第八次集体学习。中共中央总书记习近平在主持学习时强调，建设海洋强国是中国特色社会主义事业的重要组成部分。党的十八大作出了建设海洋强国的重大部署。实施这一重大部署，对推动经济持续健康发展，对维护国家主权、安全、发展利益，对实现全面建成小康社会目标、进而实现中华民族伟大复兴都具有重大而深远的意义。习近平的重要讲话为海洋强国建设作出了“顶层设计”，是当前乃至今后一个时期我国海洋工作的根本指针和行动纲领。国家海洋局党组明确细化了30项具体工作任务。海南省、江苏省、广东省等沿海地区提出了建设海洋强省、强市的目标。

二是党中央国务院隆重表彰中国载人深潜英雄团队。2013年5月17日，习近平、李克强、刘云山、张高丽等中央领导同志，在人民大会堂亲切接见中国载人深潜英雄和英雄集体代表。这在国家海洋局建局史上是首次，是对一代又一代海洋工作者励精图治、奋发进取的充分肯定。随后，“蛟龙”号英雄团队再赴中国南海、东北太平洋多金属结核勘探合同区、西北太平洋富钴结壳勘探区完成首个试验性应用航次，成功执行21次下潜任务，获得一系列重要科学发现，标志着我国载人深潜事业从工程试验进入科学应用的新阶段。李克强总理对取得的应用成果给予充分肯定，并作出重要批示。

三是中央作出重组国家海洋局的重大决策。为有效应对当前复杂多变的国际海洋形势，中央高瞻远瞩、审时度势，对国家海洋管理体制和海上执法力量建设作出重大调整，决定重组国家海洋局，设立高层次议事协调机构国家海洋委员会。经过不懈努力，重组工作已经取得了阶段性成果。国务院批准的国家海洋局“三定”规定正式印发，海洋综合管理和海上维权执法职能得到进一步强化，人员编制和内设机构也有了进一步扩充。重组后的国家海洋局于2013年7月22日正式挂牌，中国海警局也同时挂牌。海警船舶实现统一标识和涂装并完成各支执法队伍人员、资产的摸底调查和移交准备工作。

2013年，海洋系统广大干部职工坚决贯彻落实党中央、国务院的决策部署，坚持立足本职，攻坚克难，团结奋进，开拓创新，做了大量扎实有效的工作。海洋经济发展保持良好增长态势，海洋综合管理全面加强，海洋维权斗争成果持续巩固，海洋生态文明建设稳步推进，科技兴海力度加大，海洋防灾减灾能力不断提升，海洋国际合作领域进一步扩展，极地大洋科考成果丰硕，海洋宣传文化工作蓬勃开展，党的群众路线教育实践活动富有成效。2013年所取得的一系列令人瞩目的成绩，受到了党中央、国务院领导的充分肯定和全国人民的赞扬，也为海洋事业改革攻坚、蓄势腾飞打下了坚实基础。

海洋经济发展保持良好增长态势。2013年，我国海洋经济发展继续保持良好的运行态势。传统海洋产业稳中有进，新兴海洋产业继续保持良好发展势头，海洋服务业呈现较快发展，全国海洋经济试点工作稳步推进。山东省加强山东半岛蓝色经济区建设绩效评价及考核，着力打造海洋经济科学发展先行区。浙江省重点围绕舟山群岛新区建设，努力构建现代海洋产业体系。广东省出台了发展临海工业等 5 个实施方案。福建省成立全省推进海洋经济建设领导小组，出台了《福建省人民政府关于支持和促进海洋经济发展九条措施》。天津市以 6 大海洋产业集聚区为依托，加快港口物流、邮轮游艇、海洋高端装备制造等产业发展。为深化与金融机构的合作，国家海洋局与国家开发银行联合编制完成了《关于开发性金融促进海洋经济发展的实施意见（初稿）》，其内容包括在一定时间、一定范围内，对一定领域的产业给予一定的融资支持。国家海洋局还与中国银行沟通、协商，草拟了双方在海洋经济领域的战略合作协议文本初稿。

海域管理工作扎实推进。根据国务院新批准的“三定”方案、《国务院关于取消和下放行政审批项目等事项的决定》和《国务院关于取消和下放 50 项行政审批项目等的决定》要求，对已经受理审查的国家重大建设项目进行了全面清理，相应下放了不属于国务院或国务院投资主管部门审批、核准的项目用海预审权，项目用海依照海域使用管理法规定报有审批权的人民政府批准。河北省、福建省、浙江省等沿海地区对符合条件的经营性用海项目全部实行招拍挂出让。山东实行“项目限批”、“单位限批”和“区域限批”。上海市编制 16 个审批事项业务手册和办事指南向社会公布。广西壮族自治区将用海审批时间纳入绩效考评。辽宁省、江苏省、海南省 3 个海域无人机遥感监测基地建设启动。

海岛管理工作不断深化。编制了中国海域海岛标准名录、地名志、地名图集等成果。完成国家海岛监视监测系统部署与运行，建成海岛本底数据库。完成第二次海岛资源综合调查准备工作，做好省级海岛保护规划审查。浙江省、福建省等 8 个沿海地区海岛保护规划已经地方政府批准实施。组织沿海各省开展了领海基点保护范围选化工作，开展了 5 个领海基点保护范围选化试点，完成了佘山岛领海基点修复工程。浙江省、福建省、海南省、山东省等沿海地区出台了省级无居民海岛开发利用、使用审批、抵押贷款等管理办法。推进无居民海岛集中统一管理，编制完成了《陆地建设项目主要审批要件汇编》、《无居民海岛开发建设管理研究》等，为后续无居民海岛管理工作做好理论准备。

海洋立法工作有序进行。在完善海洋立法、强化执法监督、梳理涉海法律等方面取得新进展，初步形成了覆盖海洋管理各个领域、门类丰富、功能完备、措施有力的海洋法制工作体系。《海洋基本法》、《深海海底区域资源勘探开发法》列入十二届全国人大立法规划，《海洋环境保护法》通过了全国人大常委会修订，《南极活动管理条例》、《海洋石油勘探开发环境保护管理条例》（修订）列入了国务院立法计划。

海洋行政执法有效开展。组织了非法用海专项整治行动，开展了 2013 年“海盾”专项执法、区域用海专项执法检查、非法围填海疑点疑区排查。在辽宁省、山东省、江苏省、浙江省、福建省、广东省等沿海地区组织海砂开采重点监控区执法试点。建立海岛定期执法巡查制度，组织国家级海洋保护区和海洋工程环境保护执法示范，开展全海域油气勘探开发定期巡航执法检查。海洋行政监督机制不断完善。修订了海洋督察制度，建立了“警示、制止、惩罚”三管齐下的纠错机制。

海洋维权斗争成果持续巩固。积极参与海洋权益工作相关“顶层设计”。针对海上热点问题及时向中央提交应对措施报告。圆满完成维护权益相关任务。完成了我国东海 200 海里以外大陆架部分划界案的陈述报告，组织举办纪念《开罗宣言》发表 70 周年、南海合作与发展等国际研讨会，向国内外宣传我钓鱼岛和南海立场主张。深入开展维权执法专项行动。钓鱼岛海域持续保持有效常态化维权巡航，黄岩岛有效管控。仁爱礁、美济礁海域有效值守。

海洋生态文明建设稳步推进。海洋生态文明制度建设与示范初现成效。在环渤海“三省一市”推行海洋生态红线制度，启动海洋生态评价制度研究，开展海洋生态损害赔偿政策制定并启动相关国标立项程序，印发《海洋生态损害评估技术指南（试行）》。

海洋环境监测监管全面拓展。开展入海污染物总量控制和海洋环境质量考核制度试点。推进海洋工程区域限批制度建设，继续开展西太平洋及我国管辖海域海洋环境放射性监测。完善《海洋工程项目环境影响报告书核准办理指南》，在国家、省、市、县政府网站上予以发布，通报相关建设单位和环评单位，细化了办理流程，规范了行政许可程序。

海洋生态保护与整治修复项目扎实推进。编制《中国海洋生物多样性保护战略与行动计划》。实施遏制海洋生态环境恶化趋势专项规划。制定了海岛整治修复、海洋生态修复项目管理办法与技术指南。

科技兴海力度加大。海洋经济创新发展区域示范顺利实施。启动首批国家海洋高技术产业基地试点，推进国家科技兴海产业示范基地建设。各试点省（市）充分发挥区域优势，创新了金融政策，加强了对海洋经济和产业的支持，总体带动社会资金投入超过 400 亿元，着力于关键技术突破和产业链完善，推动了企业自主创新能力提升。一批海洋公益性科研成果实现产品化、产业化，建成了国内首个太阳能光热海水淡化商业示范项目。

海洋科技专项进展顺利。“全球变化与海气相互作用”专项稳步推进，印发了《海洋可再生能源发展纲要》。成功研制国内首台移动式多能互补海水淡化装置。海洋卫星数据在国内各涉海单位得到广泛应用，同时提供欧洲气象卫星开发组织和法国空间局在业务中使用。

海洋防灾减灾能力不断提升。海洋观测能力持续增强。海洋观测网运行保障能力、观测设施突发故障和灾害应急恢复能力得到大幅提高。海啸预警能力有效提升。成立国家海洋局海啸预警中心，建成海啸预警服务平台，具备了为南海周边国家提供海啸预警服务能力。

海洋预报服务实现突破。完成了全球业务化海洋学预报系统建设和中国近海各海区预报系统的优化，显著提高海洋预警报产品的准确率。海洋预报人机交互业务平台正式颁布使用。海洋灾害应对有序推进。妥善应对了“潭美”、“天兔”、“菲特”等特大风暴潮、海浪灾害。

海洋国际合作领域进一步拓展。海洋合作迎来重要机遇期。签署中南非、中韩、中巴、中泰、中越海洋合作文件。中泰气候与海洋生态联合实验室正式挂牌成立，中冰极光联合观测台开始试运行。成功举办首届中国—东盟海洋合作论坛、首届中—非海洋科技合作论坛等活动。全方位开展海洋外交。首次组团出席西北太平洋海上执法机构合作论坛，建立与周边及海洋大国海上执法合作关系。显著提高《南海及其周边海洋国际合作框架计划》的影响力，成功实施了多个合作项目，合作区域拓展到环印度洋和太平洋。多边机制中的话语权不断提升。成功赢得 APEC 第四届海洋部长会议举办权，牵头编制 APEC 海洋可持续发展报告、蓝色经济合作倡议。亚太区域海洋仪器检测评价中心成功实行试运行。提出的《南中国海海啸预警与减灾系统建设框架方案》获得国际组织批准。

极地大洋科考成果丰硕。极地科考能力建设、战略研究加快推进。实施第 30 次南极科考，开始建设我国第四个南极考察站——泰山站。签署中澳、中泰极地领域合作文件。2013 年 5 月，我国成为北极理事会正式观察员国，进一步优化国际环境。大洋科考、国际海底矿区申请进展顺利。组织开展了第 28、29、30、31 航次的大洋科考，获得大量宝贵的调查资料和样品。大洋 31 航次调查是“蛟龙”号完成 7000 米级海试后执行的首次试验性应用航次。2013 年 9 月，我国首批以中国地名委员会海底地名分委员会名义提交的 10 个海底地名提案全部获得国际组织审议通过，被收入国际海底地名名录。国家深海中心第一期工程开工建设。成功选拔出 6 名潜航员，充实了载人深潜队伍。

海洋宣传文化工作蓬勃开展。2013 年，新华社、《人民日报》、中央电视台、中央人民广播电台、《中国海洋报》等新闻媒体全方位、多角度、深层次地对海洋进行报道，极大地提高了人们对海洋的认识，增强了海洋意识。

党的群众路线教育实践活动富有成效。海洋系统认真落实“中央八项规定”，加大违法违纪案件查处力度。国家海洋局党组针对群众提出的 149 条意见建议，进一步细化整改方案和措施，制定国家海洋局工作规则等 18 项管理制度。

# 综合信息

## 特载

### 中共中央总书记、国家主席、中央军委主席习近平在中共中央政治局第八次集体学习时强调：进一步关心海洋、认识海洋、经略海洋，推动海洋强国建设不断取得新成就

（2013 年 7 月 30 日）

中共中央政治局2013年7月30日下午就建设海洋强国研究进行第八次集体学习。中共中央总书记习近平在主持学习时强调，建设海洋强国是中国特色社会主义事业的重要组成部分。党的十八大作出了建设海洋强国的重大部署。实施这一重大部署，对推动经济持续健康发展，对维护国家主权、安全、发展利益，对实现全面建成小康社会目标、进而实现中华民族伟大复兴都具有重大而深远的意义。要进一步关心海洋、认识海洋、经略海洋，推动我国海洋强国建设不断取得新成就。中国海洋石油总公司副总工程师、中国工程院院士曾恒一，国家海洋局海洋发展战略研究所研究员高之国就这个问题进行讲解，并谈了他们的意见和建议。中共中央政治局各位同志认真听取了他们的讲解，并就有关问题进行了讨论。

习近平在主持学习时发表了讲话。他指出，21世纪，人类进入了大规模开发利用海洋的时期。海洋在国家经济发展格局和对外开放中的作用更加重要，在维护国家主权、安全、发展利益中的地位更加突出，在国家生态文明建设中的角色更加显著，在国际政治、经济、军事、科技竞争中的战略地位也明显上升。

习近平指出，我国既是陆地大国，也是海洋大国，拥有广泛的海洋战略利益。经过多年发展，我国海洋事业总体上进入了历史上最好的发展时期。这些成就为我们建设海洋强国打下了坚实基础。我们要着眼于中国特色社会主义事业发展全局，统筹国内国际两个大局，坚持陆海统筹，坚持走依海富国、以海强国、人海和谐、合作共赢的发展道路，通过和平、发展、合作、共赢方式，扎实推进海洋强国建设。

习近平强调，要提高海洋资源开发能力，着力推动海洋经济向质量效益型转变。发达的海洋经济是建设海洋强国的重要支撑。要提高海洋开发能力，扩大海洋开发领域，让海洋经济成为新的增长点。要加强海洋产业

规划和指导，优化海洋产业结构，提高海洋经济增长质量，培育壮大海洋战略性新兴产业，提高海洋产业对经济增长的贡献率，努力使海洋产业成为国民经济的支柱产业。

习近平指出，要保护海洋生态环境，着力推动海洋开发方式向循环利用型转变。要下决心采取措施，全力遏制海洋生态环境不断恶化趋势，让我国海洋生态环境有一个明显改观，让人民群众吃上绿色、安全、放心的海产品，享受到碧海蓝天、洁净沙滩。要把海洋生态文明建设纳入海洋开发总布局之中，坚持开发和保护并重、污染防治和生态修复并举，科学合理开发利用海洋资源，维护海洋自然再生产能力。要从源头上有效控制陆源污染物入海排放，加快建立海洋生态补偿和生态损害赔偿制度，开展海洋修复工程，推进海洋自然保护区建设。

习近平强调，要发展海洋科学技术，着力推动海洋科技向创新引领型转变。建设海洋强国必须大力发展海洋高新技术。要依靠科技进步和创新，努力突破制约海洋经济发展和海洋生态保护的科技瓶颈。要搞好海洋科技创新总体规划，坚持有所为有所不为，重点在深水、绿色、安全的海洋高技术领域取得突破。尤其要推进海洋经济转型过程中急需的核心技术和关键共性技术的研究开发。

习近平指出，要维护国家海洋权益，着力推动海洋维权向统筹兼顾型转变。我们爱好和平，坚持走和平发展道路，但决不能放弃正当权益，更不能牺牲国家核心利益。要统筹维稳和维权两个大局，坚持维护国家主权、安全、发展利益相统一，维护海洋权益和提升综合国力相匹配。要坚持用和平方式、谈判方式解决争端，努力维护和平稳定。要做好应对各种复杂局面的准备，提高海洋维权能力，坚决维护我国海洋权益。要坚持“主权属我、搁置争议、共同开发”的方针，推进互利友好合作，寻求和扩大共同利益的汇合点。

# 中共中央总书记、国家主席、中央军委主席习近平于南极仲冬节致电慰问中国南极长城站、中山站并各国南极考察站

（2013年6月21日）

2013年6月21日中共，中央总书记、国家主席、中央军委主席习近平致电中国南极长城站、中山站并各国南极考察站，以下为全文：

值此南极仲冬节之际，我谨代表中国政府和人民、并以我个人名义、向辛勤工作、顽强拼搏在南极漫长极夜中的中国南极长城站、中山站的全体考察队员以及在南极地区工作的各国科学家和工程技术人员致以诚挚的问候，祝仲冬节快乐！

几百年来，人类对南极洲的认识经历了从探险时代向科学考察时代的重大转变。随着科学技术迅猛发展，许多国家科技工作者战风斗雪，以坚忍不拔的毅力在这片神奇大陆上开展大范围、多学科、系统化的综合科学考察工作，取得了众多高水平的研究成果。科学考察实践证明，南极地区已不再是游离于人类社会文明之外的神秘冰雪世界，南极地区在应对全球气候变化、促进人类社会可持续发展等方面所起的重要作用，越来越被人们所认识，已成为与我们息息相关的重要区域。开展海洋和极地考

察、探索地球科学奥秘具有重大现实意义。

中国极地考察工作走过了近30个春秋，中国极地考察工作者同各国极地工作者携手合作，取得了许多具有重大科学价值的成果，丰富了人类对极地的认识。

衷心祝贺各国科学工作者在极地科学研究领域取得丰硕成果。希望大家加强合作交流、共同拼搏奋斗，努力为人类和平利用南极作出新的更大贡献！

最后，祝身体健康、工作顺利！

# 中共中央政治局常委、时任国务院副总理李克强通过卫星视频慰问极地、大洋科考队，看望在京队员家属代表，并慰问海监工作人员

（2013年2月7日）

春节将至，中共中央政治局常委、时任国务院副总理李克强2013年2月7日来到国家海洋局，通过卫星视频连线向正在极地和大洋执行任务的科考队员致以节日问候和新春祝福，看望在京队员和队员家属的代表，并慰问海监工作人员。

李克强走进会议室，与大家一一握手、亲切交谈。科考队员家属向他赠送了远方带来的企鹅模型，李克强说，新春佳节是万家团圆的日子，而你们与亲人天各一方，你们的支持与付出是海洋事业的坚强后盾。

通过海事卫星，李克强与南极的“雪龙”船、长城站和中山站进行视频连线。他仔细了解南极科考开展情况，关心队员们的业余生活和节日安排。他说，你们奋战在冰雪极地和远洋风浪中，祖国和亲人十分惦记你们。我代表党中央、国务院向你们致以节日祝福和诚挚问候！

李克强说，每年我们都来给大家送上新春的祝福，这是第五次了，每次来都感受到我国海洋事业、海监工作有新发展、新气象。特别是近年来海洋科考取得了骄人成绩。在极地，我们建立了海拔最高的具有重大科学价值的南极昆仑站，成功由北极高纬度航线穿越北冰洋；在深海，载人深潜突破了7000米大关；在大洋，我们获得了两块国际海底专属矿区。这些成绩的取得，体现了国家综合国力的增强，体现了广大海洋工作者敢于攻坚克难、善于开拓创新的精神。

李克强说，海洋对人类的生存发展至关重要。我国是海洋大国，有辽阔海域，必须高度重视海洋战略。海洋既是能源、资源的巨大宝库，也是地球生态的重要组成部分。我们建设海洋强国，是建设现代化国家的必然要求。要合理开发利用海洋资源，将其海洋生态环境保护，促进蓝色经济持续健康发展。

李克强强调，走向海洋要倡导合作互利的原则，各国只有协调行动、共同开发，才能实现多赢目标。我们要以更加积极开放的姿态，参与和推动国际交流，在海洋科技、海洋环境、防灾减灾和极地事务等领域加强合作，努力使广阔海洋真正成为和平之海、合作之海，既连接彼此，更造福人类。

李克强考察了国家海域动态监视监测管理系统，通过大屏幕观看了全国主要海域使用情况。他强调，对我国所辖海域进行监管，是海监工作的主要职责，要科学整合海上执法力量，强化综合执法。希望你们牢记使命，坚决维护国家海洋权益，守护好我们的每一片海域，规范海域开发使用，在和平合作发展中走向深海、走向大洋、走向极地，实现海洋事业的更大发展。

# 抓住历史契机 奋力再创辉煌

国家海洋局党组书记、局长　刘赐贵

（2013 年 1 月 1 日）

新年的钟声送别了极不平凡的2012年，迎来了充满希望的2013年。值此辞旧迎新之际，我谨代表国家海洋局党组，向海洋战线广大干部职工、离退休老同志，致以新年的祝福和亲切的慰问！向关心、支持海洋事业发展的各级党委政府、有关部门及社会各界致以诚挚的问候和衷心的感谢！

刚刚过去的2012年，是海洋事业顽强奋进、凯歌壮行的一年，在党中央、国务院正确领导下，海洋战线广大干部职工深入贯彻落实科学发展观，紧紧围绕中央各项决策部署，锐意进取，迎难而上，在海洋事业发展的进程中写下了浓墨重彩、精彩纷呈的华丽篇章。

“蛟龙”号创造了同类作业型潜水器下潜深度的世界新纪录；坚决有力应对钓鱼岛、黄岩岛等侵犯我海洋权益事件，取得了阶段性重大胜利；中国正式向联合国大陆架界限委员会提交了《中国东海部分海域200海里以外大陆架划界案》；北极科考首航东北航道；历时8年的全国专项近海资源环境综合调查与评价通过总验收；国家海洋调查船队正式组建；《国家海洋事业发展十二五规划》、《全国海洋功能区划》等一系列政策规划的出台，有力地促进了海洋经济结构调整，推进了海洋产业转型升级，使海洋经济呈现全新发展势头。沿海各地进一步落实规划用海、集约用海、生态用海、科技用海、依法用海的要求，各项工作成效显著，海洋事业实现了跨越式发展。

2012年的成绩来之不易，经验弥足珍贵。凝聚了海洋工作者齐心协力、攻坚克难的心血和汗水，汇聚了方方面面的智慧和力量，我们当发扬光大。

2013年是海洋事业充满机遇的一年。党的十八大提出：“提高海洋资源开发能力，发展海洋经济，保护海洋生态环境，坚决维护国家海洋权益，建设海洋强国。” 这是我们党准确把握时代特征和世界潮流，统筹谋划党和国家工作全局而作出的战略决策，为我国海洋事业的长远发展指明了方向，开辟了广阔的发展空间。

2013年是建设海洋强国的起步之年。开好局、起好步，保持海洋事业又好又快发展，对于全面建设海洋强国至关重要。我们要抓住和用好战略机遇期，在保护海洋生态环境上取得新成果，在发展海洋经济上取得新突破，在维护海洋权益上取得新进展，在服务社会经济发展上取得新成效。

2013年是充满挑战的一年。我们要凝聚各方面的力量，进一步提升服务海洋经济的水平和能力；强化规划和区划的引领作用，促进海洋传统产业改造升级，促进海洋新兴产业发展壮大；坚持“五个用海”的总体要求，推进海洋生态文明示范区建设；完善海洋法律法规，强化海洋综合管理，着力推动海洋科技创新，提高海洋维权执法能力；秉持合作共赢的海洋外交方针，深化拓展双边与地区海洋领域合作，提升我国对国际海洋事务的影响力。加大海洋文化和海洋宣传工作力度，增强全民族的海洋意识，为建设海洋强国提供强大思想动力。

站在新的历史起点上，让我们紧密团结在以习近平同志为总书记的党中央周围，深入贯彻落实党的十八大精神，按照中央的部署和要求，切实履行职责，励精图治，开拓创新，在建设海洋强国的征程上续写新的华章！

# 发展海洋经济 建设海洋强国

国家海洋局党组书记、局长　刘赐贵

（2013 年 1 月 18 日）

《全国海洋经济发展“十二五”规划》（以下简称“规划”）已于2012年9月16日经国务院

批准正式实施，这是继2003年5月我国制定发布的第一个纲领性文件《全国海洋经济发展规划纲要》（以下简称“纲要”）之后，再次推出的新一轮全国海洋经济综合性规划，也是指导“十二五”时期我国海洋经济发展的重要行动纲领。党的“十八大”提出了“提高海洋资源开发能力，发展海洋经济，保护海洋生态环境，坚决维护国家海洋权益，建设海洋强国”的宏观目标，海洋经济对国民经济的贡献率，必将发挥新的重大作用。

**一、充分认识制定和实施全国海洋经济发展规划的重大意义**

2003年5月9日，国务院正式发布《全国海洋经济发展规划纲要》。《纲要》实施以来，我国海洋经济实力显著提升，海洋资源利用趋于合理，海洋生态环境保护取得一定成效，海洋基础设施建设显著改善，发展海洋经济的政策环境有明显好转，海洋科技兴海工作深入推进，海洋事业各项工作成效显著，海洋经济已逐步成为带动东部地区率先发展、构建开放型经济的有力支撑，在加快我国海洋资源的开发利用、促进沿海地区经济合理布局和产业结构调整、促使海洋经济成为国民经济新的增长点中发挥了重要的作用。

2003年以来，各级海洋管理部门以贯彻落实《全国海洋经济发展规划纲要》为契机，积极推进海洋经济管理工作上台阶、出实效，在海洋经济制度建设、组织协调、标准制定等领域取得了显著进展。在《纲要》引领与沿海各级海洋管理部门的共同努力下，我国海洋经济总量持续快速增长，海洋产业结构调整和产业升级步伐明显加快。“十一五”期间，我国海洋经济年均增长13.5%，持续高于同期国民经济增速；以海洋高技术为支撑的海洋新兴产业快速发展，年均增速超过20%。2010年，海洋生产总值近4万亿元，比“十五”期末翻了一番多；海洋生产总值占国内生产总值和沿海地区生产总值比重分别为9.9%和16.1%，较“十五”期末分别提高了0.3个和0.8个百分点；涉海就业人员3350万人。海洋经济已经成为拉动国民经济发展的有力引擎。与此同时，我国海洋产业的国际地位和影响力不断提升。截至2010年底，超过亿吨的港口20余个，货物吞吐量连续7年保持世界第一；海洋油气生产跨入大国行列，2010年海洋油气产量超过5000万吨油当量；造船能力全面提升，2010年造船工业的造船完工量、手持订单量、新承接订单量均居世界第一。

但是，随着世界经济一体化的快速发展和海洋在国家发展战略中的地位愈加重要，国际海洋发展态势波诡云谲，我国海洋经济面临的发展环境日趋复杂。一方面，经济全球化深入推进，国际产业分工和转移加快，为海洋经济进一步拓展新的开放领域和发展空间提供了良好条件；另一方面，受国际金融危机影响，全球经济发展和市场需求仍存在诸多不确定性，各种形式的保护主义抬头，围绕海洋资源的权益争夺将愈演愈烈，地区性摩擦和冲突频发，这些因素对我国海洋经济发展提出了严峻挑战。同时，我国海洋经济发展中不平衡、不协调和不可持续的问题依旧突出，粗放型增长方式尚未根本转变，产业结构和布局不尽合理，自主创新和技术成果转化能力不强，资源与生态环境约束加剧，保障发展的体制机制尚不完善。这些问题都制约着我国在新形势下海洋经济的健康发展和海洋事业的良性运行。

因此，只有认真制定海洋经济发展方略，科学谋划海洋经济发展蓝图，才能够进一步增强海洋经济的可持续发展能力、国际竞争能力和抗风险能力，才能有效地提升海洋经济发展的质量和效益，这对于贯彻落实《中华人民共和国国民经济和社会发展第十二个五年规划纲要》有关精神，提高国民经济综合竞争力，加快转变经济发展方式，全面建设小康社会具有重大的战略意义。

**二、准确把握规划的指导思想和目标要求**

《全国海洋经济发展“十二五”规划》（以下简称《规划》）在总体要求中明确提出要坚持“陆海统筹，联动发展；结构调整，优化发展；生态优先，绿色发展；科技引领，创新发展；国际视角，开放发展”的“五个基本原则”。“五个基本原则”是将科学发展观运用于海洋经济发展与实践的综合体现，并贯穿于海洋经济发展规划始终。具体来看：

一、陆海统筹，联动发展。《规划》将陆海统筹作为编制的重要原则，提出统筹协调陆地与海洋的开发利用和保护，并用“五个统筹”

全面阐述陆海统筹的要求，即统筹陆海资源配置，统筹陆海经济布局，统筹陆海环境整治和灾害防治，统筹陆海开发强度与利用时序，统筹近岸开发与远海空间拓展。“五个统筹”总领全篇，既是《国民经济和社会发展第十二个五年规划纲要》对海洋经济发展的总体要求，也是海洋经济发展规划制定与实施的灵魂。

二、结构调整，优化发展。《规划》将推进结构调整、转变发展方式作为编制的重要原则，就是要通过调整产业结构，优化空间布局，统筹安排各行业用海，进而合理配置生产要素，提高海洋经济发展的质量和水平。《规划》通过调整产业结构和优化区域布局双管齐下，来促进海洋经济发展方式转变，提出改造提升海洋传统产业，培育壮大海洋新兴产业，积极发展海洋服务业，构建层次清晰、定位鲜明的“三圈覆盖的多极三点”区域发展格局。

三、生态优先，绿色发展。《规划》将生态保护优先作为编制的重要原则，体现出海洋经济可持续发展的必然要求和海洋生态文明建设的客观需要。实现生态优先、绿色发展，就是要将生态环境保护作为经济发展的前提条件，加强海洋资源节约集约利用，大力发展海洋循环经济，推进海洋产业节能减排与清洁生产，强化海洋生态环境保护和防灾减灾，不断增强海洋经济可持续发展能力。

四、科技引领，创新发展。《规划》将科技创新作为编制的重要原则，就是要充分发挥科技对经济的支撑和引领作用，通过完善科技创新体系，加强海洋人才培养，改革和创新海洋管理体制，进而提升海洋科技自主创新和成果转化能力，增强海洋经济发展的内生动力和竞争能力。

五、国际视角，开放发展。《规划》将对外开放作为编制的重要原则，就是要继续发挥海洋在我国开放型经济中的载体作用，充分利用“两个市场”、“两种资源”，积极参与经济全球化，继续实施“走出去”战略，进一步扩大双边、多边经贸合作，加快提升海洋经济对外开放水平。

依据指导思想和基本原则，《规划》确立了未来五至十年总体目标，即海洋经济总体实力进一步提升、海洋科技创新能力进一步加强、海洋可持续发展能力进一步增强、海洋产业结构进一步优化、海洋经济调控体系进一步完善。五方面的目标相互联系，有机统一，既反映了科学发展观对海洋经济发展的客观要求，同时也为规划的指导和落实指出了明确的方向。

**三、深入抓好海洋经济发展规划的贯彻实施**

贯彻落实好《全国海洋经济发展“十二五”规划》，需要各有关行业、沿海各地和全社会的共同努力。因此，我们一定要统一思想，提高认识，切实采取措施，认真抓好《规划》的贯彻实施，坚持“规划用海、集约用海、生态用海、科技用海、依法用海”，保障和服务海洋经济的健康发展。具体来说，当前我们要重点做好以下几项工作：

一是开展《规划》学习宣传工作。各级海洋行政主管部门要把认真贯彻国务院关于《规划》的批复精神，把学习、宣传和贯彻《规划》作为指导地方海洋经济工作的一项重要任务，多层次、多渠道、有针对性地做好海洋经济发展规划的宣传和培训工作，大力营造贯彻落实全国海洋经济发展规划的良好社会环境。

二是强化涉海部门间统筹协调和交流合作。国务院各有关部门要加大对海洋经济管理的统筹协调，明确工作分工，落实工作责任。发展改革委、海洋局要会同国务院有关部门积极推进部际联席会议工作机制的建立，加强对海洋经济的指导与调节。要建立健全海洋经济综合管理与协调机制，加强涉海管理部门之间的统筹协调和沟通配合，提高中央与地方海洋经济管理工作的联动性，增强海洋行政管理效能。

三是进一步细化落实《规划》各项政策措施。国务院各有关部门要根据《规划》提出的保障措施，进一步研究并细化促进海洋经济发展的相关政策，以保障规划落到实处。沿海各级人民政府、各级海洋行政管理部门和涉海企事业单位，要深刻理解、准确把握海洋经济规划的目标要求，真正使其成为地方规划海洋经济发展布局、调整海洋经济发展结构、转变海洋经济发展方式的政策指导，并结合各地实际研究制定本地区配套政策措施，制定或修订本地区的海洋经济发展规划，做好与《规划》的衔接，为实现我国海洋经济持续健康协调发展作出积极努力。

四是及时研究解决新情况和新问题。结合《规划》的全面贯彻实施，深入开展海洋经济及宏观经济管理理论、方法和技术手段研究，加强对规划实施过程中的监控、评价与实时反馈，针对在贯彻实施过程中出现的新情况、新问题，加强调查研究，强化政策指导，着力研究解决，确保《规划》的顺利实施。

《全国海洋经济发展“十二五”规划》描绘了“十二五”时期我国海洋经济发展的宏伟蓝图，确立了“十二五”时期以及未来一个时期我国海洋经济发展的目标和要求。随着《规划》的深入贯彻实施，相信我国海洋经济综合实力将显著提高，海洋经济发展空间将不断拓展，海洋产业布局将更为合理，海洋可持续发展能力将不断提升，为海洋强国战略实施提供有力支撑，为中华民族的伟大复兴和永续发展作出贡献。

# 深入贯彻落实科学发展观 开创海洋事业发展新局面

国家海洋局党组书记、局长　刘赐贵

（2013 年 1 月 25 日）

近日，国务院批准并向社会公开发布了《国家海洋事业发展“十二五”规划》（以下简称《海洋十二五规划》），这是继2008年国务院批准的《国家海洋事业发展纲要》实施期满后，对“十二五”期间我国海洋事业各领域科学发展的全面部署和总体规划。《海洋十二五规划》体现了党中央、国务院对海洋事业的高度重视和关心，是国家发改委的有力指导、相关部门的大力支持的硕果，凝聚着海洋工作者及社会各界的心血和期望。《海洋十二五规划》的颁布实施，是对党的十八大提出的“建设海洋强国”战略目标的具体落实，对于全面发展海洋事业，不断提高海洋开发、控制与综合管理能力，维护国家安全和权益、加快经济发展方式转变、促进沿海地区经济社会发展、全面建设小康社会具有重要意义。

**一、 准确把握海洋工作新形势，充分认识《海洋十二五规划》的重大意义**

作为发展中的海洋大国，我国在海洋有着广泛的战略利益。随着经济全球化的发展和开放型经济的形成与深化，海洋作为国际贸易与合作交流的纽带作用日益显现，在提供资源保障和拓展发展空间方面的战略地位更为突出。“十二五”期间，海洋事业发展正处于提升和拓展的关键机遇期。

从国内来看，一是党中央、国务院领导对海洋工作多次做出重要指示，这充分说明海洋在促进国民经济发展和小康社会建设中的重要作用日益突出，在拓展战略发展空间，实现民族伟大复兴进程中的重要地位。二是各部门、各沿海地方政府对海洋事业发展更加关注。很多部门都在把自身职责同海洋事业相结合，寻找工作的着力点和突破点。沿海省市在科学发展海洋经济过程中，更加迫切需要海洋事业发展的宏观指导和服务。三是社会公众的海洋意识越来越强。海洋维权、载人深潜、极地科考等海洋话题，日益成为社会关注的热点，激发了广大公众的爱国热情。同时，对海洋权益维护和海洋环境保护等的关注度日趋增加。中央领导的重视，地方政府的关注，社会公众的热情对如何更好更快地促进海洋事业发展提出了新的更高的要求。

从国际来看，海洋在沿海国家发展与安全战略大局中的地位更加凸显。许多国家已将公海和极地视为战略新疆域和未来发展的空间，正在紧锣密鼓地争夺新的权益或谋划建立新的规则。同时，国际海洋事务的变化也提供了新的合作和发展机遇。联合国倡导的海洋可持续发展的理念不断深入人心，保护海洋环境、发展海洋经济、改善海洋行政管理以及增强可持续利用海洋的能力，已成为当代海洋发展的主要内容。

在不断推动我国海洋事业又好又快发展的过程中，我们也清醒地认识到当前海洋事业还面临许多困难和不足：一是管理难度加大，海洋宏观战略政策与法律法规体系建设还需进一步深化和完善；二是用海矛盾突出，海洋综合管理和服务的理念、方法与措施还有待进一步加强和提高；三是大力发展海洋经济任务艰巨，支撑海洋事业发展的科技创新、防灾减灾和生态环境的改善需进一步加强；四是海洋权益斗争激烈，维护海洋主权和深化国际合作的力度还有待进一步加大。所有这些，都要求我们充分认识《海洋十二五规划》的重大意义，努力推动海洋事业全面协调发展。

**二、认真领会《海洋十二五规划》的目标与要求，扎实做好《海洋十二五规划》的贯彻实施**

《海洋十二五规划》要求以邓小平理论和“三个代表”重要思想为指导，以科学发展为主题，以加快转变经济发展方式为主线，以体制机制创新和科技进步为支撑，坚持陆海统筹，科学利用海洋资源，合理保护海洋生态环境，积极推进海洋经济发展，提高海洋意识，繁荣海洋文化，维护国家海洋权益，参与国际海洋事务，拓展发展空间，全面提高海洋开发、控制和综合管理能力，为建设现代化海洋强国奠定坚实基础。

**（一）《海洋十二五规划》要求坚持“五个用海”和做好“六个衔接”**

“十二五”期间海洋事业发展必须按照“规划用海、集约用海、生态用海、科技用海、依法用海”的总体要求，坚持放眼全球的发展视野、必须坚持陆海统筹的发展格局、必须坚持科技引领的发展方式、必须坚持人海和谐的发展理念、必须坚持综合协调的发展机制，努力做好海域与陆域开发上的定位、规划、布局、资源、环境、防灾等六个方面相衔接，以建设海洋强国为目标，不断深化认知海洋的程度，持续提升利用海洋的水平，全面优化生态海洋的格局，显著增强管控海洋的能力，努力营造和谐海洋的局面作为，从多方面入手，采取切实有效的措施，突出重点、全面推进，力争使我国海洋事业在新的历史起点上实现新跨越。

**（二）《海洋十二五规划》明确海洋事业发展目标**

综合考虑国内外形势的新变化、海洋事业发展基础和战略机遇，《海洋十二五规划》以建设海洋强国为奋斗目标，明确提出了五个方面的目标，一是海洋综合管理能力稳步提高；二是海洋可持续发展能力显著增强；三是海洋公共服务能力明显优化；四是海洋巡航执法能力不断强化；五是海洋科技创新能力大幅提升。“五大目标”相互关联，有机统一，是海洋强国内涵和战略任务的总体反映，强化了规划的指导性和约束性功能，为规划的落实提供了有力抓手。

**（三）《海洋十二五规划》部署了海洋事业发展主要任务**

《海洋十二五规划》明确了海洋资源、环境、生态、经济、权益和安全等方面的重点任务。一是贯彻生态环境保护优先方针，实施污染物排海总量控制，加强近岸重点海域环境综合整治，加大海洋生态监测和环境执法工作力度。二是严格执行海洋功能区划制度，进一步优化海洋开发空间布局，促进海洋开发规模、强度与生态环境承载力相适应，严格围填海及重大建设项目用海管理。三是要加快转变海洋经济发展方式，大力发展海洋循环经济，坚持陆海统筹，积极调整产业结构，培育壮大海洋高新技术产业和文化产业。四是提高海洋公共服务质量和水平，加快海洋信息服务平台建设，完善海洋预报体系，切实增强海洋防灾减灾能力，保障人民生命财产安全。

**三、切实加强组织协调，努力推进海洋工作迈上新台阶**

围绕《海洋十二五规划》的实施，我们要充分认识海洋在发展全局中的战略地位和重要作用，增强紧迫感和忧患意识，强化对海洋事务的统筹协调，加强对海洋经济的宏观调控，加大对海洋事业的支持力度。为此，要重点做好以下各项保障工作。

**（一）进一步分解落实《海洋十二五规划》部署的任务**

加强《海洋十二五规划》的学习和贯彻落实，各沿海地区结合实际情况，将《海洋十二五规划》内容纳入地方经济社会发展规划，并制订实施计划。要坚持陆海统筹、全球视野、服务为本、持续发展、科技创新的原则，有序推进重点项目建设，加快培育适合本地区发展的海洋产业，不断促进产业结构调整和布局优化。同时，要充分考虑地区之间的发展差异和特点，相互支持、相互配合、相互补充、共同推进，形成区域协调发展的格局。

**（二）加强涉海部门之间统筹协调和沟通配合**

国务院各有关部门要加强对《海洋十二五规划》实施的指导和支持，加大对海洋事业的投入力度，进一步落实和完善各项政策措施。推动建立海洋事务高层次协调机制，加强涉海管理部门之间的统筹协调和沟通配合。各级海洋管理部门在推进海洋事业发展的过程中，要加强与发改、财政、环保、农业、交通、科技等部门的密切合作和协调配合，注重提高中央与地方海洋管理工作的联动性，增强海洋行政管理效能。

**（三）切实保障《海洋十二五规划》实施的各项措施到位**

加快研究制定海洋发展战略，完善海洋规划体系，加快事关海洋经济发展、海洋生态环境保护、重点海洋产业培育、海洋科学技术研发转化等方面规划的编制实施，落实配套政策和措施。建立健全规划实施监督检查机制，加强实施情况的跟踪分析和督促检查，适时开展《海洋十二五规划》的实施评估，顺利推进规划实施。要加快制定完善绩效考核体系和具体考核办法，强化对海洋事业发展目标任务完成情况的综合评价考核。

当前，海洋工作已经站在一个新的历史起点上，海洋战线上的全体同志要增强推进海洋事业、建设海洋强国的使命感和责任感，开拓创新，求真务实，攻坚克难，锐意进取，共同推动我国海洋事业实现新突破，为建设海洋强国做出新贡献。

# 守护蓝色家园 共建美丽中国

国家海洋局党组书记、局长　刘赐贵

（2013 年 6 月 3 日）

2013年6月出版的《求是》（期号：2013/11）刊登国家海洋局党组书记、局长刘赐贵的署名文章《守护蓝色家园 共建美丽中国》，全文如下：

党的十八大将生态文明建设纳入中国特色社会主义事业总体布局，要求我们必须尊重自然、顺应自然、保护自然，“给子孙留下天蓝、地绿、水净的美好家园”。海洋生态文明是我国生态文明建设的重要组成部分。维护海洋生态健康，守护蓝色家园，是我们义不容辞的崇高使命。海洋生态文明建设以实现人与自然的和谐发展为宗旨，包含物质生产、社会制度、思想观念三个层面。

**一、维护海洋自然再生产，促进海洋经济绿色发展**

维护自然再生产能力是生态文明建设的首要任务。海洋是由无数个相互联系、相互作用的生态子系统构成的有机整体，具有提供食物原料、调节气候、降解废弃物、控制生物、促进物质循环、保护生物多样性等多种功能。要维护海洋自然再生产能力，必须保持整个海洋生态系统的平衡。我国近岸海域主要包括滨海盐沼、河口、珊瑚礁、红树林、海草床、海岛等生态系统。受陆源污染物长期大量排放及不当开发活动的影响，我国近岸生态系统受损严重，80%生态系统处于亚健康或不健康状态，河口污染严重；滨海湿地累计消失57%，红树林面积丧失73%，珊瑚礁面积减少80%，自然岸线保有率不足40%，许多重要海洋经济生物的产卵场、抚育场、索饵场、洄游通道等被破坏甚至消亡，渔业资源衰退严重。近岸海域生物多样性呈整体下降趋势，生态系统结构失衡，主要服务功能衰退。赤潮、绿潮、溢油、危险化学品泄漏等环境突发事件频发，加剧海洋生态恶化趋势。大量污染物长期排海造成河口生态系统服务功能丧失严重，每年由主要入海河流涌入海洋的污染物达千余万吨。主要河口区水体富营养化的累积效应，使污染海域水体溶解氧降低，海洋生物生存受到威胁，长江口被联合国环境规划署的年度报告列为极难恢复的永久性“近岸死区”，珠江口、浙江近岸海域也列为季节性“近岸死区”。受沿岸地下水过度开采和海平面上升的共同作用，近一半的沿海省份相继出现海岸侵蚀现象，最大入侵距离达30千米。

修复我国近岸受损生态系统是当务之急，须标本兼治。一是实施海岸带、重点海域及典型生态系统的专项整治，扩大海洋自然保护区面积，建立海洋生态文明建设示范区等措施，加快受损生态系统功能的恢复和保护。二是构筑海洋生态安全屏障，尽快建立和实施重点海域主要污染物总量控制制度，有效控制陆源污染物排海总量，建立陆海统筹、河海统筹协调机制，将控制指标落到实处。防控海上溢油等突发事件和赤潮等生态灾害，对重点河口、海区实施最严格的生态环境保护政策，建立生态红线制度。针对跨境污染事件，如对日本福岛核事故造成的污染影响要坚持监测，完善生态环境灾害的应急响应机制，加强信息交流，开展相关国际合作。

要努力形成节约集约的空间开发格局，走绿色发展道路。依据沿海地区海域和陆域资源禀赋、环境容量和生态承载能力，科学规划产业布局，优化产业结构。大力发展海洋生物资源利用、海水淡化与综合利用、节能环保、海洋能开发等海洋新兴产业，发展循环经济和低碳经济，用生态文明理念指导和促进滨海旅游业，促进海洋资源利用效率，促进产业结构升级。

**二、构建系统完备、科学有效的海洋生态文明建设制度体系**

党的十八大指出："保护生态环境必须依靠制度"。我们要把制度建设摆在突出位置，坚持以实践基础上的理论创新推动制度创新，坚持和完善现有制度，及时制定新制度，构建系统完备、科学规范、运行有效的制度体系。生态文明的制度建设是从政治、经济、法律、教育等方面规范和约束人们的行为，协调和解决生态保护中人与人的关系。目前，我国海洋生态文明建设相关的法律法规主要有《海洋环境保护法》、《海域使用管理法》、《海岛保护法》和与之相配套的实施条例和标准等；已确立的有关主要制度有海洋经济发展规划制度、海洋功能区划制度、海域有偿使用制度、重点海域污染物总量控制制度、海洋工程与海岸工程环境影响评价制度等。

建立系统完备、科学有效的海洋生态文明建设制度体系，一是有效实施已有规划和制度。在《全国湿地保护工程"十二五"实施规划》、《重点流域水污染防治规划（2011—2015年）》等规划中，优先实施海洋生态保护和建设的重点项目。在海洋经济发展规划、海洋功能区划、海洋主体功能区规划中，将海洋生态文明建设落到沿海地方经济、社会与文化发展的目标和指标体系，使之得到有序开展。二是修改、补充和完善现有法律法规体系。目前，我国正在对《海洋环境保护法》、《防治海洋工程建设项目污染损害海洋环境管理条例》、《海洋石油勘探开发环境保护管理条例》进行修改，考虑增加海洋工程、海岸工程对海洋生态环境的影响、增加海洋石油勘探油污染损害的生态赔偿条款，实施环境损害赔偿制度等。三是出台海洋生态文明新制度，构建海洋生态评价体系，确立海洋生态功能区划，严格海洋环境准入，建立实施海洋工程区域限批制度。四是重视发挥沿海省市地方政府的作用，完善地方法律法规，支持地方海洋主管部门和环境保护部门联动实施重点海域排污总量控制制度示范，建立污染物陆海一体核查体系，落实海洋环境保护责任。努力形成中央和地方、法律法规、政策措施、管理机制紧密结合的制度体系，为海洋生态文明建设提供保障。

**三、增强全民海洋生态保护意识**

生态文明是不同于农业文明与工业文明的新文明形态，不仅包括生产方式和生活方式的重大变化，还包含思维方式及价值体系的深刻变革。在思维方式上，要摒弃为了工业发展忽略海洋生态问题的思维方式，在发展的同时要考虑到对海洋生态环境的影响；在价值观念上，要破除把经济价值凌驾于社会价值与生态价值之上的工业文明理念，形成爱海、护海的生态文明理念。还要通过各种途径，增强全民海洋生态保护意识。一是加强海洋科普与海洋文化传播，全力提升全民族的海洋意识，宣传海洋绿色发展理念，提升社会各界的海洋生物多样性保护意识。二是在决策层面，学习和领会马克思主义的自然观和历史观，注意理论联系实际，以海洋生态文明的实践创新推动理论创新，提高理论水平和决策能力。三是结合《全国海洋文化发展规划纲要》的实施，将海洋生态文明建设融入沿海地区的文化建设，为海洋生态文明建设营造良好的社会氛围。

# 增进了解 加强合作 共同推动太平洋区域的繁荣与发展

## ——在2013中国太平洋论坛上的致辞

国家海洋局党组书记、局长 刘赐贵

（2013年10月28日）

本次中国太平洋论坛的主题是“和平发展、合作共赢”，关注海洋对太平洋地区繁荣发展的重要影响。对此，我表示高度赞同。

大家知道，中国位于太平洋西岸，不仅是一个陆地大国，同时也是一个海洋大国，拥有漫长的海岸线、众多的岛屿、辽阔的海域和丰富的海洋资源。多年来，随着中国改革开放的深度、广度和强度的不断加大，海洋作为国际贸易与合作交流的纽带作用日益凸显，在提供资源保障和拓展发展空间方面的战略地位更加突出，海洋开发已成为推动我国经济社会持续发展的重要领域。2012年中国海洋经济的规模已经超过5万亿元人民币，在国民经济中的比重接近10%。现在，中国对外贸易运输量的90%是通过海上运输完成的，海洋油气生产也已跨入大国行列，沿海港口货物吞吐量、船舶制造产能以及海水养殖和捕捞等均居世界第一，沿海地区每10个人中就有1人从事涉海行业。

为科学开发海洋资源，努力创造人海和谐的美好环境，推动中国海洋事业可持续发展，实现中华民族伟大复兴的中国梦，中国政府审时度势，系统总结世界主要海洋国家发展海洋事业的经验，准确把握海洋在国际政治、经济、安全和科技中的战略地位，已作出了建设海洋强国的战略部署。中国国家主席习近平先生明确指出，我们坚持走依海富国、以海强国、人海和谐、合作共赢的发展道路，通过和平、发展、合作和共赢方式，扎实推进海洋强国建设。具体举措上，一是要提高海洋资源开发能力，着力推动海洋经济向质量效益型转变；二是要保护海洋生态环境，着力推动海洋开发方式向循环利用型转变；三是要发展海洋科学技术，着力推动海洋科技向创新引领型转变；四是要维护国家海洋权益，着力推动海洋维权向统筹兼顾型转变。

毫无疑问，中国在推动海洋事业发展、建设海洋强国的进程中，必将强化开放的现代海洋发展观，坚持和平发展、合作共赢的理念，主动参与国际海洋事务的交流合作，积极承担相应的国际责任和义务，努力为太平洋地区乃至世界繁荣与发展做出应有贡献。

国家海洋局作为中国海洋事务的行政主管部门，在海洋战略规划、海洋经济发展、海洋综合管理、海洋生态保护、海洋权益维护、海洋科技创新和海洋国际合作等多个方面具有重要职责。经过长期的努力，我国已经初步建立起比较完善的海洋规划体系、法律制度和管理体制。今年，中国全国人大再次授权强化了国家海洋局在海洋综合管理和海洋综合执法等方面的职责。从而为我国实现可持续开发利用海洋资源，统筹保护海洋生态环境，有效维护国家海洋权益等奠定了更为坚实的体制机制保障。

国家海洋局的一项重要职责是，推动海洋事务的国际合作与交流，特别是与太平洋国家的务实合作。多年来，我们不仅建立起与有关国际组织和国家间的机制化合作平台，而且充分利用APEC框架，与太平洋地区有关国家共同确立了蓝色经济的新理念，开拓了有关蓝色经济的合作新领域。最近，中国国务院总理李克强先生在中国与东盟领导人会议上提出了“7+2”的合作框架，其中之一就是稳步推进海上合作，与东盟国家发展海洋合作伙伴关系，共同建设21世纪海上丝绸之路。李克强总理还明确表示，对于南海问题，中国和相关国家有智慧通过双边友好协商化解分歧，保证南海航行自由、安全。我们有能力使南海成为安宁和平之海。

在双边、多边和国际等多个层面，我们将务实推动与周边国家、亚太地区乃至世界其他国家在海洋领域的全方位、多层次合作交流，持续推动相互交流、不断增进彼此互信、努力搭建合作平台，友好合作，同舟共济，共同开发好海洋资源、维护好国际海洋秩序、保护好海洋环境。

2013中国太平洋论坛是由中国太平洋学会联合中国海洋学会以及其他社团共同举办的一次重要学术交流活动，具有多学科交叉、多领域融合的特点，本次论坛将广泛交流大家在太平洋地区政治、经济和海洋开发与安全等多个方面的研究成果，我相信这些交流互动不仅有助于国际社会更加全面地了解中国海洋事业的发展战略和行动举措，同时也有助于我们学习和借鉴世界各国开发利用海洋的创新理念和实践经验。为此，我衷心希望各位专家学者深入探讨海洋对促进太平洋地区各国繁荣发展的重要作用，启迪各方在开发利用海洋的进程中更多地寻找彼此利益共同点和战略契合点，从而为实现本地区的和平发展，合作共赢做出积极贡献。

# 2013 年大事记

**1 月 1 日**，“中国海监 51”船在我国钓鱼岛海域进行例行维权巡航，举行庄严的升国旗仪式。

**1 月 3 日**，国家海洋局举行了赴南极长城站视察慰问政府代表团情况通报会，国家海洋局党组书记、局长刘赐贵会见了赴南极长城站视察慰问的中国政府代表团成员。

**1 月 4 日**，国家海洋局印发《关于简易项目使用无居民海岛审批的意见》。

**1 月 5 日**，《南极考察队管理规定》颁布实施。

**1 月 8 日**，国家海洋局印发《海洋计量工作“十二五”发展规划》。

**1 月 10 日**，全国海洋工作会议在北京隆重召开。中央领导对会议召开及海洋工作作出重要批示。国土资源部党组书记、部长徐绍史出席会议并作重要讲话。国家海洋局党组书记、局长刘赐贵宣读了中央领导的批示，并作了题为《真抓实干 奋发进取为建设海洋强国而努力奋斗》的工作报告。国家海洋局党组成员、副局长陈连增、张宏声、王飞、王宏出席了会议。

**同日**，国家海洋局党组书记、局长刘赐贵与教育部党组书记、部长袁贵仁共同签署了《中华人民共和国教育部与国家海洋局关于设立“中国政府海洋奖学金”项目协议》。教育部和国家海洋局联合设立的“中国政府海洋奖学金”项目正式启动。

**1 月 11 日**，中国海洋发展研究会在北京成立。全国政协副主席罗富和，研究会名誉理事长、国家海洋局局长刘赐贵，研究会理事长、国家海洋局原局长王曙光等出席第一次会员代表大会暨成立仪式，并共同为研究会揭牌。全国政协原副主席宋健、国土资源部部长徐绍史发信致贺。

**1 月 14 日**，中国海洋学会、中国太平洋学会和中国海洋湖沼学会联合组织专家、学者，以投票方式，评选出“2012 年中国海洋十大科技进展”，分别是：“蛟龙”号载人潜水器首次突破 7000 米；中国“歼-15”战斗机成功着陆；起飞“辽宁”舰；中国政府向联合国正式提交了中华人民共和国东海 200 海里以外大陆架外部界限的部分划界案；我国近海资源环境综合调查与评价专项通过总验收；“海洋石油 981”在南海正式开钻；中国极地科考船“雪龙”号首次穿过北极东北航道、由太平洋穿越北冰洋到达大西洋；“科学”号调查船正式交付使用；“海洋二号”卫星实现在轨交付；国家海域动态监视监测管理系统应用无人机实现首航；中国大洋第 26 航次第 5 航段在南大西洋获取 1.2 吨多金属热硫化物样品。

**1 月 16 日**，国家海洋局办公室印发《关于成立国家海洋局无居岛使用项目审核委员会的通知》。

**1 月 17 日**，国家海洋局在京召开近海复杂水体环境的卫星遥感关键技术研究及应用成果评价会。全国政协教科文卫体委员会主任、中国科学院院士徐冠华应邀参加会议。国家海洋局副局长陈连增出席会议并讲话。

**1 月 22 日**，国家海洋局副局长王飞在京会见了交通运输部副部长徐祖远一行，双方就海洋环境保护、海域使用管理、溢油应急处理、建设合作机制等问题进行了交流。

**1 月 22 日**，国家海洋局局长刘赐贵在京会见了澳门特别行政区行政长官崔世安一行。国家海洋局副局长陈连增参加会见。刘赐贵表示国家海洋局将继续一如既往地支持、配合特区政府工作，为进一步促进澳门经济社会各项事业的繁荣与发展做出积极努力。

**1 月 23 日**，国家海洋局发布 2012 年度中国海监“十件大事”，分别是：扎实推进海岛保护执法、扎实推进海岛保护执法、常态化维权巡航钓鱼岛、专项整治渤海海洋环境、全面开展水下文物执法、持续巡航守护黄岩岛、成功组织海砂开采执法试点、开通“12323”举报电话、加速推进执法船舶建设、积极开展“两岸四地”联合执法。

**1 月 24 日**，国家海洋局召开局党组扩大会议。传达学习中共中央总书记、国家主席、中央军委主席习近平在中纪委二次全会上的讲话，以及中共中央政治局常委、中央纪律检查委员会书记王岐山在中纪委二次会议上的工作报告和王岐山同志在中纪委委员学习贯彻党的十八大精神研讨班上的讲话精神。

**1 月 25 日**，国务院批准了《国家海洋事业发展“十二五”规划》，并由国家发改委、国土资源部、国家海洋局联合印发实施。

**1 月 29 日**，国家海洋局在北京组织召开了全国海岛保护规划专家审查委员会会议，来自国家海洋局、国家发改委、解放军总参谋部、交通运输部、环境保护部等部门的 14 名专家委员与会，审查了辽宁省和山东省的《海岛保护规划》，专家委员会一致同意通过审查。

**2 月 6 日**，国务院总理温家宝主持召开国务院常务会议，会议讨论通过了《关于促进海洋渔业持续健康发展的若干意见》。

**2 月 7 日**，中共中央政治局常委、国务院副总理李克强来到国家海洋局，通过卫星视频连线慰问极地、大洋科考队员和海监工作人员，随后特意请国家海洋局党组书记、局长刘赐贵转达他对全国海洋系统工作人员的亲切问候。

**同日**，国家海洋局下发《关于加强海洋工程建设项目环境影响评价公示工作的通知》。

**2 月 10 日**，温家宝、李克强等国务院领导在国土资源部《关于开展海洋灾害风险评估和区划有关工作的请示》上批示，同意由国家海洋局牵头推进海洋灾害风险评估和区划工作。

**2 月 22 日**，国家发改委发布《关于组织实施 2013 年海洋工程装备研发及产业化专项的通知》。

**同日**，海南省政府办公厅出台《关于金融支持海洋经济发展的指导意见》。

**2 月 25 日**，国家海洋局宣传教育中心与中国文物信息咨询中心联合开展的全国珍贵海洋文物研究项目圆满完成。

**2 月 26 日**，国家海洋局召开新闻发布会，发布了《2012 年中国海洋经济统计公报》。

**同日**，国家海洋局发布了《2012 年中国海洋灾害公报》和《2012 年中国海平面公报》。

**2 月 27 日**，我国首艘航空母舰“辽宁”舰首次靠泊青岛某军港，标志着我航母军港已具靠泊保障能力。

**3 月 1 日**，国家海洋局在京召开 2013 年局党组务虚会，总结分析我国在推进海洋强国建设进程中所取得的经验、面临的机遇以及挑战，对建设海洋强国进行研讨，集思广益，讨论建设海洋强国的时间表、路线图和具体措施。国家海洋局党组书记、局长刘赐贵主持务虚会并作重要讲话。国家海洋局党组成员、副局长陈连增、张宏声、王飞、王宏，局党组成员、纪委书记吕滨，局党组成员、人事司司长房建孟，局总工程师、中国海监总队党委书记、常务副总队长孙书贤出席会议并发言。

**3 月 5 日**，国家海洋局批准山东省威海市、日照市、长岛县，浙江省象山县、玉环县、洞头县，福建省厦门市、晋江市、东山县，广东省珠海横琴新区、南澳县、徐闻县为首批国家级海洋生态文明建设示范市、县（区）。

**3 月 3 日**，国家海水淡化产业联盟——黄渤海产业联盟和东南海产业联盟正式成立。

**3 月 4 日**，“海巡 31”船的海事直升机“B7778”巡视了东门礁附近通航环境、通航秩序，完成对东门礁附近水域的空巡监管任务。这是中国海事直升机首次对南海水域进行巡航监管。

**同日**，国家海洋局印发《国家海洋局关于完善国家海洋局直接受理项目用海审查工作有关问题的通知》。

**3 月 5 日**，正在参加“两会”的中共中央政治局常委、国务院副总理李克强下午来到他所在的山东代表团参加审议并指出，山东是海洋大省，发展海洋经济潜力巨大，要统筹陆海发展，合理开发利用海洋资源，维护海洋权益，推进国际合作，使蓝色经济成为区域开发新的增长点。

**3 月 6 日**，随着地球物理重磁力测线工作结束，中国第 29 次南极考察队大洋考察历时 25 天半，圆满完成了南大洋考察任务。

**3 月 10 日**，在第十二届全国人大一次会议第三次全体会议上，根据提请全国人大会议审议的《国务院机构改革和职能转变方案》，国务院拟重新组建国家海洋局。

**3月13日**，国家海洋局印发《关于公布海岛保护利用规划编制单位推荐名录的通知》和《关于成立国家无居民海岛使用项目第二届专家评审委员会的通知》。

**3月14日**，国家海洋局印发《关于公布无居民海岛使用论证推荐单位名单的通知》和《关于公布海岛使用金评估推荐单位名单的通知》。

**3月15日**，国家海洋局在京召开重组国家海洋局视频动员会。国家海洋局党组书记、局长刘赐贵出席会议并讲话。国家海洋局党组成员、副局长陈连增主持会议，局党组成员、副局长张宏声、王飞、王宏，局党组成员、纪委书记吕滨，局党组成员、人事司司长房建孟，局总工程师、中国海监总队常务副总队长孙书贤出席会议。

**3月18日**，国家海洋局召开干部大会，中共中央组织部副部长王尔乘受中央领导同志委托，宣布了中共中央关于重新组建的国家海洋局领导班子调整配备的决定。中央决定，刘赐贵担任国家海洋局党组书记，孟宏伟担任国家海洋局党组副书记，并继续兼任公安部党委委员、副部长，正部长级，陈连增、张宏声、王飞、王宏任国家海洋局党组成员，吕滨任国家海洋局纪委书记、党组成员，房建孟任国家海洋局党组成员。国土资源部党组书记、部长姜大明出席会议并讲话。国家海洋局党组书记刘赐贵主持会议并讲话，国家海洋局党组副书记孟宏伟讲话。

**3月19日**，国务院任命重新组建的国家海洋局领导班子，刘赐贵为国家海洋局局长、中国海警局政委，孟宏伟为国家海洋局副局长、中国海警局局长，陈连增、张宏声、王飞、王宏为国家海洋局副局长。

**3月21日**，国家海洋局党组召开扩大会议，传达国务院第一次全体会议精神、学习领会中共中央政治局常委、国务院总理李克强的重要讲话以及中共中央政治局常委、国务院副总理张高丽关于国土资源和海洋工作的重要讲话精神。国家海洋局局长刘赐贵主持会议并发表讲话，局党组成员出席会议。

**3月22日**，2013年亚太经合组织海洋可持续发展中心管理委员会（APEC海洋中心管委会）会议在北京召开。

**3月26日**，国家海洋局局长刘赐贵出席了国家主席习近平对南非进行的国事访问活动，在习近平主席与南非总统祖马的见证下，刘赐贵与南非水资源与环境部部长莫莱瓦共同签署了《中华人民共和国政府与南非共和国政府海洋与海岸带领域合作谅解备忘录》。

**3月30日**，中国海洋工程咨询协会理事会一届四次会议在京召开。咨询协会名誉会长、十一届全国人大常委会副委员长、民革中央原主席周铁农，国家海洋局党组书记、局长刘赐贵，咨询协会常务副会长、国家海洋局党组成员、副局长王宏，咨询协会常务理事、国家海洋局党组成员、人事司司长房建孟等领导出席开幕式，并为2012年度海洋工程科学技术奖获得者颁发证书。刘赐贵发表了重要讲话，咨询协会会长孙志辉主持开幕式，并宣布刘赐贵出任咨询协会名誉会长。会议同时举办了三沙建设发展与海洋工程技术交流会。

**3月31日**，中国第29次南极科考队员乘坐的“雪龙”号极地考察船由望加锡海峡穿越赤道，返回北半球。

**4月8—9日**，根据中美战略和经济对话框架下的有关共识，中美外交和海洋问题专家在美国加利福尼亚州的阿拉米达市举行了第4轮中美海洋法和极地事务对话。双方就海洋、海洋法和极地等领域的问题进行了广泛讨论，内容丰富、成果丰硕。

**4月9日**，中国第29次南极科学考察队历时156天，总航程2.9万余海里，4次成功穿越西风带，其中冰区航行6000余海里，并首次到达南纬75°7′12″，开创了我国船舶航行最南纬度地区新纪录，创下了中国南极考察史上的多个第一，圆满完成53项科考和后勤保障项目，乘坐“雪龙”号极地考察船凯旋。国家海洋局局长刘赐贵、上海市副市长姜平、国家海洋局副局长陈连增等领导亲临上海中国极地考察国内基地码头迎接。

**4月8—10日**，中共中央总书记、国家主席、中央军委主席习近平在海南考察时强调，海南作为全国最大经济特区，后发优势多，发展潜力大，要以国际旅游岛建设为总抓手，闯出一条跨越式发展路子来，争创中国特色社会主义实践范例，谱写美丽中国海南篇章。

**4月16日**，中国政府发布了首部专题型国防白皮书——《中国武装力量的多样化运用》。白皮书指出，维护国家海洋权益，是人民解放军的重要职责，这是中国国防白皮书将“维护海洋权益”首次单独成章介绍。

**4月17日**，冰岛总理约翰娜•西于尔扎多蒂访问了中国极地研究中心，并见证了中国极地研究中心与冰岛 Marorka 公司签署《共同开发提高船舶能源效率和减少废气排放技术的合作备忘录》。

**4月22日**，科学技术部、国家科学技术奖励办公室正式批准设立海洋科学技术奖，该奖由中国海洋学会、中国太平洋学会和中国海洋湖沼学会联合设立，中国海洋学会承办。

**5月10日**，国家海洋局下发关于表彰2012年中国海监维权执法和海洋权益维护先进集体及先进工作者的决定，共有19个集体和45名个人获表彰。

同日，“蛟龙”号载人潜水器试验性应用工作领导小组成立暨第一次会议在京召开。国家海洋局副局长王飞出席并讲话。

**5月11日**，中越双边合作指导委员会第六次会议在北京举行。中方主席、国务委员杨洁篪在与越方主席、越南副总理阮善仁共同主持会议时指出，中越双方应用好相关谈判和对话机制，有效管控和妥善处理南海分歧，加强海上合作。

**5月13日**，国家海洋局局长刘赐贵在京会见了印度尼西亚海洋与渔业部部长沙立夫•苏达卓一行，双方就深化中印尼海洋领域间的合作交换了意见。

**5月17日**，中共中央总书记、国家主席、中央军委主席习近平在北京人民大会堂会见载人深潜先进单位和先进工作者代表。习主席代表党中央、国务院，向胜利完成“蛟龙”号载人深潜海试任务的广大科技工作者、干部职工表示热烈祝贺和诚挚问候，勉励大家团结拼搏、开拓奋进，推动我国海洋事业不断取得新突破，为建设海洋强国做出更大成绩。中共中央政治局常委、国务院总理李克强，中共中央政治局常委，中央书记处书记刘云山，中共中央政治局常委、国务院副总理张高丽参加会见。

同日，人力资源社会保障部、国家海洋局在北京人民大会堂举行中国载人深潜表彰大会，隆重庆祝我国7000米级载人潜水器研制和海试圆满成功，表彰载人深潜英雄集体、载人深潜英雄以及“蛟龙”号载人潜水器7000米级海试先进集体和先进个人。国土资源部党组书记、部长姜大明出席表彰大会并发表重要讲话。国家海洋局党组书记、局长刘赐贵主持大会。

**5月20日**，国家海洋局党组书记、局长刘赐贵主持召开了局党组会议，传达学习了中央领导同志在接见中国载人深潜先进集体和先进个人代表时的重要指示精神，并就如何贯彻落实进行了研究部署。

**5月22日**，国家海洋局局长刘赐贵出席了国务院总理李克强对巴基斯坦的访问活动。在李克强总理与巴基斯坦总统扎尔达里的见证下，刘赐贵与巴基斯坦科技部常务秘书塔拉尔共同签署了《中华人民共和国国家海洋局与巴基斯坦伊斯兰共和国科技部海洋科技合作谅解备忘录》。

**5月28日**，国家海洋局局长刘赐贵在京会见了来华访问的坦桑尼亚桑给巴尔总统阿里•默罕默德•谢因，并同桑给巴尔财政、经济和发展计划国务部长奥马尔•优素福•姆泽共同签署了《中国国家海洋局与桑给巴尔畜牧与渔业部海洋领域合作谅解备忘录》。

**6月8日**，2013世界海洋日暨全国海洋宣传日庆祝大会暨年度海洋人物颁奖仪式在辽宁省锦州市隆重举行。国家海洋局局长刘赐贵、辽宁省副省长邴志刚、锦州市市长刘凤海以及联合国海洋协调官、联合国开发计划署水与海洋项目负责人哈德森出席活动并致辞。

**6月10日**，“向阳红09”船搭载着“蛟龙”号载人潜水器从江苏江阴起航，奔赴南海和太平洋执行首个试验性应用航次任务。国家海洋局党组书记、局长刘赐贵，江苏省委常委、无锡市委书记黄莉新，江苏省副省长徐鸣出席起航仪式。

**6月14日**，由全球环境基金资助、联合国粮农组织执行、国家海洋局具体实施的中国典型河口生物多样性保护修复和保护区网络化建设示范项目国家指导委员会第一次会议在广州召开。

**6 月 21 日**，南极仲冬节之际，中共中央总书记、国家主席、中央军委主席习近平致电慰问中国及各国考察站。国家海洋局局长刘赐贵致信中国南极长城站和中山站默默坚守的 40 名全体越冬考察队员，希望他们认真学习领会贯彻习近平仲冬节慰问电的精神，并鼓励他们用实际行动实现建设海洋强国目标，为和平利用南极不断做出新的贡献。

**6 月 21 日**，国家海洋局召开了党组扩大会议，传达学习中共中央总书记、国家主席、中央军委主席习近平，中共中央政治局常委、中央书记处书记刘云山，中共中央政治局委员、中央组织部部长赵乐际在党的群众路线教育实践活动工作会议上的重要讲话精神。

**6 月 22 日**，中国海事旗舰船“海巡 01”轮顺利抵达澳大利亚悉尼花园岛港口，开启了我国海事公务船的首次跨洋出访活动。

**6 月 25 日**，国家海洋局安全生产工作会议在北京召开，会议传达了国务院副总理马凯在全国安全生产电视电话会议上的讲话。

**6 月 26 日**，国家海洋局局长刘赐贵和政府间海洋学委员会执行秘书温迪•莱特分别代表国家海洋局和政府间海洋学委员会，签署了《中华人民共和国国家海洋局和联合国教科文组织/政府间海洋学委员会谅解备忘录》。

**同日**，国家海洋局海岛管理司评审通过了我国首个领海基点保护范围选划报告——《莺歌嘴领海基点保护范围选划报告》，标志着我国领海基点保护范围选划工作拉开序幕。

**6 月 27 日**，在国家主席习近平和韩国总统朴槿惠的见证下，国家海洋局局长刘赐贵与韩国海洋水产部部长尹珍淑在人民大会堂签署了《中华人民共和国国家海洋局和大韩民国海洋水产部海洋科学技术合作谅解备忘录》。该备忘录的签署标志着两国将加强 海洋科学、海洋技术和海洋政策等领域的紧密合作。

**同日**，国家海洋局党组书记、局长刘赐贵应邀在中共中央党校报告厅作了题为《坚决维护我国的海洋权益》的专题报告。

**6 月 28 日**，“蛟龙”号试验性应用航次在海山区的首次工程性下潜顺利完成，下潜最大深度达到 3906 米，这是该航次“蛟龙”号下潜的最大深度。

**7 月 3 日**，财政部和国家海洋局联合印发了《财政部、国家海洋局关于调整海域使用金免缴审批权限的通知》，进一步规范海域使用金免缴审批程序。

**7 月 9 日**，中国政府网公布了经国务院批准的《国家海洋局主要职责内设机构和人员编制规定》。按照《规定》，国家海洋局将加强海洋综合管理、生态环境保护，加强海上维权执法，统一规划、统一建设、统一管理、统一指挥中国海警队伍，维护海洋秩序和海洋权益。

**7 月 9—12 日**，第五届东亚海环境管理伙伴关系计划（PEMSEA）理事会会议在菲律宾马尼拉召开。来自中国、柬埔寨、印度尼西亚、日本、韩国等在内的 11 个国家成员代表以及联合国开发计划署、东盟生物多样性中心、国际海洋学院、海岸带管理中心等 15 个非国家成员代表出席了会议。

**7 月 10 日**，“蛟龙”号载人潜水器顺利完成了第 62 次下潜，至此“蛟龙”号试验性应用航次（中国大洋第 31 航次）南海区的作业任务圆满完成。

**7 月 12 日**，国家海洋局在北京召开了强台风“苏力”应急工作汇报会议。国家海洋局局长刘赐贵出席会议，并对灾害防御工作作出部署。

**7 月 15 日**，国家海洋局召开了载人深潜精神报告会。“蛟龙”号 7000 米级海试与试验性应用航次总指挥刘峰，党的十八大代表、载人深潜英雄、“蛟龙”号载人潜水器潜航员付文韬，“向阳红 09”船船长陈存本分别作了报告，与大家分享了“蛟龙”号的海试经历。

**7 月 16 日**，“蛟龙”号试验性应用航次（中国大洋 31 航次）第一航段成果报告会在“向阳红 09”船会议室召开。国家海洋局副局长、中国大洋矿产资源研究开发协会理事长王飞，中国科学院院士汪品先等特邀专家到会听取了成果汇报。

**7 月 18 日**，国家海洋事业发展高级咨询委员会第三次会议在北京召开，中共中央政治局原委员、国务院原副总理、高咨委总顾问曾培炎出席会议并讲话。第十一届全国人大常委会副委员长、高咨委主任周铁农主持会议。高咨委副主任朱文泉，委员胡彦林、孙文盛、徐冠华、汪啸风、陈明义、周守为、刘楠来、金灿荣出席会议。国家海洋局党组书记、局长刘赐贵出席会议并作汇报。

**7月19日**，“向阳红09”船搭载着“蛟龙”号载人潜水器从厦门国际邮轮中心码头起航，奔赴太平洋执行“蛟龙”号试验性应用航次（中国大洋第31次航次）第二、三航段任务。国家海洋局党组书记、局长刘赐贵，福建省委常委、厦门市委书记王蒙徽，厦门市委副书记、市长刘可清，厦门市人大常委会主任郑道溪，厦门市政协主席陈修茂以及国家海洋局党组成员、副局长王飞等领导冒雨到码头送行。

**7月19日**，国际海底管理局理事会核准了中国大洋矿产资源研究开发协会在2012年提出的富钴结壳矿区申请。这是《国际海底区域富钴结壳资源探矿与勘探规章》出台后，国际海底管理局首次核准勘探申请之一。

**7月22日**，由亚太区域海洋仪器检测评价中心主办的第三届亚太区域海洋仪器检测技术培训研讨会在天津举行。国家海洋局副局长、亚太区域中心管理委员会主任王飞，天津市政府副秘书舒长云出席了开幕式。来自世界气象组织综合观测与信息系统司司长张文建，政府间海洋学委员会项目主管托马斯•格罗斯，海洋学和海洋气象学技术联合委员会观测协调小组副主席大卫•梅尔德伦出席了培训研讨会。

**7月29日**，国家海洋局在京召开了党的群众路线教育实践活动领导小组会议，国家海洋局党组书记、局长刘赐贵在会上传达了中央领导讲话和中央督导组工作会议精神，并就学习贯彻会议精神提出要求。

**7月30日**，中泰两国签署了《中国国家海洋局极地考察办公室与泰国国家科学技术发展局南极合作谅解备忘录》，双方就极地领域的合作与交流达成了一致。

**同日**，中共中央政治局就建设海洋强国研究进行第8次集体学习。中共中央总书记习近平在主持学习时强调，建设海洋强国是中国特色社会主义事业的重要组成部分。党的十八大作出了建设海洋强国的重大部署。实施这一重大部署，对推动经济持续健康发展，对维护国家主权、安全、发展利益，对实现全面建成小康社 会目标、进而实现中华民族伟大复兴都具有重大而深远的意义。要进一步关心海洋、认识海洋、经略海洋，推动我国海洋强国建设不断取得新成就。

**7月31日**，国家海洋局在京召开了党组扩大会议，国家海洋局党组书记、局长刘赐贵在会上传达了中央政治局第8次集体学习会议精神和中央领导的重要讲话，就学习贯彻落实会议和讲话精神进行部署，并对工作重点作出安排。

**8月2日**，国家海洋局党组下发《关于认真学习贯彻习近平总书记在中央政治局第8次集体学习时的重要讲话的通知》。

**8月5日**，国务院印发了《船舶工业加快结构调整促进转型升级实施方案（2013—2015年）》，明确今后3年我国船舶工业发展的七大任务。

**8月8日**，“蛟龙”号载人潜水器在位于东北太平洋我国多金属结核勘探合同区详细勘察区进行试验性应用航次（中国大洋第31航次）第二航段首次下潜——工程下潜，9日开展了试验性应用航次（中国大洋第31航次）第二航段首次应用下潜。国家海洋局第二海洋研究所、海洋生物学家王春生随“蛟龙”号下潜至最大深度5268米，成为我国第一位在大洋乘坐“蛟龙”号下潜的科学家。

**同日**，中国驻日大使馆临时代办韩志强会见了日本外务省亚洲大洋洲局局长伊原纯一，就日本右翼分子非法进入中国领海、侵犯中国主权提出严正交涉，表示强烈抗议，要求日方所有船只立即撤出相关海域，并防止再次发生类似事件。

**8月11日**，经过62天的航行，中国海事旗舰船“海巡01”轮圆满结束对澳大利亚、印度尼西亚等4国5港的访问，缓缓靠泊在上海国客中心码头，总航程达1.4万海里。这是中国海事公务船首次穿越赤道访问南半球国家，也是海事公务船首次跨洋出访多个国家。

**8月12日**，国家海洋局党组书记、局长刘赐贵，国家海洋局党组成员、副局长、中国大洋协会理事长王飞通过视频连线，慰问了刚刚完成“蛟龙”号试验性应用航次（中国大洋第31航次）第二航段第3次下潜任务的全体队员。

**同日**，“蛟龙”号在东北太平洋我国多金属结核勘探合同区“魏源海山”进行试验性应用航次（中国大洋第31航次）第二航段第4次下潜时，造访了面积约300平方千米的海山，这是迄今为止“蛟龙”号到过的面积最大的海山。

**8月13日**，2013年第11号台风“尤特”应急部署工作会在京举行。国家海洋局副局长王宏出席会议并作工作部署。

**8月18日**，国家海洋局在京组织召开了专题会议，集中学习贯彻中央政治局第8次集体学习会议精神。国家海洋局党组书记、局长刘赐贵出席会议并发表重要讲话，国家海洋局党组副书记、副局长、中国海警局局长孟宏伟主持会议。国家海洋局党组成员等出席会议。

**8月21日**，国家海洋局在北京召开了台风“潭美”应急部署工作会，国家海洋局副局长王宏出席会议并作工作部署。21日16时，国家海洋预报台发布海浪、风暴潮红色警报，这是2013年我国首次同时发布海浪和风暴潮的最高级别警报。

**8月23日**，“雪龙”船恢复性维修改造项目中所有坞内工程全部完成，进入全面调试阶段。

**8月28—31日**，中共中央总书记、国家主席、中央军委主席习近平到辽宁考察，在考察大连船舶重工集团海洋工程有限公司时，习近平强调，海洋事业关系民族生存发展状态，关系国家兴衰安危，要顺应建设海洋强国的需要，不断提高海洋开发能力。

**9月2日**，交通运输部发布了《交通运输部办公厅关于促进航运业转型升级健康发展的若干意见》。

**9月4日**，“蛟龙”号在位于西北太平洋中国大洋矿产资源研究开发协会富钴结壳勘探合同区采薇海山区，进行了试验性应用航次（中国大洋第31航次）第三航段首次下潜——工程下潜。

**9月9日**，农业部办公厅印发了《关于进一步加强远洋渔船更新建造管理工作的通知》。

**同日**，“蛟龙”号载人潜水器在西北太平洋中国大洋矿产资源研究开发协会富钴结壳勘探合同区采杞海山区南侧，开展了试验性应用航次（中国大洋第31航次）最后一次下潜作业，首次取得藤壶样品。国家海洋局党组书记、局长刘赐贵通过视频连线慰问了在“向阳红09”船上的全体科考队员。

**同日**，联合国教科文组织政府间海洋学委员会太平洋海啸预警与减灾系统政府间协调组第25届大会在俄罗斯海参崴召开。会议决定，批准由中国提交的《南中国海海啸预警与减灾系统建设框架方案》，同意由中国国家海洋环境预报中心（国家海洋局海啸预警中心）牵头建设联合国教科文组织政府间海洋学委员会南中国海区域海啸预警中心。中国香港天文台高级科学主任莫庆炎先生被推选为南中国海区域海啸工作组主席。

**同日**，北太平洋地区海岸警备执法机构论坛第14届高官会在俄罗斯符拉迪沃斯托克召开。应主办方俄罗斯联邦安全总局的邀请，国家海洋局副局长、中国海警局局长孟宏伟率团出席。

**9月10日**，国家海洋局局长刘赐贵在北京会见了来访的斯里兰卡国防与城市发展部常务秘书长戈塔巴雅•拉贾帕克萨，就加强中斯海洋领域的合作进行了交流。

**9月11日**，亚太经济合作组织（APEC）环太平洋海洋空间规划高级培训班在厦门开班。来自中国、美国、澳大利亚、韩国、泰国、马来西亚、菲律宾、印尼、智利、中国香港、中国台北和越南等12个APEC经济体的40余位学员参加了培训。同时，德国、马达加斯加两个非APEC经济体也派出学员参加此次培训。

**同日**，国家海洋局副局长陈连增在北京会见了朝鲜气象水文局副局长刘凤哲一行，就加强中朝两国海洋领域的务实合作进行了交流。

**9月12日**，国家海洋局局长刘赐贵在北京会见了澳大利亚塔斯马尼亚州州长莱拉•吉丁斯。双方签署了《中国国家海洋局与塔斯马尼亚州政府关于南极门户合作的谅解备忘录》。

**9月16日**，大洋海底地理实体命名体系方案专家审议会议在青岛召开，来自国家海洋局、国土资源部咨询研究中心、中国科学院海洋研究所、民政部地名研究所、广州海洋地质调查局等单位共20位专家参与了此次审议会。

**同日**，第16届中国（象山）开渔节开幕式暨开船仪式在浙江象山石浦港举行。由浙江省政府和国家海洋局主办的第9届中国海洋论坛在浙江象山举行。

**9月18日**，“蛟龙”号试验性应用航次科考队召开了总结表彰大会，对“蛟龙”号试验性应用航次第二、三航段及整个航次表现突出的个人和团队进行了表彰。

**9 月 19 日**，国家海洋局召开了“天兔”风暴潮、海浪灾害防御工作部署会。国家海洋局党组成员、副局长王宏宣布，正式启动海洋灾害一级应急响应，并要求各相关单位按照要求开展海洋灾害防御工作。

**10 月 11 日**，在中国国务院总理李克强和泰国总理英拉的见证下，中国外交部部长王毅代表中方与泰国自然资源与环境部部长威切•格森通西签署了《中华人民共和国国家海洋局与泰国自然资源与环境部海洋领域合作五年规划（2014—2018 年）》。

**10 月 13 日**，在中国国务院总理李克强和越南总理阮晋勇见证下，中国外交部副部长刘振民代表中方，与越南自然资源与环境部副部长朱范玉显签署了《中华人民共和国国家海洋局与越南社会主义共和国自然资源与环境部关于开展北部湾海洋及岛屿环境综合管理合作研究的协议》。

**10 月 15 日**，由导弹驱逐舰“兰州”舰、导弹护卫舰“柳州”舰和综合补给舰“鄱阳湖”舰组成的舰艇编队顺利通过麦哲伦海峡，抵达海峡东部出口引水点。这是中国海军舰艇编队首次航经麦哲伦海峡。

**10 月 24 日**，主题为“和平发展、合作共赢”的“2013•中国太平洋论坛”在北京开幕。原国务委员、全国政协原副主席、中国太平洋学会顾问宋健，全国人大常委会原副委员长、中国太平洋学会顾问成思危，国家海洋局党组书记、局长刘赐贵等领导出席论坛开幕式。

**11 月 5 日**，国务院新闻办公室举行《中国应对气候变化的政策与行动 2013 年度报告》新闻发布会。

**11 月 6 日**，2013 中国•青岛蓝色经济发展国际高峰论坛在青岛开幕。新华（青岛）国际海洋资讯中心联合国家金融信息中心指数研究院发布了《新华海洋发展指数报告（2013）》。这一指数是我国首次向全球发布的海洋发展指数。

**11 月 7 日**，“雪龙”号极地科学考察船载着中国第 30 次南极科学考察队员，从上海中国极地考察国内基地码头出发，奔赴南极执行为期 155 天的科学考察任务。国家海洋局党组书记、局长刘赐贵在欢送仪式上致辞，向此次科考队领队、临时党委书记、首席科学家刘顺林授队旗，并下达出征令。上海市人民政府副市长蒋卓庆出席并致辞，国家海洋局党组成员、副局长陈连增主持欢送仪式。

**11 月 8 日**，以“发展蓝色经济——机遇•合作•共赢”为主题的 2013 厦门国际海洋周开幕，作为海洋周重要活动之一的厦门国际海洋论坛同期举行。国家海洋局局长刘赐贵、毛里求斯副总统贝勒波出席论坛开幕式并致辞，厦门市市长刘可清主持开幕式。

**同日**，发展中国家海洋合作高层论坛暨第三届发展中国家海洋可持续发展部长论坛在厦门市举行。国家海洋局副局长陈连增、厦门市政协副主席潘世建、柬埔寨环境部部长萨默尔•赛伊出席论坛并讲话。

**同日**，国家深海基地在青岛即墨市鳌山卫镇举行奠基仪式，标志着该基地建设正式启动。国家海洋局副局长王飞、青岛市副市长徐振溪参加奠基仪式。

**11 月 12—13 日**，国家海洋局先后召开了局党组会议和局党组扩大会，传达学习党的十八届三中全会精神。国家海洋局党组书记、局长刘赐贵传达了习近平总书记的重要讲话、《中共中央关于全面深化改革若干重大问题的决定》的有关说明及决定讨论稿的主要内容。

**11 月 27 日**，国家海洋局海啸预警中心在北京挂牌成立，标志着我国海啸预警业务工作进入一个崭新的发展阶段。国家海洋局党组书记、局长刘赐贵出席会议并考察了海啸预警中心业务平台。国家海洋局党组成员、副局长王宏出席了会议。

**11 月 28 日**，广西壮族自治区十二届人大常委会第七次会议通过《广西壮族自治区海洋环境保护条例》。这是广西第一部规范海洋环境保护的地方性法规。

**同日**，《河北省海岸线保护与利用规划（2013—2020 年）》经河北省政府批准实施。

**11 月 29 日**，国际海底地名分委会第 26 次会议在日本东京召开，会上中国首次以中国地名委员会海底地名分委会名义提交的 10 个海底地名提案全部获得审议通过，被收入国际海底地名名录。

**12 月 3 日**，国家海洋局局长刘赐贵与国家旅游局局长邵琪伟共同签署了《关于推进海洋旅游发展的合作框架协议》。

**12 月 9 日**，国家海洋局召开了党的群众路线教育实践活动专项整治汇报会。国家海洋局党组书记、局长、党的群众路线教育实践活动领导小组组长刘赐贵，中央第 30 督导组组长吴定富出席会议并讲话。

**12 月 10 日**，我国第二批深海载人潜水器潜航员学员选拔新闻发布会在国家海洋局召开。国家海洋局新闻发言人石青峰宣布了选拔结果：刘晓辉、齐海滨、杨一帆、张奕、陈云赛、赵晟娅成为我国第二批潜航员，其中张奕和赵晟娅为我国首批女性潜航员。

**同日**，中国极地研究中心、冰岛研究中心等 10 家来自中国和北欧 5 国（冰岛、丹麦、芬兰、挪威、瑞典）的北极研究机构在上海签署了《中国—北欧北极研究中心合作协议》，宣布中国—北欧北极研究中心正式成立。

**12 月 12 日**，“蛟龙”号载人潜水器研发团队荣获 2013 中国年度经济人物创新奖。

**12 月 14 日**，国家发展改革委主任徐绍史、外交部部长王毅共同主持召开了推进丝绸之路经济带和海上丝绸之路建设座谈会，学习贯彻落实习近平总书记提出的建设丝绸之路经济带和海上丝绸之路战略构想深刻内涵和重大意义，通报交流工作进展情况，听取地方及有关部门对推进丝绸之路经济带和海上丝绸之路建设的意见建议，明确下一步工作部署。

**12 月 17 日**，第 8 届全国“人民满意的公务员”和“人民满意的公务员集体”表彰大会在北京举行。国家海洋局北海分局“中国海警 1117”船船长王桂廷被授予“人民满意的公务员”荣誉称号，国家海洋局中国海监东海维权执法支队被授予“人民满意的公务员集体”荣誉称号。

**12 月 17 日**，国土资源部举行《2013 年海域天然气水合物勘探成果》新闻发布会。

**12 月 19 日**，中国科学院和中国工程院先后公布了增选院士名单，海洋领域共有 4 位科学家入选，分别是：“蛟龙”号潜水器总设计师徐芑南、中国科学院南海海洋研究所研究员张偲、海军航工程学院院长何友当选中国工程院院士，中国海洋大学教授吴立新当选中国科学院院士。

**12 月 23 日**，国家海洋局海洋科学技术司发布了《2012 年全国海水利用报告》。

**12 月 27 日**，国家海洋局印发了《海洋可再生能源发展纲要（2013—2016 年）》。

**12 月 28 日**，十二届全国人大常委会第六次会议表决通过了全国人大常委会关于修改《海洋环境保护法》等 7 部法律的决定。国家主席习近平签署第 8 号主席令予以公布。

# 海洋法规和文件选编

## 国家海洋事业发展“十二五”规划

（2013 年 4 月 11 日）

### 前 言

我国位于太平洋西岸，大陆岸线长 1.8 万千米，面积 500 平方米以上的海岛 6900 多个，内水和领海面积 38 万平方千米。根据《联合国海洋法公约》有关规定和我国的主张，我国管辖的海域面积约 300 万平方千米。此外，我国在国际海底区域获得了具有专属勘探权和优先开发权的 7.5 万平方千米多金属结核矿区和 1 万平方千米多金属硫化物矿区，在南北极建立了长城、中山、昆仑、黄河科学考察站。

作为发展中的海洋大国，我国在海洋有着广泛的战略利益。随着经济全球化的发展和开放型经济的形成与深化，海洋作为国际贸易与合作交流的纽带作用日益显现，在提供资源保障和拓展发展空间方面的战略地位更为突出。“十二五”是我国海洋事业发展的关键时期，着力提升海洋开发、控制和综合管理能力，统筹海洋事业全面发展，是保障国家“走出去”战略实施的重大举措，对于促进沿海地区经济社会发展、国民经济发展方式转变、实现全面建设小康社会目标，具有重大的战略意义。

本规划以 2008 年国务院批复实施的《国家海洋事业发展规划纲要》为基础，结合面临的新形势，对新时期海洋事业发展做了全面深入的部署。本规划所指海洋事业，涵盖海洋资源、环境、生态、经济、权益和安全等方面的综合管理和公共服务活动。规划期至 2015 年，远景展望到 2020 年。

### 第一章 发展环境

“十一五”以来，我国海洋事业发展取得突破性进展，同时也面临严峻形势和诸多挑战。必须以全球眼光和战略思维，审视海洋事业发展的新形势，准确把握海洋事业发展的新特征，继续抓住重要战略机遇期，有效化解发展过程中的矛盾和问题，努力开创海洋事业发展的新局面。

#### 第一节 成就回顾

“十一五”时期，全民海洋意识显著增强，海洋规划工作有序开展，海洋发展战略逐渐明晰。海洋国际合作深入推进，国家海洋权益和海洋安全得到有效保障，实现了我国管辖海域的定期巡航执法。海洋科学技术取得重大突破，具有标志性的深海勘探等技术达到或接近世界先进水平，领海、专属经济区和国际海域资源环境与科学调查广泛展开。海洋经济持续快速增长，对国民经济发展的拉动作用明显增强。重点海域环境污染防治措施逐步实施，海洋保护区建设取得重大进展。海洋公益服务和防灾减灾的支撑保障能力显著增强，海域、海岛、海上交通、海洋渔业和海上治安管理取得积极成效，海洋综合管理能力进一步提升。

#### 第二节 机遇与挑战

“十二五”是我国海洋事业加快调整、拓展和提升的关键时期。《中共中央关于制定国民经济和社会发展第十二个五年规划的建议》和《中华人民共和国国民经济和社会发展第十二个五年规划纲要》对海洋事业发展提出了更高要求，做出了重要部署。海洋事业发展面临新的机遇，但同时也存在诸多严峻挑战。一是随着沿海地区经济快速发展以及临海产业的加速集聚，科学利用海洋资源、合理保护海洋生态环境的任务更加艰巨，亟待加强对海洋经济发展方式转变和布局优化的指导与调节，切实提高海洋经济监测评估、海洋防灾减灾和海洋资源环境监管等方面的能力。二是面对世界海洋科技竞争日趋激烈的严峻形势和国民经济发展方式加快转变的迫切要求，亟待改善海洋自主核心技术缺乏、成果转化率低、科技高端人才严重不足的现状，优化配置科技资源，切实提高海洋科技创新能力和人才培养力度。三是随着改革开放战略的深入实施和海洋事业“走出去”步伐的加快，亟待完善海洋综合协调机制，切实提高维护海洋权益、保障海洋安全、快速处置海洋突发事件和参与维护国际海洋秩序等方面的能力。

## 第二章 总体要求

积极适应国内外形势的新变化，立足发展基础，把握发展机遇，创新发展思路，科学确定“十二五”时期海洋事业发展的指导思想、原则和目标，推进我国海洋事业再上新台阶。

### 第一节 指导思想

以邓小平理论和“三个代表”重要思想为指导，以科学发展为主题，以加快转变经济发展方式为主线，以体制机制创新和科技进步为支撑，坚持陆海统筹，科学利用海洋资源，合理保护海洋生态环境，积极推进海洋经济发展，提高海洋意识，繁荣海洋文化，维护国家海洋权益，参与国际海洋事务，拓展发展空间，全面提高海洋开发、控制和综合管理能力，为建设现代化海洋强国奠定坚实基础。

### 第二节 基本原则

坚持陆海统筹。正确处理沿海地区经济社会发展与海洋资源利用、海洋生态环境保护的关系，统筹协调陆海经济社会发展的基本思路、功能定位、重点任务和管理体制。

坚持全球视野。正确处理及时总结自身实践与充分借鉴国际经验的关系，创新发展思路，主动参与国际海洋事务的交流合作，积极承担相应的国际责任和义务，树立更加开放的现代海洋发展观。

坚持服务为本。正确处理海洋事业快速发展与提高社会公共服务水平的关系，创新管理体制机制，切实提高海洋事业对国民经济发展、社会事业进步的服务保障能力。

坚持持续发展。正确处理海洋资源开发与生态环境保护的关系，规范海洋开发秩序，转变海洋经济发展方式，提高海洋防灾减灾能力，努力促进经济社会与生态环境的协调发展。

坚持科技创新。正确处理加快海洋事业发展与提高综合竞争力的关系，优化科技资源配置，推进科技成果转化，加快人才培养与引进，切实提高科技对海洋事业发展的支撑作用。

### 第三节 发展目标

“十二五”时期，海洋事业发展的目标是：

——海洋综合管理能力稳步提高。海洋综合管理体制机制进一步完善，涉海法律法规和政策日益健全，海洋联合执法力度不断加大。海域、海岛、海洋环境、交通运输、渔业管理更为规范有力，海洋经济监测公报与评估制度有效执行，海洋综合管理调控手段明显加强。

——海洋可持续发展能力显著增强。海洋环境恶化趋势得到遏制，主要入海污染物排放总量得到有效控制，近岸海域水质总体保持稳定，重点近岸海域水质有所改善。海洋保护区占管辖海域面积的比例由2010年的1.1%提升到2015年的3%，大陆自然岸线保有率不低于36%。

——海洋公共服务能力明显优化。海洋灾害监测预报预警水平提高，风暴潮灾害警报提前 12 小时发布，海啸灾害警报在海底地震发生后 30 分钟内发布。海洋防灾减灾体系逐步完善，新建 89 个海洋观测站，建成 3 个大型海上综合观测平台，志愿船不低于 400 艘。海洋调查与测绘、海洋信息、海洋标准计量等公共服务能力显著提高。出海边防检查和海上治安管理服务能力不断增强。海上人命救助有效率稳步提升。

——海洋巡航执法能力不断强化。管辖海域维权巡航执法时空覆盖率进一步提升，应对海上侵权事件及其他违法行为的应急反应和现场处置能力明显提高，参与维护国际重点海域和海上战略通道安全的保障能力得到强化。

——海洋科技创新能力大幅提升。我国海洋基础研究水平进入世界先进行列，海洋前瞻性和关键性技术研发能力显著增强。深海油气开发、深海资源勘探技术的自主研发能力取得实质性突破，海上风能工程装备、海水淡化和综合利用装备实现大规模产业化，海水淡化原材料、装备制造自主创新率达到 70%以上，对海岛新增供水量的贡献率达到 50%以上，对沿海缺水地区新增工业供水量的贡献率达到 15%以上。海洋科技对海洋经济的贡献率达到 60%。海洋事业从业人员中本科及以上学历比例达到 55%，以重大海洋科技项目或工程为依托，培养 100 名左右具有国际水平的海洋科学与技术领军人才。

到 2020 年，海洋事业发展的总体目标是：海洋科技自主创新能力和产业化水平大幅提升。海洋开发布局全面优化，海域利用集约化程度不断提高。陆源污染得到有效治理，近海生态环境恶化趋势得到根本扭转，海洋生物多样性下降趋势得到基本遏制。海洋经济宏观调控的有效性和针对性显著增强，海洋综合管理体系趋于完善，海洋事务统筹协调、快速应对、公共服务能力显著增强。参与国际海洋事务的能力和影响力显著提高，国际海域与极地科学考察活动不断拓展。全社会海洋意识普遍增强，海洋法律法规体系日益健全。国家海洋权益、海洋安全得到有效维护和保障，海洋强国战略阶段性目标得以实现。

## 第三章　海洋资源管理

坚持可持续发展的原则，强化规范管理，科学养护和利用海洋生物资源，加强海水资源、海洋可再生能源和海洋油气资源开发利用的规划指导，切实提高海洋资源对促进海洋经济和沿海地区经济社会发展的支撑保障作用。

### 第一节　加强海洋渔业资源管理

加强海水养殖管理，合理确定养殖规模，调整优化海水养殖布局，积极拓展深水大网箱等离岸养殖，支持工厂化循环水养殖，加快水产养殖标准化建设和健康养殖标准推广应用。加强人工鱼礁和海洋牧场建设，合理确定增殖放流品种，加大近海海域渔业资源增殖放流力度。不断完善伏季休渔制度，继续实施海洋捕捞渔船总量和功率总量控制制度，促进渔业装备更新，2015 年渔船总数和功率总量不突破 2010 年实际数量。继续实施远洋渔业扶持政策，发展壮大大洋性渔业，巩固提高过洋性渔业，加强新资源新渔场的探捕和开发利用，积极建设多功能海外渔业综合开发基地。研究制定促进海洋渔业健康发展的政策措施。

### 第二节　加大海洋油气资源勘探与开发

加强黄海、东海、南海等海域油气资源战略调查与评价，完成重点海域油气资源普查。加大黄海、南海、东海油气勘探，加强深水区油气资源潜力的科学研究，加大深水勘探开发科技与装备的攻关力度，力争实现商业性油气开采。实施海域天然气水合物资源普查，积极研发勘探开采技术和装备，开展试采工程。

### 第三节　推进海水资源综合利用

加快制定促进海水直接利用、海水淡化与综合利用的政策措施，扩大沿海城市海水利用规模。在沿海地区的电力、化工、石化、冶金等行业中实行海水直流冷却和循环冷却，2015 年海水年直接利用量达到 750—1000 亿立方米。积极创建国家级海水淡化与综合利用示范城市，继续支持天津、大连、青岛、上海、深圳、厦门、宁波等城市因地制宜地实施海水淡化工程。鼓励沿海省市率先选择一批沿海市县，开展海水淡化和海水综合利用试点，扩大海水淡化和海水综合利用规模。以辽宁长海、山东长岛、浙江舟山、福建平潭、广东南澳、广西涠洲和海南西沙群岛等海岛为重点，大力发展海水淡化，满足海岛居民生活用水。2015 年，海水淡化量达到 220—260 万立方米/日。促进海水化学资源和卤水资源综合利用，加快浓海水制盐、提钾、提溴、提镁、提锂及其深加工等产业化进程，建设国家海水利用产业化基地。

### 第四节　加快海洋可再生能源利用

加快海洋可再生能源勘查与评估，编制发展规划，利用国家海洋可再生能源专项资金加强海洋能开发应用。开展万千瓦级潮汐水轮发电、兆瓦级潮流发电、百千瓦级新型波浪能项目示范。探索开展温差能和海洋生物质能利用。因地制宜地发展海上风电，引导风电场布局逐步向深水远岸推进。委员会等国际组织的活动。发展与国际海洋学院、保护国际等非政府间国际联运组织的活动。

## 第四章　海域集约利用

坚持集约节约用海，加强海域使用管理，

严格执行海洋功能区划制度，强化围填海及重大建设项目用海管理，健全海域使用机制，规范海域使用秩序，提高海域使用效率。

### 第一节 加强海域使用管理

全面推进国家、省、市、县四级海域使用动态监视监测体系建设，对重点项目用海实行全过程监管。实施差别化的海域供给政策。制定各类建设项目用海标准，适时调整海域使用金征收标准。开展海域资源价值评估，推进实施海域使用权招标、拍卖和挂牌出让工作，健全和规范海域使用权市场流转机制。加强海域使用动态监管与执法检查，对各类用海活动开展定期专项检查，加大对违法行为的查处力度。推进全国海岸和近岸海域整治修复工作，到 2015 年，完成整治和修复海岸线长度不少于 1000 千米。

### 第二节 严格执行海洋功能区划制度

进一步完善海洋功能区划制度，加快各级海洋功能区划的编制工作，科学划分海域基本功能，统筹海域空间开发，提高海域利用效率，强化海洋功能区划实施的监督检查，切实发挥海洋功能区划的整体性、基础性、约束性作用。优化海岸线资源配置，加强海岸线保护与利用的统筹规划，调控海岸线开发布局和强度，严格控制占用海岸线的开发利用活动，突出海岸线的社会服务功能。严格限制高耗能、高污染、低水平重复建设项目用海，合理布局沿海港口、滨海城镇和临港工业区。

### 第三节 强化围填海及重大建设项目用海管理

严格围填海年度计划管理，科学确定围填海规模和时序。加强围填海计划执行情况的评估和考核，加大对违法违规围填海行为的查处力度。强化围填海项目用海审批管理，严格执行建设项目用海预审制度和环境影响评价制度，做好重大建设项目选址的科学论证。加强对集中连片围填海的管理，严格控制内湾围填海，减少对自然岸线、海湾、海岛、湿地、水生生物资源、水下文物等的破坏。规范海底电缆管道和军事用海管理。

## 第五章 海岛保护与开发

贯彻落实《海岛保护法》，加快实施海岛保护规划，实施海岛分类分区管理，加强有居民海岛的合理开发和无居民海岛的保护，强化特殊用途海岛管理。

### 第一节 促进有居民海岛有序开发

采取特殊的扶持政策，加快舟山、横琴、平潭等重点海岛的开发开放。建设舟山群岛新区，全力打造海洋综合开发试验区。推动横琴开发开放，建设率先发展的粤港澳紧密合作示范区。建设平潭综合实验区，建立两岸交流合作先行区。适度控制海岛居住人口规模，改善海岛人居环境，保护自然景观和历史遗迹，维护海岛及其周边海域的生态平衡。大力推进海岛基础教育、公共卫生和广播电视等社会事业发展，支持交通通讯、供水供电、污水和生活垃圾处理等基础设施建设。引导发展特色产业，制定扶持边远海岛开发利用的有关政策。

### 第二节 加强无居民海岛保护

加大执法力度，加强监视监测，清理非法用岛活动，严格限制开发具有红树林、珊瑚礁、泻湖等特殊生态系统的无居民海岛，禁止在无居民海岛及周边海域倾废。建立海岛统计调查制度，开展海岛资源综合调查和地名普查，设置海岛名称标志，完善海岛数据库。发布无居民海岛开发利用名录，依法开展无居民海岛地籍调查、土地确权登记等工作，稳妥实施无居民海岛有偿使用制度。开展海岛生态评估，选择典型海岛实施生态修复，推行生态型海岛开发利用模式。

### 第三节 强化特殊用途海岛管理

开展领海基点岛屿巡视。加强领海基点海岛保护，划定保护范围，保持领海基点海岛及其周边区域地形、地貌稳定，修复受损严重的领海基点海岛。积极保护国防用途海岛，禁止从事影响国防的各类活动。对海洋权益和海洋划界有影响的特殊岛屿要加强助航导航、水文气象观测、地震监测、海洋防灾减灾等公益性设施建设。加强海岛自然保护区和特别保护区建设，建立海岛自然保护区科学普及和海岛生态环境保护宣传教育基地。

## 第六章 海洋环境保护

坚持海陆统筹、河海兼顾，完善海洋环境保护协调合作机制，实施以海洋环境容量和近岸海域污染状况为基础的污染物排放总量控制制度，从源头上扭转海洋环境质量恶化的趋势。

### 第一节　提高海洋污染防控力度

实施污染物排海总量控制，编制实施近岸海域污染防治规划。加强对渤海、长江口、珠江口等重点海域海洋环境容量和污染物排海总量的监测评估，重点加强对直排海污染源的监管，加强近岸重点海域环境综合整治，实施流域—海域污染物排海总量控制示范工程。强化对海洋石油勘探开发、海洋工程建设项目、海洋倾废活动的全过程监督管理，加大海洋环境执法查处力度。实施船舶及其相关活动的油污染物零排放计划，建立船舶油污水、压载水、生活污水和固体废弃物跟踪系统，加强船舶污染物接收和港口污染处理设施建设。修订相关法规，建立健全海洋污染损害赔偿机制，实施船舶油污损害赔偿基金制度，开展石油勘探开发等海洋工程和大型临海企业海洋污染赔偿制度研究。沿海地区要依据海洋功能区划、近岸海域环境功能区划等，确定氮磷营养盐、化学需氧量、石油类等特征污染物的总量控制目标，制定并实施重点河口、海域各类污染物排海总量分配方案和削减计划，改善近岸海域环境质量。2015 年中度和重度污染海域面积比2010年减少10%。

### 第二节　加强海洋环境监测与评价

实现海洋环境管理由事后管理向全过程监管转变，继续完善国家、省、市、县相结合的海洋环境监测体系，开展海洋环境监测机构标准化建设。推进海洋环境监测网络建设，提升装备能力和技术水平，实现对我国管辖海域各类环境要素的监测。建立海洋环境保护数据共享机制，深化海洋环境监测信息分析评价，完善海洋环境质量公告制度和环境状况通报制度。对入海排污口、直排海污染源、重大海洋工程等加强海洋环境监测监督；对赤（绿）潮易发区、集中海水养殖区、重要滨海浴场、珍稀濒危海洋生物主要活动区域等直接关系到经济社会发展、公众健康安全、海洋生态安全的海域开展海洋环境质量监测。对海洋石油勘探开发实行定期巡航监测，定期发布通报。加强对持久性有机污染物、重金属、内分泌干扰物、生物毒素等的监测与评价。

### 第三节　强化海洋重大污染事件管理与处置

健全海洋环境突发事件应急处理机制，完善各类海洋环境灾害和突发事件应急预案，提高全海域海洋应急监测预警能力。开展沿海环境风险源和环境影响区调查，建立海洋环境风险信息数据库，强化海洋环境风险评估。加强海上溢油风险评估工作，在国家重大海洋溢油应急处置部际联席会议制度基础上，定期开展隐患排查，强化溢油风险管理措施，完善海上溢油应急联动机制。制定应对核泄漏事故海洋环境监测预案，开展重点海域海洋环境放射性监测和评估工作。健全海洋环境突发事件的信息通报和发布制度，强化事件处理的公开透明，明确政府应对措施，提高公众防范技能。

## 第七章　海洋生态保护和修复

加大海洋生态保护和修复力度，建设海岸带蓝色生态屏障，恢复海洋生态功能，提高海洋生态承载力。

### 第一节　加强海洋生物多样性保护

编制实施海洋生态保护与建设规划。开展海洋生物多样性普查，重点对 98 个海洋生物多样性优先保护区域开展调查与评估。建立海洋生物样品库和重要海洋生物种质资源库，建立海洋生物多样性信息管理系统。加强海洋濒危物种保护和外来入侵物种防范的管理，建设海洋水生生物自然保护区和海洋水产种质资源保护区。加强各类海洋保护区规划和管理，完善海洋保护区基础设施和标准体系建设。到2015年，新建国家级海洋自然保护区3个、海洋特别保护区 44 个，推进形成海洋保护区网络。研究建立海洋生态补偿机制，选择典型海域开展海洋生态补偿试点。

### 第二节　推进海洋生态系统修复

保护与修复滨海湿地、盐沼、红树林、珊瑚礁和海草床等重要海洋生态系统。加强海洋生态修复技术研究，实施海洋生态修复工程，建设25处海洋生物资源修复区，开展35处滨海湿地生态修复，新增滩涂湿地植被面积 200平方千米，其中种植红树林100平方千米，恢复芦苇湿地100平方千米。在广东大亚湾及雷州半岛、广西涠洲岛、海南周边及西沙等海域开展珊瑚礁人工繁育和生态修复。在滨海地区规划建设海洋生态文明示范区。

### 第三节 强化海洋生态监测和生态灾害管理

提高海洋生态监测能力，完善海洋生态监控体系，加强海洋生态灾害预警和防治工作。提高卫星航空遥感、远程视频及在线自动监测能力，新建 18 个海洋生态监测站。建设海洋绿潮、水母、外来入侵物种、敌害生物、病毒病害等监控网络，强化海洋赤潮监控，形成 20 个重点生态监控区。开展海洋生态灾害防治技术应用示范，加强海洋生态灾害防治体系及治理示范工程建设。

## 第八章 海洋经济宏观调控

坚持陆海统筹，加强对海洋经济发展的指导、调节与服务，调整海洋产业结构，优化海洋经济布局，加快海洋经济发展方式转变，奠定海洋强国的经济基础。

### 第一节 加强海洋经济指导与调节

研究支持海洋产业结构调整的财政、金融、税收政策，制定促进海洋经济发展的指导意见。发布海洋产业优先发展目录，制定行业标准和重要产品技术标准，推广海洋循环经济发展模式，严格限制高耗能、高污染的海洋产业发展。编制海洋经济发展规划，加强对海洋经济的规划指导。保持海水养殖业稳步增长，强化海洋渔业在海洋经济中的基础地位。大力推进海洋药物和生物制品、海水淡化和综合利用、海洋能、高端船舶制造和海洋工程装备、海洋新材料、深海资源等新兴产业的发展。加强海洋经济统计工作，定期发布统计公报，搭建海洋经济信息服务平台。开展全国海洋经济调查工作，强化国家海洋经济运行监测与评估。继续将围填海计划管理作为宏观调控的重要手段，科学引导沿海地区产业发展的投资规模与空间布局。

### 第二节 实施海洋主体功能区战略

制定并实施海洋主体功能区规划，发挥战略性、指导性作用，合理划分内水和领海、海岛、专属经济区和大陆架的主体功能，实施海洋空间分类管理，实行差别化的绩效评价，优化海洋开发利用空间布局。对海域利用程度高，海洋生态环境压力大，海洋资源开发问题突出，海洋产业活动和经济结构亟需调整的海域实施优化开发。对区位优势明显和战略地位突出，海洋资源环境承载力较好，海洋经济发展潜力较高，适于高强度集中开发的海域及海岛实施重点开发。对关系我国海域与海岸线生态安全，需要保持并提高渔业生产能力的海域及海岛实施限制开发。对具有典型性或代表性海洋生态系统、珍稀濒危海洋生物、重要经济价值的海洋生物生存区、水下文物保护区、重大科学文化价值的海洋自然历史遗迹和自然景观所在的海域及海岛实施禁止开发。

### 第三节 推进海洋经济发展试点工作

支持山东、浙江、广东、福建和天津开展海洋经济发展试点工作，在深化改革、优化海洋经济结构、加强海洋生态文明建设、创新综合管理体制机制等方面先行先试，加强对试点地区海洋经济发展情况的跟踪指导、督促检查、经验总结等工作，为全国海洋经济科学发展提供示范。继续对沿海重点开发开放地区的发展给予支持，形成布局合理、优势互补、开发有序和各具特色的海洋产业集聚区。

## 第九章 海洋公共服务

推进海洋调查与测绘、海洋信息化和海洋标准计量工作，强化海洋渔业和海上交通的服务保障能力，提升海洋公共服务质量和水平。

### 第一节 加强海洋调查与测绘

加强海洋调查的统筹规划与管理，开展近岸海域精细勘测与测绘。定期更新近海海洋资源环境基础数据和基础图件，完善海洋基础数据库系统。加快实施海洋地质保障工程。拓展海洋勘探调查空间，加强专属经济区和大陆架综合调查，开展外大陆架海域、重要资源区等专项调查，继续开展国际海域资源调查与评价。加强全球海洋地理空间信息基础设施建设。研究建立海洋调查船准入制度，推进大型海洋调查探测设备和分析测试仪器共享。

### 第二节 提升海洋信息化水平

统筹海洋信息化工作，编制海洋信息化发展规划。加快海洋信息标准化建设，推进信息资源的统一管理和共享，依托国家电子政务网络，整合改造海洋信息业务网。建设海洋环境与基础地理信息服务平台，以海域海岛管理、生态环境保护、海洋防灾减灾、海洋经济监测、基础科学研究为主题，推进海洋管理与服务信息化工作。继续建设“数字海洋”，加快海洋数字档案与图书馆建设。健全海洋信息发布制度，强化信息公共服务。进一步强化海洋信息管理，保障国家海洋信息安全。

### 第三节　健全海洋标准计量服务体系

强化“海洋标准化技术委员会”工作机制，完善质量监督管理体系，建设海洋技术产品质量监督检验中心。重点加强海洋资源勘探开发、海洋高新技术产业化、海洋观测预报和防灾减灾等标准体系建设。建立海洋标准效果评估体系，建设全国海洋标准信息服务平台。加强海洋标准计量的国际合作，建设亚太区域海洋仪器检测评价中心。

### 第四节　提高海洋渔业服务能力

加强对海洋渔业发展的指导，优化渔港建设布局，改扩建一批沿海重点渔港，提高建设标准，完善通讯、监控、导航等设施，在台风多发的东南地区适当增加布局密度。到 2015 年，基本形成功能完善的沿海渔港网络，为 70% 的渔船提供就近服务。加强渔村供水供电、交通通讯等基础设施建设，改善渔民生产生活条件，加大渔民转产转业的政策扶持力度，开展渔民多样化就业培训。健全海洋水产良种选育、水产技术推广与疫病防控服务体系，加强海产品质量安全监督，强化渔业安全生产和执法检查。推进政策性渔业保险。

### 第五节　强化海上交通安全服务

加大海上航运监管与服务力度，优化船舶交通管理系统布局，完善沿海干线航标体系，建成西沙、南沙海域公用航标，航道安全巡航扩展至专属经济区及其他管辖海域。开展沿海民用港口及航路测绘，更新重要通航水域、能源大港海图。完善全国沿海近岸水域甚高频安全通信系统布局，实现沿岸 25 海里全覆盖。购置直升机、固定翼飞机，建造巡航船、航标船、测量船，推进航运保障基地建设。建立健全海上交通安全应急救援指挥机构，完善海上搜救应急预案体系，定期开展海上联合搜救演练，积极推进搜救国际合作。到 2015 年，渤海湾、长江口、台湾海峡、珠江口、琼州海峡、南海部分水域离岸 100 海里范围内，监管救助力量到达时间不超过 90 分钟。

### 第六节　维护海域平安稳定

创新海上治安管理，完善海上治安综合治理工作机制。编制平安海域建设发展规划，实施我国内水、领海及毗连区常态治安巡逻，打击海上犯罪。改进出入境船舶边防检查服务，提高船舶出入境边防检查效率。精准管控靠港国际航行船舶，保障港口和船舶治安安全。提升海上治安管理服务能力，合理布防海上警力，完善沿海口岸、码头和监控系统等基础设施和通关条件，强化海上 110 治安报警服务平台建设，健全海上群防群治网络，加强执法装备能力建设。

## 第十章　海洋防灾减灾

增强海洋灾害意识，加强海洋灾害风险防范和突发事件的应急管理，加快提高海洋灾害观测能力和预警预报服务水平，增强海洋领域应对气候变化能力，完善海洋防灾减灾体系，保障人民生命财产安全。

### 第一节　强化海洋灾害风险防范能力

开展全国海洋灾害风险评估与区划工作，为沿海地区经济发展布局和涉海工程防护规范标准制定提供科学指导。建立沿海重大工程建设的海洋灾害风险评价制度，制定风险评价技术规范，对已建和在建的沿海核电站、化工企业、大型产业园区和城镇发展区开展风险排查，及时消除安全隐患。在海洋灾害重点防御区内设立产业园区、进行重大项目建设的，应当在项目可行性论证阶段，开展海洋灾害风险评估，预测和评估海啸、风暴潮等海洋灾害的影响。

建立健全分类管理、分级负责、条块结合、属地管理为主的海洋灾害应急管理体制。完善海洋灾害应急预案，建立灾害预警多部门应急联动机制，定期组织开展应急管理专题培训和应急演练。建设海洋减灾中心和移动应急指挥平台，加强海洋灾情信息快速获取能力建设，提高应对各类海洋灾害的装备能力、技术水平和物资储备。做好海洋防灾减灾宣传教育工作，提升全社会的海洋灾害防范意识。

### 第二节　提升海洋预报服务水平

加强海洋、气象、地震、环保、水利、海事、民政、渔业等主管部门的协同与配合，进一步完善海洋预报体系，形成分级分区、面向目标、互为补充的海洋预报服务工作格局。加强海洋预报技术的自主研发，重点推进沿海重大设施、产业密集区和人口密集区的精细化预报工作。拓展海洋预报服务领域，丰富服务内容，建立渔业生产、大洋航路保障、海上搜寻与救助、海洋油气生产等专题服务系统。到2015年，风暴潮、海浪、海流数值预报时效从目前的3天提高到5天以上，近岸空间分辨率从4000米提高到100米以内，开展海洋灾害发生前3至6小时的短时临近预报。加强海洋预警信息发布，通过各类媒介及时发布灾害预警信息，增强海洋预报的社会服务功能。

### 第三节 增强海洋应对气候变化能力

提升海洋对气候变化影响的分析预测能力，开展厄尔尼诺、拉尼娜等海—气形势对我国气候影响的预测工作，定期发布各类分析预测产品。建立气候变化影响调查评估体系，开展海平面上升、海洋生态系统退化等对我国沿海经济社会影响的监测调查和趋势分析工作。加强沿海湿地的保护和防护林带、防潮工程建设，提高沿海各类重大工程项目和城镇市政排水设施的设计标准，增强沿海地区应对气候变化的能力。

### 第四节 提高海洋灾害观测能力

加强规划，优化布局，加大海洋灾害观测覆盖密度，增强离岸观测能力，完善沿岸观测、海底观测、海上平台、浮标、潜标、船舶、航空遥感和卫星遥感等多种手段相结合的海洋灾害立体观测网，提高观测网运行保障能力。加强海上重要通道、国际航线等重点海域的观测能力建设。大力推进志愿船和应急移动观测，加大海啸监测力度。进一步加强海洋断面调查，增加数量和频次，提高调查装备水平。

## 第十一章 海洋权益维护

实施常态化的海洋维权巡航执法，开展多种形式的海洋维权行动，深化相关对策研究，强化管辖海域的实际控制，加强海上航行安全保障，切实维护国家海洋权益。

### 第一节 加强海上维权巡航执法

强化对我国管辖海域的定期维权巡航执法，进一步提高海上维权执法与管控能力，购置、建造用于维权巡航执法的船舶、飞机，建设保障基地，提升监视监控和通信联络能力。

### 第二节 开展多形式海洋维权行动

在传统渔场开展常态化护渔维权行动，保护我国渔船在东海、南海传统渔区的生产活动。结合海南国际旅游岛建设，科学规划西沙、南沙旅游线路。在管辖海域和岛礁建立海洋保护区，切实加强海洋生态环境保护和管理。按照《联合国海洋法公约》等相关规定，积极推进在公海及国际海底区域内的资源开发、科学调查等活动。加强我国海洋权益主张的对内对外宣示和解释工作，正确引导社会舆论。

### 第三节 维护国际海上航行安全

深化与海洋大国在海运管理制度等方面的合作，加强海上战略安全、通道安全的磋商与对话协调机制，拓展在打击海盗、反恐、反走私、缉毒、搜救等领域务实合作，共同维护重要海上运输通道安全。加强与重要通道沿岸国在海洋观测、航道测量、环境保护和灾害预报、航海保障能力建设等领域的互惠合作。积极参与维护马六甲海峡安全的地区事务和海上合作。

## 第十二章 国际海洋事务

拓展双边和多边海洋合作空间，积极引导区域海洋合作，切实履行国际责任和义务，全面提高我国参与国际海洋事务的能力。

### 第一节 全面参与国际海洋事务

积极参与联合国相关海洋事务，提高参与国际海洋规则制定和海洋事务磋商能力。加强对联合国教科文组织政府间海洋学委员会、国际海底管理局等机构工作的实质性参与。深化《联合国海洋法公约》研究，跟踪世界各国实践公约的最新情况。准确把握国际海洋秩序发展新趋势，做好参与重要国际事务的政策、法律、科学、技术及执行方案的储备，提高研判和行动能力。深入参与海洋环境保护、海底资源开发、渔业资源管理、海事与海上救助等涉海国际公约、条约、规则的制定、修订工作。推进与相关国家及国际组织的合作，积极开展国际海洋合作研究与技术培训。积极参与联合国海洋和海洋法事务非正式磋商、“全球海洋环境状况定期评估”工作，跟踪研究深海生物基因资源、公海保护区等国际海洋热点问题。

### 第二节 深化拓展双边海洋合作

积极开展政府间、科研机构间的合作，搭

建合作平台，加强在海洋观测与调查、海洋生态环境保护与评估、海洋灾害过程研究与防灾减灾、应对气候变化与防范措施、海洋经济发展政策与海洋管理等领域的合作。推进中印尼海洋与气候变化联合研究中心建设，加大对发展中国家海洋防灾减灾能力建设的支持和技术援助力度。加强与发达国家、新兴经济体国家在前沿海洋科学、业务化海洋学、海洋政策与管理、信息共享、教育培训、旅游开发等方面的合作交流，积极推进海洋可再生能源开发、海水淡化、海洋生物工程、海洋矿产资源开发、海洋空间资源利用、极地考察等海洋技术的交流与合作。

### 第三节　积极引导多边区域合作

加强与有关国家在海洋政策、海洋生态环境保护和防灾减灾等领域的合作，推动南海海啸预警与减灾系统建设。支持并参与联合国政府间海洋学委员会发起的重大海洋科学计划和各项活动，组织实施区域海洋合作项目。积极发展与北太平洋科学组织、国际海洋研究科学委员会、国际海洋学院等国际组织和非政府组织的合作关系。进一步发挥在亚太经合组织海洋工作组中的重要作用，做好亚太经合组织海洋可持续发展中心工作。

## 第十三章　国际海域资源调查与极地考察

持续开展国际海域资源调查，深化极地科学考察，加强国际海域资源调查和极地科学考察能力建设，为人类和平利用海洋作出贡献。

### 第一节　加强国际海域资源环境调查与评价

在国际海底开展多金属硫化物、富钴结壳及生物基因资源调查，适时提出多金属硫化物和富钴结壳勘探矿区的申请。深入开展多金属结核合同区的资源评价。开展国际海底环境综合研究，加强深海典型生境生物多样性调查与评价，开展深海微生物、底栖生物和浮游生物研究。加强深海生物基因资源采集、保藏、提取和培养技术研究，开发深海生物资源利用技术。

### 第二节　深化极地科学考察

实施南极大陆及周边重点海域、北极海域环境的综合考察。深化极地科学考察与研究，重点开展冰川、海洋、大气、地质与地球物理、天文等基础领域的科学研究。加强对极地生物资源调查和利用研究，开展极地微生物基因资源的收集和应用评估。加强北极航道利用调查与研究，积极参与相关领域国际合作。完善极地观测系统，实现南北极综合考察常态化。有效开展南极保护区建设和管理工作。

### 第三节　加快国际海域调查与极地考察能力建设

新建大洋综合调查船和载人潜水器支持母船，提高装载能力。加大深海矿产资源勘查、开采、选冶加工技术和装备的研发力度。加快国家深海基地建设，提高深海资源调查、深海技术装备研发的综合保障能力。规划建设大洋调查海外支撑保障站点。提高极地科学考察和保障能力，规划建设南极新的考察站，建设南极固定翼飞机保障系统，提高极地考察陆地运输装备能力，实施极地考察破冰船建造工程，确保每年200天以上的极地考察时间。实施极地科学考察国内基地的改造升级，重点强化实验分析、数据处理、多学科综合研究、资料数据共享和国际极地信息交流功能。

## 第十四章　海洋科学技术

坚持深化近海、强化远海、支撑发展、引领未来的方针，加强海洋基础性、前瞻性和关键性技术研究，加快海洋科技成果转化，提高海洋科技对海洋开发、保护与综合管理的支撑能力。

### 第一节　深化海洋基础科学研究

围绕国家战略需求，在一批重大基础科学上取得突破，推动海洋科学整体水平的提高。重点开展海洋与气候、海洋生物多样性、海陆相互作用、海底深部过程等重大前沿问题研究。加强物理海洋、海洋生物、海洋地质与地球物理、海洋化学等优势领域研究。支持工程海洋学、极地海洋学、海洋观测技术学等新兴领域的研究。推进海洋科学国家重点实验室和科学创新基地建设。拓展野外科学观测站点建设，完善海洋科学观测网络，推进海上综合科学试验场建设。

### 第二节　发展海洋战略性前瞻技术

深化深海探测技术研究，加快高新海洋工程装备研发，推进“蛟龙号”深海试验性应用。加强大深度水下运载、生命维持系统、高比能量动力装置、高保真采样和信息远程传输、深海装备制造等技术研发，实现重载作业型水下机器人装备与技术的国产化。发展海洋观测技术，提高自主创新能力，突破一批海洋生态和动力环境观测核心技术，加快推进海底观测网技术发展。发射海洋系列卫星，完善数据地面接收站建设，深化海洋卫星遥感技术的研发和应用。加强特种船舶装备技术研发，重点发展深海钻井船关键技术、大洋渔业船舶与装备关键技术、深远海多功能可移动式人工岛关键技术、海上救捞作业船和深潜救助打捞作业技术及配套装备。继续发展深海勘探技术，加强大洋、海底多参数快速勘测和三维勘查技术、热液区原位观测和综合评价技术、深海矿产资源和生物资源取样关键技术及工程样机研发。研究二氧化碳海底封存技术。

### 第三节　推进海洋技术产业化

完善海洋科技创新体制机制，搞好海洋科技投融资平台建设，积极推进产学研结合，发挥企业在成果转化中的主体作用，推动形成区域海洋科技产业联盟。实施科技兴海工程，推进成果转化和产业化。支持海洋产业技术研发转化中心和孵化基地建设，推进海洋工程技术（研究）中心、海洋技术成果转化和高新技术产业化基地、海洋技术推广中心建设，引导海洋生物、海洋工程装备制造、海水综合利用、海上清污和海洋能等科研成果加快转化。发展苗种繁育、绿色养殖和精深加工等海洋生物资源开发与高效综合利用技术。加快深海生物资源利用技术转化，在深海生物制品、工业酶以及生物冶金等方面实现产业化突破，规划建设海洋生物医药产业园和海洋药谷。搭建海洋可再生能源开发利用实验平台，完善海洋可再生能源标准体系，加速海洋能产业化进程。强化海水淡化技术研发、示范及运行机制的集成创新，开展新能源和海水淡化联合技术示范应用，实现万吨级以上大规模海水淡化、海水循环冷却等工程示范和产业化推广，到2015年，反渗透法和蒸馏法海水淡化单机规模分别达到1.5万立方米/日和2.5万立方米/日。大力推进深水油气生产作业装备、深海通用材料、基础部件产业化开发。

## 第十五章　海洋教育和人才培养

实施“泛海人才战略”，加快海洋教育发展，加强高层次创新型人才培养，完善海洋人才工作体制机制，发挥海洋人才效能，统筹推进海洋人才队伍建设。

### 第一节　加快海洋教育发展

支持发展海洋高等教育，调整优化涉海高等院校海洋学科专业设置，扩大相关专业办学规模，推进重点学科和实验室建设，加强国内外学术交流与合作，积极培育具有国际水准与地域特色的海洋院校和专业。在经费投入、扶持政策等方面对海洋基础学科教育予以适当倾斜。积极发展研究生教育，改革培养模式。实施海洋人才培养共建计划，继续推进涉海部门（单位）与相关高等院校合作共建。加强海洋职业教育和培训，壮大专业技能人才队伍。制定海洋行业继续教育规划和实施办法。

### 第二节　培养创新型领军人才

实施海洋领军人才和创新团队培养发展计划、高层次创新型海洋科技人才引进计划。结合国家重大项目、重点实验室、博士后科研流动（工作）站建设，建立高层次创新型人才培养基地。健全有利于人才创业及团队形成的引进、使用、培养、评价和激励机制。完善首席科学家、首席专家和特聘专家制度，对重大海洋科学与调查项目推行技术负责人与行政负责人分离制度。支持我国科学家参加国际大型海洋科学研究计划，牵头组织重大国际合作研究项目。促进与港澳台地区在海洋科技教育与人才培养方面的交流合作。以海洋高新技术产业园区和涉海留学人员创业园为载体，加大对高层次留学人才回国创业的扶持力度，为引进人才提供全方位服务。

### 第三节　统筹海洋人才队伍建设

根据海洋事业发展需要，加强海洋工程装备技术、海洋资源开发利用技术、海洋公益服务专业技术、海洋管理、海洋高技能和国际化海洋人才队伍建设。制定重点海洋产业人才发展目录，研究重点领域海洋专业技术人才培养与激励政策。引导企业参与国家重大海洋专项，在研发实践和产业化过程中集聚培养人才。稳定海洋专业技术工作方向，加强专业技术团队培养。鼓励海洋相关专业毕业生到基层台站、远洋船舶、边远海岛等一线地区和艰苦岗位实习工作。实施海洋优秀青年科技人员培养计划，为海洋事业发展储备优秀人才。开展海洋人才动态跟踪统计工作，形成监测评估体系，促进人才有效配置与合理流动。

## 第十六章　海洋法律法规

坚持依法治海、依法护海，健全海洋法律法规体系，完善海洋执法与监督机制，不断提高海洋依法行政能力和海洋综合管理水平。

### 第一节　加强海洋立法工作

完善海洋立法的框架体系，提高海洋立法工作的针对性和前瞻性，推进海洋立法工作有序开展。加快制定南极活动管理条例等法律法规。加强海洋经济、渤海区域、海洋防灾减灾、海洋巡航执法、大洋勘探、军事用海管理以及海洋基本法等方面的立法研究。进一步完善海域使用、海上交通安全、海洋倾废等方面的法律制度。制定与相关法律配套的实施细则，确保海洋法律执行的可操作性。研究建立法律法规实施效果评估制度。支持沿海地区出台地方性海洋法规与政府规章，健全上下协调的法律法规体系。推进海洋法律法规的普及与宣传。

### 第二节　提高依法行政水平

加强干部队伍法治教育，增强依法行政观念，提高执法水平。强化海洋执法体系建设，重点加强海域使用、无居民海岛利用、海洋环境影响评价和海洋工程等审批环节的制度建设与管理，形成规范的行政决策程序，落实专家咨询、合法性审查、风险评估、重大决策听证、政府信息公开等制度。加强海洋领域信访和行政复议工作，完善举报投诉平台，推行行政复议委员会制度，建立健全对行政处罚、许可、强制、复议等行为的审查程序，及时化解各类用海矛盾。

## 第十七章　海洋意识和文化

树立建设海洋强国的意识和理念，发掘和保护海洋文化遗产，培育海洋文化产业，促进海洋文化繁荣发展，增强海洋事业发展软实力。

### 第一节　提高全民族海洋意识

制定增强全民族海洋意识指导意见。推进中小学海洋基础知识教育，加强高等院校海洋科学和文化普及教育。充分利用自然博物馆、科技馆、展览馆等各类场馆，建设一批海洋科普教育基地，完善海洋保护区的科普教育功能。积极推进国家海洋博物馆和中国海洋档案馆建设。积极开展海洋文化理论研究，编纂中华海洋文明史，出版海洋文化、科普教育等系列丛书。利用各类新闻媒体多形式开展海洋宣传工作。组织开展海洋知识竞赛、海洋夏令营、海洋博览会等活动，继续办好“世界海洋日暨全国海洋宣传日”等海洋主题宣传和文化活动。

### 第二节　保护海洋文化遗产

制定海洋文化遗产保护规划。加强海洋文化遗产研究和调查，初步查清我国涉海文物和非物质文化遗产数量、规模和保护现状。加强海洋水下文化遗产保护，实施南海Ⅰ号、南澳Ⅰ号等沉船遗址和西沙水下文物重点保护工程，提高水下考古科技和装备水平。加强各级水下文物保护区建设，加大执法力度，保障管辖海域水下文化遗产安全。系统整理保护民间节庆等习俗、文学艺术、传统技艺、饮食服饰等涉海非物质文化遗产及代表性传承人，拓展文化遗产传承利用途径。加强（象山）海洋渔文化生态保护区建设。发掘、传承和弘扬妈祖文化、以海洋丝绸之路为代表的海洋商业文化、以郑和下西洋为代表的航海文化，鼓励各类海洋文化艺术作品的创作和展示发行。

### 第三节　培育海洋文化产业

加强政府对海洋文化产业的引导与培育，实施重大海洋文化产业项目带动战略，推动海洋文化产业基地和区域性特色海洋文化产业群建设。编制海洋文化发展规划，制定海洋文化产业发展扶持政策，设立海洋文化基金，鼓励跨所有制经营和重组，推动海洋文化与制造业、服务业和高新技术产业的融合，提高规模化水平。积极发展海洋文化娱乐、旅游休闲、体育运动等产业，培育一批优质海洋旅游景区和旅游线路，打造国家精品海岸和海岛旅游带。继续搞好青岛国际海洋节、厦门国际海洋周、象山开渔节、平潭国际沙雕节等各具特色的海洋节庆活动，打造招商引资、集聚产业的文化平台。

## 第十八章　保障措施

充分认识海洋在发展全局中的战略地位

和重要作用，增强紧迫感和忧患意识，强化对海洋事务的统筹协调，加强对海洋经济的宏观调控，加大对海洋事业的支持力度，努力提高海洋开发、控制和综合管理能力。

### 第一节　制定海洋发展战略

树立海洋科学发展观和权益观，把握全球海洋发展态势，深入开展海洋发展的战略性、方向性和政策性等重大问题研究。制定并实施国家海洋发展战略，统筹我国在内水、领海和毗连区、专属经济区和大陆架、公海和国际海底区域以及南北两极的现实和潜在利益，统筹国家海洋政治、外交、安全、经济、管理等工作，形成促进海洋事业发展的合力。

### 第二节　实施海洋综合管理

推动建立海洋事务高层次协调机制，加强涉海管理部门之间的统筹协调和沟通配合，提高中央与地方海洋管理工作的联动性，增强海洋行政管理效能。根据国家宏观政策取向，综合运用海域和海岛、海洋渔业、海运海事、海洋生态环境保护等管理手段，对海洋产业发展和海洋经济运行实施引导和调节，提高综合管理对海洋开发利用与保护的调控效率。

### 第三节　强化规划配套指导

国务院有关部门和沿海各级人民政府要结合工作职能，立足海洋事业发展的实际情况，加快事关海洋经济发展、海洋生态环境保护、重点海洋产业培育、海洋科学技术研发转化等方面规划的编制实施，落实配套政策和措施，通过充分发挥各类海洋规划的指导调节作用，促进沿海地区产业结构调整和布局优化，加快发展方式转变。各级发展改革部门和海洋行政主管部门要建立海洋事业发展规划实施监督检查与评估机制，定期向同级人民政府和上级主管部门报告有关情况。

### 第四节　加大政府投入力度

国务院有关部门在安排财政预算和投资计划时，加大对海洋事业的支持力度，按照统筹考虑、区分轻重缓急、避免重复建设的原则，优先保障国家海洋领域重大项目的实施。沿海地方各级人民政府要在制定国民经济和社会发展规划、计划及财政预算时把海洋事业发展放在重要位置，进一步加大基础能力建设、重大专项的资金投入和支持力度。要统筹和规范海域使用金的用途，重点加强海洋环境保护和生态修复，并强化绩效考评和审计监督。

# 能源发展“十二五”规划

（2013 年 1 月 1 日）

## 前　言

能源是人类生存和发展的重要物质基础，攸关国计民生和国家安全。推动能源生产和利用方式变革，调整优化能源结构，构建安全、稳定、经济、清洁的现代能源产业体系，对于保障我国经济社会可持续发展具有重要战略意义。

本规划根据《中华人民共和国国民经济和社会发展第十二个五年规划纲要》（以下简称“十二五”规划纲要）编制，主要阐明我国能源发展的指导思想、基本原则、发展目标、重点任务和政策措施，是“十二五”时期我国能源发展的总体蓝图和行动纲领。

## 第一章　发展基础和背景

### 第一节　发展基础

“十一五”时期，我国能源快速发展，供应能力明显提高，产业体系进一步完善，基本满足了经济社会发展需要，为“十二五”能源发展奠定了坚实基础。

能源供应能力显著增强。一次能源生产总量连续五年位居世界第一，2010 年达到 29.7 亿吨标准煤；电力装机规模比 2005 年增长将近一倍，达到 9.7 亿千瓦，居世界第二。

清洁能源比重逐步增加。2010 年，我国水电装机规模达到 2.2 亿千瓦，位居世界第一；核电在建规模 2924 万千瓦，占世界核电在建规模的 40%以上；“十一五”时期新增风电装机规模约 3000 万千瓦，2010 年并网规模位居世界第二；太阳能热水器集热面积继续保持世界第一。

能源重大科技专项顺利实施。资源勘探开

发、加工转化技术水平显著提高，重大装备自主创新能力进一步增强。年产600万吨煤炭综采成套装备实现国产化，深海油气钻井平台建造取得重大突破，具备了百万千瓦级压水堆核电站自主设计、制造、建设和运营能力，掌握了大型风电设备制造技术，特高压等先进输电技术研发应用居世界领先水平。

节能环保成效明显。“十一五”时期，单位国内生产总值能耗下降19.1%，电力行业实施“上大压小”，单位火电供电标准煤耗下降37克，脱硫机组比重持续增加。

能源国际合作稳步推进。境外能源资源开发取得新进展，西北、东北、西南和海上四大能源进口战略通道格局初步形成，我国在国际能源事务中的作用逐步增强。

煤电油气运保障协调机制逐步完善。国家石油储备规模逐步扩大，应急保障能力不断增强，有效应对了汶川地震、玉树地震和南方雨雪冰冻等特大自然灾害，保障了北京奥运会、上海世博会等重大活动成功举办。

**专栏1 “十一五”时期能源发展成就**

| 指标 | 单位 | 2005年 | 2010年 | 年均增长率（%） |
|---|---|---|---|---|
| 一次能源生产总量 | 亿吨标准煤 | 21.6 | 29.7 | 6.6 |
| 其中：煤炭 | 亿吨 | 23.5 | 32.4 | 6.6 |
| 原油 | 亿吨 | 1.8 | 2 | 2.1 |
| 天然气 | 亿立方米 | 493 | 948 | 14 |
| 非化石能源 | 亿吨标准煤 | 1.6 | 2.8 | 11.8 |
| 一次能源消费总量 | 亿吨标准煤 | 23.6 | 32.5 | 6.6 |
| 电力装机规模 | 亿千瓦 | 5.2 | 9.7 | 13.3 |
| 其中：水电 | 亿千瓦 | 1.2 | 2.2 | 12.9 |
| 火电 | 亿千瓦 | 3.9 | 7.1 | 12.7 |
| 核电 | 万千瓦 | 685 | 1082 | 9.6 |
| 风电 | 万千瓦 | 126 | 3100 | 89.8 |

## 第二节 面临形势

“十二五”时期，世情国情继续发生深刻变化，世界政治经济形势更加复杂严峻，能源发展呈现新的阶段性特征，我国既面临由能源大国向能源强国转变的难得历史机遇，又面临诸多问题和挑战。

从国际看，全球气候变化、国际金融危机、欧洲主权债务危机、地缘政治等因素对国际能源形势产生重要影响，世界能源市场更加复杂多变，不稳定性和不确定性进一步增加。

一是能源资源竞争日趋激烈。一些发达国家长期形成的能源资源高消耗模式难以改变，发展中国家工业化和现代化进程加快，能源消费需求将不断增加，全球能源资源供给长期偏紧的矛盾将更加突出。未来十年，发展中国家能源需求增量占全球增量的85%左右，消费重心逐步东移。发达国家竭力维护全球能源市场主导权，进一步强化对能源资源和战略运输通道的控制。能源输出国加强对资源的控制，构建战略联盟强化自身利益。能源的战略属性、政治属性更加凸显，围绕能源资源的博弈日趋激烈。

二是能源供应格局深刻调整。作为全球油气输出重地的西亚、北非地区局势持续动荡。美国和加拿大页岩气、页岩油等非常规资源开发取得重大突破，推动全球化石能源结构变化。美国出台了《未来能源安全蓝图》，提出“能源独立”新主张，加大本土能源资源开发，调整石油进口来源。日本福岛核电站核泄漏事故不仅影响了世界核电发展进程，而且对全球能源开发利用方式产生了深远影响。欧盟制定了2020年能源战略，启动战略性能源技术计划，着力发展可再生能源，减少对化石能源的依赖。世界能源生产供应及利益格局正在发生深刻调整和变化。

三是全球能源市场波动风险加剧。在能源资源供给长期偏紧的背景下，国际能源价格总体呈现上涨态势。金融资本投机形成“投机溢价”，国际局势动荡形成“安全溢价”，生态环境标准提高形成“环境溢价”，能源价格将长期高位震荡。发达国家能源需求增长减弱，已形成适应较高能源成本的经济结构，并将继续掌控世界能源资源和市场主导权，能源市场波动将主要给发展中国家带来风险和压力。

四是围绕气候变化的博弈错综复杂。气候变化已成为涉及各国核心利益的重大全球性问题，围绕排放权和发展权的谈判博弈日趋激烈。发达国家一方面利用自身技术和资本优势加快发展节能、新能源、低碳等新兴产业，推行碳排放交易，强化其经济竞争优势；另一方面，通过设置碳关税、“环境标准”等贸易壁垒，进一步挤压发展中国家发展空间。我国作为最大的发展中国家，面临温室气体减排和低碳技术产业竞争的双重挑战。

五是能源科技创新和结构调整步伐加快。国际金融危机以来，世界主要国家竞相加大能源科技研发投入，着力突破节能、低碳、储能、智能等关键技术，加快发展战略性新兴产业，抢占新一轮全球能源变革和经济科技竞争的制高点。高效、清洁、低碳已经成为世界能源发展的主流方向，非化石能源和天然气在能源结构中的比重越来越大，世界能源将逐步跨入石油、天然气、煤炭、可再生能源和核能并驾齐驱的新时代。

从国内看，能源发展的长期矛盾和短期问题相互交织，国内因素与国际因素互相影响，资源和环境约束进一步加剧，节能减排形势严峻，能源资源对外依存度快速攀升，能源控总量、调结构、保安全面临全新的挑战。

一是资源制约日益加剧，能源安全形势严峻。一方面，我国能源资源短缺，常规化石能源可持续供应能力不足。油气人均剩余可采储量仅为世界平均水平的 6%，石油年产量仅能维持在 2 亿吨左右，常规天然气新增产量仅能满足新增需求的 30%左右。煤炭超强度开采。另一方面，粗放式发展导致我国能源需求过快增长，石油对外依存度从本世纪初的 26%上升至 2011 年的 57%。与此同时，我国油气进口来源相对集中，进口通道受制于人，远洋自主运输能力不足，金融支撑体系亟待加强，能源储备应急体系不健全，应对国际市场波动和突发性事件能力不足，能源安全保障压力巨大。

二是生态环境约束凸显，绿色发展迫在眉睫。我国能源结构以煤为主，开发利用方式粗放，资源环境压力加大。大量水资源被消耗或污染，煤矸石堆积大量占用和污染土地，酸雨影响面积达 120 万平方千米，主要污染物和温室气体排放总量居世界前列。国内生态环境难以继续承载粗放式发展，国际上应对气候变化的压力日益增大，迫切需要绿色转型发展。

三是发展方式依然粗放，能效水平亟待提高。我国服务业发展滞后，能源密集型产业低水平过度发展、比重偏大，钢铁、有色、建材、化工四大高载能产业用能约占能源消费总量一半，单位产值能耗高。我国人均能源消费已达到世界平均水平，但人均国内生产总值仅为世界平均水平的一半；单位国内生产总值能耗不仅远高于发达国家，也高于巴西、墨西哥等发展中国家。较低的能效水平，与我国所处的发展阶段和国际产业分工格局有关，集中反映了我国发展方式粗放、产业结构不合理等突出问题，迫切需要实行能源消费强度和消费总量双控制，形成倒逼机制，推动在转方式、调结构方面取得实质性进展。

四是能源基础设施建设滞后，协调发展任重道远。我国区域经济和能源发展不平衡、不协调，能源供需逆向分布矛盾突出，基础设施建设相对薄弱，跨区输煤输电能力不足，缺煤缺电和窝煤窝电并存现象时有发生。城乡能源基础设施和用能水平差距大，农村能源建设和服务薄弱，农村电网建设和改造滞后，个别地方还没有用上电，全国仍有大量农户以秸秆和薪柴为生活燃料，减少能源贫困和推进城乡能源协调发展任重道远。

五是自主创新能力不足，能源产业大而不强。能源科技创新投入不足，研发力量较为分散，领军人才稀缺，自主创新基础薄弱，能源装备制造整体水平与国际先进水平相比仍有较大差距，关键核心技术和先进大型装备对外依赖程度较高，能源产业总体上大而不强，迫切需要进一步深化能源科技体制改革，大力提升能源科技自主创新能力。

六是体制约束日益显现，深化改革势在必行。能源产业行政垄断、市场垄断和无序竞争现象并存，价格机制不完善。煤电矛盾日益突出。风电、太阳能发电、小水电和分布式发电上网受到电力系统及运行机制制约。能源行业管理薄弱，缺位与错位现象并存，资源管理亟待规范，行业统计亟待加强。推动能源科学发展，迫切需要加快推进能源体制改革。

## 第二章 指导方针和目标

### 第一节 指导思想

高举中国特色社会主义伟大旗帜，全面深入贯彻落实党的十八大精神，以邓小平理论、“三个代表”重要思想、科学发展观为指导，以科学发展为主题，以加快转变发展方式为主线，着力推进能源体制机制创新和科技创新，着力加快能源生产和利用方式变革，强化节能优先战略，全面提升能源开发转化和利用效率，控制能源消费总量，构建安全、稳定、经济、清洁的现代能源产业体系，保障经济社会可持续发展。

### 第二节 基本原则

——坚持节约优先。实施能源消费强度和消费总量双控制，努力构建节能型生产消费体系，促进经济发展方式和生活消费模式转变，加快构建节能型国家和节约型社会。

——坚持立足国内。立足国内资源优势和发展基础，着力增强能源供给保障能力，完善能源储备应急体系，合理控制对外依存度，提高能源安全保障水平。

——坚持多元发展。着力提高清洁低碳化石能源和非化石能源比重，大力推进煤炭高效清洁利用，科学实施传统能源替代，加快优化能源生产和消费结构。

——坚持保护环境。树立绿色、低碳发展理念，统筹能源资源开发利用与生态环境保护，在保护中开发，在开发中保护，积极培育符合生态文明要求的能源发展模式。

——坚持深化改革。充分发挥市场机制作用，统筹兼顾，标本兼治，加快推进重点领域和关键环节改革，理顺价格机制，构建有利于促进能源可持续发展的体制机制。

——坚持科技创新。加快创新型人才队伍建设，加强基础科学研究和前沿技术攻关，增强能源科技创新能力。依托重点能源工程，推动重大核心技术和关键装备自主创新。

——坚持国际合作。统筹国内国际两个大局，大力拓展能源国际合作范围、渠道和方式，提升能源“走出去”和“引进来”水平，推动建立国际能源新秩序，努力实现合作共赢。

——坚持改善民生。统筹城乡和区域能源发展，加强能源基础设施和基本公共服务能力建设，尽快消除能源贫困，努力提高人民群众用能水平。

### 第三节 主要目标

根据对“十二五”时期经济社会发展趋势的总体判断，按照“十二五”规划纲要总体要求，综合考虑安全、资源、环境、技术、经济等因素，2015年能源发展的主要目标是：

——能源消费总量与效率。实施能源消费强度和消费总量双控制，能源消费总量40亿吨标煤，用电量6.15万亿千瓦时，单位国内生产总值能耗比2010年下降16%。能源综合效率提高到38%，火电供电标准煤耗下降到323克/千瓦时，炼油综合加工能耗下降到63千克标准油/吨。

——能源生产与供应能力。着眼于提高安全保障水平、增强应急调节能力，适度超前部署能源生产与供应能力建设，一次能源供应能力43亿吨标准煤，其中国内生产能力36.6亿吨标准煤。石油对外依存度控制在61%以内。

——能源结构优化。非化石能源消费比重提高到11.4%，非化石能源发电装机比重达到30%。天然气占一次能源消费比重提高到7.5%，煤炭消费比重降低到65%左右。

——国家综合能源基地建设。加快建设山西、鄂尔多斯盆地、内蒙古东部地区、西南地区、新疆五大国家综合能源基地。到2015年，五大基地一次能源生产能力达到26.6亿吨标准煤，占全国70%以上；向外输出13.7亿吨标准煤，占全国跨省区输送量的90%。

——生态环境保护。单位国内生产总值二氧化碳排放比2010年下降17%。每千瓦时煤电二氧化硫排放下降到1.5克，氮氧化物排放下降到1.5克。能源开发利用产生的细颗粒物(PM2.5)排放强度下降30%以上。煤炭矿区土地复垦率超过60%。

——城乡居民用能。全面实施新一轮农村电网改造升级，实现城乡各类用电同网同价。

行政村通电，无电地区人口全部用上电，天然气使用人口达到2.5亿人，能源基本公共服务水平显著提高。

——能源体制机制改革。电力、油气等重点领域改革取得新突破，能源价格市场化改革取得新进展，能源财税机制进一步完善，能源法规政策和标准基本健全，初步形成适应能源科学发展需要的行业管理体系。

| 专栏2　“十二五”时期能源发展主要目标 | | | | | | |
|---|---|---|---|---|---|---|
| 类别 | 指标 | 单位 | 2010年 | 2015年 | 年均增长 | 属性 |
| 能源消费总量与效率 | 一次能源消费总量 | 亿吨标准煤 | 32.5 | 40 | 4.30% | 预期性 |
| | 非化石能源消费比重 | % | 8.6 | 11.4 | 〔2.8〕 | 约束性 |
| | 全社会用电量 | 万亿千瓦时 | 4.2 | 6.15 | 8.00% | 预期性 |
| | 单位国内生产总值能耗 | 吨标准煤/万元 | 0.81 | 0.68 | 〔-16%〕 | 约束性 |
| | 火电供电标准煤耗 | 克/千瓦时 | 333 | 323 | -0.60% | 预期性 |
| | 电网综合线损率 | % | 6.5 | 6.3 | 〔-0.2〕 | 预期性能源 |
| 能源生产与供应 | 国内一次能源生产能力 | 亿吨标准煤 | 29.7 | 36.6 | 4.30% | 预期性 |
| | 煤炭生产能力 | 亿吨 | 32.4 | 41 | 4.80% | 预期性 |
| | 原油生产能力 | 亿吨 | 2 | 2 | 0 | 预期性 |
| | 天然气生产能力 | 亿立方米 | 948 | 1565 | 10.50% | 预期性 |
| | 非化石能源生产能力 | 亿吨标准煤 | 2.8 | 4.7 | 10.90% | 预期性 |
| 电力发展 | 电力装机容量 | 亿千瓦 | 9.7 | 14.9 | 9.00% | 预期性 |
| | 其中：煤电 | 亿千瓦 | 6.6 | 9.6 | 7.80% | 预期性 |
| | 水电 | 亿千瓦 | 2.2 | 2.9 | 5.70% | 预期性 |
| | 核电 | 万千瓦 | 1082 | 4000 | 29.90% | 预期性 |
| | 天然气发电 | 万千瓦 | 2642 | 5600 | 16.20% | 预期性 |
| | 风电 | 万千瓦 | 3100 | 10000 | 26.40% | 预期性 |
| | 太阳能发电 | 万千瓦 | 86 | 2100 | 89.50% | 预期性 |
| 生态环境保护 | 单位国内生产总值二氧化碳排放下降 | | | | 〔-17%〕 | 约束性 |
| | 煤电二氧化硫排放系数 | 克/千瓦时 | 2.9 | 1.5 | -12.40% | 约束性 |
| | 煤电氮氧化物排放系数 | 克/千瓦时 | 3.4 | 1.5 | -15.10% | 约束性 |
| 民生改善 | 居民人均生活用电量 | 千瓦时 | 380 | 620 | 10.30% | 预期性 |
| | 绿色能源示范县 | 个 | 108 | 200 | 13.10% | 预期性 |
| | 使用天然气人口 | 亿 | 1.8 | 2.5 | 6.80% | 预期性 |

注：(1)〔〕内为五年累计数；(2)国内生产总值以2010年不变价格计算，其他涉及价值量计算同；(3)天然气生产能力包括常规天然气、煤层气和页岩气；(4)2015年水电装机中含3000万千瓦抽水蓄能电站容量。

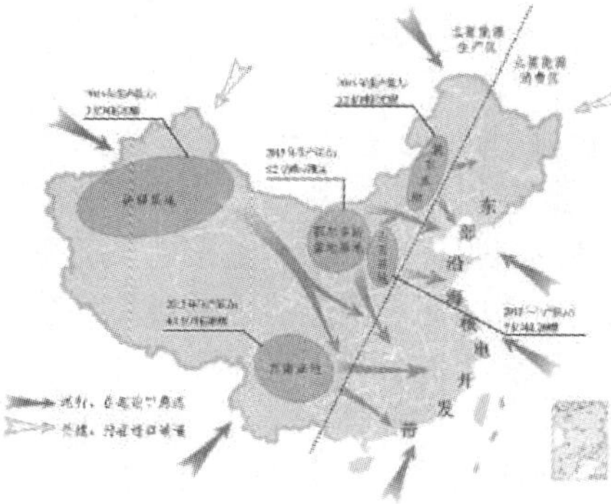


国家综合能源基地示意图

## 第三章　主要任务

### 第一节　加强国内资源勘探开发

加大国内能源资源勘探力度，优化开发常规化石能源，巩固能源供应基础。着力突破煤层气、页岩气等非常规油气资源开发技术瓶颈，大力发展非化石能源，培育新的能源供应增长极。

一、安全高效开发煤炭

按照控制东部、稳定中部、发展西部的原则，稳步推进大型煤炭基地建设，以大型骨干企业为主体，重点建设大型现代化煤矿。深入推进煤炭资源整合和煤矿企业兼并重组，调整优化产能结构，加快淘汰落后生产能力。加快煤矿改造升级，实施瓦斯治理、水火灾害防治、应急避险等重大安全工程，推行煤矿安全生产标准化，建设数字化自动化矿井、无人值守采煤工作面、煤炭地下气化示范工程，全面提升煤矿技术装备水平。加大焦煤、无烟煤等稀缺煤种保护性开发力度。积极推广保水开采、充填开采等先进技术，实施采煤沉陷区综合治理。因地制宜开发煤炭共伴生资源，大力发展矿区循环经济。到 2015 年，煤炭产能达到 41 亿吨，煤炭产量控制在 39 亿吨以内；采煤机械化程度达到 75%以上；安全高效煤矿产量 25 亿吨，占全国的 60%以上，比 2010 年增加约 30 个百分点；原煤百万吨死亡率下降 28%以上；矿井水利用率达到 75%。

二、加快常规油气勘探开发

按照稳定东部、加快西部、发展南方、开拓海域的原则，围绕新油气田规模高效开发和老油气田采收率提高两条主线，鼓励低品位资源开发，推进原油增储稳产、天然气快速发展。挖掘东部潜力，加强老区精细勘探，拓展外围盆地资源；加快西部重点盆地勘探开发，增加油气储量和产量；加大南方海相区域勘探开发力度，创新地质理论，突破关键勘探开发技术。推进塔里木盆地和准噶尔盆地、松辽盆地、鄂尔多斯盆地、渤海湾盆地、四川盆地等陆上油气生产基地稳产或增产。加快海上油气资源勘探开发，坚持储近用远原则，重点提高深水资源勘探开发能力。到 2015 年，新增石油探明地质储量 65 亿吨以上，产量稳定在 2 亿吨左右；新增常规天然气探明地质储量 3.5 万亿立方米，产量超过 1300 亿立方米。

三、大力开发非常规天然气资源

根据资源前景和发展基础，重点加大煤层气和页岩气勘探开发力度。建设沁水盆地和鄂尔多斯盆地东缘煤层气产业基地，继续推进河北、安徽、山东、河南、陕西、甘肃、宁夏等省（区）煤层气勘探开发试验，加快开展新疆低阶煤盆地、中部地区低渗透性煤层和西南高应力区煤层气勘查与开发评价。加快全国页岩气资源调查与评价，在保护生态环境和合理利用水资源的前提下，优选一批页岩气远景区和有利目标区。突破勘探开发关键技术，重点加快四川、重庆、云南、贵州、湖北、陕西、山西等省页岩气勘探开发，建设长宁、威远、昭通、富顺-永川、鄂西渝东、川西-阆中、川东北、延安等页岩气勘探开发区，初步实现规模化商业生产，为页岩气快速发展奠定坚实基础。到 2015 年，煤层气、页岩气探明地质储量分别增加 1 万亿和 6000 亿立方米，商品量分别达到 200 亿和 65 亿立方米，非常规天然气成为天然气供应的重要增长极。

四、积极有序发展水电

坚持水电开发与移民致富、环境保护、水资源综合利用、地方经济社会发展相协调，加强流域水电规划，在做好生态环境保护和移民安置的前提下积极发展水电。全面推进金沙江中下游、澜沧江中下游、雅砻江、大渡河、黄河上游、雅鲁藏布江中游水电基地建设，有序启动金沙江上游、澜沧江上游、怒江水电基地建设，优化开发闽浙赣、东北、湘西水电基地，基本建成长江上游、南盘江红水河、乌江水电基地。统筹考虑中小流域的开发与保护，科学论证、因地制宜积极开发小水电，合理布局抽水蓄能电站。“十二五”时期，开工建设常规水电 1.2 亿千瓦、抽水蓄能电站 4000 万千瓦。到 2015 年，全国常规水电、抽水蓄能电站装机分别达到 2.6 亿千瓦和 3000 万千瓦。

五、安全高效发展核电

严格实施核电安全规划和核电中长期发展规划（调整），把“安全第一”方针落实到核电规划、建设、运行、退役全过程及所有相关产业。在做好安全检查的基础上，持续开展在役在建核电机组安全改造。全面加强核电安全管理，提高核事故应急响应能力。在核电建设方面，坚持热堆、快堆、聚变堆“三步走”技术路线，以百万千瓦级先进压水堆为主，积极发展高温气冷堆、商业快堆和小型堆等新技术；合理把握建设节奏，稳步有序推进核电建设；科学布局项目，对新建厂址进行全面复核，“十二五”时期只安排沿海厂址；提高技术准入门槛，新建机组必须符合三代安全标准。同步完善核燃料供应体系，满足核电长远发展需要。利用有限时间、依托有限项目完成装备自主化任务，全面提升我国装备制造业水平。加快建设现代核电产业体系，打造核电强国。到 2015 年，运行核电装机达到 4000 万千瓦，在建规模 1800 万千瓦。

六、加快发展风能等其他可再生能源

坚持集中与分散开发利用并举，以风能、太阳能、生物质能利用为重点，大力发展可再生能源。优化风电开发布局，有序推进华北、东北和西北等资源丰富地区风电建设，加快风能资源的分散开发利用。协调配套电网与风电开发建设，合理布局储能设施，建立保障风电并网运行的电力调度体系。积极开展海上风电项目示范，促进海上风电规模化发展。加快太阳能多元化利用，推进光伏产业兼并重组和优化升级，大力推广与建筑结合的光伏发电，提高分布式利用规模，立足就地消纳建设大型光伏电站，积极开展太阳能热发电示范。加快发展建筑一体化太阳能应用，鼓励太阳能发电、采暖和制冷、太阳能中高温工业应用。有序开发生物质能，以非粮燃料乙醇和生物柴油为重点，加快发展生物液体燃料。鼓励利用城市垃圾、大型养殖场废弃物建设沼气或发电项目。因地制宜利用农作物秸秆、林业剩余物发展生物质发电、气化和固体成型燃料。稳步推进地热能、海洋能等可再生能源开发利用。到 2015 年，风能发电装机规模达到 1 亿千瓦；太阳能发电装机规模达到 2100 万千瓦；生物质能发电装机规模达到 1300 万千瓦，其中城市生活垃圾发电装机容量达到 300 万千瓦。

| 专栏 3　“十二五”时期能源资源开发重点 |
|---|
| **大型煤炭基地：**加快陕北、黄陇、神东、蒙东、宁东、新疆等煤炭基地建设，优化开发晋北、晋中、晋东、河南、两淮和云贵煤炭基地资源，控制冀中、鲁西煤炭基地开发规模和强度，到“十二五”末，形成 10 个亿吨级和 10 个 5000 万吨级特大型煤炭企业，产量占全国的 60%以上。<br>**非常规天然气开发区块：**建成沁水盆地寺河、潘河、成庄、潘庄、赵庄和鄂尔多斯盆地柳林、韩城一合阳煤层气地面开发项目，推进山西、辽宁、安徽、河南、重庆、四川、贵州等省市重点矿区煤层气井下规模化抽采。建成长宁、威远、富顺一永川、昭通、鄂西渝东等 21 个页岩气规模化勘探开发区。<br>**大型水电基地：**重点开工建设金沙江白鹤滩、乌东德、梨园、龙开口、鲁地拉、观音岩、苏洼龙、叶巴滩、拉哇、昌波、旭龙，雅砻江两河口、牙根一级、牙根二级、孟底沟、卡拉、杨房沟、大渡河双江口、猴子岩、硬梁包、丹巴、老鹰岩、安谷、金川、安宁、巴底、枕头坝二级、沙坪一级、澜沧江古水、黄登、苗尾、乌弄龙、里底、托巴、大华桥、橄榄坝、古学、如美、黄河上游班多、羊曲、门堂、玛尔挡、雅鲁藏布江中游加查、街需、大古、长江干流小南海、怒江松塔、汉江旬阳、第二松花江丰满重建、乌江白马、红水河龙滩二期、帕隆藏布忠玉、库玛拉克河大石峡、开都河阿仁萨很托亥等项目；深入论证，有序启动澜沧江上游侧格、卡贡、黄河上游宁木特、茨哈峡、金沙江中游龙盘、怒江干流六库、马吉、亚碧罗、赛格等项目。<br>**大型风电基地：**建设河北、蒙西、蒙东、吉林、甘肃、新疆、黑龙江以及山东沿海、江苏沿海风电基地，到 2015 年，大型风电基地规模达到 7900 万千瓦。<br>**太阳能电站：**按照就近消纳、有序开发的原则，重点在西藏、内蒙古、甘肃、宁夏、青海、新疆、云南等太阳能资源丰富地区，利用沙漠、戈壁及无耕种价值的闲置土地，建设若干座大型光伏发电站，结合资源和电网条件，探索水光互补、风光互补的利用新模式。 |

### 第二节　推进能源高效清洁转化

立足资源优势，依靠科技创新，加快推进燃煤发电、炼油化工技术进步和产业升级，探索煤炭分质转化、梯级利用的有效途径，提高能源加工转化效率和清洁化利用水平。

一、高效清洁发展煤电

稳步推进大型煤电基地建设，统筹水资源和生态环境承载能力，按照集约化开发模式，采用超超临界、循环流化床、高效节水等先进适用技术，在中西部煤炭资源富集地区，鼓励煤电一体化开发，建设若干大型坑口电站，优先发展煤矸石、煤泥、洗中煤等低热值煤炭资源综合利用发电。在中东部地区合理布局港口、路口电源和支撑性电源，严格控制在环渤海、长三角、珠三角地区新增除“上大压小”和热电联产之外的燃煤机组。积极发展热电联产，在符合条件的大中城市，适度建设大型热电机组，在中小城市和热负荷集中的工业园区，优先建设背压式机组，鼓励发展热电冷多联供。继续推进“上大压小”，加强节能、节水、脱硫、脱硝等技术的推广应用，实施煤电综合改造升级工程，到“十二五”末，淘汰落后煤电机组 2000 万千瓦，火电每千瓦时供电标准煤耗下降到 323 克。“十二五”时期，全国新增煤电机组 3 亿千瓦，其中热电联产 7000 万千瓦、低热值煤炭资源综合利用 5000 万千瓦。

二、推进煤炭洗选和深加工升级示范

以提高资源高效清洁利用水平为目标，加大煤炭洗选比重，提高商品煤质量，优化煤炭加工利用方式，逐步建立科学的煤炭分级利用体系，到2015年，原煤入选率达到65%以上，煤矸石综合利用率提高到75%。总结现有煤炭深加工示范项目经验，按照能量梯级利用、节水降耗、绿色低碳等要求，完善核心技术和工艺路线，稳步开展升级示范。重点在中西部煤炭净调出省区，选择水资源相对丰富、配套基础条件好的重点开发区，建设煤基燃料、烯烃及多联产升级示范工程，探索符合我国国情的科技含量高、附加值高、产业链长的煤炭深加工产业发展模式，为适应未来能源更替和变革提供战略技术储备。"十二五"时期，新开工煤制天然气、煤炭间接液化、煤制烯烃项目能源转化效率分别达到56%、42%、40%以上。

三、集约化发展炼油加工产业

按照上下游一体化、炼化储一体化的原则，依托进口战略通道建设炼化产业带，统筹新炼厂建设和既有炼厂升级改造，建设若干个大型化、集约化的炼化基地，逐步形成环渤海、长三角、珠三角三大炼油产业集群。严格行业准入管理，推进企业兼并重组，提高产业集中度。到2015年，全国一次原油加工能力达到6.2亿吨，成品油产量达到3.3亿吨，炼油每吨综合加工能耗下降到63千克标准油，水耗降低到0.5吨。

四、有序发展天然气发电

在天然气来源可靠的东部经济发达地区，合理建设燃气蒸汽联合循环调峰电站。在电价承受能力强、热负荷需求大的中心城市，优先发展大型燃气蒸汽联合循环热电联产项目。积极推广天然气热电冷联供，支持利用煤层气发电。"十二五"时期，全国新增燃气电站3000万千瓦。

**专栏4 "十二五"时期能源加工转化建设重点**

**大型煤电基地：**统筹当地电力市场情况和跨区输电需要，重点在山西、内蒙古、陕西、宁夏、新疆等煤炭资源富集地区，采用先进节水技术，建设大型坑口煤电基地，在贵州、皖北、陇东等地区适度建设一定规模的外送煤电项目。

**煤炭深加工升级示范工程：**在继续组织实施好宁夏宁东、陕西榆林、内蒙古鄂尔多斯、新疆伊犁等既有煤炭深加工项目的基础上，在新疆、内蒙古、陕西、山西、云南、贵州、安徽等部分综合配套条件比较好的地区，积极推进以煤炭液化、煤制气、煤制烯烃、煤基多联产、煤油气资源综合利用等为主要方向的大规模工程示范项目。

**炼油基地：**加快先进炼油产能建设，重点建设浙江镇海、广东惠州、河南洛阳、新疆克拉玛依改扩建项目，充分利用境外资源，在天津、河北曹妃甸、浙江台州、广东湛江、广东揭阳、云南昆明、福建泉州等新建一批炼油项目，优化国内炼油产业布局，到"十二五"末，形成若干个具有较强竞争力的千万吨级炼油基地。

## 第三节 推动能源供应方式变革

根据新兴能源的技术基础、发展潜力和相关产业发展态势，以分布式能源、智能电网、新能源汽车供能设施为重点，大力推广新型供能方式，提高能源综合利用效率，促进战略性新兴产业发展，推动能源生产和利用方式变革。

一、大力发展分布式能源

统筹传统能源、新能源和可再生能源的综合利用，按照自用为主、富余上网、因地制宜、有序推进的原则，积极发展分布式能源，实现分布式能源与集中供能系统协调发展。

（一）积极发展天然气分布式能源。根据常规天然气、煤层气、页岩气供应条件和用户能量需求，重点在能源负荷中心，加快建设天然气分布式能源系统。对开发规模较小或尚未联通管网的页岩气、煤层气等非常规天然气，优先采用分布式利用方式。统筹天然气和电力调峰需求，合理选择天然气分布式利用方式，实现天然气和电力优化互济利用。加强天然气分布式利用技术研发，提高技术装备自主化水平。

（二）大力发展分布式可再生能源。根据资源特性和用能需求，加快风能、太阳能、小水电、生物质能、海洋能、地热能等可再生能源的分布式开发利用。以城市、工业园区等能源消费中心为重点，完善相关配套设施，大力推进屋顶光伏等分布式可再生能源技术应用，尽快提高分布式供能比重。因地制宜在农村、林区、牧区、海岛积极推进分布式可再生能源建设，解决偏远地区生活用能问题。

（三）营造有利于分布式能源发展的体制政策环境。将分布式能源纳入电力和供热规划范畴，加强配套电网和热力网建设。创新体制机制，研究制定分布式能源标准，完善分布式能源价格机制和产业政策，努力实现分布式发电直供及无歧视、无障碍接入电网。

| 专栏5 “十二五”时期分布式能源发展重点和目标 | |
|---|---|
| 天然气分布式能源 | **发展重点：**推进天然气分布式能源示范项目建设，在城市工业园区、旅游集中服务区、生态园区、大型商业设施等能源负荷中心，建设区域分布式能源系统和楼宇分布式能源系统；在条件具备的地区，结合太阳能、风能、地源热泵等可再生能源，建设能源综合利用项目。 |
| | **发展目标：**到2015年，建成1000个左右天然气分布式能源项目、10个左右各具特色的天然气分布式能源示范区；完成天然气分布式能源主要装备研制，初步形成具有自主知识产权的分布式能源装备产业体系。 |
| 分布式可再生能源 | **发展重点：**推进分布式可再生能源项目建设，以民用建筑为重点，在城市推广太阳能热水、太阳能发电、地热能、垃圾发电等新能源技术应用；在城市社区、工业园区、企业等能源消费中心，积极开展分布式风能、太阳能发电、地热能等资源综合利用；在条件适宜地区，大力推动新建建筑应用太阳能热水系统，实施光伏建筑一体化工程；在重要风景名胜区周边、林区、边远和农村地区，合理布局离网式风电、太阳能发电、小水电和生物质能等可再生能源项目。 |
| | **发展目标：**到2015年，分布式太阳能发电达到1000万千瓦，建成100个以分布式可再生能源应用为主的新能源示范城市。 |

二、推进智能电网建设

加快智能电网建设，着力增强电网对新能源发电、分布式能源、电动汽车等能源利用方式的承载和适应能力，实现电力系统与用户互动，推动电力系统各环节、各要素升级转型，提高电力系统安全水平和综合效率，带动相关产业发展。

加强智能电网规划，通过关键技术研发、设备研制和示范项目建设，确定技术路线和发展模式，制定智能电网技术标准。建立有利于智能电网技术推广应用的体制机制，推行与智能电网发展相适应的电价政策。加快推广应用智能电网技术和设备，提升电网信息化、自动化、互动化水平，提高可再生能源、分布式能源并网输送能力。积极推进微电网、智能用电小区、智能楼宇建设和智能电表应用。“十二五”时期，建成若干个智能电网示范区，力争关键技术创新和装备研发走在世界前列。

三、建设新能源汽车供能设施

加强供能基础设施建设，为新能源汽车产业化发展提供必要的条件和支撑，促进交通燃料清洁化替代，降低温室气体和大气污染物排放。结合充电式混合动力、纯电动、天然气（CNG/LNG）等新能源汽车发展，在北京、上海、重庆等新能源汽车示范推广城市，配套建设充电桩、充（换）电站、天然气加注站等服务网点。着力研发高性能动力电池和储能设施，建立新能源汽车供能装备制造、认证、检测以及配套标准体系。到2015年，形成50万辆电动汽车充电基础设施体系。

**第四节 加快能源储运设施建设**

按照海陆并举、内外衔接、安全畅通、适度超前的原则，统筹境外能源进口和国内产需衔接，统筹各种能源运输方式，优化能源流向，扩大北煤南运、北油南运、西气东输和西电东送规模。加强能源储备和调峰设施建设，全面提升能源应急保障能力。

一、强化战略通道和骨干网络建设

（一）石油。加快西北（中哈）、东北（中俄）和西南（中缅）三大陆路原油进口通道建设，加强配套干线管道建设；适应海运原油进口需要，加强沿海大型原油接卸码头及陆上配套管道建设。加强西北、东北成品油外输管道建设，完善华北、华东、华南、华中和西南等主要消费地区的区域管网。“十二五”时期，新增原油管道8400千米，新增成品油管道2.1万千米，成品油年输送能力新增1.9亿吨。

（二）天然气。加快建设西北（中国—中亚）、东北（中俄）、西南（中缅）和海上四大进口通道，形成以西气东输、川气东送、陕京输气管道为大动脉，连接主要生产区、消费区和储气库的骨干管网。统筹沿海液化天然气（LNG）接收站、跨省联络线、配气管网及地下储气库建设，完善“长三角”、环渤海、川渝地区天然气管网，基本建成东北、“珠三角”、中南地区等区域管网。形成天然气、煤层气、页岩气、煤制气等多种气源公平接入、统一输送的格局。推动液化天然气（LNG）造船业和运输业发展。“十二五”时期，新增天然气管道4.4万千米；沿海液化天然气年接收能力新增5000万吨以上。

（三）电力。坚持输煤输电并举，逐步提高输电比重。结合大型能源基地建设，采用特高压等大容量、高效率、远距离先进输电技术，稳步推进西南能源基地向华东、华中地区和广东省输电通道，鄂尔多斯盆地、山西、锡林郭勒盟能源基地向华北、华中、华东地区输电通道。加快区域和省级超高压主网架建设，重点实施电力送出地区和受端地区骨干网架及省域间联网工程，完善输、配电网结构，提高分区、分层供电能力。加快实施城乡配电网建设和改造工程，推进配电智能化改造，全面提高综合供电能力和可靠性。到2015年，建成330千伏及以上输电线路20万千米，跨省区输电容量达到2亿千瓦。

（四）煤炭。加快既有铁路干线扩能改造和新建铁路煤运通道建设，提高煤炭跨区运输能力。重点建设内蒙古西部地区至华中地区的北煤南运战略通道，优化煤炭跨区流向；建成山西、陕西和内蒙古西部地区至唐山地区港口、山西中南部至山东沿海港口西煤东运新通道，缓解现有通道压力；结合兰新铁路扩能改造和兰渝铁路建设，形成疆煤外运新通道。建设沿海配套港口码头，完善内河水运通道。

| 专栏6 “十二五”时期能源输送通道建设重点 | |
|---|---|
| 原 油 | 中哈原油管道二期、中缅原油管道、独山子—乌鲁木齐、兰州—成都、大庆—铁岭、瑞丽—昆明等干线管道 |
| 天然气 | 中亚天然气管道C线和D线，西气东输二线东段及香港支线，西气东输三线、四线、五线，中缅天然气管道；陕京四线、鄂尔多斯—安平输气管线、东北天然气管网、中卫—贵阳天然气管道、青藏天然气管道（适时建设）、冀宁联络线复线、宁鲁联络线；南疆天然气利民工程；适时启动新疆煤制气外输管线、中俄东线天然气管道、萨哈林天然气管道 |
| 电 力 | 水电外送：金沙江溪洛渡送电浙江及广东、雅砻江锦屏等电站送电江苏、四川水电送电华中、糯扎渡等电站送电广东、云南水电送电广西<br>煤电和风电外送：蒙西送电华北及华中、锡盟送电华北及华东、陕北送电华北、山西送电华北及华中、淮南送电上海及浙江、新疆送电华中、宁东送电浙江、陕西送电重庆 |

二、提升储备应急保障能力

（一）油气储备。优化储备布局和结构，建成国家石油储备基地二期工程，启动三期工程，推进石油储备方式多元化。积极推进成品油应急调节储备，研究建立企业义务储备；加快华北、西北、西南及东南沿海地区天然气地下储气库和液化天然气储备库建设，加快城市调峰储气设施建设。

（二）煤炭储备。加快在沿海、沿江港口及华东、华中、西南等地区建设国家煤炭应急储备，鼓励重点厂矿企业提高仓储能力，稳步推进地方储备应急能力建设，逐步构建科学、有序、规范的煤炭应急储备体系。

（三）应急保障。健全能源应急组织系统，明确政府及各类社会主体的应急责任和义务。按照统一领导、分级负责、分类实施、协同保障的原则，完善应急保障预案，依法采取能源生产运输紧急调度、储备动用和价格干预等措施。加强系统演练，提高全社会能源安全应急意识和能力。

## 第五节 实施能源民生工程

坚持统筹规划、因地制宜、多能互补、高效清洁的原则，以逐步推进城乡能源基本公共服务均等化为导向，以实施新一轮农村电网改造升级、建设绿色能源示范县、解决无电地区用电问题为重点，全面推进能源民生工程建设。

一、加快农村电网建设

加快实施新一轮农村电网改造升级工程，消除电网薄弱环节，扩大电网覆盖面，提升农村电网供电可靠性和供电能力，农村生活用电得到较好保障，农业生产用电问题基本解决。到2015年，基本建成安全可靠、管理规范的新型农村电网，实现行政村通电，无电地区人口全部用上电，城乡各类用电同网同价。

二、大力发展农村可再生能源

结合农村资源条件和用能习惯，因地制宜推进小水电、农林废弃物、养殖场废弃物、太阳能、风能等可再生能源开发利用，推广普及经济实用技术，促进农村炊事、取暖和洗浴用能高效化、清洁化。积极推进农村可再生能源综合利用示范工程建设。到2015年，建成200个绿色能源示范县和1000个太阳能示范村。

三、完善农村能源基础服务体系

推进城镇能源供应设施和服务逐步向农村延伸，加强农村液化气供应站、加油站、型煤加工点以及生物质燃气站和管网等基础设施建设，建立各类能源设施维修和技术服务站，培育农村能源专业化经营服务企业和人才，增强能源基本公共服务能力。

| 专栏7 “十二五”时期农村可再生能源建设重点工程 |
| --- |
| **小水电：**继续实施水电新农村电气化县建设和小水电代燃料工程建设，合理开展农村水电增容扩容，到2015年，全国建成300个水电新农村电气化县，新增小水电装机容量1000万千瓦。 |
| **沼气：**优化发展户用沼气，加快发展集中沼气，到2015年，农村沼气用户达到5000万户，建设3000个规模化养殖场沼气集中供气工程，农村沼气年利用量达到190亿立方米。 |
| **太阳能：**支持农村和小城镇居民安装使用太阳能热水器、太阳灶、太阳房等设施，实施村镇太阳能公共浴室建设工程，到2015年，建成1000个太阳能示范村。 |

四、加强边疆偏远地区能源建设

建设新疆天然气利民工程，适时启动格尔木至拉萨天然气输送管线建设。完善青藏直流联网工程。实施无电地区电力建设工程，加强西藏、新疆、青海、四川、云南、内蒙古等省（区）无电地区电网建设，扩大电网覆盖面；利用当地可再生能源资源，加快建设微水电、小型风电、户用光伏系统、风光互补电站等小型电源，解决无电地区用电问题。建立健全小型电源运营和维护长效机制，提高可持续供能能力。

五、着力提高民用天然气供给普及率

加快建设天然气输配管网和储气设施，扩大天然气供应覆盖面。逐步理顺天然气价格，培育和拓展天然气消费市场，扩大居民生活用气规模。到2015年，天然气使用人口达到2.5亿人。

**第六节　控制能源消费总量**

实施能源消费强度和消费总量双控制，尽快制定并严格落实控制能源消费总量工作方案，明确工作目标、任务和责任，采取综合配套措施，形成倒逼机制，推动经济发展转方式、调结构，促进资源节约型和环境友好型社会建设。

一、明确总量控制目标和分解落实机制

到2015年，全国能源消费总量和用电量分别控制在40亿吨标准煤和6.15万亿千瓦时左右，重点行业主要产品单位能耗总体接近世界先进水平。综合考虑各地经济社会发展水平、区位和资源特点等因素，将能源和电力消费总量分解到各省（区、市），由省级人民政府负责落实。把能源消费总量控制目标落实情况纳入各地经济社会发展综合评价考核体系，实施定期通报制度。

二、优化产业结构和布局

加快发展现代服务业，培育发展战略性新兴产业，改造提升传统制造业。按照全国主体功能区定位，综合考虑资源、环境、物流等因素，优先在中西部能源资源富集地区布局能源密集型产业，东部地区除利用进口优质能源资源外，从严控制新上能源密集型项目，促进能源密集型产业梯级有序转移。

三、全面推进节能提效

把节能放在更加突出的位置。加强工业节能，以世界先进能效水平为目标，制定“领跑者”标准和政策，加快制修订重点行业单位产品能耗限额强制性国家标准，加大淘汰落后产能力度，实施工业节能重点工程。加强建筑节能，推行绿色建筑标准、评价与标识，提高新建建筑能效水平，加快既有建筑和城市供暖管网节能改造，实行供热计量收费和能耗定额管理，着力增加太阳能、地热能等可再生能源在建筑用能中的比重，实行公共建筑能耗定额管理、能效公示、能源计量和能源审计制度。加强交通节能，加快发展水路、轨道和管道运输，减少煤炭等大宗货物公路长途运输。大力发展公共交通。逐步实施世界先进水平的燃油经济性限值标准，推广节能和新能源交通工具。

四、着力加强用能管理

严格执行固定资产投资项目节能评估与审查制度。深入开展能源审计和能效水平对标活动，实行能源利用状况报告制度，建立企业能源管理体系，实行万家企业节能低碳行动，加快推行合同能源管理等市场化节能机制。鼓励发展智能电网和分布式能源，推进节能发电调度，鼓励余热余压综合利用。加强能源需求侧管理，开展电力需求侧管理城市综合试点，加强“能效电厂”示范和推广。加大高效节能技术产品推广力度，强化能效标识和节能产品认证制度，扩大节能产品政府采购，实施节能产品惠民工程。开展合理用能全民行动，倡导合理用能生活方式和消费模式。

## 第七节　深化能源体制机制改革

坚持社会主义市场经济改革方向，按照远近结合、标本兼治、统筹兼顾、突出重点的原则，抓紧制定和实施深化能源体制改革的指导意见，加快构建现代能源市场体系，着力化解重点领域和关键环节的突出矛盾，争取尽快取得突破。

一、加快现代能源市场体系建设

科学界定竞争性和非竞争性业务，对可以实现有效竞争的业务引入市场竞争机制，积极培育市场竞争主体；对自然垄断业务，加强监管，保障公平接入和普遍服务。加快国有能源企业改革，完善现代企业制度。完善区域性、全国性能源市场，积极发展现货、长期合约、期货等交易形式。

二、推进重点领域改革

（一）继续深化电力体制改革。加快建立现代电力市场体系，稳步开展输配分开试点，组建独立电力交易机构，在区域及省级电网范围内建立市场交易平台，分批放开大用户、独立配售电企业与发电企业直接交易。改进发电调度方式，逐步增加经济调度因素，为实行竞价上网改革探索经验。建立理顺煤电关系的长效机制。按照基本公共服务均等化和现代企业制度要求，兼顾电力市场化改革方向，统筹推进农村电力体制改革。

（二）深化煤炭领域改革。完善行业管理体制，加强对煤炭资源勘探开发、生产经营等全过程的监督管理。国家统一管理煤炭一级探矿权市场，规范矿业权二级市场。完善煤炭与煤层气协调开发机制。深化煤炭流通体制改革，实现重点合同煤和市场煤并轨，积极推行中长期合同，推进煤炭铁路运力市场化配置，加快健全区域煤炭市场，逐步培育和建立全国煤炭交易市场，开展煤炭期货交易试点。加快推进煤矿企业兼并重组，推行煤电运等一体化运营。

（三）推进石油天然气领域改革。加强油气矿业权监管，完善准入和退出机制。推进页岩气投资主体多元化，加强对页岩气勘探开发活动的监督管理。完善炼油加工产业市场准入制度，研究推动原油、成品油进口管理改革，形成有效竞争格局。加强油气管网监管，稳步推动天然气管网独立运营和公平开放，保障各种气源无歧视接入和统一输送。明确政府与企业油气储备应急义务和责任。

（四）推进可再生能源和分布式能源体制机制改革。研究建立水能资源开发权公平竞争、有偿取得及利益合理分配机制，创新移民安置和生态补偿机制。完善有利于可再生能源良性发展、分布式能源推广应用的管理体制，促进形成可再生能源和分布式能源无歧视、无障碍并网新机制。探索建立可再生能源电力配额及交易制度和新增水电用电权跨省区交易机制。

三、完善能源价格机制

（一）理顺电价机制。加快推进电价改革，逐步形成发电和售电价格由市场决定、输配电价由政府制定的价格机制。加大对电网输配业务及成本的监管，核定独立输配电价。改进水电、核电及可再生能源发电定价机制。推进销售电价分类改革。大力推广峰谷电价、季节电价、可中断负荷电价等电价制度。推进工业用户按产业政策实行差别化电价和超限额能耗惩罚性电价，实施并完善居民阶梯电价制度。

（二）深化油气价格改革。深化成品油价格市场化改革。深入推进天然气价格改革，在总结广东、广西试点经验的基础上，建立反映资源稀缺程度和市场供求关系的天然气价格形成机制，逐步理顺天然气与可替代能源比价关系，建立上下游价格合理传导机制。研究推行天然气季节性差价和可中断气价等差别性价格政策。页岩气出厂价格实行市场定价。

## 第八节　提升能源科技和装备水平

按照创新机制、夯实基础、超前部署、重点跨越的原则，以增强能源科技自主创新能力和提高能源装备自主化水平为目标，加快构建重大技术研究、重大技术装备、重大示范工程、技术创新平台“四位一体”的能源科技装备创新体系。

一、加快科技创新能力建设

（一）加强能源基础科学研究。坚持政府在能源基础科学研究中的主导地位，进一步优化配置能源科技资源，加大资金投入和政策扶持，建立一批国家工程技术研究中心、国家能源研发中心和重点实验室。面向世界能源科技前沿和国家重大战略需要，在地质、材料、环境、能源动力和信息与控制等基础科学领域，超前部署一批对能源发展具有战略先导性作用的前沿技术攻关项目，突破制约能源发展的核心技术、关键技术。

（二）推进先进适用技术研发应用。充分调动和发挥企业的主体作用，围绕能源发展方式转变和产业转型升级，集聚优势科研力量，加快先进适用技术研发，完善技术推广应用体系。力争在煤矿高效集约开采、页岩气等非常规油气资源勘探开发、先进油气储运、高效清洁发电、新一代核电、海上风电、太阳能热发电、大容量高效率远距离输电、大容量储能等重点领域取得突破，达到或超过世界先进水平。

二、提高能源装备自主化水平

加强对能源装备产业的规划引导，依托重点工程，加强技术攻关和综合配套，建立健全能源装备标准、检测和认证体系，努力提高重大能源装备设计、制造和系统集成能力。

三、实施重大科技示范工程

充分利用我国能源市场空间大、工程实践机会多的优势，加大资金、技术、政策扶持力度，以煤层气开发利用、油气资源高效开发、高效清洁发电、特高压输电、大规模间歇式发电并网、智能电网、多能互补利用、核燃料后处理等技术领域为重点，加快重大工程技术示范，促进科技成果尽快转化为先进生产力。

| 专栏8 “十二五”时期能源装备发展重点 |
|---|
| **核电装备：**以先进核电项目为依托，加快大型锻件、核主泵、关键材料、数字化仪控系统、核电泵阀等关键设备的自主制造。<br>**燃气轮机：**推进现有燃气轮机制造技术进步，研制小型燃气轮机发电机组，开发重型燃气轮机，提升高温部件制造和试验验证能力。<br>**超超临界火电机组：**研发600℃百万千瓦级（单轴）超超临界燃煤发电机组，研制700℃超超临界发电机组锅炉、汽轮机设备、辅机、高温材料和部件。<br>**大型油气开采和长输管线装备：**掌握压缩机、电机和变频控制系统等关键设备的设计制造技术；实现天然气长输管线大型球阀、电机驱动压缩机组、燃机驱动压缩机组等关键设备自主制造。<br>**大型国产化水电机组：**开展百万千瓦级大型水轮机组技术研究，实现35万千瓦、500米水头以上大容量、高水头抽水蓄能机组设计制造自主化，研制大型低水头贯流式水轮发电机组。<br>**风电和太阳能设备：**掌握7～10兆瓦级风电机组整机及大型轴承、变流器等关键零部件的设计制造技术，实现批量生产。研制兆瓦级光伏电站逆变、控制系统，培育太阳能热发电关键装备生产制造能力，发展10万千瓦级太阳能热发电技术装备。<br>**储能设施和分布式能源设备：**研发具有自主知识产权的高容量储能系统，实现核心部件制造和系统集成的国产化。实现多能互补分布式供能系统关键装备的系统集成。 |

| 专栏9 “十二五”时期能源示范工程重点任务 | |
|---|---|
| 勘探与开发 | 大型矿井快速施工与工作面自动化示范工程、地下气化采煤技术研发与示范工程、煤层气综合开发利用示范工程、低/特低渗透油气田开采示范工程、中深层稠油油藏开采示范工程、富酸性气藏开采示范工程、非常规天然气规模化开发示范工程 |
| 加工与转化 | 集煤气化、化工合成、发电、供热、废弃物资源化利用等于一体的多联产示范工程，拥有完全自主知识产权的万吨级生物质热化学转化制备液体燃料及热、电、化学品等多联产示范工程，生物质气化示范工程，煤－电－粉煤灰提取氧化铝－电解铝－建材一体化示范工程 |
| 发电与输电 | 400～500MW级整体煤气化联合循环（IGCC）多联产及碳捕获、利用与封存（CCUS）示范工程，分布式能源燃气轮机发电示范工程、高效节能环保节水型燃煤发电示范工程，中/低热值燃气蒸汽联合循环发电示范工程。具有自主知识产权的先进压水堆核电示范工程，200MW级模块式高温气冷堆核电示范工程，快堆示范工程，模块式小型堆示范工程，智能电网示范工程 |
| 新能源 | 大规模并网光伏发电系统、太阳能热发电示范工程，100MW级风、光、储、输综合供能系统示范工程和10MW级水、光、气、储互补发电系统示范工程 |

### 第九节 深化能源国际合作

坚持互利合作、多元发展、协同保障的新能源安全观，积极参与境外能源资源开发，扩大能源对外贸易和技术合作，提升运输、金融等配套保障能力，构建国际合作新格局，共同维护全球能源安全。

一、深入实施“走出去”战略

着眼于增强全球油气供应能力，发挥我国市场和技术优势，深入开展与能源资源国务实合作。继续加强海外油气资源合作开发。积极推进炼化及储运业务合作。支持优势能源企业参与境外煤炭资源开发，开展境外电力合作。依托境外能源项目合作，带动能源装备及工程服务“走出去”。

二、提升“引进来”水平

坚持引资引智与能源产业发展相结合，优化利用外资结构，引导外资投向能源领域战略性新兴产业，带动先进技术、管理经验和高素质人才的引进。鼓励外资参与内陆复杂油气田、深海油气田风险勘探。在四川、鄂尔多斯等页岩气资源富集盆地选择勘探开发合作区，建设先导性示范工程。鼓励与石油资源国在境内合作建设炼化和储运设施。鼓励开展煤炭安全、高效、绿色开采合作。借鉴国际能源管理先进经验，加强与主要国家和国际机构在战略规划、政策法规和标准、节能提效等方面的交流合作。

三、扩大国际贸易

优化能源贸易结构。以原油为主、成品油为辅，巩固拓展进口来源和渠道，扩大石油贸易规模，增加管输油气进口比例。以稀缺煤种和优质动力煤为主，稳步开展煤炭进口贸易。适度开展跨境电力贸易。优化能源进出口品种。

推进能源贸易多元化。鼓励更多有资质的企业参与国际能源贸易，推进贸易主体多元化。综合运用期货贸易、长协贸易、转口贸易、易货贸易等方式，推进贸易方式多元化。积极推进贸易渠道、品种和运输方式多元化。

四、完善国际合作支持体系

鼓励国内保险机构开展“国油国保”和境外人身、财产保险。积极稳妥参与国际能源期货市场交易，合理规避市场风险。积极参与全球能源治理，充分利用国际能源多边和双边合作机制，加强能源安全、节能减排、气候变化、清洁能源开发等方面的交流对话，推动建立公平、合理的全球能源新秩序，协同保障能源安全。

## 第四章 保障措施

### 第一节 健全财税金融政策

一、强化财政扶持

整合现有政策渠道，完善可再生能源资金支持制度，加大对分布式能源和非常规能源发展的支持力度。继续安排中央预算内投资，支持农村电网改造升级、无电地区电力建设、煤矿安全改造、国家石油储备基地、能源自主创新、能源战略性新兴产业、节能减排等领域发展，研究建立健全西藏、新疆等边疆地区及无电地区能源投入长效机制。

二、完善税收政策

加快推进能源资源税改革，逐步理顺国家与开发主体、中央与地方资源收益分配关系。推进煤炭税费综合改革，清理各类违规收费，逐步推行资源税从价计征。强化能源消费环节税收调节，完善化石能源的消费税，加快环境保护税立法工作。

三、加强金融支持

加强信贷政策和能源产业政策的衔接配合。创新金融产品和服务，为能源投资多元化提供便利。拓宽企业投融资渠道，提高能源企业直接融资比重。

### 第二节 改进能源投资管理

一、理顺能源投资及国有能源企业管理体制

坚持国有经济在关系国家安全和国民经济命脉的能源重点领域的主导地位。深化能源领域投资体制改革，加强规划和产业政策对投资的引导和调节作用，简化行政审批。完善国有能源企业考核评价机制。

二、鼓励能源投资多元化

进一步放宽能源投融资准入限制，鼓励民间资本进入法律法规未明确禁入的能源领域，鼓励境外资本依照法律法规和外商投资产业政策参与能源领域投资，推进电网、油气管网等基础设施投资多元化。以煤层气、页岩气、页岩油等矿种区块招标为突破口，允许符合条件的非国有资本进入，推动形成竞争性开发机制。规范流通市场秩序，稳步推进石油分销市场开放。

### 第三节 强化能源行业管理

一、加强能源法制建设

加快推进能源法出台，尽快完成煤炭法、电力法修订，组织开展石油、天然气、核能等领域的立法工作，拟定配套法规和规章，加强执法监督检查。

二、完善能源标准和统计体系

加强能源行业技术、装备、能效等标准体系建设，建立健全可再生能源和分布式能源发电并网标准。推进能源行业统计、监测、预测预警能力建设，建立信息共享平台，构建有利于宏观调控和行业管理的能源行业统计体系。

三、转变能源管理方式

构建系统科学、层次清晰的能源战略规划和产业政策体系，完善实施监督和评估调整机制。对能源规划、建设、生产、运营、消费等各环节实施全过程监管。建立能源基本公共服务新机制。

### 第四节 加强国际合作统筹协调

建立能源、外交、财税、外贸、金融等跨部门协调机制，加强境外能源开发利用的宏观指导和服务。完善能源“走出去”备案机制，提高企业参与境外资源开发的协调性。建立健全国际能源信息平台，开展国际能源储备和应急互助合作，制定能源安全应急预案，增强应对各类突发事件的能力。

## 第五章 规划实施

一、明确目标责任

本规划中非化石能源消费比重、能源消费强度等约束性指标，以及国家明确要求考核的能源消费总量控制目标，主要由地方各级人民政府和国务院有关部门负责组织落实。各地区、各部门要逐项分解任务，明确责任和进度，纳入综合考核和绩效评价体系。

本规划中其他指标和能源开发建设、结构调整、科技创新等任务，需要依靠各类市场主体和社会有关方面共同努力实现。各级人民政府要通过健全市场机制和利益导向机制，不断改善体制和法制环境，保障规划的贯彻落实。

二、做好衔接协调

国家有关专项规划、地方能源规划、大型企业集团发展规划要切实贯彻国家能源战略意图，落实本规划提出的主要目标和任务，重点做好与约束性指标和能源消费总量控制目标的衔接。已经发布但与本规划总体要求不一致的，应作出相应调整。

国务院能源主管部门要根据本规划编制电力、煤炭、天然气、可再生能源、能源科技、核电等专项能源规划，落实本规划提出的主要目标和任务。国务院有关部门要紧密结合实际，积极推动能源体制改革，制定和完善价格、财税、投资等政策，加大对能源领域战略性新兴产业发展、科技创新能力建设、提高能源基本公共服务水平等的支持力度。加强相关政策的统筹协调，形成推动规划实施的合力。

三、加强监测评估

国务院能源主管部门应完善规划监督执行制度，跟踪分析规划实施情况，掌握主要目标和任务完成进度。在规划实施过程中，适时组织开展全面评估，提出相关对策措施。需要对本规划调整时，及时研究提出调整方案，报国务院批准后实施。

专栏10 规划实施部门分工

| 序号 | 工作任务 | 主要参加单位 |
|---|---|---|
| 一 | 主要任务 | |
| 1 | 加快国内能源资源开发 | 发展改革委、能源局、科技部、财政部、国土资源部、环境保护部、住房城乡建设部、水利部、农业部、林业局、海洋局 |
| 2 | 推进能源高效清洁转化 | 发展改革委、能源局、科技部、工业和信息化部、财政部、国土资源部、环境保护部、农业部、林业局 |
| 3 | 推进能源供应方式变革 | 发展改革委、能源局、科技部、财政部、工业和信息化部、环境保护部、住房城乡建设部、农业部、林业局 |
| 4 | 加快能源储运设施建设 | 发展改革委、能源局、财政部、国土资源部、环境保护部、交通运输部、铁道部、农业部、商务部、林业局、电监会 |
| 5 | 实施能源民生工程 | 发展改革委、能源局、财政部、住房城乡建设部、水利部、农业部、商务部、林业局 |

续表

| 序号 | 工作任务 | 主要参加单位 |
|---|---|---|
| 6 | 控制能源消费总量 | 发展改革委、能源局、财政部、工业和信息化部、住房城乡建设部、交通运输部、铁道部、农业部、统计局、电监会 |
| 7 | 深化能源体制机制改革 | 发展改革委、能源局、工业和信息化部、财政部、国土资源部、商务部、国资委、电监会、证监会 |
| 8 | 提升能源科技装备水平 | 发展改革委、能源局、科技部、工业和信息化部、财政部、国土资源部、农业部、林业局、中科院、工程院 |
| 9 | 深化能源国际合作 | 发展改革委、能源局、外交部、科技部、财政部、国土资源部、交通运输部、商务部、人民银行、银监会、保监会 |
| 二 | 保障措施 | |
| 1 | 健全财税金融政策 | 财政部、发展改革委、能源局、国土资源部、住房城乡建设部、人民银行、税务总局、银监会、证监会、保监会 |
| 2 | 改进能源投资管理 | 发展改革委、能源局、财政部、商务部、人民银行、国资委 |
| 3 | 强化能源行业管理 | 发展改革委、能源局、国土资源部、统计局、法制办、电监会 |
| 4 | 加强国际合作统筹协调 | 发展改革委、能源局、外交部、财政部、商务部 |

注：列第一位的为牵头单位。

# 国务院关于促进海洋渔业持续健康发展的若干意见

（2013 年 3 月 8 日）

各省、自治区、直辖市人民政府，国务院各部委、各直属机构：

我国是海洋大国，海洋渔业是现代农业和海洋经济的重要组成部分。改革开放以来，海洋渔业快速发展，结构不断优化，海水产品产量大幅增长，渔民收入显著增加，有力地促进了经济社会发展。但是，我国海洋渔业发展方式仍然粗放，设施装备条件较差，近海捕捞过度和环境污染加剧。为促进海洋渔业持续健康发展，现提出以下意见：

**一、总体要求**

**（一）指导思想**

以邓小平理论、“三个代表”重要思想、科学发展观为指导，深入贯彻落实党的十八大精神，坚定不移地建设海洋强国，以加快转变海洋渔业发展方式为主线，坚持生态优先、养捕结合和控制近海、拓展外海、发展远洋的生产方针，着力加强海洋渔业资源和生态环境保护，不断提升海洋渔业可持续发展能力；着力调整海洋渔业生产结构和布局，加快建设现代渔业产业体系；着力提高海洋渔业设施装备水平、组织化程度和管理水平，不断提高海洋渔业综合生产能力、抗风险能力和国际竞争力；着力加强渔村建设和优化渔民就业结构，切实保障和改善民生。

**（二）基本原则**

——坚持资源利用与生态保护相结合。合理开发利用海洋渔业资源，严格控制并逐步减轻捕捞强度，积极推进从事捕捞作业的渔民（以下简称捕捞渔民）转产转业。加强海洋渔业资源环境保护，养护水生生物资源，改善海洋生态环境。

——坚持转变发展方式与创新体制机制相结合。大力发展海洋渔业产业化经营，加快推进发展方式由数量增长型向质量效益型转变。完善海洋渔业经营制度，健全行业准入和退出机制，不断增强自身发展活力。

——坚持发展生产与改善民生相结合。提高海洋渔业设施装备水平和组织化程度，强化安全生产管理和服务，保障渔民生命财产安全。加强渔村建设，改善渔区基础设施条件，推进渔区社会事业全面发展，不断提高渔民生活水平。

——坚持市场调节与政策扶持相结合。充分

发挥市场配置资源的基础性作用，建立现代渔业多元化投入机制。将海洋渔业作为公共财政投入的重点领域，改善基础设施和装备条件，提高科技支撑能力，健全基本公共服务体系。

**（三）发展目标**

到2015年，海水产品产量稳定在3000万吨左右，海水养殖面积稳定在220万公顷左右，其中海上养殖面积控制在115万公顷以内；近海捕捞强度有效控制，外海和远洋渔业综合生产能力不断增强，海水产品精深加工规模不断扩大；渔业组织化程度明显提高，渔民收入稳步增长；渔船装备水平明显提高，安全生产能力进一步提升；现代渔业产业体系和支撑保障体系基本形成；水生生物资源养护和修复能力明显提升，渔业生态环境有所改善。

到2020年，海洋渔业基础设施状况显著改善，物质装备水平进一步提高，科技支撑能力显著提升，海水养殖生态健康高效，渔船数量和捕捞强度与渔业资源可再生能力大体相适应，海水产品供给品种丰富、质量安全，海洋渔业生态环境明显改善，渔民生产生活条件显著改善，形成生态良好、生产发展、装备先进、产品优质、渔民增收、平安和谐的现代渔业发展新格局。

**二、加强海洋渔业资源和生态环境保护**

**（四）全面开展渔业资源调查**

健全渔业资源调查评估制度，科学确定可捕捞量，研究制定渔业资源利用规划。每五年开展一次渔业资源全面调查，常年开展监测和评估，重点调查濒危物种、水产种质等重要渔业资源和经济生物产卵场、江河入海口、南海等重要渔业水域。加强渔业资源调查船建设，完善监测网络，提高渔业资源调查监测水平。

**（五）大力加强渔业资源保护。**

严格执行海洋伏季休渔制度，积极完善捕捞业准入制度，开展近海捕捞限额试点，严格控制近海捕捞强度。加强濒危水生野生动植物和水产种质资源保护，建设一批水生生物自然保护区和水产种质资源保护区，严厉打击非法捕捞、经营、运输水生野生动植物及其产品的行为。完善海洋渔船管理制度，逐步减少渔船数量和功率总量。发展海洋牧场，加强人工鱼礁投放，加大渔业资源增殖放流力度，科学评估资源增殖保护效果。

**（六）切实保护海洋生态环境**

加强海洋生态环境监测体系建设，强化监测能力。严格控制陆源污染物向水体排放，实施重点海域排污总量控制制度。严格控制围填海工程建设，强化海上石油勘探开发等项目管理，加强渔业水域生态环境损害评估和生物多样性影响评价，完善和落实好补救措施。控制近海养殖密度，加强投入品管理，减少养殖污染。切实加强“三沙”（西沙、中沙和南沙）捕捞管理，保护生态环境。加强渔船油污、生活垃圾等废弃物排放管理，减少对近海、外海和远洋的环境污染。

**三、调整海洋渔业生产结构和布局**

**（七）科学发展海水养殖**

按照《全国海洋功能区划（2011-2020年）》等相关涉海规划，制定并落实水域、滩涂养殖规划，引导渔民依法规范养殖。加大水产养殖池塘标准化改造力度，推进近海养殖网箱标准化改造，大力推广生态健康养殖模式。推广深水抗风浪网箱和工厂化循环水养殖装备，鼓励有条件的渔业企业拓展海洋离岸养殖和集约化养殖。加强水产原种保护和良种培育，建设一批标准化、规模化的良种生产基地，提高水产良种覆盖率。加强水产饲料研发，积极推广使用人工配合饲料。加强水生动物疫病防控和水产品质量安全管理。

**（八）积极稳妥发展外海和远洋渔业**

有序开发外海渔业资源，发展壮大大洋性渔业。巩固提高过洋性渔业，推动产业转型升级。积极参与开发南极海洋生物资源。加强远洋渔业科技研发，提高远洋渔业资源调查、探捕能力。

**（九）大力发展海水产品加工和流通**

积极发展海水产品精深加工，加快研制加工处理机械、生产线和废弃物处理设备，全面提升水产品加工工艺、装备现代化和质量安全水平。加强海水产品冷链物流体系和批发市场建设，积极发展海上冷藏加工，实现产地和销地有效对接。充分利用国内外“两种资源、两个市场”，保持水产品国际贸易稳定协调发展。鼓励海洋渔业龙头企业、渔民专业合作社开展品牌创建，提高海水产品附加值。强化海水产品市场信息服务，发展电子商务，降低流通成本，提高流通效率。

四、提高海洋渔业设施和装备水平

（十）加快渔船更新改造

升级改造海洋捕捞渔船，逐步淘汰老、旧、木质渔船，发展钢质渔船，鼓励发展选择性好、高效节能的捕捞渔船。全面提升远洋渔业装备水平，培育一批现代化远洋渔业船队。加强渔船建造管理，落实好老旧渔船报废工作，逐步建立定点拆解和木质渔船退出机制，坚决取缔违法违规造船，严格限制建造对渔业资源破坏强度大的底拖网、帆张网和单船大型有囊灯光围网等作业类型渔船。

（十一）加强渔业装备研发

加大对渔船装备技术研发的投入，依托高等院校、科研院所和骨干企业，整合科研资源，建立研发平台和技术创新联盟，培养渔业知识和装备设计制造技术兼备的人才队伍，系统开展渔业装备共性和关键技术研究。

（十二）加强渔港建设和管理

科学规划、合理利用岸线资源，完善渔港布局，加快建设进度，尽快形成以中心渔港、一级渔港为龙头，以二、三级渔港和避风锚地为支撑的渔港防灾减灾体系。重点加强渔港防波堤、护岸、码头和渔政执法设施等公益性基础设施建设，同步建设和完善港区渔需物资供应、船舶维修、海水产品加工、市场等经营性服务设施。理顺渔港建设管理体制，强化渔港管理和维护，明晰渔港设施所有权、使用权、经营权和监督权。建立健全渔港及其设施保护制度。

五、进一步改善渔民民生

（十三）积极推进渔村建设

统筹规划，合理布局，以渔港建设带动渔区小城镇和渔村发展。开展渔区村庄整治，加强渔区基础设施建设，重点解决饮水安全、用电、道路等问题。完善社会保障制度，促进渔区教育、文化、卫生、养老等社会事业全面发展。落实扶持政策，启动实施以船为家渔民上岸安居工程。

（十四）切实促进捕捞渔民转产转业

编制捕捞渔民转产转业规划，加大转产转业政策扶持力度，调动渔民减船转产积极性。支持发展海水养殖、海水产品加工和休闲渔业，延长产业链，提高渔业效益，拓宽渔民转产转业和增收渠道。落实相关就业创业扶持政策，加强渔民职业技能培训，鼓励用人单位积极吸纳渔民就业。

六、提高海洋渔业组织化程度和管理水平

（十五）提高组织化程度和科技水平

创新渔业组织形式和经营方式，培育壮大渔民专业合作社和海洋渔业龙头企业。鼓励渔民以股份合作等形式创办各种专业合作组织，引导龙头企业与合作组织有效对接。鼓励龙头企业向渔业优势产区集中，培育壮大主导产业，加快建设一批现代渔业示范区。大力发展海洋渔业科技教育事业，深化海洋渔业科研机构改革，加强涉渔专业和学科建设，创新渔业科技人才培养模式，加快培育新型渔民和渔业实用人才。深化水产技术推广体系改革，发挥各级水产科研机构、技术推广部门优势，鼓励和支持渔民专业合作社、龙头企业开展技术推广、病害防治等社会化服务，提高水产技术推广能力。

（十六）加强渔政执法

严厉打击“三无”（无捕捞许可证、无船舶登记证书、无船舶检验证书）、“大机小标”（实际功率大于铭牌标定功率）渔船及各类非法捕捞和养殖行为。制定禁止或者限制使用的渔具目录。

（十七）强化涉外渔业管理

深化双多边渔业合作，积极参与国际渔业条约、协定和标准规范的制订，建立健全与国际渔业管理规则相适应的远洋渔业管理制度，提升远洋渔业管理水平。加强渔民及渔业企业的教育和管理，严格遵守有关法律法规和国际条约。

（十八）大力加强渔业安全生产管理

健全安全生产责任和管理制度，加强宣传和培训，深入开展“平安渔业示范县”和“文明渔港”创建。加快建设渔船信息动态管理和电子标识系统，进一步规范渔船流转管理，加强渔业安全应急管理体系建设，尽快普及配备渔船救生筏、船舶自动识别系统、卫星监控系统、渔船通信设备等安全设施。强化海洋渔业气象服务，完善渔业安全应急预案，合理布局救助力量。积极引导渔船编队生产，鼓励渔船开展相互支援和自救互救。

七、强化保障措施

（十九）支持基础设施建设。

加大国家固定资产投资对海洋渔业的支持，加快渔政、渔港、水生生物自然保护区和水产种质资源保护区等基础设施建设，继续支持海洋渔船升级改造、水产原良种工程和水生生物疫病防控体系建设。

（二十）加大财政支持力度

统筹考虑并完善捕捞渔民转产转业补助与渔业油价补贴政 策，研究提高转产转业补助标准，调整油价补贴方式，使之与渔业资源保护和产业结构调整相协调。继续实施渔业海难救助政策。保障渔政、资源调查、品种资源保 护、疫病防控、质量安全监管等经费。继续实施增殖放流和水产养殖生态环境修复补助政策。加大对水产育种、病害防治、资源养护、渔业装备等科技创新和成果转 化的支持力度。

（二十一）完善金融保险等扶持政策

金融机构要根据渔业生产的特点，创新金融产品 和服务方式，合理确定贷款规模、利率和期限，简化贷款流程，提高服务效率，加强信贷支持。支持符合条件的海洋渔业企业上市融资和发行债券，形成多元化、多 渠道海洋渔业投融资格局。研究完善渔业保险支持政策，积极开展海水养殖保险。调整完善渔业资源增殖保护费征收政策，专项用于渔业资源养护。将渔业纳入农业 用水、用电、用地等方面的优惠政策范围。

（二十二）强化法制建设

进一步研究完善渔业方面的法律、法规和规章。征收、征用渔业水域、滩涂的，要按照物权法、土地管理法、海域使用管理法等规定予以补偿安置。

八、加强组织领导

（二十三）加强部门协调

各有关部门要认真履行职责，密切配 合，加强工作指导，加大工作力度，积极落实各项政策措施；进一步改进渔业服务，精简行政审批事项和程序，减少办证数量，坚决制止涉渔乱收费等侵害渔民合法 权益的行为，切实减轻渔民负担。发展改革委、财政部要落实加快海洋渔业发展的资金。农业部要认真履行规划指导、监督管理、协调服务职能，做好海洋渔业发展 和生态保护工作。

（二十四）落实地方责任

沿海省级人民政府要对海洋渔业发展工作负总责，逐级落实责任制，建立协调机制，强化渔业行政管理体制和执法体系。沿海地方各级人民政府要将海洋渔业发展纳入当地经济和社会发展规划，明确发展目标，研究制定本地区促进海洋渔业发展的实施方案。

（此件有删减）

# 国务院关于印发船舶工业加快结构调整促进转型升级实施方案（2013—2015年）的通知

（2013年7月31日）

各省、自治区、直辖市人民政府，国务院各部委、各直属机构：

现将《船舶工业加快结构调整促进转型升级实施方案（2013-2015年）》印发给你们，请结合本地区、本部门实际，认真贯彻执行。

国务院

船舶工业是为海洋运输、海洋开发及国防建设提供技术装备的综合性产业。受国际金融危机的深层次影响，国际航运市场持续低迷，新增造船订单严重不足，新船成交价格不断走低，产能过剩矛盾加剧，我国船舶工业发展面临前所未有的严峻挑战。按照稳增长、调结构、促转型的工作要求，为保持产业持续健康发展，特制定本实施方案。

**一、面临形势**

**（一）主要成就。**

新世纪以来，在党中央、国务院的领导下，我国船舶工业抓住难得的市场机遇，进入了历史上发展最快的时期，取得显著成就。2006 年，国务院批准《船舶工业中长期发展规划（2006-2015 年）》，明确了发展方向和重点任务，全面启动环渤海湾、长江口、珠江口地区等三大造船基地建设。2009 年，国务院印发《船舶工业调整和振兴规划》，提出了船舶工业应对国际金融危机，保增长、扩内需、调结构的一揽子政策措施，我国船舶工业在极其不利的市场形势下，保持了平稳较快发展。产业规模迅速扩大，造船完工量、新承接订单量、手持订单量占世界市场比重显著提高；结构调整步伐加快，主流船型形成品牌，高技术船舶、海洋工程装备研发制造取得新进展，船用配套能力不断增强；产业布局得到优化，城市船厂搬迁有序推进，三大造船基地形成规模，发展质量明显改善。我国已经成为世界最具影响力的造船大国之一。

**（二）挑战和机遇。**

受国际金融危机深层次影响，国际船舶市场需求大幅下降，手持订单持续减少，产业发展下行压力不断加大；国际航运和造船新规范、新公约、新标准密集出台，船舶产品节能、安全、环保要求不断升级；需求结构加快调整，节能环保船舶、高技术船舶、海洋工程装备等高端产品逐渐成为新的市场增长点。世界船舶工业已经进入了新一轮深刻调整期，围绕技术、产品、市场的全方位竞争日趋激烈。同时，我国船舶工业创新能力不强、高端产品薄弱、配套产业滞后等结构性问题依然存在，特别是产能过剩矛盾加剧，“十二五”后三年面临的形势十分严峻，加快结构调整、促进转型升级的任务十分迫切。但也应该看到，我国已经建成了一批高水平的造船基础设施，上下游产业齐全，劳动力资源充裕，国内市场潜力巨大，比较优势依然突出。必须抓住机遇，采取有力措施，深入推进结构调整，不断提高质量效益，为建成造船强国、实施海洋战略积蓄力量和创造条件。

**二、总体要求**

**（一）指导思想。**

全面贯彻落实党的十八大精神，以邓小平理论、“三个代表”重要思想、科学发展观为指导，立足当前，着眼长远，以加快转变船舶工业发展方式为主线，以提高发展质量和效益为中心，适应国际船舶技术和产品发展新趋势，着力改善需求结构，实施创新驱动，推动技术和产品结构升级；发挥企业市场主体作用，加强宏观调控和引导，着力推进兼并重组和转型转产，优化产业组织结构和产能结构；积极应对国际船舶市场变化，着力加强企业管理和行业服务，稳定和巩固国际市场，提高产业国际竞争力，为实现船舶工业由大到强的转变奠定坚实基础。

**（二）基本原则。**

强化需求引导，调整产品结构。发展技术含量高、市场潜力大的绿色环保船舶、专用特种船舶、高技术船舶，发展海洋工程装备，提高船用设备配套能力，扩大国内有效需求，推动船舶产品结构升级。

实施创新驱动，提高竞争能力。推进技术创新，全面满足国际新规范、新公约、新标准要求，提高船舶设计制造水平，增强产品国际竞争力，稳定国际市场份额。实施海外投资和产业重组，开展全球产业布局，积极拓展对外发展新空间。

控制新增产能，优化产能结构。遏制产能盲目扩张，利用骨干企业现有造船、修船、海洋工程装备基础设施能力，推进大型企业重组和调整，整合优势产能；调整业务结构，鼓励中小企业转型转产，淘汰落后产能。

完善政策体系，创新体制机制。尊重市场经济规律，顺应世界船舶工业深刻调整新形势，完善船舶工业转型发展的政策体系；推进重点领域改革和体制机制创新，加强企业管理，改善行业服务，不断增强船舶工业自身发展活力。

**（三）发展目标。**

——产业实现平稳健康发展。“十二五”后三年，国内市场保持稳定增长，国际市场份额得到巩固，骨干企业生产经营稳定，船舶工业实现平稳健康发展。

——创新发展能力明显增强。新建散货

船、油船、集装箱船三大主流船型全面满足国际新规范、新公约、新标准的要求，船用设备装船率进一步提高。高技术船舶、海洋工程装备主要产品国际市场占有率分别达到25%和20%以上。

——产业发展质量不断提高。产业布局调整优化，建成环渤海湾、长江口、珠江口三大世界级造船和海洋工程装备基地。骨干企业建立现代造船模式，造船效率达到15工时/修正总吨，单位工业增加值能耗下降20%，平均钢材一次利用率达到90%以上。

——海洋开发装备明显改善。运输船队结构得到优化，渔业装备水平明显提高，科学考察、资源调查等装备配置得到加强，海洋油气资源勘探开发装备满足国内需求，邮轮游艇产品适应海洋旅游产业发展需要。

——海洋保障能力显著提升。行政执法船舶配置大幅提升，调配使用效率明显提高，适应海上维权执法需要；救助、打捞船舶升级换代，航海保障能力及海上综合应急救援能力显著增强。

——化解过剩产能取得进展。产能盲目扩张势头得到遏制，产能总量不增加；企业兼并重组稳步推进，产业集中度不断提高；一批大型造船基础设施得到整合，产业布局更加合理；一批中小企业转型转产，落后产能退出市场。

**三、主要任务**

**（一）加快科技创新，实施创新驱动。**

开展船舶和海洋工程装备关键技术攻关，培育提高科技创新能力，增强创新驱动发展新动力。加大主流船型符合国际新规范、新公约、新标准的节能安全环保技术开发，做好宣传、培训和推广，积极参与国际标准制订，支持数字化智能设计系统等重点技术研究和应用。开展液化天然气存储技术研究，突破液化天然气船双燃料、纯气体动力技术；组织豪华邮轮总体布置、减振降噪、海上舒适度等技术以及工程项目组织管理和特殊建造工艺研究。开展深海浮式结构物水动力性能、疲劳强度分析等关键共性技术攻关，提升钻井船、半潜式平台、液化天然气浮式生产储卸装置、水下生产系统等核心装备的概念设计和基本设计水平，掌握大型功能模块的设计制造技术。突破磷虾捕捞加工船、大型拖网加工船等大型远洋渔船设计建造技术，提高金枪鱼延绳钓船、金枪鱼围网船、秋刀鱼捕捞船等远洋渔船设计建造能力。加快产品开发，建立标准化船型库，加强防撞击、适航性等技术集成应用和创新，提高行政执法和公务船舶设计制造水平。

**（二）提高关键配套设备和材料制造水平。**

重点依托国内市场需求，推进关键船用配套设备、海洋工程装备专用系统和设备以及特种材料的制造，提高产业核心竞争力。培育中高速柴油机、小缸径低速柴油机、甲板机械等优势产品自有品牌，加快转叶式舵机、污水处理装置、压载水处理系统、油水分离机等产品产业化，提高通信导航和自动化系统制造水平。加快液化天然气船动力推进系统、低温冷藏系统、低温液货装卸系统等关键系统的研制。开展透平和原油发电机组、单点系泊系统、动力定位系统、电力推进系统、海洋平台吊机、水下井口装置、铺管专业设备等海洋工程装备专用系统和设备研制技术攻关。推进渔船探渔、诱渔、捕捞、加工、冷藏等专用设备制造。推进行政执法和公务船舶电子、通信、导航设备产业化。发展耐腐蚀、超低温、高强度、超宽超长超薄和异形船板，海洋工程装备、海洋油气输送管线用钢等特种钢材。

**（三）调整优化船舶产业生产力布局。**

严把市场准入关口，严格控制新增造船、修船、海洋工程装备基础设施（船台、船坞、舾装码头），坚决遏制盲目投资加剧产能过剩矛盾。通过优化产业组织结构，推进企业兼并重组，集中资源、突出主业，整合一批大型造船、修船及海洋工程装备基础设施资源，发展具有国际竞争力的船舶企业集团。通过调整中小船厂业务结构，发展中间产品制造、修船、拆船等业务，开拓非船产品市场，淘汰一批落后产能。在不增加产能的前提下，加快实施城市老旧船厂搬迁。依托环渤海湾、长江口和珠江口地区三大造船基地发展海洋工程装备，重点发展海洋工程装备专用系统和设备，形成造船、海洋工程装备、配套设备协调发展的产业格局。

**（四）改善需求结构，加快高端产品发展。**

鼓励老旧船舶提前报废更新。加快淘汰更

新老旧远洋、沿海运输船舶，推进内河船型标准化，发展满足国际新规范、新公约、新标准的节能安全环保船舶，优化船队结构，提高航运业竞争力。

大力发展海洋工程装备。加大海洋油气资源勘探开发力度，发展钻井平台、作业平台、勘察船、工程船等海洋工程装备。鼓励骨干油气、造船企业和科研院所等成立专业化企业或联合体，培育海洋工程装备设计、系统集成和总承包能力。

加强行政执法船舶配置。增加海上行政执法船舶数量，提高配置水平，开工建造一批海上行政执法船舶，改善装备条件，充实执法力量，尽快提高海上维权执法能力。

加快海洋综合开发和应急保障船舶建造。建设专业化海上应急救援队伍，开工建造一批大型救助、打捞船舶，提高海上综合救援能力。加快开发建造一批资源勘察、环境监测、科学考察船舶，改善海上科研条件，提高海洋科考能力。依托重大海洋基础设施工程，建造一批水上工程船舶，形成规模化海上施工能力。

开拓高技术船舶市场。大力发展大型液化天然气船，提高专业化设计制造能力和配套水平。加快培育邮轮市场，逐步掌握大中型邮轮设计建造技术。完善游艇产业链条，培育豪华游艇自有品牌。

实施渔船更新改造。逐步淘汰老、旧、木质渔船，发展选择性好、高效节能的捕捞渔船。加快老旧远洋渔船更新步伐，提升远洋渔业装备水平。发挥船舶工业研发和制造优势，整合科研生产要素，提高渔船开发设计和制造水平。

**（五）稳定国际市场份额，拓展对外发展新空间。**

加强对国际船舶市场态势、产品发展趋势以及主要造船企业发展战略的分析和研究，加大国际市场开拓力度，稳定和努力扩大国际市场份额。

支持引进船舶和海洋工程装备开发、设计核心人才和团队。支持有条件的企业通过自建、并购、合资、合作等多种方式在海外设立研发中心，支持开展海外产业重组，掌握海洋工程装备、高技术船舶、配套设备等领域的先进技术。支持大型船舶和配套企业开展全球产业布局，在海外建立营销网络和维修服务基地。

**（六）推进军民融合发展。**

促进军用与民用科研条件、资源和成果共享，促进船舶军民通用设计、制造先进技术的合作开发，加强军用与民用基础技术、产品的统筹和一体化发展，推动军用标准与民用标准的互通互用。引导造船企业发挥技术优势积极开拓民用特种、专用船舶市场。立足民用船舶工业基础，依托重大民品研制项目，突破关键产品、材料、加工制造设备等军工能力建设瓶颈。

**（七）加强企业管理和行业服务。**

引导船舶企业深化内部改革，加强制度创新，夯实管理基础。加强成本和风险控制，增强应对市场变化和抵御市场风险能力。全面建立现代造船模式，加快信息化建设，推进精益造船，应用节能、节材技术和工艺，降低资源和能源消耗，提高发展质量和效益。加强船员人才队伍建设，建立严格的船员培养、选拔、考核、退出机制，提高船员综合素质，满足可持续发展需要。加强船舶行业管理，完善行业准入条件，加强国际新规范、新公约、新标准的宣传、培训和推广，发挥行业协会、专业机构等在行业自律、信息咨询、技术服务、检验检测、宣传培训等方面的重要作用。

## 四、支持政策

**（一）鼓励老旧运输船舶提前报废更新。**

调整延续实施促进老旧运输船舶和单壳油轮提前报废更新政策至2015年12月31日。鼓励老旧远洋、沿海运输船舶提前报废并建造符合国际新规范、新公约、新标准要求的绿色环保型船舶。

**（二）支持行政执法、公务船舶建造和渔船更新改造。**

支持海上行政执法船舶以及救助打捞、资源调查、科学考察等公务船舶建造，支持航海保障设施、设备的配备，支持海洋渔船更新改造，满足船舶建造和更新改造资金需求。

**（三）鼓励开展船舶买方信贷业务。**

鼓励金融机构加大船舶出口买方信贷资金投放，对在国内骨干船厂订造船舶和海洋工程装备的境外船东提供出口买方信贷。鼓励银行业金融机构积极拓展多元化融资渠道，通过多种方式募集资金。

**（四）加大信贷融资支持和创新金融支持政策。**

鼓励金融机构按照商业原则，做好对在国内订造船舶且船用柴油机、曲轴在国内采购的船东的融资服务，加大对船舶企业兼并重组、海外并购以及中小船厂业务转型和产品结构调整的信贷融资支持。研究开展骨干船舶企业贷款证券化业务。积极引导和支持骨干船舶企业发行非金融企业债务融资工具、企业债券等。积极利用出口信用保险支持船舶出口。优化船舶出口买方信贷保险政策，创新担保方式，简化办理流程。鼓励有条件的地方开展船舶融资租赁试点。

**（五）加强企业技术进步和技术改造。**

引导企业加大科研开发和技术改造投入，增强高技术船舶、海洋工程装备创新能力，开展生产工艺流程改造，加强高技术船舶、海洋工程装备、船用设备专业化能力建设，以及技术引进、消化吸收再创新和填补国内空白的产业化项目建设。

**（六）控制新增产能，支持产能结构调整。**

地方各级人民政府及其有关部门不得以任何名义核准、备案新增产能的造船、修船和海洋工程装备基础设施（船台、船坞、舾装码头）项目，国土、交通、环保等部门不得办理土地和岸线供应、环评审批等相关业务，金融机构不得提供任何形式的新增授信支持。地方各级人民政府要立即组织对船舶行业违规在建项目进行认真清理，对未批先建、边批边建、越权核准的违规项目，尚未开工建设的，不准开工，正在建设的项目，要停止建设；国土、交通、环保部门和金融机构依法依规进行处理。对停建的违规在建项目，按照谁违规谁负责的原则，做好债务、人员安置等善后工作，区分不同情况，采取相应的措施，进行分类处理。对已经建成的违规产能，根据有关法律法规和行业准入条件等进行处理。在满足总量调控、布局规划、兼并重组等要求的条件下，推动整合提升大型基础设施能力。加快淘汰落后产能，支持企业转型转产。

**五、实施保障**

各地区、各部门、各单位要进一步提高对化解产能过剩矛盾、加快结构调整、促进转型升级、保持船舶工业持续健康发展重要性和紧迫性的认识，加强组织领导，抓好工作落实。

国务院各有关部门要加强沟通，密切配合，尽快制订和完善各项配套政策措施，切实做好有关指导和服务工作。各有关地区要按照本实施方案确定的目标、任务和政策措施，结合实际抓紧制订具体落实方案，确保按时完成各项任务目标。实施过程中出现的新情况、新问题及时反馈发展改革委等有关部门。

# 海洋可再生能源发展纲要（2013—2016 年）

（2013 年 12 月 27 日）

海洋可再生能源（以下简称“海洋能”）是指海洋中所蕴藏的潮汐能、潮流能（海流能）、波浪能、温差能、盐差能等，具有总蕴藏量大、可永续利用、绿色清洁等特点。我国海洋能资源丰富，具有很好的开发利用前景。为全面落实中央关于建设海洋强国战略部署，指导和推动今后一段时期我国海洋能发展和海洋可再生能源专项资金项目实施，依据《国家海洋事业发展“十二五”规划》、《可再生能源发展“十二五”规划》，特制订《海洋可再生能源发展纲要（2013—2016 年）》。

**一、现状与需求**

**（一）发展现状**

受石油价格上涨和全球气候变化的影响，英、美、加拿大等沿海发达国家高度重视海洋能在未来能源领域的战略地位，发布海洋能战略计划，制定海洋能发展路线图，引导私有资本投入海洋能领域，推动海洋能技术研发，促进海洋能产业的发展。目前，国外潮汐发电技术已较为成熟，潮汐电站进入商业化发展阶段，世界上有多座潮汐电站正在商业运行，其中装机规模最大的韩国始华湖潮汐电站已于

2011 年正式发电，装机容量达 25.4 万千瓦。潮流能发电技术发展迅猛，英国建设的试验电站有的已成功并网发电。波浪能发电技术呈现多样化，部分技术已经进入商业化阶段。同时，以欧美为代表的沿海发达国家，还建设了海洋能海上试验场，为海洋能转换装置的研发提供试验、测试和评价系列服务，为实验室工程样机走向商业化应用奠定基础条件。温差能、盐差能技术尚处于技术研发阶段。

近年来，我国高度重视海洋能开发利用。《可再生能源法》明确将海洋能纳入可再生能源范畴。国务院印发的《“十二五”国家战略性新兴产业发展规划》明确了包括海洋能在内的新能源产业的发展目标和重点方向，提出积极推进技术基本成熟、开发潜力大的海洋能等可再生能源利用的产业化，并实施新能源集成利用示范重大工程。财政部设立了海洋可再生能源专项资金，全面推进海洋能开发利用技术的研究、应用和示范工作，为海洋能产业化培育及发展奠定了坚实的基础。

我国发展海洋能已有一定的技术基础。潮汐能利用技术基本成熟，达到国际先进水平。波浪能、潮流能等技术研发和小型示范应用取得进展，开发利用工作尚处于起步阶段，但已有较好的技术储备，未来有较大的发展潜力。独立研建了装机容量为 3900 千瓦的江厦潮汐试验电站，具备设计和制造单机容量为 2.6 万千瓦低水头大功率潮汐发电机组能力。先后建设了 70 千瓦漂浮式、40 千瓦坐底式两座垂直轴的潮流实验电站和 100 千瓦振荡水柱式、30 千瓦摆式波浪能发电试验电站。启动了 500 千瓦至兆瓦级的波浪能独立电力系统和并网电力系统示范工程建设。近海波浪能和潮流能试验场一期工程已经列入计划并启动了相关建设工作。温差能技术完成了实验室原理试验研究，正在进行温差发电的基础性试验研究。

但是，与沿海发达国家相比，我国海洋能开发利用在技术上虽然具备了一定的研究基础，但目前技术积累明显不足，开发利用海洋能的技术经济性相比风电、太阳能等其他新能源还有较大差距，距离产业化发展还需经过较长的一段时间。当前还存在着许多制约下一步发展的重要问题。

技术创新体系尚不健全。我国海洋能研究虽然起步较早，但与国际先进水平相比，技术研发投入较少，研发力量比较分散，缺乏系统的技术开发体系，没有建立起人才培养机制，整体技术水平较低，有关设备制造能力和生产能力存在较大差距，技术创新的后劲不足。

产业服务体系尚未建立。我国海洋能利用技术的应用仍局限于小型示范项目和试验电站，产业服务体系尚未形成。海洋能资源调查、技术标准、产品检测和认证体系不完善，没有形成今后能够支撑海洋能发展的产业服务体系。

激励政策措施不完善。海洋能源开发利用投入高、风险大、技术工艺复杂，缺乏市场竞争力，尚处于起步阶段，需要政策扶持和经济激励。目前，我国支持海洋能开发利用的扶持政策较弱，经济激励措施不够明确，相关政策之间缺乏协调等，尚没有形成支持海洋能开发利用发展的有效机制。

**（二）发展需求**

发展海洋能是确保国家能源安全、实施节能减排的客观要求。海洋能是可再生的而且储量丰富的清洁能源，海洋能的开发利用可以实现能源供给的海陆互补，减轻沿海经济发达、能耗密集地区的常规化石能源供给压力。多种能源共同维护和保障我国能源安全和经济社会可持续发展，亦将有利于发展低碳经济和实现节能减排目标。

发展海洋能是提升国际竞争力的重要举措。随着海洋能战略地位的日益凸显，海洋能源开发利用受到世界各国高度重视，相继制定了鼓励海洋能开发利用的法规、政策，推进海洋能开发利用快速发展。沿海发达国家加强海洋能开发利用技术研究，为大规模开发利用海洋能进行技术储备。加快海洋能开发利用技术的研发，抢占海洋能开发利用技术领域的制高点，掌握核心技术，有利于提升我国海洋科技的国际竞争力。

发展海洋能是解决我国沿海和海岛能源短缺的主要途径。我国沿海地区人口集中，资产密集，社会经济发达。沿海岛屿是正在开发或已开发的新的社会经济体或国防前哨。电力缺乏已经成为制约我国沿海特别是海岛社会经济发展的关键因素。因地制宜在沿海和海岛建设适用的海洋能发电系统，是补充沿海电力短缺和解决海岛居民及驻军用电问题的主要途径之一。

发展海洋能是培育我国海洋新兴产业的现实需要。海洋可再生能源业是海洋新兴产业，具有较长的产业链。它的发展将促进和带动设备制造、安装、材料、海洋工程及设计等一批产业和技术的进步，拉动经济发展，增加就业岗位。大力发展海洋能，对于促进我国经济发展方式转变，实现可持续发展具有重要的推动作用。

## 二、指导思想、基本原则和发展目标

### （一）指导思想

以邓小平理论和“三个代表”重要思想为指导，深入贯彻落实科学发展观，大力实施海洋强国战略，把开发利用海洋能作为增加可再生能源供应、优化能源结构、发展海洋经济，缓解沿海及海岛地区用电紧张状况的战略举措。推进科技进步，创新体制机制，健全产业体系，完善支持政策，推动海洋能规模化、产业化发展，培育可再生能源新兴产业。

### （二）基本原则

统筹兼顾、远近结合。根据沿海经济社会发展需要，统筹兼顾各种用海需求，协调好各方利益关系，科学开发利用海洋能。近期优先发展技术相对成熟的潮汐能、波浪能、潮流能发电。做好温差能、盐差能等技术储备，为远期开发打好基础。

科技进步、示范推动。大力推动科技进步，提高海洋能开发利用核心技术和关键装备的技术水平。通过建设潮汐能、潮流能、波浪能示范电站和海岛独立供电系统示范工程，加快科技成果应用转化，促进技术成熟，实现海洋能利用的商业化。

政府扶持、企业主导。加强政府引导和扶持，健全完善政策体系。以企业、科研单位和高等院校为创新主体，鼓励科技创新，加大技术研发力度，提高研发成果转化应用水平。积极引导企业投资，推动海洋能相关装备工程的技术研发和科技创新，加快培育和发展海洋能产业。

多方参与、完善体系。充分发挥相关部门、有关地方、企事业单位、科研院所等的优势，积极鼓励多方参与，贡献力量。建立健全海洋能技术、设计、监测、认证和建设标准体系，重点支持公共研发测试平台建设，建立人才培养、信息和咨询服务体系。

### （三）发展目标

总体目标：进一步提高海洋能技术水平，形成一批具有自主知识产权的核心装备。建成一批产业化示范项目，形成若干海岛独立电力系统示范电站，启动 1～2 个万千瓦级潮汐能发电站建设。构建海洋能开发利用政策、法规、技术标准体系，建设海洋能开发利用公共支撑服务平台，形成基本完整的产业支持服务体系，并初步建立适应产业发展的管理体制和政策体系。到 2016 年，分别建成具有公共试验测试泊位的波浪能、潮流能示范电站以及国家级海上试验场，为我国海洋能的产业化发展奠定坚实的技术基础和支撑保障。

## 三、重点任务

### （一）突破关键技术

重点支持具有原始创新的潮汐能、波浪能、潮流能、温差能、盐差能利用的新技术、新方法以及综合开发利用技术研究与试验，攻克关键技术，为海洋能开发利用储备技术。

1．潮汐能技术

突破潮汐能电站工程建设和新型发电机组研制等关键技术、关键工艺，解决电站建设过程中产生的环境问题，研究新型可适应低水头、大流量、复杂工况的潮汐能利用技术装置。

2．波浪能技术

针对我国海域波浪周期短、能流密度低且台风易发的特点，开展适合我国波浪能资源特点，具有高系统转换效率、良好的可维护性和较低的维护成本，易于安装布放和回收的波浪能利用技术的研究。

3．潮流能技术

针对我国海域潮流高流速时间短、平均流速较低的特点，开展适合我国潮流能资源特点，具有高系统转换效率、良好的可维护性和较低的维护成本，适应我国近海海域开发活动密集特点的潮流能利用技术的研究。

4．温差能技术

支持开展温差能技术试验样机研究，突破

关键技术、关键工艺，力争在提高能量转换效率、提高运行可靠性方面有所突破，为温差能开发利用奠定技术基础。

5．盐差能技术

支持开展温差能技术原理试验研究，通过提高盐差转化效率，降低过程能量损耗，突破盐差能利用关键技术，为盐差能综合开发利用化奠定技术基础。

**（二）提升装备水平**

采取技术引进与自主研制相结合，形成一批具有自主知识产权的关键技术和核心装备。重点开展发电装置产品化设计及制造，优先支持较成熟的海洋能发电技术开展设计定型，推动我国海洋能发电技术向装备转化。

1．潮汐能装备

通过提高技术水平，重点解决潮汐电站低成本建造、综合利用、提高效益和降低成本等问题。开展新型低水头、大流量、环境友好型潮汐能发电机组研制工作，为未来万千瓦级潮汐能示范电站建设提供装备支持。

2．波浪能装备

提高百千瓦级新型波浪能发电装置转换效率，突破波能装置海上生存能力技术。开展适合我国主要波浪能富集区资源状况的模块化波浪能液压转换与控制装置，以及适合我国波浪特点的发电机研制工作，形成一批适合我国波浪能资源特点的技术装备。同时，遴选技术较成熟的波浪能工程样机开展设计定型，通过优化各部分功能及技术指标，建造定型样机，固化技术状态，完成产品化设计与制造，为未来波浪能示范工程建设提供装备支持。

3．潮流能装备

开展兆瓦级潮流发电机组研究工作，突破发电机组水下密封、低流速启动、模块设计与制造等关键技术。开展适合我国潮流能资源特点的水平轴高效转换叶片，高可靠齿轮箱，高可靠变桨调节装置，以及低速潮流发电机研制工作，形成一批适合我国潮流能资源特点的技术装备。同时，遴选技术较成熟的潮流能工程样机开展设计定型，通过优化各部分功能及技术指标，建造定型样机，固化技术状态，完成产品化设计与制造，为未来潮流能示范工程建设提供装备支持。

**（三）示范项目建设**

1．建设海洋能电力系统示范工程

紧紧围绕推进海洋能规模化应用，促进产业化发展的总体目标，在广东、浙江地区选择合适的海岛，优选前阶段示范工程执行较好和有实力的单位，集中资金发展规模化海洋能示范。采用分步实施的原则，逐步开展工程勘察与选化、工程总体设计、工程及配套设施建设等工作。到 2016 年，在广东万山、浙江舟山地区分别完成具有公共测试功能的百千瓦级波浪能、兆瓦级潮流能示范工程设施建设、安装调试、运行维护等工作，实现示范运行，培育海洋能产业向纵深发展。

2．建设近岸万千瓦级潮汐能示范电站

优先支持八尺门、健跳、马銮湾、乳山口、温州瓯飞等站址的潮汐能开发，建设万千瓦级大型潮汐电站。重点开展库区综合利用、电站方案设计及优化、万千瓦级水轮发电机组设计与制造、潮汐能环境影响评价及预测、电站运行管理等关键技术研究以及潮汐电站建设的前期相关论证工作，推动我国大型潮汐能电站建设。到 2016 年，在浙江、福建等沿海地区，启动 1～2 个万千瓦级潮汐能电站建设。

**（四）健全产业服务体系**

建立健全标准规范体系，制定海洋能资源勘查、评价、装备制造、检验评估、工程设计、施工、运行维护、接入电网等标准与规范，形成较为完备的海洋能技术标准规范体系。初步建立海洋能公共技术研究试验测试平台。依托专业技术机构，建设海上试验场和海洋动力环境模拟试验测试平台。开展海洋能资源信息收集、更新、发布等工作，建设海洋能开发利用信息服务平台，提高海洋能信息服务水平。

**（五）资源调查与选划**

在前期海洋能资源调查基础上，重点开展南海海域海洋能资源调查及选划，摸清调查区域的海洋能资源储量及其时空分布状况，选划出海洋能优先开发利用区，为我国南海海洋能资源的开发利用规划提供依据。

**四、区域布局**

海洋能开发必须因地制宜，根据能源资源分布特点和能源需求状况，科学布局海洋能的发展。

（一）广东波浪能示范区

广东地区拥有丰富的波浪能资源，以及长期开展波浪能开发利用技术积累和示范经验。珠海万山地区已开展多项波浪能技术示范工程建设，具有一定装机规模。以万山波浪能示范工程为核心，依托当地波浪能开发利用技术研发能力，建成集波浪能技术研发、装备制造、海上测试以及工程示范为一体的波浪能示范基地。

（二）浙江潮流能示范区

以浙江地区丰富的潮流能资源优势以及舟山地区雄厚的造船等装备制造能力为基础，以舟山潮流能示范工程为核心，依托当地潮流能开发利用技术研发能力，建成集潮流能技术研发、装备制造、海上测试以及工程示范为一体的潮流能示范基地。

（三）山东海洋能研究试验区

山东是海洋科研力量的聚集地，也是海洋能研发的主力军。以山东强大的海洋科研力量为基础，以国家级海洋能海上试验场建设为核心，完善海洋能公共服务体系建设，建设海洋能技术研究试验基地。整合研发力量，提高自主创新能力，为海洋能产业发展提供技术支撑与保障。

五、保障措施

1．优化海洋能激励政策环境

加大对海洋能开发利用的财政投入，支持示范项目建设。国家海洋行政主管部门会同有关部门研究制定海洋能发电电价政策，提出扶持海洋能发展的财政、金融、税收等方面政策建议，引导、鼓励民间资本投入。扶持海洋能发电工程设计、材料、设备、系统、施工等相关产业发展。

2.健全海洋能技术创新体系

建立健全多层次技术创新体系，建立和完善国家级海洋能研发试验平台，鼓励企业建设海洋能发电技术研发机构，整合相关科研院所、高等院校的技术力量，开展海洋能基础理论、前沿技术、核心技术、适用技术研究。健全海洋能人才培养和引进机制，重点培训海洋能发电领域高端科技人才和管理人才。

3．加强海洋能开发利用管理

确立海洋能开发利用在我国近海及海岛地区的优先开发地位，统筹协调海洋能开发利用与其他领域用海的关系。国家海洋行政主管部门会同有关部门完善政策体系，研究制定海洋能发展产业政策。加强海洋能项目管理，促进海洋能开发利用有序协调进行。

4．建立海洋能技术管理体系

加强海洋能发展规划、项目前期、项目核准、竣工验收、运行监督等环节的技术归口管理，建立海洋能技术和工程规范，加强技术监督以及工程质量管理。支持海洋能利用技术研发和试验示范。积极推动技术服务体系建设，加强技术指导、工程咨询、信息服务等中介机构能力建设。

5．形成国内外合作交流促进机制

充分利用国外海洋能开发科技资源，加速我国海洋能开发利用的进程。参与国际海洋能领域重大科学计划，与发达海洋国家开展海洋能开发利用技术、设备、管理、工程等方面技术合作，充分发挥中国海洋可再生能源发展年会交流平台作用，形成内外结合、相互促进的发展机制。

# 海洋计量工作“十二五”发展规划

（2013年1月24日）

海洋计量工作是国家计量体系和海洋公共服务事业的重要组成部分，是国家海洋局履行海洋综合管理职责的重要技术基础工作，是支撑海洋调查、观测、监测、检测数据准确可靠的重要手段和基本保证。为进一步健全完善我国海洋计量体系，更好地发挥海洋计量工作的技术基础保障作用，提高海洋计量服务海洋综合管理的能力和水平，根据《国家海洋事业发展“十二五”规划》、《“十二五”计量发展规划》和《计量发展规划（2012—2020年）》

等的总体要求，制定本规划。

本规划为2011—2015年，展望到2020年。

## 一、现状与形势

### （一）工作现状

在国家海洋局的领导和国家质量监督检验检疫总局的监督指导下，我国海洋计量工作得到了长足的发展。海洋计量的管理制度逐步健全，监管体系基本建立，计量检测能力逐步提高，国内外交流与合作成效明显。海洋计量主管部门履行了海洋计量管理、量值统一和计量监管等职能，培养了一支既熟悉海洋计量理论知识、又熟悉计量检定业务和计量管理的人才队伍，为支撑和促进我国海洋综合管理、海洋经济发展和科技进步做出了积极贡献。

——海洋计量制度和管理体系逐步健全。逐步建立了以《计量法》为主体、《海洋计量工作管理规定》为辅助的海洋计量制度体系，规范了海洋计量工作。建立了以国家和海区海洋计量技术机构为主体、各海洋技术机构共同参与的海洋计量管理体系。

——海洋计量监管体系基本建立。通过对63家海洋监/检测机构实施计量认证评审，组织海洋监/检测人员和实验室资质认定内审员培训考核，组织开展海洋行业计量认证获证监/检测机构监督检查和检测能力验证等监管工作，提高了海洋监/检测机构的技术水平，促进了机构的规范化管理，保障了海洋监/检测数据的准确可靠。

——海洋计量检测能力逐步提高。建立了温度、盐度、深度、海水pH、波浪、潮汐、海流和风速风向等34项社会公用海洋计量标准。不断改进、提升检测设备和设施的精度与档次，检定、校准、检测了大量服务于海洋调查、军事、科研、环境监测和防灾减灾等的在用仪器，基本保证了海洋学量值传递的一致性和海洋基础数据的可靠性。改进了标准海水的生产工艺和包装，满足了海洋工作对该类标准物质的需要。开展了中央与地方共建海洋站、海洋调查技术机构等观测仪器设备的检定、校准、测试工作，配置了现场检测设备和现场校准车，为海洋台站提供现场检定、校准和测试服务，在一定程度上解决了海洋台站计量器具送检难的问题，保证了多种在用海洋仪器的计量性能符合使用要求，为海洋管理、防灾减灾等工作提供了有力的保障。承担了863等重大项目研制海洋仪器设备的第三方独立检验，确保了海洋仪器设备新产品的计量性能和质量。

——国内外交流与合作成效明显。积极开展了与国内外计量机构、海洋仪器设备生产和使用单位等的交流与合作，稳步推进了亚太区域海洋仪器检测评价中心的建设，使我国在政府间海洋学委员会（IOC）、世界气象组织（WMO）等国际组织中更好地发挥建设性作用，提高了我国在海洋国际事务中的话语权，促进了我国海洋标准计量工作赶超世界先进水平，推动了我国海洋标准和质量控制技术在亚太区域的应用，进而加快了海洋仪器的产业化进程。

### （二）面临的形势

“十二五”期间是我国实现全面建成小康社会的关键时期，是制定和实施海洋发展战略的关键阶段，海洋计量工作进一步服务海洋综合管理、可持续发展、公共服务、巡航执法、科技创新和国防建设等各项工作的机遇与挑战并存。国内、国际新形势和海洋事业发展新任务对海洋计量工作提出了新的要求。

1.建设海洋强国为加快海洋计量工作发展提供了动力

党中央、国务院高度重视海洋事业的发展，党的十六大、十七大、国家“十二五”规划纲要相继提出“实施海洋开发”、“坚持陆海统筹，制定和实施海洋发展战略”的重大部署。党的十八大更是明确提出“建设海洋强国”的宏伟目标。我国海洋事业发展迎来新的重要机遇期。海洋计量工作作为国家海洋事业的技术基础工作，肩负着有效服务海洋事业发展的历史使命。

2.经济全球化对海洋计量工作的新要求

随着经济全球化的快速发展，计量在国际经济发展中的地位和作用日趋显著。世界各沿海国家乃至整个国际社会对海洋计量的共同需求和对海洋量值统一的要求日益凸显。海洋计量技术已成为沿海各国利用海洋资源、实施海洋综合管理、提高国家综合实力和竞争力的重要技术手段和基础保障。海洋计量的国际等效性已成为降低国际社会（或区域沿海国家）共享海洋数据信息成本的重要举措，建立全球

（或区域）海洋计量体系势在必行。

3. 海洋科学技术快速发展对海洋计量工作的新要求

海洋高新技术的迅猛发展，对计量检测技术和计量保障能力提出了更高的要求。作为技术创新基础的检测技术和作为基础技术支撑的计量科学研究应与高新技术产业的发展同步进行并应具有一定超前性。与当前海洋高新技术发展的步伐相比，现有的海洋量值传递体系迫切需要完善,现有的量值传递保障能力亟待提升。因此，加快我国海洋计量检测能力建设是当务之急。

4. 新形势下海洋事业对海洋计量工作的新要求

在海洋日益成为人类经济社会发展的重要空间和资源宝库的新形势下，我国海洋事业各相关领域不断面临复杂测量的挑战，相关标准物质的需求越来越大，特别是在海洋环境保护、海洋防灾减灾、海洋能源有效利用、节能减排、海洋及空间利用、应对气候变化、海洋科技活动中的计量基准、标准及其关键技术研究以及越来越多的非常态量、动态量、连续量及多参数量的测量溯源问题，都对我国现有的海洋计量基、标准水平和量值传递、溯源体系提出了一系列新的更高要求。

**（三）存在的主要问题**

目前，我国海洋计量工作发展整体水平还不能适应海洋事业发展的需要，现有的海洋计量基、标准水平和量值传递体系还不够完善，现有的量值传递保障能力仍较薄弱，海洋计量监督管理仍需加强，高层次海洋计量创新团队和优秀人才队伍建设亟待加强，海洋计量国际合作能力亟待提升。

## 二、指导思想、基本原则与发展目标

**（一）指导思想**

以邓小平理论、“三个代表”重要思想、科学发展观为指导，围绕建设和谐社会和生态文明的宏伟目标，准确把握海洋事业和计量工作的特征，认真探索并遵循海洋计量事业的发展规律，以提高海洋计量科技能力为基础，以管理创新、科技创新、理念创新为手段，以提高服务质量、强化监督管理为重点，统筹全国海洋计量工作发展。充分发挥海洋计量在服务海洋事业科学发展，推动科学技术进步，促进经济社会可持续发展，满足国防建设需要以及经济全球化进程需要等方面的基础、保障和先行作用。

**（二）基本原则**

——依法建制，规范管理。以推进海洋计量管理制度建设为中心，按照《计量法》等法律法规的要求，建立健全海洋计量制度体系；完善海洋计量监管方式，优化监管手段，使海洋计量监管逐步走上依法、规范、有序、高效的轨道，进一步规范海洋计量管理工作。

——整合资源，协调发展。进一步明确各级海洋计量技术机构的责任和分工，确立合理发展方向，避免低水平重复建设，健全海洋计量服务业务体系；加大各海洋机构优势检测资源的整合力度，加强对资源整合的管理、引导、协调，统一计量检测标准；充分利用全社会计量资源，统筹规划，合理布局，兼顾各海区、各领域发展需求，形成全国海洋计量协调发展，全方位服务海洋事业科学发展。

——提升能力，夯实基础。突出海洋计量的基础作用，加强海洋计量基础建设，突出高精尖海洋计量基、标准的研究，突出应用海洋计量技术的研究，加快提升海洋计量技术装备水平，提高海洋计量技术能力；加快海洋计量技术机构发展，增强技术实力和管理能力，着力建设一支与计量服务业务工作相适应的人才队伍，提高海洋计量公益服务水平和能力。

**（三）发展目标**

逐步完善以国家计量法规为主、海洋计量部门规章和制度为辅的海洋计量制度体系；构建能够满足海洋事业发展和国防建设需求的海洋计量基标准、标准物质和量值传递体系；提高海洋计量技术基础前沿研究和支撑国家海洋发展战略与重大海洋工程的海洋计量科技研究水平，加强与发达国家的计量合作与交流，提升海洋计量技术创新能力；整合社会资源，提升海洋计量为海洋事业发展服务的能力；完善海洋计量监管机制，进一步深化海洋计量监管工作，充分发挥计量监管在海洋调查、观测、监测等业务中的作用；打造结构合理的高水平海洋计量人才队伍，提升参与国际计量组织活动的有效性；提升海洋计量在推动科学技术进步、促进经济和社会发展、增强国际影响力、服务国防建设等方面的支撑能力。

到“十二五”末，逐步达到如下目标：

——海洋计量制度体系更加完善。开展对《海洋计量工作管理规定》的修订工作，逐步完善以《计量法》为主要法律依据、海洋计量部门规章为配套的海洋计量制度体系。

——海洋计量技术基础更加坚实，量值传递体系更加完善。促使海洋特殊量值传递系统更加科学合理，现有计量基、标准水平不断提升；使海洋领域社会公用计量标准、国家有证标准物质能够覆盖重点海洋计量检测领域；使海洋计量技术基础前沿研究水平不断提高；使支撑国家海洋发展战略与重大海洋工程的能力不断加强。

——海洋计量监督机制更加有效。完善海洋计量监督工作程序、加强计量监督人员队伍建设、加大计量监督工作力度、创新计量监督工作模式，逐步建立起规范有效的海洋计量监督体系，确保计量监督机制更加有效。

——海洋计量技术服务能力明显增强。加强海洋计量技术机构的基础设施和检测设备等能力建设；逐步拓展适应海洋各项业务工作需求的计量检定、校准和检测的服务范围；构建海洋计量技术服务平台。

——建立全国海洋专用计量器具计量技术委员会。加快全国海洋专用计量器具计量技术委员会的建立，稳步开展全国海洋专用计量器具计量技术委员会工作。

——海洋计量国际影响力明显提升。通过组织亚太区域海洋计量国际比对，加强与亚太区域国家的计量合作与交流，积极参与国际计量组织活动，提升我国海洋计量工作在国际上的影响力。

**三、主要任务**

**（一）大力推进海洋计量制度体系建设**

通过对《海洋计量工作管理规定》实施情况的调研，结合《计量法》修订工作的开展及颁布实施，及时开展对《海洋计量工作管理规定》的修订工作，以满足新形势对海洋计量工作提出的新要求。逐步完善以《计量法》为主要法律依据，海洋计量部门规章为配套的海洋计量制度体系。

**（二）加强海洋计量技术基础和量值传递体系建设**

1．加强海水状态参数量值传递体系建设

围绕海水温度、盐度、压力和密度等海水状态参数，开展相关计量科学技术、测量理论、量值传递方法研究。加强海水温度、盐度和压力计量校准关键技术研究，使计量标准所复现的量值向极大、极小发展，提高其测量准确度。

2．加强海洋水动力要素量值传递体系建设

开展海流、波浪、潮汐等海洋水动力要素的计量技术研究，加强水动力要素测量仪器测量原理、测量技术以及应用范围的研究，开展实验室校准和海上比测方法研究；研建和改造海洋水动力要素相关计量标准装置，重点研究建立新型大量程波浪浮标计量标准装置和海流计计量标准装置，开展声学多普勒海流剖面仪（ADCP）的计量检测方法研究，研建相应检测平台，研究科学处理计量数据和判定结果的方法。

3．开展海洋气象要素量值传递体系建设

开展海洋气象仪器计量检测技术研究，重点针对海上测风仪器受载体横摇、纵摇、艏摇等干扰的特点，建设海洋行业风洞，研究风传感器检测方法。建立海洋气温、气压、相对湿度、降水量、风速风向等量值传递标准，强化对海洋观测系统的海洋气象测量仪器的量值溯源保障。

4．开展海洋化学要素量值传递体系建设

追踪国内外海洋化学调查、监测等先进测试技术，研究我国海洋化学要素的计量技术。开展海水二氧化碳、浊度和溶解氧等海洋化学仪器设备校准技术和高精度测试技术研究，开展海水叶绿素传感器计量技术研究，深入研究海洋碳监测计量技术；加强海洋领域有证标准物质的研制，针对海洋调查、海洋科学研究和海洋工程建设对准确测量的要求，开展标准物质的提取、纯化、分离和保存等技术研究，重点依托现有海水盐度标准物质的制备技术基础，开展海水pH、海水营养盐和持久性有机物标准物质的研制工作。

5．开展海水声速量值传递体系建设

开展海水声速仪量值溯源关键技术研究。

建立海水声速计量标准，开展高精度海水声速仪检测技术研究，解决其量值溯源问题；开展海水声速计算公式的验证，确保海洋调查和军事活动中声速校正的准确性。

6．开展其他海洋特殊量值传递技术研究

开展对进口海洋仪器设备、极地、大洋科考使用的仪器等相关计量检测方法的研究。重点开展单波束测深仪、浅水多波束测深系统、侧扫声纳和浅地层剖面仪等常用测量仪器计量检测技术研究，解决常用海底声纳测量仪器计量检测的关键技术，为实施常用海底声纳测量仪器业务化计量检测奠定基础；开展海洋倾废记录仪计量检测方法研究；开展深海探测技术量值传递技术研究，满足深海探测工作及管理的需要；开展地波雷达、各种 X 波段雷达等比对方法研究。

**（三）加强海洋计量监督管理体系建设**

1．稳步推进海洋行业计量认证工作

依据国家计量认证法律法规和计量认证评审准则的要求，继续开展对海洋监/检测机构的计量认证评审等计量认证工作；健全国家计量认证海洋评审组工作程序，强化评审员管理，规范海洋行业计量认证工作行为；加强对计量认证获证机构的监督管理，规范计量认证获证机构的监/检测行为，确保海洋监/检测数据准确可靠。

2．规范海洋监/检测人员和海洋行业实验室资质认定内审员培训考核

根据《海洋计量工作管理规定》的要求，明确责任分工，提高海洋监/检测人员培训考核工作的有效性，加强培训考核工作的统一领导，制定海洋监/检测人员和海洋行业实验室资质认定内审员培训考核管理办法，规范培训考核工作的组织实施；编制与各海洋专业相适应的培训教材、考试大纲，更新考试题库，建立与各海洋专业相适应的培训考核体系；编制海洋行业实验室资质认定内审员培训教材、考试大纲，建立考试题库；选拔和培养一支高素质的教师队伍，确保海洋监/检测人员和海洋行业实验室资质认定内审员培训考核工作取得实效。

3．强化海洋计量监督工作

依据《海洋计量工作管理规定》的要求，进一步完善海洋计量监督工作程序，加强计量监督人员队伍建设，吸收有丰富经验的专家参与计量监督，增强监督人员素质，提高计量监督水平；加大计量监督工作力度，强化对海洋重大调查、监测专项任务实施过程的计量监督，建立计量监督结果发布制度和责任追究制度。

4．推进海洋监/检测机构能力验证活动

深入开展海洋监/检测机构能力验证活动，增加能力验证项目，扩大能力验证范围，严格控制能力验证活动的计划、样品制备、样品分发、样品检测、结果统计与处理等各个环节，充分发挥能力验证活动的作用，切实提升海洋监/检测机构的监/检测技术水平。

5．加强海洋专用计量器具的使用管理

根据国务院计量行政主管部门和国家海洋局提出的有关要求，以确保海洋专用计量器具测量数据准确性为目标，加强对海洋专用计量器具使用的管理，规范海洋专用计量器具的检定、校准与比对。

6．积极参与海洋科技成果检测鉴定

积极参与海洋重大项目产生的海洋科技成果的检测鉴定工作，以国家 863 计划、海洋可再生能源专项资金项目等重大项目为契机，推进新研制设备的第三方独立检验，考核其性能指标的准确性和可靠性，为科技成果的质量评价和科技项目验收提供技术依据。

**（四）加强海洋计量服务业务体系建设**

1．加强和完善现场校准服务体系

进一步探索现场校准技术，制修订相关现场校准规范，规范现场校准活动开展；完善现场校准服务体系，确保海洋监测站点、海洋观测台站、调查船等大量使用的精度较低且不具备送检条件的海洋仪器量值的准确性。

2．加强海洋环境适应性检测服务业务体系建设

研建或升级改造气候类、机械类、海洋生化腐蚀类、太阳辐射、淋雨等环境试验设备，开展具有海洋特色的各类环境适应性基础试验研究，研建大型深海模拟综合参数试验系统；构建新型海洋综合类环境适应性试验设备，开展具有海洋特色的综合类环境试验技术研究，研究制订相关试验标准；逐步拓展海洋环境适应性检测服务范围。

3．加强海洋计量检定人员队伍建设

加大海洋计量技术机构计量检定人员培训考核力度，将计量检定人员资质逐步过渡到注册计量师资质，不断提高海洋计量专业技术人员的技术水平和执业能力，提升其计量法制意识和计量检测服务意识。

4．开展海洋计量检测质量管理信息系统建设

落实海洋观测预报条例加强海洋仪器管理的要求，建立海洋仪器计量检测质量管理信息系统，管理海洋仪器计量检测活动，开展仪器计量状态监测，实现海洋仪器计量检测全程质量管理信息化，为开展各类海洋仪器质量评价奠定基础，提升计量检测公益服务水平。

**（五）建立全国海洋专用计量器具计量技术委员会**

根据《全国专业计量技术委员会章程》的规定，围绕国家海洋事业和海洋计量工作发展需求，广泛吸收海洋计量技术机构、相关研究机构和高校的专业技术人员参与，加快建立全国海洋专用计量器具计量技术委员会。全国海洋专用计量器具计量技术委员会获批成立后，应尽快组织对海洋计量检定规程和计量技术规范的制修订工作，并做好后续的宣贯培训；定期组织海水温度、盐度、深度等海洋学特殊量值的国内、国际计量比对，确保其量值准确、可靠、一致；广泛开展海洋计量技术交流与培训，探索海洋计量技术发展的前沿。

**（六）加强海洋计量国际合作交流与比对**

积极开展海洋计量国际合作与交流，不定期组织亚太区域海洋计量国际比对，紧密跟踪OIML（国际法制计量组织）在海洋领域的国际建议和国际文件的制修订进展情况，及时分析和采用国际建议和国际文件，促使海洋计量技术规范逐步符合WTO/TBT协议的要求。推动亚太区域海洋仪器检测评价中心各项工作稳步开展，不断增强我国海洋计量在国际计量中的地位和影响力。

**四、保障措施**

**（一）组织保障**

在国家海洋局领导下，建立起以国家海洋计量站为主体、三个分站为支撑、各海洋技术机构参与，层次分明、职责明确的海洋计量管理组织构架。以国家海洋计量站和三个分站的海洋计量检测技术为基础，各海洋技术机构为辅助，为“十二五”海洋计量工作的实施提供有力的组织保障。

**（二）制度保障**

贯彻国家有关计量检定、计量管理、计量监督、计量认证的法律法规，加强海洋计量法律法规体系建设，健全海洋计量规章制度，完善计量工作流程，为计量工作各项任务的完成提供制度保障，不断提高科学管理和依法管理的水平。

**（三）人才队伍保障**

创新海洋计量技术各类人才选拔使用方式，科学合理使用人才，形成有利于各类优秀人才脱颖而出、充分施展才能的选人用人机制。逐步健全聘用制度和岗位管理制度，探索多种身份、分类管理的用人机制。强化教育培训，促进人才资源全面开发。建立健全与工作业绩紧密联系、充分体现人才价值、有利于激发人才活力的激励机制和考核评价办法。

**（四）资金保障**

积极争取国家和各有关部门对海洋计量检测能力建设的支持，将具有海洋特色的社会公用计量标准建设纳入相关计划和发展规划，积极争取国家财政支持，多渠道筹措资金，加大对海洋行业量值传递体系建设、计量标准维护、计量比对、规范性计量技术文件制修订、计量管理等工作经费的支持力度，以满足开展各项海洋计量工作的需要。

**（五）技术保障**

充分利用高校和科研院所的资源，积极参与当前热点的科技项目，建立长效高水平的合作与交流机制，共同研究相关的计量量值传递标准，发挥产学研用一体化的作用，缩短量值传递标准研究的周期。加大与各计量专业技术委员会和其他行业计量技术机构之间的交流与沟通，及时了解和掌握计量技术的最新动态。

# 国务院办公厅关于印发国家海洋局主要职责内设机构和人员编制规定的通知

（2013年6月9日）

各省、自治区、直辖市人民政府，国务院各部委、各直属机构：

《国家海洋局主要职责内设机构和人员编制规定》已经国务院批准，现予印发。

国务院办公厅

根据第十二届全国人民代表大会第一次会议批准的《国务院机构改革和职能转变方案》和《国务院关于部委管理的国家局设置的通知》（国发〔2013〕15号），设立国家海洋局（副部级），为国土资源部管理的国家局。

**一、职能转变**

（一）取消的职责。

1. 取消专项海洋环境预报服务资格认定。

2. 取消海洋倾倒废弃物检验单位资质认定。

3. 取消海洋石油勘探开发溢油应急计划审批。

4. 取消国家级海洋自然保护区实验区内开展参观、旅游活动审批。

5. 取消海岸工程建设项目环境影响报告书审核。

6. 根据《国务院机构改革和职能转变方案》需要取消的其他职责。

（二）下放的职责。

1. 将省内县际海域界线勘定职责下放省级海洋行政主管部门。

2. 根据《国务院机构改革和职能转变方案》需要下放的其他职责。

（三）加强的职责。

1. 加强海洋综合管理、生态环境保护和科技创新制度机制建设，推动完善海洋事务统筹规划和综合协调机制，促进海洋事业发展。

2. 加强海上维权执法，统一规划、统一建设、统一管理、统一指挥中国海警队伍，规范执法行为，优化执法流程，提高海洋维权执法能力，维护海洋秩序和海洋权益。

**二、主要职责**

（一）负责起草内海、领海、毗连区、专属经济区、大陆架及其他海域涉及海域使用、海洋生态环境保护、海洋科学调查、海岛保护等法律法规、规章草案，会同有关部门组织拟订并监督实施海洋发展战略以及海洋事业发展、海洋主体功能区、海洋生态环境保护、海洋经济发展、海岛保护及无居民海岛开发利用等规划，推动完善海洋事务统筹规划和综合协调机制。

（二）负责组织拟订海洋维权执法的制度和措施，制定执法规范和流程。在我国管辖海域实施维权执法活动。管护海上边界，防范打击海上走私、偷渡、贩毒等违法犯罪活动，维护国家海上安全和治安秩序，负责海上重要目标的安全警卫，处置海上突发事件。负责机动渔船底拖网禁渔区线外侧和特定渔业资源渔场的渔业执法检查并组织调查处理渔业生产纠纷。负责海域使用、海岛保护及无居民海岛开发利用、海洋生态环境保护、海洋矿产资源勘探开发、海底电缆管道铺设、海洋调查测量以及涉外海洋科学研究活动等的执法检查。指导协调地方海上执法工作。参与海上应急救援，依法组织或参与调查处理海上渔业生产安全事故，按规定权限调查处理海洋环境污染事故等。

（三）负责组织编制并监督实施海洋功能区划，组织拟订并监督实施海域使用管理制度，组织开展海岸线和沿海省际间海域界线勘定工作，组织起草专属经济区和大陆架人工岛屿、设施和结构的建造、使用管理办法并监督实施。

（四）负责组织拟订海岛保护及无居民海岛开发利用管理制度并监督实施，按规定负责我国陆地海岸带以外海域、无居民海岛、海底地形地名管理工作，制定领海基点等特殊用途海岛保护管理办法并监督实施。

（五）负责组织开展海洋生态环境保护工作。按国家统一要求，组织拟订海洋生态环境保护标准、规范和污染物排海总量控制制度并监督实施，制定海洋环境监测监视和评价规范并组织实施，发布海洋环境信息，承担海洋生态损害国家索赔工作，组织开展海洋领域应对气候变化相关工作。

（六）负责拟订海洋观测预报和海洋灾害警报制度并监督实施，组织编制并实施海洋观测网规划，发布海洋预报、海洋灾害警报和公报，建设海洋环境安全保障体系，参与重大海洋灾害应急处置。

（七）负责组织拟订并实施海洋科技发展规划，拟订海洋技术标准、计量和规范，组织实施海洋调查，建立推动海洋科技创新的机制。

（八）负责组织开展海洋经济运行综合监测、统计核算、评估及信息发布工作，研究提出优化海洋产业结构的政策建议。

（九）负责开展海洋领域国际交流与合作，参与涉外海洋事务谈判与磋商，组织履行《联合国海洋法公约》、《南极条约》等国际海洋公约、条约和协定，承担极地、公海和国际海底相关事务。

（十）承担国家海洋委员会的具体工作。承办国务院、国家海洋委员会和国土资源部交办的其他事项。

**三、内设机构**

根据上述职责，国家海洋局设 11 个内设机构：

（一）办公室。

负责文电、会务、机要、保密、档案、信息化、督查、安全保卫等机关日常运转工作，承担政务信息和新闻发布工作，起草重要文稿。

（二）战略规划与经济司。

组织起草并监督实施海洋发展战略以及海洋事业发展、海洋主体功能区等规划，推动完善海洋事务统筹规划和综合协调机制，掌握分析海洋经济发展形势、存在问题并提出完善制度机制和改进工作的建议。承担国家海洋委员会办公室日常工作。

（三）政策法制与岛屿权益司。

组织起草法律法规、规章草案。组织开展海岛自然资源调查评估，组织建立海岛统计调查制度和管理信息系统，发布海岛统计调查公报，严格依照法律法规规定的条件和程序办理无居民海岛使用行政许可并承担相应责任。承担规范性文件的合法性审核工作，承担行政执法监督、行政复议和行政应诉工作。

（四）海警司（海警司令部、中国海警指挥中心）。

组织起草海洋维权执法的制度和措施，拟订执法规范和流程，承担统一指挥调度海警队伍开展海上维权执法活动具体工作，组织编制并实施海警业务建设规划、计划，组织开展海警队伍业务训练等工作。

（五）生态环境保护司。

掌握分析海洋生态环境保护情况、存在的问题并提出完善制度机制和改进工作的建议，严格依照法律法规规定的条件和程序办理海洋环境保护行政许可并承担相应责任。依法监督陆源污染物排海，组织起草海洋自然保护区和特别保护区管理制度和技术规范并监督实施，完善海洋生态补偿制度，组织开展海洋生物多样性保护工作，组织实施重大海洋生态修复工程。

（六）海域综合管理司。

掌握分析海域使用情况、存在的问题并提出完善制度机制和改进工作的建议，严格依照法律法规规定的条件和程序办理海域使用行政许可并承担相应责任。组织起草海域使用政策与技术规范，承担海域动态监控工作，组织开展海岸线和沿海省际间海域界线勘定工作。

（七）预报减灾司。

组织起草海洋观测、预报和评价的管理办法并监督实施，建设海洋环境安全保障体系。推动建立海洋防灾减灾制度机制，组织编制海洋灾害应急预案，指导协调地方海洋防灾减灾工作，参与重大海洋灾害应急处置。

（八）科学技术司。

组织起草海洋科技发展规划、技术标准、计量、规范并监督实施，组织开展海洋基础调查、综合调查、专项调查以及海洋科学技术研究与应用，推动海水利用和海洋可再生能源开发利用工作，承担数字海洋建设和海洋领域卫星应用相关工作。

（九）国际合作司（港澳台办公室）。

组织开展海洋领域的国际交流与合作，以

及与港澳台地区的交流与合作。严格依照法律法规规定的条件和程序办理海洋涉外科学研究行政许可并承担相应责任。参与涉外海洋事务谈判与磋商，组织履行相关国际海洋公约、条约和协定。

（十）人事司（海警政治部）。

承担机关和直属单位的人事管理、机构编制、教育培训工作，拟订海洋人才队伍建设规划和政策。组织起草海警队伍党的组织建设、干部队伍建设的政策规定，指导开展思想政治工作，承担海警队伍干部考核、任免等工作。

（十一）财务装备司（海警后勤装备部）。

承担机关和直属单位预决算、财务、国有资产管理。起草并组织实施海警队伍基建、装备和后勤建设的规划、计划，拟订经费、物资、装备标准及管理制度，组织实施装备物资采购。

机关党委。负责机关和直属单位的党群工作。

离退休干部局。负责机关离退休干部工作，指导直属单位离退休干部工作。

**四、人员编制**

国家海洋局机关人员编制为 372 名。其中：局长 1 名、副局长 4 名，增设 1 名副局长兼任中国海警局局长，国家海洋局局长兼任中国海警局政委，纪委书记 1 名，司局领导职数 44 名（含总工程师 1 名，中国海警局副局长 2 名、副政委 1 名，机关党委专职副书记 1 名，离退休干部工作机构领导职数 1 名）。

**五、其他事项**

（一）设置国家海洋局北海分局、东海分局、南海分局，履行所辖海域海洋监督管理和维权执法职责，对外以中国海警北海分局、东海分局、南海分局名义开展海上维权执法。3 个海区分局在沿海省（自治区、直辖市）设置 11 个海警总队及其支队。中国海警局可以直接指挥海警总队开展海上维权执法。以上机构人员编制 16296 名。具体机构设置、职责和编制事项另行规定。

（二）与公安部有关职责分工。国家海洋局以中国海警局名义开展海上维权执法，接受公安部业务指导。

（三）与国土资源部有关职责分工。

①涉及海洋管理和执法的规章由国家海洋局起草并提请国土资源部部务会议审议通过后，由国土资源部发布。②国土资源部负责海洋资源的保护和合理利用，加强陆海统筹规划，强化国土规划、土地利用总体规划、矿产资源总体规划的整体控制作用。国家海洋局负责海洋矿产资源勘探开发的执法检查，对违法违规行为依法实施行政处罚，认为有必要吊销行政许可的，提请发证机关吊销。③国土资源部负责围填海造地竣工验收后新增土地的用地管理和登记发证，国家海洋局负责围填海造地竣工验收前的用海管理，共同做好围填海年度计划、项目与土地利用年度计划、项目的统筹衔接。

（四）与农业部有关职责分工。①农业部负责组织拟订渔业政策、规划和标准，制定伏季休渔制度，发布禁渔令。国家海洋局参与拟订海洋渔业政策、规划和标准，开展机动渔船底拖网禁渔区线外侧和特定渔业资源渔场的渔业执法检查，对违法违规行为依法实施行政处罚，认为有必要吊销行政许可的，提请发证机关吊销。②农业部负责政府间双边或多边渔业协定和与国际区域性渔业组织的谈判和履约工作。国家海洋局参与双边渔业谈判和履约工作，根据双边渔业协定对共管水域组织实施渔业执法检查，组织和协调与有关国家和地区对口渔业执法机构的海上联合执法检查。③农业部组织国家海洋局等拟订保护海洋渔业水域生态环境的政策制度，组织开展海洋野生动植物资源调查，依法实施捕捉和驯养繁殖许可。农业部、国家海洋局共同提出海洋野生动植物自然保护区划定方案，国家海洋局负责执法检查，对违法违规行为依法实施行政处罚，认为有必要吊销行政许可的，提请发证机关吊销。

（五）与海关总署有关职责分工。①海关与中国海警建立情报交换共享机制，海关缉私部门发现的涉及海上走私情报应及时提供给中国海警，中国海警开展海上查缉并反馈查缉情况，按照管辖权限办理案件移交，双方共同制定案件移交等具体办法。②海关和中国海警加强协作联动，对于发生在海上及沿海非设关地的重大走私活动，海关和中国海警可组织开展联合打私行动，统一部署、统一组织。③海关在陆上和内河、界河、界湖缉私和查办案件中，发现涉及海上的走私活动，应通知中国海警，中国海警应及时部署查缉；中国海警在海上缉私过程中，发现涉及陆上内河、界河、界湖走私的，及时通知海关缉私部门予以查处。④海关发现监管船舶未经海关许可擅自驶离海关监管区的，或在监管中遭遇暴力抗拒执法的，可通告中国海警，中国海警应予以拦截。5. 海关和中国海警加强珠江口水域缉私的协作联动，双方在淇澳岛大王角与孖州岛灯标连线以内的水域开展缉私活动时，相互提供执法支持。

（六）与交通运输部有关职责分工。①交通运输部及其中国海事队伍履行水上交通安全监督管理、船舶及相关水上设施检验和登记、防治船舶污染和航海保障等行政管理和执法职责。负责海上交通事故、船舶及相关水上设施污染事故的应急处置，配合海上维权执法行动。②中国海警在维权巡航执法过程中发现船舶及其有关作业活动造成海洋环境污染的，应当立即采取措施予以制止并现场调查取证，处罚工作依照有关防治船舶污染的国际公约和法律法规由相关主管部门进行处理。③交通运输部与国家海洋局共同建立海上执法、污染防治等方面的协调配合机制并组织实施。

（七）与环境保护部有关职责分工。①环境保护部指导、协调和监督海洋生态环境保护工作，并负责防治陆源污染物和海岸工程建设项目对海洋污染损害的环境保护工作。国家海洋局负责海洋生态环境的监督管理，组织海洋生态环境的调查、监测、监视、评价和科学研究，负责防治海洋工程建设项目和海洋倾倒废弃物对海洋污染损害的环境保护工作。②两部门加强重、特大环境污染和生态破坏事件调查处理工作的沟通协调，及时相互通报相关信息。③两部门建立海洋生态环境保护数据共享机制，相互向对方提供海洋生态环境管理和环境监测等方面的数据。④两部门加强海洋生态环境保护联合执法检查，对沿海地区各级政府和各涉海部门落实海洋生态环境保护责任情况进行监督检查。

（八）所属事业单位的设置、职责和编制事项另行规定。

**六、附则**

本规定由中央机构编制委员会办公室负责解释，其调整由中央机构编制委员会办公室按规定程序办理。

本规定职能转变中取消的职责第三项、第五项涉及法律规定的调整，按法定程序办理。

（此件有删减）

# 海 洋 经 济

## 海 洋 经 济 概 况

【综述】 2013 年，各级海洋行政主管部门深入贯彻落实党的十八大和十八届三中全会精神，紧紧围绕建设海洋强国的战略部署，加快推进海洋经济发展方式转变，海洋经济继续保持良好发展势头。

据初步核算，2013 年全国海洋生产总值 54313 亿元，同比增长 7.6%，海洋生产总值占国内生产总值的 9.5%。其中，海洋产业增加值 31969 亿元，海洋相关产业增加值 22344 亿元。海洋第一产业增加值 2918 亿元，第二产业增加值 24908 亿元，第三产业增加值 26487 亿元，海洋第一、第二、第三产业增加值占海洋生产总值的比重分别为 5.4%、45.8%和 48.8%。

【主要海洋产业发展情况】 2013 年，我国海洋产业总体保持稳步增长。其中，主要海洋产业增加值 22681 亿元，同比增长 6.7%；海洋科研教育管理服务业增加值 9288 亿元，同比增长 7.3%。

**海洋渔业** 海洋渔业平稳较快增长，海水养殖业发展态势良好，远洋渔业较快增长。全年实现增加值 3872 亿元，同比增长 5.5%。

**海洋油气业** 海洋油气业保持稳定发展，海洋原油产量 4540 万吨，同比增长 2%，海洋天然气产量 120 亿立方米，同比减少 4%。全年实现增加值 1648 亿元，同比增长 0.1%。

**海洋矿业** 海洋矿业较快发展，海洋矿产资源开采秩序进一步规范有序。全年实现增加值 49 亿元，同比增长 13.7%。

**海洋盐业** 海洋盐业呈现负增长，全年实现增加值 56 亿元，同比减少 8.1%。

**海洋化工业** 海洋化工产业运行平稳，全年实现增加值 908 亿元，同比增长 11.4%。

**海洋生物医药业** 海洋生物医药产业持续较快发展，全年实现增加值 224 亿元，同比增长 20.7%。

**海洋电力业** 海洋电力业稳步发展，海上风电项目有序推进。全年实现增加值 87 亿元，同比增长 11.9%。

**海水利用业** 海水利用业较快发展，产业技术应用和推广不断加快，产业化水平进一步提高。全年实现增加值 12 亿元，同比增长 9.9%。

**海洋船舶工业** 海洋船舶工业生产经营形势依然严峻，经济效益持续下滑。全年实现增加值 1183 亿元，同比减少 7.7%。

**海洋工程建筑业** 海洋工程建筑业继续保持稳步增长，全年实现增加值 1680 亿元，同比增长 9.4%。

**海洋交通运输业** 我国沿海港口生产形势总体良好，航运市场依旧持续低迷，海洋交通运输业增长继续放缓。全年实现增加值 5111 亿元，同比增长 4.6%。全年沿海规模以上港口货物吞吐量 72.7 亿吨，同比增长 9.3%；集装箱吞吐量 1.69 亿标准箱，同比增长 7.3%。

**滨海旅游业** 滨海旅游继续保持良好发展态势，产业规模持续增大。全年实现增加值 7851 亿元，同比增长 11.7%。

【区域海洋经济发展情况】 2013 年，环渤海地区海洋生产总值 19734 亿元，占全国海洋生产总值的比重为 36.3%，同比提高了 0.5 个百分点；长江三角洲地区海洋生产总值 16485 亿元，占全国海洋生产总值的比重为 30.4%，同比回落了 0.9 个百分点；珠江三角洲地区海洋生产总值 11284 亿元，占全国海洋生产总值的比重为 20.8%，同比回落了 0.2 个百分点。

# 海 洋 渔 业

**【概况】** 2013年，我国海洋渔业迎来历史性发展机遇。党中央和国务院科学把握现代渔业发展规律，立足当前、着眼长远，将渔业发展上升为国家战略。3月，国务院出台《关于促进海洋渔业持续健康发展的若干意见》(以下简称《意见》)，该文件是建国以来国务院关于海洋渔业发展的第一个综合性政策文件。6月，国务院召开全国现代渔业建设工作电视电话会议，学习贯彻《意见》，全面部署加快推进现代渔业建设各项工作，该会议是改革开放以来以国务院名义召开的首次渔业会议。全国各沿海地区认真贯彻落实《意见》精神，渔业发展克服了国内外经济下行压力加大、资源保护利用矛盾凸显、台风等自然灾害侵袭等因素影响，实现稳中有进，进中有好，渔业经济继续保持良好发展态势。据初步核算，2013年，全国海洋渔业实现增加值3872亿元，同比增长5.5%。

**【海洋渔业生产】** 2013年，全国水产品总产量6172万吨，同比增长4.47%。其中，海水产品产量3138.83万吨，同比增长3.48%；全国水产品人均占有量45.36千克，比上年增加1.73千克、同比增长3.97%。

**【海水养殖】** 2013年，全国海水养殖产量1739.25万吨，占海水产品产量的55.41%，比上年增加95.43万吨、同比增长5.81%。其中，鱼类产量112.36万吨，比上年增加9.52万吨、同比增长9.25%；甲壳类产量134.02万吨，比上年增长9.07万吨、同比增长7.26%；贝类产量1272.80万吨，比上年增加64.36万吨、同比增长5.33%；藻类产量185.68万吨，比上年增加9.21万吨、同比增长5.22%。

全国海水养殖面积2315.57千公顷，比上年增加134.64千公顷、同比增长6.17%。其中，鱼类养殖面积80.11千公顷，比上年增加7.21公顷、同比增长9.89%；甲壳类养殖面积286.27千公顷，比上年减少3.68千公顷、同比降低1.27%；贝类养殖面积1564.97千公顷，比上年增加90.08千公顷、同比增长6.11%；藻类养殖面积121.99千公顷，比上年增加1.19千公顷、同比增长0.98%。

**【海洋捕捞】** 2013年，国内海洋捕捞产量1264.38万吨，占海水产品产量的40.28%，比上年减少2.81万吨、同比降低0.22%。其中，鱼类产量871.76万吨，比上年减少4.08万吨、同比降低0.47%；甲壳类产量228.55万吨，比上年增加7.81万吨、同比增长3.54%；贝类产量54.76万吨，比上年减少1.59万吨、降低2.82%；藻类产量2.80万吨，比上年增加2300万吨、同比增长8.97%；头足类产量66.43万吨，比上年减少3.46万吨、同比降低4.95%。

**【远洋渔业】** 2013年，远洋渔业产量135.20万吨，占海水产品产量的4.30%，比上年增加12.85万吨、同比增长10.5%。

**【渔船拥有量】** 2013年末渔船总数107.17万艘、总吨位1044.35万吨。其中，机动渔船69.49万艘、总吨位989.55万吨、总功率2219.90万千瓦；非机动渔船37.68万艘、总吨位为54.80万吨。

机动渔船中，生产渔船66.36万艘、总吨位884.43万吨、总功率2018.98万千瓦。生产渔船中，捕捞渔船45.24万艘、总吨位802.49万吨、总功率1769.31万千瓦；养殖渔船21.12万艘、总吨位81.94万吨、总功率249.67万千瓦。

机动渔船中，海洋渔业机动渔船28.33万艘、总吨位813.32万吨、总功率1640.12万千瓦。海洋渔业机动渔船中，海洋捕捞渔船19.68万艘、总吨位688.76万吨、总功率1361.40万千瓦，分别比上年减增加2600艘、37.01万吨和34.32万千瓦。

**【水产品进出口】** 据海关统计，2013年我国水产品进出口总量812.94万吨，总额289.01亿美元，同比分别增长2.58%和7.12%。其中出口量395.91万吨，同比增长4.15%，出口额202.63亿美元，同比增长6.74%。进口量4172.03

万吨,进口额86.38亿美元,同比分别增长1.13%和8.00%。

**【渔业从业人员】** 2013年,渔业人口2065.94万人,比上年减少7.87万人、降低0.38%。渔业人口中传统渔民为712.46万人,比上年减少11.12万人、降低1.54%。渔业从业人员1443.06万人,比上年减少0.99万人、降低0.07%。

**【渔业灾情】** 全年由于渔业灾情造成水产品总量损失162.26万吨,经济损失257.42亿元。其中,受灾养殖面积1079.72千公顷;沉船847艘,经济损失1.21亿元;死亡、失踪和重伤人数165人。

# 海洋油气业

## 综　述

2013年，我国海洋油气业保持稳定发展，海洋原油产量4540万吨，同比增长2%，海洋天然气产量120亿立方米，同比减少4%。全年实现增加值1648亿元，同比增长0.1%。

**【中国海洋石油总公司概况】** 2013年，生产原油6684万吨，其中国内生产原油3938万吨，海外生产原油2746万吨；生产天然气196亿$m^3$，其中国内生产天然气107亿$m^3$，海外生产天然气89亿$m^3$；生产煤层气4.3亿$m^3$；加工原油2961万吨，生产成品油811万吨，引进液化天然气1301万吨，实现营业收入5901亿元，缴纳利税费1290亿元，年末资产总额10417亿元，净资产5761亿元，在《财富》杂志“世界500强排行榜”中列第93位，在《石油情报周刊》“世界石油公司50强”中列第33位，在“2012中国企业500强”中保持第10位；中国海洋石油有限公司在“2012普氏能源资讯全球能源企业250强”中列第12位。（中国海洋石油总公司）

**【中国石油天然气集团公司概况】** 2013年，中国石油天然气集团公司海上油气勘探开发区域是滩海，包括辽河滩海、冀东滩海和大港滩海，共有232口井获得工业油气流。截至2013年底，总计有开发井1139口，其中采油井884口，注水井255口。2013年生产原油241万吨，累积产油2164万吨。2013年原油产能建设共新投产采油井127口，生产原油29万吨。

（中国石油天然气集团公司）

**【中国石油化工集团公司概况】** 中国石油化工股份有限公司胜利海上油田（以下简称胜利海上油田）位于山东省北部渤海湾南部的极浅海海域。探区西起四女寺河口，东至潍河口，海岸线长414千米，有利勘探面积4000平方千米。探区横跨埕北低凸起、垦东凸起、青东凹陷、埕东凸起、埕中凹陷等十二个构造单元，总资源量约12亿吨。截至2013年，共有各类海上采油平台103座，其中，中心平台3座、井组平台68座、单井平台32座；油气接转站2座，联合站3座，石油专用码头2座。

中国石油化工股份有限公司上海海洋油气分公司（以下简称上海海洋油气分公司）是中国石化专业从事海洋油气勘探和开发的油田企业，拥有海域勘查区块29个，面积10.29万平方千米。其中自营勘探区块14个，面积6.51万平方千米，分布在东海陆架盆地和南海琼东南盆地、北部湾盆地以及南黄海苏北盆地。

（中国石油化工集团公司）

## 海洋油气资源

**【中国海油海洋油气资源】** 中国海油是中国海上主要油气生产商。在中国海域，公司通过自营作业及以产品分成合同的形式与外国合作伙伴合作，在渤海、南海西部、南海东部和东海等区域进行油气勘探、开发和生产活动。截至2013年底，公司共有净证实储量约44.3亿桶油当量（含权益法核算的储量约2.9亿桶油当量），其中约55.2%的净证实储量位于中国海域。（中国海洋石油总公司）

**【中国石化海洋油气资源】** 截至2013年底，胜利海上油田共发现明化镇、馆陶组、东营组、沙河街组、中生界、古生界、太古界七套含油层系，累计探明含油面积197.2平方千米，探明石油地质储量46219.75万吨；其中自营区累计探明含油面积175.47平方千米，探明石油地质储量40693.34万吨，动用含油面积123.24平方千米，动用地质储量28091.23万吨，至2013年底累计产油4010.4万吨。

截至2013年底，上海海洋油气分公司与中海油共同持有勘查区块13个，开采区块2个，面积3.78万平方千米，分布在东海陆架盆地西湖凹陷。上海海洋油气分公司海域区块总资源量为100.48亿吨油当量，其中石油资源量11.28亿吨，天然气资源量8.92万亿立方米。

（中国石油化工集团公司）

## 海洋油气勘探

**【中国海油海洋油气勘探】** 2013 年，公司在中国海域共完成二维地震采集 2.8 万千米，三维地震采集 2.5 万平方千米，完成探井 100 口。国内自营勘探取得历史性突破，获得 10 个新发现，成功评价 15 个含油气构造，中国海域自营探井勘探成功率达 46%～67%。（中国海洋石油总公司）

**【中国石油海洋油气勘探】** 辽河滩海完成二维地震 5119 千米，三维地震 3127 平方千米；完钻各类探井 106 口，总进尺 30.6 万米，获工业油气流井 62 口；已发现太古界、中生界、古生界、古近系沙三段、沙一+二段、东三段、东二段、东一段和新近系馆陶组 9 套含油气层系，以及燕南、葵东、太阳岛-葵花岛等六个含油气区带，累计探明石油地质储量 1.23 亿吨，探明天然气地质储量 91.3 亿立方米。

冀东滩海完成二维地震 3302.21 千米，三维地震 2776.08 平方千米，完钻探井和评价井 224 口，进尺 85.28 万米，获工业油流井 109 口，探明石油地质储量 4.45 亿吨。

大港滩海完成二维地震 6338.9 千米，三维地震 4180.72 平方千米，完钻探井 117 口，完成探井进尺 36.5 万米，获工业油气流井 61 口，累计探明石油地质储量 1.94 亿吨，探明天然气地质储量 22.53 亿立方米。

（中国石油天然气集团公司）

**【中国石化海洋油气勘探】** 2013 年，胜利海上油田部署探井 9 口，完钻 8 口，有 6 口钻遇油层，常规试油 6 口 13 层段，获工业油流 5 口 6 层段，在新北油田第三系、埕岛潜山及古近系取得一批勘探成果，上报探明石油地质储量 148.08 万吨，控制石油地质储量 740.81 万吨。

2013 年，上海海洋油气分公司涠西探区完成 908 千米二维宽线地震数据采集和综合评价，优选了有利勘探区带，落实了上钻井位。东海南部探区完成 2032 千米二维宽线地震采集，落实了中生界地质结构和分布特征，进一步证实了有利勘探区。（中国石油化工集团公司）

## 海洋油气开发工程

**【中国海油海洋油气开发工程】** 2013 年，由“海洋石油 981”、“海洋石油 720”、“南海八号”、“南海九号”、“海洋石油 708”、“海洋石油 681”、“海洋石油 611”、“海洋石油 201”、“海洋石油 202”等组成的中国海油深水舰队在南海、东海均完成高效优质作业。“海洋石油 981”完成深水气田探井作业，“海洋石油 720”再次打破中国海上三维勘探作业拖缆长度和覆盖次数纪录，“海洋石油 201”、“海洋石油 202”铺管船先后 24 次打破单日和单班海管铺设速度纪录，7 个工程项目提前完工。超大型组块的自主设计和建造能力提升到新水平，3 万吨级的“荔湾 3-1”上部组块的建造工期比国际同类工程缩短 10%以上，平台组块浮托法安装实现了作业水深从 24 米到 190 米、浮托重量由 1.2 万吨到 3.2 万吨的大幅跨越，使我国成为世界上第三个完整掌握 3 万吨级平台整体浮托技术的国家。

（中国海洋石油总公司）

**【中国石油海洋油气开发工程】** 中国石油具备浅海钻井、完井、固井、试采作业、井下作业、海洋工程设计和施工、船舶服务等综合一体化海上石油生产保障能力。截至 2013 年底，拥有 41 台（套）大型海上装备。其中，移动式钻井平台 10 座、模块钻修机 1 座、移动式作业试采平台 5 座、各类船舶 25 艘。全年动用自有船舶 23 艘，船舶服务 5918 航天。

2013 年，中国石油所属海洋工程公司在渤海、黄海、东海、南海以及波斯湾等多个海域开展服务。全年完成钻井进尺 16.6 万米。其中，开钻 76 口、完井 52 口；完成井下作业 60 井次，试油 11 层，酸化压裂 96 层次。

通过推广应用水平井和大位移钻井技术，海上钻井平均机械钻速与 2012 年相比提高了 6.2%。中油海 62 平台在胜利油田埕北“6D-5”井实施修井作业，使该井原油日产量提高了 3 倍以上，获得甲方肯定。海洋工程公司在大港油田埕海 34 井实施的大型压裂作业，总液量达到 395 立方米，加砂 40 立方米，取得良好效果。

海洋工程公司充分发挥青岛海工建造基地和唐山生产支持基地的生产保障作用，大型海上钢结构建造和海管铺设能力进一步增强，承担的中海油锦州“9-3”大型导管架建造项目，施工合格率达到 99.7%。（中国石油天然气集团公司）

**【中国石化海洋油气开发工程】** 2013 年，胜利海上油田加快实施老区综合调整，全年实施调整新井 51 口，老井配套归位 13 口，新增可采储量 242.33 万吨。全年完成水井投转注 19 口，实施水井检修 17 口，注采井网进一步完善，日注水量较年初增加 4023 立方米。埕岛中心三号平台建成，海三联至中心三号海底调水管道、中心三号平台至中心二号平台海底调水管道建成。青东 5 产能建设工程主要工作完成滩海陆岸平台 1 座，进海路 8.48 千米；人工岛钻新井 61 口，新建产能 23.2 万吨。

上海海洋油气分公司平湖项目由中石化、中海油和上海申能按照 3:3:4 的股比合资开发，2013 年，在三家股东方的共同努力下，平湖油气田精心管理油气井、油气藏，积极主动挖潜，并完成海底原油管线修复，化解了 BA6S 井复杂情况，确保了全年安全稳定生产，全面完成了董事会下达的年度经营指标。

（中国石油化工集团公司）

## 海洋油气生产

**【中国海油海洋油气生产】** 2013 年，中国海油通过加快油田新项目建设、提高老油田采收率、加强设备设施完整性管理等手段实现保产增产。公司采取目标跟踪与及时优化调整作业措施。通过优化钻井顺序，加快开发新井，全年开发并投产新井 111 口，其中文昌“8-3E”油田和番禺“4-2/5-1”油田综合调整项目提前投产；确保调整井按计划实施，创造了调整井全年增产 182.3 万吨的佳绩；常规措施和技术增产保持较高水平，增产达 196.4 万吨；强化组织，合理优化检修方案，缩短停产时间；实施设备设施完整性管理，采取“注射疫苗”的方式优化了关键控制节点，设备完好率达到 99.6%。（中国海洋石油总公司）

**【中国石油海洋油气生产】** 辽河滩海油区已发现太阳岛、葵花岛、笔架岭和月海 4 个油田。截至 2013 年底，动用地质储量 2524 万吨，可采储量 494 万吨，共有采油井 183 口，注水井 40 口，生产原油 11 万吨，累计产油 335 万吨。

大港埕海油田 2003 年投入开发。截至 2013 年底，动用地质储量 9542 万吨，可采储量 2680 万吨，共有采油井 169 口，注水井 67 口，生产原油 121 万吨，累计产油 1233 万吨。其中，赵东区块是与海外公司合作开发，石油地质储量 6726 万吨，年生产能力持续保持在 100 万吨左右。

冀东南堡油田于 2004 年 9 月发现。截至 2013 年底，动用地质储量 11512 万吨，可采储量 2276 万吨，共有采油井 532 口，注水井 148 口，生产原油 109 万吨，累计产油 596 万吨。

（中国石油天然气集团公司）

**【中国石化海洋油气生产】** 2013 年，胜利海上油田生产原油 336.7 万吨天然气交气量 1.29 亿立方米，油田注水 825.1 万立方米，自然递减率为 10.7%，含水上升率为 2.4%，新建产能 40.7 万吨，新增可采储量 283.88 万吨。

（中国石油化工集团公司）

## 海洋油气科技

**【中国海油海洋油气科技】** 中国海油科技创新能力不断增强，“海洋石油高效开发国家重点实验室”和“海洋石油勘探国家工程实验室”通过国家验收正式运行，“国家能源深水油气工程技术研发中心”挂牌成立，“国家级锂离子动力电池工程技术研究中心”获国家科技部批准开始建设，昌平未来科技城建设取得新进展。首次设立研发平台建设专项资金，启动首批平台建设项目，支持所属单位的自主创新能力建设。2013 年公司科技项目推进情况良好，实施国家级课题 80 项，总公司级课题 245 项。荣获省部级以上科技奖励 85 项，其中《海上油田超大型平台浮托技术创建及应用》获 2013 年国家科学技术进步二等奖；专利业绩再创历史新高，获受理专利 884 件，比上年增长 55%；获授权专利 765 件，其中发明专利 292 件，分别同比增长 54%、45%；年度获授权发明专利数量首次跃居中国企业的第十位；发布标准 127 项。

（中国海洋石油总公司）

**【中国石油海洋油气科技】** 海洋工程公司加强科技研发与海上生产的有效衔接，建立完善科研与成果转化机制，科研成果转化率达到 50% 以上，技术支持与服务范围覆盖 26 个国家的 58 个项目。

加强重点实验室运行管理，提升原始创新能力与实验评价检测能力，着力破解关键技术难题，巩固了海洋工程、固井、防腐与保温等四个专业的技术领先地位。推进技术有形化，形成“西气东输二线香港支线海底管道工程关键技术研究与应用”重大科技成果。打造了储气库固井技术、高含硫油气藏钻井技术和导管架厚板焊接制造技术等三大技术利器。强化科技攻关和技术推广，解决了完井电测复杂、注水井打捞、弹性敷设等技术难题，保障了胜利海上一体化、北黄海钻完井和黄骅海管等项目的顺利实施。加强设备配套、工艺优化和材料研发，初步形成海上“千方液、百方砂”的储层改造能力。推进“三提”工作，事故复杂率降低 0.3%。在分子结构设计上开发新产品，形成自愈合水泥、大温差缓凝剂和储气库固井技术等一批高端技术产品，为伊拉克、委内瑞拉、哈萨克斯坦等海外项目解决了技术难题。全年获得授权专利 19 项，其中，发明专利 5 项。

（中国石油天然气集团公司）

**【中国石化海洋油气科技】** 胜利海上油田针对海上注水井存在部分井反洗井不通、分层封隔器有效短等问题，将密闭扩张封隔器与防蠕动封隔器相结合，研究配套海上油田软锚定防蠕动密闭自锁分注工艺，该技术于 2013 年 10 月首次在“CB251C-2”井应用，测调封隔器密封良好，标志着海上分注工艺技术取得新进展。

上海海洋油气分公司科技工作主要围绕海洋油气勘探开发和海洋工程开展技术研究和攻关,承担了国家级科技项目 1 个。《西湖凹陷重点区带油气成藏条件研究》项目获中石化 2012 年度科技进步二等奖，研究成果达到国际先进水平。2013 年，专利工作取得较大进展，申报了《一种基于三维地震数据进行海底地质评价的方法》等 4 项实用新型专利均获受理，其中 3 项已获授权；已通过验收的中国石化集团公司项目《深水井场地质灾害调查技术与评价方法》获得软件著作权登记 2 项，获得专利受理 1 项。

（中国石油化工集团公司）

## 海洋油气国际合作

**【中国海油海洋油气国际合作】** 截至 2013 年底，公司海外业务遍及 40 多个国家和地区，海外资产比重达到 40%，海外收入比重达到 30%，海外油气产量比重达到 40%，海外员工本地化率达到 82%，跨国指数正在向国际一流公司迈进。中国海洋石油有限公司成功收购加拿大尼克森公司，这是中国企业迄今为止最大海外并购案，荣获第十五届普氏全球能源“年度最佳并购交易”大奖。公司始终坚持“合作共赢”的原则，不断扩大国际能源合作，在“走出去”的同时，通过“引进来”加大对外合作力度，迄今已与 21 个国家和地区的 79 个国际石油公司签订 202 个对外合作合同。 （中国海洋石油总公司）

**【中国石油海洋油气国际合作】** 中国石油致力于为全球能源供应做出应有贡献和发挥积极作用。2013 年，中国石油与资源国政府以及多家国际油气公司签署了一系列合资合作协议，参与国际油气合作的程度更为深入，与资源国、国际石油公司和国家石油公司等合作伙伴的关系更为密切。

在海上天然气勘探开发领域，与埃尼集团签署合作协议，收购其全资子公司埃尼东非公司 28.57%的权益,获得莫桑比克 4 区块项目 20%的权益。与巴西国家石油公司、壳牌、道达尔、中国海洋石油有限公司组成投标联合体，中标巴西里贝拉油田开发项目并签署产品分成合同，拥有 10%的权益，合同期 35 年。此外，收购了康菲石油公司西澳大利亚海上布劳斯盆地波塞冬项目 20%权益。

海上天然气勘探有序推进，新增储量规模大、品位优。与意大利埃尼集团等合作伙伴共同开发的莫桑比克海上 4 区块多口探井测试均获得天然气流。与法国环能公司合作开发的卡塔尔 4 区块在前二叠系碎屑岩领域发现天然气气藏，开辟了天然气勘探的新领域。

（中国石油天然气集团公司）

**【中国石化海洋油气国际合作】** 上海海洋油气分公司 2013 年主要开展了俄罗斯萨哈林项目和巴西项目。（1）俄罗斯萨哈林项目始于 2006 年。2008 年，在综合基础的基础上提出了钻井井位，并获高产油气流，取得了该区块油气勘探的重大突破。（2）巴西 RSB 项目是 2011 年开始承担的技术支撑项目，前期主要开展了石油天然气勘探总体设计。2012 年，成功获得了项目，项目任务于 2013 年上半年圆满完成。

（中国石油化工集团公司）

# 海洋矿业

**【综述】**　2013 年海洋矿业较快发展，海洋矿产资源开采秩序进一步规范有序。全年实现增加值 49 亿元，比上年增长 13.7%。

**【海域采砂用海管理】**　**广西壮族自治区**　2013 年，采取多部门联合的方式，中国海监广西壮族自治区总队启动了打击盗采海砂专项执法行动，严厉打击所辖海域内的盗采海砂违法行为，维护北部湾海域使用秩序。北海、东兴、钦州等地均开展了大规模的打击非法开采海砂执法行动。海监飞机、高速快艇、陆地检查，三位一体的强大执法阵容，有效震慑了非法盗采行为。

**福建省**　为进一步推进福建省诏安县海砂资源进入市场化管理，实现资源的合理开发利用，诏安县海洋与渔业局多措并举，强化组织领导、尝试招投标形式以及严厉打击非法采砂等措施，成功完成首宗海砂招投标，强化了对海砂的管理。

**江苏省**　2013 年 5 月，江苏连云港市支队开展非法盗采海砂专项整治行动。辽宁省中国海监辽宁省总队在沈阳召开整治盗采海砂专项会议，探索建立整治盗采海砂长效机制，部署整治盗采海砂专项执法行动。

**山东省**　2013 年 10—12 月，针对海砂执法难度大、监控难的特点，山东省海监机构重点采取联合执法的形式，烟台、青岛两市共查获 8 艘非法采砂船，移送司法机关处理 3 艘，刑拘 23 人，有效遏制了非法采砂行为。

**【政策法规】**　自 2013 年 1 月 1 日起，国家海洋局颁布的《关于全面实施以市场化方式出让海砂开采海域使用权的通知》开始实施，在全国范围内实施以拍卖挂牌等市场化配置方式出让海砂开采海域使用权，全面实施以市场化方式出让海砂开采海域使用权有利于全面深化海域资源市场化配置工作。

2013 年 3 月 26 日，财政部和国土资源部印发了《矿产资源节约与综合利用专项资金管理办法》，以规范矿产资源节约与综合利用专项资金管理，提高资金使用效益。

2013 年 4 月，海南省政府出台《海南省砂石土矿产资源管理若干规定》，对采矿权设置规模、设置年限、总量控制等均做出明确规定。

**【海洋矿产勘探】**　2013 年 3 月，为加快实现对战略替代能源可燃冰的开发利用步伐，我国启动了对可燃冰勘探开发技术的新一轮系统性研究。该项研究被科技部批准纳入国家“863”计划重点项目。国家“973”项目——典型弧后盆地热液活动及其成矿机理项目于 2013 年 3 月在青岛启动，未来 5 年，我国科学家将通过不同发育阶段的弧后盆地（靠大陆一侧的深海盆地）热液系统对比，揭示该区域热液活动对近海底水体和沉积环境的影响机制，围绕弧后盆地的地质构造与岩浆对热液成矿的作用进行研究。

2013 年 2 月，中国大洋矿产资源研究开发协会递交的西太平洋富钴结壳矿区勘探申请，获得国际海底管理局法律技术委员会审议通过。7 月 19 日，国际海底管理局核准了中国大洋矿产资源研究开发协会提出的西太平洋富钴结壳矿区勘探申请，中国成为世界上首个就 3 种主要国际海底矿产资源均拥有专属勘探矿区的国家。

2013 年 4 月，浙江省海洋勘测研究院在宁波市正式挂牌成立，该院将开展海洋基础地质调查、海洋矿产资源勘查和近岸海域地质环境综合调查，参与东海油气资源勘探开发，以加快浙江地质勘查工作从陆地向海域拓展的步伐。

# 海 洋 盐 业

**【综述】** 2013年全国原盐产量为8051.64万吨，其中海盐2681.13万吨，占全部原盐产量的31.85%；井矿盐4596.33万吨，占全部原盐产量的54.58%；湖盐1143.99万吨，占全部原盐产量的13.57%

2013年原盐产量中井矿盐产量继上一年增长势头，占比提升了5.5%，成为我国原盐生产的主力品种。海盐占原盐的比例由2012年37.73%下降到了31.85%。

2013年盐业整体发展呈现平稳态势，在满足了社会消费需求的同时，注重提升企业的管理水平，努力降本增效。海盐制盐企业在下游化工行业需求增速减缓以及进口盐冲击的不利条件下，加之春季原盐大幅减产，导致工业盐价格上半年快速上涨等因素多重作用下，克服困难，企业的经济效益明显提高，亏损面减少，职工收入有所提高。

2013年我国进口原盐创历史最高水平，由于航运价格持续低迷，进口盐的成本进一步降低，对我国原盐市场形成了巨大的影响。2013年进口原盐776万吨，主要用于两碱工业用盐。进口国集中在澳大利亚、印度、智利、墨西哥4个国家。而我国原盐出口量与上年基本持平，保持在155万吨。进口盐占我国盐业消费量的近10%，对制盐企业形成了巨大的冲击，严重改变了我国盐业市场的格局。

**【海盐生产】** 2013年，全国海盐产量2681.13万吨，比上一年减产305.29万吨，减产幅度为11.21%。其中，山东省2013年的海盐比上一年减产230万吨。由于山东省海盐的产量比重占全国海盐产量的70%以上，山东海盐对全国盐业市场的供应、价格等方面都具有突出的影响作用。

2013年全国海盐减产的主要原因有：第一受气象因素影响，海盐采取大面积的露天生产。2013年上半年蒸发量低、降雨量大、进入汛期早、灾害性天气多；入汛以来特别是7月10日到8月15日，沿海地区出现了强降雨而且伴有大风的灾害性天气，如强热带风暴“温比亚”、“西马仑”、台风“海燕”、“潭美”“苏力”等引起大规模降雨过程，海盐生产受到严重影响，原盐损失严重。企业采取积极应对措施，减少灾害影响。但是8月中旬后，连晴天较多，蒸发量交往年提升10毫米，原盐生产形势有所缓解，秋季生产转为稳定，挽回了部分原盐生产损失。第二个影响因素是盐田面积萎缩影响产量。海盐生产依靠大面积的盐田实现蒸发工艺，从海水开始，逐步制卤直至析出氯化钠。近年来，工业发展和城市化建设大量占用沿海面积，海盐盐田通常工业划拨用地，各级政府可采取征用补偿方式获得。海盐生产企业通过土地置换可获得其他非盐的发展渠道。如天津市境内的海晶集团塘沽盐场、汉沽盐场，通过政府的土地置换政策获得大量资金。企业将资金投入到其他地区购买采矿权以及与国外投资商合作开展石化项目，以期获得比生产海盐更为丰厚的经济利益。虽然企业盐田面积日趋减少，海盐产量下降，但企业自身并未受到直接的经济损失。

由于我国实行食盐专营政策，食盐是由国家统一定价，企业的食盐出厂价都是统一规范的。工业盐的销售价格成为了企业经济效益的调节器，2013年海盐生产企业的工业盐价格比较平稳，企业获得较好的收益。

**【政府出台政策保护盐田】** 针对近年沿海地区房地产项目过度开发，大规模开发占用海盐企业生产面积，致使盐田面积大幅度减少，传统海盐产量连年下降的问题，2013年6月7日福建省人民政府第五次常务委员会通过了《福建省人民政府关于进一步加强盐田保护促进盐业健康发展六条措施的通知》，六条措施自2013年8月1日期执行。主要内容有：对现有盐田实行保护制度，设置盐田保护区，严禁侵占盐田和破坏盐场生产设施，保护盐田周边的生产环境，加强盐业执法力度，严格盐田废转征用审批制度，切实保护好盐田资源；要求盐田周边新建项目与盐田保持 500 米以上的卫生保护距离，禁止在盐田周边建设有排放污染物的项目，盐田水源上下游不得排放工业“三废”、医疗废物等，还规定，用于商住和房地产建设的盐田补偿金缴纳标准为 40 万元/公亩。

**【加强盐政执法 确保食盐安全】** 2013 年我国食盐的消费量为 959 万吨，满足了我国 13.6 亿人口的消费需求。覆盖全国的食盐批发销售网络，成为了保证食盐供应的保证条件。食盐的安全供应包括两个方面，一是在数量上，通过执行国家的食盐指令性生产和分配调拨计划，通过销售网络满足消费者在数量上的需求；二是在质量上，确保符合产品标准的食盐供应到广大消费者手中。

2013 年 10 月 19 日山东省枣庄等地发生食盐抢购现象，部分消费者听信了食盐涨价的谣传，纷纷到超市抢购大量食盐，造成食盐一度脱销。山东省盐务局局长次日做客电视台的《阳光政务热线》栏目，通过媒体向广大消费者澄清事实，解释说明食盐的重组储备供应保障，两天内平息了食盐抢购现象。

由于食盐在外观上和工业盐不易区别，一些不法商贩通过制假销假等手段使私盐流入市场，损害消费者利益并对百姓的健康造成一定的威胁。各级盐业行政机构加大了盐政管理的力度,2013 年查处私盐扰乱市场案件 1600 余起，查获私盐 45500 吨。

各地区积极探索创新食盐的监管方式，取得了良好的效果。天津市盐业公司参与“全市食品安全专项整治大行动” 在行动中着重安排城乡结合部、农村乡镇、农贸市场、旅游景点等地区以及学校食堂、工地食堂等单位的检查工作，与有关部门采取联合执法按照天津市政府的统一部署，严厉打击食用盐制假售假的不法行为，确保食盐市场的安全。

福建省 2013 年 8 月查处了厦门邹某以工业盐冒充食盐销售的案件，并司法程序审理，邹某被漳州人民法院以非法经营罪判处有期徒刑 1 年并处罚金 2.5 万元。

上海市 2013 年 5 月公布了首份食品安全“黑名单”，“黑名单”中因从事工业盐冒充食盐销售以及从事病死猪加工销售的 9 名不法人员，依据 2013 年实行的《上海市食品安全信用体系建设规定》不仅受到了行政处罚和法律制裁，而且按照规定 5 年内不得从事食品经营活动。

**【海水淡化工程加快进度 消化浓盐水成为海盐生产为海洋环保承担的任务】** 2013 年 2 月 25 日中国盐业总公司董事长茆庆国参加了江苏省利用新能源淡化海水工作与科技部、中国工程院对接工作座谈会。会议就海水淡化后产生的大量浓盐水的处理问题进行了深入研讨。茆庆国向全国政协副主席、科技部部长万钢、中国工程院院长周济汇报了浓盐水利用问题的研究进展情况并希望能够得到科技部和中国科学院在政策和项目研发方面的支持与指导。中国盐业总公司目前正在组织实施海水淡化后浓盐水制取海盐及化工产品的大规模生产研究工作，将来研究成果的推广应用可产生积极的社会和经济效益，各沿海省也分别就浓海水的综合利用减少污染，变废为宝提出了规划设想。

天津市 2013 年 9 月颁布了《天津市海洋经济科学示范区五年规划》，规划中提出了以北疆电厂为龙头产业，推广“海水工业冷却----→海水淡化---→浓盐水制盐----→化学资源提取”的循环经济产业链发展的规划。

河北省发改委、财政厅、海洋局 2013 年 3 月联合发布了《河北省加快发展海水淡化产业三年行动方案》，方案中的三个重大专项中列入了综合利用浓盐水项目，其中中盐沧州盐化集团、沧州晶山盐业公司的浓盐水综合利用项目投资预算 1.06 亿元，预计 2015 年增产海盐 106 万吨、工业溴 850 吨、氯化镁 1.45 万吨。目前，项目正处在施工准备阶段。

浙江省盐业岱山盐场的利用海水淡化后产生的浓盐水示范工程建设 2013 年 10 月完工，部分投入制盐生产，海盐的产品质量和企业的效益情况需要投产后完整的一个年度的生产周期才能得到检验预期效果。

山东省盐业集团发起了“中国浓盐水综合利用战略联盟”，联盟的成员有 70 余家，主要来自国内企业、院校、科研机构以及国外的相关机构。宗旨是为推动我国的浓盐水利用的科技创新，实现产业发展与科研成果的无缝对接。

山东省盐业集团2013年承担了部分浓海水综合利用示范工程的前期工作并得到了省级财政1000万元的补贴作为对项目的支持。

**【传承盐业文化，山东潍坊盐业遗址群入选第七批国家重点文物保护】** 盐业的历史可追溯到几千年前，伴随着人类文明发展，盐业文化是人类文明的组成部分，需要传承和发展。山东省潍坊市滨海经济开发区丰台盐业遗址群作为东周时代盐业文化特色的遗址入选国家文物局2013年公布的“第七批全国重点文物保护单位”。丰台盐业遗址群的长度在16千米，宽度3千米区域内分布了龙山文化、商代、西周、东周和金源时代共101处盐业遗址群，特点是分布范围广泛，数量众多，迄今为止在国内尚属首次发现，填补了我国渤海南岸地区盐业考古的空白。

**表1 2013年海洋制盐工业企业产值、收入情况**

单位：万元

| 企业 | 现价工业总产值 | 工业增加值 | 工业销售产值 | 产品销售收入 |
|---|---|---|---|---|
| **全国合计** | **3753130** | **1398228** | **3403380** | **3778873** |
| 海盐区 | 2124323 | 907015 | 2056362 | 2138766 |
| 北方海盐 | 2072986 | 888539 | 2004543 | 2093130 |
| 辽宁 | 47335 | 16307 | 44863 | 52695 |
| 山东 | 1308591 | 523436 | 1271748 | 1376965 |
| 河北 | 91285 | 58499 | 86085 | 92078 |
| 天津 | 109279 | 75277 | 105972 | 102243 |
| 江苏 | 516496 | 215020 | 495875 | 469149 |
| 南方海盐 | 51337 | 18476 | 51819 | 45636 |
| 浙江 | 6417 | 4188 | 3741 | 3831 |
| 福建 | 33217 | 10785 | 36631 | 36538 |
| 广东 | 8144 | 1468 | 7956 | 2044 |
| 广西 | 480 | 270 | 504 | 504 |
| 海南 | 3079 | 1765 | 2987 | 2719 |

**表2 2013年海洋制盐工业企业利润税收情况**

单位：万元

| 企业 | 利润总额 | 应交所得税 | 应交增值税 |
|---|---|---|---|
| **全国合计** | **224612** | **65073** | **188445** |
| 海盐区 | 166067 | 42191 | 99239 |
| 北方海盐 | 169898 | 39626 | 91302 |
| 辽宁 | 2520 | 1061 | 2602 |
| 山东 | 127991 | 25209 | 53345 |
| 河北 | 3841 | 615 | 10912 |
| 天津 | 7213 | 567 | 5687 |
| 江苏 | 28333 | 12174 | 18756 |
| 南方海盐 | -3831 | 2565 | 7937 |
| 浙江 | 47 | 14 | 50 |
| 福建 | 1414 | 2548 | 7329 |
| 广东 | -1177 | 0 | 191 |
| 广西 | -781 | 3 | 88 |
| 海南 | -3334 | 0 | 279 |

**表 3 2013 年原盐分品种产量**

单位：万吨

| 产区 | 合计 | 海盐 | 井矿盐 | | 湖盐 |
|---|---|---|---|---|---|
| | | | 合计 | 其中：液体盐 | |
| **全国合计** | **8421.45** | **2681.13** | **4596.33** | **1143.99** | **8421.45** |
| 海盐区 | 4571.07 | 2681.13 | 1889.94 | | 4571.07 |
| 北方海盐 | 4393.59 | 2605.65 | 1787.94 | | 4393.59 |
| 辽宁 | 98.28 | 98.28 | | | 98.28 |
| 山东 | 2293.56 | 1989.92 | 303.64 | | 2293.56 |
| 河北 | 287.64 | 287.64 | | | 287.64 |
| 天津 | 152.18 | 152.18 | | | 152.18 |
| 江苏 | 1561.93 | 77.63 | 1484.30 | | 1561.93 |
| 南方海盐 | 177.48 | 75.48 | 102.00 | | 177.48 |
| 浙江 | 15.85 | 15.85 | | | 15.85 |
| 福建 | 29.22 | 29.22 | | | 29.22 |
| 广东 | 109.75 | 7.75 | 102.00 | | 109.75 |
| 广西 | 16.10 | 16.10 | 0.00 | | 16.10 |
| 海南 | 6.56 | 6.56 | | | 6.56 |

**表 4 2013 年原盐生产能力**

单位：万吨

| 产区 | 合计 | 其中 | | |
|---|---|---|---|---|
| | | 海盐 | 井矿盐 | 湖盐 |
| **全国合计** | **9791.59** | **3363.79** | **5183.80** | **1244.00** |
| 海盐区 | 4473.79 | 3363.79 | 1110.00 | |
| 北方海盐 | 4388.65 | 3278.65 | 1110.00 | |
| 辽宁 | 178.67 | 178.67 | | |
| 山东 | 2661.63 | 2431.63 | 230.00 | |
| 河北 | 436.35 | 436.35 | | |
| 天津 | 160.00 | 160.00 | | |
| 江苏 | 952.00 | 72.00 | 880.00 | |
| 南方海盐 | 85.14 | 85.14 | | |
| 浙江 | 11.66 | 11.66 | | |
| 福建 | 33.00 | 33.00 | | |
| 广东 | 16.49 | 16.49 | | |
| 广西 | 5.99 | 5.99 | | |
| 海南 | 18.00 | 18.00 | | |

**表 5 2013 年海盐区盐田面积**

单位：公顷

| 产区 | 盐田总面积 | 其中 | | |
|---|---|---|---|---|
| | | 生产面积 | 养殖面积 | 其他面积 |
| **全国合计** | **418646** | **303585** | **63905** | **51826** |
| 北方海盐区 | 395891 | 287635 | 59679 | 48760 |
| 辽宁 | 33938 | 28532 | 3677 | 2727 |
| 山东 | 202365 | 157908 | 23022 | 20602 |
| 河北 | 77335 | 59093 | 6335 | 11907 |
| 天津 | 27277 | 26499 | | 778 |
| 江苏 | 54976 | 15603 | 26645 | 12746 |
| 南方海盐区 | 22755 | 15950 | 4226 | 3066 |
| 浙江 | 2296 | 1852 | 21 | 423 |
| 福建 | 5115 | 4353 | 683 | 568 |
| 广东 | 10052 | 6014 | 2680 | 1358 |
| 广西 | 1686 | 948 | 402 | 335 |
| 海南 | 3606 | 2783 | 440 | 382 |

（中国盐业总公司　杜丽华）

# 海洋化工业

【综述】 2013年，海洋化工产业运行平稳，全年实现增加值908亿元，同比增长11.4%。

【海盐化工】 **烧碱新增产能300万～350万吨** 根据中国氯碱网的统计，2013年国内烧碱新增产能将在300万～350万吨，根据实际扩产情况，实际投产产能在200万吨，产能扩张增速呈下降态势。从全球市场来看，2012年以来，美国氯碱开工率逐步回升，日本、韩国烧碱装置逐步恢复，国内烧碱出口所面临的压力进一步加大。从国内竞争市场来看，国内行业集中度仍然偏低。由于我国历史形成的条块分割、地区保护，使得我国中小氯碱企业偏多，地区分布不均。烧碱行业是高能耗行业，耗电量巨大，加之氯碱运输成本上涨，具有区域优势及拥有煤、电、原盐等原料优势的企业可大幅提升生产效率，增强盈利能力。目前行业内产能过剩问题凸显，产业整合加剧，具有规模优势和成本优势的企业将更加凸显。

**纯碱(碳酸钠)产量统计** 2013年1—12月，我国累计生产纯碱(碳酸钠)2448.55万吨，与2012年同期相比增长6.60%。我国纯碱(碳酸钠)行业产量区域集中度较高，在沿海地区主要集中在山东、江苏和河北等地区，其中山东2013年产量达3932650吨，占同期全国总产量的16.2%，江苏产量为3253991吨，占同期全国总产量的13.4%，河北产量为2570674吨，占同期全国总产量的10.6%。

**氯碱市场长期走势依然艰难** 2013年，国内氯碱企业的生存状况可谓步履维艰。在中国氯碱工业协会监测的73家重点企业中，亏损面过半，实际情况比这个数字还要高，在70%～80%。随着新增产能不断释放，国内氯碱行业盈利状况可能进一步恶化。

【石油化工】 **湛江东兴苯乙烯装置安全环保一次开工成功** 10月23日，湛江东兴公司6万吨/年乙苯-苯乙烯装置产出合格苯乙烯，纯度达99.8%，标志着6万吨/年乙苯-苯乙烯项目实现一次安全投料试车成功。经过稳定装置负荷、调整产品质量，于10月29日开始向产品罐输送产品。

**跨国石化公司对接泉港** 2013年12月，由商务部投资促进局、福建省外经贸厅组织开展的“石化行业跨国公司福建行”走进泉州市泉港石化工业园区考察，并与一批项目进行了对接洽谈。考察期间，赢创德固赛、塞拉尼斯、壳牌(中国)、沙特基础工业、BP(中国)有限公司、托普索(北京)有限公司等一批国际一流石化企业，围绕新建或改扩建项目需引进的工艺技术合作等相关事宜，与泉港园区内企业进行了“一对一”、“面对面”的交流洽谈。此次对接项目涵盖精细化工、基础化工、合成树脂、合成橡胶和化纤纺织等领域，能有效延伸泉港石化产业链，加速临港石化产业集群形成，将是泉港“二次创业”迈出的最坚实的一步。

**2013年沿海地区烧碱产量一览表**

| 地区 | 烧碱产量(折100%吨) | 同比增长(%) |
| --- | --- | --- |
| 全国 | 28541227.91 | 6.55 |
| 天津 | 1123829.00 | -1.3 |
| 河北 | 1015155.89 | 8.77 |
| 辽宁 | 563667.00 | -0.52 |
| 上海 | 711903.00 | -2.14 |
| 江苏 | 4136303.24 | 3 |
| 浙江 | 1440538.36 | 2.72 |
| 福建 | 228231.25 | -3.54 |
| 山东 | 5806399.99 | -0.05 |
| 广东 | 323896.16 | 4.71 |
| 广西 | 434025.06 | -3.34 |

# 海洋生物医药业

**【综述】** 随着国家对海洋生物医药业政策扶持和投入力度的逐步加大，2013年，海洋生物医药业发展势头良好。全年实现增加值224亿元，同比增长20.7%。重点企业和项目主要集中在环渤海和华南地区，其中以山东和浙江两省为龙头省份。

海洋蕴藏着极为丰富的海洋生物资源，其中生活着50多万种动、植物（有记录的约23万种）和上亿种微生物，由于海洋特殊的生存环境，使其具有显著的物种多样性、基因多样性、化合物多样性。21世纪，随着陆地资源的日渐枯竭，国际上越来越多的国家把发展的眼光投向海洋，在开发药用资源过程中，海洋生物资源被认为是目前最具新药开发潜力的领域，因此，海洋生物医药产业已日益成为国际医药界关注的热点。

我国是海洋大国，大陆海岸线1.8万千米，海域面积约300万平方千米，跨越热带、亚热带、温带、寒带不同气温带，且拥有多种生态系统，所以，生物资源表现出资源量大（有记录的物种约2万种，其中已知药用海洋生物约1000种）、丰度高、所含活性物质生理活性强等显著特点，这为我国海洋生物医药产业的发展提供了强大的物质基础。

**【“鱼类保肝药物筛选模型的构建”项目通过验收】** 2013年2月28日，江苏省科学技术厅组织专家对中国水产科学研究院淡水渔业研究中心承担的科技部国际科技合作专项“鱼类保肝药物筛选模型的构建及中草药保肝药理与免疫调节研究”进行了验收。该项目通过与匈牙利渔业、水产养殖和灌溉研究所合作，用CCL4和t-BHP构建了稳定的鱼类原代肝细胞损伤模型，并用该模型对27种中草药进行了体外筛选；用CCL4构建了鱼类在体肝损伤模型，并用该模型对13种中草药进行了在体筛选；开发鱼类保肝中草药配伍2种；利用荧光定量PCR检测了5种中草药对体外培养肝细胞中CYP1A和CYP3A的mRNA表达量的影响，在细胞和分子水平上阐述了中草药的保肝机理。

**【海洋中药项目首获“863”计划支持】** 2013年4月7日，青岛市获得首个“863”计划支持的海洋中药项目。该项目包括海洋传统药源生物资源挖掘整理研究、海洋生物来源中药材质量标准研究和基于海洋传统药源生物的中药新药方3个子课题。该项目是自“九五”以来，国家“863”计划首次支持的海洋中药研究项目。

**【国家级现代海洋生物产业示范基地落户大连】** 2013年6月，“大连现代海洋生物产业示范基地”的申报通过国家海洋局审查论证，正式获批成立，成为全国四个国家级科技兴海基地之一，也是唯一一个以产业集聚为特点的基地。与以往建设基地不同，大连“一园四区”在7个区市县均有布局，将大连涉及海洋生物产业研究的企业、大学、科研院所全部纳入其中。不必圈地建设基地园区，而是“城在基地中，基地在城中”，依靠产业集聚实现大连海洋经济的腾飞。

**【我国正式开建国家海洋药源生物种质资源库】** 2013年9月18日，国家海洋药源生物种质资源库在厦门启动建设。据悉，该资源库将涵盖海洋药源动物库、药源植物库、药源微藻微生物库、核心种质库、基因库等五大实体库，预定建设期到2015年12月，此后还将不断完善。

**【青岛黄岛区推出海洋生物产业集聚区规划】** 《黄岛海洋生物产业集聚区产业规划》通过专家评审。依据该规划，未来黄岛海洋生物产业集聚区将围绕海洋生物精深加工产业领域，打造2个百亿元级产业、3个10亿元级产业、2个亿元级产业，完善发展与产业配套的服务体系。

# 海 洋 电 力 业

**【综述】** 2013 年，随着大规模海上风电场的建成投产，海洋电力业发展势头总体良好。全年实现增加值 70 亿元，同比增长 14.3%。

**【海洋风电生产】** 得益于相关政策的推动，我国海上风电项目加速推进。继大连海上风电规划获批后，全国已有 17 个海上风电项目规划先后获得国家能源局批准，项目规范总装机容量为 395 万千瓦。

丰富的海上风电资源、不断降低的海上风电发电成本以及成熟的产业链都为我国海上风电的大发展提供了源动力，海上风电项目或将成为推动行业走出困境的突破口。国家“十二五”规划明确了我国海上风电装机容量在 2015 年达到 500 万千瓦的目标，并提出在示范项目取得初步成果的基础上，促进海上风电的规模化发展。据最新的风能资源普查数据，我国 5～25 米水深、50 米高度海上风电开发潜力约为 2 亿千瓦；5～50 米水深、70 米高度海上风电开发潜力约为 5 亿千瓦。丰富的海上风电资源为海上风电“十二五”规划的实施提供了现实基础。

国内风电设备制造企业机组研发制造能力的提升为行业发展提供了硬件支撑。我国第一个海上风电场示范工程——上海东海大桥 102 兆瓦海上风电场项目已顺利投入运行。2013 年前三季度，该项目发电量为 1.94 亿千瓦时，年可利用率达到 95.05%。

**江苏省** 2013 年 7 月 31 日，由远景能源（江苏）有限公司自主研发设计的 4 兆瓦海上风机，在江苏如东潮间带试验风电场并网发电。该风机是专门针对我国沿海的风资源情况和海洋地质条件设计的，并运用全球首创的激光雷达测风技术和智能化控制技术，将成为未来中国近海风电开发的首选。

**浙江省** 2013 年 7 月 13 日，漂浮式潮流能电站独立发电应用示范在浙江省舟山市岱山县龟山水道完成海上安装。该发电站总装机容量达 600 千瓦，由 2 组高 8 米、直径达 6 米的庞大水轮驱动。

舟山潮流能资源丰富，浙江省沿岸 96%的潮流能资源集中于舟山海域和杭州湾一带，其中舟山群岛的岱山龟山、定海金塘西堠门等水道是全国沿岸潮流能功率密度最大的海域，也是全国沿岸潮流能开发利用条件最为理想的地区。根据规划，到 2030 年，舟山将建成全国规模最大且最具特色潮流能开发利用基地。浙江舟山还将遴选出 13 处潮流发电场场址，与海上风电场结合，为抢占全球潮流能技术装备制造业制高点逐步打开局面。2013 年，舟山市将先开发 1～2 个潮流能发电示范项目，有别于以往舟山海域进行的潮流能发电试验项目，将依托得天独厚的资源优势，规划产业链条。

**山东省** 2013 年 6 月 27 日，500 千瓦海洋能独立电力系统示范工程的所有单机调试、陆上组装工作全部完成，7 月初完成海上安装，“500 千瓦海洋能独立电力系统示范工程”是国家海洋可再生能源专项资金首批资助的以潮流能为主、含太阳能风能的可再生能源发电示范工程，由中海油研究总院担纲研建，总装机容量 500 千瓦，其中海洋能装机容量 300 千瓦。

在风电齿轮油领域，嘉得利石油化学有限公司与世界领先的石油添加剂公司美国雅富顿公司合作，以青岛为基地研发生产风电齿轮油，首批风电齿轮油将投产，这将填补国内无生产厂家的空白。为了配合风电齿轮油的研发、生产与储存，嘉得利还投资 1600 余万元在胶州北关工业园扩建了厂房，建设了六个高达 15 米、直径 14 米的超大储存罐，这批储存罐每个能储存 2000 吨基础油，将成为山东省润滑油厂中最大的储存罐。

**海南省** 海南国电海控新能源有限公司的东方海上风电项目于 8 月 9 日获省发改委同意开展前期工作，标志着由中央地方联手合作的国电海控新能源项目的一大进展。东方海上风电项目位于东方市西侧近海海域，总装机容量为35万千瓦。项目建成后，每年可向海南省提供清洁电能约8.2亿度，有利于改善海南省电力紧张局面。且与燃煤电厂相比，该风电项目每年在节约煤资源、减少$SO_2$、$CO_2$排放方面具有良好的经济效益和社会效益。

**【政策规划】** 2013年2月，国家能源局颁布了风电发展“十二五规划”。《规划》阐述了我国2011—2015年风电发展的指导思想、基本原则、发展目标、开发布局和建设重点，并对2020年风电的发展进行了展望，是“十二五”时期我国风电发展的基本依据。

2013年5月，国家能源局对新能源实行总量控制风电等审批权下放，将率先在风电产业建立监测和评价体系，并逐步推行到所有的新能源产业。政府的管理将逐步转移到后端，加强对项目运行、设备性能、企业管理、地方管理等的监测和评价。”

国务院决定取消和下放的117项行政审批项目目录公布，其中能源类项目数量居首，在主要河流之外建设的水电站、风电站、分布式燃气发电项目以及部分电网、油气管输等项目，都将交由地方政府投资部门核准。

# 海水利用业

**【综述】** 2013年，我国海水利用业发展环境持续优化，产业化水平进一步提高。为贯彻落实《国务院办公厅关于加快发展海水淡化产业的意见》，2月，国家发改委印发了《关于公布海水淡化产业发展试点单位名单（第一批）的通知》，以促进海水淡化的应用和推广。各地方积极响应，通过制定本地区规划、组建技术联盟、筹建示范基地等措施，推动产业化进程，产业发展取得新进展：国内首条海水淡化设备批量生产线开建，改善淡化渗透膜依赖进口现状；海南省西沙晋卿岛日产30吨的海水淡化装置安装完成；六横海水淡化二期核心工程等项目进展顺利。与此同时，科技创新呈现新趋势，风能、太阳能等可再生能源在海水淡化中的利用取得新突破，资源综合利用水平逐步提高，海水淡化成本逐步降低，海水淡化应用范围进一步扩大。

**【沿海地区发展概况】** **山东省** 国内首条海水淡化设备批量生产线开建，改善淡化渗透膜依赖进口现状。位于青岛开发区的华轩水务公司海水淡化成套装置生产线项目被列为中央节能重点工程、循环经济和资源节约重大示范项目，获得780万元扶持资金。

**浙江省** 舟山单机容量最大海水淡化装置安装。10月23日，六横海水淡化二期核心工程——首台1.25万吨机组反渗透系统装置开始安装，这是目前浙江省舟山市单机容量最大的海水淡化设备。该机组将于12月中下旬调试出水，春节前正式出水。

**广东省** 珠海筹建海岛水资源示范基地引入海水淡化等多种供水途径。国家海洋局天津海水淡化与综合利用研究所与珠海市万山区达成协议，计划用2～3年时间筹建海岛水资源保护与利用综合示范基地。该项目已报到国家海洋局等待审批。项目将为万山区引入雨水净化、海水淡化等多种供水途径，大幅增加区域内可利用淡水资源量。

**海南省** 西沙晋卿岛居民喝上淡化水。7月底，日产30吨的海水淡化装置在海南省西沙晋卿岛安装完成，投入使用，有效缓解了岛上居民吃水难的问题。该淡化设备按80～100人的供应量设计，每天产直饮水2吨、生活用水28吨，可以满足居民用水需求。

**【海水利用技术】** **“全能”型海水淡化系统正式亮相** 风光柴储一体化海水淡化系统就是集风能、太阳能、柴油能、反渗透海水淡化及智能控制技术为一体的复合型可再生能源海水淡化系统。经过一年的试运行，该系统不仅充分利用了大管岛上的可再生能源，还实现了每天供5吨淡水的目标。

**风能海水淡化厂初现雏形** 12月底，在江苏盐城大丰能源淡化海水产业示范园，国内首座利用非并网风电进行海水淡化的工厂已现雏形。这套海水淡化系统以不连入主电网的风电为能源，可以完全独立运行，对我国沿海开发和海洋权益的维护，具有重大战略意义。投产后这里将形成日处理一万吨海水、每小时灌装4万瓶瓶装水的能力。

**国内首个太阳能光热海水淡化商业示范工程产水** 10月，全国首个太阳能光热海水淡化商业示范项目日前在海南省乐东尖峰镇建成，并开始成功产水，有效得到较低成本的蒸馏水。该项目基本采用太阳能作为能源，比使用电和热蒸气的传统海水淡化设备更节能。该项目一期建设规模额定总热功率为180千瓦，额定产水量每小时1.25吨，年均生产蒸馏水约2000吨，可满足约100～150人一年的饮用水需求。

**【政策规划】** **第一批海水淡化试点单位名单发布** 3月，国家发改委印发《关于公布海水淡化产业发展试点单位名单（第一批）的通知》（发改办环资[2012]408号），浙江舟山市和广东深圳市入选海淡试点城市，天津滨海新区、河北沧州渤海新区入选试点园区，浙江鹿西乡（岛）入选试点海岛，杭州水处理技术研究开发中心入选海淡产业基地，天津国投津能发电为海淡供水试点，甘肃庆阳市环县为苦咸水淡化试点县。

**《浙江省海水淡化产业发展“十二五”规划》出台**　7月，浙江省发改委下发了《浙江省海水淡化产业发展“十二五”规划》，提出将加快建设国内领先的膜法海水淡化装备制造基地，创建一批国家级海水淡化应用利用试点示范，继续走在海水淡化产业发展前列，为浙江海洋经济发展示范区和舟山群岛新区建设做出积极贡献。

**青岛市政府通过了《青岛市海水淡化装备制造业发展规划》**　10月12日，青岛市政府通过了《青岛市海水淡化装备制造业发展规划》，青岛市将以蓝色硅谷、西海岸新区为核心，规划建设 2.5 平方千米的海水淡化装备产业园，构建海水淡化装备产业东谷、西区的空间布局框架，带动海水淡化装备及上下游产业链集聚发展、高端发展、创新发展、跨越发展。

**国家海水淡化产业联盟成立**　3月3日，黄渤海产业联盟和东南海产业联盟正式成立，分别由国家开发投资公司和杭州水处理技术研究开发中心有限公司牵头，整合该领域研发、装备制造和工程建设等资源，以市场为导向，加强产学研商用结合，推动海水淡化技术研发、装备制造、工程建设和应用、原材料生产以及产业服务等产业链各环节在自愿基础上加强集聚，利用整体优势参与市场竞争。

# 海洋船舶工业

**【全国船舶工业发展概况】** 2013年，中国船舶工业加快推进结构调整转型升级，在提高经济运行质量、加强科技研发水平、优化资源配置等方面取得新成绩，保持了船舶工业的平稳健康发展。

**船舶工业基本情况** 2013年，全国规模以上船舶工业企业共1680家，分布在全国24个省市区。其中船舶制造企业815家，船舶配套设备制造企业564家。按企业规模分，大型企业123家，中型企业330家，小型企业1227家。

**经济规模与效益** 2013年，受国际金融危机深层次影响，交船难、盈利难、融资难等问题依然存在，全行业主要经济指标仍有不同程度的下降。

全国规模以上船舶工业企业实现营业收入6820.4亿元，同比下降5.4%；利润总额301.4亿元，同比下降8.3%。

（1）分专业情况。船舶制造企业实现主营业务收入4676亿元，同比下降8.4%；利润总额206.7亿元，同比下降10.5%。船舶配套企业实现主营业务收入1036亿元，同比下降2.0%；利润总额57亿元，同比下降7.2%。船舶修理企业实现主营业务收入255.7亿元，同比增长12.3%；利润总额6亿元，同比增长32.5%。

（2）分地区情况。江苏、辽宁、浙江和上海四省市船舶企业实现主营业务收入4202亿元，占全国船舶工业主营业务收入的61.6%；利润总额195.4亿元，占全国船舶工业利润总额的64.8%。其中，江苏省仍然处于全国首位，实现主营业务收入2316.4亿元，同比下降5.9%；利润总额173.0亿元，同比下降21.6%。辽宁省实现主营业务收入817.1亿元，同比下降17.6%；利润总额33.7亿元，同比下降17.2%。浙江省实现主营业务收入549.2亿元，同比下降16.8%；利润亏损2.3亿元，同比减少利润3.75亿元。上海市实现主营业务收入519.3亿元，同比下降7.4%；利润亏损9亿元，比2012年减少亏损43亿元，亏损幅度大幅下降。

**生产经营情况** （1）船舶制造业。2013年，全国造船完工量4513.6万载重吨，同比下降29.9%，已连续两年下降。新承接船舶订单7459.3万载重吨，同比增长242.2%；年末手持船舶订单量13578.3万载重吨，同比增长23.4%。据英国克拉克松公司统计数据，按载重吨计，我国造船完工量、新接订单量、手持订单量分别占世界市场份额的35.2%、40.9%、38.5%。

主要造船集团：中国船舶工业集团公司和中国船舶重工集团公司造船完工量合计1945.6万载重吨，占全国造船完工总量的43.1%。其中中国船舶工业集团公司造船完工1139.6万载重吨，中国船舶重工集团公司造船完工808万载重吨，分别位居世界造船企业集团第二位和第三位。两大集团新接订单量合计2925.7万载重吨，占全国新接订单总量的39.2%。其中中国船舶工业集团公司新接订单2181.6万载重吨，中国船舶重工集团公司造船完工744.1万载重吨，分别位居世界造船企业集团第二位和第五位。两大集团手持订单量合计4894万载重吨，占全国新接订单总量的36%。其中中国船舶工业集团公司手持订单3522.8万载重吨，中国船舶重工集团公司手持订单1371.2万载重吨，分别位居世界造船企业集团第一位和第四位。

主要造船企业：2013年，我国造船完工量排名前十的企业造船完工量1928.8万载重吨，占全国完工总量的42.7%，其中上海外高桥有限公司完工408.3万载重吨，居全国首位；大连船舶重工（集团）有限公司353.9万载重吨，位居全国第二位；渤海船舶重工有限责任公司完工179.1万载重吨，位居全国第三位。我国造船完工量突破100万载重吨的企业达到13家。

新承接船舶订单排名前十位的企业新接订单量4106.7万载重吨，占全国的58.8%，其中上海外高桥有限公司新接订单956.1万载重吨，居全国之首；江苏扬子江船业（控股）有限公司新接订单 598.2 万载重吨，位居全国第二位；广州广船国际股份有限公司、大连船舶重工集团有限公司新接订单均超过 400 万载重吨，分别位居第三和第四位。

年末手持订单量排名前十名的企业订单合计 7677 万载重吨，占全国的 58.6%。其中上海外高桥造船有限公司年末手持订单 1436 万载重吨，位居全国首位，金海重工股份有限公司和江苏熔盛重工集团有限公司手持订单均超过 1000 万载重吨，位居国内第二和第三位。

主要造船地区：2013 年，江苏省造船完工量 1333.6 万载重吨，同比下降 42.3%；上海市造船完工量 851.4 万载重吨，同比下降 18.3%；辽宁省造船完工量 709.3 万载重吨，同比下降 17.2%；浙江省造船完工量 620.2 万载重吨，同比下降 39.9%。四省（市）造船完工量合计 3514 万载重吨，占全国总量的 77.9%。

2013 年，江苏省新接订单量 3466.6 万载重吨，同比增长 613.9%；上海市新接订单量 1324.5 万载重吨，同比大幅增长 199.5%；浙江省新接订单量 876.8 万载重吨，同比增长 113.1%；辽宁省新接订单量 555.2 万载重吨，同比增长 129.4%。四省（市）新接订单量合计 6223.1 万载重吨，占全国总量的 83.4%。

2013 年末，江苏省手持订单量 5816.2 万载重吨，同比增长 44.2%；上海市手持订单量 2236.4 万载重吨，同比增长 24.6%；浙江省手持订单 2154.6 万载重吨，同比增长 11.9%；辽宁省手持订单 1112.5 万载重吨，比上年略有增加。四省（市）手持订单量合计 11319.7 万载重吨，占全国总量的 83.4%。

（2）船舶配套业。2013 年，随着造船完工量继续下降，配套设备需求量进一步降低。船舶配套企业实现主营业务收入 1036.5 亿元，同比减少 2%；利润总额 57 亿元，同比增长 7.2%；船舶配套设备进出口总额 65.2 亿美元，同比下降 10.8%。

船舶配套企业的产品研发取得成果，自主品牌船用中高速柴油机、船舶综合电力推进系统、船用雷达实现首次装船；船用压载水处理系统等新型装备的研制与世界同步；海洋工程装备配套迅速发展，自主研制的自升式平台升降系统、动力定位系统等获得用户认可。

（3）船舶修理业。2013 年，我国船舶修理业在产能过剩、成本上升和持续性低价竞争的不利局面下，通过加速转型升级和结构调整，实现逆势增长。全年完成主营业务收入 255.7 亿元，同比增长 12.3%；实现利润总额 6 亿元，同比增长 32.5%。部分船舶修理企业通过调整产品结构，实现了常规船与海工业务的协调发展，一批新工艺和新技术包括集装箱船球鼻艏改装、船坞改装项目中的漂移定位技术、驳船的总体吊装技术、海工驳 PSPC 相关工艺及坞内大合拢工艺等取得新进展。

（4）船舶拆解业。2013 年，全国共拆解废钢船 351 艘，250 万轻吨，拆船数量连续五年高位运行。随着国务院关于船舶工业加快结构调整促进转型升级方案落实，国内老旧船舶拆解量大幅增加，国内废钢船拆解量达到 65 艘，52 万轻吨，比上年分别增长 160%和 190%。虽然国内船舶拆船数量处于历史高位，但受废钢船成交价较高，国内钢材及废钢市场持续低迷等因素影响，国内企业拆船物资库存大量积压，拆船盈利能力继续大幅下降，全行业总体亏损达亿元。

（5）海洋工程装备制造业。2013 年，我国海洋工程装备制造业加快发展。全年累计承接各类钻井和生产平台 41 座、海洋工程辅助船 211 艘，其中，自升式钻井平台接单量占全球订单量的 54%，400 英尺平台已成为主流，并在具有世界先进水平的第六代、第七代深水半潜式钻井平台建造上取得进步。

（6）船艇制造业。2013 年，我国船艇制造业通过新的商业模式，积极开拓国内外市场，实现了销售总额和进出口贸易稳步增长。休闲娱乐、体育健身船艇实现营业收入 55.6 亿元，其中价值 200 万以上的豪华游艇销售额约为 21 亿元，占 37.8%；年产救生艇 4400 艘，实现工业生产总值 16 亿元。2013 年，我国船艇出口金额达 3.37 亿美元、进口额 2.7 亿美元，分别同比增长 28.6%和 14.1%。公务艇方面，向武警、海监、渔政、港口、公安、海关交付了一批高速摩托艇、高速海监执法艇、港政执法艇、指挥艇、高速缉私艇等产品。

**船舶进出口情况**　2013 年，全国出口船舶建造完工 3678.4 万载重吨，同比下降 28.2%；

新接出口船订单 7085.2 万载重吨，同比增长 348.3%；年末手持出口船舶订单 12505.1 万载重吨，同比增长 35.1%。出口船舶分别占我国造船完工量、新接订单量、手持订单量的 78.8%、92.7%和 88.1%。

全年船舶出口总额 290.1 亿美元，同比下降 25.3%，为金融危机以来出口额最低水平。三大主流船型出口金额 188.8 亿美元，占比重 65.2%。其中散货船 123.7 亿美元、集装箱船 37.6 亿美元、油船 27.5 亿美元，分别占比重 42.7%、13%、9.5%。我国船舶产品出口至 189 个国家和地区，向亚洲出口金额 178.2 亿美元，占比 61.4%；向欧洲和拉丁美洲出口金额分别达 34.9 亿美元、32.9 亿美元，占比 12%和 11.4%。

2013 年，我国船舶产品进口总额 20.3 亿美元，同比增长 14%。其中进口金额最大宗的是供拆卸的船舶及其他浮动结构体，占比 38%；其次是浮动或潜水式钻探或生产平台，占比 18.7%；灯船、消防船、起重船等不以航行为主的船舶排列其后，占 12.3%。

**科技开发与技术进步**　2013 年，骨干船舶企业和研究单位，加强绿色环保主流船舶开发，加快高技术船舶、海洋工程装备研发，取得新的进展，推出多型绿色环保船型，优化和研发了高技术船舶和特种船舶，自主设计或联合设计多型海洋工程装备，并得到市场认可获得订单。

（1）节能环保主流船型研发。三大主流船型继续以节能环保为重点，推出一系列综合技术经济性能优秀船型。

“琥珀冠军”号 63800 载重吨散货船新船能效设计指数（EEDI）低于基线 21%，日耗油量 27 吨。“绿色海豚 575 型”大灵便型散货船 EEDI 低于基线 20%，主机日耗油量约为 22.8 吨。“中国江南型”巴拿马型散货船采用了自主研发隐形球艏线型，EEDI 达到了 2025 年第三阶段水平。新一代绿色环保 30.8 万吨 VLCC，油耗低于 80 吨/天，并采用独特防泥沙设计。15000 载重吨双燃料动力成品油船，在纯气体工作模式下满足国际海事组织 Tier 三级排放标准。最新研制的 10000TEU 集装箱船相同条件下航速超过国内同类型万箱船 0.2 节以上，EEDI 满足 2025 年之后标准。

（2）高新技术船舶和特种船舶研制。液化天然气（LNG）船、超大型集装箱船、双燃料动力船舶、滚装船、豪华游船、挖泥船、特种船舶等船型的研发上取得了较大进展。

燃气轮机 LNG 船在不安装尾气后处理装置的情况下满足 IMO Tier 三级排放标准。采用 C 型液舱容积为 30000 立方米的双燃料 LNG 船开始建造。

我国建造载箱量最大的 13386TEU 集装箱船交付使用； 18000TEU 超大型集装箱船已接获订单，打破了韩国在超大型集装箱船领域的垄断。

两艘全球首制 6500 马力多功能全回转液化天然气和轻柴油双燃料港作拖船交付使用。2.8 万载重吨双燃料动力多用途货船和双燃料 1100TEU 集装箱船处在研发阶段。

能运输 1307 辆汽车和 3800 标准箱的全球最大集滚船开工建造。正在建造的 8500 车位汽车滚装船，是目前世界最大、最先进的汽车滚装船。

我国最大综合执法船“海巡 01”号正式编入中国海事局。“远望 21”号和“远望 22”号火箭运输船交付使用。“翔州一号”地效翼船在太湖水域成功首飞。

（3）海洋工程装备自主研发与建造。我国自主研发的“振海 1 号”300 英尺自升式钻井平台顺利下水。首座拥有完全自主知识产权的 400 英尺自升式钻井平台“CP-400”开工建造；首艘自主研发、设计、建造的钻井船-“TIGER”钻井船下水。

“鹰式一号”漂浮式波浪能发电装置完成研制，正式投放并成功发电，自主研发的“H151-5.0MW”海上风电发电机组在目前同类机型中叶片最长、扫风面积最大。

继“蛟龙”号之后，我国深海科研装备研制取得又一重大进展，首个实验型深海移动工作站完成总装，并在露天试验水池圆满完成首次水池试验。

（4）重点配套设备研制。船舶配套企业针对当前的薄弱环节加强研发，取得了较大进展。

单机功率 5.8 万千瓦的国内最大功率电控智能型低速柴油机完工交付。天然气发动机获得了国内首张中速天然气发动机型式认可证书。

“海盾”压载水处理系统通过国家石油和化学工业电气产品防爆质量监督检验中心的认

证。青岛双瑞压载水处理系统获得美国海岸警卫队可替代处理系统（AMS）认证。“海博士”压载水处理系统获得 IMO 最终批复。

可在零下 30 摄氏度低温环境工作的船用吊机，已装船使用。可在恶劣海况下工作的 300 吨重型海洋平台吊机研制成功。首台 500 吨鲨鱼钳完成设计。

首套自主知识产权动力定位系统“HDP3”通过了中国船级社的检验，打破了挪威、芬兰、法国、美国等国在这一领域的垄断。首套自主研发的超大型减摇鳍，是国际上同类减摇鳍中最轻的产品。300 英尺平台锁紧系统通过美国船级社的产品认证。 （中国船舶工业行业协会）

**【中国船舶工业集团公司发展概况】** 截至 2013 年底，中国船舶工业集团公司（简称中船集团）拥有近 50 家下属，分布在北京、上海、广东、江苏、江西、安徽、广西、香港等地，拥有中国船舶工业股份有限公司、广州广船国际股份有限公司、中船钢构工程股份有限公司 3 家上市公司，现有员工 7 万人，年用工总量逾 17.6 万人。中船集团公司在中国香港及美国、俄罗斯、泰国等 8 个国家和地区设有驻外机构。

中船集团公司旗下聚集了一批实力雄厚的造修船企业和船舶配套企业，包括江南造船（集团）有限责任公司、沪东中华（造船）集团有限公司、上海外高桥造船有限公司、上海江南长兴造船有限公司、广船国际股份有限公司、广州黄埔文冲船舶有限公司等，还拥有中国船舶及海洋工程设计研究院、上海船舶研究设计院、广州船舶与海洋工程设计研究院 3 家船舶研究设计机构，以及中船第九设计研究院工程有限公司等知名工程咨询、设计、总包单位。

通过近年来的转型发展，中船集团在业务上已经形成了以军工为核心主线，贯穿船舶造修、海洋工程、动力装备、机电设备、信息与控制、生产性现代服务业六大产业板块协调发展的产业格局，在海洋安全装备、海洋科考装备、海洋运输装备和海洋资源开发四大领域拥有雄厚实力。中船集团能够设计、建造符合世界上任何一家船级社规范、满足国际通用技术标准和安全公约要求、适航于任一海区的现代船舶，以及具有国际先进水平的大型海洋工程装备产品，产品种类从普通油船、散货船到具有当代国际先进水平的超大型油船（VLCC）、液化天然气（LNG）船、大型集装箱船、液化石油气（LPG）船、液化乙烯（LEG）运输船、自卸船、化学品船、客滚船及超深水半潜式钻井平台、自升式钻井平台、大型海上浮式生产储油船（FPSO）、多缆物探船、深水工程勘察船、大型半潜船等，形成了多品种、多档次的产品系列，产品已出口到 150 多个国家和地区。

**生产经营情况** 2013 年，中船集团启动实施了全面转型发展战略，转方式、调结构取得明显成效，经济规模与效益逆市回升，实现了年度经营目标：实现营业收入 1003 亿元，同比增长 15.8%，一举扭转了 2012 年的下滑局面；利润总额完成年度目标的 116%，成功实现扭亏为盈。从新船接单量、造船完工量和手持订单量三大指标来看，中船集团公司承接新船订单 2196 万载重吨，同比增长 185%，占国内市场份额的 33%，占全球市场份额的 15.6%；全年造船完工 1142 万载重吨，占全球份额的 10.6%，市场份额进一步提升；2013 年底手持船舶订单 3555 万载重吨，同比增长 39.7%，占全球和国内份额分别为 12.6% 和 28%，继续位居世界第一，为后续平稳发展奠定了坚实基础。同时，工业企业累计耗能同比下降 11.7%，万元产值和万元增加值能耗分别降低 10.1%和 25.3%，二氧化硫、氮氧化物累计排放分别下降 8.9%和 6.5%。此外，中船集团进一步拓宽了融资渠道，成功发行 8 亿美元债券，开创军工央企发行美债的先河，打破了国外金融机构在美债发行上的垄断。

2013 年，中船集团全力推进全面转型发展战略，围绕军工核心主业，推进军民深度融合，坚决转变发展方式，不断强化创新驱动，大力调整产业结构，“一个核心、六大板块”（即以军工为核心，推动船舶造修、海洋工程、动力装备、机电设备、信息与控制、生产型现代服务业六大板块协同发展）的产业布局初步形成。其中，海洋工程、动力装备、信息与控制以及生产性现代服务业板块收入分别同比增长 127.5%、20.9%、7.6%和 364.5%。船舶业务与其他业务收入比例优化到 54∶46，结构调整取得明显成效。

2013 年，中船集团深度解析航运市场与船东需求规律，积极开展技术创新和商业模式创新，占得市场先机。深度开发的 42 型绿色环保新船型实现批量接单。沪东中华新型“LNG”船、江南长兴重工大型液化气船、708 所与外高桥联合开发的 1.8 万箱集装箱船、自升式钻井平台均获批量订单。科研技术不断进步，科技引领作用不断增强，2013 年，集团获得国家科技进步奖 1 项，国防科技进步奖 11 项；承接了 106 个国家部委科研项目；截至 2013 年底，有效专利拥有量达到 1200 件。通过大胆创新商业模式，主动创造需求，中船租赁“一着妙棋”、“满盘皆活”，带来了超过 18 亿美元的船舶订单；外高桥、黄埔通过探索与国际知名海工设计公司、运营商和承包商新的合作模式，均成功接获多座自升式钻井平台；澄西（广州）联合广船国际与荷兰 SBM 公司合作，再获 2 艘“FPSO”改装项目。

**产品开发和技术进步** （1）绿色节能环保新船型全面进入市场。中船集团公司通过不断丰富三大主流船型，形成了 3 万～21 万载重吨散货船、4 万～32 万载重吨油船和 1100TEU～18000TEU 集装箱船船型系列，同时，这些船型经济技术指标均达到国际先进水平；配置了新型低转速高效率主机；开发出了适应低航速营运并能满足高航速运行要求的线型；油耗比老旧船舶下降 20%～40%，减少排放 18%以上；船舶能效设计指数（EEDI）低于基线值 15%～35%；满足最新生效或即将生效的国际海事新规则、新规范。

2013 年，中船集团推出 70 余型指标先进的绿色环保船型，42 型实现接单。其中通过技术创新研发优化的 3.88 万吨散货船、6.4 万吨散货船以及 18 万吨好望角散货船成为行业品牌船型，2013 年分别累计接单 6 艘、29 艘、和 31 艘。油船方面，31.8 万吨“VLCC”以优良的技术指标获得市场青睐，赢得 5 艘订单；自主设计的 5 万吨级大灵便型成品油船，因其舱容量大、低油耗特点，具有很强的市场竞争力，2013 年已签订生效 3 型共 14 艘合同。

（2）高技术船舶产品持续取得突破。通过着重掌握核心关键技术，中船集团 2013 年推出了自主设计的具有国内领先水平和较强国际竞争力的高技术、高附加值船舶，并开展了战略性、前瞻性产品的预研，加强了技术储备：一是持续加强对“LNG”船的开发和优化力度，新开发的船型性能指标优越，小型 3 万方球罐型“LNG”首获订单，大型“LNG”船获得 6 艘订单，同时又成功中标英国 BG 公司 4 艘“LNG”船项目。二是经过多年对大型液化气船的持续开发和技术积累，突破了大型液化气船（VLGC）技术瓶颈，获得批量订单，显示我国船舶工业在该领域形成了设计自主化、品种多样化、船型系列化、订单批量化的良好发展局面，极大提升我国船舶工业在世界液化气船领域的地位。三是突破了超大型集装箱船设计建造关键技术，开发了 9000TEU～18000TEU 集装箱船的系列化产品，并实现批量接单，其中，9400TEU 集装箱船接单 6 艘，18000TEU 集装箱船获得 3+3 艘建造订单，该型船的接单打破韩国船厂在该领域的垄断地位，标志着我国超大型集装箱船的设计建造技术保持与世界先进水平的同步发展。四是形成了 50000 总吨和 70000 总吨两型豪华邮轮的初步设计方案，为实现我国豪华邮轮自主建造奠定了基础。五是全面掌握薄膜型液货围护系统建造关键技术，自主知识产权新型液货围护系统开发取得阶段性成果。全面掌握“NO.96”型液货围护系统关键建造技术，开展 MARK Ⅲ flex 型液货围护系统的建造技术研究，完成模拟舱的建造，并同步开展船型适用性研究工作。完成自主知识产权新型液货围护系统及相关船型的初步设计，这些技术的获得为全面掌握薄膜型液货围护系统建造技术，提高薄膜型 LNG 运输船市场竞争力，争取大型薄膜型 LNG-FPSO、LNG-FSRU 等高技术装备项目奠定了坚实基础。

（3）海洋工程产品研发。2013 年，着眼市场需求和海工业务发展要求，中船集团设计开发了 3 型自升式钻井平台，JU2000E 型和 CJ46 型各获得 2 座订单，R550D 型获得 1+1 座订单，进一步提升我国船舶工业在自升式钻井平台产品领域的国际影响力；再获“海洋石油 721”物探船建造合同，在国内 12 缆深水物探船设计建造领域继续占据核心地位；“伊利亚贝拉”号 FPSO 改装项目进展顺利，再获两个 SBM 公司 FPSO 改装项目。同时，瞄准海洋辅助船需求，开发了一批性能先进的海洋工程作业船舶和辅助船舶，环保船、海洋钻井辅助船、油田增产船和双体生活居住船相继获得批量订单，进一步拓展了我国船舶工业在海洋工程领域的产品链。继续推进“LNG-FPSO”、“LNG-FSRU”、半潜式生产平台、大型浮式结构物等一系列大型关键装备的开发工作。此外，中船集团完成“LNG-FPSO”概念设计，完成半潜式生产平台方案设计。

（4）动力装备设计制造能力增强。2013 年，中船集团加强动力集成核心技术研究，以动力集成为重点，拓展新的市场领域，利用集成技术优势，承接了国内技术最复杂、要求最高的万吨海监船动力系统，并签订了总金额 1 亿多元的陆用电站打包供应合同；重点突破大型低速柴油机关键制造技术瓶颈，承制并交付国内首台最大功率电控智能型主机“10S90ME-C9.2”型低速柴油机和国内首台“绿色”极长冲程大型电控智能主机“7G80ME-C9.2”型低速柴油机，打破了国外在这两型主机建造方面的垄断地位，标志着我国智能型和绿色环保型大功率低速船用柴油机制造已达国际先进水平。以掌握柴油机核心设计技术为重点，加强自主品牌中低速柴油机、气体发动机、双燃料发动机等关键动力装备研发。正在开展自主品牌船用小缸径低速机设计开发工作，中速柴油机突破了智能控制系统关键技术，填补了我国此项技术空白；自主设计船用大功率气体机完成设计方案；中速双燃料发动机的总体设计工作也已展开，这些工作为我国船舶行业进一步掌握船用发动机关键技术，早日形成自主品牌奠定了坚实基础。

（5）机电设备产品研发多点开花。中船集团“海博士”压载水处理系统具备了推向市场的技术条件；开发的具有自主知识产权的海洋工程吊机，技术水平达到国际同类先进水平，其中 150 吨、200 吨和 300 吨海洋平台吊机共接单 5 台；研发出技术先进的碟式分离机及燃（滑）油供应系统，产品在船舶和陆用行业累计实现销售收入 5300 万元；陆用环保机械取得成效，采用先进水封炉焚烧方式的焚烧处理系统获得用户认可；完成盾构机的自主研发与建造工作。

（6）信息控制产品领域军转民成果显著。2013 年，中船集团投入研发的我国首个通用飞行器（直升机）保障系统研发取得阶段性成果，便携型/基本型机动保障系统和“一站式”/无人值守保障系统等产品已完成样机研制，开始在北京密云机场进行试用，并与华彬天星通航、广州番禺穗联航空、三亚航程等公司签订了合作协议，开展产业化示范基地的合作；新启动了船舶与海洋资源平台立体管控、基于北斗导航的起重及运输工程机械物联网平台、海上应急搜救系统等重点科研项目。

（7）科技创新体系建设及科技进步奖和专利获得情况。截至 2013 年底，中船集团国家级企业技术中心数量已达 11 家，成为集团自主创新的主要力量。船舶设计技术国家工程研究中心、数字造船国家工程实验室、国家能源大型海上 LNG 储运装备重点实验室等国家级研发机构在集团和行业的技术发展中作用更加突出。

2013 年，中船集团获得国家科技进步二等奖 1 项，国防科技进步一等奖 1 项、二等奖 5 项、三等奖 5 项；全年申请专利 678 件，获得专利授权 409 件、同比增加 9.7%。

**企业改制与资产运营**　2013 年，中船集团围绕打造六大产业板块及其研发融资平台，大力推动内外资源重组整合，资源配置不断优化，品牌影响力和市场竞争力进一步提高。顺利推进了广船国际定向增发 H 股收购龙穴造船，促进了两厂生产、经营和管理的深度融合；完成了沪东中华、江南造船集团、外高桥造船等骨干企业股权调整，推动了黄埔造船和文冲船厂、桂江造船和西江造船的融合发展，将 14 家造修船企业初步整合为 8 家。优化了动力板块生产、研发体系，成立了中船动力研究院，镇江中设和安柴公司融合组建中船动力有限公司。调整九江地区“四厂一所”资源，改制设立了中船九江工业有限公司，组建了中船九江科技研发中心。成立了中船电科，调整了上海航仪、海鹰公司的股权关系，集研发、设计、生产及服务于一体的信息与控制板块发展平台起步运行。在此基础上，中船集团积极开展外部资源整合和对外合作，围绕打造新板块融资平台和研发平台，积极推进国内外兼并收购项目。外高桥造船成功控股张家港圣汇公司，完成了中船集团自成立以来对外收购的第一单；与中石油、中核集团、中科院等央企、科研院校签署战略合作协议，加强了相关多元领域的业务与技术合作。　　（中国船舶工业集团公司）

**【中国船舶重工集团公司发展概况】**　自 2004 年国资委对中央企业实行业绩考核以来，中国船舶重工集团公司（简称中船重工）是为数不多的连续 9 年获得 A 级的中央企业之一。2013 年中船重工连续第三次进入世界 500 强，排名逐年上升，实现了新的发展。

中船重工，现有总资产 3710 亿元，员工 16 万人。成员单位中除中国船舶重工股份有限公司、风帆股份有限公司、乐普（北京）医疗器械股份有限公司 3 个上市股份制公司外，其余均为国有独资或国有控股单位。成员单位分布在辽宁、重庆、陕西、山西等 18 个省、市。

中船重工是中国最大的造修船集团之一，拥有我国目前最大的造修船基地，11 座 30 万吨级以上造船大坞，年造船能力 1500 万吨；中船重工集中了我国舰船研究、设计的主要力量，有近 5 万名科技人员，5 个国家级研发中心，9 个国家级重点实验室，11 个国家级企业技术中心，具有较强的自主创新和产品开发能力。

**主要产品** 中船重工集中了中国舰船研究、设计的主要力量，能够按照世界知名船级社的规范和各种国际公约，设计、建造和坞修各种油船、化学品船、散货船、集装箱船、滚装船、LPG 船、LNG 船、工程船舶及海洋工程装备等，拥有齐全的船舶配套能力，形成了各种系列的船舶主机、辅机、仪表等设备的综合配套能力。船舶及船舶配套产品除满足国内需要外，主要出口到世界五大洲等 60 多个国家和地区。

**生产经营** 2013 年，面对国内外复杂而严峻的经济形势，中船重工积极应对市场需求量价总体低迷、生产组织和交货难度不断增加等困难，强化创新、开拓进取，加大力度调整产业、产品和市场结构，主要经济指标保持增长态势。全年实现经济总量 2106 亿元，同比增长 8.3%，实现营业收入 1873 亿元，同比增长 7.3%；实现利润总额 102 亿元，同比增长 3.3%；完成增加值同比增长 4%。

（1）民船产业在坚持中有新作为。一是接单大幅增长。坚持随行就市、量力而行、把握节奏、严控风险，抓住船价回升时机，适时适度放量接单，全年承接民船订单吨位同比增长 158%，金额同比增长 206%，手持民船订单金额同比增长 25%，自国际金融危机以来首次实现同比增长。二是生产总体可控。实现民船经济总量 572 亿元。民船完工 823 万吨。强化重点船舶管理，加强与船东、船级社沟通协调，努力化解各种风险。32 万吨原油船、18 万吨散货船、4300 箱集装箱船、400 英尺自升式钻井平台以及世界最大水下浮体系统。民船板块总体保持盈利，经济效益好于国内行业平均水平。三是结构调整成效显现。民船产品不断升级，大力加强节能环保船舶和高技术高附加值船舶的优化、研发与市场推广，新产品承接合同金额比重超过 80%；海洋工程装备加快发展，批量承接了自升式钻井平台、半潜式钻井平台、海洋工程配套设备等，合同金额同比增长 5 倍多，占承接合同总金额的比重超过 12%；修改拆业务积极推进，在巩固传统市场的基础上，大力拓展改装船市场和海洋工程装备修理改装，绿色拆船取得实质性突破。四是现代造船模式深入推进。在船型设计、生产计划、先进制造技术、信息化建设、生产效率、资源利用率等方面，全面对标提升，每修正总吨工时平均缩短 9%，钢材利用率提高 2 个百分点，取得新的成效。五是民船配套生产逐渐好转，新签合同恢复性增长。承接配套产品合同金额同比增长 17%，船用柴油机、海工起重机等承接合同大幅增长，船舶压载水处理装置累计承接 154 台套。新产品研制速度加快，主要配套产品国产化不断推进。世界首台 6S50ME-B9.2 新型柴油机交付使用；国内首支成品重量超百吨的船用螺旋桨顺利交付；电解法生活污水处理系统首获订单，大功率全回转舵桨装置研制成功，打破了国外垄断。

（2）非船产业保持较快发展。一是支撑作用进一步加大。按照有限、相关多元发展原则，发挥各单位主观能动性和集团优势，创新经营模式，积极开拓市场，在较为复杂的外部经济环境下，保持了非船产业持续增长。实现经济总量 1130 亿元，同比增长 24.9%，占中船重工经济总量的比重首次超过 50%，较 2012 年上升 7.1 个百分点；承接合同金额同比增长 15%。二是重点产业取得新进展。风电产业继续保持市场竞争优势，2013 年实现新增装机和配套双增长，风电装备新增装机量同比增长 70%，累计开工建设风电项目 6 个；两个光伏电厂已建成完工，实现并网发电；桥梁及轨道交通装备保持较好势头，中标武汉雄楚大街项目；三峡升船机、港珠澳大桥项目进展顺利。蓄电池、物流装备、煤矿机械、港口机械、医疗器械、钛产业等保持行业领先，实现较快增长。物流贸易深化结构调整，实现持续发展。三是一批重点项目取得新突破。5兆瓦海上风电机组国内首获中国船级社认证，钢结构进入武汉绿地中心地标建筑，通过并购进入心脑血管医药领域，CAP1000爆破阀签订试制合同，30兆瓦级燃压机组获得后续批量订货，大型洗选煤成套装备承接首座洗选煤厂工程总包，首台盾构机交付使用，直流牵引供电系统首次突破地铁整线业绩。ITO靶材、城市污水污泥处理、餐厨垃圾处理等一大批项目取得新突破。

**产品开发与技术进步** 一是重大科研项目成效明显。中船重工承担研制的蛟龙号载人潜水器应用于南海和大洋科考，我国首个实验型深海移动工作站完成总装并成功进行首次水池试验；自主品牌船用中速柴油机小批量接单；自主品牌船用高速柴油机通过船级社型式认可；极低频探地工程完成主体设备研制和联调试验；燃气轮机高温冷却叶片关键技术实现突破。二是一批新技术新产品研发成功。适应国际新公约新规范新标准要求的一批新船型开发成功，25万吨矿砂船、12万吨散货船、8800箱集装箱船、5.5万吨化学品船、8000车位汽车滚装船、自升式储卸油平台等推向市场。具有自主知识产权的DSJ系列自升式钻井平台批量接单。国内首支超百吨的船用螺旋桨完工交付。首台2MW高温超导电机研制成功。三是一批重点科研项目获得国家支持。3000米深水钻井船、全固态高分辨力海洋测量雷达、水下采油树、大型液压支架智能制造技术等重点项目获得国家批准立项；南海岛礁中型浮式结构物、大型远洋拖网加工船等科研项目正式启动。四是科技创新能力进一步提升。2013年全年科研经费投入112亿元，同比增长9.8%，占主营业务收入的6%。全年获得各级科技成果奖330项，申报并被受理专利2833项，其中发明专利1703项；获得专利授权1904项，其中发明专利811项。

**对外贸易与合作** 2013年，实现进出口总额61亿美元，完成各类船舶出口73艘、711万载重吨，占造船完工总量的86.4%。产品主要出口到美国、德国、新加坡、俄罗斯、比利时、希腊、挪威、荷兰、英国、澳大利亚、加拿大、印度、印尼、韩国、中国香港等国家和地区。

**主要建设项目** 大船集团修船基地、武船双柳特种船舶基地造船区基本建成投产。一批风力发电厂和光伏电厂建成投产。

新开工建设项目100个，完工73个，完成固定资产投资超过100亿元，国拨资金完成率超过95%。强化招投标管理，节资率达到11%。

**资本运营** 2013年底，中船重工控股的中国重工（601989）、乐普医疗（300003）、风帆股份（600482）3家上市公司总市值为1041亿元。

中国重工是中船重工的整体上市平台。2013年中国重工启动实施了以收购军工重大装备总装业务为核心的资本运作项目，募集资金84.8亿元。此次资本运作是军工体制改革的标志性事件，被业内称为“境内资本市场重大无先例事项”，开启了我国军工重大资产证券化的先河。2013年中国重工在军工板块排名第1位，在船舶制造板块排名第1位，在高端装备板块排名第1位，在海工装备板块排名第2位，在海洋经济板块排名第2位。

**服务国防** 2013年，中船重工继续配合海军出色完成亚丁湾护航任务，多批次派员进行随舰保障。护航任务有效保护了中国航经此海域的船舶、人员安全，以及保护了世界粮食计划署等国际组织运送人道主义物资船舶的安全。

2013年7月5—12日，中俄两军在日本海彼得大帝湾附近海空域举行“海上联合-2013”联合军演。本次军演是向国外派出兵力最多一次，中船重工出色完成了驱逐舰、护卫舰、导弹艇、综合补给舰等装备保障任务。

（中国船舶重工集团公司）

# 海洋工程建筑业

**【综述】** 2013 年，海洋工程建筑业继续保持稳步增长，全年实现增加值 1680 亿元，同比增长 9.4%。沿海各级政府不断加大海洋基础设施建设投入力度，多座大型海洋工程设施相继启动建设。一座座跨海大桥的通车，在大大带动周边地区经济发展的同时，也必将加速沿海地区间经济要素流动、助力海洋经济发展。

**【跨海大桥工程】** **“国内首座海上地锚式悬索桥栈桥施工完成** 2013 年初，国内首座海上地锚式悬索桥——大连南部滨海大道跨海大桥年度全桥施工栈桥全部完成。该桥主桥是双塔三跨地锚式悬索桥，是国内首座海上地锚式悬索桥，拥有目前世界最重的混凝土沉箱作为锚碇，同时也是我国目前第一座双层钢桁架梁悬索桥。

**嘉绍跨海大桥合龙** 2013 年 1 月，杭州湾第二座跨海大桥——嘉绍跨海大桥主航道合龙，全桥贯通。嘉绍跨海大桥是继杭州湾跨海大桥之后第二座跨杭州湾大桥，建成后浙江绍兴到上海的车程将缩短近一半。

**福建将建中国首座公铁两用跨海大桥** 2013 年 5 月，由中铁大桥勘测设计院集团有限公司勘测设计的平潭海峡大桥（福建福州至平潭铁路）初步设计获批，该桥将成为中国首座公铁两用跨海大桥。该桥工程包括 3 座航道桥，以及引桥、铁路路基三大部分，批复总投资 109.04 亿元。

**青岛市跨海大桥高架工程全线贯通** 2013 年 6 月，青岛市跨海大桥高架路桥梁部分收尾工程四流路跨线桥施工完成，这也标志着 2009 年开工的跨海大桥高架工程全线贯通。作为青岛市“三纵四横”路网的重要组成部分，跨海大桥高架路全长 7.6 千米。

**杭州湾跨海大桥杭甬高速连接线勘察设计启动** 2013 年 6 月，杭州湾跨海大桥杭甬高速连接线（余夫公路至小曹娥段）工程的勘察设计及咨询合同正式签约。杭州湾跨海大桥杭甬高速连接线是宁波“一环六射三复三连三疏港”高速公路网中重要的“一连”，又被称为杭州湾跨海大桥余慈连接线。南北走向，起点在杭甬高速到余夫公路段高架桥，利用余姚兰曹大道中分带全线建设高架桥。向北，与规划的余姚北外环相交，再向北与规划的余慈快速路相交，跨越 329 国道后，经过余姚朗霞、泗门，与中横线相交，经小曹娥镇，终点接规划的杭甬复线宁波段一期工程小曹娥枢纽。路线长约 18 千米，全程高架。按照规划，该工程为双向四车道高速公路，设计时速 100 千米，计划工期 48 个月。全线设置马渚互通、老方桥互通、泗门互通等 3 处互通，4 个收费站。

**世界上唯一一条 8 车道跨海大桥开通** 世界上唯一一条 8 车道跨海大桥，世界上最长、最宽的多塔斜拉桥——嘉兴绍兴跨海大桥全部完工，并于 2013 年 7 月 9 日零时正式通车。大桥设计的饱和断面日均流量为 8 万辆次，预测开通当年的断面日均流量将会达到 3.8 万多辆次，超过目前跨海大桥的 3.3 万辆次，到 2030 年将增长到 6 万多辆次。

**【新建渔港码头工程】** **“好当家”公司计划斥资 4 亿元新建渔港码头工程项目** 2 月 20 日，“好当家”公司宣布公司拟投资新建渔港码头工程项目，新建渔港选址在现有养殖区南侧，总用海面积为 18.5776 公顷。工程总投资估算 40676 万元，建设周期 2 年。工程建成后，可以大大提高码头的停靠能力，增加渔货卸港量，对于吸引投资、优化产业布局、培育渔业经济新的增长点等方面可发挥积极作用，具有显著的经济效益和社会效益。由于“好当家”公司海洋捕捞业务发展需求，公司子公司山东好当家海洋捕捞有限公司拟委托荣成造船工业有限公司建造六艘 RC8268 型冷冻灯光罩网渔船，预计工程造价为 6882 万元。渔船建造完成后，将前往南海三沙捕捞作业。

**【海上潮流电站工程】** **海上漂浮立轴潮流能示范电站** 2013 年 4 月，哈尔滨工程大学船舶工程学院海洋可再生能源研究所牵头设计的“海能-Ⅰ”号百千瓦级潮流能电站，在浙江岱山县龟山水道完成海上安装。电站采用该校自主研发的总容量为 300 千瓦的双机组潮流能发电装置和漂浮式立轴水轮机潮流能发电技术。

**【跨海地铁工程】　山东首条跨海地铁预计明年开建**　2013 年 8 月，山东省首条跨海地铁线——青岛地铁 1 号线可行性研究报告通过专家组预评估。该地铁线将穿越海底，连接青岛和黄岛，串起黄岛、市南、市北、李沧和城阳 5 个区，与在建的地铁 2 号线、3 号线构成城市轨道交通骨干网络。

# 海洋交通运输业

## 综述

2013 年，受国内外宏观经济环境影响，海洋交通运输业增速持续放缓。全年实现增加值 5111 亿元，同比增长 4.6%。

## 海洋交通运输

**【国际航运情况】** 2013 年，全国集装箱港口吞吐量占世界集装箱总吞吐量的 30.5%；原油、铁矿石、煤炭海上进口量分别占世界海运贸易量的 13.4%、67%和 27%。

2013 年，全球经济结构仍在深度调整中，新兴经济体增速下滑，金融动荡替代债务危机成为主要特征，中国经济增速放缓，全球实体经济呈现出弱复苏的态势，世界经济仅增长 2.1%。在此背景下，全球航运市场走向复苏之路仍然步履蹒跚，干散货贸易量为 43.04 亿吨，比上年增长 5.4%，市场运力达到 7.2 亿载重吨，较年初增长 6.0%，市场供求总体保持平衡；集装箱运量需求增长较 2012 年略高，但由于大船集中交付期，运力增幅快于运量增速，导致集装箱运输市场运价全年处于低位运行为主的走势；原油海运需求约 2.84 亿载重吨，同比增长 0.4%，原油船队运力约 3.36 亿载重吨，增幅为 2.2%，油轮总运力过剩约 15%。总体来看，国际航运市场运力过剩的局面并没有很大改观，市场发展形势仍然比较严峻。

2013 年，交通运输部围绕行业发展的形势和要求，贯彻落实中央关于进一步简政放权的要求，以积极推进海运业上升为国家战略以及上海自贸区建设为方向，多措并举，在强化行业管理、提升公共服务能力和水平的同时，促进航运企业加强结构调整、推进自主创新，主要体现在以下方面：一是加强行政审批制度改革，推动政府职能转变，促进国际航运市场化发展。按照国务院取消和下放相关行政审批项目的有关要求，修订《中华人民共和国国际海运条例实施细则》，取消国际船舶运输经营者之间兼并、收购审核，取消国际船舶代理业务审批，改为向行业协会备案（中外合资国际船舶代理企业审批除外），发挥行业协会的自律作用，加强后续监管。二是促进国际航运政策创新研究和试点，加快上海自贸区建设，提高国际航运的总体实力和竞争力。与上海市人民政府联合发布《关于落实〈中国（上海）自由贸易试验区总体方案〉和推进上海国际航运中心建设的实施方案》，加快推进上海国际航运中心建设，进一步深化改革，扩大开放，坚持先行先试，丰富拓展国际航运发展综合试验区内涵。试点允许设立外资控股的中外合资、合作企业开展国际船舶运输业务；试点允许设立外商独资企业经营国际船舶管理业务；开展中资非五星旗国际航行船舶沿海捎带在上海的试点工作，进一步落实航运政策创新的要求。三是强化国际海运市场监管，维护健康的市场秩序。实施国际集装箱班轮运价精细化报备制度，进一步落实国际班轮运价备案要求，维护国际集装箱班轮运输市场公平竞争秩序和环境，保障运输各方当事人合法权益。四是完善国际航运政策，优化国际航运市场环境。积极争取推动海运发展上升为国家战略，不断提升中国海运的国际竞争力、保障能力和服务水平。发布《完善无船承运管理制度有关问题的公告》、《关于无船承运业务经营者保证金责任保险制度操作办法》、《关于试行无船承运业务经营者保证金保函制度操作办法》，调整完善无船承运业务经营者保证金存储管理制度，进一步完善无船承运业务经营者保证金责任制度体系，切实帮助无船承运业务经营者减轻经营资金压力。五是深化国际交流合作，与丹麦、加拿大、韩国、美国、欧盟举行年度海运会谈，密切了与相关国家和地区的海运交流与合作。

**【国内航运情况】** 2013 年，国内水路运输继续健康发展，服务质量进一步改善，行业管理得到进一步加强。

**国内水路运输企业和运力方面**　2013 年，全国共有国内水路运输企业 7216 家，同比增加 350 家，其中沿海运输企业 2349 家，同比增加 100 家，内河运输企业 4867 家，同比增加 250 家；从事个体运输的经营者 25727 户，比上年减少 3823 户。截至 2013 年末，全国拥有内河运输船舶 15.91 万艘，净载重吨 10215.65 万吨，载客量 81.70 万客位，集装箱位 24.47 万 TEU，分别比 2012 年末增长-3.7%、8.9%、0.1%和 28.9%；全国拥有沿海运输船舶 11024 艘，净载重吨 6818.78 万吨，载客量 19.56 万客位，集装箱位 28.03 万 TEU，分别比 2012 年末增长 0.7%、4.5%、3.5%和 23.4%。

**客货运输服务方面**　2013 年，全国内河运输完成货运量 32.39 亿吨、货物周转量 11514.14 亿吨千米，分别同比增长 40.7%和 50.7%；沿海运输完成货运量 16.47 亿吨、货物周转量 19216.14 亿吨千米，分别同比增加 1.2%和减少 6.9%。在客运方面，全国完成水路客运量 2.35 亿人、旅客周转量 68.33 亿人千米，分别同比减少 8.9%和 11.8%。

**行业管理方面**　一是出台促进和规范行业发展的政策规章。为应对航运市场形势，发布《关于促进航运业转型升级健康发展的若干意见》，出台促进航运发展的二十条措施。为落实《国内水路运输管理条例》，颁布《国内水路运输管理规定》《国内水路运输辅助业管理规定》两个部门规章。二是制订经济鼓励政策，促进运力结构调整。联合财政部等部门出台老旧运输船舶和单壳油轮提前报废更新政策、内河船型标准化补贴政策和农村老旧渡船更新奖励政策，形成涵盖远洋、沿海、内河运输船舶和农村渡船的完整运力结构调整资金支持政策体系。三是加强航运市场分析和调控。执行国内航运市场宏观调控政策，定期发布市场分析报告，以信息引导市场，严格限制新增客运和危险品运输经营主体，防止运力盲目过快增长，开展国内 LNG 船舶运输试点工作，引导货主健康投资航运业，促进市场健康发展。四是以旅客运输为重点，提高运输服务水平。推动琼州海峡客滚运输班轮化改革工作，开展重点水域客运联网售票前期研究，在交通部外网增加“重点水域客票信息”栏目，方便旅客购票。五是加强市场监管。加大对资质不保持、无证无照经营、超范围经营、安全生产和经营管理制度不健全等的现象检查力度，维护航运市场秩序。

**【两岸间海上运输】**　**两岸交通运输交流合作**　2013 年，两岸交流涵盖了港航、船检、搜救打捞、航海教育、公路建设、道路运输、城市公共交通、物流信息化等领域，推进了两岸交通运输交流合作的不断深化。交流合作机制化成果明显，两岸交通管理部门以海运“小两会”名义举行会谈，推进解决厦金水域刘五店航道开通、互设船检机构、干线班轮捎带两岸中转货等一系列重大发展问题，举办第二届两岸四地公路交通发展论坛、两岸三地搜救桌面推演、两岸海运业界联谊等活动，“东海救 101”环岛访问台湾，接待 6000 多名台湾民众登船参观，成为融文化、技术、安全为一体的两岸交流平台。两岸港航企业合作得到深化，两岸集装箱班轮公司的联营、联盟等合作进一步加强，上海国际港务集团和台湾港务公司等两岸最大的港口企业签署了合作备忘录，标志着两岸港口合作发展进入了一个新阶段，至此，15 个大陆港口与台湾主要商港签订了合作协议。拓展了交流领域，在交通运输资格、路网监控管理等领域，首次同台湾相关单位开展了交流，中国船级社与台湾中国验船中心在互设检验机构、推进双重船级业务合作等方面取得积极的成效。

**两岸海上运输**　2013 年，两岸海运市场保持良好的发展态势，海上直航成效明显。全年完成两岸海上货运量近 6000 万吨，其中集装箱运量 204 万标准箱，同比增长 8.5%，完成客运量 156.7 万人，其中大陆至台湾本岛 18.5 万人，同比增长 34.9%。开辟了大陆至台湾本岛的 2 条客滚运输航线和 3 条两岸集装箱运输航线，制定实施促进两岸邮轮运输发展的政策，促进两岸邮轮运输呈现爆发式增长，全年完成 21 个航次，运送旅客逾 4 万人，首艘两岸资本邮轮首航台湾，成为新的经济增长点。强化安全管理，落实对台客运航线的安全保障措施，重点加强对大型高速客运船舶在航行中的全过程监控，完善海峡两岸救助力量布局，保持了两岸海上安全形势的稳定。

交通运输部先后发布15项关于进一步促进两岸海上直航发展的政策措施，在海内外产生了重大影响。积极转变政府职能，把福建至金、马、澎地区海上运输的审批管理权限下放由福建省厅实施。加强事中事后监管，建立并实施两岸集装箱运价备案制度，先后查处了6起并制止多起违规经营两岸海上运输行为，给予违规从事两岸间海上运输的香港国兴海运等公司没收违法所得的行政处罚，罚没总额逾130万元人民币，对存在过失行为的营口港股份有限公司等6家公司给予告诫，确保两岸货物由两岸船舶承运，每年为两岸直航企业增加营业收入近10亿元人民币，初步建立两岸海运市场监管体系。加强信息引导，建立两岸海运统计和重点联系企业制度，及时对外发布两岸海运动态信息，两岸交通运输管理进一步得到加强。

**【交通运输支持系统建设】** 2013年交通运输支持系统基本建设进展顺利，共完成投资58.69亿元，其中中央投资56.35亿元。一是救捞系统基本建设完成投资22.75亿元，其中中央投资20.41亿元。在建项目42个（其中新开工项目8个），完工项目5个。8000千瓦海洋救助船"17#"、"18#"，近海快速救助船"4#"、"5#"交付使用；北海救助局烟台救助码头改造工程、东海救助局救助指挥业务用房工程、上海打捞局横沙基地码头工程等重点工程通过竣工验收。这些救助装备和基础设施的投入使用，进一步提高了我国海上人命救助和抢险打捞的能力和水平。二是海事系统基本建设完成投资12.8亿元，全部为中央投资，在建项目168个（其中新开工项目46个），完工项目67个。5000吨级大型巡航救助船、大连船舶交通管理系统扩建工程、曹妃甸海事工作船码头工程、海南洋浦海事基地工程、深圳海事局东部海事监管基地二期工程等重点工程相继投入使用，为海事工作的顺利开展提供了重要支持保障作用。三是长航系统基本建设完成投资14.95亿元，全部为中央投资，在建项目190个（其中新开工项目47个），完工项目90个，海事、航道、公安、三峡、医院等支持保障系统建设进展均较为顺利，长江重庆航道局丰都综合码头工程、长江三峡-葛洲坝船舶监管系统工程、三峡库区重庆段船舶交通管理系统一期工程、长江航运公安局350兆警用无线调度通信系统工程等一批重点项目完成竣工验收，这些项目的建成进一步提升了长江干线水上安全监管、通航保障和信息化服务能力。四是科研、教育类等支持系统基本建设完成投资8.19亿元，其中中央投资8.11亿元，在建项目共27个(其中新开工项目13个)，完工项目10个。

**【双边海运合作交流】** 2013年，交通运输部继续推进双边海运磋商。与欧盟、美国、韩国、加拿大、丹麦举行定期海运磋商及政策交流。结合国际航运形势特点，双边海运磋商及政策交流主要围绕市场竞争秩序监管、综合物流体系建设、引导企业转型经营、节能环保技术应用等热点议题进行讨论。

中欧会谈中，双方总结回顾了《中欧海运协定》签署10年的执行情况，对中欧海运关系发展表示满意，对双边海运合作给予了高度评价。针对中国营改增税制改革对海运行业的影响、国际航运联盟趋势和竞争管制、船员签证待遇、中国上海自贸区试点建设，以及中国海事官员赴欧培训等议题，双方进行深入交流。双方表示，在节能环保技术应用、促进海运业竞争力、IMO/WTO多边合作、打击海盗等领域继续保持沟通。

中美会谈交流两国海运管理与政策的最新动态。美方介绍了巴拿马运河拓宽项目有关进展、"交通投资刺激经济复苏"（TIGER）政策、内河水运发展经验、北极航运政策以及船舶可替代能源项目研究的情况。双方还就硫排放控制、中国上海自贸区试点建设、《鹿特丹规则》、中国企业和工作人员在美投资、工作双重缴税等问题进行讨论。双方同意今后就中美无船承运业务司法协助解决法律赔偿继续磋商。

中韩会谈重点就航线开辟、竞争秩序监管、客运航线安全监管等问题进行了讨论。另外，双方还相互通报各自海运管理和政策制定的最新动态，韩方介绍北极航线试运行、岛际运输战略等，中方则介绍LNG动力船项目推进等情况。

中丹会谈着重就世界航运发展形势、"蓝色丹麦"国家战略、船舶吨位税制、船员所得税优惠待遇、引航管理体制、北极航行、水上客运安全管理等议题进行讨论。

（交通运输部水运局）

## 沿海港口建设与生产

**【港口建设】** 2013 年，面对交通运输发展的新形势和新任务，沿海港口建设围绕党中央全面建设小康社会的战略部署和全国交通运输工作会议精神，加强行业监管，实现了沿海港口建设的平稳、有序发展。全国水运建设完成投资 1528.46 亿元，其中，沿海建设完成投资 982.49 亿元，同比下降 2.2%。沿海港口新建及改(扩)建码头泊位 125 个，新增吞吐能力 30597 万吨，其中万吨级及以上泊位新增吞吐能力 27163 万吨。沿海港口重点建设项目有序推进，唐山港曹妃甸港区矿石码头三期工程、广东惠州港荃湾港区煤炭码头一期工程等 18 个国家重点水运工程初步设计获得部批复，深圳港盐田港区集装箱码头扩建工程、营口港鲅鱼圈港区 30 万吨级矿石码头、苏州港太仓港区三期工程等 16 个国家重点水运工程通过国家验收。

截至 2013 年底，全国港口拥有生产用码头泊位 31760 个，其中，沿海港口生产用码头泊位共 5675 个，同比增加 52 个；全国港口拥有万吨级及以上泊位 2001 个，同比末增加 115 个，其中，沿海港口万吨级及以上泊位 1607 个，较 2012 年增加 90 个。

2013 年，全国港口完成货物吞吐量 117.67 亿吨，其中，沿海港口完成 75.61 亿吨；全国港口完成外贸货物吞吐量 33.60 亿吨；其中，沿海港口完成 30.57 亿吨，占 90.98%；全国港口完成集装箱吞吐量 1.90 亿 TEU，其中，沿海港口完成 1.70 亿 TEU，同比增长 7.4%。

**【港口生产】** 2013 年全国港口生产运行态势平稳，主要生产指标继续保持平稳增长，主要特点如下：

货物吞吐量继续保持平稳增长，但增速有所放缓。2013 年，全国港口完成货物吞吐量 117.67 亿吨，同比增长 9.2%，增速较 2012 年提高 2 个百分点。其中，沿海港口完成 75.61 亿吨，内河港口完成 42.06 亿吨，分别增长 9.9%和 7.9%。

外贸货物吞吐量继续较快增长。2013 年，全国港口完成外贸货物吞吐量 33.60 亿吨，同比增长 9.9%。其中，沿海港口完成 30.57 亿吨，内河港口完成 3.03 亿吨，分别同比增长 9.7%和 11.8%。

集装箱吞吐量继续保持增长，增速有所放缓。全国港口全年完成集装箱吞吐量 1.90 亿 TEU，同比增长 7.2%，增速比 2012 年降低 1.2 个百分点。沿海港口完成 1.70 亿 TEU，内河港口完成 2053 万 TEU，比上年分别增长 7.4%和 5.3%。

港口旅客吞吐量增量呈下行态势。全国港口完成旅客吞吐量 1.85 亿人，比上年下降 4.8%。其中，沿海港口完成 0.78 亿人，内河港口完成 1.07 亿人，分别下降 1.2%和下降 7.3%。

集装箱、件杂货和滚装汽车吞吐量增长相对较快。全国港口完成液体散货吞吐量 9.48 亿吨，比上年增长 4.6%；干散货吞吐量 69.10 亿吨，增长 9.8%；件杂货吞吐量 11.67 亿吨，增长 9.6%；集装箱吞吐量（按重量计算）21.85 亿吨，增长 10.3%；滚装汽车吞吐量（按重量计算）5.57 亿吨，增长 4.5%。液体散货、干散货、件杂货、集装箱和滚装汽车在港口货物吞吐量中所占比重分别为 8.1%、58.7%、9.9%、18.6%和 4.7%。

**【港口理货服务】** 2013 年，中国外轮理货和中联理货两大理货系统面对严峻的航运形势，夯实传统主业，拓展延伸业务，全面提升管理服务水平，为海关、货主、码头等相关方提供优质服务。

2013 年，中国外轮理货总公司系统共完成船舶理货 37.8 万艘次，同比增长 3.57%；完成理货量 14.17 亿吨，同比增长 10.89%；完成集装箱理箱量 1.08 亿 TEU，同比增长 5.85%；完成装拆箱量 559.1 万 TEU，同比减少 0.50%。实现理货收入 22.51 亿元，同比增长 4.15%，安全生产形势保持总体稳定。

2013 年，中联理货公司系统共完成船舶理货 11.83 万艘次，同比增长 1.39%；完成集装箱理箱量 2034.8 万标箱，同比增长 3.27%；完成件杂货理货 4583 万件，同比增长 23.78%；完成件杂货理货量 2158 万吨，同比增长 17.89%；完成装拆箱理货量 117.7 万标箱，同比增长 2.53%；完成散装货物操作量 7148 万吨，同比增长 59%，完成中联理货系统全年目标任务。

**【港口安全生产】** 2013 年，港口安全生产以预防和减少生产安全事故为目标，以隐患排查治理为根本，以落实保障措施为关键，主要开展了以下工作：一是开展《港口危险货物安全管理规定》(2012年第9号令)的宣传贯彻工作，全面推进和加强港口危险货物安全监管。印发《港口货物重大危险源安全监督管理办法（试行)》(交水发[2013]274号)，作为《港口危险货物安全管理规定》(2012年第9号令)的配套性文件。二是与国家安监总局合作印发《交通运输部办公厅关于港区内天然气接收站罐区安全监管问题的复函》(厅函水[2013]116号)，明确监管职责。三是印发《交通运输部关于做好港口危险化学品储存设施安全监管职责交接工作的紧急通知》(交水发[2013]386号)，督促各地开展交接工作，18个省（自治区、直辖市）完成交接，明确了监管职责。四是制定港口安全专项检查方案，印发《关于开展港口危险货物安全管理互查的通知》（水运港口函[2013]555号)，组成6个互查组对12个省市进行互查，排查整改安全隐患。

**【苏州港太仓港区三期工程】** 2013年6月，苏州港太仓港区三期工程通过国家竣工验收，正式投入使用。工程建设4个5万吨级集装箱泊位及相应配套设施(水工结构均按靠泊10万吨级集装箱船设计)。设计年通过能力为200万标准箱，码头岸线长度1309米，码头陆域面积107.7万平方米，其中包括重箱堆场、空箱堆场及其他场地，并配套建设相应的生产机生产辅助建筑物。工程总投资约30.1亿元。工程于2008年11月开工，2010年8月完工。该工程设计合理，工艺设备选型合理，满足设计规范和港区生产的使用和管理要求，工程总体质量合格。工程的建设完成，对提高苏州港的集装箱吞吐能力，提升港口功能，适应苏州市及长江角地区港口集装箱吞吐量不断增长的需要，促进区域经济贸易进一步发展等方面均具有重要意义。

**【青岛港前湾港区招商局国际集装箱码头工程】** 2013年3月，青岛港前湾港区招商局国际集装箱码头工程（1#、2#、3#泊位）通过国家竣工验收，正式投入使用。工程建设3个10万吨级集装箱泊位（1#、2#、3#）及相应配套设施，设计年通过能力为201万TEU，码头岸线长度1210米，码头陆域面积75.1万平方米，其中包括重箱堆场、空箱堆场及其他场地，并配套建设相应的生产机生产辅助建筑物。工程总投资约23.1亿元。工程于2005年6月开工，2008年1月完工。该工程设计合理，工艺设备选型合理，满足设计规范和港区生产的使用和管理要求，工程总体质量合格。工程的建设完成，为适应青岛港集装箱吞吐量不断增长的需要，进一步促进青岛市、山东省经济社会发展和提高国际竞争力等方面均具有重要意义。

（交通运输部水运局）

# 海洋旅游业

## 综 述

面对日益复杂的生存环境和全球日益加剧的资源能源争夺，我国政府制定了国家海洋战略。旅游业把握国家发展海洋经济的战略机遇，加强组织领导，统筹规划，有序推动海洋旅游科学发展，努力把海洋旅游培育成为我国海洋经济、旅游经济的新增长点和新亮点。

**【我国海洋旅游业发展现状】 我国海洋旅游发展具备良好的基础条件** 我国海洋旅游开发具备丰富的资源条件、坚实的物质基础。从资源禀赋看，我国是海洋大国。我国海岸线长达1.8万千米，世界第四；面积在500平方千米以上的岛屿7000多个；气候类型多样，风光旖旎，发展海洋旅游资源基础优良。我国内地已有上海、天津、海南、厦门、青岛、大连等国际邮轮母港投入使用，"十二五"期间，有近十个城市做出了邮轮母港建设的规划。而在陆海统筹原则下，伴随着沿海地区经济的日益强盛、沿海经济带区域战略的制定实施以及包括高端装备制造的战略性新兴产业的培育，海洋旅游开发具备了坚实的物质基础。

**海洋旅游发展初具规模** 我国海洋旅游发展已初具规模。一是形成了一批具有特色的滨海城市旅游目的地，如三亚、青岛、大连、秦皇岛、烟台等；二是一些岛屿日益成为旅游热点，如海南岛、舟山群岛、广西涠洲岛等；三是邮轮旅游发展初具规模。我国各地邮轮港口、码头建设速度不断加快，邮轮旅游市场规模日益扩大。据统计，2013年全国港口接待邮轮达约380艘次，同比增长约34%，乘坐邮轮出入境人数119万人次，同比增长约80%。其中上海接待邮轮达195艘次，乘坐邮轮出入境人数75.88万人次；天津接待邮轮达70艘次，乘坐邮轮出入境人数25万人次；海南三亚接待邮轮达112艘次乘坐邮轮出入境人数33万人次。

**我国海洋旅游消费潜力巨大** 随着国家综合经济实力的增强，国民人均可支配收入的不断增加以及立体化交通网络体系的构建，以邮轮旅游和滨海、海岛体验为主的海洋旅游正成为中国居民新的休闲度假方式，为海洋旅游开发提供了充足的客源市场。目前，海南正处在爆发式发展阶段，天津、秦皇岛、青岛和厦门等滨海城市也已经成为居民出游的重要目的地。可以预测，未来几年，随着政策的完善和基础条件的改善，中国海洋旅游业必将走上快车道，并成为我国重要的旅游度假消费方式。

**我国海洋旅游发展面临的主要问题** 我国海洋旅游发展仍处于初级阶段，面临着不少困难和问题。一是产业政策缺失，从全国层面引导发展的力度不够；二是基础设施建设相对落后，海洋旅游人才缺乏，服务体系不健全；三是国内邮轮游艇装备制造业自主研发能力不足，缺乏竞争力；四是海洋旅游产品形式、内容单一，还没有形成专门的产品体系；五是客源市场潜力大，但消费引导不够，市场培育不足；六是基于本土文化特色的海洋旅游目的地还没有真正形成。

## 滨 海 旅 游

滨海旅游在我国旅游业发展中占有重要的地位。我国旅游业较为发达的省市，大多分布于沿海地区。2013年，我国滨海旅游业产业规模持续增大，成为占比份额较大的细分产业。全年实现增加值7851亿元，同比增长11.7%，以34.6%的占比继续位居主要海洋产业之首，达到历年最高。滨海旅游业已成为中国旅游业持续增长的主要动力之一。

**【滨海旅游带】 环渤海湾滨海旅游带** 经过多年的融合发展，环渤海区域海陆空立体交通网络体系初步建成，公共基础服务设施日臻完善，产业关联性和依存度不断增强，已经发展成为我国城市聚集，创新能力和综合实力最强的区域之一。2013年4月，国家旅游局批准天津滨海新区为中国邮轮旅游发展实验区，以推进完善邮轮产业政策体系、促进母港建设管理能力、提升邮轮产业服务质量、培育本土邮轮服务力量、扩大邮轮经济产业水平等方面为主要内容。8月，首届环渤海文化旅游发展论坛在葫芦山庄举行，重点研讨了环渤海沿线在中国北方文化旅游发展中的战略定位、市场定位、产品定位以及区域性市场资源整合，启动跨区域市场营销合作，提出把环渤海经济圈建成国内海洋创意文化产业的先导区。

**“长三角”滨海旅游带** “长三角”地区海洋经济总量持续增长，海洋交通运输业、海洋船舶工业、滨海旅游业、海洋电力业、海洋工程建筑业、海洋生物医药业六大海洋产业发展较快，区域旅游合作日益紧密。1月，上海启动了“2013中国海洋旅游年上海首游式”，加大对邮轮旅游、休闲度假、体育健身、创意文化等新产品开发力度，积极推进滨海旅游、邮轮旅游、海洋科普旅游、水上旅游等产业不断发展。

**海峡西岸滨海旅游带** 海峡西岸围绕“海峡旅游”品牌，整合优势资源，不断完善旅游景点及配套设施建设，加快形成东部蓝色滨海旅游带和西部绿色生态旅游带。特别是东部蓝色滨海旅游带，将以福州昙石山文化遗址、三坊七巷、莆田妈祖文化、屏南白水洋、福鼎太姥山、雁荡山等为重点，积极发展滨海旅游和文化旅游，打造以福州为中心的海峡西岸东北翼旅游产业集群；以厦门鼓浪屿、海上丝绸之路泉州史迹、潮州历史文化名城、漳州滨海火山、南澳国际生态海岛等为重点，积极发展滨海旅游和文化旅游，打造以厦门为中心的海峡西岸南翼旅游产业集群。

**“珠三角”滨海旅游带** “珠三角”海洋经济区的临海工业、海洋交通运输业和海洋新兴产业快速发展，重点提升海洋自主创新能力，积极培育海洋新兴产业，突出发展海洋高端制造业和现代服务业。广东省将”珠三角”、粤东、粤西三大海洋经济区作为发展海洋经济的主体区域，涵盖了广州、深圳、惠州、汕头和湛江为首的五大区域海洋经济重点市。

**海南省国际旅游岛** 海南省国际旅游岛建设提速，推进了国内岛屿的开发建设。海南邮轮游艇业、高尔夫休闲旅游业等旅游新兴业态不断发展，为海南旅游创新发展奠定了基础。2013年，海南实现旅游业增加值229.96亿元，占全省地区生产总值的7.3%，海南省共有宾馆酒店3000余家，其中五星级25家，国际知名酒店管理集团已有20家进驻。A级旅游景点48家，其中5A级4家。海南旅游直接从业人员超过40万人，旅游业创造的就业岗位达到130万个。邮轮旅游和海上旅游快速发展。2013年，海口、三亚两个邮轮码头共出入境邮轮274艘次，同比增长66.1%。

**【滨海旅游城市】** **青岛市** 青岛市接待国内外游客6280万人次，同比增长10%；实现旅游收入936亿元，增长16%。青岛位列福布斯中国大陆旅游业最发达城市30强排行榜第13位，较2012年上升4位，城市旅游综合实力明显提高。青岛市旅游业发展主要取得了三方面成绩：①完善旅游规划体系，加快全域统筹步伐。修编发布了《青岛市旅游总体规划》，编制发布《大沽河生态旅游轴带规划》，发布实施《邮轮产业规划》。 ②推进重点项目建设，增强产业集聚效应。确定重点项目139个，规划总投资2800亿元。积极开展“双月奋战”活动，年度完成投资230亿元。国际邮轮母港启动片区的邮轮母港码头主体工程正式通过验收，世园会、大沽河综合治理等一大批项目建设快速推进。③打造旅游主题形象，提高城市影响力。创设了“红瓦绿树、碧海蓝天•追梦青岛”旅游主题形象，精心设计形象LOGO和度假天堂、山海名城等分支品牌，完善城市旅游形象体系。

**烟台市** 烟台市全年共接待海内外游客5003.51万人次，实现旅游收入543.05亿元，同比增长11.12%和14.20%。烟台市旅游业发展主要取得了三方面成绩：①推进旅游项目建设。全市在建旅游项目82个，总投资2797.3亿元，完成投资202.9亿元。制定出台了《重点旅游项目考核办法》。②制定完善相关规划和标准。制定了《关于进一步推进全市旅游信息化和智慧旅游建设工作的意见》，完成《烟台市旅游公共服务设施规划》招标工作，筹备成立烟台市邮轮游艇行业协会，拓展海上旅游航线，积极推进邮轮游艇产业发展。③加强合作交流。组织参加了国内旅游交易会、韩国国际旅游展、东亚经济交流推进机构旅游年会，组织举办了“仙境海岸”中外旅行商采购大会。与贵阳市、北京朝阳区、上海黄浦区、哈巴罗夫斯克等签署了旅游合作协议，与青岛、威海、日照签署了仙境海岸合作宣言，设立了烟台（上海）旅游推广中心，首次开通至哈巴罗夫斯克旅游包机。

**威海市** 威海市共接待海内外游客2996.74万人次，旅游总收入338.85亿元，同比增长10.39%和14%。威海市旅游业发展主要取得了三方面成绩：①改革创新取得新突破。实施全域景区化战略，提出了“一核两带八区”的旅游发展空间布局。制定出台了《关于提升旅游业综合竞争力建设旅游强市的意见》及配套实施方案，《威海市旅游标准化发展规划（2012-2016）》、《威海市旅游标准化管理办法》，编制了《开心农场旅游服务规范与评定标准》、《精品采摘园旅游服务规范与评定标准》、《汽车露营地旅游服务星级评定标准》、《威海市环城市旅游休憩带规划》等。②旅游发展实现新突破。全市新增7家3A级景区，启动了首批151户乡村旅游“改厨改厕”工程，新增旅游强乡镇4个、旅游特色村5个、农业旅游示范点7个、工业旅游示范点2个、星级农家乐5个。③旅游信息化迈上新台阶。制定《威海旅游咨询服务规范》，《威海智慧旅游系统项目建设方案》通过专家评审，旅游触摸屏系统实现联网更新，完成景区、旅行社、星级酒店旅游信息电子认证。

**厦门市** 厦门高端旅游基础设施建设不断加快，国际豪华邮轮码头、五缘湾海上休闲运动基地、香山国际游艇俱乐部等已经建成或在建，有力地支持了厦门海洋旅游的全面升级。为开发新型高端海洋旅游产品，厦门积极发展邮轮、游艇、游船等“三船”旅游产品，推动开辟厦门至澎湖和台湾本岛的邮轮旅游航线；同时大力发展对台特色旅游，努力构建对台旅游的重要口岸城市。

**漳州市** 漳州加大滨海旅游政策扶持、资金投入和资源整合力度，以漳州滨海火山国家地质公园和东山风动石旅游区为龙头，整合漳浦、东山、龙海、云霄和诏安等县滨海风光、温泉休闲、人文史迹和自然生态等资源，初步形成了滨海旅游“双核”（东山岛、漳州滨海火山国家地质公园）驱动的产业格局，基本建成了独具特色的滨海观光休闲度假区、滨海火山探险旅游区、台胞寻根谒祖旅游区和金汤湾海水温泉度假区，成为漳州旅游产业的核心品牌之一。

**宁波市** 宁波市接待游客3793.9万人次，旅游总收入325.07亿元。在建旅游项目29个，总投资478.22亿元，年度完成投资38.54亿元。其中慈溪嘉丽环球中心、阳光海湾、宁波杭州湾湿地环境教育中心、宁海湾横山岛群开发、宁海湾游艇俱乐部、白沙湾度假村等滨海旅游项目已完工或部分建成。宁波市已形成以杭州湾、象山港、三门湾为板块，杭州湾片区、镇海北仑片区、梅山春晓片区、象山港片区、松兰山—大目湾片区、石浦—大塘港片区、宁海三门湾片区等一批海洋旅游产品聚集区，推出了海洋观光、海钓、游艇、海洋节庆、海洋休闲度假等多类型的海洋旅游产品。

**湛江市** 湛江市接待游客2543.3万人次、总收入155.5亿元，分别同比增长13.6%和22.3%，旅游增加值80亿元，约占全市生产总值的3.88%。全市重点旅游项目完成旅游投资48亿元，增长6.67%。湛江市旅游发展主要取得了三方面成效：①“五岛一湾”建设呈现新风貌。以“五岛一湾”滨海旅游产业园为龙头，推进金沙湾、广州湾、吉兆湾、南三岛特呈岛和大湖光岩等五大旅游圈联动建设。②重点旅游项目建设提速。推进金沙湾花园酒店、喜来登酒店等18个超亿元重点旅游项目加快建设，有吉兆湾国际海洋生态度假中心首期、廉江谢鞋山景区等一批重点旅游项目建成开业。③首届湛江海洋周创造效应。围绕“南国港湾、欢乐海洋”的主题，精心组织了海洋周开幕式等13项特色大型活动。

## 海岛旅游

我国不少岛屿拥有丰富的旅游资源，地理位置优越，海岛旅游开发潜力巨大。海岛旅游成为滨海旅游开发的前沿和滨海旅游开发的重要组成部分。

**【浙江省舟山群岛】** 舟山全市共接待境内外游客3067.47万人次，旅游收入300.12亿元，分别同比增长10.7%和12.5%。舟山市突出“海”、“佛”主题，继续推进和提升大众海钓游、海鲜美食游、度假会展游、海洋文化游、舟山群岛海上游、农（渔）家乐游、禅修体验游、佛教文化旅游等海洋“八大游”项目建设，打造海洋旅游精品产品。年度完成投资 32.5 亿元。舟山群岛国际邮轮码头、定海凤凰岛游艇俱乐部、普陀莲花岛素斋馆等旅游项目稳步推进或部分完工，一批渔家宾馆、民宿完成提升改造。景区管理不断提升，舟山群岛定海、普陀国际旅游度假区获省政府批准。朱家尖启动 5A 级景区创建。深入推进旅游综合改革，会同市国土局完成《国家试点城市旅游用地改革方案》，向国土资源部申报待批；会同舟山市人力社保局在国内率先出台了导游人员享受相应专业技术人员待遇的规定。

**【福建省湄州岛】** 湄洲岛位于海峡西岸中部，与宝岛台湾一水相连。湄洲岛 1992 年成为国务院批准创办的国家旅游度假区，2002 年 2 月被评为国家 AAAA 级旅游景区，2012 年被批准为国家风景名胜区，近年来先后荣获“全国首批特色景观旅游名镇”、“海峡两岸交流基地”、“中国十大名岛”、等称号。湄洲妈祖文化独具特色，2009 年 9 月，《妈祖信俗》被联合国科教文组织列入世界非物质文化遗产代表作名录。2013 年，出台了《关于加快湄洲岛国家旅游度假区发展的若干意见》，计划连续 3 年（2013 年 10 月至 2016 年 10 月）每年投资 10 亿元支持湄洲岛基础设施建设。湄洲岛围绕“朝圣岛、度假岛、生态岛”和世界妈祖文化中心的建设目标，按照“一岛三片”的思路，充分发挥妈祖文化、滨海旅游资源和对台优势，不断完善度假区功能，促进湄台交流与合作，确保了度假区旅游业的可持续发展。

**【广西北海涠洲岛】** 涠洲岛旅游区实现接待上岛游客 57 万人次，同比增长 46％，实现旅游总收入 3.7 亿元，全年完成固定资产投资 5 亿元。2013 年内完成了鳄鱼山景区道路修复、迎宾风情长廊、天主教堂一期绿化工程、主标志碑至南湾海景酒店道路绿化改造工程以及天主教堂旅游商品市场及停车场等 5 个旅游基础设施项目建设；完成了涠洲岛自然保护区湿地生态修复一期工程、农村环境连片整治工程、涠洲岛海洋海岸岸线环境整治工程、公共租赁住房项目、垃圾转运站以及污水处理厂厂区及 1 号泵站等 6 个公共基础设施项目建设。涠洲岛上的核心景区—鳄鱼山景区先后举办了“五一环岛骑行”、“愿留涠洲”等系列以涠洲特色文化为核心的主题活动。涠洲岛荣获 2013 年度中国旅游产业发展年会“2013‘美丽中国’十佳海洋旅游目的地”称号；被中国旅游电视协会评为“第四届中国最令人向往的地方”。

（国家旅游局）

# 海洋管理

## 海洋立法与规划

### 综　述

2013 年，我国海洋政策法规与规划工作围绕海洋发展的一些重点、热点、难点、敏感和紧迫的问题，开展大量基础性的、深入的调查研究，为国家决策提供参考，取得了海洋战略研究与规划工作进一步深化、海洋法律法规的制度稳步开展、海洋经济试点及经济调查工作扎实推进、依法行政得到加强等一些成效，在国家海洋事业发展中发挥着越来越重要的作用。

### 海洋规划

**【《国家海洋事业发展“十二五”规划》宣贯工作】** 通过《中国海洋报》、海洋局网站发表刘赐贵局长就贯彻落实《国家海洋事业发展“十二五”规划》（以下简称《规划》）署名文章、王宏副局长专访、《规划》新闻宣传通告，以及分 4 期将《规划》全文连载，由权威专家对相关内容进行解读，并编印《规划》文本，进一步促进了《规划》的贯彻落实。

**【海洋经济规划指导与调节】** 全面推进《全国海洋经济发展“十二五”规划》宣贯与实施，在主要媒体上分别刊载了刘赐贵局长的署名文章和王宏副局长专访，编印了《“十一五”国家和地区海洋经济发展情况》、《“十一五”海洋经济主要数据》、《全国海洋经济发展“十二五”规划专题研究报告》等系列宣贯材料；会同有关部门积极推进全国海洋经济发展部际联席会议机制建立，并征求 40 余个国务院有关部门、集团公司、行业协会及总参谋部的意见；推进山东、浙江、广东、福建、天津等开展的全国海洋经济发展试点工作，研究拟定国务院“关于促进海洋经济发展的若干意见”。

大力推进首次全国海洋经济调查。2012 年底，国务院批准同意开展第一次全国海洋经济调查。首次全国海洋经济调查，是我国海洋经济管理的里程碑事件，对拓展海洋管理职能具有重大意义。第一次全国海洋经济调查工作总体方案和管理办法（征求意见稿），已发送 17 个国务院部门、11 个沿海地方人民政府、国家海洋局属各单位和机关部门征求意见，并已通过专家论证；编制形成了《海洋及相关产业分类》（调查用）标准初稿。同时，反复与全国第三次经济普查办公室沟通、协调，编制了海洋经济调查对三次经普的数据提取方案。

加快提升海洋经济的监测与评估能力。稳步推进国家海洋经济运行监测与评估系统能力建设工作，指导 11 个沿海省（区、市）和 5 个计划单列市开展 2011 年度省级海洋经济运行监测与评估系统建设，编制 30 余期省级海洋经济运行监测与评估系统建设专刊，刊载各地系统建设总体进展和经验成果。

加快完善海洋经济标准体系。修订《海洋及相关产业分类》国家标准，印发实施《海洋经济运行监测和评估标准体系》、《海洋高技术产品分类》、《海洋经济统计指标》等行业标准。

### 海洋立法

2013 年，海洋法制建设再上新台阶，在完善海洋立法、强化执行监督、梳理涉海法律等方面取得新进展，初步形成了覆盖海洋管理各个领域、功能完备、措施有力的海洋法制工作体系。

集中力量推动海洋立法。2013 年共有 5 个立法项目取得了重大进展。《海洋基本法》和《深海海底区域资源勘探开发法》已列入第十二届全国人大立法规划。《南极活动管理条例》、《海洋环境保护法》修订和《海洋石油勘探开发环境保护管理条例》修订列入了国务院立法计划。

梳理涉海法律法规工作。会同公安部边防局、海关总署、农业部渔业局梳理完成涉海法律、法规、规章及规范性文件共235件，其中法律33件，法规28件，规章33件，规范性文件64件，为下步完成立法修订打下了坚实基础。组织完成了行政审批制度改革后续法律法规修订项工作，维护了国家海洋主管部门的管理职责。

积极稳妥推进海洋督察。2012年东海分局根据国家海洋局指示，在东海区三省一市开展了海洋督察试点工作，对海洋开发、管理和保护全程进行督察。2013年8月，全国海洋系统海洋督察试点总结经验交流会在北京召开，就先行先试地区和单位的督察经验与不足进行梳理，随后形成了《海洋督察工作管理规定》等制度。海洋督察制度的有序推进，对落实各项海洋政策、措施，及时纠正不当行为，提高依法行政和海洋管理服务水平大有裨益。

2013年，全国各级海洋主管部门收到行政复议申请44件，受理32件，已全部审结，其中驳回申请1件，维持原行政行为4件，调解7件，申请人撤回申请20件。应诉行政案件7件，已全部结案，其中驳回起诉1件，驳回诉讼请求3件，维持2件，撤诉1件。举行海洋工程行政许可听证等各类听证337次，其中听证结果全部被采纳327件，部分被采纳10件。

（国家海洋局战略规划与经济司）

## 海洋政策

**【国务院发布关于促进海洋渔业持续健康发展的若干意见】** 2013年3月8日，国务院发布了《国务院关于促进海洋渔业持续健康发展的若干意见》。《意见》明确了今后一段时期海洋渔业发展的指导思想、基本原则、目标任务和政策保障，出台了一系列支持渔业发展的措施。

**【《关于全面实施以市场化方式出让海砂开采海域使用权的通知》印发】** 2012年12月28日，国家海洋局印发《关于全面实施以市场化方式出让海砂开采海域使用权的通知》，明确了全面实施海砂开采海域使用权市场化配置工作的各项工作要求，并提出了妥善解决已经受理审查的海砂开采用海项目的处理政策。该通知规定，海砂开采海域使用权由沿海省（区、市）海洋行政主管部门以拍卖挂牌等市场化方式依法出让；海砂开采海域使用权一次性出让，年限最长不超过3年。同时，该通知中确定了禁止和严格限制海砂开采用海活动的区域，同时鼓励和引导发展深海海砂开采技术，促进海砂开采向深远海区域发展。该通知还明确规定了各级海洋部门及其海监机构、纪检监察部门在海砂开采用海监督管理方面的职责和内容。该文件的印发，有利于全面深化海域资源市场化配置工作。

**【《海洋站水文气象观测设备与系统集成通用技术要求（试行）》发布】** 2013年9月9日，国家海洋局发布《海洋站水文气象观测设备与系统集成通用技术要求（试行）》，以规范海洋站水文气象观测仪器设备的检验、测试和评估方法，提高观测仪器设备的可靠性、维修性和环境适应性，极大推进海洋观测仪器设备的标准化。该项技术标准的发布，将为海洋站仪器设备的入网采购、检验、测试和评估提供技术依据。

**【《海洋科学技术奖奖励办法》出台】** 2013年3月29日，国家海洋局公布修订后的《海洋科学技术奖奖励办法》（暂行）。该办法规定，海洋科学技术奖是全国海洋行业的综合性科学技术奖，奖励范围包括在海洋环境保护、海洋综合管理、海洋公益服务、海洋安全保障与权益维护、海洋资源开发利用以及海洋经济与社会可持续发展等领域海洋科学技术研究与成果转化取得突出贡献的科技成果。办法明确，海洋科学技术奖设立一等奖和二等奖两个等级。在推动海洋科学技术进步、海洋经济与社会发展或海洋安全与权益维护等方面做出特别重大贡献，在国内外产生特别重大影响的成果，可授予特等奖。海洋科学技术奖每年奖励1次，每年3月1日至4月30日为海洋科学技术奖推荐受理时间。该奖是推荐国家科学技术奖的基础，国家海洋行政主管部门将从历年获奖项目中择优推荐申报国家科学技术奖。

**【《海洋灾情调查评估和报送管理规定（暂行）》出台】** 2013年6月27日，国家海洋局印发《海洋灾情调查评估和报送管理规定（暂行）》。该规定共分6章16条，主要制定了3项制度，一是海洋灾情报送制度，二是灾害现场调查制度，三是灾情信息员制度。该规定的出台，有利于加强海洋灾情调查和评估工作的管理，规范海洋灾情调查评估活动，完善海洋减灾业务体系，保证海洋灾情数据的客观、准确、及时地报送。

**【《国家海洋局海洋工程环境影响报告书核准程序》出台】** 2013年2月7日，国家海洋局办公室印发《国家海洋局海洋工程环境影响报告书核准程序》，对该核准程序的适用范围、工作依据、工作机构、标准工作程序等进行了规定。 国家海洋局负责核准的海洋工程环境影响报告书涉及国家海洋权益、国防安全等特殊性质的工程，海洋矿产资源勘探开发及其附属工程，50 公顷以上的填海工程，100 公顷以上的围海工程，潮汐电站、波浪电站、温差电站等海洋能源开发利用工程和由国务院或国务院有关部门审批的海洋工程等 5 个方面。国家海洋局还将成立海洋工程环境影响报告书核准工作委员会，讨论审议海洋工程环境影响报告书的审查情况及初步审查结论，并提出报告书的拟核准意见。

**【《警戒潮位核定管理办法》出台】** 2013年1月11日，国家海洋局出台《警戒潮位核定管理办法》。该办法要求，沿海省级海洋主管部门发现与防潮减灾不相适应的警戒潮位值应及时重新核定，警戒潮位应每 5 年核定一次。该办法主要规范了核定警戒潮位的职责分工、技术审查与发布流程、核定时限等方面的工作。在职责分工方面，明确了警戒潮位核定工作的责任主体是地方政府，并规定了国家海洋局、沿海省级海洋行政主管部门、国家海洋局各海区分局以及国家海洋局海洋减灾中心在核定工作中的具体职责。该办法提出，沿海省级海洋主管部门应定期组织开展警戒潮位值的评估，发现与防潮减灾不相适应的警戒潮位值应及时重新核定，警戒潮位应每 5 年核定一次。该办法的出台将进一步促进警戒潮位核定工作的科学管理，加速推进警戒潮位核定工作的标准化进程，并保证新核定的警戒潮位结果合理、核定过程合规。

**【《国家海洋局关于对区域用岛实施规划管理的若干意见》出台】** 2012年12月12日，国家海洋局印发《国家海洋局关于对区域用岛实施规划管理的若干意见》。该意见旨在实行区域用岛规划制度，以解决无居民海岛发展空间局促，交通、水、电等基础设施薄弱，投资成本过高等因素造成海岛开发难度较大，资源优势难以发挥的问题。《意见》对区域用岛规划的编制、论证、审查作了详细规定，并提出几点要求：一是简化对政府实施项目的管理；二是优化对单宗项目用岛的管理；三是严格区域用岛规划的管理。《意见》的出台，对促进海岛科学开发，发挥地方各级政府在海岛开发利用活动中的引领作用，统筹优化开发利用布局，提高海岛开发利用价值，加快海岛地区经济发展具有重要意义。区域用岛是指市、县级人民政府对一个或多个可利用无居民海岛及其周边海域进行整体规划，并由地方政府依据规划先期开展码头道路、供水供电等基础设施建设（含纳入海岛管理的围填海工程）。这种用岛方式，目的是为单位或个人开发利用和保护海岛及岛群，提供必要的基础条件。

**【《海域评估技术指引》发布】** 2013年11月13日，国家海洋局发布《海域评估技术指引》。《指引》内容包括适用范围、术语和定义、海域评估原则、海域价格评估、海域基准价格评估 5 个章节。该指引明确了海域价格和海域基准价格的定义，厘清了海域价格与海域使用金、海域产品价格、海域资源价格和海洋生态价值等概念的区别与联系，并确立了 5 种海域价格评估方法。《指引》主要依据空间资源价格评估的基本理论，在借鉴土地、房地产和资产评估技术要求的基础上，结合海域资源特点，对海域价格评估和海域基准价格评估的原则、程序和方法等作出规定。《指引》在借鉴已有评估方法的基础上，结合海域的特殊性，确立了收益法、成本逼近法、假设开发法、市场比较法和基准价格系数修正法 5 种方法作为海域评估的基本方法。《指引》出台对于完善海域评估制度，规范海域评估行为，健全海域资源市场化配置机制具有重要意义。

**【《海岛整治修复项目管理暂行办法》出台】** 2013年10月18日，国家海洋局印发《海岛整治修复项目管理暂行办法》，进一步规范海岛整治修复项目管理工作。该办法提出，省级海洋主管部门要组织编制本地区海岛整治修复规划，并根据当地社会经济发展与海岛地区需求进行修编，至少每 5 年修编一次；根据所编制的海岛整治修复规划，建立省级海岛整治修复项目库，并报国家海洋局备案。该办法要求，地方各级海洋主管部门应积极争取财政支持，从海域使用金和无居民海岛使用金中安排资金，纳入预算，用于编制海岛整治修复规划、项目库建设与地方配套资金等。

**【《海岛整治修复项目验收暂行办法》出台】** 2013 年 10 月 18 日，国家海洋局印发《海岛整治修复项目验收暂行办法》，进一步规范海岛整治修复项目验收相关工作。该办法规定，海岛整治修复项目验收包括省级自验收、财务验收和国家竣工验收，验收主要内容包括项目完成情况、项目组织管理、项目财务管理、项目档案管理等 4 个方面。办法还明确规定了验收有关程序。

**【《南极考察队管理规定》颁布实施】** 2013 年 1 月 5 日《南极考察队管理规定》颁布实施。该规定按照统一指挥、归口管理，分工协作、分级负责的工作原则，确立了考察队实行临时党委领导下的领队负责制，领队、站长与船长分别为南极考察队、考察站与考察船的第一责任人的责任制度；并在此基础之上，明确了考察队中各岗位人员的职责范围，建立并规范了安全责任人制度。同时，规定中首次明确提出南极考察活动将设立监督制度，由国家海洋局派出监督检查员，对南极考察活动及涉及地区实施安全生产、环境保护、许可检查等进行监督管理。该规定的出台，对提高我国南极考察队管理水平，促进南极事业健康发展具有极其重要的作用。

**【《国家海洋局法律专家咨询委员会工作规则》印发】** 2013 年 1 月 21 日，国家海洋局印发《国家海洋局法律专家咨询委员会工作规则》。《规则》明确了法律专家咨询委员会的工作职责、专家咨询委员会组成、法律专家咨询委员的权利义务以及开展工作方式等。成立国家海洋局法律专家咨询委员会，对于完善海洋决策机制、提高海洋法制工作效率和质量等具有重要作用。

**【《关于完善国家海洋局直接受理项目用海审查工作有关问题的通知》发布】** 2013 年 3 月 4 日，国家海洋局发布《国家海洋局关于完善国家海洋局直接受理项目用海审查工作有关问题的通知》。《通知》要求严格建设项目用海预审制度，进一步规范了省海洋行政主管部门初审工作，改进了项目用海申请审批程序。该《通知》发布，有助于进一步规范报国务院批准的项目用海管理，提高用海审批效率。

**【《关于进一步加强海洋工程建设项目和区域建设用海规划环境保护有关工作的通知》】** 2013 年 4 月 2 日，国家海洋局印发《关于进一步加强海洋工程建设项目和区域建设用海规划环境保护有关工作的通知》。通知要求，认真做好海洋工程建设项目环境影响报告书的核准工作；严格审查区域建设用海规划环境影响专题篇章；加强海洋工程建设项目和区域建设用海规划监督检查。

**【《国家海洋局关于开展海岛生态建设实验基地试点工作的意见》出台】** 2013 年 4 月 3 日，国家海洋局印发《国家海洋局关于开展海岛生态建设实验基地试点工作的意见》。该意见提出，我国“十二五”期间将建立 15 个～20 个海岛生态建设实验基地，探索绿色、环保、低碳、节能的海岛开发与保护并重的生态型发展模式。

**【《水运工程建设项目招标投标管理办法》出台】** 2012 年 12 月 20 日，交通运输部颁发 2012 年第 11 号部令，公布了《水运工程建设项目招标投标管理办法》，并将于 2013 年 2 月 1 日起施行。《办法》坚持原则性与操作性相结合，在严格遵守上位法有关规定的基础上，结合水运工程建设项目招标投标实际，细化和完善了操作环节，着力解决水运工程招投标实践中存在的突出问题，进一步规范招标投标行为。《办法》共 7 章 74 条，《办法》的公布实施有助于进一步规范水运工程建设项目招标投标活动，保护招标投标活动当事人的合法权益，保证水运工程建设项目的质量。

**【《渔业船舶水上安全事故报告和调查处理规定》出台】** 2012 年 12 月 25 日，农业部颁发 2012 年第 9 号部令，公布了《渔业船舶水上安全事故报告和调查处理规定》。《规定》共 6 章 41 条，包括了水上安全事故报告、事故调查、事故处理、调解等内容，《规定》将自 2013 年 2 月 1 日起施行。

**【《海洋生态损害评估技术指南（试行）》发布】** 2013 年 8 月 21 日，国家海洋局印发《海洋生态损害评估技术指南（试行）》。该指南规定了海洋生态损害评估的工作程序、方法、内容及技术要求。该指南适用于在我国内水、领海、毗连区、专属经济区和管辖的其他海域内人为活动和突发事件造成海洋生态损害的评估，也适用于在我国管辖领域以外，造成我国管辖海域生态损害的评估。指南将海洋生态损害评估工作分为准备阶段、调查阶段、分析评估阶段和报告编制阶段，对各个阶段的程序、办法、内容及技术要求做了详细阐述。指南的出台为建立完善海洋生态环境损害赔偿制度和开展海洋生态损害评估工作提供了依据。

**【《浙江省海域使用管理条例》颁布】** 2012 年 11 月 29 日，浙江省人大常委会发布第 86 号公告，公布了《浙江省海域使用管理条例》。该条例共 6 章 45 条，分总则、海洋功能区划、海域使用权的取得、海域使用与保护、法律责任、附则等，将自 2013 年 3 月 1 日起正式实施。该条例在《中华人民共和国海域使用管理法》的框架下，根据《物权法》的相关规定，强化了海域使用权的用益物权属性，并对海洋生态环境保护、海域使用权人权益保障、农村养殖海域使用权的权益维护等做出了规定。

**【《广西壮族自治区海洋环境保护条例》】** 2013 年 11 月 28 日，广西壮族自治区十二届人大常委会第七次会议通过《广西壮族自治区海洋环境保护条例》，2014 年 2 月 1 日起施行。该条例共 7 章 45 条，包括了海洋环境监督管理、海洋生态保护、海洋环境污染防治、海洋环境影响评价以及法律责任等内容，并结合广西实际情况，明确了沿海县级以上政府及其海洋、环保等部门对海洋环境监督管理的职责分工和协作。这是广西第一部规范海洋环境保护的地方性法规，对于保护和改善海洋环境，合理开发利用海洋资源，促进经济社会可持续发展具有十分重大的现实意义。

**【《山东省渤海海洋生态红线区划定方案》发布】** 2013 年底，山东省政府印发《山东省渤海海洋生态红线区划定方案》。该方案有效期限为 2013 年—2020 年。划定范围涉及海域总面积 16313.90 平方千米，为山东省管辖全部渤海海域；红线区总面积 6534.42 平方千米，占该省管辖渤海海域总面积的 40.05%，红线区划定范围内，岸线总长度为 931.41 千米。该方案将山东省渤海海洋生态红线区划定分为 23 个禁止开发区和 50 个限制开发区。该方案的发布，有利于改善渤海海洋生态环境，维护海洋生态系统健康。 （国家海洋局政策法制与岛屿权益司）

# 海域使用管理

## 综述

2013 年是全面贯彻落实党的十八大精神的开局之年，也是建设海洋强国的起步之年。全国各级海洋行政主管部门以科学发展观为指导，以合理配置海域资源、保障海洋经济发展为第一要务，坚持“五个用海”，加快转变政府职能，优化海洋空间开发布局，集约节约利用海域和岸线资源，海域管理各项工作扎实推进。2013 年，全国共颁发海域使用权证书 7 315 本，新增确权海域面积 35.49 万公顷，征收海域使用金 108.92 亿元。

**【海洋功能区划】** 印发了《关于组织开展市县级海洋功能区划编制工作的通知》和《市县级海洋功能区划编制技术指南》，规范市县级海洋功能区划编制和报批工作，明确要求市县级海洋功能区划要做到与所在地区的省级海洋功能区划的功能区边界一致、管理要求一致和目标指标一致。

**【围填海管理】** 2013 年，认真落实国家推进经济结构战略性调整的要求，合理安排围填海计划指标，全年共安排了建设用围填海计划指标 18382.47 公顷，农业用围填海计划指标 1607.32 公顷，优先保障了国家重点基础设施、产业政策鼓励发展项目和民生领域项目，围填海计划执行情况良好。

优化围填海计划管理台账管理，实现了中央及地方围填海计划指标下达、安排和核减的动态监管。加大围填海项目占用海岸线的审查力度，保护和节约利用海岸线资源。2013 年，全国共批准围填海项目 377 个，确权围填海面积 13169.54 公顷。

**【海域权属管理】** 2013 年，落实国家宏观调控和产业政策，规范海域使用申请审批，依法推进海域使用权招标拍卖挂牌，提高海域资源配置和保障能力。印发了《国家海洋局关于完善国家海洋局直接受理项目用海审查工作有关问题的通知》，规范了项目用海预审制度，加强了省级海洋行政主管部门初审工作，进一步优化了项目用海申请审批程序。印发了《海域使用权登记技术规程（试行）》，规范了海域使用权登记行为，完善了海域使用权登记制度。全年通过国家海域动态监视监测管理系统统一配号并颁发了海域使用权证书 7315 本，新增确权海域面积 354979.33 公顷。全国批准海域使用申请并颁发了海域使用权证书 3881 本，确权海域面积 349587.57 公顷。优先保障了国家重大基础设施、重点海洋产业等用海需求，全年报国务院批准重大项目用海 27 个，批准用海 4583.95 公顷，出具项目用海预审意见 23 个，预审核定用海面积 2592 公顷。全国通过招标、拍卖、挂牌颁发海域使用权证书 56 本，确权海域面积 5391.76 公顷，征收海域使用金 10081.54 万元。全国办理了海域使用权抵押权利证明 545 个，涉及海域面积 48686.62 公顷，金融机构发放抵押贷款 2915660.36 万元。

**【海域使用金征缴】** 2013 年，各级海洋部门进一步加强海域使用金征收管理，严格按程序开展海域使用金减免审查，实现了海域国有资源性资产的保值增值。全国征收海域使用金 1089241.12 万元。其中，缴入中央国库 326772.33 万元，缴入地方国库 762468.79 万元。全国减免海域使用金 26914.83 万元。

**【专项用海管理】** 进一步规范了海底电缆管道用海管理，优化审批程序，提高审批效率。2013 年，批准了国际海底光缆路由调查 3 项。组织开展了全国海底电缆管道海域使用管理排查整治，重点排查海底电缆管道项目路由调查、铺设施工许可和海域使用许可办理情况，查找了海底电缆管理海域使用管理存在的问题和用海安全隐患，并及时进行整改，强化了企业主体责任和管理部门监管责任。

**【海域动态监视监测】** 深化国家海域动态监视监测管理系统建设与运行，不断完善海洋综合管控体系。2013 年，完成了 2 次全海域 30 米分辨率卫星遥感监测，对近岸海域开展了 1 次 2.5 米分辨率高精度卫星遥感监测。通过卫星遥感监测，发现了海域使用疑点疑区 47 个。各海区航空支队完成了近岸约 2.7 万平方千米重点海域的航空遥感监测。大力推进辽宁省、江苏省和海南省国家级海域无人机遥感监视监测基地建设，购置了无人机 6 架。利用无人机对大连、盘锦、营口、舟山、东营、烟台、汕头、南通等重点海域开展了监视监测 130 余架次，作业面积约 400 平方千米。组织省级、市级海域动态监管中心开展了重点项目用海现场监测，监测重点用海项目 566 个，监测海域面积 451.40 平方千米。推进远程视频监控系统建设与集成，在海南省三沙市永兴岛建设了远程视频监控，利用沿海各地远程视频监控对重点海域和重点项目进行了全方位、全天候的实时监控。组织拟订了《国家海域动态监视监测管理系统运行管理办法》、《海域卫星遥感动态监测技术规程》等 9 项海域动态监视监测相关管理办法和技术规范。举办了两期国家海域动态监视监测管理系统业务培训班，培训技术人员 200 余人。国家海域动态监视监测管理系统启用公文传输子系统，利用系统专网实现便捷的收文、发文，提升了海域管理电子政务水平。

**【海域使用论证评估】**　开展了《海域使用论证技术导则》国家标准编制和《海域使用论证收费标准》修订工作。举办了国家级海域使用论证报告评审专家高级研修班，启动了国家级海域使用论证报告评审专家库调整工作。组织编写了《海域管理概论》、《海域使用论证技术方法》和《海域使用论证案例评析》等教材。发布实施了《海域评估技术指引》，建立了包括宗海价格和海域基准价格的海域价格体系，规范了海域评估活动，为合理培育和发展海域使用权市场，加快实施海域资源市场化配置提供了技术保障。各海域评估推荐机构开展了 175 项海域使用权评估，已完成了 166 项，项目评估值共 104.18 亿元。

**【海域海岸带整治修复】**　2013 年，财政部批准了中央分成海域使用金项目 1 个，安排补助资金 3 000 万元。自海域海岸带整治修复启动以来，国家累计批准了海域海岸带整治修复项目 74 个，中央财政累计补助资金达 16.75 亿元。海域海岸带整治修复效果初步显现。北戴河海域综合整治与海洋国家保障工程首个通过了国家海洋局组织的竣工验收。

（国家海洋局海域管理司）

## 各海区海域使用管理

**【北海区海域使用管理】**　**区域建设用海和国管项目监督管理**　2013 年，国家海洋局北海分局开展北海区区域建设用海专项执法检查行动，对北海区三省一市的区域建设用海进行了监督检查。组织完成北海区海域使用巡航监视，为海域使用监督管理工作提供有力的技术支撑。组织开展在建的 16 个国管填海项目海域使用动态监测，加强与行政执法和动态监测部门的沟通，共同强化对国管海域使用项目的精细化监管。开展了针对渤海围填海专项审计中发现的 36 个涉嫌违法违规用海的专项调查工作。

**填海项目竣工验收**　组织完成曹妃甸原油商业储备基地等 7 个工程的填海项目竣工海域使用验收。

**推进海砂开采管理**　组织开展海砂开采用海动态监测，将瓦房店市盛达土石方工程有限公司李家礁海域海砂开采等 3 宗海砂开采用海动态监测情况上报国家海洋局。

**规范临时用海管理**　严格临时用海管理，审查备案材料并签发 41 份海上油气勘探作业临时用海备案通知书，保障了海上石油勘探顺利进行。

**组织开展北海区海域航空遥感影像获取和成果编绘**　完成年度海域使用动态监视监测专项任务，为北海区海域使用现状基础数据的完善和更新提供支持。

**开展海底电缆管道的审批和备案**　批复 6 个海底电缆管道项目的路由调查申请和 10 个项目的铺设施工作业申请，完成 1 项海底电缆管道维修工作的备案和 9 条海底电缆管道的注册备案。

**完善海底电缆管道管理技术体系**　完成海底电缆管道路由调查方案大纲和海底电缆管道路由调查勘测报告大纲的编写工作。

**加强海底电缆管道信息化管理**　组织完成“北海区海底电缆管道管理信息系统”的研发工作，将海底电缆管道管理的全过程信息纳入

规范化和信息化管理。（国家海洋局北海分局）

【东海区海域使用管理】 **国管用海项目和区域用海规划实施监督管理** 联合中国海监东海总队开展了2013年东海区区域用海规划专项执法检查，组织分局所属各中心站和东海信息中心完成了海区全部57个区域用海规划的测量工作，编制完成了东海区2013年区域用海规划测量检查报告。

组织开展了江苏洋口港区围涂工程（二期）、苍南县江南海涂围垦工程扶贫搬迁建设填海区、华润浙江苍南电厂、泉州市外走马埭围垦工程、江苏LNG项目一期工程人工岛工程等5个填海项目竣工海域使用验收工作。

监督检查了湄洲湾秀屿港区莆头作业区、泉州港石井作业区和海峡科技生态城、莆田市涵江临港产业园等区域用海规划以及招商局漳州开发区人工岛工程、漳州市古雷区港口陆域和加工物流区（Ⅰ区一期）填海造地工程等国管用海项目。

组织完成了东海区海籍调查试点工作。选取了浙江省温岭市作为海籍调查的试点区域，对其进行了海籍普查，研究形成了《海籍调查工作试点温岭市海籍普查成果报告》。

完成了2013年度东海区国管用海项目用海情况问卷调查和对连云港市两个区域用海规划实施情况的核实。

**海底电缆管道管理** 组织召开了跨太平洋直达（TPE）S1N光缆青岛段大修协调暨桌面研究报告审查会，完成了TPE光缆S1N青岛段大修铺设施工许可的审批和对调查资料的保密审查。组织召开了东海“黄岩14-1”油气田开发工程海底管道路由调查报告审查会议、亚太直达（APG）国际光缆上海南汇段路由调整协调和技术审查会和亚太直达（APG）国际光缆上海崇明段和上海南汇段路由勘察报告审查会。

截止12月5日，共受理并批准30件海底光缆管道维修施工、路由调查、铺设施工、变更等申请。在《中国海洋报》发布管理公告29期。

**课题研究工作** 组织开展“填海竣工海域使用验收管理办法修订”研究，形成了“办法”修订草案、“办法”实施情况调研报告、修订说明、修订对照表等研究成果；完成了东海区岸线管理政策研究，形成了《东海区岸线管理政策研究报告》。 （国家海洋局东海分局）

【南海区海域使用管理】 **南海区国管填海项目海域使用和海洋环境动态监管** 2013年，国家海洋局南海分局根据国管填海项目用海预审意见和批复要求，继续严格落实南海区国管填海项目建设用海监督管理办法，稳步推进海域使用和海洋环境动态监管工作。2013年度纳入动态监管体系的项目有中石油西气东输二线香港支线项目大铲岛输气枢纽站填海工程、深圳地铁11号线工程碧海站—机场站高架区间用海段等8项，其中中石油西气东输二线香港支线项目大铲岛输气枢纽站填海工程等3个项目已完成竣工验收。

**南海区海底电缆管道海域使用管理** 2013年，国家海洋局南海分局已完成亚太直达（APG）国际海底光缆路由、南方主网与海南电网第二回联网工程琼州海峡海底电缆路由、珠海高栏岛—香港南丫岛海底输气管道路由等三条民用海底电缆管道路由协调与桌面研究审查；与农业部南海区渔政局共同组织完成东南亚—日本海底光缆系统（SJC）中国段项目海洋环境及渔业资源保护、修复实施方案审查；完成陆丰“7-2”油田开发工程、流花“19-5”气田开发工程、番禺“30-1”天燃气海管等多条海洋石油平台间海底电缆管道铺设的备案登记。此外，在海底电缆管道数据管理方面，依托相关法律法规继续对南海区电缆管道项目进行注册备案，着力推动建设南海区海底电缆管道数据库建设，全年已为海南海洋地质调查研究院等单位多次提供海底缆线数据查询。

**海砂开采动态监管** 2013年，共对广州晨泰、广东亿源、海南泰鑫、东莞富昌、广州利宁工贸、防城港卓创沙石、防城港神采矿业、钦州紫金矿业、广州穗洋、珠海钰成、广东新广国际、广东长江船务等12个海砂开采单位13个海砂开采区发出动态监管要求，完成了正大方圆和安邦海砂开采区动态监测报告。

**海域使用管理相关办法的调研及修订** 2013年，南海分局组织多次研讨、补充调研和修改，初步形成《填海工程竣工海域使用验收管理程序（初稿）》和《填海工程竣工海域使用验收测量技术导则（初稿）》两项规范性文件草稿。

（国家海洋局南海分局）

# 海 岛 管 理

## 综　述

2013 年，全国各级海洋行政主管部门认真贯彻落实党的十八大、十八届二中全会、三中全会和全国海洋工作会议精神，以“建设海洋强国”宏伟蓝图为目标，扎实推进各项海岛工作，取得了显著成效。国家和地方出台了 20 多项海岛保护与管理制度，海岛政策法规体系进一步健全。辽宁、河北、山东、江苏 4 省人民政府批准实施了本省海岛保护规划。国家和地方进一步强化海岛整治修复管理，国家海洋局出台了《海岛整治修复项目管理暂行办法》和《海岛整治修复项目验收暂行办法》。2013 年，中央海域使用金支持海岛整治修复和保护项目 4 项，资金共 2.75 亿元；中央海岛保护专项资金支持海岛生态修复示范工程 9 项，资金共 1.89 亿元。着力推进海岛生态文明建设，国家海洋局下发了《国家海洋局关于开展海岛生态建设实验基地试点工作的意见》，举办了主题为“节能环保技术产品与海岛生态文明建设”的第十八次全国海岛联席会。开展领海基点保护范围选划和保护工作，江苏外磕脚和海南莺歌嘴领海基点保护范围选划报告已获省级人民政府批准实施。2013 年新增确权用岛 4 个。截至 2013 年底，全国已确权海岛共 13 个，确权总面积约 1660.19 公顷。全国海域海岛地名普查圆满完成，在 3339 个重要海岛上设置名称标志。部署完成海岛管理信息系统国家、省、市、县四级共 441 个节点。

**【配套制度建设】**　为进一步加强无居民海岛使用管理工作，国家和地方继续加强海岛保护与管理制度建设，出台了 20 多项海岛保护与利用管理制度。国家海洋局出台了《国家海洋局关于简易项目使用无居民海岛审批的意见》等文件。

沿海各省结合本地实际，积极推进海岛保护与利用法律制度建设，浙江省出台《浙江省无居民海岛开发利用管理办法》、《浙江省无居民海岛使用审批管理暂行办法》、《浙江省无居民海岛使用权招标拍卖挂牌出让管理暂行办法》、《浙江省无居民海岛使用权登记管理暂行办法》，福建省出台《福建省海域使用权和无居民海岛使用权抵押登记办法》，海南省出台《海南省无居民海岛使用申请审批试行办法》。

**【海岛保护规划】**　2013 年，江苏、河北、辽宁、山东四省人民政府先后批准实施了省级海岛保护规划。浙江、福建、广东、广西及上述四省共 8 个沿海地区省级海岛保护规划出台。

福建省发布了《福建省无居民海岛开发利用控制性详细规划》，明确全省 532 个重点开发利用类海岛和特殊功能类海岛的控制性详细规划。广西壮族自治区人民政府批准实施《北海市海岛保护规划》、《钦州市海岛保护规划》和《防城港市海岛保护规划》，我国海岛保护规划层次体系不断完善。

**【海岛整治修复】**　为进一步加强海岛整治修复项目管理，规范项目实施，确保项目完成质量，2013 年国家海洋局出台了《海岛整治修复项目管理暂行办法》和《海岛整治修复项目验收暂行办法》，明确了各级海洋行政主管部门职责，完善了项目管理措施。江苏省印发《关于加强海岛整治修复与保护项目管理的通知》，河北省编制了龙岛和石河南岛整治修复保护规划，福建省编制了《福建省海岛整治修复规划》，海岛整治修复管理进一步规范。

2013 年，中央海域使用金支持海岛整治修复和保护项目 4 项，资金共 2.75 亿元；中央海岛保护专项资金支持海岛生态修复示范工程 9 项，资金共 1.89 亿元。2010 年中央海域使用金支持海岛整治修复和保护项目河北唐山湾三岛整治修复项目完成竣工验收，辽宁大笔架山、宁波韭山列岛与渔山列岛整治修复项目完成项目自验收。

**【领海基点保护】**　国家海洋局组织各海区分局和沿海省级海洋主管部门定期开展领海基点

巡查，确保领海基点安全。海南省莺歌嘴（3）（4）领海基点保护范围获海南省级人民政府批准实施。江苏省编制完成《外磕脚领海基点保护范围选划报告》，山东省编制完成《山东高角领海基点保护范围选划报告》，广东省完成围夹岛领海基点监视系统工程建设。

2013 年，中央海岛保护专项资金支持领海基点保护工程 11 项，资金共 1100 万元。

**【生态文明建设】** 为推动海岛生态文明建设，2013 年 4 月，国家海洋局下发了《国家海洋局关于开展海岛生态建设实验基地试点工作的意见》，确定了四类生态海岛生态建设实验基地的主要类型与任务，启动海岛生态建设实验基地的前期工作。

2013 年 9 月，国家海洋局举办了主题为“节能环保技术产品与海岛生态文明建设”的第十八次全国海岛联席会议，发布了《适用于海岛的节能环保技术产品目录》，推动节能环保技术产品在海岛上应用。

**【海岛使用管理】** 无居民海岛使用确权登记工作有序推进。2013 年，全国确权项目用岛 4 个，应征海岛使用金 1087.22 万元。

2013 年，国家海洋局进一步提升用岛审批效率。出台《国家海洋局关于简易项目使用无居民海岛审批的意见》，对一些用岛面积小、对岛体岸线破坏小、对海岛生态影响小的简易项目用岛，按照简化申请审批要求办理用岛手续，极大缩短了简易项目用岛审批周期。进一步规范无居民海岛使用项目评审、审核工作，成立了无居民海岛使用项目审核委员会和国家无居民海岛使用项目第二届专家评审委员会，有效提升了无居民海岛使用项目管理质量。区域用岛规划管理稳步推进，首批试点地区辽宁庄河市、山东长岛县、浙江舟山市、广东万山区、广西钦州市编制了本地区首个区域用岛规划。

为了满足海岛保护与利用管理需求，进一步提高海岛保护利用规划编制和使用论证工作效率、降低规划编制和使用论证费用，加快推动海岛使用金评估工作，国家海洋局按照单位资历、设备配置、技术条件、管理能力等相关条件，综合评定公布了 70 家海岛保护利用规划编制推荐单位、69 家无居民海岛使用论证推荐单位和 58 家海岛使用金评估推荐单位。

**【全国海岛资源综合调查】** 组织编制调查方案和技术规程，完成了调查人员培训工作，制作完成包含我国全部海岛的工作底图，研发了集数据采集、服务保障、任务监管等功能于一体的调查管理系统，开展下大陈岛等 21 个海岛的试点调查工作，试点范围包括全部海岛类型，为全面开展调查工作打下了良好基础。

**【海域海岛地名管理】** 全国海域海岛地名普查工作全部完成。查清了我国所有海域海岛地理实体的位置、数量及名称，完成了名称标准化处理工作，建立了全国海域海岛地名信息数据库，完成了 3409 个海岛名称标志设置。编制完成了《中国海域海岛标准名录》、《全国海域海岛地名普查数据集》、《中国海域海岛地名志》和《中国海域海岛地名图集》等成果，并按法定程序完成了《中国海域海岛标准名录》在沿海省级人民政府，香港、澳门特别行政区政府和国务院台湾事务办公室的审批程序，为我国海岛管理提供了基本依据。

**【海岛监视监测】** 建立了以航空监测为主要手段、卫星无人机、船舶巡航、登岛核实为辅助的监视监测体系与管理信息体系。获取了国内第一套覆盖我国全部海岛的高精度遥感数据，对海岛专项调查数据进行了标准化处理，建成了国家海岛基础数据库，实现了海岛名称等基础信息和我国 84%海岛三维地形数据的集成管理，开发了领海基点管理等系列子系统，完成了国家、省、市、县四级海岛管理部门、执法队伍和技术单位共 441 个节点的海岛管理信息系统部署和业务化运行。中国海岛网上线运行发布了“第十八次全国海岛联席会议”、海岛科普等专栏，成为政民互动的重要平台。

（国家海洋局政策法制与岛屿权益司）

## 各海区海岛管理

**【北海区海岛管理】** **组织开展全国海域海岛地名普查项目北海区任务的验收** 完成 870 个海岛的航空正射影像图和数字高程模型、841 个海岛的侧方照片和录像，通过任务验收；归档纸质档案 2 卷共计 19 件，电子数据文件 27230 个，共 902GB，通过档案验收。

**完成“2013 年全国海岛使用管理与论证培训”** 2013 年全国海岛使用管理与论证培训共

举办 2 期，沿海省市海洋主管部门的海岛管理人员以及海岛规划、论证、评估相关资质单位的技术骨干共计 254 人参加了培训。

**北海区海岛航空数据获取与处理** 按照《国家海岛监视监测系统总体实施方案》的要求，组织开展北海区 129 个海岛航空数据获取与处理工作，为国家海岛监视监测系统提供翔实的海岛照片、录像、正射影像、数字高程模型等数据资料。（国家海洋局北海分局）

**【东海区海岛管理】** **海岛整治修复监督检查** 在全国率先开展了海岛整治修复项目的监督检查试点工作，共完成了海区南麂岛整治修复、秦山岛整治修复、湄州岛生态修复示范工程等 3 个项目的检查。

**领海基点所在海岛地面监视监测** 完成了以佘山岛为重点，结合海监执法巡航开展领海基点所在海岛的地面监视监测工作。2013 年东海区大陆沿岸的领海基点所在海岛，除大柑山领海基点标志尚未恢复以外，总体状态良好。

**航空遥感资料获取和整理** 获取侧方取证照片 9020 张，视频 146 分钟 10 秒，覆盖了东海区 99.8%的海岛，为东海区海岛的数字化、信息化以及动态监视监测工作奠定坚实基础。

**领海基点所在海岛智能视频监视监测技术研究** 完成了技术实施方案的编制和相关技术的研究，选定了稻挑山为领海基点所在海岛智能视频监视监测技术研究试点，并建成了对稻挑山领海基点标志及其周边海域状况的智能视频远程监视。（国家海洋局东海分局）

**【南海区海岛管理】** 2013 年，国家海洋局南海分局完成了西沙群岛有代表性的 15 个岛礁地名标志设置工作，收集了相关影相和视频资料。还组织开展了西沙海域海岛保护定期巡查联合执法行动。（国家海洋局南海分局）

# 海 洋 环 境 保 护

## 综 述

2013年，国家海洋局会同沿海省（市、区）海洋行政管理部门和局属有关单位，贯彻落实局党组确定年度工作思路和要求，深入推进海洋生态文明建设，切实做好海洋生态环境保护各项工作，海洋环境保护各项工作取得了显著成效。

**海洋生态文明建设深入开展** 在理论探索方面，深入开展海洋生态文明建设专题研究，形成了《关于推进海洋生态文明建设若干问题的报告》等研究成果，形成了海洋污染防治、海洋工程区域限批等一系列政策建议，为海洋生态文明建设提供了重要支撑。

在制度建设方面，推进海洋生态红线、区域限批等生态文明重要制度，山东和江苏已经建立海洋生态红线制度，辽宁、河北、天津也及时跟进，形成了红线划定的方案；形成了海洋工程区域限批总体思路，提出了渤海先行试点方案；组织东海分局启动了海洋生态评价制度及相关配套技术规范的研究工作。

在示范推进方面，坚持边建设、边督导、边完善，在全国率先开展海洋生态文明示范区建设，批准建立珠海横琴新区等12个首批国家级海洋生态文明建设示范市、县（区）；组织开展首批国家级示范区建设成效检查，同时根据生态文明最新精神，修改完善了建设指标体系等配套办法。

**海洋环境监督管理全面加强** 健全完善海洋工程环评制度和标准。结合工作实际，从规范专家管理、加强信息公开、强化公众参与的角度分别制定了评审专家库管理办法、环评公示工作意见、海洋工程环评审批办理指南；完成了海洋石油勘探开发、采砂、海上风电、围填海等 4 项环评标准初稿；制定了严格的环评现状调查数据审核规定，将其作为环评受理的重要依据。

严格海洋环境监督管理。进一步提高环境准入门槛，要求海洋工程建设项目和区域建设用海规划必须明确提出实现减排的措施，同时研究提出化解产能严重过剩的落实措施；加强香港惰性拆建物料处置监管工作，研究提出澳门惰性拆建物料处置工作处理思路和解决途径。

**海洋环境监测评价体系逐步深化** 组织开展管辖海域海洋生态环境状况、入海污染源、海洋功能区、海洋环境灾害和突发事件监测评价，布设监测站位8700余个，获取监测数据250余万个。推进西太监测体系建设。印发西太监测预警体系中长期建设规划纲要，实施 2 个常规航次和 1 个补充航次，及时公布西太环境监测结果；下达西太监测预警数据库建设任务，组织开展放射性物质漂移扩散等预警模块的开发工作，各单位数据库已基本具备运行能力。

加强放射性监测能力建设。有关单位放射性监测能力得到显著提升，沿海地方放射性能力建设资金已经到位并发挥积极作用。同时，积极研发放射性监测技术，国家海洋局第一海洋研究所独立自主开发的“海洋水体放射性快速监测设备”已通过验收并得到示范验证。

强化海洋环境监测评价人才队伍建设。各级海洋部门全年共开展海洋环境监测评价技术专题培训班17期，完成了分局系统700余名监测评价专业技术人员考评工作，修改完善了《海洋环境监测评价专业技术人员考评管理办法》及相关配套制度。

加大暑期北戴河重点浴场及邻近海域的监视监测力度。建立实施北戴河环境信息日报制度，共实施监测69次，派出监测人员260余人次，提供技术支持信息约 150 份，报送监测信息 150 余期，有力保障了暑期秦皇岛生态环境保护工作。

**海洋生态保护建设扎实推进** 加强规划引领与推进实施。组织编制《遏制海洋生态环境恶化趋势专项规划》，分区提出了遏制生态恶化的6

个方面重点工作。积极参与国家重大规划，将海洋生态保护建设纳入国家整体考虑，实施《全国湿地保护工程“十二五”实施规划》，国家滨海湿地监测中心等重点项目已经取得积极进展；与发改委等 7 部委共同编制的《全国生态保护与建设规划》已经印发，海洋生态保护建设首次写入该规划并得到充分体现，“一带四海十二区”的海洋生态保护建设格局得到了明确。

加强海洋保护区建设和海洋生态修复工作的监督检查。组织开展 55 个国家级海洋保护区建设管理专项检查和 16 个申报新建国家级海洋特别保护区（海洋公园）评审，有力促进了海洋保护区建设；组织开展 2010—2012 年 52 个中央分成海域使用金生态修复项目的检查评估，掌握了项目进展实施情况。

**海洋环境应急监测和处置工作稳妥开展** 强化赤潮（绿潮）灾害应急管理工作。坚持常规监测和应急监测相结合，及时掌握赤潮（绿潮）发生情况及发展态势，特别是面对近年来最大规模的黄海浒苔灾情，及时组织北海分局、东海分局和山东省海洋部门做好跟踪监测、绿潮应急响应启动、公众信息发布等工作。

**【海洋生态环境保护与管理】　强化海洋环境保护制度建设** 积极推进海洋生态补偿和生态损害赔偿制度建设，组织编制《海洋生态补偿工作报告》，并将报告有关内容纳入发改委牵头组织的《关于加快建立健全生态补偿机制的若干意见》中，印发《海洋生态损害评估技术指南（试行）》等规范性文件，完成《海洋生态损害评估导则》国标立项评审工作。

加强海洋生态保护建设与生态修复工作。组织编制并印发《遏制海洋生态环境恶化趋势专项规划（2013—2020）》，分区提出了遏制生态恶化的 6 个方面重点工作；推进国家滨海湿地中心等 26 个《全国湿地保护工程“十二五”实施规划》重点项目与工程。

组织开展 2010—2012 年中央分成海域使用金 52 个生态修复项目的检查评估，涉及项目建设投资约 9.6 亿元。开展 55 处国家级海洋保护区建设管理专项检查活动，明确了海洋保护区建设的现状及存在问题，完成了拟申报新建国家级海洋特别保护区的 16 处地方的现场考察评估工作。

开展入海污染物总量控制制度试点。积极推进“九龙江-厦门湾海域环境容量评估与总量控制示范研究”项目验收和成果应用工作，项目共形成研究报告 2 份、专著 2 本、标准草案 5 份和具有自主知识产权的入海污染物总量控制支持系统平台 1 套，该支持系统已在福州、泉州、青岛三地应用。此外，深入总结福建省开展上下游流域断面考核以及近岸海域环境质量考核制度的有关做法。

**【海洋工程与海洋倾废管理】　探索建立海洋工程区域限批制度** 根据 2013 年总体工作部署，对建立实施区域限批制度进行了认真的研究，形成海洋工程区域限批制度总体思路，提出了渤海先行试点方案。

**完善海洋工程环境影响评价制度标准建设** 完成了《海洋工程建设项目环境影响报告书国家级评审专家库管理办法》，规范专家评审，严格专家管理；发布了《国家海洋局关于加强海洋工程建设项目环境影响评价公示工作的通知》，确保审批工作公开、透明；修改完成新的海洋工程环评办理指南并在网上公布，同时通报相关建设单位和环评单位，细化了办理流程，规范了行政许可程序；组织编制完成了海洋石油勘探开发、采砂、海上风电、围填海等四项环评技术规范的初稿并已通过专家验收。规范以市场化出让海域使用权的海砂工程环评工作，印发了《国家海洋局关于以市场化出让海域使用权的海砂开采工程环评工作有关问题的通知》。

**强化海洋工程环评审批** 加强海洋环境准入，把好海洋工程和海洋倾废行政许可关，为优化海洋产业结构调整和转变海洋经济增长方式服务。受（办）理海洋工程、海洋倾废行政审批事项 190 余件。

**强化海洋倾废管理** 组织分局加强倾废活动的全过程管理，组织修订《海洋倾倒区管理暂行规定》并完成初稿。同时，继续强化港澳跨区倾倒管理工作，组织召开香港惰性物料内地海域处置第 8 次联席会，明确 2014 年澳门惰性拆建物料处置的工作要求。

**严格把好海洋环境影响评价关口** 强化海洋工程环境现状调查数据资料审核工作，作为项目受理审查的重要内容；制定发布了《国家海洋局关于进一步加强海洋工程建设项目和区域建设用海规划环境保护有关工作的通知》，明确要求海洋工程建设项目和区域建设用海规划必须提出实现减排的措施；根据国务院关于化解产能严重过剩的要求，研究提出了海洋环保领域的落实措施。

**【海洋节能减排】** 继续开展海-气 $CO_2$ 交换通量监测工作，组织 29 条船基走航监测断面 4 个季节的海-气 $CO_2$ 交换通量监测工作，在北黄海开展试点海域海洋酸化研究。对北黄海北部沿岸养殖区酸化情况展开调查。

调查发现，渤海夏、冬季从大气吸收 $CO_2$，春、秋季向大气释放 $CO_2$，渤海水深较浅，易与大气充分交换，全年对大气 $CO_2$ 的吸收/释放接近平衡。黄海春、秋、冬季从大气吸收 $CO_2$，夏季向大气释放 $CO_2$，黄海海域总体吸收大气 $CO_2$，全年表现为大气 $CO_2$ 的汇。东海春、夏、冬季从大气显著吸收 $CO_2$，秋季吸收强度趋于减弱，冬季水温较低、春季初级生产力水平整体较高、夏季长江冲淡水影响海域的生物吸收显著等，是该海域全年显著吸收大气 $CO_2$ 的原因。南海北部海域夏季向大气释放 $CO_2$。

**【海洋生态文明】** **深入开展海洋生态文明专题研究** 结合党中央关于生态文明建设的最新精神，形成了《加强海洋生态文明建设专题研究报告》，提出了海洋生态文明建设的突出问题、主要任务和重点工作，形成了海洋污染防治、海洋工程区域限批等一系列政策建议。

**积极开展海洋生态文明示范建设** 组织国家级海洋生态文明建设示范区现场考察和评审工作，批准建立珠海横琴新区等 12 个首批国家级海洋生态文明建设示范市、县（区）。组织开展首批国家级示范区建设成效检查，同时根据生态文明最新精神，修改完善了建设指标体系等配套办法。

**加强海洋生态文明重点制度建设** 推进渤海生态红线制度建设，指导其他省（自治区、直辖市）建立红线制度，山东和江苏已经建立海洋生态红线制度，辽宁、河北、天津、厦门已形成了红线划定的方案。加强区域限批制度研究，形成了海洋工程区域限批总体思路，提出了渤海先行试点方案。组织东海分局启动了海洋生态评价制度及相关配套技术规范的研究工作，已取得初步成果。

（国家海洋局海洋环境保护司）

## 各海区海洋环境保护

**【北海区海洋环境保护】** 2013 年 9—10 月，会同辽宁、河北、天津和山东海洋厅（局）对部分省、市级监测机构及分局属中心站进行了监测质量飞行检查、现场检查和质控样考核，规范了实验室质量体系运行，提高了从业人员的技术水平，促进了监测工作质量的提高。

**海洋应急管理** （1）苔绿潮灾害应对，建立完善的浒苔应急常态化工作机制，利用卫星、飞机、船舶、岸站为一体的立体化、全天候的浒苔绿潮监测预警体系，全面监控浒苔绿潮发生、发展，进行漂移预测；组织建立“北海区黄海绿潮灾害应对沟通协调及信息通报机制”，向国家海洋局、沿海省市地方政府及社会公众通报浒苔绿潮信息；2013 年 5 月 10 日，卫星遥感首次在 33° 10′ N 以南黄海海域发现较大规模浒苔绿潮，6 月 13 日，启动浒苔绿潮灾害三级应急响应，6 月 24 日启动绿潮灾害二级应急响应，7 月起，浒苔绿潮逐渐消退，8 月 20 日，终止浒苔绿潮应急响应。（2）海上溢油监视检查，开展渤海溢油卫星高频遥感监测，发布卫星遥感监测快报 226 期，上报各类报告 146 期，发布各类溢油信息通报 155 期；有效应对京唐港沉船等 2 次小型溢油及长岛、河北和埕岛油田附近无主溢油事件，开展船舶事故溢油应急监视 4 起，陆源污染事故溢油应急监视 2 次；2013 年 4 至 8 月初，组织开展了渤海海上油污监视监测专项工作，期间共订购卫星遥感影像 59 期、采集鉴定溢油样品 76 个、上报报告 76 期、发布溢油信息通报 94 期、下达石油企业自查通知 16 次；针对渤海油污染形势，向辽宁、河北、天津、山东省（市）海洋厅（局）印发通知，进一步部署渤海油污染应对相关工作；组织开展“11•22 中石化东黄输油管道泄漏爆炸事故”海上溢油应急监视监测工作。（3）开展赤潮预报预警和跟踪监测，2013 年，北海区共发现赤潮 14 起，其中：渤海共发现 13 次赤潮、面积约 1880 平方千米，黄海中北部共发现 1 次赤潮、面积约 0.04 平方千米，为此，共发布赤潮通报 30 期，指导地方政府采取针对性的防灾减灾措施，降低了赤潮灾害带来的损失，保障了公众身体健康。

**海洋工程环境监管** 进一步加强对海洋工程建设全过程监管，对辽宁片区地方审批和国管海洋工程环境保护情况进行监督检查，摸清基本情况；开展蓬莱19-3油田复产监管、溢油事故生态损害赔偿补偿款项使用和后续应对等工作；组织开展海洋石油勘探开发环保设施年度核查工作，基本摸清了海洋石油勘探开发洋环境影响评价报告书核准、环保设施三同时批复及竣工验收情况等；积极配合国家海洋局做好海洋工程听证、三同时检查和竣工验收等工作，全年完成海洋油气开发工程的环保设施三同时检查12个，海洋油气开发工程环保设施竣工验收8个,围填海项目听证会3个；完成《海洋油气勘探开发工程环境影响评价技术导则》技术标准的起草工作，开展“渤海海洋石油勘探开发规模总量控制制度”研究；与山东海事局《关于深化沟通协作的框架协议》，建立了协调联动机制。

**海洋倾废管理** 依靠新型倾废记录仪等科技手段加强倾废全过程监管，同时加强涉海部门协调，优化审批程序，积极为“西太海军论坛”军港疏浚等做好服务；积极应对首个行政审批诉讼案——胶州湾外倾倒区倾倒纠纷案，经青岛海事法院和山东省高级人民法院两审北海分局全部胜诉;全年共批准许可证正本38份，批准疏浚物倾倒量4910万立方米，审查地方签发倾倒许可证 11 份，同意倾倒 77.3 万方，骨灰 3800 盒，新安装记录仪 101 台，对辖区 16个使用倾倒区进行了跟踪监测，获取水质沉积物、生物、水深等数据43456组。

**应对气候变化和海洋节能减排** 一是继续推进近海 $CO_2$海气交换通量的业务化监测工作，开展了包含岸基站监测、浮标监测、船基走航式监测和遥感监测在内的立体化监测体系，完成2、5、8、11月4个航次的黄渤海海-气二氧化碳交换通量断面监测工作；开展小麦岛岸岛基站二氧化碳监测连续监测；通过二氧化碳监测评价，基本掌握黄渤海海域碳源汇情况，为海洋领域应对气候变化决策部署提供了基础依据。二是加大海洋石油勘探开发排海污染物监管力度，对泥浆、钻屑排放全部现场监管并取样检测，2013 年，渤海海上油气田生产水、生活污水、泥浆和钻屑排放量分别约为 627 万立方米、14.84 万立方米、0.96 万立方米和 3.89 万立方米，其排放量除钻屑较2012年有所增加外，其他有所减少。

**技术交流与培训** 举办了全国海洋溢油油指纹鉴定专题培训班、北海区监测技术培训班和分局倾废及石油勘探开发监管技术培训，共 250 人次参加了培训和交流。2013 年 12 月，在青岛举办了“第二届北海区海洋生态环境保护学术交流会”，邀请了中国科学院海洋研究所孙松所长等做了主题报告，海区从事海洋生态环境保护专家和一线工作人员围绕海洋环境保护和生态文明建设进行了深入交流。(国家海洋局北海分局)

**【东海区海洋环境保护】** **海洋环境保护监管** 依法规范审批程序，运用“东海区海洋倾废签证管理信息系统”，提高签证效率，促进政务公开；批准海洋倾倒（变更）申请28起，批准倾倒疏浚物9533.7万立方米，审查省级海洋部门初审意见 232 份；组织 8 个倾倒区选划，协调长江口倾倒区调整、宁波城建地基土倾倒区选划等事宜。批复（备案）溢油应急计划 3 份，试油申请 3 份，对油气平台和终端进行 1 次环保登检；组织2个海洋工程环保设施“三同时”检查和竣工验收；编制完成《废弃物海洋倾倒费收费标准调整方案》和相关研究论证报告。推进行政、执法与技术联动监管，对倾倒区、疏浚工程区域、倾废船舶实施 511 次，对各类海洋（涉海）工程实施 688 次监视监测与环境执法监察；建设完成海洋倾废动态实时监管系统，已安装 100 余艘倾废船舶；建成并运行平湖油气平台等各类型在线监控系统，实现视频在线监控与现场监视监管相结合的管控模式。

**海洋环境监测与评价** 组织实施东海区海洋环境监测工作,设置各类监测站位近2200个，获得监测数据约37万组，编制并发布了《2013年东海区海洋环境公报》。组织西太平洋海洋环境监测预警体系建设，初步建立监测预警数据库，建设完成 1 套放射性综合监测浮标系统，布放在台湾东北海域；组织开展 6 个海洋站每周一次大气辐射、每月一次海水放射性监测，以及西太公共海域渔获物样品采集和管辖海域海水、海洋生物放射性监测等工作，完成西太第二航次监测船舶保障工作，着力推进海区放射性实验室建设。

**海洋突发事件和环境灾害应急管理** 开展海区主要环境风险源等级化和主要溢油敏感区识别与区划研究工作，联动开展海上溢油应急演练，强化与石油勘探开发企业联动应急机制；构建由船舶自动化监测、岸基站、航空和卫星遥感、浮标在线组成的赤潮立体监测网络，开展应急监测预警；实施绿潮源头调查与监测预警，实施6个航次海陆空监测调查、社会调查和绿潮生长模拟实验等工作，初步掌握绿潮的源头位置与暴发机制；针对3月19日“达飞佛罗里达”号溢油事故，利用卫星、航空、船舶等技术和装备优势开展应急监视监测及预警，及时向有关部门通报应急信息并在网站发布相关信息。

**海洋环境监测质量保证** 组织实施《2013年东海区海洋环境监测质量控制及标准计量管理工作方案》。继续深化海洋环境监测质量监督管理，以实验室质量控制和现场盲样考核为重点对10家省市监测机构实施了全过程质量监督检查，首次对三省一市监测中心排污口监测采样开展了现场监督检查，完成海区28家监测机构实验室能力验证工作；在海区层面印发了《营养盐分析仪自校方法》等三项自校方法，推进海区监测仪器设备自校活动的规范化、标准化；积极贯彻实施《海洋监测技术规程》等海洋行业标准，对海洋系统37家单位169名学员进行了培训，取得良好效果。（国家海洋局东海分局）

**【南海区海洋环境保护】** **油气工程溢油风险调研** 2013年6—7月，由南海分局环保管理人员组成的调研组对中海油深圳分公司、中海油湛江分公司属下油气平台开展了油气工程溢油风险调研工作，对南海区油气公司风险控措施、油气工程存在的溢油风险漏洞环节等内容开展了深入的分析和调研，提出了具体溢油管控措施，形成了溢油风险专题调研报告。

**南海区深水钻井业务知识培训** 2013年9月3—6日，国家海洋局南海分局与雪佛龙德士古（中国）能源公司联合组织开展了南海区深水钻井业务知识培训，进一步提升了环保管理人员和执法人员对深水钻井相关知识的了解并加强了与石油公司的沟通交流。

**石油勘探开发环保监管培训** 2013年9月9—14日，国家海洋局南海分局与西南大学联合举办石油勘探开发环保监管培训班，对海上油田钻井、完井、油藏工程、采油工程、石油装备、环境保护、溢油应急处理等系统课程进行了培训，进一步了解和掌握了海洋石油勘探开发工程溢油风险点。

**平台生产水含油浓度检测化验员上岗考核** 2013年9月23—27日，国家海洋局南海分局组织了石油公司开展平台生产水含油浓度检测化验员上岗考核工作，提高了化验人员含油生产水的检测能力。

**南海区倾废管理** 2013年10月，国家海洋局南海分局编制完成《南海区倾废记录仪管理实施办法》，明确了各单位职责分工，完善了信息通报制度。10月底，编制完成《倾倒区管理规定》初稿并上报国家海洋局。

**南海东部海域溢油联合演习** 2013年10月31日，国家海洋局南海分局与中海油深圳分公司在深圳联合举办了2013年南海东部海域溢油联合演习，演习包括溢油应急程序演练、海上溢油处置演练、岸滩清污演练等环节。中国海监第七支队、第八支队、国家海洋局南海环境监测中心、南海环境预报中心等有关人员组成应急演练工作小组，海警“3175”船、海警“3078”、海警“3087”艇参加了此次海上溢油处置演练。

**《海砂开采项目海洋环境影响评价技术规范》** 2013年，国家海洋局南海分局编制了《海砂开采项目海洋环境影响评价技术规范》（草案），并结合专家意见对规范进行了多次修改。

（国家海洋局南海分局）

# 海洋观测预报和防灾减灾

## 综　述

2013 年，海洋观测预报和防灾减灾工作战线上的全体同志们紧紧围绕局党组提出的部署和观测预报与防灾减灾工作“四一二一”体系发展目标，创新思路、团结协作、扎实工作、攻坚克难，各项工作都取得了显著成效。

## 海洋观测预报

**【海洋观测预报制度和标准建设】**　海洋观测预报各项制度和标准进一步完善。发布《海洋站水文气象观测系统集成通用技术要求》、《海上船舶、平台志愿观测管理规定》、《海洋站（点）观测环境代表性调查与评估技术规程》，编制出版了《海洋观测预报管理条例释义》，对条例内涵做出权威解释。制修订了《海洋预报业务管理规定》、《全国海洋观测网规划》、《海洋观测资料管理规定》等规章制度和《海洋观测雷达站建设规范》、《海洋观测环境保护范围划定标准》、《海洋预报和警报》等标准规范。

**【海洋观测能力建设】**　完成海洋台站升级改造专项，通过对 75 个老旧海洋台站进行升级改造，改善海洋台站的工作环境，统一海洋站建筑外观风格，提升海洋站整体形象，为海洋站工作人员提供了更好的工作环境；完成了包括 21 个新建站和 8 个改造站在内的“927”长期验潮站建设，并顺利通过了国家海洋局和“927”工程项目办验收。完成中心站级、海区级和国家级备品备件库建设，强化灾害应急期间的仪器设备保障和故障恢复能力，观测质量和数据传输率得到了进一步提升，2013 年海洋观测分钟级报文到报率达 97.48%，较 2012 年（96.01%）提高了 1.47 个百分点，延时数据接收率达 100%，为海洋预报减灾工作提供了稳定有效的基础数据。

南中国海区域海啸预警系统建设取得成效，一期开工建设的 15 个海啸预警观测台已全部接入到国家海洋环境预报中心的海啸自动化预警业务平台，有效地监测地震信息。二期 10 个宽频地震台的建设工作已基本完成，进入验收阶段。海啸自动化预警业务平台已接入全球 570 多个地震台的观测数据，可实时获取全球 800 余个潮位站、60 个海啸浮标数据和国家海洋局 112 个分钟级验潮站数据，使海啸预警能力得到跨越式提升。

实施数据传输网的升级改造，北海分局开展数据传输网的升级改造，实现观测数据专线和无线传输的双备份，提高实时数据传输的稳定性和视频画面的流畅性；南海分局对海洋站至中心站的观测专网宽度进行了升级，部分宽带较小的站点全部升级为 2M，解决 GPS 数据上传问题。

开展 108 个海洋站（点）观测环境调查与一般性评估，初步筛查出 13 个海洋站（点）受到影响，为下一步综合评估工作做好了技术准备。

**【海洋环境预警报服务能力建设】**　海洋预报人机交互业务平台正式颁布使用。国家海洋局组织国家预报中心历时三年多时间，完成了海洋预报人机交互业务平台 1.0 版本的研发工作，现已正式颁布并在国家、海区和省三级预报机构安装部署，切实提升预报员的工作效率，有力推动海洋预报业务的信息化、标准化和规范化工作。

海洋数值预报技术水平日益提升。完成全球业务化海洋学数值预报系统的研发并于 10 月份正式对外发布预报产品，该系统填补了我国全球海洋预报领域的空白，并在亚丁湾护航、“永盛”轮北极直航、南北极科考等重大活动中得到初步应用。组织开展边缘海模式研发应用和拉格朗日余流理论业务化应用项目，即将完成边缘海模式串行版本研发，初步建成了渤海拉格朗日余流预报系统。各海区预报中心和浙江、海南、江苏等部分地方海洋预报台初步建设完成了所地区海洋数值预报系统。

选择24个重点目标启动了精细化预报试点建设工作，自2013年8月1日起每天发布保障目标邻近海域的预报和灾害警报产品，每月开展产品准确性检验评估，在转变预报工作方向、服务海洋经济发展方面做出了积极探索。

"全国渔业生产安全环境保障服务系统"一期工程于2013年7月顺利建成并通过验收，正式投入业务化运行，该系统每日发布53个渔场的72小时精细化风浪预报，广大渔民可及时掌握预报信息。

面向海上搜救的环境保障服务系统正式启动建设，2013年海洋预报机构共为40余次海上搜救行动提供了环境保障服务。2013年9月29日，西沙珊瑚岛发生88名渔民遇险事件，国家海洋局组织相关预报机构滚动发布了36期现场海况预报和18期搜救目标漂移预测产品，获得高度评价。

面向钓鱼岛维权、北极直航等重大活动的环境保障服务工作实现突破。为满足钓鱼岛维权形势的迫切需要，东海分局在钓鱼岛附近海域布放1套10米大浮标，建立了专门的观测预警信息服务平台和产品传输专线。2013年8、9月间，国家海洋环境预报中心会同中国极地研究中心为我国第一艘完成北极直航的商船"永盛"轮全程提供航线保障，为直航成功发挥了重要作用，得到中远集团的高度评价。组织开展了北冰洋航线安全保障战略研究和全球大洋航线环境保障系统建设的预研工作，形成专题调研报告和基本工作设想。

## 海洋防灾减灾

**【海洋灾害风险评估和区划工作】** 海洋灾害风险排查与区划试点工作全面展开，编制完成了7项海洋灾害风险区划标准并在试点工作中进一步验证，选择河北、江苏、浙江、福建为试点，开展了1个省级、2个市级和3个县级海洋灾害风险评估与区划工作，完成了国家尺度和河北省级尺度海洋灾害风险评估与区划工作，为今后的区划工作积累经验；编制完成了沿海大型工程海洋灾害风险评价技术导则、排查技术规程，选择3个沿海大型企业作为试点，启动沿海大型工程的海洋灾害风险排查工作。

**【警戒潮位核定工作】** 2012年起，国家海洋局组织沿海各地海洋部门开展了共计216个岸段的警戒潮位值核定工作，其中，2012年和2013分别开展了158个岸段、58个岸段的区警戒潮位核定工作。截止2013年底，福建省、河北省、天津市共计完成全部46个岸段的警戒潮位核定工作，警戒潮位值已经省级人民政府颁布实施；上海市3个岸段、广东省11个岸段、海南省8个岸段、青岛市2个岸段，共计24个核定岸段警戒潮位值，已通过初审，进入报国家海洋局海洋减灾中心进行技术审查阶段。

**【海洋灾害应对工作】** 与往年相比，2013年汛期的海洋灾害呈现出以下几个特点：一是数量多，影响时段和范围较集中；二是强度强，带来的强潮巨浪破纪录；三是损失重，经统计各类海洋灾害造成直接经济损失163.48亿元，死亡（含失踪）121人。面对严峻的灾害形势，国家海洋局开展了一系列方面的工作，海洋灾害应急管理工作应对有序，圆满完成了2013年汛期应急工作。

一是排查隐患、巡检站点。提前做出安排部署，在汛期来临前，组织国家海洋技术中心对全国74个海洋站进行巡检，组织国家海洋预报中心和三个分局对本单位所属仪器设备，观测环境、配套设施进行了仔细排查，对发现的问题进行了及时整改，使整个汛期海洋观测系统能够保持高质量的稳定运行。

二是加密观测，研判预测。海洋台站一线观测人员在台风影响期间，加强系统巡查维护，加密观测海洋数据，获得了大量宝贵的第一手观测资料。各级预报机构工作人员研判预测，先后开展了90多次异地视频会商，制作了近400期海洋灾害警报和实况速报，为灾害应急提供准确的预报结果。

三是拓宽渠道、强化服务。各级海洋预报机构普遍建立了与所在地媒体的应急联动机制，拓宽预警发布渠道，实现了灾害警报的及时播发，仅国家海洋预报台就在中央电视台和中央人民广播电台口播海洋灾害预警信息500多条。积极组织各省（区、市）海洋部门为各级防指提供现场决策服务，强化政府决策服务，保证预警报信息及时、准确，畅通。

四是灾情调查、及时全面。在2013年汛期海洋灾害应急期间，组织国家海洋局海洋减灾中心和国家海洋环境预报中心深入渔港码头、养殖区、开发区、沿海大型工程、工业园区、防波堤和护岸等受灾典型区域开展灾调工作，了解致灾机理和当地灾害防御体制机制，认真解决灾害防御中所存在的问题。

在对我国全年海洋灾情统计、调查和分析的基础上，国家海洋局编制了《2013 年中国海洋灾害公报》。

**【防灾减灾宣传工作】**　加强海洋防灾减灾宣传教育，对提高全社会的海洋灾害风险防范意识，有效降低海洋灾害造成的人员伤亡和经济损失具有十分重要的意义。利用“5•12”防灾减灾日、“6•8”世界海洋日重要契机，组织开展了一系列面向社区、学校和公众的诸如全国海洋宣传日主题宣传活动、海洋宣传开放日活动、海洋灾害应急演练等多种形式的海洋防灾减灾知识宣传教育活动，有效提升了全社会的海洋灾害风险防范意识。

（国家海洋局海洋预报减灾司）

# 海洋权益维护与执法监察

## 综 述

2013 年，海洋执法工作全面进行，管辖海域定期维权巡航执法工作，维护海洋权益方面取得突破性进展，开展了对钓鱼岛、黄岩岛及西沙海域等系列执法行动；加强海域使用执法工作，重点实施了“海盾 2013”专项行动、非法围填海疑点疑区排查、区域用海规划专项检查、涉海保护区用海专项执法检查等行动，规范海域使用秩序；海洋环境保护执法工作全面开展，重点实施了“碧海 2013”专项行动，开展了北戴河海域海洋环境保护专项执法、全海域油气勘探开发定期巡航执法检查等工作，努力制止污染海洋环境、破坏海洋生态的行为；海岛保护执法工作有力推进，开展了海岛保护定期巡航执法工作，定期对重点海岛进行海陆空立体巡航，并全面推进国家海岛监视监测系统，提升各级海监机构的海岛执法能力，全面推进海岛保护工作。

全年海上执法共派出船舶 15064 航次、航时 20535 天、151231 小时、航程 1371619 海里，飞机 1127 架次、航时 4239 小时、航程 927244 千米，派出车辆 31018 车次、行程 2954216 千米，派出人员 193934 人次。组织船舶维权巡航 347 航次，总航时 4100 天、72677 小时，总航程 543652 海里，飞机巡航 482 航次，总航时 2172 小时，航程 477085 千米，监视船舶 1302 艘次、飞机 923 架次、其他目标 730 次，取证照片 140394 张、摄像 8815 分钟、录音 3285 分钟，告知询问 1051 次。海洋行政执法共检查项目 53205 个，检查次数 166152 次，发现违法行为 2220 起，作出行政处罚决定 1294 件，决定罚款额 112836.07 万元，收缴罚款额 137696.2 万元。

2013 年，渔业执法船舶执行专属经济区渔政巡航和“护渔行动”，共组织 78 艘船只，执行 219 航次任务，航行 3445 天，航时 26669.7 小时，航程 229155.9 海里；观察记录国内渔船 4426 艘次，国外船舶 1048 艘次；登检国内渔船 1800 艘次，外国渔船 24 艘；查处国内各类违法渔船 124 艘次；成功解救被袭扰、抓扣渔船 1 艘、渔民 9 人；驱离外国渔船 214 艘次。

## 海洋权益维护

2013 年，中国海监各海区总队与各省（区、市）总队通力合作，海监与其他执法队伍密切配合，全力以赴组织实施我国管辖海域维权巡航执法任务，实现了钓鱼岛海域常态化巡航，保持了对黄岩岛的有效控制，强化了对仁爱礁等海域的监管。

组织全海域船舶定期维权巡航执法 40 个航次、飞机巡航 482 架次，海上巡航 316 天。抵近观察南沙群岛外占岛礁 18 处、无人岛礁 26 处。加大重点海域巡航执法力度，发现美、俄、韩、日、菲、越、马等国各类外籍船舶共计 135 艘次、外籍飞机 12 架次。

**实现钓鱼岛海域常态化巡航** 全年共组织实施钓鱼岛维权巡航任务 24 个航次，共发现日本海上保安厅巡视船 58 艘、428 艘次，发现外籍飞机 426 架次。周密组织多次专项任务，多次对非法进入我钓鱼岛领海内活动的“高洲丸”等日本右翼渔船进行驱离，保护了“保钓”船只及人员在钓鱼岛附近海域的人身安全和财产安全。

**保持对黄岩岛的有效控制** 继续稳步实施黄岩岛专项维权执法行动，不间断派出海监、海警船舶及海监飞机对黄岩岛海域进行立体维权巡航执法，共组织船舶巡航 37 艘次。

**强化对仁爱礁等海域的监管** 4 月 29 日开始启动仁爱礁专项维权执法行动，在仁爱礁海域进行警戒值守 247 天，共派出海监、海警船舶赴仁爱礁值守 16 艘次，发现并监视外籍渔船 96 艘次，外籍侦察机 62 架次，并对长期滞留在该海域的船只实施了登检和劝离。

**海上遇险搜救工作** 9 月 29 日，调集 4 船 2 机开展西沙海域遇险渔民搜救，共救起伤员 4

人，打捞遇难者 4 人，海监飞机飞行 32 架次，航程约 18680 千米，搜救飞行区域累计 4.72 万平方千米。

10 月 22 日至 11 月 4 日，密切配合永暑礁基地及我国海事搜救力量，对菲救援永暑礁菲方搁浅客船“罗兰 2 号”活动实施了全程监管和取证。

**海底电缆管理工作**　全年组织海底电缆管道执法 882 次，检查项目 139 个，发现违法行为 5 起，作出行政处罚决定 4 件。组织涉外海洋科研执法 51 次，检查项目 45 个。

**【海洋专属经济区渔政巡航】　钓鱼岛海域巡航监管**　组织护渔维权巡航 22 航次 342 天，累计进入钓鱼岛领海巡航 14 艘次。巡航中共观察记录日本海上保安厅巡逻船 109 艘次，日本渔船 1 艘次，观察记录我渔船 582 艘次（其中台湾渔船 85 艘次），2 次在钓鱼岛领海内、7 次在毗连区及附近海域对我现场作业渔船实施指导和管理。

**黄岩岛海域巡航监管**　组织护渔维权巡航 12 航次 399 天，观察国内渔船 47 艘次、外国渔船 300 艘次，登检外国渔船 8 艘次，驱离外国渔船 178 艘次，发现空情 42 架次。

**美济礁海域巡航监管**　组织执行守礁任务 9 航次 457 天，驱离外国渔船 22 艘次，救助遭遇火灾的“琼海 09889”船渔民 33 人，观察国内渔船 417 艘次、外国渔船 132 艘次，登临检查国内渔船 133 艘次，发现海情 44 艘次、空情 9 架次，驱离外国渔船 27 艘次。（中国海监总队）

## 各海区海洋权益维护

**【北海区海洋权益维护】　黄海定期维权巡航执法**　2013 年，维权船舶海上巡航 160 天，航程 1.4 万海里；海监飞机飞行 150 架次，航程 19 万千米，有效维护了国家海洋权益。

**东海和南海专项维权执法**　根据国家海洋局统一部署，执行了东海和南海专项维权执法任务。维权船舶合计出航 25 艘次，累计航行 605 天，航程 9 万海里。

**维权执法工作研究**　完成《中韩黄海海洋权益突出问题研究》、《我国海洋战略通道问题继续研究》等 3 项中国海洋发展研究中心重点科研项目，对维权执法工作提供了有力支撑。

**涉外海洋科研活动执法监管**　2013 年 9—11 月，组织开展了 2013 年度北海区涉外海洋科研执法监督检查，对北海区 50 个单位的 44 个科研项目逐一进行了排查和检查。在检查中，开展了法制宣传、警示教育。

（国家海洋局北海分局）

**【东海区海洋权益维护】**　2013 年，国家海洋局东海分局组织中国海监、海警编队开展东海定期维权巡航和专项维权行动，多次对非法侵权目标进行维权执法，有效捍卫了我国的领土和主权。

2013 年，共组织实施了 24 个航次的维权巡航任务；派出海监、海警船 112 艘次，海上巡航 1275 天，航时 22699 小时，航程 205528 海里；派出海监飞机飞行 154 架次、657 小时，航程 144105 千米。充分行使了我国对领海的管辖权。　（国家海洋局东海分局）

**【南海区海洋权益维护】**　2013 年，国家海洋局南海分局共派出中国海监船舶执行任务 79 艘次，累计出海 1300 天，总航程 164213 海里；海监飞机飞行 179 架次，共计飞行 644 小时 30 分钟，航程 141457 千米，实施专项任务 4 个。

（国家海洋局南海分局）

## 海洋执法监察

**【海域使用执法工作】**　组织开展海域执法检查，实施“海盾 2013”专项执法行动。全年各级海监机构共检查用海项目 26718 个，检查次数 94556 余次，发现违法行为 1399 起，作出处罚决定 609 件，收缴罚没款 13.3 亿元。其中，“海盾 2013”专项行动共立案 96 起，作出处罚决定 90 件，决定罚款 98998.47 万元，结案 86 起，实际收缴罚款 110766.29 万元（含往年 60089.51 万元）。

组织开展 2013 年区域用海专项执法检查。对 100 个国家海洋局已批复的区域用海规划进行了执法检查，对有关区域用海规划航空影像图做进一步整理和分析。

开展非法围填海疑点疑区排查工作。通过排查处理，有效遏制了未批先建、超面积围填海、擅自改变已批准海域用途等违法用海行为。11 月，完成了 2013 年新发现的 25 个新增疑点疑区的排查工作。

深化海砂开采重点监控区执法试点工作，全面加强对采砂活动的执法监管。

**【海洋环境保护执法和应急工作】** 开展“碧海”专项执法行动。共立案152件，已结案137件，执行收缴罚款1123.8万元。其中海洋工程案件48件、海洋倾废案件98件、海洋生态保护案件3件、涉及保护区案件1件、海洋石油勘探开发案件2件。

开展渤海环境保护及北戴河海域海洋环境保护专项执法行动，切实提升用海企业的海洋环境保护意识。共立案查处违法案件10件（海域案9件、环保案1件），结案6件，收缴罚款14.5万元。

开展国家级海洋保护区执法和海洋工程环境保护执法示范工作。各示范支（大）队积极开展执法示范建设，建立了海洋工程项目档案和执法工作制度，查处了5起案件，推动和规范了保护区及海洋工程环境保护执法工作。

开展全海域油气勘探开发定期巡航执法检查工作。全年定巡工作中人员登检平台135座、储油轮10艘、人工岛13座、陆地终端处理厂6个。在巡航执法检查中，发现5起涉嫌违法行为，均已立案查处。

溢油应急响应工作有序推进。针对2013年4月份以来山东省烟台长岛、河北省唐山等地陆续有油污上岸的情况，北海总队组织环渤海三省一市（辽宁、河北、山东、天津）海监总队加强沿海近岸海域的溢油巡查监视工作，5月5日12：30时至5月11日08：00时进入溢油应急响应预警状态。11月，中石化东黄输油管道发生泄漏爆炸事故后，北海总队开展海上溢油应急调查处置工作。

逐步加大卫星溢油遥感监测力度。各海区总队与国家卫星海洋应用中心进一步深化溢油遥感监测应急响应联动联络机制，充分发挥卫星遥感监测在海上溢油应急响应中的作用，开展了渤海、东海、南海三海区重点海域溢油卫星遥感监测，加大了敏感区的遥感监测力度。6—8月，分别在三个海区开展海上溢油监测应急响应联动联络机制演练活动。

**【海岛保护执法】** 以海岛定期巡查和海岛违法案件查处为重点，进一步加大海岛保护执法力度。全年船舶巡航和人员登岛共检查海岛9940个，检查海岛12970次，检查项目2355个，更新海岛执法档案4301个。航空巡视（含无人机）共检查海岛9720个，检查海岛13220次，更新海岛执法档案4218个。在海岛及其周边海域共发现违法行为89起，立案61件，作出行政处罚决定50件，已收缴罚款318.18万元。

组织海岛航空监视监测工作，实现我国管辖海岛航空监视监测全覆盖。对我国海岛地名名录中禁飞区以外的10500余个海岛进行了全覆盖的航空监视监测。制定《中国海监海岛航空执法工作实施办法》，海岛航空监视监测工作开始迈入业务化运行阶段。

明确省际间有争议海岛执法由海区总队负责组织实施，组织北海总队和东海总队争议海岛执法工作轮换交接，积极探索海区队伍单独开展海岛执法检查的工作模式。

组织召开“中国海监海岛执法装备配备专题研讨会”，编制《海区队伍海岛执法装备配备标准》，启动海区队伍海岛执法装备配备工作。

建立海岛管理与执法信息共享和协同机制，全面部署和运行国家海岛监视监测系统，共在各级海监机构中部署系统节点124个，初步实现了海岛执法工作系统联网运行，海岛执法信息在系统中实时生成、提交和管理，以及海岛执法档案信息化管理。

**【违法用海专项整治】** 12月5—27日，根据《国家海洋局违法用海专项整治行动实施方案》，各海区、各省（区、市）在我国沿海地区全面组织开展了违法用海专项整治第一阶段行动，对列入专项整治行动的重点区域和项目进行了全面排查。其中，由海区总队牵头组织开展的打击非法围填海、非法采砂专项，未核准环评项目和违法倾废整治专项，共检查重点项目84个，对68起涉嫌违法行为进行了调查处理。各省（区、市）总队组织开展渔业用海整治专项行动，集中对重点海域非法渔业用海行为进行整治，清理非法养殖作业工具，整治渔港水域乱填乱搭现象，对私挖鱼塘恢复海域原状，查处渔业违法用海案件，加大普法宣传力度，完善渔业用海档案，督促渔业用海确权发证，进一步规范了渔业用海秩序。在海岛开发利用专项整治中，重点查清无居民海岛用岛情况，督促用岛者进行用岛情况备案，推进《海岛保护法》出台前项目用岛换证工作。对《海岛保护法》生效后未经批准新建、改建、扩建的用岛项目进行查处，对越权审批行为予以纠正。

**【海上缉私执法】** 2013 年，全国海关海上缉私部门共查获案件 636 宗，案值约 26.67 亿元，涉税约 6.13 亿元。其中，查获刑事案件 150 宗，案值约 12.48 亿元，涉税约 2.99 亿元；查获行政案件 486 宗，案值约 14.19 亿元，涉税约 3.14 亿元。

**集中开展专项打击行动** 海上缉私部门注重发挥一线海缉部门情报经营和区域作战的优势，对重点海域的走私态势进行分析研判，集中展开收网行动。7 月份，海关缉私联合边防海警共同组织开展代号“亮剑 2013”的打击海上走私专项行动。行动中，杭州海关缉私连续摧毁 4 个成品油走私团伙，涉案成品油约 3200 吨，案值约 2613 万元。汕头海关缉私相继查获“7.10”、“7.25”、“8.21”等重大案件，其中“7.25”案件现场查扣走私成品油约 350 吨，为中国海警局挂牌后海上缉私第一案。

**重点侦办重特大案件** 针对海上走私出现的新形势、新变化、新规律，海关缉私处多次召集地方海关缉私研究谋划海上打私策略，加大海上打私力度。先后指挥侦办了杭州“8.26 走私成品油案”、江门“10.23 走私珍贵濒危野生动物制品案”、福州“11.8 走私红木案”等一系列重特大案件。其中，江门“10.23”现场查获走私珍贵濒危野生动植物制品约 9.76 吨，福州“11.8”现场查获走私红木约 300 吨，引起了强烈的社会反响。

**【渔业执法】** **协定水域巡航监管** 在中韩暂定措施水域，加强了违规进入韩方管辖海域渔船的移交工作，全年共接受和处理韩方移送的违规渔船 50 艘以上，缓解了以往韩国单方面“以罚代管”的局面。在中日暂定措施水域，除协调赴钓鱼岛维权执法船在返航途经中日暂定措施水域时开展渔业执法，专门组织力量赴中日暂定措施水域执法。在中越北部湾共同渔区，还与有关部门密切协作，严厉打击了外国武装渔船盗抢我渔民网具行为。组织实施第八次中越北部湾共同渔区渔业海上联合检查行动，加强双方执法交流。

**涉朝韩敏感海域巡航监管** 长期保持 1～2 艘渔业执法船舶在东经 124 度西侧海域开展驻守巡航，加强涉朝韩敏感海域渔船管控。与有关部门组成联合督导组，赴辽宁省丹东市督导制捕工作，开展海上联合行动。

**交界海域护渔行动** 先后于 7 月下旬和 8 月下旬在闽粤交界海域和北纬 35 度线南北附近海域组织了两次大规模护渔行动，调派黄渤海区、东海区渔政局和福建、广东、山东、江苏省等 21 艘执法船和 1 架海监飞机开展海空联合巡航，查扣违规渔船 19 艘次。

**西沙海域巡航监管** 为加强西沙海域管控力度，打击外国渔船侵渔行为，与有关部门密切配合，开展西沙日常和专项监管 14 航次，巡航 236 天，观察国内渔船 313 艘次、外国渔船 54 艘次，驱离外籍渔船 5 艘次。

**南沙西南渔场伴航护渔** 组织南沙西南渔场伴航护渔任务 7 航次 263 天，正面拦截有关国家武装船 1 艘次，成功解救被有关国家武装公务船抓扣的我国渔船 1 艘、渔民 9 人，为我故障渔船维修机器 2 次，保障了我渔船在南沙西南渔场的作业安全。

**海洋违规网具专项整治** 组织开展内陆和沿海近岸违规网具专项整治工作，多次赴辽宁、山东、海南和江苏等地开展专项行动督查工作，及时有效督办了“江西吸螺船”、“广西北海电捕鱼”等重大使用违规网具案件。专门部署组织开展了“海洋渔船使用违规网具专项整治行动”，在重点海域开展海洋渔船使用违规网具专项整治行动。

## 各海区海洋执法监察

**【北海区海洋执法监察】** 2013 年，中国海监北海总队认真落实国务院对渤海海域实施最严格的围填海管理与控制政策和最严格的环境保护政策的要求，深化“三个定期”，开展“三类专项行动”，完善海区行政执法工作协调和督导机制，加强执法队伍能力和制度建设，努力提升对海洋资源开发管控能力。全年查处案件 46 起，罚款 2054.5 万元，全部结案，收缴 2558.7 万元（含往年罚款）；累计完成 6 期单独定期执法检查、4 个航次渤海石油勘探开发活动定期巡航和 4 期海岛执法定期巡航；开展了“2013 年北海区区域建设用海专项执法行动”、“非法围填海疑点疑区核查专项行动”、“2013 年北戴河海域海洋环境保护专项执法”、“渤海石油勘探开发集中专项执法”、“2013 年海洋倾废专项执法”、“2013 年北海区港口海洋开发利用专项巡查”等 10 个专项行动；派出执法人员 4240 余人次，陆岸巡查 21 万余千米，海上巡航 3 万余海里，检查海域使用项目 2668 个次、海洋倾废区 396 个次、工程项目 2668 个次、海洋自然保护区 38 个次，登检海岛 408 个次；北海航空支队累计行政执法飞行 195 架次，航时 4700 余小时。

**“海盾”、“碧海”专项执法** 全年完成 8 起海盾案件结案，共处罚款 1748.8 万元，收缴 2333.4 万元（含往年）。13 起碧海案件全部结案，共处罚款 129 万元。“海盾”、“碧海”超额完成既定办案任务。

**区域建设用海专项执法行动** 2013 年 5—8 月，由中国海监北海总队组织所属支队和北海区三省一市海监总队、海域使用动态监管中心、信息中心等单位开展北海区区域建设用海专项执法检查行动。以定期巡查、航空监察、联合检查、集中测量、无人机巡查等方式，共检查 29 个已批复区域建设用海规划，并跟踪监督了 2012 年检查发现的违法行为处理。出动执法人员 874 人次，行程 55866 千米，检查项目 840 个次，获取照片资料 2260 张，影像资料 364 分钟，航空巡视用海项目 107 个次。

**渤海石油勘探开发活动定期巡航及溢油防范** 中国海监北海总队高度重视渤海石油勘探开发活动执法监管，做到全面监控，重点突出，密切跟踪。渤海定巡累计海上航程 6221 海里、航时 585 小时；巡航监视海上油田矿区 110 个、平台 384 座、储油轮 23 艘、生态监控区及自然保护区 26 个、倾废区 33 个、海砂开采区 7 个，查处石油勘探开发违法案件 8 起。组织开展溢油应急核查 33 次，启动溢油应急响应预警 1 次，发现海面油膜 12 次；完成了蓬莱“19-3”油田溢油风险防控现场值守监管、复产及复产后监管等任务；组织各海区支队和地方海监机构，按照 12 海里线明确责任海域，投入 48 艘海监船艇和 50 余辆海监车，设置严密监控防线，加强了溢油防控。

**海岛保护执法检查与苏鲁有争议海岛专项检查** 全年开展 32 航次海岛巡航检查，派出执法人员 1214 人次，巡视和登检海岛 600 个次，查处有居民海岛违法案件 1 起；海岛监察飞行 49 架次，航空监视海岛 889 个，完成 128 个海岛正射影像及数字高程处理工作。2013 年 1—6 月份实施对鲁苏交界 10 个争议海岛的专项检查和登岛检查，并首次利用无人机进行巡视，7 月初与东海总队对争议海岛执法工作进行了交接。

**北海区违法用海专项整治行动** 2013 年底由中国海监北海总队牵头，会同北海区“三省一市”海监总队开展北海区违法用海专项整治行动，对北海区 17 处重点违法区域、项目进行集中检查和整治，共发现违法案件 36 起，全部依法进行查处。

**队伍建设与执法规范** 一是加强专职执法队伍建设，聘任了 28 名主办监察员，组织北海总队第三期主办监察员、北海总队海岛监视监测系统应用、海岛监管法律法规、北海区第 19 期海洋监察员上岗资格培训班，大大增加了海区行政执法力量；二是加强执法制度建设，相继拟定了《关于加强海洋石油勘探开发活动和海洋倾废活动违法案件查处相关工作的意见》、《北海总队海洋行政处罚案件移交工作规定（暂行）》、《北海总队行政执法业务档案归档规定》等，组织开展了《北海区行政处罚案卷评查标准》的修订工作；三是加强执法能力建设，组织开展案卷评查、海洋行政执法案例分析、北海区疑难案件法律适用专题研究分析工作，加强执法档案库房建设，配置档案管理设备，开展专项检查。

**行政执法督导与协调** 以“三项制度”落实为核心，开展海区行政执法工作专门督导检查和工作调研。2013 年 8 月，结合群众路线教育实践活动，对天津、河北、辽宁三省（市）的 27 个项目进行沿岸巡查和现场监督检查，进一步推动了海区执法工作落实。健全海区工作协调机制。完善海区总队与地方海监、海陆与航空执法工作协调，协同开展区域建设用海、海砂开采、重大案件查处等联合执法行动，实现各级海监机构的优势互补和资源共享。

（国家海洋局北海分局）

**【东海区海洋执法监察】** 2013 年组织岸线定期巡查 6 期、海岛定期巡航执法检查 4 期，开展各类执法检查 13415 次，检查各类项目 7991 个，派出执法人员 9436 人次，出动船舶 293 航次、航程 1.9434 万海里，飞机 183 架次、航时 529 小时，航程 12.646 万千米，车辆 307 台次、行程 13.61 万千米。查处案件 23 起，结案 20 起，收缴罚款 857.64 万元（其中“海盾”立案 6 起，结案 4 起，收缴罚款 773.43 万元；“碧海”立案 8 起，结案 7 起，收缴罚款 47.85 万元。

**围填海执法监管** 利用卫星飞机监控视频等多种高科技监管方式，对东海区 57 个已批区域用海规划项目、27 个在批区域用海规划项目以及 110 个围填海疑点疑区开展专项执法检查。检查结果显示，目前东海区区域用海规划涉嫌违法以超规划范围围填海为主，而疑点疑区涉嫌违法的主要形式则是无证用海。目前上述涉嫌违法项目中相当部分已由海区和地方海监机构实施立案查处，部分大要案列入“海盾”专项查处，有力打击了违法用海行为。

**违法用海专项整治** 2013 年 11—12 月，由中国海监四、五、六支队近 50 名执法人员组成的 11 个执法小组，会同中国海监江苏省、上海市、浙江省和福建省总队，通过“打击非法围填海”、“打击非法采砂”和“未核准环评项目和违法倾废整治”等三个行动子项，在各自辖区开展了专项执法检查。行动中，各支队共检查各类大型围填海项目 54 个，并首次联合四省市海监总队先后开展了四次采砂联合执法。通过专项整治行动，严厉打击了各类海洋违法违规行为，对于进一步规范东海区海洋开发利用秩序起到了积极促进作用。

**海洋环境保护执法** 以“碧海”专项执法行动为抓手，在连云港、上海吴淞口、宁波舟山、厦门等重点海域开展违法倾倒巡航监视，加强海洋工程监督检查力度，重点查处海洋工程违法案件和无证倾倒废弃物等重大海洋环境违法行为。同时做好入海排污口调查、骨灰撒海监督、倾废采样监督等执法工作，完成倾废船海洋倾废记录仪的安装调试工作。为破解案件发现难的问题，中国海监第五支队与上海市海监总队联合开展倾废执法，启动“夜间执法”模式，对黄浦江两岸进行突击巡航检查，取得了良好收效。会同地方海监机构对福建深沪湾海底古森林遗迹国家级自然保护区等四个海洋自然保护区开展联合执法，核查自然保护区环保措施落实等情况。

**探索海岛执法新路子** 联合东海区“三省一市”海监机构先后开展了四次海岛联合执法行动，及时发现、制止和查处违法行为。东海总队联合技术单位，继续开展海岛执法装备试训试用工作，对一批急需的海岛执法研发装备在实践中进行验证运用，部分登岛装备将在实践基础上向全国扩大试点。全面启用海岛监视监测系统建设运行，完成东海总队海岛监视监测的报送任务，更新完善海岛本底资料，为海岛“网格化、全覆盖”管理打下基础。持续深入开展海岛定期巡航执法检查，注重提高执法效率，截至目前，东海总队共派出海岛执法人员 1205 人次、船舶 28 航次、飞机 150 架次，船舶巡航和人员登岛共检查海岛 297 个，航空巡视检查海岛 5585 个。发现海岛涉嫌违法行为 8 起，3 起由海区支队进一步跟踪查处，其余 5 起已指定地方海监机构处理，结案 1 起。

**海区海监工作的组织、协调、监督和指导** 通过制定下发海区执法工作要点、相互参加重大案件会审、立案报备与执法信息通报等多种形式，进一步加强对海区海监工作的组织、协调、监督和指导。2013 年东海区各级海监机构共查处案件 692 起，结案 595 起，收缴罚款 21109 万余元，收缴罚款额与 2012 年基本持平，而办案数量超过 2012 年的 19.7%。组织东海区“三省一市”总队开展行政处罚案卷评查，评查各单位案卷 40 宗，案件优良率进一步提升，海区各海监机构尤其是基层海监依法行政水平进步明显。

（国家海洋局东海分局）

**【南海区海洋执法监察】** 2013 年，国家海洋局南海分局、中国海监南海总队共派出执法人员 3522 人次，组织陆岸执法 232 次；检查海域和海环等涉海项目 1116 个；登检台山惰性物料监管点倾废船 2573 艘次；检查海岛 320 个；检查海底电缆管道项目 7 个。发现违法行为 42 起，立案 39 起，作出处罚决定 33 件，执行 31 件，移交 2 件。

**西沙海域海岛保护定期巡查联合执法** 2013 年 3 月 8—18 日，中国海监南海总队及其所属第八支队、第十支队和南海航空支队以中国海监“83”船、“262”船、“263”船和中国海监“B-7103”直升机为工作平台，联合海南省总队和三沙市综合执法局开展了西沙海域海岛保护定期巡查联合执法行动。本次行动历时11天，船舶巡航2400海里；海监B-7103直升机飞行共计6架次，航时12小时，航程1800千米。共对西沙群岛19个岛礁及周边海域开展了海空立体巡查，并对其中9个海岛进行了登岛检查。

**海南洋浦海域打击非法采砂联合执法行动** 2013年8月10—13日，中国海监南海总队及其所属第十支队与海南省总队及其所属儋州大队开展了海南洋浦海域打击非法采砂联合执法行动。本次行动共抽调中国海监2115船、中国海监04艇和中国海监2135艇等3艘执法船(艇)，派出执法人员32人，执法车辆5台，查获非法采砂船26艘。

**海南文昌海域打击非法采砂联合执法** 2013年10月10—14日，中国海监南海总队及其所属第十支队、第七支队、南海航空支队与海南省总队开展了海南文昌海域打击非法采砂联合执法行动。本次行动共派出中国海监73船、中国海监02艇和中国海监2133艇等3艘执法船艇以及中国海监7115飞机，派出执法人员56人，执法车辆6台，查获非法采砂船2艘。

**珠江口海域倾废执法专项行动** 2013年6月14日，中国海监南海总队派出中国海监“82”船、“88”船和“79”船从广州启航奔赴珠江口海域，正式启动对珠江口海域的倾废活动实施在空间上全覆盖，在时间上无缝衔接的全覆盖监管。

**南海区违法用海专项整治行动** 2013年11月26日至12月31日，中国海监南海总队开展了为期35天的南海区违法用海专项整治行动。本次行动派出执法船艇19艘，巡航1300海里；派出中国海监B-3808飞机和B-7112直升机飞行5架次，航时14小时，航程3000千米；派出执法人员320人次。对广东汕尾和茂名，广西钦州，海南海口、儋州、东方和三亚等重点区域的重点用海项目进行了专项检查。其中，检查围填海及海洋工程环评项目10个；检查区域建设用海规划项目3个；打击非法采砂专项行动2起；打击违法倾废专项行动1起。发现涉嫌违法行为10起，立案7起。

（国家海洋局南海分局）

# 海 洋 交 通 管 理

## 海洋交通政策和法规

2013 年，国家和各级地方政府相继出台了多项规划和政策等，支持海洋交通运输经济的发展。其中，为了促进我国海洋航运业继续平稳快速发展，增强行业抗风险能力，政府出台了《中华人民共和国国际海运条例实施细则》和《关于促进航运业转型升级健康发展的若干意见》等一系列政策措施，并完成了“十二五”沿海港口建设、水运科技教育和信息化建设、节能减排和环境保护、安全生产和应急体系等专项规划，覆盖了水路运输各个环节。

**【《中华人民共和国国际海运条例实施细则》发布】** 5月，国务院发布“关于取消和下放一批行政审批项目等事项的决定”（国发〔2013〕19号）取消了《中华人民共和国国际海运条例》（以下简称《海运条例》）规定的国际船舶运输经营者之间兼并、收购审核，取消了《海运条例》规定的国际船舶代理业务审批。

7 月，国务院发布“关于废止和修改部分行政法规的决定”（中华人民共和国国务院令第638号），就涉及上述取消的审批事项内容，对《海运条例》相应部分作了删除和修改。修订主要内容有：①中资国际船舶代理企业取消审批，实施备案制度。中资企业从事国际船舶代理业务不再进行审批，交通运输部不再核发《国际船舶代理经营资格登记证》，改为实施备案制度。具体备案工作要求，按照2013年9月26日发布的《交通运输部关于国际船舶代理业务备案工作的通告》（中华人民共和国交通运输部通告2013年第4号）执行。②对未进行备案的国际船舶代理经营者实施处罚。修订后的《实施细则》第五十八条，增加了对国际船舶代理企业的处罚规定。国际船舶代理经营者未按规定进行备案的，由交通运输部依照《海运条例》（修订）第四十五条规定，对修订后的《实施细则》第七条规定的备案人实施处罚。③中外合资国际船舶代理企业继续实施审批制度。修订后的《实施细则》第四十一条，对外资从事国际船舶代理业务的管理予以了明确。中外合资、合作经营企业从事国际船舶代理业务按照《海运条例》第二十九条规定，外商出资比例不超过 49%，并继续实施审批制度。中外合资、合作经营企业通过拟设立企业所在地的省、自治区、直辖市人民政府交通运输主管部门向交通运输部提交营业场所证明文件、高级业务管理人员资历证明文件等材料。④取消了国际船舶运输经营者之间兼并、收购审核。鉴于《海运条例》第二十四条关于国际船舶运输经营者之间的兼并、收购审核已经删除，《实施细则》第三十三条相应予以了删除，中国国际船舶运输经营者之间或者中国国际船舶运输经营者与外国国际船舶运输经营者之间的兼并、收购不再报交通运输部审核。⑤取消了外国国际船舶运输经营者及外国国际海运辅助企业在华设立常驻代表机构审批。根据《海运条例》取消了对外国国际船舶运输经营者及外国国际海运辅助企业在华设立常驻代表机构相关事项的审批，《实施细则》通过相应删除第四十八条、四十九条、五十条、五十一等条，明确了外国国际船舶运输经营者及外国国际海运辅助企业在我国境内设立常驻代表机构、常驻代表机构变更名称、延长驻在期、机构终止等事项不再报交通运输部批准。

**【《关于促进航运业转型升级健康发展的若干意见》发布】** 8 月 26 日，经交通运输部部务会通过，部办公厅发布《关于促进航运业转型升级健康发展的若干意见》（简称《意见》），从运力调控、转型升级、市场监管、减轻企业负担、提高服务水平五个方面制定二十条意见，积极应对当前航运业面临的严峻形势，促进国内航运市场平稳健康发展。二十条意见内容很实，操作性强。

优化运力结构方面，《意见》提出，淘汰老旧运输船舶，减少运力存量，调整延续老旧运输船舶和单壳油轮提前报废更新的政策至 2015

年 12 月 31 日。积极推进内河船型标准化，严格执行以船龄为标准的船舶强制报废制度。

同时，《意见》鼓励建造满足国际新规范、新公约、新标准的节能安全环保船舶，引导沿海干散货船有序发展，继续严控国内沿海和长江干线客运、危险品运输新增经营主体，调控国内运力增量。支持行业组织加强运力发展自律，对船东协会组织航运企业开展的封存现有运力等措施，港航、海事等相关管理部门给予支持。

针对当前航运业经营困难、发展粗放问题，一是着力从支持鼓励企业兼并重组、规范货主投资国内航运业、提高市场准入标准的政策，引导行业向专业化、集约化发展。二是培育、有序推进邮轮产业发展，加快推进海峡两岸航运业发展，大力发展现代航运服务业，促进航运业拓展新的经济增长点。三是加快推进航运业安全绿色发展，重点是稳步推进 LNG（液化天然气）在航运业的应用，加强船舶能效管理。

提高市场准入门槛方面，《意见》提出，将国内沿海省际运输经营者最低运力规模标准由 2000 总吨提高到 5000 总吨，并相应提高内河运输经营者最低运力规模标准。

拓展新的经济增长点方面，《意见》提出，培育、有序发展邮轮运输，允许中资方便旗邮轮沿海多点挂靠。贯彻落实中国（上海）自由贸易试验区总体方案中的航运相关政策，大力发展航运金融、保险、海事仲裁等现代航运服务业。

推进海峡两岸航运发展方面，《意见》提出，允许经批准两岸登记的干线班轮在华北至台湾航线上捎带两岸中转货，支持开辟两岸四地邮轮航线。

《意见》明确，落实取消国际船舶运输经营者之间兼并购审核、国际船舶代理业务审批、内河船舶船员服务业务审批、承担船舶油污损害民事责任保险的商业性保险机构和互助性保险机构的确定，船舶修造、水上拆解地点确定等行政许可。进一步研究提出取消一批行政许可项目。

《意见》提出，规范行政事业性收费，做好船舶证明签证费等 6 类行政事业性收费取消和免征的落实工作。清理规范不合理的相关服务收费，取消国际航行船舶驶离国内港口前船上污染物清理费等 5 类 7 项收费。进一步规范港口收费，做好长江干线船舶引航收费标准下调 20%的落实工作；各港口不得与外贸班轮公司签订协议，并收取装卸速遣费用。规范船舶交易服务机构收费，将船舶交易服务费与船舶交易价格脱钩，改为按次定额收取服务费，并限定额度。

**【《绿色港口等级评价标准》发布】** 4 月 9 日，交通运输部发布《绿色港口等级评价标准》（下称《评价标准》）（JTS/T105-4-2013），要求从 6 月 1 日起施行。《评价标准》界定了绿色港口的内涵，将港口营运过程中的节约能源和水资源、减少污染物排放和控制温室气体排放纳入绿色发展的范畴，以评价涉及的内容具有全面性和引导性、评价依赖的信息具有可获得性和可靠性、评价借助的方法具有科学性和可操作性、评价形成的结果具有可比性和激励性为原则，设置评价项目、确定评价内容、选择评价指标、设计评价方法、设定评价等级。《评价标准》基于推动企业开展绿色港口建设的相关影响因素中，理念是基础、行动是关键、管理是保障、目的在效果，设置了理念、行动、管理和效果 4 个评价项目；按照绿色发展的要求，从企业的战略和文化建设、采取的环保、节能、低碳等行动、管理体系和制度建设、取得的成效和发展水平等方面确定了评价内容，按照规划、资金、宣传教育、污染控制、审计认证、目标考核等 23 个指标进行评价，针对集装箱、干散货和液体散货专业化码头的不同特点建立了评价因素和计分方法，按照绿色发展程度将绿色港口划分为 3 星级、4 星级和 5 星级三个等级。《评价标准》的实施，不仅与相关绿色港口评价体系组成有机的整体，健全港口绿色、循环、低碳发展的长效机制，而且也是行业首部绿色发展的标准，填补了空白。与相关管理办法配套实施后将有助于引导和规范全国绿色港口的建设，促进港口经济社会的可持续发展。

## 海上交通管理

**【口岸开放管理】** 2013 年，对 3 个正式扩大对外开放口岸进行验收。全年共办理国际航行船舶临时进出非开放水域审批 64 件次，办结件 58 件次。涉及辽宁、河北、山东、上海、江苏、浙江、福建、广东、广西、海南等 10 个沿海省份，共计 30 个区域。

**【航海保障】** **航标管理** 2013 年，中国沿海设置的各类航标达 12228 座，中国海事局负责管理维护的各类航标 7331 座。航标正常率 99.94%，航标维护正常率 100%，DGPS 信号可利用率 99.62%。开展沿海和内河 AIS 岸基网络系统完善工程建设。完成“3·19”中国经济专属区内英籍船舶“达飞佛罗里达”轮燃油泄漏清污任务，开展南沙、西沙航标处及航标、灯桩建设选点、布局考察等工作，在九章群礁东门礁投放“中国南海标 019 灯浮”，实现了南沙海事助导航设施建设零的突破。开展北斗国际标准化研究项目，为推动北斗卫星导航系统的国际航海应用奠定了基础。大力推进航海保障技术研发与应用，水面无人测量智能平台工程样机通过专家评审；烟台航标处航标设备检验检测中心全面建成，并正式承接灯器检测任务；北方海区已初步建成三个北斗连续运行卫星定位服务综合系统（CORS）站，长江口水域 CORS 站建设方案已经完成；水上安全信息数字广播系统（NAVDAT）开发与标准研究的顶层设计和关键技术研究基本完成。

**测绘管理** 2013 年，中国海事局累计完成海域测量面积 32789.16 平方千米，编绘、更新出版各种比例尺港口航道纸海图 297 幅，制作电子海图 222 幅，覆盖中国沿海 34 个港口。此外，为满足港口建设和通航管理的需要，制作各类专题图 286 幅。全年共印制海图 253050 张，印制《2013 年中国沿海港口航道图目录》4000 册，累计发行纸海图 176090 张，发布中英文《改正通告》52 期。结合两次南海巡航，对东门礁、仙娥礁、芙济礁等多个岛礁的水深开展复核，在缺少大比例尺海图的情况下，选用无人测量艇技术，完成南海首批岛礁的地形矢量化成图工作，为南海开发提供了基础的航海保障服务。加大重点航道扫测频率，《琼州海峡跨海通道勘察测量》获得中国测绘学会 2013 年全国优秀测绘工程奖银奖；完成成山角、乐清湾、琼州海峡等船舶定线制水域的扫测任务。

**水上安全通信** 2013 年，播发安全信息 13552 份，公众通信 111196 次。遇险电路畅通率 100%，安全信息播发准确率 100%，无线电报差错率为零，无线电话差错率为零。此外，继续加强通信设备的日常维护保养工作，北方海区的机线完好率和设备维护率分别达到了 99.5%和 100%，东海海区的机线完好率和设备维护率分别为 99.9%和 100%，北方海区的机线完好率和设备维护率分别为 99.9%和 100%，均在正常指标范围内。 （交通运输部海事局）

**【通航管理】** **优化通航环境** 推进老铁山水道船舶定线制拓展工作，完成成山角船舶定线制修订方案审定，修订发布实施 10 年的长江江苏段船舶定线制；推进乐清湾船舶定线制、宁波一舟山核心港区船舶定线制以及台湾海峡客船航行安全研究工作，完成《海上锚地设置指南》编制工作，审批一批港外新设锚地。

推进渤海“碧海行动”计划，完成天津辖区 3 艘沉船试点打捞工作，对渤海沉船打捞试点工作进行全面总结评估，推进渤海 73 艘沉船打捞工作，向国务院专题报告行动计划。

加强界河安全管理工作，研究起草国境界河通航管理工作指导意见，组织召开国境界河通航安全管理工作座谈会，参加中老缅泰四国航联委磋商会议，研究修订《澜沧江一湄公河水上搜救和沉船打捞管理办法》《澜沧江一湄公河航运突发事件处置协调应急预案》；研究北仑河口自由航行问题。

加强涉水活动安全监管。与国家海洋局就渤海和珠江口水域采砂项目审批等问题交换意见，督促有关部门协调解决了长江口海洋倾倒区调整问题；开展通航安全大检查，对已建和在建涉水工程安全隐患进行排查，跟踪隐患治理整改情况；做好通航安全影响论证和评估工作；推进桥梁防碰撞调查研究，进一步优化桥梁附近水域航路、航法和防碰撞措施。规范并加强水上水下活动安全监管和保障工作，服务国家重点涉水工程建设。

做好大型活动通航安全保障工作。组织开展博鳌亚洲论坛水上交通安全保障工作，按照国家“环琼安保圈”工作部署，做好与水上安保指挥部对接，开展安全隐患排查和船舶专项检查，为大会召开营造了安全、畅通的水上交通环境；推进第十二届全国运动会大连赛区帆船帆板项目海上安保工作，做好港珠澳大桥建设安全保障，组织召开港珠澳大桥领导小组办公室会议，部署全面保障大桥建设安全需开展的重点工作；落实港珠澳大桥工程监管经验的总结推广工作；派员参加交通运输部组织的第4次港珠澳大桥技术专家会议。

**规范通航秩序** 组织开展南海维权巡航执法行动，充分发挥大中型海事执法船作用，加强对中国沿海重要水域实施巡航监管，组织开展空中巡航。开展海事网格化监管模式研究和试点工作。山东、江苏、浙江海事局通过对前期试点工作调研，明确了网格化监管思路，通过实施网格化以网定格、以格定责、以责定岗、以岗定人，同时在信息化支撑下，实现对现场监管工作过程管控和闭环管理。

**强化 VTS 管理** 加强 VTS 运行管理，推进品牌创建工作。组织开展 VTS 值班标准调研；研推进 VTS 创品牌工作，组织召开了全国直属海事系统 VTS 创品牌活动现场交流会；推进珠江口水域 VTS 区域合作，建立了 VTS 数据共享机制；组织开展 VTS 人员培训工作。2013 年新开通 VTS 中心 2 个，新建并投入使用雷达（中继）站 18 个。

**开展长效管理和季节性监管工作** 推进砂石运输船治理工作。印发《关于加强砂石运输船、施工船安全管理工作的通知》，组织召开渤海水域砂石运输船安全监管工作会，要求严格落实长效机制，强化区域联合、措施创新和责任追究，持续保持专项治理活动的高压态势；组织开展渤海水域砂石船治理联合行动，对砂石运输船、施工船、涉水工程建设和施工单位开展联合执法检查，严厉打击非法采砂、运砂、用砂行为。组织开展江浙沪三地海事机构砂石船治理工作会议，部署开展三地联合执法行动，严厉打击非法砂石运输行为。

深入推进船舶超载运输治理工作。印发《关于加强船舶超载运输治理工作的通知》，严格落实长效管理机制，强化始发港、途经港、目的港和船籍港管理，全面落实协查机制、联动机制和黑名单管理制度、奖惩制度，始终保持对超载船舶的高压态势，有效防范和遏制水上交通事故的发生；组织召开长江干线船舶超载运输治理现场推进会，保持对船舶超载治理的高压态势，确保长江沿线水上安全形势的稳定；组织开展长江治超督查活动和宣传教育活动，对长江干线三个重点区域、南京水域进行现场督查，发放宣传警示教育材料。

加强引航管理，推进取消长江太仓港及以下水域五星旗海轮强制引航工作。发布《关于取消五星旗海轮进出长江太仓及以下水域强制引航的公告》，起草《交通运输部取消太仓港及以下水域五星旗海轮进出长江强制引航的实施意见》；完成全国引航员登轮点调整。

做好渔船商船碰撞防范工作，落实交通运输部、农业部合作备忘录，继续开展商渔船安全警示教育，防止渔船在南北航线捕鱼作业。落实渔船商船碰撞防范措施，严防渔船商船碰撞事故。

做好季节性安全监管工作。加强“两会”期间、端午节和汛期、台风季节安全监管工作，强化隐患排查和整改，强化责任落实，强化恶劣天气预警工作，强化重点水域和重点船舶的监管，强化应急值班和险情处置，强化交通组织和疏导。 （交通运输部海事局）

**【综合安全管理】** 组织开展2013年安全生产集中大检查活动，印发《关于集中开展水上交通安全生产大检查的通知》，对海事系统开展安全生产大检查活动进行部署。针对事故及安全生产大检查发现的问题，分别印发《关于加强广西籍船舶及公司安全管理的通知》《关于进一步加强琼州海峡客滚运输安全管理的通知》《关于客滚船“宝岛9”轮与“双泰9”轮碰撞事故情况的通报》等。

**加强渡运安全监管** 开展“救生衣行动”，向义渡、半义渡船舶发放约 6 万余件救生衣，加强义渡、半义渡渡船救生设备的配备；加强渡运宣传，开展安全意识的公益宣传，编制渡运安全宣传手册和海报，在各省渡口、渡船上及宣传点开展宣传，提高乘客、渡船船员、渡船船主、经营人及渡口所有人等相关方的安全意识。开展“全国渡口渡船安全管理专项整治回头看”活动。要求已完成整治的地区巩固活动成果，建立渡运安全管理长效机制，加大隐患排查力度。通过“回头看”活动巩固专项整治成果，督促未完成整治地区加快整治，成效显著。

**创新手段加强安全检查** 印发《关于转发交通运输系统“平安交通”创建活动实施方案的通知》，布置海事系统“平安交通”建设工作。

开展多次安全生产检查，开展 2 次渡运安全暗访。通过明察暗访，发现安全隐患，找到管理薄弱环节，督促整改落实，消除隐患。按照交通运输部统一安排，开展“安全生产年”、“安全生产月”、“平安渡运”等工作。

**开展“结对子”活动**　继续贯彻交通运输部海事局《关于印发水网地区与非水网地区海事结对子工作计划的通知》精神，在 2012 年“结对子”工作的基础上，各对子单位扎实有效地推进了“结对子”工作。进行人员交流、培训；给予资金、设备和硬件的支持；相互学习交流海事管理工作中好的做法和先进经验；定期总结“结对子”工作情况。形成互帮互学、双向交流、共同发展的良好局面。　（交通运输部海事局）

**【航道管理养护】**　**加强危防管理规章制度建设**　完成《海安法》的修订和《危化条例》的生效实施工作，推动船载危险货物建章立制工作，印发《集装箱装运包装危险货物监督管理规定》、《船舶载运散装固体货物安全监督管理规定》等配套规章，完善《危险货物申报员和集装箱装箱检查员资质管理办法》等规范性文件，建立健全危险货物管理法律体系。重视内河危防立法工作，修订《防治船舶污染内河水域环境管理规定》，完善内河危防管理法律体系。完成《船舶高污染风险作业操作规程》、《污染危害性货物码头安全装卸能力要求》、《港口、码头、装卸站和船舶修造单位船舶污染物接收能力要求》等八项危防管理行业标准、规范的制定和颁布。结合国务院行政审批事项改革，配合做好相关条例和部令的修改完善工作。做好涉企收费项目取消和调整工作，减轻航运企业负担。

**完善危险货物安全监管体系**　一是抓住危货源头管理，组织开展船载常见危险货物属性研究，方便行政相对人和海事管理人员查询检索货物运输有关要求，不断完善危险货物申报管理；二是加强船舶载运散装固体货物和危险货物的现场检查，推进危险货物船舶航行动态监管，加大危险货物集装箱开箱检查力度，严厉查处危险货物谎报、瞒报行为；三是高度重视危险货物事故应急工作，重点研究危险货物事故应急对策和技术，不断提高危险货物事故应急能力；四是组织开展《危险货物申报人员和集装箱装箱检查员培训教材》、《两员师资培训教材》、《危防管理现场监督检查指南》等编写工作。组织开展为期三个月的“易流态化固体散装货物安全管理季”活动，在集中检查月期间，船舶载运易流态化固体散装货物现场检查率 100%。

**落实船舶污染防治管理制度**　推进《防污条例》及其配套的规章实施，组织开展《防污条例》的立法后评估工作，全面梳理总结船舶污染防治管理制度实施过程中存在的问题，研究提出解决方案和措施，解决履约审核中的突出问题。做好船舶油污强制保险管理工作，结合航运业和油污责任险市场的实际情况，与保监会共同推动了中国籍沿海航行船舶和新造试航船舶油污责任险统保示范项目。开展建立内河船舶油类和化学品污染强制保险制度研究。做好国内油污基金的征收、使用和管理工作，筹备建立船舶油污损害理赔事务中心。

**健全应急反应机制**　按照“统一规划，国家、地方政府和企业共同建设”的总体思路，推进各级应急规划的制定和实施。参与起草国家重大海上污染事故应急能力规划编制以及国家重大海上污染事故应急预案的编制工作，健全“四级”应急体系。按照应急预案的要求，加强培训和演练。继续深化区域应急联动协作机制，提高区域联动能力。研究沿海港口重点水域建立船舶污染环境应急监视监测机制。研究国家政府设备库的管用问题，组织开展海事系统应急资源统筹管理研究，合理用好现有应急能力资源，提高资源使用效益。成功开展“达飞佛罗里达”轮重大污染事故等应急处置工作。

**高度重视内河危防管理**　加强“三河三湖”、“南水北调工程”、长江上游及库区等重点水域的船舶载运危险货物管理和防治船舶污染工作，推动地方政府加大溢油应急能力建设投入，加快建立内河船舶污染应急预案。加强长江干线危险化学品运输安全整治，研究建立长江危化品运输动态监管信息平台，试点实施全过程动态监控，有效开展事故前预控管理和事故应急处置工作。

**加强危防信息化建设**　完善与船载客货电

子申报系统的数据接口和数据分析统合，完善各项应用功能和与其他海事监管系统的数据交换功能；稳步推进“天津港海运危险货物安全监管系统（二期）”建设。按照顶层设计的总体思路，进一步完善危防管理基础数据库，统筹做好信息资源的共享和综合利用，适应核编转制后海事监管的架构，为在全国海事系统推广应用做好前期准备工作。（交通运输部水运局）

## 海上交通安全

**【船舶管理】　船舶登记**　中国现有登记在册船舶约30.4万艘，其中持有效国籍证书营运的船舶约21.4万艘、约1.457亿总吨。2013年新建造并办理登记手续的船舶8663艘、约1111万总吨。2013年，通过全国统一船舶登记系统共办理各类船舶登记135827次。

**船舶进出口岸查验及签证**　2013年，全国共办理国际航行船舶进出口岸查验291207艘次，船舶进出港签证11093947艘次（含定期签证），签证及查验共计11385154艘次。

**船旗国检查和港口国监督**　2013年，各直属海事局共实施国轮安全检查122354艘次，其中海船安检3.0409万艘次，滞留1213艘次，滞留率为3.99%；河船安检9.1945万艘次，滞留3042艘次，滞留率为3.31%。

2013年，各直属海事局对7998艘次外籍船舶实施港口国监督检查（初次），发现并纠正缺陷44186项，对其中653艘缺陷严重的船舶实施滞留措施，单船平均缺陷为5.52项，滞留率为8.18%。

2013年，中国籍国际航行船舶有983艘次在亚太地区接受港口国监督检查，490艘次船舶存在缺陷，其中8艘次船舶被滞留，被滞留率为0.81%，低于亚太地区4.51%的平均滞留率。综合考虑亚太、巴黎、黑海三个备忘录地区和美国海岸警卫队的检查，中国籍国际航行船舶共有10艘次在外被滞留，与2012年滞留数量相同。中国国际航行船队在全球履约状况总体稳定，继续保持低滞留率。

2013年，68艘船舶被列入中国海事局公布的重点跟踪船舶名单，36艘船舶经过系统整改脱离了重点跟踪船舶名单，“上榜”船舶总数为216艘。年内，依据诚信船舶评选程序，评选了120艘船舶为2013年度安全诚信船舶。

（交通运输部海事局）

**【水上交通事故调查与航运公司安全管理】**
**事故调查与研究**　颁布实施《水上交通事故调查处理简易程序规定》。中国海事局成立事故调查组，对天津3·18“光阳新港”轮沉没、3·20福建“闽南平渡4195”轮遭遇突风沉没、山东青岛“11·24”“紫海顺”轮沉没事故，山东烟台“11·26”“兴龙舟65”沉没事故等事故开展调查工作。开展《因海损事故引发的群体性事件原因及对策研究》课题研究并结题。开展《海事调查电子证据取证实务研究》、《船舶碰撞事故微量油漆X荧光能谱测定及应用研究》课题研究工作。建成“事故调查统计分析系统”，并推广使用。海事调查实验室一期工程开建。

**海事调查官培训**　在江苏组织1期水上交通事故统计人员培训班。在广东、江苏、浙江组织3期涉外助理海事调查官培训班。在浙江、山东组织2期水上交通事故非涉外助理海事调查官培训班。在辽宁组织3期调查官知识更新培训和2期中级调查官适任培训。

**航运公司安全监管**　加强对航运公司安全管理体系运行情况的监督检查。针对船舶事故、险情等情况，进行监督检查，并针对发现的问题进行严肃处理。截至2013年底，全国共有206家（含国际国内兼营公司112家）国际航运公司持有有效符合证明，体系内管理国际航行船舶1568艘。全国共有1192家（含国际国内兼营公司112家）公司持有符合证明，体系内管理国内航行船舶7270艘。开展安全诚信公司评选工作，全国安全诚信公司已达37家。全国共有注册审核员1762名，其中A类审核员1350名，B类审核员412名，主任审核员487名，普通审核员1275名。（交通运输部海事局）

**【船舶及海上设施检验管理】**　按照船舶吨位丈量统一管理的要求，继续开展船舶吨位丈量统一管理和船舶吨位丈量复核发证工作。加强船检技术支持体系和技术规定建设，促进船检工作科学发展。强化船舶法定检验管理，提升船检机构的业务水平。完善注册验船师考试制度，提高验船队伍的综合素质。完善验船师培训纲要，加大验船师培训力度，强化对地方船检机构的技术支持。

推动船舶节能减排，做好内河 LNG 燃料动力船舶改造试点工作；建立船舶节能减排评价考核体系，开展国内航行船舶新船能效设计指数 EEDI、船舶能效营运指数 EEOI 的计算公式、参数、计算标准等的研究工作；加大船检质量技术监督力度，切实把好船舶检验质量关；组织协调国际海事会展，积极展示航运事业取得成就；加强船舶检验技术数据库优化工作，组织全国船舶检验机构开展客渡船专项工作，研究台湾与大陆互设船舶检验机构的前期准备工作。

2013 年，全国共有 29 个省级船检机构、442 个分支机构；中国船级社 1 个、分社 18 个、办事处 27 个；经批准的国外船舶检验机构驻华验船公司机构 22 个。全国共有注册验船师 6381 名，其中 A 级注册验船师 2612 名，B 级注册验船师 1471 名，C 级注册验船师 2030 名，D 级注册验船师 268 名。2013 年共开展船舶吨位丈量复核人员培训 5 期，共完成培训 420 人。

（交通运输部海事局）

**【船员管理】　船员考试、培训和发证**　全面深化履行 STCW 公约马尼拉修正案，狠抓培训质量，中国船员培训考试发证工作和船员素质得到了欧盟的认可，在解决高级船员短缺的同时，为航运转型发展和海员外派打入欧洲走向高端奠定了基础。2013 年，全国海船船员适任证书统考共计 165476 人次参加，比上年减少 15.06%。审批各类船员培训机构 83 家，海员外派机构 39 家，甲级船员服务机构 21 家，乙级船员服务机构 43 家。全国共有各类船员培训机构 248 家，海员外派机构 195 家，甲级船员服务机构 221 家，乙级船员服务机构 521 家。全年共办理海员证 88246 本，比上年增加 5.6%，开具出境证明 59715 份，比上年减少 3.2%，127246 人次出境，同比增加 2.2%。成功举办 2013 中国海员大会和中国海员技能大比武。

**船员权益保障**　对中国船公司进行 MLC 培训，指导公司切实履行船东责任义务，全面履行公约，保障海员权益；对海员工会干部培训，提高工会履约维权能力；编辑船员履约 MLC 教材，指导、督促船公司开展全员 MLC 培训，使船员明晰自身权益，明白公约要求，维权意识和应对 PSC 劳工检查的能力。协调质检总局，解决船员重复体检问题，使 30 万船员受益。转变职能，减少行政审批，推进船员管理由审批的前置管理向事中事后管理转变。2013 年，船员管理减少行政审批 7 项，占海事减少总数的 50%，研究布置行政许可取消后续监管措施。

（交通运输部海事局）

**【港口设施保安工作】**　2013 年，交通运输部港口设施保安主要开展了以下工作：一是印发《交通运输部办公厅关于调整〈港口设施保安符合证书〉换发工作的通知》，部署《港口设施保安符合证书》五年到期换证工作。二是印发《交通运输部办公厅关于进一步推进全港保安工作的通知》，组织推进全港保安工作。目前，大连、舟山、广州三地已经开展了全港保安计划的编制。三是开展港口保安研究工作。根据中国港口保安工作实际，结合国外最新进展，组织科研单位和地方港政部门开展《港口设施保安费政策研究》和《RFID 射频识别技术在港口保安中的应用研究》。四是开展对外交流工作。分别与美国海岸警备队、韩国水产研究院就保安管理、保安履约情况、港口保安技术标准等进行了交流。　　（交通运输部水运局）

# 沿海海洋管理和海洋经济

## 辽宁省

### 综 述

2013年，辽宁省紧紧围绕服务沿海经济带开发开放重点任务，海洋综合管理全面加强，圆满完成锦州世博园、葫芦岛徐大堡核电站的用海保障，开拓创新，扎实工作，圆满完成了各项任务。

### 海洋经济与海洋资源开发

**【概况】** 2013年，《辽宁省海洋经济发展十二五规划》实施进入中期攻坚阶段，重点加快推进海洋经济监测、评估系统建设，认真落实《规划》并指导各地适时完善海洋经济发展布局、产业结构调整。辽宁省海洋主要产业总产值实现5263亿元，同比增长15.9%。

**【海洋经济监测评估系统建设】** 辽宁省成立了辽宁海洋经济运行监测评估中心，建立了辽宁省用海、涉海企业数据集和经济数据，定期进行海洋经济运行监测统计和评估。组建了一个省级海洋经济运行监测评估中心，6个市级分中心、10个县级监测站和监测节点。同时，将9个工业园区纳入海洋经济监测网络，共布设1800余家用海企业监测点，相关工作已经全面推开。已完成了三个软件系统（企业监测系统；GIS定位系统；数据评估系统）的安装调试，完成了省、市、县三级监测机构设备分配、安装调试、运行，并对各业务化运行机构专职人员进行了专项培训。

**【海洋渔业】** 投资9000万元增殖放流13个品种54亿尾，增长14.9%。中央电视台首次对辽宁省海洋增殖放流进行了跟踪报道。投资2900万元，新建人工鱼礁示范区3处。新增浅海底播2万公顷，累计达到53.33万公顷。大连市投资7.2亿元，新建人工鱼礁28处、360万立方米，改造海域0.67万公顷。辽宁省共有远洋渔业资格企业24家（其中大连18家，省管6家），远洋渔船总数达329艘(其中大连286艘；省属43艘)，比上年增加54艘。新造远洋渔船34艘，总投资3.2亿元。远洋渔业产量达20万吨，产值达22亿元。

**【海洋盐业】** 辽宁省各地努力提高和稳定海盐单产水平，积极发展盐田生态系统。2013年辽宁省海洋盐业产值4.7亿元。辽宁省盐田总面积为33938公顷，其中盐田生产面积28532公顷。辽宁省海盐产量98.28万吨，盐加工产量19.3万吨，年末海盐生产能力178.67万吨。

**【海洋船舶工业】** 辽宁沿海经济带已经形成了集造船、修船、海洋工程、配套为一体的强势发展的船舶产业集群。现有大连（环大连湾、旅顺、长兴岛)、葫芦岛、辽河入海口（盘锦、营口）三大造船基地，并实现错位竞争、均衡发展。2013年，辽宁省海洋船舶工业继续保持稳定增长。辽宁省修造船完工量为167艘，其中造船完工869万载重吨，修船完工240艘。修造船舶营业收入达780亿元，年末从业人员约14万人。

**【海洋交通运输业】** 辽宁省已形成以大连为中心，营口、锦州、丹东为枢纽，旅顺、葫芦岛、绥中、盘锦、庄河、瓦房店等为网络，中小结合、层次分明、功能齐全、分布合理的海洋交通运输布局。2013年，辽宁省海洋交通运输系统紧紧抓住沿海经济带发展机遇，港口业和运输业保持稳定增长，完成旅客吞吐量631.3万人次。辽宁省沿海港口货物吞吐量保持稳定增长，货物吞吐量98354万吨，其中外贸货物吞吐量19781万吨，国际标准集装箱吞吐量1798.2万标准箱。辽宁省沿海水路运输企业完成货运量13612万吨，货运周转量7856.7亿吨千米；完成客运量534万人，客运周转量6.67亿人千米。截至2013年底，辽宁省沿海主要港口拥有生产用码头泊位376个，码头长度约70622米，其中万吨级码头泊位194个。

**【海洋旅游业】** 2013年辽宁省滨海旅游业继续快速发展。全年接待旅游者1.7亿人次，其中接待入境旅游者152万人次；全年接待旅游者天数5.1亿人天，其中接待入境旅游者435.7万人天。旅游外汇收入16.7亿美元，同比增长5.7%。星级饭店288家，旅行社722家。

## 海洋立法与规划

**【涉海法律法规清理】** 辽宁省海洋与渔业厅按辽宁省政府文件要求，对现行有效法律法规进行了清理。现行国家涉海类法律、法规、规章共计39部，现行辽宁省涉海类法律、法规、规章2部。对上述法律、法规、规章按照条块结合，以执行部门为主的工作方法，对任务进行分解，进行清理，汇总统计，将所有法律、法规、规章进行梳理，特别是对进一步完善行政执法程序，依法细化、量化行政自由裁量权，合理设定裁量权幅度，压缩自由裁量权空间规范运行程序和工作流程，推进文明公正执法方面做了具体要求。

**【辽宁省海岛保护规划】** 《辽宁省海岛保护规划》是辽宁省海岛保护、开发利用及科学有效管理海岛的重要法规。《辽宁省海岛保护规划》经过多次调研、征求意见、反复修改，在征求省直有关部门、军事机关、下一级政府的意见的基础上，于2013年1月29日通过了全国海岛保护规划专家审查委员会审查，并获辽宁省政府批准实施。

## 海域使用管理

**【概况】** 2013年，辽宁省围绕建设海洋强国、海洋强省的目标，以节约集约利用海域和岸线资源为原则，以加强海洋综合管理为主线，优先保障国家重大项目和民生用海，加强海域海岸带整治修复，提高海洋综合管控能力。充分发挥海洋功能区划的整体控制作用，优化用海布局、控制用海规模、规范用海秩序，提高海域空间利用质量。

**【海洋功能区划】** 新一轮功能区划以辽宁省海岸带自然分区为基础，依据沿海经济带发展战略布局和沿海海洋生态区系，将辽宁省海域划分为8个类别188个基本功能区。辽宁省展了大规模海洋功能区划培训，分解落实辽宁省海洋功能区划的各项指标，加强功能和规模的双管双控，有效调节近岸区域用海方向和规模，构造科学合理的沿海产业格局、滨海城市格局、海洋渔业发展格局和生态安全格局，充分发挥海洋功能区划在海洋开发、控制和综合管理中的整体性、基础性、约束性法定作用。

**【区域用海规划】** 辽宁省经国家海洋局批复的区域建设用海规划已有13个，批复填海面积19839公顷。根据全国海洋功能区划中对区域建设性用海提出的进一步加强区域用海整体规划、整体论证、整体审批和整体围填海管理，从规划上解决优化产业布局、引导产业集聚、合理有序实施围填海，为下一步单体用海项目上马提供规划支持要求。辽宁省海洋与渔业厅配合地方政府，加快推进区域建设用海规划内项目的推进工作。提出地方要加大区域建设用海规划内项目占地区总体围填海项目的比重，严格控制规划外围填海规模。

**【规范用海审批管理】** 2013年，国家分配给辽宁省的围填海计划指标为2200公顷。通过用海项目调节产业布局和沿海城镇化发展格局，指标安排落实到国家推进经济结构战略性调整要求上，辽宁省海洋与渔业厅继续实行差别化的海域供给政策，以重点保障省委、省政府重点重大项目、民生项目、加快区域建设用海规划内项目上马位原则，对围填海项目进行严格控制，尤其是在渤海海域实施最严格的海域管理政策。共审批项目用海85宗，面积1779公顷，填海1446公顷。

**【海岸线管理】** 辽宁省将海洋生态文明建设理念融入围填海管理中，降低海域、海岸线消耗强度，提高资源利用效率和效益，遏制围填海增长过快的趋势，切实做好陆海统筹工作。

严格落实岸线审查制度，加强对占用海岸线项目和区域用海规划的审查工作，确保围填海项目不占用基岩、砂质岸线和公众亲海岸线，其他类型岸线尽量不占用、少占用。将“岸线占补平衡”作为辽宁省审核用海项目的一项重要指标，即对确需占用自然岸线的新上用海项目，形成人工岸线长度必须大于其占用的自然岸线。依此原则，金渤海岸游艇项目、泛海国际休闲度假项目等一批用海项目进行了规划调整，最大限度地保留了自然岸线，保留群众亲水空间。

**【海域使用动态监视监测管理系统】** 外业监测工作方面，积极开展用海项目预审核查，完成国家下达疑点疑区核查监测和区域用海规划核查工作。内业数据处理工作方面，认真做好海域使用权证书统一配号和围填海统计工作，共成功配号 2213 宗用海 2276 本证书，完成了 78 宗问题数据的修改。做好海域动态专网、数字海洋专网和海岛监视监测系统运行维护。加强对权属数据和监测影像资料处理分析评价能力。先后完成了锦州世博园、大笔架山以及部分区域用海规划等航拍任务，为辽宁省大面积开展海域和海岛无人机遥感监测奠定了良好基础。

**【海域海岸带整治修复】** 除大连外，辽宁省获得国家批准实施的海域海岸带整治修复项目共 6 个，批复资金 1.33 亿元。其中 2010 年项目已经接近完成。2011 年项目的物模和数模实验已完成，正按实施方案要求有序推进。为进一步规范整治修复项目的申报、审核、实施、监督管理和竣工验收，对已经批准的项目实现全程监管。辽宁省海洋与渔业厅提出，今后实施中的整治修复项目要每半年上报实施情况和资金使用情况，已经实施完成的抓紧时间开展竣工验收工作，确保项目扎实推进，落到实处。

## 海岛管理

**【概况】** 辽宁省认真贯彻落实国家海洋局海岛管理工作要点有关要求，深入贯彻落实《海岛保护法》、《全国海岛保护规划》及全国海洋经济发展“十二五规划”对海岛工作的战略部署，辽宁省海岛管理各项工作取得了长足进展。

**【无居民海岛管理】** 辽宁省加大对《海岛保护法》出台前已开发利用无居民海岛使用情况管理模式的探究工作，加大推进无居民海岛使用权的申请报批工作。西沙坨子岛的确权申请材料已通过辽宁省政府审批，将继续开展西沙坨子岛海岛使用金的征收、确权登记及后期延伸管理工作。全面完成法前已开发利用无居民海岛权属情况调查。开展了海岛保护专项执法检查行动，有针对性地对已开发利用无居民海岛、整治修复项目所在海岛保护专项资金支持海岛进行了巡航执法检查，结合辽宁省海岛基本情况拟定了无居民海岛权属情况登记表，充分调动各级海洋主管部门对本辖区内海岛的权属情况进行了全面摸查与登记。

**【海岛地名普查】** 辽宁省海岛地名普查各项工作顺利开展，《中国海域海岛标准名录》（辽宁分册）和《全国海域海岛地名普查数据集》（辽宁分册）通过专家评审。《2013 年辽宁省海岛名称标志设置方案》经国家海洋局批复，全面启动了 2013 年海岛名称标志设置工作《辽宁省海岛地名志》通过专家评审。

**【海岛信息化工作】** 深入推进国家海岛监视监测系统业务化运行工作，对各地区已开展国家海岛监视监测系统用户节点进行了核查，根据各地区机构、人员的调整，增设了海岛监视监测节点 3 个。

**【无人机】** 辽宁省海洋与渔业厅选派 7 人分两批赴武汉智能鸟无人机公司进行无人机操作培训，系统掌握了无人机的操作与维护知识，同时，武汉智能鸟公司交付辽宁省海洋与渔业厅三架无人机。立项建设营口白沙湾无人机基地和庄河蛤蜊岛无人机基地。辽宁省海域和海岛使用动态监视监测中心已经能够独立进行飞行操作和航拍图像的拼接成图工作。经对现有海岛影像进行分类、统计，现有 2008 年 2 米分辨率海岛 105 个。辽宁省已独立完成了 50 个海岛的无人机航拍工作，获得了 0.5 米高清影像，根据资料正在制作《辽宁省海岛影像图集》。

## 海洋环境保护

**【海洋环境保护管理】** 辽宁省印发了《2013 年全省海洋与渔业环境保护及海洋预报减灾工作要点》，继续深化海洋环境保护绩效考评工作。分三次对沿海六市 14 个入海排污口的 70 个站位开展了监测评价工作。加强海洋倾废审批工作。

全年新签发许可证 4 个，批准倾倒量 51.3 万立方米。加强海洋工程的监管，完成了国家海洋局北海分局对辽宁近年来的海洋工程监管情况的检查，实地检查了大连中远船坞工程有限公司 30 万吨浮船坞等两个省管海洋工程项目。

**【海洋环境监测】**　制发了《辽宁省 2013 年海洋环境监测方案》，全年了开展四大类、21 项监测任务，其中国家局下达监测任务 16 项，辽宁省海洋与渔业厅自主安排 6 项，投放监测经费 900 万元。发布了《2012 年辽宁省海洋环境状况公报》。组织对葫芦岛、锦州、盘锦开展了海洋环境监测质量监督检查。

## 海洋生态文明

**【海洋生态保护与建设】**　组织申报的《盘锦双台子河口滨海湿地植被修复示范工程项目》得到国家海洋局的批复。争取中央财政资金 1500 万元。组织实施了“锦州大笔架山国家级海洋特别保护区能力建设和景观修复”、盘锦双台子河口滨海湿地植被修复示范两个项目，锦州笔架山保护区能力建设基本完成，山体维护与景观修复正组织实施。完成了大连遇岩嶕国家级海洋特别保护区、大连长山群岛、大连金石滩、辽宁团山海蚀地貌、葫芦岛觉华岛、绥中碣石、盘锦鸳鸯沟国家级海洋公园的申报和国家海洋局专家组对申报保护区的实地考察工作。完成了《辽宁渤海海域海洋生态红线定报告》，启动了国家级海洋生态文明示范区申报工作。

**【海岛生态环境提升】**　辽宁省首个海岛整治修复项目大笔架山连岛沙坝整治修复工程完成并通过验收。2012 年国家海洋局批复实施的觉华岛和大鹿岛整治修复和保护项目稳步推进。獐岛和张家山岛二个海岛整治修复项目实施方案均获得国家海洋局批复实施，已开展初步设计、招投标等前期工作。

**【海洋生态宣传教育】**　开展了“5.12 防灾减灾日”宣传活动。辽宁省共设置宣传现场 56 个，采取省、市、县联动，参与宣传人员近 2000 人，宣传活动遍布沿海及内陆社区、渔村和学校，悬挂宣传条幅 100 多条，张贴宣传标语 2000 多张，发放各类海洋防灾减灾宣传品、宣传册（单）4 万余份，展出专题展板 250 余块，现场直接受教育达 3 万余人。

## 海洋环境预报与防灾减灾

**【海洋环境预报工作】**　坚持每日在辽宁省海洋与渔业厅网站发布辽宁省 24 小时潮汐、海浪、海温和海冰预报，组织制作《海洋预报》电视节目，在辽宁卫视播报全省海洋环境预报。全年无一日漏发、错发，实现无差错运行。

**【海洋灾害警报发布】**　积极参加省气象局、省军区水文气象中心等相关部门的灾害防御会商会。海浪蓝色警报 21 期，风暴潮消息 1 期，风暴潮黄色警报 3 期，风暴潮橙色警报 2 期，在《海洋预报》电视节目中加入警报滚动字幕 44 期，发送预警报短信 5 万余条。为各级政府和涉海企事业单位、渔民开展防灾减灾提供了保障。

**【海平面变化影响和评估工作】**　制定了《辽宁省 2013 年度海平面变化影响调查评估工作实施方案》，进行了海平面变化影响调查的信息采集和实地调查工作。编写完成了调查报告和年度工作报告。开展了沿海警戒潮位的核定工作。

**【积极应对海冰灾害】**　组织开展海冰的实地调查，调查范围覆盖了辽宁沿海，调查共走访了码头、渔港、石油钻井平台、养殖户和海岛居民等。在辽宁省沿岸共计布设 35 个站位，行程 2000 多千米，对固定冰厚度、冰表面温度、冰下海水温度、盐度及风速、风向等要素进行监测。根据国家海洋环境预报中心、北海海洋预报中心发布的海洋灾害预警报信息，及时组织发布辽宁省预警报。2012—2013 年冬季共发布海冰蓝色警报 10 期，海冰黄色警报 16 期。

**【海洋观测站建设】**　辽宁省将在营口白沙湾建设海洋观测站，改变辽宁省沿岸海洋观测站不足现状，更多获取岸基观测基础数据，逐渐完善辽宁省海洋观测预报体系设施建设，实现辽宁省海洋环境预报的科学性、准确性。

**【海洋渔业生产安全环境保障服务系统建设】**海洋渔业生产安全环境保障服务系统辽宁节点一期建设项目，在测试过程中系统稳定、可靠，通过了国家海洋环境预报中心的系统稳定性测试，也已通过了国家海洋局组织的验收。辽宁省正在进行系统的二期建设，主要是完善业务化运行管理，参与《全国海洋渔业生产安全环境保障服务系统建设技术规范》的修订，制作和发布辽宁省邻近海域内各渔场的海面风、海浪、海冰、潮汐和风暴潮预警报产品，并将产品发送给渔业管理部门，同时传输至国家海洋环境预报中心和北海海洋预报中心。

## 海洋监察执法

**【海洋权益维护】** 根据中国海监总队统一部署，辽宁省相关海监机构依法履行中国海监海上维权巡航执法职责，在本省管辖海域全面开展定期维权巡航与专项执法，逐步加大维权巡航力度，海洋维权工作取得显著成效，圆满完成了本年度维权巡航执法工作任务。全年共派出人员2.5万余人次，执法车辆5000余车次，出动船（艇）1200艘次，累计航程10万海里。

**【海域使用管理执法】** 组织开展“海盾2013”专项执法行动，上下互动、齐抓共管，对辽宁省海域进行全方位、全覆盖执法检查，摸清用海现状，排查违法隐患，严厉打击违法用海行为。全年检查用海项目5887个，行政处罚110件，收缴罚款2.1亿元。完成区域建设用海联合执法工作，逐一检查13个区域用海规划建设情况，核实核查疑点疑区，遏止非法围填海行为。严厉打击盗采海砂，开展专项整治联合行动加强对重点海域监视监控，累计收缴罚款和没收违法所得628.6万元。非法采砂作业在绥中、兴城海域基本杜绝，大连、营口交界海域明显减少，未发生因盗采海砂引起的恶性事件。

**【海洋环境保护执法】** 组织开展“碧海2013”专项执法行动，执法内容涵盖海洋环境保护的全部领域，加大对海洋工程项目、倾废区、排污口、保护区执法检查频率，着力打击重大海洋环境违法行为，已办结30起，收缴罚款151万元。进一步对近岸海域溢油情况进行严密监视，确保第一时间发现问题，提高应急处置能力。积极开展海洋工程环境保护执法示范建设工作，总结经验，推广成果。在执法过程中敢于碰硬，坚持原则，多起疑难案件实现突破。

**【海岛保护执法】** 组织开展海岛保护专项执法行动，有针对性地对辽宁省90多个岛屿进行检查，采集了大量坐标数据、利用现状、海岛照片等基础管理资料。开展定期巡查，建立健全海岛基础信息档案，实现了“一岛一档”，强化海岛执法管理。推广海岛执法示范工作经验成果，形成了《关于长海县海岛执法示范工作成果验收意见》，在辽宁省范围内推广实施。

**【海监执法装备建设】** 4艘千吨级海监执法船顺利下水海试，其中，辽宁省吨位最大、综合性能最先进的海监执法船“中国海监1001”、“中国海监1002”执法船即将交付使用，船用设备在全国沿海省（市、区）同型船中配置较高。23艘执法艇投入使用。部分市支队配置了新的执法用车，部分县大队配备了船用防滑鞋、专用摄像机等先进专业设备。在设备采购计划中着重安排了安全帽、夜视仪和卫星定位等新设备，满足执法实际中的新需求。扎实推进维权执法基地维修改造建设，渤海锦州维权执法基地维修改造项目一期工程码头水工部分已基本完工。在综合调研的基础上加强装备的科学化管理，完成了第一代“海岛通”系统更新工作。

**【海监执法队伍建设】** 坚持政治建队、文化建队、科技建队和文化建队，加强队伍正规化管理，大力开展思想政治教育、业务培训、体能礼仪训练，提高执法人员综合素质，增强队伍凝聚力和战斗力，队伍整体建设见成效。新成立海监大队3个，辽宁省海监大队已达25个。选派海监执法队员参与了国家总队组织的钓鱼岛专项维权行动，编制完成50余万字的《辽宁省海洋行政执法法律汇编》，为辽宁省执法工作规范开展提供方便。

## 海洋行政审批

**【取消和调整行政审批项目】** 做好简政放权工作。辽宁省海洋与渔业厅现有行政审批权21个大项，依据各市县（区）政府及服务对象的建议，并对照广东省已取消或调整的行政职权中涉及业务工作职能的事项，对政策职权进行清理、简化。在已上报辽宁省政府取消行政审批权限1项和下放行政审批权限11项的基础上，拟下放水生野生动物管理、海洋与渔业保护区实验区管理的2项审批事项。

**【规范行政审批程序和时限】** 简化优化行政审批(核)程序，提高工作效率，缩短行政审批(核)、收费时限。完善用海预审前置的审批程序；改进项目用海联席会审制度；取消区域建设用海规划内一般单体项目听证环节；改变海域使用权公示、公布听证发布范围和方式；加快海洋工程环境影响报告书核准速度，特事特办，提前介入，变事后否决为事前指导。对申请确权海岛，在项目用海环评听证工作中，对具备公告条件的项目，力争当天申请当天公告。

**【规范行政裁量权】** 辽宁省海洋与渔业厅共有行政裁量权执法项目海洋类 21 项，工作中，对法律、法规、规章按照条块结合，对任务进行分解，最后汇总统计，将所有法律、法规、规章进行梳理，特别是对进一步完善行政执法程序，压缩自由裁量权空间规范运行程序和工作流程，推进文明公正执法方面做了具体要求和强调。对政执法程序，依法细化、量化行政自由裁量权，合理设定裁量权幅度，压缩自由裁量权空间规范运行程序和工作流程等又重新进行了清理和规范。总共理清规范性文件 71 部，对 1848 项权利条款进行了核定，理出可裁量数为 296 条，理出细化基准数为 228 条，总体上符合当前的执法要求，暂无需变更和改动。完善海监、港监和船检行政执法程序，依法细化、量化行政自由裁量权，合理设定裁量幅度，压缩自由裁量空间。

## 海 洋 科 技

**【科技兴海】** 启动了 2013 年度国家海洋公益重大项目“刺参工程化安全养殖技术集成与示范”。国家成果转化资金项目“刺参病害预警及防治技术研究与示范”，充分利用前期刺参病害预警及防治技术科研成果，在葫芦岛、锦州、盘锦等地区开展了刺参病害预警及健康养殖示范推广工作，辐射养殖面积达到数万公顷，取得显著的经济、生态和社会效益。

**【908 专项】** 8 月 15 日，国家海洋局举行了“908 专项”档案第三批移交国家海洋档案馆进馆交接仪式。由辽宁省海洋水产科学研究院负责整合完成的辽宁“908 专项”任务档案顺利通过了进馆验收。这次辽宁省共有 486 卷纸质档案，14 个大幅图册，1056 张大幅图件，84985（9087.6GB）电子档案进馆，为全国省级单位归档数量之首，案卷质量、归档率、完整率达到国家规范要求。

## 海 洋 文 化

**【锦州世界园艺博览会】** 2013 中国锦州世界园林博览会于 5 月 10 日至 10 月 31 日在锦州龙栖湾新区举办，会场面积 7$km^3$（陆地 3.3 $km^3$、海域 3.7 $km^3$），以“城市与海 和谐未来”为主题，吉祥物“欧叶”以栖息在渤海湾畔的红嘴鸥为原型，突出海洋特色，彰显海洋文化，宣传海洋文明，2013 年接待参观人数超过 1100 万人次。

**【“6.8”海洋日】** 2013 年“6.8”海洋宣传日国家主会场设在锦州市，活动期间举办了 2012 年度海洋人物颁奖仪式及龙栖湾世界海洋城市论坛。国家海洋局和辽宁省政府领导、联合国开发计划署官员及国内外嘉宾 300 余人参加了活动。在沈阳举行了“6.8”海洋日分会场活动，放置海洋灾害科普知识宣传板，发放宣传单、环保袋、海洋知识书籍等宣传材料，各有关单位因地制宜开展宣传活动。辽宁省共发放海洋知识宣传画册、以关爱海洋为主题的环保袋等各类宣传品 4 万份，法律法规和宣传单页 7 万余份，张贴海报和标语 3500 份，布置展板和宣传栏 700 个。中国海洋报、辽宁电视台、辽宁日报、东北新闻网等多家媒体进行了报道。

**【涉海宣传藏品征集】** 辽宁省认真贯彻全国海洋系统涉海宣传藏品征集工作会议精神，深入辽宁省海洋水产科学研究院、辽渔集团、大连海洋大学等涉海单位开展藏品征集，向国家海洋博物馆移交了涉海藏品 15 件。圆满完成了涉海宣传藏品征集工作。

（辽宁省海洋与渔业厅）

# 大 连 市

## 综 述

2013 年，大连市海洋管理各项工作取得良好成绩。

海域海岛使用审批管理。大连市获批用海项目 1478 宗，确权面积 21.2 万公顷，其中辽宁省人民政府批准大连地区建设类围填海项目 23 宗，面积 491 公顷；征收海域使用金 7.54 亿元。设置海岛名称标志 118 个，累计设立 346 个。在具备设置条件的无居民海岛全部安装“海岛保护公告牌”150 个。金州新区无居民海岛西沙坨子开发利用项目确权获辽宁省人民政府批准，实现大连市无居民海岛开发利用项目确权审批零的突破。

海洋资源环境保护与修复。开展近岸海水水质等 14 项监测与评价工作，编制海洋环境状况公报、入海排污口监测通报。审查大连黄海港务有限公司等 4 个海洋倾废(倾倒废弃物)项目，验收大连中远船务工程有限公司 30 万吨浮船坞工程等 8 个海洋工程项目环保设施，核准大连壹桥海洋苗业股份有限公司围海养殖项目等 82 个海洋工程项目环境影响报告书并进行环评听证。对遇岩礁、长山群岛和金石滩 3 个符合海洋特别保护区和海洋公园条件的区域进行选划论证和评审。完成老虎滩湾和普兰店湾海域海岸带整治与修复工作，启动庄河湾河口、金石滩等海域海岸带整治与修复项目。大连东海公园海岸带生态修复与示范工程项目通过国家海洋局批准实施，获中央财政资金支持 1496 万元。《中国海洋报》连续 6 期发表专题文章，宣传报道大连海域管理和海洋环境保护工作。开展斑海豹保护区范围调整工作，收缴海洋工程项目渔业资源补偿费 1891 万元。

海洋预报减灾能力增强。加强基础设施建设，改造完成老虎滩、小长山、温坨子（红沿河）3 个海洋预报站，新建长兴岛、皮口 2 个海洋预报站，全年发布海洋灾害预警报信息 32 期。积极应对海洋自然灾害，制定《大连市海洋灾害应急指挥部演练计划和演练方案》，在甘井子区、庄河市和普兰店市进行 3 次海洋自然灾害应对处置演练。开展海平面变化影响的调查和评估，对 3 起影响海域环境的突发事故进行跟踪应急监测。

海洋管理基础保障体系建设。旅顺口区、金州新区和瓦房店市 3 个县级海洋环境监测机构挂牌成立，开展对海洋环境的监测工作。完成 196 座渔港数据收集和渔港定级工作，建立渔港信息数据库。维修、改造和扩建中小型渔港 13 座，维修养护航标 41 座。维修 6 座船舶自动识别避碰系统基站和 16 座渔港监控设施。为 33 座渔港、20 艘执法船和 4000 艘渔船安装渔船身份识别射频系统设备，建设系统监控平台 49 套，向渔船发放对讲机 646 台。完成棉花岛综合执法楼建设，推进棉花岛、獐子岛维权执法基地维修改造项目。

海洋行政执法监管。实施“海盾 2013”专项执法行动，重点打击非法围堰、开采海砂、海洋倾废(倾倒废弃物)行为。全年举行用海项目海洋环境影响评价与听证 114 个，对大连新机场等 300 个用海项目实施专项执法监察和直管岸线的动态监管。加强伏季休渔管理，制止非法越界捕捞。开展“三无”(无有效的渔业捕捞许可证、无有效的渔业船舶检验证书、无有效的渔业船舶登记证书)渔船和渔船标识及渔船产品质量专项治理。加强渔船年检和港航登记，检验渔船 2.2 万艘次。完成国家海洋维权执法、200 海里专属经济区和黄海北部联合巡航检查任务。大连市海洋与渔业局被评为大连市依法行政工作先进单位。

## 海洋经济与海洋资源开发

海洋经济引导服务。大连市海洋与渔业局编制完成西岗区傅家庄国际旅游度假区、中山区小岗海洋旅游岛、金州新区七顶山片区 3 个区域建设用海规划，推进长兴岛经济区等19个沿海经济带重点产业园区以及新机场等52个重大项目用海的预审指导工作，完成东港商务区等21宗填海项目竣工海域使用验收。开展大连市海洋资源利用“十二五”规划中期评估和下半期海洋经济总体发展形势预测，海洋资源利用“十二五”规划中期执行情况良好，预计到“十二五”期末，海洋经济可以完成“十二五”规划目标。编著出版《海洋经济发展战略研究》。

**【海洋牧场管理】** 2013年，大连市海洋与渔业局通过财务审计、施工工程监理等方式加强海洋牧场建设项目管理，大力发展海洋牧场，推进现代渔业建设。首次委托大连海洋大学对獐子岛海洋牧场示范区项目进行海底勘测，准确定位牧场海域1万余块混凝土构件鱼礁的投放位置，验证项目施工的技术水平。长海县人民政府实施长海县海洋牧场建设生态改造“1118”工程，规范人工鱼礁投放行为，合理增殖放流渔业资源，保护和改善海洋生态环境，推进现代海洋牧场建设。大连市投入资金9.5亿元（含国家拨付1200万元、市财政投入2000万元），投放各种礁体639万立方米，改造海域面积9533.3公顷。其中，长海县投入资金7.2亿元（含国家拨付1200万元、市财政投入1451万元），投放各种礁体469万立方米，改造海域面积7218.3公顷；金州新区、旅顺口区、瓦房店市、高新园区投入资金2.3亿元（含市财政投入549万元），投放各种礁体170万立方米，改造海域面积2315公顷，建设海洋牧场项目14处。

## 海域使用管理

2013年，大连市获批用海项目1478宗，确权面积21.2万公顷，其中辽宁省人民政府批准大连地区建设类围填海项目23宗，面积491公顷；征收海域使用金7.54亿元，同比增长4.7%，其中市本级财政入库1.3亿元。重点用海项目管理。西岗区傅家庄国际旅游度假区、中山区小岗海洋旅游岛、金州新区七顶山片区3个区域建设用海规划通过辽宁省海洋与渔业厅组织的专家审查，规划面积870公顷，待国家海洋局批准。推进长兴岛经济区、西中岛石化产业园区、庄河市、金州新区、普湾新区等19个沿海经济带重点产业园区，以及新机场等52个重大项目用海的预审指导工作。东港商务区、老虎滩环境改造工程等21宗用海项目通过省海洋与渔业厅组织的填海项目竣工海域使用验收。海域海岸带整治与修复。按照国家关于海域海岸带整治与修复工作的总体要求，自2010年始，经国家海洋局批准，先后对老虎滩湾、普兰店湾、庄河湾河口、金石滩等海域海岸带进行整治与修复。至2013年末，完成老虎滩湾和普兰店湾海域海岸带整治与修复工作，其中老虎滩湾改造沙滩250米，清淤总量12万立方米，海湾环境得到彻底改变；普兰店湾拆除围海养殖工程10平方千米，水域宽度由600米拓宽至1000米，环海湾45千米绿色景观海岸初具规模；庄河湾河口海域整治修复项目完成初步设计，金石滩沙滩整治项目调查勘验工作结束，并形成调查报告和换沙方案。海域信息化管理。加强海域管理电子化、信息化建设，做好海域管理与动态监管工作衔接，不断提升海域使用动态监管水平。完成海域使用权属数据统一配号项目1470个，累计入库权属数据12339宗。现场监测大连港大窑湾北岸汽车物流中心配套码头、庄河市静脉产业园、大连京谷燃化液体化学品码头、世茂嘉年华商业旅游配套区等15个围填海项目，编制形成用海项目动态监测报告。通过海域动态监管系统业务化运行，为大连市加强海域使用管理提供了较好的技术支撑。

## 海 岛 管 理

2013年，大连市设立海岛名称标志118个，累计设立346个。在具备设置条件的无居民海岛全部安装“海岛保护公告牌”150个。8月，金州新区无居民海岛西沙坨子开发利用项目确权获辽宁省人民政府批准，实现大连市无居民海岛开发利用项目确权审批零的突破。11月，大连市申报的大连长山群岛、广鹿岛、大王家岛生态修复示范工程（二期）海岛专项整治修复项目获国家海洋局批复，国家财政下达海岛保护专项资金6200万元。国家海洋局于2010—2013年批准的海岛专项整治修复项目建设进展顺利。其中，2013年获批的圆岛项目完成勘察设计、监理招投标，进入施工招投标阶段。

**【大连海岛数量增至541个】** 2013年3月25日，国家海洋局对辽宁省海岛目录核查情况出具审查意见，明确大连市确认的 718 个海岛中的 177 个可不纳入标准目录，纳入标准目录的海岛数为 541 个，其中有居民海岛 40 个，无居民海岛 501 个。

## 海洋环境保护

**【海洋环境监管】** 2013 年，大连市海洋与渔业局扎实推进县级海洋环境监测机构建设，旅顺口区、金州新区和瓦房店市 3 个县级海洋环境监测机构挂牌成立，并开展对海洋环境的监测工作。加强入海排污口的管控和综合整治，与大连市环境保护局、大连市水务局等部门密切配合，建立良好的联控会商机制。加强环保设施“三同时”（与主体工程同时设计、同时施工、同时投产使用）执行情况检查监管，检查监管旅顺新港扩建工程、大连东港商务区游艇港填海工程等 10 多个项目，未发现违法施工作业情况。加强海上倾废施工作业活动执法检查，对大连黄海港务有限公司、大连凌水湾投资有限公司、大连船舶重工集团有限公司和辽宁省大连海洋渔业集团公司 4 个倾废项目进行审查，并将审查结果上报辽宁省海洋与渔业厅审批。稳步推进海洋工程竣工环保设施验收工作，大连中远船务工程有限公司 30 万吨浮船坞工程和东部制造区工程、大连信德混凝土制品有限公司混凝土制品工程、大连今冈船务工程有限公司改扩建工程、旅顺新港扩建（防波堤）工程、旅顺龙王塘郭家沟村旅游作业区配套设施填海工程、恒力石化（大连）有限公司 5000 吨级石油化工码头用海工程和 5 万吨散杂货码头用海工程 8 个海洋工程项目的环保设施全部通过辽宁省海洋与渔业厅组织的竣工验收。依法核准大连壹桥海洋苗业股份有限公司围海养殖项目、大连东港游艇航道及景观用海项目、大连新港事故池工程、大连港汽车码头 4 号泊位工程（海港用海）等 82 个海洋工程建设项目环境影响报告书。

**【海洋环境监测】** 2013 年，大连市海洋与渔业局围绕政府管理需求及社会公众关注的海洋环境热点问题，开展近岸海水水质、陆源入海排污口、赤潮监控区、重点增养殖区、海水浴场等 14 项监测与评价工作。各级海洋环境监测机构出海 100 余航次，航行 1900 余海里，采集各类监测样品 1534 个，取得监测数据 21656 项次，全面掌握大连市管辖海域的环境质量状况及变化趋势。监测结果显示：近岸海域海水质量状况良好。其中，符合第一类海水水质标准的海域面积 18591 平方千米，占大连市管辖海域总面积的 64.1%；符合第二类海水水质标准的海域面积 7012 平方千米，占总面积的 24.2%；符合第三类海水水质标准的海域面积 2177 平方千米，占总面积的 7.5%；符合第四类海水水质标准的海域面积 806 平方千米，占总面积的 2.8%；劣于第四类海水水质标准的海域面积 414 平方千米，占总面积的 1.4%。劣于第四类海水水质标准的海域面积主要分布在普兰店湾，主要污染物为无机氮、活性磷酸盐和石油类。长山列岛近岸典型海域的生态群落结构基本稳定。主要河流携带入海的主要污染物比上年有所下降，近岸海域环境状况比上年有所好转。獐子岛海水养殖区、开发区大李家浮筏养殖区和庄河滩涂贝类养殖区环境质量等级均为优良，适宜养殖。滨海旅游度假区、海水浴场环境状况优良，适宜开展休闲活动。大连市管辖海域未发生赤潮。加强海域突发事件的跟踪应急监测。5 月 31 日，跟踪监测小窑湾祥凤河下游 22 辆大型施工车辆淹没事故海域；6 月 2 日，应急监测大连石化公司油罐爆炸事故周边海域。监测结果表明，2 次事故未造成海洋污染。6 月 28 日，应急监测瓦房店市谢屯附近疑似赤潮海域，数据表明，未达到赤潮预警标准。8 月 4—6 日，连续跟踪监测长海县哈仙岛海域油污染事件，数据表明，海水水质石油类含量超二类海水水质标准，属轻度污染，8 月 7 日起恢复正常。

## 海洋生态文明

**【海洋生态保护与建设】** 2013 年，大连市加强海洋环境保护，有效改善海洋生态环境。推进海洋特别保护区和海洋公园建设，对遇岩礁、长山群岛和金石滩 3 个符合海洋特别保护区和海洋公园申报条件的区域开展选划、论证工作，7 月，项目论证通过辽宁省海洋与渔业厅组织的专家评审，8 月，项目论证获省政府批准，并上报国家海洋局审批。首次申报的海洋环保类生态修复项目“大连东海公园海岸带生态修复与示范工程”经国家海洋局批准实施，获中央财政资金支持 1496 万元，年末完成前期勘察设计、海洋环境影响评价。至年末，大连市海洋与渔业局负责管理的国家级自然保护区 1 个，即大连斑海豹自然保护区，总面积 67.2 万公顷；市级海洋自然保护区有 4 个，总面积 5143 公顷，其中大连老偏岛—玉皇顶海洋生态自然保护区面积 1484 公顷，大连海王九岛海洋景观自然保护区面积 2143 公顷，大连长山列岛珍贵海洋生物自然保护区面积 413 公顷，大连三山岛海珍品资源增殖自然保护区面积 1103 公顷。

**【长海县海洋牧场建设生态改造“1118”工程】** 长海县海洋牧场建设生态改造“1118”工程是指：建设 1 个示范区，即獐子岛集团股份有限公司深水人工鱼礁建设示范区；建设 1 个试验区，即林阳水产有限公司浅水海底改造试验区；建设 18 个推广区，即在全县选择 18 家公司进行海底改造，其中大长山岛镇 5 家，小长山乡 6 家，广鹿乡 5 家，海洋乡 2 家。

## 海洋环境预报与防灾减灾

2013 年，大连市人民政府积极构建和完善大连海洋观测预报体系“一台九站”建设（“一台”指大连海洋预报台，“九站”指老虎滩海洋预报站、小长山海洋预报站、温坨子（红沿河）海洋预报站、长兴岛海洋预报站、金州湾海洋预报站、旅顺新港海洋预报站、正明寺海洋预报站、皮口海洋预报站、庄河海洋预报站），市政府投入资金 1000 万元，对老虎滩、小长山、温坨子（红沿河）3 个旧海洋预报站基础设施进行升级改造及自动化观测系统的更新改造，完成长兴岛、皮口 2 个新海洋预报站办公用房的建设。大连海洋预报台每日通过大连广播电视台、政府官方网站、《大连晚报》《半岛晨报》向公众发布海浪、水温、潮汐信息，2013 年发布海洋灾害预警报信息 32 期，为大连市海洋行政管理和海洋经济建设提供强有力的技术支撑。

## 海洋执法监察

2013 年，大连市海洋与渔业局制定《大连市海洋与渔业局海洋渔业行政执法督察工作方案》，全面落实海洋与渔业行政执法责任制，进一步规范行政执法行为，推动全市海洋与渔业执法队伍法制化、正规化、专业化建设。全年举行用海项目海洋环境影响评价听证 114 个，其中环境影响评价听证围海项目 82 个，配合辽宁省海洋与渔业厅环境影响评价听证填海项目 32 个。加强用海项目执法监察，对新机场、南部滨海大桥、东部港区、太平湾港区、普湾新区、凌水总部经济区等 300 个用海项目实施专项执法监察和直管岸线的动态监管，岸线检查覆盖率、用海项目检查率、新增项目建档率均为 100%。全年出动执法人员 8500 余人次，执法里程 20 万千米，检查 5000 余次，查处违法案件 6 起，收缴罚款 3198 万元。督促项目单位落实海洋生态补偿措施，收缴海洋生物资源赔偿费 1891.2 万元，补偿率为 100%。加强海岛保护开发利用监管，出动海岛执法检查车 70 余台次，人员 260 余人次，海上执法 42 航次，航程 830 海里，执法登检海岛 200 余个，查处违法案件 1 起，收缴罚款 5 万元。加强大连斑海豹国家级自然保护区管理，出动执法人员 300 余人次，警力 70 人次，出动执法车辆 200 台次，车辆总行程 2 万余千米，检查渔船 300 余艘次，未出现偷捕、猎杀和倒卖斑海豹等违法行为。参加辽宁省海洋与渔业厅组织的黄海北部联合巡航检查，历时 10 天，航程 500 余海里。参加历时 6 天的海军演习护航工作，航程 200 余海里。

（大连市海洋与渔业局）

# 河 北 省

## 综　述

河北省沿海地区处于环渤海经济圈的中心地带，海洋生物、港口、原盐、石油、旅游等海洋资源丰富，盐田面积 8 万公顷，近海石油探明储量 8.4 亿吨、天然气 97.1 亿立方米。河北省沿海地区气候环境适宜，海洋灾害少，是发展海水养殖、盐和盐化工、港口运输、滨海旅游等产业的优良地带，适合进行各种形式的综合开发，具有发展海洋经济的巨大潜力。主要海洋产业是滨海旅游业、海洋交通运输业、海洋船舶工业、海洋盐业、海洋化工业以及海洋渔业。

## 海洋经济与海洋资源开发

**【海洋经济运行监测与评估系统建设】** 一是建立组织机构。建立了 1 个省级节点、3 个市级节点和 15 个县级节点，配置市县级节点硬件设备，明确具体工作人员，河北省专职或兼职从事此项工作人员 85 人。二是制定海洋经济监测指标。在国家规定的 244 个监测指标基础上，增设特色指标 30 个，确定了 7 个方面 274 个指标。三是简化规范涉海企业监测报表。从监测指标中，剥离涉海企业监测报表，合并简化规范，制定了《河北省涉海企业统计调查制度》，确定涉海企业监测报表 13 张。四是研发网上填报系统。以监测报表为模板，初步建立了满足各类数据采集上报需求，具有审核催报、指标动态调整和报表动态生成等功能的网上填报系统。五是核查全省涉海企业。采取实地核查、电话征询和网络核实等方式，反复核查确认，全省共认定重点涉海企业 4014 家（其中沿海三市有重点涉海企业 3498 家），建立了全省重点涉海企业名录。六是确定了重点监测企业。按照规模优先、比例适中和分布均衡的原则，从沿海地区 12 个海洋主要产业中筛选确定了 410 家重点监测企业，作为系统试运行的监测对象。七是开展网上试填报。在纸质试填报基础上，组织 410 家重点监测企业，开展了 2012 年年报统计数据网上试填报。

**【海洋经济统计工作】** 一是协调沿海三市海洋局和省直涉海部门，按时填报《海洋生产总值核算制度》半年报和年报数据，《海洋统计报表制度》季报、半年报和年报数据。二是加强业务培训，统一数据范围和标准，规范采集途径和程序，提高报送质量和效率。先后组织了 4 次业务培训和 1 次省直涉海部门座谈会，培训沿海市县海洋局相关工作人员 80 余人次。三是协调沿海三市政府和省直涉海部门，组织开展《河北省海洋经济发展“十二五”规划》中期评估。四是总结 2013 年上半年全省海洋经济发展总体情况、存在问题和政策措施等情况，形成了河北省海洋经济运行情况报告。

据统计，2013 年，河北省主要海洋产业总产值 983.86 亿元。其中，海洋渔业产值 110.71 亿元，占主要海洋产业总产值的 11.25%；海洋盐业产值 7.60 亿元，占 0.77%；海洋化工业产值 38.97 亿元，占 3.96%；海洋电力业产值 2.01 亿元，占 0.20%；海水利用业产值 4.38 亿元，占 0.45%；海洋船舶工业产值 1.36 亿元，占 0.14%；海洋工程建筑业产值 125.41 亿元，占 12.75%；海洋交通运输业产值 169.07 亿元，占 17.18%；海洋旅游业产值 524.35 亿元，占 53.30%。

## 海洋立法与规划

**【海洋区划规划编制】** 为落实国家海洋局“五个用海”要求，提升海域资源配置效率和效益，保障打造河北沿海地区率先发展增长极的目标顺利实现，结合河北省政府先后出台的《河北省沿海地区经济发展规划》、《河北省沿海地区产业发展规划》等相关规划，按照国务院批复河北省《河北省海洋功能区划（2011—2020 年）》的要求，启动了市级海洋功能区划编制工作。2013 年 11 月 13 日，《河北省海岸线保护与利用规划（2013—2020 年）》经省政府批准实施。成为规范海岸线开发秩序，调控海岸线开发规模和强度，实施自然岸线保护与整治修复的依据。2013 年 12 月 3 日，《河北省海域海岛海岸带整治修复保护规划》通过专家评审，经省政府批准后将作为全省海域海岛海岸带整治修复保护工作的基础依据。2013 年 12 月 12 日，《唐山市海洋功能区划（2011—2020 年）》通过专家评审，成为全国第一个编制完成并通过评审的市县级海洋功能区划，对全国市县级海洋功能区划编制起到了示范作用。

## 海域使用管理

**【海域使用管理制度】**　制定《河北省主要项目用海控制指标》经省政府批准实施，为新上项目用海审核、现有项目海域利用率考核评估、项目用海监管提供了管理依据；出台《河北省闲置海域处置办法》，为避免海域闲置浪费，提高海域利用效率，促进节约集约用海奠定了管理基础。推进海域使用权市场化配置，规范海域使用权招拍挂出让管理，制定出台了《河北省海域使用权招标拍卖挂牌出让管理办法》、《河北省招标拍卖挂牌出让海域使用权规程》等规范性文件；助力全省“四大攻坚战”，简化用海项目审批手续，制定出台了《关于服务沿海地区率先发展的若干措施》；进一步规范填海项目竣工验收申报资料和验收流程，共验收竣工填海项目 45 个，面积 881.37 公顷。

**【海域精细化使用管理】**　2013 年，国家海洋局共下达河北省围填海计划指标 1800 公顷，助推“沿海地区率先发展”，强化围填海计划指标的指令性管理，实施差别化海域供给政策，引导重大建设项目向曹妃甸区和渤海新区等区域建设用海规划范围内集中布局。全年共安排围填海计划指标 1768.56 公顷，保障了黄骅港综合港区钢铁物流公司通用码头、曹妃甸工业区 1000 万吨煤清洁高效综合利用、首钢曹妃甸通用码头、乐亭中心渔港搬迁等重大工业项目、民生项目和战略性新兴产业项目用海需求。全年设立海域使用权 73 宗，用海面积 1412.54 公顷，注销海域使用权 41 宗，用海面积 761.43 公顷；征收海域使用金 39533.35 万元，海域使用权抵押贷款 8.13 亿元。同 2012 年比较，海域使用面积增加 1358.37 公顷。其中，渔业用海增加 171.39 公顷；交通运输用海增加 393.82 公顷；工业与城镇用海增加 519.47 公顷；旅游娱乐用海增加 263.42 公顷；海底工程用海增加 1.84 公顷；特殊用海增加 8.43 公顷。

**【海域使用管理基础能力建设】**　加快河北省沿海视频监控网建设，对省市两级海域使用动态管理系统进行升级改造，开展黄骅市、唐山海港开发区、昌黎县三个县级节点建设，圆满完成国家部署的海域动态监测工作任务，配合海监完成海域专项执法行动。初步完成 2013 年市县级海籍变更调查，对海籍调查数据库系统进行了升级完善。

## 海岛管理

**【无居民海岛管理】**　一是完成河北省海岛地名普查工作。1 月 3 日，编制完成《河北省海岛地理实体地名标准名录》和《河北省海岛地理实体地名普查数据集》，1 月 10 日报经省政府同意；汇编《中国海域海岛标准名录》（河北分册）和《全国海域海岛普查数据集》（河北卷），整理 14 个海岛资料，编制了《河北省海岛地名志》。12 月 25 日，河北省海域海岛地名普查任务通过全国海域海岛地名普查领导小组办公室验收。二是规范无居民海岛使用审批程序。制定了无居民海岛使用预审、审核、初始登记、变更登记和注销登记等 5 项审批事项职责表和流程图，编制了示范和格式文本等标准卷宗。9 月 25 日，举办了全省无居民海岛使用管理培训班，对相关业务进行了培训。三是编制《河北省海岛保护规划（2012—2020 年）》。9 月 5 日，经省政府同意后发布实施。四是加强海岛资源保护。配合省海监总队对乐亭县海域海岛及其周边海域保护情况进行了巡查，对发现的问题，提出了明确整改要求。五是完善海岛监视监测系统建设。推进海岛监视监测系统省、市级节点建设，开展市县业务人员培训，实现海岛监视监测业务化运行。六是开展全省无居民海岛使用情况调查。组织唐山和秦皇岛市海洋局对已建和在建无居民海岛使用项目情况进行调查，了解无居民海岛开发使用情况。

**【海岛整治修复保护】**　一是指导编制县级海岛整治修复规划。指导曹妃甸区和山海关区抓紧编制龙岛和石河南岛整治修复保护规划。12月20日组织专家对龙岛整治修复保护规划进行了评审。二是加强在建项目管理。落实管理制度，强化过程管理，定期督导检查，督促地方落实项目配套资金，推进在建项目建设。唐山湾“三岛”及周边海域综合整治（一期）项目10月17日通过国家海洋局验收，唐山湾海域海岸带综合整治修复和唐山湾祥云岛及周边海域综合整治修复项目进展顺利。三是加大海岛整治修复支持力度。在国家大力支持基础上，利用省级海域使用金，安排唐山湾国际旅游岛菩提岛生态修复与景观构建示范、秦皇岛石河南岛整治修复保护工程可行性研究等两个项目，支持资金636.08万元。

## 海洋环境保护

**【海洋环境保护法律法规】** 根据河北省政府领导批示，按照国家海洋局《关于建立渤海海洋生态红线制度的若干意见》及《渤海海洋生态红线划定技术指南》明确的工作目标、指标要求和重点任务，组织划定了《河北省海洋生态红线》，征求沿海三市政府、省直有关部门的意见，上报省政府待批。

**【海洋工程环境影响评价与监管】** 一是加强区域用海工程建设项目的海洋环境影响评价工作，完善审批制度，简化审批程序。全年共核准海洋工程环境影响报告书（表）51份，海洋工程建设项目的环境影响评价率达到100%。二是加强海洋工程、海洋倾废环境监管月报工作，将监视监测、监察执法等全过程管理情况纳入月报内容，定期向国家海洋局报告海洋管理情况。三是对新建的海洋工程建设项目跟踪监测，逐步实现了建设项目的全过程监管。四是与国家海洋局下放的行政许可事项进行对接，完成了“因科学研究需要进入国家级海洋自然保护区核心区从事科学研究观测、调查活动审批”职责表、流程图。

**【海洋环境调查监视监测与评价】** 一是制定工作方案。根据国家海洋局《2013年海洋环境监测工作任务》要求，制定了《2013年河北省海洋环境监测工作实施方案》，根据年度监测工作情况，制定监测工作技术保障体系，将年度监测目标进行分解，保证工作落时到日，任务安排到人。二是开展海洋环境常规监测。开展河北省海洋环境监测、海洋环境风险监测、海洋环境监管监测、公益服务监测4大类共16项监测任务，对全省近岸海域340余个站位进行了监测，共出动监测人次达4560余人次，获取监测数据17700余个。三是发布海洋环境监测信息。组织编制并发布了《2012年河北省海洋环境状况公报》和《河北省2013年上半年海洋环境状况通报》。

**【暑期海洋环境保护】** 制定下发了《2013年暑期秦皇岛海洋环境保护工作方案》，开展北戴河及周边海域海洋环境监测预警、海洋生物多样性监测、海水质量监测、秦皇岛北戴河赤潮监控区监测、海水浴场环境监测、滨海度假区监测、海水增养殖区监测和陆源入海排污口及邻近海域监测等八个方面的常规监测任务，并将监测分析结果按时上报国家海洋局和北海分局；对北戴河旅游区、海水浴场、海上运动场，及在建或已建的海洋工程进行“拉网式”排查，对各用海单位在海洋环保措施落实情况及防污设备运转情况监督检查。进入暑期后，严格主要领导负责制和24小时值班、快速反应、重大突发事件报告制度。执法船艇车辆、船员24小时不离岗，确保第一时间应急处置紧急和突发情况。截止8月底，共实施监视监测69次，派出监测人员260余人次，陆地行使里程4000千米，海上300多海里，获取监测数据6000多组，开展专家会商35次。

## 海洋生态文明

**【海域海岸带整治修复】** 2013年4月9日，北戴河海域综合整治与海洋国家保障工程项目通过国家海洋局验收，成为首个通过国家海洋局竣工验收的海域海岸带整治修复项目，验收等级为“优”。北戴河老虎石浴场及周边岬湾海岸修复、滦南县嘴东双龙河河口海域及海岸带综合整治修复工程、河北省北戴河新区洋河-葡萄岛岸线整治与修复、唐山市丰南区涧河口海域综合整治与修复和唐山湾祥云岛及周边海域的整治修复保护项目有序推进。

**【海洋生态环境保护与修复】** 一是加强海洋保护区基础能力建设，完成了保护区核心区（翡翠岛区域）围栏，在核心区内建设了300米木质管护走廊；二是加强日常巡查执法和专项管护执法。共开展277次陆域巡护活动，行程17586

千米；开展 89 次海域巡护活动，航行 2127 海里。出动巡护人员 1502 人次，发现和制止了 4 起违规活动，阻截、劝离非法越野车辆 110 余台次，对 1 起擅自占用海域开展扇贝养殖的违法活动进行了立案查处。

## 海洋环境预报与防灾减灾

**【海洋观测预报与防灾减灾】** 一是组织人员对秦皇岛、京唐港、曹妃甸、黄骅 4 个海洋站定期开展仪器设备维护保养和观测记录对比等工作，对观测预报基础设施、仪器设备、信息系统、数据传输网络等方面进行了汛期前自查。二是组织制定《2013 年河北省海洋预报减灾工作方案》，开展海洋观测、预报、防灾减灾、海平面变化影响调查评估和宣传培训工作。全年共采集水文气象观测数据 970 余万组，审核、传输延时海洋观测月报资料 355 份，全部通过了国家海洋信息中心的台站资料质量评估，资料良好率达到 100%，通过质量控制率达到 100%。三是开展海洋环境预报、暑期浴场预报、海洋灾害预警报、精细化预报和专项海洋预报服务。每天通过省、市电视台、报刊等新闻媒体发布海洋环境预报 1645 份，通过网络发布海洋环境预报 658 份，浴场预报 212 份，暑期浴场质量快报 29 期 232 份，河北沿海海洋环境月预报 11 期 154 份，大浪警报 28 期 672 份，风暴潮警报 38 期 388 份；发布北戴河旅游区和嘴东中心渔港精细化预报各 148 期；为海上施工现场提供了常规海上预报 329 份，大浪、风暴潮、海冰等海洋灾害预警报 60 余份。四是完成海洋灾害情况调查评估工作，每季度上报海洋灾害调查评估报告。五是完成警戒潮位核定工作，经省政府同意，正式发布《河北省沿海警戒潮位值》。六是开展海平面变化影响调查评估工作，在收集资料和现场调查的基础上，形成了河北省海平面变化影响调查报告。

**【近岸海域赤潮、溢油应急监测处置】** 针对近岸海域突发赤潮、溢油等海洋环境灾害，按照海洋灾害应急预案要求，实施专项监视监测，加大监视监测力度。同时加强与海监北海总队和国家海洋环境监测中心合作，利用海监船和卫星遥感进行立体监视监测，扩大监视监测范围，提高时效性，做到了早发现、早报告、早处置。截止 6 月底，对 10 艘赤潮专业消除船只作了进一步改造，配合秦皇岛市政府进行了 3 次赤潮消除实战演练。

**【海洋信息服务】** 自 7 月中下旬，通过北戴河老虎石浴场海洋环境信息显示屏，为广大游客提供海洋环境信息和灾害预警报服务，累计播放各类海洋环境信息及海洋科普知识达 1000 多小时，向各级政府和有关部门编报浴场监视监测快报和暑期北戴河海洋环境信息日报各 61 期。

## 海洋执法监察

**【维权巡航执法】** 以“碧海”、“海盾”、“护岛”年度专项执法行动和日常执法工作为基础，重点开展北戴河海域海洋环境保护专项执法、暑期秦皇岛办公、溢油巡查监视、违法用海专项整治、参与钓鱼岛维权巡航执法，以及维权执法基地建设、维权执法船建造等工作，制定各类工作方案 5 个，细化工作任务，明确责任目标，互通信息资源，在系统内形成协调联动、综合管控的工作运行体系，健全了海洋执法长效机制。根据国家维权执法工作需要，2013 年 4 月派出第 4 批 3 名维权巡航执法骨干随北海区维权执法编队赴指定海域开展维权巡航执法。

**【日常执法巡查】** 2013 年，河北省共发现和制止各类海洋违法行为 38 起（次），立案查处案件 33 起，结案 27 起，收缴罚款 1177.732 元。其中，查处海洋环境违法案件 5 起，结案 4 起，收缴罚款 20.5 万元；查处非法用海案件 28 起，结案 23 起，收缴罚款 1157.23 万元。

**【北戴河海洋环境专项执法行动】** 根据上级指示精神和部署，河北省各级队伍与海洋环境监测和海警、渔政等部门沟通联系，海监部门专门抽调 7 艘海监执法船艇、9 辆执法车和精干执法力量，每周至少进行一次全面的海陆巡查检查，行动中共派出执法人员 2669 人次；执法船艇 268 艘次，海上航程 8452 海里；执法车 482 车次，陆岸行程 21963 千米；拍摄照片 1547 张。立案查处各类违法案件 8 起，已结案 6 起，正在履行处罚程序 2 起，收缴罚款总额 14.88 万元，《中国海洋报》“走基层”专栏，对河北海监工作进行了大篇幅的报道。

**【“碧海 2013”专项执法行动】** 结合北戴河海域海洋环境保护专项执法行动，重点打击和查处海洋工程建设项目违反环评制度、非法倾废、破坏海洋生态保护区等重大海洋环境违法行为。河北省共立案查处可列入“碧海 2013”案件3起，结案2起，收缴罚款18.5万元。

**【“海盾2013”专项执法行动】** 结合区域用海专项执法检查，协调组织各级海监机构，完善和健全海域使用监管档案，利用海域使用动态监管，重拳打击各类非法占用海域行为。河北省立案查处可列入“海盾 2013”案件2起，全部结案，收缴罚款944.62万元。

**【整治和规范养殖用海】** 清理养殖户71户，有偿收回海域27000余公顷，拆除私搭乱建蓬亭10余个，清除非法养殖浮球11500余个，清理海岸线4KM，清理非法占用海域2000余公顷。

**【溢油巡查监视工作】** 将全省海域分为16个区段，对近岸海域巡查监视实施区域负责制，“一天一巡查，一天一报告”，对已上岸油污，协调当地相关部门及时进行了清理。

**【海岛保护执法工作】** 结合定期巡航执法检查开展“护岛 2013”专项执法行动，对5个涉嫌非法围海养殖问题岛屿实施整改。

（河北省海洋局）

# 天 津 市

## 综 述

2013 年，是全面贯彻落实党的十八大精神的开局之年，是深入贯彻落实天津市第十次党代会精神的重要一年，也是实施“十二五”规划承前启后的关键一年，天津市海洋经济发展态势良好，海洋综合管控能力不断加强，海洋环境保护和海洋防灾减灾能力不断提高，海洋科技对海洋经济发展的支撑作用进一步凸显，海洋重大基础设施项目建设进展顺利，各项海洋管理工作圆满完成，为“十二五”规划的圆满完成奠定了坚实的基础。

## 海洋经济与海洋资源开发

**【海洋经济总体运行良好】** 2013 年，天津海洋系统认真贯彻落实天津市委十届二次、三次全会部署，深入开展“促发展、惠民生、上水平”活动，坚持科技兴海，完善海洋产业布局，优化海洋产业结构，着力提高发展的质量和效益，促进美丽海洋建设，天津市海洋经济保持良好的发展势头。经测算，2013 年天津市单位岸线产出规模约 30 亿元。

**【主要海洋产业发展情况】** 2013 年，天津市海洋经济总体保持稳步增长。主要海洋产业发展情况如下：

**海洋渔业** 积极推进海洋渔业产业结构调整，打造现代海洋渔业产业链，海洋渔业实现平稳增长。

**海洋油气业** 受国际油价波动、国内经济增速减缓和油气产能控制等多重因素影响，海洋油气业呈现负增长。

**海洋盐业** 海洋盐业保持较快增长。

**海洋化工业** 海洋化工业运行平稳。

**海洋生物医药业** 海洋生物医药业呈现快速发展的良好势头。

**海洋电力业** 随着大港沙井子风电项目等海上风电项目陆续建成并投入运营，持续为天津市提供可再生清洁能源。

**海水利用业** 海水利用业关键技术的应用和推广不断加快，产业水平进一步提高。

**海洋船舶工业** 积极提升高端船舶制造能力，加速推进产品结构转型等措施，但受国际经济形势不振、海运需求不旺和船舶运力过剩等多方面因素影响，船舶市场持续低迷，海洋船舶工业依然面临着接单难、盈利难的问题。

**海洋工程建筑业** 天津港航道码头建设工程、东疆二岛工程、太重（天津）滨海重型装备研制基地等重大项目稳步推进，海洋工程建筑业出现大幅增长。

**海洋交通运输业** 积极调整产业结构，应对全球航运市场持续低迷的环境，海洋交通运输业实现平稳增长。天津港货物吞吐量突破 5 亿吨，集装箱吞吐量突破 1300 万标准箱。

**滨海旅游业** 加强旅游载体建设，推动国家海洋博物馆、贝壳堤湿地保护公园、津京游艇会等项目建设，积极开发滨海休闲度假产品，推动滨海旅游快速发展。滨海旅游业继续保持良好发展态势。

**【海洋经济科学发展示范区建设正式启动】** 2013 年 9 月，《天津海洋经济科学发展示范区规划》和《天津海洋经济发展试点工作方案》先后获得国务院和国家发改委批复实施，标志着示范区建设工作进入到实施阶段。组织召开全市试点政策衔接部署会，经参会部门积极衔接，争取国家相关部委政策支持初见成效。编制完成《关于建设天津海洋经济科学发展示范区的意见（讨论稿）》，正在做进一步修改完善。

**【海洋经济运行监测与评估工作取得阶段性成果】** 系统软件开发通过自验收，系统硬件配置与系统集成通过政采验收，完成海洋经济常规和专题评估产品设计，系统建设二期方案顺利通过国家海洋局专家论证。海洋经济运行监测评估运转正常。

## 海洋立法与规划

**【《天津市海洋观测预报管理办法》立法稳步推进】** 随着滨海新区经济高速发展，对天津市海洋防灾减灾工作提出了更高的要求。2013年，《天津市海洋观测预报管理办法》被列入天津市政府法制办立法调研项目，《办法》（草案）已编制完成。

**【《天津市海洋经济和海洋事业发展“十二五”规划》中期评估完成】** 编制完成《天津市海洋经济和海洋事业发展“十二五”规划中期评估报告》，对《规划》提出的3项目标和11项海洋经济和海洋事业主要任务及重点工程实现程度进行了分析和评价，在认真分析天津市海洋经济和海洋事业面临的新形势和总结执行中存在主要问题的基础上，提出了“十二五”后期完成《规划》目标和任务的措施与对策建议。《评估报告》于11月通过专家评审。

## 海域使用管理

**【优化海域使用行政审批服务】** 进一步优化用海审批流程，完善海域制度管理，提高行政审批效率，减轻用海单位负担。全年共批准用海项目91宗，用海面积3258.0096公顷（其中填海1016.9011公顷），征缴海域使用金13亿元，减免海域使用金54.4584万元。办理用海项目抵押贷款登记5宗，融资9.6亿元，有效缓解了企业的资金压力。

**【重大项目进展顺利】** 中俄东方石化（天津）有限公司1300万吨/年炼油项目通过国家预审，已报送国家发改委核准；中国石化南港液化天然气项目获得国家海洋局预审批复。临港三期、东疆二岛区域用海规划编制完成，并按照国家海洋局要求进行修改完善。中央分成海域使用金项目（海域海岸带整治修复类）——大沽排污河综合整治工程续建项目和永定新河口海岸修复与综合整治续建项目正在有序推进。

**【加强海岸线管理】** 以滨海新区大港海域岸线为试点，沿海岸线埋设岸线标志碑，进一步强化、明确法定海岸线。年末，界碑设置位置的精确测量定位和标志碑外形设计已经完成。开展海岸线资源开发利用前瞻性研究，为提高海岸线资源的节约集约利用水平奠定基础。

**【启动海域使用权直通车和海域市场化政策研究】** 探索开展以海域选址、海域使用证替代土地选址、土地使用证办理规划建设、资产登记等相关手续，用海单位长期持有海域证，推动项目加快建设进度，不占用土地指标，为滨海新区开发开放探索一条简便高效的建设路径，支持滨海新区加快重大项目建设进度。

## 海 岛 管 理

**【推进海岛修复整治】** 积极协调地方政府，制定三河岛修复整治工作方案，完成了三河岛修复及提升工程，恢复原北塘炮台遗址原貌，修复滩地增加人工湿地，加固堤岸670米，增加栽植各类树木数百株，草坪及灌木2万平方米，极大地改善和提高了三河岛的生态和景观效果。2013年，位于市北塘经济区的三河岛悬索步行景观吊桥现已基本建成，启用后市民只需步行10分钟，便可过桥登上三河岛，观潮、观海、观日出，赏鸟、赏鱼、看炮台，感受天津唯一海岛上的自然景观。

**【中国海域海岛地名志（天津卷）编制工作】** 编制完成《中国海域海岛地名志（天津卷）》，并通过专家评审。

## 海洋环境保护

**【海洋环境监测】** 完成海洋环境监测常规任务。组织开展年度海洋环境监测与评价，顺利完成全年4大类12个小项的全部外业监测任务，获得各类监测数据20100余组；组织发布了《2012年天津市海洋环境质量状况公报》，为涉海管理部门全面掌握天津市2012年海洋环境质量状况提供信息支持。

**【入海污染物总量控制工作】** 借助与国家海洋环境监测中心签订合作框架协议的良好契机，以国家海洋环境监测中心为主要技术支撑，启动天津市主要入海污染物总量控制制度研究，开展陆源污染源调查与评估等相关专题研究。

**【海洋环境保护规划修订】** 依据《天津市海洋环境保护条例》和《天津市海洋功能区划（2011—2020年）》，结合天津市委关于美丽天津建设部署要求，以“人海和谐发展”为原则，修订完成《天津市海洋环境保护规划（报批稿）》，已上报市政府审批。

**【自然保护区和特别保护区建设】** 《天津古海岸与湿地国家级自然保护区保护与恢复规划（2012—2015年）》获天津市政府批复。开展七里海湿地保护与修复项目的立项、环评、可研、初步设计等工作，为启动实施七里海湿地保护与修复工程建设奠定基础。天津大神堂牡蛎礁国家级海洋特别保护区一期建设进入实施阶段，勘界、立标、公示、综合科学考察等工作全面展开。“七里海湿地核心区信息化监测监视系统二期建设”项目已完成，通过专家组验收。

## 海洋生态文明

**【海洋生态红线选划】** 按照国家海洋局关于建立渤海海洋生态红线制度的部署要求，组织开展了天津市海洋生态红线划定工作。编制完成《天津市海洋生态红线区报告》并上报天津市政府审批。

**【海洋生态环境整治修复项目】** 中央分成海域使用金项目（海洋生态环境整治修复类）——滨海旅游区海岸修复生态保护项目和大神堂浅海活牡蛎礁独特生态系统保护与修复项目顺利推进，签订了任务合同书，完善了项目管理制度建设，建立了协调沟通机制以及信息报送制度，构建了指标体系，完成了区域信息收集及人工鱼礁礁体制作等，各项目均完成任务书相应时间节点工作任务。

## 海洋环境预报与防灾减灾

**【海洋观测预报】** 通过天津市海洋局官方网站和新浪微博、腾讯微博等网络渠道发布天津近海海浪、水温、潮汐常规海洋环境预报信息760期；在天津电视台、汉沽电视台、大港电视台、塘沽电视台发布各类常规海洋环境预报信息936期；在广播电台交通频道发布周边旅游景点及港口海洋环境预报信息273期。积极推动《海洋预报》节目在天津电视台的播报工作。

**【海洋灾害应急管理】** 加强海洋灾害应急管理，全年共发布风暴潮消息4期、风暴潮蓝色警报7期、风暴潮黄色警报3期、大浪蓝色警报5期。发布传真1200余份，电子邮件570余封，手机短信近36000条。2012—2013年冬季海冰灾害应急管理工作自2013年1月4日至2月26日，共进行天津沿海海冰巡视观测32天，记录观测数据并编发水文气象报，并及时向北海海洋环境预报中心发送我市近岸海域海冰观测数据。

**【重点保障目标预报服务】** 编制天津市重点服务保障目标的精细化预报试点工作实施方案并获国家海洋局批准。于8月起开始制作和发布面向临港经济区临近海域的精细化预报信息。截至10月底，通过传真、短信和户外显示屏等多种渠道共发布精细化预报128期，风暴潮蓝色警报2份，预报校验结果良好，平均得分在85分以上。

**【警戒潮位核定】** 2013年4月，天津市警戒潮位核定技术报告经全国警戒潮位核定工作技术指导组专家审查通过，8月8日，核定后的沿海警戒潮位值由天津市政府批准公布实施，警戒潮位核定工作走在全国前列。

**【海洋观测预报能力建设】** 积极推动塘沽、汉沽、大港3个海洋环境观测监测台站建设，3个项目的立项建议书和可行性研究均获天津市发改委批复。编制完成《天津市观测网规划》征求有关部门意见。

## 海洋执法监察

**【海域使用执法】** 海监机构全年共检查各类海域使用项目近300宗，查处各类海域违法案件9宗，收缴罚款3845.68万元，案件执结率100%。在扎实做好海域日常执法检查工作的同时，分别针对无证用海、未批先建、边批边建、超面积围填海、超期使用、擅自改变用途等海域使用违法行为以及区域建设用海、养殖用海等领域，开展了天津市“海盾2013”专项执法行动、打击非法围填海专项整治行动、区域建设用海联合执法行动和渔业用海专项整治行动等专项执法行动。

**【海洋环境保护执法】** 海监机构全年共检查各类海洋工程169宗，登检各类施工船、挖泥船、倾废船30余艘，查处各类海洋环境违法案件6宗，收缴罚款30万元，案件执结率100%。在切实做好日常海洋环境保护执法的同时，针对海洋工程的海洋环境影响评价报告书未经核准即开工建设、违法向海洋倾倒废弃物等海洋环境违法行为，开展了“碧海 2013”专项执法行动和保护海洋环境专项整治行动等专项执法行动。

【海岛执法】 完成海岛监视监测系统的安装调试，并实现业务化运行。海监机构严格按照《天津市海岛定期巡查工作制度》和海岛巡查计划，采取登岛、绕岛等方式对三河岛开展定期巡查 166 次，并根据国家海洋局的部署，开展了“护岛 2013”专项执法行动、海岛开发利用专项整治行动等专项执法行动。

【保护区执法】 加强保护区巡查执法力度，全年累计巡查里程超过 4 万千米，出动执法人员近 800 人次，处理违法案件 6 宗。

【管辖海域文化遗产联合执法】 根据国家文物局和国家海洋局的工作部署，与天津市文物局、天津市文化遗产保护中心等单位，联合开展了为期一周的“天津市管辖海域文化遗产联合执法行动”，海监机构执法人员与市文化遗产保护中心技术人员一同乘坐海监执法快艇，对天津市辖区海域内可能存在水下文化遗产的点位进行了巡查和水下探摸，初步确定了保护对象的位置，获得了第一手资料。

【维权执法】 组织 1 批次共计 3 名执法人员参加钓鱼岛维权巡航执法，在此次维权行动中，创造了开展钓鱼岛维权巡航执法以来，首次连续 2 个航次进入钓鱼岛领海基线以内巡航，且距离主岛最近的记录，还成功驱离了企图登岛的日右翼分子。

【维权执法船队挂牌成立】 中国海监天津市维权执法船队于 4 月 11 日挂牌成立，增加事业编制 70 名，组建了海监“3011”、“3012”、“3015”船三支船员队伍。首批招录的 45 名船员已全部上岗。

【能力建设】 两型 3 艘海监船建设进展顺利，已经完成交接。维权执法基地建设有序推进，临港基地码头工程基本竣工，北塘基地正在开展前期设计工作。

## 海洋行政审批

【概况】 2013 年累计完成行政审批事项 189 件，其中：环评报告核准 53 件；海域使用申请 88 件；海洋倾废 32 件；进入保护区 15 件；不予行政许可 1 件，提前办结率 100%。服务态度和审批效率得到企业认可，收到企业向审批窗口赠送 2 面锦旗，多封表扬信。

【深化审批制度改革】 按照天津市委市政府关于“结合教育实践活动进一步推动行政审批制度改革”的部署，结合国家海洋局审批事项调整，取消行政审批事项 2 项，分别为国家级海洋自然保护区实验区内开展参观、旅游活动审批和海岸工程建设项目环境影响报告书审核。

## 海洋科技

【国家海洋高技术产业基地建设方案编制】 编制完成国家海洋高技术产业基地建设方案，通过国家发展改革委组织的专家答辩。

【国家海洋公益性项目】 完成天津市 2014 年度国家海洋公益性项目征集和推荐工作，共征集项目 19 项，推荐 8 项，其中 4 项通过了国家海洋局组织的专家评审，总经费预算 8000 万元，创国家海洋公益性项目经费支持历史新高。

【科技兴海项目】 开展科技兴海项目验收和中期检查，共验收项目 8 项，检查推动 12 项，纠正了部分项目管理中出现的问题。

## 海洋宣传教育

【全国海洋宣传日活动】 6 月 8 日，天津市海洋局、体育局和旅游局在天津海河津湾广场联合举办了“中国海河龙舟节”暨全国海洋宣传日活动开幕式。开幕式活动以“休闲体育、快乐旅游、关爱海洋”为主要内容，包括龙舟邀请赛、海洋宣传教育展和民俗文化、健身互动等全民健身嘉年华活动，吸引了大批市民的关注和参与。活动围绕“建设海洋强国”的活动主题，分海洋机构职能、海洋强国战略、天津海洋事业成就、海洋强市构想以及海洋科普教育等板块展示教育展板 50 余块，为了丰富全国海洋宣传日天津分会场活动内容，市海洋局联合市少工委共同主办了少年儿童“中国梦 海洋情”知识竞赛，开展了大港贝壳堤博物馆、海监执法艇“开放日”活动，并组织人员深入社区、企业、工地、学校开展面对面的海洋宣传，有效提高了海洋工作的社会影响力和公众认知度。

【防灾减灾宣传】 5 月 12 日，在滨海新区塘沽、汉沽和大港同时启动防灾减灾宣传活动，共发放《海洋观测预报条例》、《天津市海洋防灾减灾知识手册》500 多份，展出赤潮、风暴潮、海水入侵、海冰灾害等科普知识宣传展牌40余块。同时，配合国家海洋局开展了海啸演习活动，通过采取桌面推演的方式，对天津市的海啸应急处置和决策服务能力、海啸信息接收和快速反应能力、海啸预警产品制作和发布能力进行了检验。

**【媒体宣传报道】** 全年在门户网站刊发工作动态209篇，较为全面地反映了领导干部活动、重要会议和工作情况；于中国海洋报、天津电视台、天津日报等媒体刊发各类消息、通讯等80余篇，其中专版2组，头条6个，取得了较好的社会反响。

## 海洋文化

**【国家海洋博物馆建设】** 编制完成国家海洋博物馆展陈大纲，展陈内容方案初步编制完成，并在细化完善；博物馆建筑方案已经获批；积极推动可研报告编制，天津市政府与国家海洋局联合行文已报国家发改委；项目建设开工准备工作扎实推进，海洋文化公园规划编制完成。深入广泛开展藏品征集工作，已征集各类藏品3.5万件，取得各类藏品征集信息万余条；与国家博物馆、国家文物局水下考古中心等官方、民间乃至境内外相关机构和组织建立了广泛合作渠道，为博物馆建设和运营奠定了坚实的基础。

**【海洋文化丛书编撰】** 海洋文化丛书天津分册编撰工作基本完成。完成国家海洋文化丛书天津分册的编撰工作，完成文稿共计10章、23万字，已提交国家海洋出版社对文稿做进一步审修。 （天津市海洋局）

# 山东省

## 综　述

2013年，在复杂严峻的国内外环境下，山东省海洋系统认真贯彻落实党的十八精神和山东省委、省政府部署要求，坚持稳中有进、稳中有为、稳中有质，深刻把握“蓝黄”两区建设的重大机遇，积极作为，科学务实，在中央和省委一系列政策措施的推动下，重大发展战略的引领带动作用进一步显现，山东省海洋经济总体运行积极向好，呈现良好的发展态势。

## 海洋经济与海洋资源开发

**【海洋渔业】** 山东省海洋渔业平稳增长，海水养殖业快速发展，远洋渔业保持平稳。山东省海洋渔业经济总产值2934.93亿元，同比增长11.8%;山东省海洋渔业总产值1207.24亿元，同比增长10.9%；海水产品产量699.5万吨，同比增长2.0%。近海资源持续衰退，同比受灾相对较轻，海洋捕捞产量231.5万吨，同比下降2.0%。海水养殖产量456.6万吨，同比增长4.7%。

**海洋渔业养殖** 创立和完善了省级现代渔业园区单体规划制度，像建设工业园区一样建设现代渔业园区。全年新认定省级园区80处，总量达到146处。水产健康养殖快速发展。新创建国家级健康养殖示范场55处、省级100处，新增健康养殖面积1.3万公顷。大宗骨干品种健康养殖进一步发展。海参礁底播、池塘、深水网箱、工厂化养殖等多模式养殖全面开展，新增海参增养殖面积3330余公顷，总面积达到7万多公顷，产量8万多吨，海参优势产业地位进一步巩固，打造了黄河三角洲地区2万公顷海参健康养殖基地。

**海洋资源修复** 渔业增殖放流规模持续扩大，全省渔业资源修复投入3.4亿元，放流各类水产苗种50亿单位，增殖效果显著。近海回捕海蜇、对虾等增殖资源7.8万吨，产值21.2亿元，同比分别增长88.9%和6.3%，产量产值创历史新高，直接受惠人口45万人，人均增收4700元。渔业增殖资源成为维持近海捕捞业平稳发展的重要因素。首次将休闲生态型人工鱼礁建设定位为全省人工鱼礁发展主要方向，扶持了首批6处休闲生态型人工鱼礁建设项目。新选划建设了5处国家级、10处省级水产种质资源保护区，新增保护水域1.46万公顷，省级以上水产种质资源保护区达到74处，保护区面积达到35万公顷。

**休闲渔业** 积极拓展渔业生态、文化等功能，大力发展特色突出、文化多元的休闲渔业。编制了《山东省休闲渔业发展规划》，新创建国家级休闲渔业示范基地7处。成立了山东省休闲垂钓协会，引导休闲垂钓健康发展。组织实施了2013年好客山东休闲汇“相约海洋 渔乐无限”专题活动，举办了“放鱼节”、“捕鱼节”、“休闲垂钓比赛”和“观赏鱼大赛”等多种形式的“渔乐无限”专题休闲活动50多场次，参加人员近百万人次，活动获得山东省政府“好客山东休闲汇优秀专题休闲活动奖”。

**远洋渔业** 远洋渔业发展成效显著，山东省专业远洋渔船已达402艘，总功率39万千瓦、21万总吨，同比分别增长212%和130%。秋刀鱼、超低温金枪鱼钓船和美式大型围网船等多项技术世界领先。专业远洋渔船实现产量11.3万吨，产值15.3亿元，同比分别增长49.3%和36.5%。远洋渔业发展空间拓展取得新突破，成功参与了西非、东南亚和南太岛国等区域性渔业经济合作体系，争取到了更多的入渔许可。山东省财政首次将远洋渔业基地建设纳入补贴范围，印尼远洋渔业基地开工建设。一批与远洋渔业产业链相关建设项目建成投产，产供销结合趋向紧密。金枪鱼产业链条建设日趋成熟，山东省超低温储存能力达到3.5万吨，占全国70%以上。

**【海洋盐业】** 全年累计生产海盐1989.92万吨，同比减少9.72%，环比下降1.06个百分点。山东海盐减产的主要原因：一是春季气温低、蒸发量小，春产基础普遍较弱；二是汛期后，强降雨、强大风等灾害性天气影响，产量持续减少。累计销售海盐 1729.89 万吨，同比下降 12.52%，环比下降 7.33%。原盐产销基本平衡，原盐销售市场基本平稳，价格相对稳定。

**【海洋油气业】** 山东省海洋油气业产能稳步增长，原油价格出现较大幅度下降，生产效益同比下降。海洋原油产量 291.3 万吨，天然气 12911 万立方米，同比分别增长 5.9%和 3.1%。原油价格平均价格 4125 元/吨（不含税），同比下降 339 元/吨；海洋油气总产值 119.15 亿元，同比下降 2.0%。

**【海洋船舶工业】** 全年共完工交付船舶 328.3 万载重吨，同比增长 5%；承接新船订单 406.6 万载重吨，同比增长 302%。2013 年底，山东省手持船舶订单 671 万载重吨，同比增长 8%。海工装备制造业继续保持良好发展势头，产值占到船舶行业的 36.7%，带动作用更加明显。

**【海洋交通运输业】** 沿海港口生产稳定增长，外贸、集装箱形势好于预期，集装箱增速高于全国平均水平。全年沿海港口累计完成货物吞吐量 12 亿吨，同比增长 11%。其中，集装箱吞吐量完成 2100 万标准箱（TEU），外贸吞吐量完成 6.6 亿吨，同比分别增长 9%和 11%。其中青岛、日照、烟台三大港累计完成货物吞吐量 9.8 亿吨，占沿海港口货物吞吐量的 83%。受国际航运业持续低迷影响，水路运输生产形势不容乐观，部分生产指标好于预期。水路运输累计 1.4 亿吨，远洋运输完成 844 万吨。

**【滨海旅游业】** 滨海地区共接待入境游客 291 万人次，实现入境旅游收入 19.1 亿美元，分别占山东省的 64.3%和 70%，与上年基本持平；接待国内游客 24112.6 万人次，实现国内旅游收入 2503.4 亿元，分别占全省的 44.4%和 49.9%，同比分别增长 11.3%和 15.8%；滨海旅游总收入 2621.7 亿元，同比增长 14.5%，占山东省旅游经济总量 50.6%。滨海旅游业保持质量效益快速发展增势，成为带动山东省现代服务业发展的优势产业。

**【新兴海洋产业】** 山东省新兴海洋产业迅速发展。海洋电力业产出 87.79 亿元，增长 13.6%，呈现规模增长好态势。随着国家相关政策的有力实施，海洋药物的应用领域不断扩大，市场前景广阔，海洋生物医药业产出 269.22 亿元，增长 23.6%，继续保持快速增长态势。

## 海洋立法与规划

**【政策研究】** 围绕贯彻落实中央和山东省关于海洋决策部署，抓好大事要事谋划，主动融入和参与全省发展大局。调查研究全面深入，重大问题软课题研究富有成效，取得了 60 余项创新成果，广泛应用于海洋决策实践。制定了《海洋与渔业“蓝黄”两区建设绩效评价办法》，对市县“蓝黄”两区建设进行了绩效考核，推动了“蓝黄”两区建设海洋与渔业重点任务的落实。举办了山东省海洋与渔业专题研讨班，增强了海洋意识，扩大了海洋工作的影响力。

**【海洋立法】** 开展《山东省海砂管理条例》立法调研，对相关制度进行了深入研究。《山东省海砂管理条例》列入省人大重点立法计划。经国家海洋局推荐，山东省海洋与渔业厅被评为 2013 年全国“六五”普法中期先进集体，成为全国海洋系统唯一的先进集体。制定了《山东省渔业船舶管理办法》，提出了 14 个方面的创新管理制度。同山东省物价局、省财政厅联合出台了《山东省国有渔业养殖水域滩涂使用权补偿费和安置补助费定价办法》，在制度设计和计算方法上走在全国前列。

**【海洋规划】** 启动了《山东省海洋事业发展规划》编制工作，对《规划》进行研究、咨询和论证，不断完善思路，充实内容，规划编制工作稳步推进。12 月 9 日，山东省政府印发了《山东省海岛保护规划（2012-2020 年）》。编制完成了《山东省海岸保护与利用规划》，按程序向山东省政府报批。基本编制完成《山东省海域海岛海岸带整治修复保护规划》，在全国率先提出“区域整治”的理念，建立了整治修复项目库，筛选录入项目 245 个，总投资 100 亿元。

**【山东省海洋经济“十二五”规划实施】** 为深入推进实施山东省海洋经济“十二五”规划，山东省着力在产业培育、体制机制创新、科技支撑、园区打造四个方面狠下工夫，有力促进了海洋经济持续快速发展。

**编制发布《山东省海洋产业发展指导目录》** 2013 年 1 月 24 日，《山东省海洋产业发展指导目录》发布，这是我国发布的首个海洋产业发展指导目录，旨在引导海洋产业投资方向，增强海洋产业实力和核心竞争力，促进海洋产业结构调整和优化升级。该目录由鼓励、限制、淘汰三类组成，涵盖海洋渔业、海洋生物、海洋装备制造、海洋化工、海洋运输物流、海洋文化等十个产业类别，共183项产业内容。《目录》提出了通过积极支持项目研发和投资建设，鼓励海洋生物产业、海洋装备制造业、海洋化工业以及海洋环保、公共安全和应急产品等10类产业项目发展。

**创新体制机制** 2013年1月，山东省建立了由分管副省长挂帅、山东省财政厅牵头、相关部门共同组成的海洋经济创新发展区域示范工作联席会议制度，负责海洋经济区域示范工作的组织领导及工作推进。省财政积极寻求与金融机构建立战略性合作关系，搭建政银合作平台，助推海洋经济发展。2013年，山东省与中国银行山东省分行、威海商业银行两家银行建立了“财银合作”机制，签署了推进海洋经济创新发展区域示范战略合作协议。两家银行将围绕海洋经济发展重点，为示范区相关企业和项目建设安排综合授信额度150亿元，并在金融服务方面提供便利。建立第三方科技与服务支撑机制。与国家海洋科学研究中心建立技术合作关系，“借脑引智”为海洋经济规划、技术创新与指导、中期工作推进等提供科技支撑。建立了海洋经济专家库，为组织项目评审打好基础。

**强化特色园建设** 2013年，山东省“蓝黄”两区建设办公室组织开展了特色产业园申报和评审工作，荣成经济开发区海洋食品药品经济园等18个园区认定为第一批山东半岛蓝色经济区海洋特色产业园，通过加大对特色产业园的政策支持，提高特色产业园建设管理水平，完善提升园区载体功能，推动特色产业集约集聚发展。

## 海域使用管理

**【概况】** 2013年，山东省海域管理工作坚持依法管海、科学用海，深入实施区域建设用海，不断提高海洋综合管控能力，服务“蓝黄”两区建设，有力地促进了海洋经济平稳较快发展。全省共确权海域面积12.67万公顷，其中经营性项目12.59万公顷，公益性项目747.52公顷；发放海域使用权证书1141本，其中经营性项目1124本，公益性项目17本。国务院批准确权海域面积777.83公顷，全部为经营性项目；发放海域使用权证书6本。山东省政府批准确权海域面积2261.36公顷，其中经营性项目1804.55公顷，公益性项目456.81公顷；发放海域使用权证书89本。山东省共征收海域使用金12.96亿元，其中，山东省政府批准的用海项目缴纳海域使用金11.40亿元。

**【海洋功能区划实施】** 印发了《山东省县级海域使用规划管理办法》和《编制指南》，成立了专家委员会，组织召开了市级海洋功能区划和县级海域使用规划编制工作推进视频会议，启动了市级海洋功能区划和县级海域使用规划编制工作，山东省成为全国率先、唯一启动县级海域使用规划编制的省份。向社会公布了《山东省海洋功能区划（2011—2020年）》成果，研制配发海洋功能区划查询与验证便携终端，终端在用海现场核查和动态监管方面的发挥了积极作用。

**【集中集约用海】** 集中集约用海全面推进，山东省已有8个集中集约用海规划获批，规划建设用海面积达到1.24万公顷。龙口人工岛群120千米的围堰已全部完成，累计投资129亿元；丁字湾集中集约用海区部分项目已经实施并建设完成。沿海各市以集中集约用海区为平台，一批具有重大引领作用的蓝色经济新园区正在建成。山东省区域建设用海累计完成投资超过520亿元，一大批项目开始入驻。集中集约用海在拉动海洋经济发展等方面的积极效应逐步显现。

**【海域项目管理服务】** 积极服务重大用海项目建设，先后为日照港岚山港区中作业区中二堤油品码头工程、山东海阳核电项目3、4号机组工程等项目出具了用海审查意见。规范用海项目规划建设管理，研究探索海域使用权流转、海域使用权“直通车”等制度，取得积极成效。加快筹建烟台海洋产权交易中心，争取3000万元中央海域使用金用于平台建设。积极争取国家和省扶持资金，19个海域海岛海岸带类海域使用金项目获批，资金3.8亿元。项目的实施，提升山东省海域、海岛和海岸带的环境和生态价值。

【海域动态监管】　制定出台了《区域建设用海动态监管办法》、《关于进一步落实建设用海项目动态监管任务的通知》，编制完成了《质量手册》、《程序文件》和《作业指导书》等 3 套监视监测质量体系文件，建立了 17 项规章制度，制定了《建设项目海域使用动态及海洋环境影响跟踪监测技术规程》，推动了海域使用动态监管标准化、制度化和科学化。利用无人机对部分海域实施了遥感监测，提升了监视监测手段和监管效率。编制了《潍坊滨海生态旅游度假区海域动态监视监测报告》，在全省范围内首次开展了海域动态监管督查，推动了建设用海项目监管工作的开展。海域动态监管系统基本实现了省、市、县三级海洋部门“一个网”、各类海域管理数据“一张图”、各级海域管理部门“一盘棋”，系统运行和项目监管成效显著。

## 海岛管理

【概况】　12 月 9 日，山东省政府正式批复了《山东省海岛保护规划（2012—2020 年）》，提出按“一核两区十组团”的总体布局，对海岛进行三级多类管理，协调促进陆、岛、海的有机连接。这是山东省编制完成的第一部海岛保护规划，对保护海岛及其周边海域生态系统，合理开发利用海岛资源，促进海岛地区经济社会可持续发展具有重要意义。编制完成了《中国海域海岛标准名录（山东分册）》，组织申报威海刘公岛、日照桃花岛等 5 个海岛为国家海岛生态建设实验基地。山东省海岛动态监管中心在山东省海洋生物研究院建成。

【桃花岛颁证】　7 月 18 日，山东省政府赵润田副省长向日照桃花岛旅游开发有限公司颁发了全省第一本无居民海岛使用权证书，这是山东省海岛管理工作的重大突破，是全省海岛事业发展的里程碑。山东卫视、《大众日报》等多家媒体予以报道，进一步提高了全社会的海岛保护与开发意识。

## 海洋环境保护

【概况】　2013 年，山东省海洋环境保护工作全力服务“蓝黄”两区建设，稳步推进海洋生态文明建设，建立实施渤海海洋生态红线制度，服务保障海洋经济持续健康发展。监测显示，山东省海洋环境质量状况总体维持在较好水平。符合第一类海水水质标准的海域面积 139507 平方千米，占山东省毗邻海域面积的 87.4%，符合第二类、第三类海水水质标准的海域面积分别为 8672 平方千米、7364 平方千米；符合第四类及劣于第四类海水水质标准的海域面积分别为 1480 平方千米、2577 平方千米，分别同比减少 213 平方千米、1886 平方千米，劣四类海水中的主要超标物质为无机氮。无机氮和活性磷酸盐超标导致了近岸局部海域的富营养化，重度营养化海域主要分布在小清河口海域和丁字湾海域。海水增养殖区环境质量总体能够满足养殖活动要求；重点海水浴场、滨海旅游度假区、海洋保护区环境状况总体良好，主要保护对象基本保持稳定。海阳核电站邻近海域放射性核素含量处于我国海洋环境放射性本底水平。

【海洋监测能力建设】　山东省已建立各级海洋环境监测机构 41 处，包括山东省海洋环境监测中心、沿海 7 市海洋环境监测中心（站）以及 33 处县级海洋环境监测站，其中取得计量认证的有 20 处。省级以上海洋环境监测经费投入 1451 万元，各级监测管理机构加强海洋环境监测运行情况评估和监督检查，强化质量监管，各监测任务全部按计划完成。

【海洋环境监测评价】　加强海洋环境监测建设，提高海洋环境管理与服务信息化水平。坚持科学布设站位，共在山东省近岸海域布设海水监测、海洋沉积物监测等各类监测站位 286 个，对 18 个海洋自然/特别保护区、20 个种质资源保护区、3 个国家级海洋生态文明示范区以及 7 个重点、48 个一般入海排污口布点监测。完成了海洋环境等 5 大类近 20 项监测，基本掌握了省管海域总体环境状况和环境风险。印发了《2013 年山东省海洋环境信息产品制作工作方案》，按时开展月度监测，对长岛溢油、莱州养殖海参死亡等热点环境舆情的应急监测评价，完成近 30 种专题报告和年度报告。严格质量控制，建立了一体化的海洋环境监测与评价责任制。健全了执行情况月报和年度绩效考核机制。

【海洋保护区管理】　统筹协调海洋保护区的建立、建设和规范化管理，制定了《山东省海洋特别保护区管理暂行办法》，强化了海洋保护区建设、管理、保护与利用的制度保障。加大海洋自然保护区和特别保护区选划力度，山东省已获批省级以上海洋自然/特别保护区39处，其中海洋自然保护区12处，总面积约40万公顷；海洋特别保护区27处，总面积约27万公顷。国家级水产种质资源保护区（海洋）25处，总面积约10万公顷。加强海洋保护区网络化建设，在"海上山东"网站开发运行海洋保护区公众服务平台，增强了保护区显示度和宣传效果，方便公众查询相关信息，提高海洋保护区信息化管理水平。

**【海洋环保信息化建设】** 完成山东省海洋环境保护综合管理信息系统、海洋环境监测数据处理系统和报送系统等3个系统的开发和功能优化，在内网平台进行了部署、培训和省级试运行；实现了海洋环境监测评价产品、监测数据、海洋环境保护管理信息、海洋环境事件应急处置等的信息化管理，提供了科学快捷的查询与决策分析服务。

**【海洋工程监管】** 制定了《山东省海洋工程环境监管与环境影响跟踪监测管理办法》，督促用海企业切实落实环保设施"三同时"、海洋环境跟踪监测等制度。建立健全了公众参与调查、环保竣工验收、环评报告质量考核通报等相关制度，为规范海洋工程环境监管提供了充分依据。

## 海洋生态文明

**【渤海海洋生态红线制度】** 山东省政府下发了《关于调整省政府议事协调机构和联席会议制度的通知》，专门设立实施渤海海洋生态红线制度联席会议制度。12月13日，山东省政府办公厅印发了《山东省人民政府关于建立实施渤海海洋生态红线制度的意见》，率先在全国实施海洋生态红线制度。红线区划定空间范围为山东省管辖的全部渤海海域，为保持生态系统完整性，也包括了长山列岛以东部分海域，涉及海域总面积16313.9平方千米，划定红线区73个，其中禁止开发区23个、限制开发区50个，分区分类制定管控措施。明确了红线区面积占管辖海域面积比例、自然岸线保有率、海水水质达标率分别不低于40%、40%、80%等控制指标。

**【涉海工程生态损失补偿】** 规范海洋生态损失补偿费的评估和确认程序，实行用海项目生态损失补偿费专家核算和质询，确保生态损失补偿费计算准确公开透明，作为用海项目生态补偿工作的依据。2013共发出海洋生态损失补偿费征缴通知52份，总计金额2.26亿元，收缴入库2亿元。

**【生态修复和能力建设】** 积极推进蓬莱"19-3"赔补偿款项目落实，共争取溢油事故赔补偿款5.57亿元，将资金和项目安排限定在环渤海海域，重点向长岛、蓬莱等受污染影响较大的区域倾斜。强化渤海管辖海域溢油应急处置能力建设，编制完成了《山东管辖渤海海域溢油监视监测系统能力建设方案》，确定通过建设溢油监视监控系统、陆地应急移动指挥平台、海洋环境实时监测系统和精细化预测预警系统，集成海洋环境监视监测预报综合显示平台，实现对山东管辖渤海海域溢油实时监控。

## 海洋环境预报与防灾减灾

**【海洋灾害观测预报】** 组织编制完成了烟台、潍坊、威海3市18个县（市、区）19个岸段海洋警戒潮位核定技术报告，为精细化开展海洋观测预报服务提供了科学依据。周密做好各类海洋灾害预报预警工作。山东省海洋预报台向各级政府、海洋部门、涉海单位和媒体发布风暴潮消息16期、风暴潮橙色警报1期、黄色警报18期、蓝色警报10期、风暴潮解除通报14期，发布海浪消息11期、海浪蓝色警报20期、海浪解除通报10期，发送预警报传真8000余份、短信1.1万余条，为科学防灾减灾提供了重要信息保障。

**【防灾减灾制度建设】** 加强制度建设，切实提升海洋环境事件和海洋灾害应急处置能力。制定印发了《关于健全完善绿潮应对处置工作机制的意见》，起草了《海上溢油信息通报与发布管理办法》，明确了海洋环境事件和海洋灾害应急处置的责任主体、工作流程、信息发布等内容，健全了制度体系。

**【海洋灾害处置】** 制定印发了《关于做好溢油、赤潮、绿潮防治工作的意见》，下发了《关于加强浒苔防范处置工作的紧急通知》，建立健全了统一调度、协调配合、属地管理、分工负责的浒苔绿潮处置工作机制。共发布"绿潮预警信息"194期，"2013年绿潮监测预测情况通报”27 期，“绿潮警报”4 期，“绿潮短信报”80 期。青岛、日照、威海、烟台 4 市累计投入经费约 1.07 亿元，清理浒苔约 56.35 万吨。认真做好长岛等海域油污染处置工作，开展应急监测，积极配合做好应急处置。积极协调处理日照市山海天管委会养殖区污染问题，商定养殖损失赔偿问题一揽子解决方案。针对莱州海域海参大面积死亡事件，及时组织专家赴现场调查海参死亡原因，指导养殖业主抗灾自救，最大限度减少损失。

**【信息化建设】** 加快海洋灾害观测预报外网信息平台和辅助决策系统 2 个系统开发，实现了山东省海洋防灾减灾综合业务化平台（外网）运行，提高了决策的科学性和时效性。完成海洋渔业生产安全环境保障服务系统二期建设任务，对 7 市 7 个县（市、区）和 1 个支队共 30 个节点进行了现场安装调试，对山东省 100 个节点进行了部署，实现了海洋渔业生产安全环境保障服务系统从国家海洋局、北海分局到山东省、市、县三级海洋与渔业系统网络建设，渔场预报推送山东省市、县渔业安全管理部门。

## 海洋执法监察

**【概况】** 山东省各级海洋行政主管部门及海监机构以“海盾 2013”、“碧海 2013”、“护航蓝区建设”等专项执法行动为主线，努力拓展思路，推动工作创新，维护了全省海域使用秩序稳定，推动了海洋生态文明建设的健康发展，为山东半岛蓝色经济区和黄河三角洲高效生态经济区建设提供了强有力的执法保障。共派出海监船舶 1745 航次，航程 72925 海里；海监车辆 5580 车次，行程 446893 千米；执法人员 20360 人次，检查用海项目 7464 个次，查处海洋违法案件 95 起，决定罚款金额 5.773 亿元，收缴罚款 7.656 亿元。

**【制度建设】** 实施了“属地监管责任制”和“旬巡（督）查、旬报告”制度，明确了县级海监机构为属地监管的第一责任人，推动了执法巡查重心下移，加强省、市、县三级协作配合，保障了全省用海秩序稳定。实施了重大海洋违法案件处置约谈制度，通过约谈违法用海单位和当地政府、海洋行政主管部门负责人，进一步提高对违法行为的认识，督促配合行政处罚，避免再次发生违法行为。先后约谈了 3 市政府负责人、市海洋行政主管部门负责人及重点违法单位负责人，有效推动了违法用海案件的综合处置。

**【海监执法能力建设】** 加强海监队伍建设，开展了治理“庸懒散”等行动，制定实施了执法人员素质提升计划，开展执法人员制度性、周期性轮训。加强海监装备建设，3 架性能先进的船载无人机完成建造及飞行试验，2 艘 1000 吨级海监执法船进入后期装备阶段，3 艘 300 吨级执法船开始建造，两处省级海监维权执法基地陆续开工建设。大力加强执法信息化建设。以山东省海洋与渔业执法指挥系统为核心，构建起了融指挥、监视、执法于一体的综合性执法信息化系统。推动海洋与渔业执法指挥系统与山东省海域动态监管系统的实时对接，在全省各级海监机构部署运行国家海岛动态监视监测系统，为山东省各级海洋与渔业执法机构、安全管理部门和渔民提供全方位、全覆盖、无缝隙的信息化服务。

**【海域使用管理执法】** 认真组织实施“海盾 2013”和打击非法用海专项执法行动，查处了一批典型案件，有效遏制了重大海洋违法行为的发生。对山东省区域建设用海规划中由省及省以下审批、核准、备案的单个用海项目开展专项执法检查，对未经审批即实施的单个落地违法项目依法进行查处，规范了区域用海建设秩序。积极与青岛海事法院沟通协作，建立起海洋行政处罚与司法手段相结合的案件执行机制。组织召开了 4 次立案审核会和 7 次案件会审会，对 15 起涉嫌重大海域使用违法案件进行了立案审核，对 27 起重大海域使用违法案件进行了案件会审。共查处海域使用类违法案件 73 起，下达处罚决定 47 件，决定处罚金额 5.76 亿元；其中，查处 “海盾”案件 32 起，收缴罚款 7.61 亿元，“海盾”案件查处数量和处罚金额均居全国首位。

**【海洋环境保护执法】** 开展了“碧海 2013”专项执法行动。以涉海工程建设项目的环保执法作为深入拓展海洋环保执法的重要突破口，开展了涉海工程建设项目环保专项执法行动；共检查涉海工程 129 个，对 19 个涉海工程提出整改意见，为每个涉海工程项目建立档案。共立案查处海洋环保类违法案件11起，决定处罚及实际收缴罚款金额89万元，其中立案查处“碧海”案件9起，结案率100%，决定处罚金额及实际收缴罚款85万元。

**【海岛保护执法】** 不断完善省、市、县（市、区）三级海岛定期巡查工作制度，对山东省管辖海岛进行多角度、全方位的执法巡查，掌握了山东省海岛及周边海域开发利用情况，建立和完善“一岛一档”信息。组织开展了海岛定期巡查工作考核，有力督导了基层海监机构的海岛执法工作。开展无居民海岛保护专项执法行动，对海岛定期巡航记录、“一岛一档”建立情况进行了详细检查，对8个特殊用途海岛进行了登岛检查，对10个重点开发利用的无居民海岛、有居民海岛进行绕岛巡查和调阅档案检查，对领海基点所在海岛进行了重点检查，取得了良好效果。共开展海岛执法巡查521次，检查海岛585个次，派出执法人员1413人次，出动执法车208车次，行程29000余千米，执法船舶165航次，航程8300余海里，查处海岛违法案件1起。

**【海砂管理执法】** 不断完善“政府领导、属地管理、部门联动、综合整治”的海砂执法机制，明确了整治非法采挖海砂工作实行属地管理，对海上非法采挖海砂活动始终保持高压态势。烟台市海监机构与海事部门联合执法，利用海事VTS对全市海砂富集区进行24小时监控；青岛市海监机构与海警部门进行联合执法，一举抓获非法采挖海砂船6艘。共查处非法采挖海砂案件10起，做出行政处罚决定140万元，移交公安机关处理2起，刑事拘留19人。

**【海洋渔业执法】** 加强涉外渔业管理，强化属地管理责任，利用渔船安全救助指挥系统，加强对作业渔船的实时管控，对重点海域实行巡查；积极应对朝东项目暂停形势，对478艘朝东项目作业渔船加强监管，指定港口停靠，实施“日报告”制度，涉外渔业管理大局稳定。完善了船籍港停靠、转港审批、船厂巡查等关键制度，实施综合执法和交叉执法模式，对重点地区开展了历时80天的交叉执法检查，查处违规渔船497艘次，伏休管理秩序总体平稳。认真开展“护渔2013”海洋渔业专项执法行动，在山东省沿海组织开展了渔船信息终端、渔船标识及渔船、船员证书、证件持有情况专项执法检查，规范了渔业管理秩序，打击了非法捕捞行为。积极开展违规渔具专项清理整治，重点查处使用地笼、吸蛤泵、电脉冲渔具等禁用渔具和违规拖网行为，严厉打击使用小于规定的网目尺寸的渔具捕捞的行为，共清理违规渔具27921张/套。

**【执法品牌创建】** 继续打造具有山东特色的“护航蓝区建设”专项执法品牌，丰富检查方式和检查内容，提高检查效率和质量。共组织开展了三次专项执法行动，对山东省4/5的海域岸线进行了无缝隙排查；对行动中发现的近40起涉嫌海域使用违法行为及时组织查处，并对落实属地监管责任和巡查不力的海监机构及执法人员进行了通报。

## 海洋行政审批

**【概况】** 制定印发了《山东省海洋与渔业厅工作规则》，对行政审批工作做出规定。优化工作流程，公开办理程序，强化过程监控，建立行政审批事项动态管理制度。做好行政许可事项清理工作，下放2项行政许可事项。对省政府规章、规范性文件的行政许可事项进行清理，清理非许可审批7项，行政许可3项。制定规范了160项行政处罚项目的自由裁量权基准。将国家海洋局下放到山东省的行政许可事项列入省许可目录。

**【海域审批管理】** 完善用海限批制度，以用海限批名单为基础，实行项目、单位、区域限批，退回5宗不符合海洋功能区划的用海申请，暂停2宗项目用海审核，维护了功能区划的法定地位。以区划为基础，制定出台了《关于加强同一区域内集中建设项目开展整体海域论证环评管理的通知》，下发了编制技术要求，提高了海域使用审批工作效率。

**【海洋环评审批】** 创新海洋环评质量管理，推进工程环评电子化办公。建立海洋环境影响报告编制质量考核和通报制度，对评审中问题较多的环评报告实行复核审查，切实提高环评报告质量。共预审用海项目环评报告66份，委托召开了63个项目专家评审会、8个项目专家咨询会，复核项目6个，核准项目76个。

**【渔船许可审批】** 进一步规范渔船许可审批，

理顺审批流程，建立违规审查机制，提高审批效率。共办理《船网工具指标批准书》740 艘次，《渔业捕捞许可证》2053 艘次，《渔业船网工具指标转移证明》74 艘次，注销捕捞许可证 3750 艘次，补办捕捞许可证 45 艘次。

## 海洋科技

**【概况】** 大力实施科技兴渔（海）战略，山东省海洋科技创新能力显著提升，科技成果转化率明显提高，为山东省海洋产业发展和行业管理水平提升提供了有力支撑。全年共组织实施科技项目 200 余项，经费 6.26 亿元。拥有县级以上海洋与渔业科研教学机构 67 个，涉海（渔）重点实验室 68 个，工程技术研究中心 25 个，产业技术创新联盟 22 个，省现代渔业产业技术体系创新团队 3 个，科技人员 1 万余人，其中两院院士 23 名，泰山学者和产业技术体系岗位专家、重大专项首席科学家等 50 余人。

**【科技创新能力建设】** “海参产业技术创新战略联盟”等 4 个联盟成为首批海洋领域国家试点联盟，“北方药源海洋生物种质保存与开发平台”等 6 个公共服务平台建设获财政资金支持。渔业科技支撑体系不断健全，新设立了鱼类和虾蟹类 2 个山东省现代渔业产业技术体系创新团队，实现国家和省产业技术体系的有效承接、互为补充。山东省政府出台了《泰山学者蓝色产业领军人才支撑计划》、《泰山学者种业人才团队支撑计划》等引进培养人才的激励政策，建立健全了高校学科专业设置与海洋经济发展需求相适应的教育发展机制，在重点院校新设置了海洋化学、船舶与海洋结构设计制造、海洋资源开发技术等一批海洋学科和专业。开展了海洋高技术产业集聚发展研究，提出了山东省开展海洋高技术产业基地试点工作具体意见，指导各沿海市根据各自特色和优势编制试点工作实施方案。

**【海洋科技重大专项】** 海洋公益性行业科研专项实施进展顺利，为科技兴海提供了有力支撑。“我国典型人工岸段生态化建设技术集成与示范”等 7 个重点项目，围绕人工岸段生态环境修复、养殖环境安全评价、蓝区空间资源利用评价等开展科技攻关和成果应用示范，取得了一批新成果。“黄渤海重点海域贝类养殖环境安全评价及其监控体系技术研究”和“基于生态系统的典型海域生物资源综合修复与调控技术研究”两个重点项目顺利通过国家海洋局验收。渔业良种工程鱼类、贝类、刺参重大课题选育出具有良好性状的家系、群系 182 个，突破了牙鲆优良品种干细胞识别等 20 余项关键及配套技术。启动实施了海带等种质资源创新、种业企业科技培育、种质资源收集与保护等工作。发布并组织推广刺参等 22 个主导品种、海水工厂化循环水养殖技术等 10 项主推技术，实现了较好的经济、生态和社会效益。

**【海洋经济创新发展区域示范】** 海洋经济创新发展区域示范工作启动实施，助推海洋新兴产业发展。共安排资金 11.31 亿元（其中国家财政资金支持山东地区 3.6 亿元，青岛市 1.4 亿元），组织实施项目 143 项，研发投入 45.1 亿元，引导社会投入 77.82 亿元，转化技术成果 119 项，建设示范基地（园区）20 个，申请专利 928 项。海洋生物等战略新兴产业年新增产值 151 亿元，有效培植了海洋产业发展壮大。

**【海洋科技成果】** 共有 52 项成果获省部级以上奖励，“海参功效成分研究及精深加工关键技术研发”、“海洋生物酯酶及生物拆分性化合物的研究与开发”获山东省科学技术进步一等奖，“沿黄低洼盐碱地以渔改碱综合治理技术”、“黄河三角洲地区对虾安全健康养殖技术集成与示范”获全国农业技术推广成果奖二等奖，“山东省海洋与渔业科技奖”奖励成果 20 项，为推动海洋科技创新发挥了积极作用。

## 海洋宣传与教育

**【海洋宣传】** 组织媒体开展了“资源管理看伏休”、2013 渤海生态养护放流、蓬莱斑海豹救助放生等宣传报道活动，进一步扩大了海洋行业的社会影响力。围绕海洋新兴产业和蓝色硅谷建设论坛、海洋生态文明示范区建设等重点，各级媒体做了大量报道。中央电视台、山东电视台、人民网、《中国海洋报》、《大众日报》等省级以上主要媒体共发布重要稿件 390 余条。推出编发了《舆情周报》，基本实现了海洋与渔业舆情动态监测全覆盖。开通了政务微博，进行政务信息发布、舆情应急处置和与公众互动交流，提升了海洋部门公信力和社会公众的服务能力。中国海洋摄影协会山东分会正式成立。

**【全国海洋宣传日】** 6月8日，山东省各级海洋系统开展了“世界海洋日暨全国海洋宣传日”宣传活动；以电视、广播、报纸和网络媒介为载体，结合海域和海岛开发管理、海洋生态环境保护、海洋防灾减灾、海洋生物资源增殖和海洋监察执法等重点工作，面向社会公众，连续开展铺垫性和延展性系列宣传活动，努力提高公众参与度，积极营造关注海洋的舆论氛围。开展了首届山东省水生生态养护摄影大赛，活动取得圆满成功。

**【防灾减灾日】** 5月10日，围绕“识别灾害风险，掌握减灾技能”主题，山东省海洋与渔业厅和省政府应急办等单位共同主办“防灾减灾日”大型图片展，沿海各市县开展了丰富多彩的宣传活动。共开展宣传活动40多场、组织讲座65次、出动宣传车100余台次，发放宣传材料、张贴标语、口号 20 多万张（条），发送短信10余万条，多渠道、多形式宣传普及各类海洋灾害知识和防灾减灾措施，努力提高公众海洋防灾减灾意识。

**【海洋科技人才培育】** 2013年5月，山东省出台《泰山学者蓝色产业领军人才团队支撑计划》，山东省财政安排专项资金给予每个团队500万～800万元支持；安排“蓝黄”两区建设专项资金，给予每个团队1000万～3000万元蓝色经济区产业人才项目经费资助。这是山东省第一个“人才、科技、资金、项目、产业”五位一体的示范工程，也是我国第一个专门为实施国家战略提供强力人才支撑的政策性文件。计划用 5 年左右时间，面向省外、海外，以企业为主体，围绕海洋产业发展，引进一批国际一流水平的领军人才团队，攻克一批重大关键技术，研发一批具有核心竞争力的新产品，支持一批涉海企业做大做强，带动海洋产业形成新优势。

## 海洋文化

成立了海洋、渔业文化工作推进领导小组，领导小组下设办公室，负责日常工作。在山东省范围内广泛征集以海洋、渔业文化为主题的论文，评选出优秀论文25篇，编辑出版了《全省海洋、渔业文化论文集》。召开了山东省海洋、渔业文化研讨暨工作推进会。11月，《中国海洋文化系列丛书山东分册》编撰工作完成并通过专家评审。 （山东省海洋与渔业厅）

# 青 岛 市

## 综 述

2013年，青岛市实现地区生产总值8006.6亿元，增长10%；规模以上工业增加值增长11.3%；服务业增加值增长10.5%；公共财政预算收入788.72亿元，增长17.7%；城市居民人均可支配收入、农民人均纯收入分别增长9.6%、12.4%；居民消费价格上涨2.5%。2013年底，青岛市常住人口人口为896.4万人，同比增长1.1%。人口自然增长率1.64‰。

## 海洋经济与海洋资源开发

**【概述】** 2013年，青岛市委、市政府按照“率先科学发展，实现蓝色跨越”的目标，通过蓝色经济区建设促进经济转型升级。青岛市政府加强海洋产业调整优化指导力度，发布实施《青岛市海洋产业发展指导目录（试行）》，建立国内首个蓝色经济统计数据季度直报制度，初步构建比较完善的现代海洋产业体系。建立蓝色经济重点项目库和项目进展季报制度，滚动实施总投资1600亿元的140个蓝色经济重点项目。集中开展“进现场、解难题、促开工”活动，推进一批重大项目取得成效。2013年，140个蓝色经济重点项目中127个开工，开工率90%，完成投资约300亿元。青岛国家海洋设备质检中心、国家深海基地开工建设，国土资源部青岛海洋地质研究所、中船重工725所海洋装备研究院等重大项目落户并完成前期工作。实施重点企业快增计划，重点帮助建立银企对接机制，做好企业金融服务，100家涉海重点企业发展态势良好，主营业务收入增速超过20%。推进建设海洋特色产业园区，培育形成海西湾船舶与海洋工程产业基地、崂山区海洋生物特色产业园、开发区前湾国际物流园等8个市级海洋特色产业园，其中5个获批升级为省级园区，全年实现海洋特色产业园主导产业业务收入约700亿元，同比增长20%。

**【海洋渔业】** 2013年完成水产品总产量110.4万吨，实现产值139亿元，同比增长5.8%。争取省级以上海洋与渔业扶持资金5.6亿元。完善政策配套，积极争取上级支持，研究出台了《远洋渔业发展专项资金管理办法》，大力宣传推介我市远洋渔业政策和发展环境，吸引有实力的企业来青落户。截至2013年底，青岛市共注册远洋渔业公司19家，远洋渔船正在作业31艘、已批在建20艘、已批待建33艘。鲁海丰、青岛远洋、巨容等企业分别与印尼、毛里求斯、纳米比亚、俄罗斯等8个国家建立合作项目。远洋渔业口岸开放和配套码头建设加快推进。提高养殖设施标准，新改造池塘866.67公顷，青岛市60%池塘完成标准化改造；新建工厂化养殖车间3.6万平方米；新发展深水抗风浪网箱70个。在灵山湾、王哥庄等海域集中发展海带、麒麟菜、龙须菜等大型藻类养殖1733.3公顷。稳步发展海参、对虾、鲍鱼等既有优势品种，积极探索东星斑、星川斑鲽、海葡萄等新品种育苗、试养和工厂化养殖。培育了宏泰、贝宝等10家育苗水体在1万立方米以上的大型水产育苗基地和斑点鳟鲑、澳洲雪鲈等新品种示范基地，建成省级以上良种场7家。加强海洋牧场建设，启动1处公益型海洋牧场、2处增殖型海洋牧场建设，续建增殖型海洋牧场1处，投放礁体13.7万空方，开展《青岛市人工鱼礁管理规定》立法调研。大力开展渔业资源增殖放流，争取各级放流资金2370万元，放流水产苗种总数达到11亿单位，对虾、梭子蟹等渔获物明显增多。积极培育休闲渔业，发展国家级休闲渔业示范基地6处、省级休闲渔业示范点19处，面积达1.07万公顷，年可接待游客140万人次。全力推进中国北方（青岛）国际水产品交易中心和冷链物流基地项目进展，积极推动城阳、黄岛水产品加工基地和明月、聚大洋海藻加工基地等项目建设。加强渔业品牌宣传推介，组织企业积极参加"2013台湾山东周"、绿色食品博览会、农产品交易会等活动，扩大品牌知名度和影响力。稳定发展来进料加工，积极发展海参、对虾、贝类和大宗鱼类等养殖品种加工，2013年，青岛市水产品进出口总量130.2万吨，进出口总额30.9亿美元；其中出口43.9万吨，出口额16.6亿美元。

**【海洋交通运输业】** 截至2013年底，青岛市有国际集装箱航线124条、水路运输企业73家、船舶337艘392.2万载重吨。全年完成港口吞吐量4.58亿吨，增长10.4%，居全国沿海港口第五位；外贸吞吐量3.14亿吨，增长8.6%；集装箱吞吐量1552万标准箱，增长7.0%。水路客货运量分别完成333万人次、1313万吨，分别下降19.6%、增长39.4%，占山东省总量的12.9%和9.7%；客货运周转量分别达到5262万人千米、428亿吨千米，分别下降14.7%、增长28.8%。

**港口建设** 截至2013年底，董家口港区的港区防波堤、董家口嘴航道等基础设施投入使用，青岛港集团矿石码头、鲁能通用及续建泊位工程通过竣工验收，青岛港原油码头、港投万邦矿石码头等10个项目加快推进，新增1万吨级以上泊位4个，新增通过能力1132万吨。董家口港区完成货物吞吐量7030万吨。青岛港老港区建成邮轮母港码头，可满足世界最大邮轮靠泊，新增通过能力60万人次。世界最大的3E级1.8万标准箱集装箱船首次靠泊青岛港前湾港区，该港区成为重要的国际集装箱运输通道。

**青岛港(集团)有限公司** 2013年，青岛港（集团）有限公司完成货物吞吐量4.5亿吨，同比增长10.6%。其中，完成外贸吞吐量3.1亿吨，同比增长8.6%；完成集装箱吞吐量1552万标准箱，增长7%。新增集装箱航线13条，1.8万标准箱大船靠泊青岛港，竞争实力持续增强。董家口港区完成吞吐量7000万吨。港区铁路日均装车2520车，其中前湾港区日均装车2060车；港运公司开拓新市场新客户，董家口港区市提超过1800万吨，皆创历史新高。

**【滨海旅游业】** 2013年，青岛市完善旅游规划体系，推动全域统筹。修编发布《青岛市旅游总体规划》，确立"三城两线四片区"（"三城"：依托青岛市东岸、西岸、北岸等三主城城市设施，建设东部、西部两大休闲度假集群和北部现代新兴旅游集群，合理布局住宿、购物、娱乐、旅游集散等旅游设施，打通海上旅游联线，形成集散联动，构筑三足鼎立的海湾型旅游中心格局；"两线"：围绕青岛市旅游资源分布特征，发展滨海休闲度假轴带和大沽河生态旅游轴带，两线辐射带动，为旅游业发展提供动力源泉。"四片区"：集聚发展胶州市、即墨市、平度市、莱西市等四大片区，成为青岛市旅游大格局的重要部分）的规划发展布局，规划建设东、西部两大度假集群和北部现代新兴业态集群，构筑三足鼎立的海湾型旅游中心格局，通过创建滨海休闲度假旅游轴带和大沽河生态旅游轴带，辐射带动全域旅游发展。坚持蓝色引领、海洋强市，印发《海洋旅游发展纲要》，对青岛市海洋旅游发展提出目标性、方向性、指导性意见。截至2013年底，青岛市有星级饭店144家（五星级9家、四星级31家、三星级79家、二星级25家）；星级餐馆66家（五星级6家、四星级31家、三星级29家）；A级旅游景区83家（5A级1家，4A级20家，3A级43家）；旅行社55家（5A级9家，4A级6家，3A级40家）。有国家级旅游度假区1处，省级旅游度假区5处和游艇俱乐部3家。有导游1万余人。2013年，青岛市实现旅游总收入937亿元，同比（下同）增长16%。其中，入境旅游收入8.25亿美元，国内旅游收入886.07亿元。接待旅游总人数6290万人次，同比增长10%。其中，入境游客128万人次，国内游客6161.31万人次。

**【海洋工业】** 青岛市拥有年收入超过5亿元的规模以上海洋工业企业达87家，其中10亿元以上的33家、20亿元以上的11家、100亿元以上的3家。

**青岛北海船舶重工有限责任公司** 2013年，青岛北海船舶重工有限责任公司应对航运市场低迷、造修船竞争激烈等不利因素，通过开拓市场、优化产品结构、严格控制造船质量、加强修船改装船舶等各项工程管理，完成中船重工集团公司下达的生产经营年度计划。造船业务，累计完工交船137.6万载重吨，交船数增加4艘，交船吨位增长31.3%。修船业务全年完工修船207艘，增加39艘。其中，完工外轮197艘，增加46艘。全年新承接合同金额为年度计划的 147.2%，同比增长 83.6%。居 2013 年青岛企业 100 强第 50 位、青岛市制造企业 100 强第 32 位。

**盐业** 2013 年，青岛市销售各类盐产品 13774 吨，比 2012 年增加 505 吨。实现盐产品销售收入 17910 万元，增加 1277 万元，增长 7.7%；实现账面净利润 991 万元，增加 369 万元，同比增长 59%；企业资产总额 15748 万元，比 2012 年增加 726 万元；国有资产保值增值率 109%，同比增长 2.2 个百分点。

## 海洋立法与规划

为解决胶州湾保护工作中存在的突出问题，维护胶州湾生态平衡，青岛市确定制定《青岛市胶州湾保护条例》，并由市人大法制委员会负责组织起草。2013 年 12 月 26 日，青岛市第十五届人民代表大会常务委员会第十六次会议对《青岛市胶州湾保护条例（草案）》进行了初审。推进《青岛市人工鱼礁管理规定》立法调研工作，完成意见征集工作，年底形成调研报告报市法制办。加强海洋区划规划引领，开展了《青岛市海洋功能区划》编制，县级海域使用规划全面展开。丁字湾、凤凰岛海洋文化旅游产业聚集区区域建设用海规划上报国家海洋局审批。完成《青岛市无居民海岛保护规划》、《海砂资源开发与利用规划》、《青岛市工程用海资源调查和岸线利用规划》等规划评审。

## 海域使用管理

强化海洋融资服务，利用海域使用权抵押帮助企业办理贷款 202 亿元。2013 年，国家海洋局与青岛市政府签订了共同推进青岛市蓝色跨越战略合作框架协议、国家深海基地建设与发展协议。强化对西海岸经济新区、蓝色硅谷核心区、红岛经济区等经济功能区的服务，引进国家海洋技术中心落户蓝色硅谷，申报蓝色硅谷建设“全国科技兴海产业示范基地”，开展海洋经济创新发展区域示范，全力促进“蛟龙号”母港国家深海基地开工建设。深化“数字海洋”建设，建成区市级监控中心平台。

## 海 岛 管 理

创新海岛发展思路，拟定了《青岛市海岛保护与开发管理办法》。进一步加大海岛整治修复力度，组织实施了灵山岛生态修复示范工程，对灵山岛部分岸线进行整治，建设蓄水涵林、垃圾处理等基础工程，修复受损海洋生态系统，改善海岸景观，以提升灵山岛的生活宜居性和海岛品质。申请国家支持对竹岔岛进行整治修复及保护，重点对竹岔岛渔港和陆岛交通码头进行维修改造，开展竹岔岛绿化美化和岸线清理工程，建设垃圾集中处理场。通过竹岔岛整治修复及保护项目的实施，进一步优化竹岔岛生态环境，打造海岛保护与可持续利用示范区。斋堂岛、冒岛国家海岛生态实验基地项目完成申报，青岛市海岛标志碑设置完成。2013 年 8 月 6 日起，青岛市海洋与渔业局联合青岛日报社发起了历时三个月的“中国梦•青岛追梦——海岛行大型图文报道”活动，采用全程报道、官方微博全程“直播”、幸运市民登岛的方式，全景式、立体式展示了青岛市海岛的自然环境、资源开发利用现状，并通过探索海岛保护与开发利用价值、优化海岛多元化产业结构的方式，向公众展示青岛市海岛资源开发的蓝图。活动启动后，受到社会各界的广泛关注，广大市民踊跃献计献策，为更好地开发利用海岛资源、保护海岛生态环境提出了很多合理化建议和意见。

## 海洋环境保护

**【海洋环境质量状况】** 2013 年，青岛市近岸海域海水环境质量状况总体良好，第一类和第二类水质海域面积约占青岛市近岸海域面积的 96.5%，污染较重的第四类和劣四类水质海域面积所占比例低于 2%，与 2012 年基本持平。污染较重海域主要分布在胶州湾北部、东北部湾底和丁字湾，海水环境主要污染物仍为无机氮、活性磷酸盐和石油类。近岸海域沉积物环境质量良好。青岛市近岸海域主要海洋功能区环境质量总体较好，主要监测指标基本满足功能区环境质量要求。青岛市沿岸排污口超标排放现象比 2012 年有所缓解，超标排放的污染物主要为生化需氧量（$BOD_5$）、悬浮物和总磷。

**【海洋环境监测】** 加强海洋环境监测，强化近岸海域海洋环境监测评价，在继续开展青岛市近岸海域海水、沉积物和生物多样性监测的基础上，重点对胶州湾等海湾、临海工业工程用海区、重点海水浴场与滨海旅游度假区、重点增养殖区等海域进行监测，同时加强陆源排污监测、海洋灾害监测与防治，推进海岛自然保护区生态环境示范性监测，完成了海域 322 个监测站位的监测工作，获取各类海洋环境监测数据 3.2 万余组，全面掌握了青岛市近岸海域环境现状及变化趋势，近岸水质保持全国领先水平。

**【海洋保护区建设】** 以海域自然资源为基础，结合海域开发利用与保护现状，立足海洋生态文明建设需求，在大量基础调查的基础上，编制完成了《青岛市海洋保护区规划》，对青岛市新建海洋自然保护区和海洋特别保护区进行了整体规划。继续强化措施加大海洋保护区建设和管理力度，重点加强胶州湾滨海湿地海洋特别保护区的建设管理，完善保护区基础设施，建立保护区巡护站，实现了对保护区四个区域的实时观测和全区域的每周巡护管理，及时发现查处保护区内倾倒垃圾、烧荒、开垦湿地、捕鸟等违法行为。继续开展大公岛岛屿生态系统省级自然保护区和灵山岛省级自然保护区海洋环境监测工作，及时掌握保护区海域环境状况，强化日常巡航检查和突击检查，杜绝各类破坏保护区环境和资源的违法行为。开展青岛西海岸国家级海洋公园、大管岛、潮连岛新海洋特别保护区的选划，启动胶州湾海洋生态保护区建设论证，申报西海岸国家级海洋公园。

## 海洋生态文明

2013 年，青岛市积极推进省级海洋生态文明示范区建设工作。崂山区在前期调研的基础上，开始着手编制省级海洋生态文明示范区规划；黄岛区积极开展青岛西海岸国家级海洋公园的选划论证工作。选划论证报告通过国家和省级两轮专家评审。青岛市政府对青岛市 22 条入海河流 25 个断面设立阶段性达标目标，考核结果纳入青岛市科学发展考核体系；加强市区污染源监控体系的监控平台建设和在线监控设施运行管理，青岛市重点污染源在线监控率 96.3%。实施《胶州湾岸线整理保护三年行动计划（2013—2015）实施方案》，着力构建生态湾区，严格落实胶州湾保护控制线，严禁胶州湾围填海，认真组织开展胶州湾海域清理整治，稳妥推进填海项目清理、退池还海、岸线整治等工作。开工建设灵山岛、竹岔岛生态修复示范工程。

## 海洋防灾减灾

**【防灾减灾体系建设】** 在继续做好《青岛海洋预报》节目播报的同时，通过海洋预警发布平台和手机短信平台，向社会各界发布海洋预警报信息，进一步扩展海洋预报信息和海洋灾害预警信息的发布范围。做好海洋防灾减灾基础性工作，启动青岛市风暴潮灾害风险区划工作，组织开展数字高程模型数据的收集和防潮堤现状调查工作，完成青岛市沿岸历史风暴潮增水情况分析，建立青岛市沿岸风暴潮增水模型的数值模式，正在进行沿岸风暴潮漫滩模型的数值模式建立和验证工作。该风险区划完成后，可为青岛市防御风暴潮灾害提供科学依据和保障服务。

**赤潮灾害** 2013 年 5 月 2—3 日，青岛浮山湾附近海域发生 1 次赤潮，赤潮种类为无毒的夜光藻，面积 0.039 平方千米，未对周围海域环境造成明显影响。

**浒苔灾害** 2013 年 5 月中上旬开始，黄海南部海域发生浒苔绿潮，6 月 5 日，浒苔最北端进入青岛海域。青岛市管辖海域浒苔最大分布面积 8947 平方千米，最大覆盖面积 130 平方千米，对青岛市滨海景观和海洋环境造成不利影响。浒苔灾害发生后，青岛市立即开展了管辖海域浒苔监视监测和预警预报工作，通过卫星遥感、视频监控、海上巡航、陆域巡察，及时掌握浒苔分布动态，每天通报浒苔监测预警信息，累计发布《海域工作组浒苔通报》63 期。按照常态化、属地化处置原则，严格落实海上拦截打捞、海上挡网拦截、岸上清理保洁“三道防线”，在前海设置拦截网 2.44 万米，调集 230 艘打捞船对重点海域进行海上打捞，全市累计出船 3323 艘次，打捞浒苔 5.55 万吨，确保将浒苔对近岸重点旅游区的影响降到最低。8 月 6 日，浒苔对青岛的影响开始减弱，8 月中旬，浒苔基本消亡。

**溢油污染与应急处置** 2013 年，青岛市近岸海域共发生 3 起溢油污染事件，对附近海域环境造成不同程度的影响。7 月 6 日，中苑码头海域海面及码头岸壁处发现油膜，局部海域海水石油类浓度超第一、二类海水水质标准。8月26日，娄山河口附近海域发现油污，油污范围从娄山河入海河口以北至胶州湾大道西侧的支流河。娄山河入海口南北岸护坡石上覆盖黑色油污，水面漂浮大量油膜，局部海域短期内海水石油类浓度超第四类海水水质标准。11月22日，中石化东黄输油管线发生爆燃事故，导致原油溢入胶州湾。监测结果表明，溢油对胶州湾及湾口附近海域海洋环境造成污染，黄岛区大石头附近岸滩油污明显，青岛部分前海海域也发现事故溢油油污和油膜。针对此次溢油污染事故，青岛市积极开展海上应急处置，立即组织实施了海洋环境应急监测和调查工作，加强执法船海上巡视、动态监控和陆上巡查，对污染事故造成的海洋生态损害和渔业资源损失开展调查评估，并对发现的岸滩油污和海面油膜进行了及时清理。

## 海洋执法监察

2013年开展了“海盾”、“碧海”“、护岛”专项执法行动，落实海域区段责任，强化日常执法巡察，重点加强对前海一线、跨海大桥等海域和已审批用海项目巡查以及违法倾废、非法填海、破坏海岛资源等行为的查处，青岛市共开展海洋执法检查552余次，检查用海项目200个次，查处违法用海行为11起，及时制止并责令恢复海域原貌5起，抓获盗采海砂船6艘，强制拆除非法搭建鲍鱼池18处、违法构筑物1处。强化渔业资源管护，严厉打击使用绝户网等破坏渔业资源行为，查处渔业违法案件240起，清理销毁违规网具6571套。伏季休渔期间，实施海陆联动、分片监管、海查陆处，查处违规渔船198艘。开展水生野生动物保护救助，建立动物保护档案，救助水生野生动物7头。不断提升执法能力建设，海监维权执法基地建设完成水工主体工程施工，1000吨级海监执法船完成建设验收、入列服役，执法装备水平有效提升。研究出台“三步式”行政处罚模式实施意见，确定了首批推行的21项违法行为及处罚流程。不断加强执法队伍规范化建设，开展了执法队伍军事体能训练和执法实务培训，高标准、高质量开展渔政执法示范创建活动。

## 海洋行政审批

高效办理万达国际文化旅游城、青连铁路胶州湾跨海桥工程等市重点涉海项目用海手续，保障建设用海需求。充分利用区域建设用海政策，快速办理董家口港区3宗项目用海手续，保障全市重点项目建设用海需求。对用海项目全程监管，确保科学、依法用海，受理审查中科院海洋所海洋科学考察岸基配套设施保障条件建设项目、崂山湾公益性海洋牧场工程等用海项目43宗，组织完成前湾港区堆场等8宗填海项目海域使用竣工验收。

## 海洋科技和教育

**【海洋科技创新】** 2013年，发挥海洋科技创新的引领支撑作用，组织实施一批关键技术攻关项目，提升蓝色经济的质量和效益。在水产种苗培育领域保持国内领先水平；“黄海1号”中国对虾、“海大金贝”扇贝等9个新品种培育成功，通过国家水产新品种审定，围绕健康养殖技术形成一批技术标准，向社会提供大量优质健康苗种，青岛市有规模化养殖场450余家，养殖名优品种22种。在水产品加工方面，青岛出口额占全省40%、全国10%以上，成为全国高档海洋苗种繁育基地及工厂化养殖示范基地。重点开展生物活性物质、海洋药物及医用敷料产业化，推广海洋药物、功能食品、化妆品等高附加值精细海洋化工和新型海洋生物制品成果。截至2013年底，青岛市有海洋药物、海洋保健品以及海洋生化制品企业30多家，有9个海洋类新药取得一类新药证书，其他类别的药物有近20个；国内首创的生物工程眼角膜完成中试，实现产业化生产后，每年可为10万名眼病患者解除痛苦。以浒苔为原料加工生产海藻肥已建成年产2万吨生产基地；推进海藻纤维、海洋高分子材料等新材料领域研发工作。胶南明月集团为世界最大的海藻生物制品企业，主导产品海藻酸钠年产量1万吨，居世界同行业首位，开发出海藻肥、海藻精油等80多个新产品，国内市场占有率和国际市场占有率分别为33%和25%以上。中科院海洋研究所获批筹建国家海洋腐蚀防护工程技术研究中心，投资1亿元建设海洋防腐产业基地；海洋防污防腐涂料的研究开发处于国内领先水平。城阳国家级新材料产业基地在海洋船舶结构工程材料、海上安全防护工程材料、海水养殖工程材料等方面占据国内市场较大份额。船舶和海工装备实现重大技术突破，海洋石油工程（青岛）有限公司建造的世界上首艘具备3000米级深水铺管能力、4000吨级起重能力的“海洋石油201号”深水铺管起重船交付使用。青岛武船重工有限公司建造国内首艘300米饱和潜水母船“深潜号”投入使用。青岛双瑞防腐防污工程有限公司生产的电解次氯酸钠装置占国内电解制氯行业70%以上的市场份额，是中国核电领域电解制氯设备的唯一供应商。青岛海德威科技有限公司、中船重工七二五所成功研发具有自主知识产权的船舶压载水处理装置，通过国际船级社认证。山东省科学院海洋仪器仪表所在海洋环境监测设备、深海大洋探测设备等海洋监测和海洋军工技术领域研发成功一系列海洋仪器装备成果，被科技部批准为国家海洋监测设备工程技术研究中心。推进海水淡化产业生产开发，南车汇通股份有限公司与青岛南车华轩水务有限公司合作，建立国内最先进的反渗透膜生产基地。株洲时代新材料科技股份有限公司、青岛海诺水务科技股份有限公司等在建中空纤维超（微）滤膜与水工业装备产业化基地，海水综合利用装置已具备20万～30万吨/天的年加工处理能力；青岛碱业股份有限公司7000立方米/日的海水淡化装置在国内首次实现“纯碱—海水淡化—热电联产”一体化的循环经济模式；青岛百发海水淡化有限公司10万立方米/日的海水淡化项目将正式供水。

**【海洋科研机构与人才资源】** 推进“人才引进培育计划”，中国海洋人才市场（山东）揭牌启用，海洋人才云中心启动建设，研发海洋高层次人才项目信息数据库。首批“泰山学者”蓝色产业领军人才团队项目数量居全省首位，6个团队获1.19亿元省专项资金支持。引进高端涉海人才101人，确立青岛作为全国最大海洋人才聚集地的领先地位。截至2013年底，青岛市有中国海洋大学、中国科学院海洋研究所、农业部中国水产科学院黄海水产研究所、国家海洋局第一海洋研究所、国土资源部青岛海洋地质研究所等28个驻青海洋科研与教学机构。有各类海洋人才1.5万人，各类国家级海洋优秀人才207人，具有中、高级专业技术职务资格者5700人。其中，中国科学院院士和中国工程院院士19人、外聘院士3人，国家杰出青年科学基金获得者26人，长江学者17人，泰山学者20人，博士生导师364人，享受国务院津贴人员144人。有博士学位一、二级学科授予点各7、42个，博士后流动站8个，国家级重点学科5个。有海洋科学观测台站11个，其中国家级1个、部委级6个。有各类海洋科学考察船20余艘，其中1000吨级以上现役大型科学考察船7艘。建有科学数据库12个、种质资源库5个、样品标本馆（库、室）6个。中科院海洋所建成青岛市海洋科研领域首个10万亿次高性能计算平台。

**【海洋科技项目及成果】** 2013年，青岛市涉海科研教育单位及企业主持或参与的62项海洋科技项目入选国家重点科技项目计划；中央财政全年给予青岛市经费支持近4亿元，其中有13个项目入围国家“863计划”海洋技术领域，获批资金1.6亿元，占该领域项目数量35%，资金总量40%；4个项目入选山东省自主创新重大专项，获山东省财政专项扶持资金4500万元，占全省海洋领域项目40%；9个项目入选山东省蓝黄“两区”重点推进项目。

**【青岛蓝色硅谷核心区】** 截至2013年底，青岛蓝色硅谷核心区编制完成该核心区总体规划并上报青岛市政府；编制完成中央商务区（CBD）城市设计，温泉、水泊两个小镇设计和主题公园方案设计。针对该核心区发展方向和产业特色，编制《青岛蓝色硅谷核心区产业发展规划》，保证蓝色硅谷海洋科技新城的发展定位。总投资30亿元的海洋科技国家实验室已获科技部、财政部批复成立并正式挂牌启用；总投资15亿元的国家深海基地，陆域、海域工程全面开工建设。总投资5.85亿元的国家海洋设备质检中心开工建设，5、6、8号楼完成基础施工。国土部青岛海洋地质研究所、国家海洋局第一海洋研究所等十几个项目均开工建设。2013年，青岛蓝色硅谷核心区通过完善招商引智网络、拓宽招商引智渠道，涉蓝高端要素引进工作成果显著。截至年底，在建、签约和在谈项目80余个、总投资450多亿元；依托科研院所引进博士 54 人、硕士 82 人。

## 海洋宣传与文化

**【海洋宣传】**　2013 年，青岛市开展了网络普法宣传活动，利用青岛政务网、青岛普法网、青岛市海洋与渔业局蔚蓝海洋网站及微博等，向社会公众普及海洋与渔业法律法规。联合国家海洋局北海分局等单位，组织开展了“5•12 国家防灾减灾日”系列宣传教育活动，通过海洋防灾减灾科普知识进社区、进学校、进广场、进机关、进渔港等系列活动，向社会各界普及海洋防灾减灾知识。6 月 8 日，在奥帆中心广场举办了以“美丽海洋城 共筑中国梦”为主题的“世界海洋日暨全国海洋宣传日”大型宣传活动，通过展板宣传、发放宣传资料以及现场答疑等方式，向公众宣传海洋知识。与广场宣传同步进行的还有以“海洋兴 鱼水情”为主题的渔业增殖放流活动，邀请爱心市民、中小学生等放流 102 万尾水产种苗。9—10 月，组织开展了以“关爱水生动物，添彩美丽中国”为主题的水生野生动物保护科普宣传月活动。

**【海洋节庆会展】**　编制《率先打造国际海洋会展名城三年领军计划》，结合青岛市建设蓝色经济核心区和中日韩自贸区示范区，在全国同类城市中率先提出建设“国际海洋会展名城”的目标，确定未来三年会展品牌战略和国际会展名城发展的阶段性目标、重点领域和责任主体，明确路线图、时间表，争取 2015 年把青岛市建设成为拥有一批国际著名会展品牌、基础设施完善、享有高度美誉度的国际海洋会展名城。

**2013 年中国•青岛蓝色经济发展国际高峰论坛**　2013 年 11 月 6—7 日在青岛鲁商凯悦酒店举行，是在青举办的第三次论坛会议。由新华（青岛）国际海洋资讯中心主办，青岛市政府、山东省发展与改革委员会支持，主题为“科技•人才•金融与产业融合”，旨在深化国际交流合作平台，助力“海洋强国”建设，为山东半岛蓝色经济区建设和全国海洋经济发展提供重要的智力支撑。6 日上午举行开幕式，来自新华社、山东省、青岛市、沿海地区相关领导与国内外专家等 300 多人出席。慎海雄、孙伟致辞。新华(青岛)国际海洋资讯中心和国家金融信息中心指数研究院向全球首次发布中国首个海洋发展指数——新华海洋发展指数，为衡量评价中国海洋经济发展提供服务。其间，驻青的中国工程院院士麦康森、唐启升，联合国环境规划署东亚海协调组织项目协调员埃里克•阿德勒等海内外专家围绕海洋经济发展与金融体系的融合、蓝色经济的产业布局与功能定位、科技创新与蓝色经济发展、蓝色经济高端人才建设、蓝色经济的绿色发展路径以及区域经济合作等方面的议题举行主旨演讲和圆桌对话。

**第五届青岛国际帆船周**　2013 年 8 月 17—27 日举行，本届帆船周以“帆船之都 助推城市蓝色跨越”为主题，突出国际化，彰显开放性，提高参与性，以高端滨海资源、高端赛事产品、高端帆船产业为引领，举办包括“市长杯”国际大帆船拉力赛、青岛国际帆船赛和青岛国际 OP 帆船营暨帆船赛等三大赛事，推出以国际奥帆文化交流、帆船赛事为核心板块及帆船普及、帆船产业、帆船文化、青少年帆船运动交流等八大板块近 30 项特色活动。8 月 17 日，开幕式在青岛奥帆中心举行，国际 OP 帆船协会主席彼得•巴克利，欧帆联前副主席谢尔•博京，青岛市重大国际帆船赛事（节庆）活动组委会副主席、青岛市帆船帆板（艇）运动协会会长臧爱民等出席开幕式。三大品牌自主赛事(“鲁商杯”青岛国际帆船赛、“市长杯”大帆船拉力赛、青岛国际 OP 帆船营暨帆船赛）吸引运动员、教练员近 700 人参加；经过 4 轮比赛，青岛市帆协 WOB 道友队获 2013 年“市长杯”国际帆船绕岛赛冠军，青岛市帆协一队和南京风之曲队分获亚军和季军。青岛市与德国基尔市、澳大利亚墨尔本市、韩国蔚山市签订帆船合作备忘录。

**第十一届中国国际航海博览会暨中国（青岛）国际船艇展览会**　2013 年 5 月 23—26 日在青岛奥帆中心举行。由中国贸促会、国家海洋局、国家体育总局水上运动管理中心、中国船舶重工集团、中国船舶工业集团和青岛市政府主办，中国国际贸易促进委员会青岛市分会承办；展会以“助力蓝色经济，促进产业升级”为主题。展会吸引众多海内外品牌游艇客商关注，22 个国家和地区的 100 余家企业携 300 余件知名品牌的游艇、帆船以及水上运动器材参展，水陆总展出面积超过 2.6 万平方米（陆域展示面积 1.8 万平方米、水域展示面积 0.8 万平方米），为全国最大的水陆结合船艇展。入场参观、采账者 3.8 万人，其中专业观众 2.1 万人；意向签约成交额 2.2 亿元。

**2013 年青岛国际脱盐大会** 2013 年 6 月 26—28 日在青岛香格里拉大酒店举行，以“脱盐：创新驱动与绿色发展”为主题；由中国科协、青岛市政府、国际水协会联合主办，中国水利企业协会脱盐分会、中国农业节水与农村供水技术协会、青岛市科协、欧盟商会、欧洲脱盐学会等单位共同承办。21 个国家（地区）的专家、学者、投资商以及 300 多家中外企业负责人共 700 余人参会，其中国（境）外代表 103 人；152 名专家作主题和专题报告，收录论文 245 篇。

**2013 年中国青岛国际海洋节** 2013 年 7 月 27 日至 8 月 4 日在青岛奥帆中心举行。由国家海洋局、国家旅游局、中国人民解放军海军司令部、青岛市政府主办，青岛城市建设投资（集团）有限责任公司承办，市南区政府协办。以“邀世界共享蓝色盛宴”为主题，突出“蓝色缤纷季，欢乐海洋节”特色，推出海洋文化及旅游、海洋经济及科技、海洋体育、海军展示等四大板块近 40 项活动，接待游客近 100 万人次。其中，海洋文化及旅游板块由开幕式、闭幕式、“蓝色畅想——帆都记忆”海景演出、“蓝海珍珠”领航夜游“三湾”（汇泉湾、太平湾、浮山湾，下同）活动、书画和摄影比赛、3D 魔幻艺术展、奥帆 5D 影院体验等 23 项活动组成。开幕式于 7 月 27 日上午在“蓝海珍珠”游轮上举行。海洋经济及科技板块举办了邀请国防大学梁芳教授主讲东海维权形势、国家级海巡船“海巡 11 号”停靠青岛奥帆中心免费开放参观、海洋鱼苗放流、海洋科普展等 4 项活动。

**2013 年中国·青岛凤凰岛（金沙滩）文化旅游节** 2013 年 7 月 26 日至 9 月 17 日在青岛经济技术开发区举行。由青岛经济技术开发区管委会、黄岛区政府主办，中国·青岛凤凰岛（金沙滩）文化旅游节组委会、黄岛区重大节庆活动办公室承办。该届文旅节以“打造青岛西海岸标志性城市文化名片”为目标，以“美丽西海岸·畅享文旅节”为主题，延续“政府引导、社会参与、市场运作、全民共享”的办节原则。举办综艺文化、休闲旅游文化、群众文化、青春时尚文化、民俗传统文化等五大板块活动，包括开闭幕式综艺演出、“魅力西海岸·动感唐岛湾”2013 年青岛开发区第二届唐岛湾市民消夏节、“好客山东”休闲会系列活动、2013 年青岛凤凰岛国际风筝节等 15 项主题系列活动。举办各类文艺演出 100 余场，吸引游客 200 余万人次参与。 （青岛市海洋与渔业局）

# 江苏省

## 综　述

自 2009 年江苏新一轮沿海开发国家战略实施以来，江苏省上下特别是沿海南通、盐城、连云港三市，坚持规划引领，强化项目带动，加强政策支持，推动沿海开发取得了重大阶段性成果。2013 年，江苏省沿海地区 GDP 达 10299.8 亿元，同比增长 12%，公共财政预算收入 1087.4 亿元，同比增幅 15.5%；固定资产投资总额 6532.2 亿元，同比增幅 6.9%。以临港特色产业为主导的产业体系初步形成，以深水大港为龙头的基础设施不断完善，以部省合作六大工程为重点的滩涂围垦开发进展良好，以居民增收为核心的富民惠民力度加大，以统筹协调为特征的城乡发展步伐加快，以区域融合互动为标志的联动效应日益显现，为江苏省经济持续健康发展做出了重要贡献。

江苏省海洋系统紧紧围绕服务沿海开发和促进海洋经济发展中心任务，紧抓机遇，开拓创新，扎实推进海洋综合管理，海洋强省战略研究取得重大进展，海域海岛管理工作不断强化，科技兴海力度不断加大，生态文明建设稳步推进，防灾减灾和安全监管显著加强，执法维权成效卓著。

## 海洋经济与海洋资源开发

**【海洋经济概况】**　2013 年，江苏海洋经济在复杂严峻的国内外环境下呈现稳中有进的发展态势，海洋交通运输、滨海旅游、海洋渔业等海洋主导产业稳步增长，海洋工程装备、海洋风电等战略性新兴产业快速发展，海洋船舶工业转型升级步伐明显加快，临海重大项目建设取得新的突破。

**【海洋交通运输业】**　2013 年，江苏省沿海沿江港口货物吞吐量为 16.26 亿吨，同比增长 9.5%；集装箱吞吐量 1652.7 万标箱，同比增长 3.8%，其中连云港港全年完成货物吞吐量 2.02 亿吨，同比增长 8.8%，集装箱 548.8 万标箱，同比增长 9.3%。盐城大丰港超 3000 万吨，增幅 61.2%，港口龙头带动和港产联动效应逐步凸现。

2013 年 7 月 11 日，以“通江达海、兴海强国”为主题的“2013 中国航海日”大会在江苏南通举行，为推动我国航海事业和海洋经济的健康蓬勃发展发挥了重要作用。

**【海洋船舶工业】**　2013 年，江苏省造船业造船完工量、新承订单量、手持订单量三大指标连续第七年保持全国第一。江苏造船完工量 360 艘，1313.1 万载重吨，同比下降 40.8%，其中出口船舶占总量的 84.8%。新承订单量 585 艘，3222.5 万载重吨，同比增长 572.9%，其中出口船舶占总量的 97.6%；手持订单量 1081 艘 6002.5 万载重吨，同比增长 48.8%，其中出口船舶占总量的 92.6%。

**【海洋工程装备产业】**　21 世纪以来，江苏船舶与海洋工程装备产业抢抓全球航运市场深度调整的机遇，实现了跨越式发展，进入了历史上发展最快、规模最大的时期，产量约占全国的 1/3、世界的 1/10。南通市已经成为国家海洋工程装备与船舶产业集聚标准化示范区。

2013 年 11 月 21 日，江苏省人民政府出台《关于印发江苏省加快产业转型升级与海洋工程装备发展三年（2013—2015 年）工作方案的通知》（苏政发〔2013〕143 号），提出要把江苏建设成为国内领先、具有国际竞争力的重要船舶和海洋工程装备建造基地，努力实现由船舶和海洋工程装备大省向强省的跨越。下一步，将围绕着力实施“五大重点计划”，建设“三大重点基地”，发展“八类重点产品”，推进船舶和海洋工程装备持续健康发展。

“五大重点计划”。一是总承包能力建设计划。依托重点骨干企业，提高大型及高附加值船舶、海洋工程装备建造的总装集成能力，打造具备总承包能力和较强国际竞争力的专业化总装制造企业。二是技术创新提升计划。新增1～2家国家级企业技术中心、3～5家省级企业技术中心，争创国家级技术创新示范企业1～2家。三是现代造船模式支撑计划。按照“精益造船、绿色造船、两化融合”的要求，推进造船总装化、管理精细化、信息集成化。到2015年，江苏省所有重点骨干企业全面建立现代造船模式。四是核心配套产业突破计划。围绕重点产品领域，实施一批重点船舶及海洋工程装备配套项目，优先列入省相关重点项目计划。五是军民融合发展计划。依托江苏省产业资源，大力发展军民一体化的船舶与海洋工程装备科研生产体系，促进军用与民用科研条件、资源和成果共享，推动船舶军民通用设计、制造先进技术合作开发。

“三大重点基地”。一是远洋造船基地。推进南通、泰州国家级船舶出口基地建设，支持南通、泰州、扬州3个远洋造船基地建设。二是海洋工程装备产业基地。在沿江深水地区建设集研发设计和高端制造于一体的海洋工程装备总包基地。三是国家级船舶配套产业基地。在已形成区域集聚态势的地区，围绕船用配套产品的优势领域，创建国家船舶配套基地。

“八大重点产品”。船舶产业有5类：一是自主品牌船型开发领域。大力推进散货船、油船、集装箱等三大主流船型的优化升级。二是高端船型研发领域。鼓励老旧运输船舶提前淘汰，加快推进船型标准化，开发一批大型液化天然气船（LNG）、冰区船舶、豪华邮轮等高技术、高附加值船型。三是特种船型产业化领域。保持和扩大滚装船、不锈钢化学品船、全回转拖轮、大型疏浚船、起重船、打桩船、重吊船、高附加值渔船、远洋渔船等特种工程船舶的比较优势。四是高端配套突破领域。培育中高速柴油机、小缸径低速柴油机、甲板机械、仓室机械等优势产品自主品牌，加快转叶式舵机、污水处理装置、油水分离机、船舶节能装置等产品产业化。五是船型标准化领域。推广建造和使用适应江海联运新形势的标准化船舶，鼓励中小型造船企业参与液化天然气（LNG）燃料动力船舶改造。

海洋工程装备产业有3类：一是已取得技术突破的海洋工程装备产业化。推进自升式钻井平台、半潜式钻井平台等海洋工程装备产品实现产业化、系列化、批量化生产。二是新型海洋工程装备研发。集中力量突破超深水海洋工程装备钻井船、SSP储油钻井船、固定采油平台、高附加值浮式生产储油卸油船等高端装备。三是突破一批海洋工程装备配套系统与专用设备。突破一批锚泊或单点系泊类设备及系统、动力定位系统、主动力发电与传动类设备及系统等。

**【滨海旅游业】** 滨海旅游接待人次逐年提高，2013年，沿海共接待旅游人次达6554万人次，同比增长10%，旅游收入同比增长12%以上。滨海旅游业发展方式转型，国内游客逐渐变成江苏滨海旅游市场需求的主力。7月12日，江苏省旅游局、省商务厅、省沿海地区发展办公室和连云港市政府共同主办了“2013连云港之夏”旅游节暨江苏沿海发展论坛。全国政协副主席刘晓峰，省领导刘永忠、缪瑞林、周健民出席了开幕式。

**【海洋渔业】** 江苏省水产品总产量达510万吨，渔业产值1330亿元，渔业经济总产值超2000亿元，渔民人均纯收入1.8万元，同比分别增长3.3%、7.66%、6.7%和14.6%。加快海洋渔业转型升级步伐，严格控制近海捕捞，积极发展远洋渔业，大力发展海水增养殖业，2013年江苏省海洋渔业总产量150.8万吨，同比增长3%。新增远洋捕捞渔船12艘，累计达50艘，远洋捕捞产量2万吨，产值3亿元。自2011年9月，经江苏省政府领导同意，正式启动海洋捕捞万船更新改造工程，计划用8～10年的时间，按照“政府引导、渔民自愿、多方支持”、“小改大、木改钢”、“鼓励发展远洋渔船”的思路，将全省万艘海洋捕捞渔船更新为7000艘左右“安全、节能、环保、经济、舒适”的标准化渔船进行试点。2013年渔船更新改造226艘、补助资金为5680万元。

**【海洋工程建筑业】** 沿海港口基础设施建设取得突破，连云港港30万吨级航道一期工程已经完工，25万吨级航道开通使用，30万吨级矿石码头获批对外开放；盐城港“一港四区”建设全面推进，大丰港区石化码头、大件码头建成通航，滨海港区中电投煤炭码头一期工程开工建设；南通港洋口港区10万吨级液化码头、吕四港区10万吨级挖入式港池建设稳步推进。

重大滩涂围垦工程不断拓展，东台条子泥匡围一期约 0.67 万公顷主体工程基本完成、二期工程用海正在积极报批，通州横港沙开发建设项目一期已围垦 0.124 万公顷，连云新城围海造地 0.12 万公顷，徐圩港区围垦吹填、吕四港匡围工程加快推进。

**【海洋风电与海水淡化产业】**　江苏省沿海 2013 年底风电装机容量为 256.22 万千瓦，同比增长 37.1%；年发电量为 46.84 亿千瓦时，同比增长 43.7%。盐城市海上风电产业被列入国家首批战略性新兴产业发展试点，华锐、金风、上海电气等国内风电装备领军企业相继落户盐城。

2013 年 10 月，江苏盐城风能与海水淡化产业获批为国家第二批海水淡化产业发展试点单位（试点城市）。示范园选址大丰市临港产业园，规划年内建成 1 条日产 1 万吨的淡化海水生产线。2013—2015 年，江苏省财政每年给予盐城风能与海水淡化产业示范园 1000 万元补助，用于支持园区建设和发展。装机容量 2.5 兆瓦的大型风力发电机已运抵示范园进行装机，非并网风电淡化海水示范一期项目已进入设备调试阶段。

## 海洋立法与规划

**【海洋法制建设】**　《江苏省海洋经济促进条例》被列入江苏省人大常委会 2013—2017 年立法规划项目。由江苏省海洋与渔业局负责起草的《江苏省海上构筑物所有权登记管理办法》完成初稿。推进行政审批制度改革，批准下放或取消审批事项 13 项。江苏省海洋与渔业局印发了《关于进一步提高用海审批效率有关事项的通知》，提出了六个方面措施，切实优化用海审批制度。

**【海洋强省战略研究】**　在海洋强国战略的指引下，江苏省海洋与渔业局会同中共江苏省委研究室开展了海洋强省战略研究，提出了努力建设全国海洋经济示范区、海洋科技人才聚集区、海洋生态文明宜居区和海洋综合管理体制机制创新先行区的战略构想，明确提出到 2020 年，海洋生产总值占江苏省地区生产总值比重达 13%以上，基本实现海洋强省战略目标。

**【“十二五”海洋规划中期实施情况】**　“十二五”以来，江苏海洋经济增速较快，海洋经济总量快速提升，根据预测，如果 2013—2015 保持年增长 13%的速度，将能完成“十二五”末“海洋生产总值达 6800 亿元、占地区生产总值的比重达 10%”的规划目标。海域使用管理对海洋经济发展的服务保障作用不断提高，“十二五”以来，江苏省共确权发证 612 宗，确权海域面积近 10 万公顷，征收海域使用金近 15 亿元。海洋生态环境保护力度加大，强化海洋环境监督管理和生态建设，“十二五”以来，经国家、省级组织评审的海洋环境影响报告书中明确海洋生态补偿金额超过 2 亿元，在海洋特别保护区基础上，获批并开展了连云港海州湾国家海洋公园、海门砺岈山国家海洋公园和如东小洋口湿地国家海洋公园建设。海洋防灾减灾能力显著提升，到 2013 年 4 月，大丰港海洋观测平台以及黄沙洋、苦水洋、西洋验潮站已建成并投入业务运行，毛竹沙、太阳沙、灌河口海洋观测平台主体工程完工。

## 海域使用管理

**【概述】**　积极服务沿海开发，保障重点项目用海需求，2013 年江苏省争取到围填海用海指标超过 2000 公顷，共确权海域 284 宗，总面积 50590 公顷，征收海域使用金 8.85 亿元。优化海域使用审批程序，印发了《关于进一步提高用海审批效率有关事项的通知》和《江苏省特定海域建设项目环境影响评价与海域使用论证技术要求》，对特定海域建设项目海洋环境影响评价和海域使用论证报告书的编制提出了规范要求。推进海域物权制度建设，沿海南通、盐城、连云港三市全部建立了海域使用权直通车制度，南通市出台《海上构（建）筑物抵押管理暂行办法》。2013 年，江苏省新增海域使用权抵押 35 宗，抵押贷款额 27 亿元。

**【海域动态监视监测】**　推进海域无人机遥感监视监测基地建设，配备了“ZC-5”长航时无人机和海域监控指挥车。开展了13块区域建设用海的企业进驻、用海面积的实时监测，全面掌握了区域建设用海利用率和项目推进情况，首次尝试开展了海岸线侵蚀、条子泥围垦专题监测。江苏省海洋与渔业局联合省人力资源和社会保障厅、省测绘地理信息局共同举办了江苏省第二届海洋测绘技能比赛。

## 海岛管理

【海岛保护】 江苏省共管辖26个海岛。2013年3月28日，江苏省人民政府以苏政复[2013]40号正式批复《江苏省海岛保护规划（2011—2020）》（简称《规划》）。批复提出，通过《规划》的实施，到2020年，江苏海岛典型生态系统和地貌形态保护要显著加强，生态受损海岛逐步得到有效治理；全面完成特殊用途海岛标志设置，特殊用途海岛保护力度得到增强；海岛开发秩序逐步规范，海岛经济发展明显加快，产业结构逐步优化；海岛固体废弃物和污水得到有效处理，人居环境明显改善。批复要求江苏省海洋与渔业局认真做好《规划》的组织实施工作，加强海岛保护规章制度建设，完善地方海岛保护规划体系，强化海岛管理执法监督检查，切实履行规划管理、监督指导职能，规范海岛开发秩序，合理利用有限的海岛资源，实现全省海岛经济社会协调发展。批复还要求各级财政要加大投入力度，用于海岛保护、生态修复、科学研究等工作；制定出台优惠政策，建立多渠道、多元化投融资机制，动员吸引社会资金投入海岛保护与利用。

## 海洋环境保护

【海洋环境保护】 2013年初，江苏省海洋与渔业局根据近几年海洋环境监测情况，形成了《关于江苏近岸海域海洋环境保护情况的调研报告》，江苏省省长李学勇、副省长徐鸣、许津荣分别做出重要批示，要求切实加强海洋环境保护。江苏省政府办公厅专门召集沿海市政府和涉海部门负责同志召开海洋环境状况通报会，副省长徐鸣在会上对做好海洋环境保护工作做出全面部署。加大海洋环境监测监管力度，布设各类监测站位711个，获得监测数据约6万个。开展了新增污染源调查，建设了江苏入海排污口综合数据库和在线监控系统。推进县级海洋环境监测机构建设，海门、射阳、赣榆3个县建立了海洋环境监测站。加强涉海工程项目海洋环境影响评价报告审查，严格审批各类用海项目。现有海洋与渔业保护区全部纳入省生态红线规划管理范围，其中海域生态红线区域面积1263.9平方千米。

【海域环境与生态状况】 江苏省海洋与渔业局在江苏海域共设各类监测站位 711 个，组织实施了 2013 年度江苏省海洋环境调查、监视、监测和评价工作，共获得各类监测数据 59000 余个。监测结果如下：

**海水环境质量** 江苏海域符合一类、二类海水水质标准的面积约为 24785 平方千米，占全省海域面积的 66.1%；劣于四类海水水质标准的面积为 2744 平方千米，占 7.1%。海水中活性磷酸盐、石油类、重金属和砷含量总体符合一类海水水质标准，主要污染物为无机氮。近岸以外海域环境状况总体良好。

**海洋沉积物质量** 总体良好，监测指标均符合一类海洋沉积物质量标准，综合潜在生态风险较低。

**海洋生物多样性** 共监测到浮游植物 160 种，浮游动物 71 种，底栖生物 134 种，潮间带生物 104 种，分布较均匀，丰富度、多样性指数较高。鱼卵 21 种，仔稚鱼 32 种，密度总体较低，种类偏少，结构较简单。

**海洋环境放射性水平** 江苏海域海水、海洋生物中镭-226、铯-137、铯-134、钴-60、总β等放射性水平未见异常。田湾核电站邻近海域海水中锶-90、铯-137、总β、氚等处于海洋环境放射性本底水平。

## 海洋环境预报与防灾减灾

【海洋预报减灾】 强化海洋预报。江苏省海洋环境监测预报中心全年累计制作发布江苏海域海洋环境常规预报 365 份，发布海浪警报 10 次，发布风暴潮警报 2 次，发送传真 11760 份、短信 23650 人次、邮件 2940 份，及时提醒海上作业船只回港避险和涉海部门采取防御应对措施。努力提高海洋预报的精细化水平，采用非结构网格技术、风暴潮-海浪实时耦合技术和风暴潮集合预报技术，开发建立了适合江苏海域的精细化风暴潮数值预报系统，其中风场模型最高分辨率达到 10 千米，风暴潮、海浪模型最高分辨率达到 3 千米。10 月份在迎战“菲特”和“丹娜丝”两个超强台风时，海洋预警报发挥了重要作用。编制出台了《江苏省海洋观测网建设规划（2013—2020 年）》，建成海洋观测平台 4 座、验潮站 3 座、浮标 3 个和志愿船 20 艘，并投入运行，站点观测要素包括水文、气象、水质等三大类 15 项，初步建立起立体海洋观测网。沿海警戒潮位核定、海平面变化影响、海洋承灾体调查和海洋灾害区划试点等工作有序推进。

**【海洋灾害概况】**　2013年江苏省共计出现风暴潮灾害2次，其中台风风暴潮灾害1次，温带风暴潮灾害1次，直接经济损失1734万元；出现灾害性海浪过程10次，引发灾害事故2起，造成失踪10人，直接经济损失1265万元；发现赤潮1起，赤潮发现次数和面积较去年减少；发现绿潮3次，直接经济损失50万元；江苏沿海海平面比常年高89毫米，比2012年低23毫米；全年未发生海啸。全年海洋灾害直接经济损失3049万元，失踪10人。与2012年比较，直接经济损失有所减少，但死亡(含失踪)人数有所增加。

**【赤潮和浒苔绿潮】**　**赤潮灾害**　2013 年 5 月 30 日，连云港海域(119° 13′ ～119° 31′ E，34° 46′ ～34° 55′ N)发现 1 起赤潮，赤潮优势种为赤潮异弯藻（有毒藻种），持续时间 3 天，最大面积 450 平方千米。

**浒苔绿潮**　2013年江苏近岸海域共发现绿潮3起，最大成灾面积累计15平方千米，直接经济损失50万元。5月27日连云港近岸海域、盐城滨海沿岸发现少量绿藻，28日在连云港港连岛度假区近岸海域有条状绿藻漂浮，苏马湾生态园海滩发现少量绿藻。5月30日，连云港港邻近海域发现较多绿藻。

**【海水入侵和土壤盐渍化】**　**海水入侵**　连云港赣榆和盐城大丰沿岸部分地区海水入侵严重。盐城大丰海水入侵距岸超过 10 千米，连云港赣榆海水入侵距岸在 5 千米以内。与上年相比，监测区域部分断面海水入侵范围有所增加。

**土壤盐渍化**　盐城大丰沿岸土壤盐渍化严重，有重盐渍化土的分布。盐渍化范围距岸15.8千米，与上年相比，盐渍化范围有所增加，盐渍化类型为硫酸盐-氯化物型。

## 海洋执法监察

**【海洋执法装备基地建设】**　1000 吨级、600 吨级海监船先后顺利交付并投入使用。纳入 2013 年执法能力建设项目的 20 艘快艇，11 艘已交付，2 艘已完成招标，7 艘正按计划和时间节点组织招标前期的准备工作。5 月中旬 1000 吨级海监船靠泊南京，江苏省委副书记石泰峰、省人大常委会副主任刘永忠、省政府副省长徐鸣、省政协主席张连珍等领导莅临指导，取得了广泛的社会影响。海监维权执法基地建设进展顺利，南通维权执法基地水域工程已完工并投入使用，陆域工程初步设计方案已上报中国海监总队；连云港维权执法基地主体码头已经完工。

**【维权执法】**　6 月下旬，1000 吨级中国海警 2113 船正式参与国家海洋维权行动，开展了围绕苏岩礁和春晓、平湖油田等目标的定期维权巡航执法及钓鱼岛专项执法行动，累计出航 6 次，出海 113 天，航程 13000 余海里，航时 1400 余小时。

**【执法监察】**　江苏省海监机构共立案 106 宗，结案 90 宗，处罚金额 6000 余万元，已收缴罚款 5800 万元。完成了“海盾”任务 7 件、“碧海”任务 6 件，各项办案指标均创江苏海监历史新高。一是海域使用执法成果显著。组织了全省岸线巡查和区域用海专项检查，开展了海砂开采重点监控区执法试点，2013 年海域使用违法个案处罚金额最高达 2900 万元，个案处罚金额创造了江苏海监历史。二是海洋环保执法不断拓展。组织力量对全省沿海化工园区排污口全面进行了摸排，掌握了现状。首次举办了全省海洋环保执法实务培训班，组织开展了海洋工程环保执法示范建设试点，海洋环保跨界执法监督试点取得明显成效。三是海岛保护执法又上台阶。举办了海岛监视监测系统操作使用培训班，并邀请国家海洋信息中心专家到江苏授课辅导，海岛保护执法能力不断提升。在前两年摸清江苏省海岛现状，加强建档管理的基础上，进一步建立完善海岛定期巡查制度。

## 海 洋 科 技

江苏省承担的国家海洋科技公益专项实施顺利，中船重工 702 所牵头的海洋公益专项水下滑翔器研制工作，成功组装完成深海水下滑翔器并顺利完成 9 天的湖试；南京大学牵头的围填海技术研究专项，基本完成了强潮环境下以潮流脊为依托建设人工岛的技术方案；南京中医药大学牵头的贝类项目开局良好，研制出日产30吨的壳肉分离加工设备以及建设贝味素生产线一条。继续推动“海洋装备”、“海洋生物”两个产业技术联盟日常运作常态化和机制化。继续推动大丰海洋生物产业园区建设。

## 海洋教育

2013年9月18日，全国首家社区海洋国防教育馆在南京市鼓楼区宁海路街道建成开馆。该社区海洋国防教育馆免费向社会开放，旨在让海洋国防教育在基层社区落地生根。教育馆内分为海洋知识、海洋防卫、海洋时事、海洋影像、海防科普和海洋启蒙6个单元，通过模型、书籍、电脑互动游戏、手工制作等载体，运用全媒体技术普及海洋权益和海防力量知识。

## 海洋文化

**【海洋宣传日】** 6月8日是世界海洋日暨全国海洋宣传日。江苏省政府专门召开了新闻发布会，由省海洋与渔业局负责同志介绍2012年经国务院批准的《江苏省海洋功能区划（2011—2020）》，同时简要介绍省政府2013年批准实施的《江苏省海岛保护规划（2011—2020年）》并回答记者提问。发布会后，中央和江苏省、市主流媒体进行了大量报道，江苏海洋经济发展和海洋工作引起了社会广泛关注。江苏省海洋与渔业局在省《新华日报》组织了海洋日整版宣传。县级海洋部门组织开展了形式多样、生动活泼的海洋日宣传活动。

（江苏省海洋与渔业局）

# 上 海 市

## 综 述

2013 年，是全面贯彻落实党的十八大精神的第一年和新一届政府工作的开局之年。上海市海洋局在上海市委、市政府和国家海洋局的领导下，紧紧围绕推进“四个率先”、建设“四个中心”的全市大局，以服务经济社会发展和保障城市安全为主线，深入推进海洋经济发展、切实保护海洋生态环境、不断深化海洋综合管理，各方面工作取得良好进展。

## 海洋经济与海洋资源开发

**【海洋船舶工业】** 2013 年，上海市海洋船舶工业面临调整转型。海洋造船完工量 81 艘，修船完工 1268 艘，造船完工 849.5 万综合吨，同比都有所下降。其中，高端船型不断取得突破，沪东中华 17.4 万立方米双燃料电力推进型 LNG 船、4.5 万吨集装箱滚装船和 3.8 万吨特种双相不锈钢化学品船开始建造；江南造船的支线 LNG 船型开发取得成功并承接订单；外高桥造船公司第六代 18 万吨好望角型散货船满足国际新规范要求并开始承接订单。

**【海洋交通运输业】** 2013 年，受全球经济环境不利影响，海洋交通运输业增速放缓，上海港全年货物吞吐量 7.76 亿吨，居世界第二；集装箱吞吐量 3361.7 万标准集装箱，保持世界第一。

**【滨海旅游业】** 2013 年，海洋典型景点——碧海金沙、海湾旅游区、金山城市沙滩、金山嘴渔村等已初具规模，吸引大批旅客前往。邮轮方面，皇家加勒比邮轮公司、歌诗达邮轮公司、丽星邮轮公司及中国海航集团等公司投入六艘邮轮，推出以上海为母港运营的海上邮轮航线。2013 年上海港接待邮轮 197 艘次，其中以上海港为母港的邮轮 167 艘次。邮轮旅客吞吐量为 75.66 万人次，同比增长 1.2 倍。

**【上海市海洋经济发展联席会议】** 根据沪府办〔2013〕68 号文精神，上海市海洋经济发展联席会议组成人员于 10 月 20 日进行了调整，总召集人为上海市副市长蒋卓庆，召集人为市政府副秘书长黄融、市海洋局局长顾金山、市发展改革委秘书长周强，新增市地税局为成员单位。12 月 26 日，调整后的海洋经济发展联席会议在上海市政府第一会议室召开全体会议，通报了 2013 年上海市海洋经济主要工作及 2014 年工作设想，审议了上海市海洋规划体系纲要编制情况和上海市海洋战略性新兴产业发展指导目录编制情况，副市长蒋卓庆作了重要讲话。

## 海洋立法与规划

**【发布《上海市建设项目海域使用许可管理办法》】** 上海市海洋局于 11 月 4 日发布了《上海市建设项目海域使用许可管理办法》。该《办法》自 2013 年 12 月 1 日起施行，旨在加强和规范建设项目用海管理，切实提高用海审批效率，保证海洋功能区划的实施，控制建设用海总量。

**【上海市政府批复《上海市海洋管理综合保障基地专项规划》】** 2 月 4 日，《上海市海洋管理综合保障基地专项规划》经市政府（沪府规〔2013〕36 号）批复同意。专项规划明确上海市海洋管理综合保障基地总用地约 10.7 公顷，主要用于海洋管理相关的综合公务，其中基地东部为市政设施用地，面积 6.7 公顷，基地西部为城市发展备用地，面积 3.5 公顷，用于未来海洋管理等工作拓展的需要。基地建设有利于加强上海市海洋监管和执法能力，进一步统筹涉海公共管理的综合职能。

**【上海市海洋发展“十二五”规划中期评估】** 2013 年，按照上海市政府开展 “十二五”规划中期评估工作的部署，上海市海洋局完成了《上海市“十二五”规划纲要》（海洋部分）中期评估报告，全面、客观地反映海洋“十二五”规划的制定、执行情况，及时修正规划目标，调整规划内容，稳步推进规划实施。在此基础上，还系统编制完成了上海市海洋发展“十二五”规划中期评估报告及专题分报告，指导海洋“十二五”后期工作。

**【编制《上海市海洋规划体系纲要》】** 《上海市海洋规划体系纲要》于 12 月 26 日经上海市海洋经济发展联席会议审议通过。《纲要》围绕上海市发展海洋经济和海洋事业一条主线，理顺战略、总体、专项三个层次，重点突出海洋经济、资源、环境、安全、管理五个专项规划要求，形成“一、三、五”海洋规划体系结构。《纲要》获得 2013 年度上海市优秀工程咨询成果二等奖，是海洋规划编制和管理的主要依据。

## 海域使用管理

**【海域使用立法和规划】** 2013 年，上海市海洋局出台《上海市海域使用论证报告评审工作实施办法》和《上海市建设项目海域使用许可管理办法》。严格执行围填海年度计划，加强区域用海规划管理，着力推进金山区金山新城东部区域用海规划和上海化工区西侧用海规划。

**【海域使用日常管理】** 上海市海洋局加强对上海液化天然气 LNG 海底管线工程、跨亚太光缆 APG S3 等项目的用海审查，推进芦潮港国家一级渔港、奉贤碧海金沙二次开发、临港海岸带综合开发方案和漕泾电厂海上原油管道等项目用海管理，推进上海市海岸线修测工作，研究海砂开采管理工作思路，部署完成上海市海域动态监视监测系统（国家部分）。

## 海 岛 管 理

**【夯实海岛管理基础】** 2013 年，上海市海洋局开展了《上海市无居民海岛保护与开发利用管理办法》、《上海市无居民海岛使用金征收使用管理办法》、《上海市海岛保护规划》、《金山三岛保护与利用规划》等海岛管理法规规划的编制工作，除《金山三岛保护与利用规划》外，其余三项已完成初稿，待进一步修改完善后发布。此外，海岛地名普查已于 12 月 26 日通过国家海洋局组织的验收，并开展《中国海域海岛地名志》（上海卷—海岛部分）编制工作。

**【出版《上海市岛屿志》】** 2013 年 9 月，由上海市海洋局、上海市民政局与上海市地名管理办公室联合编制的《上海市岛屿志》正式出版发行。《上海市岛屿志》编纂工作自 2005 年启动，经过资料搜集、实地普查、生态补充调查、文稿起草、地名比对、数据整理和校核、定稿成书，最终由上海辞书出版社正式印刷出版。全书共分为综述、分岛志、低潮高地与暗礁、注销岛屿四大部分，系统阐述了长江口及杭州湾基岩岛的成因、长江河口冲积沙岛形成的机理、长江口及杭州湾自然条件，3 个有居民岛屿的形成、演变、历史、自然概况，以及主要无居民海岛和低潮高地的地理位置形成和主要自然要素状况。

## 海洋环境保护

**【2013 年海洋环境监测】** 2013 年，根据《上海市 2013 年海洋环境监测工作方案》，上海市海洋局组织实施上海市海洋环境监视、监测及调查，完成了海洋环境现状与趋势性、陆源污染物入海、海洋功能区和海洋环境风险等监测和评价工作。监测项目涉及水文、气象、海水、沉积物、生物等百余项，监测海域面积逾 1.72 万平方千米，监测时间主要集中在 5 月和 8 月，共布设水质站位 279 个，沉积物、生物站位各 174 个，共采集样品约 5800 个，获得监测数据 56600 余个，编制各类海洋环境监测报告 40 余份。同时，上海市海洋局继续做好海洋环境放射性监测。监测结果表明，海域海水中总β、$^{131}$I、$^{137}$Cs、$^{90}$Sr 放射性水平均在中国近海海洋天然本底范围内。

**【海洋工程环评许可】** 2013 年，上海市海洋局核准了上海临港海上风电一期示范项目和金山城市沙滩以西保滩工程的环境影响报告书。

**【陆源污染物排海管理】** 2013 年，上海市海洋局继续开展陆源污染物入海基本情况调查。以污水处理厂为重点，通过现场调查、实测和数据收集，对各类污染物浓度、总量进行了定量统计和分析，全面、客观地反映了 2012 年陆源污染物入海情况。报告对三年来的数据进行了比对分析，对污水处理厂优化运行和减少污染物排放提出建议，为海洋环境保护工作提供了基础和科学依据。

**【《上海市海洋赤潮应急预案》】** 为建立海洋赤潮灾害应急反应机制，提高综合管理水平和应急处置能力，上海市海洋局经多次修改和完善，于 2013 年编制完成《上海市海洋赤潮应急预案》。

## 海洋生态文明

**【海洋生态修复】** 2013 年，上海市海洋局在上海近岸 7.5 平方千米海域内组织开展了海洋生态环境修复行动，共投放 250 多万尾抱卵脊尾白虾，200 吨、近 5000 万只贝类，并在相关海域建立了海藻生态示范区。上海市渔业管理部门全年共筹集资金 1800 余万元，积极开展水生生物增殖放流、濒危物种救护和驯养繁殖、海洋牧场示范区建设、涉海工程渔业生态补偿和修复等工作，加强了长江口中华鲟自然保护区的建设和管理。完成海洋牧场建设面积 1440 公顷，建设人工鱼礁面积 19.6 万平方米，播种底栖生物 113.8 吨，有效维护了长江河口水域的生态系统平衡。

## 海洋环境预报与防灾减灾

**【沿海警戒潮位核定】** 2013 年，上海市海洋环境监测预报中心根据国家海洋局颁布的《警戒潮位核定规范》，对芦潮港、金山嘴和堡镇岸段进行了现场踏勘、调研，编制完成《芦潮港岸段警戒潮位核定技术报告》、《金山嘴岸段警戒潮位核定技术报告》、《堡镇岸段警戒潮位核定技术报告》。

**【重点保障区域精细化预报】** 上海市海洋局选定金山石化地区作为 2013 年重点保障区域精细化预报试点区域，组织开展现场调研，并编写完成工作方案报国家海洋局审查，经国家海洋局预报减灾司批复后委托东海预报中心具体实施。

**【海洋灾情信息调查统计评估】** 上海市海洋局启动开展海洋灾情信息调查统计评估工作机制研究，建立健全海洋灾害调查评估工作制度，筹建海洋灾情信息员队伍，组织现场调查统计风暴潮、海浪、海啸、咸潮等海洋灾害灾情并报送，并首次开展了 2013 年度上海市海洋灾害公报编制。

**【海洋监测预报应急预案】** 2013 年，上海市海洋环境监测预报中心编制完成了《上海市海洋局海洋灾害观测预报应急预案》和《上海市海洋局海洋事故监测评估应急预案》；编制《上海市海洋环境监测预报中心应急测报实施方案》，包括：风暴潮、海浪、海啸、赤潮、溢油、核辐射污染等 6 大类应急预案。

**【海上溢油应急监测和预警示范应用研究】** 上海市海洋局联合上海海事局和东海预报中心开展海上溢油应急监测和预警示范应用研究，计划用两年时间研究建成上海海上溢油应急监测和预警信息应用平台，努力提高海上溢油应急处置速度和效率，最大程度保护海洋环境。

**【长江口咸潮入侵】** 2013 年，长江口共发生咸潮入侵过程 8 次，较常年平均值偏多。最为严重的一次入侵过程出现在 11 月 6—15 日，盐度值最高达到 1.3‰（氯化物浓度约为 1079 毫克/升，远高于地表水环境质量标准对水源地规定的 250 毫克/升的限值）。

**【赤潮】** 2013 年，上海市海域未发现赤潮。长江口赤潮监控区监测发现赤潮生物 55 种，包括硅藻 29 种、甲藻 24 种、蓝藻和金藻各 1 种（其中有毒藻类共 6 种，密度未超出预警值）。2013 年，对上海市近岸海域 5 种贝类 13 个样品开展了赤潮毒素检测，所有贝类均未检出麻痹性贝毒、腹泻性贝毒和记忆缺失性贝毒。

**【重点岸段海岸侵蚀】** 2013 年，对崇明东滩南部典型岸段开展侵蚀监测。2012—2013 年间，崇明东滩海岸（海滩）侵蚀长度为 2.51 千米，平均侵蚀宽度 10.1 米，最大侵蚀宽度 25 米，侵蚀总面积为 0.0253 平方千米，发生侵蚀的区域集中在海堤外侧的海滩。与 2011—2012 年相比，监测岸段侵蚀长度、侵蚀面积和年平均侵蚀宽度有所减小。

## 海洋执法监察

**【概述】** 2013 年，中国海监上海市总队共开展海域使用监督检查 53 次，共 26 个项目，开展海洋倾废监督检查 114 次，114 个项目，开展海岛保护监督检查 98 次，开展海底电缆管道巡护 6 航次，6 个项目，开展海洋工程建设项目环境保护监督检查99次，27个项目，开展海洋生态保护监督检查15次，2个项目。累计出动执法人员1328人次，组织空中巡视3架次，航时7小时，航程1400千米；海上巡航111航次121天，航时631小时，航行7274海里；陆上巡视223车次，车程25284千米。查处海洋违法行为17件，去年遗留案件5件，结案18件，执行罚款金额81.2万元。

**【海域使用执法】** 2013年，中国海监上海市总队重点加强对杭州湾北岸浦东新区芦潮港、奉贤区和金山区海域的定期检查，有效预防了盲目围填海、突击用海等无序用海违法行为的发生。此外，对上海临港物流园区奉贤分区区域建设用海项目加强全程监管，并根据“一规划一档案”制度，更新和完善规划执法检查档案。

**【海岛保护执法】** 2013年，中国海监上海市总队扩大了对长江口冲击砂岛的检查覆盖面，实现了辖区内全部海岛全覆盖巡查的目标任务。积极探索和完善涉岛联合执法协同工作机制，与局相关部门加强沟通联系，与区县海洋管理部门、涉海单位加强工作联合。

**【海洋环境保护执法】** 2013年，中国海监上海市总队加强对倾废敏感区域的监督检查，并进一步完善杭州湾北岸南汇嘴以南至浙江界的海洋工程项目档案资料，加强海洋工程日常监管。此外，结合2013年海岛定期巡查工作，加大对金山三岛自然保护区、九段沙自然保护区的监督检查力度，及时掌握保护区生态情况。2013年共查处海洋环境违法行为16件，结案18件，执行罚款金额81.2万元。

**【“海盾2013”专项行动】** 在“海盾2013”专项执法中，中国海监上海市总队以查处非法占用海域、不按区域规划用海为重点，积极开展专项执法检查。在巡查频率上，总队除根据国家总队工作部署于2013年4—11月期间开展执法检查之外，其他月份仍保持每周两次全岸线的执法巡查频率。

**【“碧海2013”专项行动】** 中国海监上海市总队加大对海洋倾倒区和非倾倒区巡航监视力度，严厉打击海洋倾废违法行为。针对违法当事人利用夜间进行违法倾废的情况，加大了夜间巡航检查的力度。

**【2013年海洋环境保护联合执法应急演练】** 中国海监上海市总队联合上海市公安局警务航空队、上海海事局崇明海事处、长江口航道管理局航政管理处、长江航运公安局上海分局水上巡逻警察支队、上海市海洋环境监测预报中心，在长兴岛青草沙水源保护区邻近海域开展上海首次海陆空“雷霆”应急演练行动，以实战形式检验了上海海域海洋倾废执法协同机制的作战能力。

**【装备建设】** 2013年，中国海监上海市总队不断完善码头、船舶等装备管理规章制度，规范码头、船舶等日常管理。此外，委托上海市政府采购中心进行公开招标，采取购买服务的方式完成了船舶的委托管理。9月，中国海监维权执法基地维修改造项目通过交工验收，进入试运行阶段。

## 海洋行政审批

**【行政许可统计】** 2013年，上海市海洋局累计受理海洋行政许可审批事项211项，办结211项。

**【海域使用审批】** 2013年，上海市海洋局继续做好海域使用管理，完成审批用海3宗，确权面积8.3公顷，实施海底电缆路由调查勘测行政许可1起，共计征收海域使用金731万元。

**【废弃物海洋倾倒情况】** 2013年，上海市海洋局共签发《废弃物海洋倾倒普通许可证》正本147本，副本1036本。其中，许可倾倒疏浚物511.09万立方米，征收倾倒费153.33万元，骨灰撒海共计2522盒。

## 海 洋 科 技

**【“海洋综合管理信息应用平台框架研究及示范应用”项目通过验收】** 5月8日，由上海市海洋信息中心、东海信息中心等单位承担的“海洋综合管理信息应用平台框架研究及示范应用”项目通过验收。该项目通过对国内及上海市海洋信息化现状进行调研，对海洋行政办公、公共服务、观测预报、海域海岛管理、行政许可和执法监察等业务需求进行分析，设计出平台总体框架及其功能模块。针对上海市“数字海洋”建设中存在的多源异构数据和多目标任务应用等技术难点，提出一张网、一张图、一个中心和一个平台的设计理念，运用统一交换和数据服务技术解决结构化数据整合共享，运用HDFS和Map Reduce技术解决非结构化数据管理和大数据检索效率，研究成果具有技术前瞻性。此外，该项目还开发了应用平台原型并在部分单位得到了应用。

**【海洋公益性行业专项、海洋再生能源专项项目】** 海洋公益性专项“近岸及邻近海域实时长期观测网关键技术研发及应用示范”项目开展了近海海底观测网布设工程技术规范研究，研制出新装置样机6台(套)，中型作业级ROV的国产化率达到90%，并多次完成水池试验。“黄海绿潮业务化预测预警关键技术研究与应用”项目开展全年度黄海绿潮发生全过程的监视监测工作，进行了多项预测预警技术的研究、验证和示范应用。海洋再生能源专项“面向实时传输海床基的波浪能供电关键技术研究与实验”项目完成了计划任务书规定关键设备和场地示范等内容、达到了考核指标的要求。“能源微藻规模化生产关键技术及装备研究”完成计划任务书规定的研究任务。

**【上海市典型倾倒区入海废弃物总量控制与管理研究通过验收】** 12月12日，由上海市海洋业务受理中心牵头、上海交通大学共同参与的“上海市典型倾倒区入海废弃物总量控制与管理研究”通过验收。项目选择上海市典型倾倒区为研究对象，采用响应系数场初步计算出典型倾倒区倾倒废弃物的容量。初步确定典型倾倒区允许倾倒量和总允许倾倒量，阐明该区域总量控制指标，并借鉴国外海洋倾废管理的先进经验，提出科学、系统的海洋倾倒管理和生态保护对策。

**【上海市海洋局深海装备材料与防护工程技术研究中心成立】** 4月，上海市海洋局深海装备材料与防护工程技术研究中心获上海市海洋局批准成立，并于11日举行了挂牌仪式。工程中心聚焦海洋（深海）工程材料、海洋运输装备防护技术、海洋环境安全新技术的研发，充分利用临港新城的“双特”政策，加强与临港新城科技兴海示范基地联动建设，努力成为国内著名的深海材料与防护研发产业化基地，全力支撑区域海洋工程装备产业集群发展。

**【2013•上海海洋论坛】** 12月2日，以“海工装备 科技创新”为主题的“2013•上海海洋论坛”在上海浦东开幕。论坛开幕式由浦东新区副区长朱嘉俊主持，上海市政府副秘书长黄融、国家海洋局总工程师孙书贤、上海市海洋局局长顾金山、国家海洋局东海分局局长刘刻福等领导出席论坛。本届论坛由上海市海洋局、浦东新区政府和上海市临港地区开发建设管理委员会共同主办。论坛围绕贯彻十八大“发展海洋经济，建设海洋强国”的战略部署，共同探讨海洋工程装备产业发展及海洋高新园区建设、临港地区海洋产业集群发展等热点问题。来自国内外海洋领域产业界和学术界的专家学者分别就海洋工程设计和制造、海洋平台事故、海洋经济和海洋工程装备发展展望、融资租赁在海洋工程项目中的作用、海洋工程装备产业价值链整合、海洋工程项目融资和债务重组、全球海洋工程未来市场展望、海洋工程装备建造质量、浮式海工设施的安全和风险、海洋工程中管线设计等话题开展了交流研讨。

## 海洋文化与教育

**【未来海洋科学家扬帆起航】** 6月8日，由上海市海洋局等单位主办的“携手看海去—2013年上海青少年海洋知识传播行动之世界海洋日宣传活动”在沪举行。2013年的系列活动以“祖国的海疆，丰富的宝藏”为主题。上海市中小学250多名师生代表参加了当天活动，进入海洋科学创意竞赛决赛的小选手们现场展示了自己的海洋创意作品，“海绵提取物防止藤壶附着的实验研究”、“便携式清创喷枪”等参赛作品获得本次大赛的特等奖和一等奖。

活动除保留海洋科学创意竞赛、海洋科学实践活动和世界海洋日宣传等传统栏目外，还新增“未来海洋科学家”创新项目培育板块。上海市近百所学校5000余名学生通过网络竞赛平台提交了海洋科技创新研究项目或设想，其中15名创新项目的作者成为“未来海洋科学家”科学研究会员。在上海市海洋局的资助下，这些青少年从2013年9月起接受了一学期的创新项目培育课程，同时他们还参加由中国船舶工业集团与上海交通大学联合组织的“扬帆深海”船舶科技营活动。

**【海洋科普教育（实践）基地】** 为进一步加强海洋科普基础设施建设，提升海洋科普能力，繁荣海洋科普事业，2 月 25 日，上海市浦东新区海洋局发布了《浦东新区海洋科普教育（实践）基地管理办法》。根据《办法》，浦东新区海洋局认定了中国极地研究中心极地科普馆为浦东新区海洋科普实践基地，大团中学、育民中心、平和双语学校、进才实验小学、福山外国语小学为浦东新区海洋科普教育基地。

**【完成《中国海洋文化丛书》上海分册编写】** 上海市海洋局组织发动上海各涉海管理部门、涉海高校共同努力，基本完成了《中国海洋文化丛书》上海分册编写任务，该书囊括上海的海洋历史变迁、传统海洋文化、海洋民俗、海洋文学与艺术、民间海神信仰、海洋军事文化、海洋历史名人、海洋旅游文化、现代海洋文化、海洋文化交流等十个方面，第一次摸清了上海海洋历史和海洋文化家底，填补了上海海洋文化研究空白。 （上海市海洋管理事务中心）

# 浙 江 省

## 综 述

2013 年，浙江省各地各有关部门认真贯彻落实国务院关于浙江海洋经济发展示范区规划和浙江舟山群岛新区发展规划的批复精神，大力推进浙江海洋经济发展示范区和舟山群岛新区建设，加快海洋经济发展，加强海洋事务综合管理，推动海洋科技、教育和文化发展，取得了重要的阶段性成果。

## 海洋经济与海洋资源开发

**【海洋渔业】** 2013 年，浙江省水产品总产量555.47 万吨，同比增长 2.50%；海洋水产品产量447.84 万吨，同比增长 3.28%，其中海洋捕捞产量 320.41 万吨，同比增长 1.39%，海水养殖产量87.17 吨，同比增长 1.20%，远洋渔业产量 40.26吨，同比增长 28.04%。渔业经济总产出 1702.07亿元，同比增长 4.17%，其中渔业总产出 648.94亿元，同比增长 3.00%，海洋渔业（一产）总产出（包括海洋捕捞、海水养殖、远洋渔业）403.93亿元，同比增长 4.94%。全省渔民人均纯收入17780 元，同比增加 10.02%。

**【海洋盐业】** 2013 年，浙江省保有盐田总面积2295.8 公顷，盐田生产面积 1852.3 公顷；制盐企业 21 家，主要为象山、岱山、普陀等地的盐场，从业人数 1206 人；盐业专营机构 81 家，主要为各市、县（市、区）盐务管理局，从业人数2477 人；全年共产盐 15.9 万吨，出场 8.8 万吨；销售各类盐产品 103.1 万吨，其中食盐 69.6 万吨，工业盐 31.6 万吨；年末盐产品库存总量 33万吨；实现盐产品销售收入 16.6 亿元。

**【海洋船舶工业】** 2013年，浙江省船舶工业完成总产值905.9亿元，同比增长5.16%；主营业务收入512.3亿元，同比下降11.2%；利润下降约为－3.98亿元。从生产经营情况看，全年实现造船完工船舶621.8万载重吨，同比下降39.8%；其中出口船舶完工447.3万载重吨，同比下降44.2%；新接订单775.6万载重吨，同比增长88.6%；手持订单2055.0万载重吨，同比增长6.7%。按载重吨计，造船完工量、新接订单量、手持订单量分别占全国市场份额的13.7%、11.1%和15.7%，继续保持稳中有升的态势。

**【临港钢铁工业】** 2013 年，浙江省重点临港钢铁工业企业实现工业产值 558.14 亿元，重点企业共完成钢、铁、钢材产量分别为 1008.97万吨、699.32 万吨和 1122.01 万吨。其中，不锈钢粗钢和不锈钢钢材产量分别为 130.06 万吨和 241.39 万吨。临港钢铁工业粗钢产量占全省钢铁工业的 58.22%，其中不锈钢产量占全省不锈钢总量的 80.29%。

**【临港石化工业】** 2013 年，浙江省临港石化工业完成销售收入 3030 亿元，同比增长 5.9%。全省形成了以炼油、有机化工原料、合成材料及下游化学品制造为主体的石油化工产业体系，PTA、ABS、PC、MDI、合成橡胶和氨纶等一批产品在国内外的影响力不断增强。同时，烯烃的原料多元化发展取得较大进展，多套甲醇制烯烃（MTO）、丙烷脱氢制烯烃（PDH）装置已经建成投产或正在建设当中，为下游产业发展提供了原料保障。浙江省以临港石化园区为载体，以宁波为龙头，嘉兴至温台沿海为两翼的石化行业发展格局在不断巩固优化中。

**【海水利用业】** 浙江省是国内最早开展反渗透海水淡化研究和应用的省份，也是我国海水淡化人才、技术、产业最集中的省份之一。1997 年，浙江省在嵊泗县嵊山岛建成了 500 吨/日反渗透海水淡化示范工程，开创了我国民用海水淡化工程的先河。2013 年，浙江省新建海水淡化工程 1项，续建 3 项，新增海水淡化工程规模 8200 吨/日，全年完成投资 7429 万元，其中省级专项补助资金 3165 万元。截止 2013 年底，浙江省已建成的民用海水淡化厂 13 座，已建成海水淡化总生产能力 61900 吨/日。浙江省民用海水淡化工程主要集中在舟山市的普陀区、岱山县、嵊泗县和温州市的洞头．截止 2013 年底，舟山市已建成海水淡化厂 12 座，海水淡化总生产能力 61850 吨/日。海水淡化已成为舟山市边远小岛解决居民生活、生产用水的重要途径。

**【海洋交通运输业】** 2013 年，浙江省水路货物运输总体增长，其中沿海运输 4.73 亿吨，同比增长 8.89%，远洋货物运输为 0.29 亿吨，同比增长 17.3%。完成集装箱港口吞吐量 1933.16 万 TEU，货物重量 15845.18 万吨，同比分别增长 9%、11.16%，其中沿海港口集装箱吞吐量 1910.04 万 TEU，货物重量 15696.26 万吨，同比分别增长 8.59%、10.83%。宁波－舟山港集装箱吞吐量达 1735.07 万 TEU，居国内第三，世界第六。全年完成货物吞吐量 13.81 亿吨，同比增长 4.6%，外贸货物 4.08 亿吨，同比增长 11.8%。其中沿海港口完成货物吞吐量 10.06 亿吨，同比增长 8.4%。宁波－舟山港以港口货物吞吐总量 8.1 亿吨位居全国首位，连续 5 年卫冕全球冠军，成为全球第一个 8 亿吨大港。

**【滨海旅游业】** 2013 年，浙江省接待入境游客 866.3 万人次，同比增长 0.04%，实现国际旅游（外汇）收入 53.9 亿美元，同比增长 4.7%；接待国内游客 4.34 亿人次，同比增长 11.0%，实现国内旅游收入 5202.2 亿元，同比增长 16.2%；实现旅游总收入 5536.2 亿元，同比增长 15.3%。47 个沿海县（市、区）接待滨海旅游游客达到 2.65 亿人次，接待海洋入境旅游者 310 万人次，同比增长 0.5%，全年实现滨海旅游总收入超过 2841.8 亿元，同比增长 9.3%。

**【《浙江舟山群岛新区发展规划》获批】** 1 月 17 日，国务院批复《浙江舟山群岛新区发展规划》。批复明确，要围绕浙江海洋经济发展先导区、长江三角洲地区经济发展重要增长极和全国海洋综合开发试验区的战略定位，逐步将舟山群岛新区建设成为我国大宗商品储运中转加工交易中心、东部地区重要的海上开放门户、重要的现代海洋产业基地、海洋海岛综合保护开发示范区和陆海统筹发展先行区，打造面向环太平洋经济圈的桥头堡。

**【海洋经济重大项目建设】** 浙江省发改委编印了《2013 年度浙江海洋经济发展重大建设项目实施计划》，共安排海洋经济重大项目 347 项，总投资 8238 亿元，其中 2013 年计划投资 1107 亿元。5 月份组织开展了“海洋经济重大建设项目推进月活动”。一批海洋经济重大项目加快推进，第一、二届海洽会签约的 197 个项目中已开工项目 96 个，开工率近 50%。2013 年沿海 7 市完成海洋经济项目投资 2100 亿元以上，超额完成省政府下达的年度项目投资 2000 亿元的目标任务。

## 海洋立法与规划

**【《浙江省海域使用管理条例》施行】** 《浙江省海域使用管理条例》于 2012 年 11 月 29 日经浙江省第十一届人民代表大会常务委员会第三十六次会议通过，自 2013 年 3 月 1 日起施行。2013 年 2 月 25 日，浙江省人大法制委员会、省人大环境与资源委员会、省海洋与渔业局、省政府法制办联合在杭州召开了《浙江省海域使用管理条例》宣传贯彻工作会议。为确保海域使用条例的顺利实施，浙江省海洋与渔业局于 2 月 28 日分别印发了《浙江省招标拍卖挂牌出让海域使用权管理暂行办法》、《浙江省海域使用权登记管理暂行办法》、《浙江省海域使用权申请审批暂行办法》和《关于公布浙江省海域使用权基准价格的通知》；浙江省政府办公厅先后于 2 月 28 日、8 月 5 日，印发了《浙江省人民政府办公厅关于钱塘江等主要入海江河河口管理界线的通知》、《浙江省人民政府办公厅关于做好填海项目土地使用权登记发证工作的通知》。

**【《浙江省无居民海岛开发利用管理办法》施行】** 《浙江省无居民海岛开发利用管理办法》于 2013 年 2 月 28 日经浙江省人民政府第 3 次常务会议审议通过，自 2013 年 6 月 1 日起施行。5 月 30 日，浙江省人民政府新闻办在杭州组织召开了《浙江省无居民海岛开发利用管理办法》新闻发布会。省海洋与渔业局于 6 月 9 日分别印发了《浙江省无居民海岛使用权登记管理暂行办法》、《浙江省无居民海岛使用权招标拍卖挂牌出让管理暂行办法》、《浙江省无居民海岛使用申请审批管理暂行办法》。

## 海域使用管理

**【海域使用审批管理】** 2013 年国家、省和县（市、区）级海洋行政主管部门办理海域使用权登记、核发海域使用权证书 324 本，面积 7618.10 公顷。其中：国家海洋局登记、核发（浙江省管辖海域）证书12本，面积590.1728公顷；省海洋与渔业局登记、核发证书53本，面积1426.62公顷；宁波各县（市、区）海洋行政主管部门登记、核发证书71本，面积1979.74公顷；舟山各县（区）海洋行政主管部门登记、核发证书126本，面积2704.01公顷；温州各县（市、区）海洋行政主管部门登记、核发证书28本，面积391.51公顷；台州各县（市、区）海洋行政主管部门登记、核发证书23本，面积453.78公顷；嘉兴各县（市）海洋行政主管部门登记、核发证书11本，面积72.28公顷。

**【海域使用权抵押】** 浙江省办理海域使用权抵押登记证书115本，面积2844.56公顷，抵押金额82.65亿元。其中：浙江省海洋与渔业局办理抵押登记42本，面积1654.47公顷，抵押金额49.93亿元；宁波市及各县（市、区）海洋行政主管部门办理抵押登记6本，面积101.06公顷，抵押金额0.60亿元；舟山市及各县（区）海洋行政主管部门办理抵押登记55本，面积453.34公顷，抵押金额20.74亿元；温州市及各县（市、区）海洋行政主管部门办理抵押登记4本，面积407.01公顷，抵押金额10.27亿元；台州市及各县（市、区）海洋行政主管部门办理抵押登记7本，面积220.97公顷，抵押金额0.80亿元；嘉兴市及各县（市）海洋行政主管部门办理抵押登记1本，面积7.71公顷，抵押金额0.31亿元。

**【海域使用权市场化运作】** 2013年是全面实行经营性用海招拍挂出让的第一年。浙江省海洋与渔业局依据《浙江省海域使用管理条例》，起草了《浙江省海洋产权交易实施细则》、《海域使用权出让合同》（格式），开展了海域使用权招拍挂出让方案海域使用论证大纲研究；启动了《浙江省海域基准价核定规程》、《浙江省海域评估规范》省级标准制定；浙江省人民政府批准同意海域使用权出让方案3个，出让海域34宗，面积180.33公顷，用海类型为工业用海中其他工业用海。

**【围填海计划管理】** 2013年新增填海项目用海112个，面积3235.53公顷，核发海域使用权证书120本。其中：宁波市59个，面积1569.33公顷，核发海域使用权证书59本；舟山市15个，面积332.02公顷，核发海域使用权证书15本；温州市21个，面积820.44公顷，核发海域使用权证书21本；台州市23个，面积443.37公顷，核发海域使用权证书23本；嘉兴市1个，面积70.36公顷，核发海域使用权证书2本。2013年新增围海项目6个，面积392.80公顷，核发海域使用权证书6本。其中：宁波市4个，面积214.57公顷，核发海域使用权证书4本；温州市2个，面积178.23公顷，核发海域使用权证书2本。区域用海规划审批情况。国家海洋局批准农业转建设用海规划1个（平阳新兴产业园区域建设用海规划），规划控制面积在604.1475公顷之内。

**【海域有偿使用管理】** 2013年，浙江省征收海域使用金273759.73万元，其中新增项目征收海域使用金203495.54万元；原有项目征收海域使用金70264.19万元。浙江省依法减免海域使用金14541.13万元。其中：渔业用海129.46万元；交通运输用海712.10万元；造地工程用海13699.57万元。

**【海底工程管理】** 2013年共受理22个海底电缆管道项目，其中路由选划（桌面报告）协调8个项目9条海底电缆管道，路由审查11个项目68条海底电缆管道，完成审批3个项目10条海底电缆管道路由。

**【海洋功能区划修编】** 国务院于2012年10月10日批复《浙江省海洋功能区划（2011—2020）》后，浙江省海洋与渔业局于2013年一季度完成了《浙江省海洋功能区划（2011—2020）》的文本备案、数据入库、上传国家至海域动管系统、脱密处理以及政府公布文本准备工作。5月份经浙江省政府同意，发布《浙江省海洋功能区划（2011—2020）》。6月份发文部署编报新一轮市县级海洋功能区划前期准备工作。

## 海岛管理

**【无居民海岛开发利用】** 优化调整浙江省海洋与渔业局无居民海岛使用项目审核委员会；积极与浙江省政府办公厅联系，完成大羊屿无居民海岛确权发证工作；评审通过浙江省首个区域用岛规划《舟山群岛新区十六门诸岛区域用岛规划》；经浙江省政府批准，启用“浙江省人民政府无居民海岛使用审批专用章”。

**【海岛地名普查】** 《中国海域海岛标准名录（浙江分册）》、《全国海域海岛地名普查数据集（浙江卷）》、《中国海域海岛地名志》（浙江省海岛）通过专家评审并报送国家海洋局待批；

完成年度500个海岛地名标志设置任务。

**【海岛保护与修复】** 积极组织沿海地区报送海岛生态建设实验基地项目，共向国家海洋局申报项目6个，申请中央财政补助近1.55亿元，地区涉及温州、宁波、舟山、台州四个沿海市。继续推进2012年度海岛生态整治项目进展，大陈岛保护和整治修复项目等8个海岛整治修复项目实施方案获国家海洋局批准。启动两兄弟屿、稻挑山、渔山列岛等三个领海基点保护试点工作，获中央资金补助360万元。

**【海岛技术单位培育】** 组织省、市、县相关技术单位积极申报国家海岛相关技术资质，培育壮大浙江省海岛技术力量。在上半年国家海洋局发布的文件中，共有15家单位分别列入海岛保护利用规划编制单位推荐名录、无居民海岛使用论证推荐单位名单、海岛使用金评估推荐单位名单，其中浙江省海洋与渔业局局属单位海洋技术中心、海洋水产养殖研究所名列其中。海岛技术单位的增多，将大力改善目前浙江省海岛保护技术力量薄弱、技术单位服务价格高、时间周期长的问题。

## 海洋环境保护

**【概况】** 2013年，浙江省近岸海域环境质量总体保持稳定。符合第一类、第二类海水水质标准的海域面积约占全省近岸海域面积的26%，海洋沉积物质量总体良好，海洋生物群落结构基本稳定。海水增养殖区、滨海旅游度假区、海洋保护区、海洋倾倒区和工程用海区等海洋功能区环境质量总体良好，基本满足海域功能使用要求。海洋垃圾总体处于较低水平。滨海地区海水入侵和土壤盐渍化不明显。近岸海域水质富营养化状况依然明显，约76%的海域呈现富营养化状态。监测的入海排污口污染物超标排放现象略有好转，但达标排放率仍然较低，主要江河携带入海污染物总量与上年持平。有毒赤潮发生次数和面积明显下降，但全海域累计发现赤潮18次，仍居全国前列。

**【出台相关规划和方案】** 编制并出台了《浙江省近岸海域污染防治规划》、《杭州湾区域污染综合整治方案》和《乐清湾区域污染综合整治方案》，对浙江省重要港湾环境整治和海洋生态建设进行了统一规划和全面部署。

**【开展海洋生态建设】** 新建了苍南七星列岛省级海洋特别保护区，省级以上海洋保护区数量增至13个。进一步加强了重要水生生物增殖放流活动，共投入资金2946.23万元，放流海洋物种11.48亿尾（粒）。

**【加强海洋污染防治】** 海事部门严格监管船舶污染物排放，稳步提升突发性污染事故应急处置能力，巩固船舶防污染监管长效机制，有效防治海洋船舶污染，2013年仅在舟山海域发生了两次较大的船舶污染事故，部分燃油和机舱油污水入海，造成局部海域污染；海洋部门进一步加强废弃物海洋倾倒管理，省级共办理海洋倾倒许可证65个，批准倾倒疏浚物357万立方米，同比分别下降21.7%和5.8%。

**【涉海工程环评管理】** 全面委托和下放省级海洋环评管理事项，提高行政许可效率。共核准海洋工程建设项目环境影响报告书179项，核准工作时限最快缩短至10个工作日。

## 海洋生态文明

**【组织完成“河长制”相关工作任务】** 按照浙江省委、省政府“全面推进河长制”工作要求，明确了海洋与渔业部门在治水促转型中的重点任务。一是分析了海洋与渔业在治水工作中面临形势和存在的问题，拟定总体思路及目标，提出了任务和重点工程，组织完成治水促转型-海洋与渔业实施方案；二是梳理了治水促转型海洋与渔业实施方案的重点项目；三是联合浙江省发改委、省环保厅发布《浙江省近岸海域污染防治规划》、《乐清湾污染综合整治方案》、《杭州湾污染综合整治方案》，并举行启动仪式。

**【继续实施《浙江省蓝色屏障行动方案》】** 根据《“811”生态文明建设推进行动2012年工作进展和2013年工作思路的报告》要求，制定生态省建设年度工作计划上报浙江省生态办。按要求把季度、年中和年终工作进展及时上报浙江省生态办。下一步将根据省生态办的安排，完成对设区市的生态文明、生态省建设年度检查和考核。

**【国家级海洋生态文明示范区创建】** 象山、玉环和洞头成功获批首批国家级海洋生态文明建设示范区。一是强化建设工作，从推进示范区工作考虑印发了《关于做好首批国家级海洋生态文明建设示范区2013年工作的指导意见》，督促各县建机制、定方案、排计划。二是做好宣传报道工作。结合海洋日宣传活动，邀请各省级媒体对浙江省三个首批国家级海洋生态文明建设示范区成功进行集中报道，为促进海洋生态文明建设，宣传海洋生态文明建设成果和建设理念创造了良好的氛围。三是探索海洋生态保护制度创新。根据国家海洋局工作安排，针对《海洋生态文明建设示范区指标体系(修订版)》，组织有关市县进行摸底，向国家海洋局环保司及时反馈了浙江省情况及修改意见。着重指导三县完成海洋生态文明示范区总体方案的编制工作。

## 海洋环境预报和防灾减灾

**【海洋环境预报】** 2013 年继续开展海洋常规预报服务，共发布浙江海域海浪预报 730 期，浙江渔场海浪预报 730 期，滨海旅游区海洋环境预报 730 期，港口海浪、潮汐、海温预报 730 期，海水浴场预报 105 期，浙江海域海温周预报 52 期，北太平洋鱿钓海域海洋环境预报 189 期。新增开展和发布宁波镇海炼化和温州洞头渔港两个重点保障目标附近海域潮汐、海浪预报 428 期。继续加强海洋灾害预警报工作，全年共发布风暴潮警报 25 期，海浪警报 89 期，渔船安全保障预警短信 69 期，积极参与各级应急会商 55 次。同时，通过各类媒体发布海洋灾害预警报信息 184 次。在苏力和菲特台风过程中，在浙江公共新农村频道完成 2 次直播连线采访工作。2013 年 12 月，浙江省海洋灾害服务信息制作平台建设项目通过验收，建成的虚拟演播室系统荣居全国海洋系统前列。同年 5 月和 11 月，分别在浙江公共新农村、浙江卫视电视频道推出了主持人出镜节目。以全新的视觉、新颖的表现手法，为观众提供海洋预警信息公共服务。 2013 年 4 月，浙江海洋灾害预警高性能计算机系统建成并通过验收，其计算能力达每秒 28 万亿次，居全国海洋系统前列，为浙江省海洋环境数值预警报提供支撑。

**【重大海洋灾害】** 2013 年浙江省海洋灾害总体偏重，1312“潭美”和 1323“菲特”台风风暴潮达到红色预警级别，灾害性海浪天数 66 天（2003 年以来最多），各类海洋灾害造成直接经济损失 28.2 亿元，最严重的是风暴潮灾害，直接经济损失 28.1 亿元，占 99.8%；各类海洋灾害造成人员死亡（含失踪）24 人，其中海浪灾害和钱塘江涌潮分别造成人员死亡（含失踪）20 人和 4 人，各占 83.3%和 16.7%；赤潮发生 18 次，累计面积 1417.4 平方千米，累计面积基本保持逐年下降趋势，达到近十年新低；杭州钱塘江水域发生 5 次咸潮入侵事件，沿江水厂取水点原水氯离子累计超标 75 小时，影响时间 10 天。1323 号强台风“菲特”于 10 月 7 日 01 时 15 分在福建省福鼎市沙埕镇沿海登陆。“菲特”影响期间，浙江省最大增水出现在鳌江站（383 厘米），实测高潮位 522 厘米，超过历史最高潮位 18 厘米（历史最高潮位 480 厘米。受台风风暴潮影响，全省沿海受灾人口 666.0587 万人，转移人口 99.9714 万人，风暴潮造成的直接经济损失 233759 万元，1 人重伤。

**【海洋防灾减灾】** 2013 年继续实施《浙江省海洋灾害防御十二五规划》，批准实施海洋防灾减灾项目 64 个，项目总投资 9874 万元，完成了省市县三级海洋灾害视频会商系统、浙江海洋灾害预警高性能计算机系统等重大工程建设；海洋防灾减灾队伍建设有重大进展，沿海 5 市按照“平安浙江”考核要求，成立了市级海洋灾害应急指挥部，其中宁波市及所辖沿海 8 个县（市、区）海洋灾害应急指挥部也全部成立，指挥部办公室统一设在当地海洋与渔业局。承办了由国家海洋局组织的全国海洋防灾减灾日主场宣传活动，在杭州“浙江自然博物馆”、“杭州绿城育华学校”与市民和学生共同参与海洋防灾减灾科普宣传活动。完成了《2013 年浙江省海洋灾害公报》的编制。

**【标准渔港建设】** 印发《关于进一步加快标准渔港建设有关事项的通知》，进一步明确标准渔港建设的责任主体和目标任务，实施标准渔港建设年度考核结果与市县建设用海指标、项目资金补助等挂钩制度，进一步严格建设程序，并对项目投资概算管理进行了规范。2013 年浙江省标准渔港建设进展顺利。截至 12 月底，全年新开工 3 个项目，完工 15 个项目，5 个项目通过竣工验收。1—12 月份累计完成投资 6.2 亿元，完成年度计划的 124%。

**【海塘建设和维护】** 根据水利普查结果，浙江省现有 5 级以上一线海塘 2171 千米，保护沿海重要城镇和设施的主要闭合区已经基本形成。2013 年，共完成 35 千米海塘加固工程。加强标准海塘的维护，2013年省级共下达约3000万元的海塘日常维护经费，地方积极落实配套资金，有效促进了海塘工程日常维护工作，保障海塘工程总体安全，在防御“菲特”台风等方面发挥了显著的防台减灾效益。

## 海洋执法监察

**【概述】** 2013年，浙江省共派出执法船艇1268航次、航时5024小时、航程59742海里，派出车辆2023车次，行程93098千米，对渔业、交通、工矿、旅游、排污倾倒、围填海等海域使用、海洋工程建设项目环境保护、海洋倾废、海洋生态保护等开展各类执法检查8908次，投入执法人员14757人次，检查各类项目5151个，查处各类海洋违法案件87起，办结案件69起，收缴罚没款4314.4万元，其中罚没款在100万元以上的“海盾”案件5起，办结5起，收缴罚没款1932万元；罚款5万元以上的“碧海”案件13起，收缴罚没款116万元。

**【组织力量参与东海定期维权巡航】** 按东海区年度维权巡航执法计划与本省实际，分别于5、6、7、8月期间，安排海监7002船执行本省毗连海域维权巡航4个航次，重点巡查了领海基点岛屿及外侧海域、东海油气管道路由海域、国际海底光缆路由海域等。在伏休期间利用海上维权巡航发挥了信息船作用，掌握海上渔船的动态，查扣或移交违法嫌疑船4艘。

**【开展“海盾”“碧海”“护岛”专项执法行动】** 2013年，共检查1434个用海项目，查处海域使用违法案件33起，结案17起，其中(罚款在100万元以上)“海盾”大案5起，结案5起，执行罚款1932万元，另收缴2012年2起“海盾”案件罚款1820.65万元。查处各类海洋环保违法案件35起，结案33起，收缴罚没款214.53万元，其中对个人处罚5000元以上、单位处罚5万元以上的“碧海”案件办结13起，均已结案，收缴罚没款116万元。针对浙江众多海岛的实际，重点加强7个领海基点、31个首批开发、100个重点开发海岛的常规巡查，建立和更新辖区内海岛执法档案。各级海监机构共组织定期执法巡查367次、不定期执法巡查76次、专项执法巡查20次、联合执法巡查31次，共检查海岛2807个，无居民海岛案件立案5起，全部结案，共收缴罚款37万元。

**【开展水下文化遗产联合执法】** 建立健全与文物监察部门联合对浙江省辖区海域内文化遗产保护常态执法机制，召开文物、海监两部门共同参加的执法工作座谈会，研究规范开展浙江省管辖海域内文化遗产联合执法工作，讨论《我国管辖海域内文化遗产联合执法工作办法》的起草工作。

## 海 洋 科 技

**【海洋经济创新发展区域示范项目管理】** 《财政部 国家海洋局关于下达浙江省2012年海洋经济创新发展区域示范补助资金的通知》，批准并下达启动资金1亿元，批准实施13个项目，其中成果转化及产业化项目12项（其中海洋生物高效健康养殖项目5项、海洋生物医药与制品项目3项、海洋装备项目4项），海洋产业公共服务平台项目1项。2013年7月，财政部政建司、国家海洋局科技司组织开展了海洋经济创新发展区域示范考核工作，认为浙江省较好地完成实施方案阶段任务目标，总体上达到考核指标的要求。通过区域示范项目的实施，推动了27个企业的转型升级和创新发展，启动了16个产业示范基地和园区建设，总结集成50项成果，提升了海洋生物医药、高效健康养殖、海洋装备产业的创新能力。

**【建立并实施海洋与渔业科技示范专项】** 为增强科技创新对海洋经济发展和现代渔业建设的引领和支撑作用，2013年5月由浙江省财政局与浙江省海洋与渔业局联合印发了《浙江省海洋与渔业科技示范推广项目与资金管理办法》。按管理办法要求，2013年度组织申报并择优立项了14个项目，下达了海洋与渔业科技示范推广项目资金1030万元，主要安排海洋与渔业科技示范方面基础研究、主导产业提升、示范推广、成果转化等类型项目。

**【构建渔业产业技术体系】** 根据《加快推进海洋与渔业科技创新若干意见》的目标设定，2013年8月发文《关于启动实施浙江省渔业产业技术体系建设的通知》，正式启动了中华鳖、南美白对虾、鱼类、海水蟹4个产业技术体系建设。省级渔业产业技术体系由产业技术研发中心和综合试验站二个层级构成。2013年正式启动体系的建设工作，基本完成了体系建设的组织构架并明确了本年度的工作目标，组织开展了现场调研、良种引进、优质苗种推广、养殖模式构建与示范、疾病防控、科技服务、信息采集等工作。

## 海 洋 教 育

**【涉海类高等教育】** 加大涉海类高校建设力度。创造条件支持浙江海洋学院提升办学水平。在全省研究生计划、普通本专科招生计划安排上加大对浙江海洋学院的倾斜支持，着力加强研究生教育工作，提高在校研究生比例。2013年，浙江海洋学院研究生计划同比增长 27.1%，超过全省平均增幅 19.4 个百分点；本科计划较上年增长 6.2%，超过全省平均增幅 5.8 个百分点。加强海洋类专门高级人才培养。加大涉海类专业人才培养力度。2013 年，浙江省涉海类研究生招生、在校生分别达到 235 人、632 人，同比增长 16.3%、13.5%；涉海类本专科专业招生、在校生分别达到 4117 人、12501 人，同比增长 0.4%，3.9%。积极做好专业增设和调整工作。2013 年，浙江工商大学新增海洋技术专业、宁波大学新增海洋药学专业。浙江交通职业技术学院新增船舶电子电气技术、国际邮轮乘务和游艇设计与制造专业，浙江国际海运职业技术学院新增船舶检验专业，浙江旅游职业学院新增国际邮轮乘务专业。加强涉海类专业实验教学示范中心建设。启动“十二五”高等学校国家级实验教学示范中心遴选工作，浙江海洋学院的船海与港航工程实验教学中心入选，弥补了浙江省涉海类实验教学中心的空白。开展涉海类国家级校外实践教育基地建设。浙江海洋学院—扬帆集团股份有限公司建立了工程实践教育中心，促进高校与科研院所、行业、企业建立联合培养人才的新机制。以赛促学提升学生综合运用海洋知识的能力。培养适应海洋经济强省要求的创新创业人才。启动第二批国家级大学生创新创业训练计划项目，支持立项涉海类创新训练项目、创业训练项目和创业实践项目共 15 项。积极推进产学研结合。以构建海洋科技教育人才支撑体系为目标，立足于打造现代海洋产业体系，研究制定了《积极推进浙江省海洋教育发展行动方案》，以加快浙江省海洋教育事业发展，发挥高等教育对浙江省由海洋资源大省向海洋经济强省转变的推动作用。启动了第二批浙江省“2011 协同创新中心”的认定工作，认定浙江海洋学院“海洋设施养殖工程技术协同创新中心”。

**【涉海类中职教育】** 指导帮助舟山职业技术学校完成国家改革发展示范校数据监测并做好 2015 年国家级改革发展示范校建设项目验收准备工作。指导普陀职教中心完成省级改革发展示范学校建设任务和验收准备工作。2013 年，舟山航海学校成功创建省级改革发展示范学校，舟山职业技术学校“海螺产学研联合体”成功创建省级产学研联合体建设项目。舟山职业技术学校港口物流成功创建省级骨干专业，舟山航海学校轮机管理成功创建省级特色专业。舟山职业技术学校成功创建省级德育工作基地，舟山市技工学校船舶与海洋工程开放实训中心成功创建省级开放实训中心，舟山市普陀区职教中心浙江海中洲集团有限公司成功创建省级校外实习实训示范基地。普陀区虾峙镇成人文化技术学校、岱山县高亭镇成人文化技术学校成功创建省级新型农民素质培训示范基地。定海区马岙镇社区学校、岱山县衢山镇成人文化技术学校成功创建省级社区教育示范学校，普陀区展茅街道成人文化技术学校等 9 所成人文化技术学校被认定为省级标准化成人文化技术学校。2013 年，涉海类中职专业招生、在校生分别达到 2505 人、8369 人。

**【涉海类中、小学教育】** 高度重视中小学海洋教育。在省级地方课程《人·自然·社会》中有三个章节“海洋环境与保护、海洋经济与资源、海洋历史与文化》，在德育教材《浙江人》和《浙江潮》中有“保护生态 多管齐下显成效”和“梦寻足迹•舟楫文化”等与海洋教育相关的课目。各市结合当地特色，将海洋教育纳入地方课程，舟山、温州、宁波、台州等沿海地区将海洋教育与地方课程紧密结合，将海洋教育内容纳入相关学科有机渗透，提升学生海洋意识。舟山建设了各类海洋素质教育基地，设立“海洋观教育日”。

## 海 洋 文 化

**【综述】** 浙江省海洋文化资源丰富，积淀深厚，是中国海洋文化的重要组成部分。2013 年，浙江在加快发展海洋经济的同时，高度重视海洋文化的发展，取得了显著成效。

**【海岛文化设施建设不断推进】** 舟山海洋文

化艺术中心自启用以来，共接待市民100余万人次，获得市民的普遍赞誉；普陀大剧院、岱山海洋文化体育中心工程完工，定海绿色登山健身步道及全民健身电子地图开通，舟山市全民健身中心年底前建成投入使用，舟山博物馆新馆完成施工前一系列准备工作，已进入施工阶段。海洋数字图书馆建设抓紧推进，做好市少体校和市体育场选址、规划立项等工作。中国水下文化遗产保护宁波基地（中国宁波港口博物馆）建设稳步推进。

**【水陆考古事业取得新成绩】** 2013年获批立项“鄞江古城、鄞县旧治和鄮县旧治的考古调查、勘探、试掘项目”和“‘小白礁Ⅰ号’清代沉船现场保护与保护修复（Ⅰ期）”项目等两个国家科研项目。6—9月，宁波市考古所相继在镇海九龙湖区域发现了一组三处（鱼山遗址、乌龟山遗址和马家桥遗址）河姆渡文化系列遗址，极大拓展了河姆渡时期人口聚落的空间分布，为下一步研究奠定了基础。宁波市考古所参与上海广福林遗址考古发掘取得重要成果。田螺山遗址发掘研究获得“2012年度全国十大考古新发现”提名奖。宁波市考古所2名水下考古队员受文化部邀请作为技术骨干赴肯尼亚开展水下考古。《舟山市不可移动文物保护管理办法》、《舟山市水下文物保护管理实施办法》已颁布实施。白节山海域水下文物探测工作完成。普济寺和浙东沿海灯塔群被公布为第七批全国重点文物保护单位。

**【海洋体育品牌赛事深入人心】** 成功举办2013年环舟山群岛新区女子国际公路自行车赛、2013“白沙杯”国际海钓精英赛暨全国海钓锦标赛、全国飞镖公开赛、全国百城健身气功交流展示活动舟山大会、国际男篮对抗赛、第二届全国大帆船邀请赛、第五届全国沙滩足球锦标赛、2013年中国羽毛球俱乐部超级联赛（舟山赛区）、全国南北狮、舞龙比赛等10余项高规格、高水平的国际、国内大型体育赛事。

**【海洋文化产业不断发展】** 宁波、舟山等地召开加快推进文化产业工作会议，出台文件政策，将文化产业纳入对县（市）区政府和市直有关部门的考核。2013年仅宁波就有9个企业和2个项目入围2013—2014年度国家级文化出口重点企业和重点项目，4家企业和1个项目被认定为国家动漫企业和动漫保护品牌，14家文化企业共获得4309万国家文化产业专项资金支持，总数创历史新高。

**【推动海洋文化走出去】** 与国内外研究机构开展合作，推动海洋文化走出去，提升影响力。组织宁波市艺术团赴韩国顺天市参加世界园艺博览会演出、组织非遗艺术团赴德国、法国举办第六届宁波海外文化周、组织天一阁馆藏精品赴香港展览等多项对外文化交流活动反响良好。组织舟山—宁波文化走亲专场演出在2013年天然舞台第三季“文化擂台”精彩上演，继续推动《跨越海洋—中国“海上丝绸之路”九城市文化遗产精品联展》国内巡展，促成联展入选《文化部对西亚北非地区文化交流精品项目》名录。

**【宁波海商文化周】** 2013宁波海商文化周•高端对话在和丰创意广场“珍珠贝”举行，这也标志着本届海商文化周正式拉开帷幕。“海商”既指海洋商业活动，也指以从事海洋商业活动的海上群体，则“海商文化”可解释为“海商群体在从事海洋商业活动时创造出来的物质和精神成果”。从事海洋经济研究的国内知名专家曲金良、黄硕琳、蒯大申、金元浦，分别做了以《城市文化个性的追寻与重塑——宁波(江东)海商文化建设的启示》、《海洋经济与中华民族的伟大复兴》、《聚焦特色营造氛围提升海商文化影响力》、《走向海洋：蓝色创意经济的高端起步》等主旨演讲，为江东推进海商文化建设发表自己的看法。

**【舟山群岛•中国海洋文化节】** 6月16日，2013舟山群岛•中国海洋文化节开幕活动休渔谢洋大典在岱山海坛举行，文化部副部长董伟、浙江省政府副省长黄旭明、副省长孙景淼、省政协副主席陈艳华、国家海洋局原局长孙志辉、浙江省政协原副主席陈文韶、省政府副秘书长陈龙、省文化厅、省海洋与渔业局领导等出席开幕仪式。

**【第十六届中国（象山）开渔节】** 9月16日，第十六届中国（象山）开渔节暨开船仪式在浙江省宁波象山石浦举行。国家海洋局海岛管理司负责人向被国家海洋局列为“国家海洋管理创新试点单位”的象山县授牌。期间，还举办了第九届中国海洋论坛、2013年浙江省海洋渔文化生态保护与发展座谈会、“港台侨浙商”象山投资环境恳谈会、高层次人才创业与金融服务推荐对接会等系列活动。

（浙江省海洋与渔业局）

# 宁 波 市

## 综　述

浙江海洋经济发展上升为国家战略以来，宁波市海洋经济工作的领域和范围都发生了很大的变化，运用创新思维开拓海洋经济工作新局面已经摆在十分重要的位置。不断提高海洋管理水平、促进传统海洋产业转型升级，抵御灾害恢复生产，实现宁波市海洋产业平稳发展，为保障经济社会可持续发展作出了积极贡献。

## 海洋经济与海洋资源开发

**【海洋渔业】**　**海洋捕捞**　国内捕捞生产产量和产值都有所增长。全年实现国内海洋捕捞产量 60.75 万吨，同比增长 1.33%；实现产值 51.40 亿元，同比增长 3.65%。由于大量作业渔船以及不合理作业网具对海洋渔业资源的过度捕捞，海洋渔业资源衰退情况无明显改善。渔获物品种杂，主要渔获物以虾蛄、梅子、鱿鱼及其他小杂鱼虾等。传统经济鱼类方面，带鱼、鲐鱼等产量比上年有所增加，梭子蟹和鮸鱼旺发，小黄鱼、鲳鱼、鳗鱼和虾类产量减少，大规格的经济鱼类非常少见。渔货销售价格继续保持上涨态势，全年渔货价格与上年同期相比平均上扬约 8%，上涨幅度同比下降 2 个百分点。全年渔用柴油价格较上年有所降低，全年平均油价为 7538 元/吨，同比平均下降 6.8%。受“用工荒”影响，劳动力成本继续上涨，一艘普通拖网渔船人工工资约 6 万元/月。

**远洋渔业**　2013 年，宁波有 7 家农业部远洋资格的企业和 30 艘远洋渔船在外生产，作业区域主要位于东南太平洋、西南太平洋、北太平洋等海域。据统计，全年远洋渔业产量为 18994 吨，同比下降 30%；远洋产值 14348 万元，同比减少 21.3%。主要是远洋捕捞竞争日趋激烈，资源情况不如往年，单船产量和平均售价同比均呈下降，国际市场出口需求大幅减少，鱿鱼价格直线下跌。2013 年宁波市 7 家远洋企业除个别企业外，大部分企业都亏损。

**【海洋交通运输业】**　2013 年宁波港货物吞吐量 4.96 亿吨，同比增长 9.5%，增幅比上年提高 5 个百分点，其中外贸货物吞吐量 2.76 亿吨，增长 12.6%。三大主要货类增速“两高一低”，煤炭吞吐量 7925.6 万吨，同比增长 19.5%，原油吞吐量 6122.9 万吨，同比增长 11.1%，铁矿石吞吐量 8812.8 万吨，同比增长 7.2%。全年集装箱吞吐量 1677.4 万标箱，同比增长 7.0%，箱量排名保持大陆港口第三位、世界港口前六。集装箱航线总数达 235 条，其中远洋干线 117 条，近洋支线 66 条，内支线 20 条，内贸线 32 条，远洋干线占 49.8%。共运作集装箱航班约 16143 班，月均航班约 1345.3 班。海铁联运业务进展快速，全年完成海铁联运箱量 10.5 万标箱，同比增长 77%。

国际强港建设加快推进，建成万吨级码头泊位 7 个，梅山港区集装箱“3-5#”泊位水工工程交工验收，大榭港区中油燃料油 30 万吨级油码头通过竣工验收；穿山港区五期集装箱码头水工工程、陆域工程已完工；大榭信海油品仓储项目一期 60 万立方米原油、燃料油储罐建成投产。

**【资源要素保障】**　在国家从严控制建设用海指标的背景下，全年安排建设用海 0.15 万公顷，再创历史新高，为杭州湾新区、梅山、鄞州、余姚等区域提供建设用地，解决一些大平台大项目的建设空间问题。

## 海域和海岛使用管理

**【海域管理试点】**　积极开展先行探索试点，研究制定以海域资源市场配置为核心的系列配套规章制度，首批招拍挂项目——杭州湾新区两个区块四个项目成功出让，标志着海域资源市场化配置探索真正付诸实践。

**【海岛管理】**宁波市大部分地区基本完成海域使用复核验收，编写 614 个海岛地名志，新增 100 个海岛地名标志设置，沿海各地大多成立海洋资源综合管理中心。

## 海洋生态文明

重点海域生态环境整治扎实推进。组织实施 9 个海域海岛海岸带整治修复项目和海洋生态修复项目，完成甬江口附近海域海底整治项目试验区试挖及海洋环境跟踪监测。开展象山港污染物总量控制和考核制度试点可行性研究，首次进行象山港表层废弃物清理。推进海洋保护区规范化建设与管理，象山县成为全国首批 12 家国家级海洋生态文明示范区之一。

海洋生态环境监管持续加强。完成渔山列岛海域、韭山列岛海域、松兰山海滨浴场等 4 个近岸海域浮标投放，新增 2 个重点渔业园区邻近海域环境状况专题监测。规范涉海工程环评管理和批后监管，共受理核准涉海工程建设环评项目 45 个，对 16 个工程建设项目进行现场监视监管。开展“海洋宣传日”主题活动，提高全民海洋意识。

防灾减灾工作有序推进。率先完成市县两级海洋灾害应急指挥部的组建，出台《宁波市海洋灾害防御规划》，修订完善防台抗灾应急预案操作手册，更新防台防汛人员组织信息数据库，联合宁波市气象局出台《共同加强气象与海洋防灾减灾战略合作协议》，推进海洋灾害风险隐患排查、警戒潮位核定、海平面变化影响调查评估，开展杭州湾海洋自动观测站、海洋船舶测报系统、灾害视频会商系统等工程建设。

## 海洋执法监察

实施“海盾”、“碧海”、“蓝箭”等专项执法行动，从严查处海砂盗采、违法违规围填海、违法倾废、破坏海洋环境、无居民海岛等案件，组织近岸海域巡查 62 个航次，查处海洋违法行为 23 起。结合“护渔”专项行动，加强对“三无”渔船的督促检查，加大非法渔具监督管理，全年查处违规渔船 216 艘次，清理违法网具上万顶，依法拆解渔船 27 艘。全面落实伏季休渔管理工作，共查处违规渔船 53 艘。海洋与渔业法规建设进展顺利。完成《宁波市海域海岸带管理办法》和《宁波市渔业互助保险管理办法》立法前期调研、论证，落实行政规范性文件“三统一”制度，加强行政执法案卷管理，完成“企业政策查询平台”建设。 （宁波市海洋与渔业局）

# 舟山市

## 综 述

2013 年，舟山市海洋与渔业工作紧紧围绕舟山群岛新区建设大局，充分发挥区位优势和资源优势，科学规划，突出重点，实现海洋资源开发、海洋综合管理、海洋环境保护、海洋行政执法、海洋科技创新等各项海洋事业新发展，成为了国家实施海洋开发战略的前沿阵地，舟山市海洋经济呈现大项目、大开发、大发展的强劲势头。

## 海洋经济与海洋资源开发

**【海洋渔业】** **海洋捕捞** 2013 年，舟山市捕捞渔船 7422 艘，同比减少 151 艘。国内捕捞产量 112.59 万吨、产出 84.53 亿元，同比分别增长 1.76%和 4.02%；舟山市远洋投产渔船 406 艘，同比增加 23 艘，舟山市远洋捕捞产量 29.66 万吨，同比增长 18%，实现产值 23.09 亿元，同比增长 6%。

**海水养殖** 2013 年，舟山市海水养殖面积 6002 公顷，同比减少 260 公顷，海水养殖产量 12.25 万吨，同比减少 2.85%，产值 11.82 亿元，同比减少 3.98%。舟山市拥有无公害水产品产地 46 家、无公害水产品 43 种，面积达 0.204 万公顷。全年新增室内大棚池 12.20 万平方米，总面积近 47.63 万平方米；新增室外高位池 9.87 公顷，总面积近 84.47 公顷。累计通过验收省级现代渔业园区达 10 个。

**【海洋船舶工业】** 2013 年，舟山市船舶工业产值保持平稳增长运行。全年实现船舶工业总产值 749.3 亿元，同比增长 8.21%，占全市工业总产值 42.8%，所占比重较上年下降 0.9 个百分点，减幅有所下降。47 家规模以上企业实现船舶工业产值 670 亿元，同比增长 8.8%。

**造船三大指标** 2013 年，舟山市交船 162 艘，实现造船产值 511.6 亿元，基本与去年同期持平。造船完工量为 464.8 万载重吨，新接订单 652.8 万载重吨，手持订单 1807.7 万载重吨，三大指标分别占到全国份额的 10.3%、9.3%、13.8%。

**修船业** 2013 年，舟山市修理各类船舶 3103 艘，实现产值 63.8 亿元，同比增长 7%，其中外轮修理产值 28.7 亿元，同比下降 15.8%。修理船舶艘数持续上升，产值同步增长，修理业务不断向高附加值方向发展，除承修海洋钻井平台、万箱集装箱船等高端船舶和海工装备外，舟山中远船务还承接“伊丽莎白二世女王”号豪华邮轮改装五星级浮式酒店项目，成为中国船企首次承接国际大型豪华邮轮改装工程。

**船舶出口** 2013 年，舟山市造船企业交付出口船舶 401 万载重吨，同比下降 44%，占全市造船完工量的 86.3%。舟山市船舶出口额 20.7 亿美元，同比下降 54.2%，占全市工业出口额的 31.1%。新接出口订单 561.5 万载重吨，同比增长 90.8%。手持出口订单 1654.8 万载重吨，同比增长 12.2%。

**【海洋交通运输业】** 2013 年底，舟山市有水上客渡运企业 24 家，拥有客、渡运船舶 182 艘，38931 客位、654 车位，其中客滚船 33 艘，10180 客位、654 车位；高速客船 60 艘，7846 客位。运输企业完成海上客运量 2351.7 万人次，121.276 万车次，客运周转量 46201.3 万人千米。

2013 年，舟山港货物吞吐量 31386.6 万吨，同比增长 7.86%。其中：外贸货物吞吐量 10787.69 万吨，同比增长 9.89%；集装箱吞吐量 57.7 万 TEU，同比增长 14.64%。完成旅客吞吐量 191.96 万人。港口主要货种吞吐量，煤炭完成 3213.07 万吨，同比增加 3.15%；石油及天然气完成 4877.79 万吨，同比减少 3.19%；金属矿石完成 11114.36 万吨，同比增加 15.17%；粮食完成 628.6 3 万吨，同比减少 10.98%；矿建材料完成 8408.72 万吨，同比增加 12.51%。全年安全引领各类中外船舶 7030 艘次、3.72 亿总吨，同比分别增长 4.2%和 10%；引领 10 万吨级及以上船舶 2337 艘次，同比增长 14%。全年完成港航固定资产投资 104.95 亿元，同比增长 42.20%；舟山市水运建设项目完成投资 82.07 亿元；投入港口基础设施建设资金 10.5 亿元；港航招商完成市外投资资金 19.92 亿元，浙商回归引进到位资金 15.12 亿元。至年底，舟山港域拥有各类泊位 304 个，其中万吨级以上码头泊位 47 个，25 万吨级以上码头泊位 6 个。沿海营运船舶运力保有量 531.81 万载重吨，比上年净增 26.77 万载重吨。万吨级以上货船 123 艘/275.27 万载重吨，占全市船舶总运力 51.76%；净增万吨级以上货船 10.34 万载重吨，占全市净增运力 39.63%。拥有 3 万吨以上散货船 24 艘/112.85 万载重吨；8000 吨以上油船 18 艘/20.77 万载重吨。货运船舶平均吨位 3328 吨，比年初增加 74 吨。特种船舶运力（包括油船、化学品船和集装箱船）549 艘/153.35 万吨。

**【滨海旅游业】** 2013 年，以建设国家旅游综合改革试点城市和舟山群岛海洋旅游综合改革试验区为主线，重点实施旅游设施、旅游产品、旅游品质、旅游品牌“四大提升工程”，加快舟山旅游业先行先试，推进海洋旅游经济强市建设。接待境内外游客 3067.47 万人次，旅游收入 300.12 亿元，分别同比增长 10.7%和 12.5%。

2 月 28 日，中国海洋旅游年浙江省启动仪式在舟山普陀区东港举行，舟山市借此契机举办舟山海洋旅游产业推介会，向省内各地市旅游管理部门、“长三角”及周边地区 70 多家大型旅行社代表以及新闻媒体记者 200 多人推介和宣传舟山旅游。舟山市旅游委员会与金华市旅游局签订山海互游合作协议，与苏州青年旅行社签订合作备忘录，通过合作开拓旅游市场。仪式上还推出舟山群岛主题金融 IC 卡，打造具有舟山群岛特色的旅游消费特惠商圈，为金融机构支持旅游业发展、社会各界参与共建旅游支付环境搭建平台。

5 月 30 日，国家旅游局在舟山召开全国旅游综合改革调研座谈会。国家旅游局相关业务司室负责人，浙江省旅游局以及浙江省主要旅游城市、有关市县和主要景区负责人参加会议。国家旅游局局长邵琪伟在会上强调，要充分发挥市场在资源配置中的基础性作用，通过深化旅游综合改革推动旅游业升级，实现两大战略目标。北京、成都、秦皇岛、舟山、张家界、桂林等 6 个旅游综合改革试点城市及浙江桐乡市代表就推进旅游综合改革工作进行交流，并介绍改革思路和改革重点。

推进休闲度假项目建设，全年完成定海东海大峡谷景区环境改造，新增儿童游乐设施；完成普陀朱家尖大青山国家公园服务中心、箬箕湾民宿设计以及景区入口主线道路工程；岱山秀山秀水湾旅游度假村海景别墅土建完工；嵊泗基湖、南长涂、徐公岛旅游综合开发项目基础设施基本完工，启动休闲度假项目建设。推进旅游综合体项目建设，普陀国际水产城二楼干货交易市场区开业，旅游服务中心等主体建筑结顶；岱山日达广场国际品牌商铺入驻开业，酒店主体结构完成。时尚海洋旅游基地项目建设进展顺利，舟山群岛国际邮轮码头完成综合大厅、码头建设工程；定海凤凰岛游艇俱乐部围海项目的桥梁、部分海堤以及部分旅游地产的桩基工程竣工。推进禅修游项目建设，普陀莲花岛完成素斋馆建设并投入使用；香道馆进入装修。旅游基础设施日趋完善，朱家尖东沙威斯汀酒店完成主体工程；普陀东极岛集散中心投入使用，并完成特色旅游街改造、石码头酒吧等工程；岱山东北部滨海旅游区自行车道工程建设完成并启用。嵊泗完成渔家宾馆、民宿提升改造 126 家；普陀山完成景区游步道、游人中心改造、景点直饮水设施建设。

## 海域使用管理

**【概述】** 发挥海洋功能区划的统筹作用，合理配置资源，保障经济发展，进一步规范和优化项目用海审批程序，严格执行围填海计划管理，重点保证新区基础设施和重大项目用海。开展上一轮海洋功能区划的评估工作并通过专家评审。2013年初，启动《浙江省海洋功能区划（2011—2020年）》的调整建议工作，历时近10个月，经多次调研、征求意见，11月21日，舟山市政府第22次常务会议审议原则通过调整建议，将由市政府上报省政府审核。各级政府在舟山市范围内核发海域使用权证书126本，确权面积2704.0058公顷，征收海域使用金33120.2071万元，其中围填海项目15本，使用地方围填海指标332.022公顷。至2013年底，累计发放海域使用权证书1251本，确权面积约26003公顷，征收海域使用金约151902万元；其中国家审批项目37个，确权面积9896公顷，征收海域使用金28199万元；省审批项目137个，确权面积3959公顷，征收海域使用金69023万元。推进海域使用权市场化融资，全年办理海域使用权抵押登记55宗，抵押海域面积453.3392公顷，抵押融资额208062.6373万元。至2013年底，累计办理海域使用权抵押登记260宗，抵押海域面积1923.6739公顷，抵押融资额461798.7573万元。

**【海域使用管理机制】**　推进海域使用权市场配置机制，加快推进海域使用权“直通车”。2013年3月21日，舟山市政府发布了《关于开展凭海域使用手续办理项目建设手续工作的意见》，对于规范用海项目基本建设管理，简化用海项目建设审批手续，拓展新区建设空间，推动舟山市海洋经济可持续发展具有重要意义。认真贯彻落实《浙江省海域使用管理条例》，开展海域使用权招拍挂的前期准备工作，开展各县（区）海域使用权基准价核定工作，率先成立全省首个海域使用权招标拍卖挂牌工作小组。

**【海底管线铺设】**　2013年，组织协调了国电舟山普陀6号海上风电场2区海底电缆、大长涂岛—庙子湖岛35kV海缆预选路由。舟山市全年共铺设海底管线3条，全部为通信电缆。至2013年底，舟山海域现有各种海底管线累计229条，分别为海底输电电缆132条，其中跨市11条；通信电缆43条，其中跨市8条；输油（气）管道10条，其中跨市4条；输水管道30条，其中跨市3条；取排水及排污管道14条。

**【海洋管理信息化】**　2013年，舟山全市共完成了690宗海域权属数据坐标转换成果，对新增坐标转换项目复核验证，并及时提出了修改意见；完善监管系统项目信息，反映真实、可靠的海域使用现况，为海域管理提供查询、分析等决策依据。

## 海岛管理

2013年，继续开展海岛地名普查后续工作，对《中国海域海岛标准名录（浙江分册）》舟山部分内容进一步进行了审查和核实，完成了《中国海域海岛地名志（浙江卷）》舟山海岛地理实体部分的编撰工作，根据国家海洋局的立碑计划，完成了2013年度舟山海岛立碑200块任务。推进区域用岛试点工作，编制完成了《舟山群岛新区十六门诸岛区域用岛规划》并通过专家审查。舟山市6个海岛整治修复项目获国家海洋局立项批复，进入初步设计阶段。为保证国家补助资金的有效运作，联合市财政局编制了《舟山海域海岛及海岸带整治修复项目工程和资金监管办法（试行）》，并经市政府第15次常务会议讨论通过并印发。无居民海岛管理工作有序开展，配合上级海洋管理部门做好无居民海岛调查和研究，先易后难开展无居民海岛法前使用纳规工作，有计划、按步骤开展海岛定期巡查。编制形成《舟山市海岛保护规划》初稿。

## 海洋环境保护

**【海洋生态环境监测】**　2013年，浙江省舟山海洋生态环境监测站在舟山近岸海域共设置生态环境监测站位23个，全年进行了二期海水水质和海洋生物监测，一期海域沉积物质量监测。并在舟山本岛及附近岛屿设置潮间带生物监测断面7个，在夏季监测一期。对全部19个近岸海域环境功能区进行了二期水质监测。结果显示：2013年舟山近岸海域海水水质四类和劣四类海水占66.0%，三类海水占4.4%，一类和二类海水占29.6%。影响海域水质的主要超标指标为无机氮和活性磷酸盐，按二类标准统计，样品超标率分别达到67.0%和38.7%。部分水样溶解氧和生化需氧量超标，个别样品化学需氧量超标。海域水体富营养化指数指数范围为0.12～23.2，均值为3.79，属中度富营养化状态。

海域浮游动物生境质量等级为优良，浮游植物生境质量等级为一般，底栖生物和潮间带生境质量等级为差。近岸海域沉积物质量优良，100%为第一类。近岸海域环境功能区达标率为20.4%，影响功能区水质超标的主要指标为无机氮和活性磷酸盐。

**【涉海工程环境监督】** 2013年，进一步规范了海洋工程全过程环保监管，同时进一步强化服务意识，尽量简化审批手续，缩短审批时间。舟山市共核准、审核各类涉海工程项目39个，其中浙江省海洋与渔业局委托核准项目18个、审核项目3个；共组织环保“三同时”验收项目21个，落实生态补偿项目38个，到位生态补偿资金751.7万元，全额纳入年度海洋生态修复资金使用计划。

**【海洋生态修复】** 2013年，继续积极组织实施全市渔业资源人工增殖放流和海洋生态环境修复工作。共开展增殖放流活动28批次，共计苗种放流费755万元，完成各种鱼类、贝类、蟹类、虾类等合计37700.7985万尾，共计15个品种。

## 海洋环境预报和防灾减灾

**【海域环境监测预报】** 2013年，继续开展所辖海域环境质量监测，陆源入海排污口邻近海域环境和海洋垃圾监测，滨海旅游度假区、海水增养殖区、海洋特别保护区、海洋倾倒区等海洋功能区监测，海洋工程建设项目环境监视监管与监测，海洋灾害、海洋污染事件的预报与监测。全年在舟山市近岸海域共布设各类监测站位200余个，动用监测船只150船次，总航程近4000海里，获取监测数据约40000个。监测结果表明：受长江、甬江、钱塘江等大江大河所携带的入海污染物影响，2013年舟山市近岸海域海水环境质量仍呈现较为严重的富营养化状态。另外，继续开展海洋预报工作，每天对定海、普陀、岱山、嵊泗等主要岸段开展常规性的海温和潮汐预报，对舟山本岛附近海域、舟山东部海域、舟山北部海域开展海浪预报。

**【海洋灾害与防灾减灾】** 2013年，继续开展舟山市海域赤潮的常规监视监测，以及嵊泗、岱山两个国家级赤潮监控区和普陀省级赤潮监控区业务化监视监测。全年发现赤潮6起，累计面积约400平方千米，赤潮生物为无毒的东海原甲藻、柔弱菱形藻、短角弯角藻、中肋骨条藻、圆海链藻和有害的米氏凯伦藻、短裸甲藻等。与上年相比，赤潮面积减少约355平方千米。在赤潮发生期间，对养殖区调访4次，未发现赤潮对海水养殖和海洋旅游造成损害和影响。同时，分别在普陀、岱山和嵊泗赤潮监控区采集了5批次的贝类生物样品，其麻痹性贝毒、腹泻性贝毒和记忆丧失性贝毒均未检出。全年舟山市海域共发生风暴潮2次，由12号台风“谭美”和23号台风“菲特”影响造成，最大超警戒潮位45厘米。发生灾害性海浪过程7次，其中受台风天气系统影响4次，受冷空气影响1次，受台风天气系统和冷空气共同影响2次。灾害性海浪发生天数10天，与往年相比属于正常状态。2013年，舟山市遭遇“菲特”强台风的严重影响，共转移群众55405人，5334艘（60马力以上）渔船、1734艘营运船舶、181艘在册客船全部在安全港内或安全海域避风，95艘无动力船只全部落实加固措施。台风造成直接经济损失1.1699亿元，受灾害人口20.57万，无人员伤亡。

## 海洋执法监察

2013年，积极落实渔政船定点值班和冬汛浙北渔场值班制度，重点加强伏休、冬汛期间执法巡航，积极参加上级部门组织的“护渔2013”巡航行动，开展渔场矛盾纠纷排查，有效化解海事渔事纠纷，及时排除矛盾隐患，确保伏季休渔“零违规”目标的顺利实现和浙北渔场的稳定。共参加农业部东海区渔政局组织的专属经济区巡航2次，参加浙江省海洋与渔业执法总队组织联合执法行动“护渔2013”5次；共开展渔政执法检查1341次，参加检查5407人次，海上检查872次，航程31974海里，共发现违规渔船750艘，办结案件559件。开展各类海洋执法检查862次，出动执法人员2570人次，执法车辆242次，行程6042千米，出动海监执法船艇515艘次，航程17262海里，检查项目292个，立案15起，结案16起（其中有1起案件为2012年度查处案件）。

# 海 洋 科 技

**【概述】**　2013 年，舟山市共投入科技经费 6000 万元，争取到省部科技经费 1.28 亿元。舟山市共实施科技项目 595 项，其中，国家级 39 项，省级 255 项；认定登记技术合同 74 项，成交合同金额 4591 万元。全年获省市级政府奖的科技成果数 44 项，其中省级奖 3 项。全年申请专利 2483 件，其中发明专利 604 件；专利授权量 1656 件，其中发明专利授权量首破 200 件大关。舟山市已有省级重点企业研究院 4 家，省级专利示范企业 17 家，高新技术企业 38 家，省级创新型试点企业 5 家，省创新型试点企业 5 家，省级科技型企业 151 家，省级农业科技企业 76 家。已培育省级高新技术研发中心 28 家，省级农业科技企业研发中心 27 家，省级区域创新服务中心 8 家。

**【海洋科技创新平台与政策】**　一是稳步推进“三院”建设。浙江省海洋开发研究院总投资近 1 亿元的科研大楼全面启用，省内外多家研究机构顺利入住并有效开展工作，基本建成集专业化科技服务和多元化科技创业孵化于一体的海洋科技创新服务平台。研究院不断增强创新服务能力，联合大院名所联合共建的船舶虚拟仿真验证公共服务平台和大宗商品公共技术服务平台加速推进，建成后将有效服务新区产业发展；大力增强科研攻关能力，加速成果转化，科研攻关取得突破，承担和参与项目 30 余项。浙江海洋学院积极打造成为区域内“产学研”的重要基地，占地 66.67 公顷的舟山新城校区 2013 年正式投入使用。浙江大学海洋学院全面启动占地近 46.67 公顷的舟山校园建设，进展顺利。二是制定出台《中国（舟山）海洋科学城建设实施方案》，规划了“一核两带多点”的总体发展格局，规划面积共 12.3 平方千米，明确了“一核”为主、科技立城、产城融合、量质并举的建设路径，提出了力争用 5～8 年时间把中国(舟山)海洋科学城打造成为高端科技人才聚集、涉海科研机构云集、高技术服务业发达、科技创新创业和国际科技交流活跃的现代海洋科技新城，提出通过建设中国（舟山）海洋科学城加快提升舟山市海洋科技创新能力，力争形成“北青岛、中舟山、南广州”的海洋科技创新格局。三是为加快集聚国内外海洋科研资源，进一步实现新区技术创新链和产业链的“双向融合”，提升新区海洋科技创新能力，制定出台《关于加快中国（舟山）海洋科学城建设 进一步支持海洋科技创新的若干意见》，进一步优化创新政策环境。四是浙江省科技厅专门出台《科技支撑引领浙江舟山群岛新区海洋经济发展三年（2013—2015 年）行动计划》，并与浙江舟山群岛新区管委会（市政府）签订新一轮厅市科技工作会商协议书，全力支持新区创新科技发展。

**舟山市首次实施国家科技惠民计划**　“舟山群岛新区远程网络医疗服务应用示范”项目被列为浙江省首个国家级科技惠民计划项目，争取上级经费达 2040 万元。该项目通过建设实施便捷医疗服务和健康素质提升两大工程，建设以地市为区域的卫生协同服务平台、社区与家庭慢病健康管理体系和基层常见疾病综合防治体系，在舟山市普及远程网络医疗服务模式，将有效缓解海岛特殊地理环境下卫生资源普遍配备不足且分散、卫生服务可及性差和卫生人才短缺带来的一系列问题，降低医疗成本，提升基层诊疗水平，提高海岛群众医疗与健康服务的便捷性和适宜性。

**我国首家塑机螺杆院士工作站在舟山市签约**　8 月，浙江华业塑料机械有限公司与中国工程院环境与轻纺工程学部院士瞿金平签约共建浙江华业塑机瞿金平院士工作站，这是我国在塑机螺杆领域的首家院士工作站，也是瞿金平院士在浙江的首家院士工作站。

**首获全国商业科技进步特等奖**　由浙江海洋学院、浙江省海洋开发研究院、浙江大洋世家股份有限公司、浙江兴业集团有限公司联合完成的“低值金枪鱼精确加工关键技术研究与应用”项目荣获 2013 年全国商业科技进步奖特等奖，创舟山先例。

**【海洋科技项目】**　8 月，由浙江省海洋开发研究院牵头实施的“船舶建造壳舾涂节能降耗技术转化推广”项目取得明显成效。该项目针对船舶建造过程中能源消耗大的问题，进行个性化的集成创新研究，将抽象的成果转化成为具体操作可行的新技术、新工艺，并将船舶建造壳舾涂节能降耗技术在浙江东海岸船业有限公司等3家船企进行推广应用，最终取得了平均单船用水量降低10%、单船用钢量减少5%的节能降耗效果。9月，由舟山和泰船舶修造有限公司承担的“大型远洋鱿钓船综合节能技术应用及示范”项目取得突破性进展，项目示范船“沪渔961”已完成整体建造工作。该船严格按照欧盟的标准来造，船体总长67米，型宽10米，型深6.2米，吃水3.7米，主机功率1103千瓦，航速达每小时12海里，主要作业于大西洋海区等鱿鱼活动水域。“沪渔961”号船是舟山市自主设计制造的首艘远洋专业性鱿鱼钓船，同时也填补了浙江省远洋鱼钓船修造在该领域的空白。11月，由浙江兴业集团有限公司承担的国家农业科技成果转化项目“鳀鱼高值化利用的技术集成中试及产业化示范”顺利通过验收。通过该项目的产业化实施，建立了年处理原料鳀鱼6000吨，年产功能性鱼蛋白粉600吨、精炼鱼油1000吨、高纯度甘油酯型浓缩鱼油500的生产线；累计生产鳀鱼高值产品2836吨，实现销售收入5000万元，利税870万元，创汇238万美元。提高了海洋低值鱼类资源的高效利用技术水平，产生了良好的社会、经济和生态效益。

## 海洋教育

**【全面推进现代海洋教育】** 6月，舟山市中小学幼儿园海洋教育现场推进会在普陀召开，确定了以“现代海洋教育为载体深化素质教育”打造新区教育特色的总体定位，会议提出抓紧制定《全面推进现代海洋教育实施意见》，抓紧启动现代海洋教育课程体系的建构工作，抓紧跟进相关工作促进机制，要求各学校、幼儿园要解放思想，积极探索和大胆创新，努力营造个性化的校园海洋文化，开创以海洋教育为载体的素质教育新局面。普陀区全面推进现代海洋教育品牌特色区创建，编写完成《现代海洋教育读本》和《现代海洋教育教学指导纲要》，普陀区沈家门小学被国家海洋局宣传教育中心评为“全国海洋意识教育基地”。

**【浙江海洋学院大型头足类研发取得新进展】** 浙江海洋学院大型头足类虎斑乌贼和拟目乌贼的苗种繁育工作获新突破，该校采用自主研发的饵料系统及培育工艺，苗种成活率由普通的不足5%提高到近60%。

**【浙江海洋学院与海洋出版社合作共建海洋出版社浙江分社】** 浙江海洋学院与海洋出版社签署合作共建“海洋出版社浙江分社”协议书，双方商定将把浙江沿海县市的志书、海洋专业教材、中小学生海洋课外读物、海洋文化著作等方面作为重要的业务内容。11月，海洋出版社社长隋吉学、浙江海洋学院院长吴常文共同为浙江分社成立揭牌，标志着正式成为海洋出版社在浙江的派出机构。

**【浙江海洋学院获批一个国家地方联合工程实验室】** 以浙江海洋学院为主要依托单位的海洋生物种质资源发掘利用国家地方联合工程实验室获国家发改委立项，该实验室将围绕东海区域产业特色和优势，着力解决产业发展中的关键技术与装备等“瓶颈”问题，促进产业技术进步和结构调整，支撑和推动东海区域经济和社会持续健康发展。

**【浙江海洋学院海域研究成果价值凸显】** 由浙江海洋学院承编的《浙江省海域评估规范》和《浙江省海域基准价核定规程》研究成果通过评审，《规范》和《规程》作为新出台的《浙江省海域使用管理条例》的重要组成部分，这是新中国成立以来浙江省第一部海域使用权价值评估标准。

**【开展海洋产业集聚区校企合作对接】** 4月，在舟山市海洋产业集聚区校企合作对接会议上，舟山市技工学校、浙江国际海运职业技术学院分别与舟山海洋产业集聚区（综保区、开发区）管委会及区内高科技企业天禄光电、中浪环保签订全面长期合作的校区、校企合作框架协议，确保了在项目引进的同时，同步落实技能人才培养计划，使学校与经济开发区、企业实行无缝对接，让舟山市技工学校真正成为开发区重点项目和骨干企业技能人才的培养培训储备基地，努力实现政府、学校、企业三方共赢。根据校区框架协议，开发区区域内部分企业作为学生实习基地，将为学校提供实习场地；企业有用工需求时，也可优先选拔和录用学生。学校根据中高级技能人才培养工作的需要，可在开发区的相关企业进行挂职锻炼。学校可邀请或聘任企业的专业技术和技能人才、管理人员担任特聘教师或实习指导教师；

企业也可根据企业生产经营和产品研发的需要，聘请学校教师、高级技师参与企业的技术研发、产品开发等工作。学校作为开发区区域内企业员工职业技能的定点培养和培训基地，根据企业需要，每年将定期进园区与企业进行“面对面”对接，为区域内企业的在职员工提供职业技能培训和技能鉴定等配套服务，同时开展“订单式”培养全日制中高级技能型人才。

**【浙江海洋学院首次举办全省初级验船师培训班】** 4 月，受浙江省渔业船舶检验局委托，浙江省初级验船师培训班在浙江海洋学院开班，这是该校获得全国渔业验船师培训基地资格后举办的首次培训班。此次培训班的培训对象为全省各渔业船舶检验处（局、站）尚未取得初级验船师资质的验船人员及从事渔船检验的新进人员。

**【浙江海洋学院科考船建成并投入使用】** 11 月，浙江海洋学院首艘海洋科学综合科考船“浙海科 1 号”完成建造并正式投入使用。该船自 2010 年启动筹建，是浙江省“海洋渔业科学与技术”学科建设项目的重要组成部分，总投入 1000 多万元，总吨位 290 吨，能基本满足学校相关学科开展近海海洋资源调查、海洋环境观测探测、海洋专业教学等涉海科研教学需要，投入使用后将成为浙江省海洋科学研究和海洋人才培养的新平台。

**【“舟山海洋碳汇联合监测站”成立】** 12 月，全国海洋碳汇联盟“舟山海洋碳汇联合监测站”揭牌仪式暨合作洽谈会在浙江海洋学院举行。“舟山海洋碳汇联合监测站” 由浙江海洋学院、厦门大学联合创建。拟采用定期考察与原位监测结合、生物与化学结合、生物泵与微型生物碳泵结合的原则，对典型河口区域海洋碳汇进行长期系统监测。监测站瞄准全球变化及社会可持续发展的前沿科学问题，建立系统、长期的海洋碳汇监测体系和研发平台，拟建设于浙江省舟山群岛海域，位于长江口以南、杭州湾以东的长三角海域。

**【浙海职院首个中外合作办学项目获批】** 浙江国际海运职业技术学校第一个中外合作办学项目——“浙江国际海运职业技术学院与乌克兰马卡洛夫国立造船大学合作举办船舶工程技术专业高等专科教育项目”获浙江省教育厅批准，并报教育部备案。该项目招生纳入国家普通高等教育招生计划，学制三年，每年招收 100 名。毕业学生可获得中方的高等专科(高职）毕业证书和乌方的船舶设计与安装专科毕业证书，并能直接赴乌克兰马卡洛夫国立造船大学继续学习一年，攻读乌方的本科文凭和学士学位。

**【浙海职院成中国海员技能大比武基地】** 浙江国际海运职业技术学院成为交通运输部海事局指定的中国海员技能大比武基地。6 月 24—28 日，该校圆满承办第二届国家海事局主办的“中国海员技能大比武”赛事活动，有来自全国海运企业和航海院校的 500 名选手参赛，产生了 2 枚“全国五一劳动奖章”和若干枚海员行业最高奖“金锚奖”。该校学生代表队获团体第八名。

**【首次为伊拉克籍船员开展培训】** 5 月 3—10 日，浙江国际海运职业技术学院首次为 21 位伊拉克籍船员开展了船员综合技能培训，圆满完成培训任务，伊拉克交通部港航管理局特地来信致谢，获得了良好的国际评价。

**【浙海职院与大型国有航运企业合作】** 6 月，浙江国际海运职业技术学院与位于天津的中远散货运输有限公司签署校企合作协议，开启了该校与大型国有航运企业校企合作的新篇章。

**【浙海职院举办第四届航海职业教育高层论坛】** 10 月 22 日，第四届航海职业教育高层论坛在浙江国际海运职业技术学院举行，国内十多个省份的 28 所高职院校近 70 名代表参会。会议围绕中国海员发展，航海、轮机等专业建设方向展开了交流与探讨。

**【浙海职院承办第十九届亚洲船东论坛海员委员会议】** 10 月 22 日，浙江国际海运职业技术学院承办了第十九届亚洲船东论坛海员委员会议。来自日本、韩国、新加坡、印尼、越南、菲律宾、香港、台湾等十个国家和地区的 33 名亚洲船东论坛海员委员会代表参会，就海员雇佣和培训、防治海盗及武装抢劫、国际劳工组织海事劳工公约等议题进行了交流和探讨。

**【高素质技能型涉海专业学生“抢手”】** 10 月 26 日，舟山群岛新区就业服务进校园航海船舶人才专场招聘会在浙江国际海运职业技术学院举行，来自香港东方海外、新加坡太古、中远集团等近 60 家国内外著名航海、船舶企业参会，共推出就业岗位 600 余个，该校 400 多名学生到现场应聘，高素质技能型涉海专业学生“抢手”。招聘会上，学生与企业签订意向的比例超过 80%。

## 海洋文化

**【第十五届中国舟山国际沙雕节】** 以“蓝色海洋梦”为主题，9 月 11—25 日进行沙雕作品创作，整个沙雕展区 1 万平方米，分五部分，第一部分为历届沙雕精品展，其他四个部分以海洋为主线，从海面到大洋最深处，用沙雕演绎梦幻无穷的海洋世界以及人类对海洋的梦想。9 月 30 日正式开幕，开幕式一改往届形式，运用 3D 成像技术，以祖孙二人游览沙雕为线路，打造“蓝色海洋梦”光影展，整个开幕式简洁、新颖、大气。沙雕节的配套活动丰富多彩，先后成功举办 2013 中国沙画电视大赛、2013 东海音乐节以及海洋科技艺术装置展示、欢乐沙滩秀、现场沙雕创作等活动。本届沙雕节充分发挥网络特点，新建中国沙画网、创新中国沙雕网，通过沙雕节微博互动、微话题、扩大舟山沙雕节的影响，舟山国际沙雕官方微博粉丝量从年初的 3000 多个增长至近 30 万个。

**【第十一届中国普陀山南海观音文化节】** 2013 年 11 月 1—3 日在普陀山举办，本届文化节重在体现佛教“六和”精神在“美丽中国”建设中的积极作用，以群岛新区建设为发展契机，推进“生态普陀山、文化普陀山、品质普陀山、和谐普陀山”建设步伐，通过将佛教文化与中华传统文化结合，提炼出“禅心、佛蕴、中国梦”的主题特色，同生慈悲心，共圆中国梦。活动以“自在人生，慈悲情怀”为主题，以节庆系列活动为载体，向世界展现浙江舟山群岛新区、普陀山的名山胜境、禅意境界、历史文化和佛国风情，并通过节庆这一平台逐步彰显普陀山在舟山群岛新区建设中核心地位，辐射周边地区，营造旅游集聚效应。整个文化节活动内容丰富多彩，主要举行“点亮心灯”传灯祈愿法会、普陀山佛教书画院成立仪式、佛教盛典《观世音》首演仪式、“弘法演说”普陀山讲经法会、佛教盛典《观世音》大型舞台剧首演、“佛顶顶佛”朝拜法会、“妙相庄严，宝相玉成”普陀山大型翡翠观音宝像开雕仪式等活动。　　（舟山市海洋与渔业局）

# 福　建　省

## 综　述

2013 年，福建省坚持以全面深化改革为主线，努力转变海洋与渔业发展方式，调整优化海洋与渔业经济结构，开拓创新，奋发向上，取得了明显的工作成效。

## 海洋经济与海洋资源开发

**【概述】** 2013 年，福建省认真贯彻实施国务院批准的《福建海峡蓝色经济试验区发展规划》和省委、省政府《关于加快海洋经济发展的若干意见》，大力推进海洋经济发展试点工作，海洋经济总体实力进一步增强。海洋渔业、海洋交通运输业、滨海旅游业、海洋工程建筑业、海洋船舶制造业等五大海洋优势产业增加值总同比增长 14%以上，占海洋经济主要产业增加值总量的 70%左右，优势地位继续巩固。

**【海洋渔业】** 2013 年，福建省紧紧围绕渔业产业转型升级，制定下发了《福建省人民政府关于促进海洋渔业持续健康发展十二条措施》及《福建省人民政府关于进一步加快渔港建设的若干意见》等一系列政策文件，推动现代渔业科学发展、跨越发展。海水养殖产量达 354.9 万吨，同比增长 6.68%，海洋捕捞（含远洋）产量 217.06 万吨，同比增长 1.49%；水产品加工产量 290.12 万吨，同比增长 6.84%，产值 609.63 亿元，同比增长 14.51%；水产品出口额 51.09 亿美元，同比增长 6.88%，占全省农产品出口总额的 62.08%；渔区渔民人均纯收入 13324 元，同比增长 13%，比全省农民人均纯收入高出 2140 元。海水养殖面积 15.45 万公顷，同比增长 6.16%。

**【海洋交通运输业】** 全年新增生产性泊位 14 个，其中万吨级泊位 8 个，新增吞吐能力 2223 万吨，改善通航航道 49.26 千米，新增沿海航道 16.84 千米。2013 年，福建省沿海港口货物吞吐量完成 4.55 亿吨，完成年度计划的 101.1%，同比增长 10.0%，其中外贸货物吞吐量 1.86 亿吨，同比增长 11.2%，内贸货物吞吐量 2.69 万吨，同比增长 9.1%；集装箱吞吐量完成 1169.39 万 TEU，完成年度计划的 104.4%，同比增长 9.0%，其中外贸集装箱吞吐量完成 713.50 万 TEU，同比增长 6.2%，内贸集装箱吞吐量完成 455.89 万 TEU，同比增长 13.6%。2013 年，共完成营业性水路客运量 1757.89 万人，旅客周转量 27781.35 万人千米同比分别增长 3.3%、2.2%。

**【滨海旅游业】** 2013 年，福建省紧紧围绕建设我国重要的自然文化旅游中心和国际知名旅游目的地的战略目标，持续扩大“清新福建”品牌影响力，积极推进产业转型升级，旅游经济保持平稳较快发展。全年累计接待游客 20054 万人次，首次突破 2 亿人次，比增 16.9%；旅游总收入首次突破 2000 亿元，达到 2286 亿元，同比增长 16.1%；其中国内游客 19542 万人次，同比增长 17.3%；国内旅游收入 2003 亿元，同比增长 17.7%；入境游客 512.13 万人次，同比增长 3.7%；外汇收入 45 亿美元，同比增长 8.2%。各项主要旅游经济指标增幅均高于全国水平，旅游综合带动效应进一步凸显。组织开展海洋旅游年主题活动、“2013 寻找最美游客”、“中国海疆旅游万里行”和“I 在福建”海峡两岸清新文艺之旅系列活动。支持办好妈祖文化旅游节、海峡客家欢乐旅游节、宁德世界地质公园文化旅游节等一批旅游节庆活动。闽台合作领域不断拓宽。首次策划推动“十万游客国际邮轮两岸行”活动，加快构建“环海峡邮轮旅游圈”。牵头成立“海峡旅游教育联盟”。各地也积极开展对台旅游交流合作，2013 年共接待台湾游客 213.63 万人次，经福建口岸赴台湾旅游人数达 21 万人次。

## 海 洋 立 法

福建省修订并公布了《福建省招标拍卖挂牌出让海域使用权办法》、《福建省养殖用海承包管理办法》、《福建省海域使用权和无居民海岛使用权抵押登记办法》，为新时期海域资源市场化工作提供制度保障。

## 海域使用管理

**【海域使用管理】** 创新海域管理机制。在已下放10公顷以下填海项目审核权基础上，将福建省政府审批权限的海域使用项目审核权全部下放除泉州市外的沿海各设区市。强化海域使用审批内部制度建设，建立海域管理廉政风险的防控机制。2013年度福建省安排建设用围填海指标1202公顷，较好地满足了重大项目用海需求。重点项目减免海域使用金13370万元，重点支持了古雷石化基地、漳湾钢铁基地、可门经济区、石门澳产业园等经济新增长区域建设，促进了临海产业的发展。

**【区域建设用海规划】** 指导有关市、县政府编制和实施区域建设用海规划。福建省在建区域用海规划达到11个，第一期填海面积就达83平方千米。涵江滨海新区区域建设用海规划获得国家海洋局批准，填海面积1400公顷。江阴东部片区区域用海规划通过国家海洋局评审。长乐松下港区、古雷台湾石化园区域用海规划通过初步审查。以上区域用海规划的实施，将为海西发展注入新的活力，缓解经济活跃地区用地的紧张局面。

**【海域资源市场化配置】** 探索建立海域收储制度，晋江市、莆田市建立了海域收储中心。支持市县建立海域资源交易平台，拓展海域二级市场；积极推动成立“中国海洋产权交易中心”。海域资源市场化配置工作实现全省各设区市百分百全覆盖。海域使用权抵押登记86宗，实现贷款金额31.34亿元。通过项目用海用岛，促进了海洋经济发展，2013年实现新增投资184.3亿元。

**【海域管理信息化建设】** 建设完成省级海域动管系统，并通过国家验收。建设完成福建省海域使用审批管理系统，并与国家海域动管系统、福建省海洋与渔业厅OA办公系统无缝对接，实现了海域使用审批的无纸化办公，通过系统可以实现海域使用项目的自动配号、围填海指标管理、数据统计和传输等，初步实现了县级受理、市级审核、省级审批的网络化管理。开展海域使用地面监视监测，利用视频监控系统对全省部分重点用海区域开展实时跟踪监视，强化对填海项目实施过程和热点海区的监管。建设完成海域动管展示区，展示海域使用审批管理系统、国家动管系统、重点项目视频实时跟踪监控等情况，成为福建省海洋与渔业厅公众开放日的三大参观点之一。完成了《福建省海域勘界纪实》的编撰工作，将印刷出版。

## 海岛管理

**【海岛保护规划】** 加强对市、县编制无居民海岛保护与利用规划的指导、培训，诏安城洲岛、龙海大小破灶屿、浯安岛、大涂洲岛等一些主导功能为旅游娱乐的无居民海岛单岛规划已编制完成，并通过了当地政府的批准；主导功能为交通运输用岛的莆田门狭屿、石岛等无居民海岛单岛规划也已编制完成。莆田市结合南日群岛及周边海域海洋牧场建设和无居民海岛保护开发，编制完成福建省第一个区域性的群岛规划《南日十八列岛无居民海岛保护与利用规划》，为莆田市政府开发利用南日列岛提供科学依据。

**【海岛使用审批】** 诏安城洲岛的国家生态实验建设基地项目，已经编制完成开发利用方案和海岛使用论证报告，进入了无居民海岛使用的审批程序。龙海浯安岛、大涂洲岛已编制完成市场化拍卖出让初步方案，正在报请龙海市政府审查，协调有关利益关系。园屿、长屿等四个省重点项目连江可门港建设用岛，作为港口建设用海的一部分整体报国家海洋局办理审批手续。连江、长乐、霞浦等地一些无居民海岛高端旅游开发正在开展用岛前期选址工作。成功办理了连江洋屿无居民海岛使用权抵押登记，实现贷款金额8000万元，成为全国首个无居民海岛使用权质押融资的先例。

**【海岛整治修复】** 福建省已有海坛、塘屿、城洲岛、东山岛、连江洋屿、湄洲岛、惠屿岛等7个海岛生态整治修复项目，以及牛山岛、大柑山岛等2个领海基点保护范围选划方案获财政部、国家海洋局批准实施，争取国家整治修复专项资金23850万元，用于开展海水淡化、垃圾处理、雨洪工程、植被修复、海岸加固、沙滩整治、领海基点保护等工程。惠屿岛已全面完成整治修复项目，整治效果达到预期目标，收到很好社会效益、经济效益和生态效益；湄洲岛、城洲岛等海岛已完成部分整治工程施工建设，其他海岛也完成了项目前期工作。

**【海岛地名普查】** 查清福建省 3300 多个海岛地理实体及名称，完成海域海岛名称标准化处理，建立福建省海域海岛地名信息数据库，全面完成《福建省海岛标准名录》和《福建省海岛志》的编制，设立了 620 个重要海岛名称标志。2013 年 12 月，历时 3 年半的福建省海域海岛地名普查任务顺利通过国家海洋局组织的验收，获得国家海洋局的充分肯定。

**【海岛保护宣传】** 多次在福建电视台、省海洋与渔业厅门户网站播放海岛专题片，开展在线访谈；定期在多家报刊、网站等媒体报导全省各地海岛开发利用和管理活动；开展“全省首批十大美丽海岛”评选活动，营造全社会共同关心海岛、保护海岛、建设海岛的氛围。通过多渠道的宣传，有效提高了公众对福建海岛的认知度和对海岛保护意识。

## 海洋环境保护

**【海洋环境保护监督管理】** 狠抓海洋环保政府目标责任制的落实，牵头组织对各沿海设区市和平潭综合实验区落实年度海洋环保目标责任的情况进行检查考核。同时，分解下达了 2013 年沿海设区市海洋环保责任目标。继续抓好海洋环保立法和规划工作，组织制定了《福建省海洋生态补偿赔偿管理办法》、《福建省滨海沙滩资源保护规划》、《福建省近岸海域污染防治“十二五”规划》和《福建省沿海重点生态保护名录》等。下发了《关于做好海洋工程建设项目海洋环评报告书核准前期有关工作的通知》，对委托沿海有关设区市海洋与渔业主管部门做好前期工作提出具体规定和要求。福建省共核准涉海涉渔工程建设项目环境影响报告书 37 本；审批签发海洋废弃物倾倒许可证 17 份，批准疏浚物倾倒量 300 万立方米；审批办理重点保护水生野生动物驯养繁殖证 6 件、经营利用证 62 件，年检各类特许证件 100 多件，审核 25 批次水生野生动物进出口业务。

**【海洋环境整治】** 争取国家海洋局支持中央海域使用金返还专项资金投资 3500 万元，用于实施漳浦旧镇湾海域退养还滩生态修复项目和福安白马港海洋生态环境整治修复工程；配合国家财政部完成对 2011 年度中央分成使用金项目的中期评估和督促检查（闽东滨海湿地互花米草治理、泉州湾海岸带与滨海湿地整治修复和连江海域浮筏式消波堤等 3 个项目）；完成 8 个省级环保类重点项目的检查验收。

**【海洋生态环境监测】** 编制发布《2012 年福建省海洋环境状况公报》。印发实施《福建省 2013 年海洋与渔业环境监测方案》，组织福建省海洋环境监测机构开展 13 个主要海湾、66 个重点涉海工程、67 个重点陆源排污口和 11 条主要江河入海口邻近海域的环境质量监视监测；开展 4 个赤潮监控区监测，全年共发现赤潮 7 起，累计持续时间 36 天，最大影响面积 155.8 平方千米，及时发布赤潮预警 87 期，赤潮信息报告 22 期。2013 年，福建省近岸海域水质达到二类或优于二类的面积提高到 63.9%，比 2012 年上升 1 个百分点。东山马銮湾等福建省沿海 11 个海水浴场水质均为优或良，适宜游泳的天数均有所增加。

## 海洋生态文明

**【海洋生态保护与建设】** 支持和指导厦门、晋江和东山等 3 个市县创建全国首批国家级海洋生态文明示范区（全国共 12 个）并获得国家海洋局批准，同时配合国家海洋局完成对 3 个示范区建设情况的检查工作；继续组织和帮助惠安县政府积极创建崇武国家级海洋公园，已通过专家评审论证。开展渔业资源增殖放流，福建省共投资 1683 万元，增殖放流鱼虾贝苗种 5.3 亿尾（粒）。推进海洋牧场示范区建设，秀屿南日岛（一、二期）、诏安城洲岛（二期）和霞浦福宁湾等 4 个人工鱼礁工程已顺利竣工。新建“建溪细鳞斜颌鲴”和“罗口溪黄尾密鲴”两个国家级水产种质资源保护区。

## 海洋观测预报与防灾减灾

**【海洋观测预报】** ①海洋观测。“重点海域海洋环境精细化监测集成应用示范”项目顺利通过国家“十二五”科技支撑计划立项，项目总经费 1918 万元；“福建省海洋灾害实时监测系统”项目通过福建省发改委组织的专家评审，项目总经费1515万元。开展了大浮标、小浮标、潮位站、海床基、地波雷达等海洋观测设备的运行维护，并新增了牛山岛波浪浮标和“海峡号”船基监测系统；开展了海床基和海岛基观测系统的勘察选址及仪器设备采购工作。②海洋预警报服务。实时发布海洋预警报信息，包括台湾海峡渔业海况气象预报、福建沿海海浪预报、海水浴场预报、沿海重点保障目标精细化预报、海洋灾害预警报、赤潮发生条件预测、海上搜救保障预报和“海峡号”高速客滚轮航线海洋预报，全年发布预报和警报共3763期，通过网站、短信、PDA、LED屏、电视、广播等向政府和公众发布海洋预警报信息。

**【海洋灾害防御工作】** ①灾害情况。2013年影响福建海域的台风有15个，较常年大幅增多，影响程度较重。其中3个台风引发沿海严重风暴潮，“潭美”导致平潭以北沿海普遍超橙色警戒潮位，局部超红色警戒潮位；“天兔”导致漳州东山站和旧镇站出现了建站以来最高潮位；“菲特”导致霞浦三沙站、宁德蕉城白马港站和长乐潭头站出现超橙色警戒潮位。全年因台风造成直接经济损失45.06亿元，其中海洋渔业直接经济损失40.19亿元。②应对情况。在应对2013年台风过程中，密切关注台风发展动态，切实加强海洋灾害观测与警报工作，及时向沿海各级政府及其相关部门和公众提供准确的预警信息。福建省海洋与渔业厅参加省防汛抗旱指挥部防御台风会商47次，提供防范措施建议48条，发布传真电报27期，发布风暴潮、海浪警报64期，传真3968份，短信130多万条。沿海各级政府积极开展灾害应对，及时采取措施，做好受灾人员转移、渔船进港、沿岸堤防设施加固等防御工作，将海洋灾害损失降至最低。2013年，沿海紧急转移人员52.19万人次，其中，渔船人员38.33万人次，渔排人员13.86万人次，指挥海上作业渔船回港避风12.05万艘次。

**【海洋防灾减灾宣传】** 编制并公布了《2013年福建省海洋灾害公报》，为各级党政机关、科研单位、社会公众提供权威灾害数据。开展防灾减灾日宣传活动，组织各设区市海洋与渔业行政主管部门和厅属有关单位，开展了一系列形式多样的海洋与渔业防灾减灾科普宣教活动。在“5•12”宣传周期间，围绕“识别灾害风险，掌握减灾技能”活动主题，各级海洋部门共展出展板60多个，横幅30多条，发放各类宣传小册子20000多册，传单18000余张。编制了《海洋灾害公众防御指南》和《福建省海洋防灾减灾实用手册》，普及防灾减灾知识，提升群众自救互救能力。

## 海洋执法监察

**【海洋权益维护】** 全面参与海洋维权巡航，派遣中国海警“2112船”(原中国海监“8002“船)参与在苏岩礁、东海油气田、钓鱼岛、仁爱礁等特定海域执行海洋维权巡航执法行动8次，期间共出海140天，航程达14036海里，航时近1822小时。执行任务期间，中国海警“2112”船服从命令、听从指挥，受到国家海监总队领导高度赞誉和社会各界的广泛关注。中国海警“2112”船正在积极开展创建省级“青年文明号”活动。

**【海洋执法监察】** 稳步推进“海盾2013”行动。依托岸线巡查和群众举报，及时发现、制止、查处各类违法违规用海行为。2013年共办结海盾案件10宗，收缴罚款8143.345万元。“碧海2013”专项行动成效显著。扎实抓好案源排查工作，办结“碧海”案件20宗，收缴罚款142.5万元，检查项目数、案件数及案值均再创新高，超额完成“碧海”行动的办案任务。此外，各级海监机构依托碧海行动，全力打击海域采砂违法用海行为，全年共办结海域采砂违法用海案391宗，收缴罚没款1865万元，案件数、案值创历史新高。海岛执法示范顺利推广。对福清市大队创建全国海岛执法示范大队的做法进行总结归纳，向福建省推广。在泉州市海域开展“中国海监2013年福建海岛联合执法行动”，行动期间，共巡查海岛87个，查处海岛周边海域违法采砂船1艘。开展福建省海域岸线和项目用海监察专项行动：6—8月组织省、市、县三级海监机构对全省海域岸线进行巡查，此次行动是执法总队组建以来规模最大的一次。期间，共发现、复查各类涉嫌违法行为57起，已指定相关海监机构查处。全面开展违法用海整治专项行动，共查处各类违法案件54宗，除海洋工程环保违法外，其他的渔业违法用海、违法采砂、违法倾废、违法围填海等领域均有斩获。

## 海洋科技与文化

**【科技创新与平台建设】** 实施科技兴海平台建设。6•18 虚拟研究院海洋分院正式挂牌成立；厦门南方海洋研究中心正式揭牌运行并已组织实施 73 个技术开发、产业化及公共服务平台建设项目；国家海洋局海岛研究中心建设加快，一期科研楼已封顶，9 项海岛保护与开发项目正有序实施；集美大学船舶助导航工程研究中心等一批科研平台获中央财政资金支持。实施重点项目建设。加强对科研项目的跟踪和监管，在研项目均按既定进度安排推进，保障了研究任务的全面完成。同时，围绕福建海洋产业发展的关键性和紧迫性技术问题，利用福建省海洋高新产业发展专项等资金，组织实施 36 个科技兴海项目，并积极争取国家、省级专项资金对 5 个海洋科技创新项目的扶持，其中“福建特色海洋生物资源高值化利用研究和示范”项目获国家海洋公益专项补助资金 1230 万元，将于 2014 年启动实施。注重提升科研成果的总体水平，有 11 项成果喜获省科学技术奖、国家行业科技奖。推进政用产学研联盟共建。与厦门大学共建的“海洋事务东南基地”正式揭牌运作，为国家、地方海洋经济发展、沿海区域合作、海洋环境与生态系统保护等方面提供科技支撑和决策咨询。

**【海洋科技成果转化】** 第十一届中国•海峡项目成果交易会期间，精心布置海洋馆并成功举办了海洋与渔业科技成果推介会暨项目签约仪式，充分展示我国及福建省海洋产业、海洋科技、海洋综合管理等领域的重大成果。本届共促成项目对接 111 个，总投资约 183.3 亿元，创历史新高。

**【海洋高新产业发展】** 编制出台了《专项资金管理暂行办法》，进一步加强和规范福建省海洋高新产业发展专项资金的管理，提高资金使用效益。加强对 2012 年立项扶持的 29 个海洋高新产业项目的监管力度，其中 5 条海参精深加工自动化生产线建设项目已通过验收，对稳定全省海参收购价格、增加海参从业者收入发挥了重大作用。联合厦门市政府、福建省发改委编制了《厦门国家海洋高技术产业基地实施方案》，将重点培育海洋医药与生物制品、海洋生物育种与健康养殖、海洋高端装备制造和海洋高技术服务等产业，努力把厦门建设成为国内一流、国际知名的海洋高技术产业研发、孵化和生产基地。积极促成诏安金都海洋生物产业园、石狮市海洋生物科技园认定为首批福建省现代渔业产业园区（基地）。

**【“908 专项”】** 历时 8 年、专项任务设置最多的福建省“908 专项”工作全面完成，取得了丰硕成果，获取了一批高精度海量的海洋调查数据资料，基本摸清了福建省近海和港海的海洋环境资源家底。编制了大量成果图件、专题报告和数据集，出版了 30 多部系列专著和图集，发表了 100 多篇有影响的学术论文，并有许多新成果和新发现。专项成果在福建省海洋开发与保护、海洋综合管理、海洋防灾减灾、海洋科学研究、海洋政策法规制定等领域发挥了积极作用。完成了国家“908 专项”办对福建省“908 专项”任务的总验收和档案验收，专项档案运送天津中国海洋档案馆入馆。

**【海洋文化】** 2013 年，在《福建日报》开创《海洋通讯》专栏；在人民网福建频道开设《福建海洋》视窗，集中宣传和展示福建海洋经济发展和现代渔业建设成果；组织编制及发放《美丽福建 水乡渔村》画册、《中国国家地理》杂志福建海洋专辑和海峡摄影时报《福建海洋影像纪实》，引导公众关注福建海洋开发和保护。结合群众教育实践活动，举办“公众开放日”活动，进一步增进群众对福建海洋与渔业工作的了解。积极开展“6•8”世界海洋日暨全国海洋宣传日活动，举办《美丽福建•美丽海洋》大型音诗画晚会，受到社会各界的好评。

（福建省海洋与渔业厅）

# 厦 门 市

## 综 述

厦门海域地处东海至南海、东北亚至东南亚的海上交通要冲，区位优势十分重要。厦门所辖海域面积不大，但资源优势突出，港口资源、滨海旅游资源和海洋生物种类丰富。海洋资源的合理开发，为厦门发展海洋优势产业提供了有利的条件，厦门市海洋经济取得了长足的发展，已形成以临海工业、港口航运业、滨海旅游业和海洋渔业四大产业为主体的海洋经济体系。2013年，厦门凭借海洋和海湾资源的优势，以项目为抓手，大力发展临海工业、港口交通运输、滨海旅游和海洋高新技术产业等海洋产业，海洋经济对全市国民经济发展的贡献率逐步增大。2013年，海洋生产总值360.04亿元，占全市国内生产总值的13.1%，海洋经济已成为厦门国民经济发展的重要力量。

## 海洋经济与海洋资源开发

**【概述】** 2013年，在国家海洋局和厦门市政府等上级主管部门的正确领导下，厦门市认真贯彻落实《福建海峡蓝色经济试验区发展规划》以及《中共厦门市委 市政府关于加快海洋经济发展的实施意见》，响应“美丽厦门”战略，坚持陆海统筹、科学发展，推动海洋经济发展不断取得新成绩。2013年，厦门市海洋经济继续保持良好的发展态势，海洋经济规模逐步壮大，产业结构不断优化，在国民经济和社会发展中的重要性日益突出。第一产业稳步回升，第三产业的比重逐季增加，第二产业比重稍有回落。近年海洋渔业结构调整已初见成效，远洋渔业、水产苗种业和休闲渔业等高附加值海洋渔业服务发展加快，第二产业总体平稳，其中工业快速发展。第三产业居主导地位，其中部分涉海行业在全市该行业中具有举足轻重的作用，如交通运输和仓储业。在厦门的海洋经济产业中，海洋文化教育、科学技术等其他海洋第三产业、海洋交通运输业、海洋装卸搬运服务业、海洋工程建筑业、滨海旅游业和其他海洋设备制造业是厦门市海洋经济的支柱产业。2013年，海洋船舶工业转型增效高速发展，滨海旅游业抓住机遇快步提升，其他海洋设备制业造保持较快速度增长，海洋文化教育、科学技术等其他海洋第三产业稳步增长。

**【海洋渔业】** 2013年，厦门市渔业工作在局党组的领导下，坚持科学发展观，深入贯彻十八大精神，积极推进国务院现代渔业建设电视电话会议精神以及省、市关于加快海洋经济发展的任务目标的落实，坚持“突出重点、科技创新、政策引导、项目带动”原则，围绕“创业增收、增殖环保、保障供给、确保安全”目标，做强水产种苗产业，促进远洋渔业发展，推动加工流通升级，提升休闲渔业水平，拓展两岸渔业交流，做好渔港经济规划，促进了渔业增效、渔民增收和渔业经济的可持续发展。2013年水产品总产量31535吨，同比增长6.5%，其中捕捞产量4576吨，同比增长3.18%；海水养殖产量15120吨，同比增长14.95%。全市水产品加工量165731吨，同比增长1.98%，加工产值25.41亿元，同比增长2%。

**休闲渔业** 一是成功举办“2013年中国（国际）厦门休闲渔业博览会”。通过公开招标引入专业公司承办展会，逐步由政府主导办展向市场化运作过渡。2013年11月9—11日在厦门国际会展中心举行，面积1.1万平方米、400多个标准展位，观众近3万人次。展会内容丰富，包括水族产品展、钓具产品展、渔业休闲文化展、拍卖活动与贸易洽谈等。以展会带动项目落地，签约金额2个亿，同比增长233.3%。二是成功举办“2013中国（厦门）第三届休闲渔业高层论坛”。与渔博会同期举办的休闲渔业论坛，来自英国、美国，台湾、中国水科院、上海海洋大学等科研机构10多位知名专家，以及国内19个省市的海洋渔业部门、科研院校和产业界人士100余人，为厦门休闲渔业的发展提供了理论指导和参考经验。三是稳步发展休闲渔船。下发2013年进一步发展休闲渔船的文件，批准全市6个区各10艘合计60艘休闲渔船的发展指标，用于扶持退养退捕渔民转产就业。还尝试引导公司化经营，批准翔安集团6艘、鲜之源合作社2艘、小嶝休闲渔村2艘的单列指标。海湾垂钓公司原有2艘试点休闲渔船正常运营，另有4艘正在建造。各区都在逐步推进休闲渔船发展工作。

**远洋渔业**　一是积极促进企业落户。着手制订厦门远洋渔业2013—2020年发展规划。跟踪敦促财政部门尽快出台扶持政策。吸引9家远洋渔业企业落户厦门，获得农业部批准30艘远洋渔船和3艘辅助船船网工具指标。厦门海顺公司20艘捕捞船建成，2艘辅助船在建，已有8艘于10月底到印尼海域生产。厦门永迅公司7艘和厦门海信天公司4艘围网船已开建。中菲（厦门）集团旗下10艘次远洋渔船从厦门通关，靠泊卸货3000吨。二是热情做好服务保障。热情指导帮助企业申报项目、组建船队和申请中央扶持资金。会同口岸办协调厦门海关、边防检查、检验检疫等部门，简化远洋渔船出入境和减免相关费用，为远洋水产品入厦开辟绿色通道。及时将中央财政渔船更新改造补助资金4795.5万元发放给企业。三是持续推动渔港开放。会同厦门市口岸办，协调厦门海关、检验检疫、边防检查、厦门海事等部门，推进高崎渔港软硬件的整改完善，力求早日对外开放。厦门海顺公司8艘远洋渔船10月30日出境生产时，各口岸单位联合进驻高崎渔港办理通关手续。

**水产品加工流通业**　一是推进水产精深加工项目建设。通过产学研相结合，厦门新阳洲水产品工贸有限公司的夹心紫菜生产线改扩建等8个水产精深加工项目被南方海洋中心立项。二是推进水产产销一体化。目前厦门共有130家水产产销专业合作社。鲜之源、舟和兴、永兴港三家合作社被授予水产品菜篮子调控基地。通过产销合作社成立，推进鲜活水产品流通体系的完善，保障水产品质量安全和价格稳定。三是推进水产物流冷链建设。开展普查摸底，基本掌握全市水产加工企业和冷链物流企业现状。协调推进夏商集团建设水产品批发市场信息系统、电子计算系统和超低温冷库。

**水产苗种业**　一是拓展水产种苗业发展空间。编制水产种苗业十年发展规划，研究报告正在统稿。努力推动水产良种繁育综合基地征地拆迁，该项目已完成前期工作。大力协调翔安农林水利局、翔发集团，推动翔安区苗种产业园区规划。密切沟通规划、土地部门，争取保障刘五店和吴冠村的虾苗场用地。二是推进厦门种苗品牌培育。以前埔基地为平台，以海洋与渔业研究所和水产良种繁育场为基础，以在厦科研院所为支撑，海马、石斑鱼、观赏鱼、南美白对虾和牛蛙等种苗的提纯复壮繁育稳步推进。以海沧厦兴龙公司为抓手，推进“厦门虾苗”品牌创建。虾苗生产巩固，优质虾苗价格（150元/亿尾）高出一般虾苗（17元/亿尾）数倍。三是加强技术培训和宣传教育。在集美区开办16期、培训350人次，同安7期、培训300人次，翔安5期、培训200人次，海沧5期、培训180人次，发放宣传材料2.1万份，宣传挂图1500张。提升了技术水平，规范和改善了水产苗种生产。

**渔港经济建设**　一是全面开展渔港港汊摸底调查。先后于6月、8月份开展两轮工作，摸清全市56个渔港、避风坞和自然港湾现状。对可利用为渔港、避风坞以及休闲渔船、游艇等停泊澳口的，委托中交三航设计院进行建设规划。二是稳步推进中心渔港设施建设。完成高崎渔港安全配套设施工程的施工图设计和审查工作。完成欧厝渔港对台渔业基地项目的工可报批版，并委托相关单位编制项目的环评和海域使用论证。

**【海洋经济发展项目和成果】**　一是积极推进2013年厦门市海洋经济专项资金及厦门南方海洋研究中心第一批项目立项。共立项24项，包括“经济海藻资源化利用与深加工重点实验室”、“海洋生物技术研发中心”、“厦门海洋功能生物分子筛选平台”、“海洋动物抗菌肽复合制品的研发与应用”、“海洋抗乙肝抗病毒药物研发”等，项目实施后预计每年可新增产值5.46亿元，年新增税收459万元。二是积极申报实施国家海洋经济创新示范项目。2013年申请国家海洋经济创新发展区域示范经费9000万元，直接用于海洋生物医药与制品，高效健康养殖、海洋装备等领域科技成果的转化和产业化项目建设，建设海洋药源生物资源库、海洋生物产业化中试技术研发公共服务平台和海洋涂料产业及材料环境海上试验场等平台，有力推动海洋战略性新兴产业的发展。三是顺利推进 2013 年度市海洋生物重点工程。“海洋生物毒素‘替曲朵辛’产业化”和“蓝湾工业园暨海洋生物多糖产业化”2 个市重点工程顺利实施，蓝湾工业园于 2013 年 12 月顺利竣工。四是有力地推动海洋科技成果的转化工作。积极组团“6.18 福建成果项目交易会”，抓好科技项目的推介和对接工作。2013 年共征集关键技术难题 2 项和成果与企业技术需求对接项目 51 项，企业技术需求 5 项，行业技术难题 7 项，科技成果转化工作取得较好成绩。

## 海洋立法

通过推进依法行政、法制建设和执法监督等措施，促进海洋与渔业法治工作的深入开展。依法行政工作走在全市前列。在创建工作积累经验的基础上，不断完善海洋与渔业各项制度，并将创建工作成果在局属相关单位推行，渗透到每个基层单位；同时，制定印发推进 2013 年依法行政建设法治政府工作要点和任务分解，以巩固获得全市首批依法行政示范单位成果。立法工作取得新进步。抓好立法调研与修订，努力适应新形势发展需要，保持厦门市海洋管理的领先优势。完成新修订《厦门市水产品批发市场管理规定》规章正式出台，《厦门市游艇管理规定》、《厦门市休闲渔船管理办法》两个规章调研结题任务，同时完成市人大常委会对《厦门市海洋环境保护若干规定》实施情况的执法检查；启动《厦门市海域使用管理规定》、《厦门市海洋环境若干规定》修订工作。推动《厦门市渔船废弃物集中收集管理办法》、《厦门市人民政府关于严禁违法占用海域的通告》、《厦门市海域经济鱼类最小可捕标准（第一批）目录》等一些规范性文件出台，进一步规范行政管理。

## 海域使用管理

**【概述】** 2013 年，厦门市根据国家海洋局 2013 年海域管理工作要求，继续推进海域生态修复工程，提高用海保障能力，依法审核用海项目，加大用海项目监督力度，做好重点工程服务，积极推进资源市场化配置，扎实开展信息化建设，有力地促进了海域管理的各项工作，较好地完成 2013 年各项工作任务。

**【海域使用管理】** 2013 年，共办结市级用海审批手续 5 项，面积约 122.16 公顷，省级审批用海项目 3 项，面积约 103.73 公顷，已征收海域使用金约 3 亿元。

**【做好用海保障工作】** 积极推进厦门新机场用海前期工作，以省级区划修编工作为主线，协调国家海洋局第三海洋研究所、厦门大学、福建省海洋研究所、集美大学及南京水科院等五家论证单位，多次召开专题协调会，做好具体任务分解和委托工作，明确六个方面重点任务，落实机场工况方案和前期工作费用，初步确定完成具体时限，现已取得专题论证的初步成果。开展厦门湾外海砂资源勘探，指导编制勘探具体方案，协调落实勘探方案，已提交初步勘探成果。做好用海服务工作，提速提效，审核时限均已压缩到法定时限的 35%以内，以加快重点涉海项目前期审批进度。

**【填海指标管理】** 认真贯彻集约节约用海原则，严格落实国家下达的填海指标，提出填海指标安排意见，优先安排满足航空城、港口等省市重点涉海工程需要，填海指标控制在 2013 年国家下达的要求内。

**【海域使用权市场配置】** 积极落实省政府批准的东坑湾游艇码头 B 项目海域使用权出让方案，组织编制海域使用权出让文件，完成海域使用权拍卖工作，做好用海平面方案审核工作；继续推进以旅游用海为代表的经营性项目市场配置工作，将游艇、帆船泊位海域使用权全部纳入我市公共资源市场配置目录，以探索非填海项目海域使用权市场配置模式。

## 海岛管理

**【无居民海岛管理】** 配合推进鼓浪屿海岛整治修复项目，做好鳄鱼屿整治修复前期工作，先行启动鳄鱼屿东北侧护岸防护工程；开展大兔屿建设情况专项调查，提出处理无居民海岛历史问题建议获得厦门市主要领导同意；完成大部分无居民海岛调查测绘基础的外业工作；参与无居民海岛清理工作；组织参加福建省首次十大美丽海岛评选活动，鼓浪屿被评为福建省首次十大美丽海岛之首。

**【推进海域与海岛信息化管理工作】** 制定厦门市海域动态管理监视监测系统年度工作方案；完成了国家海洋局海域管理司交给的上传福建省唯一的远程视频监控信号的任务要求；配合用海项目执法检查工作；开展动态系统对用海项目跟踪检查工作；对海岛管理信息系统架构进行升级和完善；注意分析海域变化趋势，编辑各个年代海域图册；注重遥感数据适时更新，做好厦门市统一拍摄的时点和后期处理的衔接工作。

## 海洋环境保护

**【概况】** 2013年，厦门市海洋环境保护工作以科学发展观为指导，以海洋生态文明示范区建设为抓手，创新理念，完善机制，加强厦门海洋环境监测与评价，推进厦门海域生态修复，建设海洋生态文明。

**【发布海洋环境质量公报】** 2012年厦门市海洋环境质量公报显示：2012年厦门海域水环境质量基本稳定，海水中主要超标污染物仍然是无机氮和活性磷酸盐；厦门海域海洋沉积环境和近岸贝类生物质量总体良好；厦门海域生物群落结构稳定；主要保护物种中华白海豚种群数量稳定，黄厝海区和南线-十八线海区文昌鱼平均栖息密度和平均生物量均高于2011年和2010年；九龙江入海污染物总量、同安东西溪入海污染物总量较2011年有所减少，其中以化学需氧量下降最为明显；所监测的13个陆源入海排污口主要污染物氨氮、化学需氧量、总磷和悬浮物的排放总量较2011年有所减少，排污口邻近海域生态环境质量与2011年相比无明显变化。

**【海洋工程环评和监督】** 进一步梳理海洋环评行政审批流程，压缩审批时限。共组织完成对11个海洋工程项目的环境影响评价核准。加大海洋环保执法力度，2013年共检查在建海洋工程建设项目86个次，查处未取得海洋环境影响报告书核准和海域使用权证擅自开工建设案件1起。

**【厦门国家级海洋公园建设】** 厦门市海洋与渔业局积极推进厦门国家级海洋公园基础设施建设，组织完成了厦门国家级海洋公园内海洋文化广场雕塑及界碑，制作并安装海洋公园视觉识别系统的一级导向标志牌。

**【中华鲟应急处置工作】** 为了确保厦门汀溪中华鲟繁育基地国家一级保护动物中华鲟的安全，厦门市海洋与渔业局专门成立了应急小组，制定应急管理方案，组织人员全面介入该基地中华鲟的救治工作。在农业部水生野生动植物办公室的指导下，通过积极组织专家会诊、强化饲养、约谈企业、对基地中华鲟健康状况和放流可行性进行评估等工作，圆满完成了对该基地196尾中华鲟的放流和分流的应急处置工作。2013年12月31日，由福建省海洋与渔业厅组织，将53尾中华鲟在闽江口成功实施了放流。

**【渔业生态保护】** 一是积极开展生态修复。农业部支持白哈礁海洋牧场项目资金300万元，建设方案正在研究拟订中。2013年增殖放流长毛对虾1.27亿尾，黄鳍鲷40.1万尾，黑鲷26.53万尾，真鲷12.1万尾，文昌鱼14.5万尾。二是顺利实施伏季休渔制度。全市1095艘休渔渔船。出台2013年度海洋伏季休渔方案，协调市区执法力量发放宣传材料近2000份，海上巡查343航次，执法人员1946人次，检查渔船182艘次，处罚各类违规渔船32艘次。三是认真清理整顿违规渔具。发放宣传单400余份，到11个重点渔村制作宣传栏。组织海上巡查250航次，出动执法人员1246人次，检查渔船160艘次，处罚各类违规渔船10艘次。四是切实管理渔业资源。扎实推进捕捞许可证年审，共完成376艘渔船的年审工作，收取资源费48151元。配合开展同安汀溪中华鲟基地中华鲟的处理工作。

## 海洋生态文明

**【国家级海洋生态文明示范区建设】** 2013年2月，厦门市获批成为全国首批国家级海洋生态文明示范区。为了进一步推动国家级海洋生态文明示范区建设，提升厦门市海洋生态文明建设水平，构建美丽海洋，厦门市出台了《厦门国家级海洋生态文明示范区建设实施方案》和《美丽厦门海洋生态文明建设工作方案》，形成海陆统筹、海陆联动的海洋生态文明建设工作机制。

**【厦门海洋生态修复工程】** 厦门市以海堤开口和清淤为主线，恢复沙滩为抓手，大力开展海洋生态修复工作，努力探索生态用海新模式。

一是积极推进海堤开口和海湾整治工作。高集海堤开口破堤建桥主体工程完成投资额约20300多万元，马銮海堤开口建闸工程预计将完成投资额约7000多万元；编制马銮湾综合整治片区规划，进一步明确马銮湾综合整治要求；做好东坑湾海堤改造工程的前期工作，提出充分利用原有研究成果，重新研究确认东坑湾规划设计及整治方案的工作思路。二是做好海域清淤与岸线整治工作。海域清淤2013年完成约1850万立方米（其中高集海堤开口两侧海域、环东海域及大嶝海域合计完成约1470万立方米，海沧湾海域完成约380万立方米），海沧湾海域清淤工程已基本完成；继续推进岸线整治修复工程，做好五通岸段岸线沙滩、海沧湾岸线、厦门大桥至集美大桥集美侧岸段沙滩、丙州岛岸线等整治修复前期工作。三是开展海域生态修复评估工作。继续进行海域整治对厦门湾水动力改善情况研究与厦门滨海沙滩稳定性观测等课题，以客观评价海域整治工程和沙滩修复的治理效果。

**【增殖放流恢复海域资源】** 厦门市海洋与渔业局公布了《厦门海域主要经济鱼类的最小可捕规格名录（第一批）》，明确了19种最小可捕规格经济鱼类名录。同时，加大执法监察和增殖放流力度。2013年度共放流长毛对虾1.27亿尾，黄鳍鲷40.1万尾，黑鲷26.53万尾，真鲷12.1万尾，文昌鱼14.5万尾。

## 海洋环境预报与防灾减灾

**【概况】** 厦门市积极做好风暴潮、赤潮等海洋灾害的预警预报工作，不断完善厦门海域自动在线监测系统，开展海洋承灾体调查，提高对海洋灾害的防御能力。2013年没有因赤潮、风暴潮等海洋灾害造成的直接经济损失。

**【海洋赤潮预报与监测】** 厦门市认真按照《厦门市赤潮防灾减灾应急预案》，利用海域浮标水质自动在线监测系统，做好厦门海域赤潮等级预报和预警工作。2013年厦门海域在赤潮等级预报期间，共发布了赤潮等级预报184期。厦门海域发生赤潮1起，赤潮生物无毒，没有造成直接经济损失。

**【海洋风暴潮灾害发生情况】** 2013年，受1307号超强台风“苏力”、1308号热带风暴“西马仑”、1312号台风“潭美”、1319号强台风“天兔”和1323号台风“菲特”的影响，厦门海域分别出现最大增水为72、35、104、102和77厘米的台风风暴潮，厦门港（鼓浪屿测点）共出现5次超过蓝色警戒潮位的高潮位，年最高潮位超过蓝色警戒潮位25厘米，没有台风风暴潮带来的直接经济损失。

## 海洋执法监察

**【执法检查】** 2013年，实施执法检查4816次，发现违法行为347起，做出行政处罚311件，收缴罚没款总额215.32万元。落实海洋与渔业听证制度，共开展下潭尾红树林公园配套道路、大嶝航空城等3个填海项目听证、面积约94.12公顷、投资额4.83亿元；加强海洋与渔业行政处罚的审查和规范，查处海洋、渔业违法案件347起（海洋案件130起，渔业案件217起）、收缴罚没款总额215.32万元（海洋案件196.45万元，渔业案件18.87万元）；组织2起非法填海案、1起非法采砂案件重大案件会审，涉及处罚金额约633万元，全面、严格地办好重大案件。减少和下放行政审批项目3项，审批事项审批时限全部缩短65%，将海洋行政许可条件、依据、程序、提交材料、时限等内容向社会公布，并对现有14项行政审批进行明确和规范；审查各类合同、协议、招标等法律文件205份，涉及金额37587.13万元。

**【海洋环保联合执法检查】** 2013年，厦门市海洋与渔业局与厦门市环保局根据2012年签订的海洋环保合作框架协议，召开联席会议，开展首次海洋环保联合执法，并将以此为契机逐步形成两部门常态化的海洋环保联合执法机制。

**【执法保障】** 充分发挥海管办综合协调作用，积极协调各涉海单位开展联合执法，解决了一系列跨部门、跨区域的热点难点问题，为厦门社会经济发展起到保驾护航作用。保障厦金航线安全畅通。协调海事、港口、水上公安等部门，共组织巡航207次，出动执法力量1400余人次，开展了24小时驻点执法保障，拆除定置网浮子1000余个，定置网具316张。检查渔船500余艘次，劝导驱赶渔船417艘，处罚违法、违规渔船20艘次，收缴罚款8400元，确保厦金航线和厦门港主航道及锚地通畅。全力巩固养殖回潮整治成果。严厉执法打击非法采砂违法行为。执法支队采取24小时蹲点驻守、成立采砂专项小组和日常巡查相结合多种方式，查扣砂船123艘，查处非法采砂案113起，收缴罚没款190.46万元。保障海洋重点工程建设。市、区海洋与渔业执法机构检查在建海洋工程6个、各类海洋项目17个，检查施工船37船次，现场纠正违规8次，组织驱赶163次，发现制止违法行为8次，不仅施工过程未出现海豚伤亡情况，而且保证了海上重点工程的顺利施工。

**【公共安全维护】** 2013年，立足提升行政执法社会效益，组织厦门市海洋综合行政执法支队、厦门市渔港渔船管理处和厦门市闽台渔轮避风港管理处等队伍，多管齐下积极维护公共安全：一是平安海域维护。加强海上治安协作，开展110联动工作，接处警382起，办结率达100%。开展海上治安巡查286航次，劝阻阻挠施工的行为46起，处置违规人员7人次，化解群体性纠纷事件15起，有效维护海上正常秩序。二是水产品质量安全保障。厦门市水产品批发市场管理处出动人员检查水产品批发市场1053人次，查扣不合格水产品185公斤，并进行无害化处理；加强对水产品批发市场的抽样检测力度，组织对水产品批发市场甲醛快速检测2107个批次，指导夏商有限公司和鹭露水产公司开展甲醛、双氧水检测20000批次；组织对水产品批发市场药残检测170批次，协助农业部对市场水产品药残监测80批次，合格率为97.5%。检查水产育苗场、养殖场140批次，通过加强监管，确保了上市水产品的质量安全。三是海上遇险船舶安全救助。利用甚高频90A电台、短波单边带电台及应急指挥系统向辖区渔船通播各种安全信息，及时通播气象警报、航行警报、搜救协调等信息34056条。

**【专项执法行动】** ①“海盾2013”专项执法行动。以查处重大海域使用违法案件，预防、打击并遏制非法围填海行为，合理开发利用海洋资源为宗旨，重点查处非法围填海等违法用海行为。对6起村民个人填海案件进行立案查处，拟处罚款合计1666.52万元。②“护岛2013”专项执法行动。对17个无居民岛屿进行了建档，建立海岛执法定期巡查制度，并通过省总队责任制考核。年度无居民海岛执法巡查共168航次，累计行程2462海里，出动执法人员433人次，查处1起未经批准在无居民海岛进行建设活动案，拟处罚款14万元。③“碧海2013”专项执法行动。累计检查填海、围海、倾废、采砂、养殖等海洋项目520个次，检查在建海洋工程建设项目86个次。对在建工程的建设情况、环保措施、施工记录等基本情况进行了全面摸底调查、并逐个建立档案，及时跟踪检查，督促落实环保措施，有效加强海洋工程监管。共查处非法倾废案件2起，拟处罚款6.5万元。④“打击违法用海”专项执法行动。根据国家海洋局文件要求，在全市范围开展违法用海专项整治行动，有计划有力度的开展打击非法围填海、非法采砂专项，未核准环评项目和违法倾废整治专项，渔业用海整治专项，海岛开发利用整治专项。在全年开展的海洋行政执法工作的基础上，围绕专项行动确定的内容进行一次大检查、大整治，依法处置发现的各类违法行为，进一步扩大本年度执法成果。⑤“蓝盾2013”专项执法行动。由厦门市海洋管理办公室牵头，组织市海洋综合行政执法支队、市渔港渔船管理处、同安海事处、市公安边防支队船艇大队、中国海监同安区大队和翔安区大队等多家海上执法队伍共同参与，针对海上非法采砂、非法倾废、非法电鱼和越界生产等违法行为进行打击，共出动执法人员64人，执法船艇11艘，检查流刺网钓具渔船12艘、伏休渔船16艘、清淤船7艘，收缴火车网2张、定制网8张，查扣进出港未签证的渔船证书2本，下达整改通知1份，发放宣传材料73份。⑥清理整治违规渔具专项行动。召集相关单位参加全省视频会议、起草制定本市专项行动实施方案、报送专项行动情况和信息，完成农业部渔业局对专项行动督查工作，并受到督查组肯定。共出动车船101次，人员587人，发放宣传材料706份，制作一期宣传栏和四期专项行动简报；共检查渔船734艘，查获违规渔船27艘，电渔船3艘，破坏清除定置网183张、围网600多米。⑦“打非治违”专项行动。制定切实可行行动方案，抓好十个重点整治的落实，共开展巡航巡查893航次，出动执法人员5328人次，检查港口191次，登临检查渔船1268艘次，符合规定渔船1135艘，不符合规定渔船133艘，没收拆解渔船17艘，抓获电渔船23艘，暂扣证书6艘，责令整改12项，罚没9.4万元。组织全系统广大干部职工参加“打非治违”知识竞赛和“同煤杯”安全发展战略知识竞赛活动。全局参加两项竞赛活动人数共222人，并于8月23日集中销毁没收的各类渔具，起到宣传和震慑作用。⑧实施伏季休渔制度。2013年，伏休渔船总数达1095艘，制定《2013年度伏季休渔执法监管方案》，明确了工作内容及责任分工。在监管工作中通过宣传与检查并重的方式，不断提高监管效果。伏休期间，共组织海上执法巡查343航次，出动执法人员1946人次，检查渔船182艘次，张贴宣传画报，发放宣传手册近2000份，处罚各类违规渔船32艘次，拆除定置网342张，流刺网52张，火车网690张，罚款人民币28500元，没收、拆解渔船7艘。⑨水生野生动物保护专项执法行动。出动执法人员114人次，发放宣传材料、画报400余份，张贴标语54份，检查各类水生野生动物经营利用单位共计165家，收缴中华鲟、大鲵、花鳗鲡、中国鲎、梤江珧、大竹蛏、玳瑁、冠螺、鹦鹉螺、砗磲、虎斑宝贝等水生野生保护动物及其制品累计达140余个。保护区与森林公安等部门联合开展了专项联合执法行动，分别对大嶝对台贸易市场、鼓浪屿商业街等地实施检查整治，对厦门海关移交的150千克走私进口海马干采用焚烧填埋方式进行了处置。保护区管理处与海洋行政综合执法支队在黄厝海域潮间带联合对违法采挖现象进行了突击检查，并对采挖人员进行了查处和科普宣传教育。

## 海洋科技

**【海洋与渔业科技专项研究项目】** 共完成9个海洋与渔业科技专项研究项目：厦门大嶝海域围填海总量控制研究、厦门市滨海岸线保护规划、厦门海域权属管理制度研究、厦门海域使用金征收标准研究、海峡两岸观赏鱼名录互认图册编制、厦门市海洋环境保护规划修编、“十一五”期间厦门海洋与渔业科研成果分析评估、厦门市海洋经济运行评估、厦门海域海洋水动力三维可视化系统。

**【厦门“数字海洋”与厦门海洋信息化建设】** 一是继续深化完善“数字海洋”系统功能。形成以海洋基础地理、海洋环境、综合执法、海洋资源、海洋经济、海域管理等为主题的统一标准的厦门“数字海洋”综合数据库，满足海洋权益维护、海洋资源开发利用、海洋环境保护等多方工作需求。二是海洋信息获取、处理能力和技术有新的提高。初步形成了由岸基监测站、大型浮标和执法船等组成的海洋环境立体监测平台，具备了海洋信息实时、准确、安全传输的能力。三是进一步完善应急机制建设，有效应对海洋突发事件。不断完善厦门海洋观测预报系统、海上渔船紧急求救系统、突发事件综合指挥系统三大业务协同工作平台的功能，有效应对公共突发事件，实行“事前、事中、事后”全过程管理，确保海洋应急工作高效及时响应。减少灾害损失。四是全面提升海洋经济运行监测与评估分析能力。在我市开展海洋经济调查成果的基础上，以数字海洋信息资源整合改造为核心，建立涉海单位基本名录库、用海单位名录库、主要海洋产品库等；构建海洋基础地理、海洋资源、海洋经济等系列应用系统，形成涉海单位名录及主要海洋产品库；完成海洋经济信息交换系统、网络系统、安全系统和厦门海洋经济数据库建设，促进国家和地方海洋信息的互联互通和共享，全面提升海洋经济运行监测与评估分析能力。

**【渔业对台合作交流】** 一是增进对台休闲渔业合作。2013年的休闲渔业博览会“突出”对台产业合作与交流主题。同时，还与台湾水族协会、台湾屏东观赏水族生产协会等台湾协会共同承办展会。5月份，厦门市海洋与渔业局周鲁闽副局长带队赴台湾开展渔业交流与合作，并为2013年休闲渔业博览会进行招展。二是推动台湾水产品登陆厦门。通过大嶝小额贸易平台、大小三通等渠道，每年批量从台湾引进石斑鱼、观赏鱼和水产苗种等。推动引进台湾水产新技术、新产品，比如水晶虾研发品种就是来自台湾南部屏东，厦门已经成为大陆最大的水晶虾生产基地。厦门对台区位优势在水产品物流上的效果得到初步体现。三是与台湾行业协会建立良好的联络机制。特别突出的是与台湾省渔会、中华台北水族协会、台湾省水族协会、屏东观赏水族养殖协会等联系密切，合作编撰《海峡两岸观赏鱼名录互认图册》。

（厦门市海洋与渔业局）

# 广 东 省

## 综 述

**【构想海洋强省战略】** 2013 年，广东省按照党的十八大建设海洋强国的战略部署率先提出建设海洋强省构想，且积极谋划，部署开展了海洋强省建设十大专题调研，形成了一系列海洋强省建设的初步思考。精心组织省委第十三次常委集中学习讨论会，8 月 30 日，广东省委以“实施海洋强国战略及广东海洋经济发展”为主题进行第十三次常委会集中学习，中共中央政治局委员、广东省委书记胡春华作出了“扎实推进海洋强省建设，增创广东发展新优势”重大部署，广东省委首次明确提出建设海洋强省。

**【海洋综合管理】** 广东省海洋与渔业局组织起草了《关于科学围填海支持海洋经济发展的意见》，推动解决该不该填、怎么填、填多少等问题，特别是围填海审核得到进一步规范；制定《规范和完善项目用海审查内容和程序》，细化海域使用申请审核程序，对项目用海图件以及有未批先填等情况提出具体要求。实施海域论证、海洋环评并联机制，要求在项目用海前期研究、海域论证、海洋环评、审核上报等环节进行实地勘查。加强海域使用论证和用海方式的科学引导，对所有用海项目在审批前组织技术咨询和综合评价，并对所有用海进行公示公告。加强海域使用动态监视监测，开展无人机航拍和高精度卫星遥感监测，加大监测频率，提高监测精度。

**【重点区域开发】** 广州龙穴岛、珠海高栏港、湛江东海岛等 8 片集中集约用海区区域用海建设规划获得国家批准，用海面积 175.8 平方千米。做好广州南沙等重大平台和汕头东海岸新城、湛江东海岛等重点区域建设用海服务保障，加快推进中山翠亨新区、潮州港西澳港区区域建设用海。健全海域使用审批制度，强化海洋功能区划的刚性约束，强化实地勘查，严格围填海项目审核审批。2013 年广东省发放海域使用权证 189 本，确权用海面积 3992 公顷。

## 海洋经济与资源开发

**【概况】** 2013 年，广东省海洋经济继续保持快速发展，海洋强省建设稳步推进，海洋经济结构和产业布局日益优化，已形成新的增长极。其中，海洋交通运输业稳步增长。全省港口货物吞吐量 13.1 亿吨，同比增长 7.9%，全年规模以上港口完成集装箱吞吐量 4420 万标箱；珠海港、虎门港继广州、深圳、湛江港之后成为过亿吨大港。海洋渔业加快升级。全省渔业经济总产值达 2125 亿元，同比增长 7.1%。落实中央海洋渔船更新改造补助资金 2.96 亿元，扶持更新建造大型渔船 95 艘，更新建造南沙生产骨干渔船 41 艘。新建深水抗风浪网箱 314 个，年产优质海水鱼 1 万多吨。临海工业大力发展。中海油深水海洋工程装备基地、中船珠海基地、中科广东炼化一体化项目、中海油惠州炼化二期扩建项目等工程加快建设，中船广州龙穴造船基地一期项目、中山海事重工造船基地、中铁南方装备制造基地建成投产。海洋生物医药业加快发展。建成深圳大鹏海洋生物产业园一期，广州国际生物岛等一批重点科研基地建设加快，形成昂泰集团、健康元、海王生物等一批海洋生物医药龙头企业。滨海旅游业亮点突出。广东省财政安排 6 亿元专项资金，通过竞争性安排扶持建设湛江“五岛一湾”、汕尾红海湾 2 个滨海旅游产业园。深圳太子湾国际油轮母港、珠海长隆国际海洋度假区等项目开发建设，形成了点面结合、深度发展的新局面。

**【建设海洋试验区】** 2013 年，为推进海洋经济综合试验区建设，广东省政府印发了《广东省发展临海工业等五个实施方案》和《广东海洋经济综合试验区建设分工方案》，确定重大项目 224 个。在广东省委、省政府统一领导和协调下，珠海、江门两市召开海洋工作会议部署海洋经济试点工作，深圳、珠海、惠州、江门、阳江、湛江、潮州 7 市出台了建设海洋经济强市意见或实施方案，就落实海洋经济综合试验区建设进行了全面部署。广东省财政厅2013年安排2.5亿元专项资金用于海洋经济综合试验区建设。

**【优化海洋经济空间布局】** 有序推进“三大海洋经济合作圈”建设，将海洋经济综合试验区建设有关内容纳入粤港澳高层会晤、联席会议议题，将广州南沙、深圳前海、珠海横琴等地的会展、金融、保险、信息等海洋服务业政策纳入CEPA补充协议在广东省先行先试。制订《推动粤港澳游艇旅游合作工作方案》，初步建立粤港游艇检验证书互认机制。广州、中山与澳门签订协议，开展粤澳游艇旅游合作。潮州港与厦门港签署合作协议，共同投资20亿元推进潮州三百门新港区整体综合开发。

**【海洋资源环境保护】** 为落实广东省委提出建设美丽海湾的意见，广东省海洋与渔业局将海洋生态文明纳入重要议程，组织召开了美丽海湾建设现场会和专家研讨会，制定海岸带综合整治试点工作方案，其中横琴、考洲洋、柘林湾等重点海域生态修复工作进展顺利。广东省政府颁布《广东惠东海龟国家级自然保护区管理规定》，以惠东海龟国家级自然保护区为代表的保护区工作纳入法制化管理轨道。建成惠州大亚湾、阳江闸坡渔港2个全国首批海洋环境精细化预报台。

## 海洋立法与规划

**【完善规划体系】** 2013年，广东省海洋与渔业局召开新闻发布会，向社会公布《广东省海洋功能区划》，树立了功能区划的权威性。启动市县级海洋功能区划编制。出台海洋渔业促进粤东西北地区振兴发展的若干措施。同时，制定实施海洋经济“十二五”发展规划，以及海岛保护利用、科技兴海、滨海旅游发展、海洋防灾减灾等专项规划。广东省水利、旅游等部门先后制订《广东省千里海堤加固达标工程规划》、《广东省滨海旅游发展规划》和《粤港澳旅游合作发展规划》。

**【完善政策法规体系】** 颁布实施渔港和渔业船舶管理条例、海洋特别保护区管理规定、适用国家海洋局无居民海岛使用申请审批试行办法具体程序。起草《关于科学规范用海促进我省海洋经济发展的意见》，着力解决海域使用中“该不该用”、“怎么用”、“用多少”等问题。印发《关于完善省人民政府审批项目用海审查工作有关问题的通知》，进一步完善海域使用申请审核报批程序。

**【探索海洋管理体制】** 广东省行政管理学会举办以“海洋事业发展与管理体制创新”为主题的首届南海发展论坛，中共中央党校国际战略研究所研究员、博士生导师刘德喜等7位专家分别就海洋发展与管理体制创新进行研讨。整合局属事业单位成立广东省海洋发展规划研究中心、广东省海洋渔业宣传教育中心。

## 海域使用管理

**【规范海域使用管理】** 广东省海洋与渔业局全力抓好海域使用管理工作，采取了多项有力措施规范海域使用管理，对用海管理进行全面的规范，通过更加科学有效的管理，广东省海域管理管控能力和技术支撑体系进一步得到提高。一是进一步理清和完善海域使用申请报批程序，下发了《关于完善省人民政府审批项目用海审查工作有关问题的通知》(粤海渔[2013]74号)，通知明确广东省和国家受理用海项目的审批流程。对围填海项目申请开展海域使用论证，用海预审，海域使用报批的要求进行明确，方便企业用海的报批。二是制定了《关于科学围填海支持海洋经济发展的意见》。就进一步提高围填海的科学性，促进广东海洋经济发展，着重从“该不该填”，“怎么填”，“填多少”三个方面入手，制定了一系列操作性，针对性强的具体措施，三是完成审批事项的“网上办事大厅”的工作。2013年按照省政府的统一要求，将海域使用审批等五个项审核项目放入网上办事大厅，实现海域使用申请的网上申请审核，方便企业申请。四是规范海域使用金征管。2013年广东省海洋与渔业局以财政部驻广州专员办对全省海域使用金征缴工作进行巡查为契机，对从海域法实施以来历年的海域使用金征缴工作进行了系统梳理，对海域使用金征缴工作进行了细化分类，逐项分析并提出具体有针对性的完善对策，全面规范海域使用金的征管。五是将海域使用金全程纳入电子化监管。为更好的监管海域使用金的征收，通过信息系统全程动态监管海域使用金的征收入库，2013年，首次将海域使用金征收全程纳入广东省非税收入管理信息系统。实现海域使用金从设定、收缴、入库、查询的全过程电子化监管，加强和规范海域使用金征收管理，进一步提高海域使用金征管水平和服务质量。

**【集中集约和区域用海管理】** 2013 年，《广东省集中集约用海实施方案》正式实施。作为贯彻落实广东省海洋经济综合试验区工作的一个重要方面，广东省海洋与渔业局认真贯彻方案要求，对划定广州南沙龙穴岛、汕头东部经济带、湛江东海岛等 29 片集中集约用海区的项目优先安排审批，支持鼓励引导用海项目在集中集约用海区落户，同时对集中集约用海区项目进行科学指导，优化平面设计，帮助集中集约用海区统筹发展，大力推进区域用海规划工作，先后组织召开了《中山翠亨新区区域建设用海总体规划》听证会及《潮州港西澳港区区域建设用海总体规划》听证会，广泛听取意见，科学统筹规划区域建设用海，通过集中集约用海改变分散粗放用海模式，提高了单位海域面积投资强度，促使海洋产业用海由粗放低效向集中集约高效转变。通过区域规划，产业扶持，集约集中用海等措施，实施顺利，海洋产业园区正在成形，海洋产业正在集聚发展，有力地推动全省海洋经济健康快速发展。

**【海域使用论证及海域使用动态监测】** 2013 年不断规范海域使用论证管理，严格按照有关海域使用论证的程序技术导则开展海域论证工作，对不符合要求的海域使用论证报告一律退回，从严要求，认真把关，大力提升海域使用论证水平；同时今年通过加大对海域使用动态监视监测建设的投入，组织专门业务培训等措施确保各级海域使用动态监管中心都有稳定的技术队伍，不断提升动态监管业务能力水平，使海域使用动态监管队伍成为海域管理的坚实基础，通过信息化手段不断提高海域使用管理科学化水平。

**【海岸带整治修复试点】** 按照国务院批准的《广东省海洋功能区划》(2011—2020)》“到 2020 年，广东省整治修复海岸线长度不少于 400 千米”的要求，广东省政府高度重视海岸带综合整治修复工作，召集海洋、水利、林业等部门专题研究海岸带综合整治工作，拟定了《广东省海岸带综合整治试点工作方案》，分别选择在广州、东莞、珠海海岸带综合整治修复试点，初步测算全省将整合资金投入近 20 亿元。通过重点整治城市周边区域和景观点，以点带面，将逐步改善和修复全省海洋生态环境。

**【海砂开采管理】** 广东开展了 3 批次共 10 宗海挂牌方式出让海砂开采工作。其中已缴纳海域使用金的有 6 宗海域中，有 4 宗因区域影响航道通航安全海事部门建议调整或办证过程期间中标区域被盗采等原因，向国家海洋局提出调整开采位置的申请。参照《国家海洋局关于全面实施以市场化方式出让海砂开采海域使用权的通知》(国海管字〔2012〕895 号)，多方协调，妥善处理了海砂的历史遗留问题，制定出台了《广东省全面实施以市场化方式出让海砂开采海域使用权的实施方案》。加强对海砂需求市场的研究，认真选划和储备好拟招拍挂区块，全面总结前 3 次招拍挂的经验，避免出现新的历史遗留问题和纠纷。努力确保全省、市重大项目用砂需求得到满足，为全省经济社会发展建设提供良好的服务。

## 海 岛 管 理

**【概况】** 2013 年，广东省级海岛管理机构启动运作，启动第二次海岛资源调查和领海基点保护范围选划，普查海岛 1973 个，编印海岛地名志，树立岛碑 424 个，开展广东省十大美丽海岛评选活动，网民反响强烈。

**【组建海岛管理处】** 2013 年，广东省海洋与渔业局顺利组建成立了海岛管理处，确定了人员组织架构、办事机制和与相关部门、单位的协调、沟通机制及工作制度等并正常运作，确立了工作中心切实做好无居民海岛使用权出让管理工作等 8 项重点工作，并按计划有条不紊地推进，做到“有声有色，有序有效”。

**【海岛地名普查】** 2013 年，广东省共普查海岛 1973 个，编制了《广东省海岛地名志》，收集了以上海岛的各项资料，为海岛的经济建设、保护和海洋科技工作提供了很有价值的基础材料。同时，开展了 238 个海岛名称标志的设置工作，规范海岛名称管理，强化海岛管理，除深圳外，全部立碑工作已完成。

**【领海基点保护范围选划和保护】** 到 2013 年底，已阶段性完成了珠海的佳澎列岛、江门的围夹岛两个领海基点的保护范围划选和保护工程建设项目任务。同时积极争取到国家海洋局支持，将揭阳的石碑山角、汕头的南澎列岛（1）和南澎列岛（2）三个领海基点列入第二阶段的领海基点保护范围选划和保护工作范围。

**【无居民海岛权属管理】** 一是深入开展调查研究，认真组织制订《广东省招标拍卖挂牌出让无居民海岛使用权管理办法》，走市场化配置无居民海岛资源路子，完善无居民海岛使用权出让管理制度。二是周密谋划，组织力量，对广东省第一批公布的可开发利用的60个无居民海岛进行调查和拍摄、航拍，出版图集和影视作品，向社会展示以上海岛的风貌和资料信息，为引导优质资产的投入，高值开发无居民海岛营造良好的社会氛围。三是推进无居民海岛使用确权发证工作。批准了珠海的大、小三洲两个无居民海岛使用申请，并给予颁证。这是《海岛保护法》实施以来，广东省颁发的第一例海岛证。

**【项目管理】** 一是初步建立了海岛项目管理制度，制订了签订项目管理合同和政府承诺书、定期和不定期检查、定期报告及建立项目库等6项制度，以确保项目的如期实施和财政资金的安全。二是科学编制和严格论证项目实施方案，争取国家海洋局批复了台山市、汕头南澳县、珠海横琴岛 3 个地区不同类型的海岛整治修复项目实施方案。三是经过积极协调沟通，顺利将湛江罗斗沙海岛整治修复项目改在湛江北莉岛、六极岛实施。

**【规范海岛开发】** 认真实施《海岛保护法》，落实无居民海岛使用审批和有偿使用制度。2013年广东省政府批准了珠海的大、小三洲两个无居民海岛使用的有偿申请，并给予颁证。认真组织制订《广东省出让无居民海岛使用权招拍挂办法》，完善无居民海岛使用权出让管理制度。建立不定期海岛保护巡查制度，及时查处制止违规用岛行为。自 2011 年以来，广东省共查处违法用岛行为 32 宗，主要违法行为为采石、采沙、未经许可开展生产建设活动等，共处罚金 293.39 万元，非法用岛现象得到一定的遏制。

**【改善海岛人居环境】** 在各级政府的支持下，有居民海岛人居环境得到一定改善。如江门市完成上川岛三洲码头改造和小川岛环岛公路建设工程，上川岛污水处理厂、下川岛铲湾地址灾害治理和独湾码头防波堤。阳江海陵岛利用市级财政资金加强对海陵岛供水系统进行升级改造，并启用污水处理厂。珠海市先后投入近 10 亿元改善海岛基础设施，加固和扩建 3 个海岛镇和东澳岛的防波堤，海岛发电装机容量 8745 千瓦等。

**【海岛生态保护】** 建立涉及海岛的自然保护区 21 个，涉及海岛 216 个，占全省海岛总数的 15.1%。在此基础上，划建了 4 个国家级海洋特别保护区，在深圳小铲岛及内伶仃岛、东莞市威远岛、阳江南鹏岛、江门下川岛、汕头南澳岛、珠海横琴岛、湛江徐闻北莉岛和六极岛等 9 个海岛进行生态整治与修复。实施江门漭洲、惠州辣甲列岛等多个海岛生态建设实验基地项目。

## 海洋环境保护

**【海洋环境保护制度】** 2013 年，广东省在巩固珠江口、大亚湾、柘林湾等海湾的容量研究成果基础上，进一步开展海陵湾、水东湾等海湾的容量研究，逐步建立入海排污总量控制制度。参照渤海湾海洋生态红线制度的经验做法，进一步调研海洋生态现状，启动海洋生态红线实施方案的编制工作，在珠海横琴、汕头南澳、湛江徐闻 3 个国家级海洋生态文明示范区开展海洋生态红线示范，建立海洋生态红线制度。主动与环保部门沟通，在广东省海洋环境保护工作协调小组的框架下，加强合作交流，联合召开广东省海洋环境保护工作协调小组工作会议，总结讨论协议签订以来双方开展合作交流的情况，商议下一步拓展和深化的合作意向，逐步形成长期性的工作协调会议制度。初步制定海洋环境责任考核指标体系和海洋环境责任考核办法，探索将海洋环境纳入地方政府和各沿海地级以上市分管市领导的考核内容。进一步落实广东省海洋渔业资源损害赔偿（或损失补偿），全年共签订建设项目生态补偿合同 31 份。加快推进试验区发展规划的实施，落实《广东省海洋生态保护实施方案》，发布与实施《广东省生态保护与建设规划》，推动《广东省海洋环境保护“十二五”规划》的修改完善、实施。

**【海洋保护区】** 广东省认真组织实施海洋自然保护区建设议案，全省财政共投入资金 2867 万元，建成海洋与渔业类保护区 107 个，总面积 50.23 万公顷，保护区数量、面积和种类均居全国首位。广东省政府颁布《广东惠东海龟国家级自然保护区管理规定》，完成惠东海龟国家级保护区首期改造升级工程。初步建成“广东省海洋与渔业保护区基础地理信息公共平台”。

**【海洋生态文明】** 2013 年，广东省积极推动珠海横琴、汕头南澳及湛江徐闻的第一批国家级海洋生态文明示范区建设；编制《广东省海洋生态文明示范区建设总体规划》，初步形成省级海洋生态文明区建设标准、指标体系、评选办法及管理建设办法。广东省将美丽海湾建设作为生态文明建设的重要内容，纳入广东省委、省政府的决策部署。12 月在潮州市饶平县召开了广东省美丽海湾建设现场会和专家研讨会。完成"美丽港湾"成第一轮的筛选工作，初步形成"美丽港湾"建设的推荐名单。大力开展海域、海岸带生态修复，制定海岸带综合整治试点工作方案，横琴、考洲洋、柘林湾等海洋生态修复工作进展顺利。继续推进海洋自然保护区、海洋公园、水产种质资源保护区的建设，完善海洋自然保护区网络，提高广东省海洋与渔业保护区的建设和管控水平。

**【海洋资源生态养护】** 2013 年，广东省进一步落实《中国水生生物资源养护行动纲要》，根据项目计划和农业部下达的工作任务组织全省各地市认真开展增殖放流工作。成功举办第六届南海生物资源增殖放流活动，香港渔农自然护理署、澳门民政总署首次作为主办单位之一参与活动，取得了良好的社会宣传效益。广东省人大人工鱼礁议案正式结案，全省财政共投入 8 亿元，建成人工鱼礁区 42 座，礁区面积达 286 平方千米。争取中央近两年下达广东省沿海防护林建设资金 7.6 亿元，基本建成沿海防护林体系，宜林海岸线绿化率达 94.6%。组织开展湛江金沙湾、汕尾品清湖、潮州柘林湾等海岸和南澳岛、威远岛、小铲岛等海岛整治修复，湛江、汕尾、潮州等地投入 7 亿元开展港湾整治，实现还海于景、还海于民。加强广东省水生野生动物救护网络建设，完善"广东中华白海豚管理信息平台"，"广东中华白海豚保护管理网络"，"广东中华白海豚宣传救护网络"，适时启动人工繁育工作。开展水生野生动物宣传月活动，9 月 23 日成功在广州海洋馆举办 2013 年全国水生野生动物宣传月活动启动仪式。推进网上办事大厅建设，加快行政审批效率，提供便民利民服务。批准和年审的海洋渔业生物资源特许证件超过 5100 余份，上报农业部渔业局审批事项 113 份。顺利完成伏季休渔、珠江禁渔。探索科学增殖放流，全年放流鱼虾贝类约 4.6 亿尾/亿粒。与香港渔农自然护理署、澳门民政总署联合举办第六届南海生物资源增殖放流活动，取得良好的社会宣传效益。成功举办粤港澳中华白海豚保育交流会、承办第 15 届中国生物圈保护网络大会。建成水产种质资源保护区 16 个。

**【海洋污染防治】** 配合广东省人大开展《广东省实施〈中华人民共和国海洋环境保护法〉办法》执法检查，重点检查各沿海市海洋环境保护规划和重点海域环境保护规划的制定，海洋环境监测网络的建设，海洋生物多样性、重要海洋生态区域和海洋景观的保护，入海排污口和陆源污染物排海的监督等情况。改革海洋工程环评的组织方式，加强涉海工程环境影响预防。委托广东省海洋与渔业环境监测中心开展海洋环境影响评价的技术评审，初步建立海洋工程环境影响评价技术审查制度。印发《关于成立省海洋与渔业局海洋环境影响评价核准工作委员会的通知》，逐步建立海洋环境影响评价核准委员会制度。梳理海洋工程环评核准流程并发布新的办理指南，细化每个环节的办理时间，加快海洋环评各环节的办理时间。在广东省海洋渔业局网上办事大厅上实施海洋工程项目环评网上受理。2013 年共核准海洋工程 33 个。加强重大项目跟踪监测，进一步严格海洋工程在施工和运营期的在线实时监测，并要求编制跟踪监测方案并报广东省海洋与渔业局备案，主持广州港出海航道三期工程海洋环境影响跟踪监测报告的评审和验收。开展海陵湾、水东湾等海洋环境容量研究，启动编制海洋生态红线实施方案。加快滨海城市污水处理设施建设，全省建成污水处理设施 396 座，日处理能力达 2093 万吨，约占全国的 1/8，居全国首位，有效加强了对陆源污染物排海的控制。初步建成海上溢油海陆空立体监视监测体系。启动建设珠江口及粤东西入海污染物在线监测系统。

**【应对突发环境事件】** 编制《2012 年广东省海洋环境状况公报》并以广东省政府名义召开新闻发布会向社会发布。编制并组织各地市完成 2013 年海洋与渔业环境监测工作方案，在广东省所辖海域开展趋势性监测、多样性监测、赤潮监测、放射性监测等工作。启动珠江口及粤东西入海污染物在线监测系统建设，进一步完善珠江口及粤东西入海污染物在线监测系统建设专项实施方案，加快推进项目立项。稳步推进省级海洋放射性能力建设，落实《西太平洋海洋环境监测预警体系建设中长期规划纲要（2012—2020）》，开展核放射性监测人员培训和放射性监测设备的购置工作，配合开展阳江核应急演练工作。联合海事部门、地方政府在大亚湾开展溢油演习工作。加强赤潮应急监测能力建设，开展赤潮应急监测培训，并指导开展赤潮应急演习认真开展珠海万山附近海域“夏长”号船舶沉没漏油事故、西江水域铊污染等重大海洋与渔业环境突发事件的应急处置工作，并积极跟进汕尾碣石湾 3.13“雅典娜”号沉没事件、“宏浦 35”与亚洲“香港 26”碰撞漏油事件等海洋环境突发事件的污染索赔工作。

## 海洋环境预报与防灾减灾

**【构建海洋公共服务体系】** 2013 年，广东省组织开展海平面变化影响调查评估、海洋灾害影响评估和警戒潮位核定。加强海洋环境观测和海洋灾害预警预报能力建设，建成惠州大亚湾、阳江闸坡渔港 2 个全国首批海洋环境精细化预报台。建设海洋灾害预警报系统以及汕头、汕尾、茂名 3 个海洋气象浮标站。投入资金 600 万元在广州、惠州大亚湾开展海水漫滩系统建设（一期）。围绕服务海洋观测能力建设，开展验潮设施和咸潮在线观测系统建设，对广州市河口地区的盐度变化进行在线观测。开展海洋灾害影响调查与评估工作，对 2013 年“温比亚”、“尤特”、“天兔”等在广东省周边地区登陆的台风进行评估，包括经济损失、受灾人口、渔业生产、堤防工程等，做到全面反映海洋灾害所带来的损失。

**【海洋渔业防灾减灾】** 加快渔港建设，积极争取国家支持，建成和在建国家级渔港 15 个，在建二类、三类渔港 16 个，启动编制超国家级渔港建设方案。制订《广东省海上万艘渔船安全工程实施方案》。积极应对“尤特”、“天兔”、“蝴蝶”等超强台风和强降雨灾害，妥善处理“9.29”南沙渔船遇险事件。全年渔业船舶安全事故造成死亡失踪 12 人，同比下降 29.4%。全省执法队伍共参与渔业海难事故救助 118 起，救助渔民 213 人。加强与广东海事局交流合作，建立防范商船与渔船碰撞事故有效机制。

## 海洋行政执法

**【概况】** 2013 年，广东省海域使用类违法案件共立案 53 宗，结案 38 宗，罚款额 969.325 万元，其中海盾案件立案 5 宗，结案 1 宗，罚款额 269.865 万元，未结案 4 宗拟罚款 3000 多万元。

**【海洋环境保护执法】** 强化对海洋工程建设项目的执法监管，将未经环评擅自开工建设、污染损害海洋环境的违法行为列为重点打击对象。如对湛江东海岛石化产业园未做好围堰等环保措施进行吹填施工的行为进行立案查处。以深圳西部海域非法倾废事件为鉴，建立打击违法海洋倾废的长效机制。实施集中用警、异地用警，开展“碧海”、“靖海”等专项执法行动，调集执法船艇 185 艘、执法人员 1844 名、执法车辆 105 辆，海监飞机 18 架次，集中力量对违法填海、非法采砂等行为进行打击，全年查处各类案件 4252 宗。其中共查处“碧海”案件 25 宗，办结 23 宗，执行罚款 204.5 万元。珠海、江门、中山签订全省首份跨区域海洋渔业执法协作协议，开展联合执法 16 次。联合香港警务处水警总区、香港渔农自然护理署举行粤港联合执法行动。

**【打击非法采砂】** 2013 年，进一步深化海砂开采重点监控区试点工作，坚持“省直管”模式，切实加强海砂执法监管。一是通过组织开展珠江口海洋环境执法检查专项行动，创新海砂开采执法监管措施，规范自由裁量权、对号入座。建立采砂船登记报备制度和实施黑名单制度，持续打击违法采砂行为。二是推广珠江口海砂执法监管模式到湛江港等重点海域，取得良好效果。全年中国海监广东省总队及基层队伍共查处珠江口海域违法开采海砂案件 56 起，执行罚款 331 万元。

**【海岛保护执法】** 制定了广东省海岛巡查年度计划，重点巡查已开发利用的海岛，兼顾未开发利用的无居民海岛。结合维权巡航巡查边远海岛，组织海岛专项航空巡查。率先全国应用海岛监视监测系统，提升海岛执法工作的规范化、信息化管理水平，推广海岛执法示范成果。广东省海监队伍开展巡查海岛 2113 个，共发现违法用海岛行为 14 宗，立案 14 宗，结案 11 宗，收缴罚款 46.01 万元，另 3 宗正在办理中。直升飞机执法成效初显，在广东省共组织飞行 29 个架次，68 个多小时，约 10540 千米，发现 22 个涉嫌违法用海项目，其中对 12 个项目进行立案调查。

**【海洋维权】** 2013 年，广东省成立了海上民兵综合应急机动大队。参与钓鱼岛、黄岩岛、美济礁、西沙、南沙、北部湾等海域维权执法 23 航次，航程 1 万多海里，巡航 440 天。出色完成了各批次维权任务，受到了国家主管部门的高度赞誉。44246 号渔政船被国际海事组织授予“2013 年海上特别勇敢奖”，44061 船被广东省政府荣记集体一等功，省渔政总队海监处被评为广东省公务员先进集体。

**【海洋综合执法】** 实施集中用警、异地用警，开展“碧海”、“靖海”等专项执法行动，调集执法船艇 185 艘、执法人员 1844 名、执法车辆 105 辆，海监飞机 18 架次，集中力量对违法填海、非法采砂等行为进行打击，全年查处各类案件 4252 宗。珠海、江门、中山签订广东省首份跨区域海洋渔业执法协作协议，开展联合执法 16 次。联合香港警务处水警总区、香港渔农自然护理署举行粤港联合执法行动。

**【执法装备建设】** 为保证海洋维权和综合执法需要，2013 年广东省加大了执法装备建设，其中两艘千吨级执法船和首架海监飞机入列投入使用，标志着广东海洋渔业执法船艇正式跨入千吨级行列，率先在全国省级海洋渔业执法机构拥有直升飞机；新入列的中国海警 3111 船、3112 船积极参与国家专项维权执法任务，参与专项巡航 4 航次，航程 9500 海里。13 艘百吨级执法船和一批执法快艇开工建造。

## 海洋行政审批

**【行政审批网上办理】** 按照广东省委、省政府统一部署，广东省海洋与渔业局极推进网上办事大厅建设。全局 62 项审批事项全部纳入省网上办事大厅，各审批环节均在政务外网上流转审批，100%全部实现网上在线申办，办理深度全部达到 3 级。为方便群众，开展跨层级审批事项试点工作，选取中山、惠州、东莞为试点单位。跨层级试点完成后申请人只要在网上申请，县、市、省网上联动办理，申请人不用到实体窗口就可办理所需为理的事项。在省政府网上办事大厅建设考核排名中，广东省海洋与渔业局实现了从省直单位的并列倒数第一，跃居并列第一的转变。

**【办证中心逐步规范化】** 广东省海洋与渔业局行政审批事项从最初的月受理量 30 件，到现在达 650 件，受理数量和质量不断增加，共受理审批事项 6460 件，累计当面咨询和电话咨询 2300 多次，都给予满意答复。邮件往来 1610 余件，都及时送达，得到群众的肯定。为推动办证中心规范化运作，广东省海洋与渔业局制定完善了办证中心值班、一次性告知等工作制度，对受理行政审批工作人员开展了多次培训。会同省编办、经信委等部门，梳理全局行政审批事项共 26 大项 62 小项，印制了行政审批事项办事指南。

## 海洋科技与文化

**【科技兴海】** 2013 年继续争取国家下达广东省海洋经济创新发展区域示范专项资金 3 亿元，争取国家集中支持广东省“促进广东海洋战略性新兴产业发展与海洋生态文明示范区建设的关键技术研究与示范”等 6 个重大项目，获得支持资金 8628 万元。与国家海洋技术中心签订战略合作框架协议，共建区域性海洋立体监测与观测系统、国家深海海洋试验场（广东）和国家海洋技术南方中心。

**【海洋科普宣传】** 2013 年，广东省海洋与渔业局联合广东省委党校、中山大学举办首期“广东蓝色课堂”。成功举办世界海洋日暨中国海洋日广东分会场活动，组织开展开渔节、休渔放生节等主题活动。联合广东电视台、广东海事局推出“广东沿海行”系列深度报道，成为广东省最全面、最广泛、最有影响的海洋系列专题报道，在社会上引起了热烈反响。

（广东省海洋与渔业局）

# 深 圳 市

## 综 述

根据党的十八大提出的“建设海洋强国”宏伟目标，按照《国家海洋事业发展“十二五”规划》以及广东省委、省政府《关于充分发挥海洋资源优势努力建设海洋经济强省的决定》的部署要求，深圳市海洋部门在深圳市委、市政府的正确领导和高度重视下，围绕《关于深化陆海统筹建设海洋强市的工作方案》，着力推进陆海管理一体化，加强海洋城市建设，取得多项新进展与新成绩。

## 海洋经济与海洋资源开发

2013 年，深圳市海洋经济总体保持平稳发展，其中，海洋交通运输业稳中有增，2013 年深圳港港口货物吞吐量 23397.98 万吨，同比增长 2.6%；集装箱吞吐量 2327.84 万标箱，增长 1.5%，其中出口集装箱吞吐量 1208.3 万标箱，同比增长 3.0%。滨海旅游业稳步增长，实现增加值 244 亿元。海洋油气业约达 431.5 亿元。海洋船舶工业产业增加值约为 24.50 亿元，海洋设备制造业产业增加值约为 23.06 亿元，海洋渔业产业增加值约为 3.54 亿元。其中，全年海洋渔业总产量 1.8 万吨。

## 海洋立法与规划

**【海洋立法】** 组织修改完善了《深圳市海域管理条例》。重点就海陆分界线的测定依据、海陆管理体制、海域使用规划体系、海上构筑物管理、围填海造地管理、海域使用权市场化、海洋环保等内容进行了规范，为给深圳市海域与海岸带资源管理提供符合市情实际的法律保障。

**【海洋规划】** 《深圳海洋发展战略研究》作为深圳市第一个宏观海洋发展战略研究正式启动。该项目为明确深圳在“海洋强国”战略下城市定位和区域优势，借鉴国内外海洋城市经验，综合陆海空间的自然条件、功能定位和发展目标，提出了经济与科技、资源与空间、生态环境保护、滨海特色与海洋文化、安全与防灾减灾等五个发展战略。组织开展了《深圳市沙滩专项规划》的编制工作，坚持“陆海统筹、社会公平、可持续发展”的规划原则，充分体现“保护优先、公共开放、高品质多样化开发”的规划理念，在综合调查评价和分析基础上，提出了规划目标、实施建议和管理要求，为建设深圳市大鹏新区国际滨海旅游度假区发挥积极作用。开展大空港海域区域建设用海规划，大空港地区是深圳市未来重点发展区，依托绵长的岸线及海域资源，将涉海片区规划定位为创建海洋经济科学发展示范市核心区，主要布局海洋技术、海洋服务信息产业。

## 海域使用管理

**【海域动态监管】** 开展深圳市海域空间资源监视监测业务。加强用海项目和疑点疑区监测，通过卫星遥感、航空遥感影像数据，结合现场调查、视频监控等手段，对典型海域的空间资源信息进行全面监视监测，对深圳机场飞行区扩建工程、招商局蛇口工业区太子湾片区综合开发工程和地铁 11 号线项目开展在建项目监视监测，通过对比 2012 年 10 月和 2013 年 10 月两期遥感影像，制作《2013 年深圳东部海域疑点疑区图册》。加强海域使用综合评价，开展深圳海域使用统计分析，编制《海域动态监视监测简报》和《海域使用例行核查监测报告》。

**【动态监控系统建设】** 推进深圳市海域使用动态监控系统集成，初步完成数据分类与数据结构梳理，全面规范了各类动态数据资料的处理办法和入库流程。构建了海籍信息统一平台。结合遥感数据和各类资料，将宗海空间数据、权属数据以及海岛等信息统一纳入数据库管理，并实现航道、锚地、海底电缆管线、海域勘界等信息的入库。海域使用项目信息及时入库。开展海域使用动态监视监测数据库的补充、更新和维护工作，完成深圳市 130 个海域使用权属的统计整理工作，录入国家海域动态监视监测管理系统的市级海域使用权属数据 66 宗，其中，现状数据 55 宗，历史数据 10 宗，申请数据 1 宗。先后完成了深圳地铁 11 号线碧-机区间线段工程等 9 个新修及变更项目的信息入库管理。

**【海域使用金管理】** 推进《深圳市海域使用金使用管理暂行办法》出台。该办法作为深圳市第一个关于海域使用金管理的地方性法规，着重在海域使用金用途管制、申报程序和监督检查等方面进行规范，已上报市法制办审查。配合深圳市审计局完成了对深圳市涉及海洋资源保护利用的事项及资金的专项审计调查，结合审计报告，进一步规范海域使用金的征收、使用和管理。

## 海洋环境保护

**【深圳湾综合整治】** 推进深圳湾综合整治策略研究，组织开展了深圳湾综合整治的资料收集、实地调查与分析，为全面开展深圳湾的环境治理奠定坚实基础。开展"深圳海域陆源入海污染物在线监测系统"整体规划，完成前期调研、现场勘察、用地协调等，选宝安区新圳河入海口为试点，建立陆源入海污染物在线监测试点站。

**【海洋环境监测】** 全面完成了海洋环境监测任务，共出海 158 航次，航行约 1800 海里，获取监测数据 25000 组，为海洋环境保护与评价提供基础数据。采用多种质控方式，共获取 12 个监测项目的质控数据 498 组，质控数据总合格率为 74%，完成年度质控任务，保证监测数据准确可靠。

**【2013 年海洋环境状况公报】** 对 2013 年深圳近岸海域、功能区、陆源入海排污口及其邻近海域环境质量状况和主要河流入海污染物总量等调查数据进行了科学分析和评价，编制并发布了《2013 年深圳市海洋环境状况公报》。

## 海洋环境预报与防灾减灾

**【海洋环境预报】** 2013 年 4—10 月，深圳市海洋环境与资源监测中心开展每日常规海洋环境预报工作，选取大梅沙、小梅沙两个重点区域进行环境质量预报，通过深圳电视台都市频道及深圳市规划和国土资源委员会（市海洋局）网站向公众发布，主要预报参数有浪高、水文、水质、游泳适宜度等，预报时效为 24 小时，做到游客提前知晓海水浴场情况，充分保障游客的人身安全。

**【监测观测基础建设】** 继 2012 年度已投放的 5 个浮标之后，再次投放 5 个浮标，完成海洋环境自动监测系统一期投放工作，同时完成项目（二期）5 个浮标及高频地波雷达站的招投标。浮标监测数据已广泛应用于海水环境质量评价、突发事件预警等方面，并逐步实现数据应用与共享。加强海洋观测设施建设，购置 6 套波浪浮标、5 套潮位仪、1 套声学多普勒剖面流速仪、2 套温盐深记录仪。2013 年 5 月，开展深圳海域潮汐、海流数值模拟预报工作，预测 24 小时后的深圳海域的潮汐、海流状况。

**【海洋灾害风险评估】** 开展了《深圳市风暴潮和海浪灾害风险评估》、《深圳市海啸灾害风险评估》项目，并已完成验收。组织开展了 2013 年度深圳市海平面变化影响调查评估工作。研发并试运行深圳近岸海域海流数值模拟模型，对全市海域的风暴潮、台风浪等海洋灾害进行预警预报。根据《2013 年海平面变化影响调查评估技术方案（深圳市）》工作内容，组织开展海平面变化影响信息采集、海平面变化影响实地调查工作，对宝安沙井锦程路段的海水倒灌现象及土洋收费站路段、金沙湾沙滩的海岸侵蚀进行重点调查，并编制完成《深圳市 2013 年海平面变化影响调查评估工作报告》与《深圳市 2013 年海平面变化影响实地调查技术报告》。

## 海洋执法监察

**【概况】** 继续深化海监"网格化"管理，全年海监案件立案 20 宗，办结 20 宗，执行罚款 236.43 万元。其中，办结海域案件 3 宗，执行罚款 118.93 万元，办结倾废案件 15 宗，执行罚款 113.5 万元，办结海岛案件 2 宗，执行罚款 4 万元。全国首例恢复海域原状案正在按计划推进。办结首例法院强制执行行政处罚案，当事人已缴纳罚款滞纳金。

**【打击违法倾废】** 强化用海企业"主体监管"责任，一是规范监管，狠抓源头，禁止从事城市弃土运输单位采用开底的自卸船舶开展海上运输。二是强化海岸线使用权人"主体"监管责任。争取辖区政府支持，积极开展海域岸线综合整治行动。同时海监执法大队与辖区土地监察大队建立信息交换平台，定期联合巡查海岸线。针对深圳市宝安区海域违法倾废，按照深圳市市长"要严查重罚"的批示，开展专项行动，依法对两艘涉案船舶进行重罚。在全市范围内排查了29处违法倾废疑点，先后立案查处15宗违法倾废案件。

**【海监基地建设】** 在深圳市海洋局海监基地项目领导小组的推动下，该项目已增加投资，并获得市发改委可行性研究报告批复，陆域配套工程建筑概念设计已完成，水下工程已进入施工阶段。

**【打击非法捕捞】** 深圳市政府高度重视深圳湾非法捕捞问题，专门召开专题会议部署各部门联合行动。在深圳市南山区政府组织下，渔政、公安、边防等部门已联合开展7次大型执法行动。渔政支队出动执法人员1400余人次，查扣各类"三无"船舶202艘，非法网具13万余米，开展了三次公开销毁"三无"船舶和非法网具活动。公安部门行政拘留暴力抗法人员19人、刑事拘留1人，产生了极大震慑作用，有力维护了用海秩序。

## 海洋行政审批

协调推进重大用海项目建设，主动协调广东省海洋与渔业局、广东省海监支队等部门，积极开展服务，加快审批流程，保障了深圳地铁11号线碧-机区间高架跨海桥、东部海堤重修工程等市政府重点项目用海需求，完善了前湾电厂过海管廊、中海油电厂海底取水管等用海项目用海手续。

## 海洋科技

**【数字海洋】** 正式开通国家数字海洋深圳节点，并纳入国家数字海洋网络体系，启动了节点门户系统建设。完成《深圳市数字海洋系统工程需求分析报告》、《深圳市数字海洋应用系统建设方案》、《深圳市数字海洋系统工程管理与保障系统建设方案》、《深圳市数字海洋数据库系统建设方案》等4个方案的编制，并于2013年9月份通过了验收。

**【公益性行业科研项目】** 2013年，深圳市承担国家海洋局两个海洋公益性行业科研专项经费项目——清华大学深圳研究生院牵头的《典型滨海湿地修复效果评估与功能保育关键技术研究与示范项目》、北京大学深圳研究生院承担的《几种重要海洋微生物（微藻）活性产物关键工程化技术研发与示范应用》。深圳市海洋局着力在项目计划实施和资金使用等方面进行监管，就重要工作节点和突出问题进行协调和指导，确保工作进度和成效。

## 海洋教育

为加强海洋人才培养，推进海洋立市战略，深圳市海洋局与深圳大学于2013年7月19日签署合作框架协议。协议规定，双方将共同就加强海洋政策研究、促进海洋领域的国内外合作、建设海洋数据与技术共享平台、推动海洋科学研究及成果转化、推进科教人才培养等方面开展合作，并成立工作协调小组，以促进具体工作的贯彻落实。为做好2014年度海洋公益性行业科研专项经费项目的储备工作，将深圳大学备选为2014年度海洋公益性行业科研专项经费项目协作单位。

## 海洋文化

2013年，围绕国家海洋日宣传活动开展了为期五个月的系列宣传工作。海洋知识竞赛暨海监船出航公益活动、摄影大赛作品展、海洋管理法律法规知识宣传、"沙滩卫士"志愿者活动、寻找中国最美滨海湿地守护者行动等活动已开展，得到市民的热烈相应和广泛参与。在宣传形式上独具城市个性、内容上与海洋管理工作紧密结合、参与方上发动各界社会力量、传播方式上综合立体丰富等特点。宣传效果十分显著，被国家海洋局评为"2013海洋日表现突出单位"。

（深圳市海洋局）

# 广西壮族自治区

## 综　述

2013年，是全面贯彻落实党的十八大精神的开局之年，是深入实施“十二五”规划承前启后的关键之年，同时也是建设海洋强国的起步之年。

李克强总理在广西考察时曾明确提出要将广西打造成为我国西南中南地区开放发展新的战略支点；自治区党委2013年首次将海洋工作列入工作要点；自治区党委贯彻落实十八届三中全会意见明确提出要“拓展中国——东盟海上丝绸之路”、“推动建设中国-东盟海洋合作试验区”；2013年政府工作报告提出“要抢抓机遇，主动参与国家21世纪‘海上丝绸之路’建设”，在参与国家21世纪“海上丝绸之路”建设过程中，广西资源优势、区位优势、政策优势叠加，将责无旁贷地承担起重要角色，努力建设成为21世纪“海洋丝绸之路”重要的交通运输枢纽（中心平台）、区域性贸易中心、技术产业合作平台、政务商务文化交流活动中心、生态环境保护合作活动平台。此外，随着广西北部湾经济区开放开发步伐的进一步加大，广西沿海地区也正在形成一批新的城市集群、临海产业集群、海洋旅游景区集群。

在这一大背景下，广西区海洋局紧紧围绕服务建设海洋强国、建设海洋强区这一大局，以服务海洋经济又好又快发展为主线，以提高海洋开发、控制、综合管理能力为目标，转变思想观念，完善发展思路，主动务实推进，扎实有效开展海洋综合管理各项工作。

## 海洋经济与海洋资源开发

**【概况】**　2013年，广西沿海各级人民政府及涉海部门深入贯彻落实党的十八大和十八届三中全会精神，紧紧围绕自治区党委、政府建设海洋强区的工作部署，抓住国家建设“中国-东盟海上合作试验区”、“21世纪海上丝绸之路”、打造“中国-东盟自由贸易区升级版”和“把广西建设成为我国西南中南地区开放发展新的战略支点”等重要机遇，进一步解放思想，开拓创新，着力推进海洋强区建设和海洋经济结构升级，不断提高海洋资源管理和服务水平，广西海洋经济继续保持平稳增长的良好势头。

## 海洋立法与规划

**【广西壮族自治区海洋环境保护条例】**　2013年11月28日，《广西壮族自治区海洋环境保护条例》于广西区十二届人大常委会第七次会议上表决通过，2014年2月1日正式生效。该条例共七章45条，包括了海洋环境监督管理、海洋生态保护、海洋环境污染防治、海洋环境影响评价以及法律责任等内容。该条例结合广西的实际情况，明确了沿海县级以上政府及其海洋、环保等部门对海洋环境监督管理的职责分工。该条例作为广西第一部地方性海洋法规，对促进广西海洋经济健康发展，保护海洋环境，确保海洋资源的可持续利用具有里程碑意义。

## 海域使用管理

**【概况】**　2013年，全区海域使用确权宗430宗，面积4373.42公顷。其中养殖用海378宗，面积3139.60公顷；工程建设项目52宗，面积1233.81公顷；组织海域使用论证15批，项目33个。共办理填海竣工验收6宗，面积171.52公顷。共办理海域使用权抵押21宗，抵押金额16.84亿元。

**【海洋功能区划修编】**　2013年初，广西区海洋局按有关规定对《广西海洋功能区划（2011—2020年）》进行脱密处理，并向广西区地理信息局申请办理了审图号。报经广西区人民政府批准同意后，以桂海发〔2013〕39号文将《广西海洋功能区划（2011—2020年）》印制500份送广西区有关单位、沿海三市人民政府执行。同时，在《中国海洋报》发表了海洋功能区划解读文章，扩大广西海洋功能区划的影响。

**【海岸保护与利用规划编制】** 2013年努力推进防城港市西湾红沙环生态海域海岸带整治创新示范工程，一期工程即将完毕。其次，组织实施海域海岸带整治修复项目。对已经获得国家海洋局批准实施的中央级海域使用金支持的4个项目，广西区海洋局安排专人跟进，一些项目已经进入竣工验收阶段。

**【重点用海项目监视监测】** 沿海三市海域动管中心按照年度工作方案，加强对重点用海区域、重点项目用海的动态监视监测，根据项目实地监视监测情况做好监测记录表。2013年，三市动管中心共开展重点项目现场监视监测次数达85次，对28个项目用海进行了动态监视监测，编制监测报告67份。

**【区域用海规划监视监测】** 根据2013年度工作方案，北海市海域监管中心开展北海市铁山港区域用海规划现场监测2次，编制监测报告2份；钦州市海域监管中心开展了钦州港大榄坪综合物流加工区域用海规划现场监测2次，编制监测报告2份。

**【疑点疑区海域使用现状监测】** 各级监管中心根据最新高精卫星影像图及地面监视监测等方式找出疑点疑区。防城港市动管中心在进行海岸线巡查监测时，发现在企沙半岛西侧海域有两处实施填海施工行为（涉海面积约0.47公顷），经与海洋行政主管部门核实均未办理任何用海手续后，报本级海监支队进行立案处理。钦州市动管中心现场监测过时发现2宗项目填海超界，及时通报市海监支队进行立案查处。

**【海岸线及滩涂资源等海域空间资源监测】** 防城港市海域动管中心制定了2013年防城港市海岸线、滩涂资源等空间资源监测工作方案，并于2013年10月启动了该项工作，通过外业对海岸线及滩涂资源的现状信息的采集，编制了《防城港市海岸线调查报告》。

**【视频监控系统建设】** 东兴海域动态监视监测系统已正式并入国家海域动态监视监测系统，实现了国家、省、市、县四级联通，加强了对中越边境海域的监视与监控；防城港市动管中心投入资金近30万元在阳光海岸小区新建了一个远程视频监控点，该监控点已接入防城港市海域远程视频监控系统，并对防城港西湾海域进行实时监控。

**【海域动态监管系统运行维护及安全管理情况】** 2013年，广西区监管系统运行良好，各级监管中心均安排专门技术人员进行日常系统维护。定期将国家下发的高清影像图下发至沿海三市动管中心。广西区海洋局信息办安排专人进行数据库维护工作，定期进行数据备份，定期检测，出现问题及时向国家监管中心进行汇报并积极寻求解决。

广西海域动态监管系统专用网络严格按照《国家海域使用动态监视监测管理系统数据传输网络建设总体技术方案》中的要求进行建设，2013年初已将专线网络从广西国土厅迁移至广西区海洋局（民族大道74号），目前国家到广西区级网络带宽为10M，区级至沿海三市3个节点之间带宽为6M，网络运行和网络使用状况良好，能够保持正常持续连通运行，保障基础系统软件运行。2013年全年共利用海域专网进行各级海域管理视频会议10余次，并积极配合国家网络中心调试远程会议设备和远程会议系统，为各级海域管理工作提供了高效技术手段。

## 海岛管理

**【市级海岛保护规划编制】** 2013年，广西区海洋局要求沿海三市要积极完成市级海岛保护规划的报批工作。《钦州市海岛保护规划》、《防城港市海岛保护规划》、《北海市保护规划》分别在2013年7月、8月通过广西区海洋局组织的专家评审。《防城港市海岛保护规划》、《钦州市海岛保护规划》已报广西区人民政府审批，北海市已经完成规划的报批工作，保持广西区海洋局此项工作的进展走在全国前列。

为加快海岛基础设施建设，提高海岛开发利用价值，促进海岛地区经济发展，广西区海洋局坚决按照《中华人民共和国海岛保护法》及其配套制度的相关规定，在《广西海岛保护规划》的基础上，要求钦州市海洋局开展编制了《钦州市七十二泾区域用岛规划》。7月12日，《钦州市七十二泾区域用岛规划》通过了广西区海洋局组织的专家评审，已组织上报广西区人民政府审核，批准后将上报国家海洋局批准实施。

**【海岛名录及标志】** 2013年11月，广西区海洋局负责的广西海域海岛地名普查项目已完成

《广西海岛标准名录》、《中国海域海岛数据集》（广西卷）、《广西海岛地名志》的编制，广西海域海岛地名普查成果已全部通过广西区海洋局的自验收，已经组织向领导小组办公室提交验收申请。此外，海岛标志设置工作也按照国家海洋局的要求稳步推进。在原有的工作基础上，2013年，广西区海洋局经过多方协调，克服任务重，人员少的困难，主动开展工作，截至8月，共计完成了480个海岛标志设置工作，超额完成了国家海洋局给予的380个标志设置的任务。

## 海洋环境保护

2013 年，广西核准海洋工程环评报告书（表）41 宗，依法评审 15 次，并对其中围填海项目实行听证。在近岸海域组织实施包括海洋生物多样性、海水、海洋沉积物、海洋自然保护区、陆源入海排污口及邻近海域、入海江河、海洋垃圾、海水浴场、海水增养殖区等在内的各项海洋环境监测，从 2013 年起启动广西首个海洋放射性监测实验室建设。11 月，《广西海洋环境保护条例》通过广西区人大表决，2014 年 2 月正式实施。编制和发布《2013 年广西海洋环境质量公报》。结合十八届三中全会关于建设生态文明的工作要求，2013 年启动了《广西海洋生态文明建设规划》编制工作。根据国家海洋局的统一安排，继续开展广西海平面变化影响调查工作。获国家海洋局评定优秀，工作成果对广西应对气候变化政策制定和规划沿海经济发展具有较强的科学参考价值。《广西海洋精细化预报试点工作实施方案》获国家海洋局批复，首次启动面向沿海重点保障目标的精细化预报服务，该项工作标志着广西海洋观测预报工作从趋势性预报向精细化预报的重要转折。

## 海洋生态文明

2013 年，山口红树林生态系统和北仑河口红树林生态系统总体均呈健康状态。群落结构和类型保持稳定，能够维持原有物种的多样性和生境完整性。北海市铁山港海草床生态系统呈亚健康状态。铁山港海草床生态系统比较脆弱，群落较不稳定，主要受挖沙虫、耙贝和抽沙等人为干扰活动的影响。涠洲岛珊瑚礁生态系统呈健康状态。

国家海洋公益性行业科研专项项目“海洋生态文明区建设的评估指标体系与应用示范”于 2012 年 12 月由国家海洋局批复实施，2013 年项目正式启动。继续在重要海洋生态保护区开展多项生态修复工程:广西山口红树林保护区应对区域和全球胁迫的生态建设工程、广西石角退化红树林区系统修复工程等，有效改善了区域海洋环境质量，提高了海洋水交换能力，促进了珍稀海洋生态系统的恢复和保护。《广西海洋生态保护与建设规划》通过专家评审。

## 海洋环境预报与防灾减灾

广西海洋管理部门全年累计发布日常预报单 2004 份，专项预报 365 次。2013 年，广西沿海出现了 4 次风暴潮灾害过程。全区受灾人口 16.21 万人，水产养殖受灾面积 662.9 公顷，养殖设备损失 120 个，损坏渔船 32 艘，损坏海堤护岸 7.64 千米，其他海岸基础设施损失 122 个，直接经济损失 48947.32 万元。广西沿海及北部湾北部海域出现波高≧3.0m 大浪的天数共 43 天，其中：冷空气引起的大浪 21 天，西南大风引起的大浪 12 天，热带气旋引起的大浪 10 天。广西沿海共发生了 5 次异常大潮过程，其中有 2 次过程（6 月 23—25 日、7 月 21—23 日）实测最高潮位达到或略超当地警戒潮位，其余 3 次过程实测最高潮位均低于或接近当地警戒潮位。异常大潮均未造成灾害。2013 年广西沿海未发现赤潮事件，广西海域没有发生重大海上溢油事件。海洋管理部门举办海洋风暴潮灾害应急演练 1 次，发布风暴潮和海浪橙色、红色警报，全年共发布警报传真 1068 份，手机短信 9.1 万条。2013 年新增了广西壮族自治区广播电台的 24 小时海洋预报发布，开通了“广西海洋预报”微博，并开始对外发布预报信息，扩大了海洋预报的覆盖受众。

## 海洋执法监察

**【海洋行政执法】** 2013 年，广西各级海监共出动执法船艇 829 航次，航时 2546 小时，航程 32753 海里；出动执法车辆 1689 车次、行程 61442 千米；派出执法人员 4065 人次；开展海域巡查 2709 次，其中海上巡查 1167 次，陆地巡查 1542 次。发现违法行为 102 起，有效制止违法行为 43 起，立案查处 59 件（其中违法占用海域 15 件，非法开采海砂 39 件，损害海洋环境 5 件）。办结案件 48 件，决定罚款额 4053.62 万元，已收缴罚款额 2655.30 万元。其中 2013 年“海盾 2013”专项执法行动中承办海域使用的案件共计 54 件，已执行处罚 48 件，决定罚款 4009.12 万元，已收缴罚款 2633.30 万元。在“碧海 2013”专项执法行动查处中涉嫌损害海洋环境违法案件立案 5 件，全部列为“碧海”案件（已结案 4 件，正在调查取证 1 件），已收缴罚款 22 万元。

**【海砂专项整治行动】** 2013 年，广西各级海监机构积极开展打击非法开采海砂执法行动，共查处非法开采海砂案件 39 件，收缴罚款 44.71 万元。10 月 21 日，广西区总队和中国海监南海总队联合在广西钦州茅尾海海域开展打击非法开采海砂专项执法行动。共出动海监执法船艇 6 艘，执法车辆 8 台，执法人员 80 多人次，查获涉嫌非法采砂、采矿船 11 艘。12 月 24 日，区总队联合南海总队组织中国海监第九支队、南海航空支队、钦州市支队、防城港市支队，并联合武警钦州市边防支队、广西公安边防总队海警三支队，钦州市国土资源局等单位出动 120 多名执法人员，海监执法快艇 7 艘，中国海监 B-7112 直升机 1 架，在广西茅尾海海域、大风江海域开展了海空一体联合打击非法开采海砂专项整治行动，严厉打击非法开采海砂行为。

## 海洋行政审批

2013 年，广西区海洋局共收到报件 109 宗，办结 59 宗，撤消 24 宗，转外政府审批 9 宗，跨年度审批项目 17 宗。全年没有发生过一起工作投诉，群众满意率一直保持在 100% ，得到了各级政府、各部门、广大群众和项目业主的充分肯定和高度好评。在窗口业务接待中，不仅有问必答、耐心回复、不厌其烦地接待业务咨询，并且在广西区海洋局服务窗口前台放置业务办理相关资料，更便于群众办理事务查阅。窗口工作人员把全心全意为群众服务，方便高效为群众办实事立为工作宗旨。据《区直机关各窗口单位业务办理基本数据》统计，全年行政效能办理提速近 50%，群众评价满意度达到 100%。

## 海洋科技

**【“科技兴海”专项管理】** 2013 年，广西区海洋局根据政府采购法等相关法规，修改了《广西科技兴海专项项目管理办法》，完善了相关制度，规范实施推进的程序。经过向社会征集项目需求、确定顶层设计、发布招标公告、公开招标、确定项目承担单位、签订任务合同等步骤，落实全年专项项目 6 项，下达经费 200 余万元。全年的项目设置充分体现了海洋综合管理及海洋科技及经济发展的迫切需求，如：《广西海洋生态补偿机制及其立法可行性研究》、《广西海洋生态红线划定》、《广西海洋科技强区建设研究》、《广西海洋科技支撑体系及管理制度设计》等课题都是广西贯彻落实十八大精神、实施科技兴海战略重要的奠基性工作。

**【国家海洋公益性行业科技专项项目组织申报】** 2013 年，广西区海洋局按照财政部和国家海洋局相关要求，积极组织广西有实力的海洋科研单位申报 2014 年度国家海洋公益性行业科研专项项目 4 项，并分别组织完成了立项报告、实施方案、预算方案的编写以及专家审查。广西区海洋局积极配合财政部完成对已入选项目经费的核减及退还等各项工作。通过组织申报和管理国家海洋公益性行业科技专项项目，一方面为国家海洋公益性行业科技专项项目承接地气、服务地方海洋经济做好服务，另一方面为广西海洋科研单位走出去、经风沐雨、锻炼队伍提供了一个良好的平台，客观上对壮大广西海洋科技队伍、提升其能力和知名度起到了积极的作用。

## 海洋教育

**【业务培训】** 为进一步增强全区海洋系统广大干部立足本职、推动科学发展、和谐发展、跨越发展的业务素质和综合能力，广西区海洋局按照上级有关文件通知精神，并结合本单位工作实际，制定了 2013 年度的干部教育和培训计划。同时，根据国家海洋局办公室《关于选派干部赴美国培训的通知》、广西区人民政府办公厅《关于选派干部参加国家行政学院海洋开发战略研讨班学习的通知》、广西区公务员局《关于举办“区直行政机关公务员能力建设”远程双向视频培训班的通知》和《关于举办 2013

年区直行政机关处级领导干部第一期任职培训班的通知》等文件要求，认真做好人员选派工作。据统计，全年共举办 3 期培训班，培训 230 多人次，培训时间共计 6 天。根据广西区公务员局《关于做好 2013 年全区行政机关公务员全员培训工作的通知》（桂公局函〔2013〕250 号）的精神及要求，组织局机关各处室、海监广西区总队全体在编干部共 38 人进行网络学习，参与率达到 100%，合格率达到 100%。培训活动具有较强的实用性和针对性，进一步丰富了全区海洋系统领导干部业务知识，增强了广大海洋干部职工管理水平，提高了全区海洋系统行政人员的业务素质、执法水平，为海洋管理工作上台阶打下基础，为促进全区海洋系统管理工作打下良好的基础。

## 海 洋 文 化

扎实推进主题宣传教育活动。2013 年以“6·8 世界海洋日暨全国海洋宣传日”为契机，联合广西区文化厅成功举办“美丽广西·海洋”书画摄影作品展，活动旨在通过生动直观的艺术方式表现美丽的北部湾及广西海洋事业蓬勃发展的良好局面，并通过报纸、宣传手册、板报、宣传口号、广场宣传、电视专访等多种形式，让人们欣赏在艺术的同时提高海洋意识，加强保护、科学利用海洋自觉性，同时，联合北海、钦州、防城港等 3 个沿海市局全面开展了丰富多彩的活动，取得良好宣传效果。

推进广西海洋事业发展专题片摄制工作。9 月初，在广西电视台成功播出第一集《向海而兴》，以纪录片的形式展示了广西海洋事业发展历程，进一步提升了广西海洋强区软实力建设。

成功举办第六届全国大中学生海洋知识竞赛广西区比赛，比赛内容涵盖了海洋军事、海洋经济、海洋时事、海洋工程与技术、海洋水文气象、海洋环境、极地大洋、海洋政策法规与权益等多个方面的内容，活动使更多的青少年了解海洋，认识海洋，热爱海洋，并投身海洋事业，得到了国家海洋局宣传教育中心、团区委等单位领导的一致好评。　　（广西壮族自治区海洋局）

# 海 南 省

## 综 述

2013年受涉海项目投资、海洋旅游消费、油气及海产品出口等因素的拉动，海南省海洋经济保持了高速增长的态势，海洋经济已经成为海南省国民经济社会发展的重要支柱。

## 海洋立法与规划

一是推进海洋强省政策落实。编制海南省各部门及沿海市县贯彻落实《省委省政府关于加快建设海洋强省的决定》工作责任事项分解草案，为落实海洋强省建设奠定了基础。二是开展政策调研。以中央提出的海洋强国和海南省提出的海洋强省为发展要求，开展海域管理、海洋生态、渔业养殖、捕捞、水产品市场等方面的研究工作，形成了40多个专题调研报告，为海洋与渔业发展提出了政策建议。三是做好立法工作。配合海南省人大出台了《海南经济特区海岸带保护与开发管理规定》，重点做好《海南省实施〈中华人民共和国渔业法〉办法》、《海南省海洋与渔业厅招标拍卖挂牌出让海域使用权暂行规定》、《海南省无居民海岛使用申请审批试行办法》和《海南省无居民海岛使用金征收使用管理办法》的修订和立法工作。

2013年8月6日，海南省委、省政府作出关于加快建设海洋强省的决定，8月7日海南省委办公厅印发《中共海南省委海南省人民政府关于加快建设海洋强省的决定》(以下简称《决定》)。

《决定》指出，加快建设海洋强省是维护南海国家权益的重大战略。加快建设海洋强省是实现海南绿色崛起的重要保障。加快建设海洋强省是推进国际旅游岛建设的必然选择。

《决定》提出了建设海洋强省的总体目标为：海洋经济综合实力进一步提升，海洋经济结构和调控体系进一步优化，核心竞争力和可持续发展能力进一步增强。到2015年，海洋生产总值达到1150亿元，占全省生产总值的30%；到2020年，海洋生产总值达到2862亿元，占全省生产总值的35%以上。海洋基础设施逐步完善，海洋资源开发补给网络初步形成，海洋开发保障能力明显改善；海洋综合管控水平显著提高，海上执法队伍和装备建设取得突破性进展，基本实现南海维权常态化；科技兴海卓有成效，创新能力大幅释放；海洋生态文明建设取得新突破。

《决定》规划了构建海南特色的海洋发展布局：构建“一环四带三区三岛群”的海洋开发空间布局。打造海南岛北部海洋综合产业带、南部滨海旅游产业带、东部滨海旅游—渔农产业带、西部临海工业产业带等四条海洋产业带，形成环海南岛“蓝宝石”海洋经济圈。以海洋旅游、交通运输、海洋渔业、油气资源开发为先导，建设南海北、中、南部三大海洋经济区。以基础设施、深水网箱养殖、自然保护区建设为重点，建设西、南、中沙群岛三个岛礁经济区。

《决定》提出重点发展的产业体系：加快发展海洋旅游业。积极发展海洋交通运输业。做大做强临港工业。支持发展南海油气业。大力发展现代海洋渔业。培育壮大海洋新兴产业。

《决定》提出加强海洋生态文明建设：建立国家级和省级海洋生态文明示范区。提升海洋生态环境监管能力。加强海洋生态系统的整治修复。健全保护海洋生态环境的体制机制。

《决定》在“实施科技兴海和人才强海战略、提高海洋综合管理控制能力、加强海洋文化建设、加快推进海洋重大基础设施建设、强化保障措施”等方面提出了具体的措施及要求。

## 海域使用管理

贯彻党的十八大“提高海洋资源开发能力，发展海洋经济，保护海洋生态环境，坚决维护国家海洋权益，建设海洋强国”的战略部署，全面落实国家海洋局坚持“五个用海”的总体要求，依法加强海域使用项目的审核、审批和监督管理，完善海域使用管理及其配套制度建设，不断提升海域使用综合管理能力，逐步创立了全省区划规划管理用海新局面，进一步深化了海域和海岸资源的管理，重点加强了填海造地用海管理秩序，海域使用权市场化进程逐步推进。

用海项目确权规范，超额完成海域使用金征收任务。海南省确权海域使用项目 150 宗，确权面积约 3187.47 公顷。其中渔业用海 27 宗，确权面积 478.62 公顷；交通运输用海 6 宗，确权面积 235.61 公顷；旅游娱乐用海 110 宗，确权面积 1631.68 公顷；造地工程用海 5 宗，确权面积 156.55 公顷；换发（变更）证书 10 宗，面积 156.46 公顷。海域使用金全年共征缴 70649.73 万元，其中省级 14329.74 万元，超额完成省级海域使用金征收计划任务。

**【海域使用项目审核】** 按国家、省政府相关法律制度规定和海南省海洋与渔业厅的要求，2013 年重点抓好国家、省政府重点项目（区域建设用海规划）海域使用的审核报批工作。推进已批准建设的儋州海花岛人工岛项目、万宁日岛人工岛项目、海口湾南海明珠（一期）项目的实施用海，推进洋浦港神头港区用海项目、海口港马村港区扩建二期项目、海口滚装船码头项目的用海审核工作。推进《洋浦港神头港区北部区域建设用海规划》、《海口南海明珠人工岛区域建设用海规划》和《万宁日岛人工岛区域建设用海规划》的审批工作。区域用海规划成为海域使用新的增长极，海域管理工作稳步规范发展。

**【围填海指标管理】** 2013 年，国家下达海南省的年度围填海年度计划指标 1000 公顷，本省各市县申请填海指标项目达到近 2000 公顷。为此，海南省海洋与渔业厅按照《关于进一步将强填海造地项目管理的意见》和《海南省海洋与渔业厅填海造地年度计划指标申请审批程序》的要求，严格控制填海指标的使用方向，全年共安排围填海项目 30 个，安排填海指标 603.13 公顷，主要用于工业、旅游、交通和渔业等方面，有效地保障了重点项目的推进。进一步规范围填海管理，铁腕治理海域问题。结合海域岸线等重点领域专项治理工作的落实，配合有关部门开展了围填海项目用海审核审批规范性审查、海域使用金征收管理规范性审查、海岸带资源开发、保护管理工作检查，以及全省海域资源使用管理普查工作，系统地检查了建省以来，特别是海南省政府下发行政审批事权后海南省及各市县在规范用海方面的主要工作、取得成果和存在问题，坚决纠正违法用海行为，完善和认真执行海域使用审核程序，为进一步规范海域使用管理工作奠定了坚实基础。

**【海域使用规划编制】** 在国务院批准《海南省海洋功能区划（2011—2020）》后，2013 年海南省海洋与渔业在厅按照国务院批复和省政府的工作部署，继续抓紧推进各市县海洋功能区划的编制工作，各市县已按照要求成立相关机构，落实工作经费，委托编制技术单位，区划编制工作正在按计划实施，年底前有三分之一的市县提交海洋功能区划的初步成果。组织开展了《海南省海域使用规划》编制工作。海域使用规划范围为海南省管辖海域，重点规划区域为海南岛周边近岸海域。规划期为 2013 年至 2015 年，规划基准年为 2012 年。《海南省海域使用规划》以《海南省海洋功能区划（2011—2020 年）》为基础，综合分析省级、市县级及各涉海部门的相关规划，以海洋功能区为规划单元，明确规划期内养殖用海，保护区、保留区用海，整治修复海域，围填海用海的目标和控制指标，并将目标和指标落实到各市县；对单一海洋功能区内用海类型的空间布局、开发时序、开发规模、整治与保护工作等作出进一步安排；提出保障海域使用管理和规划实施的具体措施。

**【填海造地用海管理】** 主要采取了以下措施：一是不断完善填海造地用海管理体系，相继修订完善了海域使用申请审批、论证评价、指标管理、备案、动态监管等一系列程序制度，海南省填海造地管理程序制度进一步规范、完善。二是进一步提高海域管理支撑能力，加强填海造地项目监管力度。海南省在全国率先实现海域使用权证书通过国家海域动态监视监测系统统一配号，经过国家系统的管控，严格防止不符合规定的海域使用审批行为。海南省实施海域动态监管制度，并按照国家海洋局要求开展无人机遥感基地建设，对全省填海造地实施全方位、立体化监视监测，进一步增强了海南省对填海造地项目的管控力度。三是保障重点项目，严控填海指标，优化配置海域资源。从严控制国家下达的填海造地指标并严格审查制度，将有限的填海指标重点用于洋浦经济开发区及获得国家批准的区域建设用海规划的填海项目，有力保障了省重点项目的建设，为海南省临港工业、石化、滨海旅游等重大基础设施建设拓展新的发展空间，对海洋经济发展起到了强有力的支持作用。

**【海域使用权市场化配置】** 从2013年开始逐步推行海域使用权市场化配置工作，把海域资源推向市场，通过招标、拍卖、挂牌等多种方式出让海域使用权，征收符合市场标准的海域使用金，体现海域资源的应有价值。修订了《海南省海洋与渔业厅招标拍卖挂牌出让海域使用权暂行规定》、《海南省抽取填海物料临时海域使用管理试点工作方案》。同时积极推进建立海南省海域使用权价值评估体系的建立，全面公开全省各类用海信息，为海域使用权市场竞争机制的形成打下坚实基础，彻底把海域资源全面推向市场。

**【系统建设】** 海域动态系统建设及海域管理能力建设取得重大突破。积极推进海域管理无人机基地建设和三沙市海域使用动态监视监测系统的建设，为实现全省海域动态监视监测、保障海域管理、海洋维权和海洋经济开发提供有效技术支撑。

## 海岛管理

**【概况】** 以强化海岛管理制度建设、推进《海南省海岛保护规划》编制、法前用岛活动确权登记发证、加快完成海岛地名普查任务、加快完成领海基点保护范围选划等工作为重点，坚持科学规划、保护优先、合理开发、永续利用原则，创新海岛管理工作机制，提升海岛管控能力，改善海岛环境，促进海岛地区经济社会可持续发展。

**【无居民海岛申请审批】** 全面加强海南省海岛保护工作，颁发了厅法规性文件《海南省无居民海岛使用申请审批试行办法》，为无居民海岛使用申请审批提供了重要依据。《海南省无居民海岛使用申请审批试行办法》规定了无居民海岛使用无居民海岛使用实行国家和省分级审批制度；申请审批包括“申请、市县审查、省海洋主管部门审核（查）、上报省政府批准、登记发证”等有关程序；明确了无居民海岛的使用权出让方式为：用于非经营性开发利用的无居民海岛，可采取申请审批方式出让无居民海岛使用权。其他用于经营性开发利用的无居民海岛，依法采取招标、拍卖或者挂牌方式出让无居民海岛使用权。招标、拍卖或者挂牌出让无居民海岛使用权的具体方案由海南省级海洋主管部门编制，报海南省人民政府批准后实施。完成了海南省无居民海岛使用申请审批办法和海南省无居民海岛开发利用招标拍卖挂牌管理规定报批稿，对无居民海岛的使用和开发利用做了更加明确具体的规定，报省政府批准后颁布实行。

**【国家海岛监视监测管理系统】** 编制了《国家海岛监视监测系统海南省建设方案》，安装了厅级海岛监视监测管理系统，开通了各市县级管理账户。

**【海岛地名普查】** 截至2013年底，完成全部现场调查工作，共核实海南岛周边海岛628个，低潮高地466个，暗礁暗沙76个；完成海岛地理实体的名称标准化，其中海岛名称直接认定197个，命名496个，更名5个，注销海岛名称17个；完成220个海岛名称标志设置，其中2011年度完成 120 个海岛名称标志设置工作，2012年度完成 100 个海岛名称标志设置工作；完成了《中国海域海岛标准名录（海南分册）》、《全国海域海岛地名普查数据集（海南卷）》、《中国海域海岛地名志（海南卷，海南岛周边海岛）》和海南省海岛地名普查名称标准化处理报告。2013年12月27日，海南省海岛地名普查项目顺利通过国家海洋局验收。

**【法前用岛活动确权登记发证】** 三亚东锣岛作为国家海洋局公布的首批 176 个可开发利用无居民海岛之一，经海南省人民政府批准由三亚东锣岛海上游乐有限公司使用，并经国家海洋局正式批复三亚东锣岛的使用证书权编号。在经过前期评估论证等基础上，2013年6月20日，海南省政府批复同意按照评估价征缴三亚东锣岛无居民海岛使用金 1588.02 万元，一次性征收。这是海南省第一例无居民海岛使用金征收工作。

## 海洋环境保护

**【发布海洋环境信息】** 在全省近岸海域、西沙群岛海域布设监测站位341个进行监测评价，发布海洋环境通报61期，发布《2012年海南海省海洋环境质量状况公报》和《2012 年海口市海洋环境质量状况公报》、《2012 年三亚市海洋环境质量状况公报》。

**【开展海洋环境能力建设】** 完成海洋放射性

监测能力建设首批监测设备购置，补助三沙、临高、昌江、乐东、万宁、陵水、东方、澄迈等8个市县局开展海洋环境监测能力建设。

**【加强海洋污染防治工作】** 全省全年共核准海洋工程环境影响评价报告书77项，开展海洋工程环境保护设施验收 2 项，受委托签发废弃物海洋倾倒许可证5个，批准倾倒量239.99万立方米，倾倒费收入719977.9元。

**【加大典型海洋生态保护力度】** 实施海南珊瑚礁生态修复基地建设项目。开展珊瑚礁保护执法检查专项行动，海口、三亚、东方等3市县局还联合工商部门共同开展，严厉打击非法采挖、加工销售珊瑚礁及其制品违法行为，共出动执法人员 466 人次，现场责令整改 13 家，下发责令停止通知书 11 份，查处运输珊瑚礁案 1 宗。

## 海洋生态文明

**【海域、海岛和海域岸线的修复整治】** 实施万宁市大洲岛整治修复及保护项目，逐步修复受损珊瑚海草，建立海岛生态资源监控管理数字化平台，对棚户区进行整治改造，修建供水供电系统，改建大洲岛保护站，设立科普宣教基地，对部分区域进行植被绿化，改建驳船栈桥。实施西沙赵述岛整治修复项目，完成 400米水下礁体投放工程，建设赵述岛可再生能源系统，扩建珊瑚礁管护楼，开展珊瑚礁管护活动，修复赵述岛领海基点。实施三亚小东海海岸带综合整治工程，加强海岸带综合整治，建设防护堤、整治清理海滩、修复珊瑚礁生态系统，建设滨海景观长廊。实施领海基点保护项目，组织编写莺歌嘴（3）（4）领海基点保护范围选划报告，并通过国家海洋局审查；开展西鼓岛领海基点保护试点项目，为今后大规模开展领海基点保护项目提供经验；组织上报了莺歌嘴（1）（2）领海基点、双帆石领海基点、大洲岛（1）领海基点保护项目实施方案。

**【渔业增殖放流】** 2013 年增殖放流斑节节对虾苗 3000 万尾、海水鱼类苗种 142 万尾、淡水鱼类苗种 343.6 万尾，珍稀濒危物种大珠母贝苗18.4万粒，投放于海南省海口东寨港、三亚小东海和三亚湾、琼海冯家湾和椰林湾海域及陵水河、万泉河重要淡水河流域，并在白蝶贝省级自然保护区投放珍稀濒危物种大珠母贝苗。

开展中沙群岛漫步暗沙的海洋渔业资源增养殖科研基地建设。6月中下旬，海南省水产研究所到中沙群岛漫步暗沙举行“海洋渔业资源增养殖科研基地”建站启动仪式，并投放了该科研基地标牌浮筒 1 个、石斑鱼 2 万尾、马氏珍珠贝 2 万粒、企鹅珍珠贝 2 万粒、琼枝麒麟菜 2 万株。建站启动仪式后，在漫步暗沙海域开展实地本底调查科研工作，科研调查主要采取通过潜水实行水下拍摄、设点采集样本、观察记录、水质测量分析等方式和内容开展，主要包括气象水文、地形地貌、底质、海洋生物等调查。其中，海洋生物调查主要采集漫步暗沙海域的浮游生物、底栖生物、鱼类等样品，测定叶绿素和初级生产力，同时调查海草原，珊瑚礁情况。

## 海洋环境预报与防灾减灾

**【海洋环境预报】** 每天按时分析各类海洋、气象资料、图表30余份，共1120余份，制作、发布各类海洋环境预报10余份，共3700多份。2013 年，在海南省电视台综合频道、省新闻广播、交通广播电台、海南省海洋与渔业厅网站上发布南海海洋环境预报365份，“中心”网站上更新每天的南海未来24小时海浪预报和重点港湾海洋环境预报约 365 份，在海南省海洋防灾减灾网站上发布海南省著名滨海旅游区海洋环境预报约365份。

**【海洋灾害预警报】** 2013 年，影响南海的热带气旋共有12个。灾害应急期间，省海洋监测预报中心向沿海市县各部门、相关服务单位发布海浪消息 15 期 600 份，海浪蓝色警报 20 期800 份，海浪黄色警报 27 期 1080 份，海浪橙色警报 27 期 1080 份，海浪解除警报 12 期 480 份；发布风暴潮消息 3 期 120 份，风暴潮蓝色警报26 次 1040 份，风暴潮黄色警报 3 次 120 份，风暴潮解除警报 9 次 360 份。

**【海洋防灾减灾】** 继续组织实施海南省风暴潮灾害风险评估技术项目，文昌市和琼海市淹没图项目于2013年10月24日通过了专家验收。海南省已完成并通过专家验收的淹没图子项目分别有海口市、澄迈县、临高县、三亚市、陵水县、文昌市和琼海市。开展海南省海平面变化影响调查评估项目，已完成海口市东、西海岸的岸线测量及文昌、琼海、万宁、陵水、澄迈、临高、儋州和洋浦重点岸线实地调查工作。

## 海洋执法监察

一是强化依法执法意识。专项开展执法培训和普法工作，海南省海洋与渔业厅向全省涉海部门、沿海市县印发《海南省海洋执法工作手册》3000套，全面介绍了海洋执法工作的基本常识，提高执法人员依法执法意识。二是加强海监渔政巡航维权。海监渔政巡航27艘次、共计216天、航程5770海里，驱赶国外渔船20艘次，登临国内渔船60多艘次；解救和救助海南省渔船3艘次，多次解救被非法、武装、不明来历船舶施行抢劫的海南省作业渔船。三是加强执法队伍装备建设和基地建设。完成2艘1000吨级海监船建造，并交付使用，启动1500吨海监船和1000吨级渔政船建设项目，积极推进海口、琼海执法基地建设。四是严禁渔船非法载客到西沙海域从事旅游活动。下发了《关于严禁渔船非法载客到西沙海域进行旅游的通知》，要求采取措施预防渔船非法载客到西沙海域从事旅游活动，维护渔业生产正常秩序，确保渔业生产安全。渔政渔监部门加强对渔船的管控，严格落实渔船进出港签证制度，加强北斗卫星导航定位监控，严禁无关人员登船出海，严禁非法载客到西沙海域进行海上休闲旅游。各地及时公布举报电话，加大社会监督，促进渔船管理。五是加大对破坏海洋生态环境的执法工作。下发了《关于深入开展打击海洋与渔业违法违规行为破坏海洋生态环境资源专项行动的通知》，要求各级海洋与渔业主管部门认真履行法定职责，在海南省范围内深入开展打击海洋与渔业违法违规行为及破坏海洋生态环境资源专项行动。

## 海洋科技与教育

加强海洋科技创新。一是推进海南省海洋与渔业科学院的筹建工作。2013年7月，海南省机构编制委员会下发《关于成立海南省海洋与渔业科学院的批复》，明确整合海南省水产研究所和省海洋开发规划设计研究院资源，设立海南省海洋与渔业科学院，搭建海南省海洋渔业科学研究平台，完善海洋与渔业管理体制机制。二是推进科研项目创新。争取中央和省级重点科研项目的申报和立项，深入开展《海南深水网箱养殖产业化示范推广》、《南海区近岸新型网箱研制及无公害健康养殖技术集成与示范》等创新项目的科学研究，获得国家级农牧渔业丰收奖1项，省级科技进步奖2项。三是加强学术交流合作。举办学术交流会，加强内部科研人员的学术交流。派出多名技术人员参加全国相关学术交流会、技能培训、资质考试，加强科研人员的学术学习。与海南大学、非洲政府学习班学员、香港渔农署学员、上海海洋大学、陵水渔业考察团、非洲渔业考察团、浙江舟山渔业考察团、南开大学考察团等团队进行学术交流和项目合作，推进学术成果的创新与转化。四是加强重点科研设施建设。“国家级南美白对虾遗传育种中心”已完成了办公室、会议室、保种室、实验室及各养殖车间等的相关配套安装及调试工作，即将正式投入使用。省级水生动物疫病监控中心建设项目已获农业部批复，并完成仪器设备的招标工作，实验室改造工程的效果图和施工图纸设计等前期工作。五是推进科研基地建设。推进曲口、东水两个科研基地建设，依托曲口科研基地积极推进国家级鞍带石斑鱼良种场、休闲渔业示范点建设。六是海洋基础研究取得重大进展。历时十年（2003—2013）的海南省近海海洋综合调查与评价（海南省908专项）取得了丰硕成果，摸清了海南省的海洋家底，掌握了海洋为海南省国民经济和社会发展可提供的支撑和承载能力，了解海洋资源的可持续利用潜力，规划和优化海洋生产力布局，为全面建设海南省小康社会、保障海洋经济和沿海地区的可持续发展、维护国家海洋安全和可持续的海洋利益提供了基础依据。

## 海洋文化

海峡两岸妈祖佑南疆祈福活动。7月30日至8月2日，海南省人民政府台湾事务办公室、海南省海洋与渔业厅、琼海市人民政府、海南省对外经济发展促进会、琼海海桂教育实业有限公司，在海南琼海潭门联合举办“2013两岸妈祖佑南疆”祈福活动暨第四届琼海市南海传统文化节。以台湾彰化鹿港天后宫为代表的22家妈祖宫庙的妈祖神明像与来自福建、海南等地宫庙的妈祖神明像汇聚琼海市潭门渔港，举行妈祖巡游及祈福祭典仪式，接受两岸妈祖信众朝拜，共同为南海渔民祈愿祝福。来自台湾的600多名渔民，与海南、福建的渔民兄弟们为“牵手耕海、圆梦中华”欢聚琼海。　（海南省海洋与渔业厅）

# 海洋公益服务

## 海洋环境监测

【综述】 2013 年，为全面掌握我国管辖海域海洋环境状况，国家海洋局组织各级海洋行政主管部门开展了海洋环境监测工作，对海洋生态环境状况、入海污染源、海洋功能区、海洋环境灾害和突发事件等开展了监测。各级海洋环境监测机构共完成约 8700 个站位的监测工作，获得各类海洋环境监测数据 250 余万个。

2013 年海洋环境监测的主要内容有海洋环境监测、海洋环境风险监测、海洋环境监管监测、公益服务监测。①海洋环境监测：我国管辖海域海洋生物多样性监测，海水水温、盐度、海流以及海水质量状况监测，沉积物类型和沉积环境质量状况监测，二氧化碳交换通量监测，大气污染物沉积状况监测等；②海洋环境风险监测：重点海域主要环境风险监测，赤潮（绿潮）灾害及赤潮监控区监测，突发海洋污染事件及溢油跟踪监测，海洋放射性监测，海水入侵和土壤盐渍化状况监测，重点岸段海岸侵蚀状况监测等；③海洋环境监管监测：海洋倾倒区、海洋石油勘探开发区、海洋保护区等环境状况、潜在风险监测以及陆源入海排污口及邻近海域、入海江河、海洋垃圾等陆源污染物排海状况监测；④公益服务监测：海水浴场和滨海旅游度假区环境状况监测，海水增养殖区环境状况和养殖生物安全监测。

2013 年，我国海洋环境质量状况总体维持在较好水平。符合第一类海水水质标准的海域面积约占我国管辖海域面积的 95%，海洋沉积物质量良好。海水、海洋沉积物、海洋生物的放射性水平和海洋大气 γ 辐射空气吸收剂量率均处于本底范围内。国家级海洋保护区环境质量总体良好，主要保护对象或保护目标基本保持稳定。重点海水浴场、滨海旅游度假区环境质量总体良好。海水增养殖区环境质量基本满足养殖活动要求。海洋倾倒区环境状况总体稳定，未因倾倒活动产生明显影响。

近岸海域水体污染、生态受损、灾害多发等环境问题依然突出。陆源排污压力巨大，陆源入海排污口达标排放率依然较低。近岸海域劣于第四类海水水质标准的海域面积较 2012 年有所减少，约 1.8 万平方千米海域呈重度富营养化状态。77%实施监测的河口、海湾等典型海洋生态系统处于亚健康和不健康状态。全海域发现赤潮 46 次，发现次数和累计面积为近 5 年最少。渤海滨海平原地区海水入侵和土壤盐渍化严重。砂质海岸和粉砂淤泥质海岸侵蚀依然严重，局部地区侵蚀程度加大。蓬莱 19-3 油田溢油事故和大连新港“7.16”油污染事件对邻近海域生态环境造成的污染损害继续好转。

【海洋环境监测】 **海水环境状况监测** 为了掌握我国管辖海域海水水温、盐度、海流分布及变化，了解各海域主要污染物质分布、污染程度及变化状况，国家海洋局各分局负责组织沿海省市海洋行政主管部门负责实施，开展海水环境状况监测活动。

冬季（2—3 月）共开展 41 个站位监测工作；春季（4—6 月）监测 1427 个站位；夏季（7—9 月）监测 1646 个站位；秋季（10—12 月）监测 963 个站位。渤海海域全年开展了 6 次监测；黄海、东海及南海的近岸重点海域开展了 3 次监测，其他近岸及近岸以外海域于 8 月份开展了 1 次监测。监测指标包括水温、盐度、pH 值、溶解氧、叶绿素a等环境基本要素和化学需氧量、无机氮、活性磷酸盐、石油类、总氮、总磷、重金属等污染要素。

2013年中国近海及周边海域动力环境数据主要来源于国家海洋局各分局下属的大型锚系浮标、地波雷达和海洋监测等国内实测的定点连续海流资料。

**海洋沉积物质量监测** 由国家海洋局各分局负责组织沿海省市区海洋行政主管部门实施，目的是掌握我国管辖海域沉积物类型和现状，了解污染物质在海洋沉积物中的分布、污染程度及变化状况。

在我国管辖海域491个站位开展了海洋沉积物监测，其中近岸站位384个，近岸以外站位107个，监测指标包括石油类、重金属、砷、多氯联苯、硫化物和有机碳等。

**海洋生物多样性状况监测** 由国家海洋局各分局负责组织沿海省市区海洋行政主管部门实施，目的是通过全面开展我国管辖海域海洋生物多样性监测，掌握我国管辖海域海洋生物种类、分布、数量及变化状况。

2013年春、夏、秋季，以典型海洋生态系统和关键生态区域为重点，在我国管辖海域1049个站位开展了海洋生物多样性状况监测，监测内容包括浮游生物、底栖生物、海草、红树植物、珊瑚等生物的种类组成和数量分布。春季（4—6月）选取滦河口—北戴河、黄河口、长江口、珠江口、苏北浅滩、锦州湾、渤海湾、莱州湾、大亚湾、埕岛、庙岛群岛共11个区域作为重点监测海域；夏季（7—9月）选取双台子河口、滦河口—北戴河、黄河口、长江口、珠江口、苏北浅滩、锦州湾、渤海湾、莱州湾、杭州湾、乐清湾、闽东沿岸、大亚湾、埕岛、庙岛群岛、舟山群岛、渔山列岛共17个区域作为重点监测海域；秋季（10—12月）选取锦州湾、莱州湾、滦河口-北戴河、庙岛群岛、长山列岛、苏北浅滩、珠江口、大亚湾共8个区域作为重点监测海域。

**海洋二氧化碳源汇状况监测** 由国家海洋局各分局负责所辖海域海—-气二氧化碳交换通量岸岛基站、走航、浮标监测工作；国家海洋环境监测中心负责大连园岛岸岛基站以及北黄海走航监测工作。目的是掌握我国管辖海域海气界面二氧化碳交换通量，了解海洋环境主要调控因子对二氧化碳分压的影响。

在渤海、黄海、东海以及南海北部开展冬季（2月）、春季（5月）、夏季（8月）、秋季（11月）4个航次的海-气二氧化碳交换通量的断面走航监测。监测要素包括海水二氧化碳分压、大气二氧化碳分压，水文气象要素以及总碱度、pH、溶解无机碳、溶解氧、浊度、叶绿素a、亚硝酸盐、硝酸盐、磷酸盐、铵盐、硅酸盐等环境要素。

**海洋大气污染物沉降状况监测** 由国家海洋局各分局负责所辖海域大气监测站监测工作；国家海洋环境监测中心负责大连两个大气监测站点监测工作。目的是掌握我国重点海域大气污染物沉降状况，重点关注渤海大气污染物沉降通量的空间分布。

在全国4个重点大气站及9个渤海大气站开展2（渤海为3月）、5、8和10月共4个月大气污染物沉降连续监测。监测内容除气象要素外，干沉降监测要素包括总悬浮颗粒物、铜、铅、镉、锌、硝酸盐、亚硝酸盐、磷酸盐等；湿沉降监测要素包括铜、铅、镉、锌、砷、硝酸盐、亚硝酸盐、铵盐、磷酸盐、降水电导率、降水、pH等。

**赤潮（绿潮）监测** 由国家海洋局各分局负责组织沿海省市海洋行政主管部门实施，目的是掌握我国管辖海域赤潮灾害发生风险，及时发现赤潮灾害，为赤潮应急监测提供基本信息和支持。为养殖提供赤潮灾害信息。国家海洋局各分局、沿海省市区海洋行政主管部门需按照《赤潮灾害应急预案》组织开展赤潮（绿潮）灾害应急监测，及时发布赤潮（绿潮）灾害监测预警信息产品。

各分局及沿海各级海洋行政主管部门利用航空遥感、卫星遥感、船舶、海洋站、志愿者等多种手段，对所辖海域实施赤潮（绿潮）监视监测，及时发现赤潮（绿潮），进行动态监视、预警和应急跟踪监测，共对19个赤潮监控区进行了监测。

**突发海洋污染事件监测**　2013 年，国家海洋局组织相关单位对青岛中石化东黄输油管线爆燃溢油事故进行了环境质量应急监测。继续对 2011 年发生的蓬莱 19-3 溢油事故和 2010 年发生的大连新港“7•16”油污染事件附近海域开展跟踪监测，目的是掌握溢油在海洋环境中的残留和漂移变化情况，了解油污染对周边海域海水水质、沉积物、生物体质量以及生态系统的中长期影响。

**海洋放射性监测**　核电站及核设施邻近海域海洋环境放射性常规监测和背景调查由国家海洋局各分局负责组织沿海省市海洋行政主管部门实施，目的是了解沿海核电站周边海域放射环境基本状况及潜在风险，掌握核电开发活动对周边海域海洋环境的影响。监测站位分布在红沿河、秦山、田湾、宁德、大亚湾、海阳、台山、阳江、防城港和昌江核电站邻近海域，以及葫芦岛和青岛沙子口邻近海域。具体监测指标包括：海水中的氚、总铀、总β、铯-137、锶-90；海洋生物中的总β、铀-238、镭-226、钍-232、钾-40、铯-137；海洋沉积物中的总β、铀-238、镭-226、钍-232、钾-40、铯-137。

为掌握放射性物质的迁移扩散状况，分析福岛核泄漏事故对我国管辖海域及西太平洋海洋环境的影响，国家海洋局连续三年组织实施了西太平洋海洋环境监测。2013 年，西太平洋海洋放射性水平监测区域为日本福岛以东和东南海域，台湾海峡及邻近海域，具体监测指标包括：海水中的铯-134、铯-137、锶-90、钴-58、钴-60；海洋生物中的锶-90、铯-134、铯-137、银-110m、钴-58、钴-60；海洋沉积物中的铀-238、镭-226、钍-232、钾-40、铯-137、银-110m、钴-58、钴-60。

**海水入侵和土壤盐渍化状况监测**　由国家海洋局各分局负责组织沿海省市海洋行政主管部门实施，目的是掌握滨海地区海水入侵和土壤盐渍化现状、成因和环境风险。

于枯水期（3—5 月）和丰水期（8—10 月）开展了 2 次滨海地区海水入侵和土壤盐渍化监测，其中监测海水入侵区域 30 个，主要监测水样中的水位、氯度和矿化度等；监测土壤盐渍化区域 22 个，监测断面 47 条，主要监测土壤中的 $Cl^-$含量、$SO_4^{2-}$含量、pH 值和含盐量等。

**重点岸段海岸侵蚀状况监测**　由国家海洋局各分局负责组织实施，目的掌握我国沿海重点岸段海岸侵蚀现状、变化状况、成因和环境风险。

采用现场、航空遥感和卫星遥感等手段对我国具有代表性的 8 个岸段开展监测。监测要素主要包括侵蚀海岸长度、海岸侵蚀长度、年平均侵蚀宽度、年最大侵蚀宽度、年侵蚀面积等。

**海洋倾倒区监测**　由国家海洋局各分局负责对 2013 年正在使用的海洋倾倒区实施全覆盖监测，目的是掌握倾倒物组成成份及其在倾倒海域的迁移扩散过程，了解倾倒区及其邻近海域生态环境和渔业资源变化情况，评估倾倒活动对渔业资源和其他海上活动的影响，在此基础上，科学合理调整海洋倾倒区设置和倾倒许可证的签发。

全年对 66 个海洋倾倒区 603 个站位开展了水深、水质、沉积物质量、大型底栖生物、浮游植物及浮游动物的监测，其中包括 49 个正在使用的和 17 个未使用的海洋倾倒区，实际使用倾倒区监测覆盖率达 83.1%。

**海洋石油勘探开发区监测**　由国家海洋局各分局负责本海区油气开发区及溢油多发海域开展监测，目的是掌握油气开发活动排海物质排放状况、油气区环境质量状况，评价油气开发活动的环境影响及其潜在风险影响。

全年对 34 个油气区开展了水质、沉积物质量、大型底栖生物、浮游植物及浮游动物的监测，其中渤、黄海 26 个，东海 2 个，南海 6 个。与 2013 年海洋环境监测工作任务相比，监测覆盖率为 97.1%。

**海洋保护区监测**　由国家海洋局各分局组织沿海省市海洋行政主管部门以及各国家级海洋保护区管理机构共同开展监测，目的是掌握海洋保护区主要保护对象、海洋环境、海洋生物多样性的现状及变化情况，为评估保护区的管理成效和制订保护区管理计划提供依据。

全年对 20 个海洋生物物种类保护区、6 个海洋自然遗迹类保护区和 15 个海洋生态系统类保护区开展生物多样性、生境及被保护对象监测，监测站位累计 794 个。

**陆源入海排污口及邻近海域监测** 由国家海洋局各分局组织沿海省市海洋行政主管部门实施，目的是掌握我国陆源入海排污口入海排污状况以及对邻近海域海洋环境的变化和影响，为监督陆源污染物排海提供技术支撑。

于 3、5、8、10 月对我国沿海 431 个入海排污口开展监督性监测，监测的入海排污口中，工业排污口占 34%，市政排污口占 38%，排污河占 23%，其他类排污口占 5%。另外，于 5、8 月重点监测了 98 个陆源入海排污口邻近海域的环境状况。监测内容包括排污口是否超标排放，减排指标变化情况，以及入海污染物对周边海域的主要生态环境、主要功能等造成的影响和危害。

**入海江河监测** 由国家海洋局各分局组织沿海省市海洋行政主管部门实施，目的是掌握江河入海污染物的种类、入海量及变化趋势。

于枯水期、丰水期和平水期对 76 条入海河流共 250 个站位开展监测。监测要素包括盐度、石油类、化学需氧量（$COD_{Cr}$）、氨氮、总磷、硝酸盐氮、亚硝酸盐氮、砷、重金属及河流年径流量等。

**海洋垃圾监测** 由沿海省市海洋行政主管部门负责组织实施，目的是掌握我国管辖海域海岸带垃圾的种类、数量和来源以及垃圾对海洋生态环境的影响。

2013 年海洋垃圾监测内容包括海面漂浮垃圾、海滩垃圾和海底垃圾的种类、数量及来源。其中 34 个站位开展了海滩垃圾监测；30 个站位开展了海面漂浮垃圾监测；10 个站位开展了海底垃圾监测工作。

**海水浴场和滨海旅游度假区监测** 由沿海省市区海洋行政主管部门负责组织实施，目的是掌握海水浴场海洋环境状况，保障沿海社会公众娱乐休闲活动及人体安全健康。

在游泳季节对全国 23 个重点海水浴场和 17 个重点滨海旅游度假区开展每日监测，监测要素涉及水文、气象、水质、游泳人数和休闲人数等指标。

**海水增养殖区养殖环境和养殖生物安全监测** 由国家海洋局各分局组织沿海省市区海洋行政主管部门实施，国家海洋环境监测中心及国家海洋局第三海洋研究所负责开展大连及厦门海域重点养殖区域的监测工作。目的是掌握海水增养殖区环境质量现状和变化趋势，关注由于海水增养殖活动带来的潜在环境风险、养殖生物质量及食用安全性，为保障人民身体健康和生命安全提供服务。

全年对 72 个海水增养殖区共 471 个站位开展水质、沉积物质量和生物质量监测。监测数据的时间段为 3—10 月；监测要素包括海水养殖状况，增养殖区海水、沉积物及底栖生物环境状况，以及养殖生物体中有机污染物、重金属、毒素、药物残留等。

**【海域环境状况】** **海水环境状况** 2013 年夏季，海水中无机氮、活性磷酸盐、石油类和化学需氧量等监测要素的综合评价结果显示，我国管辖海域海水环境状况总体较好，但近岸海域海水污染依然严重。符合第一类海水水质标准的海域面积约占我国管辖海域面积的 95%，符合第二类、第三类和第四类海水水质标准的海域面积分别为 47160、36490 和 15630 平方千米，劣于第四类海水水质标准的海域面积为 44340 平方千米，较 2012 年减少了 23540 平方千米。渤海、黄海和东海劣于第四类海水水质标准的海域面积分别减少了 4590、13030 和 9150 平方千米，南海劣于第四类海水水质标准的海域面积增加了 3230 平方千米。劣于第四类海水水质标准的区域主要分布在黄海北部、辽东湾、渤海湾、莱州湾、江苏盐城、长江口、杭州湾、珠江口的部分近岸海域。与 2012 年相比，烟台近岸、汕头近岸、珠江口以西沿岸、湛江港、钦州湾的部分海域污染有所加重。近岸海域主要污染要素是无机氮、活性磷酸盐和石油类。南海中南部中沙群岛及南沙群岛海域水质状况良好，海水中无机氮、活性磷酸盐、石油类和化学需氧量等监测要素均符合第一类海水水质标准。

渤海、黄海和东海月均海洋表层水温 2 月最低，8 月最高，季节变化显著；南海月均海洋表层水温 1 月最低，6 月最高，季节差异不大。渤海、黄海和东海年均海洋表层水温分别为 12.4℃、16.6℃和 22.1℃，均低于 2012 年；南海为 27.8℃，与 2012 年基本持平。

我国管辖海域 8 月表层水体盐度低于 36.22。四个海区中，南海盐度最高，其次是东海、黄海，渤海最低，平均盐度分别为 33.89、32.55、30.09、27.34。近岸海域低盐区主要分布在辽河口、黄河口、长江口、珠江口等河口区域。与 2012 年相比，辽河口、黄河口和珠江口的低盐区分布范围有所扩大，长江口低盐区分布范围有所减小。

无机氮含量超第一类海水水质标准的海域面积约 131850 平方千米，渤海、黄海、东海和南海分别为 32630、33440、48380 和 17400 平方千米，其中劣于第四类海水水质标准的海域面积分别为 8490、3240、24210 和 7110 平方千米，主要分布在黄海北部、辽东湾、渤海湾、莱州湾、江苏盐城、长江口、杭州湾、珠江口的部分近岸海域。活性磷酸盐含量超第一类海水水质标准的海域面积约 61610 平方千米，渤海、黄海、东海和南海分别为 5790、3840、41450 和 10530 平方千米，其中劣于第四类海水水质标准的海域面积分别为 90、260、10220 和 1210 平方千米，主要分布在大连近岸、长江口、杭州湾、珠江口的局部海域。石油类含量超第一、二类海水水质标准的海域面积约 17150 平方千米，渤海、黄海、东海和南海分别为 8230、3630、590 和 4700 平方千米，主要分布在大连近岸、辽东湾、渤海湾、莱州湾、珠江口的局部海域。

**海水富营养化状况** 海水中无机氮和活性磷酸盐含量超标导致了近岸局部海域的富营养化，呈富营养化状态的海域面积约 6.5 万平方千米，较 2012 年减少 3.3 万平方千米，其中重度、中度和轻度富营养化海域面积分别为 18000、16810 和 29980 平方千米。重度富营养化海域主要集中在辽东湾、长江口、杭州湾、珠江口的近岸区域。

**海洋水动力状况** 渤海海域重点开展了辽东湾口、渤海湾口、莱州湾口、渤海中部和渤海海峡海域的海流监测。结果表明，监测海域表层潮流均为半日潮流，最大流速出现于夏季。辽东湾口、渤海湾口和渤海海峡监测海域表层潮流为往复流，主流向与岸线走向一致，表层余流较弱；莱州湾口和渤海中部监测海域表层潮流为旋转流，平均流速小于辽东湾口和渤海湾口，冬季表层余流较强，其他季节表层余流较弱。

黄海海域重点开展了山东沿岸的海流监测。结果表明，监测海域表层潮流均为半日潮流，冬季流速较大，夏季较小。成山头和山东东南部近岸以外监测海域表层潮流为旋转流，平均流速小于近岸海域，表层余流较弱，方向为偏东向；山东东南部近岸监测海域表层潮流为往复流，主流向与岸线走向一致。

东海海域重点开展了吕泗、舟山以及闽浙沿岸海域的海流监测。结果表明，吕泗和舟山沿岸监测海域表层潮流为旋转流，强流向为东南和东北向；吕泗沿岸流速较大，最大流速出现于夏季，冬季表层余流较强，夏季较弱，方向为西南向；舟山沿岸流速不大，夏季表层余流较强，冬季较弱，方向为东北向。闽浙沿岸海域表层海流冬季顺岸南下，流速较强，流幅较宽；夏季顺岸北上，流速稍弱；春、秋季具有转换期特征。

南海海域重点开展了珠江口、遮浪和广东台山海域的海流监测。结果表明，监测海域表层潮流为半日潮流。珠江口监测海域表层潮流为往复流，主流向与珠江入海方向一致，流速较大，表层余流较弱，方向为东南向。遮浪和广东台山监测海域表层潮流为旋转流，流速较小，表层余流较弱，方向为西南和东南向。

**海洋沉积物质量状况** 管辖海域沉积物质量状况总体良好。近岸海域沉积物中铜含量符合第一类海洋沉积物质量标准的站位比例为 89%，其余监测要素含量符合第一类海洋沉积物质量标准的站位比例均在 95%以上。

四个海区中，东海近岸沉积物综合质量良好的站位比例最高，为 97%，渤海、黄海和南海近岸沉积物综合质量良好的站位比例依次为 95%、92%和 88%。全国重点海域沉积物综合质量评价结果显示，辽东湾、黄海北部近岸和珠江口沉积物综合质量状况一般，其余重点海域综合质量良好。辽东湾主要超标要素为汞和镉，其中锦州湾海域汞含量超第三类海洋沉积物质量标准；大连湾主要超标要素为铬、锌、硫化物和石油类；珠江口主要超标要素为铜、砷、铅、锌等，个别站位铜含量超第三类海洋沉积物质量标准。

**海洋生物多样性状况** 2013 年春、夏季，以典型海洋生态系统和关键生态区域为重点，在我国管辖海域开展的海洋生物多样性状况监测结果显示，共鉴定出浮游植物 701 种，浮游动物 713 种，大型底栖生物 1342 种，海草 7 种，红树植物 9 种，造礁珊瑚 104 种。浮游生物和底栖生物物种数从北至南呈增加趋势，符合其自然分布规律。

渤海区域鉴定出浮游植物 201 种，主要类群为硅藻和甲藻；鉴定出浮游动物 108 种，主要类群为桡足类和水母类；鉴定出大型底栖生物 389 种，主要类群为环节动物、软体动物和节肢动物。2009 年以来，夏季滦河口—北戴河海域浮游植物多样性指数呈上升趋势；莱州湾海域浮游动物多样性指数呈上升趋势；渤海湾和莱州湾海域大型底栖生物多样性指数呈上升趋势，滦河口—北戴河和黄河口海域大型底栖生物多样性指数呈下降趋势。

黄海区域鉴定出浮游植物 263 种，主要类群为硅藻和甲藻；鉴定出浮游动物 89 种，主要类群为桡足类和水母类；鉴定出大型底栖生物 413 种，主要类群为环节动物、软体动物和节肢动物。2009 年以来，夏季苏北浅滩海域浮游生物和大型底栖生物多样性指数均呈下降趋势。

东海区域鉴定出浮游植物 434 种，主要类群为硅藻和甲藻；鉴定出浮游动物 351 种，主要类群为桡足类和水母类；鉴定出大型底栖生物 512 种，主要类群为环节动物、节肢动物和软体动物。2009 年以来，夏季长江口和闽东沿岸海域浮游植物多样性指数呈上升趋势；杭州湾和乐清湾海域浮游动物多样性指数呈上升趋势，长江口海域浮游动物多样性指数呈下降趋势；长江口、杭州湾和乐清湾海域大型底栖生物多样性指数均呈下降趋势。

南海区域鉴定出浮游植物 473 种，主要类群为硅藻和甲藻；鉴定出浮游动物 546 种，主要类群为桡足类和水母类；鉴定出大型底栖生物 645 种，主要类群为节肢动物、软体动物和环节动物；鉴定出海草 7 种，红树植物 9 种，造礁珊瑚 104 种。2009 年以来，夏季珠江口海域浮游动物和大型底栖生物多样性指数呈下降趋势，大亚湾海域大型底栖生物多样性指数呈上升趋势。

**海洋二氧化碳源汇状况** 在渤海、黄海、东海和南海北部海域开展了春、夏、秋、冬四个航次的海—气二氧化碳（$CO_2$）交换通量断面走航监测。

渤海夏、冬季从大气吸收 $CO_2$，春、秋季向大气释放 $CO_2$，渤海水深较浅，易与大气充分交换，全年对大气 $CO_2$ 的吸收/释放接近平衡。黄海春、秋、冬季从大气吸收 $CO_2$，夏季向大气释放 $CO_2$，黄海海域总体吸收大气 $CO_2$，全年表现为大气 $CO_2$ 的汇。东海春、夏、冬季从大气显著吸收 $CO_2$，秋季吸收强度趋于减弱，冬季水温较低、春季初级生产力水平整体较高、夏季长江冲淡水影响海域的生物吸收显著等，是该海域全年显著吸收大气 $CO_2$ 的原因。南海北部海域夏季向大气释放 $CO_2$。

**【近岸海域生态系统健康状况】** 2013 年，对重点监测区的河口、海湾、滩涂湿地、珊瑚礁、红树林和海草床等典型海洋生态系统健康状况进行评价。结果表明，处于健康、亚健康和不健康状态的海洋生态系统分别占 23%、67%和 10%。

**河口生态系统** 河口为河流与海洋相互作用的区域，是许多重要海洋经济生物的产卵场、索饵场和栖息地。2013 年，监测的典型河口生态系统均呈亚健康状态。多数河口生态系统海水呈富营养化状态，浮游植物密度高于正常范围，鱼卵仔鱼密度较低。双台子河口和珠江口浮游动物密度低于正常范围；长江口大型底栖生物密度高于正常范围，生物量低于正常范围；黄河口大型底栖生物密度低于正常范围。

**海湾生态系统** 海湾是深入陆地形成明显水曲的海域，是人类从事海洋开发活动的重要场所。2013 年，监测的海湾生态系统多数呈亚健康状态，锦州湾和杭州湾生态系统呈不健康状态。生境丧失和人为污染是海湾生态系统面临的主要压力，多数海湾浮游植物密度高于正常范围，鱼卵仔鱼密度较低。锦州湾和杭州湾栖息地面积缩减严重；杭州湾海水富营养化严重；渤海湾浮游动物生物量和大亚湾浮游动物密度低于正常范围；杭州湾大型底栖生物密度和生物量、乐清湾大型底栖生物生物量、闽东沿岸大型底栖生物密度低于正常范围。

**滩涂湿地生态系统**　滩涂湿地具有涵养水源、净化水质、护岸减灾和维持区域生态平衡等功能，是应对环境变化的缓冲区。2013 年，苏北浅滩滩涂湿地生态系统呈亚健康状态。苏北浅滩湿地滩涂围垦速度较快，植被现存量较低，现有滩涂植被面积较 2012 年减少近一半。浮游植物密度和浮游动物生物量高于正常范围。

**珊瑚礁生态系统**　珊瑚礁生态系统具有丰富的生物多样性和极高的生产力水平，同时也是重要生态旅游资源。2013 年，雷州半岛西南沿岸和广西北海珊瑚礁生态系统呈健康状态，海南东海岸和西沙珊瑚礁生态系统呈亚健康状态。珊瑚礁生态系统造礁珊瑚盖度总体有所下降。海南东海岸和西沙监测区域造礁珊瑚补充量有所升高，部分监测区域发现珊瑚礁白化。

**红树林生态系统**　红树林具有稳定和保护海岸的重要作用，为许多海生和陆生生物提供栖息地和食物，是部分海洋鱼类的重要繁育场所。2013 年，广西北海、北仑河口红树林生态系统呈健康状态。监测区域的红树林生态系统栖息地状况良好，红树林面积保持稳定。北仑河口红树林监测区域底栖生物密度和生物量有所增加。山口红树林监测区域互花米草入侵速度较快，对红树林的生长产生威胁。

**海草床生态系统**　海草床是生产力和生物多样性较高的生态系统，具有净化水体、防浪护岸的功能，是众多经济鱼类和濒危动物的栖息和繁育场所。2013 年，海南东海岸海草床生态系统呈健康状态，广西北海海草床生态系统呈亚健康状态。监测区域的海草床生态系统健康状况保持稳定。受台风、海岸工程和人类活动影响，海南东海岸海草床生态系统的海草平均密度明显下降。广西北海海草床仍处于退化状态，与 2012 年相比，海草平均盖度显著下降。

**【海洋环境灾害和环境风险状况】**　**赤潮**　全海域共发现赤潮 46 次，累计面积 4070 平方千米。东海发现赤潮次数最多，为 25 次；渤海赤潮累计面积最大，为 1880 平方千米。赤潮高发期集中在 5—6 月，占全年赤潮发现次数的 74%。2013 年我国赤潮发现次数和累计面积为近 5 年来最少。

引发赤潮的优势藻类共 13 种，与 2012 年相比减少 5 种。其中东海原甲藻作为第一优势种引发赤潮的次数最多，为 16 次；夜光藻次之，为 13 次；中肋骨条藻 6 次；米氏凯伦藻 2 次；赤潮异弯藻、短角弯角藻、丹麦细柱藻、大洋角管藻、红色中缢虫、双胞旋沟藻、球形棕囊藻、微小原甲藻和抑食金球藻各 1 次。有毒有害的甲藻和鞭毛藻等引发的赤潮比例略高于近 5 年平均值。

**绿潮**　3—8 月在黄海沿岸海域发生浒苔绿潮。3 月下旬在江苏如东沿岸海域发现零星漂浮浒苔。4—6 月，漂浮浒苔逐渐北移，最北扩展至山东成山头东南海域，最大覆盖面积为 790 平方千米，最大分布面积为 29733 平方千米。7 月，漂浮浒苔分布范围逐渐减小。至 8 月中旬，浒苔绿潮基本消失。2013 年，黄海沿岸海域浒苔绿潮规模为近 3 年来最大。

**海水入侵和土壤盐渍化**　渤海滨海地区海水入侵和土壤盐渍化严重；黄海、东海滨海地区海水入侵和土壤盐渍化范围较小，但部分监测区近岸站位氯离子含量明显升高；南海滨海地区海水入侵范围小，土壤盐渍化较轻。

海水入侵严重地区分布于渤海滨海平原地区，近岸站位氯离子含量高，海水入侵范围大，约 50%监测区海水入侵距离距岸 10—30 千米，主要分布在河北、山东沿岸；黄海和东海滨海地区海水入侵范围总体较小，约 80%监测区海水入侵距离距岸 5 千米以内；南海滨海地区海水入侵范围小、程度低，海水入侵距离一般距岸 2 千米以内。与 2012 年相比，渤海滨海地区辽宁盘锦、河北唐山监测区海水入侵范围有所扩大，辽宁锦州、山东烟台和潍坊监测区近岸站位氯离子含量明显升高；黄海滨海地区江苏盐城和连云港、东海滨海地区福建长乐监测区近岸站位氯离子含量明显升高；南海滨海地区海水入侵范围基本稳定。

土壤盐渍化严重地区分布于渤海滨海平原地区，40%监测区盐渍化范围距岸10—25千米，主要盐渍化类型为硫酸盐-氯化物型和氯化物-硫酸盐型轻、中盐渍化土和盐土；黄海滨海地区盐渍化总体较轻，大部分监测区盐渍化范围距岸7千米以内，盐渍化主要类型为硫酸盐-氯化物型和硫酸盐型中盐渍化土和盐土；东海和南海滨海地区盐渍化范围较小，90%以上监测区盐渍化范围距岸3千米以内。与2012年相比，渤海滨海地区河北秦皇岛和唐山土壤盐渍化范围稍有扩大；黄海部分监测区近岸站位含盐量明显上升；东海和南海滨海地区盐渍化范围基本保持稳定。

**重点岸段海岸侵蚀状况** 我国砂质和粉砂淤泥质海岸侵蚀依然严重，局部岸段侵蚀程度加大。与2012年相比，辽宁盖州和海南海口岸段侵蚀速度明显增加；辽宁绥中、河北滦河口至戴河口和上海崇明东滩岸段侵蚀范围减少，侵蚀速度有所减慢；广东雷州岸段侵蚀范围有所增加。

**突发海洋污染事件** 2013年11月22日，青岛东黄输油管线发生爆燃事故，入海原油对胶州湾及邻近海域的海水、海洋沉积物、海洋生物、岸滩等造成一定影响。至12月底，海水质量呈现一定程度改善，岸滩污染有所减轻。

**重大溢油事件** ①蓬莱19-3油田溢油事故。2013年，继续对2011年发生的蓬莱19-3溢油事故附近海域开展跟踪监测。结果表明，事故海域海洋环境质量继续处于恢复中，但其生态环境影响依然存在。海水中石油类含量符合第三类海水水质标准；个别站位沉积物中石油类含量超第二类海洋沉积物质量标准；底栖生物质量继续好转，鱼类体内石油烃含量与事故前水平基本持平，甲壳类体内石油烃含量仍然高于事故前水平。浮游生物多样性指数与事故前水平基本持平；浮游动物幼虫幼体密度明显升高，但仍低于事故前水平，鱼卵仔鱼数量仍然较低。②大连新港“7•16”油污染事件。2013年，继续对2010年发生的大连新港“7•16”油污染事件开展跟踪监测。结果表明，事发海域环境状况继续呈改善态势。沉积物中石油类含量有所下降；浮游植物和浮游动物生物多样性较2012年分别上升15%和17%；底栖生物的生物多样性指数亦呈现恢复态势；潮间带生物群落明显恢复，受损的白脊藤壶、太平洋牡蛎、短滨螺、菲律宾蛤仔和缘管浒苔、孔石莼等原有优势种群已恢复到正常水平。

**海洋放射性水平** 2013年，我国管辖海域海水的放射性水平和海洋大气γ辐射空气吸收剂量率未见异常。辽宁红沿河、江苏田湾、浙江秦山、福建宁德和广东大亚湾核电站邻近海域海水、沉积物和海洋生物中放射性核素含量处于我国海洋环境放射性本底范围之内。在建的山东海阳、广东台山、广东阳江、广西防城港和海南昌江核电站邻近海域的放射性背景监测数据未见异常。

2011年3月，日本福岛发生核泄漏事故，大量放射性物质进入海洋。为掌握放射性物质的迁移扩散状况，分析核泄漏事故对我国管辖海域及西太平洋海洋环境的影响，国家海洋局连续三年组织实施了西太平洋海洋环境监测。结果表明，2013年4月，日本以东的西太平洋监测海域海水中锶-90活度较2012年12月有所上升，铯-137和铯-134活度仍维持在2012年12月的水平；50%以上站位的铯-137检出深度达到1000米，铯-134检出深度达到500米，表明核事故放射性污染在水动力的作用下逐渐向深层迁移；在东经136°经向断面（北纬25—29°N）深层水中检出了铯-134，表明核事故放射性污染物可能在涡旋的作用下向西南迁移。菲律宾以东海域尚未受到核泄漏事故放射性污染的影响。沉积环境尚未受到核泄漏的影响，沉积物样品中未检出铯-137和铯-134等人工放射性核素。海洋生物依然受到核事故持续泄露的放射性污染的影响。鱿鱼（巴特柔鱼）样品中仍然检出日本福岛核事故特征核素银-110m和铯-134，且铯-134、银-110m和锶-90的平均活度较2012年12月有所上升，铯-137的平均活度仍维持在2012年12月的水平。

**【主要入海污染源状况】** **主要河流污染物排海状况** 2013年，经由全国72条主要河流入海的污染物量分别为：化学需氧量（$COD_{Cr}$）1382万吨，氨氮（以氮计）29.3 万吨，硝酸盐氮（以氮计）221 万吨，亚硝酸盐氮（以氮计）5.7 万吨，总磷（以磷计）27.2 万吨，石油类 3.9 万吨，重金属 2.7 万吨（其中锌 20743 吨、铜 3703 吨、铅 2004 吨、镉 138 吨、汞 40 吨），砷 2976 吨。

其中，71 条河流的 $COD_{Cr}$、氨氮、硝酸盐氮和总磷入海量分别较 2012 年降低 0.4%、11%、3%和 24%。

**入海排污口及邻近海域环境质量状况** 2013 年 3 月、5 月、8 月和 10 月入海排污口达标排放的比率分别为 47%、49%、54%和 52%，全年入海排污口的达标排放次数占监测总次数的 50%，与 2012 年相比基本持平。监测的 431 个排污口中，106 个入海排污口全年 4 次监测均达标，占监测排污口总数的比例较 2012 年降低 7%；129 个入海排污口全年监测均超标，占监测排污口总数的比例较 2012 年增加 4%。

不同类型入海排污口中，工业类排污口达标排放次数比率为 58%，与 2012 年相同；市政类排污口和排污河达标排放次数比率分别为 45%和 46%，较 2012 年略有降低；其他类排污口达标排放次数比率为 59%，较 2012 年升高。入海排污口排放的主要污染物是总磷、悬浮物、$COD_{Cr}$ 和氨氮，达标率依次为 68%、79%、80%和 91%；污水中砷和铜、铅、锌、六价铬等重金属达标率均在 96%以上。2010 年以来，入海排污口污水中主要污染物的达标率基本保持稳定。

入海排污口邻近海域环境质量状况总体依然较差，80%以上无法满足所在海域海洋功能区的环境保护要求。

**海洋大气污染物沉降状况** ①海洋大气污染物干沉降。在大连老虎滩、大连大黑石、营口仙人岛、盘锦、葫芦岛、秦皇岛、塘沽、东营孤东、蓬莱、青岛小麦岛、舟山嵊山和珠海大万山等监测站开展了海洋大气污染物的干沉降监测。结果显示，气溶胶中硝酸盐含量最高值出现在塘沽监测站，最低值出现在珠海大万山监测站，分别为 25.1 微克/立方米和 3.9 微克/立方米；铵盐含量最高值出现在秦皇岛监测站，最低值出现在珠海大万山监测站，分别为 9.3 微克/立方米和 1.3 微克/立方米；铜含量最高值出现在舟山嵊山监测站，最低值出现在营口仙人岛监测站，分别为 400.1 纳克/立方米和 5.6 纳克/立方米；铅含量最高值出现在葫芦岛监测站，最低值出现在珠海大万山监测站，分别为 211.1 纳克/立方米和 19.3 纳克/立方米。2010—2013 年，海洋大气气溶胶中铜和铅平均含量整体呈下降趋势，硝酸盐呈上升趋势，铵盐基本保持稳定。②渤海大气污染物湿沉降。在大连大黑石、营口仙人岛、秦皇岛、塘沽、蓬莱等监测站开展了大气污染物湿沉降通量监测。结果显示，硝酸盐湿沉降通量最高值出现在塘沽监测站，最低值出现在大连大黑石监测站，分别为 7.1 吨/（平方千米•年）和 2.9 吨/（平方千米•年）；铵盐湿沉降通量最高值出现在秦皇岛监测站，最低值出现在大连大黑石监测站，分别为 3.0 吨/（平方千米•年）和 0.9 吨/（平方千米•年）；铜湿沉降通量最高值出现在塘沽监测站，最低值出现在蓬莱监测站，分别为 3.2 千克/（平方千米•年）和 1.0 千克/（平方千米•年）；铅湿沉降通量最高值出现在营口仙人岛监测站，最低值出现在蓬莱监测站，分别为 6.1 千克/（平方千米•年）和 0.5 千克/（平方千米•年）。

**海洋垃圾分布状况** 海面漂浮垃圾主要为聚苯乙烯泡沫塑料碎片、塑料袋和片状木头等。大块和特大块漂浮垃圾平均个数为 29 个/平方千米；中块和小块漂浮垃圾平均个数为 2819 个/平方千米，平均密度为 15 千克/平方千米。聚苯乙烯泡沫塑料类垃圾数量最多，占 56%，其次为塑料类和木制品类，分别占 27%和 9%。78%的海面漂浮垃圾来源于陆地，22%来源于海上活动。

海滩垃圾主要为聚苯乙烯泡沫塑料碎片、塑料袋和玻璃瓶等。平均个数为 70252 个/平方千米，平均密度为 1622 千克/平方千米。聚苯乙烯泡沫塑料类垃圾数量最多，占 38%，其次为塑料类和木制品类，分别占 36%和 11%。81%的海滩垃圾来源于陆地，19%来源于海上活动。

海底垃圾主要为塑料袋、塑料碎片和片状木头等，平均个数为 575 个/平方千米，平均密度为 36 千克/平方千米。其中塑料类垃圾数量最多，占 83%。

**【主要海洋功能区环境状况】** **海洋倾倒区** 2013 年，全国海洋倾倒量为 16085 万立方米，较

2012 年减少 15%，倾倒物质主要为清洁疏浚物。

监测结果表明，倾倒区水深基本保持稳定，满足倾倒使用需求；海水水质和沉积物质量均满足海洋功能区环境保护要求。与 2012 年相比，倾倒区海水水质和沉积物质量基本保持稳定，个别倾倒区底栖生物多样性指数略有下降。总体上，倾倒区功能发挥正常，未对周边海域生态环境及其他海上活动产生明显影响。

**海洋油气区** 2013 年，全国海洋油气平台生产水、生活污水、钻井泥浆和钻屑的排海量分别为 14793 万立方米、45 万立方米、77669 立方米和 69128 立方米。总体上，油气区及邻近海域水质和沉积物质量基本符合海洋功能区环境保护要求。

**海洋保护区** ①海洋生物物种类保护区。文昌鱼、中华白海豚、贝类、刺参、珊瑚、鸟类、柽柳、红树、水仙花等重点保护的海洋生物物种资源基本保持稳定。②海洋自然遗迹类保护区。海岸沙丘、贝壳堤、海底古森林、沙滩、岛礁等重点保护海洋自然遗迹资源基本保持稳定。③海洋生态系统类保护区。东营黄河口、山东龙口黄水河口、山东莱阳五龙河口、江苏小洋口等河口生态系统类保护区，山东莱州、山东蓬莱登州等浅滩湿地生态系统类保护区，山东烟台芝罘岛群、浙江嵊泗马鞍列岛、福建福瑶列岛、福建湄洲岛、福建城洲岛、广东特呈岛等海岛生态系统类保护区，以及浙江洞头、福建长乐、广东雷州乌石等生态系统类国家级海洋公园生物多样性水平总体保持稳定。

**海水增养殖区** 2013 年，对全国 62 个海水增养殖区开展了监测。结果表明，增养殖区综合环境质量等级为“优良”、“较好”和“及格”的比例分别为 71%、23%和 6%，未出现等级为“较差”的增养殖区，增养殖区环境质量状况基本满足增养殖活动要求。2006 年以来，环境综合质量等级为“优良”的增养殖区比例呈增长趋势。

增养殖区海水中化学需氧量、pH 值、溶解氧和粪大肠菌群等监测要素含量符合增养殖区水质要求的站次比例均在 94%以上。部分增养殖区海水中无机氮和活性磷酸盐含量较高，水体呈富营养化状态，其中，5 月、8 月和 10 月呈富营养化的增养殖区所占比例分别为 48%、58%和 66%。

增养殖区沉积物中粪大肠菌群、石油类、硫化物、镉、铅、砷、滴滴涕和多氯联苯等监测要素符合增养殖区沉积物质量要求的站次比例均在 92%以上，有机碳、六六六、汞和锌含量未见超标，部分增养殖区沉积物中铜和铬的超标率较高。

增养殖区贝类体内总汞、铜、砷、铬、滴滴涕、六六六、麻痹性贝毒等监测要素含量符合增养殖区生物质量要求的站次比例均在 75%以上。

**旅游休闲娱乐区　海水浴场** 23 个海水浴场水质为优和良的天数占 98%，水质为差的天数占 2%。葫芦岛绥中等 13 个海水浴场每日水质等级均为“优”或“良”，其中广东阳江闸坡海水浴场每日水质等级均为“优”。连云港连岛海水浴场 6 月下旬、青岛第一海水浴场 7 月出现漂浮浒苔，水质受到影响。23 个海水浴场健康指数为优和良的天数分别占 78%和 21%，健康指数为差的天数占 1%。个别海水浴场水体中粪大肠菌群含量偏高、出现漂浮藻类和垃圾等是影响浴场健康指数的主要因素。对海水浴场的水质、水文和气象等要素综合评价结果显示，23 个海水浴场适宜和较适宜游泳的天数比例占 77%，不适宜游泳的天数比例占 23%。天气不佳、风浪较大是影响海水浴场游泳适宜度的主要原因。

**滨海旅游度假区** 17 个滨海旅游度假区的平均水质指数为 4.4，水质为良好及以上的天数占 97%，水质为一般和较差的天数占 3%。浙江嵊泗列岛滨海旅游度假区水质极佳的天数比例达 100%。连云港东西连岛度假区 6 月中下旬、青岛石老人滨海旅游度假区 7 月出现漂浮浒苔，部分时段不适宜开展海上休闲和游泳等娱乐活动。对滨海旅游度假区海面水文和气象状况的综合评价结果显示，17 个滨海旅游度假区的平均海面状况指数为 3.7，海面状况优良。降雨和海面能见度较差引起的天气不佳是影响滨海旅游度假区海面状况的主要原因。专项休闲（观光）活动指数是根据水质、水文和气象等要素对在滨海旅游度假区内开展各类休闲（观光）活动的适宜度进行的综合性评价。17 个滨海旅游度假区平均休闲（观光）活动指数为 3.7，很适宜开展休闲（观光）活动。其中，海南三亚亚龙湾滨海旅游度假区平均休闲（观光）活动指数极佳，非常适宜开展海上观光、海滨观光和沙滩娱乐等多种休闲（观光）活动。

（国家海洋环境监测中心）

**【北海区海洋环境监测】** 国家海洋局北海分局组织北海区三省一市及两个计划单列市开展了海洋环境监测工作，编制发布了《2012 年北海区海洋环境公报》，继续开展北海区海水、沉积物和生物多样性监测，加强污染物入海排放管控监测，积极做好典型海洋功能区公益服务监测，完成了北戴河重点海域环境监视监测，及时开展赤潮、绿潮、溢油等海洋突发环境事件应急监视监测，掌握了北海区海洋环境现状及变化趋势，为地方开展海洋防灾减灾工作提供了有力支撑，为推动北海区海洋生态文明建设和海洋经济健康发展提供了决策依据和服务保障。全年共完成海洋环境状况监测、海洋风险监测等 4 大类 25 项监测任务，设置站点 910 多个，获得数据量约 68 万组。

**海域环境质量状况** 渤海夏季符合第一、二类海水水质标准的海域面积为 52960 平方千米，占渤海总面积的 69%，黄海中北部未达到第一、二类海水水质标准的海域面积为 7510 平方千米；辽东半岛近岸海域夏季符合第一类海水水质标准的海域面积占其近岸海域面积的 20%；山东半岛近岸海域夏季符合第一类海水水质标准的海域面积占其近岸海域面积的 50%。北海区海洋沉积物质量总体良好，沿岸部分海湾内沉积物受到多氯联苯、铬、石油类等污染。渤海各监测指标符合第一类海洋沉积物质量标准的站位比例在 96%以上；黄海中北部海域各监测指标符合第一类海洋沉积物质量标准的站位比例在 87%以上。

北海区重点海水浴场和滨海旅游度假区环境状况总体良好，适宜游泳或开展各类休闲活动，个别海水浴场和滨海旅游度假区部分时段受到浒苔、水母或粪大肠菌群影响；多数重点海水增养殖区综合环境质量等级优良，满足增养殖活动需要。

**近岸海域典型生态系统健康状况** 近岸海域主要典型生态系统生物多样性和群落结构基本稳定，双台子河口、滦河口-北戴河、渤海湾、黄河口、莱州湾等典型生态系统处于亚健康状态，锦州湾典型生态系统处于不健康状态；面临的主要问题包括环境污染、生物栖息地丧失、渔业资源衰退等。

**主要江河携带入海的污染物状况** 北海区河携带入海的污染物量 180 余万吨。渤海监测的 84 个入海排污口（河）4 次监测结果显示，渤海沿岸入海排污口（河）达标排放次数占全年总监测次数的 42%，黄海中北部监测的 104 个入海排污口（河）达标排放次数占全年总次数的 51%。同时，沿岸排污口超标排放现象依然存在，超标物质对邻近海域海洋功能区环境产生了一定影响；渤海和黄海中北部分别有 88%和 83%的重点排污口邻近海域环境质量不能满足周边海洋功能区环境质量要求，江河和陆源入海排污口仍是影响海洋环境的主要原因。

（国家海洋局北海分局）

**【东海区海洋环境监测】** 2013 年，组织开展了海洋生物多样性和海水、沉积物、海洋大气状况监测，强化了重点港湾的监测与评价，加强了海洋环境灾害、突发海洋污染事故和各类海洋环境风险防范，深化了海洋倾废、海洋油气勘探开发、涉海工程、海洋保护区和陆源入海排污的监管，较全面地掌握了东海区海洋环境状况及变化趋势。监测结果表明：东海区海水环境质量总体较好，符合第一类海水水质标准的海域面积占 87%，水体中主要超标因子为无机氮和活性磷酸盐；沉积物质量状况良好，监测指标基本符合第一类沉积物质量标准；海洋生物群落结构基本稳定，物种数从北至南呈增加趋势；主要港湾营养盐含量较高，部分港湾重金属超标；海洋环境风险事件发生频率较去年有所降低，赤潮、绿潮等各类海洋环境灾害的发生对局部海洋环境造成影响，海水入侵、土壤盐渍化和海岸侵蚀现象依然存在；东海区各倾倒区环境状况总体稳定，基本适宜继续使用；部分滨海电厂温排水对海洋生物造成了一定程度的影响；入海河流和排污口等陆源排污对海洋生态环境带来一定压力；海水浴场、滨海旅游度假区环境质量良好，适宜开展休闲观光等人类活动。　（国家海洋局东海分局）

**【南海区海洋环境监测】** **西太平洋海洋环境监测预警体系建设以及数据库建设** 2013 年，国家海洋局南海分局初步开展了所辖海区及负责监测预警区域的海洋环境监测与海洋放射性预警工作，编制了西太平洋海洋环境监测预警体系建设中长期规划内容，制定了《南海区西太平洋海洋环境监测预警数据库建设方案》和南海分局《2014 年西太平洋海洋环境监测预警工作方案》。

**海洋放射性监测能力建设调研** 2013 年 6 月，国家海洋局南海分局配合国家海洋局海洋环保司对南海三省（区）海洋渔业厅（局）海洋放射性监测能力建设进行调研，为进一步推进地方海洋放射性监测能力建设工作奠定基础。

**海洋环境监视监测工作** 国家海洋局南海分局逐级落实环保工作责任制，结合南海区实际情况编制了《2013 年南海区海洋环境监测工作方案》，并组织召开环保工作会议对监测工作任务作进一步细化和分工，将责任落实到各监测单位，2013 年南海分局承担的各项监测工作按进度完成，累计外业出海 100 个航次，派出监测人员 6000 人次。

**南海区海洋环境质量综合评价** 继续推进南海区海洋环境质量综合评价方法开展，围绕普适性环境质量综合评价方法、河口、海湾、珊瑚礁、海草床、红树林生态系统专题、生物指示种专题、外来物种生态安全专题等 8 个专题项目研究，加强专题项目进度控制，结合研究基础进一步展开各专题监测方案和评价方法的优化工作。

**赤潮和海洋突发事件监视监测** 2013 年，国家海洋局南海分局投入南海区赤潮监视监测达到 5795 人次，总监测里程 49348 千米，在南海海域共发现 4 起赤潮事件，分布面积共 180 平方千米，未发现海洋经济损失和人员伤亡情况。南海区未发现重大海洋突发事件。

（国家海洋局南海分局）

# 海洋灾害与海洋环境预报服务

## 综　述

2013 年，我国海洋灾害以风暴潮、海浪、海冰和赤潮灾害为主，绿潮、海岸侵蚀、海水入侵与土壤盐渍化、咸潮入侵等灾害也均有不同程度发生。各类海洋灾害造成直接经济损失 163.48 亿元，死亡（含失踪）121 人。

与近 10 年（2004—2013 年）海洋灾害平均状况相比，2013 年海洋灾害直接经济损失高于平均值，死亡（含失踪）人数低于平均值。在近 5 年（2009—2013 年，下同）中，2013 年海洋灾害直接经济损失列第一位，死亡（含失踪）人数列第二位。

2013 年各类海洋灾害中，造成直接经济损失最严重的是风暴潮灾害，占全部直接经济损失的 94%；人员死亡（含失踪）全部由海浪灾害造成。单次过程中，造成直接经济损失最严重的是 1319“天兔”台风风暴潮灾害，为 64.93 亿元；造成死亡（含失踪）人数最多的是 1321“蝴蝶”台风浪灾害，为 63 人。

2013 年，海洋灾害直接经济损失最严重的省（自治区、直辖市）是广东省，因灾直接经济损失 74.41 亿元；较严重的省（自治区、直辖市）是福建省和浙江省，因灾直接经济损失分别为 45.08 亿元和 28.23 亿元。

2013 年沿海各省（自治区、直辖市）海洋灾害损失见表 1。2013 年各类海洋灾害损失见表 2。

**表 1　2013 年沿海各省（自治区、直辖市）主要海洋灾害损失统计**

| 省（自治区、直辖市） | 致灾原因 | 死亡（含失踪）人数 | 直接经济损失（亿元） |
|---|---|---|---|
| 辽宁 | 风暴潮、海冰 | 0 | 3.24 |
| 山东 | 风暴潮 | 0 | 1.44 |
| 江苏 | 风暴潮、海浪 | 10 | 0.29 |
| 浙江 | 风暴潮、海浪 | 20 | 28.23 |
| 福建 | 风暴潮、海浪 | 13 | 45.08 |
| 广东 | 风暴潮、海浪 | 65 | 74.41 |
| 广西 | 风暴潮 | 0 | 4.9 |
| 海南 | 海浪 | 13 | 5.89 |
| 合计 | — | 121 | 163.48 |

**表 2　2013 年各类海洋灾害损失统计**

| 灾害种类 | 死亡（含失踪）人数 | 直接经济损失（亿元） |
|---|---|---|
| 风暴潮 | 0 | 153.96 |
| 海浪 | 121 | 6.30 |
| 海冰 | 0 | 3.22 |
| 海啸 | 0 | 0 |
| 赤潮 | 0 | 0 |
| 绿潮 | 0 | — |
| 海平面变化 | 0 | — |
| 海岸侵蚀 | 0 | — |
| 海水入侵与土壤盐渍化 | 0 | — |
| 咸潮入侵 | 0 | — |
| 合计 | 121 | 163.48 |

注 1：风暴潮灾害损失包含近岸浪灾害损失，下同。
2：表中符号“—”表示未统计，下同。

## 风暴潮灾害与预报

**【概况及特点】**　2013 年，我国沿海共发生风暴潮过程 26 次，其中台风风暴潮过程 14 次，11 次造成灾害，直接经济损失 152.45 亿元，温带风暴潮过程 12 次，3 次造成灾害，直接经济损失 1.51 亿元，均未造成人员死亡（含失踪）。

2013 年，我国沿海风暴潮总体灾情偏重，直接经济损失为近 5 年平均值(95.96 亿元)的 1.60 倍。其中，广东省、福建省和浙江省直接经济损失分别为 74.20 亿元、45.06 亿元和 28.17 亿元，占风暴潮灾害全部直接经济损失的 96%。特别是 9 月下旬以后的灾害过程影响明显偏重，造成直接经济损失占台风风暴潮全年直接经济损失的 67%。沿海各省（自治区、直辖市）风暴潮灾害损失见表 3。各风暴潮灾害损失见表 4。

2013 年我国沿海共发生 3 次达到红色预警级别的台风风暴潮过程，为新中国成立以来同期最多，分别为“1312 潭美”、“1319 天兔”和“1323 菲特”台风风暴潮过程。“1319 天兔”台风风暴潮过程期间，福建东山站和广东海门站均观测到了超过当地历史记录的高潮位；

“1323 菲特”台风风暴潮过程期间，浙江鳌江　　站也观测到了超过当地历史记录的高潮位。

**表 3　2013 年沿海各省（自治区、直辖市）风暴潮（含近岸浪）灾害损失统计**

| 省（自治区、直辖市） | 受灾人口 | | 受灾面积 | | 设施损毁 | | | 直接经济损失（亿元） |
|---|---|---|---|---|---|---|---|---|
| | 受灾人口（万人） | 死亡（含失踪）人数 | 农田（千公顷） | 水产养殖（千公顷） | 海岸工程（千米） | 房屋（间） | 船只（艘） | |
| 河北 | 23 | 0 | 5.39 | 10.04 | 4.15 | 16000 | 152 | 20.44 |
| 天津 | — | 0 | 0 | 0.17 | 0.8 | 0 | 0 | 0.04 |
| 山东 | 454.3 | 0 | 55.3 | 224.86 | 36.65 | 17658 | 597 | 31.59 |
| 江苏 | 0.04 | 0 | — | 42.28 | — | 233 | — | 6.15 |
| 上海 | 0 | 0 | 0 | 0 | 0.3 | 0 | 0 | 0.06 |
| 浙江 | — | 0 | — | 48.47 | 259.39 | 0 | 915 | 42.57 |
| 福建 | 1.42 | 0 | 4.81 | 5.78 | 3.87 | 6 | 167 | 2.64 |
| 广东 | 204.02 | 9 | 108.8 | 5.88 | 6.15 | 1391 | 506 | 17.47 |
| 广西壮族自治区 | 69.4 | 0 | — | 103.81 | 21.07 | 718 | 1 | 5.33 |
| 合计 | 752.18 | 9 | 174.3 | 441.29 | 332.38 | 36006 | 2 338 | 126.29 |

**表 4　2013 年沿海地区台风风暴潮（含近岸浪）灾害过程及损失统计**

| 灾害过程 | | 发生时间 | 受灾地区 | 死亡（含失踪）人数 | 直接经济损失（亿元） | 死亡（含失踪）人数合计 | 直接经济损失合计（亿元） |
|---|---|---|---|---|---|---|---|
| 编号 | 名称 | | | | | | |
| 130526 | 温带风暴潮 | 5 月 26—28 日 | 山东 | 0 | 1.44 | 0 | 1.44 |
| 130608 | 温带风暴潮 | 6 月 8 日 | 江苏 | 0 | 0.05 | 0 | 0.05 |
| 130804 | 温带风暴潮 | 8 月 4 日 | 辽宁 | 0 | 0.02 | 0 | 0.02 |
| 1305 | “贝碧嘉”台风风暴潮 | 6 月 29—30 日 | 广东 | 0 | 0.04 | 0 | 0.04 |
| 1306 | “温比亚”台风风暴潮 | 7 月 1—2 日 | 广东 | 0 | 2.31 | 0 | 2.31 |
| 1307 | “苏力”台风风暴潮 | 7 月 12—13 日 | 浙江 | 0 | 0.38 | 0 | 7.78 |
| | | | 福建 | 0 | 7.4 | | |
| 1308 | “西马仑”台风风暴潮 | 7 月 18—19 日 | 福建 | 0 | 7.69 | 0 | 7.69 |
| 1309 | “飞燕”台风风暴潮 | 8 月 2—3 日 | 广西 | 0 | 0.57 | 0 | 0.57 |
| 1311 | “尤特”台风风暴潮 | 8 月 13—18 日 | 广东 | 0 | 13.32 | 0 | 14.95 |
| | | | 广西 | 0 | 1.63 | | |
| 1312 | “潭美”台风风暴潮 | 8 月 21—22 日 | 浙江 | 0 | 4.41 | 0 | 16.48 |
| | | | 福建 | 0 | 12.07 | | |
| 1319 | “天兔”台风风暴潮 | 9 月 21—23 日 | 福建 | 0 | 6.36 | 0 | 64.93 |
| | | | 广东 | 0 | 58.57 | | |
| 1323 | “菲特”台风风暴潮 | 10 月 6—7 日 | 浙江 | 0 | 23.58 | 0 | 34.92 |
| | | | 福建 | 0 | 11.54 | | |
| 1326 | “韦帕”台风风暴潮 | 10 月 14—16 日 | 江苏 | 0 | 0.12 | 0 | 0.12 |
| 1330 | “海燕”台风风暴潮 | 11 月 9—11 日 | 广西 | 0 | 2.66 | 0 | 2.66 |
| 合计 | | | | | | 0 | 153.96 |

**【主要风暴潮灾害过程】**　(1) 1319“天兔”台风风暴潮。9 月 22 日 19 时 40 分前后，台风“天兔”在广东省汕尾市附近沿海登陆，受风暴潮和近岸浪的共同影响，福建和广东两省因灾直接经济损失合计 64.93 亿元。

沿海最大风暴增水 201 厘米，发生在广东省海门站。增水超过 100 厘米的还有福建省东山站（103 厘米）和厦门站（102 厘米），广东省遮浪站（163 厘米）、汕头站（160 厘米）、汕尾站（150 厘米）、惠州站（137 厘米）和南澳站（125 厘米）。福建省东山站最高潮位超过当地红色警戒潮位 14 厘米。广东省海门站超过当地警戒潮位 139 厘米，汕头站超过当地警戒潮位 105 厘米，汕尾站和盐田站最高潮位分别超过当地警戒潮位 39 厘米和 10 厘米。

受此次过程影响，福建省受灾人口 9.29 万人，紧急转移安置人口 14.46 万人，水产养殖受灾面积 3.03 千公顷，毁坏渔船 40 艘，损坏渔船 264 艘，损毁码头 1.26 千米，损毁防波堤 7.36 千米，损毁海堤、护岸 4.86 千米，淹没农田 0.50 千公顷，直接经济损失 6.36 亿元。

广东省受灾人口 579.32 万人，全省紧急转移安置人口 26.52 万人，倒塌房屋 785 间，损坏房屋 2925 间，汕头市老城区大面积进水，水产养殖受灾面积 23.64 千公顷，毁坏渔船 188 艘，损坏渔船 4636 艘，损毁码头 0.28 千米，损毁防波堤 15.05 千米，损毁海堤、护岸 53.55 千米，淹没农田 10.56 千公顷，直接经济损失 58.57 亿元。

(2) 1323“菲特”台风风暴潮。10 月 7 日 01 时 15 分前后，台风“菲特”在福建省福鼎市沙埕镇沿海登陆，受风暴潮和近岸浪的共同影响，浙江和福建两省因灾直接经济损失合计 34.92 亿元。

沿海最大风暴增水 375 厘米，发生在浙江省鳌江站。增水超过 100 厘米的还有浙江省坎门站（167 厘米）、澉浦站（166 厘米）、洞头站（121 厘米）和健跳站（107 厘米），福建省琯头站（142 厘米）和沙埕站（133 厘米）。

浙江省鳌江站、坎门站、澉浦站、镇海站、洞头站和健跳站 6 个潮（水）位站的最高潮位超过当地警戒潮位，其中，鳌江站超过当地警戒潮位 148 厘米。

福建省三沙站和平潭站的最高潮位超过当地橙色警戒潮位，崇武站、厦门站和东山站的最高潮位超过当地黄色警戒潮位，其中，三沙站超过当地橙色警戒潮位 10 厘米。

此次过程浙江省受灾最为严重，全省受灾人口 666.06 万人，紧急转移安置人口 99.97 万人，损坏房屋 38 间，水产养殖受灾面积 32.56 千公顷，毁坏渔船 811 艘，损坏渔船 572 艘，损毁码头 3.06 千米，损毁防波堤 4.01 千米，损毁海堤、护岸 5.87 千米，直接经济损失 23.38 亿元。

福建省受灾人口 17.62 万人，紧急转移安置人口 13.63 万人，倒塌房屋 116 间，损坏房屋 351 间，水产养殖受灾面积 13.87 千公顷，毁坏渔船 406 艘，损坏渔船 1 820 艘，损毁码头 3.31 千米，损毁防波堤 9.29 千米，损毁海堤、护岸 9.88 千米，直接经济损失 11.54 亿元。

(3)“130526”温带风暴潮。5 月 26—28 日，受黄海气旋的影响，渤海和黄海沿海出现了一次较强的温带风暴潮过程，山东省因灾直接经济损失 1.44 亿元。

沿海最大风暴增水 138 厘米，发生在山东省潍坊站。辽宁省东港站、小长山站、老虎滩站、鲅鱼圈站、葫芦岛站和芷锚湾站，河北省秦皇岛站，山东省潍坊站、蓬莱站、石岛站和日照站 11 个潮（水）位站的最高潮位超过当地警戒潮位，其中，鲅鱼圈站超过当地警戒潮位 29 厘米。

## 海浪灾害与预报

**【综述】**　2013 年，我国近海共出现 43 次有效波高 4 米以上的灾害性海浪过程，其中台风浪 20 次，冷空气浪和气旋浪 23 次。因灾直接经济损失 6.30 亿元，死亡（含失踪）121 人。2013 年，海浪灾害造成的直接经济损失偏重，为近 5 年平均值（5.49 亿元）的 1.15 倍；死亡（含失踪）人数为近 5 年平均值（84 人）的 1.44 倍。海浪灾害直接经济损失最重的是海南省，为 5.89 亿元，占海浪灾害全部直接经济损失的 93%。沿海各省（自治区、直辖市）海浪灾害损失见表 5。

表 5 2013 年沿海各省（自治区、直辖市）海浪灾害损失统计

| 沿海地区 | 死亡（含失踪）人数 | 水产养殖受灾面积（千公顷） | 海岸工程受损长度（千米） | 损毁船只（艘） | 直接经济损失（万元） |
|---|---|---|---|---|---|
| 江苏 | 10 | 0.66 | 0 | 2 | 1225 |
| 浙江 | 20 | 0 | 0 | 7 | 631 |
| 福建 | 13 | 0 | 0 | 9 | 230 |
| 广东 | 65 | 0 | 0 | 9 | 2031 |
| 海南 | 13 | 413.78 | 2.11 | 598 | 58888.5 |
| 合计 | 121 | 414.44 | 2.11 | 625 | 63005.5 |
| 江苏 | 10 | 0.66 | 0 | 2 | 1225 |
| 浙江 | 20 | 0 | 0 | 7 | 631 |

**【台风浪灾害】** 2013 年，我国近海海域共发生有效波高 4 米以上台风浪过程 20 次，其中近海海浪直接造成灾害 7 次，因灾死亡（含失踪）79 人，直接经济损失 61913.5 万元；其余近岸海浪与风暴潮相互作用造成的灾害统计在风暴潮灾害中（见风暴潮灾害与预报部分）。

（1）“清松”台风浪。热带风暴“清松”于 1 月 1—6 日在南海南部海面形成 4～5 米的台风浪。

（2）“丽琵”台风浪。热带风暴“丽琵”于 6 月 19—20 日在东海东部海面形成 4～5 米的台风浪。

（3）“贝碧嘉”台风浪。热带风暴“贝碧嘉”于 6 月 21—24 日在南海中部、北部海面形成 4～5 米的台风浪，国家海洋局 SF304 浮标实测最大有效波高 4.8 米，莺歌海海洋站测得最大有效波高 2.7 米。受台风浪的影响，死亡（含失踪）2 人，直接经济损失 5983.9 万元。

（4）“温比亚”台风浪。强热带风暴“温比亚”于 6 月 30 日至 7 月 2 日在南海中部、北部海面形成 4～5 米的台风浪，国家海洋局 SF304 浮标实测最大有效波高 4.6 米，闸坡海洋站测得最大有效波高 3.2 米。

（5）“苏力”台风浪。超强台风“苏力”于 7 月 11—13 日在东海、钓鱼岛附近海面、台湾海峡海面形成 6～11 米的台风浪，国家海洋局 QF209 浮标实测最大有效波高 9.3 米，南麂海洋站测得最大有效波高 3.2 米，大陈海洋站测得最大有效波高 6.3 米，北霜海洋站测得最大有效波高 6.8 米。

（6）“西马仑”台风浪。热带风暴“西马仑”于 7 月 17—18 日在南海东北部海面形成 4～5 米的台风浪，国家海洋局 QF301 浮标实测最大有效波高 2.9 米，遮浪海洋站测得最大有效波高 2.6 米。

（7）“飞燕”台风浪。强热带风暴“飞燕”于 8 月 1—3 日在南海北部海面形成 4～6 米的台风浪，国家海洋局 QF303 浮标实测最大有效波高 5.0 米，博鳌海洋站测得最大有效波高 2.8 米。受台风浪的影响，无人员伤亡，直接经济损失 1592.4 万元。

（8）“山竹”台风浪。热带风暴“山竹”于 8 月 6—7 日在南海西部、北部湾海面形成 4 米的台风浪，国家海洋局莺歌海海洋站测得最大有效波高 2.9 米。

（9）“尤特”台风浪。超强台风“尤特”于 8 月 12—15 日在南海海面形成 4～10 米的台风浪，国家海洋局 QF303 浮标测得最大有效波高 8.9 米，遮浪海洋站测得最大有效波高 4.0 米。受台风浪的影响，无人员伤亡，直接经济损失 568.2 万元。

（10）“潭美”台风浪。台风“潭美”于 8 月 20—23 日在东海、钓鱼岛附近海域、台湾海峡海面形成 4～8 米的台风浪，国家海洋局 QF209 浮标实测最大有效波高 8.3 米，南麂海洋站实测最大有效波高 6.4 米，大陈海洋站实测最大有效波高 5.6 米。

（11）“康妮”台风浪。强热带风暴“康妮”于 8 月 29—30 日在东海海面形成 4～5 米的台风浪，国家海洋局 QF209 浮标实测最大有效波高 4.0 米，大陈海洋站实测最大有效波高 2.2 米。

（12）“桃芝”台风浪。强热带风暴“桃芝”于 9 月 2—4 日在东海海面形成 4～5 米的台风浪，国家海洋局 QF207 浮标实测最大有效波高 4.6 米。

（13）“天兔”台风浪。超强台风“天兔”于 9 月 19—23 日在台湾海峡、南海海面形成 6～

10 米的台风浪，国家海洋局 QF206 浮标实测最大有效波高 9.8 米，古雷海洋站实测最大有效波高 5.0 米，南澳海洋站实测最大有效波高 3.8 米。受台风浪的影响，死亡（含失踪）2 人，直接经济损失 40 万元。

（14）“蝴蝶”台风浪。强台风“蝴蝶”于 9 月 27—30 日在南海海面形成 6～10 米的台风浪，国家海洋局西沙海洋站实测最大有效波高 4.3 米，莺歌海海洋站实测最大有效波高 3.5 米。受台风浪的影响，死亡（含失踪）63 人，直接经济损 6598 万元。

（15）“菲特”台风浪。强台风“菲特”于 10 月 3—7 日在东海、台湾海峡海面形成 4～12 米的台风浪，国家海洋局 QF210 浮标实测最大有效波高 11.6 米，大陈海洋站实测最大有效波高 7.6 米，南麂海洋站实测最大有效波高 7.0 米。

（16）“丹娜丝”台风浪。超强台风“丹娜丝”于 10 月 7—8 日在东海、黄海海面形成 4～9 米的台风浪，国家海洋局 QF205 浮标实测最大有效波高 5.8 米。受台风浪的影响，死亡（含失踪）10 人，直接经济损 1120 万元。

（17）“百合”台风浪。强台风“百合”于 10 月 12—15 日在南海海面形成 4～10 米的台风浪，国家海洋局 SF304 浮标实测最大有效波高 5.0 米，博鳌海洋站实测最大有效波高 3.2 米。

（18）“范斯高”台风浪。超强台风“范斯高”于 10 月 23—26 日在东海海面形成 4～8 米的台风浪，国家海洋局 QF209 浮标实测最大有效波高 7.4 米，大陈海洋站实测最大有效波高 3.6 米。

（19）“罗莎”台风浪。强台风“罗莎”于 11 月 1—4 日在南海海面形成 6～10 米的台风浪，国家海洋局 SF304 浮标实测最大有效波高 8.9 米。

（20）“海燕”台风浪。超强台风“海燕”于 11 月 8—11 日在南海、北部湾海面形成 6～10 米的台风浪，国家海洋局 SF304 浮标实测最大有效波高 4.5 米，莺歌海海洋站实测最大有效波高 4.8 米。受台风浪的影响，死亡（含失踪）2 人，直接经济损 46011 万元。

**【冷空气与气旋浪灾害】** 2013 年，我国近海海域共发生波高 4 米以上冷空气浪和气旋浪过程 23 次，死亡（含失踪）42 人，直接经济损失 2092 万元。

“131124”冷空气浪。11 月 24—25 日，受冷空气影响，浙江外海出现了 3～4 米的大浪到巨浪，受其影响，浙江省 3 艘渔船沉没，死亡（含失踪）14 人，直接经济损失 519 万元。

表 6 2013 年海浪灾害过程及损失统计

| 致灾原因 | 发生时间 | 受灾地区 | 死亡（含失踪）人数 | 直接经济损失（万元） |
|---|---|---|---|---|
| 130114 冷空气浪 | 1 月 14 日 | 福建 | 2 | 5.0 |
| 130117 冷空气浪 | 1 月 17 日 | 福建 | 0 | 20.0 |
| 130202 冷空气浪 | 2 月 2 日 | 福建 | 3 | 5.0 |
| 130301 冷空气浪 | 3 月 1—3 日 | 海南 | 4 | 20.0 |
| 130320 冷空气浪 | 3 月 20 日 | 浙江 | 1 | 0 |
| 130330 冷空气浪 | 3 月 30—31 日 | 福建、广东 | 3 | 30.5 |
| 130405 冷空气浪 | 4 月 5 日 | 海南 | 1 | 20.0 |
| 130421 冷空气浪 | 4 月 21 日 | 福建 | 0 | 150.0 |
| 130426 冷空气浪 | 4 月 26 日 | 广东 | 0 | 20.0 |
| 130428 气旋浪 | 4 月 28 日 | 江苏 | 0 | 105.0 |
| 130430 冷空气与气旋配合浪 | 4 月 30 日 | 广东 | 1 | 3.5 |
| 1305“贝碧嘉”台风浪 | 6 月 22—24 日 | 海南 | 2 | 5 983.9 |
| 130702 气旋浪 | 7 月 2 日 | 浙江 | 1 | 2.0 |
| 130716 冷空气浪 | 7 月 16 日 | 浙江 | 2 | 35.0 |
| 130728 气旋浪 | 7 月 28 日 | 海南 | 1 | 20.0 |
| 1309“飞燕”台风浪 | 8 月 3 日 | 海南 | 0 | 1 592.4 |
| 1311“尤特”台风浪 | 8 月 13—14 日 | 海南 | 0 | 568.2 |
| 130918 冷空气浪 | 9 月 18 日 | 福建 | 2 | 20.0 |

续表

| 致灾原因 | 发生时间 | 受灾地区 | 死亡（含失踪）人数 | 直接经济损失（万元） |
|---|---|---|---|---|
| 1319“天兔”台风浪 | 9月20日 | 海南 | 2 | 40.0 |
| 130925冷空气浪 | 9月25日 | 广东 | 1 | 2.0 |
| 1321“蝴蝶”台风浪 | 9月28—30日 | 广东、海南 | 63 | 6 598.0 |
| 1324“丹娜丝”台风浪 | 10月8日 | 江苏 | 10 | 1 120.0 |
| 131026冷空气浪 | 10月26日 | 福建 | 4 | 0 |
| 131013冷空气浪 | 10月15—16日 | 浙江 | 1 | 75.0 |
| 131110冷空气浪 | 11月10日 | 浙江 | 1 | 0 |
| 1330“海燕”台风浪 | 11月10—11日 | 海南 | 2 | 46 011.0 |
| 131124冷空气浪 | 11月24—25日 | 浙江 | 14 | 519.0 |
| 131204冷空气浪 | 12月4日 | 海南 | 0 | 40.0 |
| 合计 | | | 121 | 63 005.5 |

**【海浪预报】** 2013年，国家海洋环境预报中心继续制作并通过中央电视台新闻频道、中国教育频道、旅游卫视频道、中央人民广播电台、新浪网、新华网、国家海洋局和国家海洋环境预报中心网站等全国性媒体对外加发布西北太平洋及中国近海24小时公益性海浪预报、中国沿海共22个主要滨海旅游城市、23个海水浴场、16个滨海旅游度假区、6条海上航线及钱塘江观潮的24～72小时近海海浪预报。

2013年，国家海洋环境预报中心继续为处于渤海、东海及南海海域的海上石油平台、海上运输航线提供专项海浪服务，制作海浪预报单合计12000余份，为海上生产活动、人员安全等提供科学有力保障。继续为我国兴建的世界最大桥隧结合工程“港珠澳大桥”项目的岛隧工程提供海浪预报保障，海浪预报时效144个小时。

2013年7月，国家海洋环境预报中心开始开展沿海重点海洋工程精细化预报服务，针对天津港、福清核电站发布72小时综合精细化预报，每天更新两次；针对辽东湾石油平台发布72小时数值精细化预报，每天更新一次。2013年8月，国家海洋环境预报中心制作的西北太平洋及中国近海的公益性海浪预报时效延长至72小时，每天更新两次；制作的西北太平洋及中国近海72小时公益性海浪预报、中国沿海26个主要滨海旅游城市及岛屿的海浪预报在凤凰卫视频道对外发布，每天发布两次。

**【海浪预警报】** 2013年，国家海洋环境预报中心、国家海洋局北海、东海和南海预报中心、沿海省（自治区、直辖市）、计划单列市海洋预报（中心）台，按照《风暴潮、海浪、海啸和海冰灾害应急预案》，通过中央电视台、中央人民广播电台和沿海省（自治区、直辖市）、计划单列市电视台和广播电台、手机短信平台、国家海洋局网站、国家海洋环境预报中心网站、新华网、新浪网等新闻媒体发布了1304“丽琵”、1305“贝碧嘉”、1306“温比亚”、1307“苏力”、1308“西马仑”、1309“飞燕”、1310“山竹”、1311“尤特”、1312“潭美”、1315“康妮”、1317“桃芝”、1319“天兔”、1321“蝴蝶”、1323“菲特”、1324“丹娜丝”、1325“百合”、1327“范斯高”、1329“罗莎”、1330“海燕”台风浪、冷空气浪和气旋浪等32次灾害性海浪过程，国家海洋环境预报中心发布海浪警报及紧急警报178份(其中红色海浪紧急警报21份)、海浪实况速报256份；同时还向受灾害性海浪影响的沿海省（自治区、直辖市）、计划单列市人民政府、国家海洋局、国家安全生产应急救援指挥中心、国家减灾委员会办公室、国家防汛抗旱总指挥部办公室、交通部总值班室、中国海事局、中国海上搜救中心、交通部救助打捞局、农业部总值班室、农业部渔业局、中国海监总队、总参作战部、海军司令部、中国远洋运输总公司、中国海运（集团）公司、中国海洋石油总公司、中国石油天然气股份有限公司、中国石油化工集团公司、中国海洋石油天津、上海、广州分公司等几十家海洋生产指挥部门和海洋交通运输部门、海洋石油勘探与开采部门发布海浪预警报。

**【海浪数值预报模式研究】** 开展了危险海况的数值预报技术研究。通过收集国家海洋局海洋灾害公报1989-2008年期间共176起船舶沉没事件，开展船舶沉没时危险海况的研究。在此基础上，汛期研发了包括危险海况信息的波陡预报产品。

基于最优插值同化方法，建立了基于 HY-2 卫星高度计有效波高资料的业务化海浪同化数值预报系统。　（国家海洋环境预报中心）

## 海冰灾害与预报

**【冰情与灾害】　冰情概况**　2013/14 年，渤海和黄海北部的冰情为偏轻冰年。辽东湾最大浮冰范围出现在 2014 年 2 月 9 日，浮冰离岸最大距离 62 海里，覆盖面积 12931 平方千米；渤海湾、莱州湾河口浅滩处有少量浮冰；黄海北部最大浮冰范围出现在 2014 年 2 月 12 日，浮冰离岸最大距离 14 海里，覆盖面积 3884 平方千米。

**表 7　2013/14 年渤海及黄海北部冰情**

| 影响海域（平方千米） | 初冰日浮冰离岸最大距离（海里） | 一般冰厚（厘米） | 最大冰厚（厘米） | | |
|---|---|---|---|---|---|
| 辽东湾 | 2014 年 2 月 9 日 | 12931 | 62 | 5～15 | 30 |
| 渤海湾 | | | | | |
| 莱州湾 | | | | | |
| 黄海北部 | 2014 年 2 月 14 日 | 3884 | 14 | 5～10 | 20 |

**冰情灾害**　2013/14 年，渤海和黄海北部沿岸海域受海冰灾害影响，直接经济损失 1.55 亿元，较 2010/11 年减少 82%。其中，辽宁省直接经济损失 113 万元，山东省直接经济损失 1.54 亿元。

**表 8　2013/14 年海冰灾害损失统计**

| 省（自治区、直辖市） | 受灾人口 | | 损毁船只（艘） | 水产养殖损失 | | 直接经济损失（亿元） |
|---|---|---|---|---|---|---|
| | 受灾人口（万人） | 死亡（含失踪）人数 | | 受灾面积（千公顷） | 数量（万吨） | |
| 辽宁 | — | 0 | 0 | 0.08 | — | 0.01 |
| 山东 | 7.20 | 0 | 0 | 38.00 | — | 1.54 |
| 合计 | 7.20 | 0 | 0 | 38.08 | — | 1.55 |

**【海冰监测与预报研究】　冰情监测**　2013/14 年冬季，国家海洋环境预报中心平稳有序完成海冰监测工作。完善了立体化海冰监测，包括海冰卫星遥感、沿岸海洋站、破冰船、鲅鱼圈雷达站、白沙湾雷达站、辽东湾石油平台等。海冰组按照中心部署要求，组织了一次渤海海冰沿岸调查，参加了海军的破冰船海冰调查，开展了辽东湾平台海冰雷达监测。2014 年 1 月 12 日平台测冰雷达开始运转，每天监测平台附近海冰状况，并将监测数据及时提供给国家海洋环境预报中心，通过对数据的反演获取了平台附近冰厚、海冰密集度及海冰运动等信息，为海冰日常预警报提供重要的实测数据，同时也为保障海上石油平台冬季安全生产提供重要的依据。

在发布海冰警报期间，国家海洋环境预报中心每天组织北海预报中心、辽宁海洋环境预报总站、河北省海洋预报台、天津海洋监测预报中心进行海冰灾害远程视频应急会商，将海冰的监测信息和海冰预报向国家各级政府部门汇报，并积极配合公共产品服务部宣传海冰预警报工作。　（国家海洋环境预报中心）

## 海温与海流预报

**【业务预报】**　主要发布包括沿海城市单站海温预报、海水浴场海温预报、滨海旅游海洋环境预报、滨海旅游度假区海温预报、海温周预报、海温周实况分析等。2013 年共发布：

（1）海温周预测 52 期 780 份（传真 15 家），电视预测 52 期，Internet 网络发布海温周预测 52 期；

（2）Internet 网络发布渤海 72 小时三维海温、海流预测 365 期；

（3）Internet 网络发布中国近海 72 小时三维海温、海流预测 365 期；

（4）电视发布西北太平洋海域 72 小时海温海流预测 365 期；

（5）Internet 网络发布连云港海流预测 365 期；

（6）中央电视台新闻频道发布 24 小时沿海城市单站海温预测 365 期；

（7）教育台发布 48 小时单站海温预测 365 期；

（8）旅游卫视发布 72 小时的逐日海温预测 365 期；

（9）在中央电视台发布南 13 个，北 10 个海水浴场海温预测 184 期；

（10）发布滨海旅游海洋环境预测 184 期；

（11）Internet 网络发布海温周实况分析 52 期；

（12）提供海事局的 72 小时的逐时潮流预测 365 期；

（13）营口附近海域单站海温预测 365 期；

（14）全球城市临近海域海温预报 365 期；

（15）蛟龙号保障服务预报；

（16）向华北空管局提供日和周海温预报共 126 期（日 138 期，周 23 期）；

（17）精细化预报（辽东湾，福清核电站，天津港）共发布 326 期（一日两期）；

（18）本年度 9 月 1 日起通过凤凰卫视发布 30 个沿海城市 24 小时海温预报，20 个沿海城市 72 小时海温预报。凤凰卫视电视台发布 24 小时，72 小时海温预报共 406 期（一日两期）。

【数值预报系统】 2013 年 9 月开始，起基于 ROMS 模型研发的东中国海、南海、西北太平洋、北印度洋数值预报系统正式业务化运行。

2013 年度新建了黄东海温盐流预报系统，提供 115° E～127° E，33° N～42° N 的未来 5 天表层海温数值预报产品和实况分析产品，以及每周五提供周预报的表层海温。9 月 1 日起正式开始提供预报产品保障。数值预报产品的数据格式为 nc 格式，分辨率为 1/30° ，时间分辨率为每小时一次。

2013 年度升级了原有的西北太平洋温盐流预报系统，新系统提供 3° N～52° N；99° E～158° E，分辨率 1/20×1/20 度的未来 5 天海温、盐度、海流预报产品预报。

2013 年度提供最新业务化运行的北印度洋温盐流预报系统。新系统提供-5° S～27° N；39° E～125° E，分辨率 1/12×1/12 度的未来 5 天海温、盐度、海流预报产品。

2013 年度提供最新业务化运行的南海预报系统，提供-3° N～6° N，98° E～140° E，分辨率 1/30×1/30 度的未来 5 天海温、盐度、海流预报产品。 （国家海洋环境预报中心）

## 赤潮灾害与预报

【赤潮灾害】 2013 年，我国海域共发现赤潮 46 起，累计面积约 4070 平方千米，其中有毒赤潮 7 起。本年度我国赤潮发现次数和累计面积为近 5 年来最少。2013 年，我国沿海赤潮高发期为 5—6 月，占全年赤潮发现次数的 74%。引发赤潮的优势种共 13 种，多次或大面积引发赤潮优势种主要有东海原甲藻和抑食金球藻。

2013 年，北海区共发现赤潮 14 起，累计面积约 1880 平方千米，赤潮累计面积为近 5 年来最小。其中，黄海中部及北部发现赤潮 1 起，面积 0.04 平方千米，其余 13 起均发生在渤海。2013 年，北海区赤潮多发期为 5—7 月，引发赤潮的生物主要为夜光藻、抑食金球藻和中肋骨条藻等。

2013 年，东海区共发现赤潮 26 起，累计面积约 2023 平方千米，本年度赤潮以小面积为主，与上年相比，赤潮发现次数和累计面积均有所减少。其中，浙江海域发现赤潮 18 起，累计面积约 1417 平方千米，福建海域发现赤潮 7 起，累计面积约 156 平方千米，江苏海域发现赤潮 1 起，影响面积约 450 平方千米。引发赤潮的生物主要为东海原甲藻、夜光藻、中肋骨条藻、红色中缢虫等。

2013 年，南海区共发现赤潮 6 起，累计面积约 167 平方千米，本年度南海区赤潮发现次数和累计面积为近 10 年来最少。

与 2012 年相比，2013 年全海域赤潮发现次数减少 27 次，累计面积减少 3,901 平方千米。其中，渤海赤潮发现次数增加 5 次，累计面积减少 1,989 平方千米；黄海赤潮发现次数减少 9 次，累计面积减少 883 平方千米；东海赤潮发现次数减少 13 次，累计面积减少 455 平方千米；南海赤潮发现次数减少 10 次，累计面积减少 574 平方千米。

**表 9 2013 年影响面积超过 100 平方千米的赤潮事件统计**

| 省(自治区、直辖市) | 起止时间 | 发现海域 | 赤潮优势种 | 最大面积(平方千米) |
|---|---|---|---|---|
| 河北 | 5 月 25 日至 8 月 31 日 | 秦皇岛—绥中附近海域 | 抑食金球藻 | 1450 |
| 天津 | 7 月 5—8 日 | 临港经济区东部海域 | 中肋骨条藻 | 154 |
| 天津 | 7 月 16—25 日 | 汉沽海域 | 夜光藻 | 100 |
| 江苏 | 5 月 30 日至 6 月 1 日 | 连云港海州湾海域 | 赤潮异弯藻 | 450 |
| 浙江 | 5 月 13—29 日 | 温州苍南海域 | 东海原甲藻 | 450 |
| 浙江 | 5 月 18 日至 6 月 2 日 | 台州玉环坎门海域 | 东海原甲藻 | 120 |
| 浙江 | 5 月 20—24 日 | 宁波韭山列岛东南海域 | 东海原甲藻 | 140 |
| 浙江 | 6 月 3—9 日 | 舟山东福山岛附近海域 | 东海原甲藻 | 100 |
| 浙江 | 6 月 22—24 日 | 朱家尖岛东北部—中街山列岛西部海域 | 东海原甲藻 | 200 |
| 广东 | 8 月 9—13 日 | 湛江港湾近岸海域 | 中肋骨条藻 | 113 |
| 合计 | | | | 3277 |

**【赤潮预报】** 2013 年共发布全国《赤潮生成条件预测》30 期。其中，涉及渤、黄海赤潮预测 18 期，东海赤潮预测 16 期，南海赤潮预测 5 期。

**【绿潮漂移应急预报保障】** 2013 年 5 月 11 日在我国黄东海海域监测到有绿潮发生，绿潮覆盖面积约 84 平方千米，分布面积约 8653 平方千米。随后，绿潮覆盖面积和分布面积呈波动变化趋势，在海流和风的作用下向偏北方向漂移。5 月 24 日，大规模爆发，绿潮分布面积超过 10000 平方千米，覆盖面积近 100 平方千米。6 月上旬，在山东省日照市和青岛市近岸海域发现零星绿潮登陆，至 6 月中旬，大量绿潮入侵青岛海域，整个沙滩及海水中满是绿潮，6 月 28 日，绿潮分布面积达到最大值 15628 平方千米。7 月初在山东省日照市、青岛市和威海市近岸海域均有绿潮登陆，至 7 月上旬后期，大量绿潮入侵威海海域，整个沙滩及海水中满是绿潮。7 月 16 日，受台风“苏力”的影响，大量绿潮随风漂向青岛海岸，各大海水浴场和沙滩都出现大量绿潮堆积。7 月下旬，绿潮覆盖面积和分布面积不断减小，进入 8 月份以后，绿潮分布大幅减少，8 月中旬绿潮基本消失。此次绿潮灾害入侵时间早（比 2012 年提前了 5 天，比 2011 年提前了半个多月），持续时间长(3 个月)，爆发面积大，大量涌入近岸海域，对渔业、水产养殖、海洋环境、景观和生态服务功能产生严重影响。

针对近年来绿潮发生范围和频率递增的情况，国家海洋环境预报中心也积极做好绿潮应急响应工作，每天按时发布绿潮应急预报。2013 年共发布《绿潮漂移及海洋环境预报》105 期，为政府有效应对绿潮灾害提供辅助服务。

（国家海洋环境预报中心）

## 海啸监测与预报

2013 年，我国未发生海啸灾害。国家海洋局对 54 次发生在我国周边海域及全球大洋其他海域的海底地震共发布了 94 期海啸信息。根据监测数据分析，其中 3 次地震引发了海啸，这些海啸事件均未对我国产生灾害性影响。

2013 年 11 月 27 日，国家海洋局海啸预警中心在北京挂牌成立，标志着我国海啸预警业务工作进入一个崭新的发展阶段，对提升我国应对海啸灾害的应急反应能力，增强中国沿海及临近海域海啸预警水平起到推动作用。

（国家海洋环境预报中心）

## 海上突发事故与应急预报

**【海上溢油应急预报】** 2013 年全年共开展一次溢油事故预测，发布《溢油漂移轨迹预测》1 期。圆满完成联合溢油演习。

预报技术研究方面，完成溢油模型同新西北太、东中国海模型的衔接，更新业务化溢油应急预报系统。为了更好地了解各掌握更多的溢油预测模型，2013 年引进了美国 ASA 公司的 OILMAP 软件，实现软件同业务化海流和风场预报系统的衔接，投入业务化使用。开展自主溢油模型同 OILMAP 软件的对比检验工作，开展多模式集合综合预报技术研究。

**【海上搜救应急预报】** 2013 年开展两次搜救事故应急保障，发布 21 份搜救应急预报单，其中西沙群岛搜救事件发布 18 期，江苏启东海域搜救事件发布 3 期；同时应急组针对南海海啸浮标搜救应急开展了漂移预测，对新闻中提到的几次搜救事件都作为演练机会开展了预测，为北海预报中心观测浮标丢失后的寻找提供了搜寻预测信息。

针对“神十”任务特点（海域有可能超出中国近海范围，下落物体不明），建立了 2 套应对方案，圆满完成“神十”应急任务。

对海啸浮标及其他类别浮标应急预报事故进行总结，利用浮标观测数据，针对该类物体，优化模型参数，确定不同浮标类型的漂移预测模型参数。将 LEEWAY 模型引进到应急工作中，实现业务化应用。

将 ASA 公司搜救模型结果、本单位搜救模型结果、LEEWAY 模型结果、基于不同海流和风场数据强迫的搜救模型结果进行对比分析，实现不同搜救模型的集合综合预报技术的应用。

**【海上危险物质泄漏】** 2013 年，开展了西北太平洋海上污染物输运扩散数值预报技术研究，为做好西太平洋海洋环境监测预警体系建设，按照国家海洋局要求，针对 3.11 日本强震及海啸引发的核泄漏事故，整理日本核泄漏放射性污染物在福岛第一、二核电站附近的时序变化以及西北太平洋海域中的扩散分布预测信息，全年共累计提交 22 份，同时编写发布《日本核电站事故发展动态》18 期。

**【生态预报技术研发】** 基于国家重点基础研究发展计划《中国近海水母暴发的关键过程、机理及生态环境效应》，建立了水母-浮游食物网耦合的三维生态系统动力学模型，模拟了黄东海温度、盐度和流场的季节分布与变化，为生态模型提供了物理背景场，同时模拟了硝酸盐、叶绿素和水母生物量等生态要素的季节分布与变化，完成了参数化的改进以及模式检验。该研究构建的适用于中国近海生态系统环境特征的水母-浮游食物网耦合模型，依靠自主研发，具有创新性，国内相关研究开展得较少，国际上也属于较为先进的水平，为我国近岸海域水母灾害提出更为定量化的防控原理和减灾策略。

**【赤潮预警预报、应急及损害评估技术】** 在 863 课题《赤潮预警预报、应急及损害评估技术》的支持下，开展赤潮生态动力学数值预报技术研究和赤潮漂移与扩散预报技术研究，建立了赤潮漂移与扩散数值预报模型和赤潮生态动力学模型，并开发了相应软件模块。经过预报模块的软件联调与系统集成，分别形成赤潮漂移与扩散数值预报系统和赤潮生态动力学数值预报系统，在赤潮易发期实现了预报系统的业务化试运行。2013 年 5—10 月应用开发的两套数值预报系统开展了东海示范区赤潮试预报业务工作，制作并向项目组发送赤潮生态动力学数值预报累计 48 期、赤潮漂移扩散预报累计 54 期。赤潮漂移扩散数值预报系统，能对示范海区的赤潮漂移轨迹和扩散状况进行预测，提前判断赤潮的可能影响位置及范围，从而最大程度地减轻赤潮灾害可能造成的损失；赤潮生态动力学数值预报系统，实现对示范海区与典型赤潮爆发相关的关键海洋环境要素预报，对于东海示范区灾害性赤潮预报有较高的参考和应用价值。两套数值预报系统的建立将进一步完善现有的赤潮业务预报系统，为赤潮灾害的损失评估提供重要参考和依据，成为赤潮减灾防灾的有力工具。 （国家海洋环境预报中心）

## 海洋气候监测与预测

**【ENSO 概况】** 2013 年，赤道中东太平洋大部海温表现为弱冷状态。2013 年 1—3 月，赤道中东太平洋大部海温虽然维持前期冷水状态，但呈现出逐渐减弱的趋势。4 月起，赤道中东太平洋冷海温再度发展，5—7 月持续发展到最强阶段，但其向西扩展的范围不大，低于-0.5℃的冷水区域一直维持在赤道中东太平洋东部（150°W 以东）。9—12 月，冷海温明显减弱。在赤道中东太平洋冷海温波动的过程中，赤道西太平洋海温一直维持偏暖状态。

**【我国气候异常概况】** **降水总体偏多，但时空分布不均** 2013 年，全国平均降水量 653.8 毫米，较常年同期（629.9 毫米）偏多 4%，比去年同期（668.2 毫米）偏少 2%。但北方偏多，南方大部偏少；与常年同期相比，东北、华南、华北、西北地区平均降水量分别偏多 20.9%、15.5%、13.5%、5.9%，部分地区偏多 5 成以上。

长江中下游、黄淮及西南地区降水偏少，部分地区偏少 20%～50%。

**汛期降水偏多，东北、四川等地山洪地质灾害和洪涝灾害较重**　汛期（5—9 月）全国平均降水量 494.7 毫米，较常年同期（459.8 毫米）偏多 7.6%，出现 33 次暴雨过程。其中，7 月西北地区降水量（123.8 毫米）为近 63 年来最多，东北地区降水量（239.2 毫米）为近 22 年来最多。全国有 62 个气象观测站的过程累计降水量达到或突破历史极值，有 60 个气象观测站的日降水量突破历史记录。汛期全国共出现 33 次暴雨过程。7 月，四川省出现了 4 次区域性暴雨过程，都江堰市幸福镇 7 日晚至 11 日累计降雨量达 1151 毫米，相当于当地年均降雨量，持续强降雨在四川多地引发山洪、滑坡、泥石流、大桥垮塌等灾害，造成重大人员伤亡。7—8 月，松花江流域平均降水量为 397.7 毫米，较常年同期偏多 36.7%，为 1951 年以来历史同期第三多；嫩江流域平均降水量为 326 毫米，较常年同期偏多 35.5%，为 1999 年以来历史同期最多。松花江、嫩江、黑龙江干流出现超警洪水。8 月 15—17 日，辽宁省出现区域性暴雨、大暴雨、局部特大暴雨天气。抚顺清原县日降水量 245 毫米，为该站有气象纪录以来最大值，暴雨造成房屋倒塌，多人死亡或失踪。

**全国平均气温偏高，盛夏南方出现 1951 年以来最强高温热浪**　2013 年，全国平均气温 10.3℃，较常年同期（9.6℃）偏高 0.7℃。除东北地区气温较常年同期偏低 0.3℃外，其余地区均偏高，其中西北地区、长江中下游地区、西南地区分别偏高 1.2℃、0.8℃、0.8℃。除 1 月和 4 月全国平均气温偏低外，其余月份均偏高，其中 3 月偏高 2.2℃，8 月偏高 1.2℃。7—8 月，江南、江淮、江汉及重庆等地高温尤为突出，沪浙赣湘渝黔鄂皖苏 9 省（市）平均高温日数达 31 天，较常年同期（14 天）偏多 1 倍以上，为 1951 年以来同期最多；9 省（市）平均最高气温 34.4℃，为 1951 年以来同期最高。有 344 个气象观测站日最高气温达到或超过 40℃，浙江新昌达 44.1℃；477 站次日最高气温突破历史极值，为历史同期最多。10 个站最长连续高温日数超过 40 天，湖南衡山、长沙达 48 天；144 个站连续高温日数达到或超过历史极值。持续高温加剧了南方部分地区的伏旱，水稻、玉米、棉花等农作物生长受到影响；用电量屡创新高，电力设备故障增多；高温天气影响人体健康，患病人数增加；森林火险气象等级偏高，湖南等地森林火灾多发。

**阶段性、区域性干旱不断显现，但影响偏轻**　2012 年 10 月上旬至 2013 年 3 月上旬，西南地区出现冬春连旱，3 月中旬开始降水增多，气象干旱逐步缓和。2013 年 7 月 1 日至 8 月 21 日，浙、赣、皖、鄂、湘、黔、渝等地区域平均降水量较常年同期偏少 52%，出现了严重伏旱。秋季，华北地区南部、黄淮西部及江南中部、贵州西部等地降水量较常年同期偏少 5—9 成，出现明显秋旱，11 月 24 日后旱情陆续得以缓解。入冬后，北方大部地区降水稀少，降水量普遍不足 5 毫米，其中华北地区、黄淮大部及陕西大部、甘肃西部等地基本无降水，较常年同期普遍偏少 8 成以上，华北地区西南部、黄淮西南部、江汉大部、江淮的西北部和东北部，以及陕西东南部、甘肃西北部等地发生中等程度以上的气象干旱。

**【海洋气候监测与预测】　海洋气候监测**　中国气象局国家气候中心 2013 年共发布气候系统监测产品《气候系统监测公报》12 期，内容包含全球大气环流、南、北极海冰、全球海表温度、热带太平洋次表层海温、南方涛动等主要环流和大尺度海洋、海冰状况的监测诊断分析及影响评估。

**海洋气候预测**　2013 年，中国气象局国家气候中心依托全球海气耦合模式、全球大气环流模式、动力-统计相结合季节预测系统、多模式解释应用集成预测系统以及多种统计诊断预测技术，开展海洋异常背景下延伸期、月、季尺度的预测工作。预测对象主要包括：中东太平洋海温演变趋势、中国月、季尺度降水、气温及主要气候灾害。重点如下：

（1）热带海洋预测。每月两次的 ENSO 趋势预测会商会，滚动预测 ENSO 未来 3 个月的演变趋势。另外，在 2013 年 3 月 20 日和 10 月 23 日分别邀请中国气象科学研究院、中国科学院大气物理研究所、国家海洋局预报中心等单位召开 ENSO 趋势专题会商会，预测 ENSO 未来 6 个月的发展趋势。

（2）每月气候趋势预测。通过每月气候预测内部会商和全国电视电话会商，与各区域（省）气候中心共同探讨未来一个月的降水、气温和主要气候灾害的趋势，制作和发布《每月气候预测》产品。

（3）季节气候预测。季节气候特征与海洋异常有密切的联系，组织召开春、夏、秋、年度的气候趋势预测会商会。2013 年 2 月 26 日，组织召开春季全国气候趋势预测电视电话会商会，形成春季全国气候趋势预测意见。2013 年 3 月 26—27 日，中国气象局联合水利部组织召开全国汛期气候趋势预测会商会，邀请全国各省（自治区、直辖市）气象局、国家气候中心、中国气象局公共气象服务中心、中国气象科学研究院，水利部水文局、水利部各流域机构水文局，中国科学院大气物理研究所、中国科学院寒区旱区环境与工程研究所，总参气象水文空间天气总站，北京大学，南京大学，南京信息工程大学等业务、科研院所共同会商汛期气候趋势，形成综合预测意见并正式上报国务院。5 月底对汛期预测意见进行滚动订正，并将订正意见以《重要气候信息》方式上报。6 月底对盛夏气候趋势进行全国电视电话会商，其综合预测意见上报国务院。此外，针对季节内演变过程及主要气候事件，分别开展南海夏季风爆发、梅雨、华北雨季的气候趋势预测。2013 年 8 月 28 日，召开秋季全国气候趋势预测电视电话会商会，形成秋季全国气候趋势预测意见。2013 年 10 月 30 日，召开 2013—2014 年度全国气候趋势预测会商会，邀请各省（区、市）气象局，中国气象科学研究院，中国科学院大气物理研究所，总参气象水文空间天气总站，民政部、国土资源部、农业部、国家海洋局以及北京大学、南京大学、南京信息工程大学、兰州大学、中国海洋大学等单位共同会商冬季气候趋势，形成综合预测意见并上报国务院。

（4）台风专项预测。热带海洋的演变对西北太平洋台风的生成有重要的影响。中国气象局国家气候中心于 3 月底对全年生成和登陆台风进行预测，6 月底对下半年生成和登陆台风进行预测，5 月至 9 月对月尺度的台风趋势进行滚动预测。

## 台风灾害与预报

**【西北太平洋和南海台风概况】** 2013 年西北太平洋和南海共有 31 个编号台风（包括热带风暴、强热带风暴、台风、强台风和超强台风，下同）生成，较常年（1949—2012 年，下同）平均值（27.0 个）偏多 4.0 个。

2013 年西北太平洋和南海台风活动具有特点：生成个数明显偏多，登陆个数偏多；秋台风活跃，登陆时间相对集中；生成源地偏西偏北；登陆强度偏强，登陆或影响位置总体偏南；南海台风活动频繁，台风路径趋势以西行和西北行为主；快速加强台风偏多，台风降雨强度大，局地强风强，灾害损失大。

2013 年共有 9 个编号台风先后在我国登陆，它们是：贝碧嘉（BEBINCA）、温比亚（RUMBIA）、苏力（SOULIK）、西马仑（CIMARON）、飞燕（JEBI）、尤特（UTOR）、潭美（TRAMI）、天兔（USAGI）、菲特（FITOW）。2013 年台风登陆数较常年登陆平均值（6.9 个）偏多 2.1 个，登陆地段偏南，登陆福建台风频次偏多，登陆强度偏强。2013 年台风初次登陆我国时间为 6 月 22 日，较常年平均（6 月 29 日）偏早 7 天；2013 年台风末次登陆我国时间为 10 月 7 日，接近常年。

**表 10　2013 年登陆我国的台风概况表**

| 国内编号 | 国际编号 | 台风命名 | 极值强度 | 登陆情况 | | | |
|---|---|---|---|---|---|---|---|
| | | | | 最大风速（米/秒） | 中心气压（百帕） | 时间（北京时） | 地点 |
| 1305 | 1305 | 贝碧嘉 | 热带风暴 | 23 | 984 | 6 月 22 日 11 时 10 分 | 海南省琼海市 |
| | | | | 18 | 991 | 6 月 23 日 22 时 30 分 | 越南太平省 |
| 1306 | 1306 | 温比亚 | 强热带风暴 | 28 | 976 | 7 月 2 日 05 时 30 分 | 广东省湛江市 |

续表

| 国内编号 | 国际编号 | 台风命名 | 极值强度 | 登陆情况 | | | |
|---|---|---|---|---|---|---|---|
| | | | | 最大风速（米/秒） | 中心气压（百帕） | 时间（北京时） | 地点 |
| 1307 | 1307 | 苏力 | 超强台风 | 45 | 945 | 7月13日03时 | 台湾省新北市与宜兰县交界处 |
| | | | | 33 | 975 | 7月13日16时 | 福建省连江县 |
| 1308 | 1308 | 西马仑 | 热带风暴 | 20 | 995 | 7月18日20时30分 | 福建省漳浦县 |
| 1309 | 1309 | 飞燕 | 强热带风暴 | 30 | 980 | 8月2日19时30分 | 海南省文昌市 |
| | | | | 30 | 980 | 8月3日10时 | 中越边界越南一侧沿海 |
| 1311 | 1311 | 尤特 | 超强台风 | 55 | 930 | 8月12日03时 | 菲律宾吕宋岛东部 |
| | | | | 42 | 955 | 8月14日15时50分 | 广东省阳西县 |
| 1312 | 1312 | 潭美 | 台风 | 35 | 955 | 8月22日02时40分 | 福建省福清县 |
| 1319 | 1319 | 天兔 | 超强台风 | 45 | ,935 | 9月22日19时40分 | 广东省汕尾市 |
| 1323 | 1323 | 菲特 | 强台风 | 42 | 955 | 10月7日01时15分 | 福建省福鼎市 |

**【台风对我国造成的灾害】** 2013年，共有9个编号台风登陆我国，登陆强度偏强，另外还有4个台风（1315号“康妮”、1321号“蝴蝶”、1325号“百合”、1330号“海燕”）对我国也造成了影响，具体台风灾情见表11。

**表11 2013年台风灾害概况表**

| 国内编号及中文名称 | 登陆时间（月.日） | 登陆地点 | 最大风力（风速） | 受灾地区 | 受灾人口（万人） | 死亡人口（人） | 失踪人口（人） | 转移安置（万人） | 倒塌房屋（万间） | 受灾面积（万公顷） | 直接经济损失（亿元） |
|---|---|---|---|---|---|---|---|---|---|---|---|
| 1305 贝碧嘉 | 06.22 | 海南琼海 | 9（23） | 海南 | 21.7 | | | 0.1 | | | 0.1 |
| 1306 温比亚 | 07.02 | 广东湛江 | 10（28） | 广东 | 166.0 | | | 8.6 | 0.2 | 17.1 | 10.6 |
| | | | | 广西 | 47.3 | | | 0.5 | 0.1 | 1.4 | 1.0 |
| 1307 苏力 | 07.13 | 福建连江 | 12（33） | 福建 | 102.8 | | | 32.0 | | 4.1 | 17.6 |
| | | | | 浙江 | 54.5 | | | 20.5 | | 2.7 | 3.5 |
| | | | | 广东 | 46.0 | 5 | | 5.5 | 0.2 | 1.2 | 5.8 |
| | | | | 江西 | 34.2 | 2 | | 1.6 | 0.1 | 2.2 | 4.9 |
| | | | | 安徽 | 5.3 | | | 5.1 | | | 0.1 |
| 1308 西马仑 | 07.18 | 福建漳浦 | 8(20) | 福建 | 30.6 | 4 | | 12.0 | 0.2 | 2.2 | 19.8 |
| 1309 飞燕 | 08.02 | 海南文昌 | 11（30） | 海南 | 75.2 | | | 12.4 | 0.0 | 2.0 | 3.1 |
| | | | | 广东 | 17.6 | | | 2.3 | | 0.1 | 0.4 |
| | | | | 广西 | 8.8 | | | 0.3 | 0.1 | 1.7 | 1.3 |

**续表**

| 国内编号及中文名称 | 登陆时间（月.日） | 登陆地点 | 最大风力（风速） | 受灾地区 | 受灾人口（万人） | 死亡人口（人） | 失踪人口（人） | 转移安置（万人） | 倒塌房屋（万间） | 受灾面积（万公顷） | 直接经济损失（亿元） |
|---|---|---|---|---|---|---|---|---|---|---|---|
| 1311 尤特 | 08.14 | 广东阳西 | 14（42） | 广东 | 917.5 | 55 | 4 | 119.8 | 3.1 | 47.0 | 168.6 |
| | | | | 广西 | 161.1 | 22 | 4 | 13.1 | 1.7 | 6.1 | 21.7 |
| | | | | 湖南 | 81.1 | 9 | 1 | 8.9 | 0.5 | 3.8 | 24.3 |
| | | | | 海南 | 16.3 | | | 10.6 | 0.0 | 0.3 | 0.4 |
| 1312 潭美 | 08.22 | 福建福清 | 12（35） | 福建 | 90.1 | | 1 | 24.4 | 0.1 | 3.0 | 19.2 |
| | | | | 浙江 | 91.2 | | | 14.9 | 0.1 | 3.9 | 6.1 |
| | | | | 湖南 | 89.9 | | | 6.6 | 0.1 | 3.7 | 7.7 |
| | | | | 广西 | 28.2 | 2 | | 0.7 | 0.2 | 1.7 | 0.9 |
| | | | | 江西 | 2.0 | | | | | 0.2 | 0.3 |
| 1315 康妮 | | | | 福建 | 1.9 | 1 | | 1.8 | | 0.1 | 1.0 |
| 1319 天兔 | 09.22 | 广东汕尾 | 14（45） | 广东 | 981.0 | 30 | 1 | 65.2 | 1.1 | 25.0 | 235.5 |
| | | | | 湖南 | 150.6 | 4 | | 4.0 | 0.1 | 10.1 | 6.7 |
| | | | | 福建 | 31.9 | | | 12.7 | 0.1 | 6.7 | 20.7 |
| | | | | 广西 | 4.5 | | | 0.3 | | 0.4 | 0.9 |
| | | | | 江西 | 1.3 | | | 0.1 | | | 0.2 |
| 1321 蝴蝶 | | | | 海南 | 0.1 | 14 | 48 | | | | 0.2 |
| 1323 菲特 | 10.07 | 福建福鼎 | 14（42） | 浙江 | 1089.0 | 9 | 1 | 125.5 | 0.5 | 54.7 | 599.4 |
| | | | | 福建 | 55.9 | | | 14.1 | 0.1 | 4.0 | 25.3 |
| | | | | 江苏 | 59.0 | | | 0.2 | | 3.2 | 3.0 |
| | | | | 上海 | 12.1 | 2 | | 1.0 | | 2.8 | 3.7 |
| 1325 百合 | | | | 海南 | 24.9 | | | 1.9 | | 0.3 | 0.5 |
| 1330 海燕 | | | | 海南 | 207.0 | 13 | 2 | 20.6 | 0.1 | 13.4 | 30.5 |
| | | | | 广西 | 196.0 | 7 | 1 | 4.9 | 0.4 | 34.0 | 14.4 |
| | | | | 广东 | 19.6 | | | 3.0 | | 8.1 | 0.9 |
| 合　计 | | | | | 4922.2 | 179 | 63 | 555.2 | 9.1 | 267.0 | 1260.3 |

**【西北太平洋和南海台风综合预报】** 在经度180°以西、赤道以北的西北太平洋和南海海域上出现的中心附近最大平均风力达到8级或以上的台风，按照其出现的先后次序进行编号。台风定位、定强是台风预报的基础，目前中国气象局已建立了利用卫星、雷达、地面常规观测和自动站加密观测、海洋观测、高空观测等多种资料的台风定位、定强业务系统。在编号台风未进入中央气象台的警报发布区（即48小时警戒线内），每天进行00:00UTC、06:00UTC、12:00UTC、18:00UTC（UTC为世界协调时，下同）4次定位、定强，并同时发布24、48、72、96、120小时预报；当台风进入中央气象台的警报发布区（即48小时警戒线内）后，增发03:00UTC、09:00UTC、15:00UTC、21:00UTC 4次定位、定强，并同时发布24、48、72、96、120小时预报；当台风进入24小时警界线内，增发01:00UTC、02:00UTC、04:00UTC、05:00UTC、07:00UTC、08:00UTC、10:00UTC、11:00UTC、13:00UTC、14:00UTC、16:00UTC、17:00UTC、19:00UTC、20:00UTC、22:00UTC、23:00UTC 16次定位、定强。

**【西北太平洋和南海台风客观预报】** 中国气象局关于台风客观预报方法主要是数值预报模式和动力统计方法。业务运行的模式有GRAPES_TCM(SGTM)，国家气象中心综合方法、国家气象中心数值预报模式（TMBJ-1），上海台风研究所台风数值预报模式(SHTM)，西北太平洋台风路径综合集成预报（STC），西北太平洋台风强度释用预报（STI），上海综合方法，江苏综合方法，广东综合方法，浙江综合方法，福建综合方法，广西综合方法，海南综合方法，辽宁综合方法，天津综合方法，山东综合方法，河北综合方法，概率圆法台风路径预报（JSPC），南海区域台风数值预报（GZTM），西北太平洋台风强度气候持续性预报方法(TCSP)，南海区域台风路径(强度)遗传神经网络预报（ANNGA），辽宁台风数值预报模式（LNTCM）。

基于TIGGE数据，中央气象台建立了以CMA、ECMWF、NCEP、JMA、MSC和UKMO等6家预报中心集合预报产品的超级集合预报系统，集合共149个成员。2013年中央气象台开展了GRAPES_TYM区域台风模式准业务化运行。

**【台风服务情况】**　针对2013年31个编号台风的预报服务，中央气象台密切跟踪其变化趋势、及时发布台风定位定强信息和预警信息，共计发布《热带气旋公报》299期，针对9个登陆我国的台风共发布《台风预警》152期，其中《台风红色预警》18期、《台风橙色预警》30期、《台风黄色预警》44期、《台风蓝色预警》60期，并及时通过各种媒体发布台风预警信息，极大地减少了台风灾害造成的损失。

2013年中央气象台有针对性地组织国家级台风预报专家团队成员开展台风专题会商，同时充分调动中央气象台内部台风预报员团队的积极性，及时开展针对性的台风内部会商，充分发挥了预报员团队的作用，台风路径预报的准确率稳中有升。

针对2013年31个编号台风，中央气象台24、48、72、96和120小时台风路径预报误差分别为82、134、193、279、444千米，其中24小时路径预报误差首次低于90千米；24～120小时各时效预报准确率较2008-2012年平均分别提高了25%、29%、33%、30%、10%。

另外，针对全球海域（除西北太平洋和南海海域外）活动的热带气旋，中央气象台每日发布《全球热带气旋监测公报》两次，发布时间为：02:00UTC、10:00UTC。2013年中央气象台共发布《全球热带气旋监测公报》366期。

## 海洋气象预报与服务

**【海事天气公报】**　2013年，中央气象台共发布《海事天气公报》1460期。

**责任海区范围**　按国际规定，中国承担的责任海区范围从42° N，137° E开始，沿印度洋海事卫星覆盖区的东部边界到0° 、141° E，10° S、127° E，12° S、95° E，5° N、95° E，10° S，97° E，再向东北方向沿海岸线回到42° N，137° E。

**报文内容**　报文以英语的形式发布。

（1）必须发报的内容。≥7级大风区的范围或地理位置。说明造成大风的台风或温带气旋中心强度（最低气压、风力）、位置、移向、移速；较强冷锋、暖锋和静止锋的位置；

能见度<10千米的区域；

浪高≥2米的区域，在热带风暴、温带气旋活动区中加发最大浪高。

（2）选择发报的内容。当责任海区内无≥7级大风出现，或者海区内已经出现有代表性的天气系统和天气现象，则需要从以下内容中选择部分内容发报：

较弱冷锋、暖锋和静止锋的位置以及海区内有影响的天气现象等。

**广播方式及覆盖范围**　为方便船舶及时收到海上安全有关的气象预报和警报，按规定广播须采用国际海事卫星安全网，通过印度洋海事卫星进行广播。该卫星的广播覆盖范围包括了我国承担的全部责任区，能满足用户的接收需要。

**广播时次**　通过海事卫星安全网定时发布的《海事天气公报》每日4次，发布时间分别为03:30UTC、10:15UTC、15:30UTC、22:15UTC。

报文的内容以中英文双语的形式在中国气象局网站上发布。

**【海洋气象公报】**　以中文形式描述责任海区的天气实况和预报，具体包括《海洋天气公报》和《海上大风预警》。海洋天气预报/预警的范围是中国近海，发布时间为每日02:00UTC、10:00UTC、22:00UTC。发布《海洋天气公报》时，分发单位为中国气象局网站、中国海上搜救中心以及舟山海洋气象广播电台；发布《海上大风预报》和《海上大风预警》时，分发单位为中国气象局网站、中国海上搜救中心、华风气象影视中心以及舟山海洋气象广播电台。

2013年，中央气象台共发布《海洋天气公报》1095期。我国近海责任海区除台风影响外，8级以上大风过程共有39次，其中冷空气过程造成的海上大风共 36 次，温带气旋造成的海上大风共 3 次。对这 39 次过程共发布《海上大风预报》317 期、《海上大风黄色预警》69 期。

**【海区预报】** 对中国近海海域分别就天气现象、风向、风力、浪高以及能见度分别做 0～12 小时、12～24 小时、24～36 小时、36～48 小时预报。2013 年中央气象台共发布《近海海区预报》1095 期，分发单位为中国气象局网站、华风气象影视中心、中国海上搜救中心以及签约客户。

**【北太平洋分析和预报】** 分析 0° ～60° N、100° E～120° W 范围内，0～48 小时海平面气压场图、500hPa 高度场图的实况和预报。发布时间为每天 03:30UTC。分发单位为中国气象局网站、华风气象影视中心。

**【专业海洋气象预报】** 中国气象局台风与海洋气象预报中心导航科是国内唯一一家从事海洋气象导航的业务机构，开展全球海洋气象导航业务，并提供各大洋天气要素风场、涌、浪的 120 小时内的预报。具体产品包括：船舶海洋气象导航、船舶监视、航线分析、海区预报、事故分析。

**船舶海洋气象导航** 在气象专家与高级船长的合作下，根据气象、海况条件为船舶设计安全、经济的航线；并对整个航程的经济效益评估。2013 年，中国气象局台风与海洋气象预报中心共承担了 12 艘次的船舶气象导航业务，涉及船舶包括矿砂船、特型大件特种运输船、杂货船以及渔政执法船，航行海域涵盖全球三大洋各海域。

**船舶监视** 为船东或租家提供船舶监视服务。监视船舶的航行速度、燃油消耗、航线是否合理等。

**航线分析** 为船东或租家提供航线评估分析报告。

**海区预报** 提供我国近海或客户指定海区的天气海况预报服务。

**事故分析** 海难、海损事故原因分析。

**【海洋气象保障服务】** **海洋气象春运保障服务** 2013 年 1 月 24 日至 3 月 6 日春运保障期间，共发布 43 期春运海上大风专报，其中 2 月 28 日至 3 月 6 日共发布 6 次海上大风黄色预警，相关的海上大风、预警专报均被航运部门及海上搜救中心等引用到其部门的网站上。

**南海巡航气象保障服务** 2013 年 3 月 1—15 日，中国海事局开展第 2 次南海巡航，期间我们每日制作未来 10 天的南海海域天气趋势预报以及未来 3 天具体巡航航线的天气预报，并将预报结果上报海事局和减灾司，为巡航任务提供了很好的气象服务。

**黄、东海海上搜救气象服务** 2013 年 3 月 22 日，为中国海上搜救中心提供黄海南部、东海海区天气海况预报专报 1 份，专报中对上述海区未来 3 天的天气现象、风向风力、浪高、流向流速等方面做了详细的预报。

**西沙搜救服务** 2013 年 9 月 30 日至 10 月 3 日，为中国海上搜救中心提供西沙附近海域天气预测专报，专报中对西沙附近海域未来三天天气现象、风向风力、浪高、能见度以及天气过程进行了详细的预报，为海军的搜救行动做了很好的保障。

## 厄尔尼诺和拉尼娜灾害与预报

**【海表温度演变特征】** 2013 年 1—3 月，赤道中东太平洋大部海温维持前期的弱冷水状态，并呈现出逐渐减弱的趋势。4 月起，赤道中东太平洋冷海温再次发展，5—7 月发展到最强，但冷海温向西扩展的范围并不大，低于-0.5℃的冷水区域一直维持在赤道中东太平洋东部（150°W 以东）。9—12 月，冷海温明显减弱。在赤道中东太平洋冷水波动的过程中，赤道西太平洋海温一直维持较明显的偏暖状态。

**【暖池演变特征】** 2013 年，印度洋暖池强度 5—9 月较常年同期偏弱，其他月份都以偏强为主；赤道西太平洋暖池全年均偏强。

**【次表层海温演变特征】** 2013 年 1 月起，赤道西太平洋次表层异常暖水开始逐步东移，与此同时赤道中东太平洋次表层异常冷水逐步减弱，冷水中心上抬，范围缩小。6 月，赤道西太平洋次表层异常暖水已东扩到赤道东太平洋的西部地区，并维持到 9 月份。10—12 月，赤道西太平洋次表层的异常暖水再次加强，东移并上翻，导致赤道东太平洋异常冷水强度较前期进一步减弱，使得表层冷海温的强度减弱。

**【南方涛动演变特征】** 2013 年，南方涛动指数（SOI）基本维持正值。3—7 月为显著的正值，表现出对赤道中东太平洋海温持续正常偏冷的响应。10 月 SOI 转为负值，11—12 月 SOI 再次转为正值，但较前期减弱，以上表明赤道中东太平洋基本维持正常偏冷海温，热带大气表现出对其持续的响应特征。

**【850hPa 风场演变特征】** 在对流层低层 850 hPa，赤道东太平洋（160°W 以东）地区全年基本由西风距平控制。而在赤道中太平洋（160°E～160°W），2—9 月主要维持着东风距平，但 10 至 11 月中旬有一次明显的西风距平从赤道西太平洋东传至赤道中东太平洋，并激发了赤道西太平洋次表层异常暖水的东传，使得赤道中东太平洋偏冷程度较前期减弱。11 月初，赤道中太平洋东风距平再次增强，并一直维持到 12 月。

**【对流演变特征】** 2013 年，赤道西太平洋对流活动略偏强，而赤道中东太平洋大部地区对流活动接近正常。但值得注意的是，在 7—8 月及 12 月，日界线附近对流活动偏弱较明显。

**【厄尔尼诺和拉尼娜对我国的气候影响】** 受赤道中东太平洋冷水状态影响，2012/2013 年冬季，东亚冬季风略偏强。同时在 2013 年夏季，西太平洋副热带高压脊线位置偏北，导致我国夏季主雨带明显偏北。鉴于气候系统的复杂性以及赤道中东太平洋冷海温强度年际变率大的特点，其影响也有显著差异。因此，对 2013 年赤道太平洋海温对我国气候异常的影响及其确切成因机制，仍有待于深入的分析研究工作。

对于热带大气——海洋的发展演变过程，2013 年 3 月 20 日国家气候中心主持召开了 2013 年夏季 ENSO 预测全国会商会，会议邀请国家海洋局、中国科学院大气物理所、北京大学和中国气象科学研究院的有关专家共同研讨，根据诊断分析和模式预测，并达成一致意见：预计 2013 年夏季赤道中东太平洋海表温度将逐步转为正常略偏暖状态。5 月，ENSO 预测班组鉴于热带太平洋海、气状态的变化趋势分析，以及模式更新预测，发布了“2013 年秋季 ENSO 将维持正常态状态”。10 月，预测了 ENSO 正常状态将持续通过 2013/2014 年冬季。（中国气象局）

## 海平面和潮汐预报

**【海平面业务化工作】** 2013 年，以国务院领导对海平面工作“海洋局应进一步组织科学分析与评判”的指示精神为指导，按照国家海洋局党组的具体部署，深入贯彻落实《中国应对气候变化国家方案》，紧密围绕“科学、应用、创新、服务”的工作要求，全面开展海平面变化监测、预测、影响调查、评估和适应策略研究等各项业务化工作，为沿海经济发展、海洋防灾减灾和海洋领域应对气候变化提供信息支撑和决策依据。

（1）沿海地区海平面变化影响调查。以科学、具体、实用为原则，编制了《2013 年海平面变化影响调查评估工作方案》、沿海各省（直辖市、自治区）的《2013 年海平面变化影响调查评估技术方案》和《2013 年度海平面变化影响信息采集表》。工作方案明确了海平面变化影响调查评估工作的目的意义、工作目标与工作原则、任务分工、工作内容、工作成果和进度安排；技术方案规定了 2013 年海平面变化影响调查评估工作的具体目标、工作内容和技术路线，确定了信息采集与实地调查的技术要求，明确了成果汇交内容与时间，以附件形式规定了《2013 年度海平面变化影响实地调查报告》和《2013 年度海平面变化影响调查评估工作报告》的编制格式；信息采集表规定了堤防状况信息、海洋工程影响信息、地面沉降基本状况信息、海岸侵蚀状况信息、海水入侵与土壤盐渍化状况信息、咸潮入侵状况信息和咸潮入侵过程信息、滨海湿地信息和红树林信息、风暴潮灾害信息和洪涝灾害信息共 8 类 11 个表的填报格式和填报要求。重点区域实地调查包括海岸侵蚀和重点岸段堤防的实地调查，主要工作包括：确定重点调查区域和调查内容，搜集背景信息，开展实地调查，形成调查成果；海平面变化影响典型事件（如风暴潮灾害、咸潮入侵、海水入侵与土壤盐渍化等）跟踪调查包括采集现场信息，分析致灾原因，全面掌握影响情况。《2013 年海平面变化影响调查评估工作方案》、《2013 年海平面变化影响调查评估技术方案》和《2013 年度海平面变化影响信息采集表》于 2013 年 4 月 12 日以国海预字[2013]214 号文“国家海洋局关于印发《2013 年海平面变化影响调查评估工作方案》、《2013 年海平面变化影响调查评估技术方案》的通知”下发到沿海各省（直辖市、自治区）。

国家海洋信息中心于 5 月底在天津举办了

2013年度海平面变化影响调查评估工作培训班，共有全国沿海11个沿海省（自治区、直辖市）和5个计划单列市的相关人员近60人参加了培训。国家海洋局预报减灾司王锋司长做了《关于推进海洋防灾减灾制度机制建设的思考》的主题报告。培训班对海平面变化影响调查技术方案进行了说明，详细讲解了堤防状况、海洋工程、地面沉降、海岸侵蚀、海水入侵与土壤盐渍化、咸潮入侵、滨海湿地和红树林、风暴潮灾害和洪涝灾害等影响信息的内容组成和采集方法，对海平面变化影响的重点区域和典型事件的实地调查技术规程进行了具体讲解，并对工作报告和技术报告的编制要求进行了说明。培训班的举办对做好2013年度海平面变化影响调查评估工作奠定了基础。

沿海各省（自治区、直辖市）及计划单列市海洋厅（局）完成了2013年度的信息采集和实地调查，工作成果包括沿海各省（自治区、直辖市）及计划单列市海洋厅（局）2013年度海平面变化影响信息采集表、实地调查报告和海平面变化影响调查评估工作报告，相关数据、报表、图片、照片、多媒体和报告，并于12月对成果进行汇交。

（2）2013年《中国海平面公报》编制。在国家海洋局海平面监测、预测、海平面变化影响调查及评价业务化工作基础上，国家海洋信息中心编制完成了《2013年中国海平面公报》。公报发布了中国全海域、分海区和沿海各省的海平面变化状况；预测了各海区和沿海省（自治区、直辖市）沿海未来30年海平面上升值，分析了海平面变化成因和2013年1、5、7—8、10等月份的异常变化原因；分析了海平面变化对全国沿海、沿海各省（自治区、直辖市）的影响，评估了影响程度；针对我国海洋功能区划分和中国沿海海平面变化特点，按照防护、后退和顺应的策略，分别提出了相应的应对措施；以专栏形式分别介绍了全球海平面观测系统（GLOSS）第13次会议、海平面上升与洪涝灾害、IPCC发布第五次气候变化评估报告、美国特拉华州海平面上升脆弱性评估情况。

中国沿海海平面变化总体呈波动上升趋势。1980年至2013年，中国沿海海平面上升速率为2.9毫米/年，高于全球平均水平。2013年，中国沿海海平面较常年高95毫米，较2012年低27毫米，为1980年以来第二高位。

2013年，中国沿海海平面变化区域特征明显。与常年相比，海平面变化呈现南北高中间低的特征，渤海和南海沿海海平面上升幅度均超过100毫米，黄海和东海沿海海平面上升幅度均低于90毫米。与2012年相比，中国沿海海平面总体降低，其中东海沿海海平面降低45毫米，渤海沿海海平面基本持平，黄海和南海沿海海平面均降低约20毫米。2013年1月渤海沿海海平面、5月中国全海域沿海海平面、10月东海沿海海平面均达1980年以来同期最高值；7—8月东海沿海海平面异常偏低，为2000年以来同期最低位。海温、气温、气压和季风变动等是引起海平面异常变化的重要原因。

海平面上升是一种缓发性灾害，其长期累积效应直接造成滩涂损失、低地淹没、生态环境破坏和洪涝灾害加剧，并导致风暴潮、海岸侵蚀、咸潮、海水入侵与土壤盐渍化加重。2013年9—10月，浙江、福建和广东沿海处于季节性高海平面期，其中浙江沿海10月海平面为历史同期最高，受强台风“天兔”和“菲特”影响，浙江、福建和广东直接经济损失超过101亿元。海平面上升导致河口水位抬高、潮流顶托作用加强，河道排水不畅，沿海城市泄洪和排涝的难度加大。高海平面期发生的风暴潮和强降雨将给沿海城市造成严重的洪涝灾害。2013年10月，浙江沿海海平面达1980年以来同期最高位，强台风“菲特”在7日影响浙江沿海。高海平面、天文大潮、风暴洪水和强降雨等带来严重洪涝灾害，广东和浙江沿海的综合经济损失分别超过了235亿元和275亿元。

沿海地区应加强海平面上升影响评估和脆弱区划，并根据经济社会发展程度，海岸防护和生态保护并重，采取防护、后退和顺应等适应策略应对海平面上升。

（3）《中国海平面和气候变化月报》编制。2013年共编制完成了12期《中国海平面和气候变化月报》。《中国海平面和气候变化月报》对中国沿海海平面各月变化状况进行统计和分析；通过与常年同期比较、与上一年度同期比较，分析海平面月度变化情况，并分析海平面趋势变化；分析沿海各站增减水变化状况；分别对中国沿海海温、气温、气压和风场变化进行分析；分析西北太平洋海域海洋气候要素变化状况。《中国海平面和气候变化月报》全面分析海平面变化与相关要素的关系，研究中国沿海海平面月度变化和影响特点。

（4）《气候变化与海平面上升研究动态》月刊编辑。2013 年共编辑完成了 12 期《气候变化与海平面上升研究动态》。《气候变化与海平面上升研究动态》月刊追踪国内外气候变化事件和最新研究进展，包括气候焦点、最新研究、海平面上升、生态系统、气候变化影响、国内资讯、国际资讯和综合等板块，为相关领导和研究人员提供应对气候变化和海平面上升的资讯服务。（国家海洋信息中心）

**【基准潮位核定】** 2013 年的基准潮位核定工作是按照《2013 年海洋预报减灾工作方案》的要求，在《基准潮位核定技术指南》的指导下，利用基准潮位核定信息采集系统完成的。

2013 年上半年，国家海洋信息中心依据《基准潮位核定技术指南》，研制了基准潮位核定信息采集系统，编写了基准潮位核定信息采集、资料核定方法、采集系统使用及报告编制的培训教材，并下发到各分局信息中心及各中心站，使各站能更方便、更规范、更高效地完成基准潮位核定工作，国家海洋信息中心也能更快捷准确地分析管理核定信息。

2013 年度，共有 105 个海洋站进行了基准潮位核定信息采集工作，其中北海分局 28 站，东海分局 47 站，南海分局 30 站。

2013 年度，国家海洋局开展海洋站（点）基础设施改造工作，许多海洋站进行了业务办公楼和验潮井、温盐井等观测场的升级改造，更新添加了观测仪器设备。业务工作的变动主要为观测点位置变动、增加观测项目或要素、改变观测方式及调整水准点等等。2013 年各项观测工作运行基本正常，新建了长兴岛和平岛无人观测站、饶平、惠来和陆丰站及莆田秀屿测点。涠洲、铁山港站的基本水准点从三级提高为二级。

2013 年，台风或风暴潮对海洋观测产生了一定的影响。大陈海洋环境监测站受到 1307 台风“苏力”、1312 台风“潭美”和 1323 台风“菲特”等影响，其中“菲特”台风影响较大，海上测波浮标漂失。莺歌海站因 1330 号台风强台风“海燕”影响，临时验潮点已废需重新安装。强热带风暴“温比亚”对硇洲岛影响严重，观测设施设备遭受不同程度的破坏。

2013 年，在完成基准潮位核定信息采集整理分析的基础上，加强了实地校核、深层次的信息分析和应用研究工作，特别是水准联测工作现状及其影响的分析研究。

2013 年，一方面对厦门中心站的各海洋站进行了重点实地调查校核，对平潭站观测资料进行了核实订正，并及时采取相应措施，避免了其他海洋站出现相似的问题。另一方面对福建沿海海洋站包括省属海洋站共 26 站历史资料序列进行了分析，核定了潮汐资料的高程基准，确保了基础资料的可靠性。

2013 年度，针对海洋站水准测量工作中存在的高程基准不统一、水准点信息不完整、水准复测不规范和水准联测不规范等问题，按照国家海洋局预报减灾司的要求，国家海洋信息中心编写了海洋站水准测量工作方案，计划用两年的时间，集中进行一次全国海洋站的水准联测工作，全面掌握海洋站水准点和引据点的信息，确定各海洋站基准面与 1985 国家高程基准的关系。主要工作内容包括水准点信息采集、开展水准联测、高程关系归算、水准信息管理系统研发。通过集中水准联测工作，完善水准联测工作管理制度，实现海洋站高程基准数据的信息化管理和高效利用，为海洋预警报和海洋防灾减灾提供准确可靠的基础数据支撑。

（国家海洋信息中心）

**【潮汐潮流预报服务】** 2013 年，继续进行潮汐潮流分析和预报新理论、新方法和新技术的跟踪研究和应用工作，开展沿海重点保障目标海域潮汐潮流精细化预报技术研究，更新维护了全球、印度洋、南海、中国近海等潮汐潮流业务化预报系统，完成 2015 年《潮汐表》和《T、D 值表》编制、精细化潮汐潮流预报与潮汐预报结果下发等业务工作，为我国海上航运交通、军事活动、海洋工程建设及防潮减灾等工作提供了可靠的信息保障服务。

（1）《潮汐表》编制。2013 年，利用台站潮汐观测数据，分析验证 2012 年《潮汐表》预报结果，对误差超出预报精度要求的站进行资料校对、重新分析，更换其调和常数，使预报精度得到进一步保证。基于更新后的调和常数，完成中国和全球2015年482个主港的潮汐预报和65个主要海上航线的潮流预报。依据潮汐、潮流预报结果，编制完成“鸭绿江口至长江口”、“长江口至台湾海峡”、“台湾海峡至北部湾”、“太平洋及其邻近海域”、“印度洋沿岸（含地中海）及欧洲水域”与“大西洋沿岸及非洲东海岸”等2015年《潮汐表》6册；编制完成2015年中国近海潮流《T、D值表》1册。2013年，发行2014年《潮汐表》近2万册，涉及行业部门200多家。

2013年，为掌握《潮汐表》的实际使用情况，国家海洋信息中心对《潮汐表》部分重要用户开展了实地走访调研。调研对象主要以大型海运公司为主，兼顾港口、海事等单位。9—11月，调研组先后走访了丹东、大连、秦皇岛、南京、上海、杭州、宁波、舟山、福州与厦门等10地23家用户单位。调研结果表明，《潮汐表》的站点设置、预报精度与排版方式能够满足大多数用户工作需要，但在宣传推广和销售服务等方面需要进一步加强。部分单位认为随着中国沿海经济的发展，新建港口不断增多，应发行电子《潮汐表》，以解决纸质《潮汐表》刊载港口数量有限的问题。

（2）沿海重点保障目标潮汐潮流精细化预报。自2013年7月，依据《面向沿海重点保障目标的精细化预报技术规范（试行）》要求，针对天津港、福清核电站和辽东湾石油平台作业区开展了潮汐潮流精细化预报服务工作，制作发布综合预报和数值预报产品，并按月对预报结果进行检验。2013年7—12月，国家海洋信息中心累计发布潮汐潮流预报数据95680条，预报图44772幅。

（3）潮汐潮流预报保障。2013年，继续开展钓鱼岛、黄岩岛、美济礁与曾母暗沙等权益岛礁潮汐潮流预报工作，为我国海上维权、渔业生产等活动提供了可靠的信息保障。

2013年，完成了亚丁湾沿岸10个潮汐点、3个潮流点的单站预报及其附近海域潮汐潮流数值预报工作，为我国舰队顺利完成印度洋海上护航任务提供信息保障。

2013年，对已建立的全球、印度洋、南海、中国近海等区域的潮汐潮流预报系统进行了更新维护，各预报系统的业务化运行为海上搜救、渔业保障、航海安全等提供了有力的信息支撑。

（4）潮汐潮流预报下发、网络发布与国际交换。2013年，根据国家海洋局的要求，国家海洋信息中心向国家海洋局下辖的国家海洋环境预报中心、各海区预报中心、各海洋环境监测中心站和沿海部分省海洋环境预报中心提供了2014年中国沿岸验潮站点潮汐预报电子文档。本年度共计向25家单位下发了1077个站点的2014年潮汐预报的电子文档，并提供了2014年纸质《潮汐表》165册。继续在中国海洋信息网、中国海事网上发布了本年度中国与全球482个主港的潮汐预报结果，为公众提供了便捷的预报服务。完成了与美国、英国、日本和印度等上述四国的2014年潮汐潮流预报国际交换工作。本年度共计向四国提供了我国沿海34个潮汐站点与2个潮流站点预报结果，为提高这些国家对我国主要港口与航道潮汐潮流预报精度提供了基础依据。

（国家海洋信息中心）

# 海 洋 信 息 管 理 与 服 务

## 海洋信息网络建设

**【制定国家海洋信息网络及信息安全建设方案】**　研究制定了全国海洋系统视频会议平台建设方案，并在 11 个沿海省市区进行实施，以局应急指挥视频会议平台为基础，实现了国家海洋局、局属单位、沿海省市区的视频会议系统的互联互通；数字海洋专网延伸至大连、青岛、宁波、厦门和深圳 5 个计划单列市及海岛中心。

**【规划设计、建设维护海洋数据通信传输系统】**进一步提升观测数据实时传输工作水平，强化规范化管理。传输系统 7 天 24 小时持续无故障运行时间达到了 180 天；建立了数据存储规则标准化转换系统，三个海区观测数据实现了统一格式存储；配合数据管理部门完成了观测数据接入“海洋环境与地理信息服务平台”工作，支撑“海洋观测网运行状况动态监视系统”建设和向局机关部署工作。进一步完善监测数据传输系统，监测数据传输全年正常，实现业务化运行；运行维护了局应急指挥平台与视频会议系统。

**【网络、信息系统及安全的建设、运行管理和技术支撑】**　完成了数字海洋专网、观测数据传输网、电子政务外网等专网的运行维护工作，并制定了专网整合技术方案，在进行了网络整合工作，在不影响原有各网络、系统运行的前提下，形成“一张网”；开展了计算资源存储资源统一管理的准备工作，并在外网上率先进行了实施，配置了计算资源虚拟化及管理系统，利用现有资源形成了外网计算资源池，初步实现外网资源的统一管理、统一调配、统一监控；完成了高性能计算机、数字海洋软硬件平台、海洋环境与地理信息服务平台硬件环境、国家海洋局综合信息查询系统等的运行维护。

**【建设、维护各类海洋信息网络发布系统，建立信息更新机制，更新发布信息】**　建设和持续更新了 CMOC-China、CODIS、南海信息网、钓鱼岛、中国海洋与气候变化网站、数字海洋重点实验室网站、海域使用论证网站、中国海洋信息网、中国海洋经济信息网、数字海洋移动服务平台、海洋科学数据共享网站、全国科技兴海信息服务平台、东盟论坛等；开发了海洋人才港招录系统，为海洋事业储备人才。

**【维护国家海洋局网络系统】**　在巩固现有职责的基础上，进一步完善制度，严格管理，科学监控，全年保障了局政府网站和网络系统正常、高效运转；对于新增的网络服务系统，严格按照履行职责，认真调研论证，协助局办公室把好关，确保把有限经费用在最关键的环节上；加强网络监控预警与安全防范，对网络运行及网站服务进行全年实时、不间断监控。

（国家海洋信息中心）

## 数字海洋建设与应用服务

**【i0cean 中国数字海洋公众版网站全面改版升级】**　i0cean 网站（即“中国数字海洋公众版”）于 2009 年 6 月正式发布，是我国“908 专项”03 项目正式实施以来，取得的第一个为社会公众服务的应用成果。上线运行 4 年多，在传播海洋知识、提供海洋信息服务以及宣传海洋文化、提高公众海洋意识等方面发挥了积极的重要作用。

2013 年初，国家海洋局数字海洋重点实验室对 i0cean 网站进行了全面的改版升级。在保留原有三维模块和技术特色的基础上，对网站结构进行了重新布局和设计，增加了新的展现内容和表现形式。改版升级后，i0cean 网站集聚了海洋新闻、海洋公告、海洋百科、海洋科普、三维海洋、海洋预报、海洋信息产品、热点专题等在内的近十个内容版块。人性化的功能设置，让访问更加便捷，为用户带来更加舒适的浏览体验。改版升级后的 i0cean 网站无论是从视觉、功能，还是技术层面，都凸显出海洋信息服务门户网站的特色和气质。

**【中科院遥感所专家莅临数字海洋实验室研讨交流】** 2013年6月25日，来自中科院遥感应用研究所数字海气研究室、数字地球理论与系统研究室的多位专家在池天河研究员的带领下莅临国家海洋局数字海洋科学技术重点实验室参观访问，双方针对各自的业务工作内容和经验进行研讨交流，探讨推动双方合作的契合点。

池天河研究员担任数字海洋科学技术重点实验室学术委员会委员，在座谈会上对数字海洋的发展提出了几点建设性的意见，指出数字海洋建设应在组织架构方面深入研讨，增强可操作性。在数字海洋中心建设方面，建议可以增加五六个主题中心、以科研院所和大学为主的科教中心，并将省级平台改造成区域的数据采集点和区域应用中心。数字地球实验室在空间数据方面有较多的积累、数字海气研究室倾向于模型方法的研究，经过深入的研讨交流，双方共同期望以后在空间数据及海洋研究方面能有进一步的沟通，使得数字海洋建设更有“海洋味”。通过此次探讨交流，加深了对双方业务工作的认识，为接下来进一步的学习交流奠定了基础并为数字海洋建设提供了新的解决思路。

**【水利部国际经济技术合作交流中心调研数字海洋工作】** 2013年6月26日，水利部国际经济技术合作交流中心副主任陈霁巍、副处长胡文俊、田向荣一行4人前来调研数字海洋工作。国家海洋信息中心副主任石绥祥、数字海洋实验室主任金继业及相关业务人员出席了会议并参加了研讨。此次调研，旨在探讨数字海洋建设方面的先进理念与关键技术。水利部国际经济技术合作交流中心在跨界水域管理方面存在很多实际问题，急需开发相应的信息系统支持该领域的业务工作，希望学习借鉴数字海洋系统的建设中的宝贵经验，便于数字界河系统研发及实施方案编写等工作的顺利开展。

实验室技术人员现场演示了中国数字海洋框架系统，结合系统演示金继业主任介绍了中国数字海洋框架系统的主要结构与功能、海洋数据的分类方式及存储结构、海洋环境要素的展示方式、海洋管理类数据的展示形式及海底地形的三维可视化浏览与展示等。针对平台选取及海洋信息的展示方法等关键技术问题，双方进行了深入探讨。陈霁巍主任表示此行获益匪浅。数字海洋作为海洋信息化的成功应用典范，为海洋各类信息提供了很好的展示与应用的平台，同时也为数字界河的研究工作提供了借鉴。希望以此为契机，进一步深化合作，加强相关领域的技术沟通与交流。

**【2013年数字海洋节点会议顺利召开】** 2013年数字海洋节点会议于7月2日在上海召开。与会人员包括国家海洋信息中心、北海分局、东海分局、南海分局、11个沿海省市区、4个计划单列市共19个节点单位的代表。国家海洋局科学技术司副司长雷波、国家海洋信息中心副主任石绥祥出席了会议。各代表分别对本节点在过去两年以来的业务化运行情况，以及在应用服务方面所取得的进展和成果进行了系统介绍，并重点总结了困难和问题，同时还就今后的工作思路和方向提出了具体建议。①应加强数字海洋的宣传工作，增加数字海洋在国内的权威性；②应制定完善的体制机制，确保数字海洋工作从国家到地方的顺利推行；③应确保海洋数据的质量，保证海洋数据的权威性，对现有数据进行深入挖掘，制作面向应用的数据产品；④数字海洋在地方应立足于服务地方经济和海洋管理；⑤应明确地方数字海洋数据的汇集单位，确保数据的有效汇交和管理；⑥数字海洋应建立数据云，保证数据的统一管理，各节点单位只是数据用户，不需要各自管理数据；⑦应重视数据的保密问题；⑧应基于数字海洋开展网络整合，避免重复建设和资源浪费；⑨国家应向地方下达一个开展数字海洋建设工作的正式文件，作为工作开展的依据；国家应对地方开展数字海洋工作进行有效经费保障。

**【数字海洋重点实验室赴青岛市海洋与渔业局开展调研】** 2013年7月22日，国家海洋局数字海洋科学技术重点实验室主任金继业率实验室成员一行前往青岛市海洋与渔业局进行调研。在调研过程中，举行了交流座谈会，并参观了青岛市海域动态监视监测系统以及软硬件设施。青岛市海洋与渔业局详细介绍了青岛市数字海洋工作的开展情况以及所面临的现实困难，并重点演示了其海域动态监视监测系统的运行情况。开展数字海洋工作是从国家到地方的一整套体系，从数据采集一直到应用服务。数据采集要充分利用沿海省市的观测能力，结合地方的特色项目

（如青岛的海域动态监控系统）进行数据获取，建立一套流畅的体系将地方数据汇集到国家数据中心。在数据传输中，建立顺畅的网络体系，最好是多套网络能够合儿为一，利用一套网络来干多种业务。在数字海洋应用服务方面，要结合当地的实际情况和业务需求，这样应用系统才能有人用，有生命力。

**【数字海洋实验室代表赴马来西亚参加第八届国际数字地球会议】**　第八届国际数字地球会议（the 8th International Symposium on Digital Earth)于2013年8月26—29日在马来西亚古晋市(Kuching)举办。会议由马来西亚工艺大学（Universiti Teknologi Malaysia)承办，以“知识转化与持续科学实践”("Transforming Knowledge into Sustainable Practice"）为主题。此次会议以传播数字地球新理念、交流数字地球新技术、实践数字地球新应用为宗旨，为全球数字地球领域的研究人员、科学团体、行业公司等提供了国际交流平台，就数字地球理念和模型、对地观测技术、地理信息应用、自然资源管理等领域开展全方位研讨。

在为期4天会议中与会代表围绕数字地球理念和创新、对地观测技术、自然资源管理、数字遗产等12个议题展开学术讨论与交流。大会共进行了18个大会特邀报告，组织了38个平行分会。蒋冰、高通作为国家海洋信息中心数字海洋实验室的代表应邀参加了会议。蒋冰针对海洋灾害可视化研究方面开展的研究工作，作了题为《A spatio-temporal process data model for characterizing marine disasters》报告，高通作了题为《Tentative Ideas for Digital Ocean-II of China》学术报告报告，介绍了基于云计算的新型数字海洋的技术架构。

**【中国海洋学会2013年学术年会海洋信息化与数字海洋发展研讨会举行】**　2013年9月2日，在上海举行了中国海洋学会2013年学术年会主会场论坛，由国家海洋信息中心主持构建的“数字海洋信息基础框架”荣获“2012年度海洋科学技术奖特等奖”，国家海洋信息中心副主任、海洋信息专业委员会副主任委员石绥祥在会上做了题为“数字海洋探索实践与展望”特等奖项目报告。

中国海洋学会海洋信息化与数字海洋发展研讨会于当天下午举行。该研讨会由中国海洋学会海洋信息专业委员会和国家海洋局数字海洋科学技术重点实验室联合举办。会议由石绥祥副主任主持；中国海洋学会理事、国家海洋信息中心党委书记（副主任）、海洋信息专业委员会主任委员李东旭致辞；中国海洋学会常务副理事长雷波到场祝贺并讲话；会议特邀来自地方、军方、高校、科研院所的8位专家作了学术报告，70余名代表参加了研讨会。

**【iOcean中国数字海洋公众版系统研发与服务项目获2013中国地理信息科技进步二等奖】**由中国地理信息产业协会主办的2013中国地理信息产业大会，于2013年9月15—17日在山东潍坊举行。大会以“抱团 创新 机遇 梦想”为主题。全国政协副主席罗富和，全国政协教科文卫体委员会主任、中国科学院院士徐冠华，国家测绘地理信息局副局长李维森，山东省政协副主席栗甲，刘经南、孙九林、龚健雅等院士、专家，香港地理信息系统协会会长邓兆星，澳门地图绘制暨地籍局局长陈汉平及外交部、发改委、公安部、科技部、住建部、国土资源部等部门有关司局领导出席会议。在会议举办的中国地理信息产业高端论坛上，李维森、刘经南、孙九林、龚健雅等多名专家就地理国情监测、智慧城市、云计算、物联网、地理信息公共安全、位置服务、北斗产业、产业园建设、地理信息空间数据服务等热点话题分别做了报告。大会还讨论了地理信息在经济建设、应急救灾等领域的应用及服务，产业政策、产业经济、产业文化、资本运作、教育科技创新等也成为大会议题。

由国家海洋局数字海洋重点实验室完成的iOcean中国数字海洋公众版系统研发与服务项目获2013中国地理信息科技进步二等奖，国家海洋信息中心海岛部完成的国家海岛管理系统项目获2013地理信息产业优秀工程金奖。

**【数字海洋科学技术重点实验室参加第一届中国海洋发展与指挥控制论坛】**　由中国海洋学会与中国指挥与控制学会共同主办的第一届中国海洋发展与指挥控制论坛于2013年10月19—20日在山东烟台隆重举行。国家海洋局数字海洋科学技术重点实验室相关人员参加了论坛并进行了深入地交流学习。

在“十八大”报告提出“坚决维护国家海洋权益，建设海洋强国”发展战略的新形势背景下，本次论坛以“走向深蓝的指挥与控制”为主题，旨在推动云计算、物联网、智能移动和大数据环境下的指挥与控制科学技术进步，促进国家海洋安全、非战争军事行动、海洋信息化装备、空天一体战、海上编队、应急救援、海上运输等方面科技发展。专家学者就我国周边海上权益热点、海防军事形势、指挥控制技术在武器系统及海防中的应用、海洋环境场在海洋军事中的作用、海洋信息系统在海上作战中的应用、卫星观测及通信技术对海洋科学和军事的促进作用等问题做了精彩报告，现场气氛热烈。通过论坛的交流学习，进一步认识了海洋信息化在海洋权益、海上武器系统、海洋作战中的重要作用，为数字海洋进一步开展专题应用服务提供了新思路。

（国家海洋信息中心）

## 海洋情报服务

**【综述】** 2013 年，中国周边海上形势继续呈现合作与斗争并存的复杂态势。一方面，我国艰难推进与美国、韩国、越南、东盟国家在海洋领域的合作关系；另一方面，周边海洋争端仍然存在，并有激化或引发海上局部冲突的风险，中国的海洋安全形势发生了复杂而深刻的变化，面临的主要问题包括中日钓鱼岛争端、南海岛礁争端以及美国亚太战略调整带来的持久而深刻的影响。海洋情报服务工作面对我国周边日益复杂的海洋政治形势，根据我国发展需要，紧密围绕国家海洋局的各项管理职能，秉承“持续跟踪，及时报道，深度分析，为决策服务”的宗旨，围绕 2013 年国际及地区的热点问题开展跟踪研究工作，特别是针对我国周边地区突发事件进行密切跟踪，提供国外的即时信息，为上级主管部门进行战略决策和部署提供准确、及时的国外信息支撑。

**【美国加入《联合国海洋法公约》相关问题研究】** 《联合国海洋法公约》（以下简称《公约》）于 1994 年 11 月 16 日生效，目前有 166 个缔约方。美国对待《公约》的态度从起初的积极到消极，再到积极的过程。美国曾经积极参与和推动了《公约》谈判与起草，但在《公约》开放签字时，美国以《公约》有关海底采矿的条款不符合美国国家利益为由拒绝签字。从克林顿政府起，美国各届政府积极倡导批准《公约》，但各派之间最终无法达成共识。近期，奥巴马政府又大力推动国会批准《公约》。包括美国国务院、军方和产业界在内的诸多力量积极支持加入《公约》，美国批准《公约》有可能在不久的将来成为现实，这将对国际社会和我国产生一定影响。本研究在 2012 年的工作基础上，密切跟踪 2013 年美国参议院外交关系委员会的最新听证情况和参议院最新投票情况，并根据最新形势发展进一步挖掘《公约》与美国的海洋利益之关系，更深层次地分析美国加入《公约》的可能时机，对美国加入《公约》对我国可能产生的影响加以分析。

**【海上突发事件及国际热点问题跟踪与分析】** 《联合国海洋法公约》生效后，世界各沿海国家纷纷出台政策措施，努力维护并扩大本国的海洋权益，重视提高维护海洋权益的能力。在沿海国家强化本国海洋权益的大趋势下，我国周边国家动作频频，日本政府和右翼势力在钓鱼岛问题上一意孤行，罔顾历史事实，否认中日两国领导人在邦交正常化时达成的“搁置钓鱼岛问题”的共识，继续采取单边行动，加强对钓鱼岛的“管控”；菲律宾试图突破中国一贯坚持的双边谈判解决南海争端的政治立场和底线，单方面将南海争端提交《联合国海洋法公约》附件 7 下的仲裁，并执意推动仲裁程序。我国周边海洋形势复杂多变，维护海洋权益的斗争日趋激烈，2013 年我国采取多项措施加以应对。为了及时了解国外对周边海域热点问题及我国海上行动的态度，国家海洋信息中心结合我国海上维权形势和需要，组织对 2013 年境外主流媒体就相关问题的报道进行每日跟踪、系统收集与整理，通过梳理、归纳做出分析点评，编印《海洋信息快报》，上报给国家海洋局，为我国有针对性地开展海上维权斗争、维护岛礁主权提供国外信息支撑服务。

选定跟踪的媒体国家包括美国、俄罗斯、日本、英国、法国、德国、澳大利亚、加拿大、新加坡、越南、菲律宾等。跟踪的热点主题包括：钓鱼岛问题、南海问题、国家海洋局重组、中国成立海警局等。编印的《海洋信息快报》每天报送上级主管部门，使上级主管部门能够迅速准确地了解和掌握国际上对这些事件的反应及所持的态度，以便我国决策部门能够制定准确、恰当的对策。

2013年，共编印《海洋信息快报》150多期，提交有关部门参考。

**【国外海底地形命名动态跟踪研究】** 海底地形命名是在对海底特殊地形地貌经过科学判别和认定后进行的命名，这类名称是沿海国在实施海洋制图和海洋测绘过程中所必不可少的地理要素。近年来，越来越多的沿海国家在维护本国海洋权益的同时，将海底地形命名与强化国家占有意识、争夺海洋权益联系在一起，将海底地形的命名作为维护海洋权益的一种手段。各国对海底地形命名工作表现出高度关注。

国际海底地形命名分委会（SCUFN）每年召开会议，对各国提交的海底地名命名提案进行审议。审议通过的海底地名将被纳入到SCUFN《地名辞典》中，作为全球统一使用的海底地名。2013年9月，SCUFN第26次会议召开。这次会议，共收到来自中国、俄罗斯、日本、韩国、巴西、挪威、新西兰七个成员国向SCUFN提交的55个新提案。经委员会审议，有48个新提案获得了审议通过。在这次会议上，日本和韩国提交的命名提案中，命名地点分别位于中、日专属经济区重叠海域和中、韩专属经济区重叠海域，并且都因种种原因获得了通过。这两国提案自2012年起就呈现出向与我方有争议海域推进的趋势。

为了解相关国际组织及国外重要海洋国家的海底地形命名领域的动向，了解技术发展趋势及相关国家的新观点、新政策、新出台的相关修正案信息，我们对世界相关国家的海底地形命名提案信息进行跟踪，通过对近些年相关案例及处理结果的分析研究，掌握各国海底地形命名提案所呈现出的特点，为我国海洋管理决策部门提供信息支撑服务。

**【世界遗产海洋项目准入标准研究】** 世界遗产海洋项目是近年来联合国教科文组织力推的一类遗产，因其在保护海洋环境和生态系统方面的积极意义，海洋项目的发展得到了世界海洋国家的广泛关注，近年来成功申报的世界遗产中均不乏海洋项目。我国也已着手开展相关工作。

世界遗产申报和评审主要依据《保护世界文化和自然遗产公约》（Convention Concerning the Protection of the World Cultural and Natural Heritage）（以下称《世界遗产公约》）及其重要指导文件《实施保护世界文化与自然遗产公约操作指南》（Operational Guidelines for the Implementation of the World Heritage Convention），但这两个文件并没有关于海洋遗产定义和评审标准等关键信息的具体规定或说明。这在一定程度上阻碍了世界遗产海洋项目的发展。海洋项目的范围如何确定？海洋项目登陆《世界遗产名录》应遵循什么标准？哪些海洋特征可能具有能被世界遗产委员会认可的突出的普遍价值？这些问题已成为当前推进世界遗产海洋项目申报工作急需研究和解决的重要问题。

针对以上问题，国家海洋信息中心组织开展了相关研究，对《世界遗产公约》及其主要文件、相关会议报告和研究报告中与海洋遗产相关的规定和决议作了系统分析，重点对世界遗产海洋项目的准入标准进行了研究，包括准入标准的解析，各条标准如何适用于海洋系统等重要问题，以期对分析我国海洋领域可能具有突出普遍价值的遗产资源提供参考。

**【国际极地工作动态跟踪】** 全球气候与环境正在经历快速变化过程，地处地球南北两端的南极和北极地区对全球气候环境变化的影响与响应，并由此对世界带来了深刻的影响，关系到人类的未来，两级地区对世界各国来说日益凸显出其在政治、科学、经济、外交和军事等方面的深远意义，因此越来越受到人们的关注与重视。世界一些国家，包括世界经济发达国家和主要发展中国家，纷纷对极地工作作出部署，制定战略规划和计划，开展科学考察与资源调查，希望在这一展现国家综合国力和高科技水平的国际舞台上进行角逐的过程中占据优势。

国际极地工作动态跟踪旨在跟踪了解世界各国就极地开展的相关活动等工作动态信息，包括有关极地的各种研究考察活动，涉及极地问题的政治、外交及军事活动，极地相关的研究项目及连带研究技术手段等问题，关注这些国家在极地领域战略政策与规划，对一些有关极地的热点问题进行分析评述，将这些信息分类整理，汇集编译，编印成《极地战略研究动态》，到目前为止已经编印5期，为国内相关人员及时了解国际在极地领域的发展动态，为我国发展极地事业、参与国际极地活动提供信息支撑。　（国家海洋信息中心）

## 海洋档案管理与服务

**【国家海洋局批准建立全国海洋档案工作协作组】**　2013年1月18日，国家海洋局办公室印发《关于建立全国海洋档案工作协作组的通知》。《通知》明确了档案协作组建设原则和工作任务。该协作组按地域设立了京津区、北海区、东海区和南海区4个海洋档案工作协作组。各协作组成员由属地主要涉海单位构成。4个协作组的首任组长单位由国家海洋局档案主管部门提名，成员单位商议确认，分别为国家海洋信息中心、国家海洋局北海分局、东海分局和南海分局；副组长单位由组长单位提名、成员单位商议确定。

**【首次全国海洋档案工作协作组组长工作会议在北京召开】**　2013年5月15日，国家海洋局办公室在北京组织召开了全国海洋档案工作协作组组长工作会议，这次会议是档案协作组成立以来召开的首次协作组组长工作会议，标志档案协作组工作全面启动。国家海洋局办公室领导到会并讲话，4个档案协作组组长、副组长单位及特邀档案工作协作组成员单位代表等20多人参加了会议。会议审议通过了《全国海洋档案工作协作组规则（送审稿）》，研究确定了2013年度重点工作，议定了“档案与海洋强国建设”、“研究探索解决办公自动化条件下档案管理面临的问题”、“档案在机构转变职能中的作用”、“档案数字化与高效科学利用”和”档案安全与备份”等五个供协作组于本年度进行研讨的选题。

**【《全国海洋档案工作协作组规则》审议通过并印发执行】**　经全国海洋档案工作协作组组长工作会议审议通过，2013年6月13日国家海洋局办公室印发了《全国海洋档案工作协作组规则》。该《规则》共设置五章15条，对协作组的概念、性质、组织结构作了界定，对协作组的职责任务、工作活动与经费管理等作出了明确要求。

**【《国家海洋局接收海洋档案进馆办法》修订印发实施】**　《国家海洋局接收海洋档案进馆办法》完成修订并获得国家海洋局局长办公会批准，2013年2月16日国家海洋局办公室印发实施《通知》（海办发[2013]20号），2004年5月22日印发实施的《国家海洋局接收海洋档案进馆暂行办法》（国海办字[2004]243号）同时废止。《暂行办法》未设章，共设置了14条和《进馆档案质量检查内容和评分标准表》、《进馆档案交接规程》两个附件；本《办法》共设置了五章19条，对修订《办法》的目的、依据和适用范围等进行了阐述，对进馆档案的范围、质量，以及进馆档案工作程序等作出了明确要求，本《办法》未设置附件内容。

**【《国家海洋专项档案管理办法》制订印发实施】**　经国家海洋局局长办公会批准，2013年3月19日国家海洋局办公室印发通知实施《国家海洋专项档案管理办法》（海办发[2013]20号）。该《办法》共设六章22条，对制定《办法》的目的、依据进行了阐述，对国家海洋专项档案的概念、性质、管理原则等作了界定，对专项档案工作任务分工、专项任务文件材料归档移交、保管利用，以及奖惩等作出了明确要求。

**【国家海洋局档案主管部门召开会议部署第二次历史档案进馆工作】**　2013年9月15日，国家海洋局办公室按照《2013年海洋档案工作要点》安排，在北京组织召开第二次历史档案进馆工作动员部署会，深入贯彻落实《全国海洋档案工作“十二五”发展规划纲要》确定的“实施第二次历史档案进馆工作，推进海洋档案资源建设”目标工作要求。列入本次历史档案进馆的单位有国家海洋局北海分局、东海分局、南海分局，国家海洋信息中心、监测中心、预报中心、技术中心、标准计量中心，国家海洋局第一、二、三海洋研究所和海水淡化与综合利用研究所，海洋出版社等13家单位。局办公室领导到会并作动员讲话，列入本次历史档案进馆单位的档案部门负责人等近30人参加了会议及培训。

**【国家海洋局与国家档案局首次联合举办海洋档案培训班】**　2013年9月15—18日，国家海洋局与国家档案局在北京联合举办海洋档案培训班，该培训班的主要任务是按照《2013年海洋档案工作要点》安排，深入贯彻落实《全国海洋档案工作“十二五”发展规划纲要》确定的“积极开展档案业务培训，落实档案人员持证上岗制度，着力提升档案工作队伍的整体素质和水平”等重点工作，以及《国家档案局关于加强中央和国家机关所属机构档案工作的意见》等文件精神。来自全局基层一线档案工作者140多人参加了会议及培训。

档案业务培训班是国家海洋局与国家档案局首次联合举办。特邀的授课老师，都是富有较高档案理论水平和丰富工作经验的专家、领导；这次培训设置的9项课程以“适用”为原则，充分考虑了海洋工作实际和当前需求，包含档案管理基础理论和实践操作两个方面，具体包括档案法律法规、档案干部从业道德、机关档案管理、海洋业务档案管理、基建工程档案管理、数字化档案室管理系统操作，以及照片档案、印章档案等专门档案管理和各门类档案保护技术要求等。培训内容结束后全体学员通过了书面考试考核，国家档案局教育培训主管部门领导向学员颁发了结业证。全局120多名一线档案工作人员在同一时间接受档案业务培训并获得结业证，不仅标志国家海洋局切实采取措施落实了档案工作人员持证上岗制度，而且为新形势下进一步提升全局档案工作队伍的整体素质和档案业务水平奠定了基础。

**【国家海洋局举办全国海域海岛地名普查档案业务培训班】** 为做好全国海域海岛地名普查档案的收集、整理、归档与移交工作，国家海洋局档案主管部门于2013年11月26日在厦门组织举办了全国海域海岛地名普查档案业务培训班。国家海洋局办公室和海岛管理司领导到会并作讲话，承担海域海岛地名普查工作的19家单位共90多名学员参加了培训。该培训班为全体学员系统解读了《国家海洋局办公室关于做好全国海域海岛地名普查档案工作的意见》、《国家海洋专项档案管理办法》、《国家海洋局接收海洋档案进馆办法》和《海洋科学技术研究档案业务规范》（HY/T056-2010），明确了地名普查文件材料的归档范围和开展该项工作的任务分工、工作程序以及保障措施等，为规范做好文件资料分类整理、划定保管期限等档案业务工作打下了扎实基础。

**【全国海域海岛地名普查档案验收和移交进馆工作】** 国家海洋局档案主管部门按照《关于做好全国海域海岛地名普查档案工作的意见》要求，注重加强档案业务指导，并结合海域海岛地名普查项目验收工作进展，推进其档案整理、验收和进馆工作。2013年12月25—26日，国家海洋局档案主管部门组织验收组在北京召开验收会，分别对河北省海洋局、天津市海洋局、江苏省海洋与渔业局和国家海洋局北海分局、东海分局、南海分局的海域海岛地名普查档案进行了质量检查验收。验收会后，上述单位将地名普查档案移交中国海洋档案馆。其他单位将按计划于2014年6月底前完成此项档案的质量检查验收和移交进馆工作。

**【“908专项”任务档案验收和移交进馆工作】** 随着908专项各任务单元的结题和通过验收，本专项档案工作密切跟进，截止2013年12月，历时8年，承担该专项任务的国家海洋局所属单位：北海分局、东海分局、南海分局，信息中心、监测中心、预报中心、卫星中心、技术中心、标准计量中心、极地中心，第一、二、三海洋研究所、海水淡化研究所、战略研究所，中国海监总队、海洋出版社等；沿海省市所属部门：辽宁省海洋与渔业厅、天津市海洋局、河北省海洋局、山东省海洋与渔业厅、上海市海洋局、江苏省海洋与渔业局、浙江省海洋与渔业局、福建省海洋与渔业厅、广东省海洋与渔业局、海南省海洋与渔业厅、广西壮族自治区海洋局等；中科院所属单位：海洋所、地理所、南海所等，以及中国海洋大学、厦门大学等30多家单位的908专项任务档案全部通过验收并移交进馆。其中，纸制档案8200多卷（62000多件）、照片近500盒（20000多张）、大幅图件近9000幅、大幅图集200多册；电子光盘1500多张、硬盘100多块，合计6850000多个文件（54000多GB）、数码照片近57000张、音视频文件9000多分钟。

## 2013 年度国家海洋局系统档案基本情况统计

| 单位名称 | 机构数 | | 现有全部专职人员 | | 室存全部档案 | | 本年接收档案 | | 本年移交进馆卷/件 | 本年利用档案 | |
|---|---|---|---|---|---|---|---|---|---|---|---|
| | 档案处(科) | 档案室 | | 女性 | 全宗 | 卷数/件数 | 卷数 | 件数 | | 卷次 | 件次 |
| 序 | 1 | 2 | 3 | 4 | 5 | 6 | 7 | 8 | 9 | 10 | 11 |
| 国家海洋局机关 | 0 | 1 | 2 | 2 | 1 | 12476/13782 | 0 | 7891 | 0 | 540 | 491 |
| 国家海洋局北海分局 | 0 | 2 | 8 | 6 | 1 | 12531 | 596 | 0 | 352 | 254 | 3306 |
| 国家海洋局东海分局 | 0 | 1 | 5 | 3 | 1 | 9323 | 771 | 2651 | 30/455 | 160 | 200 |
| 国家海洋局南海分局 | 0 | 1 | 8 | 4 | 1 | 11621 | 1660 | 3639 | 0 | 406 | 324 |
| 中国海监总队 | 0 | 1 | 0 | 0 | 1 | 903 | 0 | 1732 | 0 | 32 | 576 |
| 国家海洋信息中心 | 0 | 1 | 3 | 1 | 4 | 4663 | 393 | 0 | 236 | 348 | 0 |
| 国家海洋环境监测中心 | 0 | 1 | 2 | 2 | 1 | 5265 | 497 | 796 | 294 | 106 | 114 |
| 国家海洋环境预报中心 | 0 | 1 | 2 | 1 | 1 | 2179 | 39 | 0 | 0 | 250 | 0 |
| 国家卫星海洋应用中心 | 0 | 1 | 1 | 1 | 1 | 521/1434 | 0 | 682 | 0 | 0 | 23 |
| 国家海洋技术中心 | 0 | 1 | 2 | 2 | 3 | 2939/624 | 115 | 624 | 98 | 225 | 0 |
| 国家海洋标准计量中心 | 0 | 1 | 3 | 3 | 1 | 1355 | 36 | 0 | 127 | 500 | 0 |
| 中国极地研究中心 | 0 | 2 | 3 | 2 | 1 | 3866/2564 | 643 | 1386 | 0 | 160 | 370 |
| 国家海洋局减灾中心 | 0 | 1 | 0 | 0 | 1 | 108 | 10 | 0 | 0 | 93 | 80 |
| 极地考察办公室 | 0 | 1 | 0 | 0 | 1 | 3635 | 0 | 0 | 0 | 76 | 0 |
| 大洋协会办公室 | 0 | 1 | 1 | 1 | 1 | 2049 | 50 | 0 | 0 | 85 | 30 |
| 第一海洋研究所 | 0 | 1 | 3 | 3 | 1 | 8084 | 212 | 0 | 486 | 384 | 0 |
| 第二海洋研究所 | 0 | 1 | 4 | 3 | 1 | 8821/769 | 1678 | 769 | 188 | 320 | 117 |
| 第三海洋研究所 | 0 | 1 | 2 | 2 | 1 | 13511/6284 | 683 | 9229 | 0/3231 | 1014 | 0 |
| 海水淡化与综合利用研究所 | 0 | 1 | 1 | 0 | 1 | 2520 | 185 | 0 | 0 | 52 | 25 |
| 海洋战略研究所 | 0 | 1 | 0 | 0 | 1 | 5 | 5 | 0 | 0 | 0 | 15 |
| 海洋出版社 | 0 | 1 | 1 | 1 | 1 | 1217 | 3 | 0 | 0 | 20 | 80 |
| 中国海洋报社 | 0 | 1 | 0 | 0 | 1 | 47 | 3 | 0 | 0 | 0 | 10 |
| 国家海洋局机关服务中心 | 0 | 0 | 0 | 0 | 1 | 98/367 | 0 | 160 | 0 | 6 | 2 |
| 合　计 | 0 | 24 | 50 | 36 | 28 | 108319/25824 | 7579 | 29559 | 1811/3686 | 5031 | 5763 |

（国家海洋局办公室）

# 海洋咨询服务

**【综述】** 2013 年，海洋咨询服务工作以科学发展观为统领，充分发挥智力优势和平台作用，及时跟踪当前海洋工作发展的新动态、新趋势，科学高效地开展了用海项目评审、重大专项奖金项目评审、海洋行政管理配套制度研究咨询服务、海洋行业职业大典修订和海洋行业职业资格资质管理相关工作，取得了重要进展。

**【用海项目评审工作】** 2013 年，组织开展了59个项目的海域使用论证报告书和68个项目的海洋环境影响报告书的评审工作，共向国家海洋局海域管理司提交了55个项目的技术审查意见，向国家海洋局环境保护司提交了37个项目的评审情况报告和42个项目的技术审查意见。2013 年 10 月底受国家海洋局海域管理司的委托，在厦门承办了国家级海域使用论证报告评审专家高级研修班，共有 100 余名评审专家参加。2013年用海项目评审注重以下工作：

（1）加强用海工程项目评审与审查，为海洋生态文明建设做好技术支撑。根据党的十八大提出大力推进生态文明建设的精神和全国海洋工作会议的总体部署要求，为努力做好专家评审和技术审查工作，积极为国家海洋局审批用海工程项目提供技术依据，在评审用海工程项目中，除按法律法规和技术标准进行审查外，重点把握以下问题：一是严格根据海洋功能区划和海洋生态环境保护规划来确定用海工程项目和区域建设用海规划的功能定位；二是鼓励海洋新兴产业和生态、循环、低碳、绿色功能型项目用海，限制传统产业项目用海，防止低水平、高污染、高消耗项目用海；三是严格按照各类工程项目建设用地面积标准和海域的实际情况，控制填海面积，用海工程项目不明确或者用海面积依据不充分的项目不予通过评审；四是严格控制占用自然岸线，提倡用海工程项目不占用或少占用岸线，保护自然岸线，延长人工岸线，增加亲水岸线和生态岸线；五是严格审查用海工程项目环保设施、污染物排海标准和排海数量，根据海域环境容量和生态承载能力确定污染物排海总量；六是严格审查石油化工类项目可能出现溢油事故风险的环节；七是注重维持海洋生态系统的格局和完整性，对于影响海洋自然保护区、海洋特别保护区、重要渔业水域、重要海洋湿地、典型海洋生态系等生态敏感区以及可能加剧近岸海洋环境污染的项目，不予通过评审；八是严格审查用海工程项目中涉及的相关利益方的处理方案与落实情况，特别注重渔民补偿、转产、安置方案的落实和公众参与意见情况。

（2）坚持“五个用海”，落实“零污染”等要求，做好海域使用论证和海洋环评审查工作。全面贯彻落实“五个用海”的总体要求，并以此为抓手，把海洋生态文明理念落实到每个用海工程项目之中。在评审工作中，以节约利用海岸线及近岸海域资源为目标，要求评审专家根据对每个项目用海的合理性进行严谨评估，并积极指导海域论证资质单位和项目用海单位优化用海方案和平面布局。在评审围填海项目时，要求专家认真研究和探讨规划各分区用海规模的合理性，按照国家各类工程建设用地控制指标、相关行业标准以及海域的实际情况，严格控制围填海面积，对于用海需求不明确或者用海面积合理性依据不充分的项目，一律不通过评审。

（3）创新和完善机制，力求评审质量与效率双提高。按照国家海洋局党组和相关业务司的要求，积极改进工作方法，提高工作效能，严格工作时限，保质保量按时完成国家海洋局业务司交办的评审任务。

**【重大专项奖金项目评审】** 组织开展了 2013 年度海洋可再生能源专项资金项目的评审工作。2013 年申报项目 67 项。其中，中央企事业单位申报的 46 个项目，经评审，重点推荐项目 16 项，推荐项目 14 项，备选项目 16 项，重点推荐项目建议资助金额共计 15600 万元。地方企事业单位申报21个项目，经评审，重点推荐项目4项，推荐项目7项，备选项目10项，重点推荐项目建议资助金额共计4400万元。

**【海洋行政管理配套制度研究咨询服务】** 为进一步提高海岛资源的综合利用水平，保护海岛生态环境，规范海岛评估机构的管理，提高海岛评估从业人员素质，开展了《海岛评估资质管理工作研究报告》编制工作。专门成立项目组，对我国海岛资源评估要素、评估方法、收费标准、国内外海岛评估现状等进行了调研和广泛研讨。项目组对广东、浙江、福建等省通过“招拍挂”方式对海岛资源进行市场化配置情况进行了深入调研，充分论证了建立海岛评估资质制度的必要性和可行性，提出了海岛评估资质的制度方案和实施框架，最终形成了相关报告。

为加强全国海洋预报员队伍建设，规范全国海洋预报员队伍管理，保证海洋预报服务质量，承担并完成了预报员上岗资格考试大纲和试题编制工作。

**【海洋行业职业大典修订工作】** 2013年，继续推进国家职业分类大典修订涉及海洋行业有关工作。上半年，多次参加人力资源社会保障部修典办公室召开的大典评审会议涉海职业评审，并对国家海洋局上报的海洋生物调查员、海洋地质调查员、海洋环境监测员、海洋浮标工、海洋水文气象观测员、海洋水文调查员、海洋执法监察员、海水淡化系统操作员、海水冷却系统操作员等9个职业进行了评审答辩。

依照人力资源社会保障部要求，组织召开了涉海职业信息修编会，邀请人力资源和社会保障部的有关专家，根据行业专业委员会对涉海职业的修改意见，对相关涉海职业进行了修编，重点解决了部分职业划分标准不统一、职业内容粗细不均等问题。之后，按照人力资源社会保障部的统一要求，上报了有关职业信息，进一步优化了海洋行业分类体系，为海洋行业职业人才建设和发展起到重要的推动作用。

为充分发挥职业技能鉴定机构职能，督促相关单位以更高质量的职业技能鉴定推动相关工作开展，构建职业技能鉴定质量管理工作长效机制，提高国家职业资格证书的社会公信力，与中国就业培训技术指导中心签订了《2013年度职业技能鉴定质量管理责任书》，进一步明确了工作责任。

**【海洋行业职业资格资质管理】** 根据《建设工程勘察设计资质管理规定》和《海洋石油工程专业承包企业资质等级标准》的要求，2013年对江苏水文地质工程地质勘察院和浙江省工程勘察院海洋工程勘察资质，国家海洋局天津海水淡化与综合利用研究所和浙江省电力设计院海洋行业工程设计资质，中国石油集团海洋工程有限公司和蓬莱巨涛海洋工程重工有限公司海洋石油专业承包企业资质共六家企业的资质申报材料进行了评审，提出了修改意见和建议，并开展了海洋工程勘察设计标准制度建设工作。

为稳妥、有序地推进海洋行业职业资格资质管理工作，从“海洋监测工程师”和“海洋预报工程师”入手，编制完成了《海洋监测工程师职业资格管理办法》和《海洋预报工程师职业资格管理办法》。

**【中国海洋管理哲学问题研究】** 2013年，继续推进“中国海洋管理哲学研究项目”工作，完成了第一阶段成果和中期成果汇编，中国海洋管理专题、公共政策研究专题和海洋文化研究专题已经完成结题材料提交，并公开发表了30多篇质量较高的研究论文，已公开出版了《变革中的海洋管理》专著一部，同时完成了两部研究报告，研究成果涉及海洋管理哲学的理论体系研究，海洋管理制度设计以及海洋行业协会发展和定位研究等多个方面。

（国家海洋局海洋咨询中心）

# 海洋标准计量工作

## 海洋标准化工作

**【申请成立中国标准化协会海洋标准化分会】** 为推进海洋标准化工作持续健康发展，充实和提高标准化科技工作对海洋强国建设的技术支撑和保障能力，集聚和运用发展海洋标准化科技事业的社会力量，进而满足新时期海洋事业对标准化工作的新需要，国家海洋标准计量中心（以下简称“中心”）经组织研究，于2013年向中国标准化协会（以下简称“中国标协”）提交了拟由中心作为挂靠单位，成立中国标准化协会海洋标准化分会的申请。

5月经中心领导审批后，向中国标协提交《关于申请成立中国标准化协会海洋标准化分会的函》。随后根据中国标协的具体要求，8—10月，完成并提交了补充材料、相关申请表格及证明等文件。10月底，中心派员参加了中国标协组织召开的分会负责人会议，听取了已有分会2013年分会工作情况汇报、第七届七次常务理事会会议精神及协会工作情况的通报，并参与了《中国标准化协会分支机构管理办法》有关问题的讨论，了解已成立分会的业务开展及管理情况。中国标准化协会海洋标准化分会成立后，将遵守中国标协章程，接受中国标协的监督和指导。同时，结合中国标协的特点，围绕中国海洋标准化科技工作拟开展符合中国标协业务范围的相关业务活动，为全面促进海洋标准化事业持续健康发展做出有益贡献。

**【海洋标准化管理】** **全国海洋标准化技术委员会及委员管理** 全国海洋标准化技术委员会秘书处按照国家标准委文件要求，填写了“全国海洋标准化技术委员会及委员信息登记表”，并组织了6个分技术委员会进行了分技术委员会及委员信息登记。

**全国海洋标准化技术委员会分技术委员会调研** 2013年11月，全国海洋标准化技术委员会秘书处编写了分技术委员会秘书处工作情况调查问卷，并前往海洋生物资源与保护分技术委员会秘书处进行了现场调研，初步掌握了该分技术委员会工作情况及开展工作遇到的问题，了解了其服务需求、培训需求，为今后有针对性地改进海洋标委会秘书处工作提供了第一手资料。

**海洋标准进度月报** 为了加快标准制修订工作，促进各项标准计划项目按时完成，对正在制修订的58项国家标准和206项行业标准计划项目实行了海洋标准制修订项目进度季报制度，由全国海洋标准化技术委员会秘书处安排专人与起草单位进行联系和指导，并于每季度末向国家海洋局汇报标准制修订进度情况。

**海洋标准宣贯** 2013年6月5日、7日、10日，在青岛、上海、广州三地举办了《警戒潮位核定规范》国家标准宣贯培训。来自全国11个沿海省（自治区、直辖市）海洋部门及其下属单位、3个分局及其下属单位、4个局属业务中心等单位的180名学员参加了此次培训。培训结束后，形成标准宣贯培训报告，上报国家海洋局预报减灾司和环保司。

**海洋标准复审** 主持开展了“海洋工程建设标准复审”工作，对现行20多项涉及海洋工程建设相关的标准进行了复审，并形成了复审报告，上报国家海洋局环保司。

**海洋标准化培训** 中心积极选派人员参加国内外组织的各种培训活动，如参加国家标准化管理委员会组织的“2013国际标准化综合知识培训班”、中国标协组织的“联盟标准与知识产权培训班”等。全年中心共参加标准化培训9项，参训30人次。与往年相比，培训的项目数、参训人数等方面都有一定增长，大幅提高了标准化工作人员的业务能力和管理水平。

**【海洋标准归口管理】** **海洋标准立项** 2013年共组织开展五批次海洋标准计划项目申报，开展了68项标准申报材料（其中国家标准14项，行业标准54项）的审查工作。按照《全国专业标准化技术委员会管理规定》的要求，针对申报的国家标准项目组织开展了两次立项材料全体全国海洋标准化技术委员会委员函审。

2013年5月11日，全国海洋标准化技术委员会秘书处在天津主持召开了2013年第一批海洋标准立项项目审查会，对海洋领域各单位申报的37项标准（其中国家标准5项，行业标准32项）申报材料进行了认真审查和评议。

**海洋标准技术归口管理** 2013年全国海洋标准化技术委员会秘书处组织开展了海洋标准制修订工作。完成46项国家标准，100项行业标准技术审查工作。完成74项标准初稿、39项标准征求意见稿、26项标准送审稿、31标准报批稿的技术审查。组织开展6项标准征求意见工作，组织召开了5项标准送审稿审查会，完成23标准报批、19项标准出版工作，开展标准审查情况统计工作。

**海洋标准出版** 出版《海湾围填海规划环境影响评价技术导则》1项海洋国家标准，《区域建设用海规划编制规范》等32项海洋行业标准。

**《海滨观测规范》国家标准修订工作** 主持并承担《海滨观测规范》的修订工作，承担标准立项材料的编写、整理和上报工作，承担修订工作的整体推进、标准审查、技术协调和《第1部分：总则》的起草工作，目前该项工作已按进度要求，进入到征求意见阶段。2013年3月22日，组织召开了《海滨观测规范》国家标准修订研讨会，邀请专家调整了标准各部分的框架编排和主要技术内容。4月2日，在津组织召开了《海滨观测规范》国家标准修订工作启动会暨起草人员标准化知识培训，对来自预报减灾司、国家海洋局北海分局、国家海洋信息中心、国家卫星海洋应用中心、国家海洋技术中心、国家海洋标准计量中心等单位的22位专家和起草组进行了海洋观测技术和标准化知识培训，并布置下一步工作进度和节点安排。6月，组织标准起草单位完成了标准征求意见稿初稿，并上报预报减灾司。7月15—17日、29日、30日，分别组织召开《海滨观测规范》第一至六部分标准草案稿技术研讨会，会上对标准各部分进行逐章逐条审查，提出修改意见，起草组专家根据专家意见修改后，形成标准征求意见稿。9—10月，对修改后的征求意见稿进行审查，并对整体标准进行协调。12月16—17日组织召开年终汇报会与征求意见稿统稿会，对标准征求意见稿进行集中审查，目前各起草单位正在根据会上专家意见进行修改。

**【海洋标准化科研工作】** **海洋能专项** 国家海洋标准计量中心联合国家海洋技术中心、哈尔滨工程大学等多家单位共同承担的海洋能专项资金项目“海洋能国际标准研究与基础标准制定（项目编码：GHME2011ZC01）”和“海洋能开发利用技术标准与规范成果整合与集成（项目编码：GHME2012ZC04）”按照项目计划顺利进行。通过两个项目的实施，研究了海洋能国际标准和发达国家海洋能标准，掌握了海洋能国际标准和发达国家标准制定情况与发展趋势，分析了我国与发达国家海洋能技术和产业发展的差距；建立了海洋能开发利用标准体系，明确了海洋能产业标准化范围、领域和重点，构建了海洋能产业标准发展蓝图；编纂了《海洋能词典》，制定了海洋能术语国家标准，建设了海洋能开发利用技术术语数据库，统一了海洋能开发利用领域中的概念和定义；研究起草了海洋能资源调查与评估标准和海洋能并网发电标准，为海洋能开发和利用提供了技术保障。

**极地专项** 根据承担的专项任务内容，对照2013年度任务实施方案的具体要求，开展了极地专项相关管理规章制度的完善和报批工作，标准和规程的制定工作。

2013年对已经形成初稿的《项目申请与评审管理办法》、《样品管理办法》、《考核和验收管理办法》、《资料和成果管理办法》、《质量控制与监督管理办法》、《技术专家库管理办法》和《工作情况报告制度》七个管理办法开展了广泛征求意见、修改完善工作。其中《项目申请与评审管理办法》报批稿于1月上报完毕。《样品管理办法》的编制，分别于5月、8月、9月先后三次听取极地专项办意见，按照要求，编写组通过电话咨询、实地调研等方式，与极地专项任务承担单位探讨相关技术与具体管理问题，待进一步研究确定，形成报批稿后上报。《质量控制与监督管理办法》与《考核和验收管理办法》由极地专项办于10月和12月，分两次向各极地专项任务承担及参与单位征求了修改意见。编写组分别对反馈意见进行了整合、归纳，并逐条研究，得出处理意见，采纳了部分修改建议，并对原稿相应内容进行了修改、完善，于 12 月正式上报极地专项办。

开展了《极地动植物和环境保护规定》规程的编写工作，组织开展了《极地冰冻圈监测技术指南》等 4 项技术规程的送审稿编制工作。以上 5 项规程已于 2013 年召开审查会，并全部通过审查，形成报批稿上报。完成了《极地测绘指南》等 5 项 2012 年通过审查的规程报批稿上报工作。组织开展了《极地考察术语标准》和《极地考察要素分类代码和图式图例》2 项标准的立项工作，开展了标准初稿编制，征求意见稿编制工作，并召开标准编制的研讨会。

**青年基金项目** 完成 2011 年国家海洋局青年基金项目《环渤海地区海洋产业结构优化策略研究》和中国海洋发展研究中心青年项目《海洋标准分类与评估研究》。

**开展区域标准化工作** 全国海洋标准化技术委员会深入推动国际标准和区域标准的翻译、转化和研发，开展测量仪器方面的重要标准的翻译工作：开展《重力加速度式波浪浮标》的翻译；完善《温盐深测量仪检定规程（英文版）》；开展《世界气象组织气象仪器与观测方法指南》（第八版）研究。在第三届亚太区域中心培训研讨会上，讲解《我国海洋观测标准化发展现状及规划》，促进海洋区域标准化的发展以及成员国标准化的国际交流合作。

**修订《海洋国内外标准目录》** 重新修订《海洋国内外标准目录》，目前已基本完成初稿编写工作。《海洋国内外标准目录》将为海洋标准化工作和使用者提供最新国内外海洋标准情况。

## 海洋计量检测工作

**【计量检测工作】** 持续改进计量检测公益服务，为海洋监测、预报、调查仪器提供量值溯源技术保障。2013 年共检定、校准、检测海洋仪器 996 台次，要素涉及温度、盐度、压力、声速、水位、波浪、pH 值、溶解氧、氯化物、浊度、叶绿素、营养盐、环境试验等，服务地域进一步拓展，送检单位达到 100 余家，包括韩国、澳大利亚等国家海洋研究机构。同时，按时送检各项计量标准器具，保证了海洋特殊量值的准确溯源和传递。

在提供计量检测公益服务的同时，不断加强计量检测能力建设，努力提高工作质量和效率。根据需求，实验室配置高精度海水恒温槽、标准电阻保存槽、铟点复现保存装置和“8400B”实验室盐度计等设备，实现“1594”测温电桥的自动读数，大大提高量值传递及计量检定检测的自动化水平，完成恒温恒湿化学实验室改造项目，为实验提供了稳定的环境条件，保证了实验数据的准确可靠。

2013 年 10 月，向国家质检总局提交海洋测温仪器检定装置、海水盐度标准装置和船用 pH 计检定装置等 6 项计量标准复审申请书。在申请书中首次申请提高技术指标，其中海洋测温仪器检定装置的最大允许误差由±0.003℃提高到±0.002℃，海洋测深仪器检定装置的量程由 0.05～60 兆帕拓展到 0.05～100 兆帕。

海洋计量检测技术人员队伍发展，2013 年新增计量检定员 2 名，一级注册计量师 1 名，二级注册计量师 1 名。

实验室计量检测能力和科研技术水平大幅度提升，质量管理体系运行良好并持续改进，为促进海洋经济的发展提供了有力技术支撑。

**【环境实验室能力建设】** 2013 年 3 月，环境实验室进行试验设施布局调整，将原有倾斜和摇摆试验台迁移至新建实验室内；同期开展新建设备：300 千克电磁振动试验系统、250 千克碰撞试验台、100 千克冲击试验台、容积 18.9 立方米步入式试验箱、“温-湿-振”综合试验箱的安装和调试工作。截至 12 月，新建实验室内设备已完成试运行和量值溯源工作，使中心环境实验室具备了依照 GB/T 系列标准、GJB150A 系列标准和海洋行业标准对外开展检测工作的能力。

**【水静压力试验设备升级改造】** 2013 年 7 月，水静压力实验室针对现有 JSA1-1 压力试验系统开展升级改造工作。本次改造涉及研建一套可在 10 兆帕压力条件下开展视频监控采集，进行样品时时状态监测和姿态水平调整的装置。同时，围绕过程控制，开展实时压力监控、试验系统实时介质输入量监控，进而拟合推算样品变形量。此外，为解决试验介质中悬浮颗粒物和透光性需求，研建一套超声波清洗及试验介质过滤装置。截至12月，3套设备改造均已完成并投入使用。

**【与加拿大GUIDELINE公司达成合作意向】** 2013年5月13日，加拿大GUIDELINE公司总裁Richard一行来国家海洋标准计量中心访问，就该公司生产的8400B型高精度实验室盐度计进行了培训与答疑，并就下一步的校准服务合作进行了沟通与交流。在后期进一步沟通的基础上，于12月达成合作意向：GUIDELINE委托中心对其生产的“8400B”和“8410A”盐度计进行校准服务、盐度计使用培训及清洗电导池、更换电路板、加热灯、软管以及紧固件等备件简单的维护保养服务。中心在建设亚太区域海洋仪器检测评价中心，迈向国际化的进程中，将高度重视和大力开展与行业知名企业和机构的技术交流与合作活动。

**【与国家海洋局第一海洋研究所签订“关于强化‘白龙’浮标业务化运行、大洋浮标质量保障体系”的战略合作协议】** 2013年7月2日，国家海洋标准计量中心与国家海洋局第一海洋研究所签订了“关于强化‘白龙’浮标业务化运行、大洋浮标质量保障体系” 的战略合作协议。协议双方以提高我国参与全球海洋观测计划（GOOS）水平、增强应对气候变化能力、支撑国家重大战略需求等为目标，合作强化“白龙”浮标的业务化运行，在“白龙”浮标的技术升级与标准化、与“白龙”浮标相关的计量检测技术研发和能力建设、建立“白龙”浮标质量保障体系并予以推广、推动相关项目立项及在相关国际会议中给予对方支持等领域建立战略合作关系。

**【研建完成JQA3-1型海洋风速风向仪计量检定装置】** 针对海上测风受载体横摇、纵摇、艏摇等干扰的影响，研建了JQA3-1型海洋风速风向仪计量检定装置。主体采用全钢结构串联双试验段回流风洞，配备了微差压计、皮托管、风向校准盘、8位半数字万用表、高精度温湿度传感器、大气压计等标准器和配套设备。装置流场品质优良，在小试验段模型区（试验段高度、宽度、长度各75%）测速范围为0.3～90.0米/秒，在大试验段为0.3～30.0米/秒，流场均匀性≤1.5%，流场稳定性≤1%，气流偏角≤1°。装置将用于海洋测风仪器的计量性能检测与评价的业务工作，发挥保证量值统一的作用，提高海洋风要素观测数据准确可靠，尤其是在海洋三维摇摆平台上的测量准确性。

**【高精度海水恒温槽安装调试成功并投入使用】** 2013年9月，高精度海水恒温槽安装调试完成，并通过中国计量科学研究院的检测，温度波动性优于0.0005℃、均匀性优于0.001℃。该恒温槽为中心2010年海洋公益性科研专项“海洋温度、深度和风要素观测仪器检测技术研究”成果，采用主、辅槽结构，主槽为实验恒温槽，辅槽是辅助控温用恒温槽，为主槽提供高精度控温时的冷源。恒温槽采用磁耦合搅拌的工作方式，转速可调节，为感应式电导率传感器的测量提供了更加适应的环境，并为开展盐度传感器在不同盐度槽的检测奠定了基础。

**【海洋行业公益性科研专项】** 2013年5月11日，在天津召开了2010年度海洋行业公益性科研专项“海洋温度、深度及风要素观测仪器检测技术研究”（编号：201005026）和2011年度海洋公益性行业科研专项“中空纤维超滤膜性能检测技术平台研发”（编号：201105025）年度工作会议，总结项目前一阶段工作，部署2013年度项目任务，为迎接科技司的项目中期检查做准备。11月13—15日，两个项目顺利通过了国家海洋局科技司联合局办公室（财务司）组织的中期检查，其中“海洋温度、深度及风要素观测仪器检测技术研究”项目评价为“优”。

2013年5月13日，2013年海洋行业科研专项“常用海底声纳测量仪器计量检测关键技术研究与示范应用”（编号：201305034）在青岛召开了项目启动会，该项目由国家海洋标准计量中心、国家海洋局第一海洋研究所、国家海洋局北海预报中心、山东科技大学、中国海洋大学和天津理工大学6家单位共同承担。项目组将严格执行海洋公益性行业科研专项管理的有关规定，在项目的研究过程中坚持创新与应用协同发展，保证经费使用的安全与执行率。

2013年11月15日，由标准计量中心承担的海洋公益性行业科研专项“多参数海洋化学仪器系统化测评技术研究”（编号：200905028）通过验收。该项目由国家海洋标准计量中心承担，国家海洋技术中心、国家海洋局南海标准计量中心、中国海洋大学、南开大学四家单位协作共同完成。项目针对多参数海洋化学仪器计量性能检测方法、“温湿振”与长霉环境试验技术、软件测评技术等内容开展了试验研究，最终形成了系统的多参数海洋化学仪器测评技术体系，包括《海水多参数水质仪检测方法》、《海水电导率测量仪检测方法》海洋行业标准草案；《海洋仪器“温度-湿度-振动”综合环境试验方法》和《海洋仪器霉菌试验方法》国家标准草案；《海洋化学仪器设备软件测评指南》、《海水多参数水质仪（pH、溶解氧）软件检测方法》、《海水电导率测量仪软件检测方法》海洋行业标准草案等 7 项标准。2013 年 11 月，7 项标准均已申请立项，将为我国海洋仪器的计量性能保障及量值溯源工作提供有力的技术支撑。

2011 年海洋公益性专项“深海超高压环境模拟系统关键技术研究”，项目组完成了超高压条件下的视频、声频监测装置研建，并以此申请了 2 项实用新型专利《100MPa 超高压视频检测压力模拟试验系统》和《100MPa 密封舱体专用视频声频检测系统》。至 2013 年 5 月，2 项专利均已获得批复，并投入日常业务化检测使用，为海洋仪器高压条件下的过程检测提供了具体的检测手段。

**【“十二五”“863 计划”第三方独立检验】** 2013 年 10 月，深海海洋仪器设备规范化海上试验课题组组织了为期 23 天的海试，对“十二五”“863 计划”的 75 千赫兹自容式 ADCP、38 千赫兹相控阵 ADCP、船载气象要素高精度监测设备、深海水体序列保真采样技术、水密接插件、浮体材料等 8 个课题成果进行了第三方独立检验，出具了第三方独立检验报告，为仪器研制单位积累了大量的技术数据，为各个课题的会议验收及测评提供了依据，同时为其产业化打下坚实的基础。

**【第三届 JCOMM 亚太区域海洋仪器检测技术培训研讨会】** 2013 年 7 月 22—25 日，第三届 JCOMM 亚太区域海洋仪器检测技术培训研讨会在津召开。聘请了美国、英国、法国、中国等国家的 9 名专家学者，为来自南非、肯尼亚、巴基斯坦、沙特、印尼、库克群岛、澳大利亚、越南、印度、阿曼、也门、马来西亚、泰国、菲律宾、韩国、朝鲜、中国等国家的 86 名学员授课。本届研讨会主题为波浪浮标校准技术，授课内容包括 WMO 综合观测系统框架、国际前沿波浪理论与实践、波浪浮标技术与检定校准方法、我国海洋观测标准现状与规划、国际标准制定程序与规则等。参会代表参观了亚太区域中心检测实验室和波浪浮标校准的现场试验，并考察了国家海洋局秦皇岛海洋环境监测中心站，使参会代表全面深入地了解中国海洋观测活动和海洋仪器检测评价能力。

## 海洋计量管理工作

**【海洋计量认证工作】　计量认证评审**　根据国家认监委文件《关于下达 2013 年第一批实验室资质认定评审计划的通知》（认办实函〔2013〕51 号）和《关于下达 2013 年第二批实验室资质认定评审计划的通知》（认办实函〔2013〕185 号）的要求，海洋评审组于先后对 6 家海洋环境监/检测实验室实施了计量认证复查换证评审、扩项评审和地址变更确认评审（详见表 1、表 2 和表 3）。经评审，上述实验室均符合实验室资质认定评审准则的要求。国家认监委为复查换证实验室颁发了《资质认定计量认证证书》，有效期为三年，为扩项实验室颁发了新增项目的《资质认定计量认证证书附表》。这些获取证书的实验室具备了向社会出具具有证明作用的数据和结果的资质。

另外，2013 年海洋评审组还受理、审查并向认监委上报了 11 家次实验室的人员变更备案材料、1 家实验室的名称变更申请材料、2 家实验室的标准变更申请材料。

**表 1　2013 年通过计量认证复查换证评审的实验室名单**

| 序号 | 实验室名称 | 评审时间 |
|---|---|---|
| 1 | 广西科学院海洋环境监测中心（广西科学院广西-东盟海洋研究中心） | 2013 年 3 月 22—24 日 |
| 2 | 国家海洋局文登海洋环境监测站（文登市海洋环境监测站） | 2013 年 3 月 15—17 日 |
| 3 | 国家海洋环境监测中心 | 2013 年 10 月 29—31 日 |

表 2　2013 年通过计量认证扩项评审的实验室名单

| 序号 | 实验室名称 | 评审时间 |
| --- | --- | --- |
| 1 | 国家海洋局海口海洋环境监测中心站 | 2013 年 4 月 27—28 日 |
| 2 | 国家海洋局东海环境监测中心 | 2013 年 5 月 3—4 日 |

表 3　2013 年通过计量认证地址变更确认评审的实验室名单

| 序号 | 实验室名称 | 评审时间 |
| --- | --- | --- |
| 1 | 国家海洋局寿光海洋环境监测站（寿光市海洋环境监测站） | 2013 年 6 月 23 日 |

**海洋行业获证实验室监督检查**　根据国家认监委《关于开展 2013 年实验室资质认定专项监督检查工作的通知》（国认实函〔2013〕22 号）要求，海洋评审组组织海洋行业获得计量认证资质的 62 家实验室开展全面的自查自纠，以迎接国家认监委的专项监督检查。实际共收到 60 家实验室上报的自查材料。海洋评审组根据国家认监委要求，汇总分析各实验室自查情况，按时向国家认监委上报了自查工作总结。

**海洋行业新评审员推荐**　根据国家认监委《关于征集 2013 年国家级资质认定评审员培训需求的通知》，2013 年海洋评审组共组织推荐符合要求的新评审员人选共计 9 名。

**海洋行业实验室资质认定内审员培训**　为保障实验室质量管理体系的持续有效运行，2013 年 12 月 17—18 日、25—26 日、28—29 日，海洋评审组先后在天津、广州、杭州各组织举办一期海洋行业实验室资质认定内审员培训班，参加培训学员共 301 人。

**海洋监/检测人员培训**　为提高海洋监/检测机构的监/检测业务水平和技术能力，确保海洋监/检测人员持证上岗，2013 年 8 月 29—30 日、9 月 2—3 日、9 月 12—13 日、9 月 16—17 日中心先后在广州、大连、青岛和杭州各举办一期海洋监/检测人员培训班，参加培训学员共计 1327 人，培训专业包括海洋水文、海洋气象、海洋化学、海洋生物、海洋测绘、海洋光学与遥感、海洋工程、地质与地球物理等。2013 年还对全国 82 家海洋监/检测机构共计 2290 本有效期将至的海洋监/检测人员培训证书进行了复核。

**海洋行业检测机构统计调查**　根据《中央编办综合司 质检总局办公厅关于开展检验检测认证机构统计调查工作的通知》要求，2013 年 8 月 6 日海洋评审组组织海洋行业计量认证获证机构在网上填报“检验检测认证机构基本信息调查表”并要求同时报送纸质版。9 月初，将 64 家机构上报的调查表经由国家海洋局环保司分别上报国家质检总局办公厅和中央编办综合司。

**【全国海洋专用计量器具计量技术委员会工作】**　2013 年 10 月 29 日，全国海洋专用计量器具计量技术委员会成立大会暨第一次会议召开。国家海洋局王飞副局长和国家质检总局计量司王步步副司长为全体委员颁发了委员聘书，国家质检总局陈红处长介绍了国家计量技术法规制修订程序等有关内容，中国计量科学研究院陈伟昕研究员讲解了 JJF1002-2010《国家计量检定规程编写规则》和 JJF1071-2010《国家计量校准规范编写规则》。该委员会负责组织开展海洋领域计量技术法规制修订和计量比对工作。根据国家质检总局计量司要求，于 12 月组织国家海洋计量站和三个分站上报了“关于上报海洋行业急需制定或修订的国家计量技术法规情况的报告”和 2014 年海洋领域 6 项国家计量技术法规制修订计划项目。今后每年将根据海洋领域量值传递的实际需要，组织开展国家计量技术法规制修订和计量比对工作。

**【其他海洋计量管理工作】**　**计量检定员和计量标准考评员培训考核**　2013 年，根据考核委《关于 2013 年度计量检定员考核工作安排的通知》（考委〔2013〕001 号）要求，组织国家海洋计量站和三个分站共 28 名计量检定员报名参加了全国计量检定人员首次、增项和复查培训考核，组织对理论考试合格的 17 名人员进行了实际操作考核。国家质检总局为 17 名理论和实际操作考核均合格的人员颁发了计量检定员证书。

2013 年，根据考核委要求，组织完成对海洋领域国家一级计量标准考评员随军的复查确认，组织上海分站 1 人参加了考核委组织的国家计量标准一级考评员培训考核。

**计量标准考核与管理**　2013 年 1 月组织向考核委上报了波浪浮标检定装置计量标准复核申请材料和声学测波仪检定装置计量标准封存申请材料，1 月 28 日声学测波仪检定装置计量标准封存申请获得国家质检总局批准，4 月 14 日波浪浮标检定装置获得国家质检总局批准颁发的计量标准考核证书和社会公用计量标准证书；4 月 19 日，组织向考核委申报了船用 pH 计计量标准更换材料并获批准；8—9 月，受考核委秘书处委托，组织计量标准考评员完成对青岛、上海和广州三个分站共计 23 项计量标准的考核工作；11 月初，组织对国家海洋计量站海洋测深仪器检定装置、海洋测温仪器检定装置、海水盐度标准装置、颠倒温度表检定装置、船用 pH 计检定装置、验潮仪（水位计）检定装置共 6 项计量标准复核申请材料进行审查，经确认符合要求后将材料上报至考核委。

## 海洋质量监督工作

**【“全球变化与海气相互作用”专项】 调查技术规程培训** 2013 年 3—6 月，国家海洋标准计量中心中心在青岛、杭州、广州、天津、北京 5 地组织举办了两期“全球变化与海气相互作用”专项海洋调查技术规程培训班。连同 2012 年开展的第 1 期培训，共培训来自国家海洋局系统、中科院系统等 35 家单位的学员 1189 人次，经考核合格发放专项综合调查人员证书 988 本。培训内容涵盖物理海洋与海洋气象、海洋遥感等 9 个海洋学科，以及针对专项特点设置的计量基础知识等相关内容，基本完成了针对专项调查人员的培训任务，为专项任务的开展提供人才技术支撑。

**综合调查人员信息库开发与建设** 2013 年 8 月，完成专项综合调查人员信息库的开发与建设工作，实现了专项综合调查人员信息的科学管理和便捷查询。

**航次质量监督** 2013 年，国家海洋标准计量中心中心作为专项质量保障工作机构，派遣质量监督小组，对国家海洋局第一海洋研究所等 5 家单位承担的 8 个调查任务开展了航前质量监督检查，委派 6 名航次质量监督员对 7 个调查任务进行了随航质量监督。质量监督检查内容涵盖了任务承担单位组织机构设置、质量保障方案制定实施、人员资质、仪器设备、原始记录及自查整改记录等方面，为航次任务的顺利开展和调查成果的质量提供了保障。

**质量管理工作实况记录** 2013 年，共完成专项 3 期技术规程培训及 7 个航次航前质量监督检查实况拍摄记录。形成时长约 18.5 小时、442GB 的高清影视资料和照片资料 640 张，制作相关短片 7 部。

**技术规程修订** 依据《标准化工作导则第 1 部分：标准的机构和编写》，自 2013 年 6 月起，对专项物理海洋与海洋气象等 10 项专项技术规程进行了规范化修改，完成标准化审查并报送专项办公室。 （国家海洋标准计量中心）

# 海事服务与救助打捞

## 海事法制建设

**【海事立法】** 2013年，加快《海上交通安全法》修订工作进程，完成《海上交通安全法》（修订征求意见稿）；开展《船舶和海上设施检验条例》《水上交通事故调查处理和沉船打捞清除管理条例》等行政法规修订的前期研究工作；完成《防治船舶污染内河水域环境管理规定》《船员培训管理规则》等11件次部令的修改工作；修订《船员条例》《防污条例》《危化条例》3个行政法规；清理一批海事行政审批项目取消和下放相关的海事规章。

**【执法监督】** 完善海事行政执法工作流程，完成100项《海事行政执法业务工作流程》的编制工作；推进海事行政执法督察工作，举办1期海事行政执法甲级督察人员培训班，培训78人。指导全国海事系统开展乙级督察人员培训和发证；组织12个考核组对全国海事系统进行评议考核，印发考核通报，评选6个优秀执法单位和20份优秀执法案卷；规范全国海事系统行政执法形象，印发《海事行政执法视觉形象建设标准》；规范海事行政处罚自由裁量，制定印发《海事行政处罚裁量权管理办法》；加强海事执法资格管理，修订印发《海事行政执法证管理办法》，强化海事执法人员法制培训要求，实行随时申请随时发证，提高执法资格批复效率；加强海事法制工作信息化水平，升级改造海事法制软件系统。

**【海事行政审批制度改革】** 推动取消海事行政审批项目，分4批取消11项海事行政审批项目。针对不同行政审批项目的工作特点，研究提出通过备案、日常监督检查、制定标准、移交专业技术机构等多种方式，加强事中、事后安全监管，确保管理事项不断不乱。

**【推进船检技术法规工作】** 颁布实施《游艇法定检验暂行规定（2013）》《内河天然气动力船舶法定检验暂行规定》等船检技术法规；完成《沿海小型船舶检验技术规则》、《液化天然气燃料加注趸船法定检验暂行规定》等船检技术法规的评审；开展《起重设备法定检验技术规则》、《海上拖航法定检验技术规则》等法规换版的审定工作，组织制定《内河船用救生衣技术要求》；开展"客渡船安全技术要求"、"沿海干散货船配备钢质舱口盖"等专题技术研究工作，推进内河航区划分工作。

**【海事执法标准研究编制】** 跟踪管理航海安全标委会和航测标委会共17项标准制定进程；报批发布《船员健康检查要求》、《水上溢油源快速鉴别规程》、《转盘/转筒/转刷式收油机》、《吸油拖栏》、《溢油分散剂喷洒装置》、《应急卸载装置》、《船舶溢油应急能力评估导则》、《码头、装卸站安全装卸污染危害性货物能力要求》、《港口、码头、装卸站和船舶修造、拆解单位船舶污染物接收能力要求》等9项标准；组织开展交通运输产品和服务标准梳理工作，形成《航海安全标准体系表》、《交通航测标准体系表》、《2014—2016年标准制修订计划表》，完成标准年度复审工作。（交通运输部海事局）

## 应急救助和抢险打捞

**【综述】** 2013年，救捞系统在履行救捞职责的同时，着力提质增效升级，实施"四项战略"，即"人才强救、科技强救、管理强救、文化强救"战略；推进应急救助待命制度由应对常态突发事件向常态与非常态并重转变、应急保障区域由浅海向浅海与深海并重转变、应急救捞行动由近海向近海与远洋并重转变。应急救助抢险打捞、基本建设等工作任务取得新进展。

**【应急救助】** 交通运输部救捞系统累计执行救助任务1568起（另组织救助志愿者出动802人次），出动专业救捞力量2093次，成功救助遇险人员3910名（外籍人员1304名）、遇险船舶196艘（外籍船舶34艘）获救直接财产价值约94.6亿元。

其中，较为重大的案例有：东海救助局、上海打捞局和东海第一救助飞行队联合救助失控豪华邮轮“双子星”轮及1448名游客船员，联合救助因碰撞导致溢油的大型集装箱船“达飞•佛罗里达”轮；北海救助局救助机舱失火散货船“HUA SHAN”（华山）轮及船上16名朝鲜船员；南海救助局救助“琼临高13098”船上24名游客；烟台打捞局救助船体发生倾斜的柬埔寨籍“广源”轮；广州打捞局在斯里兰卡救助遇险台湾籍渔船“顺楹”号及15名遇险人员；北海第一救助飞行队成功救助柬埔寨籍遇险货轮“光明”轮上15名朝鲜籍遇险船员，刷新中型直升机单次单机救助新纪录；东海第二救助飞行队成功救助长乐机场南部海域10名被困岛礁上的游客；南海第一救助飞行队救助“长鑫顺888”轮、“金马788”轮上的12名遇险船员。

此外，救捞系统还执行多起特殊重大任务：一是执行“神舟十号”飞船发射海上应急救援保障任务。各救助局、飞行队和上海打捞局派遣专业救助打捞船和救助航空器，组织实施应急装备改装和应急救援训练，提前奔赴指定海域，完成神舟十号飞船发射海上应急救援保障工作。二是完成多项特殊应急救援保障任务。东海救助局、南海救助局、上海打捞局和东海第二救助飞行队、南海第一救助飞行队为在东海和南海执行维权任务和钻井作业任务的我国人员、船舶和钻井平台提供应急安全保障服务；南海救助局、广州打捞局和南海第一救助飞行队共同完成菲律宾搁浅客船应急救援任务；烟台打捞局、北海救助局联合抢捞某部失事飞机及遇难者；北海第一救助飞行队两机组赴辽宁清原抗洪抢险，飞行69架次，救助109名遇险人员，运送物资3.6吨；南海第一救助飞行队赴广东汕头抗洪抢险，空投物资4.5吨；南海救助局和南海第一救助飞行队赴西沙海域搜救沉船失踪渔民。

**【抢险打捞】** 充分发挥专业打捞队伍作用，履行公益性职责。成功实施5艘沉船、2架失事航空器的清障打捞，成功进行3次大型应急抢险清污任务，打捞遇难者遗体301具。其中包括“曙星1”轮、“海邦达199”轮、“海鸿达”轮的打捞及南京长江段“鑫川8”轮、珠江口“夏长”轮的存油和溢油清除任务。发挥“深潜号”和饱和潜水成套技术在深水应急救援中的关键作用，出色完成崖城13-1油气田海底输气管线抢修任务，为保障香港发电和民用燃气的供应作出突出贡献，中海油授予上海打捞局抢修团队突出贡献奖。

**【对外救捞合作】** 围绕救捞主业，完善交流机制，坚持合作共赢，深化对外合作。一是加强与港台交流合作。组织专业救助船“东海救101”轮访问台湾。“东海救101”轮以“共同传承妈祖文化、合力护佑海峡民众”为主题赴台交流访问。与香港特区政府消防处、民航处、政府飞行服务队、台湾“海巡署”等机构开展座谈交流和技术研讨，进一步强化交流合作机制和应急联动机制。二是加强国际组织事务的参与力度。参加马耳他、西班牙国际海上人命救助联盟（IMRF）董事会，稳步推进IMRF亚太交流合作中心运转。（交通运输部救捞局）

## 海事搜救

**【综述】** 2013年，中国海上搜救中心共组织搜救行动2164次，协调派出船艇7507艘次、飞机386架次，成功搜救20692名遇险人员（平均每天救起57人），搜救成功率达96.79%。

**【部际联席会议机制】** 继续完善国家海上搜救和重大海上溢油部际联席会议相关制度机制，研究出台部际联席会议工作制度、联络员工作制度、紧急会商工作制度、联合演习工作制度、咨询专家组工作章程等5项制度机制，对相关活动进行规范。先后走访民政部、环保部、农业部、卫生计生委、国家海洋局、总参、海军等单位，沟通交流情况，加强应急事务协作，分别与海军和环保部签署战略合作框架协议和应急联动工作机制协议，明确合作内容和工作要求。

**【海上应急处置能力】** 科学布局海上应急力量和应急物资储备，加强海上应急队伍和应急装备建设。启动《国家重大海上溢油应急能力建设规划》编制工作，牵头对相关地区和单位进行调研，就溢油应急等级标准确定、溢油风险水域划分等重大问题，征求成员单位和相关专家的意见。推进海上搜救志愿者队伍建设，已建成志愿者队伍80支、在岗志愿者4580名。强化应急专业知识和技能培训，先后组织培训班19期，受训人员

1000余人。及时准确报送海上重大险情应急处置情况，先后上报中办和国办值班信息173期。畅通险情报告渠道，12395水上遇险求救电话接警1800余次，占全部险情的80%。

**【重大海上突发事件处置】** 2013年9月29日，西沙海域39艘渔船、699名渔民遇险后，立即召集农业部、卫生计生委、国家海洋局、总参、海军等国家海上搜救部际联席会议成员单位进行会商研判，协同开展海陆空立体搜救行动。11月22日，青岛东黄输油管道泄漏爆炸造成海域污染后，及时指导山东省海上搜救中心做好海上清污工作，累计协调各类清污船舶270艘次，出动清污人员4260人次，布设围油栏约1万米，回收油水垃圾、油水混合物约372吨。先后组织召开7次防御台风视频会议，成功防御“菲特”、“尤特”、“海燕”等多起热带风暴和强台风的袭击。

**【海上应急演练】** 坚持接近实战演习演练。先后联合部际联席会议有关成员单位组织和指导沿海地方政府、有关部门举办多场不同规模、不同形式、不同科目的海上搜救和溢油应急演习。2013年8月30日，中国海上搜救中心联合台北中华搜救协会、香港海上救援协调中心举办“2013年南海联合搜救桌面演练”。9月23日，联合广西壮族自治区政府举办“2013年海上重大溢油应急处置演习”，这是在国家层面上首次针对重大海上溢油事故进行的专项演习。11月20日，上海海上搜救中心首次开展无预案人员落水搜救演习。山东、浙江、福建、天津南港、吉林延边等省市搜救中心也先后开展海上搜救和溢油演习演练。通过定期演习，锻炼了海上搜救和溢油应急反应队伍，强化了应对海上搜救和大规模溢油事故的应急反应能力。

（中国海上搜救中心）

# 海洋科技、教育与文化

## 海洋科学研究

### 综 述

**【概述】** 2013 年，我国海洋科技工作继续深入开展，科技创新规划编制、科技兴海、海洋公益专项、海洋经济区域创新示范、海洋调查、海水利用、海洋能等领域，一系列工作扎实推进，一大批成果走上台阶。

**【海洋科技创新总体规划】** 积极开展海洋科技创新总体规划编制前期准备。组织专家提出规划编制的指导方针、工作思路、规划定位、规划期限、编制原则和战略研究方案等；重点与科技部社会发展科技司进行沟通，并组织召开专家和企业座谈会，听取科技界、企业界对编制创新规划的考虑和建议。向中央上报了海洋专报。成立院士牵头的战略研究组，启动创新规划的战略研究工作。

**【科技兴海】** 一是积极筹备全国科技兴海大会。联合科技部开展《全国科技兴海规划纲要 2008—2015 年)》中期评估工作。二是统筹相关专项资金，有效推动了产学研政金用的紧密结合，巩固科技兴海长效机制，加强了科技成果转化和产业化。三是联合发改委高技术司启动了首批国家海洋高技术产业基地试点审批工作，作为国家海洋局积极促进海洋科技创新制度机制建立的重要举措，推进创新驱动发展战略的实施。四是充分发挥国家科技兴海产业示范基地引领作用，进一步夯实培育和发展海洋战略性新兴产业的基础。引导“上海临港科技兴海基地”形成良性产业发展体系，已经聚集一批国内外先进的高端技术与项目；推动“大连科技兴海基地”成为大连“海洋强市”建设的重要引擎；促进“福建诏安科技兴海基地”在海洋生物产业中试平台建设和特色产业聚集方面取得新进展；同时，新完成了青岛、广州、厦门等市申请建立国家科技兴海产业示范基地的初审。五是推动建立海洋领域产学研用长效合作机制，完善产业链和创新链。推动“海参产业技术创新战略联盟”、“海洋监测设备产业技术创新战略联盟”成为国家产业技术创新战略试点联盟，推动“海洋防腐蚀产业技术创新战略联盟”列入重点培育联盟。六是搭建产学研交流平台，促进海洋科技成果向更多区域和领域辐射。在福建省举办了“中国•海峡项目成果交易会”，加强成果推广和科技兴海宣传。

**【“全球变化与海气相互作用”专项】** 一是重新编排了专项资料收集与处理、综合调查与研究和重大国际前沿海洋科学问题研究等任务，建立了逐步完善的专项框架体系。二是组织开展了《“全球变化与海气相互作用”专项总体实施方案》的编写工作，稳步推进专项管理。三是逐步启动了专项任务，在南海海洋环流形成变异机理、太平洋—印度洋洋际交换以及气候效应、热带海洋生态系统和碳循环的相互制约关系等方面开展了研究工作，收集了气候变化与海平面变化机制、海洋酸化趋势等方面的数据与资料，并开展了区域海-陆-气耦合气候预测模式、气候统计预测模式和热带气旋数值预报模式的研制工作。

**【海水利用】** 一是参与组织了国家科技支撑计划“大型低温多效蒸馏海水淡化系统集成与工程示范”项目的申报工作。二是开展了 2012 年度我国海水利用情况基础数据的采集工作，编制完成了《2012 年全国海水利用报告》，为相关政府部门、社会公众、科技院所及时提供反映我国海水利用产业发展整体情况的数据信息。

**【海洋经济创新发展区域示范】**　一是海洋经济创新发展区域示范管理做法得到了国务院领导的肯定。完成了2012年度考核，各试点省充分发挥区域优势，创新了金融政策，加强了对海洋经济和产业的支持，带动社会资金投入，示范项目已取得明显成效。①海水健康养殖：培育出有糖尿病辅助疗效的螺旋藻等一批特定功能性良种。一批针对海水养殖鱼虾重要疾病的高效疫苗和高灵敏度、高特异性的快速诊断试剂盒研制顺利，对海水健康养殖业快速发展的推动作用显著。山东、广东形成智能化深水网箱高效养殖产业群，带动传统养殖业向节能环保、集约高效的现代养殖模式转型。②海洋生物医药与制品：涌现出一批有国际影响力的产品和企业。戒毒药物替曲朵辛（河豚毒素）、已进入II期临床研究阶段，抗病毒藻糖蛋白已进入III期临床研究阶段。氨基葡萄糖系列保健品关键生产工艺改良推动了整体行业技术水平提升，产品达到出口美、英、法和欧盟标准，项目承担企业一举成为全球最大的原料制造商。③海洋装备：在海底电缆、海洋探测装备生产技术上，企业自主创新，打破了相关领域内国外公司的长期垄断，实现了产品的国产化。水下作业装备用脐带缆在岱山潮流能发电等多个项目中已开展应用，脐带缆专用制造装备的研制将填补国内空白。二是完成了2013年补助资金的下达。三是积极推进扩大试点范围。

**【海洋公益性行业科研专项】**　一是围绕海洋强国建设、天津海洋经济试点、海洋战略性新兴产业、东海维权、生态红线等重点工作组织了2014年项目申报，共申请项目39个，2014年1月批复项目24个。二是启动了专项评估，印发了《2008年海洋公益性行业科研专项成果汇编及推广方案》。“我国东海划界案陈述方案研究”项目从科学角度进一步强化了东海大陆架自然延伸的事实，依托项目编制完成了我国东海划界案在联合国的陈述报告，充分展示了我国的立场和相应科学证据。“海洋动力要素剖面运动测量平台产业化”成果成功转化，已为军、民两方提供各类剖面探测漂流浮标产品140余台套。“突发性聚集绿潮藻工程化快速处置及绿潮藻肥料开发”等项目实现了对绿潮的快速处置和资源化利用，在保护海洋生态的同时还产生了经济效益。“海岛适用的系列海水淡化技术装备及应用研究”项目成果建立的太阳能光热海水淡化项目成为我国首个商业示范项目。研制了国内首台风、光、柴、蓄多能互补太阳能海水淡化一体机——风光油储移动式海水淡化装置，并针对西沙等边远海岛的淡水紧缺问题开展了海水淡化装备的设计和建设工作。“南海数值预报业务化系统研制及其应用”项目成果在“蛟龙号”南海海试中提供了垂向流速预报保障支持，为西沙群岛搜救应急工作提供支持。“陆源入海重点排污口典型有机污染物海洋环境效应确定的关键技术研究”项目，成功应用于大连“7.16”和蓬莱“19-3”溢油事故，为海洋污染毒性效应评估提供强有力的技术保障。

**【海洋卫星立项和资料应用】**　一是与相关部门共同组织完成了海洋卫星动力环境卫星建设项目可行性研究报告编写。二是争取四个系列的17颗海洋卫星全部纳入国家有关规划。三是组织开展了海洋卫星应用推广，海洋卫星应用正从国家海洋局内系统应用向沿海省市、有关企业拓展，如支持福建省海洋预报台建设海洋卫星应用节点，为地方海洋防灾减灾和应急响应提供了服务，与远洋渔业公司合作，通过在远洋渔船上安装设备提供渔场信息服务，显著增加了远洋捕捞的经济效益。四是推进海洋二号卫星地面系统立项，地面系统可行性研究报告获批。五是与欧洲气象卫星开发组织、法国空间中心等国际组织（国家）开展了海洋卫星数据合作，推动了海洋卫星数据共享和国际高技术科技合作。六是组织编制了《2012年中国海洋卫星应用报告》，推动了海洋卫星数据应用。七是组织开展了高分专项、载人航天工程等卫星遥感应用工作，高分三号卫星已经转入初样研制阶段。

**【海洋可再生能源】**　一是完成2013年度海洋可再生能源专项资金申报和立项工作，支持项目20项。二是加强对已立项项目的监督管理，启动2010、2011年度项目验收工作，组织年度项目执行情况中期检查。三是编制印发《海洋可再生能源发展纲要（2013-2016）》，明确专项资金项目下阶段发展目标、重点任务，做好项目实施顶层设。重点支持海洋能规模化示范工程建设，优先支持技术成熟度高、基础好的波浪能和潮流能发电装置进行产品化设计制造，继续支持海洋能新技术、新装置及关键部件研发，积极推进我国海洋能综合支撑服务平台建设。四是成功组织了第二届中国海洋可再生能源发展年会暨论坛及国际能源署海洋能源系统实施协议（IEA OES）第24次执委会会议，有效促进海洋能开发利用国内外交流与合作。五是组织筹备我国首个具有行业协会性质的中国海洋工程咨询协会海洋可再生能源分会，并于2013年9月获得民政部颁发的登记证书。

**【国家海洋调查船队】** 一是进一步完善国家海洋调查船队运行管理机制，编制印发了《国家海洋调查船队管理实施细则》。二是组织开展了船队发展战略研究和运行管理调研。三是首次组织对24艘成员船使用质量进行了年度考核评估，促进船舶服务质量不断提升。四是统筹协调船时安排，及时发布船队航次信息和运行动态，保证了国家调查任务之需。五是加大船队宣传力度，及时更新维护船队网站，积极吸纳符合条件的船舶加入船队，不断壮大船队规模，成员船已达30艘。

**【海洋综合科考船建造】** 一是完成了船舶建造监理单位、首批船载科考调查设备和船用设备的招标采购工作；二是组织编制了2艘4500吨级海洋综合科考船初步设计及概算总报告；三是开展了详细设计及生产设计，完成了327份图纸设计；四是开展了船舶监造工作，全船建造分为49个分段进行，目前已完成第461分段建造工作。

**【“数字海洋应用服务”立项】** 一是开展了“数字海洋”信息基础框架29个节点的业务化运行维护。二是开展了“数字海洋应用服务”立项前期论证及调研工作，组织编制了《数字海洋应用服务立项建议书》，并征求了国家海洋局机关各部门和沿海省市意见，对建议书进行了修改完善。

**【其他工作】** 一是国家海洋局第二海洋研究所潘德炉院士及其团队完成的“海洋二类水体环境卫星遥感关键技术研究与应用”获得国家科技进步奖二等奖。二是配合中国气象局科技司完成了政府间气候变化专门委员会(IPCC)第一工作组有关报告，并派员赴斯德哥尔摩参加IPCC有关辩论，圆满完成了参会各项任务，维护了中国及广大发展中国家的权益。三是组织了有关国家科技计划，①863计划：“南海海洋动力环境数据集成与应用技术系统开发”项目，实现了对南海大气海洋环境的高分辨率业务化预报，提高对南海海洋环境的实时监测、灾害预警能力；提高了南海海上安全的保障能力；“深海微生物分离培养与基因资源获取技术研究”项目在深海微生物资源获取新技术方面取得重要进展，推动了深海微生物及其基因资源的储备、研究与开发。②科技支撑计划：“渤海环境容量与水体评价技术及应用研究”项目，为环渤海地区主要污染物减排划定了排海总量红线，为《渤海环境保护总体规划（2008—2020年）》的实施提供了科技支撑；“全球业务化海洋学预报系统”项目成果是我国首个涵盖全球大洋到中国海的综合业务化海洋学预报系统，填报了我国全球海洋环境预报领域的空白。在亚丁湾护航保障、21号强台风“蝴蝶”的搜救工作中做出了准确预测，得到搜救中心相关用户的一致认可。③973计划：“自主研制长时间序列海洋再分析数据集”项目，成果突破了发达国家在海洋再分析领域的技术封锁，为我国开展海洋科学和气候研究奠定了自己的海洋动力环境数据基础，成果直接应用于国防安全水下海洋环境保障业务系统建设中，推动了我国业务化海洋的发展。 （国家海洋局科技司）

## “863计划”项目

**【综述】** 2013年，863计划海洋技术领域工作重点由任务部署转入任务实施和过程管理，深海潜水器、海底观测网等重大项目以及油气、深海、监测、生物方向有关主题项目取得阶段性成果。

2013年，863计划海洋技术领域按照“十二五”规划总体部署，本着查漏补缺的原则，继续发布项目申报指南，公开征集项目建议。本年度共完成4个主题项目的立项与启动工作。

截至2013年底，海洋技术领域累计安排重大项目5项，主题项目36个，总计187个课题，专项经费22.03亿元。 （中国科技部）

**【海陆联合深部地球物理探测关键技术研究】** 国家“863计划”海洋技术领域重点项目

（2009AA093401），该项目依托单位为国家海洋局第一海洋研究所，协作单位为中国科学院地质与地球物理研究所、中海油田服务股份有限公司、北京大学、中国海洋大学和中国科学院海洋研究所。项目在2010年获得立项，实施计划为2010—2013年。

海陆联测深部地球物理探测技术赋予了地球深部构造研究新的技术内涵和生命力，项目组研制的便携式MICRO OBS使用功耗低、低频的电化学检波器并整机集成于13英寸小舱球内，获得的资料数据信噪比高，多家单位、多个海域的测试表明该设备性能已趋于成熟，已达到国际先进水平。大容量低频多层枪阵组合技术，所获的地震子波具有低频成分丰富且频带宽、穿透深度深等优点，是工作的一大亮点，可以应用于我国渤黄海等复杂环境噪音和构造条件下。项目组在2010、2011和2013年开展了三次试验航次，多种仪器多种手段同时使用，技术合理、方法先进，实现了真正意义上的“陆地爆破激发，陆海同步接收；海域震源激发，海陆同步接收”，在集成示范应用方面已获得初步成效，获得了共计约海上925千米和陆地510千米的地震剖面。

（国家海洋局第一海洋研究所）

## “973计划”项目

**【海洋动力环境微波遥感信息提取技术与应用】**项目依托单位：中国科学院海洋研究所；项目编号：2013AA09A505，执行年份：2013-2016；负责人：申辉。该课题紧紧围绕深远海海洋监测的业务需求，以及海洋微波遥感技术发展的迫切需求，重点解决高海况海洋动力环境遥感监测技术、自主微波遥感卫星海洋动力环境遥感信息提取技术以及海洋遥感数据时空扩展技术，预期在本领域将实现自主创新，并与国际同类研究和业务化应用接轨。本课题成果可为重大项目“深远海海洋动力环境观测系统关键技术与集成示范”中的南海内波与混合精细化观测研究、深海声学层析研究以及海洋移动平台等有关研究提供南海及周边海域的海洋动力环境背景场数据，加深上述研究对南海海洋动力环境的整体了解。（中国科学院）

**【我国陆架海生态环境演变过程、机制及未来变化趋势预测】** 国家重点基础研究发展计划“973计划”项目“我国陆架海生态环境演变过程、机制及未来变化趋势预测”依托单位为中国海洋大学。项目执行期限为2010年至2014年。

2013年是项目全面执行的第四年，项目的各项研究工作围绕年度计划有序开展。项目针对以往航次发现的问题，组织黄海—东海夏季调查航次1次，对典型区域补充收集了物理海洋参数，收集了大量地质、化学、生物样品。在利用以往航次样品的基础上，全面建立了我国陆架海全新世的沉积年代框架，对黄海和东海沉积物样品进行了粒度、有机地球化学、地球化学及微体古生物种类和群落的分析，重建了黄海-东海典型区域过去200年和全新世的生态环境演变历史，基本理清了黄海-东海典型区域全新世生态环境变化规律，并探讨了人类活动及自然变化对海洋生态的影响。对重建指标开展了大量的现代过程验证工作，并取得了阶段性成果。收集了陆架海物理海洋学、生物与化学、人类活动的大量数据、资料，探讨了营养盐组成变化及近50年来生产力变化规律。对古今我国陆架海物理环境的模拟结果进行了对比，分析了黄海水文环境在暖湿、干冷两种气候时期下的差异，讨论了其演变机制。数值模拟研究了未来气候预测下我国陆架海环流体系的变化，取得了阶段性成果。2013年度7人次作国际会议特邀报告，1人次作国内会议特邀报告，国际学术组织任职5人次。2013年度项目共发表文章59篇，其中SCI收录论文44篇，中文核心期刊论文14篇。

**【南海关键岛屿周边多尺度海洋动力过程研究】** 国家重点基础研究发展计划“973计划”项目“南海关键岛屿周边多尺度海洋动力过程研究”依托单位为中国海洋大学。

南海关键岛屿周边蕴含着丰富的油气、矿产及渔业等战略资源，也是维护国家海洋权益的重要海区，对实现我国海洋强国战略目标具有重要的战略地位。因此，深化对南海关键岛屿周边海洋动力过程的认识，提高海洋动力环境监测与预测能力，是国家的重大战略需求。

南海关键岛屿周边存在着环流、中尺度涡、亚中尺度涡、内波等多尺度海洋动力过程。其中，中尺度涡、亚中尺度涡和内波引起的涡动与内波混合是维系海洋温盐结构进而调控海洋环流的关键因子。岛屿周边中尺度涡、亚中尺度涡与内波生成、传播及消亡过程，涡动与内波混合机制，以及混合对海洋温盐结构与流场分布调控作用等方面研究，是国际海洋科学研究的前沿课题。由于缺乏针对性的观测，对这些动力过程与机制的认识不足，是目前严重制约南海关键岛屿周边海洋动力过程研究的主要瓶颈。

本项目以南海关键岛屿周边为重点研究海区，强化针对性的岛屿周边多尺度海洋动力过程观测，结合理论分析及其数值模拟，着重解决两个关键科学问题：南海关键岛屿周边中尺度涡、亚中尺度涡及内波生成与消亡过程；南海关键岛屿周边海洋涡动混合和内波混合机制。总体研究目标是：阐明南海关键岛屿周边中尺度涡、亚中尺度涡及内波生成与消亡过程，揭示南海关键岛屿周边海洋涡动混合和内波混合机制，探究混合对海洋温盐结构与流场分布的调控作用，发展岛屿周边超高分辨率海洋数值模式，培养一支从事深远海科学研究的学术梯队，为发展深远海科学与技术提供科学支撑。

**【养殖鱼类蛋白质高效利用的调控机制】** 国家重点基础研究发展计划“973计划”项目“养殖鱼类蛋白质高效利用的调控机制”的依托单位为中国海洋大学。

我国水产养殖产量占世界水产养殖总产量的70%，水产养殖业也为解决我国“三农”问题作出了重要贡献。然而，水产养殖业的可持续发展越来越受到养殖主要成本来源-饲料蛋白源的制约。水产饲料依赖资源严重匮乏的鱼粉作为主要饲料蛋白源，这成为束缚我国水产业可持续发展的关键瓶颈。因此，实现养殖鱼类对于饲料蛋白质的高效利用、开发鱼用新蛋白源是我国水产养殖业与水产饲料业的国家重大需求。提高鱼类将饲料蛋白质转化为鱼体蛋白的效率，是鱼类蛋白质高效利用的核心。鱼类对蛋白质的利用，是在机体营养代谢的信号网络调控下，经摄食、消化吸收、代谢调控等生理过程有序进行的，所以，揭示鱼类蛋白质代谢的机制，制定相应的营养调控策略，是实现蛋白质高效利用与新蛋白源开发的最根本前提。基于此，本项目提出关键科学问题：鱼类对蛋白质的营养感知与代谢调控。项目设立以下3个课题开展研究：①鱼类的摄食选择与消化道健康：研究鱼类食性分化与摄食选择的分子调控机制；探讨不同蛋白源对鱼类消化道结构、免疫机能与微生态的调节机制。②鱼类蛋白质代谢的信号调控机制：研究鱼类调控蛋白质代谢的主要细胞信号传导系统与内分泌调节机制；解析非鱼粉蛋白源摄入引起的细胞信号异常位点及代谢通路异常。③鱼类蛋白质高效利用的能量学机制：研究鱼类将蛋白质、脂肪和糖作为能量物质供能的关键代谢位点及其调控途径，阐明通过营养素适配提高糖和脂肪的有效供能，从而降低蛋白质用于供能的比例、实现体蛋白质高效合成的分子基础与营养调控策略。

（中国海洋大学）

**【中国近海碳收支、调控机理及生态效应研究】** 国家“973”计划项目“中国近海碳收支、调控机理及生态效应研究”依托厦门大学海洋与地球学院，该项目自2009年开始研究，历时5年，于2013年11月以优秀的成绩通过验收。

项目实施5年来，围绕中国陆架边缘海的“碳收支-调控机理-生态效应-变化趋势”这一核心主题，以东海和南海陆架区为重点研究海域，对历史资料开展了集成分析，并开展了大量的方法和技术的创新研究、现场和实验室的工作、遥感算法和数值模式的开发和研究工作；项目深入贯穿东海与南海的比较研究思路，采用统一的研究方法，完成大规模的航次5次，获取了大量高质量的第一手资料，并在碳的源汇格局及其调控过程、生物泵结构、陆架上升流形成机理、海洋酸化生态效应等方面取得了若干突出进展，产生重要创新成果，具有很高的科学价值，推动了近海碳循环研究的发展，在国际上产生重要影响，可望成为陆架边缘海大型研究计划的范例；对应对国家外交谈判等国家重大需求也具有潜在的重要贡献。项目发表SCI论文135篇，其中Top Journal的论文32篇，JCR一区、二区的论文共计63篇。以项目成果为重要内容的“近海复杂水体环境的卫星遥感关键技术研究及应用”获得2013年国家科技进步二等奖。在$CO_2$源汇格局方面的工作获2009年教育部自然科学一等奖。

该项目推动了近海碳循环研究的发展，在国际上产生了重要影响。提出的基于蓝紫光波段的高浑浊水体大气校正算法已被纳入国际海洋水色协调组织（IOCCG）静止轨道海洋水色观测报告（IOCCG Report 12: Ocean Colour Observations from a Geostationary Orbit）；基于这项成果，我国新一代水色卫星 HY-1C、HY-1D 已计划增设 2 个紫外波段，用于近海浑浊水体的大气校正；CHOICE-C 身处国际前沿科学领域，是 IGBP 核心项目 SOLAS（上层海洋底层大气研究）的 endorsed 项目；应邀在重要国际学术会议作报告 41 人次，例如，戴民汉应邀在 2012 年国际湖沼与海洋协会（ASLO）夏季国际水科学千人大会上作大会报告。经检索，是 2001—2013 年间所有 ASLO 会议上首次由华人科学家所做的大会报告。在海洋酸化与 UV 辐射对浮游钙化藻类耦合效应方面所取得颇具特色的成果，被 UNEP 报告所采用，被 Nature China 作为亮点介绍，论文被 Photochem. &Photobiol. 2011 封面亮点介绍。（厦门大学）

## 国家重大科学研究计划项目

**【太平洋印度洋对全球变暖的响应及其对气候变化的调控作用】** 国家重大科学研究计划项目“太平洋印度洋对全球变暖的响应及其对气候变化的调控作用”依托单位为中国海洋大学，项目执行期限为 2012 年至 2016 年。

2013 年为项目执行的第二年，前两年项目对热带太平洋印度洋海区的海洋-大气耦合系统及其对气候变化的响应问题进行了系统性的研究工作，预估了热带印度洋海洋-大气耦合的主模态对全球变暖的响应特征，揭示了在温室气体增加背景下热带印度洋，太平洋部分海流变化的特征和物理机制，发现了过去 700 年热带太平洋 ENSO 模态的强度变化的主要特征。研究成果已经在《Nature》、《Nature Climate Change, Journal of Climate》等国际一流专业学术刊物发表，被 IPCC 第 5 次报告引用。以热带印度洋为突破口，逐步延伸到热带太平洋，特别是在印太海盆的长期变化特征方面和耦合模态对全球变暖响应方面取得了显著的进展，这些工作为项目后三年的工作打下了良好的基础。项目在黑潮-黑潮延伸体-副热带逆流海区的海洋动力和海气相互作用过程及其对全球变暖的响应问题上取得了显著的进展。特别是针对模态水动力学问题和海洋锋面的海气相互作用问题开展了针对性的研究，取得了启发性的研究成果，并发现了一系列值得研究的科学问题，为以后项目的出海观测计划提供重要的科学参考，丰富了观测计划的内涵和外延。

**【西北太平洋海洋多尺度变化过程、机理及可预测性】** 国家重大科学研究计划项目“西北太平洋海洋多尺度变化过程、机理及可预测性”依托单位为中国海洋大学，执行期限为 2013 年至 2017 年。

项目按照任务书中的研究计划，2013 年具体开展的工作如下：收集和整理了海洋、大气的历史数据，并对资料进行了分析；收集和整理了 CMIP 5 模式输出结果，并进行初步评估；编制黑潮延伸体和台湾以东黑潮两个海区强化观测方案；揭示了北太平洋环流变化与 PDO 的联系及其可能机制；探索了黑潮大弯曲的形成机制；构建了 NEC/SEC 分叉季节变化的统一模型；揭示了北半球冬季风暴轴多尺度变化特征及其与 SST 耦合关系；揭示了全球变暖背景下海洋上层层结对西边界流系统的影响；揭示了 ENSO 事件对河套秋季降水的影响及其可能机制；估算了风对西北太平洋的能量输入；揭示了东沙冷涡的三维结构及其演化过程；阐明了印度洋南赤道流分叉的季节变化动力学机制；阐明了南海涡旋能量的收支情况；研究了棉兰老潜流结构与变异；揭示了黑潮源流的季节与年际变异特征；揭示了黑潮变异机理及上下游黑潮的动力学关系；研究了涡尺度、谱通量对黑潮延伸体年代际变异的调制作用；研究了西北太平洋湍流混合的变化规律；研究了黑潮/亲潮延伸体系统经向移动的年际/年代际变化；研究了北太平洋冬季天气尺度瞬变涡旋的特征和变化原因；利用简化涡度方程分析了高空涡旋变化的原因；揭示了冬季黑潮延伸体中尺度涡能量（EKE）的年际年代际振荡特征以及其与大气风暴轴的关系；研究了大气强迫对西北太平洋海表面高度年际变异的影响；研究了冬季黑潮延伸体异常加热与阿留申低压的多尺度关系；研究了不同太平洋增暖衰退类型的西北太平洋热带气旋活动规律；初步建立西北太平洋区域耦合模式，基本完成模式的调试；利用 10 千米的 LICOM 模式，完成了过去 60 年的模拟试验，分析评估了吕宋海峡质量输送季节变化、印度尼西亚贯穿流以及北太平洋环流和涡旋的模拟能力；在 LICOM 海洋模式中引入三极坐标，并改进了通过修改 Luzon 海峡的地形改进了黑潮入侵 Luzon 海峡的模拟；在区域大气模式 RegCM3 中引入对流抑制方案后，显著改进了模式对东亚-西北太平洋夏季风的模拟能力；利用改进后的区域大气模式通过 OASIS3.0 与海洋模式 LICOM2.0 耦合，发展了一个区域海气耦合模式 FROALS。

2013 年共发表学术论文 22 篇，其中被 SCI 收录的论文 18 篇，较好地完成了研究计划任务。

**【大气物质沉降对海洋氮循环与初级生产过程的影响及其气候效应】** 国家重大科学研究计划项目“大气物质沉降对海洋氮循环与初级生产过程的影响及其气候效应”依托单位为中国海洋大学。

大气物质沉降为海洋提供外源性氮和铁、磷等微量元素，可显著影响海洋氮循环过程：一方面促进海洋初级生产和生物固氮，增强海洋吸收二氧化碳的能力，增加海洋生物源气溶胶排放量，减缓气候变暖；另一方面干扰海洋硝化与反硝化过程，从而影响重要温室气体氧化亚氮的释放。由于大气物质沉降对海洋氮循环及全球气候变化的重要影响，相关科学问题已成为海洋科学与大气科学交叉研究的热点，也是国际 SOLAS 计划的科学焦点，并被多个国际研究计划列为核心研究内容。

在人为大气污染物排放持续增加与沙尘事件频发的背景下，我国东部陆架海（黄海、东海）与开阔大洋（西北太平洋）的氮循环过程受大气物质沉降的影响日趋增强，该海域已成为全球海洋氮循环及其气候效应研究的典型海域。但迄今为止，对陆架海和寡营养开阔大洋的氮循环关键过程及影响机制仍缺乏定量认识，对其在气候变化中的作用也难以准确评估。因此，本项目聚焦这一海域，围绕“大气物质沉降—海洋氮循环/初级生产过程—海洋生物源气溶胶排放—区域云特征改变并产生气候效应”这一链过程，揭示大气物质沉降对海洋氮循环关键过程的影响及其机制，阐明海洋氮循环在海洋生物地球化学过程中的作用，认识和量化海洋生物源气溶胶对云特征的影响及对大气辐射强迫的贡献，可望在大气物质沉降影响的氮循环动力学、海洋生物源气溶胶的间接气候效应等方面取得原创性的研究成果，为应对气候变化这一国家重大战略需求提供重要科学依据。

（中国海洋大学）

## 国家自然科学基金重要项目

**【概况】** 2013 年度国家自然科学基金批准资助海洋科学项目 451 项，比 2012 年增加 14 项，总经费 32468 万元，比 2012 年增加 3234 万元。其中，自由申请项目 194 项，经费 15762 万元；青年基金项目 208 项，经费 5236 万元；其他基金项目 49 项，经费 11470 万元（见下表）。

**2013 年度国家自然科学基金海洋科学学科资助项目目录**

1. 面上项目

| 序号 | 项目批准号 | 申请者姓名 | 项目名称 | 学科代码 | 单位名称 | 批准金额（万元） | 起始年月 |
|---|---|---|---|---|---|---|---|
| 1 | 41376001 | 马超 | 黑潮延伸体海域海-气耦合过程及其对东亚边缘海环流的影响 | D0601 | 中国海洋大学 | 96.00 | 2014-1-1 至 2017-12-31 |
| 2 | 41376002 | 郑伟鹏 | 古气候背景下 ENSO 与气候平均态关系研究 | D0601 | 中国科学院大气物理研究所 | 110.00 | 2014-1-1 至 2017-12-31 |
| 3 | 41376003 | 张杰 | 海洋环境中污损生物与阴极保护钙质沉积层的相互影响研究 | D0606 | 中国科学院海洋研究所 | 88.00 | 2014-1-1 至 2017-12-31 |
| 4 | 41376004 | 于华华 | 大型水母刺丝囊毒素的化学组成、结构及释放机制研究 | D0609 | 中国科学院海洋研究所 | 96.00 | 2014-1-1 至 2017-12-31 |

续表

| 序号 | 项目批准号 | 申请者姓名 | 项目名称 | 学科代码 | 单位名称 | 批准金额（万元） | 起始年月 |
|---|---|---|---|---|---|---|---|
| 5 | 41376005 | 杨清华 | 南极普里兹湾海冰/雪面能量收支 | D0611 | 国家海洋环境预报中心 | 80.00 | 2014-1-1 至 2017-12-31 |
| 6 | 41376006 | 孙群 | 黑潮入侵东海陆架区热输运特征及其动力机制研究 | D0601 | 天津科技大学 | 79.00 | 2014-1-1 至 2017-12-31 |
| 7 | 41376007 | 杨海军 | 大气-海洋经向热量输送机制及结构研究 | D0601 | 北京大学 | 87.00 | 2014-1-1 至 2017-12-31 |
| 8 | 41376008 | 杜凌 | 东中国海海平面变化对不同厄尔尼诺的响应过程研究 | D0601 | 中国海洋大学 | 83.00 | 2014-1-1 至 2017-12-31 |
| 9 | 41376009 | 罗义勇 | 太平洋环流对全球变暖的响应的形成机制及其气候效应 | D0601 | 中国海洋大学 | 85.00 | 2014-1-1 至 2017-12-31 |
| 10 | 41376010 | 孙建 | 海洋锋对海浪 SAR 成像及海浪要素反演的影响研究 | D0601 | 中国海洋大学 | 84.00 | 2014-1-1 至 2017-12-31 |
| 11 | 41376011 | 张钰 | 斜坡地形上涡动混合的机制研究 | D0601 | 中国海洋大学 | 84.00 | 2014-1-1 至 2017-12-31 |
| 12 | 41376012 | 张文静 | 东海中尺度涡和长江冲淡水低盐水团的相互关系 | D0601 | 中国人民解放军理工大学 | 83.00 | 2014-1-1 至 2017-12-31 |
| 13 | 41376013 | 李威 | 质量守恒海洋三维变分数据同化方法研究 | D0601 | 国家海洋信息中心 | 65.00 | 2014-1-1 至 2017-12-31 |
| 14 | 41376014 | 牟林 | 全球变暖背景下东海黑潮对气候变化的动力响应机理研究 | D0601 | 国家海洋信息中心 | 81.00 | 2014-1-1 至 2017-12-31 |
| 15 | 41376015 | 王喜冬 | 基于表准地转理论的卫星观测海表数据同化方法研究 | D0601 | 国家海洋信息中心 | 80.00 | 2014-1-1 至 2017-12-31 |
| 16 | 41376016 | 凌铁军 | 中国周边海域 SST 日变化及其对区域气候的影响 | D0601 | 国家海洋环境预报中心 | 75.00 | 2014-1-1 至 2017-12-31 |
| 17 | 41376017 | 孙亮 | 海洋中尺度涡的识别、合成与理论模型 | D0601 | 中国科学技术大学 | 80.00 | 2014-1-1 至 2017-12-31 |
| 18 | 41376018 | 段晚锁 | 北太平洋海温的“夏季可预报性障碍”现象及其误差增长动力学研究 | D0601 | 中国科学院大气物理研究所 | 82.00 | 2014-1-1 至 2017-12-31 |
| 19 | 41376019 | 林鹏飞 | 海洋混合过程对耦合模式气候敏感度影响 | D0601 | 中国科学院大气物理研究所 | 85.00 | 2014-1-1 至 2017-12-31 |
| 20 | 41376020 | 苏京志 | 中部型 ENSO 激发和发展机理研究 | D0601 | 中国气象科学研究院 | 79.00 | 2014-1-1 至 2017-12-31 |

续表

| 序号 | 项目批准号 | 申请者姓名 | 项目名称 | 学科代码 | 单位名称 | 批准金额（万元） | 起始年月 |
|---|---|---|---|---|---|---|---|
| 21 | 41376021 | 彭世球 | 黑潮入侵南海的可预报性及适应性观测研究 | D0601 | 中国科学院南海海洋研究所 | 90.00 | 2014-1-1 至 2017-12-31 |
| 22 | 41376022 | 尚晓东 | 南海台风诱发的近惯性振荡的演化特征 | D0601 | 中国科学院南海海洋研究所 | 90.00 | 2014-1-1 至 2017-12-31 |
| 23 | 41376023 | 唐群署 | 利用反射地震研究南海东北部内孤立波 | D0601 | 中国科学院南海海洋研究所 | 77.00 | 2014-1-1 至 2017-12-31 |
| 24 | 41376024 | 王卫强 | 印度洋深层经向翻转环流的年际变异及其内在机制研究 | D0601 | 中国科学院南海海洋研究所 | 82.00 | 2014-1-1 至 2017-12-31 |
| 25 | 41376025 | 王鑫 | 南海表层海温对两类 El Nino Modoki（I 和 II）的响应及反馈机制 | D0601 | 中国科学院南海海洋研究所 | 81.00 | 2014-1-1 至 2017-12-31 |
| 26 | 41376026 | 周伟东 | 南海北部跨越等深线流动及其输运和机制的研究 | D0601 | 中国科学院南海海洋研究所 | 83.00 | 2014-1-1 至 2017-12-31 |
| 27 | 41376027 | 侯一筠 | 寒潮大风影响下的海洋灾害机理及数值预测方法研究 | D0601 | 中国科学院海洋研究所 | 92.00 | 2014-1-1 至 2017-12-31 |
| 28 | 41376028 | 徐永生 | 北太平洋年代际振荡对海平面变化趋势的影响研究 | D0601 | 中国科学院海洋研究所 | 77.00 | 2014-1-1 至 2017-12-31 |
| 29 | 41376029 | 徐振华 | 南海北部内潮的模态结构和非平稳性研究 | D0601 | 中国科学院海洋研究所 | 81.00 | 2014-1-1 至 2017-12-31 |
| 30 | 41376030 | 杨德周 | 夏季台湾东北到浙江外海黑潮入侵路径年际变化及其对浙江外海上升流区影响研究 | D0601 | 中国科学院海洋研究所 | 81.00 | 2014-1-1 至 2017-12-31 |
| 31 | 41376031 | 于非 | 北黄海冷水团锋面日变化特征及其年际变化特征分析 | D0601 | 中国科学院海洋研究所 | 86.00 | 2014-1-1 至 2017-12-31 |
| 32 | 41376032 | 周慧 | 菲律宾以东中尺度涡旋变异及其对北赤道流分叉变异的影响 | D0601 | 中国科学院海洋研究所 | 83.00 | 2014-1-1 至 2017-12-31 |
| 33 | 41376033 | 廖光洪 | 南海北部内波模态-能量转换与海洋混合过程研究 | D0601 | 国家海洋局第二海洋研究所 | 83.00 | 2014-1-1 至 2017-12-31 |
| 34 | 41376034 | 周磊 | 印度洋区域季节内尺度海气相互作用的机制 | D0601 | 国家海洋局第二海洋研究所 | 85.00 | 2014-1-1 至 2017-12-31 |
| 35 | 41376035 | 潘家祎 | 黑潮中尺度温度锋面对区域性大气环流的影响研究 | D0601 | 香港中文大学深圳研究院 | 72.00 | 2014-1-1 至 2017-12-31 |

续表

| 序号 | 项目批准号 | 申请者姓名 | 项目名称 | 学科代码 | 单位名称 | 批准金额（万元） | 起始年月 |
|---|---|---|---|---|---|---|---|
| 36 | 41376036 | 戴德君 | 卷波破碎致湍流混合的实验室实验研究 | D0601 | 国家海洋局第一海洋研究所 | 85.00 | 2014-1-1 至 2017-12-31 |
| 37 | 41376037 | 刘琳 | 全球变暖背景下印度洋年际时间尺度海气相互作用对季节内振荡的影响 | D0601 | 国家海洋局第一海洋研究所 | 75.00 | 2014-1-1 至 2017-12-31 |
| 38 | 41376038 | 熊学军 | 黄海暖流的多时相特征及其发生机制研究 | D0601 | 国家海洋局第一海洋研究所 | 85.00 | 2014-1-1 至 2017-12-31 |
| 39 | 41376039 | 智海 | 淡水通量（FWF）对ENSO 的影响 | D0601 | 南京信息工程大学 | 84.00 | 2014-1-1 至 2017-12-31 |
| 40 | 41376040 | 许肖梅 | 水声网络跨层设计中的信道-网络联合编码技术研究 | D0602 | 厦门大学 | 81.00 | 2014-1-1 至 2017-12-31 |
| 41 | 41376041 | 龙云亮 | 基于抛物方程法的海洋环境中电波传播理论及应用研究 | D0602 | 中山大学 | 83.00 | 2014-1-1 至 2017-12-31 |
| 42 | 41376042 | 曹文熙 | 浮游植物种群结构的遥感模式及应用分析 | D0602 | 中国科学院南海海洋研究所 | 95.00 | 2014-1-1 至 2017-12-31 |
| 43 | 41376043 | 黄宝琦 | 晚上新世—早更新世西太平洋底栖有孔虫群演变的古海洋学意义及其与深层海水环流变化的关系 | D0603 | 北京大学 | 86.00 | 2014-1-1 至 2017-12-31 |
| 44 | 41376044 | 汪亚平 | 潮流脊影响下开敞型潮滩的地貌动力过程及演化模式 | D0603 | 南京大学 | 90.00 | 2014-1-1 至 2017-12-31 |
| 45 | 41376045 | 金海燕 | 南海重要古环境替代性指标的现代过程研究及其应用 | D0603 | 同济大学 | 79.00 | 2014-1-1 至 2017-12-31 |
| 46 | 41376046 | 李丽 | 两种温度指标（Uk'37 和 TEX86）的现代水体调查和沉积记录整合研究 | D0603 | 同济大学 | 80.00 | 2014-1-1 至 2017-12-31 |
| 47 | 41376047 | 刘传联 | 东、黄海现代颗石藻及其环境响应 | D0603 | 同济大学 | 90.00 | 2014-1-1 至 2017-12-31 |
| 48 | 41376048 | 王虎 | 海底热液羽流中铁元素生物地球化学行为研究 | D0603 | 同济大学 | 70.00 | 2014-1-1 至 2017-12-31 |
| 49 | 41376049 | 杨守业 | 冲绳海槽粘土粒级沉积物成因及环境意义-IODP331 航次后续研究 | D0603 | 同济大学 | 86.00 | 2014-1-1 至 2017-12-31 |
| 50 | 41376050 | 高爱国 | 闽江下游入海物质形态及通量研究 | D0603 | 厦门大学 | 87.00 | 2014-1-1 至 2017-12-31 |
| 51 | 41376051 | 郭志刚 | 长江口—东海内陆架泥质区典型污染物的季节性源汇作用与机制 | D0603 | 复旦大学 | 84.00 | 2014-1-1 至 2017-12-31 |

续表

| 序号 | 项目批准号 | 申请者姓名 | 项目名称 | 学科代码 | 单位名称 | 批准金额（万元） | 起始年月 |
|---|---|---|---|---|---|---|---|
| 52 | 41376052 | 褚忠信 | 河流回水对黄河尾闾段决口的影响 | D0603 | 中国海洋大学 | 85.00 | 2014-1-1 至 2017-12-31 |
| 53 | 41376053 | 韩宗珠 | 超慢速和快速扩张洋中脊岩浆作用的对比研究 | D0603 | 中国海洋大学 | 79.00 | 2014-1-1 至 2017-12-31 |
| 54 | 41376054 | 王永红 | 基于模糊聚类方法的黄渤海表层沉积物物源和输移路径的磁性诊断 | D0603 | 中国海洋大学 | 83.00 | 2014-1-1 至 2017-12-31 |
| 55 | 41376055 | 范德江 | 东海内陆架 250 年来海洋温盐和生产力重建及其对年代际气候波动的响应 | D0603 | 中国海洋大学 | 86.00 | 2014-1-1 至 2017-12-31 |
| 56 | 41376056 | 丁旋 | 末次冰期以来印度尼西亚穿越流在东印度洋的热传输过程及其古气候意义 | D0603 | 中国地质大学（北京） | 78.00 | 2014-1-1 至 2017-12-31 |
| 57 | 41376057 | 陈忠 | 海水自生成因铁锰结核和碳酸盐岩重建南海北部 3Ma 以来的海底洋流演变 | D0603 | 中国科学院南海海洋研究所 | 83.00 | 2014-1-1 至 2017-12-31 |
| 58 | 41376058 | 罗传秀 | 印度洋东北部现代孢粉传播与分布研究及其对古气候重建的意义 | D0603 | 中国科学院南海海洋研究所 | 84.00 | 2014-1-1 至 2017-12-31 |
| 59 | 41376059 | 施小斌 | 南海与巽他陆块岩石圈有效弹性厚度分布及其构造意义 | D0603 | 中国科学院南海海洋研究所 | 78.00 | 2014-1-1 至 2017-12-31 |
| 60 | 41376060 | 孙金龙 | 南海东北部陆缘台湾浅滩海域的深部结构与构造演化 | D0603 | 中国科学院南海海洋研究所 | 82.00 | 2014-1-1 至 2017-12-31 |
| 61 | 41376061 | 许鹤华 | 南海扩张过程中洋中脊演化与岩浆活动的数值模拟 | D0603 | 中国科学院南海海洋研究所 | 81.00 | 2014-1-1 至 2017-12-31 |
| 62 | 41376062 | 阎贫 | 东沙群岛西南陆坡区泥火山群成因研究 | D0603 | 中国科学院南海海洋研究所 | 87.00 | 2014-1-1 至 2017-12-31 |
| 63 | 41376063 | 詹文欢 | 南海东部古扩张脊俯冲形成的板片窗构造及其动力学过程 | D0603 | 中国科学院南海海洋研究所 | 82.00 | 2014-1-1 至 2017-12-31 |
| 64 | 41376064 | 徐兆凯 | 晚第四纪来东亚季风和 ENSO 交织影响下的古海洋学响应：以黑潮源区为例 | D0603 | 中国科学院海洋研究所 | 78.00 | 2014-1-1 至 2017-12-31 |
| 65 | 41376065 | 张国良 | 太平洋洋中脊大尺度地幔组成不连续转换带的地球化学制约 | D0603 | 中国科学院海洋研究所 | 78.00 | 2014-1-1 至 2017-12-31 |

续表

| 序号 | 项目批准号 | 申请者姓名 | 项目名称 | 学科代码 | 单位名称 | 批准金额（万元） | 起始年月 |
|---|---|---|---|---|---|---|---|
| 66 | 41376066 | 丁巍伟 | 南海南部礼乐滩区新生代碳酸盐台地的发育过程及对构造活动的响应 | D0603 | 国家海洋局第二海洋研究所 | 76.00 | 2014-1-1 至 2017-12-31 |
| 67 | 41376067 | 董彦辉 | 马里亚纳弧前橄榄岩的铂族元素和 Os 同位素地球化学特征：弧下流体和熔体过程的影响 | D0603 | 国家海洋局第二海洋研究所 | 78.00 | 2014-1-1 至 2017-12-31 |
| 68 | 41376068 | 贾建军 | 浙江沿岸泥区的沉积物滞留系数及其淤积潜力 | D0603 | 国家海洋局第二海洋研究所 | 83.00 | 2014-1-1 至 2017-12-31 |
| 69 | 41376069 | 张涛 | 北冰洋 Mohns 洋中脊的非对称扩张机制研究 | D0603 | 国家海洋局第二海洋研究所 | 75.00 | 2014-1-1 至 2017-12-31 |
| 70 | 41376070 | 王爱军 | 突发性天气事件与流域过程对陆架泥质沉积记录形成与保存的影响 | D0603 | 国家海洋局第三海洋研究所 | 85.00 | 2014-1-1 至 2017-12-31 |
| 71 | 41376071 | 黄河清 | 海底浊流的流动及其沉积机理的大涡模拟研究 | D0603 | 安徽工业大学 | 77.00 | 2014-1-1 至 2017-12-31 |
| 72 | 41376072 | 葛淑兰 | 鄂霍次克海中层水百年-千年尺度上动力学演化的环境磁学记录 | D0603 | 国家海洋局第一海洋研究所 | 78.00 | 2014-1-1 至 2017-12-31 |
| 73 | 41376073 | 胡宁静 | 末次冰消期以来黄海暖流演化：沉积物硅酸盐碎屑 Sr-Nd 同位素示踪 | D0603 | 国家海洋局第一海洋研究所 | 76.00 | 2014-1-1 至 2017-12-31 |
| 74 | 41376074 | 刘升发 | 末次冰期以来安达曼海沉积记录及其对印度季风的响应 | D0603 | 国家海洋局第一海洋研究所 | 84.00 | 2014-1-1 至 2017-12-31 |
| 75 | 41376075 | 孟宪伟 | 中全新世以来广西典型红树林群丛林分结构演替对海平面变化的响应：沉积物埋藏红树叶片 C、N、O 同位素示踪 | D0603 | 国家海洋局第一海洋研究所 | 84.00 | 2014-1-1 至 2017-12-31 |
| 76 | 41376076 | 刘丽华 | 南海北部陆坡东沙海域天然气水合物分解与释放甲烷的地质分配研究 | D0603 | 中国科学院广州能源研究所 | 77.00 | 2014-1-1 至 2017-12-31 |
| 77 | 41376077 | 孙治雷 | 西南印度洋脊热液成因氧化物沉积体的微生物矿化机理 | D0603 | 青岛海洋地质研究所 | 76.00 | 2014-1-1 至 2017-12-31 |
| 78 | 41376078 | 刘昌岭 | 考虑水合物微观分布的沉积物力学特性研究 | D0603 | 青岛海洋地质研究所 | 76.00 | 2014-1-1 至 2017-12-31 |

续表

| 序号 | 项目批准号 | 申请者姓名 | 项目名称 | 学科代码 | 单位名称 | 批准金额（万元） | 起始年月 |
|---|---|---|---|---|---|---|---|
| 79 | 41376079 | 张勇 | 山东半岛南部近岸泥质区形成过程对中小河流物源的响应及机制 | D0603 | 青岛海洋地质研究所 | 77.00 | 2014-1-1 至 2017-12-31 |
| 80 | 41376080 | 符亚洲 | 陆地和海洋中古今锰结核矿床的对比研究 | D0603 | 中国科学院地球化学研究所 | 82.00 | 2014-1-1 至 2017-12-31 |
| 81 | 41376081 | 谢会祥 | 海洋中无色溶解有机物的光敏及生物降解的研究 | D0604 | 天津科技大学 | 79.00 | 2014-1-1 至 2017-12-31 |
| 82 | 41376082 | 陈能汪 | 亚热带暴雨事件的河海界面生物地球化学响应 | D0604 | 厦门大学 | 82.00 | 2014-1-1 至 2017-12-31 |
| 83 | 41376083 | 高学鲁 | 渤海湾海岸带铂、钯、铑的地球化学特征及环境指示意义 | D0604 | 中国科学院烟台海岸带研究所 | 85.00 | 2014-1-1 至 2017-12-31 |
| 84 | 41376084 | 包木太 | 海洋悬浮溢油微生物强化降解与地球化学特征指标研究 | D0604 | 中国海洋大学 | 83.00 | 2014-1-1 至 2017-12-31 |
| 85 | 41376085 | 江雪艳 | 天然及人造洪水对黄河口铀的存在形态及入海通量的影响 | D0604 | 中国海洋大学 | 85.00 | 2014-1-1 至 2017-12-31 |
| 86 | 41376086 | 刘素美 | 南海北部沉积物中氮循环的关键过程研究 | D0604 | 中国海洋大学 | 85.00 | 2014-1-1 至 2017-12-31 |
| 87 | 41376087 | 姚小红 | 海岸和海洋污染大气中新粒子增长到云凝结核所需粒径的关键物理化学过程研究 | D0604 | 中国海洋大学 | 85.00 | 2014-1-1 至 2017-12-31 |
| 88 | 41376088 | 张桂玲 | 典型边缘海羟胺的分布、产生和转化及其调控机制研究 | D0604 | 中国海洋大学 | 83.00 | 2014-1-1 至 2017-12-31 |
| 89 | 41376089 | 杜金洲 | 我国黄海海底地下水排泄及营养盐入海通量的研究 | D0604 | 华东师范大学 | 80.00 | 2014-1-1 至 2017-12-31 |
| 90 | 41376090 | 吕晓霞 | 长江口外上升流区微生物四醚膜脂的来源与分布及环境意义 | D0604 | 中国地质大学（武汉） | 91.00 | 2014-1-1 至 2017-12-31 |
| 91 | 41376091 | 丘耀文 | 毒害物质在红树林生态系统的累积规律及其生态环境影响 | D0604 | 中国科学院南海海洋研究所 | 85.00 | 2014-1-1 至 2017-12-31 |
| 92 | 41376092 | 李学刚 | 灾害性水母生消中的化感物质及其作用研究 | D0604 | 中国科学院海洋研究所 | 90.00 | 2014-1-1 至 2017-12-31 |

续表

| 序号 | 项目批准号 | 申请者姓名 | 项目名称 | 学科代码 | 单位名称 | 批准金额（万元） | 起始年月 |
|---|---|---|---|---|---|---|---|
| 93 | 41376093 | 臧家业 | 乳山湾外近岸海域低氧现象与底边界层过程研究 | D0604 | 国家海洋局第一海洋研究所 | 77.00 | 2014-1-1 至 2017-12-31 |
| 94 | 41376094 | 张蔚 | 层化潮汐汊口水沙分配过程与机制研究 | D0605 | 河海大学 | 78.00 | 2014-1-1 至 2017-12-31 |
| 95 | 41376095 | 贺治国 | 基于水沙动力过程的强潮河口及近海底边界层营养盐交换研究 | D0605 | 浙江大学 | 78.00 | 2014-1-1 至 2017-12-31 |
| 96 | 41376096 | 王厚杰 | 黄河水下三角洲沉积动力分区：过程、机制与沉积效应 | D0605 | 中国海洋大学 | 89.00 | 2014-1-1 至 2017-12-31 |
| 97 | 41376097 | 戴志军 | 北部湾北部强潮海滩动力地貌过程 | D0605 | 华东师范大学 | 81.00 | 2014-1-1 至 2017-12-31 |
| 98 | 41376098 | 蒋雪中 | 长江口细颗粒泥沙絮凝对表层水体光谱反射率的影响 | D0605 | 华东师范大学 | 85.00 | 2014-1-1 至 2017-12-31 |
| 99 | 41376099 | 曾剑 | 强涌潮三维紊流特性及其对构筑物的响应研究 | D0605 | 浙江省水利河口研究院 | 70.00 | 2014-1-1 至 2017-12-31 |
| 100 | 41376100 | 史宏达 | 升沉型振荡浮子波能装置能量转换性能研究与优化 | D0606 | 中国海洋大学 | 85.00 | 2014-1-1 至 2017-12-31 |
| 101 | 41376101 | 贾良文 | 复杂动力条件下磨刀门河口长周期地貌演变研究 | D0606 | 中山大学 | 90.00 | 2014-1-1 至 2017-12-31 |
| 102 | 41376102 | 卞红雨 | 声纳图像匹配与融合的关键问题研究 | D0607 | 哈尔滨工程大学 | 76.00 | 2014-1-1 至 2017-12-31 |
| 103 | 41376103 | 周天 | 多波束测深声纳孔径合成机理与三维高分辨探测技术 | D0607 | 哈尔滨工程大学 | 75.00 | 2014-1-1 至 2017-12-31 |
| 104 | 41376104 | 徐文 | 分布式海洋声学网络传感理论与实验研究 | D0607 | 浙江大学 | 84.00 | 2014-1-1 至 2017-12-31 |
| 105 | 41376105 | 管磊 | 高精度海表皮温红外辐射测量系统研究 | D0607 | 中国海洋大学 | 85.00 | 2014-1-1 至 2017-12-31 |
| 106 | 41376106 | 苏荣国 | 基于三维荧光光谱的浮游藻化学分类学方法研究 | D0607 | 中国海洋大学 | 82.00 | 2014-1-1 至 2017-12-31 |
| 107 | 41376107 | 郑荣儿 | 面向海洋探测的 LIBS 定量分析方法研究及 LIBS-sea 系统的设计与实现 | D0607 | 中国海洋大学 | 88.00 | 2014-1-1 至 2017-12-31 |
| 108 | 41376108 | 阳凡林 | 多波束声呐水柱影像在中底层水域目标探测中的应用 | D0607 | 山东科技大学 | 90.00 | 2014-1-1 至 2017-12-31 |

续表

| 序号 | 项目批准号 | 申请者姓名 | 项目名称 | 学科代码 | 单位名称 | 批准金额（万元） | 起始年月 |
|---|---|---|---|---|---|---|---|
| 109 | 41376109 | 张红梅 | 基于二维侧扫声纳图像的三维高分辨率海床地形恢复方法研究 | D0607 | 武汉大学 | 76.00 | 2014-1-1 至 2017-12-31 |
| 110 | 41376110 | 田宇 | 基于仿生行为的自主水下机器人海洋溢油羽流追踪和测绘研究 | D0607 | 中国科学院沈阳自动化研究所 | 75.00 | 2014-1-1 至 2017-12-31 |
| 111 | 41376111 | 李青 | 海底沉积物和陆架边坡位移原位长期观测的传感方法研究 | D0607 | 中国计量学院 | 80.00 | 2014-1-1 至 2017-12-31 |
| 112 | 41376112 | 魏皓 | 黄东海碳通量季节、年际变化的模拟与机制分析 | D0608 | 天津科技大学 | 95.00 | 2014-1-1 至 2017-12-31 |
| 113 | 41376113 | 蔡立哲 | 基于大型底栖动物及其生物指数的海洋沉积环境评价技术研究 | D0608 | 厦门大学 | 80.00 | 2014-1-1 至 2017-12-31 |
| 114 | 41376114 | 方秦华 | 围填海格局变动下半封闭海湾区域综合风险的机理、模型与防范 | D0608 | 厦门大学 | 78.00 | 2014-1-1 至 2017-12-31 |
| 115 | 41376115 | 卢昌义 | 外来红树植物拉贡木的生态风险及主要生态效益研究 | D0608 | 厦门大学 | 90.00 | 2014-1-1 至 2017-12-31 |
| 116 | 41376116 | 史大林 | 铁限制条件下束毛藻对海洋酸化的响应及其机理 | D0608 | 厦门大学 | 82.00 | 2014-1-1 至 2017-12-31 |
| 117 | 41376117 | 田蕴 | 新鞘氨醇属海洋细菌降解高分子量 PAHs 的分子转运与代谢调控机制研究 | D0608 | 厦门大学 | 86.00 | 2014-1-1 至 2017-12-31 |
| 118 | 41376118 | 王重刚 | 唑类农药在海洋鱼类中的代谢累积和毒性效应 | D0608 | 厦门大学 | 78.00 | 2014-1-1 至 2017-12-31 |
| 119 | 41376119 | 郑天凌 | 一株新奇藻华生防功能菌的生物学特性、作用机理与应用基础 | D0608 | 厦门大学 | 87.00 | 2014-1-1 至 2017-12-31 |
| 120 | 41376120 | 索安宁 | 区域海岸景观格局变化的海洋冲淤环境影响机制研究 | D0608 | 国家海洋环境监测中心 | 78.00 | 2014-1-1 至 2017-12-31 |
| 121 | 41376121 | 刘东艳 | 黄海沉积物中硅、甲藻百年演变特征与环境变化反演研究 | D0608 | 中国科学院烟台海岸带研究所 | 85.00 | 2014-1-1 至 2017-12-31 |

续表

| 序号 | 项目批准号 | 申请者姓名 | 项目名称 | 学科代码 | 单位名称 | 批准金额（万元） | 起始年月 |
|---|---|---|---|---|---|---|---|
| 122 | 41376122 | 李爱峰 | 扇贝滤食甲藻的过程中麻痹性贝毒代谢轮廓及代谢物毒性研究 | D0608 | 中国海洋大学 | 80.00 | 2014-1-1 至 2017-12-31 |
| 123 | 41376123 | 张龙军 | 高度城市化影响的胶州湾海-气界面 CO2 通量及主要控制机制 | D0608 | 中国海洋大学 | 85.00 | 2014-1-1 至 2017-12-31 |
| 124 | 41376124 | 刘晓东 | 南海西沙永乐群岛海鸟古生态变化过程的稳定同位素研究 | D0608 | 中国科学技术大学 | 84.00 | 2014-1-1 至 2017-12-31 |
| 125 | 41376125 | 赵辉 | 南海北部真光层氮盐最大值层形成机制及其对浮游植物生产力的季节变化影响 | D0608 | 广东海洋大学 | 82.00 | 2014-1-1 至 2017-12-31 |
| 126 | 41376126 | 陈卓元 | g-C3N4 纳米结构的优化与异质结体系的构筑对光电化学阴极保护的影响机理研究 | D0608 | 中国科学院海洋研究所 | 76.00 | 2014-1-1 至 2017-12-31 |
| 127 | 41376127 | 林文翰 | 西松烷二萜等特征产物介导 Sinularia 属软珊瑚化学生态功能及其作用机理研究 | D0609 | 北京大学 | 77.00 | 2014-1-1 至 2017-12-31 |
| 128 | 41376128 | 张元兴 | 溶藻弧菌在海洋鱼类弧菌病发生过程中的功能 RNA 组研究 | D0609 | 华东理工大学 | 80.00 | 2014-1-1 至 2017-12-31 |
| 129 | 41376129 | 徐智广 | 近海富营养化与海水酸化耦合背景下大型海藻固碳生理的适应机制研究 | D0609 | 山东省海洋生物研究院 | 80.00 | 2014-1-1 至 2017-12-31 |
| 130 | 41376130 | 陈炳章 | 海洋浮游生态系统的稳态对温度的响应 | D0609 | 厦门大学 | 83.00 | 2014-1-1 至 2017-12-31 |
| 131 | 41376131 | 黄凌风 | 海洋细菌食性微型异养鞭毛虫的氮再生作用研究 | D0609 | 厦门大学 | 83.00 | 2014-1-1 至 2017-12-31 |
| 132 | 41376132 | 张锐 | 南海及西太平洋海区深海浮游病毒的生态特性及生态意义 | D0609 | 厦门大学 | 88.00 | 2014-1-1 至 2017-12-31 |
| 133 | 41376133 | 杨劲树 | 大西洋海底热液口甲壳类与共生微生物相互作用的分子机制研究 | D0609 | 浙江大学 | 78.00 | 2014-1-1 至 2017-12-31 |

续表

| 序号 | 项目批准号 | 申请者姓名 | 项目名称 | 学科代码 | 单位名称 | 批准金额（万元） | 起始年月 |
|---|---|---|---|---|---|---|---|
| 134 | 41376134 | 吕为群 | 尾部神经分泌系统与海洋底栖鱼类适应伏底生活的关联性研究 | D0609 | 上海海洋大学 | 78.00 | 2014-1-1 至 2017-12-31 |
| 135 | 41376135 | 王永杰 | 洋山深水港病毒生物多样性的宏基因组学研究 | D0609 | 上海海洋大学 | 78.00 | 2014-1-1 至 2017-12-31 |
| 136 | 41376136 | 周志刚 | 利用荧光原位杂交技术进行海带染色体分带鉴定及核型分析 | D0609 | 上海海洋大学 | 77.00 | 2014-1-1 至 2017-12-31 |
| 137 | 41376137 | 徐俊 | 深海超嗜热嗜压古菌 CH1 环境适应性机理研究 | D0609 | 上海交通大学 | 88.00 | 2014-1-1 至 2017-12-31 |
| 138 | 41376138 | 胡晓珂 | 海洋兼性厌氧石油烃降解菌的降解特性及其在环境中的行为特征 | D0609 | 中国科学院烟台海岸带研究所 | 85.00 | 2014-1-1 至 2017-12-31 |
| 139 | 41376139 | 秦松 | 高光和氮缺乏胁迫下十个雨生红球藻虾青素合成相关基因顺式作用元件的协同作用 | D0609 | 中国科学院烟台海岸带研究所 | 80.00 | 2014-1-1 至 2017-12-31 |
| 140 | 41376140 | 曹露洁 | 应用全息图像技术和模式识别研究桡足类浮游动物摄食行为与海洋物理因子的耦合关系 | D0609 | 中国海洋大学 | 78.00 | 2014-1-1 至 2017-12-31 |
| 141 | 41376141 | 胡晓钟 | 南中国海叶咽纲和前口纲纤毛虫原生动物的研究 | D0609 | 中国海洋大学 | 79.00 | 2014-1-1 至 2017-12-31 |
| 142 | 41376142 | 李国强 | 西沙群岛四种海绵新颖结构抗肿瘤活性成分的发现研究 | D0609 | 中国海洋大学 | 79.00 | 2014-1-1 至 2017-12-31 |
| 143 | 41376143 | 刘涛 | 褐藻甘露糖和甘露醇合成通路基因的克隆与功能分析 | D0609 | 中国海洋大学 | 78.00 | 2014-1-1 至 2017-12-31 |
| 144 | 41376144 | 路新枝 | a-琼胶酶 AgaD 翻译后加工、水解机制及催化腔结构特征研究 | D0609 | 中国海洋大学 | 78.00 | 2014-1-1 至 2017-12-31 |
| 145 | 41376145 | 王长云 | 柳珊瑚内生真菌中抗藤壶附着大环内酯化合物构效关系及其作用机制 | D0609 | 中国海洋大学 | 82.00 | 2014-1-1 至 2017-12-31 |
| 146 | 41376146 | 周红 | 海洋底栖动物关键功能群 DNA 条形码及分子生物多样性研究 | D0609 | 中国海洋大学 | 81.00 | 2014-1-1 至 2017-12-31 |

续表

| 序号 | 项目批准号 | 申请者姓名 | 项目名称 | 学科代码 | 单位名称 | 批准金额（万元） | 起始年月 |
|---|---|---|---|---|---|---|---|
| 147 | 41376147 | 朱天骄 | 南极真菌物种与代谢产物多样性及药用潜力的研究 | D0609 | 中国海洋大学 | 83.00 | 2014-1-1 至 2017-12-31 |
| 148 | 41376148 | 朱伟明 | 浒苔共附生微生物及其含氮、卤代等克生活性产物研究 | D0609 | 中国海洋大学 | 83.00 | 2014-1-1 至 2017-12-31 |
| 149 | 41376149 | 龙玉华 | 南海红树林真菌代谢产物 Bostrycin 的全合成、结构修饰和抗结核活性的研究 | D0609 | 华南师范大学 | 77.00 | 2014-1-1 至 2017-12-31 |
| 150 | 41376150 | 母昌考 | 三疣梭子蟹对 CO2 驱动海洋酸化响应特征的高通量组学研究 | D0609 | 宁波大学 | 82.00 | 2014-1-1 至 2017-12-31 |
| 151 | 41376151 | 孙雪 | 水杨酸和茉莉酸甲酯对高温胁迫龙须菜的作用及其机理研究 | D0609 | 宁波大学 | 81.00 | 2014-1-1 至 2017-12-31 |
| 152 | 41376152 | 朱冬发 | 甲基法尼酯在三疣梭子蟹卵巢发育和蜕皮过程中的生理作用 | D0609 | 宁波大学 | 82.00 | 2014-1-1 至 2017-12-31 |
| 153 | 41376153 | 苏海楠 | 不同进化地位的红藻藻胆体的超分子形貌及其在类囊体膜上排布模式的研究 | D0609 | 山东大学 | 75.00 | 2014-1-1 至 2017-12-31 |
| 154 | 41376154 | 张全胜 | 潮间带代表性褐藻--鼠尾藻光抑制发生及其防御机制的研究 | D0609 | 烟台大学 | 77.00 | 2014-1-1 至 2017-12-31 |
| 155 | 41376155 | 徐石海 | 珊瑚中抗污损活性物质研究 | D0609 | 暨南大学 | 82.00 | 2014-1-1 至 2017-12-31 |
| 156 | 41376156 | 夏建荣 | 海洋硅藻高效固碳的酶促协同机制研究 | D0609 | 广州大学 | 85.00 | 2014-1-1 至 2017-12-31 |
| 157 | 41376157 | 何琳 | 泛素蛋白酶体途径在中华绒螯蟹精子顶体反应中的功能 | D0609 | 华东师范大学 | 77.00 | 2014-1-1 至 2017-12-31 |
| 158 | 41376158 | 颜云榕 | 北部湾鱼类食物网对海洋捕捞的响应机制研究 | D0609 | 广东海洋大学 | 80.00 | 2014-1-1 至 2017-12-31 |
| 159 | 41376159 | 何毛贤 | 马氏珠母贝同源异型盒基因 MSX 在壳形成中的功能与调控机制 | D0609 | 中国科学院南海海洋研究所 | 81.00 | 2014-1-1 至 2017-12-31 |
| 160 | 41376160 | 漆淑华 | HDAC 抑制剂对两株海洋真菌的代谢调控及其抗污损代谢产物的研究 | D0609 | 中国科学院南海海洋研究所 | 77.00 | 2014-1-1 至 2017-12-31 |

续表

| 序号 | 项目批准号 | 申请者姓名 | 项目名称 | 学科代码 | 单位名称 | 批准金额（万元） | 起始年月 |
|---|---|---|---|---|---|---|---|
| 161 | 41376161 | 张黎 | 黄斑蓝子鱼对痕量元素的累积机制研究 | D0609 | 中国科学院南海海洋研究所 | 78.00 | 2014-1-1 至 2017-12-31 |
| 162 | 41376162 | 周雪峰 | 南海深海放线菌中 gp41 为靶点的 HIV 进入抑制剂的筛选发现 | D0609 | 中国科学院南海海洋研究所 | 78.00 | 2014-1-1 至 2017-12-31 |
| 163 | 41376163 | 李新正 | 中国海域藻虾科的生物多样性与动物地理学研究 | D0609 | 中国科学院海洋研究所 | 85.00 | 2014-1-1 至 2017-12-31 |
| 164 | 41376164 | 王广策 | 潮间带大型海藻孔石莼叶黄素循环机制研究 | D0609 | 中国科学院海洋研究所 | 80.00 | 2014-1-1 至 2017-12-31 |
| 165 | 41376165 | 相建海 | 脊尾白虾（Exopalamon carincauda）作为海洋新模式生物的可行性研究 | D0609 | 中国科学院海洋研究所 | 85.00 | 2014-1-1 至 2017-12-31 |
| 166 | 41376166 | 张全斌 | 褐藻硫酸多糖 GFS 对糖尿病肾病的治疗作用及其机制研究 | D0609 | 中国科学院海洋研究所 | 78.00 | 2014-1-1 至 2017-12-31 |
| 167 | 41376167 | 张素萍 | 中国海蛾螺科的系统分类学与动物地理学研究 | D0609 | 中国科学院海洋研究所 | 80.00 | 2014-1-1 至 2017-12-31 |
| 168 | 41376168 | 陆斗定 | 我国沿海多环旋沟藻的形态与分子遗传特征及其分布研究 | D0609 | 国家海洋局第二海洋研究所 | 89.00 | 2014-1-1 至 2017-12-31 |
| 169 | 41376169 | 杨俊毅 | 动态观测条件下深海巨型底栖生物的立体视觉三维重建与生物学特征分析 | D0609 | 国家海洋局第二海洋研究所 | 80.00 | 2014-1-1 至 2017-12-31 |
| 170 | 41376170 | 顾海峰 | 中国近海原多甲藻科（甲藻门）的分类和系统发育研究 | D0609 | 国家海洋局第三海洋研究所 | 85.00 | 2014-1-1 至 2017-12-31 |
| 171 | 41376171 | 骆祝华 | 深海邻苯二甲酸酯降解真菌的降解机制研究 | D0609 | 国家海洋局第三海洋研究所 | 83.00 | 2014-1-1 至 2017-12-31 |
| 172 | 41376172 | 汤熙翔 | 一株深海微杆菌 Microbacterium sediminis YLB-01 的耐压耐冷分子机理研究 | D0609 | 国家海洋局第三海洋研究所 | 55.00 | 2014-1-1 至 2017-12-31 |
| 173 | 41376173 | 徐丽美 | 对虾白斑综合症病毒（WSSV）不同毒力株的序列测定和毒力基因的分析 | D0609 | 国家海洋局第三海洋研究所 | 87.00 | 2014-1-1 至 2017-12-31 |

续表

| 序号 | 项目批准号 | 申请者姓名 | 项目名称 | 学科代码 | 单位名称 | 批准金额（万元） | 起始年月 |
|---|---|---|---|---|---|---|---|
| 174 | 41376174 | 王嫣 | 西沙-环海南岛丛生盔形珊瑚和澄黄滨珊瑚群体遗传结构和连通性研究 | D0609 | 海南大学 | 85.00 | 2014-1-1 至 2017-12-31 |
| 175 | 41376175 | 郝建华 | 海洋碱性蛋白酶 MP 及其抑制剂 lupI 相互作用机制研究 | D0609 | 中国水产科学研究院黄海水产研究所 | 80.00 | 2014-1-1 至 2017-12-31 |
| 176 | 41376176 | 李升康 | 血细胞吞噬参与拟穴青蟹免疫致敏及其分子作用机制 | D0609 | 汕头大学 | 82.00 | 2014-1-1 至 2017-12-31 |
| 177 | 41376177 | 商少凌 | 红树林下游河口区二氧化碳交换通量的时空变化遥感研究 | D0610 | 厦门大学 | 25.00 | 2014-1-1 至 2017-12-31 |
| 178 | 41376178 | 张云 | 基于全球导航卫星系统(GNSS)反射信号的海冰检测模型的研究 | D0610 | 上海海洋大学 | 75.00 | 2014-1-1 至 2017-12-31 |
| 179 | 41376179 | 王运华 | 全相参 X 波段雷达海浪、海流反演理论基础研究 | D0610 | 中国海洋大学 | 75.00 | 2014-1-1 至 2017-12-31 |
| 180 | 41376180 | 吴东 | 星载激光雷达数据应用于卫星遥感海雾监测的研究 | D0610 | 中国海洋大学 | 82.00 | 2014-1-1 至 2017-12-31 |
| 181 | 41376181 | 田加胜 | 多层粗糙表面介质模型的高海况星载雷达高度计参数反演与校正算法研究 | D0610 | 华中科技大学 | 75.00 | 2014-1-1 至 2017-12-31 |
| 182 | 41376182 | 陈泽宗 | 基于 S 波段多普勒雷达的海浪谱及海浪参数反演算法研究 | D0610 | 武汉大学 | 80.00 | 2014-1-1 至 2017-12-31 |
| 183 | 41376183 | 邹亚荣 | 随机粗糙海面的溢油极化 SAR 特征谱构建及精细提取研究 | D0610 | 国家卫星海洋应用中心 | 62.00 | 2014-1-1 至 2017-12-31 |
| 184 | 41376184 | 陈建裕 | 基于语义网络与面向对象的海岸带遥感图像中地物成像差异识别机制研究 | D0610 | 国家海洋局第二海洋研究所 | 79.00 | 2014-1-1 至 2017-12-31 |
| 185 | 41376185 | Alexey Markov | 基于光纤布拉格光栅动态声波法检测冰的物理-力学性能研究 | D0611 | 吉林大学 | 78.00 | 2014-1-1 至 2017-12-31 |
| 186 | 41376186 | 李志军 | 北极海冰物理和力学性质同气象、水文环境条件之间的关系研究 | D0611 | 大连理工大学 | 84.00 | 2014-1-1 至 2017-12-31 |

续表

| 序号 | 项目批准号 | 申请者姓名 | 项目名称 | 学科代码 | 单位名称 | 批准金额（万元） | 起始年月 |
|---|---|---|---|---|---|---|---|
| 187 | 41376187 | 周春霞 | 基于卫星遥感和测高数据的南极冰盖冰流速和接地线动态变化监测 | D0611 | 武汉大学 | 75.00 | 2014-1-1 至 2017-12-31 |
| 188 | 41376188 | 李春花 | 动力要素在北极海冰演变过程中的作用 | D0611 | 国家海洋环境预报中心 | 76.00 | 2014-1-1 至 2017-12-31 |
| 189 | 41376189 | 蔡明红 | 全氟（多氟）烷基化合物（PFASs）在全球海洋中的分布与长距离传输机制研究 | D0611 | 中国极地研究中心 | 82.00 | 2014-1-1 至 2017-12-31 |
| 190 | 41376190 | 李丙瑞 | 南极普里兹湾环流结构变化特征及水团形成、分布和输运路径研究 | D0611 | 中国极地研究中心 | 75.00 | 2014-1-1 至 2017-12-31 |
| 191 | 41376191 | 李会荣 | 南极菲尔德斯半岛附近海域表层海水氨氧化古菌多样性及其富集培养 | D0611 | 中国极地研究中心 | 79.00 | 2014-1-1 至 2017-12-31 |
| 192 | 41376192 | 唐学远 | 基于冰雷达探测与高阶冰盖数值模式的 Dome A 昆仑站深冰芯钻探区域的冰盖动力学研究 | D0611 | 中国极地研究中心 | 80.00 | 2014-1-1 至 2017-12-31 |
| 193 | 41376193 | 潘建明 | 南极普里兹湾百年来浮游植物结构变动对生物泵效率的影响及其与全球气候变化的关联 | D0611 | 国家海洋局第二海洋研究所 | 78.00 | 2014-1-1 至 2017-12-31 |
| 194 | 41376194 | 朱根海 | 南大洋浮游植物多样性变动对全球气候变化的响应 | D0611 | 国家海洋局第二海洋研究所 | 84.00 | 2014-1-1 至 2017-12-31 |

2. 青年科学基金项目

| 序号 | 项目批准号 | 申请者姓名 | 项目名称 | 学科代码 | 单位名称 | 批准金额（万元） | 起始年月 |
|---|---|---|---|---|---|---|---|
| 1 | 41306001 | 陈朝晖 | 太平洋北赤道流分叉对全球变暖响应的机制研究 | D0601 | 中国海洋大学 | 25.00 | 2014-1-1 至 2017-12-31 |
| 2 | 41306002 | 任启峰 | 基于 SWAN 模式的卫星遥感海浪方向谱集合同化研究 | D0601 | 中国海洋大学 | 24.00 | 2014-1-1 至 2017-12-31 |
| 3 | 41306003 | 宋翔洲 | 海冰加速退却背景下北半球高纬度海气热通量变异机制研究 | D0601 | 中国海洋大学 | 25.00 | 2014-1-1 至 2017-12-31 |
| 4 | 41306004 | 于晓林 | 全球变暖背景下东海黑潮流场变异和相关机制的研究 | D0601 | 中国海洋大学 | 25.00 | 2014-1-1 至 2017-12-31 |

续表

| 序号 | 项目批准号 | 申请者姓名 | 项目名称 | 学科代码 | 单位名称 | 批准金额（万元） | 起始年月 |
|---|---|---|---|---|---|---|---|
| 5 | 41306005 | 周巍 | 伴随同化方法在珠江口咸潮模拟中的应用研究 | D0601 | 国家气候中心 | 26.00 | 2014-1-1 至 2017-12-31 |
| 6 | 41306006 | 吴新荣 | 空间依赖的参数优化对厄尔尼诺预测的影响研究 | D0601 | 国家海洋信息中心 | 24.00 | 2014-1-1 至 2017-12-31 |
| 7 | 41306007 | 韩雪 | 南印度洋海温主要模态与南半球季风环流系统的耦合关系及其数值试验 | D0601 | 国家海洋环境预报中心 | 24.00 | 2014-1-1 至 2017-12-31 |
| 8 | 41306008 | 李响 | 区域海气浪耦合模式中边界层过程对西北太平洋海上台风强度的影响 | D0601 | 国家海洋环境预报中心 | 26.00 | 2014-1-1 至 2017-12-31 |
| 9 | 41306009 | 原野 | 陆架海重要界面水体动力学特征对悬浮颗粒物及沉积物影响研究 | D0601 | 国家海洋环境预报中心 | 24.00 | 2014-1-1 至 2017-12-31 |
| 10 | 41306010 | 陈奕德 | 基于多源资料的海洋三维流场估算技术研究 | D0601 | 中国人民解放军理工大学 | 25.00 | 2014-1-1 至 2017-12-31 |
| 11 | 41306011 | 何晏春 | 过去百年北大西洋深层水团热量吸收过程的模拟研究 | D0601 | 中国科学院大气物理研究所 | 24.00 | 2014-1-1 至 2017-12-31 |
| 12 | 41306012 | 何云开 | 海洋热状况对南海北部局地海雾季节变化的影响 | D0601 | 中国科学院南海海洋研究所 | 26.00 | 2014-1-1 至 2017-12-31 |
| 13 | 41306013 | 李毅能 | 南海内波能量局地耗散率时空分布的反演研究 | D0601 | 中国科学院南海海洋研究所 | 24.00 | 2014-1-1 至 2017-12-31 |
| 14 | 41306014 | 隋丹丹 | 南海北部夏季热通量变化对海洋大气边界层的影响 | D0601 | 中国科学院南海海洋研究所 | 25.00 | 2014-1-1 至 2017-12-31 |
| 15 | 41306015 | 覃慧玲 | 海洋热事件形成机制的初步探讨 | D0601 | 中国科学院南海海洋研究所 | 26.00 | 2014-1-1 至 2017-12-31 |
| 16 | 41306016 | 徐驰 | 全球中尺度涡的机械能水平输运研究 | D0601 | 中国科学院南海海洋研究所 | 26.00 | 2014-1-1 至 2017-12-31 |
| 17 | 41306017 | 严厉 | 南印度洋偶极子及其与 ENSO 关系的年代际变化 | D0601 | 中国科学院南海海洋研究所 | 24.00 | 2014-1-1 至 2017-12-31 |
| 18 | 41306018 | 郑少军 | 印度洋南赤道流及其物质输运 | D0601 | 中国科学院南海海洋研究所 | 24.00 | 2014-1-1 至 2017-12-31 |
| 19 | 41306019 | 刘泽 | 上层海洋对热带气旋强迫的脉冲型生物学响应研究 | D0601 | 中国科学院海洋研究所 | 26.00 | 2014-1-1 至 2017-12-31 |
| 20 | 41306020 | 南峰 | 北赤道流年际变化对黑潮入侵南海的影响研究 | D0601 | 中国科学院海洋研究所 | 26.00 | 2014-1-1 至 2017-12-31 |

续表

| 序号 | 项目批准号 | 申请者姓名 | 项目名称 | 学科代码 | 单位名称 | 批准金额（万元） | 起始年月 |
|---|---|---|---|---|---|---|---|
| 21 | 41306021 | 司广成 | 东海黑潮锋面涡旋的特征及影响因素研究 | D0601 | 中国科学院海洋研究所 | 25.00 | 2014-1-1 至 2017-12-31 |
| 22 | 41306022 | 王富军 | 哈马黑拉涡的垂向结构及其季节变化 | D0601 | 中国科学院海洋研究所 | 24.00 | 2014-1-1 至 2017-12-31 |
| 23 | 41306023 | 王强 | 模式参数误差对黑潮路径变异预报的影响 | D0601 | 中国科学院海洋研究所 | 26.00 | 2014-1-1 至 2017-12-31 |
| 24 | 41306024 | 凌征 | 热带气旋对南海盐度影响研究 | D0601 | 国家海洋局第二海洋研究所 | 23.00 | 2014-1-1 至 2017-12-31 |
| 25 | 41306025 | 宣基亮 | 夏季长江冲淡水两种扩展形态的机理分析 | D0601 | 国家海洋局第二海洋研究所 | 27.00 | 2014-1-1 至 2017-12-31 |
| 26 | 41306026 | 丘福文 | 南海西部环流的年际变化研究 | D0601 | 国家海洋局第三海洋研究所 | 27.00 | 2014-1-1 至 2017-12-31 |
| 27 | 41306027 | 周喜武 | 南海北部跨陆架输运特征及形成机理 | D0601 | 国家海洋局第三海洋研究所 | 23.00 | 2014-1-1 至 2017-12-31 |
| 28 | 41306028 | 赵鹏 | 黄海绿潮漂移路径与分布特征的年际变化 | D0601 | 国家海洋局青岛海洋预报台 | 25.00 | 2014-1-1 至 2017-12-31 |
| 29 | 41306029 | 鲍颖 | 波致混合在地球系统模拟中对海洋碳循环的影响研究 | D0601 | 国家海洋局第一海洋研究所 | 26.00 | 2014-1-1 至 2017-12-31 |
| 30 | 41306030 | 冯琳 | 热带太平洋对西南地区干季降水异常的影响机制 | D0601 | 国家海洋局第一海洋研究所 | 26.00 | 2014-1-1 至 2017-12-31 |
| 31 | 41306031 | 李淑江 | 太平洋-印度洋贯穿流南海分支与印尼贯穿流的相互作用及气候效应 | D0601 | 国家海洋局第一海洋研究所 | 26.00 | 2014-1-1 至 2017-12-31 |
| 32 | 41306032 | 孙双文 | 海气耦合在南海中尺度涡发展中的作用 | D0601 | 国家海洋局第一海洋研究所 | 25.00 | 2014-1-1 至 2017-12-31 |
| 33 | 41306033 | 解鸣晓 | 淤泥质海岸波生近岸流系动力机制及模拟研究 | D0601 | 交通运输部天津水运工程科学研究所 | 25.00 | 2014-1-1 至 2017-12-31 |
| 34 | 41306034 | 张义丰 | 深水波浪非线性及不稳定性演变机理研究 | D0601 | 交通运输部天津水运工程科学研究所 | 24.00 | 2014-1-1 至 2017-12-31 |
| 35 | 41306035 | 贺双颜 | 东中国海气溶胶光学性质及气溶胶模型研究 | D0602 | 浙江大学 | 26.00 | 2014-1-1 至 2017-12-31 |
| 36 | 41306036 | 吴荣华 | 基于多波长激光探测海洋大气波导机理及技术研究 | D0602 | 中国人民解放军海军工程大学 | 25.00 | 2014-1-1 至 2017-12-31 |
| 37 | 41306037 | 孙运宝 | BSR 形成机理数值模拟-以神狐海域为例 | D0602 | 青岛海洋地质研究所 | 25.00 | 2014-1-1 至 2017-12-31 |

续表

| 序号 | 项目批准号 | 申请者姓名 | 项目名称 | 学科代码 | 单位名称 | 批准金额（万元） | 起始年月 |
|---|---|---|---|---|---|---|---|
| 38 | 41306038 | 陈宝伟 | 影响多波束声学海底分类的入射角效应分析与实验研究 | D0603 | 哈尔滨工程大学 | 25.00 | 2014-1-1 至 2017-12-31 |
| 39 | 41306039 | 戴璐 | 利用高分辨率海洋孢粉记录重建氧同位素 3 期以来南海北部的陆地气候 | D0603 | 同济大学 | 26.00 | 2014-1-1 至 2017-12-31 |
| 40 | 41306040 | 李超 | 探索沉积物源汇过程的时间尺度- - 利用 234U/238U 估算长江和台湾河流沉积物的"搬运时间" | D0603 | 同济大学 | 27.00 | 2014-1-1 至 2017-12-31 |
| 41 | 41306041 | 赵玉龙 | 第四纪以来非洲季风演化的沉积学与地球化学记录 | D0603 | 同济大学 | 26.00 | 2014-1-1 至 2017-12-31 |
| 42 | 41306042 | 张江勇 | 南海晚第四纪沉积物磁性变化机制研究 | D0603 | 广州海洋地质调查局 | 25.00 | 2014-1-1 至 2017-12-31 |
| 43 | 41306043 | 王伟伟 | 侵蚀沙质海岸演变过程中的岸滩泥沙通量研究-以辽东湾东岸月亮湾沙滩为例 | D0603 | 国家海洋环境监测中心 | 24.00 | 2014-1-1 至 2017-12-31 |
| 44 | 41306044 | 曹运诚 | 海洋天然气水合物体系天然气组分的分异及水合物生成过程数值模拟研究 | D0603 | 中国科学院南海海洋研究所 | 25.00 | 2014-1-1 至 2017-12-31 |
| 45 | 41306045 | 邸鹏飞 | 莺歌海岭头岬近岸海底烃类气体渗漏原位在线观测研究 | D0603 | 中国科学院南海海洋研究所 | 26.00 | 2014-1-1 至 2017-12-31 |
| 46 | 41306046 | 黄海波 | 西沙地块深部地壳结构及伸展机制研究 | D0603 | 中国科学院南海海洋研究所 | 25.00 | 2014-1-1 至 2017-12-31 |
| 47 | 41306047 | 黎刚 | 晚第四纪南海边界底层古洋流的动力变化研究 | D0603 | 中国科学院南海海洋研究所 | 26.00 | 2014-1-1 至 2017-12-31 |
| 48 | 41306048 | 王月 | 海南岛三亚海滩岩中微生物引发的胶结作用研究 | D0603 | 中国科学院南海海洋研究所 | 23.00 | 2014-1-1 至 2017-12-31 |
| 49 | 41306049 | 赵中贤 | 初始地壳厚度和伸展系数的计算方法及其在南海北部深水区的应用 | D0603 | 中国科学院南海海洋研究所 | 24.00 | 2014-1-1 至 2017-12-31 |
| 50 | 41306050 | 李灿苹 | 水合物羽状流数值模拟及地震响应特征研究 | D0603 | 广东海洋大学 | 27.00 | 2014-1-1 至 2017-12-31 |
| 51 | 41306051 | 常方强 | 波浪导致的软质海崖蚀退机制研究 | D0603 | 华侨大学 | 24.00 | 2014-1-1 至 2017-12-31 |

续表

| 序号 | 项目批准号 | 申请者姓名 | 项目名称 | 学科代码 | 单位名称 | 批准金额（万元） | 起始年月 |
|---|---|---|---|---|---|---|---|
| 52 | 41306052 | 陈端新 | 南海北部深水盆地多边形断层发育特征的差异性及其控制因素研究 | D0603 | 中国科学院海洋研究所 | 26.00 | 2014-1-1 至 2017-12-31 |
| 53 | 41306053 | 陈帅 | 台湾东北部龟山岛安山岩的成因研究 | D0603 | 中国科学院海洋研究所 | 23.00 | 2014-1-1 至 2017-12-31 |
| 54 | 41306054 | 孙启良 | 珠江口盆地深水区泥底辟构造的精细结构与成因机制数值模拟研究 | D0603 | 中国科学院海洋研究所 | 26.00 | 2014-1-1 至 2017-12-31 |
| 55 | 41306055 | 吴晓丹 | 热带西太平洋古海水 pH 重建模型的参数修正与区域标定 | D0603 | 中国科学院海洋研究所 | 27.00 | 2014-1-1 至 2017-12-31 |
| 56 | 41306056 | 王叶剑 | 中印度洋中脊 Kairei 热液区热液产物的元素迁移富集机制研究 | D0603 | 国家海洋局第二海洋研究所 | 24.00 | 2014-1-1 至 2017-12-31 |
| 57 | 41306057 | 秦志亮 | 南海北部陆坡白云深水区海底斜坡失稳的发育特征及主控因素研究 | D0603 | 国家海洋局海洋减灾中心 | 25.00 | 2014-1-1 至 2017-12-31 |
| 58 | 41306058 | 陈双喜 | 珠江三角洲地区晚第四纪海侵的期次及其发生机理 | D0603 | 中国地质调查局武汉地质调查中心 | 26.00 | 2014-1-1 至 2017-12-31 |
| 59 | 41306059 | 闫仕娟 | 大西洋脊区线性构造的综合解译及热液控矿构造提取 | D0603 | 国家海洋局第一海洋研究所 | 28.00 | 2014-1-1 至 2017-12-31 |
| 60 | 41306060 | 叶俊 | 南大西洋中脊 15° S 区热液活动成矿年代学研究 | D0603 | 国家海洋局第一海洋研究所 | 26.00 | 2014-1-1 至 2017-12-31 |
| 61 | 41306061 | 张美 | 南海北部冷泉环境 AOM 驱动的自生硫化物矿物学及地球化学研究 | D0603 | 中国科学院广州能源研究所 | 25.00 | 2014-1-1 至 2017-12-31 |
| 62 | 41306062 | 李清 | 冲绳海槽中部高硫化氢背景下底栖有孔虫群落与壳体同位素特征 | D0603 | 青岛海洋地质研究所 | 24.00 | 2014-1-1 至 2017-12-31 |
| 63 | 41306063 | 仇建东 | 山东半岛南部滨浅海区氧同位素 5 期古三角洲成因研究 | D0603 | 青岛海洋地质研究所 | 24.00 | 2014-1-1 至 2017-12-31 |
| 64 | 41306064 | 张道来 | 近百年来钦州湾红树林演化的萜醇生物标志物记录研究 | D0603 | 青岛海洋地质研究所 | 27.00 | 2014-1-1 至 2017-12-31 |
| 65 | 41306065 | 孙建业 | 二氧化碳在甲烷水合物沉积层中垂向扩散机制研究 | D0603 | 青岛海洋地质研究所 | 24.00 | 2014-1-1 至 2017-12-31 |

续表

| 序号 | 项目批准号 | 申请者姓名 | 项目名称 | 学科代码 | 单位名称 | 批准金额（万元） | 起始年月 |
|---|---|---|---|---|---|---|---|
| 66 | 41306066 | 邹亮 | 晚中新世-早更新世南海底层水演变的Nd同位素记录 | D0603 | 青岛海洋地质研究所 | 25.00 | 2014-1-1至2017-12-31 |
| 67 | 41306067 | 黄玥 | 北部湾北部中全新世硅藻及气候变化研究 | D0603 | 云南大学 | 24.00 | 2014-1-1至2017-12-31 |
| 68 | 41306068 | 李骁麟 | 珠江口沉积物中季铵盐类有机污染物的分布、转化和污染输入历史研究 | D0604 | 厦门大学 | 27.00 | 2014-1-1至2017-12-31 |
| 69 | 41306069 | 张洪海 | 中国近海二甲基硫的光化学氧化及其对二甲亚砜的生成贡献研究 | D0604 | 中国海洋大学 | 26.00 | 2014-1-1至2017-12-31 |
| 70 | 41306070 | 段丽琴 | 长江口邻近海域环境演变的痕量元素示踪解析 | D0604 | 中国科学院海洋研究所 | 25.00 | 2014-1-1至2017-12-31 |
| 71 | 41306071 | 秦玉坤 | 壳聚糖α-氨基膦酸胆碱酯/三唑醇耦合物的协同抑菌效应研究 | D0604 | 中国科学院海洋研究所 | 26.00 | 2014-1-1至2017-12-31 |
| 72 | 41306072 | 万逸 | 糖类活性小分子纳米探针在海洋微生物分析与调控中的基础研究 | D0604 | 中国科学院海洋研究所 | 25.00 | 2014-1-1至2017-12-31 |
| 73 | 41306073 | 黄德坤 | 放射性核素示踪九龙江河口颗粒物动力学及污染物输运 | D0604 | 国家海洋局第三海洋研究所 | 26.00 | 2014-1-1至2017-12-31 |
| 74 | 41306074 | 尹晓斐 | 壳层隔绝纳米粒子增强拉曼光谱在近海海域污染物快速检测中应用的基础研究 | D0604 | 国家海洋局第一海洋研究所 | 23.00 | 2014-1-1至2017-12-31 |
| 75 | 41306075 | 刘涛 | 河口红树林湿地沉积与地貌过程研究 | D0605 | 广西红树林研究中心 | 26.00 | 2014-1-1至2017-12-31 |
| 76 | 41306076 | 于谦 | 潮汐与陆架环流作用下悬沙输运机制及其源-汇效应 | D0605 | 南京大学 | 26.00 | 2014-1-1至2017-12-31 |
| 77 | 41306077 | 彭俊 | 江苏沿海滩涂围垦对沉积动力和生态环境的影响—以条子泥为例 | D0605 | 盐城师范学院 | 25.00 | 2014-1-1至2017-12-31 |
| 78 | 41306078 | 张卓 | 基于流速剖面动力解析的潮汐河口水流摩阻特性研究 | D0605 | 南京师范大学 | 26.00 | 2014-1-1至2017-12-31 |
| 79 | 41306079 | 赵峰 | 湛江高桥红树林主要树种空间分布格局及其生物环境形成机制 | D0605 | 中国林业科学研究院资源信息研究所 | 25.00 | 2014-1-1至2017-12-31 |

续表

| 序号 | 项目批准号 | 申请者姓名 | 项目名称 | 学科代码 | 单位名称 | 批准金额（万元） | 起始年月 |
|---|---|---|---|---|---|---|---|
| 80 | 41306080 | 葛建忠 | 高含沙河口导堤丁坝算法的建立以及在长江口北槽的初步应用 | D0605 | 华东师范大学 | 25.00 | 2014-1-1至2017-12-31 |
| 81 | 41306081 | 季荣耀 | 曹妃甸老龙沟潮汐通道口门深槽变迁的动力机制研究 | D0605 | 水利部交通运输部国家能源局南京水利科学研究院 | 21.00 | 2014-1-1至2017-12-31 |
| 82 | 41306082 | 鲁海燕 | 考虑河床变形的涌潮数值模拟 | D0605 | 浙江省水利河口研究院 | 24.00 | 2014-1-1至2017-12-31 |
| 83 | 41306083 | 陈敏 | 海岸风暴沉积过程的微体化石和地球化学记录识别与对比 | D0605 | 国家海洋局第三海洋研究所 | 26.00 | 2014-1-1至2017-12-31 |
| 84 | 41306084 | 周海超 | 潮间带红树植物多酚的转化途径及其对碳氮矿化的影响机制 | D0605 | 香港城市大学深圳研究院 | 26.00 | 2014-1-1至2017-12-31 |
| 85 | 41306085 | 李为华 | 人工开挖航槽影响下的长江口北槽浮泥发育和运移过程 | D0605 | 上海河口海岸科学研究中心 | 25.00 | 2014-1-1至2017-12-31 |
| 86 | 41306086 | 王兴梅 | 量子衍生自适应协同演化的水下声纳图像目标检测关键技术研究 | D0606 | 哈尔滨工程大学 | 26.00 | 2014-1-1至2017-12-31 |
| 87 | 41306087 | 许宁 | 破碎冰清除模式对动冰力发生的影响研究 | D0606 | 国家海洋环境监测中心 | 24.00 | 2014-1-1至2017-12-31 |
| 88 | 41306088 | 刘金龙 | 海上风机裙式斜壁桶形基础承载力及地基变形机理研究 | D0606 | 合肥学院 | 25.00 | 2014-1-1至2017-12-31 |
| 89 | 41306089 | 霍冠英 | 基于边缘信息和区域特征的水平集侧扫声呐图像分割研究 | D0607 | 河海大学 | 24.00 | 2014-1-1至2017-12-31 |
| 90 | 41306090 | 马剑 | 海水中痕量溶解态活性磷和总磷的船载式分析研究 | D0607 | 厦门大学 | 26.00 | 2014-1-1至2017-12-31 |
| 91 | 41306091 | 袁帅 | 基于海冰像元结构分析的辽东湾浮冰厚度反演研究 | D0607 | 国家海洋环境监测中心 | 25.00 | 2014-1-1至2017-12-31 |
| 92 | 41306092 | 任秀云 | 激光相干法测量次表层海水温度的理论与实验研究 | D0607 | 哈尔滨工业大学 | 25.00 | 2014-1-1至2017-12-31 |
| 93 | 41306093 | 冯志涛 | 自返式微型地热探针设计及贯入特性分析 | D0607 | 国家海洋技术中心 | 29.00 | 2014-1-1至2017-12-31 |

续表

| 序号 | 项目批准号 | 申请者姓名 | 项目名称 | 学科代码 | 单位名称 | 批准金额（万元） | 起始年月 |
|---|---|---|---|---|---|---|---|
| 94 | 41306094 | 宋转玲 | 国家自然科学基金青岛海洋资料共享服务系统扩展建设 | D0607 | 国家海洋局第一海洋研究所 | 24.00 | 2014-1-1 至 2017-12-31 |
| 95 | 41306095 | 佟蒙蒙 | 食物链对腹泻性贝类毒素产毒藻鳍藻生长和产毒的调控研究 | D0608 | 浙江大学 | 27.00 | 2014-1-1 至 2017-12-31 |
| 96 | 41306096 | 林昕 | 模式硅藻在不同光照强度下对海洋酸化的转录组水平响应 | D0608 | 厦门大学 | 26.00 | 2014-1-1 至 2017-12-31 |
| 97 | 41306097 | 王晓杰 | CO2 加富酸化对海水青鳉鱼逃跑行为的神经生理影响 | D0608 | 上海海洋大学 | 24.00 | 2014-1-1 至 2017-12-31 |
| 98 | 41306098 | 兰冬东 | 不同尺度海洋溢油风险分区方法研究 | D0608 | 国家海洋环境监测中心 | 25.00 | 2014-1-1 至 2017-12-31 |
| 99 | 41306099 | 廖国祥 | 消油剂分散作用对海上溢油行为动态的影响研究 | D0608 | 国家海洋环境监测中心 | 24.00 | 2014-1-1 至 2017-12-31 |
| 100 | 41306100 | 陈小燕 | 海湾生态系统结构-功能关系变化特征及机理研究——以胶州湾为例 | D0608 | 中国海洋大学 | 27.00 | 2014-1-1 至 2017-12-31 |
| 101 | 41306101 | 孟赫 | 基于 AIS 信息的我国东部近海船舶废气排放季节变化与空间分布研究 | D0608 | 中国海洋大学 | 27.00 | 2014-1-1 至 2017-12-31 |
| 102 | 41306102 | 叶丰 | 利用稳定同位素研究珠江口溶解氧的源汇过程和季节性缺氧的形成机制 | D0608 | 中国科学院广州地球化学研究所 | 26.00 | 2014-1-1 至 2017-12-31 |
| 103 | 41306103 | 王洪亮 | 粘土絮凝有害藻华中絮体分形生长的实验研究与数值模拟 | D0608 | 山东省科学院 | 25.00 | 2014-1-1 至 2017-12-31 |
| 104 | 41306104 | 蔡恒江 | UV-B 辐射对孔石莼同形世代交替各个阶段发育的影响及响应机制研究 | D0608 | 大连海洋大学 | 27.00 | 2014-1-1 至 2017-12-31 |
| 105 | 41306105 | 胡嘉镗 | 基于数据同化模式的珠江口陆源污染物通量及其对底层水体缺氧的影响研究 | D0608 | 中山大学 | 25.00 | 2014-1-1 至 2017-12-31 |
| 106 | 41306106 | 关万春 | 水体 N:P 比对甲藻藻华响应阳光紫外辐射机制的影响研究 | D0608 | 温州医科大学 | 23.00 | 2014-1-1 至 2017-12-31 |

续表

| 序号 | 项目批准号 | 申请者姓名 | 项目名称 | 学科代码 | 单位名称 | 批准金额（万元） | 起始年月 |
|---|---|---|---|---|---|---|---|
| 107 | 41306107 | 黄蔚霞 | 基于地质统计学的有机氯农药空间分布与源解析——以湛江湾与雷州湾为例 | D0608 | 中国科学院南海海洋研究所 | 24.00 | 2014-1-1 至 2017-12-31 |
| 108 | 41306108 | 江志坚 | 无机氮对海草凋落叶分解率及其溶解有机碳释放率的影响 | D0608 | 中国科学院南海海洋研究所 | 25.00 | 2014-1-1 至 2017-12-31 |
| 109 | 41306109 | 李淑 | 高温胁迫下珊瑚共生虫黄藻损失对疾病爆发的影响 | D0608 | 中国科学院南海海洋研究所 | 25.00 | 2014-1-1 至 2017-12-31 |
| 110 | 41306110 | 张凌 | 珠江口及近海细菌对有机质的改造:来自氨基酸异构体及碳稳定同位素的证据 | D0608 | 中国科学院南海海洋研究所 | 26.00 | 2014-1-1 至 2017-12-31 |
| 111 | 41306111 | 胡仔园 | 夏季鸭绿江冲淡水对北黄海内生态系统影响的数值研究 | D0608 | 中国科学院海洋研究所 | 24.00 | 2014-1-1 至 2017-12-31 |
| 112 | 41306112 | 黄伟 | 大黄鱼早期发育过程对甲基汞胁迫的响应及其机制研究 | D0608 | 国家海洋局第二海洋研究所 | 25.00 | 2014-1-1 至 2017-12-31 |
| 113 | 41306113 | 张林宝 | 三唑磷农药对翡翠贻贝的生殖毒性效应及其分子机制研究 | D0608 | 中国水产科学研究院南海水产研究所 | 26.00 | 2014-1-1 至 2017-12-31 |
| 114 | 41306114 | 李玉 | 近海海域沉积物重金属污染的酶监测研究 | D0608 | 淮海工学院 | 26.00 | 2014-1-1 至 2017-12-31 |
| 115 | 41306115 | 何雪宝 | 人类活动对近岸海域大型底栖动物功能多样性的影响效应 | D0608 | 国家海洋局第三海洋研究所 | 27.00 | 2014-1-1 至 2017-12-31 |
| 116 | 41306116 | 林和山 | 北极海域大型底栖生物群落的时空格局及其对环境变化的响应 | D0608 | 国家海洋局第三海洋研究所 | 26.00 | 2014-1-1 至 2017-12-31 |
| 117 | 41306117 | 高亚平 | 常用除草剂对大叶藻种子和幼苗的毒性作用研究 | D0608 | 中国水产科学研究院黄海水产研究所 | 19.00 | 2014-1-1 至 2017-12-31 |
| 118 | 41306118 | 冯媛媛 | 海洋酸化和暖化对中国海颗石藻光合与钙化作用及种群结构的影响研究 | D0609 | 天津科技大学 | 26.00 | 2014-1-1 至 2017-12-31 |
| 119 | 41306119 | 张翠霞 | 海洋酸化对东印度洋微型浮游动物群落及摄食影响研究 | D0609 | 天津科技大学 | 26.00 | 2014-1-1 至 2017-12-31 |

续表

| 序号 | 项目批准号 | 申请者姓名 | 项目名称 | 学科代码 | 单位名称 | 批准金额（万元） | 起始年月 |
|---|---|---|---|---|---|---|---|
| 120 | 41306120 | 杨捷 | 新型海洋来源齿毛菌漆酶的表达、调控及污染物降解机理研究 | D0609 | 福州大学 | 25.00 | 2014-1-1 至 2017-12-31 |
| 121 | 41306121 | 蔡孟浩 | 盐度胁迫调控海洋灰绿曲霉发育转变的分子机制研究 | D0609 | 华东理工大学 | 24.00 | 2014-1-1 至 2017-12-31 |
| 122 | 41306122 | 吕芳 | 鼠尾藻光系统对重金属胁迫响应的分子机制探讨 | D0609 | 山东省海洋生物研究院 | 24.00 | 2014-1-1 至 2017-12-31 |
| 123 | 41306123 | 谢伟 | 珠江至南海北部水体中古菌碳固定的主要途径和生物地球化学意义 | D0609 | 同济大学 | 26.00 | 2014-1-1 至 2017-12-31 |
| 124 | 41306124 | 王世珍 | 海洋微生物依赖 NADH 胺脱氢酶的底物特异性研究与催化性能调控 | D0609 | 厦门大学 | 25.00 | 2014-1-1 至 2017-12-31 |
| 125 | 41306125 | 徐大鹏 | 福建沿海砂壳纤毛虫壳体多态性及分子系统学研究 | D0609 | 厦门大学 | 26.00 | 2014-1-1 至 2017-12-31 |
| 126 | 41306126 | 郑强 | 好氧不产氧光合细菌在典型环境梯度下的多样性和调控适应机制研究 | D0609 | 厦门大学 | 26.00 | 2014-1-1 至 2017-12-31 |
| 127 | 41306127 | 刘必林 | 利用耳石信息重建东南太平洋茎柔鱼的迁徙过程 | D0609 | 上海海洋大学 | 27.00 | 2014-1-1 至 2017-12-31 |
| 128 | 41306128 | 张俊玲 | 牙鲆性腺分化相关 microRNA 的筛选与鉴定 | D0609 | 上海海洋大学 | 26.00 | 2014-1-1 至 2017-12-31 |
| 129 | 41306129 | 蹇华哗 | 低温高压诱导噬菌体 SW1 与深海细菌 Shewanella piezotolerans WP3 的相互作用关系研究 | D0609 | 上海交通大学 | 24.00 | 2014-1-1 至 2017-12-31 |
| 130 | 41306130 | 何文斐 | 2 种 Xestospongia 属南海海绵中胰脂肪酶抑制活性的化学成分研究 | D0609 | 中国科学院上海药物研究所 | 24.00 | 2014-1-1 至 2017-12-31 |
| 131 | 41306131 | 张立奎 | 嗜热古菌 Pyrococcus furiosus DNA 聚合酶的生化性质及校读机制 | D0609 | 扬州大学 | 26.00 | 2014-1-1 至 2017-12-31 |
| 132 | 41306132 | 宋晓金 | 基于转录组学和代谢物组学的裂殖壶菌脂肪酸 FAS 与 PKS 合成途径的调控机制研究 | D0609 | 中国科学院青岛生物能源与过程研究所 | 26.00 | 2014-1-1 至 2017-12-31 |

续表

| 序号 | 项目批准号 | 申请者姓名 | 项目名称 | 学科代码 | 单位名称 | 批准金额（万元） | 起始年月 |
|---|---|---|---|---|---|---|---|
| 133 | 41306133 | 刘新 | 海蜇来源的 ACE 抑制肽的分离鉴定、抑制机制及三维构效关系研究 | D0609 | 山东省科学院 | 25.00 | 2014-1-1 至 2017-12-31 |
| 134 | 41306134 | 何山 | 海洋 Uncultured 放线菌资源挖掘及新天然产物发现 | D0609 | 宁波大学 | 24.00 | 2014-1-1 至 2017-12-31 |
| 135 | 41306135 | 周君 | 铁转录因子对阴沟肠杆菌定植海洋和高致病性的作用研究 | D0609 | 宁波大学 | 27.00 | 2014-1-1 至 2017-12-31 |
| 136 | 41306136 | 柳国艳 | 发形霞水母（Cyanea capillata）触手转录组分析及其重要活性因子的克隆表达与功能研究 | D0609 | 中国人民解放军第二军医大学 | 27.00 | 2014-1-1 至 2017-12-31 |
| 137 | 41306137 | 谭成玉 | 具有抑制肿瘤血管生成活性海洋微藻多糖的快速发现、分离与作用机制研究 | D0609 | 大连海洋大学 | 26.00 | 2014-1-1 至 2017-12-31 |
| 138 | 41306138 | 赵欢 | 多环芳烃对双齿围沙蚕生殖毒性效应分子机制的研究 | D0609 | 大连海洋大学 | 25.00 | 2014-1-1 至 2017-12-31 |
| 139 | 41306139 | 梅艳珍 | 基于基因组和差异蛋白质组学分析的北冰洋沉积物中 Pseudomonas fragi 胞壁聚酯合成初步研究 | D0609 | 南京师范大学 | 24.00 | 2014-1-1 至 2017-12-31 |
| 140 | 41306140 | 朱清华 | 深海放线菌 Streptomyces sp. SCSIO 3406 来源的海酮霉素的生物合成研究 | D0609 | 德州学院 | 25.00 | 2014-1-1 至 2017-12-31 |
| 141 | 41306141 | 万凌琳 | 类波氏真眼点藻（Eustigmatos cf. polyphem）β-1,3 葡聚糖苷酶基因的功能研究 | D0609 | 暨南大学 | 26.00 | 2014-1-1 至 2017-12-31 |
| 142 | 41306142 | 柳鹏福 | 海洋环境中群体淬灭酶资源的发掘及其酶学性质和催化机制的研究 | D0609 | 中国科学院上海高等研究院 | 23.00 | 2014-1-1 至 2017-12-31 |
| 143 | 41306143 | 冯敬宾 | 石斑鱼体内氟苯尼考的药动学及其微生物区系的动态响应及药效学评价新模式 | D0609 | 中国科学院南海海洋研究所 | 26.00 | 2014-1-1 至 2017-12-31 |

续表

| 序号 | 项目批准号 | 申请者姓名 | 项目名称 | 学科代码 | 单位名称 | 批准金额（万元） | 起始年月 |
|---|---|---|---|---|---|---|---|
| 144 | 41306144 | 雷新明 | 壳状珊瑚藻对鹿角珊瑚幼虫附着与变态及后期存活率的影响研究 | D0609 | 中国科学院南海海洋研究所 | 26.00 | 2014-1-1 至 2017-12-31 |
| 145 | 41306145 | 童英 | 香港牡蛎 Nrf2 基因的克隆及其在高温抗逆中的功能研究 | D0609 | 中国科学院南海海洋研究所 | 25.00 | 2014-1-1 至 2017-12-31 |
| 146 | 41306146 | 王博 | 深海链霉菌 Streptomyces drozdowiczii SCSIO 10141 来源的抗菌甲哌霉素类化合物的生物合成研究 | D0609 | 中国科学院南海海洋研究所 | 25.00 | 2014-1-1 至 2017-12-31 |
| 147 | 41306147 | 肖志会 | 红树伴生相思子（Abrus precatorius L.）抗肿瘤活性代谢产物研究 | D0609 | 中国科学院南海海洋研究所 | 25.00 | 2014-1-1 至 2017-12-31 |
| 148 | 41306148 | 张艳红 | 我国刺状海马的系统进化及其群体适应性特征 | D0609 | 中国科学院南海海洋研究所 | 25.00 | 2014-1-1 至 2017-12-31 |
| 149 | 41306149 | 罗萍 | 乌贼墨多糖干预环磷酰胺诱导卵巢氧化应激损伤的 Nrf2/ARE 调控机制研究 | D0609 | 广东海洋大学 | 24.00 | 2014-1-1 至 2017-12-31 |
| 150 | 41306150 | 高峥 | 基于高通量测序的黄河入海口细菌资源多样性及群落结构研究 | D0609 | 山东农业大学 | 26.00 | 2014-1-1 至 2017-12-31 |
| 151 | 41306151 | 何林文 | 条斑紫菜不同世代的代谢流量分析 | D0609 | 中国科学院海洋研究所 | 25.00 | 2014-1-1 至 2017-12-31 |
| 152 | 41306152 | 李贤 | 循环水系统中臭氧对大西洋鲑鱼福利影响机理研究 | D0609 | 中国科学院海洋研究所 | 25.00 | 2014-1-1 至 2017-12-31 |
| 153 | 41306153 | 孟昭翠 | 黄海底栖纤毛虫的群落结构与功能群作用 | D0609 | 中国科学院海洋研究所 | 24.00 | 2014-1-1 至 2017-12-31 |
| 154 | 41306154 | 庞通 | 从光合作用与活性氧代谢角度探究异枝卡帕藻的特殊抗逆机制 | D0609 | 中国科学院海洋研究所 | 25.00 | 2014-1-1 至 2017-12-31 |
| 155 | 41306155 | 陶振铖 | 黄海太平洋磷虾摄食率和摄食习性研究 | D0609 | 中国科学院海洋研究所 | 24.00 | 2014-1-1 至 2017-12-31 |
| 156 | 41306156 | 王孟强 | LRR-only 蛋白对栉孔扇贝免疫应答的调控作用 | D0609 | 中国科学院海洋研究所 | 23.00 | 2014-1-1 至 2017-12-31 |

续表

| 序号 | 项目批准号 | 申请者姓名 | 项目名称 | 学科代码 | 单位名称 | 批准金额（万元） | 起始年月 |
|---|---|---|---|---|---|---|---|
| 157 | 41306157 | 吴宁 | 海洋来源的多肽 CSP 靶向 ENO1 抑制肿瘤生长和转移的分子机制 | D0609 | 中国科学院海洋研究所 | 25.00 | 2014-1-1 至 2017-12-31 |
| 158 | 41306158 | 杨传燕 | 长牡蛎肽聚糖识别蛋白及其介导的免疫应答机制研究 | D0609 | 中国科学院海洋研究所 | 25.00 | 2014-1-1 至 2017-12-31 |
| 159 | 41306159 | 张均龙 | 中国海多板纲软体动物系统分类学和动物地理学研究 | D0609 | 中国科学院海洋研究所 | 25.00 | 2014-1-1 至 2017-12-31 |
| 160 | 41306160 | 赵丽 | 胶州湾特殊超微型浮游植物的分离鉴定及分布研究 | D0609 | 中国科学院海洋研究所 | 25.00 | 2014-1-1 至 2017-12-31 |
| 161 | 41306161 | 赵苑 | 胶州湾浮游病毒的多样性研究 | D0609 | 中国科学院海洋研究所 | 25.00 | 2014-1-1 至 2017-12-31 |
| 162 | 41306162 | 乐凤凤 | 北太平洋亚热带环流区微微型浮游植物群落结构及其环境调控机制研究 | D0609 | 国家海洋局第二海洋研究所 | 24.00 | 2014-1-1 至 2017-12-31 |
| 163 | 41306163 | 郝彬 | 海水养殖中四环素与氟苯尼考在沉积物垂直方向的迁移与生态效应研究 | D0609 | 中国科学院微生物研究所 | 27.00 | 2014-1-1 至 2017-12-31 |
| 164 | 41306164 | 张利敏 | 深海细菌功能群的多样性及其对模拟海洋硫化（铁化）环境的响应 | D0609 | 中国科学院微生物研究所 | 26.00 | 2014-1-1 至 2017-12-31 |
| 165 | 41306165 | 孙玉英 | 迟缓爱德华氏菌毒力相关非编码小 RNA 的鉴定 | D0609 | 淮海工学院 | 26.00 | 2014-1-1 至 2017-12-31 |
| 166 | 41306166 | 郭文斌 | 深海嗜酸硫化芽孢杆菌 TPY 遗传操作系统的建立及其硫代谢途径相关基因的功能研究 | D0609 | 国家海洋局第三海洋研究所 | 26.00 | 2014-1-1 至 2017-12-31 |
| 167 | 41306167 | 张芳 | 海洋荔枝螺基于 LPS/TLR4 信号通路抗炎生物碱的研究 | D0609 | 国家海洋局第三海洋研究所 | 26.00 | 2014-1-1 至 2017-12-31 |
| 168 | 41306168 | 陈绵润 | 近岸富营养化水体食物营养质量对桡足类繁殖力和营养级联效应的影响 | D0609 | 国家海洋局南海海洋工程勘察与环境研究院 | 26.00 | 2014-1-1 至 2017-12-31 |
| 169 | 41306169 | 李松海 | 中华白海豚听觉机理及噪音对其听觉能力的影响研究 | D0609 | 中国科学院声学研究所 | 25.00 | 2014-1-1 至 2017-12-31 |
| 170 | 41306170 | 孙鹏 | 我国中国鲳的种群遗传结构和系统地理格局研究 | D0609 | 中国水产科学研究院东海水产研究所 | 25.00 | 2014-1-1 至 2017-12-31 |

续表

| 序号 | 项目批准号 | 申请者姓名 | 项目名称 | 学科代码 | 单位名称 | 批准金额（万元） | 起始年月 |
|---|---|---|---|---|---|---|---|
| 171 | 41306171 | 李艳 | 我国沿海附生性甲藻一冈比亚藻（Gambierdiscus）和蛎甲藻（Ostreopsis）- 的生物多样性研究 | D0609 | 国家海洋局第一海洋研究所 | 26.00 | 2014-1-1 至 2017-12-31 |
| 172 | 41306172 | 宋洪军 | 黄海浮游植物春秋季水华年际变化及其生态效应 | D0609 | 国家海洋局第一海洋研究所 | 24.00 | 2014-1-1 至 2017-12-31 |
| 173 | 41306173 | 麦艳玲 | 雪卡毒素在珊瑚鱼的转化及累积 | D0609 | 香港城市大学深圳研究院 | 27.00 | 2014-1-1 至 2017-12-31 |
| 174 | 41306174 | 姜永华 | 修饰 mRNA 法建立大黄鱼诱导多能干细胞 | D0609 | 集美大学 | 24.00 | 2014-1-1 至 2017-12-31 |
| 175 | 41306175 | 裴绍峰 | C-14 示踪技术测定海洋初级生产力的相关问题研究 | D0609 | 青岛海洋地质研究所 | 27.00 | 2014-1-1 至 2017-12-31 |
| 176 | 41306176 | 刘福利 | 海带中 Hsp 基因与高温耐受性的关联分析 | D0609 | 中国水产科学研究院黄海水产研究所 | 24.00 | 2014-1-1 至 2017-12-31 |
| 177 | 41306177 | 吕建建 | 三疣梭子蟹 Ptngo 基因在渗透压调节进程中的功能研究 | D0609 | 中国水产科学研究院黄海水产研究所 | 24.00 | 2014-1-1 至 2017-12-31 |
| 178 | 41306178 | 孟宪亮 | Foxl2 在三疣梭子蟹卵巢发育中的作用及其机制研究 | D0609 | 中国水产科学研究院黄海水产研究所 | 25.00 | 2014-1-1 至 2017-12-31 |
| 179 | 41306179 | 徐东 | 海带硝酸盐还原酶基因表达与酶活的调控机制 | D0609 | 中国水产科学研究院黄海水产研究所 | 26.00 | 2014-1-1 至 2017-12-31 |
| 180 | 41306180 | 王京真 | 基于宽吻海豚细胞株的体外毒理学评价模型的建立与应用 | D0609 | 汕头大学 | 26.00 | 2014-1-1 至 2017-12-31 |
| 181 | 41306181 | 赵超 | 基于宏基因组学的降解海藻浒苔微生物群落结构与功能研究 | D0609 | 福建农林大学 | 25.00 | 2014-1-1 至 2017-12-31 |
| 182 | 41306182 | 魏玉阔 | 基于相控参量阵的浅地层精细探测技术研究 | D0610 | 哈尔滨工程大学 | 25.00 | 2014-1-1 至 2017-12-31 |
| 183 | 41306183 | 王进 | 基于亮温通道组合的 HY-2 微波辐射计降雨条件下海面参量反演算法 | D0610 | 青岛大学 | 24.00 | 2014-1-1 至 2017-12-31 |
| 184 | 41306184 | 丁献文 | 多极化星载合成孔径雷达海岸线提取与分类机制研究 | D0610 | 上海海洋大学 | 26.00 | 2014-1-1 至 2017-12-31 |

续表

| 序号 | 项目批准号 | 申请者姓名 | 项目名称 | 学科代码 | 单位名称 | 批准金额（万元） | 起始年月 |
|---|---|---|---|---|---|---|---|
| 185 | 41306185 | 王舒鹏 | 近岸气溶胶散射对水色遥感器辐射偏振校正的影响 | D0610 | 国家卫星气象中心 | 26.00 | 2014-1-1 至 2017-12-31 |
| 186 | 41306186 | 张毅 | C 波段极化合成孔径雷达海面后向散射特性及风场反演研究 | D0610 | 国家卫星海洋应用中心 | 26.00 | 2014-1-1 至 2017-12-31 |
| 187 | 41306187 | 陆文 | 星载海洋遥感微波辐射计辐射测量受电离层及对流层大气环境的影响研究 | D0610 | 中国人民解放军理工大学 | 24.00 | 2014-1-1 至 2017-12-31 |
| 188 | 41306188 | 聂丁 | 变浅效应调制的近岸海面电磁散射多普勒谱特性研究 | D0610 | 西安电子科技大学 | 25.00 | 2014-1-1 至 2017-12-31 |
| 189 | 41306189 | 李海艳 | 紧缩极化合成孔径雷达反演海面风矢量方法研究 | D0610 | 中国科学院大学 | 25.00 | 2014-1-1 至 2017-12-31 |
| 190 | 41306190 | 严立文 | 悬浮颗粒矿物成分对近岸水体光学参数的影响及光谱响应研究 | D0610 | 中国科学院海洋研究所 | 25.00 | 2014-1-1 至 2017-12-31 |
| 191 | 41306191 | 任林 | 波谱仪多波束联合遥感反演海浪方向谱方法研究 | D0610 | 国家海洋局第二海洋研究所 | 25.00 | 2014-1-1 至 2017-12-31 |
| 192 | 41306192 | 郑罡 | 基于极化与多种纹理特征的高分辨率全极化 SAR 海面风场反演研究 | D0610 | 国家海洋局第二海洋研究所 | 25.00 | 2014-1-1 至 2017-12-31 |
| 193 | 41306193 | 张晰 | 基于主被动遥感的渤海海冰厚度及其相关参数的反演研究 | D0610 | 国家海洋局第一海洋研究所 | 24.00 | 2014-1-1 至 2017-12-31 |
| 194 | 41306194 | 程永存 | 高纬度海域高度计资料订正及基于高度计资料的全球潮汐模型研究 | D0610 | 南京信息工程大学 | 26.00 | 2014-1-1 至 2017-12-31 |
| 195 | 41306195 | 肖文申 | 白令海东南部末次冰期以来的表层海水环境和陆源输入的变化 | D0611 | 同济大学 | 26.00 | 2014-1-1 至 2017-12-31 |
| 196 | 41306196 | 曹勇 | 北冰洋季节性盐跃层与次表层暖水的研究 | D0611 | 中国海洋大学 | 26.00 | 2014-1-1 至 2017-12-31 |
| 197 | 41306197 | 卢小玲 | 三株北极真菌抗肿瘤活性次级代谢产物及其作用机制研究 | D0611 | 中国人民解放军第二军医大学 | 24.00 | 2014-1-1 至 2017-12-31 |

续表

| 序号 | 项目批准号 | 申请者姓名 | 项目名称 | 学科代码 | 单位名称 | 批准金额（万元） | 起始年月 |
|---|---|---|---|---|---|---|---|
| 198 | 41306198 | 刘毅 | 南极湖源烯酮类生物标志物的分子结构测定及其环境气候意义探索 | D0611 | 中国科学技术大学 | 25.00 | 2014-1-1 至 2017-12-31 |
| 199 | 41306199 | 罗宇涵 | 基于 MAX-DOAS 观测的北极地区对流层 BrO 的分布和变化机制探索 | D0611 | 中国科学院合肥物质科学研究院 | 24.00 | 2014-1-1 至 2017-12-31 |
| 200 | 41306200 | 白有成 | 利用 IP25 指示西北冰洋冰藻及其对有机质来源的贡献 | D0611 | 国家海洋局第二海洋研究所 | 24.00 | 2014-1-1 至 2017-12-31 |
| 201 | 41306201 | 沈中延 | 南极普里兹湾外条带状等深积岩丘的结构和形成过程研究 | D0611 | 国家海洋局第二海洋研究所 | 24.00 | 2014-1-1 至 2017-12-31 |
| 202 | 41306202 | 赵军 | 近 200 年南极半岛海洋初级生产和藻类种群结构演变及其对快速融冰的响应 | D0611 | 国家海洋局第二海洋研究所 | 25.00 | 2014-1-1 至 2017-12-31 |
| 203 | 41306203 | 赵博 | 极地高分辨率冰厚探测雷达成像与数据处理方法研究 | D0611 | 中国科学院电子学研究所 | 25.00 | 2014-1-1 至 2017-12-31 |
| 204 | 41306204 | 王彦国 | 白令海和西北冰洋底栖桡足类分类研究 | D0611 | 国家海洋局第三海洋研究所 | 26.00 | 2014-1-1 至 2017-12-31 |
| 205 | 41306205 | 董林森 | 晚第四纪劳伦泰德冰盖扩张及其气候响应：加拿大海盆冰筏碎屑记录 | D0611 | 国家海洋局第一海洋研究所 | 26.00 | 2014-1-1 至 2017-12-31 |
| 206 | 41306206 | 高立宝 | 南大洋的海洋季节内振荡机理研究 | D0611 | 国家海洋局第一海洋研究所 | 26.00 | 2014-1-1 至 2017-12-31 |
| 207 | 41306207 | 谭冰 | 极地冰脊表面几何形态和形拖曳系数研究 | D0611 | 南阳师范学院 | 24.00 | 2014-1-1 至 2017-12-31 |
| 208 | 41306208 | 刘成彦 | 中尺度涡对亚南极模态水和南极中层水的影响研究 | D0611 | 南京信息工程大学 | 26.00 | 2014-1-1 至 2017-12-31 |

3. 地区基金项目

| 序号 | 项目批准号 | 申请者姓名 | 项目名称 | 学科代码 | 单位名称 | 批准金额（万元） | 起始年月 |
|---|---|---|---|---|---|---|---|
| 1 | 41366001 | 王锐萍 | 红树林湿地高效除磷微生物生态机制及其对海洋磷循环的响应 | D0608 | 海南师范大学 | 41.00 | 2014-1-1 至 2017-12-31 |
| 2 | 41366002 | 长孙东亭 | 海南产疣缟芋螺毒素基因的多样性研究 | D0609 | 海南大学 | 45.00 | 2014-1-1 至 2017-12-31 |

续表

| 序号 | 项目批准号 | 申请者姓名 | 项目名称 | 学科代码 | 单位名称 | 批准金额（万元） | 起始年月 |
|---|---|---|---|---|---|---|---|
| 3 | 41366003 | 顾志峰 | 台风造成珍珠贝生长"停滞"的机理：生理能量学与功能基因学响应 | D0609 | 海南大学 | 43.00 | 2014-1-1至2017-12-31 |

4. 重点项目

| 序号 | 项目批准号 | 申请者姓名 | 项目名称 | 学科代码 | 单位名称 | 批准金额（万元） | 起始年月 |
|---|---|---|---|---|---|---|---|
| 1 | 41330959 | 林森杰 | 通过生态基因组学分析探索东海原甲藻的生态适应机制 | D0609 | 厦门大学 | 310.00 | 2014-1-1至2017-12-31 |
| 2 | 41330960 | 赵进平 | 北极海冰与上层海洋环流耦合变化及其气候效应 | D0611 | 中国海洋大学 | 315.00 | 2014-1-1至2017-12-31 |
| 3 | 41330961 | 黄邦钦 | 南海浮游生态系统结构及其对生物泵效率的调控机制 | D0609 | 厦门大学 | 296.00 | 2014-1-1至2017-12-31 |
| 4 | 41330962 | 肖天 | 多细胞趋磁原核生物的生理代谢及进化研究 | D0609 | 中国科学院海洋研究所 | 295.00 | 2014-1-1至2017-12-31 |
| 5 | 41330963 | 胡敦欣 | 南北赤道流交汇区海洋环流结构、变异与机理 | 海洋动力环境的监测和预测研究 | 中国科学院海洋研究所 | 330.00 | 2014-1-1至2017-12-31 |
| 6 | 41330964 | 刘健 | 中国东部海岸带-陆架区晚更新世以来沉积体系演化及高分辨率气候-环境变化的沉积记录 | D0603 | 青岛海洋地质研究所 | 290.00 | 2014-1-1至2017-12-31 |
| 7 | 41330965 | 刘保华 | 海洋界面宽频声散射特性及模型研究 | D0603 | 国家海洋局第一海洋研究所 | 300.00 | 2014-1-1至2017-12-31 |

5. （南海深海过程演变）重大研究计划项目

| 序号 | 项目批准号 | 申请者姓名 | 项目名称 | 学科代码 | 单位名称 | 批准金额（万元） | 起始年月 |
|---|---|---|---|---|---|---|---|
| 1 | 91328201 | 林畅松 | 南海北部新近纪陆架坡折的发育演化及其对南海盆地动力学过程的沉积响应 | D0206 | 中国地质大学（北京） | 350.00 | 2014-1-1至2017-12-31 |
| 2 | 91328202 | 戴民汉 | 南海深部生物地球化学-物理耦合过程对海---气界面 $CO_2$ 通量的调控 | D06 | 厦门大学 | 420.00 | 2014-1-1至2017-12-31 |
| 3 | 91328203 | 殷克东 | 珠江陆源氮输入在南海北部产生的新碳汇和跨陆架深海储碳过程 | D06 | 中山大学 | 330.00 | 2014-1-1至2017-12-31 |

续表

| 序号 | 项目批准号 | 申请者姓名 | 项目名称 | 学科代码 | 单位名称 | 批准金额（万元） | 起始年月 |
|---|---|---|---|---|---|---|---|
| 4 | 91328204 | 孙卫东 | 南海周缘与板块俯冲相关的岩浆岩研究 | D0603 | 中国科学院广州地球化学研究所 | 365.00 | 2014-1-1 至 2017-12-31 |
| 5 | 91328205 | 阎贫 | 东沙海区反射/折射联合成像与南海裂谷发生机制研究 | D0603 | 中国科学院南海海洋研究所 | 300.00 | 2014-1-1 至 2017-12-31 |
| 6 | 91328206 | 夏少红 | 南海东北部三维精细地壳结构及其对岩浆活动和构造属性的约束 | D0603 | 中国科学院南海海洋研究所 | 300.00 | 2014-1-1 至 2017-12-31 |
| 7 | 91328207 | 高树基 | 南海水体硝酸盐动力学与水团示踪 | D0604 | 厦门大学 | 320.00 | 2014-1-1 至 2017-12-31 |
| 8 | 91328208 | 方家松 | 评价嗜高压细菌在南海深部碳循环中的作用 | D0609 | 同济大学 | 295.00 | 2014-1-1 至 2017-12-31 |
| 9 | 91328209 | 党宏月 | 南海化能自养微生物固碳过程和机理研究 | D0609 | 厦门大学 | 320.00 | 2014-1-1 至 2017-12-31 |

6. 国家杰出青年科学基金

| 序号 | 项目批准号 | 申请者姓名 | 项目名称 | 学科代码 | 单位名称 | 批准金额（万元） | 起始年月 |
|---|---|---|---|---|---|---|---|
| 1 | 41325021 | 曾志刚 | 海底热液活动研究 | D0603 | 中国科学院海洋研究所 | 200.00 | 2014-1-1 至 2017-12-31 |

7. 优秀青年科学基金项目

| 序号 | 项目批准号 | 申请者姓名 | 项目名称 | 学科代码 | 单位名称 | 批准金额（万元） | 起始年月 |
|---|---|---|---|---|---|---|---|
| 1 | 41322036 | 鄢全树 | 海底岩石学 | D0603 | 国家海洋局第一海洋研究所 | 100.00 | 2014-1-1 至 2017-12-31 |
| 2 | 41322037 | 邵长伦 | 海洋药用生物资源学 | D0609 | 中国海洋大学 | 100.00 | 2014-1-1 至 2017-12-31 |
| 3 | 41322038 | 林强 | 海洋生物资源保护与环境变化 | D0609 | 中国科学院南海海洋研究所 | 100.00 | 2014-1-1 至 2017-12-31 |
| 4 | 41322039 | 何贤强 | 海洋水色遥感 | D0610 | 国家海洋局第二海洋研究所 | 100.00 | 2014-1-1 至 2017-12-31 |

8. 创新研究群体科学基金

| 序号 | 项目批准号 | 申请者姓名 | 项目名称 | 学科代码 | 单位名称 | 批准金额（万元） | 起始年月 |
|---|---|---|---|---|---|---|---|
| 1 | 41321004 | 陈大可 | 海洋动力环境的监测和预测研究 | D0601 | 国家海洋局第二海洋研究所 | 600.00 | 2014-1-1 至 2017-12-31 |

9. 国际(地区)合作与交流项目

| 序号 | 项目批准号 | 申请者姓名 | 项目名称 | 学科代码 | 单位名称 | 批准金额（万元） | 起始年月 |
|---|---|---|---|---|---|---|---|
| 1 | 41328009 | 张寰 | 利用分子生态学方法研究环境污染物对海洋桡足类的毒理效应 | D0608 海洋环境科学 | 中国海洋大学 | 20.00 | 2014-1-1 至 2017-12-31 |
| 2 | 41320104008 | 杨桂朋 | 海洋酸化对河口近岸生态系和生源活性气体生物地球化学过程的影响 | D0604 | 中国海洋大学 | 330.00 | 2014-1-1 至 2017-12-31 |

续表

10. 专项基金项目

| 序号 | 项目批准号 | 申请者姓名 | 项目名称 | 学科代码 | 单位名称 | 批准金额（万元） | 起始年月 |
|---|---|---|---|---|---|---|---|
| 1 | 41340044 | 程和琴 | 长江河口河槽演变过程对大型工程的响应 | D0605 | 华东师范大学 | 20.00 | 2014-1-1至2017-12-31 |
| 2 | 41340045 | 康建成 | 东海黑潮区温、盐、流、海面高度多尺度变化过程及其机理研究 | D0601 | 上海师范大学 | 20.00 | 2014-1-1至2017-12-31 |
| 3 | 41340046 | 李克强 | 渤海陆源氮和磷污染物生物地球化学过程陆-海协同控制机制及容量分配的精准化研究 | D0608 | 中国海洋大学 | 20.00 | 2014-1-1至2017-12-31 |
| 4 | 41340047 | 孟翊 | 长江口外低氧区近千年来的沉积地球化学过程演变及其生态环境效应 | D0603 | 华东师范大学 | 20.00 | 2014-1-1至2017-12-31 |
| 5 | 41340048 | 李波 | 海床式取芯钻机模态分析及其控制理论研究 | D0607 | 中国地质大学（武汉） | 20.00 | 2014-1-1至2017-12-31 |
| 6 | 41340049 | 刘大召 | 珠江口海域二类水体HY-1B海洋水色遥感数据大气校正方法研究 | D0610 | 广东海洋大学 | 20.00 | 2014-1-1至2017-12-31 |

11. 海洋科学考察船共享航次项目

| 序号 | 项目批准号 | 申请者姓名 | 项目名称 | 航次编号 | 单位名称 | 批准金额（万元） | 起始年月 |
|---|---|---|---|---|---|---|---|
| 1 | 41349901 | 闫菊 | 渤黄海科学考察实验研究 | D06 | 中国海洋大学 | 500.00 | 2014-1-1至2017-12-31 |
| 2 | 41349902 | 于非 | 东海科学考察实验研究 | D06 | 中国科学院海洋研究所 | 600.00 | 2014-1-1至2017-12-31 |
| 3 | 41349903 | 张卫国 | 长江口科学考察实验研究 | D06 | 华东师范大学 | 300.00 | 2014-1-1至2017-12-31 |
| 4 | 41349904 | 张钒 | 台湾海峡科学考察实验研究（2014年） | D06 | 福建海洋研究所 | 270.00 | 2014-1-1至2017-12-31 |
| 5 | 41349905 | 闫菊 | 南海深部过程科学考察实验研究 | D06 | 中国海洋大学 | 600.00 | 2014-1-1至2017-12-31 |
| 6 | 41349906 | 王东晓 | 南海北部春季科学综合考察实验研究 | D06 | 中国科学院南海海洋研究所 | 480.00 | 2014-1-1至2017-12-31 |
| 7 | 41349907 | 王东晓 | 南海西部科学综合考察实验研究 | D0601 | 中国科学院南海海洋研究所 | 400.00 | 2014-1-1至2017-12-31 |
| 8 | 41349908 | 詹文欢 | 南海北部地球物理科学考察实验研究 | D06 | 中国科学院南海海洋研究所 | 300.00 | 2014-1-1至2017-12-31 |
| 9 | 41349909 | 詹文欢 | 2014年东印度洋综合科学考察实验研究 | D06 | 中国科学院南海海洋研究所 | 550.00 | 2014-1-1至2017-12-31 |

续表

12. 联合基金项目

| 序号 | 项目批准号 | 申请者姓名 | 项目名称 | 学科代码 | 单位名称 | 批准金额（万元） | 起始年月 |
|---|---|---|---|---|---|---|---|
| 1 | U1301131 | 李志勇 | 基于宏转录组学的海水酸化对南海近海珊瑚礁海绵共生微生物种群结构与生态学功能影响的研究 | L03 | 上海交通大学 | 60.00 | 2014-1-1 至 2017-12-31 |
| 2 | U1301235 | 杨宇峰 | 大型海藻龙须菜栽培生态系统结构功能与关键生物地球化学过程 | L03 | 暨南大学 | 255.00 | 2014-1-1 至 2017-12-31 |
| 3 | U1301232 | 钱培元 | 南海造礁石珊瑚专性共生微生物的群落结构,共生关系形成过程及其核心代谢功能研究 | L03 | 香港科技大学深圳研究院 | 260.00 | 2014-1-1 至 2017-12-31 |
| 4 | U1301233 | 孙珍 | 南海共轭陆缘穿时破裂过程对深水盆地构造发育及油气成藏的影响 | L03 | 中国科学院南海海洋研究所 | 260.00 | 2014-1-1 至 2017-12-31 |
| 5 | U1305231 | 洪华生 | 极端天气下台湾海峡动力环境演变与生态响应 | L03 | 厦门大学 | 300.00 | 2014-1-1 至 2017-12-31 |
| 6 | U1305233 | 高树基 | 台湾海峡西部海域氮源汇过程与控制因子 | L03 | 厦门大学 | 300.00 | 2014-1-1 至 2017-12-31 |

13. 国家重大科研仪器设备研制专项

| 序号 | 项目批准号 | 申请者姓名 | 项目名称 | 学科代码 | 单位名称 | 批准金额（万元） | 起始年月 |
|---|---|---|---|---|---|---|---|
| 1 | 41327804 | 达拉拉伊帕维尔 | 极地深冰下基岩无钻杆取芯钻探装备 | D0611 | 吉林大学 | 900.00 | 2014-1-1 至 2017-12-31 |

## 海洋行业公益性科研项目

**【苏北浅滩“怪潮”灾害监测预警关键技术研究及示范应用】** 2009 年海洋行业公益性科研专项经费项目（编号：200905014），由国家海洋局东海预报中心牵头联合东海标准计量中心、东海信息中心、北海预报中心、南通海洋信息中心、长江下游水文水资源勘测局、上海海洋大学、上海交通大学、南京大学八家单位的合作完成，于 2013 年 12 月 3 日在上海顺利通过了由国家海洋局海洋科学技术司、财务司组织的专家验收。项目研究建立了“怪潮”灾害监测体系，实现了对苏北海域多手段、全要素的实时观测，开展了有史以来该海域最大范围、最系统的高精度水下地形测量，研制了精细化预警报系统，开展了“怪潮”机理研究，初步查明了“怪潮”发生的 4 大因素，第一次给苏北浅滩“怪潮”下了明确的定义，完成了综合信息平台及辅助决策系统建设，最终实现了成果的业务化试运行。同时监测体系已稳定运行累计 6000 余天，数据获取率达到 98.1%，最新地形勘察范围 8073 余平方千米，数值预报系统空间分辨率达到 10 米，发布各类预警报单 1500 余份。项目发表论文 10 篇，申请专利 2 项，并在 6 家单位开展了应用。其中监测体系建设和高精度地形测量填补了该海域观测和测量的空白，激流“怪潮”发生机理研究、精细化预警技术等具有一定创新性。项目研究成果可为促进苏东沿海海洋经济发展和人民生命财产安全等提供科学依据。

**【滨海电厂污染损害监测评估及生态补偿技术研究】** 2009 年海洋行业公益性科研专项经费项目（编号：200905010），由国家海洋局东海信息中心牵头联合东海环境监测中心、东海预报中心、华东师范大学、北海环境监测中心、南海环境监测中心、宁波海洋环境监测中心站、闽东海洋环境监测中心站、厦门海洋环境监测中心站、温州海洋环境监测中心站、上海海洋大学、中国海洋大学、中国水产科学研究院东海水产研究所、江苏省水产技术推广站、浙江省海洋水产研究所、天津淡化所十五家单位合作完成，于 2013 年 12 月 3 日在上海顺利通过了由国家海洋局海洋科学技术司、财务司组织的专家验收。项目研究建立了象山港电厂、胶州湾电厂等温排水三维数值模拟，提出了温排水生态影响、监测和损害评估方法，编制了《滨海电厂温排水口邻近海域检测技术规程》和《滨海电厂温排水生态损害评估技术规程》，完成了滨海电厂污染损害监测基础数据库，开发了滨海火/核电厂温排水污染损害评估系统，发表论文 43 篇（3 篇 SCI），申请专利 6 项（已获 5 项授权），并在 11 家滨海电厂开展了应用。其中有关滨海电厂环境损害评估、温排水生态损害评估技术等具有一定创新性。项目研究成果可为滨海电厂温排水生态损害评估、海域确权等提供科学依据。

**【我国典型海域外来海洋生物入侵风险评估技术集成与辅助决策技术研究】** 2013 年海洋公益性行业科研专项经费项目（编号 201305027），由国家海洋局东海环境监测中心牵头，项目协作单位有国家海洋局第一海洋研究所、上海海洋大学、国家海洋环境监测中心、大连海事大学、国家海洋局第三海洋研究所、中国水产科学研究院东海水产研究所、集美大学、大连海洋大学、山东省海水养殖研究所、上海出入境检验检疫局、厦门大学、中国海洋大学、浙江万里学院、上海市水文总站等。项目以研究海洋入侵种监测、风险评估和辅助决策技术为目标，设置风险源与信息系统构建、监测和检测技术、入侵传播机制与影响、入侵风险评估技术、防控技术及后评估、辅助决策系统及应用示范等任务，以基本掌握典型海域生物入侵的风险源，研究海洋生物入侵的机理、生态影响，建立风险评估、监测、快速检测和防控的方法与技术，并在开展以上研究的基础上开发辅助决策系统。项目于 2013 年 3 月 23 日在上海召开了项目启动会，项目设立的六项子任务的研究工作已全面展开。 （国家海洋局东海分局）

**【海岛旅游海滩管理技术研究与应用示范】** 2014 年海洋公益性行业科研专项（编号 201405037），由国家海洋局海岛研究中心作为承担单位，海洋一所、海洋二所、海洋三所、监测中心、中国海大和华东师大作为协作单位申请的海洋公益性行业科研专项经费项目。项目通过对我国海岛海滩相关资料的收集与自然、社会属性补充调查，掌握不同类型海岛旅游海滩资源特征、开发管理现状，研究建立海岛旅游海滩选划标准与质量评估技术体系；建立海岛旅游海滩环境立体监测技术体系；开发海岛旅游海滩安全调控与环境保护技术；建立海岛旅游海滩生态开发利用模式；开发海岛旅游海滩开发管理决策服务信息系统；并选择 4～5 个示范区加以应用示范。为我国制定海岛开发与保护管理提供理论与技术支持，促进海岛资源的可持续利用。

（国家海洋局海岛研究中心）

## 海洋调查

**【海洋基础地质调查】** （1）我国管辖海域海洋区域地质调查。2013 年度继续组织实施我国管辖海域海洋区域地质调查，主要开展了 1∶100 万天津幅、汕头幅等 6 个图幅和 1∶25 万福州幅、莆田幅 2 个图幅的海洋区域地质调查，以及 1∶5 万珠江口内伶仃洋海洋区域地质调查（试点）。2013 年度 1∶100 万海洋区域地质调查完成多道地震测量 3544 千米、单道地震测量 25627 米、浅地层剖测量 5354 千米、单波束水深测量 32681 千米，多波束测量 10114 千米，侧扫声呐测量 3575 千米，船载重力测量 25627 千米，船载磁力测量 25627 千米，海底地质取样 255 个站位，地质浅钻 3 口总进尺 292 米，航空重力测量 33145 千米；1∶25 万海洋区域地质调查完成船载重力测量 1941 千米，船载磁力测量 1986 千米，温盐深测量 8 个站位，海底地质取样 180 个站位，地质浅钻 6 口总进尺 431 米；1∶5 万海洋区域地质调查（试点）完成地质浅钻 20 口总进尺 804 米。全面完成了年度外业调查任务，正在开展采集资料处理、样品测试分析工作。

1∶100 万天津幅海洋区域地质调查。通过采集资料处理、解释和样品测试分析，建立了地震层序，编制了海域空间重力异常图、布格重力异常图、磁异常平面等值线图等。

1∶100 万黄岩岛幅海洋区域地质调查。通过单道地震和浅地层剖面资料解释，共识别出地震反射界面 8 个，划分出超层序 3 个、层序 6 个，初步确定了各界面地质属性。通过综合研究，初步查明了区内海底沉积物类型，沉积物矿物组分、地球化学及微体古生物分布特征。发现区内主要断裂为近 EW 向、NE-SW 向、近 NS 向，区内主要构造单元为中沙地块、西南次海盆及东部次海盆。

1∶100 万汕头幅海洋区域地质调查。通过单道地震剖面和浅地层剖面资料解释，共识别出地震反射界面 8 个，划分出亚层序 6 个、微层序 1 个，确定了各界面地质属性，分析了地震相和沉积相特征。根据重力磁力资料分析，发现大断裂 5 条。

1∶25 万福州幅海洋区域地质调查。通过单道地震和浅地层剖面资料解释，共识别出反射界面 7 个，划分出层序 5 个。初步查明了区内海底地形地貌特征，发现马祖列岛和白犬列岛之间存在大型潮流沙脊群。

1∶25 万莆田幅海洋区域地质调查。通过单道地震和浅地层剖面资料解释，共识别出地震反射界面 11 个，划分出层序 5 个、亚层序 10 个，发现区内存在浅层气、古河道或古洼地。根据重力和磁力异常特征分析，认为滨海断裂带为中生代晚期－新生代时期的右行走滑断裂，沿海强地震主要受该断裂控制。

1∶5 万珠江口内伶仃洋海洋区域地质调查(试点)。通过单道地震和浅地层剖面资料解释，识别出地震反射界面 5 个，同时，发现区内存在断层、浅层气、沙波、浅埋基岩、埋藏古河道、冲刷槽和洼地等。通过综合研究，认为珠江口内伶仃岛水域海底地形总体呈“四滩三槽”格局，发育槽沟、浅滩、沙坡等四级海底地貌单元。初步查明了调查区海底表层沉积物类型与分布特征。

（2）重点海岸带综合地质调查与监测。2013 年度继续开展辽河三角洲经济区、山东半岛经济区、长江三角洲经济区等重点海岸带综合地质调查与监测，南海北部湾全新世环境演变与人类活动影响研究，华南西部滨海湿地地质调查与生态环境评价，渤海海峡跨海通道地壳稳定性调查评价等。本年度完成多道地震测量 2070 千米、单道地震测量 777 千米、单波束水深测量 3517 千米、多波束测量 500 千米、侧扫声纳测量 2066 千米、浅地层剖面测量 5118 千米，海底地质表层取样 875 个站位、柱状取样 128 个、地质和水文浅钻总进尺 1075 米、建设地应力监测站 2 个、地形测绘 1650 平方千米、岸滩剖面监测 20 条次等。全面完成了年度外业调查任务。

辽河三角洲经济区海岸带综合地质调查与监测。主要开展了地质浅钻、地质取样、水文井抽水试验、二氧化碳和甲烷气体监测等外业工作。通过相关样品测试分析、数据处理和综合研究，认为辽河三角洲湿地甲烷排放量很低，湿地生态系统以碳汇为主。

山东半岛海岸带综合地质调查与监测。主要开展了单波束水深、浅地层剖面测量，海底地质取样，地质浅钻，岸滩剖面监测等外业工作，初步建立了山东半岛北部典型海岸带地下水监测井网。监测数据表明，山东半岛北部海岸侵蚀普遍存在，主要出现在黄河三角洲海岸（河口附近除外）、龙口北部区域，烟台-威海局部平直岸段；海底地形地貌类型主要为水下三角洲、潮间浅滩、浅海堆积平原和冲刷槽。

长江三角洲经济区海岸带综合地质调查与监测。主要开展了浅地层剖面测量，潮间带和海底地质取样、地质浅钻等外业工作。通过采集数据处理、样品测试分析和综合研究。绘制了江苏连云港北部潮间带海底地形图。进一步开展长江口近岸海域表层沉积物分布特征研究，发现沉积物主要类型为中砂、细砂、粉砂、粘土质粉砂、粉砂质粘土，其中以粘土质粉砂分布范围最为广泛，而粉砂质粘土分布范围最小。继续开展舟山群岛近岸海域晚第四纪地层层序、沉积演化和沉积物来源研究。

南海北部湾全新世环境演变与人类活动影响研究。主要开展了以往采集资料处理解释、样品测试分析以及综合研究，同时开展了南海北部湾与德国波罗的海、南海珠江口全新世环境演变模型的对比研究。浅地层剖面资料研究结果表明，全新世时期，北部湾东部琼州海峡西口和海南岛西部湾存在两个明显的高速堆积区，海底表层沉积物类型以粘土质粉砂和粉砂质砂为主。

华南西部滨海湿地地质调查与生态环境评价。主要开展了单波束水深测量，沉积剖面观测，海底地质取样，海水取样，地质浅钻等外业工作。通过采集资料综合分析，认为雷州半岛两侧主要发育潮间浅滩、水下浅滩、槽沟和水下三角洲等海底地貌类型，海底表层沉积物以砂为主，粘土质粉砂和粉砂质砂次之。

渤海海峡跨海通道地壳稳定性调查评价。主要开展了侧扫声纳、多道地震测量，地质浅钻，地应力监测等外业工作。通过采集资料综合分析，认为本区的主要构造方向为 NNE、NE 以及 NW 向，它们控制了本区的构造格局，多为地块的边界或主要沉积盆地的边界。同时，发现辽东半岛南部的老铁山水道断裂带(呈 NW 向)和渤海东南部的营口—潍坊断裂带（呈 NE 向）活动性较强。

（3）中国海域系列图编制。继续开展中国海陆地质地球物理及地球化学系列图、我国海岸带基础地质及重点经济区地质环境图、中国海域油气勘探开发数据库与形势图等编制工作，为国民经济和社会发展提供服务。

中国海陆地质地球物理及地球化学系列图：2013 年度继续收集、整理中国大陆及周边海域地质、地球物理、地球化学等相关资料，编制了中国海域-西太平洋 1∶300 万地理底图、水深图和海底地形图（北幅）、重力异常图（陆岛改正）、中-新生代盆地分布图、构造纲要图等作者原图、编图细则；中国管辖海域及邻区 1∶100 万地理底图、水深图和海底地形图（黄海东海幅）、中-新生代盆地构造图等作者原图、编图细则。开展了“西太平洋中-新生代沉积地层特征研究”、“东亚大陆边缘及边缘海地球物理场特征研究”专题研究，认为大陆边缘不同地区俯冲带结构、性质特征不一的认识。通过哀牢山一红河断裂带地质考察，获取了断裂带区域地质认识，首次提出了叠置法和透视法作为海域地质图的编制方法。

我国海岸带基础地质及重点经济区地质环境编图：编制了 1∶100 万全国海岸带遥感影像图、全国沿海经济带区域地质图、全国海岸带滩涂与矿产资源分布图、全国海岸带开发规划与地质环境承载力评价图，1∶50 万山东半岛蓝色经济区地质环境分区图、山东半岛蓝色经济区地质灾害环境地质问题分布图、山东半岛蓝色经济区生态环境脆弱性分区图。研发了中国海岸带（曹妃甸）地质环境三维巡航可视化系统。

中国海域油气勘探开发数据库与形势图：通过收集、整理我国管辖海域 2013 年度油气勘探开发成果信息，编制了 2013 年度中国海域油气勘探开发形势图。同时，开展了南黄海、东海海域主要含油气构造图件的数字化，以及南海中南部海域主要含油气盆地勘探开发的资料整理。

**【近海矿产资源调查】** 继续开展海南岛浅海砂矿资源潜力调查与评价，台湾海峡西岸近海海砂资源潜力调查，舟山海域海底淡水资源的调查与评价（试点）。本年度完成浅地层剖面 4770 千米、侧扫声纳 1272 千米、多波束 1260 千米、地质浅钻总进尺 321.5 米等资料处理、样品测试分析以及相关资料的综合研究。

海南岛浅海砂矿资源潜力调查与评价。完成浅地层剖面解释 1500 千米、沉积物粒度分析 1500 件、碎屑矿物分析 1200 件、化学元素分析 580 件、微体古生物分析 150 件、AMS 14C 测年 10 件、OSL 测年 40 件、210Pb 测年 100 件。通过综合研究，认为海南岛东部浅海晚更新世以来的沉积地层主要分为两大沉积单元，其中下部沉积物颗粒相对较粗，分选性较差，并含有锆石、钛铁矿物；上部沉积物颗粒相对较细，并含有自生黄铁矿。其中砂质沉积物主要集中于现在的滨岸区，细粉砂和粘土沉积物位于现在的浅海区。

台湾海峡西岸近海海砂及相关资源潜力调查。完成地浅地层剖面3270千米、多波束1260千米、侧扫声纳1272千米，地质浅钻总进尺321.5米等资料处理、样品分析测试，以及相关资料的综合研究。通过综合研究，发现调查区北部存在埋深16～30米的古河道，并确定了两块海砂开采区。

浙江舟山海域海底淡水资源调查与评价（试点）。2013年度完成地质钻孔样品测试分析3925件。根据单道地震剖面资料和样品测试结果，进行了海底第四纪沉积层序、沉积环境分析研究，编制了调查区海底松散地层分布图，初步查明了舟山北部海域海底松散沉积物分布特征。发现调查区东北部早更新世地层顶部封闭性很好，所在位置附近早更新世中晚期古河道分布区具有很好的淡水赋存条件；在钱塘江口北部早更新世地层顶部封闭性较好，早更新世中晚期古河道分布区具有较好的淡水赋存条件。

**【海洋油气资源调查】** 继续开展黄海、南海北部陆坡深水区和台湾海峡西岸油气资源调查，2013年度完成二维多道地震13275测线千米和相应重力、磁力、水深测量数据的处理和解释，油气地球化学和微生物500个站位的样品分析测试以及综合研究工作，同时实施油气钻探探井1口。

黄海海域油气资源调查。完成二维多道地震8262测线千米和相应重力、磁力、水深测量资料的处理和解释，油气地球化学200个站位样品的分析测试。同时，实施油气探井钻探1口，完钻井深3833米，发现上侏罗统地层有27个层段存在油气显示，其总厚度56.52米。另外，针对南黄海中、古生界陆相地层进行了地震资料攻关处理和精细解释，在南黄海南部坳陷北部发现了构造圈闭。

南海北部陆坡深水区和台湾海峡西岸油气资源普查。完成二维多道地震5012测线千米及相应重力、磁力和水深测量等资料处理和解释，油气地球化学300个站位样品的测试分析。通过综合研究认为，双峰盆地北部坳陷、西沙海槽盆地中央坳陷及北部断阶带、九龙江凹陷中南部和晋江凹陷西南部油气成藏要素时空配置关系良好，具备油气成藏的有利条件。

**【海洋天然气水合物资源调查】** 继续开展我国天然气水合物资源调查，完成海域高分辨率多道地震测量34742千米，准三维多道地震测量5020千米，浅层剖面测量11729千米，多波束测量20444千米，海底地震仪测量（OBS）投放30台、回收27台，深潜器(ROV)调查5个站位，海底地质取样1055个站位，海域天然气水合物钻探23口总进尺4061米。

首次在南海珠江口盆地东部海域钻获高纯度、新类型天然气水合物实物样品，样品主要赋存于水深600～1100米的海底以下220米以内的两个矿层2个中，上层厚度15米、下层厚度30多米，自然产状呈层状、块状、结核状、瘤状、脉状等多种类型。岩芯中天然气水合物含矿率平均为45%～55%，其中天然气水合物样品中甲烷含量最高达99%，具有埋藏浅、厚度大、类型多、含矿率高、甲烷纯度高等五大特点，在国际上罕见。钻探控制的天然气水合物分布面积55平方千米，折算成天然气控制储量1000亿～1500亿立方米，相当于特大型常规天然气田规模。这是继2007在我国神狐海域钻获分散状天然气水合物实物样品之后再次取得的重大突破，为下一步锁定试开采目标区，早日实现天然气水合物开发利用奠定了坚实基础。

（中国地质调查局）

## 海洋重点实验室

**【海底科学与探测技术教育部重点实验室（中国海洋大学）】** 实验室依托于中国海洋大学海洋地球科学学院。拥有科研人员48人，流动人员10人，其中，院士2人，“973计划”首席科学家1人，教授24人（其中博士生导师15人），副教授11人，讲师6人，实验室技术管理人员7人。拥有基础设施优良的研究实验场所，总面积约3000平方米；初步建成由系列大型仪器设备构成的海底科学与探测技术研究与创新平台，设备总值达3200余万元。实验室拥有海洋地质博士后流动站点，3个博士点，1个硕士学位授权一级学科（涵盖5个硕士点）和4个硕士点，和3个本科专业，构成了完善的以海底科学与探测技术为特色研究方向的人才培养体系。实验室拥有1个山东省“泰山学者建设工程”设岗学科(海洋地质学)。长期以来，实验室一直围绕着国内外海底科学与探测技术研究的热点和前沿领域，根据国家的发展需求，开展了一系列基础、应用基础和技术开发研究，主要研究领域涉及海洋沉积与工程环境、海底资源与成矿作用、海底能源探测与信息技术和大陆边缘构造与盆地分析等。

2013 年在研科研项目共计 144 项，合同经费 17855 万元。其中："973 计划"项目及重大专项课题 7 项，经费 1484 万元；国家自然科学基金课题 28 项，经费 2168 万元；"863 计划"项目 4 项，经费 3296 万元；公益项目 4 项，经费 436 万元；省部委项目 26 项，经费 6606 万元；横向服务项目 71 项，经费 3480 万元；其他项目 4 项，经费 25 万元。

2013 年度，实验室骨干人员共发表学术论文 61 篇，其中 SCI 和 EI 收录 35 篇；出版学术专著 1 部；获实用新型专利、发明专利和软件著作权 9 项。获国家杰出青年科学基金 1 名；实验室着手引进的 4 位具有博士学位青年人才已于 2013 年度全部到位。

2013 年实验室邀请专家来青并主持召开了学术报告 20 余次；全年共有 5 人次参加了国内外学术交流会；先后邀请了 10 余位学者到实验室进行访问或交流，并就海洋地质、海洋地球物理未来的发展方向进行广泛的探讨。李予国教授主办由国家基金委中德科学中心批准的"中德地球电磁探测双边研讨会"，开展了中德学者交流活动。

**【海水养殖教育部重点实验室（中国海洋大学）】** 实验室于 1994 年建立，是水产养殖国家重点学科的核心组成部分。十多年来，着重于海水健康养殖应用基础理论研究与新技术的研发，致力于组织和推动代表国家需求的重要前沿性课题的探索、构筑开放与高层次人才培养的研究平台。主要研究方向有：养殖生态学、营养生理学、遗传育种学和养殖病害学。实验室目前拥有逾 5000 平方米的使用面积、10 个功能实验室以及完备的研究设备；拥有固定研究人员 43 人，包括教授 24 人，副教授/高级工程师 9 人，其中院士 1 名、"长江学者特聘教授" 2 人、国家杰出青年基金获得者 3 人、享受国务院政府特殊津贴 4 人，博士生导师 19 人，教育部新（跨）世纪优秀人才 7 人。实验室涵盖水产养殖、水生生物学和动物学三个博士点和硕士点，为水产学科博士后流动站以及"长江学者特聘教授"设岗单位。

实验室在研省部级以上课题 60 余项，2013 年度新申请课题 18 项，新增科研经费 3000 多万元，发表学术论文 150 余篇，其中 SCI 论文近百篇，获国家授权发明专利 20 余项，"海水池塘高效清洁养殖技术研究与应用"获国家 2012 年度科技进步二等奖。

实验室坚持瞄准国际前沿目标和高起点，采取有力措施，积极引进人才，夯实学科基础，优化人才结构，促进梯队建设。2010 年度引进的中国海洋大学筑峰工程二层次何艮教授本年度被聘为"万人计划"第一层次、泰山学者海外特聘专家；引进"英才工程"第一、第二层次优秀青年教师 2 名；两名副教授晋升为教授。派出 3 位教师赴国外进修 1 年，派出 5 名青年教师赴国外进行短期访问学习。水产动物营养代谢机理及饲料安全研究创新团队获评山东省优秀创新团队。

2013 年度培养博士后 4 人，博士生 33 人，硕士生 42 人；目前在读博士后 4 名、博士研究生 110 名、硕士研究生 151 名。通过建设高水平大学公派研究生项目公派联合培养研究生 10 名，到国外攻读博士学位研究生 8 名。2 篇论文获全国优秀博士学位论文提名。

来自美国马里兰大学、弗吉尼亚理工大学、缅因大学、布莱恩特大学，英国利物浦大学，日本筑波大学，德国波恩大学，韩国蔚山大学，英国自然历史博物馆等高校、机构的 20 余位专家进行了学术访问，双方在学科建设、人才培养等多方面进行了深入细致的合作研究与交流。

**【海洋化学理论与工程技术教育部重点实验室（中国海洋大学）】** 实验室于 2005 年被批准立项建设，于 2009 年 5 月通过验收正式成立，主要研究方向有：活性气体的生物地球化学过程及气候效应、有机生物地球化学过程及其对生态环境演变的响应、海水综合利用技术、环境友好型海洋功能材料与防护技术。实验室在基础研究方面，拥有"海洋有机生物地球化学"国家自然科学基金委创新研究群体；在工程技术开发与应用方面，拥有"环境友好型海洋功能材料与防护技术"科技部创新团队、"环境友好型海洋功能材料与防护技术"教育部创新团队。拥有固定人员 62 人，其中中国工程院院士

1人、国家杰出青年基金获得者2人、教育部“长江学者”特聘教授2人、山东省“泰山学者”1人、山东省“泰山学者攀登计划”1人、中国海洋大学“筑峰人才工程”特聘教授2人、中国海洋大学“绿卡人才工程”特聘教授1人、教育部新世纪优秀人才9人。

2013年实验室主要新增项目10余项，总合同经费1271万元，主要包括国家自然科学基金重大国际（地区）合作研究项目1项、国家自然科学基金委面上项目10项、国家自然科学基金青年基金2项。目前实验室成员共承担在研项目100余项，总合同经费11226.25万元。2013年度实验室成员共发表高水平学术论文122篇，其中88篇论文被SCI或EI收录。获授权发专利13项，已申请受理专利14项。

2013年以于良民教授为学术带头人的“环境友好型海洋功能材料与防护技术”创新团队获科技部重点领域创新团队资助。实验室主要依托化学化工学院开展人才培养工作，2013年共有在读硕士生280名，在读博士生111名。

2013年实验室设立4项访问学者及开放课题基金，用于资助优秀的国内外学者来实验室开展合作研究，取得了良好效果。实验室依托室“海洋化学创新引智基地”建设，年度内近30位国内外专家学者来实验室开展学术交流与高水平合作研究，并讨论研究生联合培养等问题，部分专家还面向博士研究生开设了《科技英文写作》课程，指导研究生提高撰写英文论文的水平，提升了实验室科研水平及在国际学术界的影响力。

**【海洋环境与生态教育部重点实验室（中国海洋大学）】**　实验室面积3200平方米，仪器设备总价值3000余万元，完善了室内分析测试、现场监测、模拟与试验、环境数值模拟与分析等4个实验功能平台。实验室主要研究方向为：近海环境动力过程及其对生态系统的影响；近海典型污染物的环境行为及控制；海岸带工程环境与水资源保护。

2013年，实验室主持或参与国家和省部级科研项目89项，包括“973计划”项目1项，国家水体污染控制与治理科技重大专项课题2项，国家自然科学基金杰出青年基金1项，纵向课题到位经费3700余万元。围绕山东省、青岛市等海洋经济发展的社会需求，实验室积极服务地方经济建设，能力不断加强，新增科技服务等横向项目100项，合同经费900余万元。2013年，实验室发表学术论文150余篇，其中SCI/EI/ISTP收录论文81篇，40篇论文在影响因子大于2的SCI期刊发表，其中在I、II区SCI期刊发表的论文30篇。出版专著/编著4部。新申请发明专利17项。获2013年青岛市科技技术奖（三等奖）1项，2013年山东省科技进步二等奖1项。

2013年，实验室“山东省万人计划”讲座教授在岗2人，“学校绿卡计划”讲座教授在岗1人，获“新世纪优秀人才支持计划”资助2人，新引进具有博士学位教师3人。科研人员中具有博士学位的比例达90%。2013年在实验室学习和交流的博士研究生87人，硕士研究生315人。

2013年实验室的学术交流进一步加强。实验室主办了首届“英国东英吉利大学--中国海洋大学环境与海洋科学学术研讨会”等会议。2013年科研人员出国学习、进修、开展合作研究等40余人次，国内外学者来访50人次，营造了良好的学术气氛，有力推动了环境学科的特色发展。

**【海洋生物遗传育种教育部重点实验室（中国海洋大学）】**　实验室建于上世纪50年代，创建者为著名遗传学家方宗熙先生，是我国海洋生物遗传学与育种技术研究的发祥地，五十多年来为我国海洋生物遗传学理论与育种技术的创立做出了开创性的贡献。1983年教育部设立海洋生物遗传研究室，2008年12月获批建设教育部重点实验室，2011年6月通过验收正式运行。

实验室所在遗传学科为山东省重点学科，拥有遗传学博士点和硕士点，所依托的海洋生命学院拥有生物学博士学位授予权一级学科和海洋生物学国家重点学科，有生物学和海洋生物学2个博士后流动站。实验室面向海洋生物遗传学重大科学问题和蓝色种业发展的重大需求，从分子、细胞、个体和群体等多层次开展海洋生物遗传学与种质资源开发研究。主要研究方向：海洋生物分子遗传学与分子育种、海洋生物细胞遗传学与细胞工程育种、海洋生物基因组学与进化生物学。

2013年实验室共主持和参与各类课题达70

余项，其中“973 计划”项目 3 项，国家“十二五”、“863 计划”重大项目 1 项，“863 计划”课题 11 项，国家支撑计划项目 4 项，国家科技重大专项 1 项，国家自然科学基金项目 25 项，公益性科研专项 5 项，山东省良种工程重大课题 2 项，山东省科技重大专项 1 项，年到校经费达 2900 余万元。2013 年实验室共发表学术论文 50 余篇，其中 SCI 收录 37 篇；获得专利授权 6 项（含美国专利 1 项），软件著作权证书 1 项，申请专利 11 项；水产新品种证书 2 项。

实验室拥有固定人员 25 人，其中教授 9 人，副教授 9 人，高级工程师 1 人，队伍中有山东省泰山学者特聘教授 2 人，山东省有突出贡献的中青年专家 2 人，青岛市专业技术拔尖人才 2 人，国务院特殊津贴获得者 2 人，教育部新世纪人才 4 人，国家自然科学基金优秀青年科学基金获得者 1 人，固定研究人员全部具有博士学位。实验室拥有 1 个长江学者特聘教授岗位、2 个山东省“泰山学者”特聘教授岗位。2013 年，实验室培养博士生 15 名，硕士研究生 48 名。

2013 年，实验室与其他单位共同主办“2013 国际基因组学大会”，邀请国内外著名科学家 40 余名，就基因组学最新的进展和成果进行了报告与研讨，参会人员 400 余人；实验室组织了海洋生物遗传学与育种教育部重点实验室学术论坛 10 余次，共有国内外 10 余名专家、学生做了专题报告。实验室成员参加国际、国内学术交流活动 40 余人次，营造了良好的学术氛围，有效提升了实验室在国际学术界的影响力。

**【海洋药物教育部重点实验室（中国海洋大学）】**　实验室以海洋生物资源为基础，以危害人类生命与健康的重大疾病防治药物研究为目标，定位为海洋药物的应用基础研究。主要研究方向有：海洋糖化学与糖生物学、海洋天然产物化学、药理学、海洋药用生物资源学。实验室拥有固定研究人员 54 名，其中教授 20 名，副教授 13 名。队伍中有中国工程院院士 1 名，山东省“泰山学者”海外特聘专家 1 名，校“绿卡人才工程”教授 1 名，教育部“新世纪优秀人才”6 名；山东省有突出贡献中青年专家 1 名，享受国务院政府特殊津贴专家 2 名，2010 年成为教育部、山东省优秀创新团队。拥有设施优良的研究实验楼 7800 平方米；拥有功能完备、条件先进的海洋药物研发创新公共服务平台，仪器设备总值达 6300 余万元。

2013 年，实验室在研各级项目共计 100 项，新立项项目经费 3263 万元；发表 SCI/EI 收录论文 80 篇，其中影响因子 3.0 以上的 32 篇；获授权发明专利 13 项，申请发明专利 25 项。团队建设方面，有 1 人获国家自然科学基金“优秀青年科学基金”资助；药理学方向引进校“青年英才工程”三层次人才 1 人；2 名讲师晋升副教授；有 1 人完成为期两年的国外研修归来，1 人赴国外研修；1 人获中国药学会赛诺菲奖。2013 年，培养博士 21 人、硕士 58 人。

实验室保持积极开展国内外合作交流的传统，成功主办第十一届海洋药物专业委员会学术年会；新增国际科技合作重点项目 1 项；邀请《美国化学会志》（JACS）主编 Peter J. Stang 院士等国内外知名学者 30 余人次来实验室进行讲座或授课，有 60 余人次参加国内外学术研讨会，有 15 人次做大会报告或特邀报告。在国家“海洋强国”战略、战略性新兴产业发展规划实施的背景下，为适应山东省半岛蓝色经济区建设和蓝色硅谷战略的实施，在青岛市政府和中国海洋大学的大力支持下，2013 年 7 月，青岛海洋生物医药研究院股份有限公司已顺利完成注册。在青岛市财政 2100 余万元装修改造资金的支持下，作为研究院的一期建设工程—学校浮山校区图书馆大楼实验室（8440 平方米）整体改造工程顺利实施；首批 1350 万元的仪器设备已经完成招标。为响应国家“2011 计划”的实施，实验室以研究院为核心载体，联合上海药物所、正大海尔药业股份有限公司，迪莎药业集团等科研机构、制药企业共同组建的山东省海洋药物研究开发协同创新中心获批启动建设（鲁教科字[2013]17 号），并完成了 2013—2015 年实施方案论证。研究院和协同创新中心的建设实施，为实验室的未来发展拓展了空间、注入了活力动力。

**【物理海洋教育部重点实验室（中国海洋大学）】**　实验室成立于 1987 年，1989 年被批准为国家教育委员会部门开放研究实验室，1999 年被首批确认为教育部重点实验室，2010 年在学校政策的大力支持下实验室启动创新试点工程。实验室瞄准国家战略需求和学科发展前沿，开展物理海洋、气象学等学科领域内的科学研究工作，主要研究内容分为三个方向：①海洋环流动力学，下设近海环流与物质运输，大洋环流动力学，极区海洋动力过程三个单元；②海洋波动与混合，下设海浪与小尺度海气，海洋内波与混合两个单元；③海洋-大气相互作用与气候，下设大洋环流动力学，海-气相互作用与气候，海洋与气候系统模式三个单元。实验室拥有大型风-浪-流水槽、内波水槽、旋转水槽、SGI 超级计算机和大型计算机集群等大型设备以及一大批先进的外海和室内观测仪器，同时也是中国海洋大学 3500 吨“东方红 2 号”综合科学考察船的主要用户。

2013 年新承担国家“973 计划”项目、“863 计划”项目、国家自然科学基金等各类项目 40 项（主持），项目经费合同额达 11401 万元。实验室新上及在研各类项目实际到账经费 16000 余万元。作为科研进展和科研水平的重要体现，实验室高水平论文的质量和数量继续保持在较高水平，2013 年实验室成员共发表各类学术论文 106 篇，其中 SCI 收录论文 54 篇，包括 Nature 系列论文 6 篇，PNAS 论文 1 篇，其他 SCI 源期刊论文 47 篇。研究成果“我国东部陆架海区海洋动力环境变化及其机制”先后获教育部自然科学奖一等奖、青岛市科学技术奖一等奖。另有 10 项成果分别获得国家专利授权及软件著作权登记。

在队伍建设中，实验室采取整体规划，弹性引进的人才制度，确保人才队伍建设与科研形势发展密切配合，人才层次与业务层次相适应。2013 年，通过引进海内外高端人才、接受国内外高校及科研机构优秀博士毕业生等多种渠道，实验室共引进各类人才 9 人，包括：“筑峰人才工程”第三层次人才陈显尧研究员、“青年英才工程”第二层次人才张钰博士；“绿卡人才工程”客座教授裘波（夏威夷大学教授）、“千人计划”特聘教授王春在（美国海洋大气局大西洋海洋和气象实验室、气候和飓风研究部研究员）、客座教授 Hans von Storch（德国亥姆霍兹盖斯特哈赫特-海岸带研究所所长）。此外，实验室接收优秀博士毕业生 4 人，作为科研骨干进一步加强相关研究单元的科研力量。目前实验室共有成员 64 人，其中中国科学院院士 3 人，国家杰出青年基金获得者 2 人，千人计划学者 4 人，长江学者特聘教授 3 人，泰山学者特聘教授 2 人。

实验室以培养高层次海洋科学人才为己任，高度重视，全力投入，全年共招收硕士、博士生 123 人，博士后入站 6 人；为社会输送合格博士、硕士毕业生 79 人，博士后出站 2 人。

实验室积极开展广泛的国际合作与交流，2013 年度邀请国内外知名学者来室进行学术访问与交流，举办各类特邀学术报告近 40 次，报告内容涉及实验室各个研究方向。实验室还设立专项经费资助优秀中青年学术骨干参加国际学术交流活动，鼓励优秀中青年学术骨干不断开放视野，与国际学科发展前沿接轨。此外，2013 年共主办了第二届边界流动力学国际研讨会（WCRP/CLIVAR Second International Symposium on Boundary Current dynamics）等四次较大规模的国际学术会议，吸引国内外海洋学界众多顶尖科学家汇聚一堂，就共同关心的学术前沿问题开展深入讨论与切磋，并达成诸多共识。

**【海洋能源利用与节能教育部重点实验室（大连理工大学）】**　实验室于 2008 年 10 月由教育部批准立项。实验室以大连理工大学能源与动力学院拥有的“内燃机研究所”、“叶轮流体机械研究所”和“能源科学与工程研究所”为基础，以海洋能源高效利用与工业节能问题为特色，主要研究方向为：①天然气水合物开发及其利用基础研究；②海洋能和海洋资源的高效利用研究；③热力系统与动力装置节能研究；④能源与节能发展战略与技术研究。

2013 年，共完成和承担各类科研项目 139 项，其中国家科技重大专项子课题 1 项，国家“973 计划”课题（含子项目）1 项，国家“863 计划”课题（含子项目）1 项，其他国家自然基金项目 14 项。全年发表学术论文 300 篇，SCI 检索 58 篇，EI 检索 75 篇。授权中国发明专利 23 个，中国实用新型专利 4 个。由实验室主任宋永臣教授带领其课题组团队申报的“海洋天然气水合物生成机理与分解安全机制”项目，获得 2013 年度海洋工程科学技术奖特等奖。

实验室拥有一支学术水平高、知识结构和年龄结构合理的研究队伍。目前固定人员 50 人（其中 2013 年新增 6 人），其中研究人员 49 人，教授（研究员）33 人（2013 年新增 3 人），博士生导师 27 人，副教授 13 人，讲师 3 人。研究人员中，具有博士学位人员占 83%（提高 6%），是实验室的主要研究力量。2013 年分别招收博士生和硕士生 22 人和 103 人，形成了较大的高层次人才培养规模，积极为国家经济建设和科技发展培养博士与硕士研究生。

2013 年，参加国际学术会议 25 次，参会人员 56 人。参加国内学术会议 30 次，参会人员 50 人。9 月，实验室主任宋永臣教授的带领 4 位教师对英国进行了为期一周的访问，参观了赫瑞瓦特大学和帝国理工大学。

由实验室主任宋永臣教授负责的“天然气水合物安全高效开采研究国际合作基地”，被科技部正式认定为国家级国际科技合作基地（示范型国际科技合作基地类和国家级国际联合研究中心类）。

**【应用海洋生物技术教育部重点实验室（宁波大学）】**　实验室拥有固定人员 102 人，其中正高职称 30 人，副高职称 40 人，博士 69 人；实验室面积 5500 平方米，实验条件优良、设施完备，拥有仪器设备 2924 台/套，仪器总值达 5903 万元。实验室主要研究方向有：海洋生物活性物质和水产品高值化、海洋生物基因资源的研究与开发、海水养殖生物优良种苗的繁育和种质保存、海洋环境保护与生物修复。

2013 年实验室新增各类科研项目 121 项，其中国家级项目 35 项，省部级以上项目 32 项，科研经费达 3600 万元。实验室人员公开发表论文 272 篇，其中 SCI/EI 收录论文 94 篇；申请专利 110 项，授权发明专利 40 项；获浙江省科学技术奖 1 项，海洋科学技术奖 1 项，浙江省高等学校科研成果奖 3 项。实验室人员在参与科技创新活动、推进科技合作等方面作出了突出贡献，1 人获得科技部中青年科技创新领军人才对象，2 人获得浙江省农业科技成果转化推广奖；6 人获得浙江省中年轻学科带头人资助。

2013 年实验室培养博士 2 人，硕士生 107 人，授予学位 109 人；招收博士生 15 人，硕士生 158 人。实验室举办“全国海洋生物技术高级研修班”等国家职业技能资质培训，为地方培养海洋经济发展所需人才达 1500 多人次。2013 年实验室承办“2013 年微生物生态与海洋环境论坛”等学术会议。实验室加强与地方政府和企业的合作，2013 年签署共建技术合作中心 3 家，为加快实验室的科技成果转化与应用提供良好的合作平台。

**【大洋渔业资源可持续开发教育部重点实验室（上海海洋大学）】**　实验室于 2008 年 10 月经教育部批准，由上海海洋大学承担建设。2012 年 5 月通过教育部科技司验收。目前重点实验室主任由陈新军教授担任，潘德炉院士担任学术委员会主任。

实验室拥有人员 41 人，具有博士学位 31 人，正高职称 11 人，副高职称 19 人。实验室面积 3300 平方米，科研仪器 705 套，大型仪器 30 套，总价值 7000 万元左右。实验室瞄准“扶持和壮大我国远洋渔业”和“走出去”国家战略目标，跟踪捕捞学和渔业资源学国际发展前沿，围绕大洋渔业资源开发过程中涉及的开发对象、开发地点和开发手段等 3 个主要方面，结合学科发展前沿和趋势和我国大洋性公海渔业产业需求，设立渔业资源数量变动机制及开发策略、高效节能生态型捕捞技术和基于 3S 的渔情预报技术三个研究方向，开展应用基础研究，以增强我国履行国际公约的能力和分享公海大洋性渔业资源的能力，更好地维护我国公海渔业权益。

2013 年，重点实验室成员在鱿鱼类、金枪鱼类、南极磷虾和中上层鱼类等研究领域积极申报或合作申报各类国家级、省部级项目，取得了丰硕的成果，共承担各类科研项目 110 项，项目合同年度到账经费 2477 万元。其中，新增国家科技支撑计划 1 项，国家自然科学基金项目 2 项等。全年，实验室共发表学术论文 191 篇，其中 SCI 文章 20 篇，EI 论文 30 篇，CSCD 论文 141 篇。获得授权专利 38 项，其中发明专利 7 项，实用新型及外观专利 31 项。获得软件著作权 6 项，出版教材和参考书共计 5 部。获得科研及论文奖励 11 项，其中“北太平洋柔鱼资源可持续开发关键技术及应用”获得上海市科技进步二等奖，“西南大西洋阿根廷滑柔鱼资源开发关键技术研究及其应用”获得上海海洋科学技术奖特等奖等。

实验室积极选派青年教师境外合作科研、进修，参与区域性渔业管理组织会议，培养青年教师的国际视野，提升科研水平。2013 年，共选派了 4 位青年教师赴国外大学进修学习。其中，李纲博士和李阳东副教授于 9 月底赴美进修学习，许强华教授和陈彦博士于 12 月份赴美合作科研等。同时，实验室创新研究生培养模式，提升研究生培养水平，并取得了理想成绩。其中，硕士研究生李杰获得“印度洋金枪鱼委员会（IOTC）”全额资助，出席了在法属留尼旺召开的“IOTC 第 9 次生态系统与兼捕问题(WPEB)会议”。

2013 年，实验室承办了由北太平洋金枪鱼科学委员会(ISC)主办的长鳍金枪鱼工作组会议(Albacore Working Group Workshop)。接待了英国班戈大学海洋学院院长 Collin Jago 教授和应用海洋科学中心主任 Lewis Le Vey 博士到访，以及日本“促进负责任金枪鱼渔业组织（OPRT）”一行人科研交流访问。

实验室成员参加了各类国际学术会议 36 人次，其中做大会报告 26 人次，展板墙报形式等 10 人次。其中，包括参加了北极渔业国际研讨会——28th Wakefield Fisheries Symposium，国际海洋开发委员会(ICES)和联合国粮农组织（FAO）捕捞技术和鱼类行为工作组会议（WGFTFB），印度洋金枪鱼委员会（IOTC）第 10 届执法分委员会会议和第 17 届委员会会议，中西太平洋渔业委员会科学分委员会第九届常规会议（WCPFC-SC9-2013），ICCAT“研究与统计常设委员会”(SCRS) 2013 年科学会议，南极鱼类资源评估工作组会议（WG-FSA）等。

**【滨海土木工程结构与安全教育部重点实验室（天津大学）】** 实验室于 2009 年 12 月建立。实验室立足滨海地区，面向土木工程建设的重大需求，瞄准土木工程学科的国际研究前沿，开展滨海土木工程结构与安全领域的创新研究。实验室有固定研究人员 45 人。其中教授（含研究员）20 人，占固定研究人员总数的 48%；具有博士学位人员 42 人，占固定研究人员总数的 95%。实验室科研和实验用房面积达到 8000 余平方米。新购置仪器设备总值 2000 余万元，其中单台套在 20 万元以上的仪器设备总值 1600 余万元。实验室拥有大型仪器设备 100 余台套，总值约 4300 万元，其中 20 万元以上设备共 28 台套，总值 3000 余万元。

实验室紧密结合我国城市化进程加速和经济发展快速增长的战略需求，以滨海地区软土地基和腐蚀环境等复杂条件以及地震、强/台风、波浪和爆炸等动力作用为研究特色，围绕软土地基的工程特性及其影响，土木工程的新材料、新结构及其受力性能，工程结构的灾害作用及其破坏机理等关键科学问题，在滨海土木工程结构与安全领域，致力于软土地基与地下工程研究，混凝土结构、材料及其耐久性研究，钢结构、空间结构及其设计理论研究，以及工程结构灾害效应及防灾减灾研究等四个研究方向的创新研究，以期实现土木工程结构从承载力安全设计方法向耐久性设计、全寿命设计和抗灾性态设计的发展，从而全面提高土木工程结构的安全性和抗灾能力。

2013 年实验室承担省部级科研项目共 54 项，经费 4015 万元。其中国家“973 计划”项目课题 2 项，国家科技支撑计划项目课题 3 项，国家“863 计划”项目课题 1 项，国家自然科学基金仪器专项基金项目 1 项、重大研究计划重点项目 1 项、重点项目 2 项、面上项目 13 项、青年基金项目 5 项。

2013 年实验室共获得省部级科技进步一等奖 2 项，包括天津市科技进步一等奖 1 项和教育部科技进步一等奖 1 项；实验室共发表科研论文共 100 余篇，其中 SCI 收录 25 篇；获授权国家发明专利 3 项。

2013 年实验室人员中，入选教育部“新世纪优秀人才支持计划”1 人，晋升教授 1 人，晋升副教授 3 人，引进海外博士学位教师 2 人，2013 年实验室选留博士后出站教师 1 人。2013 年实验室获评全国百篇优秀博士学位论文 1 篇。目前，实验室有在校博士生 95 名、硕士研究生 315 名。

2013 年购置或研制大型仪器设备 4 台套，总经费 1600 万元。包括微机控制电液伺服万能材料试验机系统，大型多功能结构试验机系统，材料高速冲击动态试验系统，大型地下工程模型试验系统。

2013 年实验室主办或协办国际会议 2 次，主办国内会议 5 次。实验室科研人员到国外大学做访问学者 5 人次，出国参加国际会议 29 人次。实验室邀请国外大学和科研机构专家学者来访交流 31 人次。

2013 年实验室设立开放基金 4 项，每项资助经费 5 万元。分别由北京交通大学、解放军理工大学、兰州大学和华南理工大学的青年教师承担。

**【滨海湿地生态系统教育部重点实验室（厦门**

大学)】 实验室建立在厦门大学著名生物学家金德祥教授、唐仲璋院士、林鹏院士等先驱工作的基础上，主要有三个研究方向：红树林湿地生态系统结构与功能及其对全球变化的响应，海陆界面生态系统与生物地球化学过程的相互作用和滨海湿地环境污染、生态毒理及生物修复。

实验室拥有一支实力雄厚的科研队伍，固定人员 51 人，流动人员 7 人。固定人员中，博士生导师 18 人，教授 29 人，副教授、助理教授 22 人。其中院士 1 人，长江学者 1 人，杰出青年基金获得者 2 人，国家级教学名师 1 人，青年千人计划获得者 1 人，闽江学者特聘教授 1 人，国家百千万人才计划 1 人，国家优秀青年科学基金获得者 1 人，科技部中青年科技创新领军人才 1 人，教育部新世纪人才计划 7 人，福建省百人计划 1 人，福建省百千万人才计划 1 人，福建省新世纪优秀人才计划 1 人。

功能实验室总面积约 6500 平方米，拥有仪器设备超过 8000 万元。支撑系统包括 11 个功能实验室、2 个野外定位研究站和 1 个鹭类繁育基地和 9 个公共平台。

2013 年，实验室在研究经费和论文发表上进步显著，新增科研项目 50 项，其中国家自然科学基金 23 项，“973 计划”项目课题和国家自然科学基金重点项目各 1 项，总经费达 3764 万元；共发表 SCI 论文 63 篇，其中 JCR 二区以上 17 篇，授权专利 19 项，专著（编著）7 部；入选科技部中青年科技创新领军人才计划、教育部新世纪优秀人才计划、福建省高校学科领军人才、厦门市“双百”计划第五批海外高层次人才各 1 人；主办或协办 3 次区域性和全国性学术会议；并首次设立“访问学者基金”，开设“香山环境与生态论坛”，已举办 7 讲；举办 4 场研究生暑期学校，召开 2 次实验室联合学术研讨会；同时积极开展滨海湿地生态修复和保护工作，出版了红树林宣教画册，承担长汀县汀江源流域综合整治与生态走廊建设规划工作等，已经产生了重要的社会影响。

**【海岸与海岛开发教育部重点实验室（南京大学)】** 南京大学海岸与海岛开发教育部重点实验室坚持“开放、流动、联合”的发展理念，以地球系统科学的理论为指导，以海岸海洋为主要研究对象，并深入扩展至地貌过程与古气候变化、极地-海洋的气候环境变化、海陆环境联系的机制、沿海城镇与旅游规划管理，以及海岸海洋灾害的特征、机制及评估等方面。

实验室拥有固定人员 50 人，其中教授 20 人，副教授和讲师 22 人、工程技术人员 7 人。有 1 人为中国科学院院士，2 人为教育部长江学者特聘教授，3 人为国家杰出青年基金获得者。中国科学院院士陶澍教授任实验室学术委员会主任，鹿化煜教授任实验室主任，中国科学院院士王颖教授为实验室名誉主任。

2013 年度实验室新增国家自然科学基金项目 11 项（2 项青年基金，8 项面上基金，1 项重点基金)。参与“2011 计划”南海协同创新中心，组建“南海资源环境与海疆权益研究”平台。继续积极进行国家海洋局公益项目和科技部国家科技重大专项的科研工作。实验室发表论文 100 余篇，被 SCI 收录 40 余篇，出版专著 5 部。鹿化煜教授入选“万人计划”首批科技创新领军人才；李满春教授获教育部高等学校优秀成果（科技进步）一等奖 1 项和国家地理测绘信息奖 1 项。

实验室与国内外同行开展了广泛合作，多位成员到国外参会和科研合作，并聘请国外海洋届著名学者来实验室工作和讲学，与国家海洋局开展合作交流联合培养研究生工作启动，2013 年联合招收了 20 名研究生。6 月主持召开了“第十四届海峡两岸地貌研讨会”。

（中国教育部）

**【近海海洋环境科学国家重点实验室（厦门大学)】** 近海海洋环境科学国家重点实验室（厦门大学）启动建设于 2005 年 3 月，2007 年 6 月通过科技部验收，2010 年被评为优秀国家重点实验室。实验室瞄准与全球变化有关的重大科学问题，直面国家对海洋环境保护和生态安全的重大需求，立足基础研究，以多学科交叉为基础、以技术创新为动力、主攻海洋生物地球化学过程及其与海洋生态系统相互作用，关注在自然变化和人类活动影响下的海洋生态系统对环境变化的响应和反馈。实验室坚持走国际化发展道路，科学研究力求具备国际视野，管理体系参比国际标准，文化建设崇尚自由宽松，努力建设成为具有重要国际影响力的海洋环境科学研究和创新性人才聚集的基地。

**【水声通信与海洋信息技术教育部重点实验室**

（厦门大学）】　水声通信与海洋信息技术教育部重点实验室于2005年底获教育部批准依托厦门大学筹建，2009年7月通过教育部组织的验收，并正式向社会开放运行。

实验室主要研究方向是水声通信、海洋信息技术。研究重点是：①海洋声场声信道，②水声通信与网络，③多媒介立体通信，④海洋遥感，⑤海洋数值模拟与分析，⑥声信息与声探测。

实验室现在固定研究人员37人，其中教授15人（博士生导师12人）、副教授13人、助理教授9人；另有技术人员14人，行政人员3人，流动人员14人。实验室固定研究人员中，有国家教委跨世纪优秀人才1人，福建省新世纪优秀人才2人，厦门大学特聘教授1人。研究人员的平均年龄39岁，45岁以下占70%；已形成了一支以高水平学术带头人为核心、中青年科学家为中坚力量、年龄结构合理、团结向上、充满活力的科学研究队伍。　（厦门大学）

**【国家海洋局数字海洋科学技术重点实验室】**　国家海洋局数字海洋科学技术重点实验室于2011年11月1日获批成立，依托国家海洋信息中心，隶属于国家海洋局，担负着引进吸收国内外数字海洋及相关领域先进科研成果，支撑服务我国数字海洋发展的重任。

实验室重点开展数字海洋基础理论与方法、数字海洋关键技术、数字海洋集成与应用服务技术等相关研究工作，并按照开放性的思路和要求进行建设，创新体制机制，充分发挥依托单位的科技资源和软硬件环境优势，努力实现资源的整合、开放、共享，深化产学研合作，真正起到高新成果的“孵化器”和成果应用转化“桥梁”的作用，促进新技术和新成果尽快转化为业务化保障能力，缩短从科技研发到将科研成果应用于业务保障的周期，提升自主创新能力，由此逐步发展，形成本实验室特色研究领域与工作范围。

实验室建设的近期目标：推动数字海洋信息基础框架建设成果的应用，开展数字海洋发展规划的研究，开展数字海洋服务工程的立项与建设；开展数字海洋基础理论与关键技术攻关，争取在重点研究领域与方向上取得突破，奠定实验室建设的技术基础、人才队伍基础和科研条件基础。实验室建设中长期目标：形成较为完善的数字海洋基础理论与技术体系，全面解决数字海洋发展过程中的关键技术难题，搭建开放型数字海洋科技创新平台，从技术和人才上全方位保障我国数字海洋发展，将实验室建设成为在国内外相关领域具有重要影响力的科研机构。

实验室由国家海洋信息中心副主任石绥祥研究员担任主任，金继业研究员担任实验室副主任，并成立由何积丰院士、金翔龙院士、潘德炉院士、龚建雅院士等17位国内海洋与信息行业知名专家组成的学术委员会。实验室拥有固定人员33名，其中高级职称24人，具有博士学位7人，具有硕士学位32人。年龄结构上，以中青年学者为主，专业上覆盖海洋信息化规划、物理海洋、计算机科学、遥感与地理信息系统等领域。

2013年，实验室共主持或参与科研项目共计26项。其中，主持国家自然科学基金青年基金项目1项，海洋公益项目1项，国家海洋局专项任务12项，国家海洋局青年基金2项，国家海洋局重点实验室开放基金2项；参与国家自然科学基金面上项目2项，国家973项目1项，海洋公益项目3项，极地专项任务1项，海军专项任务1项。年度科研经费共计915万元。2013年，实验室面向全国涉海单位及科研院所公开发布实验室开放科研基金，选取海洋信息领域9个优秀研究课题作为资助对象，共计资助金额27万元。2012—2013年度实验室共发表期刊论文36篇，中文期刊22篇，英文期刊14篇，其中31篇为核心以上期刊，13篇SCI/EI检索，取得软件著作权6项。2012—2013年实验室获得省部级海洋科学技术奖特等奖1项，省部级地理信息科技进步奖二等奖1项，省部级海洋优秀科技图书奖1项。此外，还组织了数十次不同规模的专题学术交流活动；共派出10余人次出国访问、参加国际学术会议交流，30余人次参加了数字海洋、遥感、海洋环境数据处理等技术培训；邀请国内外知名专家学者30余人次前来讲学；接待国内团组十余次，近200余人次来实验室参观访问。

（国家海洋信息中心）

**【国家海洋局海洋灾害预报技术研究重点实验室】**　国家海洋局海洋灾害预报技术研究重点实验室成立于2010年8月，是国家海洋局针对海洋防灾减灾应用基础研究部门开放的重点实验室，以国家海洋环境预报中心为依托单位。重点实验室现任主任为王辉研究员，学术委员会主任为谢立安教授。实验室的科研团队以依托单位研究人员为主，拥有固定成员 41 位和流动成员 3 位。另聘请了 4 位海外客座研究员和 4 位国内客座研究员。

2013 年实验室各项工作稳步发展。成功发布了全球业务化海洋学预报系统，此预报系统是我国首个涵盖全球大洋到中国近海的综合业务化海洋学预报系统，被评为“2013 年中国十大海洋科技进展”之一；自主研制了福建风暴潮-近岸海浪漫堤数值预报系统，为沿海防灾减灾提供直观、有益的决策支撑；继续组织自主研发边缘海预报模式。2013 年实验室在研科研项目 38 项，其中国家科技支撑计划项目 1 项，国家科技支撑项目子课题 4 项，国家自然科学基金项目 10 项，国家“973 计划”项目、“863 计划”项目课题 6 项，海洋公益性科研专项 6 项，海洋公益性协作项目 7 项，其他项目 4 项；新增科研项目 6 项。2013 年实验室共发表论文 21 篇。

2013 年实验室广泛开展国内外学术交流。共主办国际会议 1 次，接待国外专家、学者来访 14 次，赴外访问、学习、合作研究 14 次，促进了国际间交流与合作，提高了实验室的国际影响力；通过设立开放基金，鼓励国内外青年研究人员对海洋灾害和预警报技术的研究，促进实验室人才培育基地的建设；通过举办“香山会议”，“实验室学术年会”，“数值模式培训班”等学术活动，展示了实验室的学术成果，开拓了研究视野，促进了实验室整体学术水平与科研能力的提高。

2013 年实验室稳步推进人才队伍建设。召开室务委员会对重点实验室固定成员进行调整，组建相关研究团队，并新增加了 9 名实验室固定成员；积极招收和吸引国内外客座研究人员，拓展开放形式，发挥创新优势。

2013 年实验室继续向“开放、流动、联合、竞争”管理体系迈进。通过广泛调研、召开室务会、实验室学术委员会、强化科研和业务工作相结合、更新实验室固定成员管理规定等方式，加强实验室综合管理，发挥实验室团队协作优势，提高实验室凝聚力。

（国家海洋环境预报中心）

**【国家海洋局海洋环境科学和数值模拟重点实验室】**　该重点实验室以国家海洋局第一海洋研究所为依托单位，实验室主任为乔方利研究员，学术委员会主任为王斌研究员。实验室拥有科研人员 56 名，其中中国工程院院士 2 名，美国工程院院士、中国工程院外籍院士 1 名，研究员 11 人，副研究员 15 人。具有博士学位的 34 人，45 岁以下科研人员占 80%以上。享受政府特殊津贴 6 人，百千万人才 2 人；在读博士研究生 11 人，在读硕士研究生 18 人，在站博士后 5 人。

实验室面向国家经济可持续建设、海洋减灾防灾等重大需求，以增进对中国近海及全球大洋重要海洋动力过程及其规律的认识、提高海洋学研究对国家可持续发展能力等为主要工作目标，以物理海洋学为主要研究范畴，涉及海洋环境科学相关的交叉性前沿领域。实验室综合应用数学、物理学方法，发展海洋调查技术、数据分析技术、数值模拟技术和信息技术，以现场调查、实验、海洋遥感和数值模拟为主要研究手段，研究海洋环境及其演变机理。自实验室成立以来，提出海洋动力系统研究思路，自主发展了海浪、风浪流耦合等先进的数值模拟体系并实现业务化运行。在波浪动力学、近海及大洋环流、潮汐潮流、全球气候变化等学科领域取得了多项高水平研究成果。在推动海洋科学与技术进步的同时，为近海工程、海上油气田开发和海洋安全等领域提供了高水平科技支撑。目前设立“区域海洋动力学”、“海洋数值模拟与数据分析技术”、“海洋调查和实验技术”和“海洋动态信息技术”等 4 个学科方向。

2013 年，实验室共获批国家自然科学基金、科技部和海洋局专项课题等 14 项. 在研项目 38 项。主要在研项目包括：国家重点基础研究发展计划项目“南大洋-印度洋海气过程对东亚及全球气候变化的影响”，国家重点基础研究发展计划项目课题“南海环流和海峡水交换对海气相互作用的影响”，国家“863 计划”项目课题“南海及周边海域风浪流耦合同化精细化数值预报与信息服务系统”，海洋局国际合作项目“中印尼合作卡里马塔海峡水交换观测研究”，科技部国际合作项目“中印尼合作南海-西印尼海-印度洋水交换及其气候效应”，国家海洋局海洋可再生能源专项资金项目“波浪能重点开发利用区资源勘查和选划”等。

建立了世界上第一个包含大气、海洋、陆面、海冰和海浪模式的全球地球系统模式FIO-ESM，成果发表在JGR杂志上，参加了第五次国际气候模式对比计划CMIP5，气候系统核心指标SST历史150年模拟能力在45个模式中列第8位。FIO-ESM主要由气候系统模式和碳循环模式两部分组成，气候物理过程和全球碳循环过程二者相互作用，共同影响全球气候变化。利用该模式可以进行历史气候模拟、短期气候预测、未来气候变化预估以及全球碳循环的模拟等相关研究。FIO-ESM的建立是对国际地球气候系统模式的一种原创贡献。

2013年度，海洋环境科学与数值模拟国家海洋局重点实验室、数据分析与应用国家海洋局重点实验室承办国际学术研讨会2次：“联合国教科文组织政府间海洋学委员会海洋动力学与气候区域培训与研究中心ODC第三届培训班”和“海洋在气候多年代际变化中的作用国际论坛”，该实验室科学家共参加国内外学术交流23人次。该年度接受刊用或正式发表文章63篇，其中SCI/EI文章30篇；已出版或接收出版专著5部。

**【国家海洋局海洋沉积与环境地质重点实验室】** 该实验室以国家海洋局第一海洋研究所为依托单位，于2002年经国家海洋局批准成立。实验室实行主任负责制，注重发挥学术委员会的学术指导作用。现任实验室主任为石学法研究员，学术委员会主任为秦蕴珊院士。

重点实验室下设粒度与悬浮体、碎屑矿物、微体古生物、元素地球化学、同位素地球化学、土工、岩心无损测试、重磁和地震探测等专业实验室，还设有地球物理数据处理中心和海洋地质样品库。重点实验室拥有重力仪、磁力仪、海底地震仪、多接收同位素质谱仪、环境扫描电子显微镜、X射线衍射仪、电感耦合等离子质谱仪、多参数岩心扫描测试系统、电子探针等调查与测试分析仪器设备100余台/套。

经过十余年的建设，重点实验室在上级主管部门和依托单位的大力支持下，对科技人员的专业结构和年龄结构进行了合理调整，基本形成了一支以中青年科学家为主体、学科发展齐全的海洋地质地球物理调查与研究队伍。拥有固定科研人员67人，其中包括研究员（教授级高工）19人（博导5人），副研究员（含高工）21人，助理研究员（含工程师）20人，研究实习员（含助理工程师）7人，中青年科研人员（45岁以下）占总人数的85%。

根据海洋地质学科的发展前沿、国家需求、依托单位的优势和支撑条件，以及组建海洋国家实验室海洋地质过程与环境功能实验室的机遇，重点实验室设立5个研究方向：①海岸带陆海相互作用过程；②海洋沉积与全球变化；③海洋地球物理场与岩石圈动力学；④深海成矿作用与矿产资源评价；⑤海底探测和信息技术。在海洋环境地质方面，实验室着重于海洋沉积过程、过去全球变化的海洋记录及其环境效应、海岸带演变过程及工程地质与灾害地质研究；在海洋沉积与矿产资源研究方面，实验室侧重于大洋富钴结壳和热液硫化物成矿作用研究；与此同时，还开展了对资源与环境有重大影响的海底岩石圈的演变、海底构造等学科前沿领域的研究工作；在海底探测技术方面，实验室着力发展海洋沉积物取样技术、高分辨率地震探测技术、海底地形探测技术，并大力开展沉积物现场测试技术、海底样品保存技术和海洋地质地球物理综合信息解释技术，形成完善系统的海底探测技术体系。以此为推动我国海洋地质科学的发展做出积极贡献，为我国经济建设及社会发展提供决策依据和建议，为实现国家海洋局的职能提供技术支撑。近年来，重点实验室的调查研究区遍及河口海岸带、陆架、边缘海、大洋和南北极地区，在陆架泥质沉积作用、中一高纬度边缘海沉积特征与古环境演化、边缘海地球物理特征及构造演化、海底多金属成矿系统和海底探测技术等方面形成了一些特色研究成果。并与俄罗斯、德国、法国、泰国、马来西亚、印度尼西亚、韩国等十几个国家和地区的海洋研究机构建立了良好的合作关系。

**【国家海洋局海洋生态环境科学与工程重点实验室】** 该实验室以国家海洋局第一海洋研究所为依托单位，负责人为马德毅研究员。实验室目前有固定研究人员56人，其中22人具有高级职称，23人具有博士学位。在站博士后2名、在读博士研究生10名。实验室以海洋生态学和海洋环境科学为基础，开展现代海洋调查和观测，发展实验生态学和数值模拟技术，研究海洋中的主要生态过程以及其在自然和人为多重胁迫作用下的改变，揭示海洋环境与生态系统演变的机理，为维护海洋生态安全和生态系统的有效利用与管理提供科学支撑，为维持海洋生态系统的服务功能和实现海洋产业的可持续发展提供服务。重点实验室是国家海洋科学高层人才的培养基地，通过前沿性和前瞻性的基础、应用基础研究以及技术开发，培养既能从事创新研究又能解决海洋开发中关键问题的复合型人才。学科方向：海洋生物地球化学循环、海洋生物多样性与保护、海洋生态安全、海洋生态灾害研究与对策、海洋生态系统综合评价、海洋生态规划与管理、海洋环境保护与污染防控、海洋可持续开发与利用。

实验室拥有各类各型实验与野外科考仪器设备总价值达1800万元，2013年新增仪器设备总值300万元。2013年在研及新获批国家级、地方和国际合作研究课题70余项，研究经费约3500万元；2013年度，重点实验室开放基金资助项目6项。

2013年在研和新获批重要研究项目包括：主持和副主持“气候变化对大洋上层营养盐供给的影响”、“IND南部海区综合调查”等全球气候变化与海气相互作用专项，“中印尼中心联合观测站建设”海上合作基金建设项目，“致灾藻类在藻华灾害形成与演变中的适应策略与竞争机制”、“近海富营养化关键过程及其对藻华灾害的驱动作用”、“河口生态系统对重大水利工程的响应过程和机理”等“973计划”项目课题，“重要海湾海岸带典型受损生境修复关键技术研究与示范”、“渤海水交换与环境容量评价技术研究”、“河口混合区水环境状况调查和水动力模拟”等国家科技支撑计划课题，“北极海洋化学调查研究”、“南极冰架覆盖区生物地球化学过程研究技术”等极地专项，“我国海洋浮游生物分类鉴定技术及在生物多样性保护中的应用“和“滨海湿地固碳能力提升技术及应用示范”等海洋公益性行业科研重点专项，国家科技基础性工作专项“我国海洋浮游植物检测与技术标准研究”，“典型海域水母灾害监测预警技术业务化应用与示范研究”、“渤海湾典型区域综合承载力评估”、“基于生态系统的集约用海适应性管理模式研究”、“紫菜筏架区绿藻防控技术研究与示范”评估”等海洋公益性行业科研专项子任务或子课题，以及“远洋船舶压载水处理检测方法研究”山东省科技创新项目，“长江口外缺氧区沉积物耗氧及有机碳矿化”、“植硅体在河流硅输送中的作用”、“黄海中二甲基硫化物的生物生产与消费”等国家自然科学基金，以及防城港核电项目海洋生态环境调查评价等社会化服务项目。

2013年该重点实验室发表论文和专著41篇/部，其中SCI、EI论文13篇；申请专利和软件著作权各1项；获得国家海洋局海洋科学技术奖二等奖1项，获得中国海洋工程咨询协会海洋工程科学技术奖一等奖1项(第3参加单位)。

**【国家海洋局海洋生物活性物质与现代分析技术重点实验室】** 该实验室以国家海洋局第一海洋研究所为依托单位，负责人是王保栋研究员。实验室拥有固定研究人员38人，其中21人具有高级职称，35人具有硕/博士学位。

实验室主要以极端海洋环境（包括南北极、深海底部、河口咸淡水交混处和滨海盐碱荒滩）中生物活性物质为主要研究对象，瞄准国际发展前沿，以现代生物技术为手段，进行生物活性物质有关的基础理论研究和应用基础研究。推动海洋经济的发展，积极研究开发海洋食品、保健食品、药品、农业增产剂和杀菌剂、生物功能材料和精细化学产品等，并积极推进研究成果的产业化。同时利用现代分析仪器为支撑，以化学、生物分析方法及技术为手段，解决生命科学、海洋科学、环境科学及信息材料科学中相关问题，大力发展环境检测监测、生物活性物质的分离、结构鉴定、活性检测技术等研究。

实验室占地2200多平方米，拥有比较完备的生物活性物质研发所需的各类现代分析及生物仪器设备，共计80余台套，总价值达3500余万元。2013年度新增仪器设备8台套，价值500多万元。新获青岛市海洋经济创新发展区域示范项目“青岛海洋生物医药分析测试与中试研发公共服务平台”支撑，经费400万元。2013年在研及新申请国家级和省市研究课题40余项，研究经费约2000余万元；正式发表研究论文38篇，其中SCI收录论文17篇。2013年度，重点实验室开放基金资助项目5项。

学科方向：海洋特殊生境生物及其基因资源；海洋生物活性物质研发；海洋环境分析检

测与监测技术。2013 年度完成在研及新增各类课题 40 余项，经费达 2000 余万元；其中 2013 年新增包括国家自然科学基金项目 3 项，“863 计划”项目 1 项，海洋公益性行业科研专项 3 项，极地专项项目 6 项，纵向经费额度达 1000 余万元。国家自然科学基金在研项目 9 项。

2013 年重点实验室在核心以上刊物发表论文 38 篇，其中 SCI 论文 17 篇；申请国家发明专利 4 项；获海洋科学技术奖二等奖 1 项，硕士研究生许建方额张璇获国家奖学金。

**【国家海洋局海洋数据分析与应用重点实验室】** 该重点实验室以国家海洋局第一海洋研究所为依托单位。现任实验室主任为美国工程院院士、中国工程院外籍院士黄锷研究员，学术委员会主任为中国科学院院士丁仲礼研究员。实验室拥有研究员 2 人，副研究员 1 人，助理研究员 3 人，硕士生 2 人。

实验室主要围绕自适应数据分析方法、海洋与气候变化数据分析和海洋与气候系统预测技术开展研究工作，取得一批原创性成果，在国际国内影响重大的期刊上发表学术论文 8 篇。实验室还先后承担了国家级、省部级等 10 余个科研项目，包括国家“973 计划”项目，国家自然科学基金面上项目，国家自然科学基金青年基金等。

实验室非常重视国内外学术交流。2013 年 9 月份筹备并成功召开了“国际工程科技发展战略高端论坛——海洋在气候多年代际变化中的作用。本次论坛由中国工程院和国家海洋局共同举办，论坛由中国工程院外籍院士、美国工程院院士黄锷主持。论坛围绕海洋与气候多年代际变化、提高长期气候变化预测能力等关键问题展开讨论，来自中国、美国、英国、德国、澳大利亚和日本等国的 14 位知名专家做了演讲，包括美国科学院院士 John M. Wallace，英国皇家学会会员、欧洲科学院院士 Sir Brian Hoskins，中国工程院院士丁一汇，中国科学院院士吴国雄等人，共有 260 余位专家与青年学者参加了本次论坛。本实验室还多次派出成员参加国际会议，国际培训班等学术活动，并与欧美等国多所大学建立了学术联系，与国内外的交流合作日益增加，营造良好的学术氛围。

（国家海洋局第一海洋研究所）

**【卫星海洋环境动力学国家重点实验室】** 卫星海洋环境动力学国家重点实验室（SOED）的前身是国家海洋局海洋动力过程与卫星海洋学重点实验室，集中了国家海洋局第二海洋研究所在物理海洋、海洋遥感和海洋生态等方面的传统优势和人才力量，于 2006 年 7 月由科技部批准建设，2010 年通过验收。首届学术委员会主任为中国科学院院士巢纪平，现任学术委员会主任为中国科学院院士吴国雄，实验室主任为国家特聘专家、首批国家海外高层次人才“千人计划”入选者陈大可研究员。

卫星海洋环境动力学国家重点实验室是国家海洋局系统第一个也是唯一的国家重点实验室。作为国家部门公益性研究机构的组成部分，实验室承担着大量的国家专项任务，在注重科学研究的同时强调实际贡献。因此，实验室定位的基本原则是：国家重大需求与科学前沿并重，应用基础研究与基础研究并重，高新技术开发与科学创新并重，打造特色鲜明的、代表国家水平的、具有国际影响力的一流海洋科研基地。实验室设立三个主要研究方向：海洋卫星遥感技术与应用、近海动力过程与生态环境、大洋环流与短期气候变化。实验室的特色主要表现在三个方面：一是有机结合物理海洋学与卫星海洋学，形成了一个国际海洋界非常罕见的学科交叉研究平台；二是开发和集成海洋观测高新技术，在卫星遥感和 Argo 应用等方面处于国内领先和国际先进水平；三是自主研发军民兼用海洋环境监测和预报系统，满足国防建设和防灾减灾的国家需求。

实验室拥有固定人员 45 人，其中研究人员 35 人，占总人数的 77.8%；技术支撑及管理人员 10 人。研究人员中有中国科学院院士 1 人，中国工程院院士 1 人，国家“千人计划”特聘专家 2 人，国家杰出青年科学基金获得者 1 人，国家优秀青年科学基金获得者 1 人，国家“青年千人计划”入选专家 1 人，基本形成了一支以高水平学术带头人为核心，中青年科学家为中坚力量、团结向上、充满活力的科研团队。此外，实验室还有流动人员 33 名，包括兼职“海星学者”、兼职研究员、客座研究员和博士后研究人员。在团队建设与人才培养方面，实验室 2013 年取得了突破性进展。特别是获得了国家自然科学基金委“海洋动力环境的监测和预报研究”创新群体项目，并入选科技部创新人才推进计划的“海洋卫星遥感技术创新团队”，增强了实验室基础研究和应用基础研究队伍的凝聚力。此外，何贤强获得基金委优秀青年科学基金，并作为2013年国家海洋局推荐的中青年科技创新领军人才参加了全国的评选；王桂华荣获第十三届中国青年科技奖，并被美国地球物理学会（AGU）选为地球物理期刊——海洋学研究（JGR-Oceans）2012年度杰出审稿专家。

2013年实验室共承担科研项目108项，其中新上42项，结题验收12项。在研项目中，主持和参加“973计划”项目课题10项，“863计划”项目4项，国家科技支撑计划项目2项，科技部科技基础专项1项，国家自然科学基金项目21项（其中杰青1项，重大研究计划重点支持项目2项），海洋公益专项12项。“近海复杂水体环境的卫星遥感关键技术研究及应用”获2013年度国家科技进步奖（第一署名单位）；“Argo大洋观测与资料同化及其对我国短期气候预测的改进”获国家科技进步二等奖（第二署名单位）；此外还获得海洋科学技术奖一等奖2项，二等奖2项。2013年共发表科技论文105篇，其中SCI/EI收录65篇，平均影响因子在2.0左右；并获得国家发明专利2项，实用新型专利2项，计算机软件著作权登记12项。

在开放、交流与合作方面，实验室也采取了一些新的举措。举办了2次国际学术会议，并设立了星火系列学术论坛，组织了44个专场、共计90多个学术报告，完善了实验室的学术交流制度，活跃了学术气氛。还根据国家海洋局与高校联合共建培养海洋人才的政策，与浙江大学、浙江工业大学、浙江海洋学院、广东海洋大学、南京大学、中国海洋大学、厦门大学、河海大学等高校开展了广泛合作；特别是与浙江大学海洋系、地科系、信电系和环资学院进一步确立了双聘机制，以利于人才培养和学术交流，扩大科研成果的产出平台。

实验室将以刚刚获批的2个国家级创新团队为基础，进一步加强研究队伍建设；同时营造宽松和谐的学术氛围，鼓励探索创新，吸引更多的高水平人才加盟，争取在实验室主要研究方向上取得新的突破性成果，全面提升实验室的竞争力和影响力。

**【国家海洋局海底科学重点实验室】** 国家海洋局海底科学重点实验室（KLSG）成立于1997年，是国家海洋局首批设立的重点实验室之一。实验室以应用基础研究为重点开展创新性研究，以海底构造与事件地质、海底资源与成矿系统和海底探测与信息系统为主要研究方向，揭示海底的基本特征、变化规律与动力过程，重点突破海底演变机制及其对资源环境控制的关键科学问题，发展海底科学的学科理论体系及深海高新技术，为国家宏观决策提供科学依据，成为海底科学合作研究与交流的窗口和载体。实验室依托单位国家海洋局第二海洋研究所，现任实验室学术委员会主任刘光鼎院士，实验室名誉主任金翔龙院士，实验室主任初凤友研究员。

实验室拥有固定人员68人，是一支中青年为主、规模适当、年龄结构和专业结构合理的高素质科研队伍。其中，博士生导师8人，硕士生导师20人；博士42人，研究员21人。1人入选浙江省特级专家，6人入选浙江省“151人才工程”和国家海洋局“双百人才”。6人在国际学术组织任职，11人在国内学术组织担任职务。

近年来，实验室通过部门投入和自筹资金不断加大能力建设的投入。目前实验室拥有的勘测分析设备总值达1亿余元，其中室内数据处理、解译和样品分析测试设备4000余万元。外业设备实行分类管理，完善了海底地形地貌、综合地球物理、海底地震、综合地质、底质环境和深海资源的自主调查能力，突出了精细、近底、可视、快速特色；内业方面，组建了6个专业实验室，形成岩矿分析、同位素分析、原位沉积学分析和综合地球物理解译等内业分析特色。2013年地质实验室大型仪器设备运行正常，运行效率较去年有大幅提升，开放、共享范围稳步扩大，已开发的实验方法得到成功运用，实验新方法研究也取得突破进展，成果显著。

2013年，实验室圆满完成多项任务的外业调查工作。完成了大洋4个航次的外业调查工作，组织实施了“大洋一号”船海试工作以及大洋28航次的调查；参与组织完成大洋29航次海上调查和现场报告编写以及参加了“蛟龙”试验性应用航次二三航段；组织实施的大洋30航次调查自2013年12月2日起航，对西南印度洋中国多金属硫化物勘探合同区进行调查。

完成了 2 个公益项目“珠江口、台湾浅滩地形变化监测管理保障系统”和“典型区域珊瑚礁生态系统修复技术示范研究”的外业调查工作。

2013 年，实验室承担和参加各类科研项目共计 7 类 80 余项，包括“973 计划”项目课题 3 项，“863 计划”项目 2 项，国家自然科学基金 24 项，海洋公益专项 10 项，国家专项 20 项，维权与国际合作项目 4 项等。围绕实验室主要研究方向，对外资助开放基金课题 6 项；发表或待刊学术论文 75 篇，其中 SCI、EI 来源期刊论文 41 篇；出版专著（编译）3 部，图集 1 部；获得专利 3 项，软件登记证书 10 项。

**【国家海洋局海洋生态系统与生物地球化学重点实验室】** 国家海洋局海洋生态系统与生物地球化学重点实验室（LMEB）是在国家海洋局第二海洋研究所原海洋化学研究室、海洋生物学研究室基础上，整合其他相关优势学科组建而成。实验室主要面向我国海洋可持续发展的国家需求和海洋生态环境研究的前沿科学问题，重点开展海洋生态系统结构与功能，生源要素的生物地球化学循环，海洋污染及其生态效应、海洋监测技术和生物技术多学科交叉研究。现任实验室主任为张海生研究员，实验室学术委员会主任为唐启升院士。

实验室拥有固定人员 60 名，其中，研究人员 54 名，辅助人员 6 名。拥有海洋化学、海洋生物 2 个硕士点，共有硕士生导师 13 名，博士生导师 2 名，招收海洋化学、海洋环境化学和海洋生物学等方向的硕士、博士研究生，每年招收硕士研究生 8～10 名，博士研究生 1～3 名（包括联合培养）。实验室设置了“海洋生态学”、“海洋生物地球化学”、“海洋环境演变与生态效应”、“海洋环境监测与生物技术”4 个研究方向，并设有原子吸收、营养盐分析、总有机碳分析、高效液相色谱、气相色谱、海洋标准物质研制与生产、初级生产力、浮游生物、底栖生物、微生物和电镜、无机有机前处理等 15 个实验室。

2013 年实验室共承担各类课题 81 项。其中海洋公益专项 7 项（承担 3 项），国家自然基金 20 项（重点项目 1 项，面上项目 8 项，青年基金项目 11 项），“973 计划”项目课题 1 项（承担），“863 计划”项目 3 项（承担 1 项），大洋专项 10 项，极地专项 9 项（承担 3 项），全球变化与海气相互作用专项 3 项（承担 1 项），其他各类基金项目 28 项。2013 年共发表第一作者论文 57 篇，其中 SCI 期刊论文 20 篇，EI 期刊论文 5 篇，学报级论文 10 篇，核心期刊论文 13 篇，会议论文 9 篇；新申请发明专利 2 项；编写专著 1 部。此外，18 人次参加了大洋第 24、29、30 和 31 航次调查，10 人次参加了南极第 29、30 航次考察。1 人当选“十佳浙江省优秀科技工作者”，1 人被授予“2013 年蛟龙号试验性应用航次先进个人”称号，2 人入选浙江省“新世纪 151 人才工程”，“1 人当选国际期刊副编辑”。

2013 年，实验室加大了对公共支撑平台建设的投入，在 2009—2012 修缮计划及其他国家项目的支持下，实验室逐渐引入了高精密度的分析仪器以及极端环境监测设备，并且完成了对生态实验楼的装修改建工作，能力建设得到很大的提高。另外，实验室还加大了人才培养和学术交流的力度，采用请进来走出去的方式进行了频繁的学术交流和互访活动，并以项目形式开展了实质性的国际合作。在前期合作交流的基础上，继续开展了中德、中法、中巴、中挪合作。另外，积极邀请国内外专家到实验室做学术交流。（*国家海洋局第二海洋研究所*）

**【国家海洋局海洋生物遗传资源重点实验室】** 国家海洋局海洋生物遗传资源重点实验室（厦门市海洋生物遗传资源国家重点实验室培育基地），以深海（微）生物及基因资源调查研究、深海(微)生物资源潜力评估与应用开发以及重要海水养殖生物遗传资源的应用基础研究为三个主要研究方向，基础研究与资源开发并重，加强协同创新，充分发挥本单位在海洋生物资源的海上调查优势，积极组织国内优势力量，承担国家重大项目，在实验室运行管理、海上调查、平台建设、基金申请、合作交流、重大项目组织实施等各个方面都有了长足进展。2013 年度共发表研究论文 55 篇，其中 SCI 收录 44 篇，新申请专利 25 项，获授权 8 项。在海洋微生物资源开发利用方面也取得了较好进展。

2013 年，实验室新增科研项目 22 项，新增课题合同经费累计 1981.8 万元。主要包括国家自然科学基金项目 14 项，科技部仪器专项 1 项，大洋“十二五”重大项目“1 项。组织了大洋“十二五”重大项目“深海（微）生物勘探与资源潜力评估”第二批课题的立项启动。多项“十二五”

启动的重大项目通过了科技部、国家海洋局及大洋协会组织的中期评估，项目进展良好。

2013 年，实验室继续发挥大洋生物基因研发基地的带动作用。完成了该年度的大洋生物资源调查，加强了基础条件和共享平台建设；参与组织实施了大洋第 30、31 两个航次的深海生物资源调查，获取了大量珍贵样品；加强了中国海洋微生物菌种保藏管理中心与中国大洋生物样品馆的管理。菌种库运行服务良好，并新增入库菌种 1000 多株，实现了菌种与大洋生物样品的资源共享。

2013 年，实验室继续加强国际、国内合作交流。依托科技部国际合作项目派出研究人员分别前往美国南加州大学生命与地球科学系暗能量生物圈调查中心和美国俄克拉荷玛大学环境基因组学研究中心进行合作交流，并主办了首届深海原位微生物富集培养国际研讨会，加强了同深海微生物研究发达国家的合作与交流。此外，邀请多位国内外专家学者来室交流，并派多位科研人员参加国际国内学术会议。

2013 年，实验室继续加强管理，积极发挥实验室管理委员会作用；并继续加强人才队伍建设，制定了实验室未来 5～10 年的人才队伍规划；引进了美国马里兰大学李卓博士，并接洽了两位归国博士，计划于 2014 年引进。

**【国家海洋局海洋-大气化学与全球变化重点实验室】** 2013 年度，实验室在研项目共 26 项，合同经费 1770 万元（含修缮项目等）；新增科研项目 21 项，新增科研合同经费总额约 813.66 万元，开放基金资助项目 8 个，发表学术论文 30 多篇，编著出版专著的 3 部，申报发明专利 6 项。组织科研人员参加中国第 29 次南极考察和北极黄河站观测、西北太平洋海洋放射性监测和中国第 30 次南极考察。

2013 年，陈立奇研究员被邀请参加由国家气象局负责的《第三次气候变化国家评估报告》的编写工作，负责集成完成了“北极和南极地区变化对气候变化影响”内容。蔡榕硕研究员应中国气象局的邀请参与了《中国极端气候事件和灾害风险管理与适应国家评估报告》和 APEC 海洋可持续发展中心的邀请参与了《APEC 海洋可持续发展报告》的编写工作。

2013 年，高众勇主持的国家自然科学基金项目《白令海入流水及海冰快速变化对北极碳汇的影响研究》科研成果获得“国家海洋局第三海洋研究所 2013 年科技进步一等奖”。2013 年 4 月，实验室参加的《中国第三次北极科学考察》考察成果获得“海洋科学技术奖”一等奖。

2013 年，实验室在读博士研究生 6 名、博士后 1 名、硕士研究生 5 名，其中新招收硕士研究生 2 名。培养了硕士毕业生 3 名。实验室有多人次的青年科研人员参加了国内外的学习与培训，其中高众勇受国家外国专家局资助，于 7 月 2 日至 9 月 4 日赴美国缅因大学进修学习，完成了高新技术的培训学习。

2013 年，实验室对高精度海洋温室气体走航观测与大气温室气体监测与预报系统项目获得财政部修缮购置专项拨款 635 万元，已完成膜进样质谱仪、二甲基硫（DMS）现场观测仪以及大型服务器成招标采购，实验室初步建立起了海洋地球生物化学模型大型服务平台，建立 windows 和 unix 的双系统综合数据处理中心，实现了实验室数据管理、大气气溶胶数据处理、卫星数据处理以及海洋生物模型运行。2013 年，实验室还分别举办了 2013 年极地科学夏季研讨班和亚洲-太平洋地区海-陆-气相互作用研讨会等重大科学活动。

（国家海洋局第三海洋研究所）

**【国家海洋局海洋溢油鉴别与损害评估技术重点实验室】** 该实验室于 2007 年 7 月挂牌成立，主要通过溢油监测与鉴别技术、溢油的生态环境影响、溢油应急处置及生态修复等研究方向与多学科的交叉研究，深入了解海洋溢油的特征和规律，准确查明各种溢油来源，并对其造成的海洋生态环境损害做出客观评估，为修复受损的海洋生态环境、发展海洋突发事件研究的理论体系、发展相应的高新技术提供技术平台，为我国海洋防灾减灾和维护国家海洋权益提供科学依据。

2013 年 3 月 26 日，重点实验室第八次学术委员会会议在青岛召开。2013 年重点实验室资助 20 项开放基金资助项目，资助总金额达 93 万元人民币。2013 年 8 月进行了 2011 年开放基金课题及 2010 年延期的开放基金课题的结题验收准备工作，共收取 22 份结题报告，开放基金课题共发表论文 51 篇，其中 SCI/EI 检索 26 篇、中文核心 15 篇、其他及会议论文 10 篇，获得专利 4 项、国家计算机软件著作权 2 项。2013

年 10 月，重点实验室发布了《国家海洋局海洋溢油鉴别与损害评估技术重点实验室 2014 年度开放基金申请指南》，根据评审专家函审结果，结合分局海洋溢油应急管理业务需求，研究确定了 2014 年重点实验室开放基金资助项目，资助专题项目 5 项、自由申请项目 7 个。

**【山东省海洋生态环境与防灾减灾重点实验室】** 该实验室于 2009 年 10 月经山东省科学技术厅与山东省财政厅联合批准建设，主要在海洋生态环境保护与海洋防灾减灾方面开展研究工作，主要研究方向包括：海洋生态环境监测与评价技术研发与应用、海洋灾害预测预警技术研究与应用、海洋管理与信息技术。依托国家海洋局北海分局的海洋科技力量，面向山东省海洋生态环境的发展与保护，为山东省海洋经济发展提供技术支撑，解决山东省海洋生态环境发展与保护的关键问题，促进山东省在海洋生态环境发展与保护方面的技术进步与产业发展。

2013 年，实验室扎实推进 4 个牵头的海洋公益性项目——“典型功能区有害水母监测预警技术业务化应用与示范研究”、“基于生态系统的环渤海区域开发集约用海研究”、“海冰立体监测及高精度预警报技术研究示范”、“海洋溢油污染风险评估及应急响应关键技术集成及应用示范”的研究工作，新增国家自然科学基金项目 1 项、各类重点实验室基金项目数十项。实验室为主研发的海上石油平台溢油在线监控系统，荣获海洋科学技术奖一等奖。积极促进实验室对外的开放交流，2012 年度设立实验室开放基金项目 18 项，2013 年继续设立实验室开放基金项目 8 项，实现实验室的优势资源与社会其他研究资源的结合。

（国家海洋局北海分局）

**【国家海洋局赤潮重点实验室】** 海洋赤潮灾害立体监测技术与应用国家海洋局重点实验室（简称“赤潮重点实验室”）于 2008 年 4 月 20 日揭牌成立。赤潮重点实验室挂靠国家海洋局东海分局，主要开展海洋生态灾害（赤潮/绿潮等）立体监测技术、预警报及应急管理系统技术的研究工作；是海洋生态灾害技术科学研究和成果转化应用、培养具有创新精神及实践能力的复合型海洋人才和开展学术交流的重要基地。2013 年 6 月，经国家海洋局批复同意对实验室领导机构进行了调整，并增补了学术委员会委员。

2013 年底，“十一五”国家“863 计划”项目“重大海洋赤潮灾害实时监测与预警系统”通过了由上海市科委组织进行的现场验收工作；自 2012 年 12 月至 2013 年 5 月，联合上海海洋大学、集美大学等七家单位开展了南黄海绿潮的调查。

2013 年，赤潮重点实验室有 9 项开放研究基金课题获得资助，总经费 74 万元。其中重点课题 3 项，一般课题 6 项。实验室在 2012—2013 年间获得各级奖励 4 项：其中国家科技进步二等奖 1 项，为“近海复杂水体环境卫星遥感关键技术研究及应用”（列第六名）；上海市科技进步奖二等奖 1 项；海洋科学技术奖二等奖 1 项；海洋工程科学技术二等奖 1 项。2013 年 11 月举办了“2013 年度东海区海洋科技暨赤潮灾害立体监测技术与应用重点实验室学术交流会，并参加 3 次国际学术交流会。

（国家海洋局东海分局）

## 其他研究项目

**【西太平洋关键海域的能量和水分循环研究】** 2013 年，该课题分析总结了全球变暖背景下的北太平洋西边界流的气候变化特征，研究总结了我国东海潜热通量变化与我国大陆东部降水的关系，揭示了东中国海及邻近海域的热力异常在海气通量变化中的作用及其对中国大陆东部气候的影响，进一步研究了西太平洋海气异常与我国华南地区夏季极端降水的关联性，初步阐明了全球变暖背景下西太平洋关键海域的海气热通量的时空特征及其与我国气候异常关系。本年度共发表有关研究论文 3 篇。完成了预期的研究计划任务，并通过了项目办对课题的结题验收。

**【西太平洋海洋环境预警监测体系建设】** 该项目由国家海洋局第三海洋研究所牵头实施，2013 年，开展了 2 个监测航次，初步构建了西太平洋海洋环境监测预警数据库，为全面预测和评估日本福岛核事故对海洋生态环境造成的放射性影响和危害奠定了科学基础。项目对 2011—2013 年间的 6 个航次监测结果比对分析，表明监测海域仍受着福岛核事故污染的明显影响，随着时间的推移放射性污染物进一步向中深层迁移，并发现放射性污染物质已经进入我国东海东部海域和南海东北部海域，对捕获的巴特柔鱼和鲨鱼等生物样品的检测结果显示，海域海洋生物中仍然受到放射性污染物的影响。年度第 2 航次捕获的鲨鱼体内的幼仔同样检测出 134Cs 和 110mAg 等人工放射性核素，表明放射性核素可以通过母体传递给幼体。监测结果显示福岛核泄漏物质对我国及周边国家海洋生态环境安全和水产品健康造成潜在威胁。

**【中国近海碳通量船测标准及科考航次数据质量评价】**　该项目由国家海洋局第三海洋研究所牵头完成，编制了我国近海海-气 $pCO_2$ 测定规范（草案），建立了走航 $pCO_2$ 的异常数据识别和质量评价方法，满足我国近海 $CO_2$ 海气通量遥感监测评估业务化的需要，利用 $CO_2$ 浮标观测资料、历次科考航次 $CO_2$ 的观测数据，分析和评估台湾海峡海气 $CO_2$ 通量分布格局和变化趋势；开展海-气 $pCO_2$ 走航观测系统互校实验，协助完成构建碳通量评估方法和标准，为我国近海碳通量的遥感监测评估体系的业务化建设提供重要的技术支撑。　（国家海洋局第三海洋研究所）

**【蛟龙号 2013 年试验性应用航次】**　2013 年蛟龙号载人潜水器试验性应用航次是蛟龙号试验性应用阶段的第一个航次。自 2013 年 6 月 5 日向阳红 09 船驶离青岛母港至 9 月 23 日返回青岛，历时 111 天，航程 17013 海里，分别在南海蛟龙冷泉一号区、蛟龙海山区，东北太平洋 CC 区和西北太平洋采薇海山、采杞海山区，开展了三个航段 21 个潜次的下潜作业和 38 个站位的常规调查任务。国家深海基地管理中心为航次组织实施单位，中心主任刘峰担任航次现场总指挥，共有来自国内外 22 家单位，126 名队员参加了航次，10 名科学家成为蛟龙号的首批乘客，包括 2 名女科学家和 1 名香港特区科学家。本航次共采集生物样品 71 种 390 只、结核 161 枚、结壳 8 块、岩石 32 块和沉积物 180 千克，数据资料 16 册、高清照片 2824 张、高清视频 927.5 兆字节（180 小时）、电子数据资料总计 1.8 太字节，高质量巨型底栖生物样品超过了过去大洋科考 20 年的总和，获取了底栖生物分布、岩石及资源方面的新认识。

2013 年蛟龙号试验性应用航次的成功实施，充分验证了蛟龙号载人潜水器优越稳定的技术性能；展现了其在深海资源勘探、环境评价、科学考察等方面的应用远景，标志着我国已跻身世界载人深潜科考俱乐部。高质量的样品和视像资料等成果的获得必将提升我在国际事务中的话语权和影响力。

**蛟龙号技术指标**

- 最大工作深度：7000 米
- 主尺度：长 8.2 米；宽 3.2 米；高 3.4 米
- 载人耐压球壳：钛合金材料；内径 2.1 米；直径 200 毫米的主观察窗 1 个，直径 120 毫米的观察窗 2 个
- 空气中重量：22 吨
- 有效负载：220 千克
- 动力源：大于 110 千瓦时
- 航速：最大 2.5 节；巡航 1 节
- 载员：3 人

**蛟龙号技术优势**①七功能机械手两只：主从机械手一只，全伸长举力 55 公斤；开关式机械手一只，全伸长举力 75 公斤；②近底测深测扫声纳一套：测深 2×250 米，侧扫 2×300 米，最小可检测高度 10 厘米；③声学多普勒测速仪一套：精度±0.4%±0.2cm/s；④观察系统一套：高清摄像机两台，标清摄像机两台，数字照相机一台；⑤定位系统两套：远程超短基线定位系统一套，最大作用距离 8000 米，定位精度 0.2%；长基线定位系统一套，动态定位方差小于 2.0 米；⑥作业工具包：保真流体采样器数套，短柱状取样器数套，多参数化学传感器数套，温度梯度仪数套。（国家海洋局南海分局）

# 海 洋 技 术

## 海洋观测和监测技术

**【深海海底观测网试验系统】** 深海海底观测网试验系统已攻克网络节点各项关键技术，并按照标准规范完成各项测试；系统建设已完成路由调查、全系统水池联调（包括接驳盒高压转换、自动控制、数据通信等）和部分海上施工。2013 年 8 月完成了 106 千米主干网海缆海上敷埋布放，实现了水深小于 200 米浅水区总长 82 千米主干海缆 3 米深度的埋深，200～1000 米水深剧烈变化区主干网海缆敷设，成功解决了主干海缆与崖 13-1 天然气管线交越保护，并与接驳盒进行同步布放、联调与回收，为整体网的安装集成奠定了坚实基础。

**【深远海内波观测试验网系统】** 2013 年度完成四个航次，累计布放深海潜标 23 套，成功回收 6 套，仍在位 17 套，顺利完成了全海深内波与混合精细化观测试验网第一阶段构建工作。这是国际上针对南海深水区内波时间最长、最系统的观测数据。实现了我国深海潜标批量布放，100%回收的先例，形成了我国深海潜标布放及回收规范，在多个国家项目中推广应用，为我国开展深远海动力环境长期连续观测及科学研究奠定了坚实基础。

**【重大赤潮监测预警系统技术】** 针对国家赤潮监控业务化需求，经过三年的努力，攻克了高悬浮泥沙海域自动采样处理技术、营养盐自动连续分析技术、覆盖我国常见赤潮毒素种类的试剂盒快速检测技术、多源多时相赤潮遥感监测技术、赤潮生态动力学数值预报等多项关键技术，建成了一套由卫星、船舶、浮标、岸基和赤潮志愿者组成的赤潮立体监测系统，并投入准业务化运行，具备了实时、长期、连续获取监测数据的能力。该系统监测范围包括长江口外 2500 多千米。海区、舟山嵊泗和上海海产品养殖和市售区，系统的建成拓宽了 863 上海示范区范围、丰富了示范区功能，也为地方政府赤潮灾害监测、应急处置和管理决策提供了科技支撑。

**【渤海海洋生态监测示范系统】** 针对渤海赤潮、溢油、海冰等海洋灾害监测业务需求，通过技术攻关，在研制船载生态环境快速监测、航空卫星遥感、浮标监测、海冰雷达监测等分系统基础上，建成我国渤海生态环境监测示范系统。已在海洋综合管理、保护生态环境和政府决策中发挥重要作用，该系统已成功应用于大连 7.16 溢油事故以及蓬莱 19-3 油田溢油事故等海洋灾害应急监测和管理，并发挥了重要作用。其中船载生态监测系统完成 2 次海上综合试验和 8 次系统示范运行，完成 9 类船载监测仪器设备的第三方独立检测，使我国自主研发生态监测仪器达到海洋环境监测业务化的要求。

**【水下与空中平台蓝绿激光双向通信】** 突破了水下平台高效高能高重复频率全固态蓝绿激光器、大视场窄带宽接收和激光脉冲位置编码调制等关键技术，成功研制了国内首台水下与空中平台蓝绿激光双向通信试验系统，并于 2013 年 3 月在国内首次成功实现了水下 80 米深和空中 2100 米高的飞行平台间的激光通信，通信速率 2.5kbps，误码率优于 $10^{-5}$。

（中国科技部）

**【内波与混合精细化观测系统集成与示范】** 2013 年取得的主要进展：（1）顺利完成了全海深内波与混合精细化观测试验网第一阶段构建工作。本课题在 2013 年度共进行了四次海试，全年共布放潜标 23 套（其中油气区内波观测潜标 9 套，深水区内波观测潜标 14 套），成功回收潜标 6 套（其中油气区内波观测潜标 3 套，深水区内波观测潜标 3 套），仍然在位潜标 17 套，（其中油气区内波观测潜标 6 套，深水区内波观测潜标 11 套），顺利完成了全海深内波与混合精细化观测试验网第一阶段构建工作。这些潜标预计于 2014 年回收，将获取大量宝贵的南海海洋动力环境监测数据。

（2）获得了南海内波光学遥感探测的初步结果。近年来，中分辨率光学遥感的大量兴起，如美国的MODIS，欧空局的MERIS，以及我国的HY-1CCD/CZI、FY-3A/BMERSI、HJ-1A/BCCD等中分辨率遥感器可以高频率的获取分辨率 250～30 米左右的图像。在这些光学图像中发现了很多的内波信号，因此可以用来进行内波的观测。

（3）初步建立了内孤立波动力统计预测模型。在"十一五"期间，课题组基于"十一五"863计划海洋技术领域重大项目课题"南海深水区内波观测技术与试验系统开发"观测到的南海内孤立波数据已经初步发展了南海内孤立波的统计预测模型，该模型可初步实现内波的发生时间及波峰线的分布位置预测。2013 年度，课题组在该南海内孤立波统计预测模型基础上，根据在陆架区的观测结果，在统计预测模型中加入了极性判断模块，实现了对下凹和上凸型内孤立波的预测，初步建立了内孤立波动力统计预测模型。

**【全球海面典型环境要素数值预报关键技术研究】** 2013 年度的主要工作是全面系统的引进了 NCEP 资料同化分析系统(GSI)，以及全球天气预报模型（GFM)，并在预报中心的计算机平台上成功实现安装、调试；设计了集资料下载、前处理、资料同化、模式预报、预报结果后处理、预报效果检验、产品分发及可视化处理于一体的业务预报流程；建立了全球海面风场数值预报系统，并成功开始业务化试运行。

**【基于观测网的海底动力环境长期实时监测系统研发和集成】** 2013 年度开展的主要工作：①优化了海底动力环境长期实时监测系统总体设计。在国家 863 计划海洋领域"十一五"研究成果的基础上，进一步突破海底动力环境监测高稳定性、可靠性集成技术，集成大量程ADCP,CTD,ADV,高精度压力传感器和水声MODEM研发一套满足深海海底动力环境长期监测工作要求，具有低功耗、良好稳定性和可靠性的多参数、多层次的基于观测网的海底动力环境长期实时监测系统。系统通过接驳盒可以实现海底动力环境长期实时监测，建立深海的水声通信节点，形成深海海底动力环境原位实时监测能力。为我国南海海底观测试验网提供可靠的验证观测节点。针对这个研究目标，系统在去年工作的基础上优化了海底动力环境监测系统总体设计。通过了系统在青岛 7 月举行的详细设计技术方案论证。完成了全部仪器的购买与调试；确定系统之间连接件的型号与连接方式，并完成了相关配件的购买。完成密封腔体的加工和耐压测试，出于系统可靠性设计，密封舱没有按照项目的指标2000米进行设计而是按照3000米设计，打压37兆帕。②完成信息采集和控制系统以及通信和供电控制系统的硬件设计加工和软件编写，已经进入功能测试阶段。

（中国海洋大学）

**【海洋环境离岸观测数据传输业务化应用技术研究】** 2009 年国家海洋局海洋公益性行业科研专项，由国家海洋技术中心承担。针对我国海洋环境观测系统离岸观测数据传输现状以及存在的问题，开展"海洋环境离岸观测数据传输技术研究"，形成海洋环境离岸观测数据的实时、安全、可靠的传输能力，推进海洋环境离岸观测数据传输的业务化应用，为我国海洋环境安全保障体系建设与业务化运行提供技术支撑。本项目通过开展离岸观测设备数据传输技术规范的研究，制定我国离岸观测数据传输通信技术规程,包括离岸观测设备数据交换规范、离岸观测设备数据格式、离岸观测设备数据接收站数据处理规范等；按照海洋观测业务化运行的要求，开展各类离岸观测设备数据传输模块的研发,搭建离岸观测设备数据传输测试、检验平台和地面接收处理测试平台，对研制的通信设备进行测试、检测和海上试验，建立适合各类离岸观测设备数据传输的通信模式与机制。通过在典型海域各类离岸观测平台上进行业务化示范应用，验证本项目研究成果满足业务化海洋环境离岸观测数据传输需求和要求。应用短波通信方式及相应通信设备，在海岛站上实现离岸观测数据传输，数据有效接收率≥95%。应用卫星通信方式及相应通信设备，在锚系浮标、ARGO 浮标、表面漂流浮标上实现离岸观测数据传输，数据有效接收率≥90%。开发的基于短波和北斗卫星通信方式的海洋观测专用通信传输与控制模块可以在海岛站等海上固定平台、锚系浮标、ARGO 浮标、表面漂流浮标、志愿船等海上移动平台建设时推广应用，提高海洋环境离岸观测数据的传输可靠性和安全性，并且通过标准化接口的确定，实现数据通信模块化的目标。本项目研究对于建设基于具有我国自主研发、控制的卫星、CDMA/GPRS、短波、超短波、微波等通信系统的海洋环境观测系统，具有重要的意义。为我国海洋综合管理、防灾减灾、环境保护、权益维护、科学研究、应对气候变化及军事海洋环境保障、海洋经济发展发挥重要的作用。该项目于2013年通过国家海洋局组织的验收。（国家海洋技术中心）

## 海洋遥感技术

**【海洋卫星工程技术】** 2013年，我国海洋卫星工作稳步发展。我国首颗海洋动力环境卫星海洋二号A（简称“HY-2A”）已在轨运行2年4个月，持续对全球进行了实时监测，并向国内外海洋管理部门、科研院所、航天部门等用户单位提供了数据分发服务，卫星数据产品已逐步在海洋防灾减灾、海洋环境预报、海洋资源开发、海洋科学研究及国际合作等领域发挥了显著作用，取得极大的经济和社会效益。

我国第二颗自主海洋水色卫星海洋一号B（简称“HY-1B”）是HY-1A卫星的后续星，于2007年4月11日在太原卫星发射中心由长征二号火箭成功发射，截至2013年底已在轨运行6年8个月，不仅创造了海洋卫星在轨运行的新纪录，同时也成为了我国在轨有效工作寿命最长的一颗低轨遥感卫星，促进了我国海洋水色卫星从实验应用型向业务服务型的转变。

**【海洋卫星地面应用系统】** 海洋卫星地面应用系统继续稳定有序地进行双星在轨运行。海洋卫星数据在各有关部门和单位得到了进一步推广应用。海洋卫星已经成为人类认识、研究、开发、利用和管控海洋不可替代的高技术手段。

HY-2A卫星搭载的雷达高度计、微波散射计、扫描微波辐射计和校正微波辐射计四个载荷工作状态稳定。HY-1B卫星搭载的海洋水色扫描仪（COCTS）和海岸带成像仪（CZI）工作状态稳定。2013年全年，HY-1B卫星共探测1393圈，其中境内探测694圈，境外探测699圈。COCTS可见光载荷工作25074分钟，COCTS红外载荷工作47103分钟，CZI载荷工作17476分钟。

2013年海洋卫星地面站共接收HY-1B卫星数据3036轨，原始数据量达1.43TB。其中，牡丹江站接收951轨，北京站接收1032轨，海南站接收1053轨；共接收HY-2A卫星数据2223轨，原始数据量达4.2太字节。其中，牡丹江站接收734轨，北京站接收742轨，海南站接收747轨。

海洋卫星杭州备份站接收了HY-1B、HY-2A、TERRA、AQUA等多颗极轨和静止卫星的资料，其中接收HY-1B卫星1193个数据文件，数据量达282.1兆字节。

海洋卫星地面应用系统全年共处理和制作HY-1B卫星产品7.47太字节，HY-2A卫星产品5.88太字节，MODIS产品11.64太字节。共向国内用户分发海洋水色卫星数据产品41.68太字节，其中，HY-1B卫星数据产品28.22太字节，MODIS数据产品13.46太字节。国际上对HY-2A卫星数据存在较强的需求，2013年，共向国内外用户（其中国内用户42家，国外用户14家。）分发HY-2A卫星数据量达到20.93太字节，相比去年分发量增加了近4倍。

**【海洋卫星应用技术】** 2013年主要工作：（1）海表温度监测。利用HY-2A卫星扫描微波辐射计以及HY-1B卫星、MODIS等光学遥感卫星数据，制作了中国海及邻近海域和全球的逐日、周平均、月平均和年平均的各级海表温度数据产品。海洋预报和渔业部门利用这些海温产品开展相应的海温预报和海洋渔业环境产品研制，服务于社会公众和相关海洋产业部门。

（2）海洋水色监测。利用HY-1B卫星数据，结合MODIS产品资料，定期制作我国管辖海域及周边海域的旬、月、季平均的叶绿素浓度分布等海洋水色信息，提交海洋渔业等相关行业和部门使用。

（3）海冰灾害监测。综合利用多颗光学和雷达卫星影像资料对渤海和黄海北部海冰冰情进行监测，制作海冰冰情实时监测通报104期，通过传真、电子邮件和网站的方式提供给国家海洋局机关有关业务司、国家海洋环境预报中心、国家海洋局北海分局和环渤海三省一市等部门和单位。

卫星遥感海冰监测产品已开通微信发布，用户输入微信公众账号名称“海洋遥感监测”可进行订阅、接收和查询，后续将通过微信公众账号发布海温、溢油、绿潮等卫星遥感监测产品。

根据卫星监测结果，2013 年辽东湾最大浮冰范围出现在 2 月 8 日、11 日和 19 日，为 89 海里；渤海湾最大浮冰范围出现在 2 月 9 日和 13 日，为 22 海里；莱州湾最大浮冰范围出现在 1 月 17 日，为 28 海里；黄海北部最大浮冰范围出现在 2 月 16 日、19 日和 21 日，为 24 海里。

（4）绿潮灾害监测。2013 年 5 月 13 日首次监测到东海绿潮，至 8 月 23 日，共向国家海洋局有关单位及沿海相关省市发布 102 期监测通报，为绿潮灾害的监测和防灾减灾提供了信息服务。

（5）赤潮灾害监测。综合利用 HY-1B、MODIS 等多颗海洋水色卫星数据开展赤潮卫星监测工作，2013 年 5 月至 9 月，已连续发布 54 期赤潮卫星遥感监测报告，并通过网站等方式进行向公众发布。

（6）海上溢油监测。2013 年，应用加拿大 RADARSAT-2 卫星、意大利 COSMO- SkyMed 卫星以及我国遥感卫星等 SAR 数据，对渤海、东海和南海的重点海区进行了全天候实时监测，全年共发布监测报告 157 期，其中溢油异常报告 50 期，为海洋环境保护和维权执法提供辅助决策支持。

（7）海上风暴监测。HY-2A 卫星微波散射计具有全球海面风场的观测能力，单天可覆盖全球 90%以上的海域，并能捕捉到全球大部分的气旋，可为海洋防灾减灾、海洋航行环境保障和海洋科学研究等提供海面风场观测资料。

HY-2A 卫星微波散射计观测的海面风场能够确定海上风暴的强度、位置、方向和结构，可为风暴潮、海浪灾害预报提供现场观测数据，在 2013 年的海燕、苏力等台风应急会商中发挥了重要作用。截止到 2013 年 12 月，HY-2A 卫星共捕捉到西北太平洋编号的全部 31 次台风。

（8）渔场渔情信息服务。应用 HY-2A 卫星和 HY-1B 卫星资料并结合国外海洋卫星资料，对太平洋金枪鱼、北太平洋柔鱼、东南太平洋茎柔鱼、西南大西洋鱿鱼、中大西洋金枪鱼等，开展每周一次的业务化渔情分析与预报，并向 9 家渔业企业提供了渔情和海况分析等服务，为我国远洋鱿钓渔船、金枪鱼延绳钓渔船、大型拖网渔船和金枪鱼围网渔船的科学生产提供了技术支撑。渔情预报信息产品已通过发布平台在网络上发布，也可由卫星遥感渔业服务船载系统自动下载和可视化分析。

（9）海洋环境预报。2013 年，海洋卫星资料在国家海洋环境预报中心及国家海洋局北海分局、东海分局、南海分局的预报中心海洋环境预报业务中得到广泛应用。①海温预报。Y-1B 和 HY-2A 卫星的海温融合产品已纳入到电视、网络等媒体发布的海温业务化预报中。具体业务工作包括融合的海温数值预报初始场和将海温初始场输入到西北太平洋数值预报系统，制作海温数值预报产品。②海冰预报。应用 HY-1B 卫星遥感资料制作海冰遥感和预报信息产品，并将其应用到海冰常规和数值预报中，提高了海冰预报的准确性和时效性。③海浪预报。应用 HY-2A 卫星高度计的有效波高资料，结合海上浮标和船舶报等海浪观测资料，利用国际上先进的第三代海浪预报模式，获得了全球范围内（78S-78N，0-360）48 小时和 120 小时的海浪同化预报产品，提高了海浪预报的精度。

（10）区域海洋卫星应用。①福建省“海峡号”海上航行保障。“海峡号”航线横跨台湾海峡北口，与台湾海峡主航道相垂直，台湾海峡冬春季盛行东北风，在海峡“狭管效应”作用下，风浪大于其他海域，夏秋季节时常有台风影响，对海上交通构成严重威胁。福建省海洋预报台应用 HY-2A 卫星产品，开发了 HY-2A 卫星数据综合分析系统，系统可以自动编制并自动发送“海峡号”、“省防指”等特定用户使用卫星遥感产品简报，及时发布台湾海峡及其周边海域的风、浪、海温实况信息，有力提升用户获取大面海况的能力，为“海峡号”航行提供安全和防灾减灾提供保障。2013 年全年共发布 HY-2A 卫星遥感监测简报 480 份。②河北省海洋管理服务。以我国海洋卫星为主，综合利用多源卫星数据，全方位服务于海洋管理工作，开展海冰、赤潮、溢油等典型海洋灾害监测业务化应用示范，重点开展北戴河及邻近海域环境整治修复效果动态监测，为地方海洋资源开发、环境保护和防灾减灾，促进经济社会可持续发展提供科学支撑。

**【海洋科学研究】** 2013 年主要工作：（1）多源海面温度融合。利用 HY-2A 卫星、HY-1B 卫星和 MODIS 海面温度数据，开展多源海面温度融合技术研究，制作海面温度融合产品应用于海洋动力学、海气相互作用、渔业经济和污染监测等领域，服务于社会公众和相关海洋产业部门。

（2）多源海面风场融合。多源海面风场数据融合构建混合风场提高了风场数据的覆盖范围，全球海面风场的时间分辨率可达6小时，空间分辨率达0.25°，且具有中小尺度特征。可更好地满足数值天气预报研究及海洋中小尺度研究的需要。生产长时间序列的混合风场，也可对海面风场的长期风速、风向、风速极值和大风频率等特征进行深入研究，用来为海上风资源评估、规划等提供参考，对实时海况监测、航海、海洋工程和防灾减灾等都具有重要意义。

（3）多源海面高度融合。利用 HY-2A 卫星雷达高度计数据和国外高度计卫星协同观测数据，开展多源高度计卫星数据融合处理，能够提供高波数、高频的海洋信号，特别是中尺度信号，还可形成长时间序列的高度计观测资料集，获取全球海流、海浪、潮汐、海面地形等参数，更加深入和全面地分析和研究海洋。下图为根据全球海面高度相关尺度和网格化理论误差，使用客观分析法构建的海面高度融合产品。

（4）海平面变化监测研究。通过收集、整理HY-2A与Jason-1/2等卫星2013年测高资料，扩展卫星水位数据序列，计算潮汐调和常数，完善中国近海与全球潮汐模型，制作潮汐预报信息产品，同时，利用潮汐订正、交叉点平差技术，制作海平面数据产品，分析全球与中国近海海平面变化的时空特征，为海平面上升预测与影响评价等工作提供支撑。

（5）静止卫星悬浮泥沙浓度反演。利用黄河口海域实测光谱与悬沙浓度数据，提出了适用于中高浑浊水体的悬浮泥沙浓度反演模型，开展了基于 GOCI 卫星数据的悬浮泥沙浓度反演，并制作了黄河口海域悬沙浓度时间序列监测产品，得出了黄河口海域悬浮泥沙的逐时变化。从下图悬浮泥沙空间分布特点上来看，其分布呈现出近岸高、离岸低的特征。不同时刻的悬浮泥沙空间分布特征具有较好的一致性，从0时至7时悬沙浓度总体上呈下降趋势。

（国家卫星海洋应用中心）

**【多维度微波成像的海洋遥感应用研究】** 国家海洋局第一海洋研究所张杰研究员领导的课题组，在国家自然科学基金项目“多维度微波成像的海洋遥感应用研究（编号：60890075）”的资助下，选择海冰和水下地形作为研究对象，开展多维度微波成像的海洋应用研究，取得如下主要成果：

海冰多维度 SAR 探测方面，①开展了海冰微波响应特性分析，分析了多波段、全极化、不同入射角的 SAR 数据对海冰类型和海冰厚度的探测能力，给出了海冰类型探测和海冰厚度探测的最优 SAR 参数。②开展了海冰电磁散射模型研究，提出了一种含有气泡和卤水胞两种离散散射体的海冰电磁散射模型，并分析了气泡对海冰电磁散射的影响。③利用多维度 SAR 数据信息丰富的优势，发展了基于纹理特征的SAR海冰凝聚层次分割方法、基于类间伴生关系的SAR海冰分类方法、基于极化散射特征的SAR海冰分类方法、基于多波段全极化 SAR 海冰影像融合的分类方法，等多种海冰分类方法。④在海冰厚度反演方面，提出了 SAR 渤海海冰厚度分级探测方法和基于极化 Alpha 角的北极海冰厚度反演方法。⑤发展了一种适用于 SAR 海冰数据的极化分解方法，能够详细解释海冰的电磁散射过程。

水下地形多维度 SAR 探测方面，①开展了不同时相、不同波段、不同极化 SAR 数据对水下地形的响应特性分析。②开展了辽东湾水下地形 SAR 成像仿真和探测的应用。③建立了水下地形多时相 SAR 同化探测模型和水下地形全极化 SAR 探测模型，并应用于台湾浅滩水深反演，反演的精度全部达到课题指标要求。

项目的部分研究成果已在海洋业务部门进行了应用示范，对提高我国海洋防灾减灾及海洋环境监测的应用水平作出贡献。本课题共录用发表学术论文32篇，其中SCI收录4篇，EI收录10篇，核心期刊论文13篇，中文会议论文5篇。

**【海洋运动监测平台自适应采样关键技术研究】** 2013年，项目研究均取得进展如下：①合理采样算法研究。2013年合理采样算法研究在前期基于实测数据的改进型合理采样算法基础上，继续推进，研究主要集中在移动采样平台的路径规划方面。移动采样平台的路径规划就是使采样平台在最短的时间内，以有效的路径采集更多的海洋数据，为研究海洋的某种特性提供依据。该课题应用最大差值法，开展了采样平台的运动路径规划研究，并进行了仿真实验。设计合理采样算法，除考虑目标对象的特性和采样效率最大化之外，还受到采样平台自身能力对规划实现性的限制。该研究提出一种分层次避障算法，可实现最短的时间内避开障碍物，安全到达目标点。②集中分布式控制系统和仿真与现场结合实验平台研究。该项目研究建立一套数据仿真与现场运行结合的实验平台体系。整个系统由实体运行的运动平台和仿真数据建立的海洋背景共同组成，从而大大提高实验系统的真实性和对多种海洋现象采样研究的效率。通过该系统，既可以实现关键技术和整体系统的异步仿真研究，也可以实现仿真与现场运行的同步实验。2013 年在原有用于水深测量的遥控无人船基础上，进行升级改造，将现有位于船尾中部的单矢量推进器，改造成装置于两个浮体后面的双推进器形式；将电子罗盘升级为陀螺测量仪，后者能够提供连续的角度和角速度变化，作为路径追踪控制所需的反馈量；利用无线模块构建无线视频传输系统。硬件改造完成后，分析相关水动力参数，建立无人船水平面内的三自由度运动方程；开展无人船开环航行试验，获得其辨识模型；基于两种模型，分析其典型运动结果，包括直航、圆形和转弯等，采用回归方法，构建其半解析运动模型。结合李亚普诺夫非线性控制理论与 line-of-sight 导航方法，设计无人船双推进器欠驱动和完备驱动模型的路径追踪观测控制律。③多平台协作规划方法研究。为更加高效的对海洋环境信息进行采样，多平台协作采样已成为当今采样技术发展的关键。本年度以两采样平台为例，仿真了同步自适应采样程序控制下的运行情况。当海域中存在两个采样平台时，应满足在有限时间内采集尽可能多的数据，以分析海域的特征。两采样平台应该保持一适当距离，以避免两平台发生碰撞。仿真结果表明，在海洋采样环境中随机放置两海洋采样平台，各采样平台通过与其他采样平台的距离及已采集数据信息，合理规划采样平台的运动路径，可以有效地避免采样平台间的碰撞，并在最短的时间内获取最多的采样数据。

**【多时相 SAR 渤海薄冰厚度探测研究】** 2013 年，项目开展了适用于渤海区域薄冰的电磁散射模型研究和验证；结合渤海海冰生长模型，建立了渤海薄冰 SAR 电磁散射模型。在上述工作的基础上，发展了 SAR 渤海薄冰厚度探测方法。过对海冰厚度的极化响应特性分析，证明了海冰极化特性和海冰厚度存在的相关性，为利用海冰 SAR 数据反演海冰厚度提供了参考。结合渤海海冰生长模型和海冰电磁散射模型，分析了 L 波段、C 波段和 X 波段等不同波段的极化 SAR 数据反演薄冰（0～0.3 米）厚度的能力，同时分析了渤海海冰生长过程中不同的散射过程（表面散射、体散射）、入射角、介电系数、表面粗糙度等多维参数的变化对 SAR 薄冰厚度反演的影响。在海冰厚度反演方面研究方面，发展了基于极化分解的 SAR 海冰厚度反演方法和基于海冰分类的 SAR 海冰厚度分级探测方法，针对渤海海冰的特点和不同星载 SARSAR 卫星，制定了不同的海冰厚度分级标准。

**【舰船机载 SAR 多维度信息提取技术研究】** 2013 年，项目发展了具有广泛适应性的 H-CFAR 舰船检测算法，实现舰船目标的快速检测；发展了基于极化 SAR 数据的船只快速检测算法研究；开展了 K-CFAR、GO-CFAR、双参数 CFAR、小波变换以及最大熵双阈值等经典算法在不同波段、不同极化方式、不同海况条件下的星载 SAR 检测效果对比研究。主要进展如下：①提出了一种基于直方图恒虚警率（H-CFAR）的快速检测方法。该方法直接利用 SAR 图像的灰度直方图信息，并结合 CFAR 算法，实现了 SAR 舰船目标的检测。该方法不需要对海杂波进行概率建模，直接利用图像灰度直方图分布，设置虚警率并求出阈值，然后对 SAR 图像进行目标检测，实现了对目标的快速检测能力。②开展了基于极化 SAR 数据的船只快速检测方法研究，提出利用极化 SAR 数据提取出的电磁波散射次数来检测船只目标，并利用 L 波段 UAVSAR 数据对提出的方法进行了检验。检测结果发现本方法不仅检测结果高于经典的 K-CFAR 和小波检测方法，而且检测速度也远快于上述两种经典的 SAR 船只检测方法。③开展了 SAR 舰船目标检测算法对比分析研究，分析了 K-CFAR、GO-CFAR、双参数 CFAR、小波变换以及最大熵双阈值等 SAR

舰船检测算法的准确度、运行速度及适用范围（分辨率、海况），为SAR舰船检测海洋业务化应用提供指导。（国家海洋局第一海洋研究所）

**【海洋环境要素水色遥感技术与应用示范】** 该项目为海洋公益性行业科研专项经费项目，由国家海洋局第二海洋研究所组织承担，国家卫星海洋应用中心、国家海洋环境监测中心、国家海洋技术中心、国家海洋局第三海洋研究所、杭州师范大学、中科院海洋研究所等单位参加。已完成现有遥感反演算法的比较和评估，进行了质量评估与海区适用性分析。完成了长江口、辽东湾等5个航次现场观测任务，积累了大量的实测数据。基于矩阵算法建立和完善了水体辐射传输数值计算模型，其中增加了非弹性散射处理模块；建立光谱辐射定标评定与现场测量数据闭合评估方法；开展了水色要素光谱模型与反演算法的基础研究。完成了《我国近海海洋水色卫星真实性检验海上现场测量技术方案》编制工作；建立海洋水色遥感相关行业标准；开展了真实性检验关键参数现场测量方法研究。完成了内波、涡旋发生时水色、水温变化机理研究工作；进行了内波自动提取算法的尝试性实验工作；完成了涡旋统计特征程序设计和涡旋时空分布的统计分析；完成了对全球海表温度、水汽、海表温度反演误差的时空分布特征的统计分析。针对常用的水色遥感产品，包括离水辐亮度、叶绿素、透明度、气溶胶光学厚度等产品，利用现场测量数据和国外高精度卫星的一类水体产品进行真实性检验方法研究。建立不同类别遥感产品与现场真值间的时空匹配策略；针对不同性质海区，分析和评估真实性检验方法。

**【海洋水色偏振遥感研究】** 该项目为国家自然科学基金项目，研究目标是探清海洋水色偏振遥感的机理，建立实用的水色偏振遥感方法，为发展新型水色偏振卫星遥感器打下基础，促进海洋水色遥感学科的发展。项目利用海-气耦合矢量辐射传输模拟研究了海洋水色偏振遥感的机理和方法；分析了水体组份对水下和水面辐射场偏振特性的影响；研制了偏振遥感的大气校正算法；利用偏振卫星遥感数据对算法和模式进行了检验。项目研究提出了一种实用的水色偏振遥感方法，为新型水色偏振遥感器的研制及发展业务化的海洋水色偏振遥感打下了基础。

**【弱光照条件的海洋水色卫星遥感机理研究】** 该项目为国家自然科学基金项目。传统极轨海洋水色卫星遥感通常是在强光照条件下（临近中午）进行观测，但对于白昼连续观测的静止海洋水色卫星遥感而言，将面临严重的弱光照（早晨或傍晚）观测问题。当太阳天顶角很大时（弱光照条件），海洋水色卫星遥感所基于的理论基础，即平面平行分层大气、海洋辐射传输模型将不再适用，须考虑地球的曲面效应。该项目针对静止水色卫星遥感所面临的弱光照观测问题，研制考虑地球曲面的海洋-大气耦合矢量辐射传输数值模型，定量分析地球曲面对海洋-大气耦合矢量辐射传输的影响。在此基础上，建立弱光条件下的大气校正模型，并应用于静止海洋水色卫星遥感资料的处理，实现弱光条件下的海洋水色卫星遥感。项目研究成果可直接应用于世界上第一颗静止海洋水色卫星遥感器GOCI，并可为发展我国自主静止海洋水色卫星打下理论基础。

**【初级生产、有机碳储量及固碳能力】** 该项目为国家973计划项目“中国近海碳收支、调控机理及生态效应研究”（2009—2013）第二课题，旨在围绕近海系统的“碳收支-调控机理-生态效应-变化趋势”这一核心主题，开展碳参数的遥感算法研究，提交遥感产品。该项目于2013年9月24日在青岛通过课题结题验收，评审结果为优秀。主要工作及成果包括：①参加了项目组织实施的春、夏、秋、冬四个航次的海上调查，对中国海区遥感光学等参数进行海洋观测及实验室测量，完成四个航次的实验室测量和样品分析，为遥感数据建模和验证提供了良好的数据基础；②通过遥感光学参数的分析，获得了东海及南海海区水体总吸收系数、颗粒后向散射系数、黄色物质和颗粒物吸收系数等光学参数4个季节的分布特征；③结合历史数据和项目综合航次数据，分析了东海海区浮游植物的吸收系数特征，并与文献的数据进行比较，说明区域遥感算法的适用性；④建立了适用于复杂陆架水体的海-气 $CO_2$ 通量遥感反演模型，生成了中国近海连续14年（2000—2013年）的海-气 $CO_2$ 通量遥感监测产品。在中国海固碳能力的定量化估算、中国海有机碳储量、固碳能力及其对碳源汇格局的影响等方面取得了重要成果。

**【近岸海域水质因子提取及遥感分类评价技术】** 该项目为国家科技支撑计划课题。自2012年11月参加项目启动会以来，开展了水体漫衰减系数、悬浮物浓度、叶绿素浓度、黄色物质、海水透明度等参数的遥感反演研究并制作了2012年珠江口海域的遥感资料图集；采用黄色物质吸收系数和现场实测DIN进行相关性分析和线性拟合获取氮的遥感反演模型，初步建立颗粒态总磷含量与可遥感悬浮物浓度之间的关系以推算珠江口及附近海域颗粒态总磷的分布；在前述基础上，采用DIN、TP、叶绿素浓度、黄色物质、透明度等参数，通过多参数综合评价方法以及聚类算法实现遥感水质分类，制作了2012年逐月的珠江口水质分类图；尝试通过微波遥感数据反演表层海水的介电常数，再利用介电常数与海水温度及盐度的关系，最终计算出海水表层盐度。

**【赤潮预警预报、应急及损害评估技术】** 国家863计划“重大海洋赤潮灾害实时监测与预警系统”项目“赤潮预警预报、应急及损害评估技术”课题，通过开发赤潮灾害预警预报技术、赤潮灾害风险评估技术和赤潮远程诊断与应急调度技术，为东海示范区研制赤潮灾害预警预报、应急及损害评估软件系统。2012—2013年期间，课题组收集和处理了研究海域水文、气象、生物、水质和赤潮事件等观测资料；开展了赤潮灾害预警预报与风险评估技术研究；完成了赤潮预警预报、应急及损害评估软件的开发和集成工作；实现了示范海域赤潮灾害的试预报和试评估；年度内发表学术论文5篇，申请软件著作权登记4项。

（国家海洋局第二海洋研究所）

## 海洋生物技术

**【水产用迟钝爱德华氏菌活疫苗及生物农用制剂】** 迟钝爱德华氏菌弱毒活疫苗EIBAV1完成了大菱鲆的临床试验，并形成申报书报农业部兽药评审中心，通过了初审会专家评审。解决了壳寡糖与其他杀菌剂复配发生絮凝的技术难题，确立了质量稳定的壳寡糖复配加工工艺，获得了2个寡糖与低毒杀菌剂复配制剂登记证（PD20130556，PD20130559）和1个氨基寡糖素农药登记证（PD20130597），并在陕西38个县示范推广0.13万多公顷，提高小麦产量5%～10%。

**【海洋生物酶的开发技术】** 开展了新型海洋右旋糖苷酶、海藻糖合成酶、弹性蛋白酶、褐藻胶裂解酶及漆酶小试工艺研究；对碱性脂肪酶、溶菌酶、过氧化氢酶开展了规模发酵放大试验；对海洋酯酶和碱性蛋白酶开展了产业化生产和应用，并取得了较好的社会和经济效益。已获得3个产品生产证书，获得经济效益10亿元以上。部分成果获得2013年度山东省科技进步一等奖。

**【我国典型海水经济鱼虾贝全基因组测序】** 完成了斜带石斑鱼、半滑舌鳎和牙鲆全基因组精细图谱的构建，大黄鱼和栉孔扇贝的全基因组框架图也已经构建完成，凡纳滨对虾基因组测序和组装也取得重要突破，系列成果发表在国际生物学领域顶级期刊Nature Genetics，标志着我国在海水经济动物基因组研究方面已经达到国际领先水平。

**【远洋渔业捕捞与加工技术】** 完成了大型拖网网具、网板、选择性装置以及拖网曳纲张力平衡控制系统的构建，试制了竹筴鱼冷冻、包装等3套装备；系统开展了金枪鱼围网捕捞及冻结保鲜加工技术、生态高效金枪鱼延绳钓捕捞与超低温保鲜技术的研究，获得了渔获保鲜加工的关键参数与技术；成功试制了高功率节能型LED集鱼灯和新型鱿鱼钓机，海上使用效果良好，制定了鱿鱼船上加工标准和规范；原料级南极磷虾鱼油已实现产业化，产品级鱼油产业化前期准备工作已经完成；初步完成了南极磷虾拖网加工船的经济性、捕捞和加工系统的设计。

（中国科技部）

**【海洋水产病害实用化检测及预警技术的建立与应用】** 2013年度课题组按照计划继续进行海水养殖鱼虾病毒性、细菌性、寄生虫疾病的发生流行规律研究，发现海水养殖鱼类的主要病原仍以弧菌和爱德华氏菌为主，海水养殖虾类的主要病原仍以白斑症病毒（WSSV）引起的白斑综合征为主，在南方早期死亡综合症危害较为严重。研制了4种海水鱼类疾病实用化检测技术，包括鱼类病原菌核酸检测芯片、 鱼类病原菌检测抗原芯片、5 种病原菌的多重 PCR 技术、3 种弧菌快速 LAMP 检测方法。对 2012 年度研制的 6 种弧菌检测抗原芯片、鱼类神经坏死病毒现场快速检测试剂盒、迟缓爱德华氏菌速检测试剂盒进行了优化和应用。研制了 WSSV 双抗体夹心 ELISA 定量检测试剂盒。研究了鱼虾的免疫动态变化规律，包括浸泡免疫灭活爱德华氏菌疫苗的最佳浓度和时间及其诱导的应答动态分析、高渗浸泡免疫诱导的牙鲆应答规律、牙鲆感染及免疫后 IgD 的应答特点、鳗弧菌疫苗诱导的牙鲆 pIgR 基因水平变化。筛选对虾血蓝蛋白作为健康指标，研制了对虾血蓝蛋白双抗体夹心 ELISA 定量检测试剂盒，用于养殖对虾健康状况评估。研究了前期研制的 WSSV 胶体金快速检测试纸、WSSV 免疫检测芯片、神经坏死病毒现场快速高灵敏试剂盒、迟缓爱德华氏菌现场快速高灵敏检测试剂盒等实用化检测产品的规模现场快速高灵敏检测试剂盒等实用化产品的规模生产装配工艺，并在养殖示范基地进行了推广或试用，取得较好的社会和经济效益，显示出广阔的应用前景。2013 年度授权发明专利 1 项，申报国家发明专利 6 项；制定标准 1 项；发表核心刊物以上文章 10 篇，其中 SCI 收录 8 篇；培养毕业博士 5 人，硕士 10 人。

**【海洋生物细胞分子育种关键技术】** 该项目 2013 年度取得的三要进展：（1）无脊椎动物细胞建系技术。已建立了完善有效的对虾细胞原代培养无菌操作技术，原代培养成功率可达到 100%。建立了对虾原代培养组织块重复利用技术，提高原代培养效率。通过栉孔扇贝担轮幼虫的体外培养，确定现有培养体系可以使细胞在体外连续增殖和传代 10 代以上，且具有实验操作的可重复性。

（2）多倍体育种诱导技术。初步建立了鲆鲽鱼类四倍体诱导技术，并规模化诱导获得了四倍体初孵仔鱼及鱼苗，但四倍体诱导尚存在一些问题，主要集中在诱导得到的鱼苗成活率低等方面，正在对其机制进行深入分析。已初步建立为鲆鲽鱼类三倍体高效规模化诱导技术体系，正在尝试进行中等规模的规模化诱导。

（3）分子标记辅助育种结论。①开发了基于分子标记构建实现关系矩阵的软件。由于基于实现关系矩阵的 BLUP 方法计算效率高，且估计的基因组育种值与基于 Bayes 方法的估计育种值准确性差别不大，因此成为基因组选择的很重要的一种方法，即 GBLUP 法。与传统的 BLUP 法相比，GBLUP 法是通过高密度遗传标记构建实现关系矩阵 G，将传统 BLUP 模型中基于系谱计算得的 A 矩阵替换，从而实现育种值及遗传参数的估计。已报道的 G 的计算方法有很多种，为此，开发了专门用来计算 G 矩阵的软件。该软件中不仅包含了大多数现有报道的 G 矩阵的构建方法，也包含了自己的集中算法。该软件可以与现有的扇贝遗传评估系统结合使用实现基因组选择。该软件已经获得软件著作权，登记号：2013R049813。②提出了同时囊括固定效应和随机效应模型的遗传模型。通常的 GWAS 分析将 QTL 看作固定效应，而在育种值估计中，QTL 当作随机效应，前者通常适用于随机群体，后者适用于系谱群体。将遗传效应分为固定效应和随机效应，采用 LASSO 方法快速估计主效基因的位置，然后将主效基因与微效多基因结合起来一并进行效应估计和育种值估计，也就是说同时进行 GWAS 分析和基因组选择。模拟实验证明，模型比现有模型好很多倍，在遗传力估计和 QTL 检测效力上有很大的改进，基因组选择的准确性明显提高。 （中国海洋大学）

**【海洋桡足类滞育生物学研究】** 该项目于上世纪 70 年代末在国内率先开展了海洋桡足类滞育生物学的研究，随后系统地开展研究内容：①滞育的形态、分布规律及其对种群补充的影响；②滞育的生理生化机制；③卵库及其影响因素、卵库与水层种群耦合的动力学；④滞育的生态遗传学及其与微进化的关系等研究；重点研究的桡足类有二十多种。研究内容涵盖了桡足类滞育的生物学、生态学（包括生态遗传学）、生理学等领域。对海洋桡足类滞育卵的形态、滞育与桡足类的季节演替、滞育卵的发生规律、滞育卵与即孵卵的生化和生理学差异、滞育卵对污染物的耐受效应、桡足类在河口区的驻留机制与滞育发生的关系、桡足类的卵库及其与水层种群的耦合动力学、桡足类滞育的生态遗传学及其与微进化关系等进行了系统的研究。为我国海洋生物学研究拓展了一个新的研究领域，奠定了扎实的基础。所阐明的桡足类卵库与水层中桡足类种群的耦合理论填补了海洋生态学研究的空白；应用生物信息学方法研究桡足类滞育的生态遗传学及其与微进化的关系，对认识海区环境变迁及其生物的演化历史具有重要的理论意义，是我国海洋浮游生物学研究中的领先工作。该项目获福建省 2013 年度自然科学三等奖。

**【‘东优 1 号’杂色鲍新品种的培育】**　针对我国南方杂色鲍养殖产业病害频发的问题，厦门大学海洋与地球学院柯才焕课题组在种质资源收集、新品种培育、分子标记辅助育种、功能基因研究等方面取得了重要成果：①采用配套系育种技术，培育出 1 个国家水产新品种——“东优 1 号”杂色鲍，新品种养成期存活率较原有杂色鲍养殖种提高 30%以上，采用常见海洋弧菌回归感染的试验也同时证实，新品种的抗病力较原有养殖种有显著提高；②在国内率先引进杂色鲍日本群体，收集和培育了 5 个不同地理群体的杂色鲍，建立 5 个杂色鲍核心选育群体和 200 多个家系，杂色鲍种质库已初步建立；③首次查清了杂色鲍重要经济性状的遗传参数，构建杂色鲍育种参数评估技术；④自主开发 300 多对杂色鲍的微卫星分子标记，构建了杂色鲍第一张基于 SSR 分子标记的遗传连锁图谱，定位到多个与生长性状相关的 QTLs，分离并鉴定出一些具有实用价值的分子标记，用于指导良种选育；⑤从生理生化水平、DNA 水平、蛋白质组水平，对杂色鲍杂种优势形成的机理进行了深入研究；⑥开展杂色鲍转录组学研究，获得杂色鲍生长、免疫相关的关键基因 5 个，明确关键基因的表达模式和调控规律。

该项目培育出的国家级水产新品种"东优 1 号"杂色鲍 1 个，新品种养成期存活率较原有杂色鲍养殖种提高 30%以上，增产效果显著。发表相关学术论文 35 篇，其中 SCI 文章 20 篇，获授权国家发明专利 5 项，实用新型 1 项，申请国家发明专利 2 项，培养博士研究生 4 人，硕士研究生 4 人。该新品种已在福建、广东和海南三省大面积推广，近三年累计推广新品种苗种超过 5 亿粒，创产值 15.6 亿元，创利润 4.7 亿元，为重振杂色鲍养殖产业发挥关键作用。特别是作为海峡两岸共有的鲍鱼养殖种，新品种也已在台湾地区大规模推广，新品种因其高抗病力已在台湾杂色鲍养殖业界形成良好口碑，台湾地区已濒临破产的九孔养殖产业因新品种的引进呈明显回温态势，这也成为海峡两岸农业科技交流的一个新亮点。2010 年，在第八届“6.18”中国海峡项目成果交易会上，“东优 1 号”杂色鲍项目获得由教育部科技发展中心与福建省教育厅联合主办的高校服务海西产学研优秀合作项目特等奖。（厦门大学）

**【海洋生物活性物质国家标准样品研制与研发技术体系】**　该项目是 2009 年立项的海洋公益性行业科研专项项目的主要研究内容是建立操作简便、快速的海参皂苷分离技术，获得海参皂苷 A1、海参皂苷 B 高纯品；建立海龙胆甾醇的分离纯化技术，优化其萃取方法、皂化条件，获得海龙胆甾醇高纯品；通过对坛紫菜多糖进行提取，分离纯化，得到均匀度高的多糖纯品。制备 3～4 种化合物高纯度样品，鉴定其结构。能够制备均匀化的紫菜多糖、海参皂苷和海龙胆甾醇样品，完成其稳定性、定值和不确定度的研究；并完成标准样品的封装、稳定性等性质研究。形成 3～4 种国家标准样品，并建立相应的检测方法和评价标准。

2013 年度，该项目完成了项目自验收。从海龙、海参和紫菜里分离并纯化得到胆甾-4-烯-3-酮、海参皂苷 A1、海参皂苷 B、新琼二糖等 4 种高纯单体，并进行了相关研究。4 种样品全部通过了国家标准样品委员会组织的国家标准样品评审。课题组所制备的 4 种国家标准样品全部为海洋来源，并且海参皂苷 A1、海参皂苷 B、新琼二糖三种国家标准样品在国内外都没有对照品，该研究不但获得了海洋来源的国家标准样品而且 3 种国家标准样品填补了本领域的空白。课题组的研发工作完成从原料，制备到相关方法学研究，制备过程中的关键酶也为课题组自主研制，形成了一整套的海洋类国家标准样品研发体系。通过本项目的实施，还发表学术论文 3 篇，其中在核心学术期刊发表论文 2 篇，SCI 收录 1 篇，申请国家发明专利 4 项。

（国家海洋局第三海洋研究所）

**【我国陆架海现代生态环境变化的主要受控因子甄别】**　国家“973 计划”项目“我国陆架海生态环境演变过程、机制及未来变化趋势预测”的第三课题。执行时间 2010 年 1 月至 2014 年

12 月。课题通过历史资料分析、多学科现场调查和受控生态实验，在季节尺度上查明我国陆架海浮游植物、浮游动物、底栖生物的生物量和群落结构的空间变化，确定对整个生态系统起决定作用的关键种和标志种；估算长江冲淡水、黑潮等水团变化对营养盐等关键环境因子的影响；通过受控模拟生态实验和典型过程的现场调查，了解生态结构演替和关键环境因子的受控关系及其过程速率；通过典型案例（如黄海冷水团、长江口锋面、象山港）研究自然变化、农业施肥、养殖活动和近海重大工程等人类活动对海洋生态结构的影响；通过边缘海高分辨率钻孔沉积硅藻的变化规律，重建地质历史上温暖气候背景条件下的海洋环境。

该课题收集整理了大量营养盐、叶绿素、初级生产力、浮游植物、浮游动物等资料，给出了黄、东海主要生态环境参数总体的气候态分布，对生态模式研究、古环境记录研究和现场调查设站具有重要意义。证实长江口营养盐主要受冲淡水控制，发现在锋面区生物旺发后，Si 可能为潜在限制因子，P 亦有不同程度限制影响。通过同步开展分级叶绿素和 HPLC 色素、分级初级生产力研究，比较全面地了解初级生产过程及其粒度结构，同类研究在国内还比较少开展；通过典型生态区的现场调查，结合模拟试验，为定量预测陆架海海洋生态环境变化趋势提供可靠验证数据，使物理-生态耦合模式可信度得到较大提高。项目运行 3 年多来，已发表论文 40 余篇，其中 SCI（SCIE）论文近 15 篇。

**【深海近底层生物幼体高保真直视取样技术】** 国家“863 计划”项目研究课题。该项目旨在研制一套采集深海近底层生物幼体样品的实用样机，具有以下特点：①大体积拖曳和定点采样；②实现样品保温；③同步采集环境参数；④可视控操作。主要技术指标：开闭网 3 套；样品上船后 6 小时内压力不低于采样点原位压力的 80%；样品存储仓内温度不超过原位点 8℃。2013 年完成了生物幼体保真取样系统整体集成装配联调；制定了海试大纲并落实海试计划，2013 年 5 月在南海完成了 3000 米海试，并在大洋第 29 航次调查中完成了 2 个站位的试验性应用。编写了项目，申请专利 2 项，发表论文 3 篇，获得软件著作权 2 项。已基本完成验收前的准备工作。（国家海洋局第二海洋研究所）

**【深海与极地生物探测获取与应用技术】** 该项目于 2013 年 12 月 23 日在宜昌顺利通过项目中期检查。该项目是国家“863 计划”项目，由国家海洋局第三海洋研究所牵头负责实施，取得了一系列阶段性成果：在探测获取技术方面，与载人潜器配套的各种深海生物采样工具已完成样机试制，部分工具已搭载“蛟龙”号进行多次下潜，工作状态良好，深海沉积物和水体原位富集设备已进行湖试；在应用技术方面，已建立了微生物高通量分离培养、未培养单细胞分选与基因组扩增、高温高压流动培养、原位定向富集筛选等一系列技术，并研制了相关的专用实验设备，获得了一系列深海新种、新基因、新化合物，并对其功能、结构、作用机理进行了研究。

**【深远海（极地）微生物及其基因资源开发与产品应用示范】** 该项目于 2013 年 10 月 16—17 日通过国家海洋局组织的中期检查。该项目为国家海洋公益科研专项，已经获得微生物新资源 3696 株，入库菌种 1556 株，申请国内发明专利 11 项，其中授权专利 2 项，发表国内外论文 20 篇，其中 SCI 论文 18 篇。项目筛选获得了适应于海洋环境的具有产酶、拮抗病原菌、促生长的益生菌种，通过不同功效微生物的优化组合，复配得到 1 种复合微生态制剂。该复合菌具有菌种活力高、调节水质能力强、增加水产动物免疫力的特点，并在福建漳州、广西和海南等多地的石斑鱼育苗场、南美白对虾养殖场开展现场试验，取得了良好的应用效果。以极地微生物活性物质或活性菌株为主体，研制了生物农药中试产品，完成毒理学及安全性评价和田间小区现场示范。“产黄青霉抗真菌蛋白 Pc-Arctin 及其制备方法”已获得发明专利授权，“短小芽孢杆菌在对虾养殖中的应用”与“南极假单胞菌生防菌株及其制备方法”等 8 项发明专利申请已进入实质审查。

**【海洋微生物小分子化合物资源库构建及药源活性物质的筛选应用】** 该项目于 2013 年 10 月 16—17 日通过国家海洋局组织的中期检查。该项目为国家海洋公益科研专项，由国家海洋局第三海洋研究所牵头负责实施，已经初步建成“海洋微生物代谢产物馏分库”及“海洋小分子活性物质分离制备技术与装备集成平台”，申请26个发明专利，发表论文51篇，其中SCI论文46篇。

**【海洋生物功能性产物高值开发关键工程化技术研究与应用】** 该项目获得2010年海洋公益性行业专项资助，由国家海洋局第三海洋研究所牵头负责实施，围绕海洋生物资源产业发展的迫切需求，开展8项海洋生物功能性产物关键中试工艺技术开发与应用研究，开发出5～8项产业化前景显著的产品，建立相关产品标准，提供中试技术成果；逐步培育以海洋活性产物分离纯化、海洋生物发酵、海洋生物标准物质、海洋生物功能产物结构修饰、藻类规模化养殖等关键中试技术系统为主体的科技兴海研发基地；培养科技兴海创新研发队伍，增强从应用基础研究、中试技术研究到产业化开发的研发能力。该项目于2013年10月17日顺利通过国家海洋局组织的项目中期检查，专家一致评价为优。

**【几种重要海洋药用生物种质资源发掘、保藏和利用】** 该项目获得2012年海洋公益性行业专项资助，由国家海洋局第三海洋研究所牵头负责实施，项目针对海洋生物医药开发中药用资源缺乏的瓶颈问题，筛选发掘药用价值高的蜈蚣藻、星虫、草苔虫、荔枝螺和鬼鲉种质资源，建立重要海洋药用生物种质资源保藏技术，开发重要海洋药用生物的规模化生产利用等共性关键技术，进行抗老年痴呆新药前体研究。2013年，项目已完成了采集多区域、多生境的蜈蚣藻、星虫、草苔虫、荔枝螺和鬼鲉5种海洋药用生物种质资源，开展海洋药用生物种质材料低温保藏工作，并各保藏了10份种质材料；完善了5种海洋药用生物种质资源的分离纯化工艺等。

**【深海（微）生物资源勘探与资源潜力评价】** 该项目于2013年11月12—13日在厦门顺利通过了中期评估。该项目为大洋“十二五”重大项目—“深海（微）生物勘探与资源潜力评价”，由国家海洋局第三海洋研究所牵头承担。在深海微生物资源获取、环境作用、应用潜力评估等方面取得了良好的阶段性成果，获得深海菌株3000多株，发表SCI论文70篇，申请国家发明专利13项，获得国家发明专利授权6项，获得美国发明专利2项，新申请美国发明专利1项，参与编写国外专著2本，主编国内专著1本，获得海洋工程科学技术奖一等奖1项。

**【海洋药源生物种质资源库建设】** 该项目2013年获得国家海洋局、财政部资助，由国家海洋局第三海洋研究所牵头负责实施，旨在使海洋药源生物种质资源的收集、保存和鉴定更加标准化和系统化，使收集到的种质资源得到妥善和安全保存。通过建设一个资源共享平台，能够更加有效地为海洋生物产业发展和研发提供优质的种质资源、数据信息、方法手段等基础条件，建立联合、合作、协调、共赢的环境，实现海洋药源生物种质资源的社会共享。通过项目实施，建设海洋药源动物库、大型药源海藻库、药源微藻库、核心种质库、基因库、种质创制平台、展示平台、规模化制种技术平台和信息服务系统。2013年已完成海洋药源生物种质资源库的选址工作，并基本完成厂房的装修工作；同时开展了本年度仪器设备的选型和部分设备招标工作和信息平台、数据库的框架设计工作；新增种质资源200多份；完成部分海洋药源生物采集和保存；已制定《海洋药源微藻种质资源描述、保藏规范》、《海洋药源微生物种质资源描述、保藏规范》等相关技术规范。

**【海洋生物产业化中试技术研发公共服务平台】** 该项目2013年获得国家海洋局、财政部资助，由国家海洋局第三海洋研究所牵头负责实施，拟构建海洋生物活性产物分离纯化、海洋功能产物化学修饰、海洋生物发酵、海洋生物活性物质化学对照品和国家标准样品、海洋藻类规模培养等五个关键工程化技术研发公共服务平台，进而形成海洋生物产业共性技术公共服务平台，有能力针对相关技术问题开展技术攻关，为企业快速提供整体技术方案；拥有较为齐全的中试设备，可满足企业开展中试研究的需要；能够承接相关技术服务任务；能为企业培训专业技术人员。2013年度，开展了项目选址工作、仪器设备的选型、部分设备的采购、安装和调试工作，部分分析仪器可对外提供高灵敏度的检测分析服务。

**【藻红蛋白生物发光特异抗体关键工程化技术开发与应用研究】** 2013年，项目实施开展了海洋藻类荧光蛋白的分离纯化技术和方法以及应用性研究，材料采用匀浆、低温浸溶、离心处理等方法，建立了藻体细胞藻红蛋白初步分离提取的技术和方法。本项目申请并获得受理的发明专利2项：一种藻红蛋白纯度的计算方法；一种高纯度藻红蛋白比荧光强度的计算方法。

**【珊瑚移植培育技术和珊瑚礁修复技术研究】** 2013 年，国家海洋局第三海洋研究所科研人员实现移植珊瑚成活率达到90%，在三亚亚龙湾建立 2 公顷的珊瑚礁修复示范区，在蜈支洲岛建立 5 公顷的珊瑚礁修复示范推广区，申请发明和实用新型专利8项。

（国家海洋局第三海洋研究所）

## 海水淡化与综合利用技术

**【3000吨/日、4500吨/日低温多效海水淡化成套技术】** 该项目以低温多效装置成套技术的国产化与提升核心竞争力为目标，研发了喷嘴可调蒸汽热压缩装置、专用阻垢药剂、高性能弹性连接胶圈、汽液分离元件等核心部件和关键材料，开发出了集多效逆流分组、闪蒸、热蒸汽压缩技术优势为一体的高效节能工艺，完成了 30 吨/日中试技术验证和试验研究，通过系统优化将有效传热温差从30℃提升到50℃，系统热效率提高60%；在此基础上形成了集技术研发、工程设计、设备制造、调试运行、仿真培训为一体的 MED 集成创新技术体系。依托自主研发的成套技术，以 100%国产化率技术在国际市场上与以色列 IDE、法国 SIDEM、奥地利 WABAG等国际知名公司同台竞技，有幸中标3个印尼海水淡化工程，总规模2.1万吨/日，合同额 2.6 亿元。完成印度尼西亚燃煤电站配套的英德拉玛尤 2×4500 吨/日、巴齐丹 2×3000 吨/日、龙湾 2×3000 吨/日等 6 套低温多效蒸馏装置的设计及安装调试等技术服务工作。装置运行稳定可靠，顺利通过第三方（HPTC）检验，总体技术指标国际先进，受到了业主的高度认可，实现了国产化成套技术的规模化、国际化应用，增强了自主技术的核心竞争能力，海内外影响显著，市场推广前景广阔。

**【海岛适用的系列海水淡化技术装备及应用研究】** 该项目是2009年国家海洋公益性行业科研专项，项目编号200905017，已于2013年11月顺利通过国家海洋局验收。项目由国家海洋局天津海水淡化与综合利用研究所牵头，多家科研院所和企业共同承担。项目研究内容涵盖传统海水淡化工艺海岛环境适用性、与海洋可再生能源耦合、能量回收节能降耗和产品水后处理等多方面，研发获得多项关键技术，形成了不同工艺、规模、用途和能源匹配方式的系列海水淡化装备，成套装备国产化率高于国内其他海水淡化设备。项目取得的系列研究成果先后在我国北方的大管岛、灵山岛、南方的东瑁洲岛、永兴岛等七个海岛进行了应用示范，为驻岛官兵和海岛居民提供了可靠的淡水保障。该项目为我国海岛的开发与保护、海洋权益维护以及海岛军民淡水需求供应提供了一条可靠、高效、便捷的途径，体现了海洋公益性项目“边研究、边应用、边服务”的立项宗旨，同时也为自主海水淡化关键设备的应用和海洋可再生能源的利用提供了积极的示范作用。

**【我国首个低温多效蒸馏海水淡化仿真培训平台】** 为解决海水淡化产业快速发展和技能型员工短缺、培训技术手段缺乏等问题，也为海水淡化新工种的技能培训和职业鉴定提供技术保障，国家海洋局天津海水淡化与综合利用研究所依托“十一五”国家科技支撑计划项目课题“5 万吨/日低温多效蒸馏海水淡化成套技术与装备开发”，开发出首套面向低温多效装置的全数字过程控制仿真培训软件，具备虚拟操作、教育培训、技能鉴定和学习交流等功能，填补了海水淡化领域仿真培训空白，处于国际先进水平。该成果综合采用计算机图形学、虚拟现实和分布交互式仿真等先进技术，在面向操作规程的工艺过程仿真、多学科多领域虚拟样机开发和综合集成、分布交互式仿真软件系统和三维虚拟环境构建等方面实现技术突破，取得了国家版权局计算机软件著作权（授权号：2009SR039477），成果荣获 2013 年度海洋工程科学技术二等奖，对提高操作技能和培训效率，提升我国海水淡化综合实力，以及推动国家职业资格证书制度具有重要意义。

**【国内首个太阳能光热海水淡化商业示范项目】** 2013年11月7日，国内首个太阳能光热海水淡化商业示范项目投产仪式在海南省乐东黎族自治县举行，太阳能光热海水淡化商业示范项目是海南省工业和信息化厅重点推进的海南省 20 万吨太阳能光热海水淡化设备制造基地项目的重要一环，由上海骄英能源科技有限公司投资建设，国家海洋局天津海水淡化与综合利用研究所作为技术支撑单位，全程负责与光热系统配套的低温多效海水淡化技术工作，包括工艺方案、装置设计、制造监理、安装调试等。项目利用国内外领先的线性菲涅尔太阳能高倍率跟踪聚焦聚光集热系统，将太阳辐射热转化为高温水蒸汽，利用所产生的高温蒸汽，通过多效蒸馏海水淡化装置将海水制成高品质淡水。该技术特别适合我国沿海、岛屿和西部能源淡水缺乏地区，有很大推广应用价值，对促进海岛等偏远地区的开发具有典型的示范作用和辐射带动效应。项目填补了国内利用太阳能可再生能源实现海水淡化商业运行的空白。

**【固定化生物硅藻土处理海水冲厕污水的研究】** 该项目是国家海洋局青年基金项目，由国家海洋局天津海水淡化与综合利用研究所承担。该项目利用微生物固定化技术，将从塘沽海岸筛选出的高效复合菌群和硅藻土包埋形成固定化生物硅藻土小球，确定固定化小球的制备方案；研究了循环活性污泥工艺投加固定化生物硅藻土小球后对海水冲厕污水中的有机物、氨氮等污染物的去除效果，确定固定化生物硅藻土对海水冲厕污水的生物净化作用；通过研究不同 pH、污染物浓度等因素对海水冲厕污水的处理效率的影响，获得合理工艺参数，并对反应器的中生物硅藻土投加量和水力停留时间等进行调整，获得固定化生物硅藻土对冲厕污水的最佳处理效率，为将来生物硅藻土应用于污海水处理提供试验参考。该项目于 2013 年 7 月通过验收，发表论文 2 篇。

**【大生活用海水复合型生物吸附净化技术】** 该项目是国家海洋局青年基金项目，由国家海洋局天津海水淡化与综合利用研究所承担。该项目选定耐盐净污海洋微生物细菌的筛选与复配，并通过固定化技术用于大生活用海水的后处理技术为研究内容。通过分子生物学、形态学观察及生理生化反应，将三株耐盐净污菌分别鉴定为嗜盐单胞菌、副溶血弧菌和施氏假单胞菌。确定了耐盐菌的最佳培养条件，进而利用耐盐微生物相互之间的协同作用，按最佳比例，形成微生物群落。在小型人工模拟装置中，考察微生物的吸附净化效果，通过工艺条件的优化，针对大生活用海水的后处理工艺提供了创新的、高效实用的处置方案，形成了完整的工艺流程，并进行大生活用海水生物吸附技术的净化机理探讨。通过该项目的研究将筛选驯化的三株微生物鉴定至属，获得了细菌的最佳配比方案，开发出了大生活用海水生物吸附净化处理的最佳工艺。发表论文 1 篇。

**【典型海水利用工程用海及取排水对生态环境影响评价方法】** 该项目是由国家海洋局天津海水淡化与综合利用研究所承担的国家海洋局业务化项目“中国近岸海域生态环境监控区监测业务”的子任务。项目通过对我国海水淡化、海水冷却、大生活用海水、海水化学资源利用等海水利用工程生态环境影响基本特征的研究，结合近岸海域生态环境影响因子的分析，确定了海水利用工程对近岸海域生态环境的影响方式、影响因素和因子；建立了海水利用工程生态环境影响评价指标体系；研究了对海水利用工程生态环境影响评价方法，确定了海水利用工程海洋生态影响综合评价模型，并以大港电厂为例，进行了取排水口附近海域海洋生态影响综合评价。海水利用工程生态环境影响评价指标体系和海水利用工程生态环境影响评价模型的建立，使我国海水利用工程的环境影响评价方法更为科学合理，从而为保护近岸海域生态环境、实现海水利用事业和海洋生态环境的共同可持续发展提供技术支持。通过该项目的研究建立了海水利用工程生态环境影响评价指标体系和海水利用工程生态环境影响评价模型，确定了海水利用工程生态环境影响评价方法。

**【海水淡化水作为直饮水技术】** 该课题是国家海洋局业务化项目，由国家海洋局天津海水淡化与综合利用研究所于 2013 年完成。为了提高淡化水的硬度、碱度和水体的缓冲能力，减小水体对管网的腐蚀性，需要对淡化水进行矿化及消毒处理。项目调研国内外海水淡化水矿化技术的研究现状和发展趋势，研制海水淡化直饮水实验装置，选用硫酸溶解白云石的方法实现海水淡化水钙、镁离子的同时添加，通过大量实验获得优化参数，使出水水质满足建设部《饮用净水水质标准》和《管道直饮水系统技术规程》对水质指标的限定要求。项目还对国内外饮用水水质标准、直饮水管材选择、直饮水消毒技术、直饮水供水技术进行综述和比较，同时结合实际案例进行研究和分析，为海水淡化直饮水在海岛的应用提供技术支撑。

（国家海洋局天津海水淡化与综合利用研究所）

## 海底探测与油气勘探开发技术

**【“蛟龙号”载人潜水器研制和海试】** 该项目是由“863计划”项目支持的国家重大科研任务，历时10年研制，累计投入3.5亿元的“蛟龙号”载人潜水器研制和海试项目于2013年4月通过技术指标考核。这标志着我国已系统掌握大深度载人潜水器设计、建造和试验技术，跻身于世界载人深潜先进国家行列。2013年9月，“蛟龙号”首次试验性应用航次圆满结束，历时三个多月，在我国南海、太平洋共执行21个潜次任务。

**【大深度载人潜水器关键技术国产化】** 4500米载人舱球壳研制在材料制备、成型工艺、探伤检验和焊接技术等方面取得了重要突破，已完成双半球的成型加工；同时以4500米载人潜水器为应用目标开展的深海水密接插件、机械手和高压海水泵等技术研究也取得重要进展，深海超高压环境模拟与检测装置研制基本完成，为4500米载人潜水器国产化研制打下基础。

**【4500米深海作业系统完成水池总装联调】** 该系统是我国自主研发设计水深最大、作业级别最高、国产化程度最高的无人遥控潜水器（ROV）系统。已在ROV本体结构、液压动力和推进、作业机械手和工具、观通导航、控制软硬件、升沉补偿装置和升降装置等关键技术的国产化方面取得了突破。系统已完成整机研制联调，基本完成出校检查，计划2014年初开展大规模实海试验。

**【国产小型AUV首次进行规范化海上试验】** 由我国自主研制、具有自主知识产权的50-300公斤级小型AUV完成系统研制，并按照863计划海洋技术领域《海洋仪器设备研制质量管理规范》和《规范化海上试验管理办法》的有关要求，搭载“试验1号”科考船开展了规范化海上试验。在海试中不断发现问题，总结经验，为项目预期目标的完成打下基础，并为今后规范化海试管理工作积累了经验。

**【水下生产系统脐带缆关键技术】** 该项目针对水下脐带缆选型、设计、制造、测试及南海环境适用性中所面临的问题进行关键技术攻关，初步形成了水下生产系统脐带缆缆体设计、制造、测试的成套技术，开发了具有自主知识产权的脐带缆设计分析软件，建成了一条制造脐带缆专用生产线，研制了一条适合1500米水深用脐带缆样缆，并开发了相应的专用测试装备，完成了样缆单元及整缆的力学性能及功能实验验证。

水下生产系统脐带缆的研发成果填补了国内空白，使我国在水下生产系统脐带缆设计、制造及试验验证方面积累了宝贵的经验，并将研发能力切实转化为企业的生产能力，为产品国产化推广应用打下了较好的基础。

**【随钻地层评价系统投入现场生产应用】** 开展了大量井下实钻试验，累计钻井进尺超过1万米，在钻井工况下对相关技术进行了有效验证。相关测量数据的处理分析表明，系统在井眼轨迹、井下振动、井径、环空压力等随钻测量方面数据准确有效，地层自然伽马射线强度、电阻率、纵波声速、中子孔隙度、体积密度等测井数据合理，与电缆测井资料对比基本一致。2013年11月随钻测井系统成功完成大庆油田徐50-平14井随钻测井作业，标志着这部分成果已初步具备进行生产应用的条件。已开始进行小批量制造。

**【动力定位系统国产化研制】** 在动力定位总体设计、动力定位能力评估、多推进器推力优选分配方法、控制算法、冗余控制设计、动力定位控制系统设计开发、动力定位述职仿真等多项关键技术方面取得了创新性成果，利用自主研发的DP3级动力定位原理样机开展了水池模型试验验证，通过对目标船定位精度和定位能力的分析，验证了所研发的动力定位控制系统原理样机的可靠性。针对“锋阳海工”铺缆船开发了应用于实船的DP1级动力定位系统工程样机并成功进行了海试，为突破大功率推进系统国产化关键技术和系统总装集成技术，形成DP3级动力定位系统工程样机及动力定位系统的产品化和国产化打下坚实基础。

**【海上油田二元复合驱项目】** 该项目研制了适合海上油田的速溶抗盐驱油剂及二元复合驱

油体系和高效小型化注入系列装置，突破了适合海上油田的低剪切分层防砂注入一体化工艺关键技术，设计了二元复合驱油藏工程优化方案并在胜利油田埕北1井区平台开展了现场实施，提高采收率效果良好，预测全区可提高采收率10.3个百分点，增油19.7万吨。项目实施过程中在速溶抗盐驱油体系、高效集约化二元复合驱体系配制工程技术及低剪切分层注入工艺等方面取得了创新性成果。该项目为国内外首例海上油田二元复合驱项目，填补了海上化学驱研究的空白，该项技术对于保持我国海上油田化学驱国际领先地位，促进海洋油气资源高效开发具有重要意义。（中国科技部）

## 海岸与近海工程技术

**【青岛市海洋热能工程研究中心通过认定】** 2013年7月，青岛市发展和改革委员会对由国家海洋局第一海洋研究所申报的“青岛市海洋热能工程研究中心”予以批复认定，年内先期资助300万已落实。该中心的目标：针对我国海洋热能研究的关键问题，搭建海洋能技术研究创新平台，围绕海洋温差能关键技术与理论研究、海水源热泵换热机理与技术研究等多个研究方向，争取未来两年，完成海洋温差能热力循环试验平台建设，建设我国海洋热能应用基础研究和人才培养的重要基地。

**【胜利油田多宗海底管道电缆路由调查、勘测项目】** 国家海洋局第一海洋研究所承担的该项目于2013年5月通过了东营市海洋与渔业局组织的专家评审。埕岛油田是胜利油田海洋油气开发的主要阵地，油气年产量近300万吨。国家海洋局第一海洋研究所利用先进的海洋调查仪器查明了埕岛油田各段海底管道电缆路由的海底地形、地貌、地层和各土层的工程地质参数，调查路由区海洋环境特征及区域地质背景，开展海底稳定性分析，同时查明路由区海洋资源开发利用情况，分析海底管道电缆铺设施工对海洋环境造成的影响，对路由条件进行综合评价，为海底管道电缆的工程设计施工提供依据。项目完成后不仅可以为油田管道电缆设计施工提供基础资料，同时也为海洋行政主管部门审批项目建设单位用海许可提供了参考依据。

**【西江24-3/惠州25-8海管路由区海底物探调查】** 2013年7—8月，国家海洋局第一海洋研究所在我国南海珠江口盆地海区恩平油田群进行了西江24-3/惠州25-8海管路由区进行了海底物探调查。该次调查，完成了路由海区多波束全覆盖水深数据采集、海底地貌特征全覆盖数据采集、海底地层特征剖面数据采集及路由区磁力异常数据采集。查明了路由区水深、海底地形、地貌特征及浅地层岩性、地质构造、不良地质现象及磁力异常现象，为后续工程建设及日后海底管道/电缆铺设、维护提供了切实可靠的数据资料。

**【河北省唐山乐亭菩提岛海上300兆瓦风电场示范项目全潮水文观测和海底电缆路由调查勘测】** 该项目由国家海洋局第一海洋研究所2013年承担全潮水文观测专题对风电场区进行了冬夏两季海流、悬浮泥沙、水温和盐度周日观测，采用了声学多普勒海流计、光电测沙仪、温盐仪和激光粒度分析仪等多种国际先进的海洋仪器，分析计算了工程海域海洋水文特征值，并对冬、夏季水文要素进行了对比分析，编写了冬、夏两季全潮水文观测分析报告。海底电缆路由调查勘测专题包括三部分工作，即编写风电场电缆路由桌面研究、编写电缆路由调查勘测实施方案和编写电缆路由调查勘测成果报告，该专题采用了高精度的多波束水深地形测量系统、侧扫声纳、浅地层剖面仪等调查设备，揭示了风电场区海底地形地貌和浅地层结构特征，搜集了路由区海洋水文和气象资料，对路由区进行了海床稳定性分析。根据区域海洋功能区划和海洋开发利用现状，阐述了项目用海与海洋功能区划的符合性及其对海域开发活动及保护区的影响。2013年7月专题成果通过了专家组审查，为海上风电场工程可行性研究提供了科学依据。（国家海洋局第一海洋研究所）

**【水下文物探测、保护技术体系研究与示范】** 项目由国家海洋局第三海洋研究所牵头承担，2013年正式启动。该项目综合运用地质地球物理、水文、化学、生物、历史、文化社会学、考古、管理等多学科研究手段，建立有效的水下文物探测技术方法、环境保护评估方法和保护管理对策；为国家各涉海行政主管部门保护、管理水下文物提供技术支持；为编制海洋功能区划、涉海相关规划等提供决策支持；从而为我国水下文物研究、保护工作提供有力保障，为国家海洋发展战略提供支撑。2013 年，项目完成了地球物理试验航次，完成了水下 5 个可疑点的探摸，评估了相控阵三维声学摄像声纳原理样机的现有状态和性能，为水下文物探测、保护技术体系的构建打下基础。

**【1∶25 万福州幅海洋区域地质调查（多波束）】** 海洋地质保障工程——1∶25 万福州幅海洋区域地质调查（多波束）由国家海洋局第三海洋研究所牵头负责实施，运用多波束测深系统，采集福州幅测区的高精度、高分辨率的海底地形地貌数据，获得海底地形图、地貌图以及 DTM 图等成果图件。项目查明区内海底地形地貌特征，将区块分为岸坡与岛礁区、海湾及口门地形区、河口湾地形区、离岸斜坡地形区四个地形单元。为海洋资源勘查、海防、涉海工程建设和海洋经济可持续发展，提供重要的地形地貌资料和科学依据。9 月 27 日，海洋地质保障工程——1∶25 万福州幅海洋区域地质调查（多波束）成果验收。

**【我国砂质海岸生境养护和修复技术示范与研究】** 该项目由国家海洋局第三海洋研究所承担，于 2013 年 10 月 17 日通过项目验收。该项目在调查研究基础上，全面总结了我国海滩资源分布、演变概况，系统评价了海滩资源和环境特征，开展了不同类型海滩养护和修复工程方案研究、设计、施工的示范研究，提出并初步形成了适合于我国砂质海岸特征的海滩生境养护技术和方法，在河北、山东、浙江、福建、广东、广西、海南等沿海省份得到了广泛应用和实际推广，推动我国海滩养护界和国际同行深入交流，完成了《中国沙滩保护技术与管理手册》编写工作，手册立足于我国海岸特征并充分吸收了国际最先进的理念与方法，对建立和完善我国系统海滩养护理论，指导我国滨海沙滩保护、养护和修复技术以及滨海沙滩管理具有重要意义。（国家海洋局第三海洋研究所）

**【300 千瓦海洋能集成供电示范系统】** 2013 年为该课题执行的第二年度，是课题年度计划中的重要阶段。课题组严格按照课题任务合同书要求开展了相关研究工作，在波浪能装置、潮流能装置、海洋能多能互补智能供电系统等方面取得了一定的研究进展，主要包括：①组合型振荡浮子波能发电装置：确定了双浮体型升沉式组合型波能发电装置的能量获取基本型式，开展了基于势函数边界元的理论分析，确定了圆柱体结合锥形底的浮子结构特征，进行了水工物理模型试验与三维数值模拟计算，优化了装置设计参数，完善了液压系统、锚固系统、电力系统等的基本组成与设计。进行了小型双体升沉型结构工程样机的海试研究，并已开始进行装置工程海试样机的加工、制造。②水平轴式潮流能发电装置：确定了水平轴的水轮机型式与三足重力式底座结构。开展了三维数值模拟计算，优化了水轮机叶片设计参数。开展了水平轴潮流能发电机组的支撑结构校核计算，特别是典型关键零件的重点校核。已开始进行装置海试工程样机的加工、制造。③海洋能多能互补智能供电系统：开展了供电系统的组成与结构单元设计，完善了在线监测、运行控制与保护系统的设计与优化。进行了多能互补智能供电系统的设备选型与试验研究。通过本年度的研究，确定了 300kW 海洋能集成供电示范系统的基本组成与结构型式，正在进行装置工程样机的加工、制造，有力地保证了课题下一年度的海试投放与长期示范运行。（中国海洋大学）

## 海洋可再生能源技术

**【潮汐能和潮流能重点开发利用区资源勘查与选划】** 该项目是 2010 年国家海洋局海洋可再生能源专项资金项目。潮汐能和潮流能重点开发利用区资源勘查与选划项目是在国家“908 专项”海洋可再生能源普查基础上进行重点勘查，国家海洋技术中心作为项目承担单位，联合国家海洋局第一海洋研究所、国家海洋局东海信息中心、中国海洋大学、中科院海洋研究所、福建省海洋预报台、山东省海洋水产研究所、中国水电工程顾问集团华东勘测设计研究院等多家单位，对潮汐能和潮流能具有开发利用前景的重点区域进行资源勘查，并收集历史资料，查清区域性潮汐能和潮流能利用的资源储量与可开发量，编绘我国潮汐能和潮流能资源分布图，开展潮汐能和潮流能优先开发利用区的选划工作，为国家海洋可再生能源发展规划提供科学依据，为沿海经济建设、发展绿色能源、实施节能减排、应对气候变化措施等政策建议提供信息服务。该项目主要工作内容：①潮汐能和潮流能重点开发利用区资源勘查。该次资源勘查属于资源详查，经综合分析采取重点调查和一般调查两种形式。重点调查以布设临时观测站现场器测方式为主；一般调查主要以通过当地政府海洋管理部门获取相关专项调查和历史资料的方式为主。②潮汐能和潮流能重点开发利用区资源评估。潮汐能和潮流能资源评估方法研究；重点开发利用区潮汐能、潮流能资源蕴藏量评估；重点开发利用区潮汐能、潮流能资源可开发量计算；潮汐能、潮流能资源等级划分。③潮汐能和潮流能优先开发利用区选划。选划方法研究；潮汐能和潮流能重点开发利用区选划；确定潮汐能和潮流能优先开发利用区；潜在开发利用区环境影响预测方法研究。项目组在搜集及分析历史研究成果的基础上，对预选的 55 个潜在重点开发利用区进行了一般勘查，并在初步分析了潮汐能和潮流能的资源蕴藏量和地理环境状况后，进一步遴选出 19 个具有发展前景的重点开发利用区进行了重点现场勘查。其中，潮汐能重点调查区域 11 个，潮流能重点调查区域 8 个。获取的观测数据约 500 万组，绘制的潮汐能和潮流能重点开发利用区资源分布图以及选划图共计 398 幅（计划 154 幅，超额 244 幅），综合研究报告约 13 万字（计划不少于 5 万字）。海洋可再生能源专项资金“潮汐能和潮流能重点开发利用区资源勘查与选划”项目科研成果的有关数据分析资料和图件报告，在国电电力旅顺热电项目筹建处准备开展的老铁山水道潮流能示范工程项目的选址、电站设计和研建中得到了很好的应用，具有较高的应用价值。该项目已于 2013 年通过国家海洋局验收。

**【100 千瓦摆式波浪能电站关键技术研究与示范】** 该课题是 2008 年国家科技支撑计划项目。作为项目承担单位，国家海洋技术中心对摆式波浪能技术进行了研究，遴选了示范海岛，对站址海域波浪资源进行精细调查和评估工作；依据站址海域波浪资源状况和特点，开展了有针对性的摆式波浪能俘获装置设计和性能数值仿真工作，优化了俘获装置的高度、净浮力等关键技术参数，按照上述设计完成的发电装置装机容量达 110 千瓦，工作波高为 H1/10＝0.5 米～3 米，采用自由摆动保护措施的情况下，摆板装置承受住了 12 级台风引发的极端波况的考验。在项目研究过程中，解决的关键技术主要有：①利用建立的模型，对摆式波浪能装置的特性进行了仿真，通过仿真分析，掌握了摆式波浪能装置的特性，结合站址海域波浪特性，确定了摆式装置的关键技术参数。②在仿真分析的基础上，结合站址海域波浪特性，制定摆式装置关键技术参数。在理论分析计算的基础上，开展了 1∶5 物理模型试验。试验结果证实了设计方案符合站址海域波浪平均周期特性，测试了规则波条件下装置的能量转换效率。③波浪发电设备在极端海洋环境条件下的安全保障是课题研究中的重要环节。恶劣的环境条件作用，会导致结构的剧烈响应，并对结构各构件的安全和性能造成严重威胁。④在摆式波能装置中，液压系统将一级转换系统（摆板装置）输出的机械能传递到发电机；另外，在液压系统中设置蓄能环节，可以在一定程度上平缓一级转换装置输出机械能的波动性。通过该项目的实施，国家海洋技术中心在国内率先开展了浮力摆式波浪能发电技术研究，并建成了 1 座装机 110 千瓦的示范电站。申请了 1 项国内实用新型专利，发表了 3 篇论文，制定了 2 项摆式波浪能装置研制方面的规范。2013 年通过科技部验收。

**【海洋能发电系统综合测试技术研究】** 该课题为 2008 年国家科技支撑计划项目。国家海洋技术中心作为项目承担单位开展了海洋能发电系统综合测试技术研究，完成了波浪能、潮流能装置实验室和现场检测平台的研建工作，并采用搭建的波浪能和潮流能测试平台开展了相关的实验室模型和发电装置现场检测工作。发展了波浪能、潮流能发电装置综合测试技术；研建的测试平台为模型和原型机的测试提供了条件；制定的实验室和实海况测试规程为海洋能发电装置的模型和原型机的开发设计和测试检验提供了依据。项目实施过程中针对腐蚀问题严重制约了海洋能发电装置技术的发展，编制了发电装置抗台风环境适应性设计评价及检测技术规程，从实验室检测、实海暴露检测和现场检测三方面入手，各有侧重的对海洋发电装置的腐蚀现象和防腐蚀方法以及做了分析和研究，此规程有效地解决海洋能发电装置防腐蚀问题。针对海洋能发电系统抗台风能力进行了关键技术研究，制定海洋能发电系统的抗台风设计评价，编写相应的检测技术规程，科学的评估海洋能发电系统的安全防护能力，有效地规避风险，提高发电系统的抗台风能力。项目研制过程中完成了实验室检测平台和现场检测平台的建设。实验室检测平台主要包括波流实验水槽、测试仪器或传感器、压力传动设备、电能转化设备以及数据采集系统，由此组成了实验室三级测试平台，可实现模型从测试环境到运动状态及能量转换各个环节的数据实时测试。现场检测平台包括：浪龙测量仪、波浪骑士测量仪、剖面流速计、电功率分析仪，测试负载，数据采集传输、数据集成平台等测试系统，可以完成在现场对装置功率输出特性的测试。通过此项目实施，提升了我国海洋能开发利用技术水平，项目研制过程中申请了4项技术专利，发表了9篇论文。2013年通过科技部验收。（国家海洋技术中心）

# 海洋教育

**【综述】** 2013 年，随着国内外对海洋的重视程度加大，特别是海洋发展成为沿海国家战略以来，海洋相关专业人才培养工作得到了快速发展。

**【海洋领域高校办学及专业建设】** 我国设置海洋相关专业的高校有近百所，除中国海洋大学、大连海事大学、浙江海洋学院、广东海洋大学等海洋特色高校以外，一些综合类、理工类大学如浙江大学、厦门大学和山东大学等均开设了海洋相关专业。

教育部发布的《普通高等学校本科专业目录（2012 年）》中，进一步优化海洋教育专业结构，在理学、工学门类中分别设置海洋科学和海洋工程两个专业类，下设海洋科学、海洋技术、船舶与海洋工程等 7 个专业。同时，在水利类、矿业类、交通运输类、水产类、药学类、公共管理类等专业类下设港口航道与海洋工程、航海技术、海洋渔业科学与技术等 6 个专业。截至 2013 年底，我国设置海洋相关专业的高校有近百所，专业布点数 168 个，毕业生 9340 人，招收新生 10095 人，在校生 40864 人。

**【海洋领域的学科设置与建设】** 根据国务院学位委员会、教育部印发的《学位授予和人才培养学科目录（2011 年）》，海洋领域现有“海洋科学”、“船舶与海洋工程”、“水产”三个一级学科，共有博士学位授权点 34 个、硕士学位授权点 64 个，其中，一级学科博士点 27 个，二级学科博士点 7 个；一级学科硕士点 34 个，二级学科硕士点 30 个。

学位授予单位可根据国家经济和海洋事业发展对高层次人才的需求，结合本单位的学科基础，在相关一级学科学位授权权限内，自主设置与海洋学科相关的二级学科。目前，天津大学、厦门大学和中国海洋大学等 15 个学位授予单位自主设置了 42 个“海洋地球化学”、“海洋生态学”和“海洋生物技术”等相关二级学科。

2013 年，我国海洋领域相关学科授予博士学位 500 余人，硕士学位 2100 余人。

（中国教育部）

**【中国海洋大学】** 中国海洋大学是一所以海洋和水产学科为特色，包括理学、工学、农学、医（药）学、经济学、管理学、文学、法学、教育学、历史学、艺术学 等学科门类较为齐全的教育部直属重点综合性大学，是国家“985 工程”和“211 工程”重点建设高校之一，是国务院学位委员会首批批准的具有博士、硕士、学士学位授予权的单位。中国海洋大学的前身是私立青岛大学，始建于 1924 年。2002 年 10 月经国家教育部批准更名为中国海洋大学。

学校有崂山、鱼山和浮山三个校区，设有 17 个院，1 个基础教学中心，1 个社会科学部，68 个本科专业。现有 12 个博士后流动站，13 个博士学位授权一级学科，81 个博士学位授权学科（专业），34 个硕士学位授权一级学科点、193 个硕士学位授权学科（专业），13 个类别硕士专业学位授权点，是国家首批工程博士专业学位授权点，还具有招收高校教师(15 个专业领域)、职业学校教师在职攻读硕士学位资格。学校有 2 个一级学科国家重点学科、10 个二级学科国家重点学科（含 1 个培育学科）、1 个国家工程技术研究中心、7 个教育部重点实验室、4 个教育部工程研究中心，1 个农业部重点实验室、21 个山东省重点学科、2 个山东省重点实验室、1 个山东省工程技术研究中心、9 个山东省高校重点实验室、4 个青岛市重点实验室、1 个青岛市工程研究中心。联合国教科文组织中国海洋生物工程中心、由教育部和国家海洋局共建的中国海洋发展研究中心设在学校。还拥有 2 个国家基础科学研究和教学人才培养基地，1 个国家生命科学与技术人才培养基地，4 个教育部-国家外国专家局 111 创新引智基地，1 个“985 工程”哲学社会科学创新基地(“985 工程”海洋发展人文社会科学研究基地)，1 个教育部人文社会科学重点研究基地，1 个国家文化产业研究中心和 4 个山东省人文社会科学研究基地，2 个山东省“十二五”高等学校人文社会科学研究基地。学校拥有供教学实践和科学考察使用的 3500 吨级“东方红 2”海洋综合科学考察实习船、2650 吨“海大号”海洋地质地球物理调查船、280 吨的“天使 1”科考交通补给船，5000 吨级的“东方红 3”新型深远海综合科考实习船正在建造过程中，基本组成了自近岸、近海至深远海并辐射到极地的海上综合流动实验室，初步形成了国内一流的系统化的现场观测能力。青岛海洋科学与技术国家实验室一期启动区综合楼及高性能科学计算与系统仿真平台已经完工，即将投入使用；作为山东半岛蓝色经济区的重点项目和青岛“蓝色硅谷”的核心区，二期、三期建设工程已经启动，将为国家和地方的海洋事业发展提供空间载体和科技支撑。

学校科技成果丰硕，科技创新能力明显增强。“十一五”以来，主持国家级各类项目 900 余项。管华诗院士领衔完成的项目“海洋特征寡糖的制备技术（糖库构建）与应用开发”，获 2009 年度国家技术发明一等奖。“十一五”以来，学校另获国家技术发明二等奖 2 项、国家科技进步二等奖 6 项、省部级科技奖励 56 项、人文社会学科省部级以上奖励 33 项。被 SCI、EI、ISTP 等三大收录系统收录论文 1 万余篇，截至目前，学校在地球科学、植物与动物学、工程技术、化学、材料科学、农学、生物学与生物化学、环境学与生态学等 8 大学科（领域）跻身美国 ESI 全球科研机构排名前 1%。“十一五”以来，申请发明专利 1017 项，授权发明专利 552 项，其中国际发明专利 13 项。

**科技项目与经费**　学校科技经费再创新高，实到科技经费突破 6 亿元。①国家自然科学基金。国家自然科学基金作为学校凝聚和稳定有创新能力的研究队伍、发展具有国际影响力的研究方向、强化基础研究的特色和优势、增强源头创新等方面起到了至关重要的作用。共获资助项目 130 项，经费首次突破亿元大关，达 10623 万元，在海洋学科获资助项目数经费数继续蝉联全国科研单位首位，连续 5 年获得重大国际（地区）合作研究项目资助。②国家重大科技项目。2013 年度，一举获得 3 项国家重大基础研究规划项目（含 2 项 973 计划项目和 1 项国家重大科学研究计划项目），获资助经费共计达 6500 万元，立项项目数和经费总数均创学校历史最好水平。③公益性行业科研专项和部委专项。部委调查专项及公益性行业专项等继续保持良好增长势头。在确保 2013 年全球变化与海气相互作用专项项目顺利实施情况下，新获得批复 2014 年主持项目 1 项，参与 2 项，总经费达 2400 万元，继续获得了中国海洋大学关注的南海海区调查项目，为学校在南海科学研究的战略部署提供支撑；继续获得中国地调局专项滚动支持，申请续作 2014 年项目 5 项，经费达 6600 余万元，为学校海洋地质学科发展提供资金支持的同时，获取了东海海洋调查数据。④国际科技合作基地、项目及人才一体化。国际科技合作是我国科技工作和对外交流工作的重要组成部分。在科技部认定的 2013 年度示范型国际科技合作基地中，中国海洋大学“海洋多学科过程相互作用及其气候环境效应国际科技合作基地”获批立项，是学校首个获批建设的国家级国际科技合作基地。同时，教育部与国家外专局联合资助的“海洋工程与海洋再生能源创新引智基地”获准立项建设，是学校第 4 个“111 计划”创新引智基地，成为开展优势学科领域国际科技合作的重要平台基地。⑤横向项目。积极开展服务地方建设，支撑社会经济发展能力不断提升，成果转化的能力不断增强。2013 年以来，新签订横向项目合同额和实到经费额均约 1.1 亿元，实现平稳增长。

**科技成果**　2013 年，获得省部级奖励 5 项，其中教育部自然科学二等奖 2 项、科技进步二等奖 1 项，山东省科技进步一等奖和三等奖各 1 项，实现了中国海洋大学科技奖励工作的可持续发展态势，并为推荐申报国家级奖励储备了项目、积蓄了力量。被国际三大收录系统（SCI、EI、ISTP）收录数已达 1700 余篇，其中 SCI 收录论文 920 余篇，发表在《Nature》子刊的《Nature geoscience》以及《ORGANIC LETTERS》、《CHEMICAL COMMUNICATIONS》、《Nanoscale》、《Plos One》等国际高水平杂志上的论文不断涌现。2013 年申请国内专利 115 项，其中发明专利 93 项；获授权国内专利 102 项，其中发明专利 94 项，另完成计算机软件著作权登记 41 项。

**“211 工程”与“985 工程”建设** 2013 年在世界一流大学建设总体框架下，聚焦发展目标和建设重点，积极汇聚并协调利用各类创新资源要素，初步实现了“985 工程”建设专项经费、中央高校改善基本办学条件专项资金（即修购专项）以及中央高校发展长效机制补助经费（简称长效机制补助经费）的有机统筹配置；在统筹安排 2012 年和 2013 年“985 工程”建设任务和改革内容基础上，不断加快 2013 年度“985 工程”建设任务执行进度，为高水平科学研究搭建了高质量平台条件；顺利完成了“985 工程”（2010—2013 年）阶段验收总结及评审工作，总结了建设成绩，交流了建设经验，分析了存在问题；圆满完成青岛市三期共建项目执行情况自查工作，保障了共建经费全部拨付到校。

**科技创新平台建设** 拓展实验室运行费支持渠道，以“增量、自主、公开”为原则的实验室运行费改革工作进展顺利，激发了实验室建设与发展活力。各级各类实验室进入自我良性运转阶段，各实验室学术委员会会议及高层次学术会议陆续举行，学术交流功能日益凸显。2 个参加评估的青岛市重点实验室均获“优秀”成绩。以实验室为重要平台，汇聚了高水平的创新团队，并日益成为学校承担大项目的载体和科技智慧的发源地。

**学科建设** 2013 年学校“环境学与生态学”也成功进入 ESI 全球科研机构前 1%，至此学校已在 8 大学科（领域）跻身 ESI 全球科研机构前 1%行列，与另外 3 所“985 工程”重点建设高校并列第 16 位，再次彰显了中国海洋大学在强化优势特色学科的同时，在所覆盖研究领域的国际影响力进一步扩大。（中国海洋大学）

**【厦门大学】** 厦门大学由著名爱国华侨领袖陈嘉庚先生于 1921 年创办，是中国近代教育史上第一所华侨创办的大学，也是国家“211 工程”和“985 工程”重点建设的高水平大学。

建校以来，学校秉承“自强不息，止于至善”的校训，积累了丰富的办学经验，形成了鲜明的办学特色，成为一所学科门类齐全、师资力量雄厚、居国内一流、在国际上有广泛影响的综合性大学。建校迄今，已先后为国家培养了 20 万多名本科生和研究生，在厦大学习、工作过的两院院士达 60 多人。

学校设有研究生院、27 个学院（含 76 个系）和 10 个研究院，拥有 31 个博士学位授权一级学科，50 个硕士学位授权一级学科，187 个专业可招收培养博士研究生，276 个专业可招收培养硕士研究生，83 个专业可招收本科生；拥有 5 个一级学科和 9 个二级学科的国家级重点学科（涵盖 38 个二级国家重点学科），26 个博士后流动站，9 个国家人才培养基地。

学校拥有一支高水平的师资队伍，拥有专任教师 2678 人，其中，教授、副教授 1713 人，占全职教师总数的 64.0%（下同）；拥有博士学位的 1918 人，占 71.6%。学校共有两院院士 22 人（其中双聘院士 10 人），国家“973”、国家重大研究计划项目首席科学家 7 人，中央引进海外高层次人才“千人计划”入选者 38 人（其中“青年千人计划”入选者 10 人），“长江学者”特聘教授 15 人、讲座教授 14 人，“国家杰出青年科学基金”获得者 38 人，国家高层次人才特殊支持计划（“万人计划”）科技创新领军人才 2 人、青年拔尖人才 3 人，列入国家“百千万人才工程”人选 16 人，全国高校教学名师奖获得者 6 人，国务院学科评议组成员 10 人，列入教育部“新（跨）世纪优秀人才培养计划”151 人；国家创新研究群体 5 个、教育部创新团队 7 个。

学校拥有在校生近 40000 人（本科生 19570 人，硕士生 17490 人，博士生 2919 人），其中外国留学生及港、澳、台学生 2800 余人。学校获第四、五、六届国家级高等教育教学成果一等奖 6 项、二等奖 14 项，名列全国高校前茅；29 门课程入选全国“精品课程”，30 门网络课程和 2 门教学案例入选国家级精品资源共享课、精品视频公开课，13 个专业入选教育部卓越教育培养计划。拥有 6 个国家级实验教学示范中心，3 个国家级校外实践基地。学校推行通识教育，注重培养学生创新意识和创造能力，多次在中国大学生“挑战杯”创业计划大赛和全国大学生数学建模竞赛等各类比赛中获奖。2005 年底，学校本科教学工作水平以“优秀”的成绩通过教育部评估。

学校设有 160 多个研究机构，其中国家重点实验室 4 个，国家工程实验室 2 个，国家工程技术研究中心 1 个，教育部重点实验室 5 个，教育部工程技术中心 3 个，教育部文科重点研究基地 5 个，福建省重点实验室、中心 28 个，厦门市重点实验室、中心 16 个。厦门大学国家大学科技园是福建省内唯一经科技部、教育部认定的国家级大学科技园。自然科学研究水平不断提升，“十一五”期间，共承担科技部和国家自然科学基金委项目、课题 700 多项，在 Science 和 Nature（含子刊）以及 Cancer Cell、The Lancet 等国际高水平学术期刊上发表论文 16 篇，2 项科研成果获国家自然科学二等奖，1 项成果获国家技术发明二等奖。人文社会学科研究实力雄厚，南洋研究、台湾研究、高教研究、经济研究、会计研究等领域居国内领先地位。“十一五”期间，共承担国家社科基金项目 131 项（其中国家社科基金重大项目 11 项），教育部人文社科规划研究项目 157 项，教育部重大课题攻关项目 4 项，立项数均位居全国高校前列。在教育部第四届和第五届高校社会科学优秀成果奖中，分别有 19 项和 14 项成果获奖。

学校已与英、美、日、法、俄等国家和港澳台地区的 270 多所高校建立了校际合作关系。学校积极参与汉语国际推广工作，已与北美洲、欧洲、亚洲、非洲等地区的大学合作建立了 15 所孔子学院。2008 年，厦门大学汉语推广南方基地获批并启动建设，为汉语国际推广工作提供有力支撑。2013 年，学校荣获孔子学院“先进中方合作院校”称号，同时国家决定依托学校建设孔子学院院长学院。在对台交流方面，学校具有得天独厚的地理条件和难以替代的人文优势，已成为台湾研究的重镇和两岸学术交流的重要高校。

学校拥有完善的教学、科研设备和公共服务体系。学校占地近 600 公顷，其中思明校区位于厦门岛南端，占地 166.67 多公顷，漳州校区占地 171.2 公顷，翔安校区规划建设用地 243 公顷（2012 年 9 月，翔安校区完成一期工程建设并投入使用）。校舍建筑总面积 199 万平方米，图书馆馆藏纸质图书总量 448 万册（另有电子图书 39204GB），固定资产总值 42 亿元，仪器设备总值超过 15.3 亿元。校园高速信息网络建设的规模、水平居全国高校前列并成为 CERNET2 的核心节点之一。校园依山傍海、风光秀丽，已成为公认的环境最优美的中国大学校园之一。

**海洋生物资源开发利用协同创新中心** 2013 年 11 月，福建省教育厅正式公布了 2013 年度省级“2011 协同创新中心”认定和培育名单。厦门大学牵头组建的“海洋生物资源开发利用协同创新中心”，通过了省教育厅组织的形式审查、专家现场考察、省外专家函评、会议答辩等评审程序，正式被认定为福建省首批“2011 协同创新中心”。

海洋生物资源开发利用协同创新中心由厦门大学牵头，联合集美大学、国家海洋局第三海洋研究所、福建省水产研究所、福建省环境科学研究院以及 10 多家福建省内龙头企业共同组建并培育。该中心从福建省发展海洋经济和海洋新兴产业的重大需求出发，按照“国家急需、世界一流”的要求，着力于海洋生物活性物质开发利用、海洋生物遗传育种与健康养殖、海洋生物资源高值化利用与食品安全、深海生物资源开发以及海洋污染控制与生物资源养护等五个重点领域的研发和成果转化。围绕科技创新、人才培养和学科建设三条主线，通过体制机制改革，实现校校、校所、校企、校地以及海外创新力量的有机融合，研发出拥有自主知识产权、达到国际先进和国内领先水平的科研成果。中心已建成海洋生物资源开发利用方面有影响力的高水平研发团队，许多研究成果达到了国内领先和国际先进水平，并且一些成果已处于产业化前期研发阶段或已产业化，社会经济效益显著，该中心将成为福建省海洋生物产业科技创新和产业发展的重要依托高地。

**福建省海洋生物制备技术工程实验室** 该实验室依托厦门大学海洋地球学院，于 2013 年 8 月经福建省发展改革委员会正式批准建设。实验室主要围绕福建省海洋生物科技发展战略目标，针对学科发展前沿和福建省海洋生物产业发展的突出科技问题，以高效开发与利用福建省海洋生物资源为导向，以突破海洋生物活性物质开发利用的关键技术及海洋生物制品的产业化为目的，打造高水平的海洋生物活性物质的分离鉴定与药物筛选平台、基因工程与微生物发酵工程平台以及海洋生物源天然防污剂筛选平台，建立海洋生物活性物质安全性和有效性科学评价的技术方法，建设海洋生物制品中试试验基地，形成完善的海洋生物活性物质开发利用技术体系，为福建省海洋生物制品研发及产业化提供技术支撑。

该实验室聘请厦门大学“闽江学者”特聘教授王克坚担任主任，柯才焕和周涵韬教授为副主任，整合多学科优势力量，组建了一支高水平、高素质的年轻化研究队伍。着重建设包含海洋生物活性物质的分离鉴定与药物筛选、基因工程与微生物发酵工程、海洋微生物源天然防污剂筛选等 3 个高水平技术支撑平台，开展高水平应用基础研究。

**筹建“中国-东盟海洋学院”** 中国-东盟海洋学院（China-ASEAN College of Marine Sciences）是首批启动的中国-东盟海上合作基金支持的建设项目，于 2013 年 9 月 25 日通过外交部答辩立项。学院立足马来、面向东盟各国，以传承嘉庚精神、回馈东南亚为己任，依托厦门大学马来西亚分校，旨在建设一个集教学、科研、培训和政策咨询等功能为一体的，以培养海洋专才为核心的专业学院。中国-东盟海洋学院将秉承“创办一流学科、培育一流人才”的精英教育理念，依托厦门大学 90 余年办学传统优势，面向东南亚东盟国家之需求，以国际化标准办学；开展基础与应用科学研究，坚持以人为本、全面实施素质教育，培养兼具创新精神及实践能力的海洋专业学术型及应用型人才。其目标是成为亚洲一流、国际上有较大影响的东盟国家海洋人才培养与科技创新基地，中国与东盟国家海洋科教合作交流的基地及东盟地区首屈一指的海洋科技与管理培训基地。

国家和福建省政府给予中国-东盟海洋学院项目筹建工作以高度重视。福建省海洋与渔业厅还于 2013 年 12 月成立了中国（福建）- 东盟海上合作基金项目协调小组。与此同时，厦门大学积极推进“中国-东盟海洋学院项目”的各项规划建设工作。厦门大学马来西亚分校选址马来西亚首都吉隆坡，建设规划用地 60 公顷，其中，中国东盟海洋学院规划用地约 13.33 公顷。“中国-东盟海洋学院”已完成教学行政大楼、科研大楼、学生宿舍和配套设施的设计工作；人才培养，科学研究及培训方案已基本成型，尤其是首期开设的海洋生物科学与技术、海洋环境科学与技术（化学学程）两个本科专业的课程体系已完成设计并即将报送马来西亚教育部审批。同时，还成立了由校领导领衔的中国-东盟海洋学院项目建设领导小组以及所属项目规划组和项目工作组，配备精干力量开展各项前期筹备工作；通过聚集国内和国际优质资源制定了“中国-东盟海洋学院项目”建设方案，为推进学院建设迈出了重要一步。2013 年 12 月，为优化此项目建设方案和完善项目规划设计，特成立了“中国-东盟海洋学院项目”国际规划顾问委员会。该委员会包括了来自马来西亚、新加坡、台湾、香港等不同院校且具有丰富国际教学和工作经验，熟悉东盟国家海洋学科发展状况的委员会的 11 位知名专家，其中由厦门大学地球科学技术部主任戴民汉教授和原国立台湾海洋大学海洋科学与资源学院院长倪怡训教授担任委员会联合主席。

**成立海洋事务东南基地** 该基地成立于 2013 年 8 月，是福建省海洋与渔业厅与厦门大学为培养国家建设海洋强国所需的海洋事务高端人才，为研究日益严重、复杂的海洋资源、环境、生态系统以及海洋权益争端等问题的解决方案而联合成立的研究与培训机构。基地的宗旨是通过培养具有国际视野和战略眼光，具备分析及解决地方、区域、国家乃至国际海洋问题能力的海洋事务人才，提高我国全面参与国际海洋事务的能力；通过海洋、环境、生态、管理、经济学、法学、公共政策等跨学科研究，为国家海洋强国战略、地方海洋经济发展、区域海洋合作、海洋环境与生态系统保护、海洋生态文明建设、海洋与海岸带综合管理提供科技支撑和决策咨询。

基地的工作重点在于能力建设与人才培养（包括海洋事务专业硕士培养、短期培训、海洋人才工程建设）、决策咨询与专题研究、促进海峡两岸海洋事务合作以及提高公众的海洋意识。

**厦门大学海洋与地球学院** 厦门大学的海洋学科历史积淀深厚。早在 1920 年代初即有论文见诸世界顶级科学期刊《Science》。1946 年成立中国第一个海洋学系。1996 年成立厦门大学海洋与环境学院。2011 年成立海洋与地球学院。如今学院既有传统海洋学科历史悠久、扎实雄厚的基础，又有瞄准新兴学科前沿的开拓与进取，更有与人文科学、社会学、工程学等多学科交叉的成功。

该学院拥有国家“海洋科学理科基础科学研究和教学人才培养基地”(基地班)、国家“海洋环境科学实验教学示范中心”、海洋科学特色专业点及福建省海洋科学研究生教育创新基地等人才培养基地。拥有海洋科学国家一级重点学科，以及海洋科学博士学位一级学科授权点和博士后流动站。现有在校本科生 466 名，博士生 75 名，硕士生 176 名。

该学院下设五个系，分别为物理海洋学系、海洋生物科学与技术系、应用海洋物理与工程系、海洋化学与地球化学系、海洋地质学系（筹)，拥有一支由 10 名特聘教授（含中国科学院院士 1 人、国家千人计划学者 3 人、长江学者特聘教授 2 人、闽江学者特聘教授 2 人、厦门大学特聘教授 3 人)，4 名杰出青年基金获得者领衔，10 名教育部跨（新）世纪人才计划，以国家级创新研究群体、教育部创新团队和国家级优秀教学团队为核心，中青年教师为骨干的优秀学术团队。其中，10 余名教授在国际海洋科学委员会（SCOR）等重要国际学术机构担任要职。以焦念志、戴民汉、高坤山等为代表的一批中青年科学家活跃于国内外学术领域第一线，成为学科新一轮发展的主力军。拥有一流的国家级科研平台和人才培养基地，具备承担国家重大科研项目的能力。“近海海洋环境科学国家重点实验室”启动建设 5 年即于 2010 年进入优秀国家重点实验室的阵列。“海洋科学”是国家理科人才培养基地，“海洋与环境实验教学中心”是国家级实验教学示范中心。学院还拥有“水声通信与海洋信息技术教育部重点实验室”等多个省部级科研平台。近 5 年主持的代表性科研项目涵盖“973 计划”项目、“863 计划”项目、基金委创新研究群体、重大研究计划课题等，其中，“海洋生物地球化学过程与机制”创新研究群体是目前海洋学科唯一得到三期延续支持的国家级群体。取得了具有广泛国际影响力的科研成果。近 5 年获省部级奖励 26 项，发表 SCI、EI、ISTP 期刊收录论文 600 余篇；焦念志等完成的“海洋微型生物碳泵”在《Nature Review Microbiology》连续发表 3 篇论文，成果入选 2010 年度中国高等学校十大科技进展，并被《Science》以 News Focus 作为亮点评介，更于 2011 年度出版“海洋微型生物碳泵”增刊。戴民汉等完成的“低纬度近海碳的源汇格局与调控机理”获教育部高校自然科学一等奖，并多次在大型国际学术会议作大会报告。高坤山等发现阳光紫外辐射与海洋酸化的协同作用，成果刊登于《Nature Climate Change》。

该学院学术气氛浓郁、开放度和国际化程度高，拥有“111”创新引智基地、科技部国际合作基地等多种形式的国际合作平台，与香港海洋污染国家重点实验室建立伙伴实验室关系，与美国特拉华大学建立了联合研究所，并实施了海洋学博士联合培养双学位项目；举办了大量具影响力的国际会议。上述学科优势全面提升了该学院培养精英人才的能力，已形成具国际化特色的海洋科学研究型教学和创新性人才培养体系，形成了一系列的国家精品课程和优秀研究生学位课程，是国家级特色专业点，并取得良好的示范与辐射作用，所培养的学生曾获全国百篇优秀博士学位论文提名奖、全国大学生科技竞赛奖等奖项。

**厦门大学环境与生态学院** 厦门大学环境与生态学院于 2011 年 3 月成立，是厦门大学在原海洋与环境学院的环境学科和生命科学学院的生态学科基础上组建的。环境学科可追溯至成立于 1982 的环境科学研究所，生态学科可追溯至 1922 年的植物和动物学系。学院下设环境科学与工程系、生态科学与工程系。拥有环境科学与工程、生态学两个一级学科博士点和博士后流动站，环境科学国家重点学科，生态学和环境工程省级重点学科。

该学院瞄准全球变化和人类活动等多重压力下近海－流域与湿地生态系统演变机制的重大科学前沿，同时针对国家与地方对近海－流域－湿地生态安全和防灾减灾的重大需求。环境与生态学科群将以亚热带水域生态系统(流域－河口－近海)和滨海湿地生态系统为主要研究对象，主攻水域和湿地生态系统与环境演变过程与机理及其生态环境效应，建立生态系统水平的海陆统筹管理的理论体系，同时大力发展环境工程、生态工程和环境评价等相关应用类学科的发展。环境与生态学科群拥有 1 个国家级科研平台（近海海洋环境科学国家重点实验室，和海洋与地球学院共建，3 个省部级科研平台（滨海湿地生态系统教育部重点实验室、福建省海陆界面生态环境重点实验室、福建省滨海湿地保护与生态恢复工程技术研究中心），以及两个校级多学科交叉研究平台（环境科学研究中心和海洋与海岸带发展研究院），并拥有国家环保部颁发的甲级环境影响评价证书。2012 年 9 月，学院已经搬迁至翔安校区，新校区内建有占地面积为 2 万平方米的环境与生态学院大楼，为学院的发展提供新的契机和更广阔的空间。

该学院拥有教学科研教师 62 人，其中教授 28 人，副教授 29 人，助理教授 5 人。其中“长江学者”特聘教授 1 人、国家杰出青年基金获得者 2 人、“闽江学者”特聘教授 1 人、厦门大学特聘教授 1 人、中组部“青年千人计划”1 人、教育部新世纪优秀人才 6 人、双聘院士 1 人、国家级教学名师 1 名、福建省教学名师 1 名。在科研团队方面，本学院还拥有国家创新研究群体和教育部创新团队各 1 支（与厦门大学海洋与地球学院联合组成）。

近 5 年来，该学院承担国家及省市各级科研项目 160 余项，争取的科研经费超 1.5 亿元；其中，主持国家科技支撑计划项目“高藻水源地供水卫生保障羟基自由基氧化技术研究与示范”，承担或参与承担国家“973 计划”课题 7 项，以首席科学家单位承担了国家“863 计划”“区域性海洋监测系统技术”福建示范区项目；并主持 863 计划重点项目 2 项；承担国家自然科学基金重大重点项目 9 项，牵头承担了“封闭海湾典型生境物理修复和生物修复的关键技术研究与集成示范”、“东南沿海半封闭海湾生态系统对人类活动干扰的响应评价、生态重构技术及示范”国家海洋公益性行业科研专项 2 项，参与承担 10 项；参与环保部公益性专项 4 项。

此外，学院还承担省市重大专项项目，积极为服务地方社会经济发展和生态文明建设做出贡献。受地方政府委托承担的“汀江源河流综合整治与生态走廊建设规划”和“贵阳市观山湖区生态文明示范城市先行区建设实施规划”项目，为指导当地生态文明建设，实现地方经济社会全面、协调、可持续发展提供科技支撑。主持的福建省环保厅专项“福建省重点流域水环境综合管理科技支撑”，为福建省流域水环境综合管理战略调整、国家流域水环境的区域管理、协调保护提供经验及示范；厦门市重大专项“厦门九龙江北溪饮用水源安全保障科技支撑平台”，为增强厦门市饮用水源安全保障能力提供了有力的科技支撑。此外，学院还承担了一系列如“厦门市同安区域发展规划环境影响评价”、“泉州市台商投资区规划环境影响评价”等规划环评项目，为区域、地方的规划发展提供科学依据。

近年来，学院教师在 Science, PNAS, Limnology and Oceanography, Ecology, Environmental Pollution, Journal of Hazardous Materials, Tree Physiology, Journal of Chromatography A 等环境、海洋及生态学科国际高水平期刊发表 SCI/EI 等研究论文 400 余篇；荣获省部级各项科研奖励 6 项；授权国家发明专利 32 项。　（厦门大学）

**【浙江海洋学院】**　浙江海洋学院创建于 1958 年，1998 年由原浙江水产学院和舟山师范专科学校合并组建，此后舟山卫生学校、浙江水产学校、浙江省海洋水产研究所、舟山石化学校、舟山商业学校等学校（单位）相继并（进）入。半个世纪以来，学校数易校址、历经变迁，积淀形成了“海纳百川、自强不息”的校训精神，现已发展成为一所具有硕士学位授权资格，以海洋为特色，理学、农学、工学、文学、经济学、管理学等多学科协调发展的省属本科高校。学校总占地面积 166.67 余公顷，建筑面积 60 余万平方米，各类藏书 160 余万册，教学科研仪器设备资产近 2 亿元。下设海洋科学与技术学院等 12 个二级学院，举办独立学院——浙江海洋学院东海科学技术学院。各类全日制在校学生 16000 余人。开设 44 个本科专业，其中国家特色专业 2 个，浙江省优势（重点建设）专业 13 个。拥有浙江省“重中之重”学科 1 个、重点学科 6 个。具有 3 个一级学科、11 个二级学科硕士学位授权点，7 个农业推广硕士专业学位授权领域和同等学力硕士学位授予权。设有 20 余个科研组织和培训机构，建有国家海洋设施养殖工程技术研究中心等 20 余个国家和省部级创新平台。

**人才培养**　学校坚持育人为本，人才培养质量实现新突破。“海洋科学”增列为“十二五”省重中之重学科，新增硕士专业学位农业科技组织与服务领域，新增生物制药、商务英语等本科专业。深化本科教学改革，强化育人培养机制，进一步完善“合格+特长”的学生评优体系，学生参加学科竞赛取得佳绩，获国家级奖10项、较上年增长400.0%，获省级奖58项、较上年增长70.6%；本科生发表论文176篇、较上年增长79.6%，申请专利82项、较上年增长82.2%；研究生发表论文233篇、较上年增长23.3%，申请专利63项、较上年增长215.0%，入选省优秀硕士论文1篇；开设了“蓝色大讲堂”，创建了“4S”学生发展服务平台，继续推进“两室”文明建设；新增8个大类招生方向，录取分数线进一步提升，生源质量明显提高；本科毕业生考研录取率（含出国）达到7.35%，毕业生就业率93.02%。国家级教学平台建设取得突破，浙江海洋学院—扬帆集团股份有限公司工程教育实践中心列入国家级大学生校外实践教育基地，船海与港航工程实验教学中心列入国家级实验教学示范中心，学校成为国家级大学生创新创业训练计划实施高校，长江口及邻近海域海洋生物与生态野外实习基地获国家自然科学基金委员会资助。

**科研和平台建设** 学校围绕“两区”建设需求，全面推进协同创新，不断增强科技创新能力。新增各类科研项目417项，其中国家级25项、省部级66项，科研到校经费8226万元、比上年增长36.9%，其中横向经费增长209.1%，人文社科研究走势良好，《浙江古代海洋文献汇刊》和《清代海洋史编年》、《清代海洋文献总目提要》分别入选国家古籍整理出版规划项目和国家清史纂修工程项目。发表论文617篇、其中三大检索论文170篇，出版著作27部。申请专利920件、授权专利627件、其中发明专利授权83件。制定国家标准1项，省级标准2项。获省部级科研成果奖16项，其中“低值金枪鱼精准加工关键技术研究及应用”获中国商业联合会科学技术奖特等奖、“海洋胶原蛋白和肽类制备技术及功能产品开发”获国家海洋科学技术奖一等奖。高度重视浙江省海洋水产研究所、创新应用研究院等跨学科跨学院科研平台建设，海洋生物种质资源发掘利用国家地方联合工程实验室获国家发改委批准建立，建立了省海洋设施养殖工程技术协同创新中心，新增省海洋渔业装备技术重点实验室、省海洋功能保健产品研发中心，与厦门大学联合创建了全国海洋碳汇联盟“舟山海洋碳汇联合监测站”，成立了国家海洋出版社浙江分社，“浙海科1”号科考船完成建造并投入使用，海洋信息服务数字化平台建设稳步推进。举办了东亚海洋文化国际学术研讨会、中国浙江国际海洋科技论坛—中日韩水产科学与海洋政策研讨会、中俄海洋工程技术研讨会、中国东海论坛等学术活动40余场次，进一步扩大了学校影响。

**对外合作交流** 学校坚持开放办学思路，不断推进国际化办学，服务“两区”工作迈出新步伐。与俄罗斯圣彼得堡海洋技术大学联合举办船舶与海洋工程专业获得批准，与挪威、意大利、泰国、日本等国外高校开展了联合培养博士、硕士研究生项目，在校留学生达71名，派出师生赴国（境）外交流学习260余人次，累计共建中外联合实验室、研发中心8个，获“高端外国专家项目”（文教类）1项、省级引智项目11项。继续实施“百名教授博士下企业下基层服务行动计划”，与中电三十六所、杭州电子科技大学合作成立浙江海智科技有限公司，成立了温岭市海大生物科技有限公司、舟山市海大科学技术研究院有限责任公司以及嵊泗、岱山技术转移中心等，召开了首次地方合作交流大会，牵头举办了首届中国海洋文化“浪花奖”评奖活动。

**师资队伍建设** 学校加大高层次人才引进和教师进修培训力度，进一步提高师资队伍的师德水平和业务能力。引进国家“千人计划”、国家“杰青”及省“千人计划”获得者各1人，柔性聘请5名院士、7名高层次专家，4人入选“省151”人才工程第三层次培养人员，12人入选省高校中青年学科带头人培养对象，6人入选舟山市（资深）拔尖人才，首次申报成功国家留学基金2人，38人赴国（境）外开展三个月以上访学，新获5个一级学科副高评审权，16人晋升副高职称、7人晋升正高职称。

（浙江海洋学院）

# 海洋文化和体育

## 海洋新闻工作

**【中国海洋报社】** 中国海洋报社，简称“海洋报社”，主要任务是负责《中国海洋报》的编辑、出版和发行工作。《中国海洋报》是由国家海洋局主管、中国海洋报社主办的面向全国海洋界的综合性报纸。经过20多年的发展，中国海洋报社已经成为报纸出版、手机报出版、网络出版、影视制作、承办海洋文化、教育、宣传等社会性活动的全媒体机构。

《中国海洋报》主要宣传党和国家涉海战略、方针、政策和法律法规；报道国家海洋局、沿海地方海洋厅局及其所属单位的中心工作、重大活动，展示沿海地区海洋经济发展的成果。为加强我国海洋管理，促进海洋经济进步，普及海洋科学知识，推动海洋事业全面发展，做好宣传和舆论引导工作。该报2013年每周一至周五出版，每期对开4版，主要向读者提供海洋政策法规、海洋管理、海洋执法、海洋环保、海洋科技、海洋经济、海洋教育、海洋文化、海洋科普、国际海洋等方面的信息。

2013年是全面贯彻落实十八大精神的开局之年，也是建设海洋强国的起步之年。中国海洋报社在国家海洋局的正确领导和关怀下，多层次、多样化、全方位报道全年海洋工作的发展，大力宣传海洋事业的各项新成就，特别是在海洋发展史上具有里程碑意义的三件大事的新闻宣传中，及时发出声音，全面进行报道和解读，充分发挥了海洋舆论主阵地作用。

（1）中央政治局集体学习研讨建设海洋强国。围绕习近平总书记在主持中央政治局集体学习时对海洋强国建设作出的系统论述，报社在第一时间刊发了消息和评论，在随后的两个月中通过设立“中国梦 海洋梦”、“专家解读建设海洋强国战略”、“领导干部谈建设海洋强国战略”等5个专栏和1个栏目发表近60篇文章，对海洋系统对“海洋强国战略”的理解的落实情况进行了全方位的报道和解读。其中，围绕习总书记提出的4个转变，邀请专家，分别对海洋资源开发、海洋生态环境保护、海洋科学技术发展、海洋维权所撰写的4个整版文章，配合国家海洋局针对海洋强国建设“顶层设计”细化工作任务，取得了很好的效果。

（2）党中央国务院隆重表彰中国载人深潜英雄团队。报社从载人深潜工作开展之初就开展了全面的跟踪报道，撰写了大量新闻稿件。其中，根据蛟龙号取得7000米级载人深潜成功撰写的通讯稿件《马里亚纳海沟“蛟龙”写传奇》获得了中国新闻奖，这是对报社长期工作的肯定和鼓励。5月17日，中央领导同志在人民大会堂亲切接见中国载人深潜英雄和英雄集体代表，报社为此专门制作了特刊，并随后为接受表彰的7名个人在一版刊发了人物通讯。当蛟龙号英雄团队肩负党和人民重托再次出发，报社派出专人随船采访报道，通过“蛟龙探海”专栏第一时间发回报道，利用官方微博开展了提问蛟龙活动和专题，还积极与新浪网联系，在新浪首页、新浪科技频道和新浪微博首页对该活动进行了推广，引起了读者和广大网友的关注，扩大了海洋新闻的传播力和影响力，收到了较好的宣传效果。

（3）中央作出重组国家海洋局的重大决策。两会期间，报社派出多名记者，围绕重组提案采访多位代表委员，对海洋工作的重要性以及重组的意义进行了报道和分析，同时配发了评论；在7月22日重组后的国家海洋局正式挂牌当天，派出记者进行采访报道。2013年全年，报社通过及时、准确、全面、深入的报道，在国家海洋局在重组期间的传递权威声音、发布信息方面，发挥了积极作用。

除了上述三件大事外，一年来，报社紧紧围绕海洋中心工作，积极发挥主流媒体的作用，着力服务沿海地方发展，大力宣传报道海洋工作，受到了广大读者的欢迎和肯定。基层普遍反映，通过海洋报，地方海洋部门可以及时准确地了解国家海洋工作的思路、工作重点和部署要求，对于指导工作、横向交流非常有帮助，地方党政领导和有关部门可以从报纸上获取权威、专业的海洋信息，及时了解各地海洋发展情况和新经验。

2013 年，根据国家海洋局工作部署，报社积极策划组织，掀起学习宣传贯彻党的十八大精神，宣传海洋强国、海洋梦的热潮，先后开设了多个相关栏目，请领导、专家谈体会，全面、权威解读十八大报告，大力宣传报道海洋工作取得的突出成就，对蛟龙探海、巡航执法、科技成果的全方位报道，让全社会了解海洋，了解海洋工作。关于党的群众路线教育活动的宣传报道，及时反映了海洋部门开展学习教育活动的情况与成效。

2013 年，报社继续开展了走基层、转作风、改文风活动，本部记者深入基层，到沿海一线采访 120 人次，发稿 250 多篇，受到基层单位的欢迎和广泛好评。

2013 年，报社在产业报协会组织的评奖中获得了包括一、二、三等奖在内的奖项 13 个。是历年来获奖最多的一年。通讯稿件《马里亚纳海沟“蛟龙”写传奇》获得中国新闻奖三等奖，实现了《中国海洋报》办报 20 多年来在中国新闻奖上零的突破。

2013 年，报社积极探索创新周五刊工作机制。由周三刊改为周五刊，不仅是工作量成倍的增加，在出版流程、版面设置、队伍管理、考核体系等各方面都是一次考验，为此，报社对采编人员进行了重新调整配备，提拔能力强的业务骨干担任采编部门负责人；优化采编流程，健全规章制度，完善激励机制，调动采编人员的工作积极性；升级改造完善了采编协同平台系统，使报纸出版流程更加规范顺畅；加强业务培训，每月请专家为采编人员上新闻业务课，组织业务研讨，建立评报制度。在局大力支持下，在全社人员的共同努力下，报社克服困难实现了这次跨越，全年完成 214 期 856 个版面的采访、编辑工作任务，拓展了海洋新闻宣传报道的深度和广度，为海洋事业实现更大发展营造良好的舆论环境，受到广泛支持和好评。

2013 年，中国海洋报手机报编辑发送 200 余期，约 2400 条 56 万字，受到普遍欢迎。中国海洋报新浪官方微博共做了近 20 个微专题，受到了众多网民及读者的关注，共发布微博 1200 余条，粉丝增长近 15000 余人。特别是在今年“蛟龙”号试验性航次开展期间，报社与新浪网合作，推出“提问‘蛟龙’”栏目，新浪网首页、新浪网科技频道首页及新浪网微博频道首页都对该栏目进行了报道及推广，吸引了大量的粉丝关注与提问。

7 月 21 日，中国海洋在线网站获得了国务院新闻办公室颁发的互联网新闻信息服务许可证，使中国海洋在线网站成为目前全国唯一一家获得该资质的海洋类网站，为海洋在线网站的下一步发展打下了良好基础。

2013 年，报社还与中国网、凤凰网、新浪等新闻门户网站建立了合作关系，每天海洋报的新闻当天就会被各大网站广泛转载传播，有效拓展了海洋宣传报道的覆盖面。

报社坚持创新发展，认真策划、积极参与了局内外多项重大宣传活动，凭借多年积累的经验和专业化的队伍，报社逐步树立了海洋领域创意策划品牌，在传播海洋文化的同时取得了一定经济效益，2013 年主要完成的项目有：①承办“2012 年度海洋人物”评选工作；②参与 2013 世界海洋日暨全国海洋宣传日主场活动策划及会务任务；③策划实施了锦州世界园林博览会海洋科技创意馆；④为中国海洋博物馆制作部分展馆展示脚本；⑤参与组织摄影赛及“美丽海洋”摄影大展；⑥参与多个地方海洋文化活动。

2013 年，报社扎实推进党建工作，稳步开展队伍建设，加快新媒体建设，取得了显著的成果。人员的政治思想水平有所提高，业务素质得到增强，新闻传播手段不断丰富，为报社各项业务工作开展提供了坚实保障。

一年中，报社党委和党支部组织了各类学习教育活动、并以“党建带团建、团建促党建”的作风建设模式开展了一系列的工作，取得了一定效果。报社加强反腐倡廉制度建设，健全完善惩防工作体系，已初步建立起以工作岗位为点，以业务流程为线，以管理制度为面的廉政风险防控工作机制。2013 年 7 月自开展党的群众路线教育实践活动以来，报社陆续开展了一系列丰富多彩、卓有成效的教育实践活动，将反“四风”与推进报社工作相结合，广泛征求意见，认真开展批评与自我批评，全力解决突出问题，围绕加强职工保障、完善单位制度等方面重点开展工作，为报社下一阶段工作打下坚实基础。根据中央有关要求，报社组织社内新闻采编人员及记者站、通讯站人员集中进行了3次马克思主义新闻观教育和采编岗位培训，要求每一个新闻工作者在新时期下坚定新闻党性原则，强化社会责任意识，扎实开展各项工作。

为配合周五刊工作开展，报社重点对采编部门进行了调整和充实。一方面大胆起用有能力、有潜质的青年人，另一方面积极引进专业人才。报社组织了多次社内招考，引进记者、编辑、美编，以缓解采编人员严重不足的状况。报社同时还加强了对员工的培训，对采编各个岗位、职级的工作进行了量化，进一步完善了相关考核指标体系，明确了奖惩制度。编采人员实行双向选择、竞争上岗，最大限度调动采编人员的工作积极性。

2013年，报社继续投入资金，采购和更新办公自动化设备，进一步改善办公环境，提高工作效率，根据不同业务需求配备了专业设备，对中国海洋在线网络实现了升级改造。自2013年起成立总编室，主要负责新媒体管理，手机报、微博、网站都安排了专人进行编辑和发送，管理和运行逐步规范。（中国海洋报社）

## 海洋出版工作

**【海洋出版社】** **工作概况** 2013年是全面落实党的十八大精神、奋力推进中华民族伟大复兴、实现强国梦的重要一年，也是海洋出版社落实三年业务发展规划、逐步适应企业运行健康发展的重要一年。海洋出版社按照国家海洋局总体部署，围绕国家海洋事业发展的需要，认真贯彻落实科学发展观对出版行业和文化产业的要求，把握正确的出版方向。积极推动海洋文化平台建设，不断发掘市场潜力，扩大选题方向和读者群，为海洋强国建设提供健康向上的精神食粮，充分发挥海洋系统文化出版单位的积极作用。主要工作如下。

（1）认真学习贯彻落实党的十八大精神和全国海洋工作会议精神。以学习贯彻党的十八大和全国海洋工作会议精神为契机，深刻认识和理解海洋强国的内涵和目标，以建设海洋强国的基本要求为立足点和出发点，在建设海洋强国的主要任务中找准海洋出版社的定位，研究解决海洋出版社生存发展中的重大问题。全体职工齐心协力，不断创新，努力工作，从国家海洋重大项目、分社的成立、发展到国家财政资金项目的申请和预算项目资金的使用工作亮点不断，在纸质图书市场萎缩的大环境下生产、销售平稳，经营状况良好。

（2）编写制订了发展规划。年初编写完成并发布了《海洋出版社图书出版业务发展规划（2013—2015年）》，重新编写、制定了《图书出版中心业务考核办法》，编写了《海洋出版社图书质量保障体系》。2013年，海洋出版社印制、出版图书总量341种，比上年增加了10种。其中正式出版图书337种，比上年增加了19种；新版书286种，比上年增加33种，增长率为13%；重印49种，重印率14.5%；出版海洋类新版出版物172种，占出版新版出版物总品种的60%。

（3）加大了发行投入力度。2013年，发行中心不断改进发行办法，加大对系统发行的投入力度，努力克服和应对图书市场整体下滑趋势，系统发行大幅增长90%；强化销售渠道账期管理，最大限度避免呆坏账风险，没有因书店倒闭产生一笔坏账；建立终端客户信息库，多管齐下增加图书销售机会，构建起直达终端用户的图书销售渠道，对提高海洋出版社图书的销售量有非常有效地促进作用。

（4）积极推进战略谋划。深入开展海洋出版社未来发展战略规划，从实际出发，认真调研论证，制定了海洋出版社未来生存发展切实可行的规划。积极申报财政部文化产业发展专项资金项目，本年度获财政部文化产业发展专项资金支持1050万元，其中《基于云计算技术的海洋知识资源聚合与数字出版投送一体化系统》项目获800万元专项资金支持，《青少年海洋题材影视动画片出版、制作》项目获250万元专项资金支持。申请中标国家“十二五”重大选题立项1个，《走向海洋》、《中国海洋生物图集》荣获国家海洋局优秀科技图书奖，《走向海洋》还被中组部党员教育中心、新闻出版署出版管理司和国家图书馆联合开展的全国首届党员教育培训教材展示交流活动中被评为创新教材。历经 4 年时间的《马汉海权论》全译本的出版，充分体现了海洋出版社作为以海洋类专业图书的权威出版社在海洋事业大发展中角色定位和所应尽的义务和责任，为制订国家海洋战略、建立海洋强国提供理论参考，为社会公众普及海洋权益意识提供知识储备。该丛书的出版，在政府、高校和学术界以及部队等产生了较好反响。

（5）实施重点突破。完成“908 专项”出版任务，做好海洋文化丛书的出版，开拓全国第二次海岛普查专项出版任务，积极探索海洋知识进学校、进课堂、进教材工作。有 12 种图书获得国家海洋局优秀图书奖；《中国区域海洋学》丛书获得了第四届“三个一百”原创图书出版工程入选图书。落实“908 专项”——《中国海岛志》的出版任务，共计 8 册，每册平均近千万字，已完成并正式出版 4 册，还有 4 册正收尾待出版。有目标地组织策划了以中央表彰的中国深潜英雄为主题的出版项目、以学习贯彻习近平总书记“中国梦”为主题的海洋系统青年团员蓝色梦想主题征文出版项目，出版工作在近期完成。

（6）健全完善机构设置和中层干部队伍建设。根据出版社发展需要，对工作需要的岗位实施竞聘，使一批有一定工作能力、群众认可的年轻人走上了中层正副职领导岗位，他们热爱学习、勤奋工作，在不同岗位上较好发挥了作用。海洋出版社对社会公开招聘发行中心主任，圆满完成该项工作，新招聘的发行中心主任顺利上岗工作。针对海洋出版社发展实际，设立了数字出版中心， 强化了数字内容资源建设、数字出版平台搭建、数字产品开发、营销及宣传，版权贸易与外事管理，以及网络建设、维护与管理的工作职能。中心启动半年来，在各方共同努力下，数字出版项目全面铺开，各项工作进展顺利，取得了一些成绩。完成了海洋出版社数字出版业务发展五年规划，并向国家新闻出版广电总局申报了“基于云计算技术的海洋知识资源与数字出版一体化服务系统”项目。资源家底逐步摸清，资源建设稳步推进，数字出版平台建设有序进行，海洋出版社的数字出版平台——中国海洋数字出版网 1.0 版本已经顺利完成并能够上线使用，提出并完善了 2.0 版本的升级方案。2013 年还成立了少儿科普项目组和日文版权项目组。项目组开展工作以来，主要在做基础性工作。包括前期市场调研、选题策划、版权洽谈、译者队伍建设、熟悉和了解社内业务流程等，现已初见成效。

（7）积极开拓市场渠道。为了促进海洋类图书的出版和发行，充分挖掘沿海省市的文化资源和出版资源，做足海洋系统图书策划和市场销售，2013 年，海洋出版社分别与湛江日报社和浙江海洋学院合作，成立了湛江分社和浙江分社。海洋出版社浙江分社全面启动了浙江海洋学院百部海洋特色教材、2011-2020 年国家古籍整理出版社规划新补项目《浙江古代海洋文献汇刊》、浙江省中小学《海洋知识科普教育》（教材）、“东海史话”丛书等出版项目。成立分社是海洋出版社未来发展的积极探索，对于扩大海洋出版社在出版行业的影响力、打造海洋文化出版精品、在图书市场上做强做大等方面将起到积极的推动作用。

（8）期刊工作取得新进步。论文质量、编辑出版质量大有提高，社会影响、学术影响不断提升。《太平洋学报》除正常出刊以外，2013 年组织大小规模的会议有 10 余次，特别是 2013•中国太平洋论坛，取得了圆满成功。《海洋学报》提前完成期刊出版工作，英文版 2013 年出版论文数量环比增长 61.6%、影响因子环比增长 17%；中文版影响因子环比增长 21.9%，获得科协 3 个项目资助；英文版出版了中韩国际合作项目研究成果专辑和海底科学新进展专辑。《海洋开发与管理》杂志社各项工作全面有序展开和推进，较往年都有所突破，圆满完成了年度任务。将《海洋开发与管理》学术版在每期页码保持不变的基础上将刊期增加至一年 12 期，在工作量翻倍的情况下做到“数量有提高、质量无降低”。《海洋世界》人员调整后，杂志重新定位，至 2013 年第三季度末，已逐步稳定办刊风格，并形成相对充足的备用稿源库，为 2014 年及未来三至五年打下一定的发展基础。

**【重点图书】** 《中国区域海洋学》，苏纪兰总主编。该书充分反映了中国区域海洋学的最新调查和研究成果，总结了近 40～50 年来国内外学者在我国海区研究的成就，尤其是近 10～20 年来的最新成果，而且还应用了由最新海洋技术获得的资料所取得的研究成果，是迄今为止数据资料最为系统、翔实的一部有关中国区域海洋学研究的著作。本书是海洋出版社近年来策划打造的一批学术精品的代表，具有极高的原创性和学术价值。获第三届中国出版政府奖图书奖。

《水动力学和水质——河流、湖泊及河口数值模拟》，[美]季振刚著。书中全面而系统阐述了水环境及其模拟的原理、基本物理过程、数学描述和工程应用，是一部地表水环境模拟的专著。从取材到结构安排，结合大量的模型案例，都体现了作者的匠心独运，使该书具有极高的实用价值。本书反映了当代地表水环境数值模拟的前沿理念和最新成果，一出版即获美国专业界的高度评价，并成为美国该研究领域的必备参考书。本书获优秀海洋科技图书奖。

《中国造船通史》，席龙飞著。该书为作者研究中国造船史 40 年的总结，也是我国造船史研究的最高学术成果。全书以通史的形式，阐述了我国 8000 多年的造船历史，并对造船史上有重大发明和创造的地方进行了深入的解释，使读者能够充分了解我国造船史的光辉业绩。本书获优秀海洋科技图书奖。

《马汉“海权论”三部曲》，李少彦，董绍峰，肖欢等译。马汉的海权思想及他“海权论三部曲”不仅对西方国家产生了重要的影响，对中国现代海权发展战略也有着相当的指导意义。海洋出版社推出的马汉“海权论”三部曲的全译本为国家出版基金资助项目，是迄今为止国内唯一的一部全译本，它忠实、全面地表述了马汉的海权理论与思想。同时还将马汉 18 世纪所著《亚洲问题》翻译收入《1660—1783 年间海权对历史的影响》书后，使读者对马汉于 18 世纪关于亚洲问题的看法也有了一定的了解。全译本的出版不仅对我国海洋军事、经济、科技等战略具有重大的指导意义，尤其在扩展我国国家主权与权益的内涵方面都存有相当的借鉴意义。本书获优秀海洋科技图书奖。

《山东省近海海洋环境资源基本现状》，马德毅，侯英民主编。该书以山东省近海海洋开发与保护的迫切需求为契机，系统整理了山东省各学科海洋资料、资源属性和生态环境现状，实现了山东省海洋资料和数据的全面更新，基本摸清了山东省海岸带、海岛、海域、海洋生物生态等资源环境家底，为山东省海洋经济可持续发展、海域使用管理、海洋生态环境保护管理、海洋减灾防灾以及海洋开发战略的设计与执行提供数据和技术支撑。本书获优秀海洋科技图书奖。

《中国近岸海洋环境质量评价与污染机制研究》，张志锋，韩庚辰，王菊英编著。该书深刻地研究了中国近岸海洋环境质量评价与污染机制，剖析了海洋环境管理框架、监测计划、评价方法，适合专业人士和研究机构使用。该书获优秀海洋科技图书奖。

《福建省海洋资源与环境基本现状》，吴耀建主编。该书在福建省 908 专项调查资料及一级集成成果的基础上，结合福建省海域历史资料，综合、凝练和集成福建省 908 专项中相关资料和成果，综合分析了海洋资源现状，阐述海洋资源的分布特点和蕴藏量；汇总分析近岸海域和重点海湾环境状况，阐述近岸海域生态与环境现状特征，基本摸清福建省海洋资源家底，为海洋资源的持续利用与海洋环境保护、制定福建省海洋经济发展规划、调整产业结构提供基础资料。该书获优秀海洋科技图书奖。

《战神浴火——国防科技史话》巴丁编著。该书从科学技术发展的角度，贯穿古今，沿历史之时间、空间两大向度将国防科技这一复杂领域的起源与发展汇聚成书，脉络清晰，资料翔实、立论公允、视野开阔，将兵器沿革与国防科学技术应用融为一体，实为广大读者尤其是军事爱好者们的必读佳作。

《徜徉在企鹅与海豹间》，李占生著。该书深入介绍了南极及亚南极自然环境野生动物的相关知识。分为三部分，第一部分为重点，大篇幅地介绍南极各种企鹅的科普知识，并配以作者亲自拍摄的图片。第二部分描述南极的五种海豹，最后小篇幅描述了栖息在南极的美丽鸟类。

《中国海洋发展报告 2013》，国家海洋局海洋发展战略研究所课题组编著。该书全面论述我国海洋事业发展的战略与政策、法律与权益、经济与科技、资源与环境等方面的重大理论和实践问题，客观评价海洋在建设和谐社会、实施可持续发展战略中的作用，系统报道国内外海洋事务的发展现状和趋势，向有关部门提出关于中国海洋发展战略的对策和建议，为社会公众普及海洋意识、提高海洋意识提供参考。

（海洋出版社）

**【中国海洋大学出版社】** 2013 年，中国海洋大学出版社共出版各类图书 345 种，其中新书 230 种、重印书 115 种。在 230 种新书中，海洋类 41 种，教材专著类 91 种。在保证社会效益前提下，2013 年实现销售收入 1750 万元，比上年增长 8.8%，销售码洋 5250 万元，比上年增长 9%，实现利润 150 万元，比上年增长 29.3%；上缴国家税金 100 万元，比上年基本持平，取得了明显的经济效益。

国家出版基金项目实现零的突破。中国海洋大学出版社创意策划并组织编写的《中国海洋科学技术通史》(古代卷，近现代卷，当代卷)，由中国科学院自然科学史研究所、国家海洋局宣传教育中心和中国海洋大学三个单位组成的专家团队共同编撰完成。该书于 2013 年 10 月入选国家“十二五”重点图书增补计划，并在 2014 年度国家出版基金项目评选中胜出，获得国家出版基金项目资助，资助金额为 60 万元，实现了海大出版社在国家出版基金项目评审中零的突破。

国家海洋局“全国中小学生海洋意识教育系列教材”编撰出版项目落户海大出版社。全国中小学海洋意识教育系列教材编撰出版项目由国家海洋局宣教中心于 2013 年 1 月在北京正式启动，旨在向全国中小学生普及海洋知识，培养青少年对海洋的兴趣和热爱，有效提升青少年海洋意识。经过出版社的积极推动，该套教材编撰与出版项目于 2013 年 4 月成功落户海大出版社。该套教材设有小学版 3 册、初中版 1 册、高中版 1 册。

出版社重大出版项目“图说海洋科普丛书”成功首发。继“畅游海洋科普丛书”(共 10 册)和“人文海洋普及丛书”(共 6 册)成功推出之后，2013 年 4 月，由海大出版社自主策划、由中国海洋大学校长吴德星教授任总主编的第三套海洋科普类图书——“图说海洋科普丛书”(共 5 册)正式出版。这是一套为帮助少年儿童了解海洋，培养他们热爱海洋、保护海洋、利用海洋意识而编写的海洋科普读物。生动优美的图片与简洁准确的文字说明相结合，使“图说海洋科普丛书”成为又一套面向青少年的优秀海洋科普图书。

出版社重大出版项目“魅力中国海系列丛书”(共 12 册)完成全部出版流程。由海大出版社社自主策划的全面介绍我国四个边缘海自然生态和人文魅力的重大选题“魅力中国海系列丛书”的编创工作完成。该套丛书由国家海洋局宣传教育中心盖广生主任担任总主编，共分《南海印象》、《南海宝藏》、《南海故事》,《东海印象》、《东海宝藏》、《东海故事》,《黄海印象》、《黄海宝藏》、《黄海故事》,《渤海印象》、《渤海宝藏》、《渤海故事》4 个系列 12 个分册，立体化地展示了我国沿海的地理环境、自然风光、海洋资源与历史文化现象，是海大出版社社又一套面向青少年的、内容丰富、印刷精美、图文并茂的海洋科普丛书。

“畅游海洋科普丛书”喜获两项国家级图书大奖。由中国海洋大学校长吴德星教授总主编的“畅游海洋科普丛书”(共 10 册)荣获科技部 2013 年全国优秀科普作品奖，并成功入选国家新闻出版广电总局第四届“三个一百”原创图书出版工程目录，这是本套丛书继入选国家新闻出版总署 2012 年向全国青少年推荐的 100 种优秀图书之后所获的又两项殊荣，是海大出版社第一次同一套图书获得三个国家级奖项，也是建社以来海大出版社所获得第四个国家级奖项。

《启迪书法 20 讲》出版。2013 年 11 月，由中国海洋大学资助的重大出版项目——《启迪书法 20 讲》(共 3 卷)顺利出版。该套丛书以图说的形式解读中国书法的起源，篆、隶、楷、行、草的文化内修，结字黄金律，书法文化史的趣闻轶事等内容，以表现用笔变化美、线条质感美、结构造型美、章法布局美和水墨效果美的书法艺术文化及人文精神，从而体现空间的综合和技法的综合，以及历史与现代信息的文化综合。作者是中国书法家协会理事，中国书法艺术研究院院长，中国海洋大学书法研究院院长、教授，经济学和可持续发展学专业博士生导师，国务院特殊津贴专家袁守启(启笛）先生。

**中国海洋大学出版社2013年度海洋、水产类图书出版情况**

《海错鳞雅——中华海洋无脊椎动物考释》，杨德渐、孙瑞平，2013年1月版。

《典型海水增养殖区生态环境修复技术及示范》，赵振良，2013年1月版。

《舰船博览》，顾一中，2013年1月版。

《海洋工程波浪力学》，王树青、梁丙臣，2013年3月版。

《简明海洋科普知识读本》，青岛市"益民书屋"适用图书系列读本编委会，2013年3月版。

《简明海洋文化普及读本》，青岛市"益民书屋"适用图书系列读本编委会，2013年3月版。

《图说海洋现象》，李凤岐，2013年4月版。

《图说海底世界》，赵广涛，2013年4月版。

《图说海洋生物》，魏建功，2013年4月版。

《图说缤纷海岛》，刘康，2013年4月版。

《图说壮美极地》，傅刚，2014年4月版。

《中国海洋文化史长编近代卷》，闵锐武，2013年5月版。

《海洋教育新进展——2011年海洋教育国际研讨会论文集》，李巍然，2013年5月版。

《海风——从漠河到青岛》，彭恺夫，2013年5月版。

《甲壳、棘皮动物养殖技术操作技能》，李晓霞，2013年5月版。

《星鲽健康养殖技术》，刘洪军、管曙光、关健、于道德、刘名、郑永允，2013年6月版。

《海洋脊椎动物学》，武云飞，2013年6月版。

《海洋极地空气微生物学研究》，陈皓文、孙丕喜、战闰，2013年7月版。

《海洋欢乐谷（第二辑）》，丁剑玲，2013年7月版。

《现役海洋平台结构检测与安全评估技术》，李志刚、李华军、陈祥余、段梦兰，2013年8月版。

《鱼类繁殖及消化生理研究》，冯俊荣，2013年8月版。

《离岸竞赛与休闲航海安全指南》，（英）西蒙金克，2013年10月版。

《2013—2016案例帆船竞赛规则解释》，曲春、徐莉佳、黄钰婷，2013年11月版。

《国家鲆鲽类产业技术体系年度报告（2012）》，国家鲆鲽类产业技术研发中心，2013年11月版。

《海洋督察制度研究》，张新，2013年12月版。

（中国海洋大学出版社）

# 海洋宣传

**【综述】** 2013年，国家海洋局海洋宣传教育中心面对海洋工作的新形势、意识形态领域的新情况和中央的新要求，通过做好面向公众的海洋意识和海洋精神的宣传工作，发挥好思想导向作用，对内凝心聚力，对外普及海洋知识，提高公众海洋意识。

**【海洋宣传】** （1）做好海洋新闻宣传工作。①宣教中心配合国家海洋局中心工作，共组织新闻发布会7次，与中央媒体合作，开展宣传活动9次（包括：中央电视台在新年期间直播海监巡航，载人深潜表彰会的新闻宣传工作，全国海洋工作会议新闻宣传，海岛整治修复初见成效的新闻宣传等）。②在国家海洋局政府网站和《中国海洋报》组织重大专题宣传，如学习十八大精神、贯彻全国海洋工作会议精神、钓鱼岛巡航、"蛟龙"深潜及表彰、海洋防灾减灾、南北极科考等等。③与三沙卫视签署合作协议。

（2）开展公众宣传活动。①举办世界海洋日暨全国海洋宣传日主场及系列活动。2013年全国海洋宣传日的主题是"建设海洋强国"。6月8日，2013世界海洋日暨全国海洋宣传日庆祝大会暨年度海洋人物颁奖仪式在辽宁省锦州市举行。庆祝大会上举行了"海洋公益形象大使"授予仪式，国家海洋局局长刘赐贵为解放军总政治部话剧团国家一级演员刘劲，解放军空军政治部话剧团国家一级演员温玉娟，中国歌剧舞剧院国家一级演员王燕颁发了"海洋公益形象大使"聘书。庆祝大会上揭晓了2012年度海洋人物评选结果，10个为我国海洋事业做出突出贡献的个人和集体获得了"2012年度海洋人物"的荣誉。②配合国家海洋局人事司做好第二届"高校博士团走向海洋"考察活动。

③配合共青团中央，邀请国家海洋局专家、学者赴高校作报告。④开展“走向海洋”海洋精神宣讲报告会。

（3）做好网站、舆情和国家海洋局机关大屏幕日常管理工作。①做好国家海洋局政府网站日常管理工作。2013 年元旦新版国家海洋局政府网站上线，并于 4 月份再次改版，提高了信息发布速度，丰富了内容和展现形式。发布稿件近 5000 篇，被其他媒体转载近百篇，仅中国政府网就转发文章 226 篇。组织制作 9 个专题栏目。在 2013 年的评选活动中，国家海洋局政府网站当选 2012 年度中国互联网最具影响力政府网站。②开展常态化 24 小时不间断舆情监测分析工作，2013 年共制作日报 216 期，《海洋舆情》（周报）43 期，电视舆情（月报）11 期，专项分析报告 19 期。③做好机关大屏幕工作，进行美化和改版，采用文字、图片和视频各种形式，丰富了大屏幕内容。④编发《海洋专报》140 余期。

**【海洋意识教育】** 加强国民海洋意识教育工作，落实海洋知识进学校、进教材、进课堂任务，是提高全民海洋意识的另一项重要任务。海洋宣教中心重点从建设全国海洋意识教育基地和开展海洋知识“三进”工作两个方面予以落实。

（1）以“全国海洋意识教育基地”为依托开展国民海洋意识教育工作。①发动社会、企业和公众力量，开展“全国海洋意识教育基地”建设工作。已建成 23 个全国海洋意识教育基地，覆盖了大中小学校三个教育阶段，辐射沿海（19 个）和内陆城市（4 个）。②依托基地开展丰富多彩的海洋意识教育活动，如“放飞蓝色梦想•共建海洋强国”为主题的第三届“爱海洋•爱环保”儿童海洋书画比赛，组织基地开展海洋防灾减灾宣传等。

（2）开展海洋知识“三进”工作。海洋知识“三进”工作，重点打造了“一书、一站、一活动”系列工程。①“一套书”——“海洋教育系列教材”，即开展了我国首套中小学海洋意识教育系列教材编写工作。2013 年，为落实好海洋知识“三进”工作，启动了我国首套中小学海洋意识教育系列教材编写工作，组织了近 40 名海洋特色教育学校的一线老师以及海洋教育专家，先后召开 4 次教材编写会议，目前教材编写工作基本完成。②“一个网站”——“中国海洋教育网站”，即开展了中国海洋教育网建设筹备工作。配合中小学海洋意识教育教材的编写，推进建设中国海洋教育网，拟打造线上线下联动的海洋意识宣传教育“双轨”模式。目前中国海洋教育网的总体设计方案和建设方案已基本完成。③“一系列活动”——举办了“‘走向海洋’青少年海洋教育实践活动”。联合中国海监总队与中国宋庆龄基金会，以首都师范大学附属中学为试点单位，大力推动海洋意识进校园工作，开展了海监知识讲座和中学生暑期海洋意识实践活动。

（3）联合各方力量，面向社会公众广泛开展海洋意识宣传教育工作。①指导举办全国少年儿童海洋教育论坛。5 月 23 日，由国家海洋局宣传教育中心指导，“2013 年全国少年儿童海洋教育论坛暨青岛市第二届中小学海洋教育论坛”在全国海洋意识教育基地——青岛同安路小学召开。论坛以“实施海洋教育 ，成就特色学校”为主题，开展了全国海洋教育经验交流会、青岛市海洋教育成果展、海洋科学家讲座等活动，促进了海洋教育在学校中的深入开展。②组织海洋意识教育基地开展海洋防灾减灾宣传。5 月份全国“防灾减灾周”及 5 月 12 日我国第五个“防灾减灾日”期间，根据《国家海洋局关于开展 2013 年防灾减灾日有关工作的通知》要求，将海洋防灾减灾知识列入全国海洋意识教育基地的宣教内容，面向在校学生等社会公众做好了宣传。③联合海洋意识教育基地开展特色宣传活动。3 月至 10 月，联合全国海洋意识教育基地——北京海洋馆、北京市少工委办公室、《中国儿童报》等单位组织了以“放飞蓝色梦想•共建海洋强国”为主题的第三届“爱海洋•爱环保”儿童海洋书画比赛，共征集到来自全国各省市的优秀作品 6000 余幅，为增强少年儿童的海洋意识发挥了积极作用。④作为支持单位在人民大会堂开展了以“毛泽东海洋战略思想与建设海洋强国”为主题的中国航运大讲坛第 20 讲活动。

**【海洋文化】** 适应海洋事业发展的新形势，紧紧围绕海洋中心工作，出新意出新招，工作切入点主要是公益性海洋文化事业、推动海洋文化产业发展和文化精品生产三个方面，以满足公众对海洋文化精神产品的需要，为海洋经济建设做贡献。

（1）发展公益性海洋文化事业及开展海洋公共文化服务体系建设（海洋博物馆、文化馆、图书馆等）。①海洋文化理论研究和政策拟定工作。已开展工作包括：拟定《全国海洋文化发展规划纲要》，已征求完相关部门意见；完成全国海洋文化建设专题调研报告的编写；加强海洋文化理论研究工作，支持中国海洋大学申报的“中国海洋文化理论体系研究”项目获得国家社科基金重大项目立项。②完成中国海洋文化协会的筹备报批工作。③配合地方政府，做好国家重点海洋文化公共服务体系建设项目。已开展工作包括：完成锦州市海洋科学创意馆的建设工作；配合天津做好国家海洋博物馆筹建工作，组织完成《国家海洋博物馆展览内容方案（含展陈大纲）》编制工作；配合海南省政府、广西防城港市、山东威海市等地海洋博物馆的建设。④与宋庆龄基金会共同建设中小学海洋图书馆和海洋书架，已建成 61 个，分布在 18 个省份。

（2）推动全国海洋文化产业发展。积极推动国家和地方海洋文化产业发展。一方面，加强海洋文化产业的统计和研究；另一方面，为公众提供更多优质的海洋文化精品，不断满足公众精神文化生活需求，为海洋经济发展做出贡献。①做好全国海洋文化产业发展情况的统计摸底工作，已开展如下工作：启动海洋文化产业指标体系的研究和构建工作；开展粤桂琼海洋文化产业发展情况蓝皮书编制和发布试点工作。该蓝皮书是我国首部海洋文化产业蓝皮书，研究区域为地处中国南海沿岸的粤桂琼三省（区），采用跨年度分析模式研究 2010—2013 年粤桂琼海洋文化产业发展。②建设海洋文化产业示范基地。与中科院青岛科学艺术研究院共建“海洋文化产业示范基地”，共同开发海洋数字影视产品。还与广东海洋大学共建“海洋文化产业研究中心”，共同推动海洋文化产业研究工作。③为地方海洋文化建设工作服务。受广西海洋局委托，完成了《广西海洋文化及海洋文化产业发展策划》工作。与海南海洋勘探院合作，共同完成了《三沙海洋文化建设调研报告》。支持地方海洋文化节庆活动和展会举办，包括厦门国际海洋周、中国（舟山）海洋文化节、中国（象山）开渔节、广州海洋经济博览会和浙江宁波海洋贸易洽谈会等。开展局系统节庆、论坛、展会的普查和规范工作。

（3）加强海洋文化精品生产。①《走向海洋》纪录片的宣传推广和《中国近海探秘》稿本创作工作。②出版海洋文化系列图书，如《年度海洋人物丛书》等。③制作多首海洋歌曲。④拍摄制作海洋公益广告，并于海洋日期间在央视黄金时间播出。⑤举办“美丽海洋”摄影大赛和海洋摄影展（“十一”期间在王府井大街展出）。　（国家海洋局海洋宣传教育中心）

## 海 洋 体 育

**【帆船帆板】**　3 月 20—30 日，“阿罗哈杯”2013 环海南岛国际大帆船赛分别在三亚、海口、万宁三个城市举办，来自荷兰、英国、德国、俄罗斯、白俄罗斯、马来西亚、新加坡、以色列、新西兰、澳大利亚、美国、中国、中国香港、中国台湾等 14 个国家和地区的 39 支船队、365 名船员参加。

4 月 5 日上午 7 点 59 分，青岛籍船员郭川驾驶“青岛号”帆船回到青岛，成为首位完成单人不间断环球航海伟业的中国人，同时创造 40 英尺级帆船单人不间断环球航海 137 天 20 小时 2 分 28 秒的世界纪录。

8 月 11 日，世界帆船锦标赛 470 级比赛在法国罗切尔落幕，中国选手王晓丽/黄旭峰获得女子 470 级季军，实现中国奥运级别女人双人帆船历史性突破。

8 月 17—27 日，第五届青岛国际帆船周举行。举办了大帆船绕岛赛、青岛国际帆船赛和国际 OP 帆船营等三大赛事，来自美国、英国、法国等 10 多个国家和地区的数百位帆船运动员参加。

9 月 1 日，2013／14 年赛季克利伯环球帆船赛在伦敦泰晤士河上启航，两名来自中国的女船员也跟随“青岛号”帆船开始为期 10 个月的航程。

9 月 24—26 日，舟山帆船赛举行，来自全国各地的 23 支队伍参加。公开组 5 艘 30 英尺以上的大帆船参赛，是赛事的一个亮点。2013 年比赛在 2012 年 J80 级别基础上增加了珐依 26

级别和公开组别。由于天气原因，原本 9 场比赛减少到 4 场，广东风帆航海俱乐部队获得 J80 统一组别冠军，厦门一路队获得 FE26 统一组冠军，厦门工学院队获得公开组别冠军。

10 月 14—19 日，国际帆联世界杯帆船赛青岛站比赛举行，中国队获得激光雷迪尔级和女子帆板两枚金牌。

10 月 25—28 日，第 7 届中国杯帆船赛在深圳举行，共有 35 个国家和地区的 100 支船队参加包括港深拉力赛、环岛赛、场地赛在内的 8 场比赛。在博纳多 40.7 统一设计组别中，万科浪骑队夺得总冠军。华帝队居第二。首次参加中国杯的迪拜劲旅 YO 队以落后华帝 8 分的成绩跻身本组别前三位。在 IRCA 组华安队夺得冠军；Wiskey Jack 队捧走 IRC B 组冠军奖杯；中国意志队摘取 IRC C 组桂冠。统一设计组 SOTO 27 ，CYA 长城队后来居上夺得冠军。TT 队“两只老虎跑得快”成为 HKPN 1 组冠军。华安雄涛队勇夺 HKPN 2 组冠军。

11 月 25 日至 12 月 15 日，全国帆船帆板青少年训练营在广西北海举行，100 名运动员、教练员参加。

12 月 15 日，中国帆船帆板协会年会在海口召开。

**【航海模型】** 8 月 1—11 日，第 17 届世界航海模型（动力艇）锦标赛在比利时举行，中国代表队获得成年组 8 项冠军，青年组 3 项冠军。

8 月 15—22 日，世界航海模型仿真航行项目锦标赛在俄罗斯加里宁格勒举行。来自中国、俄罗斯、法国、德国、捷克、波兰等 12 个国家约 200 名运动员，200 多艘船模型参加。中国代表队一行 14 人参加。

8 月 23 日至 9 月 4 日，第 17 届世界帆船模型锦标赛在波兰举行。来自中国、德国、奥地利、捷克、波兰、乌克兰、斯洛伐克、俄罗斯、白俄罗斯、保加利亚、匈牙利 11 个国家的近 140 名运动员参加，中国队获得一个冠军、两个亚军，一个季军。

8 月 1—11 日，世界航海模型动力艇锦标赛在比利时根特市举行。以姜玉龙为领队、廉岳为副领队的中国代表队共 47 人参加。共有 17 个国家近 300 名赛手参加。中国队三破世界纪录。

8 月 23 日至 9 月 4 日，第 17 届世界帆船模型锦标赛在波兰举行。来自中国、德国、奥地利、捷克、波兰、乌克兰、斯洛伐克、俄罗斯、白俄罗斯、保加利亚、匈牙利 11 个国家的近 140 名运动员参加三个项目比赛，中国队获得一个冠军、两个亚军，一个季军。

8 月 15—22 日，世界航海模型仿真项目锦标赛在俄罗斯加里宁格勒举行。来自中国、俄罗斯、法国、德国、捷克、波兰等十二个国家约 200 名运动员，200 多艘船模型参加。中国代表队由王力伟为领队，北京、上海、广东和福建选手组成，一行共 14 人参加本次比赛，获得了 4 项冠军。

7 月 18—24 日，全国航海模型锦标赛在厦门集美举行。来自 18 个省、市的 23 支代表队的 240 多名运动员参加比赛。

**【沙滩排球】** 2 月 26 日至 4 月 15 日，全国沙滩排球集训在海南文昌进行，来自 13 个省、区、市和解放军的 162（男 78、女 84）名运动员，连同领队、教练和队医等人员共计 213 人参加。

4 月 23—28 日，世界沙滩排球巡回赛福州站比赛举行，中国选手薛晨/张希获得女子组冠军。

4 月 30 日至 5 月 5 日世界沙滩排球巡回赛大满贯赛上海站比赛举行，中国队与奖牌无缘。女子组方面，薛晨/张希、岳园/马园园和金洁琼/缪辰晨 3 对组合全部晋级复赛，复赛第一轮中，金洁琼/缪辰晨遭淘汰。复赛第二轮中，岳园/马园园 1 比 2 惜败。薛晨/张希获并列第 5 名。男子组方面，徐林胤/高鹏和吴佳欣/吴鹏根小组赛出线。复赛首轮比赛中，先后失利。

5 月 25—26 日、6 月 21—23 日、11 月 30 至 12 月 1 日，在国家体育总局体育彩票公益金资助下，“中国体育彩票—沙滩排球全民健身中国行”深圳、银川和广州站活动分别举行。

7 月 1—7 日，世界沙滩排球锦标赛在波兰旧克罗奇举行，中国选手薛晨/张希在小组赛两胜一负仅以成绩最好的小组第三身份晋级复赛后，却充分发挥搭档多年以来积累起来的默契配合与大赛经验，最终一路杀进决赛，并在决赛中以 2 比 1 击败德国组合博格/布特。薛晨/张希在为中国夺得历史上第一个沙排世锦赛桂冠的同时，也打破世锦赛女沙金牌全部由巴西、美国选手垄断的历史。

7 月 9—14 日，世界沙滩排球大满贯赛格施塔德站比赛在瑞士格施塔德举行。中国选手薛晨/张希获得女子组冠军。

8 月 20—25 日，在中国体育彩票公益金资助下，“中国体育彩票-2013 年全国青少年沙滩排球夏令营”活动在海南琼海嘉积中学海桂学校举办，来自北京、山西、内蒙古、上海、浙江、山东、湖北、四川、海南、宁夏、厦门等 11 个省市区 17 所学校的 140 多名学员参加。

10 月 29 日至 11 月 3 日，国际排联世界沙排巡回赛普吉站比赛在泰国普吉岛举行，中国女沙组合薛晨/夏欣怡获得金牌。

12 月 11—14 日，国际排联世界沙排巡回赛德班站比赛在南非德班举行，中国选手薛晨/夏欣怡获得女子组冠军。　　（体育年鉴）

# 海 洋 军 事

## 海洋军事成就

**【南海舰队完成首次地磁要素测量】** 1 月 17 日，由南海舰队某海测船大队负责完成的某段沿岸岛屿地磁要素测量数据通过海军海洋测绘中心验收。该大队 25 名官兵历时 188 天，完成了 45 个测点的地磁要素测量，获得 1845 组数据，并埋设了 81 个标石。其中 18 个测点数据获得成果优秀奖。

**【长春舰入列东海舰队】** 1 月 31 日，东海舰队举行长春舰入列命名授旗仪式，标志着该舰正式加入海军战斗序列。长春舰是我国自行研制设计的新一代导弹驱逐舰，也是东海舰队首艘该型舰艇，具备较强的远程警戒探测和区域防空作战能力。

**【中央军委给徐州舰记一等功】** 2 月，中央军委签署命令给徐州舰记一等功。徐州舰入列 5 年多来，海上执行任务年均 120 多天，圆满完成了多国海军活动、第三和第七批亚丁湾护航、中俄联演以及远海训练等 10 多项重大任务。先后出访 10 多个国家和地区，创造了赴利比亚为撤离我受困人员船舶警戒护航、组织舰艇驰援千里接护遭海盗袭击船舶、成功武力登船营救被劫商船船员、武力挫败海盗快艇袭击我护航编队商船、进行夜间武力营救被劫商船综合演练等 5 个首次，被评为“全军先进红旗团委”，海军“四无”单位、军事训练“一级团单位”。

**【蚌埠舰入列东海舰队某水警区】** 2 月 25 日，东海舰队在上海举行蚌埠舰交舰仪式。蚌埠舰为某新型护卫舰首舰，该型舰隐身性能好，电磁兼容性强，先进技术应用广泛，舰员编制仅为 053 系列护卫舰的三分之一，将逐步替代现役的老旧 053 系列护卫舰（艇）和导护艇。蚌埠舰交付东海舰队某水警区后，主要担负巡逻警戒护航、单独或协同其他兵力执行反潜作战、对海作战等使命任务。

**【大连舰院帆船队国际帆船赛中夺魁】** 4 月 26—28 日，由大连舰艇学院学员组成的中国海军代表队在第 30 届意大利国际帆船赛上，一举夺得“国际军事杯”、“国际海军杯”、“海军院校杯” 3 个单项冠军以及“海军院校与城市杯”亚军，总成绩位列 29 支军队院校参赛队第一，刷新了历史最佳成绩。意大利国际帆船赛由意大利海军学院和里窝那市联合举办，迄今已举办 30 届，本届共有 24 个国家的 37 支队伍参赛。大连舰艇学院帆船队已连续参加 7 届。

**【岳阳舰入列南海舰队】** 5 月 3 日，南海舰队在三亚举行岳阳舰入列命名授旗仪式，标志着该舰正式加入人民海军战斗序列。岳阳舰是我国自行研制设计的新型导弹护卫舰，可单独或协同海军其他兵力攻击敌水面舰艇、潜艇，具有较强的远程警戒和防空作战能力，是海军新一代主力作战舰艇。

**【海军第一支舰载航空兵部队正式组建】** 5 月 10 日，海军第一支舰载航空兵部队—海军某舰载航空兵基地组建大会在渤海湾畔隆重举行。该基地的正式组建，标志着人民海军战斗序列又多了一支新型力量，标志着航母部队战斗力建设进入了新的发展阶段。

**【海军工程大学国际航海技能竞赛夺冠】** 5 月上旬，海军工程大学代表中国海军在伊斯坦布尔举行的第 16 届土耳其国际航海技能竞赛上，一举夺得总分第一和 4 个单项比赛中的 2 项冠军。这项国际赛事由土耳其海军学院于 1998 年创办，共设帆船、船艺、游泳和救生 4 个比赛项目，每年 4 至 5 月举行，参赛选手为各国海军院校学员。此次比赛共有中国、英国、法国、韩国、巴基斯坦等 13 个国家派代表队参赛。中国海军 2010 年起派院校代表队参加比赛，现已连续四届参赛。

**【第七届“海洋观教育日”活动在舟山举办】** 5 月 11 日，海军联合清华大学举办的第七届“海洋观教育日”活动暨海军—舟山市成立“海洋观教育基地”揭牌仪式在舟山鸦片战争古战场遗址公园举行。这是海军继在威海刘公岛甲午战争博物馆之后，成立的第二个“海洋观教育基地”。

**【新型援潜救生船实施同步氦氧潜水试验】** 7月26日，北海舰队某防救支队依托某新型援潜救生船组织的多战位多科目同步氦氧潜水试验取得成功。此次试验共设置了水下接供排气管、冲吸泥、攻千斤洞3个训练科目，分别在3个潜水战位同时展开氦氧潜水作业，验证了战时多战位多科目潜水作业的可行性，初步探索了这种组训模式的指挥机制、组织程序和关键环节。

**【梅州舰入列南海舰队】** 7月29日，南海舰队在三亚举行梅州舰入列命名授旗仪式，标志着该舰正式加入人民海军战斗序列。梅州舰是我国自行研制设计、由武汉造船厂建造的新一代轻型导弹护卫舰，配备多型武器装备，具有良好的隐身性能，信息化集成度高，同时还具有造价成本较低，运行维护简单、舰员编制精简等优点。该舰入列后，主要担负近海作战、巡逻警戒、护渔护航、单独或协同其他兵力执行反潜作战等使命任务。

**【营口舰入列北海舰队】** 8月1日，北海舰队在旅顺举行营口舰入列命名授旗仪式，标志着该舰正式加入人民海军战斗序列。营口舰是我国自行研制设计生产的新一代轻型导弹护卫舰，交付北海舰队某基地水警区后，将成为基地防御的主战装备。

**【巢湖舰入列东海舰队】** 9月12日，东海舰队在舟山举行巢湖舰入列命名仪式。巢湖舰是我国自行设计建造的新型大型远洋综合补给舰，可在海上实施各种干、液货横向接受和补给。该舰长约180米，宽约25米，高41.8米，满载排水量2万余吨，设有一对目前国内最大的收放式减摇鳍，在恶劣海况下的稳定性比上一代补给舰更强。

**【鹤山舰入列南海舰队】** 10月10日，南海舰队某快艇支队在广东举行鹤山舰命名授旗仪式，这标志着又一艘新型扫雷舰加入了人民海军战斗序列。鹤山舰是我国自主研发的新型扫雷舰，设计理念先进，集成化、信息化程度高。

**【百色舰入列南海舰队】** 10月12日，南海舰队举行百色舰入列命名仪式，标志着该舰正式加入人民海军战斗序列，成为西沙某水警区首艘新型导弹护卫舰。百色舰是我国自行研制设计建造的新一代轻型导弹护卫舰，具有隐身性能好、电磁兼容性强、先进技术应用广泛等特点，配备导弹、鱼雷等多种先进武器装备，同时还具有造价成本较低，运行维护简单、舰员编制精简等优点。

**【中央军委给41艇员队记一等功庆功大会举行】** 11月16日，中央军委给南海舰队某潜艇基地41艇员队记一等功庆功大会在三亚举行。南海舰队某潜艇基地41艇员队是某新型潜艇的首艇艇员队。组建以来，艇员队官兵以良好的政治品质、强烈的使命意识、出色的专业素养和顽强的战斗精神，圆满完成了各项重大任务，创下了潜艇史上10多个第一，为建设与大国地位相匹配的海上战略力量作出了突出贡献。

**【三亚舰入列南海舰队】** 12月13日，海军在三亚举行三亚舰交舰暨入列命名仪式，标志着该舰正式加入人民海军战斗序列。三亚舰是我国自行研制设计的新型导弹护卫舰，可单独或协同海军其他兵力攻击敌水面舰艇、潜艇，具有较强的远程警戒和防空作战能力，是海军新一代主力作战舰艇。

**【郑州舰入列东海舰队】** 12月27日，东海舰队举行郑州舰入列命名授旗仪式，标志着该舰正式加入人民海军战斗序列。郑州舰是我国自行研制设计生产的新一代导弹驱逐舰，也是东海舰队继长春舰之后入列的第二艘该型舰艇。

## 军事交流互访

**【吴胜利司令员会见阿曼海军司令】** 1月21日，海军司令员吴胜利上将在北京会见了阿曼海军司令阿卜杜拉•拉伊希一行。双方就两国关系发展、两国海军交流合作等问题进行了会谈。阿卜杜拉•拉伊希还拜会了国防部长梁光烈上将，随后还访问了北海舰队，参观了潜艇学院和驱逐舰、潜艇、直升机。这是阿曼海军司令首次访华。中阿两国自1978年建交以来，两军关系发展迅速，双方在代表团互访、人员培训、护航保障、军工军贸等领域开展了良好的合作。

**【中印尼海军合作对话机制举行首次会议】** 2月27—28日，中印尼海军合作对话机制首次会议在北京举行。双方就海上安全问题深入交换了意见，并探讨了未来两年两国海军的交流合作项目。建立中印尼海军合作对话机制是两国海军之间的大事，这也是中国海军首次与国外海军建立海军间的对话机制。

**【苏士亮出席土耳其第12届国际海事展览会】** 3月20—24日，海军副司令员苏士亮率团观摩了土耳其第12届国际海事展览会，这是我海军首次派团观摩该展会。其间，苏士亮会见了土海军舰队代理司令博斯坦奥卢中将，参观了土海军舰队司令部和格尔居克海军基地。土耳其国际海事展览会每两年举办一次，本届展会由土耳其航运部主办，共有来自中国、荷兰、德国、挪威、希腊、法国、韩国等30个国家的500多家军民企业报名参展，参展产品主要涉及海洋、航空、航天等领域。

**【第十三批护航编队访问马耳他、摩洛哥和法国】** 3月26—30日，第十三批护航编队黄山舰、衡阳舰和青海湖舰靠泊瓦莱塔港，对马耳他进行了为期5天的访问。期间，马耳他总统乔治•阿贝拉接见了护航编队指挥员一行，编队指挥员还拜会了马武装部队司令舒埃雷布准将、马耳他外长乔治•韦拉等军政要员。海军第十三批护航编队还举行了军舰开放日活动。

4月9—13日，第十三批护航编队靠泊卡萨布兰卡港对摩洛哥进行了为期5天的正式友好访问。这是我海军舰艇编队首次访问摩洛哥。期间，编队官兵与摩洛哥海军官兵开展文体活动和护航研讨交流，中国舰艇还作为“卡萨布兰卡建港百年庆典系列活动”的组成部分向摩洛哥公众开放。编队指挥员还分别拜会了摩洛哥军方高级官员和地区行政长官。

4月24—28日，第十三批护航编队靠泊土伦港对法国进行为期5天的访问。期间，编队指挥员拜会了法地中海区司令杨•丹尼海军中将等海军官员和土伦市市长贝尔•法尔贡。编队官兵与法军方进行反海盗护航经验座谈交流，并互相参观军舰和开展篮球友谊赛。

**【徐洪猛出席马来西亚第12届国际海空装备展】** 3月26—30日，海军副司令员徐洪猛率团参加了马来西亚第12届浮罗交怡国际海空装备展。本次“海空展”共有来自52个国家约433家宇航及海事厂商参与，是历届最多的一次。展位比上届增加了10%，其中航空母舰由上届的26艘增加至30艘。期间，徐洪猛参加了马海军举行的以“海军在维护马六甲海峡安全中的作用”为题的海军首脑圆桌会议，我代表团与澳大利亚、美国、新加坡等国海军代表就地区安全形势、护航合作等问题交换了看法。

**【中国爱国拥军促进会慰问辽宁舰官兵】** 4月12日，第十一届全国政协副主席郑万通、中国爱国拥军促进会会长罗平飞率领慰问团来到辽宁舰，开展“爱我航母•心系海防”拥军慰问活动。慰问团一行80余人参观了舰艇部分装备设施，并与辽宁舰官兵代表共话中国梦、强军梦。这次拥军慰问安排在海军成立64周年纪念日前夕，是一次凝聚航母情结，深化全民族海洋意识的宣传教育活动。

**【吴胜利司令员会见斯里兰卡海军司令】** 4月25日，海军司令员吴胜利上将在北京会见了斯里兰卡海军司令科伦贝格中将一行。双方进行了坦诚、务实、友好的会谈，探讨了共同关心的问题。中国海军舰艇1985年首次出访就访问了斯里兰卡，中国海军舰艇编队赴亚丁湾海域执行护航任务以来,多次停靠、访问，均得到了斯政府和海军的全力协助。多年来，两国海军在人员培训方面一直保持着紧密的合作，尤其近两年，双方在人员培训方面取得了突破性进展。此前，科伦贝格访问了南海舰队，参观了陆战学院和新型护卫舰。其后，科伦贝格还拜会了总参谋长房峰辉上将。

**【吴胜利司令员会见美海军太平洋舰队司令】** 5月28日，海军司令员吴胜利上将在海军机关会见来华访问的美国海军太平洋舰队司令塞西尔•哈尼上将，双方就两国海军领导人互访、军舰互访、亚丁湾护航合作、院校和学员交流、参加“2014-环太平洋”演习等进行了坦诚、务实、友好的会谈。此前，哈尼拜会了副总参谋长戚建国。5月30日，哈尼访问了南海舰队并与蒋伟烈司令员进行了会谈，参观陆战旅并观摩陆战装备和基础科目演示，参观我新型驱护舰和登陆舰。

**【美海军“夏洛”号巡洋舰首访湛江】** 5月30日至6月3日，美国海军提康德罗加级“夏洛”号巡洋舰对湛江进行了为期5天的友好访问，这是该舰首次到访湛江。期间，美海军“夏洛”号巡洋舰与我海军兰州舰同时对湛江市市民开放，中美海军官兵开展了一系列联谊和交流活动。

**【“和平方舟”执行“和谐使命-2013”任务】**　6月10日，“和平方舟”号医院船赴文莱等8国及亚丁湾海域执行“和谐使命-2013”任务。医院船携带直升机1架，医务人员由海军总医院，解放军第401、411、413医院等医疗单位抽调的103人组成，历时125天，总航程21000海里，圆满完成了访问文莱，参加“10+8”东盟防长扩大会人道主义援助救灾联合实兵演练，赴亚丁湾海域为各国护航官兵开展医疗巡诊服务，访问马尔代夫马累港、巴基斯坦卡拉奇港、印度孟买港、孟加拉国吉大港、缅甸迪洛瓦港、印尼雅加达港、柬埔寨西哈努克港，并为当地民众和华人华侨提供医疗服务；赴印尼拉布汗巴焦参加多国联合巡诊和海上阅兵活动，并在返航期间赴西沙海域参加遇险渔民搜救行动。医院船采取主平台全时展开、医疗分队广泛前出等形式，综合开展健康体检、门诊诊疗、医学交流、健康联谊等形式多样的医疗服务，为各国民众和华人华侨体检、诊疗30077人次，实施手术293例，并为北约508、美盟151、欧盟465编队和韩国护航舰艇官兵开展了医疗服务。

**【吴胜利司令员会见韩国海军参谋总长】**　7月11日，海军司令员吴胜利上将在北京会见了韩国海军参谋总长崔润喜上将一行。双方进行了坦诚、务实、友好的会谈，就如何进一步拓宽中韩两国海军务实性交流与合作交换了意见，并就共同关心的问题进行了探讨。此后，崔润喜一行还访问了北海舰队，参观新型护卫舰、综合援潜救生船和潜艇。

**【吴胜利司令员会见新加坡海军总长】**　7月16日，海军司令员吴胜利上将在北京会见了新加坡海军总长黄志平少将一行。双方就未来合作的设想及共同关心的问题进行了会谈。自1990年两国建交以来，两国防务部门高层多次互访，防务政策对话机制顺利运行。近年来，中新两国海军在团组和军舰互访、人员培训、专业交流等方面的务实合作卓有成效。此前，黄志平少将拜会了国防部长常万全上将、访问了海军工程大学。随后，黄志平一行还访问了南海舰队，参观新型护卫舰、登陆舰。

**【郑和舰抵达马来西亚访问】**　8月18日，郑和舰抵达马来西亚哥打基纳巴卢港，开始为期4天的友好访问。这是中国海军舰艇第一次到访该国的哥打基纳巴卢港。此前，中国海军舰艇113、167编队和执行护航任务的徐州舰以及郑和舰曾先后于1997年、2000年、2009年、2012年访问该国的卢木特和巴生港。

**【海军舰艇编队出访美国、澳大利亚、新西兰3国】**　8月20日至11月3日，由北海舰队导弹驱逐舰青岛舰、导弹护卫舰临沂舰和综合补给舰洪泽湖舰组成的舰艇编队对美国、澳大利亚、新西兰3国进行了友好访问。此次出访历时76天，航程19000余海里。在美国夏威夷珍珠港访问期间，编队部分人员参观了太平洋战争博物馆和美海军“亚利桑那”纪念馆，访问结束后，中美海军在夏威夷附近海域举行了海上联合搜救演习。在澳大利亚访问期间，青岛舰参加了在澳大利亚东部杰维斯湾及悉尼港举行的东盟防长扩大会议“海上安全”实兵演习，以及在悉尼港举行的纪念澳大利亚海军军舰进入悉尼港100周年庆典活动。这是2013年海军的一项重要军事外交任务，有利于落实中美两国元首会晤达成构建中美新型大国关系的重要共识，深化务实合作，增进军事互信，推动我与美、澳、新3国海军的友好关系健康发展。

**【吴胜利司令员会见澳大利亚海军司令】**　8月21日，海军司令员吴胜利上将在北京会见澳大利亚海军司令雷蒙德•詹姆斯•格里格斯中将一行。双方就共同关心的问题和两国海军的合作前景进行了探讨与交流。吴胜利还希望双方在高层互访、军舰互访、青年军官和院校交流等领域加强合作与交流，随后格里格斯中将还拜会了总参谋长房峰辉上将，访问南海舰队、陆战学院，参观新型护卫舰和登陆舰。

**【舰艇编队出访南美三国】**　9月3日至12月11日，由南海舰队导弹驱逐舰兰州舰、导弹护卫舰柳州舰和东海舰队综合补给舰鄱阳湖舰组成的舰艇编队对南美洲的智利、巴西、阿根廷3国进行了友好访问。此次出访历时99天，先后对智利瓦尔帕莱索、巴西里约热内卢和阿根廷布宜诺斯艾利斯进行友好访问，航程28000余海里，随舰官兵600多人。期间，编队与智利、巴西、阿根廷等国海军广泛开展军事和文化交流活动，分别与智利海军、巴西海军进行了联合演习，增进了军事互信，深化了与智利、巴西、阿根廷 3 国海军的友好关系。这次访问编队首次穿越智利内水道和麦哲伦海峡、首次在南大西洋与外国海军联合军演、首次访问阿根廷。

**【吴胜利司令员访问美国】** 9 月 8—14 日，海军司令员吴胜利上将率代表团对美国进行了正式友好访问。吴胜利会见了美国防部常务副部长、参联会副主席、海军部长、海军作战部长、海军陆战队总司令等，与他们就中美海军面临的共同点、存在的分歧以及加强务实合作等共同关心的问题交换意见，探讨如何构建中美新型海军关系、建设性地推进两国海军关系向前发展。代表团还参观了圣迭戈美海军第三舰队司令部、陆战队彭德尔顿军营、“卡尔•文森”号航空母舰、核潜艇、“沃斯堡”号新型濒海战斗舰和国家军事医疗中心。

**【刘晓江率团访问希腊芬兰】** 9 月 18—27 日，海军政治委员刘晓江上将率团对希腊共和国和芬兰共和国进行了正式友好访问。这是我海军主要领导首次访问上述两国。其间，刘晓江一行会见了希腊国防副总参谋长希奥多希奥中将、海军参谋长阿普斯托拉基斯中将、舰队司令部司令里查斯中将，芬兰国防参谋长兰尼科中将、海军司令佩纳拉少将，参观了两国的舰艇部队。

**【印度海军代表团访问潜艇学院】** 9 月 25 日，由印度海军司令部行管部部长比什特海军中将率领的代表团一行 4 人到潜艇学院参观访问。代表团一行参观了潜艇操纵实验室、动力实验室、攻击实验室等教学设施。近年来该院注重加强国际交流，先后已有 80 多个国家的 100 多个军事代表团、院校访问团以及驻华武官团前来参观访问。

**【波兰副总参谋长访问某水警区】** 9 月 25 日，波兰副总参谋长法科斯基少将率波兰军事代表团一行 7 人，访问东海舰队某水警区。该水警区司令员李玉杰会见了代表团一行，双方进行了坦诚友好的交流。代表团还参观了我国自行研制的某型导弹护卫舰。

**【丁毅出席澳大利亚海上力量会议】** 10 月 10 日，海军副司令员丁毅率团赴澳大利亚参加澳海军主办的“2013 年海上力量会议”、“2013 年太平洋国际海事展”和“军舰进驻悉尼港 100 周年”国际海上阅兵活动后回到北京。在“军舰进驻悉尼港 100 周年”国际海上阅兵活动中，丁毅与各国海军领导人一同乘澳海军“卢因”号测量船检阅了各国舰艇和飞机编队。在出席海上力量会议期间，丁毅分别与澳海军司令格里格斯中将、法国太平洋海区司令居莱尔少将、南非海军副司令贺郎恩少将、秘鲁海军总监马洛•卡洛少将、巴基斯坦海军情报局长贾米尔•丹亚尔少将进行了双边会谈。

**【马发祥访问意大利】** 10 月 25 日，海军副政委马发祥中将率海军代表团结束对意大利访问后回到北京。其间，马发祥一行会见了意大利海军副参谋长克劳迪奥•高迪奥西中将和里窝那海军学院院长德拉高内少将，参观了里窝那海军学院。中意两国海军自 70 年代开始交往，多年来双方在团组和军舰互访、专业交流等方面不断深入。

**【吴胜利司令员会见希腊海军参谋长】** 11 月 8 日，海军司令员吴胜利在北京会见希腊海军参谋长阿普斯托拉基斯中将，双方就两国海军进一步增进互信、加强合作进行了探讨与交流。阿普斯托拉基斯一行随后访问了北海舰队、东海舰队和潜艇学院，参观了我海军新型潜艇、护卫舰。

**【徐洪猛会见美国海军作战部副部长】** 11 月 12 日，海军副司令员徐洪猛中将在北京会见了美国海军作战部副部长马克•福格森上将。随后，中美双方就共同关心的话题进行了座谈交流。福格森一行随后还访问了东海舰队，参观了我海军新型驱逐舰、护卫舰和潜艇。

**【和平方舟医院船赴菲执行医疗救助任务】** 11 月 21 日，海军和平方舟医院船赴菲律宾灾区执行人道主义医疗救助任务。在为期 16 天的医疗救助任务中，和平方舟医院船通过构建立体救助体系、深入灾区拓展救助内容、加强与国际救援力量交流合作，圆满完成了对菲律宾台风重灾区塔克洛班市的医疗救助任务，共接诊伤病员 2208 人，住院 113 人，手术 44 例，辅助检查 1482 人次，并派出医疗队前出巡诊，为 2600 余名灾民送医送药，医院船还向菲方捐赠了医疗、食品等物资。这是我国首次派出舰艇赴海外灾区执行人道主义医疗救助。

**【第十五批护航编队访问坦桑尼亚】** 12 月 29

日，第十五批护航编队井冈山舰和衡水舰抵达达累斯萨拉姆港，对坦桑尼亚进行为期 4 天的友好访问。访问期间，编队举办甲板招待会，编队指挥员拜会坦人民国防军司令、海军司令等军政要员，参观坦海军基地、舰队，看望中国援坦军事专家。此外，编队官兵将与坦海军官兵开展相互参观军舰和文化交流等一系列活动，特战队员将与坦海军陆战队进行训练科目展示。

## 军事训练演习

**【南航某轰炸机团轰炸机首次巡航南海某海域】** 2 月 13 日，南航某轰炸机团顺利完成对南海某海域的巡航任务。这是该团首次对该海域实施巡航，也是在对南海方向实施的历次巡航中，巡航距离最远的一次。

**【辽宁舰首次靠泊青岛某军港】** 2 月 27 日，我国首艘航空母舰辽宁舰首次靠泊青岛某军港，标志我国航母军港已具靠泊保障能力。新建成的航母军港由海军组织设计施工，历时 4 年时间建成，码头水、电、气、油等保障设施完备。辽宁舰将在这里继续开展后续相关试验和训练。

**【第十四批护航编队参加“和平-13”多国海上联合演习】** 3 月 3—8 日，第十四批护航编队哈尔滨舰、绵阳舰和微山湖舰参加了由巴基斯坦海军倡导组织的“和平-13”多国海上联合军事演习。军演在巴基斯坦卡拉奇及其附近海域举行。演习分为港岸特种部队演练和海上舰机联合演练两部分，中国、巴基斯坦、美国、英国、日本等 14 个国家共派出 24 艘舰艇和 25 架飞机以及特种部队参加。参演兵力分成两个战斗群，演练的内容包括海上补给、主炮对海攻击、海上联合搜救等 21 个项目。演练采取由巴基斯坦、中国、澳大利亚、美国、英国、意大利 6 个国家海军分科目指挥海上演练的形式进行。我海军顺利完成了海上补给演练和对空防御演练两个科目的指挥任务。护航编队还与其他参演国海军开展军事文化、体育比赛、主题研讨等交流活动；编队指挥员还参加了由巴国家海上政策研究中心举办的国际海事会议多边论坛。此次联合演习是巴基斯坦第 4 次组织同类军演，也是我海军参演兵力最多、项目最全、科目设置最紧凑的一次。

**【南海舰队联合机动编队立体巡航南沙各礁】** 3 月 23 日，由南海舰队联合机动编队井冈山舰和玉林舰组成的井冈山舰兵力群到达南沙某海域，并从空中和水面对目前由南海舰队官兵驻守的渚碧礁、南薰礁和东门礁展开巡航。其后，井冈山舰兵力群继续对我驻守的赤瓜、永暑、华阳等礁展开了立体巡航。期间，由南海舰队联合机动编队兰州舰和衡水舰组成的兵力群，与预警机、歼击机、歼轰机、轰炸机等多型岸基飞机组成的空中突击群，进行了合同突击海上机动编队演练。

3 月 27 日，南海舰队联合机动编队抵达美济礁，对周边海域展开立体巡逻。期间，编队还专门登船慰问了正在这里执行值班任务的中国渔政 45001 船。随着舰礁联防、军民协防三维一体联防体系的建立完善，我国在这一海域的执法力量得到显著增强。

**【“卫勤使命-2013”海上医疗救护演习举行】** 4 月 10—15 日，由总后卫生部组织，海军和济南军区卫生部门联合实施的“卫勤使命-2013”海上医疗救护演习在黄海某海域举行。此次演习是在去年远海组织的潜艇、驱护舰、补给舰与救护艇海上伤员搜寻、换乘、救治和后送训练基础上，运用医院船、救护艇、救护直升机等新型海上医疗救护平台，融入地方卫生动员力量，首次开展的军地联合海上医疗救护演习。演习重点演练了海上卫勤指挥与协同、海上批量伤病员分级和救治、海上卫勤信息系统战时运用等科目。综合演练围绕医疗救护平台组织与展开、海上立体搜救、输送及紧急撤离以及海上医疗救援远程会诊等训练科目有序展开。军队卫勤分队、地方卫生动员力量以及协同兵力约 500 人参加了演习。

**【东海舰队赴西太平洋开展实战化训练】** 5 月 6 日，东海舰队由导弹护卫舰怀化舰、佛山舰和综合补给舰千岛湖舰等兵力组成的远海训练舰艇编队赴西太平洋海域开展实战化训练。舰艇编队组织开展护卫舰编队战备巡逻和最大自给力昼夜连续航行、综合攻防作战、舰潜对抗训练、远海应召补给、直升机舰面协同、非战争军事行动等近 20 项训练内容。这次训练是适应海军转型需要、提高部队海上持续作战和信息化条件下综合作战能力的一次具体实践。

**【南海舰队常态化战备巡逻南沙】** 5月12日，正在南沙某海域执行战备巡逻任务的南海舰队导弹护卫舰江门舰圆满完成导弹模拟攻击训练科目后迅速驶向下一个巡逻海区。在我南沙海域，常年都有南海舰队派出的不同类型舰船进行例行性战备巡逻。担负南沙战备巡逻任务的舰船不仅积极开展导弹攻击、主副炮射击等实战化科目训练，还与南沙守礁官兵以及在南沙海域维权执法的渔政、海监等船只形成了一套科学有效的联动机制，军地共同组成一道海上防线。

**【北海舰队远海训练编队赴西太平洋海域训练】** 5月25日至6月10日，由青岛舰、临沂舰和洪泽湖舰组成的北海舰队远海训练编队在西太平洋等海域组织了实战化训练。编队全程适时组织各舰进行了侦察与反侦察、单舰火炮攻击、编队防空等30多个实战科目训练，其中编队直升机超视距引导导弹攻击、编队联合反潜等实战化科目取得骄人的训练成效。

**【辽宁舰顺利完成试验和训练任务】** 6月9日至7月3日，辽宁舰在为期25天的舰机适配性海上试验和训练中，组织歼-15舰载战斗机完成了多人、多架次舰上连续起降训练，成功进行了歼-15舰载战斗机首次驻舰飞行训练，表明辽宁舰已经具备了搭载舰载战斗机的能力。期间，3名飞行员首次成功完成了歼-15舰载机在辽宁舰105米短距滑跃起飞。这次试验和训练组织了歼-15舰载战斗机陆基起降、触舰复飞、阻拦着舰、滑跃起飞等数十个架次飞行科目考核，经飞行数据考核和专家组评估，我国首批舰载战斗机飞行员和着舰指挥员成功通过航母资格认证，5名飞行员和1名着舰指挥员获得了航母资格证书和证章，标志着中国成为世界上少数几个具备自主培养舰载战斗机飞行员能力的国家。

**【海军舰艇编队参加中俄“海上联合-2013”演习】** 7月5—12日，我海军舰艇编队参加了在俄罗斯彼得大帝湾附近海空域举行的中俄“海上联合-2013”军事演习。我方参演兵力由导弹驱逐舰沈阳舰、石家庄舰、武汉舰、兰州舰，导弹护卫舰烟台舰、盐城舰，综合补给舰洪泽湖舰7艘水面舰船和1个特战分队组成。俄罗斯太平洋舰队主力舰艇悉数出动，包括太平洋舰队旗舰“瓦良格”号巡洋舰、“维诺格拉多夫海军上将”号大型反潜舰、“快速”号导弹驱逐舰、毒蜘蛛级导弹快艇和基洛级常规潜艇等，共计12艘。演习主要包括舰艇锚地防御、联合防空、海上补给、通过敌潜艇威胁区、联合护航、联合解救被劫船舶、打击海上目标、海上联合搜救、火炮对海对空实弹射击等11个课目，按战略磋商、行动筹划和演习准备、实兵演习和演习总结四个阶段组织实施。在实际使用武器阶段，中俄双方水面作战舰艇对空中、海面目标进行了主副炮射击，并进行反潜深弹实弹射击。演习结束时，中俄双方参演舰艇、飞机举行了海上阅兵仪式。本次“海上联合-2013”联演是2012年“海上联合-2012”中俄军演的深化，标志着两国海军联合演习已实现机制化。这也是我海军一次性向国外派出兵力最多的中外联合演习，演习规模大、演练内容全、实弹射击多、组织指挥高。

**【北海舰队远海训练编队西太平洋开展实战化训练】** 7月12—28日，由导弹驱逐舰沈阳舰、石家庄舰，导弹护卫舰烟台舰、盐城舰，综合补给舰洪泽湖舰等5艘舰艇，以及2架舰载直升机组成的北海舰队远海训练编队在参加完“海上联合-2013”中俄海上联合军事演习后，直接赴西太平洋开展了为期16天的实战化训练。此次远海训练中，编队横跨34个纬度、32个经度，航行5000余海里，完成了编队侦察与反侦察、区域防空、全时全维防护、舰机协同、综合攻防对抗、突击“敌”护航运输编队、敌情威胁下航行补给等20多项训练内容，开创了首次依托指挥信息系统在远海进行舰机协同训练的新纪录。

**【第三届海军军事三项暨海军英语竞赛结束】** 8月1—4日，由海军司令部主办的第三届海军军事三项暨海军英语竞赛在青岛举行。海军工程大学、航空工程学院、大连舰艇学院3所学历教育院校参加了游泳、帆船、舢板、海军英语等4个项目的竞赛，潜艇学院参加了帆船、舢板比赛。海军军事三项暨海军英语竞赛每2年举办一次，参赛人员以我海军院校合训学员为主体。

**【郑和舰远航实习训练】** 8月1日至9月9日，郑和舰历时40天，总航程7386海里，圆满完成出访问韩国、马来西亚和远航实习任务。期间，郑和舰先后到访韩国镇海港及马来西亚哥打基纳巴卢港，来自大连舰艇学院的 152 名学员，接受了 11 个训练科目的海上实践教学，开展了重要海峡水道航法研究、高精度快速定位等模拟作战背景训练。郑和舰是自 1987 年 4 月 27 日编入海军序列，服役 26 年先后完成学员实习、军事训练、出国访问、环球航行等各项重大任务 100 余次，总航程达 33 万多海里，开创了中国人民解放军海军单舰航程最远、在航率最高、所经航区和出国次数最多等 4 项纪录。

**【中美两国海军亚丁湾举行联合反海盗演练】** 8 月 24—25 日，我海军第十四批护航编队哈尔滨舰、微山湖舰与同在亚丁湾海域执行任务的美国海军梅森号导弹驱逐舰，举行中美海上联合反海盗演练。演练中，双方先后演练了人员换乘、编队运动、轻武器射击、主炮对海射击、直升机互降、联合临检拿捕、直升机夜间对海上目标跟踪监视和联合武力营救被劫商船等 10 项科目。这次联合演练，是我海军护航编队赴亚丁湾、索马里海域执行护航任务以来，中美两国海军第二次在亚丁湾举行的海上联合反海盗演练。这次演练科目多、实战性强，并创下了中美两国海军特战队员联合行动、直升机夜间对海上目标接力跟踪监视等纪录，增进了双方在维护国际公共海域安全稳定方面的交流与合作，提高了中美两国海军联合执行多样化军事任务的能力。

**【东海舰队舰艇编队赴西太平洋开展远海训练】** 8 月 26 日至 9 月 10 日，由东海舰队益阳舰、常州舰组成的舰艇编队赴西太平洋海域完成了历时 16 天的远海训练任务，总航程 4000 余海里。此次远海训练是海军年度例行性军事训练的一部分，编队紧贴实战要求，围绕使命任务科学设置训练内容，全程依托指挥信息系统组织满负荷、高强度训练，先后完成了远海拦截作战、综合攻防作战、舰机联合反潜、临检拿捕、舰机协同护航、反恐和反海盗等 18 个实战课题的演练。益阳舰和常州舰为国产新型导弹护卫舰，分别于 2010 年和 2011 年服役。

**【中新两国海军举行海上联合演练】** 9 月 9 日，第十四批护航编队结束对新加坡为期 5 天的访问后，中新两国海军在新加坡海峡附近海域举行海上联合演练。这次联合演练，中方参演舰艇为导弹驱逐舰哈尔滨舰和导弹护卫舰绵阳舰，新方参演舰艇为导弹护卫舰威武舰。演练于 9 日 9 时开始，17 时 30 分结束，演练了重要船只识别、人员换乘、营救落水人员、处置可疑小艇接近等 6 项科目内容，中新双方指挥官轮流实施指挥。这次海上联合演练，互相借鉴了对方通信指挥、联合搜救和兵力运用等方面的经验，进一步深化了两国海军军事交流与合作，增进了两军间的互信，提高了遂行多样化军事任务的能力。

**【中美海军联合搜救演习在夏威夷海域展开】** 9 月 9 日，中国海军舰艇编队与美国海军在夏威夷附近海域举行海上联合搜救演习。参演兵力包括中国海军青岛舰、临沂舰和一架“海豚”直升机，美国海军导弹巡洋舰伊利湖舰、一艘辅助船和“海鹰”直升机、“黑鹰”直升机各一架，参演官兵近 1000 人。此次演习中，两国海军完成了直升机首次编队飞行、首次成立联合离舰损管队、空中兵力首次联合搜索同一海域等多项任务。演习由中美双方轮流指挥，分编队通信与指挥、舰机协同搜索遇险船只、救援遇险船只和编队运动 4 个阶段 9 个科目。此次演习双方探索了联合搜救组织指挥和实施方法，提高了联合应对非传统安全问题的能力。

**【东盟防长扩大会议首次海上安全实兵演习】** 10 月 1 日，历时 3 天的东盟防长扩大会议首次海上安全实兵演习结束。中国、美国、澳大利亚、新西兰、印度、日本、新加坡、泰国、马来西亚、印度尼西亚、文莱等 11 个国家的舰艇参加了此次演习。参演兵力包括 1 艘导弹巡洋舰、2 艘导弹驱逐舰，以及 5 艘导弹护卫舰、1 艘登陆舰和 2 艘巡逻舰，组成 1 支特混编队，编队设 3 个特混分队，中国海军导弹驱逐舰青岛舰、新西兰“特玛那”号护卫舰、文莱“达鲁拉曼”号近海巡逻舰，以及印度“萨亚德里”号护卫舰编入第 3 特混分队。3 天来，特混编队演练了单舰登临、航行补给等多个科目。此次演习，各国海军间通过《多国海上战术信号与机动手册》进行信息交流，提高了海上合作和信息共享能力。主办方按北约国家舰艇通常的护航队形即屏卫队形，指挥各舰实施海空警戒，组织较大强度的昼夜间队形变换，并对参演舰艇占位准确性实时评分，促进了各国海军相互学习交流。

**【海军“机动-5 号”远海实兵对抗演习】** 10 月 18 日到 11 月 1 日，海军在西太平洋海域举行代号为“机动—5 号”的远海实兵对抗演习。来自海军三大舰队的参演兵力分为红蓝两个作战编组，首次在西太平洋预定海区进行了昼夜间连续“背靠背”实兵对抗，并带动海军部队舰、潜、机、岸防等部队参加了演习，参演兵力之多、演习范围之广、对抗时间之长、训练难度强度之大，都为近年来少有。“机动-5 号”演习是海军年度计划内组织的军事训练活动，目的在于检验远海机动作战战法、检验远海指挥控制能力、检验武器装备远海作战效能、检验部队战备训练水平，提高海军部队保卫国家主权、安全、领土完整，维护海洋权益的能力。

**【辽宁舰南海海域试验训练】** 12 月 5—22 日，辽宁舰在南海海域完成多个科目试验，先后完成了母舰在高海况条件下的舰艇运动参数、舰体结构应力、舰载机系留载荷测量等总体适航性试验，深水条件下航速测量，以及近似实战条件下航母作战系统感知能力，指挥能力，目标指示能力，综合通信、导航、气象保障能力，空域管理能力等 100 余项试验和训练课目，作战系统、动力系统及舰艇适航性能等各项战技术指标得到进一步验证。同时，首次组织了作战系统综合研试，首次组织了以辽宁舰为核心的编队航行训练。这是辽宁舰入列后首次组织跨海区的长时间航行训练。

## 中国海军亚丁湾护航

**【第十二批护航编队完成护航任务返航】** 1 月 19 日，第十二批护航编队胜利完成护航任务凯旋。编队自 2012 年 7 月 3 日起航来，历时 6 个多月，航程 12000 余海里，共完成 46 批 204 艘船舶伴随护航任务，查证驱离可疑船只 35 批 62 艘次，解救被海盗追击船舶 1 艘，为中外故障船舶提供海上安全警戒 4 艘次，访问了澳大利亚、越南两国。

**【第十四批护航编队从青岛起航】** 2 月 16 日，由导弹驱逐舰哈尔滨舰、导弹护卫舰绵阳舰和综合补给舰微山湖舰组成的第十四批护航编队从青岛起航赴亚丁湾、索马里海域接替第十三批护航编队执行护航任务。编队含 2 架舰载直升机、数十名特战队员，共 730 余人。其中，哈尔滨舰和绵阳舰都是首次执行护航任务，微山湖舰此前曾执行过 5 批次护航任务。

**【第十三批护航编队完成护航任务返航】** 5 月 23 日，由导弹护卫舰黄山舰、衡阳舰和综合补给舰青海湖舰组成的第十三批护航编队完成护航任务返回湛江某军港。编队自 2012 年 11 月 9 日起航，历时 196 天，总航程达 9.9 万海里，安全护送 37 批 166 艘中外船舶，继续保持了被护船舶和被护人员“两个百分之百”安全的纪录。护航任务结束后，编队先后赴马耳他、阿尔及利亚、摩洛哥、葡萄牙、法国进行友好访问，并与上述国海军进行了广泛友好的军事文化交流。

**【第十四批护航编队指挥员与欧盟 465 编队指挥官会面】** 7 月 11 日，第十四批护航编队指挥员袁誉柏一行 8 人，赴欧盟 465 编队旗舰葡萄牙“卡布拉尔”号导弹护卫舰，与葡萄牙海军帕尔马准将以及指挥所成员会面交流。双方就索马里海盗活动特点、信息技术共享等方面进行了交流，并就编队护航合作交换意见和看法。随后，袁誉柏一行参观了欧盟 465 编队葡萄牙“卡布拉尔”号导弹护卫舰。欧盟 465 编队也派出军官 8 人，参观了哈尔滨舰。

**【第十四批护航编队在吉布提开展交流活动】** 7 月 28 日，第十四批护航编队组织官兵来到吉布提市体育馆，与当地乒乓球协会开展文化联谊和慰问活动。编队指挥员袁誉柏代表护航官兵向吉布提共和国乒乓球协会主席法拉赫和会员们赠送了中国画、中国结、文化衫、篮球、足球等纪念品和文体用品。随后，我护航编队官兵表演了中国传统文化节目。

**【第十五批护航编队从湛江起航】** 8 月 8 日，第十五批护航编队从湛江起航，奔赴亚丁湾、索马里海域执行护航任务。编队由南海舰队两栖船坞登陆舰井冈山舰、导弹护卫舰衡水舰，北海舰队综合补给舰太湖舰，以及 3 架舰载直升机和部分特战队员组成。南海舰队装备部部长姜中华为编队指挥员、南海舰队某登陆舰支队政委肖民生为编队政委，编队 800 余人，3 艘舰艇均为入列不久的新装备，都是第一次执行护航任务。

**【第十四、十五批护航编队完成任务交接】** 8 月 22 日，我海军第十四批护航编队与第十五批护航编队在完成联合护航任务后，在亚丁湾西部海域举行了任务交接仪式。第十四批护航编队向第十五批护航编队移交了护航相关资料、器材和备品备件，并分别在任务交接书上签字。第十四批护航编队自 3 月 13 日进入亚丁湾海域开始执行护航任务以来，共为 63 批 181 艘中外船舶实施护航，其中 2 次为世界粮食计划署船舶特殊护航，有效处置多批次疑似海盗袭扰，确保了被护船舶和自身的百分之百安全。随后，第十五批护航编队正式接替第十四批护航编队担负亚丁湾、索马里海域的护航任务。

**【第十五批护航编队组织反海盗演练】** 9 月 8 日，正在亚丁湾、索马里海域执行第十五批护航任务的衡水舰和太湖舰组织反海盗劫持与武力营救背靠背演练。演练中，太湖舰模拟被劫持商船，随机设置演练情节，衡水舰则见机行事进行应急情况处置。

**【第十五批护航编队指挥员与北约编队指挥官会面】** 9 月 15 日，第 15 批护航编队指挥员、南海舰队装备部部长姜中华少将应北约 508 编队指挥官安默生准将邀请，登上挪威海军“南森”号导弹护卫舰，进行会面交流。双方相互介绍了护航兵力组成、护航组织方式和情报信息收集等情况，探讨分析了当前亚丁湾海域的反海盗形势，并就护航中的信息共享、情报交流等方面合作交换了意见。自 2008 年我舰艇编队赴亚丁湾海域执行护航任务以来，已先后 14 次与北约 508 编队开展指挥官会面交流。

**【第十四批护航编队返航】** 9 月 28 日，海军第十四批护航编队返回青岛某军港。编队自 2 月 16 日启航，历时 225 天，共完成包括 2 艘世界粮食计划署船舶在内的 63 批 181 艘中外船舶伴随护航任务，继续保持了中国海军护航编队被护船舶和编队自身安全两个百分之百安全的纪录，续写了人民海军执行护航任务的新篇章。其间，编队还赴巴基斯坦参加了“和平—13”多国海上联合演习，与美海军护航舰艇在亚丁湾举行了反海盗联合演练，并访问了塞舌尔、新加坡和泰国。

**【第十五批护航编队首次为小吨位渔船护航】** 10 月 25 日，第十五批护航编队井冈山舰为途经亚丁湾海域的我国福建 8 艘远洋小渔船实施护卫。这是第十五批护航编队首次为我国小吨位渔船编队实施护航行动。为确保渔船航行安全，井冈山舰延长护航路线，护送其穿越曼德海峡，总航程约 1200 海里。

**【第十五批护航编队舰艇与乌克兰海军护卫舰举行海上联合演练】** 11 月 14 日，第十五批护航编队衡水舰，与乌克兰海军萨盖达奇内号导弹护卫舰，在亚丁湾索马里海域举行了一场以联合搜救和登临检查为主要内容的海上演练。演练结束后，双方编队指挥员在衡水舰进行会面，对联合演练情况进行了总结，探讨分析了当前亚丁湾索马里海域的反海盗形势，并就护航中的信息共享、情报交流等方面合作交换了意见。

**【第十五批护航编队指挥员会见北约 508 编队指挥官】** 11 月 26 日，第十五批护航编队指挥员姜中华在井冈山舰与同在亚丁湾护航的北约 508 编队指挥官安默生准将会面交流。双方共同回顾了在亚丁湾、索马里海域执行任务期间所开展的友好交流与合作。

**【第十五批护航编队靠泊塞拉莱港开始第四轮补给】** 11 月 30 日，第十五批护航编队井冈山舰抵达阿曼塞拉莱港，开始了为期 3 天的靠港补给休整，这是第十五批护航编队出航以来的第四轮靠港补给休整。

**【第十六批护航编队从青岛起航赴亚丁湾】** 11 月 30 日，海军第十六批护航编队从青岛起航，奔赴亚丁湾、索马里海域接替第十五批护航编队执行护航任务。编队由导弹护卫舰盐城舰和洛阳舰、综合补给舰太湖舰，以及 2 架舰载直升机和部分特战队员组成，共 660 余人。北海舰队副参谋长李鹏程担任编队指挥员。其中，盐城舰和洛阳舰是首次执行护航任务，太湖舰目前正在执行第十五批护航任务，将继续执行第十六批护航任务。

**【第十五批护航编队指挥员与韩护航行动指挥官会面】** 12 月 3 日，第十五批护航编队指挥员姜中华在井冈山舰与同在亚丁湾护航的韩国海军护航行动指挥官、“崔莹”号驱逐舰舰长崔盛牧上校会面交流。双方表示继续加强沟通合作，共同维护亚丁湾海域过往船舶和人员安全。

**【第十五、十六批护航编队完成任务交接】** 12

月20日，第十五批护航编队与第十六批护航编队在亚丁湾西部海域会合，在井冈山舰会议室举行了任务交接仪式。两批编队指挥员分别在任务交接书上签字，编队指挥所进行了工作交接，对护航相关文件资料、器材、备品配件进行了移接，并明确了会合后的组织指挥、兵力部署、后勤补给等事宜。随后，两批编队共同执行第 667 批东行船舶护航任务。第十五批护航编队于 8 月 8 日从湛江起航赴亚丁湾，先后圆满完成46批181艘中外船舶的护航任务，护送联合国粮食计划署船舶1艘。

**【海军组织召开护航 5 周年总结交流会】** 12月23日，海军在北京组织召开护航5周年总结交流会。海军丁一平副司令员总结了护航 5 年来的工作。海军护航编队5年共完成667批5463艘中外商船舶护航任务，成功解救、接护和救助了50余艘中外船舶，保持着被护船舶和船员两个百分之百安全的纪录，并与世界各国海军密切合作，有效遏制了海盗活动，有效地维护了国家海上重要战略通道和人员、船舶安全。

**【第十五、十六批护航编队在亚丁湾分航】** 12月23日，第十五批、十六批护航编队在共同完成第 667 批 4 艘外籍商船的联合护航后，在亚丁湾举行了分航仪式。第十五批护航编队告别了战斗 4 个月的亚丁湾、索马里海域，踏上执行出访任务的新航程。第十六批护航编队开始独立执行第668批护航任务。

**【第十六批护航编队赴地中海为运输叙利亚化学武器船只护航】** 12月31日，海军第16批护航编队导弹护卫舰盐城舰结束休整补给，从沙特吉达港起航，赴地中海执行为运输叙利亚化学武器船只护航任务。盐城舰抵达塞浦路斯利马索尔港后，将与俄罗斯、丹麦、挪威国家舰艇会合并开展针对性准备工作，尔后将根据销毁叙化武工作进程展开护航行动。盐城舰前出地中海后，第16批护航编队洛阳舰、太湖舰继续执行亚丁湾、索马里海域护航任务。

（《人民海军》报社）

# 极地与国际海域

# 极 地 工 作

## 综　述

2013年是中国加入《南极条约》30周年，是中国实施极地考察“十二五”发展规划的第3个年头。在党中央、国务院正确领导下，中国极地考察事业继续保持快速发展的良好势头，广大极地考察工作者继续弘扬“爱国、求实、创新、拼搏”的极地精神，为实现“建设海洋强国”目标而努力奋斗，在开展南北极科学考察研究、广泛参与国际极地事务、加强国际极地领域的对外交流合作、推进极地考察能力建设、培育极地考察人才队伍和开展极地科普宣传教育等方面，均取得了可喜的成就。

中国第29次南极科学考察队，全面组织开展了南极周边重点海域极地环境综合考察，开展了南极新建科学考察站的选址工作，昆仑站考察队成功钻取了南极大陆深冰芯钻探项目的第一支冰芯样本，开展了南极昆仑站区天文观测工作，长城站、中山站常规科学考察项目顺利开展。2013年度北极黄河站地区科学考察工作分批次顺利完成。

2013年，中国在“十二五”期间新建南极科学考察站计划获得国务院批准；新建极地科学考察破冰船项目进入可行性研究审批程序；新购置南极考察固定翼飞机项目获得批准立项，开始购进工作；“南北极环境综合考察与评估专项”全面实施；极地战略、政策、立法等研究工作深入开展。

2013年，中国被接纳为北极理事会观察员国，先后派团参加了《南极条约》协商会议、国家南极局局长理事会会议、北极理事会高官会议等国际极地组织会议，同一些国家签署了极地领域双边合作协议，组织开展了与多个国家的极地领域国际合作研究。

2013年6月21日，国家主席习近平在南极仲冬节来临之际，专门致电慰问中国南极长城站、中山站上的考察队员，并提出殷切期望。时任中共中央政治局常委、国务院副总理李克强在2013年春节来临之际，再次通过视频连线慰问执行南极考察任务的考察队员，对极地考察工作提出了新的更高要求。在第30次南极科学考察队即将出征之际，中共中央政治局常委、国务院副总理张高丽专门对极地考察工作做出重要批示。所有这些，使中国广大极地考察工作者受到极大鼓舞与鞭策，进一步明确了中国极地考察事业未来发展的目标。

## 极地考察活动

**【南极考察】　全面完成中国第29次南极考察及后勤保障工作**　中国第29次南极科学考察是“十二五”期间一次重要的考察活动。为探索南极周边海域和南极大陆重点地区要素的时空分布和变化规律，考察队在南极周边部分海域和南极大陆部分区域开展了环境综合调查。为进一步扩大中国南极考察的领域和范围、拓展中国极地发展的战略空间，开展了南极新建科学考察站的选址工作。

第29次南极科学考察队由来自全国64家单位的239名队员组成，在坚持安全第一、保障重点、统筹兼顾3项基本原则的基础上，开展了“南北极环境综合考察与评估专项”（以下简称“极地专项”）、后勤保障、工程建设、科普宣传4类工作。其中执行科学考察任务37项，包括“极地专项”24项，国家自然科学基金项目3项，科技部项目1项，其他项目9项。

**昆仑站区域** 承担昆仑站区域科学考察任务共计26人。主要执行了冰川、气象、环境、测绘、内陆医学等多个学科考察任务，重点开展了深冰芯钻探科学工程、中山站-昆仑站断面考察、昆仑站及典型区域冰雷达观测、天文台设备维护调试等工作。开展了昆仑站二期工程建设。

**长城站区域** 承担长城站区域科学考察任务共计48人（含越冬13人）。执行“极地专项”3项、国家自然科学基金项目3项，“985专项基金”项目1项。考察内容除气象和南极海豹行为谱及栖息地状况研究等常年项目之外，还执行了南极地衣、生态环境、微生物、电离层、地质、测绘等科学考察项目。完成了地震台和验潮系统维护工作。

**中山站区域** 承担中山站区域科学考察任务共计58人（含越冬27人）。执行“极地专项”8项，除开展高空大气物理、地磁、重力固体潮、全球定位系统（GPS）及气象和臭氧等常年观测项目外，还开展了生物生态、冰冻圈、埃默里（Amery）冰架、遥感等工作；并开展了考察站改造、电信扩容、科普基地等平台建设工作。

**南大洋考察** 承担南大洋科学考察任务共计41人。执行了“极地专项”6项。本次南大洋科学考察是“极地专项”正式实施以来的第一个南极考察航次，也是历次南大洋调查中专业项目最多、任务最重的一个航次。根据现场实施方案，主要开展了普里兹湾及邻近海域的综合考察任务。首次在罗斯海陆架开展了定点24小时的物理海洋、生物和化学专业调查。考察内容涵盖物理海洋、海洋地质、海洋地球物理、海洋化学、海洋生物与生态等多个专业。

**实施2013/2014年度中国第30次南极考察** 根据国家海洋局批准的“第30次南极考察总体工作方案”，中国第30次南极考察队由257人组成，其中科考及相关人员83人，后勤保障63人，工程建设21人，管理、新闻宣传及科普13人，伊丽莎白公主地内陆夏季站建设人员24人（不含兼职人员），维多利亚地常年站工程地勘及测绘人员10人，雪龙船船员42人，赴国外站考察1人；按照越冬和度夏划分，其中两站越冬人员为32人。

第30次南极考察将执行科学考察任务30项（含专项11项），其中长城站15项（含专项3项、越冬2项），中山站7项（含专项2项、越冬5项），南大洋5项（全部为专项），格罗夫山1项（专项），随船科考项目2项。除常规任务外，南极后勤保障以及工程建设项目15项，其中长城站6项，中山站8项，伊丽莎白公主地内陆夏季站1项。

第30次南极考察将执行雪龙船首次环南极考察航行任务，于2013年11月8日从上海出发，执行“一船三站”（长城站、中山站、伊丽莎白公主地内陆夏季站）航行计划，总航程约3.15万海里，总时间154天，预计于2014年4月10日返回上海港。

**【北极考察】** 2013年度承担北极黄河站科学考察任务共计47人次，执行了16个考察项目，其中，“极地专项”6项、国家自然基金项目3项。主要围绕空间物理、冰川、生态环境变化检测等学科开展研究。

## 极地研究

**【极地科学研究主要进展和成果】** **地球科学**

（1）北半球中纬度到南极大尺度断面大气湿沉降中主要离子的空间变异特征研究。对半球尺度断面大气湿沉降化学组分空间变异进行了连续观测，结合模型分析对湿沉降化学组分的来源与传输特征进行了深入探讨，该项成果为大尺度海—气界面相互作用研究提供了重要的科学依据。

（2）南极冰盖深冰探测与冰盖变化观测研究。实现了多套冰雷达系统协同观测，在昆仑站区域获得了迄今世界上分辨率最大的三维深冰结构和冰下地形数据，寻找到冰盖由底部快速“生长”的三维雷达图像证据，为冰盖稳定性与海平面变化研究提供了新的研究视野。

（3）冰穹A深度-年代模拟研究。利用冰穹A地区冰雷达强化观测数据，建立起模式边界条件和参数化方案。模拟结果表明，冰穹A深冰芯底部年代约70万年。

（4）全氟和多氟烷基化合物（PFASs）长

距离传输过程研究。系统地开展了离子性PFASs和中性PFASs从日本海至北冰洋长距离传输链上的传输机制研究，较为全面地阐述了PFASs的三种长距传输机制

（5）全氟和多氟烷基化合物（PFASs）在南极自然环境中的归趋研究。结果表明，除南极本身站区污染之外，中性PFASs大气长距离传输及其伴随的化学与生物过程是造成南极地区PFASs广泛存在的根源。

（6）全球气候变化背景下传统持久性有机污染物研究。研究结果表明，受全球气候变化和海冰消融的影响，部分传统POPs已由净沉降为主导的海/气交换过程逐渐转变为净逸出的海/气交换过程，北极已由传统意义上的汇区逐渐转变为源区。

（7）建立了一个地球系统模式。建立了一个地球系统模式FIO-ESM，考虑了海浪的作用，这显著改善了地球系统模式对气候系统的模拟和预测，该模式对多种排放模式下对2090年前后北极夏季海冰进行了模拟预测。

（8）长城湾、阿德雷湾周边淡水输入对海域营养盐的影响及生态效应。研究表明，周边注入的河水、雪融水以及冰川融化均对两湾营养盐的分布起稀释作用。仅靠近阿德雷湾一侧的企鹅栖息地附近的地表水对阿雷德湾的磷酸盐和硝酸盐具有一定的贡献。

（9）南大洋及东南极夏季气溶胶水溶性无机和有机离子特征研究。对南大洋和东南极大气气溶胶的水溶性无机和有机离子特征的研究结果显示，海盐是大气气溶胶的主要成分，气溶胶的粒径显示出双峰形式，东南极大气的中和能力更强。

（10）白令海$CO_2$分布特征及其通量分析。利用2008年夏季中国第三次北极科学考察在白令海进行海——气界面二氧化碳分压走航观测以及现场采集大量的海水样品进行二氧化碳体系，溶解总无机碳研究，估算了白令海年$CO_2$碳汇量。

（11）重建西北冰洋晚第四纪的古海洋与古气候演变历史。利用中国第1-5次北极科学考察航次的样品和资料，研究了北冰洋上层与中深层水团对晚第四纪冰期旋回的响应与反馈、波弗特环流的演化历史、海冰与区域冰盖的变化历史、古生产力与营养物质的演化记录，揭示北冰洋在全球气候变化中的重要性。

（12）北欧海沉积特征及海洋环境演化研究。利用中国第5次北极科学考察航次的样品和资料，研究了北大西洋极区的沉积物特征与冰筏碎屑事件，并用多种指标重建表层和深层水的演变历史，探讨北大西洋-北冰洋-北太平洋的快速气候变化事件及其与中国过去环境与气候变化之间的内在联系及其变化机制，揭示北大西洋在全球气候变化中的重要性。

（13）南极周边海域古环境与古气候演变研究。利用中国第28、第29次南极科学考察航次的样品和资料，研究了南极周边海域的沉积物类型、物质组成、沉积物来源以及沉积作用特点，并用多种指标重建南极周边海域晚第四纪以来不同时间尺度的古环境、古气候和古海洋学记录，揭示该地区古冰川、古水团、古生产力等主要环境与气候演变规律及其对全球气候变化的影响与反馈。

（14）南极埃默里冰架前端“松动的牙齿”裂隙系统扩张变慢。“松动的牙齿”裂隙系统曾被预测将在2012—2015年左右发生大的崩解。采用2004—2012年间的连续ENVISAT ASAR影像对该裂隙系统进行了监测，结果表明，裂隙系统的T1(西)和T2（东）两支在这九年间的日扩张速度分别为4.49m和2.53m。除非发生不可预见的重大事件，2015年前不可能发生大的崩解。

（15）编制中山站和昆仑站地区高分辨卫星影像图。采用2012年卫星拍摄的高分辨遥感影像，编制了最大比例尺为1：2000中山站和昆仑站地区的卫星影像图。昆仑站图的编制利用光谱纠正技术还原出昆仑站及周边地区影像，是国际上首幅该地区的高清卫星遥感影像。

（16）北大西洋海冰对甲烷的屏蔽和消耗作用研究。本研究指出，北冰洋海冰通过屏蔽海洋甲烷释放和消耗甲烷两种机制影响甲烷浓度。北冰洋中部冰下水的甲烷平均排放通量，整体高于其他大洋。研究结果提供了对北冰洋

海冰如何影响区域和全球甲烷平衡的基本理解。

（17）企鹅对气候变化响应的多样性研究。通过测定企鹅粪土层沉积物中的分子标志物，恢复了过去 700 年罗斯海地区企鹅、海豹和植被的生态历史，通过海豹和企鹅数量的变化揭示了生态多样性，即使是相同的物种在不同的环境下对气候变化的响应也可能不同。

（18）北极山地冰川变化研究。利用 2009 年在北极 Pedersenbreen 冰川采集的 GPS/GPR 测量数据，重建了该冰川不同年份的面积、体积等参数，分析了该冰川 1936-1990-2009 年的变化。

（19）极地遥感研究。利用 InSAR、光学立体和激光测高技术，完善东南极 PANDA 断面高精度数字高程模型，并和已有实地测量值符合较好。

（20）极区电离层研究。利用 GPS 技术研究了极区电离层的形态，具体内容包括：研究了极区电离层梯度的特性，综合分析了极区电离层梯度的存在及变化，发现极区电离层梯度在磁平静期间依然变化迅速，并探讨了极区电离层的特殊形态和电离层梯度不稳定特征的密切关系。研究了南极威德尔海地区电离层异常特征，发现威德尔海地区存在大范围的电离层异常，并且这一异常受到太阳活动的显著影响。

**生命科学**　（1）北极不同海洋环境中的浮游细菌群落结构组成研究。对北极王湾及楚科奇海的浮游细菌群落结构进行了分析，发现王湾地区的浮游细菌以 γ-变形细菌及拟杆菌为主，而楚科奇海表层海水中则以 α-变形细菌及放线菌为主。在楚科奇海，不但表层及深层海水中的浮游细菌组成存在差异，不同站位的深层海水之间也存在差异，反映了水文环境对细菌群落结构的影响。

（2）北极斯瓦尔巴德地区东洛温冰川表层冰芯中的细菌多样性。基于克隆文库方法、对东洛温冰川表层冰芯中的细菌多样性研究结果表明，拟杆菌、放线菌、α-变形细菌及蓝细菌是其中的主要细菌类群。分离得到了 19 株细菌，分别属于假交替单胞菌和嗜冷杆菌，进一步分析发现，冰芯分离菌与海洋环境中的细菌具有亲密关系，表明某些系统发育型细菌广泛分布于陆地及海洋生态系统中。

（3）发现 1 株产紫红色素的南极真菌。应用多相分类方法对分离自中国南极长城站近岸潮间带沉积物的一株真菌开展分类学研究。发现该菌为好氧、中度耐盐的耐冷真菌，细胞能分泌紫红色素到发酵液中。该色素功能与胭脂虫红相近。

（4）范氏藓季节性生长对气候变化的响应。通过研究 2008 年采自新奥尔松的范氏藓标本，发现该藓类对气候变化反应敏感。该藓类 2007 年夏季生长特征能很好地反映该地区同时期的气温变化，生长趋势与气温变化趋势相一致。

（5）发现 1 个北极细菌新属和另 2 个新种和 1 个南极细菌新种。应用多相分类方法对分离自中国北极黄河站周边土壤的细菌株进行了研究，发现了 1 个北极细菌新属和另 2 个北极细菌新种，分别命名为北极黄河菌属、湖沉积物紫色小杆菌和北极成对杆菌。对分离自中国南极中山站近岸潮间带砂质沉积物的细菌株进行了研究，发现了 1 个南极细菌新种，命名为南极假红杆菌。

（6）南极地区直链/支链全氟化合物异构特征表征及全球长距离传输机制。研究采集了中国南极长城站附近海域处于食物链不同营养级别的海洋生物。结果表明各种海洋生物体内多氯联苯（PCBs）和多溴联苯醚（PBDEs）都有不同程度的检出。通过污染物的浓度与海洋生物所处营养级的相关关系计算了污染物在海洋食物链中的放大因子，进一步发现污染物的辛醇-水分配系数是影响南极海洋生物食物链中 POPs 富集和放大的重要因素。

**物理科学**　（1）海冰密集度数据同化的实现及应用研究。开展了海冰密集度的数据同化工作，初步实现了基于联合 Nudging 和最优插值法的海冰密集度同化接口，该技术已用于我国北极海冰数值预报业务化系统。

（2）中国-挪威在北极的海冰合作研究（AMORA）“北极海冰辐射过程观测与模拟研

究”。数据结果表明，在组成冰底热平衡的各个热通量中，传导热通量在整个观测期间都占主导地位。夏季积雪与海冰的融化在近红外波段比在紫外和可见光波段对光谱的反射和投射影响明显更大。

（3）北极东北航道海冰物理特征、海洋气象观测及高纬航线的海冰密集度发展规律研究。观测表明：6 月份拉普捷夫海沿岸冰间湖的形成为东北航道新西伯利亚群岛以东段比往年提前开通奠定了基础，也是 8 月底拉普捷夫海扇区形成向中心区域延伸水道的前提。弗兰格尔岛附近海区冰情严重是制约 2012 年夏季东北航道开通的关键因素。

（4）极盖区等离子体云块演化过程和形成机制研究。利用国际超级双重极光雷达网（SuperDARN）和全球定位系统（GPS）地面接收机的联合观测数据，首次直接观测到了一次强磁暴袭扰地球期间极区电离层等离子体云块的完整演化过程，并揭示了磁重联在云块形成和演化过程中的重要调制作用。利用欧洲非相干散射雷达（EISCAT）特罗姆瑟和斯瓦尔巴德两部雷达的协同观测数据，结合 SuperDARN 雷达观测的全域对流和 GPS TEC 数据，首次在晨侧对流元中同时观测到了两类极向运动等离子体密度增强。

（5）中山站高频雷达观测的电离层回波特征研究。利用 Polar 卫星的远紫外成像仪和南极全天空摄像机分别在北南半球的午后扇区，开展共轭观测研究。观测发现，当北半球午后扇区观测到“极光亮斑”时，南半球在地磁共轭区域内观测到多个在极光弧上的、逆时针旋转的极光涡旋结构，并对该涡旋结构的成因进行了分析。

（6）极区电离层对日侧磁重联的响应研究。利用中山站高频雷达 2010 年 4 月至 2011 年 12 月的观测数据，研究了中山站高频雷达回波的日变化特征以及地磁活动的影响。研究结果表明，中山站高频雷达回波具有明显的日变化特征且受地磁活动影响较大。

（7）大气行星波的无线电探空仪观测研究。研究发现对流层内的强行星波主要出现在冬季副热带急流附近，且振幅在副热带急流中心最大，到对流层顶附近变得很小，副热带急流可能是行星波的一种重要的激发源；低平流层内的行星波强度明显减弱，且主要为低频波，行星波主要出现在冬季纬向风分量，其振幅随高度的增加而变强。

（8）南极巡天望远镜数据处理研究。南极首台巡天望远镜 AST3-1 配备了全世界最大的 10K×10K 的 CCD 相机，本年度获取了 2 万幅观测图像，总计 1.6TB 数据。结合前期发展的数据处理程序，开展了超新星巡天、系外行星、耀变天体、类星体等领域的研究，获得了系列研究成果。

（9）南极陨石 GRV021710（CR）中含有大量前太阳系颗粒物质。通过纳米离子探针和俄歇纳米探针的研究发现，GRV 021710 陨石是迄今最富集前太阳颗粒的原始球粒陨石之一，含有大量前太阳富氧颗粒（236±40 ppm）和富碳颗粒（189±18 ppm）。

（10）火星 190Ma 之前存在液态水。通过对南极陨石 GRV 020090 中岩浆包裹体和磷灰石的水含量和 H 同位素的纳米离子探针分析发现，该样品岩浆包裹体的水含量和 H 同位素具有非常好的对数相关性，指示与火星大气水交换的结果，并获得火星大气的 H 同位素组成为 5860±150‰，与好奇号探测的结果一致。此外，其岩浆包裹体保存了明显的水含量和 H 同位素剖面，是该火星陨石母岩与液态水相互作用的结果，第一次给出火星次表面存在液态水的同位素证据，并且基于 H 的扩散速度，得出液态水存在的时间可长达 15 万年。

**【极地重点/共建实验室学术活动】** （1）国家海洋局极地科学重点实验室。2013 年度国家海洋局极地科学重点实验室承担在研项目 130 项，实施开放研究基金课题 10 项。在国内外学术刊物上发表论文 55 篇，其中以第一单位第一作者发表 SCI 期刊论文 27 篇，获得国家软件注册权 1 项。新引进博士学位研究人员 2 名，在站博士后 2 名。实验室共接待国外来访人员 45 人次，派出出国考察、参加会议人员 35 人次。接待了冰岛总理、泰国公主、新西兰南极局局长、智利南极研究所所长等重要人物来访，与澳大利亚塔斯马尼亚洲政府签署了合作备忘录，与冰岛研究中心签署了《中国-冰岛联合极光观测台合作协议》，承办了2012年北极科学委员会（IASC）执行委员会会议、2012年北极太平洋扇区工作组（PAG）秋季会议、第一届中国-北欧北极研究合作研讨会。此外，实验室还派员参加了亚洲海洋与地球科学学会（AOGS）2013年年会、南极条约协商国（ATCM）会议、南极局局长理事会（COMNAP）会议、北极科学高峰周会议（ASSW）、极地亚洲论坛等大型国际会议，国际合作有序发展，极大地推动了实验室科研和支撑能力的提高。

（2）国家海洋局海洋—大气化学与全球变化重点实验室。2013年实验室在南北极海区碳循环、氮循环、气溶胶化学等方面取得了研究进展，在国内外学术刊物上发表研究论文20篇，其中SCI期刊论文3篇（待刊）。获得海洋科技创新成果奖一等奖1项，作为参与单位之一获得“海洋科学技术奖”一等奖一项。接待国外学者来访和讲学2团次，7人次出国参加国际学术会议和学术交流。实验室派2人参加了中国第29次南极科学考察，派1人参加了2013年中国北极黄河站科学考察。在人才培养方面，2013年实验室毕业硕士研究生2名；新招硕士研究生2名，联合培养博士研究生1名。1人获得国家外国专家局资助赴美进修培训。

（3）武汉大学中国南极测绘研究中心。2013年9月25日，武汉大学与国家海洋局极地考察办公室共建的“极地测绘遥感与全球环境变化实验室”成立暨第一届学术委员会会议在武汉召开。双方签署了实验室共建协议。学术委员会对实验室的未来发展规划和研究方向提出了建议。中心承担6项国家自然科学基金项目，1项“863计划”子课题，1项“973”子课题，以及极地专项中7项极地测绘相关子课题。发表学术论文27篇，其中三大检索论文16篇。实验室参加了国际南极研究科学委员会（SCAR）地理信息工作组会议等国内外学术交流活动。在人才培养方面，2013年武汉大学中国南极测绘研究中心毕业硕士生10名；新招硕士生10名，博士生4名，3名硕士生直接转入博士阶段学习。

（4）中国海洋大学—国家海洋局极地考察办公室共建极地海洋过程与全球海洋变化重点实验室。2013年实验室在海冰遥感反演、北极海冰变化、北冰洋中层水数值模拟、北极与亚北极海洋水交换及其影响、冰下上层海洋流场结构、与极地相关的气候模态变化等方面取得了研究进展，在国内外学术刊物上发表南北极研究论文18篇，其中SCI期刊论文6篇，获得发明专利授权2项。接待国外学者来访和讲学2团次，19人次出国参加国际学术会议和学术交流。实验室派2人参加了中国第29次南极科学考察。在人才培养方面，2013年实验室毕业硕士研究生2名，博士研究生1名；新招硕士研究生3名，博士研究生1名，3名硕士生直接转入博士阶段学习。

（5）中国科技大学—国家海洋局极地考察办公室极地生态地质联合实验室。2012—2013年实验室举办了多次学术交流的会议和论坛，在国内外学术期刊上发表论文16篇，其中在Earth-Science Reviews、Scientific reports、PloS one等国际权威学术期刊上发表多篇高质量论文。接待国内外学者来访9次，其中包括秦大河院士、中科院爱因斯坦讲席教授、加拿大皇家科学院院士、加拿大女王大学John P. Smol博士。人才培养方面，2012年以来实验室毕业硕士研究生1名，博士生4名。新招硕士研究生8名，博士研究生4名。

（6）极地医学联合实验室。2013年实验室在国内核心期刊发表论文3篇，国际刊物待刊3篇，研究评估报告1份，派员参加了在英国伯明翰召开的第37届国际生理科学联合会（IUPS 2013）和2013年度极地科学研究学术年会等多个国内学术会议。人才培养方面，2012年以来实验室培养博士研究生1名，硕士研究生1名。

**【中国极地战略研究基金】** 中国极地科学战略研究基金是国家海洋局利用极地考察社会赞助经费设立的专门用于支持极地基础科学和技术研究的专设基金。2010年资助重点项目3项，青年基金项目16项，2011年支持青年基金项目

9 项。2012 年资助自然科学重点项目 7 项，社会科学重点项目 4 项，自然科学青年基金项目 20 项，社会科学青年基金项目 4 项，总计资助项目 35 项，资助总金额 200 万元。

2013 年组织对 2010 年的 19 个基金项目进行了结题验收，根据专家的审议结果，全部基金项目均完成了预定研究目标，通过了结题验收。根据 2011 年和 2012 年项目的进展情况，将 2011 年项目结题验收和 2012 年项目中期检查工作安排在 2014 年上半年进行。

**【中国极地考察重大项目年度情况】**　(1) 新建极地科学考察破冰船。2013 年 12 月 26—27 日，国家发展改革委国家投资项目评审中心（以下简称“评审中心”）在北京召开了新建极地科学考察破冰船项目可行性研究报告（以下简称“新船可研报告”）评审会。评审专家组由来自五洲工程设计研究院、中国海监总队、中船重工第 701 研究所、中船重工武汉船舶海洋工程设计公司、中船重工（武汉）船舶与海洋工程装备设计公司等五家单位的六名专家组成，专业领域涵盖技术经济、船舶动力、船舶总体设计等。

评审专家组首先听取了关于项目可研报告内容情况的汇报，汇报分 6 部分进行，由不同人员进行了针对性内容的汇报，涉及项目设计基础要素、国内外招投标工作、合同的谈判及签署等关键时间节点；船舶功能定位、设计需求指标、破冰厚度指标、海冰范围对指标的影响、环境温度指标、双向破冰船型、科学考察等新船设计需求；项目的基本设计情况及相关的实验论证过程；船舶主尺度、性能、船型特征、总布置、关键技术等；船舶科考功能定位、需求指标、调查系统组成、科考系统布置等；投资总额及构成、投资估算编制依据、可研与项建投资对比、变化原因、项目建设周期等方面对项目投资估算及进度计划情况。专家组针对汇报内容，结合自身专业情况共提出 43 项问题（专家所提问题清单附后），并对照可研报告中所列各项装备的报价中存疑部分进行了对口专业的逐项核实。项目组向全体专家进行了逐项释疑，其中针对专家组最为关心的排水量变化问题，对前期排水量定位的确定及整个的变化过程情况进行了专门的详细说明，使专家组对项目情况有了进一步理解，确保评审的顺利进行。

(2) 南北极环境综合考察与评估（简称极地专项）。2013 年是该专项全面实施的一年，新启动了 5 项评价类专题，至此全部 24 个专题均已启动，并在建章立制工作方面成效显著。修订了《“南北极环境综合考察与评估专项”管理办法》，出台了《“南北极环境综合考察与评估专项”经费管理办法》，成立了“极地专项”成果集成责任专家组，为“极地专项”成果集成做好准备工作。

2013 年该专项取得了一系列的突破。中国第 29 次南极科学考察队南大洋考察是“极地专项”正式实施以来的第一个南极科学考察航次，在参加人数、科学考察项目和任务、时间、航程和覆盖范围等方面均创造了中国南极考察南大洋调查近 30 年来的历史纪录，首次在罗斯海陆架开展定点 24 小时物理海洋、生物和化学调查，新增浅层反射地震、海底热流和船载地磁三分量测量调查。

昆仑站考察队执行南极内陆考察，成功获取了第一台南极巡天望远镜（AST3-1）观测数据，使中国在世界上率先获得第一批南极地区最大口径天文学光学望远镜观测数据；首次实施深冰芯钻探工程，成功取出长度分别为 3.83m、3.57m、3.59m 的 3 支深冰芯样本，实现深冰芯钻探零的突破，标志着中国具备了开展深冰芯科学钻探的能力；利用冰雷达获得迄今世界上分辨率最大的三维深冰结构和冰下地形数据。

“极地专项”技术规程及标准制定工作已于 2012 年 5 月正式列入《全国海洋标准化十二五发展规划》。《极地海洋水文气象、化学和生物调查技术规程》已正式出版。《南极磷虾资源调查与评估技术指南》、《极地地质与地球物理考察技术规程 第 1 部分：海洋考察》、《极地地质与地球物理考察技术规程第 2 部分：陆地考察》、《极地测绘指南》、《极地大气观测技术规程》、《极地科学考察总则》6 项技术规程已制定完成。

极地国家利益战略评估专题提交了《极地国家政策研究报告（2012—2013）》等38份研究报告和一部专著，其中代表性成果有《南极地缘政治的安全分析》、《北极航道的法律与国际关系的现状及挑战》、《极地国家的科技政策与科学计划动向研究》、《周边国家主张及现状研究》、《极地国家政策研究报告（2012—2013）》等。这些成果围绕国家所需，对关系中国经济社会发展的极地领域的战略性、基础性和前瞻性问题进行了深入研究。此外，该专题还紧跟国际极地领域的重大时事动态，如中国成为北极理事会正式观察员的应对措施、俄罗斯北极开发新动向及中国参与策略等开展应急研究，提出了中国在这些重大问题上的原则立场和应对策略，并通过多种方式分别提交至国务院有关决策部门，得到了高度关注和一致好评。

极地环境信息集成与共享服务专题进行了“极地专项”信息集成与共享系统的总体设计，收集整理了过去28次南极科学考察相关历史数据，并对部分数据整理入库，建立了“极地专项”环境与资源数据库和应用系统，提交各类成果20余项，发表论文7篇，申请软件著作权3项。

（3）南极新建站建设项目。根据党的十八大提出的“提高海洋资源开发能力，发展海洋经济，保护海洋生态环境，坚决维护国家海洋权益，建设海洋强国”的宏伟战略目标，中国第29次南极科学考察队对中山站——冰穹A沿线及罗斯海地区开展了南极新建站的站址选择工作，与此同时，派员赴南极毛德皇后地区域对已设立的周边考察站进行了深入调研。通过现场考察及对多年观测数据的综合分析，最终确定两处区域为新站预选站址。

昆仑站队根据内陆夏季站——泰山站建设所涉及的关键性因素，针对新站未来功能定位及科考学科需求，从气象、地质地形、冰雪、生态等方面对中山站——冰穹A区域沿线进行细致勘察，选定了中国南极泰山站预选站址。中国南极泰山站位于东经76°58′，南纬73°51′，海拔高度2621米，处于东南极冰盖伊丽莎白公主地区域，距中山站约522千米，距昆仑站715千米。在国家海洋局组织专家论证的基础上，根据该站科考需求与后勤保障条件，计划建设主体建筑410平方米，可满足20人度夏考察需要。国家海洋局组织编制了中国南极泰山站初步环境影响评价报告，于5月通报了《南极条约》协商会议（ATCM）。

中国第29次南极科学考察队组织了专门的罗斯海区域新站选址领导小组，根据常年站建设所涉及的关键性因素，针对未来新站科考需求及发展需要，从气象、地质地形、冰雪、生态、海冰情况等方面进行勘察，并结合该区域内他国考察站建设情况，选定了维多利亚地考察站预选站址。维多利亚地考察站预选站址位于东经163°42′，南纬74°55′，处于罗斯海西岸恩克斯堡岛上，新站计划建设5500平方米，可同时满足80人度夏、30人越冬考察需要。

经国务院批准，泰山站建设工程自2013年底开始实施，于2014年完成；维多利亚地站（站名待定）自2015年开始建设，于2017年完成。为贯彻落实国务院有关批示精神，国家海洋局编制完成了泰山站总体方案、概念设计方案、项目建议书、可行性研究报告和详细设计方案，进行了主体建筑的国内预搭建工作，现场实施工作将由中国第30次南极科学考察队承担，并计划于2014年2月8日完成中国南极泰山站主体建筑建设任务。

（4）固定翼飞机购置。2013年3月2日，国家海洋局组织召开了“中国南极固定翼飞机项目飞机购置技术评估、选择国外托管公司、国外托管合同条款”评审会，最终选择了加拿大Kenn Borek公司作为国外托管公司。

中国极地研究中心于2013年3月与Kenn Borek公司正式签署“关于一架BT-67飞机托管事宜谅解备忘录”；4月与东方通用航空有限公司签署了飞机托管技术支撑协议；8月与东方航空进出口有限公司签署了飞机采购技术支撑协议。7月，南极固定翼飞机购置方案通过了国家发展和改革委员会审批，项目核定总投资9812万元，确定了加装的科考设备的类型。12月，国家海洋局有关部门、极地考察办公室、中国极地研究中心、东航集团专家赴美开展了固定翼飞机项目的飞机购置技术和商务谈判，完成了购机商务、技术合同的审定，技术评审工作，科考设备的选型和托管运营框架的拟定。合同经过专家审定后已经上报国家海洋局，待局批准后将与美国巴斯勒公司签署该合同。

（5）“雪龙”船恢复性维修改造。根据极地事业未来发展的需求，结合“雪龙”船的现状和当前海洋事业发展的大好机遇，为适应国际极地航行污染物排放标准的要求，自 2013 年 4—10 月，“雪龙”船开展了恢复性维修改造工程。国家海洋局组织相关机构和专家对“雪龙”船存在的主要问题和解决方案进行了全面评估、调研论证，编制了以“恢复船舶功能、满足规范要求、提高安全性能、延长使用年限、提高其适用性和先进性”为目标的《“雪龙”船恢复性维修改造方案》。

4 月，“雪龙”船恢复性维修改造项目开工；5—8 月，完成所有坞内工程；9 月，进行了试航试验；10 月，“雪龙”船恢复性维修改造工程基本完工。改造后的“雪龙”船更新了主机、副机、锅炉和吊车等主要设备，取消了重油系统、改用轻油系统，调整了液舱布局并重新校核船舶稳性，并同时对轴系系统、机舱管系、部分甲板设备和科考、环保设备进行了维修改造。

## 极地国际合作

**【极地对外交流与合作】　国际会议**　（1）派员参加“展望 2050 年北极—贸易、能源与环境”北极峰会。2013 年 3 月 11—12 日，“展望 2050 年北极—贸易、能源与环境”北极峰会在挪威奥斯陆举行，有关国家政要、产业领袖、科学家、社区领导人和独立评论人等约 200 人与会，国家海洋局派员参加会议。会议从北极地区的环境、资源、社会、地缘政治以及合作等方面进行了探讨，中国极地研究中心主任杨惠根在“开发潜在的新贸易航线”议题下做了关于北极航道的特邀报告。

（2）派员参加北极理事会春季高官会。2013 年 3 月 20—21 日，北极理事会春季高官会在瑞典斯德哥尔摩召开，8 个成员国、5 个原住民组织永久参与方、6 个观察员国及 5 个临时观察员国等派代表共 150 余人与会。由外交部、国家海洋局组成的中国代表团作为临时观察员国代表参会。会议旨在为 5 月的北极理事会部长级会议作准备，就北极海洋酸化状况报告、北极生物多样性评估、北极海洋管理评议、理事会制度建设等问题进行了讨论。成员国闭门会议未能就观察员问题达成一致，决定继续讨论观察员问题并最终向部长级会议提出建议。

（3）组团参加南极拉斯曼丘陵特别管理区管理工作组会议。2013 年 4 月 10—12 日，南极拉斯曼丘陵特别管理区工作组会议在俄罗斯圣彼得堡召开。管理工作组成员国中国、俄罗斯和澳大利亚派员出席，印度和罗马尼亚未派员参会，但表示将书面提出意见。会议密集讨论了以中俄双边合作和管理区功能规划为重点的十余个议题，交流了管理区内成员国的科研、后勤和管理活动。会议还就扩大中山站附近的设施地带、中方科研和后勤设施扩建、将 Stornes 半岛设为南极特别保护区等问题达成了一致意见，并决定就此向第 36 届《南极条约》协商会议（ATCM）和环保委员会提交工作文件和信息文件。

（4）组团参加北极科学高峰周（ASSW）会议。2013 年 4 月 13—19 日，北极科学高峰周（ASSW）会议在波兰克拉科夫举行，国家海洋局极地考察办公室组团与会。中国科学家赵进平作为国际北极科学委员会（IASC）海洋工作组副主席参加了会议，并在会议上做了口头报告。

（5）为中国参加北极理事会部长级会议提供材料。2013 年 5 月 15 日，北极理事会部长级会议在瑞典基律纳召开。中国作为临时观察员国与会。会议就接受观察员问题做出决定，接受中国等 6 国为理事会正式观察员，附条件接受欧盟为正式观察员，拒绝了绿色和平组织等 7 个国际组织申请。国家海洋局为此提供了中国北极科考活动等相关材料。会议通过了《基律纳宣言》、《北极愿景》、《观察员手册》等重要文件。北极 8 国在会上签署了《北极海上油污预防与反应合作协定》。成为正式观察员有助于中国深入了解和参与北极事务、提升北极研究水平。

（6）派员参加第 36 届《南极条约》协商会议（ATCM）。2013 年 5 月 20—29 日，第 36 届《南极条约》协商会议（ATCM）和第 16 届南极环境保护委员会（CEP）会议在比利时布鲁塞尔召开，来自 28 个《南极条约》协商国和 15 个非协商国及国际组织的代表出席会议。外交部、国家海洋局和交通运输部派代表组团与会。

除南极环境保护委员会和协商会议下属的法律和制度工作组、旅游和非政府活动工作组、运行工作组 3 个常规工作组外，本届会议增设了关于多年期战略工作规划和关于南极搜救协调的专门工作组会议。大会审议通过了 21 项措施、7 项决定和 6 项决议案，并将强化《南极条约》体系的活力和有效性、加强环境保护、有效管理和规范人类活动确定为协商会议未来重点工作领域。经全体协商国一致同意，会议决定接纳捷克为《南极条约》协商国，《南极条约》协商国的数量增至 29 个。

中国代表团按照分工和会前准备积极参加了各分组会议和议题的讨论，向环保委员会提交了东南极伊莉莎白公主地夏季科考站的初步环境影响评价报告；经会议讨论，中国单独提交的关于建立昆仑站南极特别管理区和中澳俄印 4 国联合提议关于设立 Stornes 半岛特别保护区的议案也进入会间评议阶段。与会期间，代表团还分别与美、新、澳、秘鲁和罗马尼亚等代表团就南极相关事务展开交流。

（7）承办南大洋观测系统（SOOS）亚洲论坛。2013 年 5 月 23—24 日，由中国极地研究中心承办的南大洋观测系统（SOOS）亚洲论坛在上海召开，约 60 名来自 SOOS 科学委员会及中国、日本、韩国和印度等亚洲国家的科学家与会。会议针对物理、化学和生物海洋学观测以及观测数据管理和共享等主题进行了讨论。这是中国第一次承办 SOOS 会议。

（8）组团参加第 25 届国家南极局局长理事会（COMNAP）会议。2013 年 7 月 7—10 日，第 25 届国家南极局局长理事会（COMNAP）会议在韩国首尔召开，各成员国派代表出席了会议，捷克、白俄罗斯作为观察员参加会议。国家海洋局极地考察办公室组团参会。会议全体大会就能源和污水管理、溢油早期预警、安全信息系统、搜救和南极术语编纂等议题进行了讨论；分组会议中，罗斯海、南极半岛、东南极、拉斯曼丘陵特别管理区分别进行了区域小组讨论，并举办了培训、安全和能源 3 个专家组会议。本届会议还增设了南大洋观测系统研讨会。中国代表团参加了全体会议、分组会议和南大洋观测系统研讨会，积极参与有关讨论，并与澳、印、韩、秘鲁、智利、阿根廷等国代表及毛德皇后地航空网的代表就南极合作事宜进行了商谈。

（9）派员参加南极海洋生物资源养护委员会（CCAMLR）海洋保护区特别会议。2013 年 7 月 11—16 日，南极海洋生物资源养护委员会（CCAMLR）海洋保护区特别会议在德国不来梅港召开，专门讨论美、新罗斯海提案和澳、法、欧盟东南极提案及相关问题，除印度外的 23 个成员国和欧盟参加了会议。这是 CCAMLR 成立 30 年以来第一次召开科委会、第二次召开委员会的特别会议。外交部、农业部和国家海洋局派员组团与会。

为落实中美战略对话成果，维护中国南极权益，中国代表团一方面以建设性姿态与美、新、澳、法等提案国保持沟通，另一方面就我关心的问题提出关切，并对俄罗斯提出的合理问题给予支持。因更多国家就保护区面积、终结条款等重要问题提出了关切和要求，两提案最终均未通过。

（10）组团参加新奥尔松科学管理委员会（Ny-SMAC）及科学研讨会会议。2013 年 10 月 7—11 日，新奥尔松科学管理委员会（Ny-SMAC）会议及科学研讨会在意大利罗马举行。来自成员国的 80 余位管理和科研人员与会。会议围绕各国 2012/13 年度在北极新奥尔松地区所作的科研工作及管理情况进行了汇报和讨论，期间还召开了主题为“新奥尔松地区科学监测活动”的科学研讨会。中国代表介绍了黄河站考察情况并在研讨会上做了 4 个大会报告。通过参会，较好展示了中国北极科研成果，了解了该区域的科研前沿，并达成了一些初步合作意向。

（11）组团参加第 14 届极地科学亚洲论坛（AFoPS）会议。2013 年 10 月 11—12 日，第 14 届极地科学亚洲论坛（AFoPS）会议在马来西亚槟城召开。中国、日本、韩国、印度、马来西亚和 AFoPS 观察员国泰国共派出 25 名代表参加了会议。会议分为成员国极地考察活动报告、极地科学研究进展以及极地科研与后勤合作三个单元，共 21 个报告。此外，会议还专门讨论了 AFoPS 成立十年（2014 年）应开展的庆祝活动。中国参会人员在会议上做了 2012/13 中国南极考察活动、北极海冰研究进展、极地海洋微生物生态系统观测与研究进展、AFoPS 特别期刊进展等报告，并积极参与了会议讨论和交流。

（12）组团参加国家南极局局长理事会破冰船专题研讨会会议。2013 年 10 月 19—25 日，国家南极局局长理事会（COMNAP）组织召开的破冰船专题研讨会在南非开普顿举行。本次破冰船专题研讨会是 COMNAP 成立以来首次组织的有关破冰船方面的专题会议。13 个 COMNAP 成员国派出 33 名代表参加了本次会议。会议主要内容包括：各国介绍现有破冰船的运行经验；交流计划中或设想中的新船计划；探讨极地破冰船航行准则及 COMNAP 资源共享、优化组合项目；实地参观“阿古拉斯 II”号和德国“极星”号。中国代表团在会议上做了新建破冰船进展情况报告，积极参与了会议讨论和会间交流，收集了很多有价值的资料和信息，获得了不少有益的认识和体会。

（13）派员参加第 32 届南极海洋生物资源养护委员会及其科委会会议。2013 年 10 月 21 日至 11 月 1 日，第 32 届南极海洋生物资源养护委员会（CCAMLR）及其科学委员会（SC-CAMLR）会议于在澳大利亚霍巴特召开。由外交部、农业部、国家海洋局和香港特别行政区政府组成的代表团出席了本届会议。会议讨论了一般事项、科委会报告、养护措施、与其他国际组织的合作等，审议通过了与南极渔业和渔船管理有关的 21 项养护措施。代表团积极参与了海洋保护区、磷虾捕捞与管理、对渔船的港口国管控和贸易措施等的讨论，充分表达了我国的主张与关切。

**【国际合作和交流】** （1）中国第 29 次南极科学考察队访问韩国张保皋站和意大利马里奥•祖切利站。2013 年 1 月 3—4 日，国家海洋局极地考察办公室主任、中国第 29 次南极科学考察队领队曲探宙于“雪龙”船到达罗斯海地区开展预选站址调研期间访问了韩国张保皋站和意大利马里奥•祖切利站，就选址现场的自然状况、当地的冰情及意大利岩石机场的建设等进行调研，进一步深化了我们对罗斯海新站预选地址所在区域现场条件的认识。

（2）中国政府代表团赴长城站视察并慰问考察队员。2013 年 1 月 8—9 日，以国家海洋局党组成员、纪委书记吕滨为团长的中国政府代表团视察中国南极长城站，慰问南极考察队员。代表团还访问了俄罗斯别林斯高晋站和智利空军站，就外国考察站和航空枢纽的运行管理机制、基础设施建设、科学考察和国际合作等方面的情况进行了深入调研。代表团肯定了海洋和极地工作的重要性，表示将全力支持中国的南极考察工作。

（3）中国第 29 次南极科学考察队访问澳大利亚南极局。2013 年 1 月 20 日，国家海洋局极地考察办公室主任、中国第 29 次南极科学考察队领队曲探宙于“雪龙”船停靠澳大利亚霍巴特港期间访问了澳大利亚南极局，双方就南极科考、后勤、政策及环境保护等进行了交流，表达了在南极科考、后勤项目和人员往来等方面加强合作的意愿。考察队还访问了霍巴特市政厅，双方就未来南极合作事宜进行了交流。

（4）加拿大—中国北极专家学术交流会。2013 年 3 月 12 日，由加拿大驻沪总领事馆和中国极地研究中心共同主办的加拿大-中国北极专家学术交流会在上海召开，双方就北极航道、中国加入北极理事会、北极地区地方社团在北极治理中的作用等议题进行了讨论。

（5）参加欧洲空间局第 3 届 CryoSat 用户工作组会议。2013 年 3 月，欧洲空间局第 3 届 CryoSat 用户工作组会议在德国德累斯顿召开，武汉大学代表做了关于冰穹 A 和格罗夫山的口头报告。

（6）国家海洋局局长刘赐贵会见泰国公主

诗琳通。2013 年 4 月 8 日，国家海洋局党组书记、局长刘赐贵在京会见了泰国公主诗琳通一行。双方就加强中泰两国海洋与极地合作、促进友谊等方面进行了交流。诗琳通公主一行还于 4 月 11 日访问了中国极地研究中心。

（7）第 4 轮中美海洋法和极地事务磋商。2013 年 4 月 8—9 日，中美第 4 次海洋法与极地事务磋商在美国旧金山举行，国家海洋局组团与会。中美双方就北极理事会观察员国、南极搜救和旅游等共同关注的海洋法与极地方面的事务交换了意见。双方决定在华举行第 5 轮对话，以深化国际海洋法律和政策、北极和南极领域的合作。

（8）泰国国家科学与技术发展局代表团访问中国极地研究中心。2013 年 4 月 10 日，泰国国家科学与技术发展局代表团访问中国极地研究中心，双方就开展海洋和极地合作进行了商讨。

（9）承办全球南极遥感研讨会。2013 年 4 月 20—22 日，全球变化监测南极遥感国际研讨会在北京举行，英国纽卡所大学、国际地球观测组织、德国慕尼黑科技大学、意大利摩德纳大学、同济大学、北京师范大学、中科院测量与地球物理研究所、中国极地研究中心、武汉大学、中国海洋大学等机构的学者等 50 余人参加了研讨会。会议就冰盖变化监测、南极观测与冰盖动力学、大地测量模拟、海平面变化等多个议题进行了探讨。

（10）新西兰南极局局长罗•桑松访问中国极地研究中心。2013 年 4 月 22 日，新西兰南极局局长罗•桑松（Lou Sanson）一行访问中国极地研究中心，双方就南极现场后勤保障领域的合作进行了广泛而深入的探讨。

（11）美国、新西兰和澳大利亚代表团分别来华沟通海洋保护区事宜。2013 年 4 月 23—24 日，美国和新西兰联合代表团及澳大利亚代表团分别来华，与中方就罗斯海和东南极两个海洋保护区提案进行沟通。国家海洋局极地考察办公室派员参加。

（12）新西兰外交贸易部环境管理司司长卡罗林•斯瓦格访问国家海洋局。2013 年 4 月 24 日，国家海洋局党组书记、局长刘赐贵在京会见了新西兰外交贸易部环境管理司司长卡罗林•斯瓦格一行。双方就加强南极科学考察、促进交流合作进行了会谈。刘赐贵指出，中国将继续发挥《南极条约》协商国的作用，并向新方通报了中国计划在罗斯海建立新的科学考察站。卡罗林•斯瓦格表达了在罗斯海、南大洋等区域开展科学研究的国际合作意愿。

（13）参加国际超级双重极光雷达网（SuperDARN）国际研讨会。2013 年 5 月 26—31 日，国际超级双重极光雷达网（SuperDARN）国际研讨会在加拿大举行，来自中国等 11 个国家和地区 80 余位专家学者参加会议。会议围绕 SuperDARN 雷达运行状况及软硬件发展、数据分析技术、电波传播、极区电离层对流、极光与亚暴、电离层不均匀体与极区等离子体云块、SuperDARN 在中纬地区和极盖区观测及与其他手段的协同观测等方面进行了讨论。

（14）阿根廷南极署署长访问国家海洋局极地考察办公室。2013 年 6 月 3 日，阿根廷南极署署长马里亚诺•麦莫里（Mariano Memclli）访问国家海洋局极地考察办公室。中阿双方各自向对方介绍了本国极地考察的情况，并就未来在南极事务方面开展合作进行了深入交流。

（15）接待加拿大海洋渔业部国际事务官员来访。2013 年 6 月 4 日，加拿大海洋渔业部国际事务官员访问国家海洋局，国家海洋局极地考察办公室派员参加会见。加方向中方介绍了加拿大作为北极理事会轮值主席国的想法及其希望在轮值期间重点推动的工作。双方还探讨了加强北极海洋合作，以及未来召开中加海洋联委会等相关事宜。

（16）中国极地研究中心加入北极大学。北极大学是由环北极国家大学、研究所等机构组成的国际合作网络，并吸纳非北极国家的研究、教育机构加入成为其准会员，旨在促进北极研究。中国极地研究中心于 2013 年 2 月向北极大学提交了入会申请，并于 6 月初在美国阿拉斯加大学举行的 2013 年北极大学理事会上获得批准。

（17）举办第一届中国-北欧北极研究合作

研讨会。2013 年 6 月 5 日，中国极地研究中心和冰岛研究中心共同举办的第一届中国-北欧北极研究合作研讨会在上海召开，会议主题为“中国-北欧北极可持续发展合作：人类活动与环境变化”。中国外交部、俄罗斯和冰岛北极事务高级官员、8 个北极理事会成员国家驻沪使节代表应邀出席会议。会议探讨了北极航道利用、北极政策及治理、北极气候变化与人类活动等重要议题，并围绕将在上海建立的中国-北欧北极研究中心的合作机制和研究方向等合作问题进行了讨论。这是中国首次与北欧国家联合召开北极研究合作研讨会。

（18）派员参加亚洲海洋与地球科学学会（AOGS）2013 年年会。2013 年 6 月 24—29 日，亚洲太平洋地球科学学会（AOGS）年会在澳大利亚布里斯班举行，来自亚洲、大洋洲及美洲、欧洲和非洲的 1800 余名科学家与会。中国极地研究中心派员参加会议，并在太阳与类地行星主题会议上报告了极区等离子体云块演化、中山站观测的昏侧激波极光及电离层对流特征等方面的研究进展。

（19）挪威极地研究所副所长访问武汉大学。2013 年 6 月，瑞典皇家科学院院士、挪威极地研究所副所长 Kim Johan Holmén 教授访问武汉大学，做了学术讲座，增进了双方科研人员对各自研究工作的了解，并就双方可能的科研合作和联合培养研究生等事宜进行了讨论。

（20）智利南极研究所（INACH）所长访问中国极地研究中心。2013 年 7 月 2 日，智利南极研究所（INACH）所长何塞•雷塔马莱斯（José Retamales）访问中国极地研究中心。双方就破冰船建造工程、南极航空保障、乔治王岛后勤及科研、南极半岛科考与考察船共享等进行了交流和探讨。

（21）“中美深化在南极和北极领域合作”纳入中美战略对话成果清单。2013 年 7 月 10—11 日，第 5 轮中美战略与经济对话期间在京举行，中国国家主席习近平的特别代表国务委员杨洁篪与美国总统贝拉克•奥巴马的特别代表国务卿克里共同主持了战略对话，两国政府有关部门负责人参加。双方就重大双边、地区和全球性问题深入交换意见，再次确认通过战略与经济对话机制的作用，深化战略互信，拓展务实合作，以构建中美新型大国关系。其中，深化中美北极和南极领域合作、中美在南极罗斯海建立海洋保护区事务方面开展合作分别被列入中美战略对话成果清单第 31 项和第 32 项。

（22）比利时极地秘书处主任、极地基金会主席访问中国极地研究中心。2013 年 7 月 12 日，比利时极地秘书处主任、极地基金会主席阿兰•修伯特（Alain Hubert）一行访问中国极地研究中心。双方就两国南极科学考察和研究的最新进展及比方伊丽莎白公主站的设计建造进行了交流。

（23）北京师范大学举办国际冰动力学研讨会（International Workshop on Ice in Motion）。2013 年 7 月 26 日，由北京师范大学主办的国际冰动力学研讨会在北京召开。来自国家海洋局极地考察办公室、中国科学院、美国宇航局及国内外高校和研究机构的 47 名代表出席会议。会议围绕南极遥感研究进展、冰川物质平衡与海平面上升研究、冰盖模式研究、海冰与冰盖遥感研究等 5 个专题展开研讨。

（24）派员参加第 26 届国际制图大会。2013 年 8 月 24—30 日，武汉大学派员赴德国参加第 26 届国际制图大会，担任分会场地理空间分析 3（Geospatial Analytics 3）的主席，中方代表做了关于中国新南极科考站站址选择和北极冰川观测不确定性的报告。

（25）组团参加第 2 届中俄北极社会科学研讨会。2013 年 9 月 5 日，中俄“21 世纪北极政策”研讨会在俄罗斯圣彼得堡大学召开。国家海洋局极地考察办公室组团参会。双方就北极政策方面的立场和关切进行了交流。通过研讨，增进了中俄学者之间对对方北极政策及社会发展领域的了解，为开启中俄在北极事务方面的合作创造了沟通的窗口。

（26）芬兰议会财政委员会主席访问国家海洋局。2013 年 9 月 10 日，国家海洋局党组成员、副局长陈连增在京会见了芬兰议会财政委员会通讯分委会主席卡里•拉亚马奇一行，双方就加强北极方面的合作进行了交流。

**【双边或多边协议】** （1）中国极地研究中心与冰岛 Marorka 公司签署《关于提高船舶能源效率和减少废气排放合作谅解备忘录》。2013 年 4 月 17 日，冰岛总理约翰娜•西于尔扎多蒂一行访问中国极地研究中心。双方就两国在北极科学考察等方面的合作进行了商谈。在西于尔扎多蒂总理的见证下，中国极地研究中心与冰岛 Marorka 公司签署了《关于提高船舶能源效率和减少废气排放合作谅解备忘录》，合作内容包括研究项目、船舶能源管理、人员和信息交流等方面。

（2）中泰签署极地科学合作谅解备忘录。2013 年 7 月 30 日，国家海洋局极地考察办公室与泰国国家科学与技术发展局签署了《极地科学合作谅解备忘录》，双方同意在人员和信息交换及南极环境保护等领域展开合作。

（3）国家海洋局与澳大利亚塔斯马尼亚州政府签署《关于南极门户合作的谅解备忘录》。2013 年 9 月 12 日，国家海洋局党组书记、局长刘赐贵在京会见了澳大利亚塔斯马尼亚州州长莱拉•吉丁斯，双方签署了《中国国家海洋局与塔斯马尼亚州政府关于南极门户合作的谅解备忘录》。根据该谅解备忘录，澳方将为中国南极活动提供便利，并支持中方使用澳大利亚的南极门户霍巴特，以促进其发展。双方还将就共同感兴趣的领域及活动开展人员、物资和服务等方面的交流和合作。

（4）中国极地研究中心与冰岛研究中心签署《中国-冰岛联合极光观测台框架协议》。2013 年 9 月，中国极地研究中心与冰岛研究中心签署了《中国-冰岛联合极光观测台框架协议》，标志着中国-冰岛联合极光观测台筹建工作正式启动。中国-冰岛联合极光观测台预计 2014 年建成，中国科学家出任台长，观测数据对中冰开展空间天气观测合作、增强空间科学研究及全球极区空间环境变化长期监测预报能力具有重要意义。

**【两岸合作】** 2013 年 12 月 16 日，两名台湾科学研究人员参加了中国第 30 次南极考察队长城站队的考察研究工作，两位研究人员分别来自台湾中山大学和东华大学，考察研究课题为气候暖化对南极生态系统的影响。

## 极地科研及其他

**【极地软科学研究】** （1）“极地国家利益战略评估”专题。“极地国家利益战略评估”专题是“极地专项”开展的软科学研究，下设“极地地缘政治研究”、“极地资源利用战略研究”、“极地科技发展战略研究”、“极地法律体系研究”、“极地国家政策研究”5 个子专题。该专题自 2011 年 5 月启动以来，分别围绕极地地缘政治和国际治理状况与发展趋势以及极地政治在中国国际战略中的作用与发展趋势，极地资源现状以及中国参与开发利用极地资源的路线图，主要极地国家的科研体制、前沿领域、发展动向及对我国启示，涉极地相关法律事务发展动态及中国参与国际极地法律制度构建的路径选择，主要国家极地战略/政策以及中国参与国际极地事务的战略选择和政策制定等基础性、战略性、前瞻性问题和中国成为北极理事会观察员后的参与活动建议、俄罗斯北极油气资源开发及中国参与和利用等重大问题展开研究。2013 年，共有 34 家高校和科研院所，150 多位专家参与研究，涉及战略、政策、法律、国际政治、经济、文化、社会、航运、信息管理等多个学科，共完成 38 份研究报告（含译作），公开发表论文 12 篇，出版专著 1 部。

（2）极地政策与双边合作研究。2013 年，在中国极地研究中心组织下，上海国际问题研究院、华东政法大学、南京大学、苏州大学、复旦大学、武汉大学 6 家参与单位围绕“中丹、中芬北极事务合作研究”、“国际航行海峡界定标准与通行权制度研究”、“萨米人在北极事务中的作用研究”等课题展开了研究。

（3）南极生物勘探法律规制及中国相关对策研究。项目旨在梳理国际法中和南极生物勘探有关的规定，分析《南极条约》协商国围绕相关议题的争论以及中国现有法律体系中的相关规定，通过国际比较研究，提出中国国内管理层面的完善建议。项目已按照合同要求完成了研究工作。

（4）南极鸟类保护与管理问题研究。项目

旨在针对南极环境保护中的企鹅等鸟类保护这一重要问题，以南极鸟类的种类组成、分布、数量等方面情况为基础，结合《南极条约》体系中的相关规定，就南极鸟类保护和管理问题进行深入研究。项目于 2013 年 8 月正式启动。

（5）《南极条约》协商国南极立法实践及相关理论问题研究。该项目旨在系统梳理《南极条约》协商国国内有关南极的立法活动、形式、内容和特点，分析各自的南极权益主张和相应的法律支撑、履行《南极条约》体系状况、国内法与《南极条约》体系之间关系的处理，并从中汲取对中国南极立法实务活动的有益价值和意义。项目于 2013 年 1 月正式启动。

（6）南极考察站建设选址模型与决策方法研究。项目旨在依据国家对外战略和经济社会发展的需求，突破传统考察站选址方法，结合多目标决策和模糊数学原理与方法，基于地理信息系统（GIS）平台，建立南极考察站建站选址多目标模糊决策优化模型。研究将综合考虑地形条件、科学兴趣、后勤支撑和环境条件等因素，确定面向多个目标的南极考察站适宜站址，为南极建站选址提供新的决策方法和思路。项目于 2013 年 1 月正式启动。

（7）北极区域发展与中国北极活动评价指标构建。项目旨在建立业务化的北极发展动态监测、预测和评估系统。2013 年度主要研究工作是完善指标框架，进一步精简指标体系，明确部分核心指标，选取已有指标数据，对北极发展指数、中国参与指数中部分指数进行模拟试算工作。

（8）北极政治经济格局变化下的中日韩关系研究。项目旨在分析日本、韩国北极政策与北极经济、科考与外交活动的基础上，研究北极国家对中日韩 3 国不同的合作意愿和态度，归纳 3 国在北极事务中的共同利益和诉求，借鉴欧盟和北欧国家的合作经验，探讨 3 国在北极事务中合作的可能性以及需要克服的主要障碍，借助既有的东北亚合作平台拓展北极事务合作，探讨建立北太平洋——北极监测和海上救助体系的可能性。项目于 2013 年 1 月正式启动。

（9）北极八国北极战略/政策研究。项目旨在详细分析美国、加拿大、俄罗斯、丹麦、挪威、瑞典、芬兰、冰岛等 8 国北极战略/政策的出发点、策略、特点以及在实施过程中面临的问题，科学判定每个国家北极政策的价值取向以及对主要北极国家的北极战略/政策进行比较分析，以期对中国将来制定北极战略/政策，参与国际北极事务治理，提高在国际北极事务中的话语权和影响力，有效维护和拓展中国国家利益和北极权益提供有益参考。项目于 2013 年 7 月正式启动。

（10）北极观测网络研究。项目旨在分析国外、国际组织，尤其是北极域外国家建立北极观测站情况及获取北极观测资料方式和途径的基础上，对中国在北极承担或参与观测网建设的可行性做出政策、法律、技术等层面的综合性分析，提出中国在北极-北冰洋建立观测网的途径和路线图建议。

（11）西北航道通航可行性问题研究。近年来，随着北冰洋海冰消融加剧，北极航道通行的可能性也日益增加，引发了国际社会广泛关注。面对未来 10～20 年内西北航道可能通航的新局面，有必要对西北航道通航的可行性问题展开研究。此项目旨在综合分析气象、水文、航行、国际关系和国际法等问题，跟踪近年来外国船舶通行西北航道的案例，对涉及西北航道通航可行性的自然科学技术、国际政治和国际法律问题进行系统研究，得出基本判断。

**【南极立法】**　（1）《南极活动管理条例》立法工作。为履行《南极条约》体系规定的相关义务，维护中国极地权益，保障中国南极活动者的合法权益，保护南极环境和生态系统，加强中国南极活动的管理，促进南极的和平利用，自 1999 年起，国家海洋局极地考察办公室开始着手《南极活动管理条例》（以下简称“《条例》”）的立法工作。经过多次征求相关部委意见，目前已经形成了《条例》（征求意见稿），上报至国务院法制办公室。2013 年主要就《条例》具体条文及配套文件进一步进行了修订、完善。

（2）《南极活动管理条例实施细则》、《南极活动管理条例释义》立法咨询及技术服务。《南极活动管理条例》已列入 2013 年国务院立法工作计划，需制定相关配套文件，开展后续解释和贯彻执行工作。项目旨在对《南极活动管理条例（送审稿）》进行解释、说明，并拟定相应的实施细则，对实际操作中的相关问题进行规范。项目于2013年7月正式启动。

**【管理制度建设】** （1）《南极考察活动行政许可管理规定》制订工作。《南极考察活动行政许可管理规定》制订工作于2012年7月正式启动，旨在进一步规范南极考察活动行政许可的管理和实施，维护国家形象和南极考察活动秩序，履行南极条约体系规定的权利和义务。至2013年底，已完成《南极考察活动行政许可管理规定（送审稿）》，并着手开展总量控制和环境影响评估办法的调研工作。

（2）《南极考察活动环境影响评估管理规定》制订工作。《南极考察活动环境影响评估管理规定》制订工作旨在进一步规范对南极考察活动的管理，配合南极考察行政许可工作的制度化运行，指导和细化南极考察环境影响评价工作的有序开展，履行南极条约体系规定的权利和义务。该工作于2013年4月正式启动，已形成《南极环境影响评估制度的现状》研究报告。

（3）为加强我国南极考察队管理，保障南极考察活动的顺利实施，促进南极考察事业可持续开展，遵照南极相关国际条约，国家海洋局制定印发了《南极考察队管理规定》、《南极考察培训工作管理规定》、《南极考察计划管理规定》三项规定。

另外，为提高极地考察活动应对突发事件处置能力，健全完善极地突发事件应急处置机制，国家海洋局制定印发了《极地考察船火灾现场处置预案》、《极地考察船意外进水现场处置预案》、《极地考察船碰撞现场处置预案》、《极地考察船搁浅现场处置预案》、《极地考察船人员落水现场处置预案》、《极考察船弃船现场处置预案》、《极地考察船失控现场处置预案》、《极地考察船货物移动现场处置预案》、《极地考察船人员重伤/重病/死亡现场处置预案》、《极地考察船海盗袭击现场处置预案》、《极地考察船污染事故理现场处置预案》等11个预案。

**【极地科普宣传教育】** （1）科普宣传教育平台。2013年度，极地科普馆及国内9个极地科普教育基地继续利用各自资源优势，开展各类极地科普宣传教育活动。

| 科普教育基地 | 本年度极地科普活动内容和形式 | 社会影响 |
|---|---|---|
| 极地科普馆 | 场馆免费开放，接待社会各界参观，分别接待冰岛总理、泰国公主等众多国内外嘉宾。 | 接待社会各界参观团体80余个，接受各类科普活动教育和普及人数共约35万，吸引更多社会公众了解极地和地球，培养科学发展和环境保护意识，推动了极地科普教育事业的发展。 |
| | 与浦东广播电台合作推出“走进极地”系列访谈，共11期，讲述中国极地考察历程，听众参与互动。 | |
| | 参加上海市科技节活动，举办“全国空间日”（上海）暨极地公众开放日活动，并获得上海市先进集体和先进个人奖。 | |
| | 共同组织第29次南极科学考察队出航广州极地科普展和“雪龙”船开放日活动。 | |
| | 参加上海市“2013沪台青少年科技夏令营”活动，接待沪台青少年参观，并组织与南极现场考察队员进行视频通话。 | |
| | 参加2013年“上海市浦东新区爱国主义教育基地暑期一日营”活动，成为中小学生参观学习和实践体验的重点场馆之一。 | |
| | 参加2013年“世界海洋日暨全国海洋宣传日”（上海）系列活动，联合开展《美丽的海洋》摄影作品展、建设海洋强国论坛、极地展区宣传等科普活动。 | |
| | 与上海市建平中学联合开展中学生职业生涯体验活动，组织学生走入周边社区和学校开展极地文化巡展。 | |
| | 与上海明珠小学签订科普共建协议，指导学生开展讲座、交流和宣传等活动。 | |

**续表**

| 科普教育基地 | 本年度极地科普活动内容和形式 | 社 会 影 响 |
|---|---|---|
| 北京富国海底世界 | 2012年9月20日-10月20日，开展主题为“极地的鳍脚类动物”的海洋科普日活动。以讲座和知识竞赛的形式为主，着重介绍生活在两极地区的各种海狮、海豹的生物学特性，以及人类活动和气候变化对它们生存的影响。 | 累计接待北京市中小学生1400人次，进行22场科普知识竞赛、20场免费科普讲解。活动期间累计入馆人数约15000人次。 |
| | 2013年1月28日-2月2日，开展主题为“极地世界-爱斯基摩人”的冬令营活动。 | 本活动在《北京晚报》等媒体进行了报道。 |
| | 2013年5月19—25日，开展主题为“探究极地海洋生命奥秘”科技周活动。 | 共进行18场互动科普活动、8场科普讲座和6场科普知识竞赛，参与人数约2600人次。 |
| | 2013年9月7日，邀请美国著名海洋生物学者、海洋潜水探险家——西尔维娅·厄尔（Sylvia Earle）博士进行海洋科普交流活动。 | 活动报名参与者约150人，新华社、《北京晚报》等媒体对本次活动进行了报道。 |
| | 2013年9月19日至10月6日，开展“极地动物小制作”活动。 | 共进行18场极地动物小制作活动、6场科普讲座，科普参与人数约500人。 |
| 黑龙江极地科普教育基地 | 2013年5月，组织部分极地科考队员向哈尔滨各大院校的师生讲述极地测绘的探险历程和取得的成就。 | |
| | 2013年7月，举办极地科普知识图片展，以详实的历史文献资料配合实物展品和图片等形式，向广大参观者宣传了极地科普知识，集中展示了中国极地科考的伟大历程和取得的丰硕测绘成果。 | 展览期间，约有6万人次参观。 |
| | 2013年“黑龙江极地测绘”网站通过通俗易懂的表述和生动的极地科考图片介绍中国极地科考事业。 | 网站的浏览量约9万人次。 |
| | 2013年为黑龙江省科技馆、哈尔滨极地馆等多家单位提供了丰富的科考展品、照片等，开设极地科考展览专区，以供游客参观。 | 2013年累计约有10万人次的观众参观了极地科考展览专区。 |
| | 2013年继续与哈报集团合作，通过报刊和电视媒体宣传中国极地科考事业。第29次南极科考期间，哈报集团在其旗下的多种报刊杂志上刊登关于南极科考的新闻、专访13篇，新闻采访5次。 | |
| | 2013年继续与腾讯公司合作，更新腾讯网开通南极科考队员微博和网上视频频道。 | 科考队员博客浏览量超过2万人次。微博的听众达到8万人。 |
| 大连老虎滩极地动物馆 | 2013年1—2月，开展“南极童话村”活动。结合北方冬季寒冷的季节特点，将帝企鹅宝宝放在室外，为它们开办企鹅幼儿园，对游客进行了互动科普知识教学。 | |
| | 2013年5月19—25日，举办“科技创新·美好生活”科技活动周活动。向市民全面展示极地风貌与极地动物。 | |
| | 2013年9月23日至10月23日，开展“关爱水生动物，添彩美丽中国”暨2012年水生野生动物保护科普宣传月活动，传承极地海洋文化。 | |
| 青岛极地海洋世界 | 2013年4—12月，组织“企鹅的感动——2012零距南极”大型环保公益行动华东赛区环保卫士赴西藏、重庆、大连、烟台，参加零距南极拉练赛。 | 活动参与人群达数万人。 |
| | 2013年4月4日，举行第二届“挽留海鸟，极地春天在行动”公益环保活动。 | 吸引千余爱心市民参与，岛城10余家主流媒体针对此活动进行报道。 |
| | 2013年6—7月，在全国开展“关爱海洋、你我童行”科普环保公益儿童选秀活动。比赛中融入科普问答环节，为小选手及家长普及极地海洋科普文化知识。 | 在南京、济宁、合肥等地举行分赛区比赛，吸引百名少年儿童参与。 |
| 成都海昌极地海洋世界 | 2013年7月28日至8月31日，组织3—7岁小朋友观看与海洋、极地相关的有趣视频、图片，并开展互动游戏活动，使他们更全面的了解极地海洋动物生活环境及其习性。 | |

**续表**

| 科普教育基地 | 本年度极地科普活动内容和形式 | 社 会 影 响 |
|---|---|---|
| 南京海底世界 | 2013 年 1 月，开展海底世界“蛇年”新成员宣传活动，普及海洋极地动物知识 | 省市十余家媒体参与报道。 |
| | 2013 年 4 月，开展以“海底世界的新食谱”为主题的宣传活动，让游客近距离观察北极熊和企鹅的捕鱼过程。 | 省市主流电视和平面媒体参与报道。 |
| | 2013 年 5 月 26 日，与南京爱心 CD 志愿者服务协会联手，邀请高淳联谊小学的留守儿童参观南京海底世界，并举行了海洋和极地动物作文比赛。 | |
| | 2013 年 5 月 30 日，与南京市玄武区特殊教育学校、梅园街道和南京市网上家长学校一起，组织“牵手伙伴，点亮快乐”公益游园活动。 | 活动以残疾儿童和孤儿为主要对象 |
| | 2013 年 6 月，邀请南京航空航天大学金城学院学生来馆暑期实践，开展动物保护宣传志愿者活动，并以征集签名和手印的方式邀请游客共同参与，宣传了海洋极地动物保护理念。 | 持续 3 天的活动征集到了数百签名和手印。 |
| | 2013 年 7 月，与江苏电视台城市频道联合开展“圆梦手拉手”爱心公益活动，邀请 100 个贫困家庭来江苏做客，南京海底世界作为圆梦场所之一参与了接待，让贫困地区的儿童了解海洋，学习海洋极地知识。 | |
| | 2013 年 7 月 23 日、7 月 30 日携手南京晨报，分两批开展了“晨报小记者探秘海底世界”活动，以小记者的身份宣传海洋极地科普知识。 | 小记者的采访被南京晨报整版报道。 |
| | 2013 年 8 月，与南京电视台“生活大参考”栏目组联合举办 2013“极地动物零距离”公益夏令营活动。 | 夏令营除了邀请 20 个家庭参与体验，还借助电视面向全社会传播海洋和极地动物的科普知识。 |
| | 2013 年 8 月，与南京市环保局共同开展“2013 环境小记者夏令营”活动，包括和海洋极地动物的深度接触、夜宿海底隧道以及海洋课堂和环保互动等。 | 夏令营面向全社会征集了 30 个环境保护小记者的参与，宣传了海洋和极地环保理念。 |
| 合肥海洋世界 | 2012 年 10 月 9 日，开展企鹅宝宝培养计划（保护洪氏环企鹅）活动。 | 邀请省市 10 余家知名媒体参与，宣传保护洪氏环企鹅。 |
| 天津海昌极地海洋世界 | 2012 年 10 月 23 日，与天津市红桥区实验小学进行“海洋科普教育基地”称号的授牌仪式，成为天津市首个“海洋科普教育基地”。 | |
| | 2012 年 11 月 11 日-12 月 11 日，面向市民开展“我的南极梦想”征集活动。 | 活动在宣传保护南极环境和动物的同时，收集了百余个市民的南极梦想。 |
| | 2012 年 9 月 26 日至 10 月 6 日，与天津市渔政处举办“关爱水生动物，保护生物多样性”为主题的科普保护月活动。 | |
| | 2012 年 12 月 11 日至 12 月 26 日，组织“企鹅的感动”零距南极科考活动。 | |
| | 2013 年 5 月，荣获“全国科普教育基地”称号。继续践行保护极地生物与环境的责任、致力于优质科普产品的打造。 | |
| | 2013 年 5 月 21—27 日，开展“中国梦　海洋情”公益科普讲座。 | 近 2000 名孩子参与了此项活动。 |
| | 2013 年 6 月 1 日至年底，开展“敢酷你就来”之“极地全家哏”大型亲子娱乐活动。 | |
| | 2013 年 8 月 11 日，开展“保护斑海豹”公益活动。 | |
| | 2013 年 4 月 15 日-10 月 15 日，与京津冀电台合作推广“海洋知识小课堂”、“海昌时间”及“海洋大玩家”3 档科普专栏节目。讲述大型极地和海洋动物的科普故事、人与动物间的情感故事等。 | |

（2）新闻宣传活动。新华社、中央电视台、中国海洋报等相关媒体的记者随中国第29次南极科学考察队赴南极考察现场，发回了大量现场报道，对公众了解极地考察工作起到了积极的作用，特别在党的十八大召开、新年、春节到来之际，都发出了重要的新闻报道信息，在国内产生了重要影响，提升了南极考察的社会影响力。

截至2013年3月15日，新华社随队记者共发文字稿70余篇，图片60余幅，视频新闻5条，微博200余条。文字和图片稿件被《人民日报》《新华每日电讯》《光明日报》《科技日报》《CHINA DAILY》等媒体广泛采用，新华网、人民网等5大平台网络媒体大量转载，视频稿件被东方卫视、黑龙江卫视等媒体采用。

中央电视台随队记者，与往年相比，在2013年的电视节目量方面取得了很大突破，发稿约50条，在《新闻联播》、《朝闻天下》、《晚间新闻》等重点栏目均有播出。在新闻联播还播出了《内陆昆仑队向昆仑站进发》《海陆空挺进南极大陆》两条新闻，时间超过了1分钟；元旦期间在新闻频道推出了1小时的演播室节目，春节期间连续3天推出《走近南极》特别节目。还创新了宣传方式途径，通过新浪微博，央视新闻中心官方微博“央视新闻”，共推出40余条微博报道。

中国海洋报记者在考察期间共写稿件70多篇约7万多字，其中在内陆冰盖考察期间，发稿28篇约4万多字。同时，与人民日报、新华社、中央电视台等媒体合作，进一步扩大了南极内陆考察在国内的影响力。

（3）极地考察相关文化产品、出版物。印制了《瞬间与永恒——中国第二十九次南极科学考察队画册》，以完整、翔实、活泼的文字配以丰富的图片记录了此次南极考察各方面的工作和成绩。发行一套4枚的中国第29次南极科学考察纪念封，受到了国内外集邮爱好者的喜爱，传播了极地海洋文化。

出版了《第29次南极科学考察队领队日记》，曲探宙领队从自身的视角和体会，真实记录下第29次南极科学考察中的所见、所闻、所思和所感，让更多的人更加真切地认识南极、了解南极，使社会更多地关心、支持和参与到中国的极地科学考察事业中来。

此外，中国第25次南极科学考察队内陆考察随队医生——北京协和医院毛一雷，将参与南极昆仑站建设过程中的随队考察记录整理成书，于2013年7月出版了英文图书《The Top of the Bottom of the World》（《世界之巅》），此书是中国极地考察第一部纪实类外文作品，对宣传中国极地考察事业起到积极作用。

（国家海洋局极地考察办公室 中国极地研究中心）

# 国 际 海 域

## 综 述

2013 年，国际海域资源调查、技术装备研发和应用、资源评价研究等方面都取得了丰硕成果。我富钴结壳矿区获得国际海底管理局理事会核准，使我国在西北太平洋国际海底区域获得一块面积为 3000 平方千米具有专属勘探权和优先开采权的富钴结壳矿区，成为同时具有三种不同资源国际海底矿区的国家，我国战略资源储备得到进一步拓展。大洋第 28 航次、大洋第 29 航次、大洋第 30 航次和大洋第 31 航次（蛟龙号 2013 年试验性应用航次）的开展，巩固了大洋调查多种资源、多海域、多船作业格局，促进了勘探合同履行和深海技术发展。大洋能力建设和大洋立法工作也在稳步推进。这些工作的开展和成绩的取得，扩大了我国在国际海域事务中的影响力，维护了我在国际海域的权益。

## 中国大洋矿产资源研究开发协会活动

**【协会第六届常务理事会第八次会议】** 中国大洋协会第六届常务理事会第八次会议暨国际海底新资源工作领导小组第十次扩大会议于 2013 年 1 月 22 日在北京召开。来自外交部、发展改革委、财政部、国土资源部、中央编办、国家海洋局、中国地质调查局、国务院法制办、中国有色金属工业协会等相关部门和单位的常务理事及代表参加了会议，中国工程院陈毓川、徐洵、吴有生、孙传尧院士受邀出席了会议，会议由中国大洋协会秘书长金建才主持。

会议审议通过了中国大洋协会与国际海底新资源 2012 年工作总结和 2013 年工作计划，讨论研判了国际形势并提出了相关工作建议。会议充分肯定了 2012 年大洋工作取得的各项进展，按照国务院确定的“持续开展深海勘查，大力发展深海技术，适时建立深海产业”大洋工作指导方针，大洋工作不断向广度和深度拓展。过去二十余年间，持续开展深海勘查使我国成功获得了两块具有勘探开发权的国际海底矿区，并提交了第三块国际海底矿区申请；在国际海底命名了多个地名，提高了对深海海底的科学认知水平；大力发展深海技术，促进了以蛟龙号载人潜水器为代表的高新技术装备的发展，带动了相关领域的科学发展和技术更新。这些进展切实提高了我国在国际海底区域的地位，增强了话语权，维护了海洋权益。会议强调，协会工作重点应从“谋事”转向“谋势”。2013 年大洋工作应以十八大报告中“提高海洋资源开发能力，发展海洋经济，建设海洋强国”为指导，着眼提高深海资源开发能力和深海产业能力，适时建立深海产业，注重分析国际海底区域形势和深海采矿产业发展趋势，在国际海底区域事务和未来商业开发活动中顺势而为并抢得先机。

**【协会第六届常务理事会第九次会议】** 中国大洋协会第六届常务理事会第九次会议于 2013 年 8 月 5 日在北京召开。协会常务理事、常务理事代表及协会办公室相关人员出席了会议。会上外交部条法司做了关于国际海底近期形势的报告，会议审议了理事会工作报告，重点讨论了国际海底区域活动形势及下步工作安排，研究了六届四次理事会有关安排等。

会议听取了外交部条法司结合国际海底管理局年会情况所作的报告，同意报告对国际海底近期形势的分析。会议认为，在取得众多成绩的同时应充分认清当前大洋工作面临的形势。一方面，国际海底区域活动竞争加剧。新资源矿区的申请呈现多元化、复杂化态势；多金属结核商业价值重新被看好，多金属结核保留区的争夺激烈，国际海底活动的重心逐步从资源勘探向开采阶段过渡。另一方面，党的十八大报告提出了建设海洋强国的目标，党中央、国务院领导对大洋工作高度关注，多次给予批示，社会公众对大洋工作广泛关注，对国内大洋工作提出了更高要求。

会议责成协会办公室加强对国际海域形势的综合研判，积极组织开展针对性研究，在国际海域活动中力争主动，要充分重视已签订勘探合同的履行工作，树立良好国际形象。同时，会议要求积极推进能力建设、大洋立法等工作，促进我大洋事业可持续发展。

**【协会第六届理事会第四次会议】** 中国大洋矿产资源研究开发协会第六届理事会第四次会议于 2013 年 9 月 16 日在北京召开。协会常务理事、理事及代表、特邀代表、协会办公室人员等 75 人参加了会议。会议由金建才秘书长主持，会议审议通过了王飞理事长代表常务理事会所作的《中国大洋协会第六届理事会第四次会议工作报告》，听取了外交部条法司黄惠康司长关于国际海底活动形势报告，审议了增补理事单位和更换理事事宜。

2013 年党和国家领导人对大洋工作给予了高度重视和肯定，大洋工作者深受鼓舞。会议一致认为，各理事单位要以此为动力，以党的十八大关于建设海洋强国的精神为指引，继续发扬“自强、探索、奉献、和平”的大洋精神和“严谨求实、团结协作、拼搏奉献、勇攀高峰”的载人深潜精神，全力以赴，进一步推动我国大洋工作向广度和深度拓展。会议认为，2013 年我国大洋工作成果丰硕，大洋航次调查取得新突破，蛟龙号载人潜水器试验性应用首个航次顺利实施，富钴结壳勘探矿区申请获得国际海底管理局理事会核准，我在国际海域事务中的话语权和影响力进一步提升，为《国际海域资源调查与开发“十二五”规划》的顺利完成奠定了坚实基础。

国际海域新资源矿区的申请呈现多元化、复杂化态势，国际海底活动的重心逐步从资源勘探向开采阶段过渡；国际海底区域活动竞争加剧对协会工作既是机遇，更是挑战。协会应加强对国际海域形势的综合研判与把控，精心组织，认真准备，在国际海底资源竞争中力争主动，切实维护我国在国际海域的权益；同时未雨绸缪，做好国际海域矿区申请机制、深海资源勘探和开发技术发展、能力建设等工作，为大洋事业可持续发展，特别是为未来深海资源进入商业化开采做好准备。大洋工作在取得丰硕成果的同时也面临诸多问题和挑战，为切实维护我在国际海域的权益，需要大力提升我大洋工作的国际竞争力。中国大洋协会作为国家级平台，要充分整合国内优势单位力量，特别是要依托协会理事单位共谋发展，要及时创新大洋工作体制、机制，持续推进大洋立法进程，积极构建多层次的人才网络。会议吁请政府综合部门继续对大洋事业给予关注和指导，加大对大洋工作的经费投入。

会议同意增补国家质检总局动植物检疫监管司、国家海洋局极地考察办公室和南通中远船务工程有限公司三家单位为协会理事单位；会议同意中船重工集团、厦门大学、中船重工集团 702 所和国家深海基地管理中心提出的理事调整。

**【7000 米级海试先进集体和先进个人授表彰】** 2013 年 5 月 17 日，习近平、李克强、刘云山、张高丽等党和国家领导人在人民大会堂亲切会见了载人深潜先进单位和先进个人代表，并授予叶聪等 8 名人员为“载人深潜英雄”、7000 米海试团队为“载人深潜英雄集体”。同日，人力资源社会保障部、国家海洋局联合表彰了 7000 米级海试先进集体和先进个人。

**【深海海底区域资源勘探开发法立法】** 2013 年 5 月 6—9 日，全国人大环资委调研团赴山东青岛开展“深海海底区域资源勘探开发法”立法调研。调研团参观了“大洋一号”科学考察船、国家海洋局北海分局预报中心与指挥厅、大洋样品馆、建设中的国家深海基地等，并与北海分局、海洋一所、深海中心、青岛海地所、海洋大学等相关涉海单位的专家进行了座谈。

10 月 30 日，“深海海底区域资源勘探开发法”立法列入十二届全国人大常委会二类立法计划。为有效推进立法工作，大洋协会、全国人大环资委和外交部条法司等单位积极沟通，进一步明确了立法提交人大常委会的时间、立法的原则、立法涉及的管理体制等问题。

12 月，大洋协会与国际关系学院、复旦大学环境资源与能源法研究中心、国家海洋发展战略研究所分别签订“深海海底区域资源勘探开发国际法研究”、“深海海底区域资源勘探开发国外立法跟踪研究”和“深海海底区域资源勘探开发法律框架与制度研究”等三份课题合同。课题研究将为立法草案以及立法说明等材料的起草提供支撑。

## 中国在国际海底管理局及国际海底地名分委会的活动

**【国际海底管理局第 19 届会议】** 国际海底管理局第 19 届会议于 2013 年 7 月 8—26 日在牙买加金斯敦举行。会议通过了对《“区域”内多金属结核探矿和勘探规章》修正案；核准了中国大洋矿产资源研究开发协会和日本国家石油、天然气和金属公司分别提交的两份富钴结壳勘探矿区申请；通过了有关勘探合同管理和监督费用的决定；补选了法律和技术委员会委员以及财务委员会委员。会议还审议了鹦鹉螺公司关于与企业部成立联营企业的建议，讨论了制定多金属结核开发监管框架等问题。中国大洋协会金建才秘书长作为合同承包者及中国代表团成员参加了会议。

**【我国在西北太平洋国际海底区域获得一块富钴结壳矿区】** 国际海底管理局理事会于 2013 年 7 月 19 日核准了中国大洋协会提交的富钴结壳矿区申请，至此我国在西北太平洋国际海底区域获得一块面积为 3000 平方千米具有专属勘探权和优先开采权的富钴结壳矿区。

**【大洋海底地理实体命名提案】** 大洋海底地理实体命名体系方案专家审议会于 2013 年 9 月在青岛召开，专家审议通过中国大洋协会提出的以《诗经》为主，以中国历史人物为辅的命名体系，《诗经》中的“风、雅、颂”分别对应大西洋、太平洋和印度洋。

2013 年 10 月，国际海底地名分委会(SCUFN)第 26 次会议在日本东京召开，中国大洋协会组织编制的 10 个国际海底区域地理实体命名提案（简称“命名提案”）全部获得通过，被收入国际海底地名名录。这 10 个命名提案中，8 个位于太平洋，分别是长庚海山、启明海山、甘雨海山、朱应海山、维鱼平顶山、大成平顶山、谷陵海山群和柔木海山群；2 个位于印度洋，分别是天作海山和客怿海山。至此，我国已有 29 个海底地名提案获得 SCUFN 审议通过，中国大洋协会组织编制了其中的 26 个命名提案。

## 国际海底区域资源调查与研究

**【大洋第 28 航次】** 中国大洋第 28 航次任务由“竺可桢号”（又称“海洋 20 号”）船执行，自 2013 年 4 月 10 日从三亚启航，至 2013 年 6 月 28 日任务结束，历时 80 天，航程约 9530 海里，本航次的主要目标是通过在西北印度洋重点区块开展地质、地球物理、生物和水文环境综合性调查，了解海底热液异常的分布情况，并采集地质和生物样品。

本航次在卡尔斯伯格洋脊发现 3 处热液活动区和 7 处热液异常区，并获得多金属硫化物、岩石和沉积物等相关样品，为在卡尔斯伯格洋脊继续开展硫化物调查和深海科学研究奠定了重要基础。

**【大洋第 29 航次】** 中国大洋第 29 航次任务由“海洋六号”船执行。自 2013 年 5 月 28 日从广州启航，至 11 月 6 日完成任务返回广州，历时 123 天，航行里程 14315 海里，作业海区为太平洋。参航队员共 91 人（其中船员 28 人，调查队员 63 人），分别来自广州海洋地质调查局、国家海洋局海洋第二海洋研究所、第一海洋研究所、中国科学院沈阳自动化研究所、中国科学院声学研究所、中国科学院海洋研究所、青岛海洋地质研究所、哈尔滨工程大学、长沙矿山研究院、中国海洋大学、厦门大学、浙江万里学院、中国国土资源报社等十三家单位。本航次按照中国大洋协会国际海域资源与开发“十二五”总体工作部署，在太平洋开展富钴结壳、多金属结核、稀土等资源及环境调查工作，同时进行了生物多样性调查及其他科学研究，完成了航次设计的任务。

本航次分三个航段在三个调查区开展工作。在西太平洋我国结壳合同区——采薇海山开展了资源与调查，在东太平洋我国多金属结核区开展资源与环境、生物调查，进行了 AUV 试验性应用，在中太平洋开展富钴结壳资源调查。取得以下主要成果：①在我国结壳合同区成功实现了大规模、跨年度、连续的立体环境观测，这是我国首次在一个航次中，在同一个区域，实现多手段（CTD、ADCP、沉积物捕获器等）、大规模的立体环境观测，并实现了跨年度的连续调查，为结壳矿区环境基线的研究提供丰富的实物样品与资料。②首次在我国结壳合同矿区选取勘探小区进行多手段详细勘查，为结壳资源的精确评价与矿床研究提供了详细的资料。③我国自主研制的声学深拖首次成功应用于海山区富钴结壳资源调查，同步获取了测深侧扫与浅层剖面数据。④在东太平洋多金属结核矿区开展了大范围、多手段、综合环境调查，并首次在国际海底管理局拟定的环境特别受关注区进行多手段常规环境调查。⑤我国自主研制的 6000 米无人无缆潜器（AUV）——“潜龙一号”成功在结核合同区开展声学应用性试验，海底探测 26 小时 38 分钟，最大下潜深度 5162 米，共完成了近海底声学、水文等综合调查测线 92.9 千米，获得了约 32 平方千米的海底测深侧扫资料、浅地层剖面数据以及相应的温、盐等物理海洋数据，得到了海底微地形 2 米间距等深线图。

**【大洋第 30 航次】**　中国大洋第 30 航次任务由“大洋一号”科学考察船执行，2013 年 12 月 2 日从三亚港启航，计划 5 月 28 日返回青岛，主要任务是在西南印度洋开展热液硫化物资源调查。本航次分四个航段执行，2013 年执行第一航段，2014 年执行第二至四航段。

第一航段于 2014 年 1 月 16 日停靠毛里求斯，历时 46 天，作业 22 天。本航段按计划完成了调查任务，取得成果主要有：①首次在西南印度洋中脊成功实施声学深拖测线作业，调查所获数据记录稳定、连续性好、质量优良，为研究西南印度洋中脊已知热液区块微地形和热液异常探测了关键性数据资料。②在西南印度洋中脊区发现 4 个新热液区。③在西南印度洋中脊浅表水层首次发现一团异常以黄绿色为特征的浅表水团，呈不规则、略为带状分布。

**【蛟龙号载人潜水器试验性应用航次暨大洋第 31 航次】**　2013 年蛟龙号载人潜水器试验性应用航次是中国大洋协会组织开展的蛟龙号试验性应用阶段的第一个航次。自 2013 年 6 月 5 日“向阳红 09”从青岛母港起航，至 9 月 23 日返回青岛，历时 111 天，航程 17013 海里，分别在南海，东北太平洋 CC 区和西北太平洋采薇海山、采杞海山区，开展了三个航段 21 个潜次的下潜作业和 38 个站位的常规调查任务。国家深海基地管理中心为航次组织实施单位，共有来自国内外 22 家单位，126 名队员参加了航次，10 名科学家成为蛟龙号的首批乘客，包括 2 名女科学家和 1 名香港特区科学家。本航次共采集生物样品 71 种 390 只、结核 161 枚、结壳 8 块、岩石 32 块和沉积物 180 千克，数据资料 16 册、高清照片 2824 张、高清视频 927.5GB（180 小时）、电子数据资料总计 1.8T，高质量巨型底栖生物样品超过了过去大洋那个科考 20 年的总和。获取了底栖生物分布、岩石及资源方面的新认识。

**【多金属结核合同区资源综合评价】**　对多金属结核勘探工作进行了研讨，并提出了海上工作需求与建议；对多金属结核重大项目及所属第一批课题进行了中期评估，所属课题全部通过专家评审，其中 40%课题达到优秀等级。

**【多金属结核合同区资源综合评价重大项目取得的研究成果】**　①对合同区内试采区多金属结核的丰度、覆盖率、分布特征、土工力学以及详细勘探区的资源量分类进行了研究。②在继续开展中国合同区环境基线调查的基础上，扩大了调查区域，增加对邻近的环境特别受关注区的调查；同时整理历史环境资料，分析了中国合同区环境年际变化趋势和大尺度物理海洋特征；确定了环境参照区选取标准。③研制了海底沉积物土工力学参数原位测试仪并完成其 66MPa 高压整体试验和随船全方位调试。④开展了多金属结核和富钴结壳合并冶炼工艺的研究；完成了多金属结核吨级规模冶炼连续试验初步设计方案。⑤对 2013 年多金属结核相关金属的市场情况进行分析，并对陆地资源和运输方案进行了对比研究，优化了多金属结核开发技术经济模型。⑥多金属结核资源综合评价重大项目获得授权专利 1 项，申请专利 1 项，发表论文 9 篇。

**【富钴结壳资源评价】**　2013 年富钴结壳资源评价重大项目第三批课题立项指南颁布并签订了合同。组织编写了富钴结壳资源评价重大项目中期研究成果报告。完成了对富钴结壳资源评价重大项目及所属课题的中期评估。完成了富钴结壳资源评价重大项目绩效考核工作。

**【富钴结壳资源评价重大项目取得的研究成果】**　①勘探区富钴结壳矿床特征和资源评价。基本确定了富钴结壳勘探区勘查工程间距和勘查方案；开展了勘探区勘查工作部署；基本确定了矿体圈定方法和资源评价方法；解释了典型海山富钴结壳的分布规律；推测海山可能存在隐伏型结壳矿产；初步编制了勘探区重点区域地质图；对比了南海多金属结壳与太平洋富钴结壳矿石矿物地球化学特征；建立了富钴结壳资源评价系统并对潜在资源进行空间预测；测定了富钴结壳中稀土元素和铂族元素含量变化；初步建设了全球大洋富钴结壳数据库。②调查区富钴结壳矿床特征和资源评价。分析了调查区海山富钴结壳矿床特征；初步揭示了调查区海山富钴结壳空间分布特征；初步评价了调查区海山富钴结壳资源量。③勘探区海山区环境评价。发现了采薇海山东西侧巨型底栖生物分布存在差异；揭示了采薇海山近底层流特征；研究了北太平洋亚热带环流区 210Po/210Pb 不平衡及其颗粒动力学；揭示了热带东、西太平洋反硝化作用的差异及其变化机制；发现了采薇海山东侧的深层水涌升现象。④富钴结壳选冶评价。揭示了板状富钴结壳的工艺矿物学特征；初步建立了板状富钴结壳选矿特征；开展了冶炼验证试验。

**【西南印度洋多金属硫化物合同区资源评价】** 2013 年西南印度洋多金属硫化物合同区资源评价重大项目组完成了第二批 6 个课题合同文本的审查工作并正式签订了合同。完成了重大项目环境调查与评价研究和采选冶研究部署；完成了重大项目所属一期课题的中期评估。

重大项目通过协调各课题围绕研究目标，开展了岩矿地质基础研究、热液探测及地球物理勘探方法研究，资源评价方法研究，以及环境调查与评价研究工作，并取得阶段性成果。论文成果方面，在 2013 年度已发表论文 9 篇（其中 SCI/EI 4 篇），另有 14 篇论文正处于录用待刊（其中 4 篇属于 SCI 收录期刊）。

**【西南印度洋多金属硫化物合同区资源评价重大项目取得的研究成果】** ①基础地质及技术研究工作，在区域背景工作方面，编制了西南度洋盆基础地质地球物理图件；编制了合同区区块群的地形草图与实际材料图；并进行西南印度洋构造单元分级，以及 120Ma 以来的区域洋底构造演化模式分析。在岩石矿物测试分析研究方面，利用岩石、沉积物等样品的地球化学测试分析，着重剖析西南印度洋脊 51° E 碳酸盐成因，分析了西南印度洋脊 49-53° E 段洋脊岩浆活动特征以及地幔组成和结构特征；并进行了岩石的电-磁等物性测试、物性测试技术体系、基于岩石/硫化物物性数值模拟等方面的研究工作；在局域底表地质探测方面，进行了底质分类探测研究，并剖析了西南印度洋龙圻热液区的底表地质特征；在热液探测及找矿研究方面，初步进行沉积物地球化学找矿异常指标研究，并进行了考虑地形、海流等多种因素影响的热液羽状流异常数据处理方法。②资源勘探与评价工作，通过多年来海上时间调查及国内外交流学习研究，形成了一套基于“控矿构造-找矿标志-探矿技术”的洋中脊硫化物“三步法”快速找矿方法；通过国内外调研与实践探索，初步提出了海底多金属硫化物资源评价理论体系，并理论验证应用了一套基于北大西洋中脊区域多金属硫化物成矿预测的资源方法，取得了较好的结果。③环境调查与评价工作，对西南印度洋合同区及邻域开展了海水中营养盐、溶解氧、pH 等化学要素分布特征研究；热液羽流区 $CH_4$ 气体分布特征研究；热液羽流区金属元素（Fe、Mn、Al 等）分布特征研究。另也对热液区采集的低温热液氧化物/沉淀物的开展了地球化学特征分析和分子生物学研究。

**【深海（微）生物勘探与资源潜力评价】** 2013 签订了第二期 3 个课题合同。完成了第一批 9 个课题的中期评估。获得深海菌株 3000 多株；发表论文 67 篇，其中 65 篇为 SCI 收录论文，1 篇为 EI 收录论文。编写专著 2 部。新申请专利 16 项，获得授权 3 项、其中 2 项美国专利获得授权。

**【深海（微）生物勘探与资源潜力评价重大项目取得成果】** ①完成 126 个深海样品或富集物的多样性分析；完成 1668 株深海微生物的初步分离鉴定，其中 300 株完成保藏工作； 鉴定 15 个微生物新种；完成 36 株微生物基因组测序分析；开展了 1 种深海样品的环境基因组测序分析；开展了硫氧化菌、铁还原菌的分离。②完成了西南、西北印度洋 21、22、26 航次 6 个样品的高通量测序，并系统分析了 10 个样品中微生物群落结构；采集了 28 航次样品，培养获得了 9 个属的 30 株深海放线菌，及 40 个属的 190 株深海细菌，并进行了保藏，从中获得了参与元素循环的功能类群；获得了 3 个新种，2 个新化合物；分析了 2 个潜力菌株的基因组；构建了 3 个样品的元基因组文库，并从中筛选获得 22 个目标水解酶阳性克隆；完成了搭建微生物单细胞分选和单细胞基因组扩增平台的准备工作。③参加了大洋 29 航次（第二航段）工作，针对结核与结壳区沉积物和结核样品，开展微生物 16S rRNA 基因测序与多样性分析，发现不同结核内部微生物多样性差异显著；分离结核结壳区微生物 1200 余株；发现并发表 11 个微生物新种；构建 2 个宏基因组文库，基于文库筛选和测序分析，探讨海山生态系统中微生物的生态功能，发现在富钴结壳海山生态系统中，氮循环是一种极其重要的生物地球化学循环过程。

## 深海技术发展

**【蛟龙号载人潜水器】**　2013 年蛟龙号载人潜水器试验性应用航次的成功实施，充分验证了蛟龙号载人潜水器优越稳定的技术性能；展现了其在深海资源勘探、环境评价、科学考察等方面的应用远景，标志着我国已跻身世界载人深潜科考俱乐部。

**【国产超短基线定位系统增装】**　大洋“国产超短基线增装”项目的主要目标是以“大洋一号”科考船的需求为背景，结合已有国家计划科研成果，开展国产超短基线定位系统的研制工作，通过系统集成，安装到“大洋一号”科考船上，提供与国外超短基线系统定位服务的相互备份，满足该船在深海资源调查时对水下设备提供定位服务的需求。

项目于 2012 年 3 月和 2013 年 4 月进行了升降装置的陆地测试，2013 年 9—10 月完成了国产超短基线整套系统的安装调试工作；10—11 月实施了南海深海试验，历时 10 天，主要考核了系统定位精度与最大作用距离，并参与其他设备的定位应用试验。海试结果表明，系统工作状态稳定，定位结果可靠，在 60° 锥角范围内系统定位精度优于 0.4%R，最大作用距离 9700 米，与国际同类产品相比，技术指标处于同一水平。海试结束后，该系统随“大洋一号”船出航，承担了大洋第 30 航次调查设备水下定位的试验性应用任务。

**【6000 米无人无缆潜器升级改造】**　大洋“6000 米无人无缆潜器升级改造”项目主要目标是充分发挥现有 6000 米无人无缆潜器的使用效益，彻底摆脱长期处于试验状态的局面，使其性能更加稳定可靠，使用操作更加方便，更好的发挥现有技术装备的作用，完成太平洋底多金属结核的调查任务。

在 2012 年 12 月前完成项目生产、采购、总体装配、联合调试和出所检测的基础上，2013 年 3 月完成湖上试验及湖试验收，并由中国大洋协会正式命名为“潜龙一号”。2013 年 4 月在南海进行了首次海上试验，并获得成功，试验中最大下潜深度 4159 米，50 米定高潜航距离 10.5 千米。

在对海试中出现的问题进行整改后，“潜龙一号”随“海洋六号”出海，承担我国多金属结核矿区地形精细调查的试验性应用任务。2013 年 10 月 1—12 日，“潜龙一号”共进行了 7 个潜次的试验，最大下潜深度 5162 米，水下作业时间 28 小时 53 分，完成测线探测 92.1 千米。

通过“潜龙一号”七次下潜的试验性应用，系统整体性能得到了全面的检验，各设备工作状态稳定、功能正常，充分展示了“潜龙一号”具备了在 5000 米级海域实施综合探测的能力。

**【6000 米声学深拖系统适用性改造与维护】**　大洋“6000 米声学深拖系统适用性改造与维护”主要目标是对“十五”期间研制的 6000 米级声学深拖系统进行适用性改造和维护，增加了浅地层剖面仪、声多普勒计程仪等设备，使系统具备同时进行海底地形地貌、浅地层地质结构、近海底流场等信息探测的能力，升级改造后的声学深拖系统不但可继续在“大洋一号”船上进行作业，也具备了在“海洋六号”船上进行作业的能力，满足多条执行大洋科学考察任务船舶的使用要求。

在 2012 年 9 月完成湖试的基础上，系统于 2013 年 4 月在南海进行了海试，海试结果表明各设备工作状态正常，达到 6000 米声学深拖系统各项技术指标，满足大洋调查应用任务的需求。海上试验结束后，该系统随“海洋六号”船出航，承担大洋 29 航次富钴结壳矿区地形地貌和浅地质结构的调查任务，2013 年 7 月完成 MA 海山附近 2 条测线作业，作业时间共计 25.2 小时，获得了总长 54.6 千米满足设计指标的高精度微地形地貌数据和浅地层剖面数据。

6000 米声学深拖系统是由我国自主研制的

第一套具有微地形地貌和浅地层地质结构两种探测能力的深海声学拖曳探测设备，通过两次水下作业，完成了两条从山顶到山底的测线探测任务，验证了该系统良好的作业性能，达到了国外同类产品的深海作业能力。

**【“大洋一号”船科考数据网集成优化】** 大洋“大洋一号船科考数据网集成优化”项目的主要目标是通过升级网络基础设施，构建科考时间统一系统，优化数据传输中心，进一步提升“大洋一号”科考数据网数据采集与信息处理的基础能力；建成船舶综合监控显示系统和船舶状态信息显示系统为“大洋一号”的航行与科考工作提供全面、直观的辅助决策信息。

在 2012 年完成各子系统软件的初步版本研制工作基础上，项目于 2013 年 5 月完成了各系统硬件设备采购，并进行陆上联调实验，2013 年 9 月于青岛完成了所有硬件设备的安装和部分软件的调试，2013 年 11 月参加“大洋一号”船海试，完成各子系统航行试验调试和试运行。海试结果表明，通过该项目实施使“大洋一号”船信息化水平继续保持在国际先进行列。海上试验结束后，该系统即服务于自 2013 年 12 月 2 日起始“大洋一号”船大洋 30 航次调查。

**【电法探测仪检测与海试】** 电法探测是深海多金属硫化物资源勘查的主要技术手段。由中国大洋协会支持开发的电法探测仪于 2011 年和 2012 年分别在南大西洋硫化物区和北大西洋 TAG 已知热液区进行了试验。为验证已获得数据的可靠性，2013 年 6 月在长沙矿山研究院海洋实验室对电法探测仪的异常反应能力进行了测试，结果表面异常显示明显，仪器对异常反应灵敏。

2013 年 11 月在南海水深约为 1300～2500 米处，全面测试了电法探测仪的通讯、采集、高度计和视频监控等性能。在试验过程中，由于拖体与海底发生碰撞，导致仪器舱拖体的端盖左上角碰撞受损，顶部预埋螺母脱落，垂直导流板及水平导流板脱落丢失，但内部框架未见损坏；线圈拖体外壳破损严重，但发送及接收线圈骨架完整，水平及垂直尾翼未损坏，姿态传感器耐压舱未变形，经评估仪器舱拖体和线圈拖体的外壳均无法修复。

为保障该设备在大洋 30 航次中使用，2013 年 11 月 23 日紧急加工完成一个仪器舱拖体外壳和一个线圈拖体外壳并上船，在随后进行的海试中，当线圈拖体经过天然气管道上方时，该设备可测到明显的异常，表明已达到试航状态，并用于“大洋一号”船大洋 30 航次西南印度洋多金属硫化物的调查。

**【中深孔钻机改进与海试】** 钻井技术是多金属硫化物矿区勘查的主要手段，与电法探测相结合，可有效地实施矿区的圈定。该中深孔钻机的原型机是在国家高技术研究发展技术（863 计划）下，由北京先驱高技术公司在“十一五”期间所研发，其最大作业水深为 4000 米，最大钻孔深度为 20 米。

为实施西南印度洋多金属硫化物矿区的钻井勘查，2013 年中国大洋协会办公室组织对该中深孔钻机进行了卸扣技术、控制技术等的改进，改进后的钻机参加了 2013 年“大洋一号”船和调查设备的海试。海试共下水试验 4 次，其中第 2 次下水完成三根钻杆的连接工作，实际钻进 2.8 米，钻进过程约 1.5 小时，取样 2.14 米，样品完整，作业水深 848 米；第 4 次下水，钻进 12 米，由于是沉积层，仅取得一小块沉积物样品，作业水深 1206 米，海试表明该钻机已具备航次试用的条件，我国初步具有了深海中深孔钻井的能力。海试结束后，该钻机于 2013 年 12 月 2 日随“大洋一号”船出航，在大洋 30 航次调查中试用。

## 大洋管理工作及能力建设

**【中国大洋勘查技术与深海科学研究开发基地】** 中国大洋勘查技术与深海科学研究开发基地在 2013 年主要负责 5 个航次设计与规划，承担 3 个航次组织实施工作，负责 2 个专项研究工作。组织完成大洋 28、30、33、34 及“太阳号”航次相关论证、设计和实施方案编写；大洋航次海上调查与组织实施，2013 年 4 月 10 日至 6 月 24 日，组织实施大洋 28 航次调查任务，开展为期约 80 天的海上调查。2013 年 10 月 18 日至 11 月 14 日组织完成了“大洋一号”船南海综合海试任务，历时 28 天，航程 3691 海里，完成了 7 大类、39 种、75 台（套）调查设备的海试；2013 年 11 月 25—29 日，组织“大洋一号”船与调查设备综合海试的后续专项试验，历时5天完成中深钻等6套设备的试验；经过长达1年多的精心准备和组织，确保“大洋一号”科考船执行的大洋30航次于2013年12月2日顺利起航；参加蛟龙号载人深潜器实验性应用航次和大洋29航次海上调查。组织“西南印度洋合同区多金属硫化物资源评价”和“多金属硫化物调查区资源评价”重大项目开展，取得阶段性成果；参与完成的《中国大洋矿产资源研究开发协会请求核准“区域”内富钴铁锰结壳勘探工作计划以取得合同的申请书》在国际海底管理局第19届年会（2013年7月）上获得批准。

完成《大洋调查航次组队及管理暂行办法》编制；完成《大洋航次培训工作暂行规定（讨论稿）》编制；协助大洋办进行大洋航次安全保障机制建立；联合北海分局建设大洋航次安全保障体系。

**【中国大洋生物基因资源研究开发基地】** 开展大洋微生物资源分离与保藏，对来自大西洋、太平洋和马里亚纳海沟的大洋考察22、26、27三个航次的生物样品进行了微生物多样性、产酶微生物、极端微生物、石油降解菌、产油菌、重金属抗性菌等多方面的分析和研究，通过现场富集、模拟培养、筛选分离，从大洋环境分离到约2000株微生物，包括细菌、真菌和放线菌。大量的现场富集和入库样品有待于进一步分析；大洋样品馆生物馆建设与样品管理，已完成库房的基本建设，库存样品共计360个站位，按照样品类型计算沉积物263个站位，大型生物17个站位，硫化物、岩石、氧化物等共计85个站位；2013年入库153个站位的样品，按照样品类型计算沉积物134个站位，大型生物21个站位，硫化物和氧化物共10个站位，岩石样品5个站位。

2013年11月4—6日，在厦门组织召开了“海洋微生物原位富集国际研讨会（International workshop on in-situ enrichment of marine microbes)”。会议邀请了来自美国、法国和日本的多位专家做了学术报告，同时吸引了来自浙江大学、上海交通大学、厦门大学、杭州电子科技大学、中国海洋大学、中科院微生物所和国家海洋局第三海洋研究所等多家单位的50多位专家和研究生参加了本次会议。

**【中国大洋样品馆】** ①制度建设，编制完成了《大洋航次调查内业资料整编汇交要求（试行）》，并首次在大洋23航次验收工作中试行，取得了良好的效果。②大洋样品馆建设与运行，开展了样品室内管理信息系统设计开发与优化升级；开展了现场样品管理信息系统功能的完善；开展了大洋样品申请审批系统开发。依照样品馆安全运行责任制，明确责任、分工负责；持续开展样品馆楼房和各库房日常巡视；对重大设备实行定期维护与日常巡检相结合的模式，坚持消除安全隐患于未然；接待各类来访79团次、1610人次，完成了全国人大环资委主任陆浩、第二届“高校博士团走向海洋”、“2013年青少年海洋意识暑期教育培训与实践”、“2013年国际青少年气候变化夏令营”等大型接待任务，顺利完成各类外事接待任务20余次；接待青岛电视台、中央电视台拍摄或专访2次，在《中国海洋报》等媒体发表有关工作报道3篇；联合举办展会或提供展品参加大型展览12次、累计出借展品45件次。

**【大洋样品管理】** ①大洋样品航次现场管理与技术支持受理大洋28、29、30、31等4个航次现场样品使用申请63份，编制现场使用样品分配方案（建议）248条，确保了航次现场样品的有序使用。为大洋28、29、30、31等4个航次提供大洋样品周转箱等各类保存器材，开展了航次现场样品管理和样品现场管理员岗位培训，维护了大洋航次现场样品管理系统基础信息，提供了航次现场样品管理系统应用技术支持。②样品接收管理与入馆清点，接收入馆大洋28、29、31航次调查样品183站；完成了大洋26、28、29、31等4个航次样品现场管理信息数据校对与统计工作；完成了大洋26、28、29、31等4个航次入馆样品的清点整理。③样品编码入库与使用管理，完成了大洋26、28、31等3个航次样品的分类描述、编码入库，累计入库样品123站、475件，获得样品照片1668张、7.97GB，产生纸质资料421页。完成大洋26、28、29、31等4个航次样品管理文件资料的排序整理与复制14229页，装订149册。受理库存样品使用申请50份，完成其中36份申请样品的分配出库，累计分配出库样品800站、

1070 件。④样品属性数据提取，首次开展了室内岩心样品属性数据提取工作，完成柱状沉积物岩心和浅钻岩心样品磁化率、电阻率、GAMMA 密度等物理参数无损测试 31 站、7759 厘米，完成柱状沉积物岩心化学参数无损扫描测试 5 站、30 段、2826 厘米。

**【大洋资料中心】** 2013 年大洋资料中心业务平台围绕大洋标准规范建设、资料收集与处理、数据库维护与运行及数据资料服务四个方面开展，完成了全年的大洋资料收集与服务，实现了大洋资料的科学有效管理。为实现大洋资料的规范化、标准化、体系化管理，2013 年度在以往工作基础上修订了《大洋航次调查现场资料整编汇交要求》(试行)，并在大洋 28、29、30 航次进行了航前培训。编制了《大洋航次调查内业资料整编汇交要求》(试行)，通过专家评审并在大洋 23 和 20 航次内业资料整编汇交工作中试行，有效地规范了大洋航次调查与内业资料的整编汇交。经过连续三年的制度建设，大洋资料中心已经建立了大洋资料管理规定、大洋资料整编汇交要求、大洋数据库标准等 14 项管理制度与标准规范，有效地规范了大洋资料汇交、处理与服务等过程。

**【资料收集与处理】** 2013 年大洋资料中心共新增大洋 28、29、31 航次 3 个航次调查现场资料及大洋 23 和大洋 20 航次 2 个航次的内业整编资料。新增现场报告、班报与记录等纸质资料 151 册，总计 7706 页。新增水深地形、综合地球物理、水文气象、视频等各类电子数据文件 147657 个，数据总量达 2.7TB。对 2013 年收集到的数据资料进行整理和预处理，包括清单编制、预立卷和归档，按照水文、气象、生物、化学、地质、地球物理等不同学科分类整理和核查数据资料，并编制每一类数据资料的详细清单。2013 年共完成大洋 28、29、31、20、23 航次共计 5 个航次所有接收数据的整理，形成大洋原始调查数据集及清单目录，数据总量 2.72TB。形成 2013 年大洋原始调查数据集及清单。并对原始数据及整理数据进行了备份，共备份数据 8.16TB。本年度对大洋十五、十一五期间历史航次调查获取的纸质资料电子化工作，共完成 575 册、总计 52222 页纸质资料的扫描电子化，共形成 617 个 PDF 数据文件，数据量为 18.2GB。对 2013 年收集的数据资料进行了标准化处理，处理流程包括格式转换、代码转换、信息补充、元数据提取、资料处理报告与质量评价报告编写等内容。标准化处理的数据内容包括综合信息、水文、气象、化学、地质、地球物理等，2013 年共完成约 400 万站次数据的标准化处理。在 2012 年工作基础上，制作完成大洋调查数据光盘产品 V3.0 版，填充了 2013 年大洋调查成果内容。开发了大洋数据集成展示系统，开发了大洋研究课题数据查询检索系统软件，并初步完成《中国大洋十一五项目研究成果汇编》，制作了多金属结核、富钴结壳、热液硫化物专题数据产品。

**【数据库维护、运行和资料服务】** 编制大洋数据库标准 V3.0 版，用于指导大洋数据库的更新改造与升级；完善已建的各类调查资料数据库，对部分基础数据库表结构进行了调整，重点集中在字段长度、字段类型、表间关系等；新增加原始资料数据库，主要包括文档、基础数据、影音视频文件等内容；新建专题数据，建设大洋多金属结核资源、富钴结壳资源、多金属硫化物资源专题数据库；开展新获取大洋数据的数据库更新加载工作。更新了温盐数据库约 20 万条记录、海流数据库约 60 万条记录，更新照相摄像索引数据库 360 条记录；升级改造大洋数据库加载系统，重点完善数据加载前预处理检查模块和异常数据后处理模块；升级大洋数据库管理系统，重点完善了对大洋数据的基本统计功能；开展数据库系统运行的日常维护，对部分大数量表进行查询检索效率优化，定期完成数据库离线备份，对数据库运行中警告/异常日志处理，保证了数据库系统的业务化运行。2013 年大洋数据库运行正常。通过提供基础数据与数据产品为国家海洋局一所、二所、广州海洋地质调查局、海司航保部、中国大洋协会办公室等多家单位的数据资料服务申请，并提供数据资料服务，2013 年总计提供各类数据资料服务近 500GB。

**【大洋能力建设工作】** 在国家发展改革委对大洋两型新船建设项目批复的基础上，2013 年大洋能力建设工作的重点是围绕立项后的项目可行性研究的相关内容进行，同时，兼顾开展大洋调查海外保障基地建设项目的前期预研并启动勘探工程船的预可行性研究论证工作。

**【大洋两型新船方案设计及评审】**　在前期论证工作的基础上，2013 年一季度，大洋能力建设工作组协同中船重工第 701 研究所和中船工业第 708 研究所等有关设计单位，重点就方案设计相关的船舶主机选型、推进系统及推进器技术方案、调查装备系统和集装箱系统配置方案、综合船数字地震系统方案、舱室布置方案及内装相关问题以及卫星通导和信息系统方案等进行了专题技术设计研究，从而使两船的方案设计顺利通过了协会办公室组织的由 11 名相关专家（包括 7 名院士）组成评审组的评审。

**【大洋新船项目可行性研究报告编制、修改、上报、评审和补充】**　大洋能力建设工作组与上海投资咨询公司紧密协作，共同制定两船可研报告编制的计划并展开相关工作，通过调研、研讨、集中编写等形式，按计划完成了可研报告的各主要部分。针对报告的核心内容投资经费的匡算，分别组织了船舶和调查装备的专题研讨编写会，形成报告初审稿，经过专家内审和几轮编写修改和调整，可研报告于 4 月中旬完成上报稿，4 月 24 日提交海洋局规划司。根据海洋局规划司的修改意见，经过调整补充的两船可研报告于 6 月下旬通过了规划司组织的专家内审。经过再次修改完善，7 月 15 日正式上报。

根据发改委评审中心 9 月下旬提出的要求，大洋能力建设工作组及时补充编写并提交了大洋两型新船可研报告的补充报告等材料。10 月 28—29 日，国家发改委评审中心在北京组织召开了大洋两船可研报告评审会。针对评审专家组提出的相关意见和建议，大洋能力建设工作组会同上投公司及时讨论部署了相关后续工作。11 月 15 日，收到发改委评审中心对两船可研报告的书面评审意见，根据意见要求，对报告进行补充相关技术论证和经费核算等方面的内容。

**【大洋新船项目技术调研和交流】**　根据两船建造相关装备和技术需求和相关工作计划，大洋能力建设工作组组织开展了有针对性的国内外技术调研和交流。①国内方面，先后到广船国际参访了海军新建的潜艇救生支持船、总参江阴基地参访了远望六号航天测量船、南通中远参观了装有 Voith 直叶桨的风电安装工程船等实例；调访了南通中集（集装箱制造）、铁岭陆平机器公司（方舱制造）和广东东莞“勤上光电”公司（LED 照明灯具）等。②国外调研方面，7 月 17—27 日，在为期十天的行程中，先后访问了位于法国布列斯特和巴黎的 IXEABLUE 公司（水下声学和导航仪器）、芬兰瓦萨的 Wartsila 公司（船用主机）和英国伦敦的 Rolls & Roes 公司（海洋技术装备）及南安普顿的国家海洋研究中心（RSS James Cook 远洋调查船）。与 CCS 上海审图中心就两型新船有关的技术规范问题进行了沟通交流；就大深度 ROV 装备、双燃料主机、电力推进系统（直流母排）、直叶桨推进、吊舱推进和舵桨推进装置等分别与 ISE 总裁 Mr.迈克法伦、Wartsila 上海、西门子海工（亚洲）、德国 VOITH 公司和 ZF 公司（新加坡）等进行了交流研讨。在 OI 中国(上海)海洋技术和工程设备展览会期间，与项目相关的仪器和设备厂商及代理进行了交流。

**【大洋新船项目专题技术研究】**　①开展了新船减振降噪技术方案、调查作业甲板支持系统技术方案以及潜器母船的 CFD 计算和船模试验等专题技术研究工作。②新船初步设计阶段前期工作，为做好下阶段的初步设计，提前开展了新船调查装备规格书编制、调查系统和信息系统的初步设计方案以及船舶总体性能、内装及照明设计等相关专题的技术准备。③进口设备免税问题，先后到海关总署、国家税务总局等主管部门，就大洋新船项目特案免税的事进行了汇报，取得了理解和支持，多次到财政部关税司与政策法规处和特别关税处进行汇报并提供了相关材料。

**【勘探工程船预可行性研究工作】**　中国大洋协会办公室与中船工业第 708 研究所就大洋钻探船预研论证进行多次研讨，明确了有关勘探工程船建设前期论证工作的相关方案；目前已协商确定了工作委托协议。

## 大洋国际交流与合作

**【访问南太岛国】**　2013 年 4 月 9—19 日，中国大洋矿产资源研究开发协会与五矿集团长沙矿冶研究院有限责任公司、北京矿冶研究总院等国有企业共同组织代表团访问了库克群岛、斐济和萨摩亚等南太岛国。访问期间，主要与以上各国政府有关部门共同探讨了协会及其企业成员单位在南太地区开展深海矿产资源开发活动的可行性及最佳方式。代表团表达了中方积极参与南太岛国海底资源开发的意愿，了解了相关国家关于海底矿产资源开发与海洋环境保护的法律制度，初步达成了合作意向。此外，代表团还应邀访问了南太地区性组织 SOPAC 位于斐济的办公室。通过访问，双方同意今后将加强信息沟通、资料交换和人员交流合作。

**【中韩深海矿产资源开发合作】** 中韩深海矿产资源开发合作第八次会议于 2013 年 4 月 15—19 日在韩国庆州举行。会议期间中韩双方科学家重点交流了深海多金属硫化物环境调查评价、深海采矿和深海资源冶炼等专业领域双方工作的最新进展和下一步工作计划，深入讨论了深化将来合作的具体措施，并签订了合作纪要。访问期间，代表团还应邀参观了浦项制铁庆州工厂、现代汽车蔚山工厂和 LS-Nikko 炼铜温山工厂等韩方知名企业。

**【深海采矿论坛】** 2013 年 10 月 21-29 日，深海采矿论坛（Underwater Mining Institute，简称 UMI 论坛）第 42 届年会（UMI 2013）分阶段在巴西里约热内卢（Rio de Janeiro）、欧鲁普雷图（Oure Preto）和嘎林海斯港（Porto de Galinhas）举行。以中国大洋协会金建才秘书长为团长的代表团参加了会议。会议议题：大西洋海底矿产勘探新进展及其他自由兴趣话题讨论。会议主旨：在了解大西洋海底矿产勘探新近成果基础上，进一步就深海采矿相关问题进行自由讨论，以促使深海采矿全面、审慎和健康发展。会议上，中方海洋二所陶春辉研究员和同济大学周怀阳教授分别做了关于多波束在海底热液硫化物区应用（Seabed classification at seafloor hydrothermal sulfides fields using multi-beam sonar）和地质条件限制南海锰结核分布（Geological limitation on distribution of manganese nodules in the south China Sea）的报告。

（中国大洋矿产资源研究开发协会）

# 海洋国际交流与合作

## 海洋国际交流与合作

### 综 述

2013 年，国家海洋局认真贯彻实施年初部署的海洋维权和国际合作各项任务，主动谋划，迎难而上，在稳妥推进周边海洋维权工作、积极开展双边和多边海洋合作、努力搭建海洋合作新平台、推进国际化队伍建设等诸多方面都取得了显著成效。主要成果包括：

（1）扎实推进海洋维权工作。一是深入参与海洋权益工作顶层设计，为维权工作决策提供重要参考。针对海上热点问题，认真研判形势，积极向上级部门提交专题报告。部分意见和建议为上级决策提供了重要的参考。二是及时提出实施我国管辖海域常态化维权巡航执法，强化管辖的建议和对策。实现了钓鱼岛海域常态化巡航，开展了对黄岩岛海域的维权执法，强化了对仁爱礁海域的监管等。三是稳步推进在《联合国海洋法公约》框架下的海洋工作，提升国际影响力。进一步巩固 200 海里外大陆架划界成果，国家海洋局与外交部共同向联合国大陆架界限委员会做了东海部分海域 200 海里外大陆架划界案的陈述报告，以充分的法理和科学证据为基础，重申了我国东海大陆架自然延伸至冲绳海槽的主张。全面参与联大海洋法非正式磋商、《联合国海洋法公约》缔约国会议、大陆架界限委员会、国际海底管理局、国际海洋法法庭等重要涉海事务。参与中越海洋划界与共同开发磋商。参与中美、中阿根廷、中英、中法等海洋法与极地事务非正式磋商，就海洋合作以及极地大洋事务等进行沟通。四是广泛开展国际学术交流，努力增强海洋领域软实力。各单位积极开展涉海领域的国际合作与交流、技术引进、外派人才培训等工作，不断提高我国海洋研究水平、增强我国在国际海洋界的影响力。组织召开“纪念《开罗宣言》发表 70 周年”、“南海合作与发展”、“海洋公共利益与秩序”等国际研讨会，并积极与美、日、欧洲有关国家的智库开展对话交流，积极宣传我在领土主权和海洋权益问题上的立场和主张。

（2）海洋合作倡议纳入高层外交成果，海洋合作迈入发展机遇期。一是努力为高层外交和重要出访准备成果。在习近平主席、李克强总理等国家领导人见证下，签署了《中南非政府间海洋领域合作谅解备忘录》、《中韩海洋科技合作谅解备忘录》、《中巴海洋科技合作谅解备忘录》，《中泰海洋领域合作五年规划（2014—2018）》和《中越北部湾海洋与海岛综合环境管理的合作协议》。国家海洋局提出的多项海洋合作倡议纳入习近平主席出席 APEC 领导人会议、李克强总理出席中国—东盟领导人会议成果清单。国家海洋局领导分别与桑给巴尔总统、冰岛总统、毛里求斯副总统、泰国诗琳通公主以及来自斯里兰卡、柬埔寨、印尼、韩国、桑给巴尔等国部长举行双边会谈，首次以中国海警名义出席了“西北太平洋海上执法机构合作论坛”，建立了与周边国家以及海洋大国海上执法机构的联系。二是建立海洋合作机制与平台，与东盟和一些国家的海洋合作取得实质进展。落实习近平主席、李克强总理等访问东亚、东南亚、非洲等成果清单，中印尼中心及其联合海洋观测站建设、东南亚濒危海洋生物保护研究等多个项目已被确定为中印尼、中国东盟海上合作基金首批优先支持项目。中冰极光联合观测台建设方案已经两国批准，筹建工作启动。中泰气候与海洋生态联合实验室在泰国普吉正式挂牌。成功举办了首届中国—东盟海洋合作论坛、首届中国—非洲国家海洋科技合作论坛、第三届发展中国家海洋管理部长级研讨班和首届发展中国家海洋合作高层论坛、首届中韩黄海论坛以及第四届海峡两岸海洋论坛。三是推动全方位、多领域、深层次的海洋合作，发展互利共赢的海洋合作新模式。《南海及其周边海洋国际合作框架计划》项目取得重要成果，以我为主在双边以及海委会、APEC、北太平洋海洋科学组织框架下成功实施了多个合作项目，增强了合作吸引力。国家海洋局率团出访南非、印尼、马来西亚等国，积极推动与南海周边以及非洲国家的务实合作，拓展了合作领域。中印尼、中泰、中柬、中斯、中马、中韩、中南非等双边联委会和研讨会取得良好效果，确定了海洋科研、环保、防灾减灾、能力建设等领域多个合作项目。与发达海洋国家合作的成果不断深化，中美、中俄、中德、中英、中加等大国海洋合作取得重要突破，达成制定和实施重大合作项目的共识与行动。

（3）积极参与国际多边活动。一是在国际和区域海洋合作机制积极发挥作用。成功赢取APEC第四届海洋部长会议举办权，提出“蓝色经济”合作倡议得到国际社会积极响应，牵头编制APEC海洋可持续发展报告。《南中国海海啸预警与减灾系统建设框架方案》获得国际组织批准，以中国为主建设“南海区域海啸预警中心”。参与海委会、伦敦公约等重要涉海国际组织事务，与海委会签署合作谅解备忘录，在海委会西太分委会下牵头实施多个地区合作项目，推动《伦敦公约》首个海洋地质工程修订案获得通过，派遣人员赴海委会、伦敦公约秘书处工作。亚太区域海洋仪器检测评价中心提出建立国际海洋观测标准的倡议获得世界气象组织和海委会肯定。在北太平洋海洋科学组织成功设立核污染工作组并担任主席。通过谈判，在华设立全球环境基金黄海大海洋生态系项目分办公室。二是加大力度推进海洋国际合作进程，不断构建国际组织合作伙伴关系。加大对APEC海洋可持续发展中心、联合国教科文组织/海委会海洋与气候学培训中心等机构的支持和投入，深入探讨与全球海洋论坛、中东海水淡化研究中心、环印度洋联盟、印度洋委员会等国际组织和机构在蓝色经济、互联互通、海水淡化、粮食安全等领域的合作，积极在华承建全球重大海洋计划ClIVAR国际项目办公室、全球海洋气象与气候资料中心、中国-PEMSEA海岸带可持续管理合作中心等机构，深入参与国际组织事务。中国政府海洋奖学金吸引了众多发展中国家青年学者申请，多次举办培训班，为与我国友好的国家和重要合作伙伴培训人才200余人。三是引进国际先进理念和技术，服务于地方海洋管理和海洋经济发展。利用国际援助项目，不断推进并扩大海岸带综合管理的深入实践，密切本地区沿海城市的互动，提升在地区的引导作用。成功启动全球环境基金东亚海项目四期、黄海项目二期和中国典型河口保护区网络化能力建设项目，为推动地方发展海洋经济和环境保护注入新活力。宣介“海洋健康指数”这一国际最新方法手段，组织人员专门赴美培训研讨，指导地方开展对海洋状况与功能的综合评估示范。参与编制国家适应气候变化战略，并利用中意合作基金在温州开展海洋生态系统适应气候变化能力建设示范。联合举办2013厦门国际海洋周等活动，积极推广我国发展海洋经济和生态文明的理念和实践。

## 维护国家海洋权益

**【举办纪念《开罗宣言》发表70周年国际研讨会】** 2013年7月5日，国家海洋局委托中国国际问题研究所在北京中国人民抗日战争纪念馆举办了“纪念《开罗宣言》发表70周年：历史、现实与法理”国际研讨会。全国人大常委会原副委员长、国际欧亚科学院执行院长蒋正华，国家海洋局原局长、中国太平洋学会会长张登义，外交部部长助理乐玉成等出席了研讨会开幕式并致辞。来自美国、英国、俄罗斯、韩国、新加坡、澳大利亚和我国学者、部分外国驻华使馆外交官、中外媒体约80人参加了会议。与会专家围绕《开罗宣言》发表的历史背景、对二战后国际秩序形成的意义、在当代国际法中的地位和作用等三个议题进行了深入研讨。通过与会中外专家以积极、务实和建设性的态度对《开罗宣言》的历史和现实意义等问题进行了充分阐述，取得了预期的成果。

**【第二届南海合作与发展国际研讨会在北京召开】** 2013年7月19—20日，由国家海洋局和外交部共同支持、国家海洋局海洋发展战略研究所主办的第二届南海合作与发展国际研讨会在北京召开。外交部副部长刘振民、国家海洋局副局长陈连增出席会议并致辞。会议邀请了美国、加拿大、英国、德国、比利时、澳大利亚、韩国、新加坡、印度尼西亚、马来西亚、菲律宾、中国大陆及台湾地区共 13 个国家（地区）的研究机构及国际海洋法法庭的 70 多名专家参会。与会专家围绕南海资源开发与环境保护、南海合作及前景、南海的历史和法律问题以及南海争端的国际司法解决等四个议题做专题报告。会议取得了多项成果，包括：一是我国在南海争议仲裁问题上的不应诉立场得到与会代表的支持；二是首次使用英国国家档案证明西沙群岛和南沙群岛属于中国；三是专家提出了南海合作与共同开发的多种选择方案；四是通过形式多样的宣传报道，增进了国内外对我国立场的了解。

**【参加国际海底地名分委会第 26 次会议】**　国际海底地名分委会第 26 次会议于 2013 年 9 月 23—27 日在日本东京召开。会议由日本海上保安厅水路部（JHOD）承办。来自德国、美国、俄罗斯、法国、新西兰、巴西、阿根廷、中国、日本、韩国、比利时等 11 个国家的 9 名委员和 26 名观察员参加了会议。中国、俄罗斯、日本、韩国、巴西、挪威、新西兰等 7 个成员国向分委会提交了 55 个新地名提案。经分委会审议，48 个新提案获得了审议通过，7 个提案挂起待补充资料后再议。我国首次以中国地名委员会海底地名分委会的名义提交了 10 个新提案，包括“长庚海山”、“启明海山”、“甘雨海山”、“朱应海山”、“维雨平顶山”、“大成平顶山”、“谷陵海山群”、“柔木海山群”、“天作海山”和“客怿海山”，其中 8 个位于太平洋、2 个位于印度洋。这 10 个提案全部获得审议通过。

**【参加处理南海潜在冲突研讨会第 23 次会议】**　处理南海潜在冲突研讨会第 23 次会议于 2013 年 10 月 31 日至 11 月 2 日在印尼日惹召开。参加研讨会的代表约 80 余人，分别来自中国、中国台北和东盟 10 国，缅甸首次派代表参会。印尼外交部政策分析与发展总司司长 Pitono Purnomo 代表印尼外交部部长做主旨发言。会议讨论了已有项目的进展情况，审议通过了新项目，对研讨会进程进行了评估，听取了资深顾问印尼无任所大使贾拉尔关于“特别基金”捐赠和使用情况的报告。我方代表在会上报告了由中国牵头的“南海数据库网络及资料交换”项目进展情况和下一步工作打算，报告了 2013 年由大陆举办 SEA-NET 培训班和访问交流项目的情况。马来西亚在会上提出了 2014 年举办海上执法官员培训的新项目建议。会议审议通过了该项目。研讨会前一天，印尼方主办了研讨会框架下“海平面上升”项目的工作组会议，我方代表应邀在会上做了中国海岸带管理的专题报告。

## 多边交流与合作

**【中国政府海洋奖学金项目启动】**　2013 年 1 月 10 日，国家海洋局局长刘赐贵与教育部部长袁贵仁共同签署了《中华人民共和国教育部与国家海洋局关于设立“中国政府海洋奖学金”项目协议》。1 月 29 日，中国政府海洋奖学金启动会在北京召开，标志中国政府海洋奖学金项目正式启动，首批培养院校为厦门大学、浙江大学、中国海洋大学、同济大学。国家海洋局国际合作司和教育部国际合作与交流司分别致辞，并由国家留学基金管理委员会介绍了奖学金相关的管理办法。2013 年 6 月 18 日，中国政府海洋奖学金评选委员会会议在国家海洋局召开。根据《中国政府海洋奖学金评选办法》，经综合评定，评选委员会共评出 20 位入选 2013 年度的中国政府海洋奖学金的学生，包括 10 位博士研究生和 10 位硕士研究生，分别来自巴基斯坦、印度、美国、印尼、塞舌尔、西班牙、巴西、哥伦比亚、尼日利亚、越南、泰国、肯尼亚和利比里亚等国。

**【参加第十八届国际海洋水色遥感协调组织委员会年会】**　2013 年 2 月 4—8 日，第十八届国际海洋水色遥感协调组织（IOCCG）委员会年会在加拿大魁北克举行，国家海洋局第二海洋研究所派员参会。会议由加拿大空间局和拉瓦尔大学（Laval University）共同承办。来自全球主要海洋空间机构的代表及海洋水色遥感专家参加了此次会议，会议对 IOCCG 报告及能力建设、CEOS 海洋水色虚拟星座的贡献以及最新卫星计划和技术进展进行了探讨。

**【参加第五届东盟地区论坛海上安全会间会】**　2013 年 4 月 18—19 日，第五届东盟地区论坛（ARF）海上安全会间会在韩国首尔举行。来自东盟国家、中国、日本、俄罗斯、印度、加拿大、澳大利亚、新西兰等国和欧盟的代表参加了会议。本次会议由韩国、美国和印度尼西亚共同主持，会上主要就海上执法事务合作、国际船舶和港口设施保安规则(ISPS)的执行以及海上环境保护等议题进行了交流。我方代表在会上提出了中国将于2014年第二季度举办海上溢油研讨会的建议，并寻求东盟国家以及其他国家与我国合办。随后，东盟地区论坛外长会批准了该项目建议。

**【参加联合国海洋环境全球保护与评估的经常程序第四次特设全体工作组会议】** 2013年4月22—26日，联合国就海洋环境包括社会经济方面的状况做出全球保护与评估的经常程序（Regular Process）第四次特设全体工作组会议在美国纽约联合国总部召开。会议由联合国海洋事务与海洋法司（DOALOS）组织召开，30多个成员国的代表，FAO、IOC、WMO、IMO、IAEA、ICEC等政府间组织代表，非政府组织代表，经常程序专家组共同协调员以及秘书处代表参加了会议。国家海洋局国际合作司、国家海洋环境监测中心和外交部代表共同组团参加了会议。

**【参加第十四次国际Argo科学组会议在新西兰举行】** 2013年3月18—21日，第十四次国际地转海洋学实时观测阵（Argo）科学组会议在新西兰惠灵顿召开。会议围绕全球Argo计划的实施和扩展、浮标技术、Argo资料的质量控制、数据管理与资料应用等9项议题进行了广泛交流和热烈讨论，来自美国、欧盟、加拿大、澳大利亚、巴西、印度、日本、韩国、中国等国共计30余人参加了会议。

**【参加西北太平洋海洋生物多样性保护和海洋保护区研讨会】** 2013年3月14日，由东北亚环境合作机制（NEASPEC）和联合国环境署西北太平洋行动计划（NOWPAP）联合举办的“西北太平洋海洋生物多样性保护和海洋保护区研讨会”在日本富山召开，会议进一步讨论了“东北亚海洋保护区网络”的定位、建设以及今后各国可开展的合作项目等多个议题，制定了海洋保护区网络的目标、运行模式等内容，并形成会议纪要。中国、日本、韩国、俄罗斯以及部分国际组织代表出席了此次会议。

**【组织召开全球海洋观测系统指导委员会第二次会议】** 2013年3月25—27日，全球海洋观测系统（GOOS）指导委员会第二次会议在中国科学院青岛海洋所召开。会议回顾了该委员会2011年6月第一次会议以来所开展的主要工作和相关行动计划执行情况，围绕GOOS未来十年发展规划、GOOS指导委员会的主要职责、指导委员会拟新成立的物理海洋调查研究和生物地球化学调查研究工作组、GOOS项目的策划与批准以及地区GOOS计划的执行情况和能力建设等主要议题进行了讨论。联合主席John Gun、超三分之二的指导委员会委员，以及IOC和WMO的代表等出席了会议。

**【主办北太平洋海洋科学组织（PICES）2013年工作会议】** 3月14—15日，“PICES放射性核素科学和北太平洋放射性环境质量研讨会”在厦门市举行。该研讨会由国家海洋局和PICES共同主办，国家海洋局第三海洋研究所承办。来自中国、加拿大、日本、韩国和美国的PICES成员国的“北太平洋放射性核素科学研究组”(SG-RS)研究小组成员、PICES科学委员会主席、IAEA项目咨询专家以及我国从事海洋放射性研究的有关专家等共计20多人应邀参会。5月20—24日，PICES2013年科学局中期会议（ISB-2013）及PICES/ICES气候变化影响的鱼类和渔业空间分布全球评估会（WKSICCME-Spatial）在俄罗斯圣彼得堡召开。PICES科学局主席、六个科学委员会主席、理事会主席、秘书长及相关科学家等27人出席会议。国家海洋局派出了国家海洋环境监测中心、第一海洋研究所以及第三海洋研究所的专家组成的团组参加此次会议。PICES2013年年会于10月11—20日在加拿大那奈莫市举行。年会的主题为：“生态系统变化的交流预测，不确定性和结果”。本届年会由加拿大海洋渔业部主办，PICES秘书处协办。年会期间，举行了相关工作组、委员会、财务、科学局和理事会等会议，期间穿插有关科学研讨会和展板展示环节，共计约70多场活动。海洋三所张玉生研究员成功当选北太平洋放射性环境质量评价工作组（WG-AMR）的共同主席。

**【参加中国海洋研究委员会2013年年度工作会议】** 2013年3月5日，中国国家海洋研究委员会（简称“中国SCOR”）2013年主席团会议在上海举行。国家海洋局国际合作司、中国 SCOR 前任主席、现任主席及主席团相关成员出席，探讨本年度中国 SCOR 各项工作计划。8 月，中国 SCOR 年会在山东省威海市举行。会议由中科院海洋研究所孙松所长主持，国家海洋局国际合作司梁凤奎副巡视员、国家自然科学基金委地学部柴育成副主任、山东大学威海分校陈冠军副校长等出席会议并致辞。来自国家海洋局、中科院相关研究院所和高校的中国 SCOR 委员及有关专家共计 20 余人参加了此次年会，会议由国家海洋局第一海洋研究所承办、山东大学威海分校协办。

**【中国典型河口生物多样性保护修复与保护区网络建设示范”项目正式获得全球环境基金批准】** 2013 年 2 月 22 日，国家海洋局申请的“中国典型河口生物多样性保护修复与保护区网络建设示范”项目（以下简称“河口项目”）正式获得全球环境基金（GEF）批准。河口项目由全球环境基金（GEF）资助，联合国粮农组织（FAO）执行，项目执行期为 5 年，总经费共 15361480 美元，其中 GEF 提供 3516400 美元。项目涉及位于黄河口的 6 个自然保护区和海洋特别保护区及位于珠江口的 6 个自然保护区，旨在引进适应性管理、保护区网络建设、生态系统管理、海岸带综合管理等国际先进经验，在我国的两河口进行示范性实施，为保护河口生物多样性和生态系统完整性提供示范。

**【参加东亚海伙伴关系计划第十二届执委会扩大会议】** 2013 年 4 月 3—4 日，东亚海伙伴关系计划（PEMSEA）第十二届执委会扩大会议在菲律宾马尼拉召开，来自韩国、日本、朝鲜、菲律宾、印度尼西亚、越南、东帝汶、泰国、新加坡、柬埔寨、中国 11 个国家的代表，以及 PEMSEA 现任执委、UNDP 马尼拉办公室的代表同 PEMSEA 秘书处代理执行主任等参加了本次会议。会议就如何确保 PEMSEA 的可持续发展、加强 PEMSEA 与东亚海各国家伙伴的关系问题以及 PEMSEA 的转型和变革问题等问题进行了讨论。此外，会议还审议了东亚海可持续发展战略五年实施计划，并对伙伴关系理事会主席、政府间委员会主席、技术委员会主席的联合主席（CO-CHAIR）的选举和选举程序进行汇报。

**【参加政府间海洋学委员会国际海洋资料与信息交换委员会第 22 次大会】** 2013 年 3 月 11—15 日，政府间海洋学委员会国际海洋资料与信息交换委员会（IOC/IODE）第二十二次大会在墨西哥恩塞那达召开。IOC 执行秘书暨 UNESCO 助理总干事 Dr. Wendy Watson-Wright 出席了会议，会议审议了第二十一次大会行动计划执行情况，并就 IODE 未来的发展进行专题讨论，明确了 IODE 的发展目标、发展方向和战略计划等。国家海洋信息中心派员参加。

**【参加第 23 届《联合国海洋法公约》缔约国会议】** 2013 年 6 月 10—14 日，第二十三届《联合国海洋法公约》（《公约》）缔约国会议在纽约联合国总部举行。各国高度重视，134 个缔约方以及美国等观察员出席会议。中国常驻联合国代表王民大使率外交部和国家海洋局组成的代表团参加了会议。会议审议了国际海洋法法庭、国际海底管理局和大陆架界限委员会工作有关情况，以及联合国秘书长关于海洋法新进展的报告。

**【参加联合国海洋和海洋法问题非正式磋商进程第 14 次会议】** 2013 年 6 月 17—20 日，联合国海洋和海洋法问题非正式磋商进程第十四次会议在美国纽约联合国总部召开。本次会议议题为“海洋酸化对海洋环境的影响”，来自 76 个国家、13 个政府间组织和实体、8 个非政府间组织的代表出席了会议。会议由新西兰大使唐•麦凯和毛里求斯大使米兰•贾亚•米塔尔班作为会议联合主席共同主持，联合国经济和社会事务部助理秘书长等代表到会致辞。中国代表团由外交部和国家海洋局代表组成。其中，国家海洋环境监测中心王菊英研究员作为大会特邀专家在小组讨论环节做了专题报告。

**【中国成功获得 APEC 第四届海洋部长会议举办权】** 2013 年 2 月 6—7 日，亚太经合组织（APEC）2013 年第一次高官会于在印尼雅加达举行，我国 APEC 高官、外交部国际经济司参赞谈践率团参会。我高官作为今年 APEC 经济技术合作高官指导委员会主席，与印尼共同主持了 APEC 海洋合作政策对话。国家海洋局派员参加了政策对话，并在会上做第二届 APEC 蓝色经济论坛成果的专门报告。6 月 6 日，APEC 海洋可持续发展报告第二次国际研讨会在厦门举行。本次国际研讨会由国家海洋局第三海洋研究所/APEC 海洋可持续发展中心主办，得到了 APEC 秘书与 APEC 海洋与渔业工作组、国家海洋局的高度重视和支持。本次研讨会是继 2012 年底在天津召开的第一次国际研讨会后，专门召集 APEC 各经济体推荐的编写组专家而召开的一次研讨会。美国国家海洋大气局、韩国海洋水产开发院、印尼海洋与渔业部以及中国国家海洋局等部门推荐的专家代表出席了本次会议。国家海洋局有关部门和单位、南开大学、厦门大学的专家代表参加了会议。

6 月 23—25 日，APEC 第二届海洋与渔业工作组会议于在印尼棉兰召开，共有智利、中国、中国香港、印度尼西亚、日本、韩国、新西兰、巴布亚新几内亚、秘鲁、菲律宾、俄罗斯、Chinese Taipei、泰国、美国、越南 15 个成员经济体代表出席了会议，此外 APEC 工商咨询理事会（ABAC）、粮食安全公共伙伴关系（PPFS）、大自然保护协会（TNC）和世界自然基金会（WWF）作为观察员也列席了会议。本次会议围绕工作组的年度计划、战略优先领域、项目申请以及举办第四届 APEC 海洋部长会议等重要议题进行了广泛而深入的讨论，并审议通过了拟向 2013 年 APEC 领导人会议提交的成果文件有关海洋与渔业部分的案文。国家海洋局代表团参会，取得了重要成果，正式确定 2014 年由中国举办第四届 APEC 海洋部长会议。

**【举行第十七届太平洋与亚洲边缘海国际学术会议】** 2013 年 4 月 23—25 日，第十七届太平洋与亚洲边缘海国际学术会议（PAMS 会议）在杭州成功召开。该会议主要聚焦于印度尼西亚海、南海、东海、黄海、渤海、日本海和鄂霍次克海、菲律宾以东等太平洋亚洲边缘海以及上述边缘海与太平洋相互作用的海洋科学研究，包括区域海洋环流、海岸动力过程、海气相互作用研究等。会议由国家海洋局第二海洋研究所承办，中国海洋学会、国家海洋局第一海洋研究所、中国科学院南海海洋研究所、中国海洋大学和国家自然科学基金委员会共同协办。来自中国、日本、韩国、美国、澳大利亚、印度尼西亚、马来西亚、俄罗斯等国家和中国台湾、香港地区的 200 余位海洋科学家出席了会议。

**【召开南大洋观测系统亚洲论坛】** 2013 年 5 月 23—24 日，由中国极地研究中心承办的南大洋观测系统（SOOS）亚洲论坛在上海召开，来自 SOOS 科学委员会以及中国、日本、韩国和印度等亚洲国家的约 60 名科学家出席。会议交流了南大洋观测和研究进展，针对物理、化学和生物海洋学观测以及观测数据管理和共享等主题进行了分组讨论，并就未来进一步加强合作和数据共享达成共识。

**【中国就东海部分外大陆架划界案向大陆架界限委员会进行陈述】** 2013 年 8 月 15 日，中国代表团就中国东海部分海域 200 海里以外大陆架外部界限划界案向《联合国海洋法公约》设立的大陆架界限委员会进行了陈述。参加此次陈述的中国代表团由外交部、国家海洋局和中科院等部门组成。中国常驻联合国代表团副代表王民任团长，国家海洋局国际合作司张占海司长和外交部边海司易先良副司长任副团长。代表团成员就划界案的准备过程、数据情况、地质背景、大陆架外部界限确定、相关海域划界情况和有关照会等内容，向大陆架界限委员会详细陈述了我国东海部分海域外大陆架划界案的相关情况，在国际场合重申了我国东海大陆架自然延伸至冲绳海槽的主张。

**【第三届亚太区域海洋仪器检测技术培训研讨会在天津召开】** 2013 年 7 月 22 日，由亚太区域海洋仪器检测评价中心主办的第三届 JCOMM 亚太区域海洋仪器检测技术培训研讨会在天津举行。国家海洋局副局长、亚太区域中心管理委员会主任王飞，天津市政府副秘书长舒长云等出席开幕式。世界气象组织（WMO）综合观测与信息系统司司长张文建，政府间海洋学委员会（IOC）项目主管托马斯•格罗斯，WMO-IOC 海洋学和海洋气象学技术联合委员会（JCOMM）观测协调小组副主席大卫•梅尔德伦等出席了培训研讨会。

**【参加联大国家管辖以外海域生物多样性养护和可持续利用（BBNJ）非特设工作组会间会、工作组会议】** 根据联大 67/78 决议，8 月 19—23 日，联大第六届 BBNJ 不限成员名额非正式特设工作组在纽约联合国总部召开会议。来自联合国65个成员国的217名代表和非政府组织代表参加了研讨会。会议就是否有必要制定《联合国海洋法公约》第三部执行协定，以及是否在工作组机制内组织执行协定的编制等核心问题进行了讨论。5月2—7日在纽约联合国总部召开了联大国家管辖以外海域生物多样性养护和可持续利用非特设工作组会间会，主题分别为“海洋遗传资源”和“养护与管理工具”，其目的是就BBNJ在科学和专家层面上增进理解，澄清核心问题，为8月19—23日召开的第六次工作组会议做准备。来自联合国65个成员国的173名代表参加了研讨会，37名专家学者做了专题报告。与会中国代表团由外交部条法司和国家海洋局组成。其中我国专家代表在会上做了关于“海洋遗传资源的基础”的专题报告。

**【参加联合国教科文组织政府间海洋学委员会第四十六次执理会和第二十七次大会】** 2013年6月25日—7月5日，联合国教科文组织政府间海洋学委员会第四十六次执理会和第二十七次大会在法国巴黎召开。大会对海委会主席、副主席、执理会成员进行了选举，审议通过了海委会新的中期战略。会议期间，国家海洋局与海委会签署了合作备忘录，并举行了交换仪式，备忘录正式生效。

**【参加国际海底管理局第十九届年会在牙买加】** 2013年7月15—26日，国际海底管理局第十九届年会在牙买加首都金斯顿举行，来自51个成员国的代表团参加会议，中国外交部、国土资源部、国家海洋局以及财政部组团出席会议。会议重点就矿区申请、勘探合同监管费用、鹦鹉螺与企业部建立联合企业、海底资源开发规章制定等议题进行了审议。我国大洋矿产资源研究开发协会提出的西太平洋富钴结壳矿区勘探申请获得核准，这使我国成为世界上首个对3种主要国际海底矿产资源（多金属锰结核、多金属硫化物、富钴结壳）都拥有专属勘探矿区的国家。我国提名候选人顺利当选国际海底管理局财务委员会委员。

**【参加第六十八届联大海洋和海洋法决议非正式磋商】** 第六十八届联大海洋和海洋法决议非正式磋商分别于2013年9月和11月在纽约联合国总部进行了两轮磋商。特立尼达和多巴哥常驻联合国副代表伊顿•查理斯大使担任协调员。日本、韩国、菲律宾、印度尼西亚、泰国、新加坡、墨西哥、阿根廷、冰岛、挪威、欧盟、巴西、澳大利亚、新西兰、俄罗斯、牙买加、斐济和77国集团等国家和集团代表派员与会。美国虽尚未批准《公约》，仍派员与会并积极参与磋商。会议总结了海洋法各领域2012年工作进展，对决议草案进行了磋商，最终形成决议报联大审议。国家海洋局国际合作司和外交部条法司、常驻联合国代表团组团与会，积极参与讨论。

**【参加环印度洋联盟部长理事会及相关会议】** 2013年10月30日至11月1日，环印度洋合作联盟第十三届部长理事会及相关会议在澳大利亚珀斯举行。作为对话伙伴国，中国政府派出代表团与会，国家海洋局首次参加了部长理事会及其相关会议，进一步了解了环印联盟的组织机构、议事程序和建立有关合作中心的相关情况，利用大会平台，宣传了中国海水淡化技术的发展成果，表达了与环印联盟区域有关国家开展海水淡化及其他海洋领域合作的意向。

**【举办2013年厦门国际海洋周】** 2013年11月8日，2013年厦门国际海洋周开幕，作为海洋周的重要活动之一，2013厦门国际海洋论坛同期举行。国家海洋局局长刘赐贵、毛里求斯副总统贝勒波出席论坛开幕式并致辞，厦门市市长刘可清主持开幕式。印度洋委员会、欧盟海洋事务与渔业总司等10多位来自国内外海洋领域的著名专家围绕“蓝色经济，合作共赢”做主题报告。国家海洋局副局长陈连增以及来自柬埔寨、坦桑尼亚等国的涉海部门领导、重要国际组织的代表、国内外海洋领域的专家300余人出席了论坛开幕式。

**【成功举行第三届发展中国家海洋综合管理部级研讨班】** 2013年11月6—14日，“第三届发展中国家海洋综合管理部级研讨班”（简称“研讨班”）成功举办，来自柬埔寨、巴基斯坦、毛里求斯、坦桑尼亚、坦桑尼亚桑给巴尔等国家和地区的14名部级官员和高官代表来华参会。国家海洋局领导会见了该研讨班的各国参会代表。在华期间，参会代表出席了在厦门国际海洋周期间有关活动，参观了海洋局下属有关单位。该研讨班由商务部和国家海洋局联合主办，其成功举行对于我国与广大发展中国家在海洋综合管理、发展蓝色经济和可持续发展等方面交流经验、促进合作具有重要意义。

**【举行发展中国家海洋合作高层论坛】** 2013年11月8日，发展中国家海洋合作高层论坛暨第三届发展中国家海洋可持续发展部长论坛在厦门市举行。国家海洋局副局长陈连增、厦门市政协副主席潘世建、柬埔寨环境部部长萨默尔•赛伊出席论坛并讲话。论坛上，国家海洋局、外交部以及厦门市政府提出了中国-东盟海洋合作行动倡议、中非合作论坛海洋领域合作框架倡议、发展蓝色经济合作示范倡议，得到与会国家官员高度认可，其中部分官员代表介绍了本国海洋经济发展情况，表达了合作意愿。

**【召开东亚海计划成果交流研讨会暨纪念中国参与东亚海计划实施20周年座谈会】** 2013年11月9日，东亚海环境管理伙伴关系计划（以下简称东亚海计划）成果交流研讨会暨纪念中国参与东亚海计划实施20周年座谈会在厦门召开。国家海洋局副局长陈连增，东亚海计划理事会主席玛丽、前主席蔡程瑛，厦门市政协副主席潘世建出席会议并讲话。

**【UNESCO/IOC 海洋动力学与气候变化中心开展国际交流与培训活动】** 2013年8月12—23日，在青岛成功举办UNESCO/IOC-ODC中心第三次培训班。相比前两期培训班，此次培训引起了更多国家和海洋学者的参与和关注，共收到了来自18个国家的52份申请。经过筛选，最终来自缅甸、喀麦隆、朝鲜、埃及、印度尼西亚、伊朗、马来西亚、秘鲁、巴基斯坦、韩国、斯里兰卡、泰国、土耳其、越南和中国等15个国家的33名学员参加了此次培训班。通过组织开展中国和南海周边国家青年学者在海洋动力学和气候变化方面的培训，提高地区海洋研究人员的研究能力。不断扩大我国在此领域的国际影响，推动我国在西太地区合作跨入新阶段。

**【西太平洋海域海洋灾害对气候变化的响应】** 2013年8—9月，借助泰国SEADEC2号调查船，实施了该项目的第五航次科考研究工作，涉及14条断面，82个站位。

**【印度洋季风爆发监测及社会生态影响项目研究与航次调查（MOMSEI）】** 2013年5月11—25日，使用东南亚渔业发展中心（SEAFDEC）调查船，执行了孟加拉湾的观测航次，在季风爆发期完成了18个CTD站位，沿航线执行33个UCTD剖面，GPS探空观测83次，并进行走航CT、$CO_2$及气象观测，获得了大量的现场观测数据，对亚洲季风爆发过程研究有重要意义。8月19—23日，在马来西亚丁家奴市举办了第四届MOMSEI暑期培训班，课程内容涵盖与季风相关的海洋、气象、生态及社会影响等多个方面，学员来自于泰国、印度尼西亚、马来西亚、缅甸、马尔代夫、孟加拉国、斯里兰卡、越南、中国等多个国家。该培训班以培养年轻项目骨干为目标，为MOMSEI项目的长远发展奠定基础。

**【中非海洋科技论坛】** 2013年11月26—28日，国家海洋局第二海洋研究所成功筹办了首届中非海洋科技论坛(First Sino-Africa Forum on Marine Science and Technology)。IOC副执行秘书及IOC非洲分委会执行秘书、副主席和来自IOC总部、IOC非洲及邻近岛国分部和埃及、肯尼亚、摩洛哥、尼日利亚、南非、塞内加尔、坦桑尼亚、多哥等8个非洲国家的代表与国内9家涉海单位的50余位代表出席了本次会议。这是落实2013年3月习近平主席访问非洲国家时签署的友好合作协议精神的一项具体举措，同时也是落实该年6月在巴黎召开的第七届IOC大会期间国家海洋局和IOC签署的合作谅解备忘录的部分内容。会议期间，中非代表就海洋领域合作达成广泛共识，双方同意在海洋观测、预报、防灾减灾、海洋科学调查与研究、蓝色经济和能力建设等领域进一步加强合作，扩大人员交流，提高合作层级，建立合作平台和机制，共同推动将海洋合作纳入中非合作论坛机制。同时，中非双方同意建立定期沟通机制，共同制定合作计划，发展务实合作，包括成立中非海洋合作研究中心、实施联合调查、援建非洲海洋观测网络、开展人员交流与培训等。双方还同意，逐步提升中非海洋合作的层级，在适当时机建立部长级会议机制，将海洋议题纳入中非合作论坛的框架。中非代表商定，在IOC框架下于2014年10月在肯尼亚内罗毕举办第二届中非海洋科技论坛。

**【南海海啸预警系统建设国际合作】** 中国海区域一直是国际海啸预警与减灾系统的关注点，该区域的地震、海啸探测和预警能力也尚为薄弱。长期以来南中国海区域海啸预警系统一直是个空白，由日本代为履行该区域国际海啸预警的职责。为提高南中国海区域海啸防灾减灾能力，我国大力呼吁建设南中国海区域海啸预警与减灾系统。组织召开了国家海洋环境预报中心-NOAA 太平洋海洋环境实验室关于南海海啸预警能力建设合作项目第一次工作组会议。经前期密切沟通，美国 NOAA 海啸预警中心主任 Vasily 率队来华参加会议并访问预报中心和浙江海洋与渔业局、东海分局舟山工作站。王宏副局长接见了美方代表。经双方交流，此次工作组会议原则上通过了《南中国海海啸预警能力建设合作项目实施方案（2013—2017年)》。

**【承办海委会海啸预警标准流程国际培训班】** 2013 年 12 月 16 日,由联合国教科文组织海洋学委员会(UNESCO/IOC)、美国国家海洋大气局国际海啸信息中心(NOAA/ITIC)共同主办、国家海洋环境预报中心承办的第二届南中国海区域海啸培训班——强化预警与应急标准化流程(ITP/SCS)成功在北京召开。本次培训班是我国在 ICG/PTWS 第 24 次会议和南中国海区域工作组第 2 次会议中承诺召开的，邀请了来自智利、英国、日本、美国等国的 5 位海啸预警与应急管理方面的专家进行授课；接收了来自印尼、文莱、马来西亚、越南、泰国、中国等南中国海周边国家以及俄罗斯、墨西哥 8 个国家约 30 名学员共同参与。在太平洋海啸预警系统将于 2014 年正式发布太平洋区域新一代国际海啸预警产品的背景下，此次培训班对于南中国海周边国家正确理解和使用最新预警产品，增强海啸预警减灾能力起到重要作用。

**【参加 PacWave13 太平洋国际海啸演习】** 先后编制了《2013 年国家海啸预警演习总体方案》、《预报中心 2013 年国家海啸预警演习实施方案》，圆满完成了 Pacific2013 太平洋海啸预警演习。

**【参加太平洋海啸预警系统政府间协调组第 25 次会议】** 2013 年 9 月 9—11 日，太平洋海啸预警系统政府间协调组第 25 次会议（ICG/PTWS XXV）在俄罗斯海参崴召开。来自美国、日本、智利、澳大利亚等 15 个太平洋周边国家的代表，印度洋、大西洋及地中海、加勒比海海啸预警与减灾系统政府间协调组，以及世界气象组织（WMO）、太平洋海啸预警中心（PTWC）、西北太平洋海啸预警中心（NWPTAC）和国际海啸信息中心（ITIC）等国际组织和机构派代表参加了此次会议。中国代表团由预报中心副主任于福江研究员担任团长，局预报减灾司、国际司、预报中心、中国地震局台网中心和香港天文台等部门派代表参团。会议主要形成两项决议：第一，从 2014 年 10 月 1 日起，在太平洋周边地区正式推行按照最大海啸波高划分的四级海啸预警划分标准，发布新版海啸预警图文指导产品，产品中增加太平洋海上和沿岸危险性等级预报，可视化和指导性大大增强；第二，批准由中国提交的《南中国海海啸预警与减灾系统建设框架方案》，同意由中国国家海洋环境预报中心（国家海洋局海啸预警中心）牵头建设联合国教科文组织政府间海洋学委员会南中国海区域海啸预警中心，并设立区域中心筹建工作组，具体负责建设工作。

**【与亚太经济合作组织的合作】** APEC 海洋中心与美国国家海洋大气局协作，于 2013 年 9 月在厦门成功举办了“2013 年环太平洋海洋空间规划高级培训班”，培训班内容丰富、形式多样、理论学习与实践分享相结合，得到了 APEC 成员的积极参与和充分肯定。

**【与非政府组织的合作】** 2013 年 4 月，国家海洋局第三海洋研究所组织承办了 IAEA 海洋环境样品放射性分析方法国际培训班，为来自 17 个国家 21 位学员提供了海洋环境样品放射性核素测量的理论知识、实践应用及最新发展水平的放射分析方法等方面的培训。8 月，中方派员赴帕劳参加了 IAEA“福岛核事故对亚太地区海洋环境影响基准研究”项目（RAS7021）年度协调会议，并赴奥地利参加了 IAEA “蓝色星球”科学论坛活动，就海洋三所拟成立 IAEA 海洋放射化学和放射生态学区域培训中心与 IAEA 负责人进行了沟通。IAEA 于 2013 年 11 月派专家对海洋三所培训场地、仪器、人力等方面的综合能力进行现场评估并指导放射性生态学实验。根据专家意见完善相关条件通过 IAEA 认证后，海洋三所将开始筹备区域培训中心成立的各项事宜。

**【东南亚环境数值预报系统项目】** 2013 年 3 月 5—6 日，在雅加达组织召开了第四次东南亚海域的海洋环境数值预报系统建设研讨会，国家海洋局第一海洋研究所乔方利副所长、夏长水博士、王关锁等 3 人参加了此次研讨会。该系统的建立将提升我国的远洋海洋环境保障能力，提高我国对气候变化以及海洋灾害过程的预测能力，服务于我国国民经济建设的防灾减灾需求，同时也为东南亚国家和地区政府提供必要的科学技术支持，扩大我国在东南亚国家的影响力。

## 双边和地区交流与合作

**【推动海洋主管部门高层领导互访】** 2013 年，成功实现了国家海洋局领导在华与印尼海洋与渔业部长、泰国公主诗琳通、泰国自然资源与环境部长、柬埔寨环境部长、斯里兰卡国防与城市发展部长、孟加拉外秘、萨摩亚自然资源与环境部长、澳大利亚塔斯马尼亚州长、韩国海洋水产部长、朝鲜气象水文局副局长、中日韩合作秘书处秘书长、澳门特区长官举行了工作会谈；国家海洋局领导访问南非环境部、印尼海洋与渔业部、马来西亚科技创新部，与上述各国涉海部门主要领导就开展海上合作达成多项共识。

**【加强海警执法合作】** 中国海警局挂牌后，首次以中国海警名义出席了“西北太平洋海上执法机构合作论坛”，建立了与周边国家以及海洋大国海上执法机构的联系。同时，与韩国海警厅、美国海岸警卫队保持工作层联系，就签署双边海上执法合作协议、开展执法船互访、人员培训等事宜进行沟通。

**【中国-欧盟合作进一步加强】** 4 月及 12 月，国家海洋局国际合作司与欧盟驻华使馆就落实《中华人民共和国政府和欧盟委员会关于在海洋综合管理方面建立高层对话机制的谅解备忘录》，推动高层访问、加强人员交流两次进行了工作会谈。双方在会谈中充分肯定应利用中国-欧盟海洋综合管理高层对话机制，尽快开展首轮对话，并就未来合作方向、人员交流培训等达成了共识。

**【中德海洋与极地领域科研合作重大项目确定】** 为落实 2012 年 8 月国家海洋局刘赐贵局长与德国教研部部长签署的《关于加强中德海洋与极地领域合作的联合声明（2013—2020）》，国家海洋局国际合作司与德国教研部于 2013 年 12 月在北京召开工作会议，就推动设立中德海洋与极地领域科研合作重大项目问题进行了深入讨论，确定了项目清单并签署了会议纪要。中德海洋与极地科研合作重大项目分为海洋环境变化及观测（MECO）、极地气候变化及观测（POCCO）、海底矿物沉积物及生态系统（SeMiDE）三组，由国家海洋环境预报中心、国家海洋局第一、第二、第三海洋研究所、国家深海基地管理中心、广州地调局、中科院广州地球化学研究所、中科院烟台海岸带研究所、浙江大学、上海交通大学、中国海洋大学等单位申报的 16 个项目被最终确认为首批中德海洋与极地科研合作重大项目。

**【签署《国家海洋局与塔斯马尼亚州政府关于南极门户合作的谅解备忘录》】** 9 月 12 日，国家海洋局局长刘赐贵会见了来访的澳大利亚塔斯马尼亚州州长莱拉·吉丁斯，并与其签署了《国家海洋局与塔斯马尼亚州政府关于南极门户合作的谅解备忘录》。备忘录的签署将发挥霍巴特作为澳洲南极门户的积极作用，也有利于促进中澳两国在南推动双方在科研、后勤和国际事务中的合作。

**【中印尼合作取得丰硕成果】** 2013 年 2 月 25 日，中印尼海洋领域合作联委会第二次会议于在雅加达召开。会议由陈连增副局长与印尼海洋与渔业部秘书长沙立夫•韦扎亚共同主持，来自双方相关海洋管理与研究机构的代表约 30 人参加了会议。双方达成共识，将以《中印尼政府间海上合作谅解备忘录》、《备忘录》和《安排》等文件为指导，继续深化中印尼中心建设和发展，实施联合观测站建设以及在研合作项目，积极探索蓝色经济等新的合作领域，推动中印尼海洋领域合作取得新的发展。在达成以上共识的前提下，双方于 2013 年成功地开展了一系列合作项目：2—4 月，国家海洋局第一海洋研究所海洋与气候研究中心与印尼海洋与渔业研究发展局共同执行了第 8 次东南印度洋浮标潜标联合观测航次；4 月 21 日至 5 月 4 日，国家海洋局第三海洋研究所13名科学家与印度尼西亚科学院海洋研究中心15名科学家组成联合调查队赴珊瑚礁三角区（CTI）的中心地带——印尼北苏拉威西比通附近海域实施了对热带典型海洋生态系统的第二次联合调查；5—6月，国家海洋局第三海洋研究所应海委会西太委员会同印尼科学院邀请，赴印尼参加了“纪念海委会西太二十五周年”Widya Nusantara 航次(EWIN 2013)活动。此次活动在当地受到多家知名媒体的报道，产生了较大的社会影响力；6月24日至7月10日，中-印尼双方在印尼卡里马塔海峡和巽他海峡完成了该年度第一航次（SITE第十三航次）联合考察。共有来自中国、印尼和美国共20名科研和工程技术人员参加了该航次，开展了对中-印尼南海-西印尼海-印度洋水交换观测的研究；11月26日—12月4日，国家海洋局第二海洋研究所工作人员对中印尼纳土纳海洋综合观测站地震台站进行了改造和维护；12月26—27日，第七届中-印尼海洋科技与环境保护合作研讨会圆满召开；“中印尼热带海岛可再生能源海水淡化工程示范”项目组通过对国内外有关数据库、图集、期刊、研究报告、书籍等的搜集和检索，在示范海岛选择和建设条件调研等方面开展了研究；巴东站一期海洋学观测系统也于2013年完成建设和升级改造。

**【中泰合作进入新篇章】** 2013年10月11日，在李克强总理和泰国总理英拉的见证下，受国家海洋局委托，外交部部长王毅代表中方与泰国自然资源与环境部部长威切•格森通西签署了《中华人民共和国国家海洋局与泰王国自然资源与环境部海洋领域合作五年规划（2014—2018)》(简称《五年规划》)。《五年规划》提出将海洋资源的可持续利用和积极应对气候变化作为优先合作内容，通过进一步加强中泰海洋气候与联合实验室基础设施建设，深化在海洋生态系统及其功能、海洋地质、海岸带侵蚀和脆弱性、海洋污染和环境保护、海洋与气候、海洋预报系统和防灾减灾等领域的务实合作，鼓励两国科学家间的交流与合作，增进对海洋资源状况和大尺度海洋过程的认识和了解，提高两国海洋管理和保护海洋资源环境的能力。中泰合作进入一个新的发展阶段。

2013年6月5日，双方在泰国普吉举行了第二届中泰海洋合作联委会会议。会议同意将《中泰海洋领域合作规划（2014-2018)》作为中泰海洋领域合作发展的指导性文件；共同支持中泰联合实验室的建设和发展；继续执行“中泰南海和安达曼海海洋环境监测与预报系统建设”等七个在研合作项目。6月6日，我国与泰国在海洋领域的第一个联合研究实体——中泰气候与海洋生态联合实验室在泰国普吉正式挂牌启用。该联合实验室将开展泰国周边海洋环境和气候变化的观测预报、珊瑚礁和濒危生物监测，为海啸、海平面变化等海洋灾害和海洋生态系统保护提供快速预测和预警服务。6月7日第五届中泰海洋科技合作研讨会在泰国普吉成功召开。

8月27日至9月10日，国家海洋局第三海洋研究所与泰国 Kasetsart 大学合作方一起在Pak Phanang地区开展了海岸侵蚀的第四次联合调查。12月10—13日，泰国自然资源与环境部Vichet Kasemthongsri 部长率团访问国家海洋局第三海洋研究所，就共同关心的海岸带变化和海岸侵蚀问题表达了浓厚的研究兴趣和合作意向，为双方在海岸侵蚀灾害方面的进一步合作提供了良好的契机。2013年，为开展中泰热带海洋生态系统研究，两国研究人员通过搭载中泰合作安达曼海地质调查航次和MOMSEI项目安达曼海航次，获取了安达曼海近十多年来的首次底栖科考样品，为促进对安达曼海生态系统现状和历史演变积累了第一手观测资料。此外，双方就泰国湾海岸带沉积物调查研究加强了合作交流。泰国普吉海洋生物中心提供了泰国湾北部2012年采集的36站表层沉积物样品、2013年采集的90站表层沉积物样品。

**【中文（莱)、中柬、中马合作逐步加强】** 2013年2月28日至3月1日，文莱交通部代表团访问国家海洋局北海分局，签署了“中国国家海洋局北海分局与文莱达鲁萨兰国交通部海洋局会议纪要”。双方约定将在以下领域寻求合作机会：①海上溢油监测与评估技术；②溢油鉴别技术培训与方法共享；③开发海上溢油遥感漂移预测和应急决策支持系统及海上搜救目标漂移预测技术；④海洋石油平台和巡视船溢油监视技术与设备。

2013 年 12 月 11—15 日，国家海洋局第一海洋研究所代表团赴柬埔寨环境部、柬埔寨智慧大学和西哈努克省，就中柬海洋合作谅解备忘录、中柬海洋合作优先规划、2014 年中柬海洋合作工作任务等进行了深入交流和讨论，为今后的合作奠定了基础。

2013 年 11 月 19 日，中马海洋科技合作联委会第二次会议在吉隆坡举行。双方在此次会议上达成下列共识：(一) 双方同意成立工作组，启动《中马海洋科技合作五年规划（2014-2018)》的编制工作；（二）双方将继续实施五个旗舰项目，同意选择 1-2 个具有影响力和竞争力的项目申请中国-东盟海上合作基金支持；（三）双方同意保持联委会的高规格，逐步建立由联委会（部级）、科学指导委员会（司局级）和项目工作组（专家层）构成的三级合作管理机制。在联委会机制下，双方积极推动中马海洋合作项目的开展。

**【中越合作取得进展】** 2013 年 10 月 13 日，在两国总理的见证下，双方签署了《中华人民共和国国家海洋局与越南社会主义共和国自然资源与环境部关于开展北部湾海洋及岛屿环境综合管理合作研究的协议》，根据《协议》规定，中越双方将开展北部湾湾口内海洋环境管理及科学研究合作，增强对北部湾海域海洋环境与生态状况的了解，提高海洋环境的管理水平，为北部湾海洋环境与生态保护及应对污染事故提供参考和技术支撑。这是中国政府首次与越南政府在海洋环境管理领域的合作，也是中国与别国共同研究管理同一个海湾的实践，具有创新性与示范效应。

**【中马（尔代夫）合作前景良好】** 2013 年 8 月 22 日，马尔代夫驻华大使 Rasheed Mohamed 一行 3 人访问国家海洋局第二海洋研究所，就关于印度洋浮标和双方合作事宜进行座谈。大使介绍了马尔代夫国内的海洋环境、海洋资源等现状及目前所面临的海洋问题及未来海洋的发展方向，并指出马方愿意与中国合作，希望中方能对马方海洋科技人员进行培训或提供中国政府海洋奖学金名额以资助马方科学家攻读博士学位。

**【中俄合作稳步推进】** 通过中俄合作，双方研究人员对日本海、鄂霍次克海、白令海以及东西伯利亚海海域开展了联合调查与合作研究，深入了解西北太平洋边缘海在全球气候变化过程中的作用及其对我国气候变化的影响。7 月 21 日至 9 月 3 日，中俄白令海联合调查航次按照预定计划实施。该联合调查航次是继日本海、鄂霍次克海后，中俄双方联合实施的第三个联合调查航次。国家海洋局第一海洋研究所的 8 名科学家参加了该调查航次，对白令海及其相邻海海域 6 个区块进行了海洋地质、地球物理、悬浮体、水文及海洋化学等五个项目的综合调查研究。

**【中韩合作进一步深化】** 2013 年 4 月 23—24 日，第四届中韩业务化海洋学培训交流会在宁波成功举办。来自中国气象局数值预报中心、中国科学院海洋研究所、中国海洋大学、国家海洋局第一海洋研究所、国家海洋卫星应用中心、国家海洋局北海预报中心、国家海洋局宁波海洋环境监测中心站、福建省海洋预报台、韩国海洋科学技术院、韩国忠南大学、韩国仁荷大学、韩国群山大学和国家海洋环境预报中心等 13 家机构、47 位专家学者、技术人员参加了由国家海洋环境预报中心和韩国海洋科学技术院共同主办，中韩海洋科学共同研究中心协办的培训。

6 月 26 日，中国国家海洋局局长刘赐贵在北京会见韩国海洋水产部部长尹珍淑一行，双方就两国海洋领域合作达成五点共识：一是保持两国海洋领域高层对话机制，巩固和充实现有的合作框架；二是双方共同制定《中韩海洋领域合作规划（2014—2018)》，指导中韩海洋领域合作的未来发展；三是突出合作重点领域，推动实施海洋科学计划；四是中韩海洋科技合作联委会第 12 次会议和首届中韩黄海论坛将在华举行，希望双方共同努力，将中韩黄海论坛打造成具有一定影响力的品牌论坛；五是希望双方加强海上执法领域的合作。此次会见中，在刘赐贵局长和尹珍淑部长的见证下，中国国家海洋局第一海洋研究所与韩国海洋科学技术院签署了《海洋科技领域合作谅解备忘录》。

**【中巴合作友好开展】** 2013 年 5 月 21 日，国家海洋局刘赐贵局长对巴基斯坦科技部进行正式访问，与巴基斯坦科技部常务秘书塔拉尔友好会见。巴方对中方提出的合作建议完全赞同，将尽快推荐青年学者申请中国政府海洋奖学金，并要求巴方相关机构积极参与《南海及其周边海洋国际合作框架计划》的实施。2013年，双方成立了所际间中巴联合海洋研究中心，中方为巴方科学家提供了一系列到中国参加培训和学习的机会。

**【中斯（里兰卡）合作打下良好基础】** 2013年7月，斯里兰卡代表团访问中国，与国家海洋局第一海洋研究所签署了合作谅解备忘录。双方合作项目组根据前期中斯双方讨论的成果，编制了中国—斯里兰卡海洋科学联合研究中心实施方案，明确了中斯海洋合作的近期和远期目标。8月26日，中国斯里兰卡海洋领域合作联委会第一次会议在京举行。双方代表团就建立中斯海岸带与海洋研究发展中心、中斯海洋合作5年规划、通过中国政府海洋奖学金计划资助斯里兰卡青年科学家来华学习等相关事宜展开了深入讨论。9月10日，刘赐贵局长在北京会见了斯里兰卡国防与城市发展部常务秘书长戈塔巴雅•拉贾帕克萨。斯方表示希望双方能够借助中斯海洋与海岸带联合研究中心，深化在海洋生物资源以及生物多样性保护、海岸与海岸带保护、海洋环境保护等领域的交流与合作。

**【中南非合作进展顺利】** 2013年3月25日，国家海洋局刘赐贵局长应南非水资源与环境部部长莫莱瓦邀请访问南非，与其举行了工作会谈。莫莱瓦部长表示，南非政府高度关注海洋经济发展，愿意与中方相互借鉴在海洋管理体制机制方面的成功经验，并推动在“金砖国”机制下发起海洋经济合作的倡议。南非政府正努力推动“海洋与海岸带综合管理绿皮书”成为南非海洋政策和海洋法，开展海洋立法、制定海洋政策也将成为未来双方合作的重要领域之一。南非水资源与环境部下辖多个海洋科学研究机构，在海洋环境监测、海洋科学研究以及南极科考等方面也积累了丰富的数据和研究成果，南方愿意加强与中方在上述领域的信息交换和学术交流。

**【中桑（给巴尔）合作得到对方高层重视】** 2013年5月28日，国家海洋局刘赐贵局长在京会见了坦桑尼亚桑给巴尔总统阿里•默罕默德•谢因，并同桑给巴尔财政、经济和发展计划国务部长奥马尔•优素福•姆泽共同签署了《中国国家海洋局与桑给巴尔畜牧与渔业部海洋领域合作谅解备忘录》。9月15—21日，国家海洋局第二海洋研究所赴桑给巴尔访问畜牧渔业局、桑给巴尔国立大学、坦桑尼亚深海渔业管理局。此次访问实现如下目标：①与桑给巴尔畜牧渔业局就拟开展的合作领域与内容进行了认真讨论，完成了合作备忘录草案。部分落实了国家海洋局与桑给巴尔畜牧渔业局在北京签署的合作备忘录部分内容；②商讨了中桑联合海洋研究中心的建设，讨论完成了中桑中心筹建安排草案。通过访问和交流，对桑给巴尔海洋科技教育与科研情况有了初步了解。

**【中毛（里求斯）合作开端良好】** 2013年3月，中国国家主席习近平访问非洲，开辟了中非合作的新纪元。11月7日，国家海洋局刘赐贵局长在厦门会见了来华参加2013厦门国际海洋周活动的毛里求斯副总统莫妮克•奥桑•贝勒波。贝勒波表示，毛里求斯非常希望向中国学习，了解更多关于发展海洋的经验做法，相信将有越来越多的毛里求斯年轻学者来到中国学习，将双方的友谊延续下去。9月，应毛里求斯海洋研究所所长要求，国家海洋局第三海洋研究所组织资深专家赴毛里求斯开展了为期3天的珍珠贝养殖和插核技术培训，该培训活动得到了毛里求斯政府的关注，在当地媒体多次报道。11月，毛里求斯副总统莫妮克•奥桑•贝勒波应外交学会邀请非正式访华，在厦期间，专程访问了国家海洋局第三海洋研究所并听取了工作介绍，双方就未来在微藻研究、海洋天然产物研究、大型海藻养殖、珍珠养殖、开展人员互访与学术交流等方面达成了共识，为双方在海洋相关领域合作奠定了基础。

## 与港澳台地区的交流与合作

**【举办第四届海峡两岸海洋论坛】** 2013年11月，第四届海峡两岸海洋论坛在福建漳州举行，共有来自海峡两岸海洋管理部门及研究机构的代表约120余人参会。与会专家围绕关系两岸民生的海洋防灾减灾、海洋污染物对人类健康的影响、海洋生物生态保护、海洋可再生能源等问题进行了深入研讨及经验交流。与会双方一致认为，海峡两岸海洋论坛迄今已举行了四届，为两岸海洋业界架设了良好的沟通桥梁，为促进两岸海洋领域合作发挥了积极的作用；未来论坛应进一步深入推动两岸海洋领域务实合作，促成具体合作项目。

**【举办国家海洋局—香港天文台第三次联合工作组会议】** 2013 年 4 月 19 日，国家海洋局与香港天文台海洋领域合作第三次联合工作组会议在京举行。会议总结了双方 2010 年以来合作的进展情况，就南海海啸预警、产品共享等问题进行了讨论，并达成共识未来将在海洋观测、南海海啸预警系统建设和海平面变化等三个领域深入开展合作。 （国家海洋局国际合作司）

# 附 录

## 附录 1 2013年海洋科研项目获奖成果

**【国家级成果获奖项目】 近海复杂水体环境的卫星遥感关键技术研究及应用** 获得2013年度国家科学技术进步奖二等奖。该项目由国家海洋局第二海洋研究所潘德炉院士主持，其他主要完成人有毛志华、蒋兴伟、何贤强、韩庚辰、苏奋振、刘仁义、翁光明、陆建新、王其茂等。国家海洋局第二海洋研究所联合国内7家单位，在国家“863计划”等15个课题支持下，经过13年联合攻关完成。

**2013年度国际科学技术合作奖** Prof. Jan Harff（杨•哈弗）教授，德国地质学博士，长期致力于中德、中波和中荷在海洋地学方面的国际合作，推动了中国近海资源环境调查跨越式发展，促进了国际基础调查与科学院、高校共同研究的有机结合，为表彰其所做出的杰出贡献，Prof. Jan Harff被授予2013年度中华人民共和国国际科学技术合作奖。

**【省部级成果奖获奖项目】 3500米深海观测和取样型ROV系统** 获得国家科学技术进步二等奖，该项目由上海交通大学和国家海洋局北海分局共同完成，参加人：朱继懋，任 平，葛彤，吴 超，吉 国，崔运璐，陶春辉，王旭阳，应思斌，赵 敏。

**广东近海海洋灾害应急决策辅助系统的研究开发** 2013年国家海洋创新成果二等奖。该项目由国家海洋局南海预报中心完成。

**中国南部海区及邻域地质地球物理系列图（1∶100万）** 获2013年度国土资源科学技术二等奖。该项目由中国地质调查局青岛海洋地质研究所、广州海洋地质调查局、中国国土资源航空物探遥感中心完成。

**中国天然气水合物勘查开发中长期规划研究** 获2013年度国土资源科学技术二等奖。该项目由中国地质调查局发展研究中心完成。

**珠江三角洲近岸海洋地质环境与地质灾害调查** 获2013年度中国地质调查成果二等奖。该项目由中国地质调查局广州海洋地质调查局完成。

**北冰洋碳循环及其对气候变化的响应** 获福建省自然科学奖二等奖，该项目由国家海洋局第三海洋研究所完成，主要参加人为陈立奇、高众勇、余雯、王伟强。

### 2013年度海洋科学技术奖获奖项目名单

**一等奖：（7项）**

1.渤海海上突发事故应急响应辅助决策系统研制与应用

推荐单位：国家海洋局北海分局；

主要完成单位：国家海洋局北海预报中心，中国石油天然气股份有限公司海上应急救援响应中心，山东科技大学。

主要完成人：曹丛华、靳熙芳、黄娟、赵绍祯、王硕、曹雅静、钟山、赵鹏、李喜来、王瑞富、高松、刘爱超、胡伟、王泽征、李华。

2. 我国海岛与海岸带遥感调查研究

推荐单位：国家卫星海洋应用中心；

主要完成单位：国家卫星海洋应用中心、中国海监总队、国家海洋局第二海洋研究所、国家海洋局第一海洋研究所、中国科学院地理科学与资源研究所、国家海洋局第三海洋研究所、国家海洋环境监测中心、中国科学院南海海洋研究所。

主要完成人：蒋兴伟、吴强、马毅、朱海天、张汉德、张杰、毛志华、苏奋振、杨燕明、黄韦艮、王华、王其茂、邹亚荣、任广波、张华国。

3.《中国海岛志》编纂

推荐单位：国家海洋局第一海洋研究所；

主要完成单位：国家海洋局第一海洋研究所、国家海洋局第二海洋研究所、国家海洋局第三海洋研究所、国家海洋环境监测中心、国家海洋局南海分局、国家海洋局东海分局。

主要完成人：李培英、吴桑云、夏小明、于洪军、陈坚、邓松、黄秀清、郑连福、陈志华、付元宾、贾建军、丰爱平、杨顺良、王建富、蔡兵。

4．3000 吨/日、4500 吨/日低温多效海水淡化成套技术国产化及应用

推荐单位：国家海洋局天津海水淡化与综合利用研究所；

主要完成单位：国家海洋局天津海水淡化与综合利用研究所；

主要完成人：阮国岭、吕庆春、冯厚军、赵河立、齐春华、俞永江、谢春刚、康权、徐克、张铭、刘艳辉、曹军瑞、谢峰、张令品、吴水波。

5．海洋功能寡糖农用生物制剂研究及应用

推荐单位：大连市海洋与渔业局；

主要完成单位：中国科学院大连化学物理研究所、全国农业技术推广服务中心、海南正业中农高科股份有限公司、大连中科格莱克生物科技有限公司、大连凯飞化学股份有限公司。

主要完成人：杜昱光、赵小明、尹恒、李曙光、许青松、王文霞、刘启顺、杨普云、崔刚、拓亚琴、张善学、张益先。

6．海洋胶原蛋白和肽类制备技术及功能产品开发

推荐单位：浙江省海洋与渔业局；

主要完成单位：浙江海洋学院、浙江海力生生物科技有限公司、杭州纽曲星生物科技有限公司、浙江省海洋开发研究院；

主要完成人：丁国芳、王斌、王加斌、杨最素、付万冬、关丽萍、李大东、欧阳小琨、罗红宇、裘耀东、黄芳芳、徐银峰、曲有乐、郁迪、闫海强。

7．海洋入侵赤潮生物规模化快速经济处理新技术

推荐单位：大连海事大学；

主要完成单位：大连海事大学、厦门大学

主要完成人：张芝涛、白敏冬、黄凌风、白敏菂、骆庭伟、田一平、李超、张拿慧、张小芳、陈操、孟祥盈、俞哲、陈铮、孟凡鹏、洪伟辰。

**二等奖：（26 项）**

1．渤海海底重大溢油事故海洋生态损害调查评估与修复技术体系

推荐单位：国家海洋局北海分局；

主要完成单位：国家海洋局北海环境监测中心、国家海洋局北海预报中心、中国科学院海洋研究所、中国海洋大学；

主要完成人：崔文林、宋文鹏、张洪亮、徐子钧、张继民、赵玉慧、高松、李学刚、吕咸青、张爱君。

2．海洋观测网监控与预报业务自动化实现与应用

推荐单位：国家海洋局东海分局；

主要完成单位：国家海洋局东海预报中心；

主要完成人：魏泉苗、费岳军、堵盘军、王丽琳、薛佳丽、管琴乐、梅杰、亢兴、姚圣康、李璟。

3．外来有害藻类识别及快速检测技术研究

推荐单位：国家海洋局东海分局；

主要完成单位：国家海洋局东海环境监测中心、中国水产科学研究院东海水产研究所、上海海洋大学；

主要完成人：王金辉、秦玉涛、徐兆礼、徐韧、薛俊增、张凤英、叶属峰、曹恋、刘材材、李亿红。

4．广东近海海洋灾害应急决策辅助系统的研究开发

推荐单位：国家海洋局南海分局；

主要完成单位：国家海洋局南海预报中心、国家海洋局南海海洋工程勘察与环境研究院；

主要完成人：蔡扬、白毅平、赵雪、王磊、李希茜、周水华、曾海红、娄全胜、仇月萍、邓文君。

5．略

6．略

7．全国海洋经济发展“十二五”规划研究

推荐单位：国家海洋信息中心；

主要完成单位：国家海洋信息中心、国家海洋局北海信息中心、国家海洋局东海信息中心、国家海洋局南海海洋工程勘察与环境研究

院、中国海洋大学、上海海洋大学、中山大学；

主要完成人：何广顺、王晓惠、王占坤、徐丛春、李宜良、周怡圃、朱凌、赵鹏、王波、黄晓琛。

8．中国滨海湿地调查与评价

推荐单位：国家海洋环境监测中心；

主要完成单位：国家海洋环境监测中心、国家海洋局第二海洋研究所、国家海洋局第三海洋研究所、南京大学、国家海洋局东海分局、国家海洋局第一海洋研究所；

主要完成人：关道明、刘长安、龙江平、李荣冠、左平、叶属峰、李萍、谷东起、丛丕福、苗丽娟。

9．洋溢油的多元鉴别及岸滩油污生物修复技术

推荐单位：国家海洋局第一海洋研究所；

主要完成单位：国家海洋局第一海洋研究所；

主要完成人：王小如、郑立、陈军辉、崔志松、杨佰娟、韩彬、曹为、陈发荣、殷月芬、蒋凤华。

10．中国海岛（礁）名录

推荐单位：国家海洋局第二海洋研究所；

主要完成单位：国家海洋局第二海洋研究所、国家海洋局第一海洋研究所、国家海洋局第三海洋研究所；

主要完成人：夏小明、贾建军、陈勇、李云海、时连强、张华国、刘毅飞、蔡廷禄、吴桑云、陈坚。

11．略

12．略

13．我国近海海底地形地貌调查研究

推荐单位：国家海洋局第三海洋研究所；

主要完成单位：国家海洋局第三海洋研究所、国家海洋局第二海洋研究所、国家海洋局第一海洋研究所、中国科学院地理科学与资源研究所；

主要完成人：蔡锋、吴自银、周兴华、周成虎、郑勇玲、卢惠泉、许江、程维明、陈义兰、尚继宏。

14．海水资源开发利用调查、评价与成果集成

推荐单位：国家海洋局天津海水淡化与综合利用研究所；

主要完成单位：国家海洋局天津海水淡化与综合利用研究所、杭州水处理技术研究开发中心、国家海洋局东海分局、国家海洋局北海分局、国家海洋局南海分局；

主要完成人：侯纯扬、刘淑静、单科、王静、黄鹏飞、邢淑颖、武杰、冯厚军、葛云红、张拂坤。

15．黄海绿潮浒苔溯源及暴发机制研究

推荐单位：中国科学院海洋研究所；

主要完成单位：中国科学院海洋研究所、江苏省海洋水产研究所；

主要完成人：逄少军、刘峰、陆勤勤、单体锋、胡传明、高素芹、朱庙先。

16．微藻分子鉴定、光合机制及其产物的定向优化

推荐单位：中国科学院海洋研究所；

主要完成单位：中国科学院海洋研究所、中国海洋大学、中国科学院青岛生物能源与过程研究所、哈尔滨工业大学（威海）、天津科技大学；

主要完成人：张宝玉、朱葆华、范晓蕾、陈国福、李健、郭荣波、潘克厚、潘光华、刘志媛、乔洪金。

17．三亚珊瑚礁生态系统退化机制与生态修复研究

推荐单位：中国科学院南海海洋研究所；

主要完成单位：中国科学院南海海洋研究所；

主要完成人：黄晖、董俊德、张燕英、刘胜、周国伟、李涛、练健生、邱大俊、谭烨辉、蔡创华。

18．系列卡拉胶寡糖的酶法制备技术与生产工艺

推荐单位：大连市海洋与渔业局；

主要完成单位：大连大学、威海康博尔生物医药有限公司；

主要完成人：姚子昂、吴海歌、于国友、李清、殷龙民、刘庆平、隋国辉、杜彩素。

19．海洋硫酸软骨素清洁化联产胶原肽技术应用

推荐单位：青岛市海洋与渔业局；

主要完成单位：青岛贝尔特生物科技有限

公司、中国科学院烟台海岸带研究所、中国海洋大学；

主要完成人：秦松、李八方、曹荣军、任宪君、闫鸣艳、侯虎、刘尊英、杨庆利、张秋艳、武鑫。

20．日本黄姑鱼苗种繁育、增殖放流及养殖技术推广

推荐单位：浙江省海洋与渔业局；

主要完成单位：浙江省海洋水产研究所、浙江大海洋科技有限公司、舟山市普陀区优辰水产养殖专业合作社、舟山海洋科技有限公司、台州市大陈岛养殖有限公司；

主要完成人：柴学军、楼宝、徐君卓、胡则辉、徐梅英、王跃斌、朱云海、史会来、余方平、许源剑。

21．南海区近岸新型网箱研制及无公害健康养殖技术集成与示范

推荐单位：海南省海洋与渔业厅；

主要完成单位：海南省水产研究所、中国水产科学研究院南海水产研究所、临高海丰养殖发展有限公司；

主要完成人：李向民、郭根喜、陈傅晓、唐贤明、陶启友、谭围、胡昱、黄小华、刘天密、隋昕融。

22．十二缆双震源地球物理勘探船

推荐单位：中国船舶工业集团公司

主要完成单位：上海船厂船舶有限公司、中国船舶工业集团公司第七〇八研究所、中海油田服务股份有限公司物探事业部；

主要完成人：王奇、张福民、焦新华、周阳生、王东、章建兵、张舒蓉、徐建强、王孝义、廖洪泉。

23．长蛸全生活史养殖与增殖放流关键技术

推荐单位：中国海洋大学；

主要完成单位：中国海洋大学、马山集团有限公司、日照海辰水产有限公司、赣榆县海洋渔业技术指导站、连云港忠玉水产有限公司；

主要完成人：郑小东、王培亮、李琪、钱耀森、王培春、王晓东、于瑞海、李开锋、张庆起、孟凡玉。

24．海洋微生物培养新技术的建立及菌种库建设

推荐单位：中国海洋大学；

主要完成单位：中国海洋大学、中国科学院海洋研究所；

主要完成人：张晓华、肖天、刘晨光、赵苑、史晓翀、冀世奇、于童、张增虎。

25．深海立管涡激振动疲劳预测方法及抑振技术

推荐单位：中国海洋大学；

主要完成单位：中国海洋大学；

主要完成人：郭海燕、李效民、孟凡顺、娄敏、刘晓春、王飞、张永波、李朋、张莉、赵婧。

26．刺参疾病的发生机制及无公害防控技术研究与示范

推荐单位：大连海洋大学；

主要完成单位：大连海洋大学；

主要完成人：李华、李强、张峰、周玮、丁君、张东升、王轶南、宋坚、叶仕根、邢殿楼。

## 2013 年度海洋工程科学技术奖获奖名单

**特等奖：1 项**

1．海洋天然气水合物生成机理与分解安全机制

主要完成单位：大连理工大学；

主要完成人：宋永臣，刘卫国，赵佳飞，陈伟，李清平，杨明军，刘瑜，王大勇，张毅，赵越超，蒋兰兰，邹德高，徐斌，邵龙潭，郭晓霞，豆斌林，李维仲，穆海林，陈聪，董波。

**一等奖：7 项**

1．海洋油气田多功能环保增产关键技术研究及应用

主要完成单位：中海石油（中国）有限公司上海分公司，中国石油大学（北京），中海油田服务股份有限公司油田生产事业部，中海油能源发展股份有限公司监督监理技术分公司；

主要完成人：姜伟，罗勇，郭士生，李三喜，杨进，杨立平，刘刚芝，王杏尊，张海山，李小凡，闫波，李舜水，付豪，郭树彬，杨中成。

2．“蛟龙”号载人潜水器海上试验

主要完成单位：中国大洋矿产资源研究开发协会办公室，中国船舶重工集团第七〇二研

究所，国家海洋局北海分局，中国船舶重工集团第七〇一研究所，中国科学院沈阳自动化所，中国科学院声学研究所，北京长城电子装备有限责任公司；

主要完成人：刘峰，徐芑南，刘心成，吴崇键，李向阳，崔维成，窦永林，王晓辉，朱敏，孟繁荣，刘予，侯德永，刘军，余建勋，郭威。

3. 大型海洋环境多层监测浮标关键技术研究及工程应用

主要完成单位：山东省科学院海洋仪器仪表研究所，国家海洋技术中心；

主要完成人：王军成，李民，刘世萱，范秀涛，张曙伟，郭发东，裴亮，陈世哲，武东生，王晓燕，徐俊臣，卜照蓬，刘勇，齐勇，刘雷。

4. 中国近海地质灾害研究

主要完成单位：国家海洋局第一海洋研究所，国家海洋局第二海洋研究所，烟台大学，国家海洋环境监测中心，国家海洋局第三海洋研究所；

主要完成人：李培英，刘乐军，杜军，张晓龙，李萍，丰爱平，徐兴永，傅命佐，夏小明，蔡锋，徐元芹，吴桑云，付元宾，时连强，谷东起。

5. 中国近海中尺度海洋动力过程时空特征研究及其应用

主要完成单位：中国科学院海洋研究所，中国科学院声学研究所，中国科学院大气物理研究所，中国科学院地理科学与资源研究所；

主要完成人：侯一筠，朱江，潘锋，周成虎，申辉，王凡，李整林，苏奋振，宋金宝，谢基平，尹宝树，杨晓梅，齐鹏，胡珀，徐振华。

6. 陆源入海重点排污口典型有机污染物海洋环境效应确定的关键技术研究

主要完成单位：国家海洋环境监测中心，厦门大学，国家海洋局第一海洋研究所；

主要完成人：王菊英，郭丰，穆景利，王新红，王睿睿，赵冬梅，王莹，马新东，高春蕾，闫启仑，姚子伟，邵魁双，张志锋，张振冬，林忠胜。

7. 荔湾 3-1 中心平台设计、建造和安装技术

主要完成单位：海洋石油工程股份有限公司；

主要完成人：杨云，虞明星，陈欣，韩少宁，李怀亮，左威，谢维维，刘培林，李君华，胡晓明，尹汉军，张灿，徐京阔，刘超，陈品。

**二等奖：19 项**

1. 海岸和近海环境中物质输运动力及污染机理研究

主要完成单位：大连理工大学；

主要完成人：沈永明，吴朝安，唐军，邱大洪。

2. 海洋作业母船与水下平台间移动水声通信关键技术研究

主要完成单位：哈尔滨工程大学；

主要完成人：殷敬伟，张晓，生雪莉，郭龙祥，王驰，韩笑，杜鹏宇，潘争荣。

3. 波浪－海工结构物－海床相互作用全动态耦合数值模拟理论与方法

主要完成单位：河海大学，上海交通大学；

主要完成人：郑金海，张继生，郑东生，张弛，隋倜倜，范骏。

4. 离岸抗风浪网箱动力特性的数值模拟与应用大连理工大学，

主要完成单位：大连海洋大学；

主要完成人：赵云鹏，董国海，李玉成，许条建，陈昌平，郑艳娜，毕春伟。

5. 南汇东滩水土资源综合开发利用与保护关键技术研究与应用

主要完成单位：上海市水利工程设计研究院，上海市水务局，交通运输部天津水运工程科学研究院，上海市水务规划设计研究院，华东师范大学；

主要完成人：卢永金，王为人，刘新成，李蓓，何刚强，陈庆江，徐贵泉，李国林，杜小弢。

6. 沙质海岸强浪作用下临底高含沙层输沙率计算

主要完成人：王玉海，喻国华。

7.《海底电缆管道路由勘察规范》等两项国家标准

主要完成单位：国家海洋局第二海洋研究所；

主要完成人：叶银灿，潘国富，陈锡土，陈小玲，来向华，李全兴，李起彤，应元康，何欣。

8. 台湾海峡渔业资源可持续利用研究

主要完成单位：福建省水产研究所，国家海洋局第三研究所，厦门大学，福建海洋研究所；

主要完成人：戴天元，林龙山，苏永全，阮五崎，沈长春，颜尤明，王军，庄庆达，廖正信。

9. 海洋中上层鱼资源加工新技术研究及产业化

主要完成单位：浙江江兴业集团有限公司，中国海洋大学，中国水产科学研究院渔业机械仪器研究所；

主要完成人：马永钧，薛长湖，劳敏军，薛勇，沈建，秦乾安，安利华，周小敏，吴卫平。

10. 辽宁贝类资源恢复及浅海增养殖技术研究与示范

主要完成单位：大连海洋大学，锦州市海洋与渔业科学研究所，庄河市水产技术推广站，辽宁省海洋水产科学研究院；

主要完成人：刘海映，闫喜武，朱守维，周玮，许传才，戚浩然，栾玉瑄，陈远，宋坚。

11. 海上钻修船选型与安全高效就位关键技术研究及应用

主要完成单位：中海油能源发展股份有限公司监督监理技术分公司，中国石油大学（北京）；

主要完成人：杨立平，陈建兵，刘汝国，杨进，李贵川，马认琦，司念亭，张宝平，王金明。

12. 水下动态立管基盘技术研究与工程应用

主要完成单位：海洋石油工程股份有限公司；

主要完成人：钟文军，琚选择，周美珍，尹汉军，姜瑛，张飞，魏行超，刘玉玺，张孝卫。

13. 海洋钢结构阴极保护数值仿真与实时监测技术

主要完成单位：中国科学院海洋研究所，中海油能源发展股份有限公司北京分公司；

主要完成人：王秀通，兰志刚，李言涛，郑力，张杰，王在峰，宋积文，陈胜利，侯保荣。

14. 海洋功能性特种绳缆的研究及产业化

主要完成单位：青岛海丽花边织带有限公司，青岛亿和海丽安防科技有限公司；

主要完成人：张旭明、黄涛、郑文娇、徐连龙、崔俊芬、王芳江、王玮、李来祥、姜德萍。

15. 海鸟雷达

主要完成单位：中国船舶重工集团公司第七二三研究所；

主要完成人：王小军，张友益，王寿山，柯涛，于振华，杜庆龙，朱兵，赵艳秋，黄宗卫。

16. 低温多效蒸馏海水淡化仿真培训平台的研制及应用

主要完成单位：国家海洋局天津海水淡化与综合利用研究所；

主要完成人：俞永江，康权，王金燕，肖亚苏，李楠，阮国岭，赵河立，吕庆春，冯厚军。

17. 近海岛屿能源综合开发利用示范试验研究

主要完成单位：国家海洋技术中心，即墨市海洋与渔业局，东北师范大学；

主要完成人：夏登文，罗晓玲，王海峰，张雪明，王兵振，黄勇，刘思禧，郭毅，徐明奇。

18. 典型围填海评估方法与管理关键技术研究

主要完成单位：国家海洋环境监测中心，国家海洋局第一海洋研究所，国家海洋局第二海洋研究所，国家海洋局第三海洋研究所，河北省海洋与水产科学研究院；

主要完成人：于永海，索安宁，吴桑云，羊天柱，黄发明，李怡群，许雪峰，赵振良，于东生。

19. 海上溢油应急决策支持技术研究与应用

主要完成单位：中海石油环保服务（天津）有限公司，国家海洋局第一海洋研究所，国家海洋局北海环境监测中心；

主要完成人：安伟，亓俊良，魏泽勋，谭家翔，吕立功，孙培艳，杨勇，赵宇鹏，杨贵强。

**【科技获奖项目简介】** **中国海洋地质灾害** 由李培英、刘乐军、杜军、李萍等联合完成的“中国海洋地质灾害项目”获2013年海洋工程科学技术一等奖。在国家有关重大专项、“863计划”、“973计划”和海洋公益专项等连续支持下，课题组率先确立了海洋地质灾害有关基本概念、研究对象和范畴、调查研究内容及方法，形成了海洋地质灾害的标准体系、调查与监测技术、评价与预警技术和编图技术，创立并完善了海洋地质灾害研究的理论技术体系。将海底声学探测、现场监测、远程监控和室内测试进行技术集成创新，创建了新的国家标准和技术规程，并研发了典型地质灾害监控与工程地质取样技术，获得5项发明专利，直接应用于海洋地质灾害调查和海洋开发工程。首次建立了集评价指标、评价模型、支持系统为一体的综合评价系统及海岸侵蚀和海水入侵等典型地质灾害评价系统，对我国海洋地质灾害进行了定量评价和风险区划，并应用于监测预警业务体系。建立了我国海洋地质灾害数据库和信息系统，开展了地质灾害编图集成技术创新，首次编制了1∶50万中国海洋地质灾害图和地震动区划图等。对我国海洋地质灾害进行了系统调查、研究和评价，基本摸清了主要类型的特征、分布规律和致灾机理，预测了重要岸段典型地质灾害的演化趋势，取得了系列创新成果并已得到应用。创建的新国标《海洋工程地质调查规范》和制定的《海洋灾害调查技术规程》正式出版和实施；研发的恶劣海况下海底土液化动态监测技术及装置，应用于浅海油气田工程砂土液化监测预警和隐患治理；开发的海岸侵蚀评价技术，应用于秦皇岛旅游海岸侵蚀监测和沙滩修复以及北戴河海滩恢复治理工程；开发的海水入侵风险评价系统，应用于莱州湾等地区的灾害风险评价与防治；形成的监测预警技术和建立的示范区已纳入国家海洋环境灾害监测业务系统；有关调查和监测结果已被近几年的《中国海洋环境质量公报》和《中国海洋灾害公报》所使用。

**《中国海岛志》编纂** 由李培英、吴桑云、夏小明、于洪军等联合完成的“《中国海岛志》编纂”项目获2013年海洋科学技术一等奖。“《中国海岛志》编纂”属于海洋科学技术研究领域，是一项开创性、基础性、战略性的系统工程。在“我国近海海洋综合调查与评价”国家重大海洋专项（简称“908专项”）的支持下，已编纂8个卷（册），计1180万字，由海洋出版社正式出版发行。同时，形成了《中国海岛志》编纂纲要、编纂技术要求、编纂补充技术要求及范例三部技术标准和8个数据集，发表了53篇论文。

《中国海岛志》是综合性地理志，以“908专项”海岛调查及其编纂过程中的现场调访与补充调查资料为主，辅以“908专项”其他有关调查成果、第一次全国海岛与海岸带资源综合调查和沿海省（区、市）已有的海岛历史资料，经过系统梳理、甄别、对比分析和同化处理，将每个海岛作为独立的自然综合体，按照统一的编纂大纲和技术要求编纂而成。作为第一部反映我国海岛全貌的大型工具书，首次系统记述了全部现存海岛和已消失（注销）海岛的自然地理、人文地理和经济地理，具有资料性、真实性、时代性和权威性，填补了我国海洋领域的空白。志书所记述的具体内容涵盖：每个岛群或海区的区域环境概况，包括地质地理、气候与气象、海洋水文、海洋化学、海洋生物与生态和海洋灾害等；各岛的地理位置、政区建制及历史沿革、人口，教育和医疗等公共服务，人文遗址和事件等历史，海岛风情、旅游和民俗等文化，道路桥梁、交通、电网和市政等基础设施，经济基本情况，地质地貌、植被和土壤，土地、水和生物等资源。对消失（注销）的海岛，除自然与人文要素外，重点阐述了消失的原因和现状。

该项目创新主要体现在：通过科学设计和编纂，形成了海岛志编纂的基本理论与技术体系；制定了海岛界定技术指标和各类图件影像与数据表格的编制标准，系统规范了记述内容及要求，保证了入志海岛的完整性和覆盖信息的全面性；统筹使用了历史背景资料与最新现状资料，数据真实，来源清晰；建立了从中央到地方、从院士专家到编纂人员的编纂与审查组织体系，确保了编纂的质量和志书的权威性。

**浓海水钙法制备氢氧化镁产业化技术与示范** 国家海洋工程科学技术二等奖 国家海洋局天津海水淡化与综合利用研究所依托国家“十一五”科技支撑计划项目“万吨级浓海水提镁技术研究开发”，在我国首次实现了高品质氢氧化镁产品浓海水钙法低成本规模化制备，形成的“浓海水钙法制备氢氧化镁产业化技术与示范的技术”成果经专家鉴定填补国内空白，达到国际先进水平，并荣获 2012 年度海洋工程科学技术二等奖。该课题采用连续控制结晶技术，克服了传统间歇反应硫酸钙颗粒小、沉降分离困难的弊端，解决了钙法制备氢氧化镁产品过程中硫酸钙分离难题，实现了氢氧化镁产品钙法低成本制备与硫酸钙产品联产；技术集成，研发了钙法浓海水制取氢氧化镁常温连续合成-控制结晶产业化装备，建成国内首条万吨级浓海水钙法制备氢氧化镁生产线，镁提取率达到 73.36%，产品质量：$Mg(OH)_2$含量≥46.44%（湿基），CaO 含量≥0.48%，和传统工艺相比，产品主含量提高 10%以上，杂质含量降低 80%以上，生产成本降低 60%以上。低成本制备高附加值氢氧化镁的产业化技术的突破，为推动我国海水、卤水镁资源利用利用产业发展提供了有力支撑，形成的连续控制结晶技术关键共性技术，还可广泛应用于地下卤水的开发利用和冶金废水的资源化处置等众多领域。

## 2013 年中国海洋大学海洋科研获奖成果

| 序号 | 获奖名称 | 奖种 | 获奖等级 | 获奖单位 | 完成人（限前五位） |
|---|---|---|---|---|---|
| 1 | 海参功效成分研究及精深加工关键技术开发 | 山东省科学技术奖科技进步奖 | 一等 | 中国海洋大学；中国水产科学研究院渔业机械仪器研究所；獐子岛集团股份有限公司；山东东方海洋科技股份有限公司 | 薛长湖；王静凤；沈建；王联珠；黄万成 |
| 2 | 中国北方海域末次盛冰期以来沉积物“源-汇”效应与环境演变 | 高等学校科学研究优秀成果奖（科学技术）自然科学奖 | 二等 | 中国海洋大学；青岛海洋地质研究所 | 李广雪；刘健；郭志刚；王永红；乔璐璐 |
| 3 | 新型消能式海上建筑物水动力分析方法与设计理论研究 | 高等学校科学研究优秀成果奖（科学技术）自然科学奖 | 二等 | 中国海洋大学；大连理工大学 | 刘勇；李玉成；李华军 |
| 4 | 海洋食品加工过程中质量安全控制关键技术及示范 | 高等学校科学研究优秀成果奖（科学技术）科技进步奖 | 二等 | 中国海洋大学 | 林洪；曹立民；李振兴；王静雪；唐庆娟 |
| 5 | 长蛸全生活史养殖与增殖放流关键技术 | 海洋科学技术奖 | 二等 | 中国海洋大学、马山集团有限公司、日照海辰水产有限公司、赣榆县海洋渔业技术指导站、连云港忠玉水产有限公司 | 郑小东；王培亮；李琪；钱耀森；王培春 |
| 6 | 海洋微生物培养新技术的建立及菌种库建设 | 海洋科学技术奖 | 二等 | 中国海洋大学、中国科学院海洋研究所 | 张晓华；肖天；刘晨光；赵苑；史晓翀 |
| 7 | 深海立管涡激振动疲劳预测方法及抑振技术 | 海洋科学技术奖 | 二等 | 中国海洋大学 | 郭海燕；李效民；孟凡顺；娄敏；刘晓春 |

（中国海洋大学）

# 附录 2　中国海洋学术团体及活动

**【中国海洋学会】　学会建设**　2013 年，根据《社会组织评估管理办法》和《全国性社会组织评估实施办法》的规定，经全国性社会组织评估委员会审议，中国海洋学会通过 2013 年度全国性学术类社会团体的评估，学会被评为 4A 等级。

学会完善了个人会员数据库和团体会员数据库的更新和维护。开展了会员服务机构制度建设和会员服务系列活动，建立了专业的会员管理团队。2013 年学会个人会员年末达到 6850 个，团体会员 262 个。

国家海洋局学会办公室与中国海洋学会秘书处合署办公，秘书处设 4 个部，综合事务与联络部，学术交流与期刊部、科普推广与咨询部、网络信息与研究部。下属分支机构共 24 个，其中有 15 个分会，分别是海洋环境科学分会、海洋工程分会、海洋物理分会、海洋地质分会、海岸河口分会、海洋化学分会、海洋水文气象仪器分会、风暴潮及海啸分会、海洋经济分会、海水淡化与水再利用分会、海岸带开发与管理分会、海洋观测技术分会、海底科学分会、海域与海岛分会，2013 年新增热带海洋分会。9 个专业委员会，涉及海洋遥感、潮汐与海平面、海洋调查、海洋生物工程、海气相互作用、海冰、军事海洋学、海洋信息、赤潮研究与防治。9 个工作委员会，分别是组织工作委员会、学术交流工作委员会、国际交流工作委员会、科普工作委员会、青年工作委员会、期刊工作委员会、科技开发与产业化工作委员会和女科学家工作委员会。2013 年新增老科学家工作委员会。管辖有 32 个全国海洋科普教育基地。分布于北京 3 个，山东青岛 5 个，广东 4 个，海南 1 个，上海 1 个、舟山、长沙、太原、大连、厦门、蓬莱、岱山、北海、西安、哈尔滨、洛阳、中国海监 83 船。学会主办的期刊有《海洋学报》中英文、《海洋工程》中英文、《海洋科学进展》、《海洋学研究》、《应用海洋学学报》、《海洋环境科学》和《海洋世界》。国家海洋局原局长王曙光为现任第七届理事会理事长，学会办主任雷波为七届理事会常务副理事长兼学会秘书长。

**创新发展**　1 月，中国海洋学会首次联合中国太平洋学会和中国海洋湖沼学会，组织本学会的常务理事、理事和专业领域内的专家，对 2012 年度中国海洋十大科技进展项目进行了排名筛选，经过汇总，最终评选出 2012 年度的十大科技进展项目。

**学科研究**　中国海洋学会承担了中国科协 2012—2013 年度《中国海洋学学科史》研究项目等课题任务，本项目以我国海洋学学科发展的历史为主线，同时将该学科在世界范围内的发展作为重要参照，力图展示学科发展面貌，总结学科发展的特点和规律，预测学科发展趋势。此项工作进展顺利，并已完成阶段性验收。学会完成了中国科协委托的“社会力量开展海洋科普事业实践及对策研究”和“科技与社会—2049 展望系列研究—海洋科技与蓝色经济”的研究项目。

**科普活动**　2013 年“科技活动周”期间，中国海洋学会依托自身的科普资源优势，联合国家海洋局宣传教育中心、青岛市教育局和青岛市海洋与渔业局，开展了一次面向全国青少年的海洋科普教育活动——2013 年全国少年儿童海洋教育青岛论坛暨青岛市第二届中小学教育论坛。论坛以“实施海洋教育，成就特色学校”为主题，全国参加论坛的单位有 300 多家，规模空前。主要活动有青岛市教育成果展、海洋科学家讲座、有关单位海洋教育经验交流、参观海洋教育特色学校、参观青岛市水族馆等。

5 月 22 日，中国海洋学会 2013 年度海洋科普工作会议在青岛举行，学会管理的各全国海洋科普教育基地的代表、学会部分分支机构代表、科普工作委员会委员以及学会主办《海洋世界》杂志社编辑等共 50 余人出席会议。

**科技期刊**　2013 年，学会主办期刊分为八种，分别是《海洋学报》、《海洋工程》、《海洋科学进展》、《海洋学研究》、《应用海洋学学报》、《海洋环境科学》、《海洋通报》、《海洋技术学报》；学会主办科普杂志《海洋世界》。2013 年 SCI（科学引文索引，Science Citation Index）数据发布，美国 JCR（期刊引用报告，Journal Citation Reports）报告显示，2013 年中国大陆（包括港澳）SCI 期刊 159 份，按照影响因子，《海洋学报》英文版排名第 95 位，居国内海洋科技期刊之首。《海洋学报》英文版（Acta Oceanologica Sinica）还获得中国科技期刊国际影响力提升计划 B 类资助，中文版获得中国科协精品期刊项目资助，这两大项目资助给学报未来的发展提供了稳定的资金保障，同时所明确的项目评估指标也给《海洋学报》提出了新的挑战。《海洋学报》英文版自 1982 年创刊以来，一直是我国海洋科学家发表和交流学术论文的主阵地。2012 年数据显示，中国学者发表在全球 SCI 期刊的论文中，《海洋学报》英文版文章数量约占 25%，排名第一。

**国内学术会议（5 次）**　2013 年，中国海洋学会及所属分支机构共举办了大型学术研讨会 5 次，大型学术论坛 8 次，期刊主编扩大会 1 次。征集论文 1590 篇，2013 年海洋学会学术年会论文 400 余篇，设立了海洋环境、气候、信息、生物技术、遥感、观测技术、仪器设备、海水淡化及涉海期刊等 14 个分会场，有 200 多人在分会场作了学术报告，100 余人参加了墙报交流。中国网、凤凰网、新华社上海分社、《中国海洋报》等新闻媒体对年会做了新闻报道。共有 1300 余人参加学术大会，国家海洋局东海分局、中国极地研究中心、上海市海洋局、上海市海洋湖沼学会、上海交通大学、上海海洋大学、上海海事大学、同济大学海洋地质国家重点实验室、华东师范大学河口海岸国家重点实验室、中国水产科学研究院东海水产研究所等 10 家单位参与协办。

**国际学术会议（3 次）**　8 月 29 日，第四届中韩海洋科学技术学术研讨会在青岛召开，研讨会由中国海洋学会（CSO）和韩国海洋学会（KSO）共同主办，国家海洋局第一海洋研究所（FIO）协办，中韩海洋科学共同研究中心（CKJORC）承办，会议主题为“气候变化对海洋过程的影响”。

**两岸学术会议（2 次）**　①10 月 16—19 日，台湾 2013 海洋文化国际学术研讨会暨海峡两岸海洋文化学术论坛举行。中国海洋学会理事、学术交流委员会副主任、上海海事大学海洋文化研究所所长时平教授率领大陆海洋文化代表团出席。来自美国、日本、中国 30 多位学者和 50 多名学生参加了会议。时平教授作了《中国海洋信仰起源的考察——兼论当代海洋信仰资源的多元价值》的专题报告。高雄海洋科技大学周照仁校长、高雄市海洋局蓝健菖局长出席了会议。

②11 月 6—7 日，第四届海峡两岸海洋论坛在福建漳州举行，会议由中国海洋学会与台湾海洋及水下技术协会联合主办，福建省海洋学会承办。与会代表围绕海洋防灾减灾、海洋环境及沉积物的监测与评价、海洋生物多样性监测评价与保护管理、水下文物保护、海洋再生能源、资源废弃物填海造地等议题，展开了充分探讨。

**第七届四次常务理事会**　3 月 9 日，中国海洋学会第七届四次常务理事会在海南三亚召开。中国海洋学会王曙光理事长、雷波常务副理长兼秘书长等常务理事及代表 32 人出席了会议，会议由王曙光理事长主持。会议主要议题是学习贯彻中央、国家海洋局有关海洋工作的重要精神及工作要点，审议通过中国海洋学会 2012 年工作总结及 2013 年工作计划，审议增补了 2 名常务理事，审议增补了 10 名理事。审议通过了 5 家获得全国海洋优秀科普教育基地，审议通过新增 6 家全国海洋科普教育基地。审议成立中国海洋学会老教授工作委员会及成员名单，讨论研究 2013 年学术年会—拟定主题等重点工作。

**2013 年度工作会议**　4 月 18 日，中国海洋学会 2013 年度工作会议在济南召开。中国海洋学会王曙光理事长出席会议并讲话。会议传达了中国海洋学会七届四次常务理事会关于增补学会理事会理事、常务理事的决定，设立老科学家工作委员会的决定以及关于表彰优秀全国海洋科普教育基地和新增全国海洋科普教育基地的决定，通报了林明林、夏登文获第五届“全国优秀科技工作者”荣誉称号和《中国海洋工程（英文版）》获得“中国科协学会能力提升专项奖励”三等奖的决定。中国海洋学会各分会、专业委员会和地方海洋学会以及工作委员会、学会期刊编辑部代表共 60 余人出席会议。

**海洋科学技术奖设立**　2013 年，由中国海洋学会承办的海洋科学技术奖在中国科学技术部批准国家奖励办公室登记设立，该奖是在国家海洋局原海洋创新成果奖的基础上，由中国海洋学会、中国太平洋学会、中国海洋湖沼学会共同设立的奖项，是面向全国海洋行业的综合性科学技术奖。主要奖励海洋科学研究、技术创新与开发、科技成果推广应用、高新技术产业化、科学技术普及、国际科学技术合作等领域作出突出贡献的集体和个人，奖励等级设立一等奖和二等奖。

**中国海洋学会 2013 年学术年会暨海洋科学技术奖颁奖会** 9 月 2 日，以“美丽海洋、蓝色梦想”为主题的中国海洋学会 2013 年学术年会暨海洋科学技术奖颁奖仪式在上海隆重召开。中国科协党组成员沈爱民、中国海洋学会王曙光理事长、中国科学院丁仲礼副院长、中国太平洋学会张登义会长等出席开幕式并讲话。苏纪兰、丁德文、袁业立、管华诗、高从堦、金翔龙、潘德炉、黄锷等院士出席会议。年会开幕式上，还举行了由中国海洋学会联合中国太平洋学会、中国海洋湖沼学会共同设立的海洋科学技术奖 2012 年度获奖项目颁奖仪式。

年会上，国家海洋信息中心副主任石绥祥、国际大洋中脊科学组织联合主席李家彪、中国极地研究中心主任杨惠根、国家卫星海洋应用中心主任蒋兴伟、BMT Group LTD 能源与环境部门总监 Ralph Rayner、联合国大陆架界限委员会委员吕文正 6 位专家结合自身实际工作、研究历程和科研成果，从《数字海洋探索实践与展望》、《中国大洋中脊研究的跨越发展》、《我国极地研究的新进展》、《HY-2 卫星及其在海洋灾害监测中的应用》、《国际海洋探测与观测技术发展热点》、《大陆架界限委员会审议沿海划界案进展和面临的挑战》6 个方面生动诠释了年会主题。年会由中国海洋学会主办，国家海洋局、中国科学技术协会和上海市人民政府给予了大力支持。国家海洋局东海分局、中国极地研究中心、上海市海洋局、上海市海洋湖沼学会、上海交通大学、上海海洋大学、上海海事大学、同济大学海洋地质国家重点实验室、华东师范大学河口海岸国家重点实验室、中国水产科学研究院东海水产研究所 10 家单位参与协办。来自海洋界有关部门、科研院所、高等院校、企业等各方代表共 1300 余人参加本次大会。

年会共收到论文 400 余篇，设立了海洋环境、气候、信息、生物技术、遥感、观测技术、仪器设备、海水淡化及涉海期刊等 14 个分会场，有 200 多人在分会场作了学术报告，100 余人参加了墙报交流。中国网、凤凰网、新华社上海分社、《中国海洋报》等新闻媒体对年会做了新闻报道。

**中国航海日文化论坛（9 次）** 3—11 月，中国海洋学会与中国航海日活动办公室、中国太平洋学会、上海东方讲坛、上海海事大学共同举办的中国航海日文化论坛 9 场，地域涉及上海、云南和青海，听众包含大学生、一般市民、海事领导、郑和家乡领导、回族企业家等，讲演嘉宾来自海内外。讲演时间共计 20 小时，听众 3360 人。论坛已经被作为国家航海日活动 9 年来评估的重要指标和成果。

**第四届中韩海洋科学技术学术研讨会** 8 月 29 日，第四届中韩海洋科学技术学术研讨会在青岛召开，研讨会由中国海洋学会和韩国海洋学会（KSO）共同主办，国家海洋局第一海洋研究所协办，中韩海洋科学共同研究中心（CKJORC）承办，会议主题为“气候变化对海洋过程的影响”。来自 25 家中韩两国海洋界有关部门、科研院所、高等院校、学会分支机构约 60 人参加了研讨会。中国海洋学会理事长王曙光，韩国海洋学会会长鲁英宰，国家海洋局第一海洋研究所所长马德毅出席研讨会开幕式并分别致辞，中国海洋学会常务副理事长雷波主持会议并做总结发言。17 位与会中韩专家、学者围绕主题展开深入探讨，从不同角度进行广泛交流，并提出富有见解与针对性的意见、建议和学术思考。

**召开第二十八次中国科技论坛——海水淡化与海岛供水安全学术会议** 10 月 16 日，“第二十八次中国科技论坛——海水淡化与海岛供水安全学术会议”在天津召开。会议由中国科学技术协会主办，中国海洋学会和国家海洋局天津海水淡化与综合利用研究所共同承办。中国科协、中国海洋学会有关领导出席会议并讲话。论坛围绕当前海岛海水淡化技术、产业及海岛地区水资源保障中的热点问题，邀请了 25 位业内专家学者，从海水淡化与海岛开发、海水淡化技术基础研究、海水淡化装备材料应用、海水淡化自主创新和产业化、可再生能源与海水淡化耦合、海岛水资源规划等方面进行了深入研讨和交流，并提出了相关政策建议。

**召开中国海洋发展与指挥控制论坛** 10 月 19—20 日，中国海洋发展与指挥控制论坛在山东烟台召开。论坛由中国指挥与控制学会和中国海洋学会联合主办，海军航空工程学院和中国船舶重工集团公司第 716 研究所承办，主题为“走向深蓝的指挥与控制”，是以海洋发展与指挥控制交叉融合为契合点的一次学术盛会。论坛由中国指挥与控制学会理事长、中国工程院戴浩院士主持；中国海洋学会雷波常务副理事长、中国兵器工业集团公司杨卓副总经理、海军航空工程学院院士何友少将分别在开幕式上致辞。国内涉及海洋发展战略、海洋科学技术、海空一体化、船舶、海事通信、海洋观测、北斗导航、海上编队、海上空管、边海防监控、应急救援、无人系统、仿真系统、海上航运等领域从事海洋信息化装备科研、生产和使用的各界代表 200 余人出席了论坛，海军航空工程学院的师生也参加了论坛。

论坛交流采用大会报告和分会场的形式举行。19 日的大会报告，由海军信息化专家咨询委员会主任尹卓少将，北海舰队原副司令员杜希平少将，中国科学院自动化所王飞跃教授，国家深海基地管理中心主任、“蛟龙”号刘峰总指挥做了《我国海洋安全形势与周变热点问题》、《经略西太的几点思考》和《“蛟龙”号的海上实验与控制》的报告。论坛分会场由中国海洋学会常务副理事长兼秘书长雷波主持，国家海洋技术中心罗续业主任做了《军民两用的海洋观测技术》、国家卫星海洋应用中心蒋兴伟主任做了《我国海洋卫星发展与应用》、中国海洋学会军事海洋学会专业委员会秘书长、海军大连舰艇学院周立佳教授做了《军事海洋环境与探测装备发展》的报告。中国电子科技集团、中船 715 所、715 所、武汉装备研究院、山东海上艘救中心、海军核安全部、海军潜艇学院、海军航空工程学院、后勤学院等专家也分别相关专业做了报告。论坛的闭幕式上为评出 17 篇优秀论文颁发了优秀论文证书。

**举办中国海洋学会第六届青年海洋科学家论坛暨国家海洋局第三海洋研究所第七届青年海洋科学论坛** 11 月 9 日，中国海洋学会第六届青年海洋科学家论坛暨国家海洋局第三海洋研究所第七届青年海洋科学论坛在福建厦门举行，来自全国 33 家单位的 300 余名青年海洋科研人员参与研讨和交流。论坛主题为“建设海洋强国与青年——蓝色经济发展，建设海洋生态文明”，共征集到论文全文和论文摘要 123 篇，墙报 27 张。论坛邀请金翔龙院士，关道明研究员、陈立奇研究员、戴民汉教授和张玉忠教授 5 位专家做主题报告，青年海洋科学家们就海洋生物多样性与生态健康、海洋环境质量管理、海洋生态产业发展与海洋经济等三个议题展开 34 个专题报告的学术交流。

**举办 2013 年全国少年儿童海洋教育青岛论坛暨青岛市第二届中小学教育论坛** 2013 年“科技活动周”期间，中国海洋学会依托自身的科普资源优势，联合国家海洋局宣传教育中心、青岛市教育局和青岛市海洋与渔业局，开展了一次面向全国青少年的海洋科普教育活动——2013 年全国少年儿童海洋教育青岛论坛暨青岛市第二届中小学教育论坛。论坛以“实施海洋教育，成就特色学校”为主题，全国参加论坛的单位有 300 多家，主要活动有青岛市教育成果展、海洋科学家讲座、有关单位海洋教育经验交流、参观海洋教育特色学校、参观青岛市水族馆等。

**召开海洋科学技术奖奖励委员会第一次会议** 5 月 31 日，海洋科学技术奖奖励委员会第一次会议在北京召开。国家海洋局刘赐贵局长出席会议并讲话，陈连增副局长主持会议。会议确定了委员会的组成，通报了海洋科学技术奖的设立情况，审议并通过了海洋科学技术奖奖励委员会的议事规则，审核通过了 2012 年度海洋科学技术奖 59 个奖项，“中国近海‘数字海洋’信息基础框架构建”项目获特等奖。

**2013 年度海洋科学技术奖评审委员会评审会** 12 月 18—19 日，2013 年度海洋科学技术奖评审委员会评审会在海口召开，对经过初审的 82 项科技成果和 15 部海洋优秀科技图书进行了评审。王曙光、张登义、孙松三家学会领导出席会议并参加评审工作，王曙光理事长作大会讲话，张登义会长作会议总结。评审委员会由奖励委员会部分成员、丁德文、高从堦、管华诗、潘德炉，焦念志 5 位院士在内的 34 名专家教授组成。经过专家严格评审、筛选，最终评选拟获奖项目为 33 项，其中一等奖 7 项，二等奖 26 项，7 部海洋优秀科技图书。

**召开首届老科学家工作委员会**　12 月 30 日，中国海洋学会老科学家工作委员会在青岛市召开了成立大会。中国海洋学会常务副理事长兼秘书长雷波到会讲话，青岛市科协及驻青海洋单位代表到会祝贺。中国工程院院士侯保荣任中国海洋学会老科学家工作委员会主任委员，国家海洋局第一海洋研究所党委书记兼副所长徐承德任常务副主任委员，于宜法、于宙文、马绍赛、刘建筑、周永清、帅国良、樊国强，徐君卓等 10 位同志任委员，董罗海任秘书。

**召开《海洋学报》主编/副主编扩大会会议**　11 月 30 日，《海洋学报》主编/副主编扩大会议在北京召开。中国海洋学会常务副理事长兼秘书长雷波，《海洋学报》主编潘德炉院士，副主编郑全安、翟世奎、隋吉学、杨绥华，主编助理宋金明、王东晓、丁平兴、陈大可、林明森、孙军，编委王辉、罗续业、乔方利、吴立新、何贤强等出席了本次会议。《海洋学报》主编潘德炉院士作了题为“创新驱动《海洋学报》发展”的报告,回顾了《海洋学报》英文版 2003 年以来进入 SCI-E 的 10 年路，评价 10 年的两刊总体办刊情况，对主编工作作出了总结。会议由中国海洋学会常务副理事长雷波主持。

（中国海洋学会）

**【中国海洋湖沼学会】**　**组织建设**　2013 年是中国海洋湖沼学会管理规范年，学会改版了《海湖学会通讯》，制作了“学会工作手册”、“学会宣传册”和会员证；定期召开了理事会、常务理事会和分支机构秘书长会议，规范了例会制度；完善了会员管理信息系统，1843 名会员信息录入系统，实现了会员网上注册发展，为会员提供快捷便利的信息化服务和管理。

**国内学术交流**　中国海洋湖沼学会 2013 年度召开了 13 次国内学术会议，共有 1900 余人参会，征集论文 915 篇，交流论文 689 篇。

（1）海洋生物技术高端论坛。1 月 21 日，学会海洋生物技术分会在青岛举办了 “海洋生物技术高端论坛”。29 家科研院所和高校的 70 余名专家学者参加了论坛。与会专家围绕海洋生物功能蛋白及其基因战略资源，分析了国内外相关领域的研究动态，重点交流了在海洋生物重要功能基因/蛋白挖掘技术、高活性功能蛋白以及高附加值海洋（微）生物酶产品研发方面的研究成果，为相关科学研究进一步实施做了有益探讨。

（2）海洋遥感技术及应用交流研讨会。9 月 2 日，海洋遥感专业委员会举办的以“海洋遥感技术及应用交流”为主题的研讨会在上海召开。来自国家海洋局局属单位、中国科学院、航天部门、涉海企事业单位和高校等单位的领导和专家学者 80 余人参加了会议。征集学术论文 55 篇，会上交流论文 11 篇。

（3）“面向可再生能源和 $CO_2$ 减排与环境问题的碳基生物燃料发展策略”研讨会。9 月 12—15 日，“面向可再生能源和 $CO_2$ 减排与环境问题的碳基生物燃料发展策略”研讨会在华南理工大学举行，共有 90 多位人参会。会议对国内开展藻类生物燃料的研究开发具有重要启迪。

（4）全国贝类学术讨论会。10 月 10—13 日，学会贝类分会在成都市举办了全国贝类学术讨论会。大会注册代表 240 人，参会总人数超过 260 人，分别来自全国各高校、研究院所和企事业单位。收到会议摘要 168 篇，82 人次进行了口头报告，包括特邀报告 2 个，大会报告 4 个，专题报告 76 个，分成了贝类分类与系统演化、遗传育种与苗种繁育、功能基因与基因组学、生理与病害防控、生态与养殖、加工流通与食品安全等 6 个专题进行了汇报交流。30 人次提交了墙报。此外，举办了 1 次学术沙龙。大会评选了研究生优秀报告奖特等奖 2 名、一等奖 4 名、二等奖 6 名，优秀墙报奖 4 名。

（5）第四届全国青年鱼类学工作者学术研讨会暨水生生物学类博士生论坛。11 月 1—4 日，“第四届全国青年鱼类学工作者学术研讨会暨水生生物学类博士生论坛”在重庆市召开。240 余名来宾和代表参加了会议。会议收到会议摘要 147 篇，21 位青年鱼类学工作者作了专题报告，51 名博士研究生和 23 名硕士研究生进行了学术交流并角逐“研究生学术报告奖”。大会评选出 42 名优秀研究生，其中博士生一等奖 4 名，二等奖 8 名，三等奖 16 名；硕士生一等奖 2 名，二等奖 4 名，三等奖 8 名。

（6）“中国近海频发的海洋生态灾害”全国博士生论坛。11 月 11—12 日，主题为“中国近海频发的海洋生态灾害”的全国博士生论坛在青岛召开，来自全国的 100 多名博士生参加了会议，大会共收到论文 106 篇，四位海洋生态灾害方面的专家做大会报告，30 位研究生做口头报告，会上评选出研究生报告奖特等奖 2 名，一等奖 4 名，二等奖 6 名，优秀奖 16 名。

（7）藻类学分会第十七次学术研讨会。11 月 17—20 日，学会藻类学分会第十七次学术研讨会在武汉市召开。来自全国高校、科研院所及企业代表 600 余人参加了会议。会议设立了藻类多样性与生态、藻类生理与藻类环境生物学、藻类生物技术与能源藻类以及大型藻类生物学与资源应用 4 个议题进行了分组报告。与会代表围绕藻类学基础和应用的重点和热点问题，针对藻类产业化发展进程中的技术瓶颈等展开了深入的研讨交流。会上还颁发了中国藻类学研究优秀论文奖。

（8）海洋腐蚀与生物污损学术研讨会。12 月 6—9 日，2013 年度海洋腐蚀与生物污损学术研讨会在海口召开。来自全国 17 所高校、科研院所的 100 余名该领域的工作者参加了学术交流。中国科学院海洋研究所侯保荣院士、北京科技大学李晓刚教授和厦门大学柯才焕教授做了大会特邀报告。与会代表围绕“海洋环境工程材料腐蚀与防护机制”与“海洋生物污损与防护机制”两个关键问题进行了交流，并对“11.22”黄岛输油管道爆炸事故的成因进行了深入的讨论和分析。

（9）甲壳动物学分会第六届会员代表大会暨第十二次学术研讨会。12 月 9—11 日甲壳动物学分会第六届会员代表大会暨第十二次学术研讨会在青岛召开。200 位代表和嘉宾出席了会议。会上选举产生了新一届理事会和新一届理事会领导班子，理事长由中国科学院海洋研究所李新正研究员担任，副理事长共 7 名，秘书长由新当选的副理事长李富花研究员兼任。另外，第六届理事会第一次全体会议还审议设立了甲壳动物学分会第十二次学术研讨会研究生优秀报告奖和优秀墙报奖。学术研讨会共收到论文摘要 170 余篇，5 位甲壳动物学家做了大会特邀报告，83 位参会代表分别在 6 个专题讨论会上做了报告，另有 38 位研究人员以墙报形式展示了自己的研究成果。

**国际学术交流**　2013 年，中国海洋湖沼学会举办了中德藻类双边研讨会、西太平洋构造与边缘海演化国际学术研讨会、第二届边界流动力学国际研讨会、第三届中德海洋科学双边研讨会共 4 次国际学术会议，共有 288 名学者参加，143 人做了报告。

**科普活动**　2013 年，中国海洋湖沼学会开展了科普周、科普日、科普进校园等形式多样的科普活动 5 次，分别为公众科学日活动、水产生物养殖产业技术交流会活动、云头峪小学海洋科普进校园活动、2013 年海洋宣传日活动、“海洋防灾减灾日”活动；举办“蛟龙”号科考的科普讲座 3 次。受众人数达 5000 余人。

（1）公众科学日活动。5 月 19 日，与挂靠单位中国科学院海洋研究所联合开展了主题为“科技创新美好生活”公众科学日活动。几个院级重点实验室、亚洲馆藏最大的海洋生物标本馆、海洋科普展厅等对免费对市民开放，同时还组织了“青岛市第六届中、小学生‘我心目中的海洋’主题绘画比赛”、海洋湖沼科普知识有奖问答、“我是小小海洋科学家”海洋科学小实验、“海洋生物的启示”科普讲座等一系列丰富多彩的主题活动。其中由学会主办的特色活动——“我心目中的海洋”主题绘画比赛，已经成功举办了 6 届，成为青岛市海洋科普活动的一张特色名片。

（2）“蛟龙”号科普讲座。9—10 月，应青岛多家中小学校的要求，学会邀请参与“蛟龙号”科学考察的海洋生物分类学专家李新正研究员走进文登路小学、石老人小学等多所中小学校，为孩子们做关于蛟龙号的科普讲座，介绍“蛟龙”号进行“蛟龙海山”区的首次科学下潜的经历，展示考察拍摄的罕见深海生物的珍贵照片和视频。获得学校师生们的好评。

（3）养殖企业调研咨询。9 月 22 日，组织各分会的海洋农业、渔业资源和海洋生物产业等方面的科研专家 13 人，在学会副理事长兼秘书长杨红生研究员的带领下，赶赴青岛市黄岛区 4 家养殖和加工企业进行调研和交流咨询。此行受到了企业好评，为产学研合作和科技成果转化搭建了务实高效的交流平台。

**学术期刊**　学会主办 4 种科技期刊。2013 年《湖泊科学》继 2010，2012 年之后，第 3 次荣获“中国百种杰出学术期刊”称号；《水生生物学报》被评为2012中国国际影响力优秀学术期刊；《中国海洋湖沼学报》SCI 的影响因子从上一年的0.498上升到0.577，去自引IF排名全国同类刊物首位，为0.521；《海洋与湖沼》编辑部申请的2012精品科技期刊工程项目进展良好，顺利通过中国科协的中期验收。

（中国海洋湖沼学会）

**【上海市海洋湖沼学会】** 上海市海洋湖沼学会成立于1949年8月，是国内最早的学术团体之一。学会接受业务主管单位上海市科协的指导、社团管理局的监督管理，挂靠单位为国家海洋局东海分局。学会现有海洋资源与环境、湖沼与河口资源、海洋生物技术、海洋工程、海洋安全与减灾防灾、海洋科普与海洋信息技术、海洋经济与管理、海洋战略与权益、海洋极地与海洋文化等9个专业委员，44家会员单位，33名理事成员，个人会员数达到1000余人。

**国内外学术交流** 3月30日，组织召开了“形势 挑战 对策-东海海洋维权”研讨会，与会专家学者围绕海洋发展战略、中日关系、钓鱼岛争端和海洋维权实践等四方面议题进行研讨并提出了许多建设性意见，收录论文19篇并出版了会议论文集；7月4日，联合韩国海洋产业发展研究院等主办了一年一度的“上海—釜山海洋研讨会”，围绕“创新驱动、合作发展”主题，就海洋装备技术与产业发展、海运与港口发展和海洋资源开发与环境保护等双方关心的话题进行了广泛交流研讨；9月3日，协办了以“美丽海洋、蓝色梦想”为主题的中国海洋学会2013年学术年会，并与中国海洋工程咨询协会海洋装备分会共同主办了以“海洋装备与海洋开发保障技术发展”为主题的第14分会场专题研讨会，会议交流人员上百人，收录论文26篇，其中4篇论文获本次研讨会优秀论文奖，得到中国海洋学会的好评；11月3日，协助上海交通大学举办了以“纪念‘中日和平友好条约’签订35周年”为主题的中日美关系的现状与未来国际研讨会。

**科技咨询服务** 上海市海洋湖沼学会通过项目策划、联合申报、共同承担等方式，组织开展了涉及海洋生态、海洋经济、海洋调查与评价等方面的项目和课题研究，学会牵头承接实施的项目有：“启东市北部区域达标尾水排海工程海域环境影响评价及环境容量、生态承载力研究”、“启东市北部区域达标尾水排海工程海域使用论证”、国家海洋发展研究中心重大项目《海上通道安全研究》；申请获批的项目（课题）有国家海洋发展研究中心项目“深海矿产资源开发与利用问题研究”、上海市科协学科发展研究项目“上海海洋经济发展研究”等。学会充分利用科技评价资质，依托本会有关专业优势，开展完成了“滨海电厂热污染影响及其模拟预测”、“上海市近海海洋综合调查与评价后评估”、“我国现有海洋监测评价体系评估”等科技评价工作。

**科普教育宣传** 在“5.12“防灾减灾日、“6.8”世界海洋日、上海科普开放日等活动期间，上海市海洋湖沼学会积极组织会员单位共同开展展板宣传、社区宣讲及清理沙滩等活动；协助市科协等单位组织开展以“海洋，我们的家园”为主题的江浙沪青少年科技制作大赛。

**设立颁发海洋行业科技奖** 根据《国家科学技术奖励条例》、《社会力量设立科学技术奖管理办法》等有关规定，经国家科技部、上海市科学技术委员会登记核准，设立了上海海洋科学技术奖（沪科奖社证字第13-1号），成为沿海省市第一家开展区域海洋科学技术奖励工作的社团组织。开展了首次奖励工作，共受理奖励申请23项，评选出特等奖1项、一等奖3项、二等奖4项，并于2013年12月15日在沪召开的上海市海洋湖沼学会第八届会员代表大会暨2013年度上海市海洋科学技术奖颁奖仪式上颁发了奖励证书。 （上海市海洋湖沼学会）

**【中国太平洋学会】** 2013年，中国太平洋学会以习近平总书记“让太平洋真正成为和平之洋、合作之洋”为指导，以建设海洋强国为中心工作，深入扎实地践行科学发展观，坚持民主办会、学术立会、交流促会，精心组织全国海洋社会科学研究力量开展海洋人文学科的学术研究，集中研究与海洋安全、海洋管理、海洋管控能力相关的突出问题，在维护海洋权益、开发海洋资源、强化海洋安全等方面，为国家的海洋事业、为建设海洋强国提供理论支持。

**学会研究** 继续完成争议岛屿史地考证研究、中国海洋安全战略研究、中国海洋管理哲学 3 个项目研究。其中，争议岛屿史地考证研究，各专题均已达到结题要求，并均取得较好的研究成果；同时能够通过报刊发表理论文章、学术论文、专家评论等，配合我国海洋权益的斗争，为争议岛屿主权属我提供理论支持。中国海洋管理哲学第一阶段研究任务已经完成，取得阶段性成果并通过专家评审。中国海洋安全战略研究已有海洋政治安全、海洋军事安全结题并通过专家评审，部分材料和专家建议报告已提交国家海洋局、海军和中央海权办，正发挥参考作用。利用“争议岛屿史地研究”这一课题的成果，在《太平洋学报》上连续组织三期专刊（两期钓鱼岛专辑，一期南海专辑），阐述我国对钓鱼岛、南海（南沙）诸岛的历史性权利和主权主张，为日本非法“购岛”和“国有化”，以及菲律宾提交“国际法院仲裁”做了反制的理论和因应对策。

**学术交流**　围绕太平洋地区形势和我国海洋岛屿争端的事态，积极选择适应形势的议题，通过灵活多样的形式，有重点地开展学术交流活动。成功主办了 2013•中国太平洋论坛。论坛的主题是“和平发展、合作共赢”，设有“太平洋与海洋国际秩序构建”、“太平洋与海洋安全”和“海洋可持续发展”三个分会场，参会专家学者近 200 名，其中有 20 名国外专家。论坛上重申了我国关于太平洋问题的主张以及“和平之洋、合作之洋”的善意。论坛达成共识广泛，取得了丰硕的成果，社会反响积极，相继有人民日报、光明日报、新华社等 20 多家媒体做了报道。

**咨询建议**　中国太平洋学会充分利用学术研究和学术交流中体现出来的新理论、新观点，将其作为学术活动成果，及时提炼成有针对性的海洋发展形势需要的报告，报送国家有关部门参阅，为海洋相关部门进行科学决策提供咨询建议。中国海洋管理哲学研究项目形成了关于海洋公共管理、管理政策及法律保障制度的多份建议案，中国海洋安全战略研究项目形成了关于维护我国海洋权益安全的建议案，中国东海、南海争议岛屿史地考证研究项目形成了关于反制日本、菲律宾争取海洋权益斗争主动权的建议报告，这一系列咨询建议简明扼要，抓住问题实质，操作性强，有效应对当前我国海洋安全形势。

**学术期刊和网站**　学会直接主办的有《太平洋学报》、《太平洋通讯》（内部刊物）和中国太平洋学会网站；海洋经济分会主办了《海洋经济》杂志，太平洋学报编辑部从优秀论文中集专题出版《太平洋论丛》，已出版《论国策》、《论美国》两部文集《太平洋学报》为月刊，刊登的论文质量、发行数量、社会影响力都有较大的提高，学术声誉、社会知名度的学术地位明显攀升。在中国人民大学复印资料中心对近 400 种政治类期刊评比中，《太平洋学报》的综合排名从 2012 年的第 17 名上升至第 9 名。学会网站总点击量已接近 100 万人次，较 2012 年有大幅提升。学会网站借助海洋热点问题多、专家言论广泛和学会影响力，加上有专人值守，负责内容更新和后台维护，已经日臻成熟，并成为关心太平洋问题的广大网民浏览的窗口和探讨太平洋问题的平台。　（中国太平洋学会）

**【中国水产学会】**　**学会建设**　2013 年，中国水产学会九届理事会成员 170 人，其中常务理事 61 人，女性理事 10 人。学会共有淡水渔业专业委员会等 17 个分支机构。现有个人会员 19589 人，其中资深会员 1822 个，学生会员 2589 个。团体会员 207 个。4 月，学会通过全国性社会组织评估工作。经过向民政部上报《全国性学术类社团评估申报书》，正式参加评估，专家组一行通过听取汇报、查阅资料、质询了解、实地考察等形式，围绕基础条件、内部治理、工作绩效、社会评价等 4 个方面对学会进行全面考评。经过评估委员会集中评审、网上公示等程序，学会被评为 5A 等级。通过开展党的群众路线教育实践活动，组织深入学习，学会认真听取了常务理事、学会职工的意见，围绕“四风”深入查摆了问题，坚定了理想信念，增强了党性修养；通过“每月 2 次”学习活动，组织学会职工认真学习党的十八大精神和中国特色社会主义理论体系，加强党员宗旨意识和理想信念教育；通过组织参观反腐教育基地和延安革命老区，大大地提高了秘书处全体职工情系“三农”，服务“三农”，围绕“三农”做好本职工作的自觉性。

**学术期刊**　2013 年，中国水产学会主办的 6 种学术期刊和 1 种科普期刊办刊质量都有所提升，其中《水产学报》继续获得中国科协精品科技期刊的资助，荣获“百种中国杰出学术期刊”称号,进入中国科技核心期刊的前100名。《中国水产科学》分获国家新闻出版广电总局颁发的“中国百强报刊”称号。《水产学报》、《科学养鱼》、《海洋渔业》、《中国水产科学》、《渔业科学进展》等期刊积极参加学会主办的年会以及水产活动周等活动。

**学科发展研究**　11月15～17日，由中国科协主办、中国水产学会和中科院水生所共同承办的中国科协第264次青年科学家论坛在武汉举办。来自全国27家单位的100多位青年专家学者参加了本次论坛。本次论坛围绕“水产动物育种与生物技术”这一主题开展了深入广泛的学术交流与讨论。针对“基因组学与分子选育”等4个方面议题做了最新进展论述和总结，引发了与会学者的广泛交流与讨论。10月29—30日，由中国水产学会主办、中国水产科学研究院长江水产研究所承办的水生动物行为学及其应用研讨会在武汉召开。这是学会第二次举办水产动物行为方面的专题研讨会，与会代表交流踊跃，研讨热烈。

**决策咨询**　组织参加中国科协生物灾害防治研讨会，完成2013年中国科协生物灾害防治报告水产部分，并由中国科协上报国务院,获得国务院副总理刘延东同志批复,由科技部研究落实有关建议。

**国际学术会议**　动物营养与饲料专业委员会举办的第九届世界华人鱼虾营养学术研讨会，吸引了美国等10多个国家和地区的1100多名水产动物营养与饲料学界专家、学者及企业界代表参会，集中展示了当今全球鱼虾营养与饲料领域最新科研成果。

**国内主要学术会议**　10月23—24日，2013年中国水产学术年会在合肥召开，来自全国各地的近500名水产科技工作者参加了本次会议。会上颁发了2012年中国水产学会学术年会优秀论文，30篇优秀论文受到表彰。年会以“创新驱动与渔业转型发展”为主题，黄海水产研究所王清印研究员、淡水渔业研究中心戈贤平研究员、苏州大学叶元土教授作大会主题学术报告。会议就生物技术与水产育种等7个专题作学术报告，交流论文158篇。期间，水产生物技术专业委员会召开了水产生物技术与现代渔业学术研讨会；中国水产学会期刊协作网举办了国内主要水产学术期刊编辑交流座谈会。学会各分支机构充分利用各自的独特资源和优势，开展丰富多彩的学术交流活动。2013年学会的13个分支机构举办了学术研讨会或分会年会。观赏鱼分会、渔业制冷专业委员会、科普工作委员会等11个分支机构组织开展了科技咨询、科技培训、展览、展示、出国进行学术交流等工作。学术活动呈现三大特点：一是积极踊跃，参加人数较往年多；二是论文质量高，多数是最新研究成果；三是关注相近相邻或交叉学科的多。

**两岸交流**　9月13—14日，由中国科协主办，中国水产学会与福建省水产学会、福州市科协共同承办的中国科协2013年海峡两岸青年科学家学术活动月暨海峡两岸海洋渔业资源养护和共同开发青年科学家学术研讨会在福州举办。来自台湾海洋大学等单位的13位青年科学家，以及来自大陆水产相关高校和水产科研院所、渔业管理和科技推广单位的150余位青年科学家和科技工作者参加了研讨，会上共交流了56篇学术报告。

**国际组织任职**　中国水产学会常务理事、上海海洋大学黄硕琳任亚洲渔业学会理事长，学会理事、浙江大学吴信忠任亚洲渔业学会常务理事。

**国际交往**　7月10—17日，组团参加在苏格兰格拉斯哥大学举办的英国水产学会学术年会，随后访问了英国淡水生物学会和丹麦农业部渔业局。双方签署了《中国水产学会与英国水产学会学术交流合作备忘录》。8月29日至9月5日，应邀组织国内有关专家学者访问了澳大利亚、新西兰，重点了解两国渔业发展特别是水产品市场建设情况。与新西兰水与大气局签署了双边合作协议。3月1日，接待了来自智利、巴西、西班牙大使馆的农业参赞，共商如何建立与这三个国家的水产学术团体、科研院校合作交流机制。7月3日，以智利渔业局局长胡安为首的智利渔业代表团一行7人前往水产学会访问。双方就两国捕捞业和养殖业发展状况及贸易情况做了相互交流。9月1～4日，澳大利亚西澳州渔业部常务副部长史密斯一行8

人前往学会，进行人工鱼礁项目合作协商，并在北京、天津进行了为期 4 天的考察访问。10 月 31 日，英国水产学会会长温菲尔德先生前往学会访问。双方就共同关心的水域生态环境保护、现代化渔业发展趋势及如何促进渔业资源的可持续健康发展，开拓创新先进的节水养殖技术和发展生态友好型的养殖进行了深入的讨论，并探讨了两国渔业学术交流合作的方向。11 月 10 日，与厦门市人民政府共同举办了第三届中国（厦门）国际休闲渔业高层论坛，邀请美、英两国水产学会会长参加会议并作学术报告。

**科普活动**　2013 年，先后在昆明、呼和浩特成功举办“水产健康养殖及生态环境修复技术培训班”，共计 25 个省（自治区、直辖市）的 140 名渔业技术人员参加了培训。围绕热点问题，做好了水产实用技术培训，保护好养殖水域生态，推动水产健康养殖全面发展，促进了各地开展的水产健康养殖示范场、现代渔业示范园区、标准化示范县等创建工作。6 月 4 日，中国水产学会召开“食品安全进学校、进社区活动”协商工作会，确定“食品营养健康，您的美好生活”这一活动主题，标志着 2013 年科普重点活动正式启动。此后，学会联合中国粮油学会、中国农业工程学会等开展“食品安全进学校、进社区”活动。先后在北京市朝阳区育慧里社区、东铁营社区、朝阳弘善学校、北京育才学校，以及重庆市沙坪坝社区和西南大学荣昌校区举办活动，让“食品营养健康，您的美好生活”这一主题深入人心，向大众宣传与日常生活息息相关的食品安全知识。活动展示了“吃鱼健康”专题知识，开展了专家咨询、有奖答题等活动，发放《水产品营养与健康宣传手册》等。

**会员服务**　中国水产学会各科普教育基地和学生会员工作站结合自身特点和优势，积极开展了节能减排、技术推广和科学知识普及工作，为提高广大会员的科学素质做贡献。东海水产研究所鱼类标本馆建立科普志愿者服务队，面对中小学生的科普讲座及水生野生动物保护宣传活动。“深海珍奇展”已连续十年举办。在第四届科技场馆展品与技术设施国际展览会中，将 4 件珍稀标本赠送给学会。宁波海洋世界科普教育基地积极参与全国科技周和全国海洋宣传日等活动，开展了海洋科普夏令营、进社区等活动。上海市育民中学“蓝鸿铭海洋鱼类标本馆”积极开展科技节、讲座等科普特色活动，组建学生讲解团，对学生进行海洋知识的宣传和海洋文化的熏陶。北京市水生野生动物救治中心通过展览、咨询、讲座、有奖答题等互动活动形式向大家介绍有关水生野生动植物保护知识，倡导关爱水生生物。西南大学学生会员工作站、上海海洋大学学生会员工作站开展了海洋知识竞赛、标本展览、科普进社区、进校园等活动。9 月底，学会在上海海洋大学召开食品中国水产学会科学道德和学风建设宣讲教育报告会，邀请华东师范大学杜震宇教授和上海海洋大学陈良标教授结合自己的成长经历和科研成就，面向全校 2013 级研究生的学生会员现身说法，取得了很好的效果。

**中国科协会员日**　5 月 15 日，2013 年水产科技周启动仪式在淡水渔业研究中心成功举行。中国水产学会科普工作委员会委员、无锡地区渔业技术人员及部分企业代表等共计 350 多人参加了启动仪式。本次水产科技周的主题是：水产科技创新，共建美好生活。活动包括专题科技讲座和科技展览。启动仪式后各省级学会和有关分支机构根据当地产业发展需求和基层企业养殖户的实际开展科技下乡和科普宣传活动，科技周活动深受基层老百姓喜欢。9 月 14～20 日，学会以“水域生态保护”为主题参加 2013 年全国科普日北京主场活动。

**渔业统计**　圆满完成了 2012 年报数据汇总工作。农业部渔业局和国家统计局领导对年报数据汇总工作高度重视，并做出重要指示：要求在保质、保量完成任务的同时，重点提高工作效率，力争尽早完成年鉴的出版任务。中国水产学会通过召开专家会商会、统计年报汇总会等有关工作，最终编辑印制了《2013 年全国渔业统计手册》、《分省份主要渔业统计指标情况手册》及 2013 年全国渔业主要统计数据卡片，印刷出版了《2013 年中国渔业统计年鉴》，圆满完成中国渔业统计年鉴的出版工作。认真做好新一轮渔民家庭收支调查工作。2013 年，全国渔民家庭收支调查执行了新的调查方案。学会积极筹备，多次组织技术人员及国家统计局相关专家座谈，探讨完善系统与调试数据上报程序。组织各省进行了收支情况台账的上报工作，并于 11 月 20—21 日召开工作总结研讨会。分别于 6 月和 9 月，先后在厦门、延安举办 2013 年第一、二期统计培训班，共计 23 个省（区、市）渔业重点县负责渔业统计工作人员共计 248 人参加了培训。认真做好抽样调查工作总结。农业部从 2005 年开始，相继在天津等 7 省（市）分别开展了海、淡水养殖抽样调查试点工作。学会作为项目组织协调和部署单位，通过落实专人、精心组织、保障经费和加强监管等措施，使得调查工作完成了各项任务指标。7 月在湖北召开了项目总结会，通过了验收专家组的验收。

**信息监测**　认真完成水产品市场信息采集工作，数据采集质量稳步提升。中国水产学会每天对信息员上报的数据进行检查和纠正，每月完成水产品市场信息简报和水产品批发市场月度数据报表，每季度完成一篇水产品季度分析报告。2013 年，80 家定点水产品批发市场共报送价格信息 24625 次，同比增加 3.28%；价格条目 393382 条，同比增加 2.42%；品种成交量条目 24625 条，同比增加 3.39%；月成交量、额 904 条，同比增加 6.98%；市场动态 1151 篇，同比增加 38.84%；省级渔业部门市场分析报告 203 篇，同比基本持平。学会及时向农业部提交了全国水产品市场运行情况月度分析报告及季度、半年分析报告、市场运行情况简报等十余篇。水产品市场价格指数已经成为渔业经济运行情况分析中不可缺少的重要指标，为政府科学分析和宏观决策提供了基础信息。高效准确处理突发事件和应急事件。

**水产贸易研究**　开展渔业对外贸易跟踪研究。3 月在烟台召开了渔业国际贸易跟踪研究专家座谈会，新老专家组成员一起交流当前渔业国际贸易特点问题和渔业国际贸易研究进展情况，讨论 2013 年度渔业国际贸易重点研究内容和研究计划。设立“水产品贸易出口市场国政策及本国产业政策监测研究”等共 10 个课题供专家研究，并与专家签订课题研究合同。根据农业部下达的研究课题，中国水产学会先后撰写了《水产品突破 180 亿美元，贸易总额再创新高——2012 年全国水产品贸易分析报告》、《全球渔业经济与贸易》、《WTO 渔业补贴谈判十年回顾与展望 2002-2012》、《世界养殖鱼类 50 强》等研究报告。加强对水产品国际贸易监测预警工作。收集、汇总、分析和发布了中国水产品国际贸易月度、季度、半年和前三季度监测报告共 15 篇，并在有关杂志、报刊和网络上刊发。编辑出版了《2013 年中国渔业进出口统计年鉴》。

**科技下乡**　继续开展科技下乡活动。为落实中央“一号文件”精神，各分支机构充分发挥学科优势和技术优势，积极组织会员参与科技扶贫和科技下乡活动。海水养殖分会，水产生物技术、渔药专业委员会和科普工作委员会等分支机构组织会员专家深入基层，送技术、送知识到村边到塘头，为生产一线的渔民排忧解难。其中，渔药专业委员会结合挂靠单位业务工作积极开展科技下乡安全用药培训活动，包括技术培训、咨询与技术指导活动，参加专家人数 3662 人次，科技人员总数 13340 人次，举办实用技术培训 2253 次，培训实用技术人员 25 万多人次，覆盖重点水产养殖乡镇 1711 个，51 个社区。科普工作委员会制作渔业科普宣传册及图谱小册子，开展送科技下乡活动。组织专家深入到江苏、安徽、浙江、湖北、山东、辽宁等省的市县，深入到田间、塘头、渔民家中，详细了解当地水产养殖的规模、主要养殖品种，向渔民传授养殖技术，提供产品信息，累积发放宣传册、图书和科普资料 8000 余册。

**第二届中国水产学会范蠡科技奖评审**　2013 年中国水产学会秘书处组织了第二届范蠡奖的评审工作，经过专家认真评审，共评出一等奖三个、二等奖五个，于 12 月在九届二次理事会召开期间颁奖。　　（中国水产学会）

**【中国渔业学会】**　2013 年，中国渔业学会秘书处在理事会的领导和支持下，注重协会自身能力建设，大力提倡创新服务，不断扩大服务领域，提升为行业、为会员、为政府的服务能力，较好地完成了各项工作。

**开拓工作新领域**　①经农业部渔业局批准，由中国渔业学会与韩国水产会作为中方涉韩渔船担保工作的指定窗口单位，负责中方涉韩渔船的罚金交纳工作，维护我国渔民合法权益。12 月 24 日，齐景发会长率团赴韩国济州岛，与韩国水产会落实此项担保工作的具体细节，并签订合作协议。②积极推广新技术。与国际铜业协会、水科院东海所共同成立了“铜合金网衣网箱健康养殖产业联盟”，并召开了第一次代表大会。为铜合金网衣网箱制造企业、水产养殖企业和金融机构搭建合作平台，推动这项技术的推广与应用。

**加强服务，提升工作水平** ①继续办好学会会刊《渔业文摘》，加大对会员单位的报道和宣传力度，增加了数据类资讯等内容，不断拓展视角，增强会刊的可读性和实用性。②学会网站全新改版上线，页面更加直观，内容更加丰富。对学会的重点工作开辟了专题版块加以宣传，增加了与会员的友情链接，及时更新会员动态，给会员提供了广告宣传位，展示会员产品，更好地发挥了会员企业展示平台的作用。③举办了五期以水产健康养殖为主题的技术培训，一期休闲渔业培训。专家为学员现场答疑，受到欢迎。④组织会员参加香港“第十五届国际食品及饮料、酒店、餐厅及餐饮设备、供应及服务展”和“中国（海南）国际海洋产业博览会暨中国渔业装备博览会”。⑤开展了首批渔业行业企业信用评价工作，为 5 家会员企业进行了信用评级，其信用信息将对外公布并可供查询。这有助于会员展示其信用能力，也有利于提升会员信用自律意识与风险防范能力。

**推动渔业品牌建设** ①经地方申请，专家委员会评审，中国渔业学会秘书处同意授予福建省福州市“中国金鱼之都”和“中国鳗鲡之都”荣誉称号；授予江苏省昆山市巴城镇“中国阳澄湖大闸蟹之乡”荣誉称号；授予山东省东阿县“中国黄河鲤鱼之乡”荣誉称号；授予广东省珠海市斗门区“中国河口渔业示范区”荣誉称号。②组织专家考察并发布了《潜江龙虾“虾稻共作”技术规程》，主办了“淡水龙虾产业发展研讨会”、“2013 中国（合肥）龙虾节”、“2013 第二届世界海洋大会”、“中国大黄鱼产业研讨会”等活动，为地方特色渔业的发展起到了推动作用。③继续与有关单位开展“新农村建设——200 场水产品安全健康养殖科技入村公益培训活动”，根据基层水产养殖者的需求，提供专业科技指导服务，作为一项协会品牌公益项目，取得了良好的社会效益。

**开展国际交流与合作** ①根据中国渔业学会与韩国水产会签订的《中韩民间渔业安全作业议定书》有关条款，编印了 5000 册图文并茂、通俗易懂的《中韩民间渔业安全作业议定书宣传画册》，发放给黄渤海区和东海区渔民，宣传在韩水域入渔的安全作业知识。②6 月，林毅秘书长一行三人出席在印尼泗水召开的“第三届世界渔业合作日”活动，与参会成员国代表沟通交流，并考察当地渔业合作组织。会议强调了政府和社会应扶植各级渔业合作社组织的成长，通过各种措施改善渔民家庭的福祉，并加强各成员国间的交流合作，实现共同发展。③8 月，应邀参加韩国水协中央会在首尔举办的题为“未来工业化对渔业产业复兴的影响”研讨会，与各国专家学者就相关问题进行广泛探讨。④9 月，与大日本水产会在上海召开中日民间渔业协议会，就海上安全作业、渔业资源养护，以及民间团体交流与合作等问题进行商讨。

**南海渔业分会活动** 2013 年，南海渔业分会认真结合自身特点，找准“政府所想、会员所需、协会所能”的结合点，积极努力协助海区局及有关市县渔业局做好渔业特别是南沙渔业管理与服务工作，为维护会员乃至广大渔民的合法权益，促进南海渔业健康稳定发展发挥了积极作用。①3 月，南海渔业分会组织编印了《中国渔业协会南海渔业分会》会刊。会刊采用彩色铜板印刷，图文并茂，内容丰富、新颖。会刊的印发，有效地扩大了分会的社会知名度和影响力。②为避免或减少涉外事件发生，保障南沙渔业安全稳定发展，从 7 月中旬开始，分会与海区局南沙渔业处密切合作，先后组织举办了 3 场南沙渔业涉外安全管理培训班，共培训南沙渔业行政管理人员、南沙渔民协会与生产企业负责人、主要职务船员等约 500 人。培训内容包括：南沙海域主权纷争及渔业涉外态势、南沙渔业规避涉外风险措施与建议、南沙船位监控使用知识与管理规定、近年南沙渔业资源调查与分析、海上伤病救护知识等。培训班内容丰富、实用性强，老师讲课深入浅出、简明易懂，颇受欢迎。③为了解掌握、协调并解决南海海洋渔业发展面临的渔业资源问题、渔具渔法问题、渔船管理等问题，南海渔业分会积极配合海区局，前往广东、广西、海南各地，深入基层管理单位，生产企业，渔港、渔村和渔民家庭等调查研究，并撰写调研报告，为政府制定今后南海海洋渔业发展政策提供参考资料。分会支持部分市县渔民协会，就如何解决制约南海特别是南沙渔业稳定发展问题，认真收集渔民意见和建议，并主动向分会或渔业行政管理单位反映。④分会根据会员以及南海渔业的实际情况，始终把服务南沙渔业作为主要工作。一是及时为会员提供渔业生产信息，为南沙生产渔船申请办理证件提供服务。在日常管理工作中，分会主动与南沙渔业处、信息处值班电台联系、沟通，及时掌握南沙生产渔船渔民实际情况，发现异常及时提醒；有紧急情况时，主动协调沟通，尽力帮助解决。此外，协助南海区渔业局进行南沙柴油补助分配工作，联系基层渔民协会、专业合作社，认真组织核查，确保柴油补助分配公平、公正、公开，使党和国家的关怀切实落实到渔民手中。（中国渔业学会）

**【中国海洋工程咨询协会】** 2013 年，中国海洋工程咨询协会认真贯彻落实党的十八大、十八届二中、三中全会和习近平总书记系列重要讲话精神，坚持陆海统筹，实施海洋强国战略，按照协会《2011-2015 年发展规划纲要》和理事会一届四次会议的要求，精心组织，扎实推进，各项工作都取得了明显成效。

沿海大型工程海洋灾害风险排查工作。沿海大型工程海洋灾害风险排查是国务院交给协会的一项重要工作。2013 年中国海洋工程咨询协会编制完成了海啸、风暴潮和海浪、海冰风险排查 3 个分技术规程，汇编形成了《沿海大型工程海洋灾害风险排查技术规程》，并经国家海洋局审核后印发试行。协会认真筛选了宁德核电、惠州石油炼化、锦州 9-3 油田作为排查试点工程，落实了试点工程的技术承担单位，制定了试点工作方案。2013 年 10 月，排查试点工作正式启动，预计 2014 年 5 月完成。

三沙建设咨询研究。为促进三沙建设和发展，中国海洋工程咨询协会围绕三沙资源开发、技术装备、基础建设和环境保护等主题开展专题研究，征集了 100 余篇论文，3 月举办了“三沙建设发展与海洋工程技术交流会”，邀请了 8 位院士和资深专家作了专题报告。中国海洋工程咨询协会对交流会的成果进行了整理研究，7 月向国务院提交了《关于加强三沙工程建设项目咨询的建议》，重点就三沙的总体规划、建设项目、环境调查与评价、工艺技术和材料试验等提出了相关对策建议。张高丽副总理高度重视这些对策建议，批示国家发改委等部门研究落实。目前，中国海洋工程咨询协会提出的这些对策措施在三沙相关工作中正在得到采纳和实施。

海洋工程科学技术奖和“双十佳”评选表彰活动。3 月 30 日，在北京隆重召开了 2012 年度海洋工程科学技术奖颁奖大会。党和国家领导人和国务院有关部门领导同志出席会议。国家海洋局刘赐贵局长在大会上发表了重要讲话。会议取得了圆满成功，在社会上引起了强烈反响。

2013 年海洋工程科学技术奖共有 80 多项成果申报，经过盲评、初审和复审，评出特等奖 1 项、一等奖 7 项、二等奖 19 项。这些获奖项目是我国海洋科技自主创新的重要成果，代表了我国海洋工程领域的最高科技水平。中国海洋工程咨询协会科技奖励工作得到国家科技奖励办公室的高度肯定。经过沟通，2013 年协会首次获得国家科学技术奖推荐资格。经过筛选，推荐“海洋钻井隔水导管关键技术及工业化应用”项目申报了 2014 年度国家技术发明奖。

2013 年，中国海洋工程咨询协会组织开展了第二届“十佳单位”和“十佳标兵”评优活动，海洋领域相关高校、科研单位以及企业积极参与，“双十佳”的社会认知度和影响力在不断地提高和扩大。

海洋工程建设运行监测工作。在对全国海洋工程建设运行情况调查、统计的基础上，编制完成了《2012 年中国海洋工程建设年报》，分析比较各类产业工程建设的数量、规模、投资和效益状况，为国家沿海经济布局调整和产业结构优化提供决策依据。2013 年，中国海洋工程咨询协会将沿海地区海洋工程一次性调查工作纳入了第一次全国海洋经济调查，组织编制完成了《海洋工程专项调查工作方案》，为 2014 年调查工作正式开展做好了准备。

项目咨询服务。中国海洋工程咨询协会积极利用协会资源和优势，继续为用海企业提供政策、规划、技术、工程项目前期研究论证等各类咨询服务，对辽宁徐大堡核电工程、中石化曹妃甸千万吨级炼油项目、兵器集团精细化工及原料填海工程、亚太直达国际海底光缆、天津液化气（LNG）工程等 50 多个国家重大建设项目提供了咨询报告。在咨询服务中认真贯彻国家的用海和环境保护政策，促进海洋产业向生态、循环、低碳、绿色转型。

中国海洋工程咨询协会分支机构建设。2013 年完成了 3 个分支机构在民政部门的登记核准手续。12 月，海洋可再生能源分会挂牌成立。积极开展了深海技术与开发分会、海洋卫星工程分会和海洋工程信息统计专业委员会成立的筹备工作。协会组织相关单位完成了海岸科学与工程分会、海底勘查与工程分会的筹建方案。

2013 年，各分支机构积极开展业务工作。海洋装备分会开展了执法装备、观测设备标准体系预研、深海矿产资源开发与利用问题研究，联合举办“2013•上海--釜山海洋研讨会”；海洋资源开发分会承担惠州炼化项目海洋灾害风险排查试点工作，联合举办南海问题与区域发展论坛；环境生态专业委员会与协会秘书处共同研究制定了海洋生态文明建设交流会的筹备方案。海洋可再生能源分会协助筹备举办了“第二届中国海洋可再生能源发展年会暨论坛”。

加强自身建设打造高效服务平台。2013 年中国海洋工程咨询协会积极推进《海洋开发与管理》的办刊工作，增强了期刊的学术性，学术刊由每年 6 期增加到 12 期，增发了 1 期三沙交流会论文专刊。协会网站继续发挥宣传和信息服务的平台作用，及时登载了协会动态、海洋热点、行业动态和专题研究成果等，新建了会员数据库申请和管理系统、中国海洋工程咨询协会 BBS 论坛系统、海洋工程咨询工作专栏和理事会议专栏。2013 年协会参加了民政部组织的全国性行业协会商会评估工作。民政部评估专家对协会工作给予高度肯定，认为协会成立时间虽短，但内部治理规范，业务工作具有特色，工作业绩成效显著，是全国性行业协会的典范。（中国海洋工程咨询协会）

**【中国海洋工程咨询协会海洋资源开发分会】** 中国海洋工程咨询协会海洋资源开发分会成立于 2012 年 12 月 29 日，分会挂靠单位为国家海洋局南海分局，分会秘书处设在国家海洋局南海海洋工程勘察与环境研究院。海洋资源开发分会的宗旨是遵守国家宪法、法律、法规和政策，以党的“十八大”精神为指导，全面贯彻落实科学发展观，致力提高海洋资源开发能力，构建海洋资源开发技术研发、推广应用以及政策保障的咨询服务平台，为涉海部门研究相关政策和协调海洋开发工作服务；搭建政府与会员之间的桥梁，为建设美丽中国、和谐海洋服务；推动海洋资源的合理利用和开发、海洋资源的有效保护，促进海洋生态文明建设和海洋经济可持续发展。

11 月 7 日，中国海洋工程咨询协会海洋资源开发分会（以下简称“分会”）第一届常务理事第二次会议在广州召开。中国海洋工程咨询协会派出秘书处处长向友权到会祝贺，并代表协会讲话。会议审议并通过了分会会长成纯发所做的年度工作报告和财务报告，听取了分会秘书长谢健关于成立分会专家委员会和分会财务管理规定的说明，讨论并表决通过了这两项决议。与会的各位常务理事在会上就分会未来的各项工作发表了意见和建议。最后，分会名誉会长李立新对本次会议进行了总结，希望分会始终致力于推动和繁荣我国海洋资源开发事业的可持续发展，促进海洋资源开发领域的发展和进步。

**【中国海洋工程咨询协会海洋装备分会】** 中国海洋工程咨询协会海洋装备分会于2012年12月在上海成立，是中国海洋工程咨询协会的分支机构之一。该分会是由国家海洋局东海分局和中船重工七〇二所共同发起，经中国海洋工程咨询协会第一届理事会第三次会议审议通过，并获得国家民政部登记核准。海洋装备分会集合了国内广大海洋工程装备研发、设计、总装和管理等领域的相关部门、事业单位、科研院所、高等院校以及海洋装备领域大中型企业和专业人才。分会理事会成员单位 94 家，会员单位 117 家。

**分会架构建设** 2013 年制订了秘书处制度及财务管理办法，根据工作需要和理事单位的推荐，经全体理事通报选举，常务理事会通过，增补了常务理事 2 名和理事单位 7 家。

**开展调研活动 组织课题研究** 组织技术人员赴青岛、舟山等地，对山东仪器仪表研究所、舟山市人民政府、上海后世博研究中心等单位就海洋装备的标准体系建设等重大问题进行调研。通过走访、座谈会形式广泛听取意见，深入分析研究，提出行业标准体系建设建议；积极与中国海洋发展研究中心合作，设立《深海矿产资源开发与利用问题研究》课题。

**国内外学术交流**　联合上海市海洋湖沼学会、韩国海洋产业研究院组织召开了以“创新驱动、合作发展”为主题的“2013•上海--釜山海洋研讨会”；组织主办了由中国海洋学会组织召开的中国海洋学会 2013 年学术会议第 14 分会场专题研讨会，围绕“海洋装备与海洋开发保障技术发展”的主题，由 8 位领导专家就不同议题作了主题报告；协助七〇二研究所及有关单位在中国国际海洋技术与工程设备展览会上召开“SUP2013 水下技术国际峰会”，并协助承办了水下海洋装备技术展览会。

**科普宣传教育**　通过科普讲座的形式，大力宣传海洋装备发展在“国家海洋战略”中的重要地位和良好的发展前景。组织相关人员赴沪东造船厂、上海海洋大学等有关单位作关于上海海洋装备发展战略的报告。

（中国海洋工程咨询协会海洋资源开发分会）

**【广东海洋发展研究会】**　广东海洋发展研究会是广东及南海海洋人文社科工作者和涉海单位自愿组织的学术性、公益性法人社会团体，成立于 2012 年 5 月，业务主管单位是国家海洋局南海分局。广东海洋发展研究会拥有会员约 100 多人，单位团体会员 38 个。

2013 年，广东海洋发展研究会与澳大利亚蓝天（Blue Sky Services）公司就海洋生态保护、海洋能源的开发利用等方面进行了深入交流；与马来西亚国防大学副校长 Dato’ Jesbil Singh 就南海形势、东盟各国以及美、日、印、俄等国的南海政策战略进行了交流。

2013 年，广东海洋发展研究会启动了长篇纪实文学《穿越南海》的采访、资料汇集和创作工作。9 月，广东海洋发展研究会网站（www.gdodrs.com）按计划建设成功，并已正常运作。广东海洋发展研究会还举办了第二届年会暨《南海问题与区域发展论坛》，中国海洋工程咨询协会孙志辉会长、金翔龙院士、湛江市政府领导人出席，中国海洋大学、国家海洋局海洋发展战略研究所、国家海洋局第三海洋研究所、中国现代国际关系研究院、暨南大学、国家水下文物考古中心、广东省社会科学院、广东海洋大学、国家海洋局南海分局等部门、研究机构和高校的专家学者参加论坛。

（广东海洋发展研究会）

# 附录 3 部分涉海机构、单位简介

**【国家海洋局第一海洋研究所】** 国家海洋局第一海洋研究所始建于1958年，前身系海军第四海洋研究所，1964年整建制划归国家海洋局，是从事基础研究、应用基础研究和社会公益服务的综合性海洋研究所。以促进海洋科技进步，为海洋资源环境管理、海洋国家安全和海洋经济发展服务为宗旨，是国家科技创新体系的重要海洋科研实体。主要研究领域为中国近海、大洋和极地海域自然环境要素分布及变化规律，包括海洋资源与环境地质；海洋灾害发生机理及预测方法；海气相互作用与气候变化；海洋生态环境变化规律和海岛海岸带保护与综合利用等。设立海洋环境科学与数值模拟、海洋沉积与环境地质、海洋生态环境科学与工程、现代分析与活性物质、海洋遥感技术与原理和工程海洋学基础6个研究领域。学科方向包括：区域海洋动力学、海洋数值模拟技术、海洋信息系统与应用技术、海洋沉积与古环境演化、海洋地球物理与海底构造、海洋地质灾害、海底调查与信息技术、浮游生态系统动力学与生物多样性、赤潮生态学及其灾害机理、河口-近海系统陆海相互作用及其生态效应、海洋环境污染与生态健康、现代分析方法及信息化、中药及天然药物标准化、环境与应用微生物、基因工程、微波遥感与海洋动力、海洋物理应用技术、海岸带海岛科学与工程勘察技术、海洋精密测绘技术、海洋监测与实验技术等。

海洋一所2013年拥有职工496人，其中院士5人（中国科学院院士1人，美国工程院院士1人，中国工程院院士3人），研究员65人，副研究员103人；博士生导师20人，具有博士学位的148人，硕士学位的186人；聘请国内外客座知名教授、研究员66人。拥有6个硕士点、2个博士点（共建）和博士后科研工作站。

2013年科技经费共计23706万元。其中，实有经费到款6612万元，国库科研经费17094万元。2013年在研课题328项。其中，国家专项19项、海洋公益性行业科研专项经费项目66项（其中主持项目11项）、极地专项19项、“十二五”大洋课题7项、海洋可再生能源能专项2项、其他国家专项任务7项，“863”课题12项、“973”课题17项、科技支撑项目9项、科技部国际合作项目3项、其他项目7项，国家自然科学基金项目82项，国家海洋局其他项目30项，省市地方及各部委科技项目23项，各类重点实验室开放基金19项。

2013年，国家海洋局第一海洋研究所国际合作取得较大进展：①中印尼海洋与气候中心的建设稳步发展，巴东站一期业务化海洋观测系统全面启用，先期启用的岸基自动气象站和卫星定位（GNSS）完成了升级改造。中印尼海上合作基金项目继续推进，支持该项目和中印尼中心发展明确写入了两国政府联合发表的《中印尼全面战略伙伴关系未来规划》。②6月6日，我国与泰国在海洋领域的第一个联合研究实体—中泰气候与海洋生态联合实验室在泰国普吉正式挂牌启用，标志着中泰海洋领域合作进入了一个新阶段。③进一步拓展与缅甸、柬埔寨、斯里兰卡、马尔代夫等国的合作。11月，访问了缅甸交通部气象水文司，通过双方的深入交流达成了一系列合作共识。12月，访问了柬埔寨环境部，介绍了“中柬海洋合作优先计划”，会议原则上通过了该计划。8月30日，签署了《国家海洋局第一海洋研究所与斯里兰卡国家水产资源研究开发局海洋科技合作谅解备忘录》，双方将在气候变化及其影响，特别是海平面上升及其社会影响，季风及海气相互作用观测系统等领域开展合作。12月，马尔代夫气象局代表团来访，双方讨论了推动签署双边合作备忘录、合作项目事宜，一致同意开展为期两年的“季风对赤道中印度洋影响”合作研究项目重点研究季风爆发与季节内振荡、赤道海流对季风的响应、马尔代夫海洋生物多样性等问题，推动双方在2016—2020年期间开展全面的大型科学研究计划。④2013年南海合作框架计划项目合作调查、研究进展顺利，完成了多个涉外联合航次。4—5月，“亚洲季风爆发过程及社会生态影响”（MOMSEI）项目完成了安达曼海、孟加拉湾观测航次，9—10月期间完成了东印度洋上升流观测航次。2—4月，中印尼爪哇上升流变异（JUV）项目执行了两个航次，完成东南印度洋浮标、潜标的回收、布放。2013年西太平洋海域海洋灾害对气候变化的响应（ROSE）项目完成了第五航次科学考察，加强对泰国湾海域泰国湾温盐分布、流场和海洋生态等过程的了解。2013 年“中-印尼南海-西印尼海-印度洋水交换观测研究”（SITE/TIMIT）进展顺利，在龙目海峡布放了 1 套潜标观测系统，这是我国首次在印尼贯穿流海域布放潜标观测系统。⑤积极推动针对发展中国家的培训。8 月 12—23 日，联合国教科文组织政府间海洋学委员会海洋动力学和气候培训与研究区域中心（UNESCO/IOC-ODC 中心）第三期培训班在青岛成功举办，15 个国家的 33 名学员参加了此次培训班。8 月 19—23 日，在马来西亚举办了 UNESCO/IOC-WESTPAC 框架下“亚洲季风爆发监测及其社会和生态影响（MOMSEI）”项目的第四届暑期培训班。

**【国家海洋局第二海洋研究所】** 国家海洋局第二海洋研究所创建于 1966 年，是一座学科齐全、科技力量雄厚、设备先进的综合型公益性海洋研究机构。主要从事中国海、大洋和极地海洋科学研究；海洋环境与资源探测、勘查的高新技术研发与应用。作为国内从事海洋调查与研究的主要单位之一，建有一个国家重点实验室——卫星海洋环境动力学国家重点实验室，三个国家海洋局开放实验室——国家海洋局海底科学重点实验室、海洋动力过程与卫星海洋学重点实验室、国家海洋局海洋生态系统与生物地球化学重点实验室，以及一个所级重点实验室——工程海洋学重点实验室，同时建有海洋工程勘测设计研究中心、检测中心、海洋标准物质中心、海洋科技信息中心等技术服务机构和技术支撑体系。先后成立了中国大洋矿产资源勘查技术与深海科学研究基地、国家海洋卫星中心杭州站、国家海岛开发与管理研究中心。

近年来，该所通过科技体制改革对原有的学科结构进行了调整，现有学科整合为海底科学与深海勘测技术、海洋动力过程与数值模拟技术、卫星海洋学与海洋遥感、海洋生态系统与生物地球化学、工程海洋学 5 个重大研究领域和 19 个重点研究方向，基本形成了适应国家需求和立足海洋科技发展前沿的科技创新体系和科研群体。

拥有国家级海洋工程勘察设计甲级证书、海洋工程设计甲级证书和海洋测绘甲级证书等资质，通过了国家计量认证的资质认定和国际质量管理体系 ISO9001：2008 标准认证。拥有与国际接轨的、可用于近岸到深海海洋调查研究所需的、总价值上亿元的多专业内外业仪器设备。主编出版海洋综合性国内学术核心期刊《海洋学研究》。

海洋二所 2013 年拥有专业技术人员 400 余人，其中中国科学院院士 1 人，中国工程院院士 2 人，浙江省特级专家 2 人，研究员 86 人，副研究员及高级工程师 95 人；有 26 人享受政府特殊津贴，国家“千人计划”高层次人才 3 人（含青年“千人计划”1 人），1 人入选国家“百千万人才工程”，4 人次担任 973 首席科学家，近 70 人分别进入国家海洋局“双百人才工程”和浙江省“151 人才工程”。是国务院学位委员会 1981 年首批批准的理学硕士学位授予单位；拥有物理海洋学、海洋地质学、海洋遥感、海洋化学、海洋生物学等 10 多个学科专业分别依托国内外著名大学、研究所招收博士研究生，具有单独招收博士后研究人员的博士后科研工作站，拥有为国内外访问学者提供工作和合作研究的职位。

2013 年，新增科研课题 150 余项，科学基金项目申报持续保持稳定增长态势，申报类型不断扩展，资助项目取得重要突破，新获准了国家基金委创新群体项目“海洋动力环境的监测和预测研究”，继杰青项目之后又首次获得了优青基金项目“海洋水色遥感”。国家基金申报 69 项，涉及创新团体、杰出青年科学基金项目等六类，其中青年基金申报 35 项，占全部申报量的 53%。获得国家科技进步二等奖 1 项（“近海复杂水体环境的卫星遥感关键技术研究及应用”）。王桂华获得第十三届中国青年科技奖，陶春辉获得浙江省“有突出贡献中青年专家”称号，王春生获得“十佳浙江省优秀科技工作者”。

8 月 24 日，与民营企业合资建造的“向阳红 10”科考船在温州中欧船厂顺利下水，并开展了试验航次调查。

**【国家海洋局东海分局】** 东海分局是国家海洋局派驻东海区负责监督管理海域使用、海洋环境保护和海岛保护、承担海区海洋经济运行监测评估、开展海洋公益服务、海洋权益维护的海洋行政主管部门。管辖北起江苏连云港赣榆南至福建漳州诏安东抵我主张专属经济区外部界线的南黄海和东海海域。东海分局的海洋工作紧紧围绕服务海洋经济发展的中心开展，在加强海洋管控能力、海洋防灾减灾、海洋环境保护和海洋科学技术等方面取得了显著成就，为东海区的海洋经济发展提供了强有力的支撑。

东海分局机关设 11 个处室。办公室（新闻信息办、保卫处）、政策法规与规划处（监督管理处）、海域和海岛管理处、海洋环境保护处、海洋科学技术处、海洋预报减灾处（海洋服务保障办公室）、人事处（东海总队政治处）、财务处（资产管理处）、党委办公室、纪检监察办公室（审计办公室）、离退休干部办公室。

中国海监东海总队机关设 5 个处室。指挥处、行政执法处、维权执法处、装备技术处、机要处。

截至 2013 年末，东海分局职工总数 1617 人，其中，公务员 66 人、专业技术人员 595 人、管理岗位人员 348 人。专业技术人员中高级职称 108 人，中级职称 222 人，初级职称 176 人。

截至 2013 年末，东海分局拥有海监船艇 29 艘，其中千吨级以上 8 艘、800 吨级 2 艘、300 吨级 6 艘、执法艇 13 艘；装备有海监飞机 3 架，其中固定翼飞机 2 架、直升机 1 架；海上布放运行的海洋大型资料浮标 7 个；投入观测运行高频地波雷达 3 对，X 波段测波雷达 10 台。

东海分局具备承担海洋调查监测、海洋环境观测预报、海洋地质勘探、水下地形测量、水动力和气象要素观测、生物种类鉴定、放化残素分析、海洋灾害预测预报、海域使用论证、海洋功能区划编制、海洋环境评价和海洋倾倒区选划等的业务技术能力。

**【国家海洋局南海分局】** 国家海洋局南海分局成立于 1965 年 3 月 18 日，是国家海洋局派驻广州的海洋行政管理机构，依法履行所管辖南海区海洋工作的监督管理、海洋事务的综合协调、海域使用、海岛保护与开发、海洋环境保护、海洋科技调查、海洋公益服务、防灾减灾、海洋行政执法、海洋权益维护等职能，并负责中国海监南海总队的管理等。

南海分局和中国海监南海总队机关下设 16 个处室，下辖南海海洋工程勘察与环境研究院、南海环境监测中心、南海工程勘察中心、南海预报中心、南海信息中心及汕尾、珠海、北海、海口、三沙海洋环境监测中心站、深圳海洋管理处、机关服务中心、中国海监第七、第八、第九、第十支队、南海航空支队和南海维权执法支队等单位。南海分局 2013 年在编职工 1700 多人，其中专业技术人员（含高级船员）800 多人。拥有海洋环境评价、海域使用论证、海洋灾害预报、海洋水文、水动力、化学、地质、气象、生物、遥测浮标、海洋计量检定、海洋信息服务、航空遥感监视监测等专业队伍，并有遍布在管辖海区及重要岛屿的海洋台站和观测网。拥有 13 艘集海洋执法和科研调查于一体的船只，还拥有 17 艘执法快艇和 3 架海监飞机。

经过近 50 年的发展，南海分局建立了完善的海洋管理机构、打造了素质过硬的执法监察队伍和实力强劲的海洋科技开发与公益服务专业队伍，形成了由海洋站、船舶、飞机、浮标组成的立体海洋监测监视网和海洋执法管理系统、海洋环境预报与灾害警报系统、海洋信息服务系统，同时拥有一批先进的海洋监测、调查、测试分析、计量鉴定实验室和仪器设备，为履行职责和长远发展打下了坚实的基础。

**国家海洋局南海分局网站** 国家海洋局南海分局网站（www.scsb.gov.cn）是由南海分局主办，于 2009 年 8 月开通的政务信息公开和海洋公益服务网站，是南海分局政务公开的重要平台，也是分局对外宣传和影响的重要手段。网站由南海分局办公室主管，南海信息中心负责其运行维护。网站主要用于南海分局的政务信息发布，还有南海区的海域使用管理、海洋环境保护、海洋执法监察、海洋预报、海洋资源利用情况、海洋调查资料、海洋经济和科技动态等信息的发布，以及宣传海洋法律法规、海洋科普知识等。

**南海海洋预报信息网站** 南海海洋预报信息网站（www.hyyb.gov.cn）于 2008 年开通运行，由国家海洋局南海预报中心主办并负责其运行维护及安全建设工作。网站系统承载着相对独立的海洋环境预报制作、发布业务。系统的主要职能是制作海洋环境预报产品，并通过互联网站和其他媒体方式向社会提供南中国海区的海洋环境预报信息公益服务。信息内容包括：南中国海区的海浪预报、沿海潮汐预报、海水温度预报、海水盐度预报、沿海风暴潮预报、沿海旅游区海洋环境预报、海水浴场环境预报等以及上述相关的海洋环境信息实况分析、海洋环境实况资料等。网站曾使用域名“www.seaforecasting.com”，于2011年进行了改版，从2012年1月1日起使用新域名“www.hyyb.gov.cn”。

**南海区海洋数据共享平台网站** 南海区海洋数据共享平台网站（www.southseadata.cn）于2010年3月开通运行，由国家海洋局南海信息中心主办并负责其运行维护及安全建设工作。南海区海洋科学数据网络共享平台是国家海洋数据共享工程的重要组成部分，主要用于国家海洋数据共享工程的南海区相关工作信息及动态发布，南海区海洋基础信息、海洋数据产品及元数据信息发布。网站对可在线共享的部分海洋数据及产品进行在线共享，对离线共享的数据或产品提供资料信息描述及申请方法。

**【国家海洋局海洋减灾中心】** 国家海洋局海洋减灾中心（以下简称“减灾中心”）于2011年12月由中编办正式批复设立。减灾中心是国家海洋局直属的正司级财政补助事业单位，主要职责是：承办海洋灾害风险区划研究和风险评估的具体工作，承担海洋灾情调查评估的技术工作和海洋应急指挥平台管理、运行等工作，开展海洋防灾减灾领域科学研究、装备研发等工作，承担相关教育培训工作等。

减灾中心成立两年来，始终把“明确思路、找准定位”作为业务发展的第一要务来抓，逐步梳理形成了“三阶段、一贯穿、三衔接、两服务”的业务发展思路，即“围绕灾前风险防范、灾中应急响应、灾后评估恢复3个阶段的重点工作，以操作程序标准化为贯穿，理顺工作机制，做好海洋减灾工作与国家减灾体系、海洋局与沿海地方海洋减灾工作、海洋减灾管理与减灾业务支撑的衔接，为国家和沿海各级地方政府、社会公众提供服务”。

2013年，减灾中心承担了《海洋减灾业务体系发展规划》的编写任务，着手对海洋减灾的职责定位、工作目标、业务领域、体系搭建进行系统研究，通过深入调研我国减灾工作体制机制、科技支撑等工作现状，结合海洋减灾工作的特点，初步提出了构建以海洋灾害观测预警、风险评估、调查评估、应急支撑为主体，以相关制度、标准、规范为保障，各级海洋主管部门所属相关业务机构为支撑的海洋减灾业务体系的构想，编制完成了规划初稿，为进一步科学谋划海洋减灾业务发展思路打下了基础。

海洋灾害风险防范方面，减灾中心承担组织协调风暴潮、海浪、海啸、海冰、海平面上升等灾种不同尺度（国家、省、市、县4级）海洋灾害风险评估和区划试点工作，着力推进河北省、江苏南通市和福建连江县第一批试点相关工作，指导浙江等第二批试点省开展相关工作。启动了海洋溢油风险源与敏感目标调查工作，选择威海作为试点，编制了调查技术方案，形成了威海市海洋溢油风险源与敏感目标分布图等成果。承担了全国沿海警戒潮位核定工作成果技术审核、汇总管理和应用评估相关工作。

海洋灾害调查评估方面，减灾中心承担了海洋灾害典型承灾体调查工作的组织实施，选择江苏、浙江、福建和广西四个沿海地区开展了试点工作。减灾中心着重在灾害调查业务化、灾情统计标准化和灾害影响评估技术研发方面开展工作，汛期期间，减灾中心派出现场调查组第一时间抵达灾害影响区域，对灾害自然过程和灾害影响情况进行调查，掌握第一手资料，编写了6次海洋灾害调查评估报告，编写了2013年第一季度、上半年、前三季度和年度全国海洋灾情分析报告，定期参加民政部月度灾情核定会并按时提交月度海洋灾情，并组织编制了《2013年中国海洋灾害公报》。

技术研发方面，减灾中心承担的海洋公益性行业科研专项“海洋灾情快速评估和综合研判系统研发与应用示范”顺利启动，重点针对风暴潮及海浪灾害，研发灾情信息快速提取技术，开发灾情预评估、应急评估和综合评估模型，建立业务化海洋灾情评估系统。减灾中心获批国家自然科学基金青年科学基金1项。此外，还投入经费和力量，设立中心青年科学基金，为培养青年技术人员的科研能力、促进青年人才成长提供了平台。

减灾中心将继续以支撑海洋灾害风险管理、服务沿海经济社会发展为宗旨，以提升海洋防灾减灾技术支撑和服务保障能力为核心，不断推进人才队伍建设，加强业务支撑和制度建设，加快建立业务化运行机制，有效提升海洋减灾事务综合协调能力，不断推进海洋防灾减灾工作科学发展。

中国海洋减灾网（以下简称“减灾网”）是由国家海洋局主办、国家海洋局海洋减灾中心承办的专业业务网站，全面反映国家海洋减灾体系中各相关单位在海洋防灾减灾方面的工作动态、最新进展、技术成果及应急期间的应对响应等情况，是国家海洋防灾减灾宣传教育门户和业务门户。2013 年 2 月，启动网站一期建设。8 月，组织召开全国海洋减灾网工作协调会，建立了信息联络单位信息员队伍。9 月，《中国海洋减灾网信息报送暂行办法》编制完成，并在全国沿海地区征求意见，确立了减灾网信息报送的工作机制。试运行结束后网站的运行维护与管理相关工作由国家海洋局海洋减灾中心负责，网站域名为：www.hyjianzai.gov.cn。

**【国家深海基地管理中心】** 国家深海基地管理中心成立于 2010 年 12 月，隶属国家海洋局，位于风景秀丽的青岛即墨市，是继俄罗斯、美国、法国和日本之后，世界上第五个深海技术支撑基地，为面向全国具有多功能、全开放的国家级公共服务平台。主要领域为深海勘探开发技术保障与信息服务、深海技术装备试验与维护、深海技术装备模拟培训、深海技术产业孵化以及深海科学技术普及与宣传等。

国家深海基地管理中心项目占地 26 公顷，并征用海域 62.7 公顷，于 2010 年 6 月由国家发改委批准，一期工程总投资 5.124 亿元人民币，建设内容包括科研办公楼、载人潜水器维修车间、试验水池、机电机修车间和码头等，总建筑面积约 2.6 万平方米。码头建成后，将成为中国最大的科考船停靠码头，可同时停靠 2 艘万吨级科考船、3 艘 3000 吨级科考船。项目已于 2013 年 10 月开工建设，计划 2014 年底竣工验收。

国家深海基地管理中心自成立以来承担了蛟龙号 7000 米级海试、“蛟龙”号试验性应用航次和潜航员选拔培训等重大任务，得到国内外社会各界的高度关注，提升了公众对深海的认识，增强了国民的海洋意识。

国家深海基地管理中心主要职责为：①承担深海资源勘探、科学考察、环境观测等工作；②负责深海基地调查船舶、重大装备等的运行和管理；③承担深海装备的购置和改造，开展深海技术装备的研发和试验；④负责潜航员和重大装备操作人员的选拔、培训和管理；⑤承担深海科学与技术的宣传、教育和普及工作；⑥开展深海技术成果的产业转化与服务；⑦开展深海科学考察的国际合作与交流；⑧承办国家海洋局交办的其他事项。

**【国家海洋局海岛研究中心】** 国家海洋局海岛研究中心（以下简称“海岛中心”）是 2013 年 1 月获中央编办批准设立的部委正司级事业单位，隶属于国家海洋局，为国家公益类综合型海岛科学研究机构。中心建设选址位于福建省平潭综合实验区海坛岛东南部，坛南湾田美澳沙滩北侧规划建设用地，截至 2013 年 8 月，总用地面积 6.56 公顷。设立办公室、海岛开发处、海岛保护处等 3 个机构，人员编制 21 名。主要是从事海岛开发与保护研究工作，为海岛行政管理、经济发展和生态文明提供支撑和服务。海岛中心网址：www.irc.gov.cn。

**【海洋遥测工程技术研究中心】** 海洋遥测工程技术研究中心（以下简称“工程中心”）由国家海洋局与中国航天科技集团公司协商共建，以国家海洋局第一海洋研究所、中国航天科技集团公司第九研究院第 704 研究所和中国海监总队为依托单位。工程中心主任：张杰，副主任：李凉海、张汉德。工程中心管理委员会主任：马德毅，副主任：李艳华、吴强。

工程中心的主要任务是开展航天技术海洋应用的总体论证、技术研发、成果转化、装备研制与产业化等工作，包括海洋监视监测、海洋动力过程科学、通信导航、海上电子对抗等方面的技术研究和装备研制等。

工程中心的主要研究方向有：海洋目标微波探测技术、海洋动力过程微波探测技术、天/地波雷达技术、电磁侦察与干扰技术、北斗二代海洋应用、数据传输与通信装备、无人船技术和中尺度声层析技术。

2013 年，工程中心资助创新青年基金 4 项；承担各类课题 10 余项，包括海洋行业公益项目、国防科工委项目、国家自然科学基金、基本科研业务费专项资金项目等；工程中心自主研制的雷达系统被有关部门采购。

# 附录 4 2013 年国家海洋局司局级以上机构变动及干部任免情况及现职领导干部名录

**国家海洋局领导**
局 长：刘赐贵
副局长：孟宏伟、陈连增、张宏声、王 飞、王 宏
党组书记：刘赐贵
党组副书记：孟宏伟
纪委书记：吕 滨
党组成员：刘赐贵、孟宏伟、陈连增、张宏声、王 飞、王 宏、吕 滨、房建孟
总工程师：孙书贤
**变动情况：**

中共中央组织部 2013 年 1 月 17 日决定，任命房建孟同志国家海洋局党组成员。国务院 2013 年 3 月 19 日决定，任命刘赐贵为国家海洋局局长，孟宏伟、陈连增、张宏声、王飞、王宏为国家海洋局副局长。同日，中组部 2013 年 3 月 16 日决定，任命孟宏伟同志为国家海洋局党组副书记，陈连增、张宏声、王飞、王宏、房建孟同志为国家海洋局党组成员，吕滨为国家海洋局纪委书记、党组成员。

**办公室（财务司）**
主 任（司 长）：石青峰
党委书记：刘建成
副主任（副司长）：赵光磊
副主任（副司长）：王 群
巡视员：肖银水
副巡视员：孙春季

**政策法规和规划司**
司 长：王殿昌
副司长：于 建
副巡视员：魏国旗

**海域管理司**
司 长：于青松
副司长：司 慧
副巡视员：刘立芬

**海岛管理司**
司 长：吕彩霞
副司长：王 忠（挂职任舟山市副市长）
副司长：李文君

**海洋环境保护司**
司 长：李晓明
副司长：陈力群
副司长：许国栋

**海洋科学技术司**
司 长：周庆海
副司长：邱志高
副司长：雷 波
副司长：康 健

**海洋预报减灾司**
司 长：王 锋
副司长：易晓蕾
副司长：王 华

**国际合作司（港澳台办公室）**
司 长（主任）：张占海
副司长（副主任）：陈 越
副司长（副主任）：梁金哲
副巡视员：梁凤奎

**人事司**
司 长：房建孟
巡视员兼副司长：周金弟

**直属机关党委**
专职副书记：高丰舟

**国家海洋局纪委、监察部驻国家海洋局监察专员办公室**
纪委书记：吕 滨
纪委副书记、专员：庄 敏

### 离退休干部办公室

副主任：高增田

### 审计办公室

主　任：赵凤东

### 中国海监总队

国家海洋局副局长兼总队长：张宏声

常务副总队长、党委书记：孙书贤

政委、党委副书记兼纪委书记：贾建军

纪委书记：贾建军（兼）

巡视员：米国中

副总队长：肖惠武　吴　平

**变动情况：**

2013 年 1 月 5 日，根据国海人字［2013］6 号文，任命贾建军为中国海监总队政委；米国中为中国海监总队巡视员，免去其担任的中国海监总队政委职务；免去吴强的中国海监总队副总队长职务。同日，根据国海党发［2013］4 号，任命贾建军为中共中国海监总队委员会委员、副书记（兼），兼纪律检查委员会委员、书记；免去米国中同志的中共中国海监总队委员会副书记、委员及其兼任的纪律检查委员会书记、委员职务；免去吴强的中共中国海监总队委员会委员职务。

### 国家海洋局极地考察办公室

主　任：曲探宙

党委副书记兼纪委书记、副主任：秦为稼

副主任：吴　军　翁立新

### 国家海洋局北海分局

局长、党委副书记（兼）、中国海监北海总队总队长（兼）：洪福忠

党委书记、副局长（兼）、中国海监北海总队政委（兼）：滕征光

副局长、中国海监北海总队常务副总队长（兼）：刘心成(部委正司级)

副局长：郭明克、王　斌

党委副书记兼纪委书记：滕祖文

### 国家海洋局东海分局

局长兼中国海监东海总队总队长：刘刻福

党委书记兼中国海监东海总队政委：周振华

中国海监东海总队常务副总队长：刘振东（兼）

党委副书记：刘刻福（兼）

副局长：周振华（兼）、魏泉苗、阿　东

常委、副巡视员：黄火旺

副巡视员：潘增弟

**变动情况：**

2013 年 1 月 5 日，根据国海人字［2013］4 号文，任命周振华为国家海洋局东海分局副局长（兼）；免去贾建军的国家海洋局东海分局副局长职务。同日，根据国海人字［2013］5 号文，任命周振华为中国海监东海总队政委（兼）；免去刘刻福的中国海监东海总队政委（兼）职务。同日，根据国海党发[2013］3 号文，任命周振华为中共国家海洋局东海分局委员会书记；刘刻福为中共国家海洋局东海分局委员会副书记（兼），免去其担任的中共国家海洋局东海分局委员会书记职务；免去贾建军的中共国家海洋局东海分局委员会常委、委员职务。

### 国家海洋局南海分局

局长、党委副书记、中国海监南海总队总队长：成纯发

党委书记、副局长、中国海监南海总队政委：钱宏林

副局长：杨炼锋

副局长，中国海监南海总队常务副总队长：陈怀北

副局长：于斌

党委副书记、纪委书记：林端

副局长：刘高潮

党委常委、巡视员：万向京

**变动情况：**

2013 年 1 月 25 日，根据国海人字〔2013〕42 号文，任命陈怀北为国家海洋局南海分局副局长，免去林端的国家海洋局南海分局副局长职务。同日，根据国海党发〔2013〕14 号任命林端同志为中共国家海洋局南海分局委员会副书记兼纪律检查委员会委员、书记，免去陈怀北同志的中共国家海洋局南海分局委员会副书记兼纪律检查委员会书记职务。

**大洋矿产资源研究开发协会办公室**

主　任：金建才

党委书记兼纪委书记：沈继刚

副主任：李　波 何宗玉

**变动情况：**

2013 年 10 月 21 日，根据国海人字[2013]680 号文，任命何宗玉为中国大洋矿产资源研究开发协会办公室副主任，试用期一年。同日，根据国海党发［2013］36 号任命何宗玉同志任中共中国大洋矿产资源研究开发协会办公室委员会委员。

**国家海洋局学会办公室**

主　任：雷　波

**国家海洋信息中心**

主　任：徐　胜

党委书记：李东旭

副主任：李东旭（兼）、曲绍生、何广顺、石绥祥

党委副书记兼纪委书记：丁　磊

**国家海洋环境监测中心**

主任：关道明

党委书记：于洪军

党委副书记：关道明（兼）

副主任：于洪军（兼）、韩庚辰、叶　强

**变动情况：**

2013 年 1 月 5 日，根据国海人字［2013］7 号文，任命关道明为国家海洋环境监测中心主任；于洪军为国家海洋环境监测中心副主任（兼）；免去王玉银的国家海洋环境监测中心主任职务。同日，根据国海党发［2013］5 号文，任命于洪军为中共国家海洋环境监测中心委员会书记；关道明为中共国家海洋环境监测中心委员会副书记（兼）；免去王玉银的中共国家海洋环境监测中心委员会副书记（兼）、常委、委员职务 。

**国家海洋环境预报中心**

主任：王　辉

党委书记：宋学家

副主任：宋学家（兼）王亚杰、于福江

党委副书记兼纪委书记：李晨阳

**国家卫星海洋应用中心**

主任：蒋兴伟

党委书记：屈　强

副主任：屈　强（兼）、林明森、刘建强

党委副书记兼纪委书记：张冬艳

**变动情况：**

2013 年 10 月 21 日，根据国海党发[2013]37 号文，任命张冬艳同志为中共国家卫星海洋应用中心委员会委员、副书记兼纪律检查委员会委员、书记。

**国家海洋技术中心**

主任：罗续业

副主任：侯纯扬、夏登文

党委副书记兼纪委书记：卜玉兵

**国家海洋标准计量中心**

主任：吴爱娜

党委副书记兼纪委书记：边鸣秋

副主任：姚　勇、隋　军

**中国极地研究中心**

主任：杨惠根

党委书记：袁绍宏

副主任：袁绍宏（兼）、刘顺林、李院生、孙　波

党委副书记兼纪委书记：朱建钢

**变动情况：**

2013 年 10 月 21 日，根据国海人字[2013]681 号文，任命孙波为中国极地研究中心副主任，试用期一年。同日，根据国海党发[2013]38 号文，任命孙波同志为中共中国极地研究中心委员会委员。

**国家深海基地管理中心**

主　任：刘　峰

党委书记兼纪委书记：刘保华

副主任　刘保华（兼）、王为群

党委副书记：刘　峰（兼）

**国家海洋局海洋减灾中心**

主　任：高忠文

党委书记兼纪委书记：吴　强

副主任：吴　强（兼）、张义钧、李永昌

党委副书记：高忠文（兼）

**变动情况：**

2013 年 1 月 5 日，根据国海党发〔2013〕10 号文，任命吴强为中共国家海洋局海洋减灾中心委员会委员、书记兼中共国家海洋局海洋减灾中心纪律检查委员会委员、书记，高忠文为中共国家海洋局海洋减灾中心委员会副书记（兼），免去张义钧的中共国家海洋局海洋减灾中心委员会副书记及其兼任的纪律检查委员会书记职务，免去王文明的中共国家海洋局海洋减灾中心委员会委员职务。

2013 年 1 月 5 日，根据国海人字〔2013〕12 号文，任命吴强为国家海洋局海洋减灾中心副主任（兼），张义钧为国家海洋局海洋减灾中心副主任，免去王文明的国家海洋局海洋减灾中心副主任职务。

**国家海洋局第一海洋研究所**

所　长：马德毅

党委书记兼纪委书记：徐承德

副所长：徐承德（兼）、乔方利、李培英、孙永福、高振会

**国家海洋局第二海洋研究所**

所　长：张海生

党委书记：钱金玉

副所长：钱金玉（兼）、沈家法、李家彪、郑玉龙、石建左

党委副书记兼纪委书记：沈伟林

**变动情况：**

2013 年 1 月 5 日，根据国海人字［2013］11 号文，任命钱金玉为国家海洋局第二海洋研究所副所长（兼）。同日，根据国海党发［2013］8 号文，任命钱金玉为中共国家海洋局第二海洋研究所委员会委员、书记。

**国家海洋局第三海洋研究所**

所　长：余兴光

党委书记：尹卫平

副所长：尹卫平（兼）、陈玉荣、张海峰

党委副书记兼纪委书记：吴日升

**变动情况：**

2013 年 1 月 5 日，根据国海人字［2013］8 号文，决定免去蔡锋的国家海洋局第三海洋研究所副所长职务。

**国家海洋局天津海水淡化与综合利用研究所**

所　长：李琳梅

党委书记：韩家新

副所长：韩家新（兼）

党委副书记兼纪委书记：赵　楠

总工程师：阮国岭

**变动情况：**

2013 年 1 月 5 日，根据国海人字［2013］10 号文，任命韩家新为国家海洋局天津海水淡化与综合利用研究所副所长（兼）。同日，根据国海党发［2013］7 号文，任命韩家新为中共国家海洋局天津海水淡化与综合利用研究所委员会书记；免去钱金玉的中共国家海洋局天津海水淡化与综合利用研究所委员会书记、常委、委员职务。

**国家海洋局海洋发展战略研究所**

所　长：高之国

党委书记兼纪委书记：张海文

副所长：张海文（兼）、贾　宇、商乃宁

党委副书记：高之国（兼）

**变动情况：**

2013 年 10 月 21 日，根据国海人字［2013］679 号文，任命张海文为国家海洋局海洋发展战略研究所副所长（兼）；任命商乃宁为国家海洋局海洋发展战略研究所副所长，试用期一年。同日，根据国海党发［2013］35 号文，任命张海文为国家海洋发展战略研究所委员会委员、书记兼纪律检查委员会委员书记；任命高之国为国家海洋发展战略研究所委员会委员、副书记（兼）。

**国家海洋局海洋咨询中心**

主　任：潘新春

副主任：许丽娜、柯昶

**国家海洋局宣传教育中心**

主　任：盖广生

副主任：李　航、朱德洲

**变动情况：**

2013 年 10 月 21 日，根据国海人字

[2013]682 号文，任命朱德洲为国家海洋局宣传教育中心副主任，试用期一年。

**国家海洋局机关服务中心**

主任：单明学

党委书记：王文明

副主任：王文明（兼）、叶加平、张正树

党委副书记：单明学（兼）

**变动情况：**

2013 年 1 月 5 日，根据国海党发［2013］11 号文，任命王文明为国家海洋局机关服务中心委员会委员、书记。同日，根据国海人字［2013］13 号文，任命王文明为国家海洋局机关服务中心副主任（兼）。

**国家海洋局海岛研究中心**

主任：蔡锋

临时党委书记：余兴光（兼）

**变动情况：**

2013 年 1 月 5 日，根据国海人字［2013］9 号文，任命蔡锋为国家海洋局海岛研究中心主任。同日，根据国海党发［2013］6 号文，任命余兴光为中共国家海洋局海岛研究中心临时委员会书记（兼）。

**海洋出版社**

社　长：隋吉学

党委书记兼纪委书记：马瑞

总编辑：杨绥华

副社长：牛文生

**中国海洋报社**

社长兼总编辑：赵晓涛

党委书记兼纪委书记：赵晓涛

副社长：翟亚娜

**变动情况：**

2013 年 10 月 21 日，根据国海人字[2013]678 号文。任命赵晓涛为中国海洋报社社长兼总编辑；免去盖广生的中国海洋报社社长兼总编辑职务。同日，根据国海党发［2013］39 号文，免去盖广生的中共中国海洋报社委员会委员职务。

图书在版编目（CIP）数据

2014中国海洋年鉴 / 中国海洋年鉴编纂委员会编.
-- 北京 : 海洋出版社, 2014.12
ISBN 978-7-5027-8999-2

Ⅰ. ①2… Ⅱ. ①中… Ⅲ. ①海洋－中国－2014－年鉴 Ⅳ. ①P7-54

中国版本图书馆CIP数据核字(2014)第276587号

# 中国海洋年鉴

（1982年创刊）

编　　辑：《中国海洋年鉴》编辑部
地址：天津市河东区六纬路93号　　邮编：300171
电话：（022）24010853　　传真：（022）24011262
E-mail：coy@mail.nmdis.gov.cn
责任编辑：张荣　刘勃
出　　版：海洋出版社
网址：http：//www.oceanpress.com.cn
地址：北京市海淀区大慧寺路8号　　邮编：100081
印　　刷：国家海洋信息中心印刷厂
开本：787mm×1092mm　1/16　　字数：813千字
印张：34（插页：38页）　　印数：1～2000册
版次：2014年12月第1版　　2014年12月第1次印刷
定价：220.00元（精）